清华计算机图书 译丛

The Algorithm Design Manual
Third Edition

算法设计
（第3版）

[美] 斯蒂文·斯金纳（Steven S. Skiena） 著

谢勰　王辉　刘小佳　任方　译

清华大学出版社

北 京

本书为英文版 *The Algorithm Design Manual, Third Edition* 的简体中文翻译版，作者 Steven S. Skiena，由 Springer 出版社授权清华大学出版社出版发行。

北京市版权局著作权合同登记号　图字：01-2022-0796 号

版权所有，侵权必究。举报：010-62782989，beiqinquan@tup.tsinghua.edu.cn。

图书在版编目（CIP）数据

算法设计：第 3 版 /（美）斯蒂文·斯金纳（Steven S. Skiena）著；谢魍等译. -- 北京：清华大学出版社，2024. 8. --（清华计算机图书译丛）. -- ISBN 978-7-302-67094-0

Ⅰ. TP301.6

中国国家版本馆 CIP 数据核字第 2024YG7516 号

责任编辑：龙启铭
封面设计：傅瑞学
责任校对：王勤勤
责任印制：杨 艳

出版发行：清华大学出版社
　　　　　网　　　址：https://www.tup.com.cn, https://www.wqxuetang.com
　　　　　地　　　址：北京清华大学学研大厦 A 座　　　邮　　编：100084
　　　　　社　总　机：010-83470000　　　　　　　　　邮　　购：010-62786544
　　　　　投稿与读者服务：010-62776969, c-service@tup.tsinghua.edu.cn
　　　　　质　量　反　馈：010-62772015, zhiliang@tup.tsinghua.edu.cn
　　　　　课　件　下　载：https://www.tup.com.cn, 010-83470236
印 装 者：三河市人民印务有限公司
经　　销：全国新华书店
开　　本：185mm×260mm　　　印　　张：40.5　　　字　　数：986 千字
版　　次：2024 年 8 月第 1 版　　　　　　　　　印　　次：2024 年 8 月第 1 次印刷
定　　价：128.00 元

产品编号：092678-01

译序

一名之立，旬月踟蹰。

——严复

引介

时光荏苒，上次翻译本书第2版时的曲折蜿蜒仍然历历在目，转眼间第3版的翻译工作已告一段落。在美国亚马逊网站上输入"Algorithms"搜索图书时，虽然多了几本偏重于科普的新作，但是Steven Skiena教授的这本名作 *The Algorithm Design Manual* 依然位居前列。

第3版依然保持了Skiena教授一贯的故事讲解风格，各种算法设计技术非常自然地穿插其中，读者更像是在阅读一本小说。新版更是增补了不少"算法征战逸事"(War Story)，这个栏目在所有的算法教材中可谓独树一帜。

实际上，这本书的"算法问题目录册"(Catalog of Algorithmic Problems)更是精彩，各种各样的精妙算法目不暇接。该目录册中的每个专题仅有短短数页，却能带领读者遍览算法世界，而翻译的过程也让我们获益匪浅。

说明

关于本书的阅读，若干具有共性的问题提前说明如下：

- 原书第3版为彩色印制，由于中译版采用单色印刷，因此我们对很多图示和相关文字进行了修改，尽量使单色能够呈现插图的原意。实际上，我们的第2版中译本自行绘制了许多单色插图，有一些甚至被作者在原书第3版所采用(例如数独)。因此我们保留了第2版中的若干插图，以及少量较为精彩的文本段落。

- 关于"译者注"，全书大约有六百余条。借用一句流行语：有人觉得这是features，然而有人觉得这是bugs。当然，至于译者注是否过多，只能见仁见智了，我们在此略加解释：其一，作者对很多典故信手拈来，且常有弦外之音，妙则妙哉，可对于不能一窥堂奥的读者实为憾事；其二，本书卷II引用了大量文献，但是每节篇幅有限，初次涉足该领域的读者完全一头雾水，另外还有许多专业名词更是让人头晕眼花；其三，我们通过拾遗补阙以提供更多参考，特别还收录了若干则算法趣闻。

- 由于卷II中的符号取自不同的文献且数量极多，因此偶尔会出现冲突。为了保证每节内在的体例统一，我们对某些字母变量稍作修订，换成相应的其他符号。

- 关于同名不同译的问题, 主要原因是同一名词在不同领域中称谓相异。例如数学领域常将"permutation"译作"置换", 而程序设计中可能常使用"排列"这个译名。本书在不同的场景会选择不同的译名, 希望读者予以甄别。对于某些较难翻译或者较为少见的名词, 我们的译名可能也稍有不同, 不过一般都会配以译者注。
- 大部分人名和书名按原文形式给出, 少数历史人物和流传甚广的名著除外。
- 我们以log统一表示以2为底的对数。原书行文比较随意, 采用了log、lg、$\log_2$等多种表示形式。
- 程序设计的许多书都将函数的"argument"译为"参数"(其实这个译名有待商榷), 而本书中常常还会使用数学中的"参数"(也即"parameter"), 因此我们将"argument"译为"变元"。
- 本书采用了"和/或"(and/or)表述。"A和/或B"意味着三种情况: 可能是A; 也可能是B; 还可能是A和B。
- 原书中的少量网址业已失效, 我们通常将其直接替换为最新地址且不再给出注解。另外, 若是有些网页无法打开, 尝试将http://改为https://也许会奏效。
- 本书以少量篇幅科普了有关量子计算的内容, 对此有兴趣的读者最好去阅读专门讨论量子计算的著作。
- 卷II在引用文献时常使用"recent", 而有些内容早已时过境迁, 我们对此稍加修订。
- 原书的最新勘误可在 https://www3.cs.stonybrook.edu/~skiena/algorist/book/errata-adm3 查阅。此外, 本书内容旁征博引, 错漏之处在所难免, 因此读者如有疑问, 直接阅读书中所提供的参考文献可能是一个最好的方法。

分工

本书由多位译者协作完成, 具体分工为: 第1、2、3、4、7、8、9章由谢飐翻译; 第5、6、10、11、12、13、14、22章的初稿由刘小佳翻译; 第15章由王辉和刘小佳共同翻译; 第16、18、19、20、21章的大部分初稿由任方翻译, 其余由王辉翻译; 第17章由王辉翻译。卷I主要由谢飐完成修订; 卷II主要由王辉和谢飐共同完成修订; 刘小佳对全书文字进行了润色加工, 特别是"算法征战逸事"相关章节; 其他工作(包括所有"译者注")均由谢飐完成。

致谢

感谢原书作者Steven Skiena教授对中译本的大力支持, 特别是他无私提供了书中所有插图, 此外, 与Skiena教授的多次讨论交流让我深深感受到他的谦和、容忍和智慧。感谢清华大学出版社龙启铭编辑的支持与鼓励, 让这本书能够顺利翻译完成。感谢孟艺审阅了关于生物信息学的部分章节(3.9节和5.2节以及12.8节), 感谢黄庆东审阅了关于数字信号处理的章节(16.11节)。其他对中译本第3版以及第2版施以援手或提出建议的朋友们, 此处虽未能一一列出, 但依然非常感谢!

互动

由于译者学识所限且翻译时间紧张，书中必然有诸多疏漏之处，还望读者朋友不吝赐教。此外，本书所包含内容极为广泛，我们未必均有涉猎，特别恳请大方之家批评指正。

谢 飔
2024年3月
于西安邮电大学

前言

许多专业的程序员其实并不太愿意去解决算法设计问题,这真令人遗憾,因为算法设计技术构成了计算机科学的核心实用技术之一。

本书意在作为一部关于算法设计的指南式读物,从而让在校学生及计算机专业人员领略组合算法技术的无限风采。全书分为两卷——技术和资源:前者是对计算机算法设计和分析技术的一般性指引;而后者则可以让你进行查阅和参考,它可以视作一本"目录册",其中每一个条目都包含了算法资源、程序实现和众多参考书目。

致读者

本书自1997年经Springer-Verlag初版之后,各种不同版本已经售出了6万余本,这本书如此受欢迎,我着实倍感欣慰。此外,该书还被翻译成中文、日文和俄文出版。本书被视为一部独一无二的指南,能教你用算法解决实际中的许多常见问题。

从本书第2版于2008年问世至今,这个世界有了许多改变。现在的软件公司在招聘面试中愈发重视算法问题,导致我这本书一下子更火了,特别是许多成功的求职者都确信本书对他们准备面试很有帮助。

算法设计应该属于计算机科学中最经典的一个领域,尽管如此,它还在持续发展和更新。随机化算法和数据结构如今越来越重要,尤其是基于散列的技术。近期还有一些突破改进了不少已有最佳算法的复杂度,例如寻找最小生成树、图同构和网络流等基本算法问题。实际上,我们若将现代算法设计和分析的起源定在1970年左右,那么从本书第2版诞生到如今这个时间段在整个现代算法的发展历史中占了20%之多。

所以,是时候推出我这本书的新版了,我们将纳入算法领域和工业界的新变化,以及从数百名读者那里收到的反馈意见。第3版的主要目标是:

- 在本书的卷I(实用算法设计)中介绍或拓展诸如散列、随机化算法、分治、近似算法以及量子计算等重要主题。
- 对本书的卷II(算法世界搭车客指南)中更新所有问题条目的参考资料。
- 充分利用彩色印刷技术的优势,[1] 制作内容更丰富且视效更醒目的插图。

本书中有三方面尤为受人钟爱: (1) 算法世界搭车客指南(*The Hitchhiker's Guide to Algorithms*)[2]; (2) 算法征战逸事; (3) 随书电子资源部分。这些特色在第3版中得以保留并有所加强:

---

[1] 译者注: 中文版采用黑白印刷,插图已重新处理,代码保留普通样式。前言部分的后续内容依然会提到彩色印刷问题,以下不再说明。

[2] 译者注: 脱胎于科幻名著《银河系搭车客指南》(*The Hitchhiker's Guide to the Galaxy*)。

- **算法世界搭车客指南**——由于收集整理某个算法问题的现有进展是一项艰巨的任务, 因此本书提供了在实际中最重要的75个问题之简要介绍并汇集成一套"算法问题目录册"。通过查阅这套目录册, 在校学生或从业人员可以很快地确定他们要处理的问题名称和该问题的研究现状, 以及如何在现有研究工作的基础上去解决所面对的实际问题。

  本版基于最新研究结果和应用对每一节进行了修订完善, 我们特别关注对每个问题所能找到的软件实现这一部分内容的更新, 并对诸如GitHub等新兴平台有所体现, 而这些都是上一版未曾涉及的。

- **算法征战逸事**——为了让读者更好地去观察了解算法问题在实际中究竟是如何出现的, 我们在书中特别准备了一系列**算法征战逸事**(War Story), 或者可称作"我们与真实问题交战所经历的故事"。这些故事的寓意是, 算法设计和分析不仅仅是理论, 它更是在你真有需要的时候可以派上用场的一个重要工具。

  第3版保留了第2版中那些最精彩的算法征战逸事并予以修订, 此外还针对随机化算法、分治以及动态规划等主题新增了若干故事。

- **在线资源**——我的网站www.algorist.com提供了完整的讲义和解答维基(Wiki), 而该网站已与本书同步更新。此外, 我的课程视频在YouTube上播放了超过90万次。

我们在本书中没有讲到的内容也同样重要。本书不强调以严格数学的形式进行算法分析, 所以大多数分析论证以较为直观的方式给出, 而你在这本书中一个定理也找不到。如果需要了解更多的细节, 读者应该去研读书中所提到的程序和参考文献。一言以蔽之, 这本指南的目标是让你尽可能快地走上正确的方向。

致教师

本书所涵盖的素材足以开设一门标准的"算法导论"课程。我们假设读者已学完相当于中级编程的课程(通常名叫"数据结构"或"计算机科学Ⅱ")。

你可在www.algorist.com下载用于讲授这门课程的一整套课程幻灯片(slides)。此外, 我还基于这些幻灯片录制了在线视频讲座, 可供一个完整学期的算法课程使用。通过神奇的互联网, 让我来帮你教授这门课!

我们在全书中做了很多教学法方面的改进:

- **新的素材**——为了反映算法设计领域的新进展, 第3版增加了随机化算法、分治和近似算法等新章节, 并深入研讨了散列等主题。不过我还是认真聆听了读者的诉求, 他们拜托我把这本书控制在适度的篇幅之内。我颇为痛苦地删掉了一些不太重要的内容, 最终将相比于第2版所扩展的内容控制在10%之内。

- **更清晰的表述**——在十年之后通读以前所写的文本, 我震惊地发现其中不少章节看起来颇为虚无缥缈, 而另一些地方却是一团乱麻。这本手稿的每一页都经过了修订甚至于重写, 力求更为清晰、准确和流畅。

- 更多面试资源——对于面试前的准备工作而言, 本书仍然是一本很受欢迎的材料。不过这个世界发展速度太快, 因此第3版纳入了更多且更新的面试题, 包括与诸如LeetCode和HackerRank等网站相关的编程挑战。我们还单独加入了新的一节, 为如何以最佳状态准备面试给出了建议。

- 停下来想想——我的每一节课程讲座都会以一个"今日问题"开篇, 我会以此阐明我在解决某个特定主题的习题时的思考过程: 从错误想法开始, 不断调整改进直至最终解决。我们的第3版为读者提供了更多的"停下来想想"章节, 可承担类似的使命。

- 更丰富且更精良的课后习题——与旧版相比, 本书第3版提供了更丰富且更精良的课后习题。我增加了一百多个兴味盎然的新习题, 并删去了一些不那么有意义的问题, 还对某些含混不清或者令人迷惑的问题进行了澄清。

- 更新代码风格——第2版的特点是用C语言实现算法, 以此替换了某些基于伪代码的描述, 这样还能增补更多实现细节。这种做法得到了广大读者的极大认可, 不过仍然有些朋友批评我的编程手法有些老旧。在第3版中所有程序代码都已修订和更新, 并系统性采用彩色字体突出显示。

- 彩图——我有另一本与本书所配套的书籍《数据科学指南》选用了彩图印制, 而我惊喜地发现这样会让概念传达更为明晰。现在本书中的每一幅插图均以鲜明的色彩绘制, 此外文本审稿过程也进一步提升了大部分插图中的内容质量。

致谢

每十年更新一次书籍的题献主要是关注时间流逝中的世事变幻。自这本书问世以来, Renee成为我的妻子, 又变成了我两个孩子(Bonnie和Abby)的母亲, 而这两个孩子现已长大成人。我的父亲离开了人世, 但我的母亲和兄弟(Len与Rob)仍与我相伴, 并且在我的生命中占据了非常重要的地位。我将这本书献给我的家人, 不管是新成员还是老成员, 无论尚在或是离去。

我要感谢以下人士, 他们为新版做出了很大的贡献: Michael Alvin、Omar Amin、Emily Barker和Jack Zheng在构建新网站的基础架构以及有关手稿准备的各项事宜中提供了关键性的帮助。旧版中这些工作是由Ricky Bradley、Andrew Gaun、Zhong Li、Betson Thomas和Dario Vlah承担的。坦佩雷大学的Robert Piché(可谓我这本书全世界最仔细的读者)以及石溪大学的学生Peter Duffy、Olesia Elfimova和Robert Matsibekker阅读了本版的早期文本, 在处理勘误方面省去了我乃至于诸位读者朋友的很多麻烦。此外, 还要感谢我在Springer出版社的编辑Wayne Wheeler和Simon Rees。

书中有不少习题由我的同事原创, 还有些习题是受到了其他教材的启发。在习题流传多年之后, 要弄清其最初出处确实是个挑战, 不过我的网站给出了每个问题的来源(若是我没记错出处的话)。

我对算法所了解的很多东西都是和我的研究生一起学到的。他们中的很多人(Yaw-Ling Lin、Sundaram Gopalakrishnan、Ting Chen、Francine Evans、Harald Rau、Ricky Bradley和Dimitris Margaritis)都是相关算法征战逸事中的真实英雄。Estie Arkin、Michael Bender、

Jing Chen、Rezaul Chowdhury、Jie Gao、Joe Mitchell和Rob Patro一直都是我在石溪大学的朋友和算法领域的同事，与他们共事非常令人开心。

说明

作者大度地接受对任何不足之处的批评乃是一个传统，可我是个例外。本书中所出现的任何错误、缺陷或问题均为他人之过，不过你若是指出来我会非常感激，因为这样我就可以去追究相关人士的责任了。[1]

Steven S. Skiena

石溪大学(Stony Brook University)计算机科学系

纽约 石溪 11794-4400

2020年8月

---

[1] 译者注：Jeff Erickson在他的算法教材中同样开了一个玩笑："All of which are entirely Steve Skiena's fault"。

目录

卷I 实用算法设计

卷II 算法世界搭车客指南

卷 I

实用算法设计

第1章
算法设计简论

何谓算法? 算法是完成某项特定任务的具体步骤。算法更是藏于程序背后的想法, 当然程序自身至少写得还行, 才能谈及算法思想。

一个算法之所以能成为**算法**(algorithm), 它一定要能解决某个有着清楚而且准确叙述的一般性**问题** (problem)。若想精确地表述一个算法问题, 我们得描述该算法问题所要处理**算例**(instance)[1]可取值的集合范围, 以及求解完任意一个算例之后期望得到的输出。分清"问题"和"问题的算例", 这点极其重要。例如**排序**这个算法**问题**[2]可按如下方式定义:

> 问题: 排序
>
> 输入: 由n个键(key)所组成的序列$a_1, \cdots, a_n$。
>
> 输出: 所输入序列的特定置换/重排$(a_1', \cdots, a_n')$, 它满足$a_1' \leqslant a_2' \leqslant \cdots \leqslant a_n'$。

排序的**算例**可以是存储姓名的一个数组, 例如{Mike, Bob, Sally, Jill, Jan}, 也可以是存储数字的一个列表, 例如$\{154, 245, 568, 324, 654, 324\}$。先得确定你现在是在处理某个一般性的问题而不是算例, 这才是迈向最终求解的第一步。

接收满足问题要求的输入算例, 再将其转换成我们想要的输出, 完成上述任务的具体步骤就是**算法**。有许多不同的算法能求解排序问题, 例如**插入排序**(insertion sorting)便是一种可行的方法: 初始它会从序列中取出首个元素(从而形成一个平凡的有序列表), 随后再将序列中余下元素按输入次序逐个插入到列表中, 并保证每次插入后列表仍然有序。图1.1给出了插入排序算法处理某个具体算例(单词INSERTIONSORT中的字母)时数据逻辑关系变化的情况演示。

```
I N S E R T I O N S O R T
I N S E R T I O N S O R T
I N S E R T I O N S O R T
E I N S R T I O N S O R T
E I N R S T I O N S O R T
E I N R S T I O N S O R T
E I I N R S T O N S O R T
E I I N O R S T N S O R T
E I I N N O R S T S O R T
E I I N N O R S S T O R T
E I I N N O O R R S S T R T
E I I N N O O R R S S T T
E I I N N O O R R S S T T
```

图 1.1 插入排序运行情况演示(时间顺序自上而下)

---

[1] 译者注: 为区别书中所举实例, 此处译为"算例", 对算例的描述即规定了对输入数据的要求。

[2] 译者注: **问题**和**算例**在本书算法体系中是两个特定的概念, 与我们通常对它们的认识略有不同, 因此作者又进行了强调。

上述插入排序算法描述如下(以C语言实现):

```c
void insertion_sort(item_type s[], int n)
{
    int i, j;    /* 计数器 */

    for (i = 1; i < n; ++i) {
        j = i;
        while ((j > 0) && (s[j] < s[j - 1])) {
            swap(&s[j], &s[j - 1]);
            --j;
        }
    }
}
```

　　注意该算法具有通用性。只要能给出合适的比较操作(<)判定两个键谁应排在前面, 这个算法就能像处理数字那样将姓名排好次序。根据我们对排序问题的定义, 可以毫无困难地证明上述算法能将所有合乎要求的输入算例正确地排序。

　　一个优秀的算法得具有三个理想的特性。我们所追求的算法应该——**正确**(correct), 并且**高效**(efficient), 同时**易于实现**(easy to implement)。这些目标也许无法全部实现。不过对于工业界所用的程序, 只要能对问题给出还算不错的答案, 并且没有减慢应用程序的速度, 通常都是可以接受的, 我们也不去考虑是否存在更好的算法。在工业界, 通常只有出现性能或法律上的严重问题之后, 才会引发"寻找最佳答案"或"达到最高性能"这样的议题。

　　我们在本章中将重点关注算法的正确性, 而将算法效率的相关讨论推迟到第2章。某个算法是否能正确无误地解决所给的问题, 通常不是不言自明的。大多数情况下, 有了算法的正确性证明才能知晓算法是正确的, 这种证明可以解释**为什么**我们能确信: 在输入问题的任意算例情况下, 该算法都肯定能得到所要的结果。不过, 我们在进行深入讨论之前将会先举例阐明: "**这是显然的**"绝不足以证明正确性, 反而这句话通常完全就是错的。

1.1　机器人巡游最优化

　　让我们考虑一类在制造业、运输业和测试类应用[1]中常常会出现的问题。假定给我们一个机器臂, 它配有一件工具(比如烙铁)。在制造电路板时, 所有的芯片和其他电路元件必须焊接固定到基片上。更确切地说, 每个芯片都有一组触点(或焊线)要焊到电路板上。为了给机器臂编制程序以完成此作业, 我们首先必须设定一套触点的访问次序, 这样机器臂就可以先访问(并焊接)第1个触点, 然后是第2个, 第3个⋯⋯这样继续下去, 直到完成作业为止。接下来机器臂移回到第1个触点, 为下一块印制电路板作准备, 于是加工轨迹(tool-path)会变成一个封闭的巡游(或称为环)。

　　机器人是很昂贵的设备, 因此我们希望装配电路板所花费的巡游时间最短。机器臂移动速度恒定是一个合理的假设, 因此在两点之间游历的时间与点距成正比。简而言之, 我们要求解下述算法问题:[2]

---

[1] 译者注: 例如8.2节的电路板测试。
[2] 译者注: 为了与后文算法伪代码保持一致, 我们将该算法问题中的"集合S"改为"集合P"。

> 问题: 机器人巡游最优化
>
> 输入: 集合P, 它包含平面上的n个点。
>
> 输出: 能访问集合P中所有点的最短环状巡游是什么样的路线?

这个为机器臂编制程序的任务交给你了。现在请停止阅读, 花些时间想出一种求解此问题的算法。我会很乐意等到你找出一个方案……

○ ——————————— ? ——————————— ★

我们通常能想出好几种算法来求解此问题。不过, 最为普遍的想法多半应该是**最近邻**(nearest-neighbor)启发式方法。我们从某点p_0开始, 首先走到离p_0最近的邻居p_1。再从p_1走到离p_1最近并且尚未访问过的那个邻居, 这样只会将p_0从候选点中排除, 而不会影响别的点。接下来不断重复此过程, 直到跑遍所有未访问过的点为止。停下来之后我们再回到p_0, 从而让巡游闭合成环。我们将最近邻启发式方法以伪代码方式写出, 大概框架如算法1所示。

算法1 NearestNeighbor(P)
1 从P中选出一个初始点p_0并访问它
2 $p \leftarrow p_0$
3 $i \leftarrow 0$
4 **while** (仍有未访问过的点) **do**
5      $i \leftarrow i+1$
6   选择离p_{i-1}最近并且尚未访问过的点将其设为p_i
7   访问p_i
8 **end**
9 从p_{n-1}回到p_0

上述算法有许多可取之处: 这种方法易于理解和实现; 为了降低遍历的总时长, 在访问更远的点之前先访问附近的点是合乎情理的; 该算法能完全地正确处理图1.2中所给出的算例。最近邻准则的效率相当高, 因为每对点(p_i, p_j)至多会检查两次: 一次是在巡游路线中添加p_i时, 而另一次则是在添加p_j时。不过, 只需一条即可驳倒上述所有优点——这个算法压根就不对。

不对? 它怎么会不对呢? 请注意, 最近邻启发式方法虽然每次都能找到遍访所有点的路线, 但它所找到的巡游不一定最短, 甚至可能连"接近最短"都算不上。考虑图1.3中的点集, 所有点沿直线依次排开, 而图中的非零数值表示位于坐标轴零点左侧或右侧的各点坐标值。我们从零点开始, 如果每次向那个离当前点最近并且尚未访问过的点移动, 就会按照"左–右–左–右"这样的方式在零点上方不停地跳来跳去, 而该算法却对于打破僵局(break the tie)[1]束手无策。在这些点上的另一种巡游路线则是从最左边的点向右走, 一边走一边访问所遇到的点, 直到访问完最右边的点之后再跳回最左边, 这条路线要好得多, 实际上它也是该算例的最优解。

---

[1] 译者注: 体育比赛中比分交替上升, 打成平局, 最后决胜称为"break the tie"。作者将跳来跳去却无法跳出形象地比喻成僵持不下的局势。

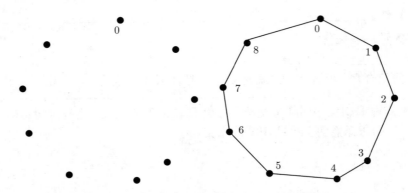

图 1.2　一个能用最近邻启发式方法成功解决的算例(可按递增编号输出巡游中各点的结合次序)

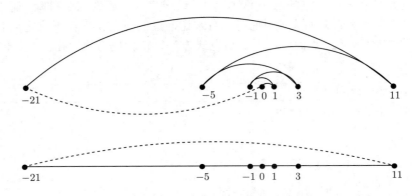

图 1.3　一个会让最近邻启发式方法失效的算例(含有最优解的图示)

　　现在试想你正对一个如此简单的印制电路板做装配演示，当你的老板看到机器臂像玩"跳房子"游戏那样"左–右–左–右"跳着，她肯定会忍俊不禁的。

　　"等一下，"你可能会说，"问题在于我们从零点开始。为什么不把最左边的点换作初始点p_0，并从那里开始使用最近邻准则呢? 如此一来就能找到这个算例的最优解。"

　　那当然是百分之百正确，至少在我们将此例旋转$90°$前确实如此。而旋转之后，现在所有点都处于最左边了。如果将零点的位置稍微朝左边挪一点，这样它就会被选成初始点。现在机器臂虽然不再"左–右–左–右"了，却会改成"上–下–上–下"形式的"跳房子"，而遍历时间几乎和之前所用时间一样，效果还是很差。无论你对挑选初始点的策略做何种改进，最近邻准则注定会在某个点集上失效。

　　或许我们所需要的是另外一种方案。"总是朝最邻近的点走"这种策略简直就是紧箍咒，因为它似乎总会让我们跳进圈套，走到我们不想去的点上。不妨换一种思路，也许应该不断地将最接近的那对端点[1]连起来，并保证连接这对端点不会引起诸如环提前收尾这样的问题。每个顶点开始仅以自己构成顶点链，而当所有的一切合并完成时，我们最终会得到一条包含所有点的链。由于合并完毕仅存两个端点，将它们连起来便会形成一个环。在上述这种**最近点对启发式方法** (closest-pair heuristic)执行的每一步，我们都掌握着一个包含单

---

[1] 译者注: 端点指当前与其相连的顶点数不超过1的那种顶点。

顶点和不相交顶点链[1]的集合, 可供合并操作使用。算法2给出了该方法的伪代码形式(其中 $d(s,t)$ 为点 s 和点 t 之间的距离)。

算法2 ClosestPair(P)
1 令 n 为集合 P 中点的数目
2 **for** (i **from** 1 **to** $n-1$) **do**
3 　　$d^* \leftarrow +\infty$
4 　　**for each** (从不同顶点链中取出的一对端点 s 和 t) **do**
5 　　　　**if** ($d(s,t) \leqslant d$) **then**
6 　　　　　　$s^* \leftarrow s$
7 　　　　　　$t^* \leftarrow t$
8 　　　　　　$d^* \leftarrow d(s,t)$
9 　　　　**end**
10 　　**end**
11 　　以边连接(s^*, t^*)
12 **end**
13 以边连接最后两个端点

　　这种最近点对准则在图1.3中的实例中能找到正确的巡游路线。它从零点开始并将其连接到最近的邻点, 1或−1。随后, 所找到的最近点对将会左右交替连接, 每次连一条边从而最终形成路线的主干部分。最近点对启发式方法略为复杂, 且速度慢于最近邻启发式方法, 然而不管怎样, 它给出了这个实例的正确解答。

　　但是它也不能正确求解所有的算例。考虑在图1.4[左]点集上该算法的运行情况: 该点集包含两行按列对齐排放且列距相等的点, 且行距 $(1-\epsilon)$ 比列距(均为 $1+\epsilon$)稍小一些。因此前三个最近点对会穿过两行的间隔铺开, 而不是沿着边界连接。当这些点配对之后, 余下的两个最近点对将会交替地沿着边界将前面三个点对连起来。最近点对巡游路线总长为 $3(1-\epsilon) + 2(1+\epsilon) + \sqrt{(1-\epsilon)^2 + (2+2\epsilon)^2}$。对比图1.4[右]中所示的巡游, 在 $\epsilon \to 0$ 时这种方案比最短巡游多遍历了20%强。还存在一些实例, 其中的损失远大于此。

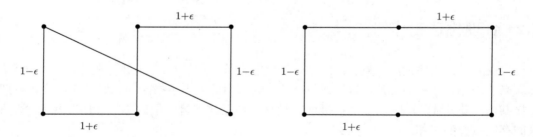

图 1.4 一个会让最近点对启发式方法失效的算例[左]并附最优解的图示[右]

　　由此可见, 第二个算法也是错的。两个算法中哪个表现更好些呢? 你不能仅看到上述实例而做出判断。显然, 两种启发式方法都可能在一些看起来很简单的输入上以非常差的巡游路线而告负。

---

[1] 译者注: 顶点链可认为是顶点子集, 单顶点对应仅有一个顶点的子集, 这些子集都互不相交。

此时, 你也许想知道解决这个问题的正确算法到底看起来像什么样子。嗯, 我们可尝试枚举所输入点集P(大小为n)其中所有可能出现的元素次序关系(共$n!$个), 再选出能够最小化巡游总长度的那个, 也即算法3。

算法3   OptimalTSP(P)

1 $d^* \leftarrow \infty$
2 **for each** (点集P的置换P_i) **do**
3 　│　**if** (P_i所对应的路线总长 $\leqslant d^*$) **then**
4 　│　│　$d^* \leftarrow P_i$所对应的路线总长
5 　│　│　$P_{\min} \leftarrow P_i$
6 　│　**end**
7 **end**
8 **return** $P_{\min}$

由于所有的可能性都已考虑, 我们可保证最后得到的就是最短巡游。因为上述算法是从所有可能出现的次序中挑出最好的, 所以该算法是正确的。但这个算法极为缓慢: 即便是世界上最快的计算机, 我们都不能指望它能在一天内枚举出20个点的全部次序排列(共有$20! = 2\,432\,902\,008\,176\,640\,000$种)。对于现实中常见的一块印制电路板来说, 它的触点数为$n \approx 1000$, 你还是别考虑这种算法了。世界上所有的计算机全天候工作到世界末日, 也无法接近此问题快要解决的状态, 此时这个问题大概都没有意义了吧。

上面我们讨论的问题称为**旅行商问题**(Traveling Salesman Problem, TSP), 对旅行商问题高效求解算法的这种探索与追求将带我们游历本书的诸多章节。如果你想知道这个故事结局是怎样的, 去查看卷Ⅱ中旅行商问题的词条(19.4节)吧。

> **领悟要义**: (精确)算法[1]和启发式方法之间有着根本性的不同: (精确)算法的运行结果肯定是正确的; 启发式方法常常能得到不错的结果, 但无法对正确性提供任何保证。

1.2 合理挑选工作

现在来考虑下述调度问题。设想你是一位非常抢手的演员, 有n部正在筹拍的不同影片都送来了邀你担任主演的片约。拿到的每份片约都明确给出了拍摄的起始日期和终止日期。要接某份工作, 你得答应在整个拍摄期间没有其他工作安排。因此你不能同时接两个日期区间存在重叠的工作。

对于像你这样的大明星, 是否接受某份工作的标准很清楚: 你要赚取尽可能多的钱。这些影片每部都支付同样的片酬, 所以这意味着你想要尽可能多地去接片, 还要确保任意两个所接的影片(也即日期区间)互相不冲突。

例如, 考虑图1.5中那些可供你挑选的拍摄计划。你最多只能在其中四部影片里担任主演, 即 *Discrete Mathematics*, *Programming Challenges*, *Calculated Bets*, 另外在 *Halting*

---

[1] 译者注: 这种能够保证给出最优解的算法一般称为**精确算法**(exact algorithm)。

*State*和*Steiner's Tree* 之中取其一。

你(或你的经纪人)需要在算法意义下解决以下调度问题:

问题: 影片调度问题

输入: 集合I, 它包含直线上的n个区间。

输出: 从I中可选出互不重叠的区间构成一个子集, 那么满足该条件的最大子集是什么?

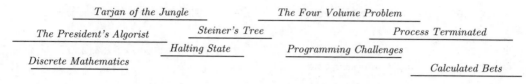

图 1.5 影片无重叠调度问题的一个算例

读者朋友们, 这位演员让你们(算法设计师)为上述任务来研制调度算法。现在请停止阅读, 试着去找出一种算法。这次我还是会很乐意等待。

○ ——————————————— ? ——————————————— ★

我们通常能想出好几种算法来求解此问题。一种是基于以下观念(算法4): 只要有工作可做, 最好就去接受这份工作。这意味着你应该从起始日期最早的工作开始——毕竟现在没别的工作可接, 至少在最开始的这段时间是如此。

算法4 EarliestJobFirst(I)

1 接受I中与此前所接工作均无重叠且开始最早的那份工作j,

2 不断重复上述过程直到没有此类工作为止。

上面这种想法初看起来合乎情理, 但是过长的首份工作可能会阻碍我们获得许多其他工作, 一旦意识到之后, 我们就知道该算法是错误的。仔细看一下图1.6[左], 其中 *War and Peace*[1]这部史诗片最先开始, 但该片的时间却也长到了破坏掉所有其他工作机会的地步。

这个糟糕的实例自然会引出另一种想法。*War and Peace*的不足之处在于它太长了。也许我们应该换个思路, 一开始先接受最短的工作, 然后再在每一轮不断寻找能接到的最短工作。在某个给定时段中最大化所完成任务的数量, 这种做法很容易让人联想到尽可能快地大批量制造劣质产品的场景, 应该会很赚钱吧。于是可据此设计启发式方法, 也即算法5。

算法5 ShortestJobFirst(I)

1 **while** ($I \neq \varnothing$) **do**

2 接受I中最短的工作j

3 删除j, 再删去I中所有与j相交的区间

4 **end**

---

[1] 译者注: 也即《战争与和平》, 该片长达7个多小时。

新的想法看起来似乎也是合乎情理的, 但你看看图1.6[右]就知道这个算法也不对, 接了最短的工作就会阻碍我们拿到另外两项工作。尽管此处可能丢掉的片酬其上限看上去比不了使用前述启发式方法的损失级别, 但是我们很容易扩展出更大的类似算例, 并让你的收益永远不会超过最优选择情况下所得片酬的一半。

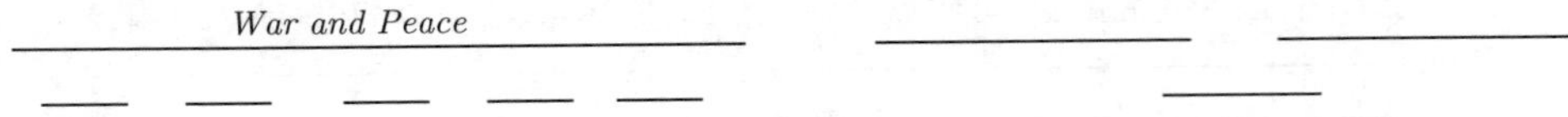

图 1.6 会让最早工作优先[左]或最短工作优先[右]失效的两个算例(最优解显而易见)

此时, 尝试所有可能性的算法开始让人觉得不那么糟糕了, 因为我们确信穷举算法是正确的, 其论证与旅行商问题的处理类似。如果我们忽略如何测试一组区间是否确实互不相交的程序细节, 大概框架如算法6所示。

算法6   ExhaustiveScheduling(I)

1 $j \leftarrow 0$
2 $S_{\max} \leftarrow \varnothing$
3 **for each** (区间集I的子集S_i) **do**
4 　 **if** (S_i中区间互不重叠) **and** ($|S_i| > j$) **then**
5 　 　 $j \leftarrow |S_i|$
6 　 　 $S_{\max} \leftarrow S_i$
7 　 **end**
8 **end**
9 **return** $S_{\max}$

而它有多慢呢? 集合I由n项组成, 因此会有2^n个子集, 而算法的核心缺陷在于得枚举这2^n个子集。这比像机器人巡游最优化问题中所提出的枚举n项事物的所有$n!$种排列次序确实是少多了, 算是个好消息。当$n = 20$时子集只有约一百万个, 在一台还过得去的计算机上能在几秒内全部清点完。然而要是提供一百部影片($n = 100$)来选会如何呢? 2^{100}比20!可是大太多了, 而前面的旅行商问题中20!已经让我们的机器臂投降了。

上述调度问题和机器臂问题的不同之处在于, *存*在一种能正确且高效地解决影片调度的算法。考虑一下最先结束的工作——即在所有区间中, 其右端点位于最左的区间x。在图1.5中扮演此角色的是*Discrete Mathematics*。其他工作很有可能在x之前开始, 但这些工作中的任意两个都有一部分会相互重叠, 因此我们在这组工作中至多只能选择一个。这组相互重叠的工作中x最先结束, 这样一来剩下的其他工作都会有可能扼杀那些位于x右侧的工作机会。很明显, 只要挑选了x我们就肯定不会吃亏。基于上述思路, 我们可以想到正确并且高效的算法7。

算法7   OptimalScheduling(I)

1 **while** ($I \neq \varnothing$) **do**
2 　 接受I中完工日期最早的工作j
3 　 删除j, 再删去I中所有与j相交的区间
4 **end**

　　确保算法在所有可能出现的输入情况下给出最优解, 这是一件很难的任务, 然而经过努力之后我们又常常可以达到这个目标。寻求反例以证明那些伪装成正确的算法有错, 这是算法设计过程中一个重要组成部分。高效算法通常潜伏在难以想到的地方, 而本书则试图培养你练就一身技能, 从而将这些算法收入囊中。

领悟要义: 看上去合理的算法多半可能是不正确的。算法正确性是一个需要仔细论证的特性。

1.3 关于正确性的推理

　　我们希望前面的实例已经使你对算法正确性的微妙之处有所了解。我们需要工具去分辨正确和不正确的算法, 而最主要的一件工具就是**证明**(proof)。

　　一个正确的数学证明包括下面几部分: 第一, 你想证明的必须是一个有着清晰和准确表达的命题。第二, 已经有一组我们认为是正确的假设, 因此它可作为证明的一部分。第三, 有一条推理链能将你从假设带到欲证命题。第四, 末尾以小块(■)或 QED(代表拉丁短语"因此它便得证")表示你已完成证明(证毕)。

　　本书不准备在关于正确性的形式证明上花太多功夫, 因为这种证明很难完成, 而且当你卡在中间证不下去时, 它那让人非常迷惑的形式化推理根本无助于证明。一个证明实际上是**论证**(demonstration)。对于无法一眼就能看出的算法正确性, 只有那些给出可信且简明扼要的论据的证明才是有用的。正确的算法不但需要精准的阐述, 还得努力来证明它既具备正确性又不含**非正确性**(incorrectness)。

1.3.1　问题和特性

　　在开始思考算法之前, 我们需要为待解决问题给出一个细致的描述, 也即问题的规格, 它包含两部分: (1) 允许的输入算例集; (2) 算法输出所要满足的特性。我们不可能证明某个算法能正确地求解一个描述含糊的问题。换言之, 问了错误的问题就会得到错误的解答。

　　某些问题规格所允许的那种输入算例过于宽泛。当影片调度问题中的拍摄计划具体实施时, 假定我们允许它可以停一段时间再继续开拍(比如说在9月和11月拍摄, 中间的10月停工)。这样任意一部影片的拍摄计划都可能变为一个由拍摄区间所构成的集合。这位明星可以随意接受互相交错但不重叠的两个计划(比如上面所提到的影片和一个在8月与10月进行拍摄的影片刚好可以拼到一起)。在经过此类推广之后的调度问题中, 最早结束算法就不起作用了。事实上, 这个推广问题不存在高效算法(可参阅11.3.2节)。

领悟要义: 在算法设计中, 一项非常重要而且广受赞誉的技术是: 不断将问题所允许的算例集狭义化, 直到找出正确高效的算法为止。例如我们可将更具一般性的图降到树来约束图问题, 又比如可从二维降到一维以约束几何问题。

在详述问题输出所要求的规格时, 通常会遇到两种陷阱。一种是问一个没有解释清楚的问题。在没解释"最佳"这个词表示什么意思之前, 要求给出地图上两点之间的最佳路线是个愚蠢的问题。你想找的是总距离最短的路线, 还是最快的路线, 抑或是转弯次数最少的那条呢?

另一种陷阱是给算法定了一个复合目标。上面提到的三种路径规划标准都定义了清晰的目标, 因此会指引我们找出正确且高效的最优化算法。不过, 你只能挑一个标准。例如, 找一条从 a 到 b 且转弯次数不得超过最少转弯次数两倍的最短路线, 这样的目标虽然其定义完全清楚, 但是结构复杂, 因此难以推理和求解。

我强烈建议你去挨个查阅本书卷Ⅱ"算法问题目录册"中的75个问题陈述。为你的问题找一个确切的阐述形式, 是求解它的一个重要部分。而且, 如果有人已经在你之前考虑过相似的问题, 学习这些经典算法问题的释义将有助于你认出它。

1.3.2　表述算法

如果不能仔细描述算法中要执行的步骤序列, 关于算法的推理也就不可能进行。最通用的三种算法表达形态是: (1) 英语; (2) 伪代码; (3) 真实的程序设计语言。伪代码或许是这里面最难解释的词, 但它可以给出最佳定义——是从不蹦出语法错误提示的程序设计语言。

上述三种表达方法都有用, 因为我们表述时很自然地就会去权衡: 是要让算法表述更加容易, 还是要让算法描述更精确呢? 英语是最天然但精确性最低的程序设计语言, 而Java和C/C++是虽然精确但难以编写和理解的程序设计语言。通常最有用的则是伪代码, 因为它体现了折中之道。

选择哪种表达体系最好, 这取决于你使用哪种方法最轻松。我更喜欢使用英语描述(配上图示!)算法中的**想法**(idea),[1] 而如果想将具有技巧性的细节阐述清楚, 我则会转向更形式化、更像程序设计语言的伪代码甚至于更真实的代码。

我的学生常常会犯这样一个通病: 他们用伪代码对算法给出了详尽的表述, 看起来挺像回事, 可算法思想却压根没说清。阐明想法应该才是目的。例如, 前述ExhaustiveScheduling算法可用英语[2]更好地写出(算法8)。

算法8　ExhaustiveScheduling(I)
1 测试区间集 I 的所有子集 S_i(共 2^n 个),
2 并将包含互不重叠区间的最大子集作为返回值。

领悟要义: 任何算法的要点是其中的想法。如果在表述算法时你的想法没有清晰地展现, 那就意味着你描述算法所用表达形态的层级太低。

---

[1] 译者注: 以具体实例画图表示能够起到过渡作用, 单纯用语言表述对于初学者来说, 一开始可能难度有点高。

[2] 译者注: 我们已将该算法描述译为汉语。

1.3.3 论证非正确性

证明某算法是**不正确的**(incorrect), 最好的办法就是构造出一个算例让该算法得出不正确的答案, 这样的算例称为**反例**(counter-examples)。发现算法的反例之后, 理智的人肯定不会再去争辩该算法是正确的。非常简单的算例会立刻一针见血地宣布那些看上去合理的启发式方法失效。好的反例一般具有如下两条特性:

- **可证实性**(verifiability) —— 为了论证某个特定算例是某种算法的反例, 你必须要做到: (1) 计算在此算例下你的算法会给出什么答案; (2) 展示一个更好的答案来证明该算法没有找到它。

- **简明性**(simplicity) —— 好的反例会压缩掉所有不必要的细枝末节, 它能使人确切地明白为何所提出的算法失灵。简明性非常重要, 因为你必须在脑袋里装着这个特定的算例以供随时推演。一旦找到某个反例, 应该将其精简到只剩下本质性的要素为止, 这是非常有意义的。例如, 图1.6[左]中的反例可以将重复的线段从5个降到2个, 这样更简单而且更好。

搜寻反例的这种能力值得培养。它与为计算机程序制定测试集的工作有着某种相似性, 但前者依赖灵感, 而后者倾向于穷尽所有可能情况。下面是一些有助于你搜寻反例的技巧:

- **小中见大**(think small) —— 注意前面我所给出的机器人巡游反例已压缩到6个或更少的点, 而调度反例仅为3个区间。这意味着以下事实: 如果某个算法失效, 通常都存在一个非常简单的算例, 该算法在其上运行会给出错误结果。不在行的算法工作者往往会拟出一个杂乱异常的算例, 然后不知所措地盯着它。专家则会仔细打量若干简单的算例, 因为它们易于验证和推理。

- **考虑周全**(think exhaustively) —— 对于算例规模量的最小非平凡值n,[1] 要考虑的情况不会很多。例如, 两个区间在直线上只能以三种不同的方式出现: 作为不相交的区间; 作为相互重叠的区间; 作为真嵌套[2]区间, 即一个在另一个里面。在上述三种算例中, 以各种可能的方式分别再加入一个区间, 三个区间情况下的所有算例(包括令两种影片调度启发式方法失效的反例)便可有条理地构造出来。

- **寻觅弱点**(hunt for the weakness) —— 如果所提出的算法是"每次取出最大"(更为人熟知的叫法是"贪心算法")这样的形式, 想想为什么这种算法策略有可能被证明是错的, 尤其是⋯⋯

- **令其势均力敌**(go for a tie) —— 要想证明贪心启发式方法不对, 一种迂回的办法是给出某种算例, 其中每个元素都"一样大"。贪心启发式方法立刻就失去了基于序关系做出决策的能力, 于是便可能随意选择, 最后导致它返回某个次优解。

- **寻找极端情况**(seek extremes) —— 许多反例混合了巨大和微小、左和右、很少和许多、近和远。通常验证极端情况的实例比验证那种异常混杂的实例要容易(因为毫无规律可言)。考虑两团极度密集的点, 两团之间所隔距离d远大于团内点距。无论点的个数是多少, 最佳旅行商巡游的路线总长基本上就是$2d$这个数值左右, 因为团内点的情况对巡游几乎没有什么实质性影响力。

---

[1] 译者注: 算例规模量指算例中所处理的元素个数。一般而言, $n = 1$是平凡情况。

[2] 译者注: 类似于集合的"真包含"概念。

> **领悟要义**: 找反例是证明某个启发式方法不具备正确性的最好方法。

停下来想想: 贪心的电影明星?

问题: 回想一下影片调度问题, 我们要在输入集合 I 中找出互不重叠的最大区间子集。一个自然能想到的贪心启发式方法是这样的: 选出与集合 I 中其他区间重叠次数最少的区间 j, 再删去 I 中所有与 j 相交的区间; 重复上述过程直到集合中不存在区间为止。

请为上述算法给出一个反例。

解: 考虑图1.7中的反例。我们能找出的包含相互无关区间的最大子集由4个区间组成(位于倒数第二层), 但是重叠度最小的区间(最下面的居中位置)与这些区间之中的两个存在重合部分, 一旦贪心地抢了这个区间, 我们注定只能得到一个仅包含3个区间的解。

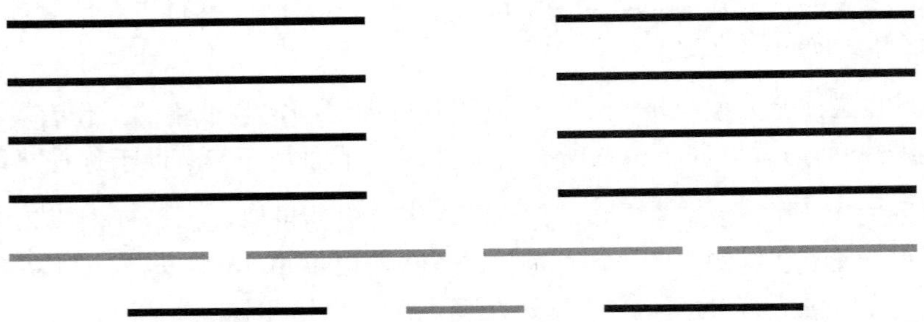

图 1.7 影片调度问题中贪心启发式方法的反例: 若挑选最下面居中的那个区间(因为它与其他区间重叠的次数最少), 则让我们无法找到最优解(倒数第二层的那四个区间)

那么我们如何着手构造这样的反例呢? 我的思考过程如下: 不妨从一个长为奇数的区间链开始, 每个区间与其左边和右边的一个区间分别重叠。如果考虑一个长为偶数的区间链, 由于存在两种最优解会扰乱思路(寻觅弱点)。链中除了最左和最右位置之外, 所有区间都与其他两个区间相互重叠(令其势均力敌)。为了让两个终端位置的区间不吸引算法的注意力, 我们可以在其上堆放更多额外的区间(寻找极端情况)。我们这个反例中链的长度为7, 它是能保证该构造方案可行的最小值。 ∎

1.4 归纳与递归

没能找到某个算法的反例, 这并不意味着我们可以说: "显然, 该算法是正确的。"我们需要给出算法正确性的证明或论证。通常, 数学归纳法是首选方案。

当我第一次了解数学归纳法时, 它看上去完全像魔术。你先在1或2这样的基础情形下证明一个像 $\sum_{i=1}^{n} = n(n+1)/2$ 的公式; 再预先假定从基础情形一直到 $n-1$ 该命题都正确; 最后可用上述假定来证明对于一般情况下的 n, 命题总是成立。这是证明吗? 太荒谬了!

而我第一次了解递归这种程序设计技术时, 它看上去也完全像魔术。程序先检测输入的数是否属于像1或2这样的基础情形。如果不是的话, 你可通过将这个较大的问题分割成若干小块(即子问题), 并调用它自己作为子程序来求解这些子问题, 进而可解决原问题。这是程序吗? 太荒谬了!

递归和数学归纳法看上去都像魔术的原因是, 递归的执行过程其本质就是数学归纳法。在这两种方法中, 我们都能找到一般条件和边界条件, 利用一般条件一步步将问题割成小而又小的问题, 而初始条件或边界条件最后会终止递归。一旦你理解了递归或归纳, 就可以了解为什么另一个也是正确的。

我曾听到这样的说法, 计算机科学家是只知道用归纳法来证明问题的数学家。这种说法在一定程度上是正确的, 其原因是计算机科学家证明问题的能力确实不强, 而更主要的原因是: 在我们所研究的算法中, 很多算法不是递归的就是增量式的(incremental)。

考虑在本章开始介绍的插入排序其正确性, **推理过程**(reason)可按数学归纳法描述如下(输入数组记为A):

- 基础情形仅含一个元素, 由定义知一个单元素数组完全有序。
- 在一般情况下, 我们可假定, 插入排序的$n-1$次迭代之后, 数组A中的前$n-1$个元素完全有序。
- 为了在A中插入最后一个元素x, 我们要去找x所应摆放的位置, 即小于或等于x的最大元素与大于x的最小元素之间的点, 显然这个位置是唯一的。可将所有大于x的元素向后依次挪一位, 这样所产生的空位就是x所要的位置, 于是, x的插入位置便可找到。

基于上述**原因**(reason), 可知插入排序是正确的。

不过肯定有人要对归纳证明提出疑义, 因为它可能会悄悄出现一些相当细微的推理错误。第一种属于**边界错误**(boundary error)。例如, 上述插入排序的正确性证明给出了如下命题——两个元素之间存在一个唯一的位置可插入x, 而当我们的基础情形是一个单元素数组时这个命题就很冒失了。这提示我们还需要正确处理插入最小或最大元素的特例, 此时更要多加小心。

归纳证明的第二种同时也是更常犯的错误和随意扩展**断言**(claim)有关。在给定问题的算例中额外加入一个元素可能会导致最优解完全改变。图1.8是影片调度问题的一个实例, 在插入新的虚线段后, 此时最优调度不会包含插入前最优解中的任何区间。要是完全无视此类难点的话, 可能会让你对一个错误算法给出一个看上去令人信服的归纳证明。

图 1.8 在算例中插入某一个区间(以虚线表示)后, 最优解(以盒状体表示)所发生的大规模变动

领悟要义: 数学归纳法通常是证明一个递归或增量式算法的正确思路。

停下来想想：一步一步迈向正确之路

问题：算法9给出了一个自然数自增操作(即y变为$y+1$)递归算法，证明其正确性。

算法9   Increment(y)

---
1 **if** $(y = 0)$ **then**
2 $\quad|\quad$ **return** 1
3 **else if** $((y \bmod 2) = 1)$ **then**
4 $\quad|\quad$ **return** $2 \times \text{Increment}(\lfloor y/2 \rfloor)$
5 **else**
6 $\quad|\quad$ **return** $y + 1$
7 **end**

证明：此算法的正确性对我来说无疑不是显然的。不过由于它是递归的，而我又身为计算机科学家，我的自然反应就是尝试以归纳法证明它。易知它可正确处理$y = 0$的基础情形：很明显返回值为1，且$0 + 1 = 1$。

现在假设一般情形下(即$y = n-1$)该函数运行无误。上述假设给出之后，我们接下来得论证$y = n$时命题为真。这类情况有一半是很容易证明的，即y为偶数时(对应$y \bmod 2 = 0$)，因为直接就返回了$y+1$。

y为奇数时，答案取决于Increment$(\lfloor y/2 \rfloor)$所返回的值。这里我们想使用归纳假设，但它不是很合适。我们已假设Increment函数在$y = n-1$时运行无误，但未假设该函数处理$\lfloor y/2 \rfloor$(约为y的一半)时会怎样。不妨加强我们的假设以解决这个问题，即声明一般情形为所有$y \leqslant n-1$的取值。这种假设的修订虽然看起来没什么本质性改动，但它对证出该算法的正确性却是必不可少的。

现在奇数y(即$y = 2m+1$，m为某一整数)的情况便可这样处理：

$$
\begin{aligned}
2 \times \text{Increment}(\lfloor (2m+1)/2 \rfloor) &= 2 \times \text{Increment}(\lfloor m + 1/2 \rfloor) \\
&= 2 \times \text{Increment}(m) \\
&= 2(m+1) \\
&= 2m + 2 \\
&= y + 1
\end{aligned}
$$

于是一般情形获证。   ∎

1.5   建立问题的模型

根据已被前人精确描述且深入认识的问题，进而表达和构筑出你的实际应用，完全可称得上是一种艺术，这就是**建立模型**/**建模**(modeling)。恰当地建立模型是将算法设计技术应用于实际问题的关键所在。其实，建模能将你的实际应用与已有成果联系起来，而模型要是建得合适，就可能不再需要去设计甚至实现算法了。与此同时，恰当地建立模型也是有效利用本书卷II中"算法世界搭车客指南"的关键。

现实世界的实际应用包含着取自现实的对象。你可能正致力于这些系统: 在网络中安排通信路由, 或是在大学中寻找教室的最优排法, 抑或是在企业数据库中寻找某些模式。[1] 然而, 大多数算法都是在严格定义的抽象结构上而设计的, 如置换、图和集合等结构。要想充分利用算法文献, 你得学会像文献中那样, 以基本结构为落脚点, 抽象地描述问题。

1.5.1 组合式对象

之前要是有人已经碰巧研究过你的算法问题(也许是完全不同的应用场景下), 你现在解决它的把握就会很大。但是你得弄清楚对于你要解决的这个特殊的"widget[2]最优化问题"现在已经研究到何种程度了, 可别指望在能在参考书中刚好找到"widget"这样一个词条。你首先必须将这个最优化问题表述为在抽象结构上计算某些特性的那种形式, 我们将常见结构列举如下:

- **置换/排列**(permutation) —— 它是若干元素的安排或排布。例如$(1, 4, 3, 2)$和$(4, 3, 2, 1)$是对于某个4元素集的两种不同置换。我们已在机器人巡游最优化问题和排序中见过置换。每当你的问题要寻求"安排"、"巡游"、"排布"或"序列"时, 置换很可能就是问题中的对象。

- **子集**(subset) —— 它代表从一组元素中所挑出的项。例如, $\{1, 3, 4\}$和$\{2\}$是从前4个正整数中挑出的不同子集。元素的次序在置换中很重要, 但在子集中却无关紧要, 因此$\{1, 3, 4\}$和$\{4, 3, 1\}$可认为完全相同。我们已看到在影片调度问题出现了子集。每当你的问题要寻求"簇"(cluster)[3]、"群集"、"委员会"、"群组"、"装箱"或"选择"时, 子集很可能就是问题中的对象。

- **树**(tree) —— 它代表元素之间的等级关系。图1.9的左边描绘了Skiena家族的部分家谱图。每当你的问题要寻求"等级"、"强弱关系"(dominance relationship)、"祖先/子孙关系"或"逐级分类"(taxonomy)时, 树很可能就是问题中的对象。

- **图**(graph) —— 它代表对象之间的关系, 注意这种关系可能会存在于任意两个对象之间。图1.9的右边就是以图对公路网建模, 其中顶点为城市, 而边则是连接一对城市之间的公路。每当你的问题要寻求"网络"、"线路"、"万维网"或"关系"时, 图很可能就是问题中的对象。

- **点**(point) —— 它代表某个几何空间中的位置。例如, 麦当劳的位置可用地图/平面上的点描述。每当你的问题要处理"地点"、"方位"、"数据记录"或"位置"时, 点很可能就是问题中的对象。

- **多边形**(polygon) —— 它代表某个几何空间中的区域。例如, 一个国家的边界可用地图/平面上的多边形描述。每当你的问题要处理"形状"、"区域"、"外形"或"边界"时, 多边形很可能就是问题中的对象。

---

[1] 译者注: 模式(pattern)指一个不包含空串的非空语言, 可由一个字符串(例如"abc")组成, 也可以是一个字符串集合(例如"a?c"这样的字符串, 其中"?"可代表字母表中任意字符)。

[2] 译者注: widget指某种不知名的小设备/小装置(因为现实中它们的种类繁多无法一一起名), 而我们不可能对每种小设备都有深入的研究, 此处的widget也是泛指这样的问题。

[3] 译者注: cluster作动词译为"聚类", 作名词译为"簇"。

- **串**(string) —— 它代表字符序列或**模式**(pattern)。例如, 班级中的学生姓名可用串表示。每当你在处理"文本"、"字符"、"模式"或"标记"时, 串很可能就是问题中的对象。

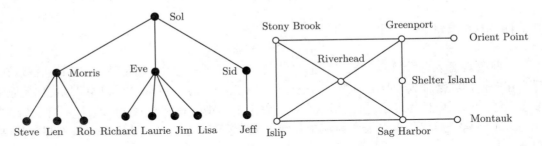

图 **1.9**　分别以树和图建立两种取自现实的结构

上述基本结构都有与之相关的算法问题, 而这些问题将在卷II的"算法问题目录册"中予以展示。熟悉它们很重要, 因为这些问题为我们提供了用于对实际应用建模的语言。要想熟悉这份目录册中的术语体系, 你必须将它从头到尾浏览一遍, 并研究每个问题的**输入**(input)图例和**输出**(output)图例。理解了这些问题能让你以后在实际应用中碰到时知道去哪里找, 即便你只看懂了问题的图例或定义也会大有裨益。

对实际应用建模的成功案例将在散布于全书的算法征战逸事予以讨论。不过, 在这里我们还得再说几条注意事项: 对实际应用建模可将它缩减成由少数已有问题和结构所组成的实体; 这种方法的本质决定了其局限性, 因为你的实际应用中某些细节如果用模型中的标准问题来表达可能不太容易; 另外, 某些问题能以多种不同的方法建模, 而其中一些方法远胜于其他方法。

建模只是为问题设计算法的第一步。在处理你的实际应用时, 对某些细节与候选模型之间的差异要保持警觉, 但也别过早宣布你的问题独一无二。最好先暂时忽略那些尚未匹配的细节, 这样就不用一开始浪费太多时间去思考这些细节是否确实很重要。[1]

> **领悟要义**: 根据已有明确定义的那些结构和算法对你的实际应用建立模型, 是通往解决方案最重要的一步。

1.5.2　递归式对象

学习递归地思考就是学会如何找出较大的递归式对象, 即严格依照较小的同类对象构造而成的较大对象。如果你认为房屋是一组房间, 那么添加或删除某个房间后所留下的依然是房屋。

递归式对象在算法世界中随处可见。其实, 前文中每个抽象结构都可用递归方式考虑。如图1.10所示,[2] 你只需要明白如何能将它们拆成小对象即可。

---

[1] 译者注: 先去寻找到合适的算法和基本结构与之大致匹配。

[2] 注意, 集合 $\{1, \cdots, n\}$ 的某个置换如果删除其中一个元素之后会重新编号, 从而让其变成集合 $\{1, \cdots, n-1\}$ 的某个置换。

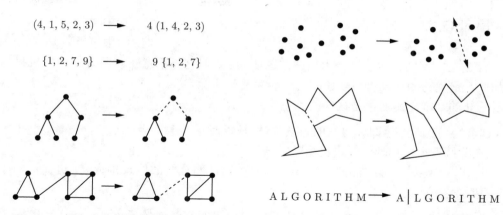

图 1.10 组合式对象的递归分解: 左栏为置换/排列、子集、树和图, 右栏为点集、多边形和串

- **置换/排列** —— 从集合$\{1, \cdots, n\}$的某一置换中删除首元素后, 集合从n个元素变为$n-1$个元素, 你会得到基于新集合的某个置换。上述过程可能需要对元素重新编号, 从而保证新的对象依然是连续整数组成的置换。例如$(4, 1, 5, 2, 3)$移除首元素并重编号之后会变成$(1, 4, 2, 3)$, 注意它是集合$\{1, 2, 3, 4\}$的置换。[1] 因此, 置换是递归式对象。
- **子集** —— 集合$\{1, \cdots, n\}$的所有子集S包含着一个$\{1, \cdots, n-1\}$的子集S', 并可通过删除S中的n(如果S中有n的话)而使S'这个子集凸显。因此, 子集是递归式对象。
- **树** —— 删除树的根你会得到什么? 一堆更小的树。删除树的叶子你会得到什么? 一棵略小的树。因此, 树是递归式对象。
- **图** —— 删除图中的任一结点, 你会得到一个更小的图。现在将图的顶点分成左右两组, 将跨越左右两组的所有边从中切断, 你会得到什么? 两个更小的图和一束被切断的边。因此, 图是递归式对象。
- **点** —— 取一团点, 再画一条线将其一分为二, 现在你便拥有更小的两团点。因此, 点集是递归式对象。
- **多边形** —— 对一个简单多边形, 在其不相邻的两个顶点间插入一条内弦, 则将原多边形切成两个更小的多边形。因此, 多边形是递归式对象。
- **串** —— 删除串中首字符你会得到什么? 一个更短的串。因此, 串是递归式对象。[2]

对象的递归描述既需要分解规则, 还需要基础情形(即关于最小和最简单对象的明确描述, 此时分解终止)。基础情形通常易于定义。只有0个元素的置换和子集看上去大概像()和{}。有实际意义的最小树和图包含单个顶点, 而有实际意义的最小点团也只包含一个点。多边形稍微需要注意, 最小简单多边形为三角形, 边再少就不能再称为多边形了。最后, 空串中只有0个字符。将0个元素还是1个元素选为基础情形, 这只是喜好和是否方便的问题, 而无关乎大体。

本书中的许多算法都可由上述递归分解而给出, 请务必认真阅读, 细心体会。

---

[1] 译者注: $(4, 1, 5, 2, 3)$将4从其中移去会变为4和$(1, 5, 2, 3)$, 而表示4个元素的置换应基于集合$\{1, 2, 3, 4\}$表述, 因此$(1, 5, 2, 3)$在置换定义下便记为$(1, 4, 2, 3)$, 即对$(1, 2, 3, 5)$施加置换$(1, 4, 2, 3)$, 以位置更换而得到$(1, 5, 2, 3)$。

[2] 一位敏锐的读者看了上一版之后指出, 沙拉是递归式对象, 但是汉堡则不能递归分解。吃一口沙拉(或者吃完其中的一种配菜)之后, 剩下的还是沙拉, 只不过分量少点而已。但是汉堡咬完一口之后, 其品相就完全不能叫汉堡了。

1.6   反证法

尽管有些计算机科学家只会用归纳法证明问题, 但这并不意味着所有的计算机科学家都是如此。最优秀的计算机科学家有时还会用反证法呢。[1]

反证法的基本思路通常是这样的:

- 假设原有猜想(也即你要证的那条陈述)是错的;
- 在此假设上以合理的逻辑推出若干结论;
- 证出其中会有一条结论显然不对, 因此可以证明最初的假设不成立, 进而可知原有猜想是正确的。

欧几里得在证明"存在无穷多个素数"[2]时给出了非常经典的反证法。先考虑其否定结论, 于是只存在有限个素数, 可将其列出: $p_1, \cdots, p_m$。假设以上结论成立, 现在让我们对其继续进行推理。

素数在除法操作上有着特殊的性质, 可从这方面着手。假设我们构造一个由上述"所有"素数相乘而得到的数:

$$N = \prod_{i=1}^{m} p_i$$

整数 N 可被前述任意一个素数所整除, 这条性质可由 N 的构造方式证出。不过我们再考虑 $N+1$ 这个整数: 它不能被 $p_1 = 2$ 整除, 因为 N 可被2整除; 同理, $N+1$ 也不能被 $p_2 = 3$ 整除; 而且, 上述列表中的其他素数也不能整除 $N+1$。由于 $N+1$ 不存在非平凡的因子, 这意味着我们得将其添加到前文所给的素数列表之中。[3] 但是前面你已经断定恰好只有 m 个素数, 而这些数也不包括 $N+1$, 那么你的断言肯定不对, 因此素数的总数上限并不存在。错误假设被刺破了!

反证法如果想让人信服, 那么最终结论必须是非常明显的谬论, 而模棱两可的形态是不可取的。另外, 上述矛盾必须是利用假设通过逻辑推理而得出的结论, 这点也很重要。我们将在8.1节讲解对最小生成树算法的反证法。

1.7   关于"算法征战逸事"

想了解精心设计的算法究竟是如何对性能产生巨大作用的, 最好的办法就是去看真实的案例研究。仔细地研究他人的经历, 可以知道他们可能会怎样去处理我们所面临的问题。

散布于本书的算法征战逸事是一些我个人在算法研究中值得回忆的经历, 描述了我们在实际应用中对算法设计所做的努力尝试, 大部分是成功的, 但偶尔也会失败。我希望读者能吸收这些经验并为己所用, 这样在你自己对问题发起进攻时它们可以发挥典范作用。

每个算法征战逸事都是真实的。当然, 复述这些故事时已对其稍加修饰, 并加入了生动的对话以使故事的可读性更强。不过, 我尽量忠实地记录从原始问题直至最终解决的过程, 因此你可以观察到此过程是怎样逐步展开的。

[1] 译者注: 原文是作者的幽默, 其实理论计算机科学家所用的数学知识和证明技术是非常复杂的。
[2] 像2, 3, 5, 7, 11, $\cdots$ 这样不存在非平凡因子的正整数 n 称为素数, 也即其因子只有1和 n 自身。
[3] 译者注: 原文勘误对此进行了修订。注意 $N+1$ 未必真是素数。

《牛津英语词典》(*Oxford English Dictionary*)对**算法学家/算法工作者**(algorist)的定义是: "one skillful in reckonings or figuring"。在这些故事中, 我尽量生动地展现算法学家在进攻某问题过程中所用的思考方式。

这些各式各样的算法征战逸事通常至少包含一个卷II算法问题目录册中的问题。当某个问题出现时, 我会提及目录册中与该问题所对应的章节。这样做是为了强调——根据经典算法问题来建立实际应用的模型大有裨益。每当你需要了解关于某个特定问题的已有成果时, 只要翻阅这份目录册便能从中抽出想知道的内容。

1.8 算法征战逸事: 通灵者的模型建立

我在办公室正坐着, 突然有个电话来找我。

"Skiena教授, 希望您能帮个忙。我是博彩系统集团的总裁, 我们的最新产品里出现了一个问题, 需要一个能求解它的算法。"

"可以啊。"我回答。毕竟, 我所在这个工程学院的院长总是鼓励学院的教师与工业界多些互动。

"我们博彩系统集团在推销一种程序, 它的设计目的是提高我们的顾客预测中奖号码的通灵能力。[1] 在通常的博彩中, 每张彩票上包含了某个范围内的6个号码, 比如说它们选自1到44。因此, 任何给定彩票只有相当小的概率赢得大奖。然而, 加以适当的训练后, 我们的顾客能在44个号码中预判出某些号码(比如说15个), 并能保证这些号码中至少有4个将成为中奖号。[2] 我所说的这些话您大概能理解吧?"

"不太明白啊。"我回答道。但我那会脑子里在回想院长鼓励我们与工业界互动的景象。

"我们的问题是这样的。假定通灵者(psychic)已将可选号码集缩小到15个号, 且能肯定其中至少有4个将成为中奖号, 我们得找出最高效的方法来利用这条信息。假定每当您的彩票上选对至少3个号码时, 就会中奖并可兑换成现金。我们需要一种算法来构造出您应该购买的最小彩票集, 这样即可保证至少能中最低奖。"

"假定通灵者是正确的?"

"对, 我们假定通灵者是正确的。为使通灵者的投资最小化, 我们需要一个程序打印出他所应购买的所有彩票。您能帮我们吗?"

这算是找对人了, 由此看来他们也许真有通灵能力。找出应买的最小彩票子集是一个极具组合味的组合算法问题。我们将把它转化成某类覆盖问题, 即所购买的每张彩票都要"覆盖"通灵者所选集合的某些4元子集。[3] 在所有可能性中找出最小彩票集以覆盖所有元素是**集合覆盖**(set cover)(18.1节会讨论这个NP完全问题)的一种特殊算例, 据此推测最小彩票集问题在计算意义上大概也是难解的。

上述问题确实是集合覆盖问题的一个特殊算例, 用4个变量即可完全表述清楚: 候选集 S 的大小 n(通常 $n \approx 15$), 每张彩票用来填写号码的格子数目 k(通常 $k \approx 6$), S 中已被通灵者确保会出现的号码个数 j(比如说 $j = 4$), 最后还有中奖最低应匹配的号码个数 l(比如说

---

[1] 是的, 这是一个真实的故事。

[2] 译者注: 受过这种训练的顾客便会成为下文中的通灵者。

[3] 译者注: k元子集(k-subset)指的是包含 k 个元素的子集。

$l = 3$)。图1.11表示了在一个较小算例下的覆盖,其中$n = 5$, $k = 3$, 而$l = 2$, 不过这里没考虑通灵能力(意味着$j = 5$)。[1]

彩票	所覆盖/赢得的2元子集（互不相交）
$\{1, 2, 3\} \implies$	$\{\{1, 2\}, \{1, 3\}, \{2, 3\}\}$
$\{1, 4, 5\} \implies$	$\{\{1, 4\}, \{1, 5\}, \{4, 5\}\}$
$\{2, 4, 5\} \implies$	$\{\{2, 4\}, \{2, 5\}\}$
$\{3, 4, 5\} \implies$	$\{\{3, 4\}, \{3, 5\}\}$

图 1.11 以彩票$\{1, 2, 3\}$、$\{1, 4, 5\}$、$\{2, 4, 5\}$、$\{3, 4, 5\}$覆盖$\{1, 2, 3, 4, 5\}$的所有号码配对

"尽管找到精确的最小应购买彩票集会很难, 如果用启发式方法, 我应该可以让您非常接近于最便宜的彩票集合覆盖", 我告诉他, "这样可以满足要求吗?"

"只要比我的竞争对手销售的程序所产生的彩票集更好就行。他们的系统可不是每次都保证能中奖的。Skiena教授, 我实在很感激您帮忙改进我公司的程序。"

"还有最后一件事。如果您的程序能训练人们挑出中奖号码, 为何您自己不用它来赢取奖金呢?"

"我期待尽快与您再次通话, Skiena教授。感谢您的帮助。"

我挂断电话后陷入了沉思。看起来把这事交给一个聪明的本科生是个理想方案。以集合和子集的语言来建模后, 这个解决方案的主干部分看上去就非常易懂了:

- 我们要找个能从候选集S生成所有子集(包含k个号码)的方案。17.5节描述了对集合生成子集并且对其进行排位(ranking)/译算(unranking)操作的算法。
- 我们需要对"什么集合可以称为彩票购买覆盖集"进行确切的阐述。最明显的准则是, 我们要买数量较少的一组彩票, 使得对于S的任意一个l元子集(共$\binom{n}{l}$个), 所购买的彩票中必有一张包含该子集, 由于每个子集都可能出现, 那么我们必会中奖进而有可能赚回购买彩票的本金。
- 我们必须记录下迄今为止哪些中奖组合[2]已覆盖。我们想找的彩票应该能够尽可能多地包含尚未覆盖的中奖组合。当前已覆盖的那些中奖组合是所有可能中奖组合集合的一个子集, 而用于子集的数据结构将在15.5节中讨论。最佳候选者看起来应该是位向量, 它能在常数时间回答"这个组合已经覆盖了吗?"的问题。
- 我们需要一种搜索机制来确定下次该买哪张彩票。集合的元素个数要是不太多的话, 那么我们可在所有可能的彩票子集上穷举搜索进而选出最小者。对于规模较大的问题, 使用随机搜索方法如模拟退火(见12.6.3节)所选出的彩票能够尽可能多地包含那些仍未覆盖的组合, 作为我们应该购买的彩票集候选者。通过不断重复这种随机搜索过程若干次并从中挑出质量最好的一个解, 我们有可能会提供一个很不错的彩票列表。

Fayyaz Younas这个机灵的本科生要求接受这个挑战。基于上述框架, 他实现了一个蛮力搜索算法, 并能在不太长的时间内找到$n \leqslant 5$情况的问题最优解。他还实现了一个随机搜

---

[1] 译者注: $l = 2$, 因此图1.11中取成对号码。

[2] 译者注: 指l元子集, 由于所有l元子集都可能中奖, 因此称之为中奖组合。

索过程以求解规模更大的问题, 并且花了些时间对程序调优, 最终设定了一个最佳版本。终于到了能给博彩系统集团打电话宣布问题已解决的那天。

"我们的程序对于$n = 15, k = 6, j = 6, l = 3$情况找到了一个最优解, 也即需要购买28张彩票。"

"28张!"总裁不答应了, "肯定有错误。你仔细想想看, 只要这5张彩票就足以覆盖所有可能情况两次了: {2, 4, 8, 10, 13, 14}、{4, 5, 7, 8, 12, 15}、{1, 2, 3, 6, 11, 13}、{3, 5, 6, 9, 10, 15}、{1, 7, 9, 11, 12, 14}。" 我们把这个实例捣鼓了一会, 不得不承认他说的确实是正确的。

我们居然没有正确地建立问题的模型! 事实上, 我们不需要以最小彩票集去直接覆盖所有可能的中奖组合。图1.12给出了能解决前述实例的2张彩票方案(当时用了4张彩票), 你可从中了解总裁所给出覆盖方案的基本原理。尽管{2, 4}、{2, 5}、{3, 4}和{3, 5}乍一看没出现在这两张彩票里, 但是这些配对补上第3个彩票号码后依然会生成那些已覆盖的彩票配对(仍在{2, 4, 5}和{3, 4, 5}所生成的配对中)。[1] 我们先前试图覆盖的组合太多了, 而这些精打细算的通灵者是不会为这样的铺张浪费行为买单的。

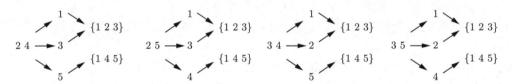

图 1.12 {1, 2, 3, 4, 5}为彩票号码范围, 仅用彩票{1, 2, 3}和{1, 4, 5}即可确保能有一对号码中奖(最下方的示意图解释了为何那些看似未覆盖的号码配对在扩展后仍会蕴含某个已覆盖的号码配对)

幸运的是, 这个故事有个圆满结局。尽管一开始没找到真正要解决的问题, 但是我们原先基于搜索的求解方案框架依然有效。当用某组给定彩票去覆盖整个集合时, 我们所应修正的仅仅是新情况下该组彩票中的某张能确保哪些子集可被覆盖。经过上述改造后, 我们实现了他们所期待的那种结果。博彩系统集团非常感激, 他们采纳了我们的程序并吸收到他们的产品中, 我们也希望该产品能帮助顾客博得头彩。

此故事的寓意是, 在解决问题之前, 一定要保证你对问题的建模是正确的。在本节这个实例中, 我们提出了一个还算不错的模型, 但在开始编程之前并未足够深入地研究以保证该模型确实有效。如果开始编程前先用手算出一个小实例, 并且再跟研发经费赞助商多通通气, 就会很容易发现我们对该问题的误读。我们之所以能反败为胜, 主要是初始的方法构思

---

[1] 译者注: 以图1.12中的{2, 4}为例, 补上一个号码后则变成{1, 2, 4}、{2, 3, 4}、{2, 4, 5}, 这三个子集都与{1, 2, 3}或{1, 4, 5}至少有一对号码相互重合。至于如何设计算法, 则是本章习题1-31的内容。

基本上没什么大问题, 而且它正确地对下面的任务给出了清晰的抽象: (1) 对k元子集进行排位/译算; (2) 集合抽象数据类型; (3) 组合搜索。

1.9 估算

当你不知道正确答案的时候, 最好的处理方式就是去猜。合理的猜测过程我们称为**估算**(estimation)。在算法设计中, 对不同的量级(例如程序的运行时间)进行简单估算(back-of-the-envelope estimate)是一种非常有用的技能, 而在任何技术型企业中这种能力也同样会受到推崇。

我们最好以某种逻辑推理过程求解估算问题, 通常会同时借助合理的计算与类比来完成。合理的计算通过将某些值以函数的形式给出答案, 而这些值可以取自你的知识储备, 也可从谷歌上查找, 还可以靠猜测(当然你得有这个底气)。**类比**则依赖于你之前的经验, 不妨回想一下, 什么看起来与手头的问题在某些方面存在相似性呢?

我曾让学生估算某个沉重的玻璃罐中有多少枚硬币, 他们给出的答案从250到15 000都有。如果你做了正确的类比, 这两个答案都会显得很傻。

最好通过解决, 通常是原则性的计算和类比的混合。原则性计算给出的答案是你已经知道的数量的函数, 或者觉得有足够的信心去猜。类比则是参考你过去的经验, 回忆那些似乎与手头问题的某些方面相似的经验。我曾经让我的学生估计一个沉重的玻璃罐中放有多少枚1美分硬币, 而得到的答案从250到15 000不等。如果你做了正确的类比, 那么就会知道250和15 000这两个答案都完全不靠谱:

- 50枚硬币可封卷成管状, 而这卷硬币的长和宽与你最粗的手指基本差不多。事实上, 5个这样的硬币卷(共计250枚)你可以很容易地握住, 压根就用不着那么沉重的玻璃罐去装。

- 15 000枚1美分硬币的总价值为150美元。我从来没用硬币存到过这么多钱, 就算这么一大堆也不够, 而关键是——玻璃罐里全是面值最低的1美分硬币!

不过, 整个班级所估计平均值非常接近于正确答案——罐中共有1879枚硬币。我至少能想到以下三种较为合理的方法估算这个玻璃罐中的硬币数量:

- **体积** —— 这个玻璃罐是一个直径约为5英寸的圆柱体, 而将10枚硬币竖立堆叠起来, 差不多和罐子一样高。[1] 不妨假设1美分硬币的直径(记为1个长度单位)是其厚度的10倍。玻璃罐底层是一个圆, 其直径约为5个长度单位。于是可知硬币枚数为

$$(10 \times 10) \times (\pi \times 2.5^2) \approx 1962.5$$

- **重量** —— 挪动玻璃罐时它感觉跟保龄球差不多重。我查了一下, 大概181枚1美分硬币能达到一磅的重量, 保龄球重为10磅, 用其乘积1810作为硬币数的估计, 精准程度非常吓人。

---

[1] 译者注: 圆柱体高度约为硬币直径的10倍。

- 类比 —— 罐中的硬币大概有8英寸的高度, 与两枚硬币卷竖立叠放差不多高。假设我可以在罐中堆放两层竖立的硬币卷, 每层放10卷, 按照这种估算方式, 也就是一共有1000枚硬币。

如果你要进行估算, 那么最好就是尝试用不同的方法去求解问题, 再看看答案的数值是否基本一致。上述硬币问题中所有估算结果比较起来都没有达到两倍关系, 于是我基本上能确定估算的数量级是对的。

不妨去做一下本章最后的那些估算题, 看看你能用多少种不同的方法得出结果。如果你的估计是正确的, 那么最高估值与最低估值的商应该是2到10之间, 当然了, 这也与具体问题有关, 不能一概而论。实际上, 比你所得到的那个估算值来说, 合理的推理过程其实重要得多。

章节注释

每本算法教材都反映了其作者的算法设计观。有许多陈述形式与设计观点与本书不同的教材可供选择, 对于那些想寻求这些书的学生们, 我们特别推荐这几本: Cormen等的[CLRS09], Kleinberg和Tardos的[KT06], Manber的[Man89]以及Roughgarden的[Rou17]。

算法正确性的形式化证明非常重要, 很值得对其进行更详细的讨论, 不过本章这点篇幅完全没法讲清楚。可在Gries的[Gri89]中阅读关于程序验证技术全面深入的介绍。

影片调度问题形象地展示了**独立集问题**(independent set problem)的一种相当特殊的情况, 而独立集这个更具一般性的问题将在19.2节中讨论。影片调度问题只允许以区间图G作为输入算例: 直线上的区间可视为图G中的顶点, 如果i和j所对应区间相互重叠则(i,j)是图G中的一条边。Golumbic在[Gol04]中对这类有趣且重要的图给出了较为完整的论述。

Jon Bentley的《编程珠玑》(Programming Pearls)专栏或许是关于算法最知名的算法征战逸事了, 它原载于Communications of the ACM, 现已集结成两册书[Ben 90, Ben 99]。Brooks的《人月神话》(Mythical Man Month)是另一本收集了算法征战逸事的著作, 虽然它关注软件工程更胜于算法设计, 但你依然可从中汲取许多深刻洞见。每个程序员都应阅读上述这些著作, 为了顿悟, 更为愉悦。

对于彩票集合覆盖问题, 我们在[YS96]中详细地阐述了其求解方法。

1.10　习题

寻找反例

1-1. *[3]* 证明$a + b$可能会小于$\min(a, b)$。

1-2. *[3]* 证明$a \times b$可能会小于$\min(a, b)$。

1-3. *[5]* 设计/画出一张道路交通网, 它包含a和b两个点, 且这两点之间最快的路线不是最短的路线。

1-4. *[5]* 设计/画出一张道路交通网, 它包含a和b两个点, 且这两点之间最短的路线不是转弯次数最少的路线。

1-5. *[4]* **背包问题**(knapsack problem)描述如下: 给定整数集$S = \{s_1, s_2, \cdots, s_n\}$与目标数值$T$, 寻找$S$的一个子集使得其中元素加起来恰为$T$。例如, $S = \{1, 2, 5, 9, 10\}$存在一个子集其元素和为$T = 22$, 但$T = 23$时却无法找到对应的子集。

为下列每个背包问题的求解算法找出反例。即对每个算法给出这样的S和T: 虽然该算例可解, 但用该算法所选出的子集不能完全装满背包。

(a) 从左到右依次将S中元素取出, 若背包还能放下则装入此元素, 即最先适应算法。

(b) 按从小到大顺序将S中元素放入背包, 即最佳适应算法。

(c)按从大到小顺序将S中元素放入背包。

1-6. *[5]* **集合覆盖**(set cover)问题描述如下: 给定全集$U = \{1, \cdots, n\}$的一组子集$S_1, \cdots, S_m$, 寻找$S = \{S_1, \cdots, S_m\}$的最小子集T使得$\cup_{t_i \in T} t_i = U$。例如, 我们考虑以下子集: $S_1 = \{1, 3, 5\}$, $S_2 = \{2, 4\}$, $S_3 = \{1, 4\}$, $S_4 = \{2, 5\}$, 那么$\{1, 2, 3, 4, 5\}$的集合覆盖应为S_1和S_2。

为下面的算法寻找反例: 为了找出集合覆盖, 我们先选出最大的子集, 然后从全集中删除此子集所包含的所有元素。重复加入包含那些尚未覆盖元素个数最多的子集, 直到所有元素都被覆盖为止。

1-7. *[5]* **最大团**(maximum clique)问题是在图$G = (V, E)$中寻找顶点集V的最大子集S, 并满足S中每对顶点都是边集E中的一条边。为如下算法寻找反例: 首先将G中顶点按度从高到低排序, 并将团设为空顶点集; 按照排序结果逐个处理顶点, 若顶点与当前团中所有顶点邻接则将该点加入团中; 重复以上过程直到处理完所有顶点为止。

正确性证明

1-8. *[3]* 算法10给出了两个自然数相乘的递归算法(常整数c不小于2即可), 证明其正确性。

算法 10　Multiply(y, z)

1　**if** $(z = 0)$ **then**
2　　**return** 0
3　**else**
4　　**return** Multiply$(cy, \lfloor z/c \rfloor + y \times (z \bmod c))$
5　**end**

1-9. *[3]* 考虑多项式$a_n x^n + a_{n-1} x^{n-1} + \cdots + a_1 x + a_0$, 其系数$a_0, a_1, \cdots, a_n$存于数组$A$之中, 算法11给出了一个多项式求值算法, 证明其正确性。

1-10. *[3]* 算法12可对数组[1]排序(设输入为A), 证明其正确性。

1-11. *[5]* 正整数x和y的**最大公约数**(greatest common divisor)是能够同时整除x和y的最大整数d, 我们将其记为$\gcd(x, y)$。欧几里得算法通过将原问题转化为更小的问题来计算最大公约数, 不妨设$x > y$, 可按如下方式求解:

$$\gcd(x, y) = \gcd(y, x \bmod y)$$

证明欧几里得算法是正确的。

---

[1] 译者注: 原文的数组下标从1开始, 为了保持体例统一, 这里改为从0开始描述。

算法 11   Horner(A, x)

1   $p \leftarrow a_n$
2   **for** i **from** $n - 1$ **to** 0 **do**
3       $p \leftarrow p \times x + a_i$
4   **end**
5   **return** p;

算法 12   Bubblesort(A)

1   **for** i **from** $n - 1$ **to** 0 **do**
2   **for** j **from** 0 **to** $i - 1$ **do**
3   **if** $(A[j] > A[j + 1])$ **then**
4   交换$A[j]$和$A[j + 1]$的值
5   **end**
6   **end**
7   **end**

归纳法

1-12. *[3]* 当$n \geqslant 0$时, 以归纳法证明:

$$\sum_{i=1}^{n} i = \frac{n(n + 1)}{2}$$

1-13. *[3]* 当$n \geqslant 0$时, 以归纳法证明:

$$\sum_{i=1}^{n} i^2 = \frac{n(n + 1)(2n + 1)}{6}$$

1-14. *[3]* 当$n \geqslant 0$时, 以归纳法证明:

$$\sum_{i=1}^{n} i^3 = \frac{n^2(n + 1)^2}{4}$$

1-15. *[3]* 当$n \geqslant 0$时, 以归纳法证明:

$$\sum_{i=1}^{n} i(i + 1)(i + 2) = n(n + 1)(n + 2)(n + 3)/4$$

1-16. *[5]* 当$n \geqslant 1$时, 对于任意$a \neq 1$, 以归纳法证明:

$$\sum_{i=0}^{n} a^i = \frac{a^{n+1} - 1}{a - 1}$$

1-17. *[3]* 当$n \geqslant 1$时, 以归纳法证明:

$$\sum_{i=1}^{n} \frac{1}{i(i + 1)} = \frac{n}{n + 1}$$

1-18. *[3]* 以归纳法证明, 对于所有的 $n \geqslant 0$, $n^3 + 2n$ 可被3整除。

1-19. *[3]* 以归纳法证明一棵由 n 个结点组成的树恰有 $n-1$ 条边。

1-20. *[3]* 以数学归纳法证明前 n 个正整数的立方和等于这些数之和的平方, 即

$$\sum_{i=1}^{n} i^3 = \left(\sum_{i=1}^{n} i \right)^2$$

估算

1-21. *[3]* 你所有的书籍全部加起来至少有一百万页吗? 你们学校图书馆所藏书籍的总页数是多少?

1-22. *[3]* 本书有多少字?

1-23. *[3]* 一百万秒是多少小时? 多少天? 回答这些问题的所有演算只能在你头脑里完成。

1-24. *[3]* 估算出美国有多少个市和镇。

1-25. *[3]* 密西西比河出口每天的水流量你估计是多少立方米(不要查任何额外的资料数据)? 描述你得到此答案所做的全部假设。

1-26. *[3]* 在你的国家共有多少家星巴克或麦当劳门店?

1-27. *[3]* 用吸管排空一个浴缸里的水需要多久?

1-28. *[3]* 磁盘驱动器访问时间通常以毫秒(千分之一秒)或微秒(百万分之一秒)计量吗? 你的RAM访问一个机器字的时间比1微秒多还是少呢? 如果让你的机器全时运行, 其CPU一年能执行多少条指令呢?

1-29. *[4]* 在你的机器上一个排序算法用1秒可排1000项, 它排10 000项将要用时多久……

    (a) 如果假定此算法用时正比于 n^2, 答案是多少?

    (b) 如果假定此算法用时大概正比于 $n \log n$, 答案是多少?

实现项目

1-30. *[5]* 实现1.1节中的两种TSP启发式方法。在实际中它们哪个能给出的解更优? 你能想出比它俩运行得都要好的启发式方法吗?

1-31. *[5]* 在1.8节的博彩问题中, 给定一组彩票, 描述如何测试它们是否足以形成覆盖。写出一个程序来寻找较好的彩票集。

面试题

1-32. *[5]* 写出一个不用 / 和 * 运算即可执行整数除法的函数。尽量找一个比较快的方案完成本题。

1-33. *[5]* 现有25匹马, 而在同一时刻至多能有5匹马同时比赛。你必须确定出最快的、第二快的、第三快的马。求出能完成此任务的最少比赛次数。

1-34. *[3]* 全世界有多少名钢琴调音师?

1-35. *[3]* 美国有多少家加油站?

1-36. *[3]* 冰球场的所有冰有多重?

1-37. *[3]* 美国的公路总长多少英里?

1-38. *[3]* 为找到一个人名, 你在曼哈顿的电话簿中每次随机地翻到某页查阅, 平均情况下需要多少次才能找到呢?

力扣

1-1. `https://leetcode.com/problems/daily-temperatures/`

1-2. `https://leetcode.com/problems/rotate-list/`

1-3. `https://leetcode.com/problems/wiggle-sort-ii/`

黑客排行榜

1-1. `https://www.hackerrank.com/challenges/array-left-rotation/`

1-2. `https://www.hackerrank.com/challenges/kangaroo/`

1-3. `https://www.hackerrank.com/challenges/hackerland-radio-transmitters/`

编程挑战赛

下列编程挑战赛问题可在`https://onlinejudge.org/`上找到, 该网站会自动判分。

1-1. "The $3n+1$ Problem" — 第1章, 问题100。

1-2. "The Trip" — 第1章, 问题10137。

1-3. "Australian Voting" — 第1章, 问题10142。

第2章
算法分析

算法是计算机科学中最重要和最历久弥新的组成部分, 其原因是它能以一种与语言和机器都无关的方式来研究。这就意味着, 我们需要一些技术可让我们不必实现算法即可比较不同算法的效率。我们将介绍两种最重要的工具: (1) RAM计算模型; (2) 计算复杂度的渐近分析。

评估算法意义下的性能会用到"大O"记号, 事实证明它对于算法的比较分析乃至于设计更高效的算法都是不可或缺的。算法分析本质上是一种记分(keeping score)方法,[1] 它应该是本书中数学要求最高的部分了。不过你一旦理解了算法分析思想背后的直观意义, 那种数学公式的形式化处理就变得容易多了。

2.1 RAM计算模型

与机器无关的算法设计依赖于一种假想中的计算机, 它称之为**随机存取机**(Random Access Machine)或RAM。在此计算模型下, 假设我们所用的计算机有下列特性:

(1) 每个单功能操作(例如: `+`、`*`、`-`、`=`、`if`、函数调用)恰好仅用一个时间步(简称步)。

(2) 循环和子程序(subroutine)不可视为单功能操作, 它们反而是由多个单步操作所组成的复合操作。同理, 将排序看成单步操作也是说不通的, 因为对1 000 000条数据排序所需时间肯定比对10条数据排序用时要长得多。运行完一段循环或执行一段子程序所用时间取决于循环迭代次数或子程序的具体实现。

(3) 每次内存访问恰好仅用一个时间步。此外, 我们需要多少内存就会有多少, 而RAM模型也完全不关注数据是在缓存还是在磁盘里。

在RAM模型下, 我们可以通过数出某个算法在一个给定算例上所用的总步数来测算运行时间。若我们假设RAM每秒执行固定的步数, 这种对于操作的计数结果便可自然地转换成实际运行时间。

RAM是一种描述计算机如何运行的简单模型。可能这个模型看起来太简单了: 在大多数处理器上, 两数相乘毕竟要比两数相加费时更多, 这违背了RAM模型的第(1)条假设; 最先进的编译器循环展开和超线程技术很可能会违背第(2)条假设; 当然, 内存访问时间肯定也会有很大的差异, 这取决于数据位于缓存中还是磁盘上。这三点将使RAM基本假设的正确性完全不复存在。

尽管上面对RAM模型提出了不少抱怨, 然而你要是想理解某个算法如何在一台真实计算机上运行, 那么RAM就是为此而设计的绝佳模型。我们既想保留计算机运行过程的本质要素, 同时还要让模型便于理论分析, 而RAM方案则达到了一种非常不错的折中。我们之

---

[1] 译者注: 可以理解成逐个记下所有的时间和空间的开销最后算出总数。

所以选择RAM模型, 是因为它在实际中非常有用。

科学实践中每种模型都有一个适用范围, 大小必须合理, 模型才会有效。例如我们采用
"地球是平的"这个模型, 你可能认为它非常拙劣, 因为地球其实是球体, 而人类早已确认过
这个不争的事实。但是, 当我们给房屋打地基时, 这种平地球(flat earth)模型已足够精确,
因此使用该模型是可靠的。平地球模型用起来非常简易方便, 要是完全不需要球体模型时
你绝对不想去考虑复杂的模型。[1]

对于RAM计算模型情况也如此。我们所做的这种抽象通常都能很好地发挥作用, 很难
设计出一种算法能让RAM模型给出一个与实际执行相去甚远的结果。因此, RAM的稳健
性可让我们以一种与机器无关的方式分析算法。

> **领悟要义**: 算法能以一种与语言与机器都无关的方式来理解和研究。

最好、最坏和平均情况下的复杂度

使用RAM计算模型, 对于任意给定输入算例, 我们只需将算法在RAM上执行便可数出
算法处理完该算例需要用多少步。然而, 要弄清一个算法在一般情况下有多好或有多差, 我
们必须要了解它在所有可能出现的算例上是如何运行的。

要搞懂最好、最坏和平均情况下的复杂度, 可考虑一个算法在所有算例上的运行情况,
注意算例的输入数据必须能够被该算法所接受。对于排序问题, 能被接受的输入算例集包含
了n个键的所有排列, 而n可取任意值。我们可以在图中用点来表示每个输入算例(如图2.1所
示), 其中x轴代表输入问题的规模量(对于排序而言就是待排序的数据项数), y轴代表算法
在此算例情况下所用的步数。

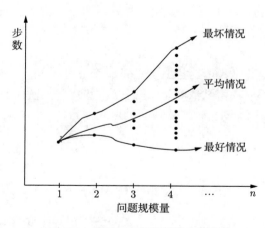

图 2.1 最好、最坏和平均复杂度

这些点自然而然地集结成列, 因为仅有整数可以表示输入规模量(例如, 对10.57个元素
排序毫无意义)。对这些点所形成的曲线图, 我们可以定义三种非常有用的函数:

---

[1] 地球也不完全是球体, 但球状的地球为诸如经纬度这样的概念提供了一个很有用的模型。

- 算法在**最坏情况下的复杂度**(the worst-case complexity)是这样定义的函数: 对于自变量n, 任意规模量为n的算例能达到的最大步数是其函数值。它代表了贯穿所有列最高点所形成的曲线。
- 算法在**最好情况下的复杂度**(the best-case complexity)是这样定义的函数: 对于自变量n, 任意规模量为n的算例能达到的最小步数是其函数值。它代表了贯穿所有列最低点所形成的曲线。
- 算法在**平均情况下的复杂度**(the average-case complexity)是这样定义的函数: 对于自变量n, 所有规模量为n的算例平均要用的步数是其函数值。

事实证明, 在实际中最坏情况下的复杂度是这三种度量方式中最有用的。不过, 很多人都会认为这不符合常理。为了弄清原因你可以设想一下这样的例子: 你要是带n美元到赌场去赌博会发生什么呢? 最好情况是你赢下了整个赌场的资产之后走出来, 但它几乎完全不可能, 因此你应该也未曾想过。最坏情况是你将n美元都输掉, 这很容易估计到, 而且令人苦恼的是它极有可能出现。

平均情况是赌徒通常将会输掉她/他带进赌场钱数的87.32%, 你很难算出这个数字,[1] 而且平均情况这个概念本身也有待进一步讨论。平均的确切含义是什么? 笨人输得比聪明人多, 那么你比拥有平均智商的人是聪明还是笨呢? 聪明或笨多少呢? 比起那些喝了三杯免费酒水(有的赌场免费酒水甚至更多)的赌客, 用于21点的数牌器(card counter)[2]在平均情况下赢面会更大。我们可以不必考虑上述复杂问题, 只需处理最坏情况便可获得一个非常有用的算法分析结果。

尽管如此, 严格定义平均情况之后, 关于随机化算法的期望运行时间分析却是相当重要的。随机化算法以随机数来进行决策, 可以自然地引出"平均"的概念。如果你在赌场玩轮盘赌,[3] 每次下1美元红黑式赌注(押红或押黑), 而n次互相独立的下注之后, 你的损失期望其实完全可以确定(也即$2n/38$)。因为在美国这种轮盘有18个红色槽和18个黑色槽, 还有2个号码分别标记为0和00的绿色槽(落入槽中则会输掉红黑式赌注)。

领悟要义: 每种时间复杂度为所给算法定义了一个运行时间关于问题规模量的数值函数。此类函数与其他任何数值函数的定义没什么不同, 比如$y = x^2 - 2x + 1$或Alphabet股价随时间变化的函数。但是, 时间复杂度是形式非常复杂的函数, 我们必须通过所谓的"大O记号"对其加以简化才能更为方便地处理和分析。

2.2 大O记号

对于任意所给算法, 其最好、最坏和平均情况下的时间复杂度是关于问题规模量(也即实际算例的大小)的数值函数。然而直接用这些函数进行精确分析非常困难, 因为它们常常:

---

[1] 译者注: 实际上作者在这里随意给了一个值。
[2] 译者注: 通过统计各种牌面出现的次数来分析与算牌。
[3] 译者注: 不妨阅读Thorp和Shannon关于轮盘赌的传奇故事。

- 含有许多颠簸——在数组大小恰为 $n = 2^k - 1$ 时(其中 k 为正整数), 像二分查找这样的算法通常运行得略为快些, 因为此类数组能够较为完美地不断划分下去。这个细节虽然不是特别重要, 但它提醒我们, 任何算法的时间复杂函数其精确表达式都可能非常复杂, 图2.2给出了包含多个轻微上下颠簸的函数。
- 需要太多细节来精确描述——要数清在最坏情况下RAM指令执行的确切步数, 需要以一个完整计算机程序的形式来准确地表示算法。此外, 精确的答案还依赖于代码细节(通常都是令人乏味的), 比如, 究竟用case语句, 还是嵌套的if语句呢? 要对最坏情况进行精准的数学分析显然非常麻烦, 比如时间复杂度

$$T(n) = 12\ 754n^2 + 4353n + 834\log n + 13\ 546$$

我们从中可以观察到"运行时间相对于 n 呈平方式增长"这个结论, 而上述表达式只不过比该结论多提供了一点点额外的信息罢了。

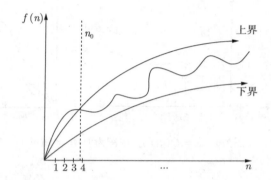

图 2.2 上界和下界(当 $n > n_0$ 时成立)消除了复杂函数的颠簸

事实证明, 用时间复杂度函数简单的上下界(分别采用大 O 记号和后文要提到的大 Ω 记号[1])方式讨论问题会带来极大的便利。大 O 记号会略去不太影响算法性能对比分析的那些细节,[2] 而主要关注量级/等级是否存在差异, 从而简化了我们的分析。

另外, 大 O 记号还会忽略所乘常数之间的差异。在大 O 分析中, 函数 $f(n) = 2n$ 和 $g(n) = n$ 是一样的。我们从程序实现的角度考虑便会很容易理解: 假定一个特定算法用某种语言(比如说C语言)编写其运行速度是以Java语言实现版本速度的两倍。该算法的两个实现版本其运行时间相比而得的乘法因子(即2)根本无法提供关于算法本身的任何信息, 因为两个程序所实现的完全就是同一个算法。而如果要比较两个算法时, 我们将忽略这样的常数因子。

与大 O 记号相关的渐近记号形式定义如下:[3]

- $f(n) = O(g(n))$ 意味着 $c \cdot g(n)$ 是 $f(n)$ 的一个上界。因此, 存在常数 c 使得 $f(n)$ 对于足够大的 n (即对于某个常数 n_0, $n \geq n_0$ 情况下)总有 $f(n) \leq c \cdot g(n)$。

---

[1] 译者注: 原文仅提及大 O 记号, 作者旨在强调大 O 记号是最常用也最应熟悉的渐近记号。不过, 下文要使用大 Ω 记号, 译者予以增补。

[2] 译者注: $T(n) = 12\ 754n^2 + 4353n + 834\log n + 13\ 546$ 中的 $4353n$、$834\log n$、$13\ 546$ 都可以认为是细节, 但它们对算法性能的影响力存在差异, 而 $12\ 754n^2 = O(n^2)$ 的这种平方量级的影响才是最主要的。

[3] 译者注: 下文中提到的若干常数一般均满足这些条件: c、c_1、$c_2 > 0$ 即可, n_0 为自然数。

- $f(n) = \Omega(g(n))$意味着$c \cdot g(n)$是$f(n)$的一个下界。因此, 存在常数c和n_0使得$f(n)$对于所有的$n \geqslant n_0$总有$f(n) \geqslant c \cdot g(n)$。
- $f(n) = \Theta(g(n))$意味着: 对于所有的$n \geqslant n_0$, $c_1 \cdot g(n)$是$f(n)$的一个上界, 而$c_2 \cdot g(n)$是$f(n)$的一个下界。也就是说, 存在常数c_1和c_2使得$f(n) \leqslant c_1 \cdot g(n)$且$f(n) \geqslant c_2 \cdot g(n)$。这意味着$g(n)$提供了一个关于$f(n)$的精确而且紧致的界。

你明白了吗? 图2.3中以实例说明了上述定义, 可帮助你进一步理解。上述定义都假定我们已找到一个常数n_0, 在n_0之后的值都满足定义中的要求。我们并不担心n取一些较小值(即n_0左边的数)时的情况。毕竟, 我们不是很关心某个算法是否在对6条数据排序时比别的算法快, 我们真正要去找的是对于10 000或1 000 000条数据排序时能体现更快速度的那个算法。大O记号能使我们忽略细节, 而将注意力集中于函数的大体走向。

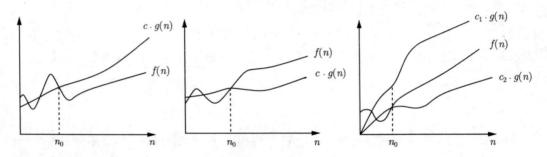

图 **2.3** 三种记号的图示: 左图为$f(n) = O(g(n))$, 中图为$f(n) = \Omega(g(n))$, 右图为$f(n) = \Theta(g(n))$

领悟要义: 有了大O记号和最坏情况分析这两个工具, 我们不需要很复杂的公式推演技术便能很好地比较算法性能。

通过从头到尾算一算下列实例以确保你理解了渐近记号。我们在下面的解释中会选出一些具体的常数值(即c和n_0), 因为这些值满足定义的条件, 从而可以证明记号表示的正确性, 当然还可以找出很多对能完全胜任的其他常数。你可以自由选择任意常数, 只要能保持定义中的不等式依然成立即可。

不过, 理想的常数能让人一看就知道该不等式成立。以$f(n) = 3n^2 - 100n + 6$为例给出若干较为简易的放缩式推导:[1]

- $f(n) = O(n^2)$, 因为可选$c = 3$, 当$n \geqslant 1$时, 易知$f(n) < 3n^2$;
- $f(n) = O(n^3)$, 因为可选$c = 1$, 当$n \geqslant 3$时, 易知$f(n) < 3n^2 \leqslant n^3$;
- $f(n) \neq O(n)$, 因为无论选什么正实数c, 若$n > \lceil (100 + c)/3 \rceil$则会让$f(n) > n(3n - 100) \geqslant cn$;
- $f(n) = \Omega(n^2)$, 因为可选$c = 2$, 当$n \geqslant 100$时, 易知$f(n) > n(n - 100) + 2n^2 \geqslant 2n^2$;
- $f(n) \neq \Omega(n^3)$, 因为无论选什么正实数c, 若$n > \max(9/c, 1)$则会让$f(n) < 3n^2 + 6n^2 < cn^3$;
- $f(n) = \Omega(n)$, 因为前文已证对于任意正实数c, 当$n \geqslant \lceil (100 + c)/3 \rceil$时可保证$f(n) > cn$;
- $f(n) = \Theta(n^2)$, 因为O和Ω都适用;
- $f(n) \neq \Theta(n^3)$, 因为只有O适用;

---

[1] 译者注: 我们在下面的论证中对原文略作调整。

- $f(n) \neq \Theta(n)$, 因为只有 Ω 适用。

当比较函数时, 大 O 记号能让你对函数的量级有个大致的直观理解。看到像 $n^2 = O(n^3)$ 这样的表达式可能有点让人不舒服, 但若回到以上下界形式描述的定义, 它所带来的这种不快就会消失。事实上, 在这里将"="读成"…… 集合中的一个函数"可能最清晰易懂, 显然 n^2 是 $O(n^3)$ 集合中的一个函数。

停下来想想: 回归定义

问题: $2^{n+1} = \Theta(2^n)$ 吗?

解: 设计巧妙的算法需要智慧和灵感, 然而运用大 O 记号的最好方式却是将你所有的创造性天赋全部藏起来。只要通过回归定义再利用它来推理, 所有大 O 问题都能正确地解答。

- $2^{n+1} = O(2^n)$ 吗? 嗯, $f(n) = O(g(n))$ 当且仅当: 存在常数 c 使得对于所有充分大的 n 可保证 $f(n) \leqslant c \cdot g(n)$。存在这样的 c 吗? 关键是要看到 $2^{n+1} = 2 \cdot 2^n$, 因此对任意 $c \geqslant 2$ 能满足 $2 \cdot 2^n \leqslant c \cdot 2^n$。
- $2^{n+1} = \Omega(2^n)$ 吗? 回归定义。$f(n) = \Omega(g(n))$ 当且仅当: 存在常数 $c > 0$ 使得对于所有充分大的 n 可保证 $f(n) \geqslant c \cdot g(n)$。此式对于任意 $0 < c \leqslant 2$ 均满足。

大 O 界和大 Ω 界合起来便可知 $2^{n+1} = \Theta(2^n)$。 ∎

停下来想想: 和的平方能用平方和来界定吗?

问题: $(x + y)^2 = O(x^2 + y^2)$ 吗?

解: 以大 O 来推演公式意味着, 你只要看到一点点让人迷惑的迹象时就应该马上回归其定义。由定义知, 此式成立当且仅当我们能找到某个 c, 使得对于充分大的 x 和 y 满足 $(x + y)^2 \leqslant c(x^2 + y^2)$。[1]

我可能第一步会去展开等式的左边, 即 $(x + y)^2 = x^2 + 2xy + y^2$。如果中间项 $2xy$ 不存在的话, 对于任意 $c > 1$, 不等式显然成立。但它是存在的, 因此我们需要想办法将 $2xy$ 关联到 $x^2 + y^2$ 上。如果 $x \leqslant y$ 会如何呢? 这样会有 $2xy \leqslant 2y^2 \leqslant 2(x^2 + y^2)$。如果 $x \geqslant y$ 又如何呢? 这样会有 $2xy \leqslant 2x^2 \leqslant 2(x^2 + y^2)$。不论哪种情况出现, 我们现在都可以将这个中间项限定在右边函数的 2 倍之内。这意味着 $(x + y)^2 \leqslant 3(x^2 + y^2)$, 因此 $(x + y)^2 = O(x^2 + y^2)$ 成立。 ∎

2.3 增长量级[2]与强弱关系

使用大 O 记号进行推演时, 我们可随意舍弃所乘的常数。因此, 对于函数 $f(n) = 0.001n^2$ 与 $g(n) = 1000n^2$ 而言, 尽管 $g(n)$ 是 $f(n)$ 的一百万倍(对于所有的 n 均如是), 我们也将它们视为完全相同。

为何我们满足于粗略的大 O 分析呢? 表 2.1 给出了原因所在, 它描述了算法分析中一些

---

[1] 译者注: 对于数学较好的读者来说, 取 $c = 2$, 易证 $(x + y)^2 \leqslant 2(x^2 + y^2)$, 余下部分可略去不读。

[2] 译者注: 一般翻译成"增长速度"或者"增长速率", 但这很容易与"增长率"混淆, 实际上它表明的是增长的量级(或等级)。例如《算法导论》中作者特别将"rate of growth"和"order of growth"这两个词并列以防止读者误解。

常见时间复杂度函数的增长情况, 而这些函数完全是不同的量级。考虑一台每条指令用时
1纳秒(10^{-9}秒)的计算机, 表2.1展示了若干算法(所需指令数可表示为关于n的函数)在该计
算机上的具体用时情况, 可得出以下结论:

- 对于$n = 10$, 此处给出的所有算法用时大致相同。
- 在$n \geqslant 20$时, 需要$n!$条指令才能完成的算法其运行时间会变得毫无意义。
- 运行时间为2^n的算法的可用范围更大, 但$n > 40$就无法再用了。
- 平方时间的算法(即运行时间为n^2)直到$n = 10\,000$都依然可用, 但其性能会随着更多输入而急剧下降。对于$n > 1\,000\,000$的情况, 在这台计算机上执行该算法看起来似乎进入了死循环而无法跳出。[1]
- 线性时间和$n \log n$时间的算法处理10亿项时仍然不错。
- $O(\log n)$算法对于任意你能想到的n都几乎不用费多大气力。

表 2.1 常见函数的增长情况(以纳秒级的计算机测算)

n \ $f(n)$	$\log n$	n	$n \log n$	n^2	2^n	$n!$
10	0.003微秒	0.01微秒	0.033微秒	0.1微秒	1微秒	3.63毫秒
20	0.004微秒	0.02微秒	0.086微秒	0.4微秒	1毫秒	77.1年
30	0.005微秒	0.03微秒	0.147微秒	0.9微秒	1秒	8.4×10^{15}年
40	0.005微秒	0.04微秒	0.213微秒	1.6微秒	18.3分钟	
50	0.006微秒	0.05微秒	0.282微秒	2.5微秒	13天	
100	0.007微秒	0.1微秒	0.644微秒	10微秒	4×10^{13}年	
1000	0.010微秒	1.00微秒	9.966微秒	1毫秒		
10 000	0.013微秒	10微秒	130微秒	100毫秒		
100 000	0.017微秒	0.10毫秒	1.67毫秒	10秒		
1 000 000	0.020微秒	1毫秒	19.93毫秒	16.7分钟		
10 000 000	0.023微秒	0.01秒	0.23秒	1.16天		
100 000 000	0.027微秒	0.10秒	2.66秒	115.7天		
1 000 000 000	0.030微秒	1秒	26.90秒	31.7年		

由上述讨论可得到一个重要结论: 即便不去管常数因子, 我们以大O记号来判断所给算法是否适合某个给定规模量的问题依然是一个非常好的想法。

强弱关系

渐近记号将函数归入一系列函数类中, 使得类中的所有函数就大Θ记号而言是等价的。函数$f(n) = 0.34n$和$g(n) = 234\,234n$属于同一类, 即量级为$\Theta(n)$的类。此外, 当两个函数f和g属于不同类时, 渐近记号体系才认为这两个函数有所不同: 要么$f(n) = O(g(n))$, 要么$g(n) = O(f(n))$, 但不可能都成立。

事实上, 增长快的函数**强于**(dominate)增长慢的函数, 这种说法很容易理解: 增长较快的公司最终会强于发展迟缓的公司。若$f(n) = O(g(n))$, 且$f(n) \neq \Theta(g(n))$(意味着f和g属

---
[1] 译者注: 作者的意思是16.7分钟这种等待时间太长了, 不过对于一些复杂问题而言, 运行时间以小时计也是正常现象, 只要你有足够的耐心。

于不同类), 则称g强于f(有时也会表示为$g \gg f$)。

不过幸好在基本算法分析课程中只会出现几个函数类, 而它们足以覆盖几乎所有我们将在本书中讨论的算法, 下面将其按强弱能力渐强的顺序列出:[1]

- **常函数**(constant function), $f(n) = 1$ —— 此类函数可用于估算两数相加或打印 "The Star Spangled Banner"字符串的开销, 还可估算诸如函数$f(n) = \min(n, 100)$ 所对应的增长量级。从整体趋势看, 常函数不存在对变量n的依赖关系。
- **对数函数**(logarithmic function), $f(n) = \log n$ —— 对数时间复杂度在诸如二分查找这样的算法中会露面。当n增大时, 此类函数增长相当慢, 但比常函数快(毕竟它停着不动)。对数将在2.7节中详加讨论。
- **线性函数**(linear function), $f(n) = n$ —— 此类函数是对n元素数组中每个元素察看1次(或者2次甚至于10次)的开销, 比如说找出最大元、最小元或计算平均值。
- **超线性函数**(superlinear function), $f(n) = n \log n$ —— 这个重要的函数类在诸如快速排序和归并排序之类的算法中出现。此类函数比线性函数增长稍快(见表2.1), 但也就是在强弱关系上刚够成为一个新函数类而已。[2]
- **平方函数**(quadratic function), $f(n) = n^2$ —— 此类函数是在某个n元全集中察看大多数或全部元素对的开销, 比如会出现在像插入排序和选择排序之类的算法中。
- **立方函数**(cubic function), $f(n) = n^3$ —— 此类函数会在对n元全集枚举出其中所有三元组时出现, 而在第10章中所讨论的某些动态规划算法中也会见到它。
- **指数函数**(exponential function), $f(n) = c^n$, 其中所给常数$c > 1$ —— 像2^n这样的函数会出现在枚举一个n元集合的所有子集时。正如我们在表2.1中所看到的那样, 指数算法增长得非常快(但这对算法性能一点好处都没有), 不过它快不过……
- **阶乘函数**(factorial function), $f(n) = n!$ —— 像$n!$这样的函数出现在生成n个元素的所有置换或排列时。

关于强弱关系错综复杂的细节内容将在2.10.2节中进一步讨论。然而, 你真正需要理解的仅仅是下面这行:

$$n! \gg 2^n \gg n^3 \gg n^2 \gg n \log n \gg n \gg \log n \gg 1$$

领悟要义: 尽管高等算法分析中会出现一些深奥复杂的函数, 但上面这几个时间复杂度函数类足以表述本书中大多数算法的运行时间。

2.4 以大 O 来推演公式

高中时你已经学过如何对代数表达式进行简化。以大 O 来推演公式需要重温这些方法。你那时所学到的大多数规则现在仍适用, 但不是全部都有效。

---

[1] 译者注: 实际上要讨论的是Θ记号形式, 例如$f(n) = \Theta(\log n)$, 为了降低读者的理解难度作者直接写成了普通的函数等式。

[2] 译者注: 我们将在2.10.2节中见到, 对于$\epsilon > 0$均有$\Theta(n^{1+\epsilon}) \gg \Theta(n \log n)$。

2.4.1　函数相加

函数 $f(n)$ 与函数 $g(n)$ 之和取决于较强的那个(记为 $\max(f(n), g(n))$),即

$$f(n) + g(n) = \Theta(\max(f(n), g(n)))$$

例如我们可以写 $n^3 + n^2 + n + 1 = \Theta(n^3)$,由此可见上式在简化表达式中很有用。事实上,除了最强的那一项之外,其他所有东西都将对 Θ 记号毫无影响力。

直观上的论证如下:如果 $f(n) + g(n)$ 比原有两个函数都要大的话,函数之和中至少有一半来自较大的那个函数。由定义知当 $n \to \infty$ 时较强的那个函数将决定函数值。因此,我们可以略去较小的函数不予考虑,而这样至多将函数值的系数减少1/2,此系数仅是一个函数所乘的常数而已。不妨考虑这个例子:已知 $f(n) = \Theta(n^2)$ 而 $g(n) = O(n^2)$,显然 $f(n) + g(n)$ 仍是 $\Theta(f(n))$ 也即 $\Theta(n^2)$。[1]

2.4.2　函数相乘

考虑以任意常数 $c > 0$ 乘以某个函数,其实这种乘法与反复做加法是类似的,也就是说以常数与函数相乘不会影响该函数在渐近意义下的变化情况,不管 c 是1.02还是1 000 000都无所谓。

事实上,我们可将对 $c \cdot f(n)$ 进行大 O 分析时所用的那个定界常数乘以 $1/c$,便可得到对 $f(n)$ 进行大 O 分析适用的常数。因此:

$$O(c \cdot f(n)) = O(f(n))$$
$$\Omega(c \cdot f(n)) = \Omega(f(n))$$
$$\Theta(c \cdot f(n)) = \Theta(f(n))$$

当然,为避免反常的事情出现,c 必须严格为正(即 $c > 0$),因为即便增长最快的函数,我们以0乘之也会令其消失。

考虑另一种乘法情况,当乘积中的两个函数都是递增函数时,它们俩都很重要。例如函数 $O(n! \log n)$ 强于 $n!$ 的程度和 $\log n$ 强于1的程度完全相同,[2] 将此结论一般化可知:

$$O(f(n)) \cdot O(g(n)) = O(f(n) \cdot g(n))$$
$$\Omega(f(n)) \cdot \Omega(g(n)) = \Omega(f(n) \cdot g(n))$$
$$\Theta(f(n)) \cdot \Theta(g(n)) = \Theta(f(n) \cdot g(n))$$

停下来想想:记号像经验一样可以传递

问题:证明大 O 关系是可传递的:若 $f(n) = O(g(n))$,且 $g(n) = O(h(n))$,则 $f(n) = O(h(n))$。
证明:当以大 O 记号推演公式时我们总要回归其定义。易知存在常数 n_1、n_2、c_1、c_2,使得当 $n \geqslant n_1$ 时 $f(n) \leqslant c_1 g(n)$ 且当 $n \geqslant n_2$ 时 $g(n) \leqslant c_2 h(n)$。我们要证明的是:存在常数 n_3 和 c_3,使得 $n \geqslant n_3$ 时 $f(n) \leqslant c_3 h(n)$ 恒成立。将已知不等式联立可得到

---

[1] 译者注:译文略有改动,我们假设 $f(n)$ 强于 $g(n)$,这样更容易理解。
[2] 译者注:$O(n! \log n)$ 除以 $n!$ 为 $O(\log n)$,$\log n$(或 $O(\log n)$)除以1也依然为 $O(\log n)$。

$$f(n) \leqslant c_1 g(n) \leqslant c_1 c_2 h(n)$$

此式在$n \geqslant n_3 = \max(n_1, n_2)$时成立, 于是$f(n) = O(h(n))$。   ∎

2.5 关于效率的推理

要是所给算法的描述很精准的话, 对算法运行时间进行汇总累积分析通常会很容易。本节将对若干实例进行完整全面的分析, 可能比正常的证明表述要详细很多。

2.5.1 选择排序

这里我们分析选择排序算法, 它在剩下的无序元素中不断找出最小元, 并将它放到数组已排序部分的末尾。图2.4给出了一个选择排序的运行演示, 下面给出具体代码实现:

```
void selection_sort(item_type s[], int n)
{
    int i, j;                    /* 计数器 */
    int min;                     /* 最小元的下标 */

    for (i = 0; i < n; ++i)
    {
        min = i;
        for (j = i + 1; j < n; ++j)
            if (s[j] < s[min])
                min = j;
        swap(&s[i], &s[min]);
    }
}
```

```
S E L E C T I O N S O R T
C E L E S T I O N S O R T
C E L E S T I O N S O R T
C E E L S T I O N S O R T
C E E I S T L O N S O R T
C E E I L T S O N S O R T
C E E I L N S O T S O R T
C E E I L N O S T S O R T
C E E I L N O O T S S R T
C E E I L N O O R S S T T
C E E I L N O O R S S T T
C E E I L N O O R S S T T
C E E I L N O O R S S T T
C E E I L N O O R S S T T
```

图 2.4 选择排序运行情况演示

外层循环转了n圈, 而所嵌套的内层循环转了$n - i - 1$圈(其中i是外层循环中的下标)。于是, if语句执行的次数可精确表示如下:

$$T(n) = \sum_{i=0}^{n-1} \sum_{j=i+1}^{n-1} 1 = \sum_{i=0}^{n-1}(n-i-1)$$

此和式所做的是: 从$n-1$开始, 按递减次序将这些非负整数相加, 即

$$T(n) = (n-1) + (n-2) + (n-3) + \cdots + 2 + 1$$

关于这样的表达式应如何推理分析呢? 我们必须使用2.6节中的技巧来求解此和式。但是以大O记号进行分析我们只对表达式的**量级**(order)感兴趣。可以这样思考: 我们所加的$n-1$项其平均值约为$n/2$。由此得到$T(n) \approx n(n-1)/2 = O(n^2)$。

证明Θ记号

还可以换另一种思考方式, 也就是用上下界的形式描述:

- 大O记号即为上界 —— $T(n)$中至多有n个元素, 其中所有元素最大不会超过$n-1$, 因此$T(n) \leqslant n(n-1) = O(n^2)$。
- Ω记号会给出下界 —— 观察和式可知其中有$n/2$项大于$n/2$的元素, 其他$n/2$项大于0, 因此$T(n) \geqslant (n/2) \times (n/2) + (n/2) \times 0 = \Omega(n^2)$。

将上述两个记号合起来便知运行时间为$\Theta(n^2)$, 即排序算法是平方算法。

一般而言, 最坏情况下的大O记号要想转为Θ记号, 我们得找出一个最差的输入算例从而保证算法尽可能地按最慢速度执行。由于排序算法要考虑$n!$种置换, 速度通常会快慢不一。然而选择排序却非常独特, 它在所有输入算例下耗时完全一致, 也即运行时间恒为$T(n) = n(n-1)/2$, 于是$T(n) = \Theta(n^2)$。

2.5.2　插入排序

大O分析中首条基本原则是: 将多重循环每层所能迭代的最大次数相乘, 即可得出最坏情况下的运行时间。考虑第1章中所给出的插入排序, 下面将它的内层循环在此重写一遍:

```
for (i = 1; i < n; ++i)
{
    j = i;
    while ((j > 0) && (s[j] < s[j - 1]))
    {
        swap(&s[j], &s[j - 1]);
        --j;
    }
}
```

内层的while循环完成一个完整的迭代需要多长时间呢? 精确算出来有点困难, 因为这里有两个不同的条件判断: (j > 0)阻止我们跑到数组边界之外; (s[j] < s[j - 1])会在元素找到合适的插入位置时给出标记。由于最坏情况分析寻求运行时间的上界, 我们忽略提前终止的情况, 也就是假定内层循环始终转i圈。由于$i < n$, 我们甚至可假定内层循环始终转n圈。因为外层循环转n圈, 插入排序肯定是一个平方时间算法, 即$O(n^2)$。

这种粗略的"向上取整"分析总能得到所要的结果, 你使用它所得到的大O运行时间界将始终是正确的。它偶尔可能会太宽松了, 而实际最坏情况下时间的量级也许会低于此类分析结果。尽管如此, 我仍推荐这种推理分析作为简单分析算法的基本套路。

证明Θ记号

插入排序的最坏情况出现在这种场景下: 每次新插入的元素必须一路越过已排序区段, 排除万难抵达最前方。如果输入算例按逆序排列, 上述情况就会发生。输入序列的后$n/2$个元素都至少越过了$n/2$个元素才能找到正确的插入位置, 于是耗时至少为$(n/2)^2 = \Omega(n^2)$。

2.5.3 字符串模式匹配

模式匹配是文本字符串中最基础的算法操作。任何网络浏览器和文本编辑器中都有查找命令, 而它们都由此类算法实现。

问题: 子串模式匹配

输入: 文本串t和模式串p。

输出: t中包含像p这样的子串吗? 如果包含的话, 这个子串的位置又在哪儿?

可能你有兴趣在某篇新闻报道中找找"Skiena"出现在哪(当然我对这种事也有兴趣), 这就是字符串模式匹配的一个算例, 其中新闻报道对应t, 而$p = $ "Skiena"。

有一种相当简单的算法可求解字符串模式匹配, p在t的每个可行位置都可能会出现, 我们则逐个将其作为p的开始位置并进一步测试是否匹配, 图2.5展示了具体的查找过程。[1]

```
int findmatch(char *p, char *t)
{
    int i, j;                        /* 计数器 */
    int m, n;                        /* 字符串长度 */

    m = strlen(p);
    n = strlen(t);

    for (i = 0; i <= n - m; ++i)
    {
        j = 0;
        while (j < m && t[i + j] == p[j])
            ++j;
        if (j == m)
            return i;                /* 返回匹配的起始位置 */
    }

    return -1;                       /* 匹配失败 */
}
```

---

[1] 译者注: "可行位置"意味着t从此处向后到末尾的字符总数不小于p的长度。

$$\begin{array}{ccccccc}
a & b & & & & & \\
& a & b & b & & & \\
& & a & & & & \\
& & & a & b & b & a \\
\hline
a & a & b & a & b & b & a
\end{array}$$

图 2.5　在文本$aababba$中查找子串$abba$(横线上方不完整的模式串意味着只是部分匹配)

　　该算法中的双重循环在最坏情况下的运行时间是多少? 内层`while`循环至多转m圈, 而且当模式匹配失败时可能还少得多。`while`循环加上两个其他语句, 组成了外层`for`循环的内部结构(不妨认为相当于$m + 2$圈)。外层循环至多转$n - m$圈, 因为我们一旦太靠近文本右侧的话, 则不可能将p与子串全部对齐。整个双重循环的时间复杂度可由上述结果相乘而得, 这样便给出了一个最坏情况下的运行时间, 即$O((n - m)(m + 2))$。

　　我们没有对`strlen`函数计算字符串长度的过程进行计时。由于`strlen`函数的实现未给出, 我们得猜测它所用时间为多少。如果直接去数字符的个数, 一直到字符串末尾为止, 这样用时便会在字符串长度的线性量级之内。[1] 因此, 总运行时间应该是$O(n + m + (n - m)(m + 2))$。

　　让我们用大O的知识来简化表达式。由于$m + 2 = \Theta(m)$, 所以加上这个2也没有什么意义, 去掉它之后原式变为$O(n + m + (n - m)m)$。而将乘积展开会得到$O(n + m + nm - m^2)$, 这样看上去还是有点不够简洁。

　　然而我们所处理的实际问题中都满足$n \geqslant m$, 因为要是模式比文本自身还长的话, p就不可能是t的子串了, 由此可推出$n + m \leqslant 2n = \Theta(n)$。于是该算法最坏情况下的运行时间可进一步简化为$O(n + nm - m^2)$。

　　再注意到两件事就可大功告成:

- 首先, 请注意$n \leqslant nm$, 原因是任何有意义的模式都满足$m \geqslant 1$。因此$n + nm = \Theta(nm)$, 那么我们可去掉所加的n, 也即可将分析结果简化成$O(nm - m^2)$。
- 其次, 请注意$-m^2$项是负的, 这样只会让大O记号括号内的表达式其值降低。由于大O记号意味着上界, 我们可去掉其任意负项还依然可保证所得仍为上界。$n \geqslant m$意味着$mn \geqslant m^2$, 因此这个负项还没大到能抵消其左边项的程度。

　　这样一来, 我们将该算法在最坏情况下的运行时间最后简单表示为$O(nm)$。

　　当你有足够经验后, 对于类似这样的算法, 你甚至不用将算法写下来而在头脑里就能分析。毕竟, 要为某项任务设计算法, 你得在脑海里迅速翻遍各种不同的可行方案并选择最佳途径。[2] 多加实践必能熟极而流, 但是你如果弄不清为什么某个算法能在$O(f(n))$时间内运行完, 那就从仔细写出该算法入手, 然后再采用我们在本节中所用的推理方法。

证明Θ记号

　　以上分析证明了本节的简单模式匹配算法的平方时间上界, 而要证明Θ记号, 我们还得给出一个算例让该算法确实会耗费$\Omega(mn)$时间。

---

[1] 译者注: "$T(n)$在n的线性量级之内"意味着$T(n) = O(n)$, 注意这个不是"$T(n)$线性于n"(即$T(n) = cn$)。
[2] 译者注: 正因为如此, 我们必须要能够较快地估计出算法性能, 进而为决策提供依据。

考虑如下算例的执行情况: 文本串 t 为 "$aa\cdots a$", 它包含 n 个 a; 模式串 p 为 "$aa\cdots ab$", 它由 $m-1$ 个 a 再配上一个 b 构成。无论模式串在文本串的哪个可行位置, while 循环肯定能匹配 p 的前 $m-1$ 个字符而在最后一个字符上失配。t 有 $n-m+1$ 个可行位置能让 p 置于其上, 因为匹配时 p 不可超出 t 的边界, 因此总运行时间为

$$(n-m+1)\times m = mn - m^2 + m = \Omega(mn)$$

于是, 该字符串匹配算法在最坏情况下需要 $\Theta(mn)$ 时间。其实还有更快的算法, 事实上, 我们将在 6.7 节看到本问题的线性期望时间算法。

2.5.4 矩阵乘法

分析包含多重循环的算法时, 常常会出现多重和式, 例如我们考虑矩阵乘法问题:

问题: 矩阵乘法

输入: A(大小为 $x\times y$) 和 B(大小为 $y\times z$) 两个矩阵。

输出: 一个 $x\times z$ 矩阵 C, 其中 C_{ij} 是 A 的第 i 行与 B 的第 j 列之间的点乘。

矩阵乘法是线性代数中的一个基本运算, 卷 II 中列出了这个问题(见 16.3 节)。不过, 看似非常基础的矩阵相乘的算法实现却得 3 重循环才能得到其乘积:[1]

```
for (i = 1; i <= x; ++i)
    for (j = 1; j <= z; ++j)
    {
        C[i][j] = 0;
        for (k = 1; k <= y; ++k)
            C[i][j] += A[i][k] * B[k][j];
    }
```

我们如何分析上述算法的时间复杂度呢? 看到三重循环你应该凭直觉能猜到是 $O(n^3)$, 下面我们给出精确的分析论证。循环中乘法运算的次数 $M(x,y,z)$ 由以下和式给出:

$$M(x,y,z) = \sum_{i=1}^{x}\sum_{j=1}^{y}\sum_{k=1}^{z} 1$$

从右边由内而外地进行求和, 而 z 个 1 之和为 z, 因此

$$M(x,y,z) = \sum_{i=1}^{x}\sum_{j=1}^{y} z$$

y 个 z 之和也一样简单, 即 yz, 于是

$$M(x,y,z) = \sum_{i=1}^{x} yz$$

---

[1] 译者注: 为了方便公式推导讲解, 数组下标取 1 到 n。事实上, 下标区间若换成 $[0,n)$ 其结果不变。

最后是x个yz之和, 即xyz。综上所述, 这个矩阵相乘算法的运行时间是$O(xyz)$。

如果我们考虑常见的情况, 即3个大小值完全一样($x = y = z = n$), 运行时间则会变为$O(n^3)$。对于$\Omega(n^3)$的下界分析基本类似, 因为矩阵的大小界定了 for 循环的迭代次数。于是, 这种简单的矩阵乘法其运行时间为$\Theta(n^3)$, 也即立方算法。当然, 矩阵乘法肯定还可以更快(见16.3节)。

2.6　求和

数学求和公式对我们来说非常重要, 原因如下: 其一, 求和公式经常在算法分析中出现; 其二, 证明求和公式的正确性是数学归纳法的一个经典应用。第1章和本章的末尾都以习题形式列出了若干求和的归纳证明练习。为了让你更容易理解上述内容, 这里再复习一些关于求和的基础知识。

求和公式是描述集合(可取任意大小)中元素之和的简明表达式, 特别是如下公式:

$$\sum_{i=1}^{n} f(i) = f(1) + f(2) + \cdots + f(n)$$

很多代数函数的和式(summation)存在简单闭形式。例如n个1之和为n, 也即

$$\sum_{i=1}^{n} 1 = n$$

另外, 前n个正整数之和可通过将第i个数与第$n - i + 1$个数配对而知晓:

$$\sum_{i=1}^{n} i = \left(\sum_{i=1}^{n} (i + (n - i + 1)) \right) / 2 = n(n+1)/2$$

能认出下面这两类基本的求和公式将会让你在算法分析中完成很多任务:

- **整数幂之和**(sum of a power of integers) —— 我们在选择排序的分析中遇到过前n个正整数之和, 也即算术级数:

$$S(n) = \sum_{i=1}^{n} i = n(n+1)/2$$

若从大局观思考可知, 真正重要的是其和为平方量级, 而不是式中的常系数1/2。推广到一般情况, 对于$p \geqslant 0$, 我们有

$$S(n,p) = \sum_{i=1}^{n} i^p = \Theta(n^{p+1})$$

依上式可知平方之和是立方量级, 而立方之和则是四次方(quartic)量级(如果你使用"quartic"这个词的话)。

当$p < -1$时, 和式$S(n,p)$在$n \to +\infty$时总是收敛至一常数; 而当$p \geqslant 0$时该和式则会发散。不过p取-1(它在上述两种p的取值范围之间)时$S(n,p)$会很有意思, 这就是调和级数:

$$H(n) = \sum_{i=1}^{n} 1/i = \Theta(\log n)$$

- **等比数列之和**(sum of a geometric progression) —— 在等比数列中, 求和号中的下标会作用到指数上, 即

$$G(n, p) = \sum_{i=0}^{n} a^i = (a^{n+1} - 1)/(a - 1)$$

如何解读这个和式(一般称为几何级数)取决于数列的**基**(base), 也就是a。当$|a| < 1$时, 它在$n \to +\infty$时收敛至某一常数。

事实证明, 此级数的收敛性是算法分析中十足的"免费午餐"。它意味着数列之和可能是个常数, 而不一定与数列的项数成比例增长。例如, $1+1/2+1/4+1/8+\cdots \leqslant 2$, 不管我们把多少项加起来都如此。

当$a > 1$时, 该和式的值随着每加入一个新项而迅速地增长, 例如, $1 + 2 + 4 + 8 + 16 + 32 = 63$。实际上, 对于$a > 1$, $G(n, a) = \Theta(a^{n+1})$。

停下来想想: 阶乘的公式

问题: 用归纳法证明

$$\sum_{i=1}^{n} i \times i! = (n+1)! - 1$$

证明: 直接依照归纳法的范式很容易证明。不妨先验证基础情形: $n = 0$时下标集为空, 求和不会进行(和式为0), 因此等式成立; 当然我们也可以换一个更具有实际意义的等式, 也即证明$n = 1$情形, 该式为

$$\sum_{i=1}^{1} i \times i! = (1+1)! - 1 = 2 - 1 = 1$$

再假设此命题一直到n都为真。我们现在要证明$n + 1$这种一般情况, 注意到下式中取出最大项后便可显露出归纳假设式的左边:

$$\sum_{i=1}^{n+1} i \times i! = (n+1)(n+1)! + \sum_{i=1}^{n} i \times i!$$

因此以归纳假设式的右边替换则可给出

$$\begin{aligned}
\sum_{i=1}^{n+1} i \times i! &= (n+1) \times (n+1)! + (n+1)! - 1 \\
&= (n+1)! \times ((n+1) + 1) - 1 \\
&= (n+2)! - 1
\end{aligned}$$

从和式中分离出最大项并显露出能用上归纳假设的某个实例, 这是一种通用性技巧, 它是所有此类证明的要点。

2.7　对数及其应用

　　"对数"(logarithm)可由"算法"(algorithm)换位而得到(即换位词), 但这并不是我们需要了解什么是对数的原因。你在计算器的按钮上应该见过对数, 但可能忘了为什么它在那里。**对数**只不过是指数函数的逆而已, 也即 $b^x = y$ 等价于 $x = \log_b y$。此外, 这个等价关系式同时会告诉你 $b^{\log_b y} = y$。

　　指数函数增长量级之高令人苦恼, 那些曾经试着还清信用卡欠款的人早已领教过, 因为欠款金额也呈指数式增长。正因为如此, 你看到指数函数的逆(即对数)增长极其缓慢之后绝对会眼前一亮。对数通常出现在事物不断减半的那些过程中, 我们现在来看几个实例。

2.7.1　对数与二分查找

　　二分查找是 $O(\log n)$ 算法一个很好的实例。假设要在一本含有 n 个人名的电话簿里寻找某个人(记为 p), 一开始你可以翻到中间位置(更精确的表述是第 $n/2$ 个人名所在处)与 p 对比, 比如说该位置上的名字是 Monroe, Marilyn。[1] 不管 p 位于中间位置之前(例如 p 为 Dean, James)还是之后(例如 p 为 Presley, Elvis), 你只需一次比较就可以不用再去考虑电话簿中的一半人名了。此算法所用步数等于将 n 不断减半直到剩一个人名时所需的次数。由对数定义可知, 它正是 $\log n$。因此, 20 次比较足以在人名以百万计的曼哈顿电话簿中找到任何人名!

　　二分查找是算法设计中最强有力的想法之一。如果想象一下我们被迫居住在仅有无序电话簿的世界里, 那么你马上就能体会到二分查找力量之强大。

2.7.2　对数与树

　　一棵高度为 1 的二叉树所能拥有的最大叶子结点数是 2, 而一棵高度为 2 的二叉树最多能长出 4 个叶子结点。一棵拥有 n 个叶子结点的有根完美二叉树的高度是多少?[2] 注意我们每次将高度增加 1, 叶子可能达到的最大数目会加倍。要解释 n 个叶子结点是怎么得来的, 可令 $n = 2^h$, 这意味着 $h = \log n$。

　　要是将二叉树推广到每个结点有 d 个孩子的完美 d 叉树($d = 2$ 的情况是二叉树), 又会如何呢? 一棵高度为 1 的树所能拥有的最大叶子结点数是 d, 而一棵高度为 2 的树最多能长出 d^2 个叶子结点。我们每次将高度增加 1, 同时叶子所能达到的最大数目将乘以 d, 因此要解释 n 个叶子是如何得来的, 可令 $n = d^h$, 这意味着 $h = \log_d n$, 如图 2.6 所示。

　　上述这些推理论证的关键结论在于——极矮的树却能长很多叶子, 这也是为什么二叉树被证明对于设计快速数据结构极为重要的主要原因。

2.7.3　对数与比特

　　长为 1 的位串(bit pattern)有 2 种(0 和 1), 长为 2 的位串有 4 种(00, 01, 10, 11), 长为 3 的位串有 8 种(图 2.7), 由此可见, 位串总数随着其长度呈指数式增长。此外, 位串可用二叉树表

---

[1] 译者注: 即 Marilyn Monroe, 下同, 均按名排序。此外, 本段提到的人均为影星或歌星。
[2] 译者注: 本章讨论的树均为完美树(perfect tree), 除最底层之外其他所有结点都长满了孩子。

示, 从根到某个叶子的一条路径便是一个位串(向左记为0而向右记为1)。

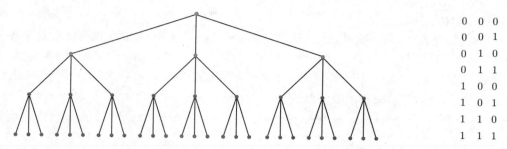

$$
\begin{array}{ccc}
0 & 0 & 0 \\
0 & 0 & 1 \\
0 & 1 & 0 \\
0 & 1 & 1 \\
1 & 0 & 0 \\
1 & 0 & 1 \\
1 & 1 & 0 \\
1 & 1 & 1 \\
\end{array}
$$

图 2.6 一棵高度为h的d叉树($h=3$, $d=3$, 叶子结点总数为$d^h=27$)   **图 2.7** 长为3的所有位串

假设我们要通过等长位串来表示n种不同的可能性, 例如n个元素或者从0到$n-1$的所有整数, 每种可能性所需要的比特数w(也即位串长度)是多少? 要注意的关键点是长为w的等长位串必须能给出不少于n种的可能性。由于每当位串长度增加1则位串能表示的可能性总数会加倍, 因此我们如果选用w作为位串长度, 那么得有$2^w=n$, 即我们需要$w=\log n$个比特。

2.7.4 对数与乘法

对数在手持计算器出现之前特别重要。它为手工计算大数相乘提供了一个最简便的方案: 你可以使用计算尺(slide rule), 内中暗藏对数原理; 你也可以利用对数表, 这样明确表明你在依据对数法则进行计算。[1]

尽管我们早已不再使用计算尺, 但对乘法来说, 对数现在仍然非常有用, 特别是求幂时。回想一下$\log_b(uv)=\log_b u+\log_b v$, 即乘积的对数是对数之和, 而$a$的$n$次幂可分解为乘法, 由此可直接推出:

$$\log_b a^n = n \times \log_b a$$

若n变成任意实数c, 那么如何用计算器上的$\exp(x)$按键和$\ln(x)$按键

$$\exp(x)=e^x, \ln(x)=\log_e x$$

算出a^c呢? 由于

$$a^c = \exp(\ln(a^c)) = \exp(c \times \ln(a))$$

则问题降至1次乘法再加上分别调用每个函数1次。

2.7.5 快速求幂

假定我们需要计算a^n的准确值, 并且假设n不会特别大。与之类似的问题(求幂之后再

---

[1] 译者注: 不同时代的"大数"完全不在一个数量级上, 其长度会受限于当时的计算能力, 古代的"大数"可能对于现代人来说根本算不上什么。

取模)在密码学中的素性测试(可参阅16.8节)中会出现。由于要考虑数值精度的问题, 我们无法使用前文所给的公式。

　　最简单的算法是施以$n-1$次乘法, 也就是计算$a \times a \times \cdots \times a$。然而, 要是我们能观察到$n = \lfloor n/2 \rfloor + \lceil n/2 \rceil$, 则会更好地完成任务。如果$n$为偶数, 则$a^n = (a^{n/2})^2$。如果$n$为奇数, 则$a^n = a(a^{\lfloor n/2 \rfloor})^2$。在任一情况下, 最多用2次乘法的开销我们便可将指数的大小减半, 因此$O(\log n)$次乘法足以算出最终结果(算法13)。

算法 13　Power(a, n)

1　**if** $(n = 0)$ **then**
2　　|　**return** 1
3　**end**
4　$x \leftarrow \text{Power}(a, \lfloor n/2 \rfloor)$
5　**if** (n为偶数) **then**
6　　|　**return** x^2
7　**else**
8　　|　**return** $a \times x^2$
9　**end**

　　这种简洁高效的算法阐明了**分治法**(divide and conquer)要遵循的一个重要原理: 将任务尽可能地均分, 效果通常都会很不错。事实上, 该原理在生活中同样有效。不过, 尽管n不一定是2的幂, 从而让该问题不能一直完美地均分下去, 但两边差一个元素不会导致很严重的失衡。

2.7.6　对数与求和

　　前文将**调和数**(harmonic number)列为整数幂之和的特例, 即$H(n) = S(n, -1)$。我们知道该数表示将正整数数列取倒数之后求和, 这里再给出一个自然对数的近似表达式:

$$H(n) = \sum_{i=1}^{n} 1/i \approx \ln n$$

　　事实证明调和数非常重要, 因为当某个对数从一系列代数操作中突然冒出时, 调和数通常可以解释"对数从何而来"的问题。例如, 分析快速排序平均情况下的复杂度的关键在于处理$n \times H(n)$, 我们在学习求和技术时已经知道$H(n)$的$\Theta(\log n)$界, 于是很快可将该复杂度化简为$\Theta(n \log n)$。

2.7.7 对数与司法正义[1]

　　本节将是我们关于对数在实际中应用的最后一个例子。表2.2取自于联邦量刑准则(Federal Sentencing Guidelines)中, 并已在全美国的法庭中使用。这些准则试图对罪行判决予以标准化, 这样一来, 已被认定有罪的罪犯在任意法官那里所得到的判决应该和其他法官的

---

[1] 译者注: 很容易让人联想到同名英剧 *Criminal Justice*。

判决完全一样。要达到此目的, 法官需要准备一个复杂的判分函数来评判每种罪行, 再将其映射为服刑时间。

表 2.2 针对诈骗的联邦量刑准则

	损失(应用符合要求的最严重项)	等级增加
(A)	2000美元或更少	不增加
(B)	超过2000美元	加1
(C)	超过5000美元	加2
(D)	超过10 000美元	加3
(E)	超过20 000美元	加4
(F)	超过40 000美元	加5
(G)	超过70 000美元	加6
(H)	超过120 000美元	加7
(I)	超过200 000美元	加8
(J)	超过350 000美元	加9
(K)	超过500 000美元	加10
(L)	超过800 000美元	加11
(M)	超过1 500 000美元	加12
(N)	超过2 500 000美元	加13
(O)	超过5 000 000美元	加14
(P)	超过10 000 000美元	加15
(Q)	超过20 000 000美元	加16
(R)	超过40 000 000美元	加17
(S)	超过80 000 000美元	加18

表2.2给出了针对诈骗[1]的实际判分函数——将非法占有的美元数映射到应判分值。注意所给出的非法占有金额数每次差不多都是加倍的, 而惩罚相应升1级。这意味着惩罚等级(它与刑罚时间大致服从线性映射关系)随非法占有的金额数呈对数式增长。

想想这样的后果。一个又一个不道德的CEO一定也想过了。这意味着, 随着你非法占有的金额不断提高, 所受到的刑罚时间增长起来却极其缓慢。假设你这次又贪污了100 000美元: 如果你之前贪过10 000美元, 那么最终判分会升3级; 而如果你之前贪了50 000美元, 最终判分只会升1级; 要是你之前偷拿了1 000 000美元, 最终判分却毫无变化, 而拿了这么大一笔巨款居然没受到应有的刑罚, 真是太便宜你了。对数增长在这里却具有了讽刺意味: "如果要去犯罪, 就要让它对得起可能会判给你的刑期!" [2]

领悟要义: 每当事物不断减半或不断加倍时, 对数便会出现。

---

[1] 译者注: 下文给出的例子包含偷窃和贪污, 姑且认为它们都适用于此准则。

[2] 生活确实在模仿艺术(Life imitates art)。自从本书前一版中提到了这个例子之后, 美国量刑委员会(The U.S. Sentencing Commission)便来联系我, 看看能不能对量刑准则加以改进。

2.8 对数的特性

前文已经提到, 声明$b^x = y$等价于说$x = \log_b y$, 其中b这项通常称为对数的**底**(base)。由于数学上和历史上的原因, 下列三种底特别重要:

- 底为2 —— **折半对数**(binary logarithm), 通常记为$\log x$, 它是以2为底的对数。每当不断进行减半(例如二分查找)或加倍(例如树中的结点)时这种对数就会出现, 我们已见过相关实例。大部分关于对数的算法应用必然会涉及折半对数。
- 底为e —— **自然对数**(natural logarithm), 通常记为$\ln x$, 它是以e = 2.718 28··· 为底的对数。在计算器上, 对数函数$\ln(x) = \ln x$的逆是指数函数$\exp(x) = e^x$, 因此若将这两个函数复合(次序任意)便能得出"恒同函数"$\mathrm{id}(x) = x$, 也即

$$\exp(\ln(x)) = \ln(\exp(x)) = x$$

- 底为10 —— 以10为底的对数或**常用对数**(common logarithm), 不过现在没那么常用了, 通常记为$\lg x$。在手持计算器未出现之前, 计算尺和对数表都采用了这种底。

我们已经见过对数的一条重要特性, 即

$$\log_b(uv) = \log_b u + \log_b v$$

另一个事实也要记住, 对数可以轻松地换底, 它是下述公式的推论:

$$\log_b a = \frac{\log_c a}{\log_c b}$$

因此, 要将$\log_b a$从以b为底的对数换成以c为底的对数, 只要除以$\log_c b$即可。很容易将常用对数函数换成自然对数函数, 反之亦然。

这些对数特性蕴涵下列两个重要的命题, 从算法视角看, 它们非常值得我们深入领会:

- 对数的底对增长量级没有实际影响 —— 比较以下三个值: $\log(1\,000\,000) = 19.931\,6$, $\log_3(1\,000\,000) = 12.575\,4$, $\log_{100}(1\,000\,000) = 3$。虽然对数的底改变较大, 但对数函数值的变化却不是那么明显。将对数的底从b换到c只需除以$\log_c b$。只要b和c是常数, 那么这个转换因子就会被大O记号完全吞掉。因此在分析算法时, 我们通常有足够理由忽略对数的底。
- 对数能削弱函数的增长趋势 —— 任何多项式函数取对数后的增长量级都是$O(\log n)$, 此结论成立的原因是

$$\log_b n^d = d \times \log_b n$$

之所以二分查找这种思想的应用范围那么广, 其原因就在于上式。注意, 在包含n^2个元素的有序数组进行二分查找所需比较次数仅仅是在n元素有序数组中查找所需比较次数的两倍。

基本上任何函数取对数之后其增长趋势都会急速减缓, 例如

$$n! = \prod_{i=1}^{n} i \quad \longrightarrow \quad \log n! = \sum_{i=1}^{n} \log i = \Theta(n \log n)$$

可以看到, 要不是有对数, 我们很难对阶乘进行演算(因为太大了)。实际上, 该式是算法分析中另一个常见的对数应用场景。

停下来想想: 均分的重要性

问题: 如果将二分查找中划分比例从1/2比1/2改成1/3比2/3, 对具有百万计人数的曼哈顿区电话簿进行这种改造后的"二分查找"要用多少次查询?

解: 在电话簿中进行二分查找时, 每次查询都将电话簿精准地分为两半(可能会差一个)有多重要呢? 答案是没那么重要。对曼哈顿区电话簿来说, 比例更改后我们在最坏情况下要用 $\log_{3/2}(1\,000\,000) \approx 35$ 次查询, 与更改前 $\log(1\,000\,000) \approx 20$ 次相比没有显著变化。这是因为二分查找的力量来源是它的对数量级运行时间, 而不是其对数的底。 ∎

2.9 算法征战逸事: 锥体[1]之秘

在他开始说话之前, 他眼中的那种神色早就该提醒我这位仁兄是研究超级计算机的了。

"我们想用一台并行超级计算机来做数的运算, 其问题规模量高达 $1\,000\,000\,000$, 不过现在遇到了问题, 因此需要一个更快的算法。"

以前我见过那种恍惚的目光。由于接触了太多超级计算机的澎湃算力, 这些人的思维越发迟钝, 因为那种计算机实在是太快了, 以至于蛮力法看上去完全不需要巧妙算法——至少在问题变得难以处理前会如此。

"我正和一位诺贝尔奖得主一起研究将计算机应用于数论中的一个著名问题。你熟悉华林问题(Waring's problem)吗?"[2]

我对数论懂一点。"我知道。嗯, 华林问题要考虑的是: 任意整数是否至少能以一种方式表示为不超过4个整数的平方之和。例如, $78 = 8^2 + 3^2 + 2^2 + 1^2 = 7^2 + 5^2 + 2^2$。我记得在上本科数论课时证明过, 任意整数用4个整数的平方和足以表示。这确实是个著名的问题, 但它已经在大约200年前获证了。"

"不不不, 我们目前对华林问题的另一个变形很有兴趣。**锥数**(pyramidal number)是一种形如 $(m^3 - m)/6$ 的数 $(m \geqslant 2)$。因此前几个锥数是: 1, 4, 10, 20, 35, 56, 84, 120, 165。这个猜想在1928年提出, 它猜想任何整数能以不超过5个锥数之和来表示。我们想用超级计算机证实该猜想在1到 $1\,000\,000\,000$ 之间的所有数上都成立。"

"执行10亿项操作会消耗大量时间," 我提醒道, "在每个数上计算出项数最小的锥数和表示所花费的时间很关键, 因为你将要去执行10亿次这类操作。你考虑过要使用哪种算法了吗?"

"我们已经写出程序而且在并行超级计算机上运行过了。在较小的数上它运行非常快。然而当我们处理100 000左右的数时, 这个程序耗时实在太久了。"

非常好, 我这样想。我们的这位超级计算机上瘾者已经找到了渐近意义下的增长量级。毫无疑问, 他的算法运行时间接近于平方量级,[3] 而 n 的值一旦变大, 程序就压根没法用了。

---

[1] 译者注: 原文为"Pyramids", 暗喻神秘的埃及金字塔。

[2] 译者注: 详见参考文献[DY94], 邓越凡与杨振宁合作的一项工作, 实际上这也是杨振宁的父亲杨武之曾经研究的问题。

[3] 译者注: 该结论基于当时的计算机处理速度而给出, 注意不能参照表2.1也更不能根据现在的计算机性能去估计。

　　"我们需要一个能处理10亿规模数据的程序。你能帮助我们吗？当然，你只用设计算法方案，我们负责在并行超级计算机上运行。"

　　寻找提升程序性能的快速算法是一种挑战，我对此非常痴迷。于是，我答应去想想这个问题并开始尝试解决它。

　　我从浏览他提供的源代码入手。程序是另一个人编写的，他创建了一个包含了1到n中所有锥数(共有$\Theta(n^{1/3})$个[1])的数组p。[2] 为测试10亿范围的任意k是否满足猜想，他使用蛮力测试来验证k是否是2个锥数之和。如果不是，此程序再测试k是否为3个锥数之和，然后考虑4个乃至于5个，最后给出答案(满足或不满足猜想)且测试终止。大约45%的整数能表示成3个锥数之和；剩下的55%中大多数需要4个锥数求和才能表示，而且通常每个数都能以许多不同的方式表示。按照他的实验结果，仅有241个整数需要5个锥数求和才能表示，最大的这种整数是343 867。按此推测，对于n个数来说，算法在约一半的数上都执行了所有的3阶锥和测试，而在这些数上肯定又再执行了一些4阶锥和测试才得出答案。[3] 因此，此算法的总时间至少将会是$O(n(n^{1/3})^3) = O(n^2)$。现在$n = 1\,000\,000\,000$，他的程序必然会投降，这完全不足为奇。

　　任何算法要想在一个规模如此之大的问题上取得显著改善，肯定要避免直接穷举测试所有的三元组(3个锥数)。对于任意k，我们要寻求项数最少的一组锥数，它们加起来的和值恰为k。此问题称为**背包问题**(knapsack problem)，13.10节将会讨论它。在本例中，一组不大于n的锥数构成了背包权重集，不过还有一个额外约束是背包所装物品(锥数)恰为3项。

　　求解背包问题通常会从权重集的较小子集开始考虑，不妨预先算出其元素之和以便于处理较大子集求和时取用。如果我们有一个表包含所有的2个锥数之和(称之为2阶表)，那么要想知道k是否可表示为3个锥数之和，只需看看k是否能通过某一锥数与2阶表中的某数求和而得到。

　　因此我需要这样一个表，它包含所有小于n并且能表示为2个$1\,000\,000\,000$以内的锥数(共1816个)之和的数，那么该表最多有$1816^2 = 3\,297\,856$项。事实上，在排除重复项和超过给定范围的和值后，只需该项数的一半左右即可。创建一个存储这些数的有序数据结构不是什么难事，我们不妨先用有序数组t存储[4]所有这些"锥数对之和"(pair-sum)。

　　为了找到任意整数k的最小锥数和分解，我会先检查k是否属于1816个锥数中的一个。如果不是，我就会去查找k是否在2阶表中(因为存储了所有2个锥数之和)。要判断k是否可以表示成3个锥数之和，只需要遍历$0 \leqslant i < 1816$并检查$k - p_i$是否在2阶表t中，由于t是有序数组，使用二分查找就能迅速完成。要判断k是否可表示成4个锥数之和，必须查验对于$0 \leqslant i < |t|$，2阶表中是否包含$k - t_i$。[5] 然而，由于几乎每个k都有很多种方法表示为4个锥数之和，这项测试会很快终止，因此所用总时间主要由3阶锥和测试的用时所决定。测试k是否3个锥数之和其用时为$O(n^{1/3} \log n)$，在所有n个数上都运行一次3阶锥和测试便可完成任

---

[1] 为什么是$n^{1/3}$？回想一下锥数是$(m^3 - m)/6$形式。能让(此形式)所获得的数不超过n的最大m约为$\sqrt[3]{6n}$，因此共有$\Theta(n^{1/3})$个这样的数。

[2] 译者注：数组名p取自pyramidal的首字母，该数组中的元素$p_i (0 \leqslant i < 1816)$对应了指定范围内的所有1816个锥数。

[3] 译者注："d阶锥和测试"是判定某数是否可分解为d个锥数之和。基于所有锥数对k执行d阶锥和测试需要d重循环，总时间为$O((n^{1/3})^d)$。只有241个整数穷尽了各种4阶锥和测试(也即考虑了所有锥数的组合)，由于个数较少，可忽略不计。而55%(也就是约一半)的数穷尽了所有的3阶锥和测试，这才是我们要考虑的重点。

[4] 译者注：数组t中的元素记为t_i，下标i的范围为$[0, |t|)$，其中$|t|$为数组长度。

[5] 译者注：此问题即判断：是否存在$0 \leqslant u, v < |t|$使得$t_u + t_v$等于k。如果t有序，存在更快的$O(|t|)$时间算法。

务, 这样就给出了一个 $O(n^{4/3}\log n)$ 算法。从时间复杂度上对比分析原来那个 $O(n^2)$ 算法可知, 当 $n = 1\,000\,000\,000$ 时, 我的算法速度足足是他的算法速度的 30 000 倍!

刚开始我试着编写了一段代码, 它在我那台老旧的 Sparc ELC 上能解决的项数可以达到 $n = 1\,000\,000$, 这个程序运行了约 20 分钟。我以此代码为基础开始试验着不同的数据结构来表达数集, 并用不同的算法来搜索这些数据结构所实现的表。我试着用散列表和位向量来代替有序数组, 又使用了二分查找的变种如插值查找(interpolation search)(见 17.2 节)。我的努力得到了回报, 新的程序处理 $n = 1\,000\,000$ 的情况可在 3 分钟内完成, 而我原先的算法要花六倍多的时间才能处理完。

思考完这些根本性问题之后, 我开始在程序里做些微调来让性能更高一点。若 $k-1$ 能表示成 3 个锥数之和, 就不需要对 k 做 4 阶锥和测试, 原因是 1 本身就是锥数, 仅此技巧就能将总运行时间节约大概 10%。此时性能剖面程序(profiler)[1]已经帮不到什么忙了, 最后我尝试改进细节, 用了一些技巧从代码中多榨出了点性能。例如, 可将某个单独的过程调用换成直接插入式代码(in-line code),[2] 这又提高了 10% 的速度。

大功告成! 随后我将代码移交给这位超级计算机研究者。不过, 他对此代码所做的处理却是个令人沮丧的故事, 关于此将在 5.8 节中讲述。

在编写本节的内容时, 我又找到这个程序(现在它比我的研究生岁数还大)并重新运行, 即便在单线程情况下, 它都能在 1.113 秒内算完。开了编译器优化之后还能提速(仅需 0.334 秒): 要想让你的程序跑得快, 务必记得开优化, 而这个例子就是明证。我对这段代码什么都没做, 只是静静地等待 25 年, 硬件性能的提升让程序快了几百倍。如今的算力确实惊人, 连我们实验的一台服务器都能仅用单线程就足以处理 10 亿规模的锥数问题, 用时不到 3 小时(174 分钟 28.4 秒)。更让人不可思议的是, 我编写这本书用的苹果 MacBook 笔记本居然能用 9 小时 37 分钟 34.8 秒完成同样的任务, 尽管这部计算机跟那台服务器一样满是问题, 而且在打字的时候键帽还掉了。

我们从这篇算法征战逸事中可以领悟到最重要的一个观点: 凭借更昂贵的硬件只能得到有限且无法调整的加速, 然而算法的速度提升却有巨大潜力可挖。我将他的算法速度提升到了原来的 30 000 倍左右。他的那台百万美元级(当时的售价)且拥有 16 个处理器的计算机, 每个处理器据说在整数计算上的速度是我的 3000 美元台式机的 5 倍。不过, 上述指标意味着他的计算机其加速比潜力不会超过 100, 很显然在这个问题中算法带来的性能提升是决定性因素。事实上, 算法在规模足够大的任何计算任务中都必然会占据压倒性优势, 本节的故事也同样如此。

2.10 高等分析(*)

理想情况下, 我们每个人都应该能熟练地以渐近分析的数学方法来分析算法。当然, 理想情况下我们每个人也都应该是富裕和漂亮的。

本章将综述高等算法分析中所采用的一些主要方法和函数。我将其视为可选材料——

---

[1] 译者注: profiler 能对程序各模块的性能做出分析, 从而找出瓶颈。分析结果是将各模块性能列表或图形表示, 类似剖面图或者侧面图, 由此得名。
[2] 译者注: 将所调用过程用到的语句直接复制过来, 减少调用时的各种不必要开销。

除此节之外不会在本书中任何用于课堂讲授的那些章节中用到。不过, 你若是了解一点之后, 算法世界搭车客指南(卷Ⅱ)中所给出的有些复杂度函数其神秘程度会大为降低。

2.10.1　一些深奥难懂的函数

常见的复杂度函数类在2.3.1节中已给出。若是要学习高等算法分析, 就会有更多深奥难懂的函数将要露面。虽然我们在本书中不太会看到这些函数, 但了解它们指的是什么以及从何而来仍然很有价值。

- $f(n) = \alpha(n)$ —— 该函数称为逆Ackermann函数(inverse Ackermann's function), 它一般会出现在若干算法的详细分析中, 尤其是8.1.3节所讨论的合并–查找(Union-Find)数据结构。

  此函数的精确定义以及它到底是怎么来的, 此处不作深入讨论。把它看成是极客用语足矣: 这个词代表增长最慢的复杂度函数。该函数不像常函数 $f(n) = 1$ 那样基本不增长, 它在 $n \to \infty$ 时最终会达到无穷大, 但要很慢很慢才会到达。事实上, 对于任何物理世界中能遇到的规模量 n 而言, $\alpha(n) < 5$。

- $f(n) = \log \log n$ —— "log log" 函数就是 n 的 "对数的对数"。可举出一个自然的例子来解释它如何出现, 就是在一个仅有 $\log n$ 个元素的有序数组中做二分查找。

- $f(n) = \log n / \log \log n$ —— 此函数增长速度比 $\log n$ 略慢一点, 因为它所除以的函数增长更加之慢。要看看这在哪出现, 考虑一棵高度为 d 且有 n 个叶子结点的有根树。对于二叉树情况(即 $d = 2$), 高度 h 可由下式给出:

$$n = 2^h \quad \longrightarrow \quad h = \log n$$

  该结论是通过对原式两边取对数而得。现在考虑当高度为 $d = \log n$ 情况下的这样一棵树, 则有

$$n = (\log n)^h \quad \longrightarrow \quad h = \log n / \log \log n$$

- $f(n) = \log^2 n$ —— 这是对数函数的积, 即 $(\log n) \times (\log n)$。对 n 个元素做二分查找, 其中每个元素都是从1到某值(假定为 n^2)范围内的整数(以二进制存储), 如果我们想对查找过程中所查看的数据位数进行计数, 此函数将出现。每个这样的整数需要 $\log(n^2) = 2 \log n$ 位表示, 而我们查了 $\log n$ 个整数, 共计 $2 \log^2 n$ 位。

  "对数平方" 函数通常出现在那些有着复杂嵌套的数据结构设计中, 例如一棵二叉树的每个结点代表着另一种数据结构(它可能依据另一个键定次序)。

- $\sqrt{n}$ —— 平方根不是很深奥的知识, 但 $\sqrt{n}$ 是 "次线性多项式" 这类函数的典型代表, 这是因为 $\sqrt{n} = n^{1/2}$。此类函数会出现在构建包含 n 个点的 d 维网格时。$\sqrt{n} \times \sqrt{n}$ 的正方形其面积为 n, 且 $n^{1/3} \times n^{1/3} \times n^{1/3}$ 的立方体其体积也为 n。一般情况下, 一个边长为 $n^{1/d}$ 的 d 维超立方体其体积为 n。

- $f(n) = n^{1+\epsilon}$ —— Epsilon(即 ϵ)是表示某个任意小常数的数学符号, 不过我们绝不能让它小到完全不见了(变为0)。

下述方式可让其出现: 假定我设计了一个算法能在$2^c n^{1+1/c}$时间内运行, 现在我开始挑选到底哪个c是我最想要的。对于$c = 2$, 时间为$4n^{3/2}$或$O(n^{3/2})$。对于$c = 3$, 时间为$8n^{4/3}$或$O(n^{4/3})$, 显然这个更好。实际上, 若令c增大, 指数将一直变小。

不过问题来了, 我不能让c任意增大, 这样2^c此项将会显示其强势之处。我们只能将这个算法的运行时间描述为$O(n^{1+\epsilon})$来代替$2^c n^{1+1/c}$, 而这个最佳的ϵ值选取工作还是留给(喜欢评头论足的)旁观者吧。

2.10.2 极限与强弱关系

函数之间的强弱关系是极限理论的一个推论, 你可以再翻一翻微积分来温习相关知识。若有

$$\lim_{n \to \infty} g(n)/f(n) = 0$$

则称$f(n)$强于$g(n)$。

让我们来看看此定义如何发挥作用。假定$f(n) = 2n^2$且$g(n) = n^2$。很显然对于所有的n都满足$f(n) > g(n)$, 但$f(n)$并不强于$g(n)$, 因为

$$\lim_{n \to \infty} g(n)/f(n) = \lim_{n \to \infty} n^2/2n^2 = \lim_{n \to \infty} 1/2 \neq 0$$

这个结果在意料之中, 因为两个函数都属于$\Theta(n^2)$类。要是$f(n) = n^3$且$g(n) = n^2$又如何呢? 由于

$$\lim_{n \to \infty} g(n)/f(n) = \lim_{n \to \infty} n^2/n^3 = \lim_{n \to \infty} 1/n = 0$$

因此次数更高的多项式会更强。一般地, 对于任意两个次数不同的多项式仍有此结论(例如$n^{1.2}$强于$n^{1.199\,999\,9}$): 也即若$a > b$则n^a强于n^b, 原因是

$$\lim_{n \to \infty} n^b/n^a = \lim_{n \to \infty} n^{b-a} = 0$$

再来考虑两个指数函数, 比如说$f(n) = 3^n$和$g(n) = 2^n$。因为

$$\lim_{n \to \infty} g(n)/f(n) = \lim_{n \to \infty} 2^n/3^n = \lim_{n \to \infty} (2/3)^n = 0$$

因此底较大的指数函数会更强。

要想一步步完成强弱关系的证明, 得靠我们处理极限的数学技巧。不妨看看一对重要的函数之对比: 任何多项式函数(比如说$f(n) = n^\epsilon$)强于对数函数(比如说$g(n) = \log n$)。由于$n = 2^{\log n}$,

$$f(n) = (2^{\log n})^\epsilon = 2^{\epsilon \log n}$$

又考虑到

$$g(n)/f(n) = \log n/2^{\epsilon \log n}$$

事实上, 当$n \to 0$时, 上式趋近于0。

领悟要义: 我们将本节所给的函数插入2.3.1节中的那些函数之间, 可以看到下面所有函数都已按强弱关系依次排好:

$$n! \gg c^n \gg n^3 \gg n^2 \gg n^{1+\epsilon} \gg n\log n \gg n \gg \sqrt{n} \gg$$
$$\log^2 n \gg \log n \gg \log n / \log\log n \gg \log\log n \gg \alpha(n) \gg 1$$

章节注释

　　大多数其他算法教材将相当大的精力投入在形式化的算法分析中, 而本书却对此着墨较少, 因此我们建议更倾向于理论工作的读者参考其他书去深入了解。当然, 有些教材非常注重算法分析, 例如[CLRS09]和[KT06]会比同类教材更强调这些内容。

　　Knuth和Graham以及Patashnik所著的《具体数学》(*Concrete Mathematics*)[GKP89]一书对算法分析所用数学进行了有趣且全面的阐述。Niven和Zukerman的[NZ91]是一本非常好的数论入门书, 它介绍了本章算法征战逸事中所讨论的华林问题, 我很喜欢这本书。

　　关于强弱关系的观点还会引出"小o"记号: 若$g(n)$强于$f(n)$则称$f(n) = o(g(n))$。此外, 事实证明小o记号在提出需求方面非常有用。如果你要找一个$o(n^2)$算法, 也就是说它在最坏情况下会优于平方算法——这意味着你会愿意将就于$O(n^{1.999} \log^2 n)$时间。

2.11　习题

程序分析

2-1. *[3]* 以下函数的返回值是什么? 将你的答案表示成一个关于n的函数。用大O记号给出最坏情况下的运行时间。

```
int Mystery(int n)
{
    int r = 0;
    for (int i = 1; i <= n - 1; ++i)
        for (int j = i + 1; j <= n; ++j)
            for (int k = 1; k <= j; ++k)
                ++r;
    return r;
}
```

2-2. *[3]* 以下函数的返回值是什么? 将你的答案表示成一个关于n的函数。用大O记号给出最坏情况下的运行时间。

```
int Pesky(int n)
{
    int r = 0;
    for (int i = 1; i <= n; ++i)
```

```
            for (int j = 1; j <= i; ++j)
                for (int k = j; k <= i + j; ++k)
                    ++r;
        return r;
    }
```

2-3. *[5]* 以下函数的返回值是什么? 将你的答案表示成一个关于*n*的函数。用大*O*记号给出最坏情况下的运行时间。

```
int Pestiferous(int n)
{
    int r = 0;
    for (int i = 1; i <= n; ++i)
        for (int j = 1; j <= i; ++j)
            for (int k = j; k <= i + j; ++k)
                for (int l = 1; l <= i + j - k; ++l)
                    ++r;
    return r;
}
```

2-4. *[8]* 以下函数的返回值是什么? 将你的答案表示成一个关于*n*的函数。用大*O*记号给出最坏情况下的运行时间。

```
int Conundrum(int n)
{
    int r = 0;
    for (int i = 1; i <= n; ++i)
        for (int j = i + 1; j <= n; ++j)
            for (int k = i + j - 1; k <= n; ++k)
                ++r;
    return r;
}
```

2-5. *[5]* 考虑下面的代码片段(*n*值已给定), 令$f(n)$为其时间复杂度(也可以认为等价于星号字符的打印次数)。请给出正确的上下界$O(f(n))$和$\Omega(f(n))$, 最好收敛于$\Theta(f(n))$。

```
for (int k = 1; k <= n; ++k)
{
    int x = k;
    while (x < n)
    {
        printf("*");
        x *= 2;
    }
}
```

2-6. *[5]* 算法14给出了一种多项式求值算法, 设$p(x) = a_n x^n + a_{n-1} x^{n-1} + \cdots + a_1 x + a_0$的系数$a_0, a_1, \cdots, a_n$存于数组$A$之中。

(a) 在最坏情况下它做了多少次乘法? 多少次加法?

(b) 在平均情况下它做了多少次乘法?

(c) 你能改进此算法吗?

2-7. *[3]* 设$a_0, a_1, \cdots, a_{n-1}$存于数组$A$之中, 算法15给出了一个在数组中寻找最大值的算法, 证明其正确性。

算法 14　Polynomial(A, x)

1　$p \leftarrow a_0$
2　$w \leftarrow 1$
3　**for** i **from** 1 **to** n **do**
4　　$w \leftarrow x \times w$
5　　$p \leftarrow p + a_i \times w$
6　**end**
7　**return** p;

算法 15　Max(A)

1　$m \leftarrow a_0$
2　**for** i **from** 1 **to** $n - 1$ **do**
3　　**if** $(a_i > m)$ **then**
4　　　$m \leftarrow a_i$
5　　**end**
6　**end**
7　**return** m

大 O

2-8. *[3]* 是对是错?

(a) $2^{n+1} = O(2^n)$ 吗?

(b) $2^{2n} = O(2^n)$ 吗?

2-9. *[3]* 考虑下列每对函数的关系: 可能 $f(n)$ 会属于 $O(g(n))$, 也可能 $f(n)$ 会属于 $\Omega(g(n))$, 还可能 $f(n)$ 属于 $\Theta(g(n))$。确定哪些关系是正确的, 并简要解释原因。

(a) $f(n) = \log n^2, \quad g(n) = \log n + 5$

(b) $f(n) = \sqrt{n}, \quad g(n) = \log n^2$

(c) $f(n) = \log^2 n, \quad g(n) = \log n$

(d) $f(n) = n, \quad g(n) = \log^2 n$

(e) $f(n) = n \log n + n, \quad g(n) = \log n$

(f) $f(n) = 10, \quad g(n) = \log 10$

(g) $f(n) = 2^n, \quad g(n) = 10n^2$

(h) $f(n) = 2^n, \quad g(n) = 3^n$

2-10. *[3]* 分析下列每对函数, 请确定 $f(n) = O(g(n))$ 还是 $f(n) = \Omega(g(n))$, 或是两者均成立。

(a) $f(n) = (n^2 - n)/2, \quad g(n) = 6n$

(b) $f(n) = n + 2\sqrt{n}, \quad g(n) = n^2$

(c) $f(n) = n \log n, \quad g(n) = n\sqrt{n}/2$

(d) $f(n) = n + \log n, \quad g(n) = \sqrt{n}$

(e) $f(n) = 2(\log n)^2, \quad g(n) = \log n + 1$

(f) $f(n) = 4n \log n + n, \quad g(n) = (n^2 - n)/2$

2-11. *[5]* 分析下列每对函数, 请确定$f(n)$的三个渐近界$(O(g(n)), \Omega(g(n)), \Theta(g(n)))$有哪些是成立的。

(a) $f(n) = 3n^2, \quad g(n) = n^2$

(b) $f(n) = 2n^4 - 3n^2 + 7, \quad g(n) = n^5$

(c) $f(n) = \log n, \quad g(n) = \log n + \dfrac{1}{n}$

(d) $f(n) = 2^{k \log n}, \quad g(n) = n^k$

(e) $f(n) = 2^n, \quad g(n) = 2^{2^n}$

2-12. *[3]* 证明$n^3 - 3n^2 - n + 1 = \Theta(n^3)$。

2-13. *[3]* 证明$n^2 = O(2^n)$。

2-14. *[3]* 给出证明或推翻结论: $\Theta(n^2) = \Theta(n^2 + 1)$。

2-15. *[3]* 现有5个算法其运行时间如下(假设所给函数为精确的运行时间):

     (a) n^2 (b) n^3 (c) $100n^2$ (d) $n \log n$ (e) 2^n

如果将输入规模量升为$2n$或$n+1$, 这些算法的运行时间分别会慢多少?

2-16. *[3]* 现有6个算法其运行时间如下(假设所需的指令总数可由关于输入规模量n的函数精确表示):

     (a) n^2 (b) n^3 (c) $100n^2$ (d) $n \log n$ (e) 2^n (f) 2^{2^n}

如果你有一台每秒能执行10^{10}条指令的计算机, 对于上述每个算法, 能确保它在一个小时内运行完的最大输入规模量分别是多少?

2-17. *[3]* 为下列每对函数$f(n)$和$g(n)$给出一个合适的正常数c, 使得对于所有的$n \geqslant 1$均可保证$f(n) \leqslant c \cdot g(n)$。

(a) $f(n) = n^2 + n + 1, \quad g(n) = 2n^3$

(b) $f(n) = n\sqrt{n} + n^2, \quad g(n) = n^2$

(c) $f(n) = n^2 - n + 1, \quad g(n) = n^2/2$

2-18. *[3]* 证明: 若$f_1(n) = O(g_1(n))$且$f_2(n) = O(g_2(n))$, 则$f_1(n) + f_2(n) = O(g_1(n) + g_2(n))$。

2-19. *[3]* 证明: 若$f_1(n) = \Omega(g_1(n))$且$f_2(n) = \Omega(g_2(n))$, 则$f_1(n) + f_2(n) = \Omega(g_1(n) + g_2(n))$。

2-20. *[3]* 证明: 若$f_1(n) = O(g_1(n))$且$f_2(n) = O(g_2(n))$, 则$f_1(n) \cdot f_2(n) = O(g_1(n) \cdot g_2(n))$。

2-21. *[5]* 对于所有的$k \geqslant 0$且所有的实值常数集$\{a_k, a_{k-1}, \cdots, a_1, a_0\}$, 证明

$$a_k n^k + a_{k-1} n^{k-1} + \cdots + a_1 n + a_0 = O(n^k)$$

2-22. *[5]* 对于任意实值常数a和b(其中$b > 0$), 证明

$$(n + a)^b = \Theta(n^b)$$

2-23. *[5]* 将下面的函数按照其量级由低到高列出。如果有两个或更多的函数其量级相同, 请指出是哪些。

n	2^n	$n \log n$	$\ln n$
$n - n^3 + 7n^5$	$\log n$	$\sqrt{n}$	e^n
$n^2 + \log n$	n^2	2^{n-1}	$\log \log n$
n^3	$(\log n)^2$	$n!$	$n^{1+\epsilon}$(其中$0 < \epsilon < 1$)

2-24. *[8]* 将下面的函数按照其量级由低到高列出。如果有两个或更多的函数其量级相同，请指出是哪些。

n^π	π^n	$\binom{n}{5}$	$\sqrt{2^{\sqrt{n}}}$
$\binom{n}{n-4}$	$2^{\log^4 n}$	$n^{5(\log n)^2}$	$n^4 \binom{n}{n-4}$

2-25. *[8]* 将下面的函数按照其量级由低到高列出。如果有两个或更多的函数其量级相同，请指出是哪些。

$\sum_{i=1}^{n} i^i$	n^n	$(\log n)^{\log n}$	$2^{\log n^2}$
$n!$	$2^{\log^4 n}$	$n^{(\log n)^2}$	$\binom{n}{n-4}$

2-26. *[5]* 将下面的函数按照其量级由低到高列出。如果有两个或更多的函数的量级相同，指出是哪些。

$\sqrt{n}$	n	2^n
$n \log n$	$n - n^3 + 7n^5$	$n^2 + \log n$
n^2	n^3	$\log n$
$n^{\frac{1}{3}} + \log n$	$(\log n)^2$	$n!$
$\ln n$	$\dfrac{n}{\log n}$	$\log \log n$
$(1/3)^n$	$(3/2)^n$	6

2-27. *[5]* 依照下列条件分别找出满足要求的两个函数$f(n)$和$g(n)$。如果这样的f和g不存在，答案可写成"均不满足"。

(a) $f(n) = o(g(n))$且$f(n) \neq \Theta(g(n))$

(b) $f(n) = \Theta(g(n))$且$f(n) = o(g(n))$

(c) $f(n) = \Theta(g(n))$且$f(n) \neq O(g(n))$

(d) $f(n) = \Omega(g(n))$且$f(n) \neq O(g(n))$

2-28. *[3]* 是对是错？

(a) $2n^2 + 1 = O(n^2)$

(b) $\sqrt{n} = O(\log n)$

(c) $\log n = O(\sqrt{n})$

(d) $n^2(1 + \sqrt{n}) = O(n^2 \log n)$

(e) $3n^2 + \sqrt{n} = O(n^2)$

(f) $\sqrt{n}\log n = O(n)$

(g) $\log n = O(n^{-1/2})$

2-29. *[5]* 对下列每对函数$f(n)$和$g(n)$，请确定到底是只满足$f(n) = O(g(n))$，还是只满足$f(n) = \Omega(g(n))$，抑或是$f(n) = \Theta(g(n))$，或者上述都不是。

(a) $f(n) = n^2 + 3n + 4, \quad g(n) = 6n + 7$

(b) $f(n) = n\sqrt{n}, \quad g(n) = n^2 - n$

(c) $f(n) = 2^n - n^2, \quad g(n) = n^4 + n^2$

2-30. *[3]* 对下列每个问题，简要解释你的答案。

(a) 如果已证出某算法在最坏情况下用时$O(n^2)$，它在某些输入情况下用时$O(n)$可能吗？

(b) 如果已证出某算法在最坏情况下用时$O(n^2)$，它在所有输入情况下用时$O(n)$可能吗？

(c) 如果已证出某算法在最坏情况下用时$\Theta(n^2)$，它在某些输入情况下用时$O(n)$可能吗？

(d) 如果已证出某算法在最坏情况下用时$\Theta(n^2)$，它在所有输入情况下用时$O(n)$可能吗？

(e) 函数$f(n)$定义如下：n为偶数时$f(n) = 100n^2$；n为奇数时$f(n) = 20n^2 - n\log n$。$f(n) = \Theta(n^2)$吗？

2-31. *[3]* 对下列每个问题，回答是、否或不能判断，并解释你的原因。

(a) $3^n = O(2^n)$吗？

(b) $\log 3^n = O(\log 2^n)$吗？

(c) $3^n = \Omega(2^n)$吗？

(d) $\log 3^n = \Omega(\log 2^n)$吗？

2-32. *[3]* 对下列每个表达式$f(n)$，找出一个简单的$g(n)$使得$f(n) = \Theta(g(n))$。

(a) $f(n) = \sum\limits_{i=1}^{n} \frac{1}{i}$

(b) $f(n) = \sum\limits_{i=1}^{n} \lceil \frac{1}{i} \rceil$

(c) $f(n) = \sum\limits_{i=1}^{n} \log i$

(d) $f(n) = \log(n!)$

2-33. *[5]* 将下列函数按渐近量级递增次序排好。

$$f_1(n) = n^2 \log n, \quad f_2(n) = n(\log n)^2, \quad f_3(n) = \sum_{i=0}^{n} 2^i, \quad f_4(n) = \log\Big(\sum_{i=0}^{n} 2^i\Big)$$

2-34. *[5]* 下列哪些表达式是正确的？

(a) $\sum\limits_{i=1}^{n} 3^i = \Theta(3^{n-1})$

(b) $\sum\limits_{i=1}^{n} 3^i = \Theta(3^n)$

(c) $\sum\limits_{i=1}^{n} 3^i = \Theta(3^{n+1})$

2-35. *[5]* 对下列每个函数f, 找出一个简单的g使得$f(n) = \Theta(g(n))$。

    (a) $f(n) = 2^n \cdot 1000 + 4^n$

    (b) $f(n) = n + n\log n + \sqrt{n}$

    (c) $f(n) = \log(n^{20}) + (\log n)^{10}$

    (d) $f(n) = (0.99)^n + n^{100}$

2-36. *[5]* 对下面每对表达式(A, B), 指出A是否是$O(B)$、$o(B)$、$\Omega(B)$、$\omega(B)$、$\Theta(B)$。[1] 注意每对函数都有可能满足零种、一种或更多种关系, 请列出所有正确的关系式。

	A	B
(a)	n^{100}	2^n
(b)	$(\log n)^{12}$	$\sqrt{n}$
(c)	$\sqrt{n}$	$n^{\cos(\pi n/8)}$
(d)	10^n	100^n
(e)	$n^{\log n}$	$(\log n)^n$
(f)	$\log(n!)$	$n \log n$

求和

2-37. *[5]* 找出下述三角形的第i行之和的表达式, 并证明其正确性。三角形中每项是直接位于其上的三项(左上、正上与右上)之和, 所有不存在的项视为0。

$$
\begin{array}{ccccccccc}
 & & & & 1 & & & & \\
 & & & 1 & 1 & 1 & & & \\
 & & 1 & 2 & 3 & 2 & 1 & & \\
 & 1 & 3 & 6 & 7 & 6 & 3 & 1 & \\
1 & 4 & 10 & 16 & 19 & 16 & 10 & 4 & 1
\end{array}
$$

2-38. *[3]* 假定圣诞节有n天, 我的True Love[2]将会送来多少件礼物(计算其精确值)? 如果你没听说过这个问题, 去找找相关资料吧。[3]

2-39. *[5]* 现有一个由n个互不相同的正整数所组成的无序数组, 其中的数取自1到$n+1$(也即缺一个数)。设计一个$O(n)$时间的算法找出缺失数字, 除了若干辅助变量之外不得再使用更多的空间。

2-40. *[5]* 考虑下面的代码片段(n值已给定):

```
for (int i = 1; i <= n; ++i)
    for (int j = i; j <= 2 * i; ++j)
        printf("foobar");
```

令$T(n)$表示打印语句的执行次数, 它是一个关于n的函数。

    (a) 将$T(n)$表示成和式的形式(实际上是双重求和);

    (b) 简化此和式并给出最终结果。

---

[1] 译者注: 书中未给出ω的定义, 它是o的逆, 即$A = o(B) \Leftrightarrow B = \omega(A)$。

[2] 译者注: 该词所指为何略有争议, 故不译出。

[3] 译者注: 即 *The Twelve Days of Christmas* 这首歌。例如前3天所送礼物件数分别为1、$2+1$、$3+2+1$, 后续按此规律递增。此曲版本甚多, 其中一个比较有趣的翻唱版是由印度卡通人物Boymongoose所主演的视频。

2-41. *[5]* 考虑下面的代码片段(n值已给定且为偶数):

```
for (int i = 1; i <= n / 2; ++i)
    for (int j = i; j <= n - i; ++j)
        for (int k = 1; k <= j; ++k)
            printf("foobar");
```

令$T(n)$表示打印语句的执行次数, 它是一个关于n的函数。

(a) 将$T(n)$表示成3重求和的形式;

(b) 简化此和式并给出最终结果。

2-42. *[6]* 当你第一次学习数的乘法时, 老师告诉你$x \times y$的意思是从零开始不断加上x, 一共加y次, 例如

$$5 \times 4 = 0 + 5 + 5 + 5 + 5 = 20$$

两个b进制或者说基为b(人们通常以10为基来计算, 而计算机显然用二进制计算)的n位数相乘, 若不断使用加法, 其时间复杂度是多少? 将这个时间复杂度表示为一个关于n和b的函数。不妨假定单个数位之间的加法或乘法所用时间为$O(1)$。[提示]: y最多可能有多大? 将其表示为关于n和b的函数。

2-43. *[6]* 你在小学时学到了如何逐位以基来对较长的数做乘法, 例如

$$127 \times 211 = 127 \times 1 + 127 \times 10 + 127 \times 200 = 26\ 797$$

分析以此方法对两个n位数相乘的时间复杂度, 并将其表示为关于n的函数(假定基的大小为常数)。假定单个数位之间的加法或乘法所用时间为$O(1)$。

对数

2-44. *[5]* 证明下列对数恒等式:

(a) 证明$\log_a(xy) = \log_a(x) + \log_a(y)$

(b) 证明$\log_a x^y = y \log_a x$

(c) 证明$\log_a x = \log_b x / \log_b a$

(d) 证明$x^{\log_b y} = y^{\log_b x}$

2-45. *[3]* 证明$\lceil \log(n+1) \rceil = \lfloor \log n \rfloor + 1$。

2-46. *[3]* 证明$n \geqslant 1$时将n表示为二进制数需要$\lfloor \log n \rfloor + 1$位。

2-47. *[5]* 在我的一篇研究论文中, 我给出了一种基于比较的排序算法, 它能在$O(n \log(\sqrt{n}))$时间内运行完毕。我们知道基于比较的排序存在一个$\Omega(n \log n)$的下界, 这篇论文中的运行时间其表达式为什么是正确的呢?

面试题

2-48. *[5]* 给你一个由n个数组成的集合S。你应从S中挑出一个包含k个数的子集S', 使得每个S中的元素在S'中所出现的概率相等(即每个元素以k/n的概率被挑选到)。你处理这些数时只能遍历一次。另外, 要是n未知又该怎么办?

2-49. *[5]* 我们有1000个数据项要存放在1000个结点上。每个结点刚好都会存储3个不同数据项的副本。请提出一种复制(replication)机制可在结点失灵时让数据的损失最小。当随机地出现3个结点失灵时，数据项损失数量的数学期望是多少？

2-50. *[5]* 考虑下述在存有 n 个数的数组A中寻找最小元的算法。为此我们需要再定义一个变量min暂时存放当前最小值。不妨从A[0]开始，逐个将min与A[1]和A[2]乃至于A[n - 1]比较大小：若A[i]小于min，则将A[i]赋给min。此类赋值操作的平均执行次数是多少？

2-51. *[5]* 给你10袋金币：有9袋所装都是真的金币(每枚重为10克)；有1袋所装的全是假币，而每枚假币比真币轻1克。要求你只能用1次称量来找出装假币的袋子。假设你有一个电子秤，它能报出放在其上的物体重量。[1]

2-52. *[5]* 你有8个大小完全一样的球，其中7个重量相同，而余下那个略重一点。如果只用1台天平和2次称量，你该怎样去找到这个稍重的球呢？

2-53. *[5]* 假定我们着手处理 n 家公司的合并事宜，它们最终要并成一家大公司。有多少种不同的方法将它们合并？

2-54. *[7]* 有6名海盗在他们之间要分掉300美元，并按如下分法进行：大头目提出一种分配方案，然后所有海盗投票。要是大头目得到至少一半的票他便获胜，且保留他所提的分法。如果大头目未获胜，海盗们会杀掉大头目，随后由二头目获得按自己方案来分配的机会。现在要你阐述会发生什么以及相应的理由，也就是——多少海盗会活下来？这些钱如何分？所有海盗都很理智，首先要考虑活下来，再去争取获得尽可能多的钱。

2-55. *[7]* 重新考虑上面的海盗问题，现在他们要分的金额变成1美元，只能一个人拿走而不允许分割。谁将得到这1美元？多少名海盗会被杀掉？

力扣

2-1. https://leetcode.com/problems/remove-k-digits/

2-2. https://leetcode.com/problems/counting-bits/

2-3. https://leetcode.com/problems/4sum/

黑客排行榜

2-1. https://www.hackerrank.com/challenges/pangrams/

2-2. https://www.hackerrank.com/challenges/the-power-sum/

2-3. https://www.hackerrank.com/challenges/magic-square-forming/

编程挑战赛

下列编程挑战赛问题可在https://onlinejudge.org/上找到，网站会自动判分。

2-1. "Primary Arithmetic" —— 第5章，问题10035。

2-2. "A Multiplication" —— 第5章，问题847。

2-3. "Light, More Light" —— 第7章，问题10110。

---

[1] 译者注：每袋金币数量必须超过一定数目，如10枚。

第3章
数据结构

在运行缓慢的程序中更换数据结构, 其效果类似于对患者实施器官移植手术。那些重要的**抽象数据类型**(abstract data types), 如容器、字典和优先级队列等, 都可用功能等价但手段各异的**数据结构**(data structures)实现。由于从原理上来讲, 我们仅仅是从一种正确的实现方案转换为另一种同样正确的实现方案而已, 所以更换数据结构不会影响到程序的正确性。然而, 新的实现方法会重新协调抽象数据类型中各种操作的执行时间, 因此整个程序的性能会有惊人的改善。正如患者所需要的只是移植某一个器官, 解决程序运行缓慢的问题可能也仅需更换一个模块。

不过, 生来就有颗健康心脏的人显然比苦等移植手术的患者更幸福。因此, 从一开始便围绕着优良的数据结构进行程序设计, 才能取得最好效果。我们假设读者此前对基本的数据结构和指针操作已有所了解。不过, 如今的数据结构课程(CS Ⅱ)[1]更关注数据抽象和面向对象, 而较少涉及应如何在内存中表示数据的存储结构这样的细节问题。我们将对这部分内容进行回顾, 以确保你能着实明了。

学习数据结构与其他科目一样, 掌握基本内容远胜于略知高深概念, 所以我们将侧重于三种基本的抽象数据类型(即容器、字典和优先级队列), 并考虑如何用数组和列表实现它们。当然还存在众多更为精巧的实现方法, 而选用时应如何权衡的细节问题将留待卷Ⅱ中相应抽象数据类型的词条中详加讨论。

3.1 紧接数据结构与链接数据结构

数据结构基本上可简单地划分为两类: **紧接**(contiguous)和**链接**(linked), 这取决于该数据结构是基于数组还是指针:

- **紧接分配数据结构**(contiguous allocated data structures)由许多相邻的内存块组合而成一体, 数组、矩阵、堆和散列表皆属此类。
- **链接数据结构**(linked data structures)由大量分散于各处的内存块通过指针连接而成, 列表、树和图的邻接表皆属此类。

在本节中, 我们将评述紧接数据结构与链接数据结构各自的相对优势。二者的权衡相当微妙, 绝非一目了然的事。因此, 即便是对以上两种数据结构都已熟悉的读者, 我依然强烈建议你一起来重温这些内容。

---

[1] 译者注: 作者仍采用ACM Curriculum'78对计算机科学课程的划分方法, 其中CS Ⅱ水平的课程一般需要介绍基本数据结构知识, 并深入讨论程序设计的方法。最新课程指导方案可见http://www.acm.org/education/curricula-recommendations。

3.1.1　数组

数组(array)是最基本的紧接数据结构。数组是一种由固定大小的数据记录所组成的结构, 它能让我们通过**下标**(index)或(与其等价的)存储地址高效定位其中的元素。

将数组比作一条盖满房屋的街道真是再恰当不过了, 数组元素相当于这里的房屋, 而数组下标则相当于房屋门牌号。假定所有房屋大小相同, 且从1到n依次编号, 那么可通过门牌号迅速算出每间房屋的精确位置。[1]

紧接分配的数组具有下列优点:

- **给定下标可在常数时间内访问元素**(constant-time access given the index) —— 由于数组中每个元素的下标直接对应了内存中的特定地址, 如果能知道下标, 则可迅速访问该数据项。
- **节约空间**(space efficiency) —— 数组完全由数据构成, 不存在因链接或其他格式信息(formatting information)而造成的浪费。此外, 数组由数目固定的若干记录构成, 从而不需要记录终止(end-of-record)信息来标记数组结束。
- **内存局部性**(memory locality) —— 编程常常需要对数据结构中所有元素从头至尾进行迭代, 事实上这是程序设计中的一种惯用法(idiom)。由于数组体现了极好的内存局部性, 因此它非常适宜于开展迭代。在对数据进行相继访问时, 数据地址在物理上的连续性有助于充分利用现代计算机系统结构中的高速缓存。

数组的不足之处在于, 我们无法在程序执行过程中调整数组的大小。假定初始仅分配了能容纳n个记录的空间(房间), 如果我们试图加入第n + 1个记录(房客), 程序便会立刻崩溃。为弥补此缺陷, 我们可在初始时分配非常大的数组, 但这种方案很浪费空间, 而且仍然会面临空间不足的问题。

实际上, 利用神奇的**动态数组**(dynamic arrays), 我们便可根据需要让数组高效地扩张。假定数组的初始大小为1, 每当面临空间耗尽的情况时, 便将其长度加倍, 即从m变成2m。这种加倍过程的操作步骤如下: 首先按紧接方式分配一个长为2m的新数组, 再将原数组中的内容复制到新数组的前半部分, 最后将原数组所占空间退还给存储分配系统。

很明显, 在每次加倍扩张过程中对原有内容重新复制是一种重复劳动。那么在n次插入后, 我们究竟需要多少次复制工作呢?[2] 假设n为2的幂, 那么当数组刚拥有n个位置时, 最后一次插入操作还会导致一次加倍, 而在此之前我们还执行了$\log n$次加倍操作。事实上, 数组在第$1, 2, 4, 8, \cdots, n$次插入时都会因空间不够而扩张, 而每次都需重新复制数组中所有元素。易知第i次加倍时复制了2^{i-1}个元素, 因此总的搬运(复制)次数M可由下式给出:

$$M = n + \sum_{i=1}^{\log n} 2^{i-1} = n + \left(\frac{n}{2} + \frac{n}{4} + \cdots + 2 + 1\right) = \sum_{i=0}^{\log n} \frac{n}{2^i} \leqslant n\sum_{i=1}^{\infty} \frac{1}{2^i} = 2n$$

实际上, 每个元素平均只需搬运2次。你可以看到, 处理这样一个动态数组总共才花费了$O(n)$时间, 而事先分配足够大的静态数组再逐个放入元素所需时间也是这个量级!

[1] 日本的房屋不以物理位置编号, 它们通常根据建造次序来编号。若无一份详尽的地图, 在日本一般很难找到某地址所在的具体位置。

[2] 译者注: 注意数组初始大小为1且包含一个元素, 随后连续插入n个元素, 最终数组中共有n + 1个元素。

使用动态数组不能保证在最坏情况下以常数时间插入元素, 这是其主要缺陷。不过, 除了极少数(相对而言)[1]可能引发数组加倍的操作之外, 所有访问操作以及大部分插入操作都能较快地完成。那么我们将得到另一种承诺: 完成对第n个元素的插入操作还算比较快, 而这个"快"的意思是到该项操作为止的所有插入操作总共只需$O(n)$时间。实际上, 类似这样**分摊**(amortized)意义下的保证会经常在数据结构的分析中出现。

3.1.2 指针与链接结构

指针(pointer)是联系链接结构中各个部分的纽带, 因为它代表着内存位置的地址。相比于用变量直接存储某数据项自身值的副本这种方案而言, 指向该数据项的指针变量能提供更多自由度。你可以认为手机号码是指向它主人的指针, 因为手机用户在世界上随意来去。

关于指针的使用方法和能力范围, 不同的程序设计语言中有着明显的差异, 因此我们先简要复习C语言中的指针。假定指针p对应着内存中的一处地址, 那么你可通过p访问位于此处的一个特定数据块。[2] C语言中的指针一般带有编译时(compile time)事先声明的数据类型, 这意味着它只能指向此类型的变量。我们记指针p所指向的变量为*p, 且记某变量x所在的地址(可用指针存储)为&x。此外, NULL是一种特殊的指针值, 用于表示数据结构的终止或未赋值的指针。

下面的链表(linked list)类型声明展现了所有链接数据结构都具备的一些共性:

```
typedef struct list {
    item_type item;              /* 数据项 */
    struct list *next;           /* 指向后邻的指针 */
} list;
```

图3.1基于list类型展示了一个存放人名的链表实例, 我们可以发现, 链接数据结构的下列特性尤为重要:

- 在链接数据结构(此处为list)中, 每个结点都包含一个或多个数据域(此处仅有一个item), 这些数据域保留着我们需要存储的数据。
- 每个结点至少包含一个指针域, 每个指针域(此处仅有一个next)会指向一个其他结点。这意味着, 链接数据结构所用空间中有相当一部分得贡献给指针, 而未能用于存储数据。
- 最后, 我们需要一个指向数据结构头部的指针, 这样才知道从何处开始访问该数据结构。

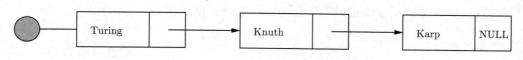

图 3.1 链表示例: 结点的数据域和指针域

---

[1] 译者注: 从量级的角度看, $\log n$相比于n绝对可以称得上是极少数了。

[2] C语言允许直接操纵内存地址, 这种方式会让Java程序员心烦意乱, 不过我们将会避免使用这种技巧。

　　这里的list实际上是**单链表**(singly linked list), 它是最简单的链接结构, 可用于实现**列表**(list)这种抽象数据类型, 该类型支持三种最基本的操作: 查找、插入和删除。在**双链表**(doubly linked lists)中, 每个结点同时包含了指向前邻(predecessor)元素和后邻(successor)元素的指针, 这种方式能简化某些操作, 不过要以每个结点中再多存储一个指针为代价。

1. 在列表中查找

　　在列表中查找数据项x可通过迭代或递归实现。在下面的实现中我们选用递归方式: 如果x在列表中, 要么x就是第一个元素要么x位于余下部分(比原列表小)。我们最终可将原问题简化到在空表中查找的情况, 而空表显然不可能包含x。

```c
list *search_list(list *l, item_type x)
{
    if (l == NULL)
        return NULL;

    if (l->item == x)
        return l;
    else
        return search_list(l->next, x);
}
```

2. 在列表中插入

　　在一个单链表插入元素是非常好的指针操作练习, 其解答如下文所示。[1] 由于我们不需要以任何形式的次序维护列表, 不妨将每个新项插入至最易于到达的位置。插入到列表头部无需进行任何遍历, 但该方法需要我们对指向列表数据结构头部的指针(记为l)进行更新。

```c
void insert_list(list **l, item_type x)
{
    list *p;                /* 暂用指针 */
    p = malloc(sizeof(list));
    p->item = x;
    p->next = *l;
    *l = p;
}
```

　　这里需要指出两个C语言的独特用法: 其一, malloc函数会为新结点分配一块足以包含x的内存; 其二, 双重星号(**l)常令人迷惑, 这种记法表示l是指向某个指针(*l)的指针, 而*l指针才真正指向某个列表结点。因此在程序的最后一行, *l = p;语句将p的值复制到l所指向的位置, 该位置所存储的外部变量即指向列表头部的指针。

3. 在列表中删除

　　从列表中删除元素略为复杂。我们首先要找到待删除项的前邻指针, 可通过递归方式得到(x指向待删除项):

```
list *item_ahead(list *l, list *x)
{
    if ((l == NULL) || (l->next == NULL)) {
        printf("Error: predecessor sought on null list.\n");
        return NULL;
    }

    if ((l->next) == x)
        return l;
    else
        return item_ahead(l->next, x);
}
```

这个前邻必须得找出来,因为删除操作完成后它会指向一个已不存在的结点,所以必须更改前邻结点的**next**指针。一旦排除了待删除元素不存在的情况,那么后续的实际删除工作其实非常简单。需要特别注意的是,当首元素被删除时,列表的头部(l)必须重置(**z**指向待删除项):

```
void delete_list(list **l, list **z)
{
    list *p;                /* 暂用指针 */
    list *pred;             /* 前邻指针 */

    p = *l;
    pred = item_ahead(*l, *z);

    if (pred == NULL)       /* 删除后所要粘接的前邻完全不存在 */
        *l = p->next;
    else
        pred->next = (*z)->next;
    free *z;                /* 释放结点所占用的内存 */
}
```

C语言要求显式地去释放已分配的内存,因此当我们不再需要某结点时,必须使用**free**操作将已删除结点所占用的内存还给系统。不过,这将让原有指针变成**空悬引用**(dangling reference),也即指向某个不复存在的位置,所以在使用该指针时得特别小心。当然,Java中通常没有此类问题,因为它的内存管理模型更强一些。

3.1.3　对比

相对于静态数组而言,链表的优点是:

- 使用链接结构不会发生溢出现象,除非内存确实已满。
- 插入和删除比静态数组中的相应操作要简单。
- 处理大记录时,比起移动记录项本身来说,改变指针值既简单又迅速。

而相对于链表而言,数组的优点是:

- 数组不浪费空间,链表却需要额外空间以存储指针域。
- 随机访问数组中的元素非常高效。

- 相比于随机的指针跳转而言, 只有使用数组才有可能更好地利用内存局部性和缓存性能。

> **领悟要义**: 对于有限的存储资源应如何使用且在何处更能发挥作用的问题, 动态内存分配为我们提供了灵活的解决方案。

最后, 关于这两种基本数据结构还存在一种统一的处理思想, 也即它们都可视为递归式对象:

- **链表**[1]—— 除去链表的首元素后, 余下部分是一个稍小的链表。这个论断同样也适用于字符串, 因为从字符串中移除部分字符后, 剩下部分仍是字符串。由此可见, 链表是递归式对象。
- **数组** —— 从一个具有 n 个元素的数组中分离出前 k 个元素, 将会得到两个稍小的数组, 大小分别为 k 和 $n-k$。因此, 数组也是递归式对象。

这种观点能引出更简洁的表处理过程, 还能启发我们设计高效的分治算法, 比如快速排序和二分查找。

3.2　容器: 栈与队列

容器(container)这个术语代表一种抽象数据类型, 它允许对数据项进行不依赖于数据内容的放入和取出。[2] 与之相对的是**字典**(dictionary), 它是一种基于键值或内容来检索和处理元素的抽象数据类型, 我们将在3.3节中讨论。

我们可通过容器支持的特定取出次序来区分容器的类型。在下面两类最重要的容器(栈和队列)中, 其取出次序取决于放入元素的次序。

- **栈**(stack) —— 支持按"后进先出"(LIFO)次序取出。栈不但易于实现, 而且也非常高效。因此, 对取出次序无任何特殊要求时(例如批处理作业[3]的执行), 栈很可能是最适合的容器。对栈的放入和取出操作通常称为**推入**(Push)和**弹出**(Pop):

  - Push(x, s): 在栈 s 的顶端插入 x。
  - Pop(s): 返回(并删除)[4]栈 s 的顶端数据项。

  我们在许多现实生活的场景中都会遇到LIFO次序。例如挤在地铁车厢的乘客遵循LIFO次序下车。又如塞进我家冰箱中的食品, 不管它们如何提醒"快到保质期了!", 通常还是按LIFO次序取出。在算法领域中, LIFO往往会出现于递归算法的运行过程中。

---

[1] 译者注: 原文在此处使用的是"列表", 这与前文提及的"数据结构"不符, 因此我们改为"链表"。不过, 作为抽象数据类型的列表确实也是递归的。

[2] 译者注: 这里将retrieval译为"取出", 而不是依赖于内容的"检索"。

[3] 译者注: 参见https://en.wikipedia.org/wiki/Batch_processing。

[4] 译者注: 在栈和队列中, 返回和删除这两个操作也有可能是分开的, 例如STL的功能设计。

- **队列**(queue) —— 支持按"先进先出"(FIFO)次序取出。在服务场景下按FIFO次序控制等待时间无疑是最公正的方案。若要最小化最长等待时间,你就需要队列这种容器来保存作业(job),从而让它们按FIFO次序处理。注意,无论采用FIFO还是LIFO次序,作业的平均等待时间都是相同的。不过,许多计算领域中的应用问题中都存在着一些能够无限等待的作业,在这些情况下关于最长等待时间的讨论没有太大意义。

  相比栈而言,实现队列需要几分技巧,如果在实际应用(如某些仿真)中维护时序的问题确实比较重要,那么此时选用队列是最合适的。对队列的放入和取出操作通常称为**入队**(Enqueue)和**出队**(Dequeue)。

  - Enqueue(x, q): 在队列q的尾部插入x。
  - Dequeue(q): 返回(并删除)队列q位于头部的数据项。

  稍后在图的广度优先搜索相关章节中,我们将看到队列将成为控制该过程的基本抽象数据类型。

利用数组或链表都可以实现栈和队列并完成各项功能。至于到底选哪个,关键问题在于我们事先是否了解待装入容器元素个数的上限,如果知道这个限值的话则可使用静态分配的数组。

3.3 字典

字典这种抽象数据类型允许按内容访问数据项。你将某个数据项放入(stick)字典,而需要时则能在字典中查到它。字典所支持主要的操作有:

- Search(D, k) —— 任给某个待查键k,如果字典D中存在键值为k的元素,则返回指向该元素的指针。
- Insert(D, x) —— 将数据项x加入字典D中。[1]
- Delete(D, p) —— 利用指向字典D中某元素x的指针p,将x从D中删除。[2]

有些字典还能高效地支持若干其他操作,[3] 它们都很有用(例如利用这些功能即可按序关系迭代访问此类抽象数据类型中的全部元素):

- Maximum(D)或Minimum(D)[4] —— 在字典D中检索具有最大(或最小)键值的项。具备此功能的字典可充当优先级队列,关于此内容将在3.5节中讨论。
- Predecessor(D, p)或Successor(D, p) —— 设指针p指向字典D中某个键为k的元素,[5] 本操作可在字典D中检索键值在序关系下刚刚小于(或刚刚大于)k的元素。

---

[1] 译者注: 应特别注意字典脱胎于集合,插入一个已存在的元素意味着无需任何变动。

[2] 译者注: 此处略有修改,指针变量以p表示更为清晰。此外,本节中字典中操作的返回值一般均为指针。

[3] 译者注: 很多教材中将这种功能更齐全的抽象数据类型称为"集合"(其实"全序集"一词更准确)。请注意,全序集在任意元素之间定义了序关系。

[4] 译者注: 原文采用Max(D)和Min(D),为与后文中出现的操作名一致,此处作相应更正。

[5] 译者注: 此处略有修改,需假设p所指为字典中的元素,以便和后面的字典实现一致。当然,直接使用键值k获得Predecessor(D, k)和Successor(D, k)更复杂一些,因为k是否存于字典中尚未知。

利用这些字典操作可以完成许多常见的数据处理任务。举例来说, 假定我们想去掉邮寄列表(mailing list)中所有重复的名字, 然后再按某种次序打印剩下的名字。我们可以这样解决: 首先初始化一个空字典D, 并以名字作为记录查找的键。随后依次读入邮寄列表中各项, 对读入的任意一个记录, 通过Search操作查找该记录所包含的名字是否已存在于D中: 若不存在则利用Insert操作将此记录插入D中。一旦处理完邮寄列表中的所有项, 我们就可以将字典中的现有元素全部导出: 从第一项Minimum(D)开始, 再不断调用Successor操作找到下一个元素, 直到我们遇到最后一项Maximum(D)为止, 如此我们便按次序对所有元素遍历完毕。

通过抽象的字典操作来描述问题, 可避免纠缠于采用数据结构表达而带来的烦琐细节, 从而将注意力集中到亟待处理的问题上。

我们将在本节的余下部分详细考察一些简单的字典实现方案, 其数据结构基于数组或链表。在实际问题中, 一些功能更强的字典实现方式同样是很有吸引力的可选方案, 比如二叉查找树(见3.4节)和散列表(见3.7节)。关于实现字典的各式数据结构的全面讨论将在15.1节中给出。我们强烈建议读者去检索卷II中的各种数据结构, 这样会对你的所有待选方案有一个更好的认识和了解。

停下来想想: 比较字典的各种实现(I)

问题: 考虑7种字典的基本操作: 查找(Search)、插入(Insert)、删除(Delete)、定序后邻(Successor)、定序前邻(Predecessor)、最小元(Minimum)、最大元(Maximum)。[1] 当字典借助下列数据结构实现时, 这些操作在最坏情况下的渐近运行时间分别是什么量级?

- **无序数组**(unsorted array)。
- **有序数组**(sorted array)。

解: 此问题(与下一问题)揭示了数据结构设计中某些固有的平衡。假设数据以某种形式组织, 我们虽然可在该结构上更高效地实现抽象数据类型的某些操作, 但这却会以降低另一些操作的效率为代价。

除了手里的这个数组之外, 假设我们还能够使用一些额外变量, 如数组中目前实有元素的个数n。注意, 为此我们必须在那些会改变数组的操作(如插入和删除)中维护这些额外变量的值, 并将维护费用计入相应的操作其开销之中。

事实上, 无序数组和有序数组完全能够实现字典, 而各个基本操作[2]的开销分别为(标记星号的项需要略作思考):

字典操作	无序数组	有序数组
Search(A,k)	$O(n)$	$O(\log n)$
Insert(A,x)	$O(1)$	$O(n)$
Delete(A,i)	$O(1)^*$	$O(n)$
Successor(A,i)	$O(n)$	$O(1)$

[1] 译者注: 所谓"定序后邻"和"定序前邻"指的是在序关系下的前邻和后邻, 这是为了区分链表中的(物理)前邻和(物理)后邻, 其具体定义在前文已给出。

[2] 译者注: 我们对各操作略作修改以保持一致, 字典名为A, i代表数组下标, 返回值也为下标。后续实现时分别以U和S表示不同的数组, 且下标从0开始。

字典操作	无序数组	有序数组
Predecessor(A, i)	$O(n)$	$O(1)$
Minimum(A)	$O(n)$	$O(1)$
Maximum(A)	$O(n)$	$O(1)$

我们必须了解实现每个操作的具体过程,才能明白其开销何以如是。我们先讨论维护无序数组(不妨记为U)情况下的各种操作。

- 实现查找操作是以键k与无序数组中每个元素的键进行对比,检验到值为k的元素则终止(有可能与所有元素都比对过)。因此,查找操作在最坏情况(在U中找不到键k)下需要耗费线性时间。

- 实现插入操作只需将x复制到数组中的$U[n]$位置,再将实有元素个数n增加1即可。由于插入操作只改变少数几个元素而已,因此该操作只需常数时间。

- 删除操作需要一点技巧,因此在上表中已用*加以标注。根据删除操作的定义,我们已知待删除元素的下标i,因此不再需要花时间寻找该元素。而在数组U中删除下标为i的元素会出现一个空位,我们必须填补。一种思路是让从$U[i+1]$到$U[n-1]$的所有元素依次向前挪动一位,不过当删除的是数组首元素时,该方案需要用$\Theta(n)$时间。而另一种思路则更好:只需将$U[n-1]$的值写到$U[i]$中,再将实有元素个数n减少1即可,这种方案只需常数时间。

- 从遍历操作的定义可知,定序前邻/定序后邻操作的返回值是指在序关系下$U[i]$的前一元素/后一元素的下标,而不能想当然地误以为是$i-1$和$i+1$,因为无序数组中物理意义(即存储位置)下的前邻/后邻并不是逻辑意义(即序关系)下的前邻/后邻。事实上,$U[i]$的定序前邻对应着小于$U[i]$那些元素中的最大元。与此类似,$U[i]$的定序后邻对应着大于$U[i]$那些元素中的最小元。这两种操作都需要搜遍U中所有元素才能让此类元素最终胜出。

- 最小元(最大元也类似)在序关系下定义,因此需要以线性时间扫描整个无序数组才能找到。如果我们单独设置额外变量指示最小元和最大元,便能在$O(1)$时间予以报表。这个想法似乎很诱人,但却再也无法保证常数时间的删除操作,因为如果所删除的数据项是最小元,这套约定会迫使你花费线性时间去找到新的最小元。

以有序数组(不妨记为S)实现字典完全颠倒了我们在无序数组中关于各种操作难易程度的看法。现在利用二分查找算法可实现$O(\log n)$时间的查找操作,原因在于有序数组的中位数必然位于$S[n/2]$。由于有序数组的前半部分和后半部分仍为有序数组,只要根据大小关系正确选出待查元素所处的那一部分,查找操作即可不断递归执行下去。由于每次元素个数会减半,从n个元素到仅有1个元素最多只需$\lceil \log n \rceil$次即可。

这种元素有序排列的方式也能让我们在处理字典的其他检索操作时获益。最小元和最大元位于$S[0]$@和$S[n-1]$,而$S[i]$的定序前邻和定序后邻则对应着$S[i-1]$和$S[i+1]$。

然而,插入和删除变得更为费时,因为插入时要给新元素腾地方,而删除时要填补空位,这些都可能需要搬迁许多元素。因此,插入和删除都将变为线性时间操作。■

> **领悟要义**: 数据结构的设计必须平衡它所支持的所有各种操作。同时支持甲操作和乙操作的最快数据结构, 往往并不是仅支持甲操作/乙操作的那些数据结构中最快的。

停下来想想: 比较字典的各种实现(**Ⅱ**)

问题: 当字典借助下列数据结构实现时, 7种字典的基本操作在最坏情况下的渐近运行时间分别是什么量级?

- **无序单链表**(singly-linked unsorted list)。
- **无序双链表**(doubly-linked unsorted list)。
- **有序单链表**(singly-linked unsorted list)。
- **有序双链表**(doubly-linked sorted list)。

解: 评估这些实现方案需要考虑两类对比问题: 单链与双链; 有序与无序。下表列出用不同数据结构实现的操作开销, 某些较难理解的以*标记。[1]

字典操作	无序单链表	无序双链表	有序单链表	有序双链表
Search(L, k)	$O(n)$	$O(n)$	$O(n)$	$O(n)$
Insert(L, x)	$O(1)$	$O(1)$	$O(n)$	$O(n)$
Delete(L, p)	$O(n)^*$	$O(1)$	$O(n)^*$	$O(1)$
Successor(L, p)	$O(n)$	$O(n)$	$O(1)$	$O(1)$
Predecessor(L, p)	$O(n)$	$O(n)$	$O(n)^*$	$O(1)$
Minimum(L)	$O(1)^*$	$O(n)$	$O(1)$	$O(1)$
Maximum(L)	$O(1)^*$	$O(n)$	$O(1)^*$	$O(1)$

同无序数组一样, 无序链表中的查找操作运行注定会很慢, 而维护性的操作却较快。

- **插入/删除** —— 从单链表中删除元素是这些操作中最为复杂的。根据删除操作的定义, 我们已有指针p指向待删除元素所对应的结构体(记为d)。但是我们真正需要的指针(不妨称为p的"链表前邻")得指向链表中位于d这块数据之前的那个结构体(记为d'), 因为d'才是那个需要改变的结点。如果不知道p的链表前邻那就什么也做不了, 因此我们需要用线性时间在单链表中寻找d'。[2] 双链表则避免了此问题, 因为我们可通过结点指针域直接找到p的链表前邻。

  有序双链表中的删除比有序数组中的删除更快, 原因在于将待删除元素移出并黏合断开的部分比移动元素以填补空位的效率更高。由于前邻指针的问题, 有序单链表中的删除同样会更麻烦一些。

---

[1] 译者注: 我们对以下各操作和后文相应部分都略作修改以保持一致, 字典名为L, 指针变量为p。

[2] 实际上, 确实存在一种方法可在常数时间内从单链表中删除某个元素。图3.2给出了示意: 设x为指针, 用x->next对应结点的全部内容覆盖x对应结点(包括数据域和指针域), 然后释放x->next之前所指向的结点(请提前保存指针值)。当然得特别注意边界情况: 如果x指向单链表中的第一个结点, 此时不必更改链首指针; 如果x指向单链表中的最后一个结点, 可在链表最后再放置一个持续守护的哨兵结点, 它总对应着单链表在物理意义下的最后一个结点。不过, 这将让我们无法在常数时间内完成最小元/最大元操作, 因为删除后不像以前那样还有线性时间去寻找新的最小元/最大元。

- **查找** —— 相比有序数组而言, 链表中的元素有序排列所能带来的好处不多。二分查找不再可行, 这是因为在有序链表中如果不去遍历中位数之前的所有元素, 则无法找到它的位置。不过, 有序链表真正带来的好处是能够迅速终止不成功的查找, 可举例说明其原因: 假定我们所寻找的"Abbott"一直未能找到, 而一旦发现"Costello", 我们便可推断出此有序链表中必然不存在"Abbott"。不过, 最坏情况下的查找操作依然要花费线性时间。[1]

- **遍历型操作** —— 链表前邻指针问题再一次让定序前邻操作的实现复杂化。不过在以上这两类有序列表中, 结点在逻辑上的后邻都等价于结点指针域中的后邻, 因此定序后邻操作可在常数时间内实现。

- **最大元** —— 最小元位于有序链表头部, 其访问非常容易。而最大元位于有序链表尾部, 因此无论是有序单链表还是有序双链表, 通常都要 $\Theta(n)$ 时间方可到达此处。

  然而, 我们可以设置一个单独指向有序链表尾部的指针 last, 不过必须在插入和删除操作中额外花时间维护它。双链表可在常数时间内更新这个尾指针: 在插入时, 检查 last->next 是否仍为 NULL; 在删除时, 若链表尾部元素被删, 则令 last 指向删除前 last 的链表前邻。

  事实上, 我们无法找到一种能在单链表中高效寻找结点链表前邻的方法。那么问题来了, 究竟怎样才能在 $\Theta(1)$ 时间内实现有序单链表的最大元操作呢?[2] 其诀窍在于让删除操作承担此部分的开销。在本身就要用线性时间的删除操作中额外再加一次搜遍整个链表以更新尾指针的过程, 这不会影响删除操作的渐近复杂度。只要你想明白了这一点就能拿到奖励——常数时间的最大元操作。[3]

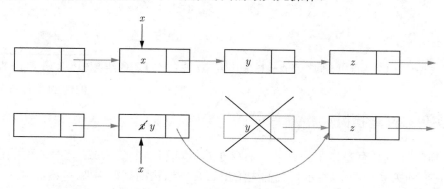

图 3.2 删除单链表某结点而无需获取其链表前邻(覆盖待删除结点内容并释放它之前的链表后邻结点)

3.4 二叉查找树

我们已见过若干种数据结构, 其中一些允许快速查找, 另一些允许灵活更新, 但没有一个能二者兼备。无序双链表支持 $O(1)$ 时间的插入和删除, 但其查找在最坏情况下需要线性

---

[1] 译者注: Abbott和Costello是美国著名的谐星搭档, 不妨移步http://www.abbottandcostello.net/。

[2] 译者注: 实际上, 无论是无序单链表和有序单链表都可以实现。不过, 有序单链表如果删除尾部元素, 在删除之前利用尾部元素的前邻直接更新尾指针即可。

[3] 译者注: 这是作者的幽默, 其实想不明白也会有的。

时间。有序数组支持二分查找, 从而获得了对数时间的查询, 但这必须以线性时间的更新为代价。

二分查找要求我们能迅速访问两个元素——分别是小于/大于指定结点键值对应键集的中位数。为将上述思想予以融合, 我们需要拓展之前的链表结构, 让它的每个结点都包含两个指针。这就是藏于二叉查找树背后的基本思想。

一棵**有根二叉树**(rooted binary tree)可作如下递归定义: 要么它为空; 要么它含有一个称为根的结点, 除此之外还包含两棵有根二叉树, 分别称为左子树和右子树。有根树中"兄弟"结点之间的次序不可忽视, 因此左和右是有区别的。图3.3给出了由3个结点所形成的有根二叉树的5种不同形状。

二叉查找树(binary search tree)会给二叉树中每个结点都加上一个唯一的键标签, 使得对于任意结点(不妨设键值为k), 其左子树中所有结点刚好包含小于k的那些键值, 而其右子树中所有结点刚好包含大于k的那些键值。[1] 查找树的这种标签机制非常特别。对于任意n个键形成的集合, 若以这些键对一棵具有n个结点且形状确定的二叉树添加标签, 那么恰好仅存在一种标签方案能使该树成为二叉查找树。图3.3对3个结点所能形成的树分别给出了可行标签方案。

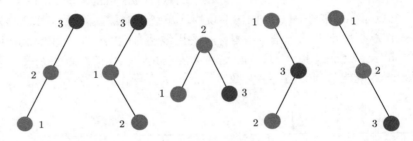

图 3.3　5棵具有3个结点的不同二叉查找树(任意结点t其左/右子树的结点键值小于/大于t的键值)

3.4.1　实现二叉查找树

二叉树的结点具有左孩子指针域、右孩子指针域和一个数据域, 有时还可能设置父亲指针域, 它们的关系如图3.4所示。我们先给出二叉树结构的类型声明:

```
typedef struct tree {
    item_type item;          /* 数据项 */
    struct tree *parent;     /* 指向父亲的指针 */
    struct tree *left;       /* 指向左孩子的指针 */
    struct tree *right;      /* 指向右孩子的指针 */
} tree;
```

查找、遍历、插入和删除是二叉树所支持的基本操作, 下面逐一讨论。

---

[1] 如果允许在二叉查找树(或其他字典结构)中直接存放重复的键值其实很不好, 常常会导致一些不易察觉的错误。要想支持重复数据项的处理, 更好的方案是给每个结点再额外增加一个指针, 并显式地维护一个列表去存放与当前结点键值相同的所有数据项。

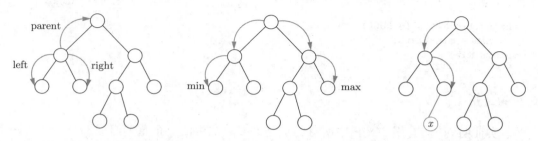

图 3.4 [左] 二叉查找树中的结点关系(父子和兄弟)示意 [中] 在二叉查找树中寻找最小元/最大元 [右] 在二叉查找树中的合理位置插入新结点(存放数据项x)

1. 树的查找

　　二叉查找树标签方案会确定每个键的所在位置, 而这些位置都是唯一的。从根开始查找, 若当前结点包含待查键x则停止, 否则根据x与当前结点的键值对比情况(小于或大于)而转到其左孩子或右孩子结点。[1] 由于二叉查找树的左子树和右子树自身也都是二叉查找树, 因此上述算法是正确的。这种递归结构引出了下面的递归查找算法:

```
tree *search_tree(tree *l, item_type x)
{
    if (l == NULL)
        return NULL;

    if (l->item == x)
        return l;

    if (x < l->item)
        return search_tree(l->left, x);
    else
        return search_tree(l->right, x);
}
```

　　以上查找算法能在$O(h)$时间内执行完毕, 其中h代表树的高度。

2. 在树中寻找最小元和最大元

　　由定义可知, 最小键必然居于根的左子树, 原因是左子树中所有结点囊括了所有小于根结点键值的键。因此, 最小元必然是根的最左子孙, 与此类似, 最大元必然是根的最右子孙。图3.4[中]给出了最小元和最大元的位置示意。

```
tree *find_minimum(tree *t)
{
    tree *min;                      /* 指向最小元的指针 */

    if (t == NULL)
        return NULL;

    min = t;
```

---

[1] 译者注: 为了简化二叉查找树的实现, 作者在后续代码中直接将数据项x本身作为其键值, 也即不区分数据项和对应键值。

```
    while (min->left != NULL)
        min = min->left;
    return min;
}
```

3. 树的遍历

事实证明, 访问有根二叉树中所有结点是许多算法中的一个重要组成部分。树的遍历是遍历图中所有结点与边问题的一个特例, 而图的遍历问题则是第7章的基石。

树的遍历其主要应用就是列出树中所有结点的标签。事实上, 用二叉查找树能够很容易地将所有标签以有序形式报表输出。由定义可知, 所有小于根结点键值的那些键必位于根的左子树中, 而所有大于根结点键值的那些键必位于根的右子树中。因此, 只需遵循此原则递归访问结点, 即可得到查找树的**中序遍历**(in-order traversal):

```
void traverse_tree(tree *l)
{
    if (l != NULL)
    {
        traverse_tree(l->left);
        process_item(l->item);
        traverse_tree(l->right);
    }
}
```

在遍历过程中每个结点仅被处理一次, 因此遍历操作需要$O(n)$时间, 其中n代表树中结点的个数。

只需改变process_item相对于访问左子树过程和访问右子树过程的调用位置, 便能得到一些其他遍历次序。最先执行process_item会得到**前序遍历**(pre-order traversal), 而最后执行process_item则会得到**后序遍历**(post-order traversal)。尽管相对于中序遍历而言, 前序遍历和后序遍历对于查找树来说几乎没有意义, 但在处理以有根树表示的算术或逻辑表达式时, 这两种遍历方案才会体现自己的不可或缺性。

4. 树的插入

为了保证在二叉查找树中插入数据x后还能再利用查找操作找到它, 那么x的插入位置只能有一个, 即我们查询x失败时的所处位置(肯定对应NULL), 因此要插入x必须替换这个取值为NULL的指针。

以下实现方案(insert_tree函数)通过递归将查找键值与插入结点融为一体, 从而可完成键的插入。该函数的3个变元是: (1) 指针l, 它所指向的指针对应待查找子树和原二叉树余下部分的交汇点; (2) 待插入数据x(为简单起见, 假设其键值也是x); (3) 指针parent, 它指向*l的父亲结点。若遇到NULL, 则为x分配结点并设定其链接。注意我们所传递的变元类型是指向指针的指针, 也即l能确定在查找过程中究竟转到了当前结点的左孩子还是右孩子, 从而保证赋值语句*l = p;可将新结点链接到树中恰当的位置。

```
void insert_tree(tree **l, item_type x, tree *parent)
{
    tree *p;                            /* 暂用指针 */
```

```
if (*l == NULL) {
    p = malloc(sizeof(tree));
    p->item = x;
    p->left = p->right = NULL;
    p->parent = parent;
    *l = p;
    return;
}

if (x < (*l)->item)
    insert_tree(&((*l)->left), x, *l);
else
    insert_tree(&((*l)->right), x, *l);
}
```

前期查找位置的工作可在 $O(h)$ 时间内完成, 而随后的新结点分配以及将其链接到树中都是常数时间操作。因此, 插入需 $O(h)$ 时间, 其中 h 代表树的高度。

5. 树的删除

删除比插入更富于技巧性, 原因在于删除某一结点意味着需将该结点子孙所对应的两棵子树恰当地链回树中其他位置。一般存在三种情况, 图3.5已分别举例说明, 请仔细观察该图。下面给出处理方案:

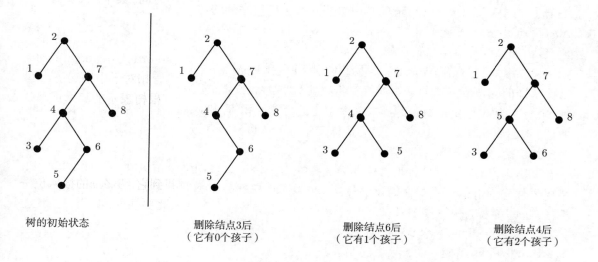

树的初始状态　　　　删除结点3后　　　　删除结点6后　　　　删除结点4后
　　　　　　　　　（它有0个孩子）　　　（它有1个孩子）　　　（它有2个孩子）

图 3.5 对具有0个、1个和2个孩子的树结点进行删除

- 叶子结点没有孩子, 因此删除叶子结点只需简单地清理指向它的指针即可。
- 待删除结点只有一个孩子的情况也很简单明了。删除后只剩下该结点的父亲和孩子, 而这位父亲只需链接上它的孙子结点即可, 而且还不会破坏树的中序标签特性。

- 若待删除结点有两个孩子, 又该如何处理呢? 我们的解决方案是用待删除结点的定序后邻[1]的键值对其重设标签。这个定序后邻结点的键值必然是待删除结点右子树中最小的, 确切地说就是其右子树的最左子孙。只需将该结点的键值写到删除点, 即可获得具有正确标签的二叉查找树, 这样即可将此类结点删除问题简化成在物理上至多只有一个孩子的删除问题, 而该问题在上文中已解决。

此处略去删除结点的完整实现, 其原因是它有点令人望而生畏, 不过读者可按前文所描述的步骤自行给出具体代码。

最坏情况下的复杂度可分析如下: 设树高为h, 每次删除至多要进行两遍查找操作, 每遍需$O(h)$时间, 再辅以若干次(常数量级)指针操作即可, 因此删除需$O(h)$时间。

3.4.2   二叉查找树究竟能有多好

使用二叉查找树实现字典时, 字典的3种操作均只需$O(h)$时间, 其中h为树高。当树的形状相当平衡时, 树会达到最低高度, 即$h = \lceil \log n \rceil$, 其中n为树中结点数, 而这也是理论上能获得的最好结果。树能够具备最低高度固然很好, 但此时的树必须是极致的平衡形态。

我们的插入算法将每个新项放到某个新生成的叶子结点中, 而它原本就该在这个位置被查找操作发现。[2] 随之而来的是, 树的形态将会随着插入次序的变化而不同, 而更重要的则是对树高的影响。

不幸的是, 通过插入来建立一棵树可能会出现一些很糟糕的情况, 而以上数据结构自身却无法控制插入的次序。可考虑某用户插入有序键值序列的实例: 先用$\mathtt{insert}(a)$在树中插入a, 再通过$\mathtt{insert}$继续插入$b, c, d \cdots \cdots$这样将产生一棵极瘦的树, 其中每个结点只有右孩子, 且树的高度等于结点数。[3]

综上可知, 包含n个结点的二叉树其高度可能在$\log n$到n之间。二叉树的平均高度又将是什么样的呢? 该算法的平均情况分析很难开展, 其原因在于我们必须仔细说明究竟是哪种"平均"。如果假定所有$n!$种插入次序发生的可能性相等, 则此问题将非常明确。果真如此的话, 那么我们真是太走运了, 因为这样所生成的树以高概率具备$O(\log n)$的高度, 4.6节将对此结论给出一个直观的证明。

事实上, 这是体现随机化方法功效的一个有力论据。我们经常可以开发一些能以高概率提供优异性能但形式却很简单的算法, 我们还将看到与此类似的思想支撑了最快的排序算法, 也即著名的快速排序。

3.4.3   平衡查找树

随机查找树通常都还不错。但如果我们不幸地碰到上文提到的那种插入次序, 那么最终仍会在最坏情况下得到一棵线性高度[4]的树而告终。这种最坏情况超出了我们的掌控范

---

[1] 译者注: 原文使用的是immediate successor, 即排序后位于待删除结点x之后的那个结点, 可以想象成序关系下位于x之后且离x最近的结点。不过, 这个概念和前文讨论集合时所用的successor完全一致。

[2] 译者注: 其言外之意是按照查找算法所停止的位置进行插入。

[3] 译者注: 请注意作者所采用树的高度定义。例如图3.5中从左到右的树高分别为5、5、4、4。

[4] 译者注: 即树高为$h = O(n)$, 其中n为结点个数。在下文中若不特别说明, 衡量树高h均以关于n的函数表示。

围, 因为树得按用户要求而构建, 而实际中可能有一些讨厌的用户会给出糟糕的插入
次序。

我们若在每棵树的插入/删除操作后略作调整, 则会让情况好转, 即树会尽可能接近平
衡进而保证最大高度为对数量级。事实上, 已经有了这样一种精巧的数据结构能保证树高始
终为$O(\log n)$, 它就是**平衡二叉查找树**(balanced binary search tree)。因此字典的所有操作
(插入、删除和查询)都只需$O(\log n)$时间。平衡二叉查找树的实现方法, 如红黑树(red-black
tree)和伸展树(splay tree), 将在15.1节中讨论。

从算法设计的视角来看, 我们非常有必要了解这些树的存在, 更要知道它们能以黑盒的
形式高效地实现字典。在分析算法时, 如果要考虑字典操作的开销, 我们一般以平衡二叉查
找树在最坏情况下的复杂度为准, 而这样做也是比较合理的。

领悟要义: 就性能而言, 选择了错误的数据结构去完成任务可能会相当糟糕。不过, 在
若干较好的数据结构中确定一个最佳者却往往不必太过费心, 因为通常会有好几个选
项, 而其性能基本上也差不多。

停下来想想: 利用平衡查找树

问题: 完成读入n个数再按序依次打印的任务。假定我们能使用基于平衡查找树实现的字典,
它支持查找、插入、删除、最小元、最大元、定序后邻和定序前邻操作, 且每个操作都只需
对数时间。

(1) 能否仅用插入和中序遍历操作实现$O(n \log n)$时间的排序?
(2) 能否仅用最小元、定序后邻和插入操作实现$O(n \log n)$时间的排序?
(3) 能否仅用最小元、插入和删除操作实现$O(n \log n)$时间的排序?

解: 每个用二叉查找树来排序的算法都必须从构建一棵实实在在的树开始。假设所用
字典为T,[1] 我们需要先对树进行初始化(其实也就是设置NULL指针), 随后读取并插入数
据到T中(共n项)。算法耗时为$O(n \log n)$, 因为每次插入顶多花费$O(\log n)$时间。非常有
意思的是, 光是建立数据结构这一步, 就能定出此类排序算法的运行时间量级! 算法思
路如下:

- 问题(1)允许使用插入和中序遍历操作。可通过插入所有n个元素以建立查找树, 再
  使用遍历操作即可按序依次访问全部元素, 详见算法16。
- 问题(2)允许在树建成后使用最小元和定序后邻操作。可先找到最小元, 再不断寻找
  定序后邻元素即可按序依次遍历所有元素, 详见算法17。
- 问题(3)没有给出定序后邻操作, 但允许使用删除操作。可不断寻找当前情况下的最
  小元, 再将其从树中删除, 这样还是可以按序依次遍历所有元素, 详见算法18。

---

[1] 译者注: 字典的相关操作可参阅前文, 此外我们调整了原文的算法描述以保持前后文的一致性。

算法 16 Sort1()	算法 17 Sort2()	算法 18 Sort3()
1 初始化T	1 初始化T	1 初始化T
2 **while** (未读完) **do**	2 **while** (未读完) **do**	2 **while** (未读完) **do**
3 读取x	3 读取x	3 读取x
4 Insert(T, x)	4 Insert(T, x)	4 Insert(T, x)
5 **end**	5 **end**	5 **end**
6 遍历T	6 $y \leftarrow$ Minimum(T)	6 $y \leftarrow$ Minimum(T)
	7 **while** $(y \neq$ NULL$)$ **do**	7 **while** $(y \neq$ NULL$)$ **do**
	8 打印y指向的数据	8 打印y指向的数据
	9 $y \leftarrow$ Successor(T, y)	9 Delete(T, y)
	10 **end**	10 $y \leftarrow$ Minimum(T)
		11 **end**

上述每一种算法都执行了线性次数的对数时间操作, 因此它们都可在$O(n \log n)$时间内执行完。可以看出, 利用平衡二叉查找树设计算法的关键在于将其视为黑盒。[1] ∎

3.5 优先级队列

许多算法需要按特定次序处理项目。例如, 假定你要根据作业的相对重要程度进行作业调度。容易想到, 调度这些作业需要按重要程度对其排序, 随后按序逐个处理。

相对于简单地将元素排序而言, 使用**优先级队列**(priority queue)这种抽象数据类型能提供更多的灵活性, 也即它允许新元素在任意时段进入系统。实际上, 优先级队列处理此情况的开销相比于对元素重新排序要少得多。

优先级队列主要支持下列3种基本操作:

- Insert(Q, x) —— 给定x, 根据其键值情况将x插入至优先级队列Q中。
- Find-Minimum(Q)或Find-Maximum(Q) —— 返回优先级队列中具有最小(最大)键值的元素指针。
- Delete-Minimum(Q)或Delete-Maximum(Q) —— 删除优先级队列中键值最小(最大)元素。

许多现实中的事件产生过程其本质上是通过优先级队列来建模的。单身人士(姑且称为S)心中有一个约会候选人的优先级队列, 尽管他/她内心深处并不那么清楚地了解这一点。如果S在聚会上认识了一位新朋友, 其实都会打出印象分, 它衡量了这位朋友的吸引力或与S的合意程度。尔后S将新朋友加入"秘密笔记"(little black book)优先级队列中, 而其印象分则会作为该项的键值。那么约会过程就是: 从该数据结构中选出最中意的朋友, 再花上一个夜晚互相深入了解, 便可估计出与这位朋友再次约会的可能性, 随后依照新的印象分再将其放回优先级队列中。

---

[1] 译者注: 严格来说, 此处应该使用多重集合, 因为可能会有重复的键值出现。

> **领悟要义**：围绕字典和优先级队列这两种抽象数据类型来构建算法，不但会让算法结构清晰，还能取得优异的性能。

停下来想想：优先级队列的几种简单实现方案

问题：当优先级队列以下列数据结构实现时，3种基本的优先级队列操作(插入、寻找最小元和删除最小元)在最坏情况下的渐近运行时间分别是什么量级？

- 无序数组。
- 有序数组。
- 平衡二叉查找树。

解：实现这3种基本操作时，其实你会发现有一些微妙的细节完全出乎意料，即便使用无序数组这样的简单数据结构也是如此。从前文可知，通过无序数组而构造的字典可实现常数时间的插入和删除，而查找和最小元则需线性时间。线性时间的删除最小元操作由以下两步组合而成：先调用Find-Minimum寻找最小元，再用无序数组的Delete操作删除该元素。

对有序数组而言，我们可实现线性时间的插入和删除，且寻找最小元仅需常数时间。然而，所有的优先级队列其删除操作仅涉及最小元。如果按逆序存储数组(最大元在首位)，则最小元将永远位于数组末尾。只要简单地对数组内元素的个数n进行减1操作，即可实现删除，并且还不用移动任何元素，因此删除操作可在常数时间内执行完毕。

所有问题皆已清楚，然而下表却宣称其中所有数据结构能实现常数时间的寻找最小元操作：

操作	无序数组	有序数组	平衡二叉查找树
Insert(Q, x)	$O(1)$	$O(n)$	$O(\log n)$
Find-Minimum(Q)	$O(1)$	$O(1)$	$O(1)$
Delete-Minimum(Q)	$O(n)$	$O(1)$	$O(\log n)$

实现常数时间的寻找最小元操作的技巧在于额外再用一个变量存储其指针/下标，因此，无论何时我们需要寻找最小元，只需返回该指针值即可。在插入中更新此指针不难：当且仅当插入值小于它时才更新。而在删除最小元操作中又该怎么办呢？我们先清除现有的最小元指针，再去重新找一次最小元并让该指针指向它，待其他操作需要时即可直接使用这个预先设置好的(canned)[1]指针。在无序数组和平衡二叉查找树中寻找新的最小元分别需要线性时间和对数时间，均与对应删除操作运行时间的量级完全一致，因此可将其融入删除操作而不改变其渐近时间。■

优先级队列是非常有用的抽象数据类型。事实上，这些形式各异的优先级队列将成为本章中两部算法征战逸事的主角。4.3节中会从排序问题切入，并讨论一种特别精妙的优先级队列实现——堆。此外，卷II中的15.2节将展示一整套各式各样的优先级队列实现方案。

---

[1] 译者注：从情景喜剧中的"canned laughter"(罐头笑声或背景笑声)引申而来，这是预先录制好的笑声。

3.6　算法征战逸事：剥离三角剖分

　　计算机图形学中所用的几何模型通常表现为一种由三角形剖出的曲面[1](triangulated surface)，如图3.6[左]所示。高性能引擎拥有专门的硬件设备用于对三角形进行渲染和描影。这种硬件设备计算速度非常之快，以至于将三角形结构投入硬件引擎这部分开销[2]变成了渲染操作的瓶颈。

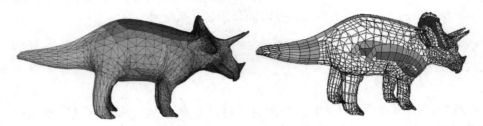

图 3.6　[左] 恐龙的三角剖分模型(triangulated model) [右] 模型中的若干三角形带

　　尽管每个三角形可通过详细指明它的3个端点以描述之，但还有更高效的方法可供选择。假定我们将这些三角形划分成若干条由相邻三角形构成的**带**(strip)并沿带走动来处理三角形，而不是去孤立地考虑每个三角形。由于每个三角形与其相邻三角形都有两个公共顶点，我们节约了重传两个冗余顶点以及与这两个顶点相关的其他信息所带来的开销。为使这些三角形的表述清楚明确，OpenGL三角形网格渲染器假定走动均按朝左和朝右这样交替转向。图3.7[左]的三角形带其顶点序列为(1, 2, 3, 4, 5, 7, 6)，它可以非常清晰地描述网格中的5个三角形，还展示了左/右交替转向模式。图3.7[右]的三角形带给出了网格中的全部7个三角形，而转向方式则是(1, 2, 3, 左-4, 右-5, 左-7, 右-6, 右-1, 右-3)。[3]

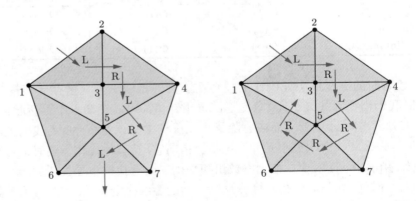

图 3.7　将三角形网格划分为带：左右交替转向方式(本例中只能部分覆盖)[左]和随意转向模式(充分发挥灵活性从而完全覆盖)[右]

---

[1] 译者注：可译为三角剖分曲面或三角曲面，此类曲面由三角形组成，即用非常小的三角形剖分原有的真实曲面而得到。曲面中的三角形一般称为三角面片，为了不引入过多的专有名词，下文一律仍译为三角形。

[2] 译者注：作者用很形象的语言描述了硬件引擎读入三角形结构的行为，可想象在投币机中投入硬币要费去一定的时间。

[3] 译者注：以顶点子序列(2, 3, 4)为例，当前三角形由其组成，注意它与上一个三角形的邻边为(2, 3)。以(2, 3)为底边右转则会选到(3, 4)作为新的邻边，并得到新顶点5，因此会用"右-5"表述，而下一次处理的三角形(或顶点子序列)则为(3, 4, 5)。

现在的任务是寻找一些三角形带, 它们能够不重不漏地覆盖网格中所有三角形且数量尽可能少。实际上, 这可视为一个图问题。我们感兴趣的是这样的图: 它用一个顶点表示网格中的一个三角形, 两个顶点之间有边相连则表示相应的那对三角形是相邻的。要将三角剖分划为若干三角形带, 这种**对偶图**(dual graph)的表示形式足以获得关于该三角剖分(见18.12节)的全部信息。

一旦获得可用的对偶图, 此方案便能真正地开始实施, 而我们需要设法将这些顶点划分成尽可能少的带。若能划分成一条路径, 则意味着我们找到了一条哈密顿路径(Hamiltonian path), 由定义知这种路径恰好对每个顶点访问一次。由于寻找一条哈密顿路径是NP完全问题(见16.5节), 我们不会考虑去寻求一种最优算法, 相反地应全力以赴研究启发式方法。

寻找带覆盖(strip cover)最简单的启发式方法可以这样进行: 从任意三角形开始, 利用左右交替转向方式不断推进直到该次行走结束, 也即遇到整个对象的边界或某个已访问过的三角形。这种启发式方法的优势在于快而简单, 尽管我们不知道它到底能不能对所给的三角剖分找到实际所能达到的最小"左右交替带"集合。[1]

贪心(greedy)启发式方法也许更有可能获得数目较少的带。贪心策略总会试图先去抓住可能性最大的事物, 那么在三角剖分这个例子中, 自然而然会想到一个贪心启发式方法就是先找出那个能得到最长左右交替带的起始三角形, 然后将这条三角形带第一个剥去。

当然, 贪心也同样不能保证你一定可以获得最优解, 这是因为你所剥去的第一条带也许会断开大量我们以后有可能回过头来想用的带。不过话又说回来, 你要是想发财, "贪心"二字就是最管用的经验总结。由于移除了最长的带之后会让剩下要处理的三角形总数最少, 按道理说贪心启发式方法应该会胜过上述朴素的启发式方法。

但是寻找下一次要剥去的那种最长三角形带会用多少时间呢? 令l为从顶点出发一直到停下所走的平均长度。我们用最简单可行的实现方案: 可从n个顶点中的每一个点开始行走以寻找现存的最长三角形带, 直至最后报出结果, 共需$O(nl)$时间。我们可推断出约有n/l条三角形带, 若对每一条都按此处理, 这样会带来一个$O(n^2)$时间的实现方案, 而在一个仅仅拥有20 000个三角形的小模型上执行该方案都会慢得让人绝望。

我们怎样才能提升速度呢? 删除一条三角形带之后再从每个三角形重新开始行走, 这样似乎让很多信息没有完全用上。我们可在一个数据结构中对所有将来可能被选中的三角形带维护其长度(也即带长)。然而每当我们剥去一条三角形带时, 都要更新所有受影响的带长。这些三角形带可能会缩短, 其原因是它们所包含的三角形有可能不复存在。从抽象数据类型的角度看, 这种数据结构存在两种表现形态:

- **优先级队列**——由于我们要不断地寻找出现存的最长三角形带, 因此需要一个存储这些三角形带的优先级队列, 它依照带长来定次序。显然, 下一个待剥去的带应该始终位于优先级队列顶部。由于剥离三角形可能会影响其他三角形带的长度, 那么这种优先级队列必须能够根据带长信息的更新情况, 随时对其中任意元素进行降级操作(即降低其优先级)。考虑到所有三角形带的长度都被卡在一个相对而言不算太大的范围之内(由于硬件上的限制, 一条三角形带所拥有的顶点总数不得超过256),

---

[1] 译者注: 所有带均为左右交替转向型, 而这些带组成了原有三角形集合的一个划分, 这种启发式方法不能确保找到元素个数最少的划分。

所以我们使用一个限高(bounded-height)优先级队列(也就是一个桶数组,如图3.8所示,15.2节会述及该结构)。[1] 普通的堆也能完成任务,但只能算差强人意。

为了更新每个三角形所关联的优先级队列条目,我们需要迅速找到该三角形究竟在何处。这意味着我们还需要一个……

- **字典** —— 对网格中的每个三角形,我们得了解它位于优先级队列中的哪个地方。这意味着对字典中每个三角形都要存储指向它的指针。将该字典与前述优先级队列集成之后,我们便造出了一个具备多类不同操作的数据结构。

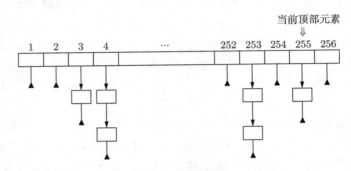

图 3.8   用以处理三角形带的限高优先级队列

尽管还有各种各样的其他困难,比如快速重新计算受剥离操作影响的那些三角形带长度,但是这个问题中性能提升的关键思想是优先级队列的使用。实际上,配备了以上数据结构之后,算法运行时间降低了好几个数量级。

贪心启发式方法到底能比朴素启发式方法好多少呢? 不妨分析对比表3.1中的数据,我们以三角形带中顶点出现的总次数[2]为测算标准,在表中所有情况下贪心启发式方法所创建的三角形带集合所花费用都小于朴素启发式方法的开销。从数据中可看出贪心启发式方法所节约的费用其范围为10%到50%,而这是相当出色的,因为理论上最好的改进(将三角形视为顶点,每个顶点可能从与其相邻的三个顶点而到达,最好情况下可以降至只从一个相邻顶点到达)[3]仅能省下66.6%的费用。

表 3.1   以朴素启发式方法和贪心启发式方法处理若干三角形网格的实验比对(费用对应顶点出现的次数)

模型名	所含三角形个数	朴素方法的费用	贪心方法的费用	贪心方法的执行时间
Diver	3798	8460	4650	6.4秒
Heads	4157	10 588	4749	9.9秒
Framework	5602	9274	7210	9.7秒
Bart Simpson	9654	24 934	11 676	20.5秒
Enterprise	12 710	29 016	13 738	26.2秒
Torus	20 000	40 000	20 200	272.7秒
Jaw	75 842	104 203	95 020	136.2秒

[1] 译者注: 图3.8横向绘制,作者的"限高"原意是纵向放置,因此有高低之分,也就有所谓的"顶部"元素。

[2] 译者注: 也就是将顶点组织成三角形带的过程中所经过的顶点数,注意到某些顶点可能重复访问,也会计入其中。此方案类似衡量程序运行时间所采用的步数。

[3] 译者注: 最坏情况下会花费三角形数的三倍(不过表中所给实例最多达到2.58倍),也就是从每个三角形相邻的三个三角形都走到该三角形一次,理论上的最低花费能达到恰好就是三角形的数目,因此最多节约66.6%。

使用我们这种特别定制的优先级队列实现贪心启发式方法后, 程序可在$O(nl)$时间内运行完毕, 其中n是三角形的个数, 而l是三角形带的平均长度。正因为如此, Torus这种包含少量很长的三角形带, 比Jaw费时更长, 尽管后者包含的三角形数是前者的三倍多。[1]

从这个故事中可以获得到不少经验教训。首先, 当处理一个足够大的数据集时, 仅有线性或近线性(near linear)[2]算法才可能会足够快。其次, 选择正确的数据结构常常是将时间复杂度降到这种量级的关键。最后, 使用更有指导性的启发式方法(比如贪心启发式方法), 相比朴素的启发式方法而言通常能有显著的改进。不过究竟能有多大改进, 只有实验才能告诉我们真正的答案。

3.7 散列

散列表是维护字典的一种极其实用的方法。它利用了如下事实: 一旦你获得了数组中某元素的下标, 即可在常数时间内查到它。散列函数是将键映射为整数的数学函数。我们将使用某元素的散列函数值作为数组下标, 并将该元素存储于此位置。

散列函数要做的第一个工作通常是将每个键映射成较大的整数。假设我们处理的键是字符串s, 其拼写所用字母表大小为α, 令$\text{char}(c)$为一个函数, 它可将字母表中每个符号映射成0到$\alpha - 1$间的唯一整数。函数

$$H(s) = \alpha^{|s|} + \sum_{i=0}^{|s|-1} \alpha^{|s|-(i+1)} \times \text{char}(s_i)$$

将s中的字符$s_i (0 \leqslant i < |s|)$视为以$\alpha$为基的数系中的数字, 这样便可将任意字符串映射成一个唯一的整数(不过要注意其数值很大)。

这样做的结果虽然得到了一些唯一确定的数, 但它们太大了, 而且很快就会超过我们散列表中的格数(记为m)。[3] 我们应该将原来的数缩为0到$m-1$间的整数, 例如可以取$H(s)$模m的余数, 也即$H'(s) = H(s) \bmod m$。这个方法与轮盘赌台上的轮盘运作原理一样, 球沿着周长为m的轮盘上转了好长距离, 跑了$\lfloor H(s)/m \rfloor$圈后随机地沉到某个仓中。如果散列表长度选得足够合理(m最好应该取成一个大素数但不能过于接近2的幂减1), 所得到的散列值会分布地相当均匀。

3.7.1 碰撞消除

无论我们的散列函数有多好, 我们还是应该对碰撞有心理准备, 因为偶尔会有两个互异键会散列成相同值。通常有两种不同的方案可以用于维护散列表的数据:

- **结链**(chaining)方法会将散列表存储为一个由m个链表(一般称为"桶")组成的数组。图3.9给出了具体实例: 散列函数为$H(x) = (2x + 1) \bmod 10$, 我们将8个Fibonacci数

---

[1] 通常而言, 运行时间与三角形个数大致呈同比例变化。不过Torus是个例外, 因为它高度对称, 而且还包含了很长的三角形带。

[2] 译者注: 例如$O(n \log n)$时间的算法。

[3] 译者注: 散列表中数组每个位置一般称为slot, 原意是序列、组织、安排中可进行安插的位置, 取散列表中的"格"这个概念较为形象。

(2, 3, 5, 8, 13, 21, 34, 55)依次插入, 注意新元素会插入到链表头部。[1]

第i个链表包含了所有散列函数值为i的数据项, 于是查找、插入和删除则会转为链表中的相应操作。如果所给的n个键在该散列表中均匀分布, 每个链表将包含大约n/m个元素, 当$m \approx n$时可认为这些链表的大小都为常数量级。

结链方法非常自然, 但是消耗了相当多的内存用于指针。这部分空间其实可用于增加散列表的容量, 而不是用于存储指针上, 这样还可以缩短链表的平均长度, 进一步提高空间利用率。[2]

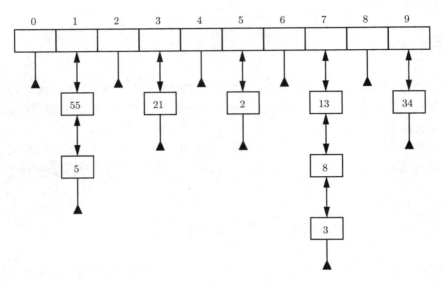

图 3.9 以结链来消除碰撞

- **开放式定址**(open addressing)维护散列表的方法是直接指向元素(不再需要桶)。我们使用指针数组作为散列表, 注意要将每个单元初始化为空(NULL)。[3] 在插入时先检查所想要插入的位置是否为空: 如果未存数据, 我们将元素插入(实际上是设定指针值); 如果已有数据, 我们应该寻找另一替代位置再将元素插入。最简单的可行方案是将元素插入到表中下一个可用的位置, 该策略一般称为**顺序探查**(sequential probing)。如果表不是太满, 那种一连串紧接元素的长度应该非常短, 因此新位置离原来准备插入的那个位置应该只隔了少许几格而已。图3.10给出了具体实例: 散列函数依然为$H(x) = (2x + 1) \bmod 10$, 我们将8个Fibonacci数(2, 3, 5, 8, 13, 21, 34, 55)依次插入, 若当前位置已有元素则顺次后延(首尾循环)找到空位(图中以○标记)再予以存储。

如此一来, 查找某个键则是先到其散列值对应的位置, 再检查此处的元素来确认它是否我们所需要的那个: 如果确实是, 则返回它; 否则我们需要一直沿着整个串结

---

[1] 译者注: 关于这种插入方式, 可阅读[CLRS09]中的相关证明。此外, 在头部插入也便于实现。

[2] 译者注: 设所给键的个数为n固定, 若散列表长度m增大, 则每个链表的平均长度n/m会减少, 而链表中用于连接数据的指针开销也会降低。

[3] 译者注: 这种方法其实存储的是指针, 但此指针不像在桶中那样指向列表, 而是指向数据本身(图3.10已作修改)。当然我们也可以考虑用数组直接存储元素, 并对位置给出额外标记, 从而能够了解任意位置是否可用。

(run)检查下去。[1] 然而, 在开放式定址机制中删除将变得很麻烦, 由于移除某个元素可能会令一连串之前的插入操作失效, 也即某些元素无法访问。删除会让串结中出现空位, 我们只能对其后所有元素重新插入, 除此之外, 别无他法。[2]

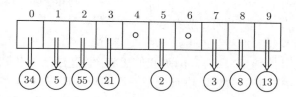

图 3.10   以开放式定址来消除碰撞

在进行插入之前, 结链方法和开放式定址方法都需要 $O(m)$ 时间以空指针去初始化一个长为 m 的散列表。

当在一个长为 m 的散列表中用双链表来结链以消除碰撞时, 包含 n 个元素的字典 D 其操作可在下列期望时间和最坏情况下的时间内实现:

字典操作	散列表(期望时间)	散列表(最坏情况时间)
$\text{Search}(D, k)$	$O(n/m)$	$O(n)$
$\text{Insert}(D, x)$	$O(1)$	$O(1)$
$\text{Delete}(D, p)$	$O(1)$	$O(1)$
$\text{Successor}(D, p)$	$O(n+m)$	$O(n+m)$
$\text{Predecessor}(D, p)$	$O(n+m)$	$O(n+m)$
$\text{Minimum}(D)$	$O(n+m)$	$O(n+m)$
$\text{Maximum}(D)$	$O(n+m)$	$O(n+m)$

对于结链而言遍历表中所有元素要用 $O(n+m)$ 时间, 因为我们必须扫描所有 m 个桶以寻找元素, 即便实际插入的元素个数不多也如此。对于开放式定址而言此过程则降至 $O(m)$ 时间, 因为 n 一定不会超过 m。

从实际效果来看, 散列表通常是维护字典的最佳数据结构。然而, 我们下面将会看到, 散列的应用远不止于字典。

3.7.2   凭借散列实现副本检测

散列的关键思想是将大的对象(可能是一个键、一个字符串或一个子串)以单个数字来表示。我们的目标是将较大的对象表示为能在常数时间内处理的数值, 而且尽量让两个不同的对象不要映射成同一个值。

散列拥有多种多样的精妙应用, 远不止加速搜索这点能力。我曾经听 Udi Manber(曾经在 Google 负责所有的搜索产品业务)谈论工业界所使用的算法, 他认为最重要的三个算法

---

[1] 译者注: 即前文中一连串紧接的元素所形成的整体, 首尾均不与其他元素相邻。当然, 如果查完串结还未找到, 意味着散列表中无此元素。

[2] 译者注: 这是基于指针方案的论断, 因为指针的"空"和"非空"这两种取值状态不能给出更多信息。如果使用标记方案并引入更多状态, 例如"已删"(很多书上将其形象地比喻为"墓碑"), 则不必重新插入。

是: "散列, 散列, 还是散列"。

考虑下面这些问题, 它们可用散列给出较好的解决方案:

- 某个文档是否与一个大文档库(corpus)[1]中其他所有文档有所不同? —— 当Google用爬虫程序抓到了一个网页, 它该如何分辨? 这个网页到底是新素材, 还是网络中别的地方某网页的一个副本而已呢?

  对大文档库而言, 若将这个文档s与所有之前入库的n个文档直接逐个逐字对比, 其效率之低只能用"绝望"来形容。但是我们可将s通过H函数散列为一个整数$H(s)$, 并将其与文档库中其他的散列码进行比较。仅当存在碰撞时, s才可能会是副本。按常理说, 基本没有多少假匹配的情况会出现, 因此只需对极少数的拥有完全一致散列码的那些文档进行逐字比较即可, 而这几乎不费什么事。

- 此文档中的某段是否从大文档库中某一文档中剽窃而来? —— 偷懒的学生从网络中的文档里复制了一部分加入自己的学期论文。"互联网这么大", 他自鸣得意道, "我复制的这个文档来源怎么可能会被人发现?"

  这是一个比前面的应用实例更难的问题。添加、删除或改变文档中哪怕一个字符都会让文档的散列码完全不同。因此前述实例中所给出的散列码对这个更一般的问题不适用。

  不过, 对于文档库中所有的文档若用长为w的窗口逐字滑动截取子串(显然会有交叠), 我们在理论上其实可以建立一个散列表包含所有这些子串。每当存在一个散列码的匹配时, 则这两份文档很可能拥有长为w的公共子串, 可对其进行深入调查。我们所选的w不能太小, 因为要尽量避免较短的子串有时会在两份文档中同时出现的这种情况。

  这个机制最大的缺点在于, 散列表的长度会变得与这些文档中所有文字总和差不多大。因此我们需要为每个文档的所有散列码留存一个精心选择的小型子集, 而这刚好是**取小式散列**(min-wise hashing)的设计目标, 详细讨论可见6.6节。

- 我怎样才能让你相信一个文件未被改动过? —— 在一场暗标拍卖中, 每个参与者都可在预告的截止期前秘密地提交自己的出价。如果你知道其他参与者的出价, 就可以将所有对手中的最高出价再加上1美元设定为自己的报价, 这样就可以用最低成本带着这件中意的藏品潇洒离去。因此, "正确"的投标策略是: 在截止期前的那一刹那, 黑掉那台存放所有出价的计算机再读出所有数据, 最后神奇地摇身一变成为大赢家。

  如何避免这类事件呢? 如果每个人在截止期前提交他出价的散列码, 再在截止期后提交准确的报价, 这样会如何呢? 拍卖师将挑选最终报价中的最高价, 但会检查截止期前提交的散列码以确认出价真实可信。这种**密码式散列**(cryptographic hashing)提供了一种验证方案, 它能确保你今天给我的文件与原始文件完全一样, 因为任何对文件的变动都将导致散列码发生改变。

尽管与散列有关的所有算法在最坏情况下的时间界都很糟, 但要是拥有合适的散列函数, 我们就能确保这类算法在一般情况下会表现得很好。散列是随机化算法中最基本

---

[1] 译者注: 这里的"文档库"类似于语言学中的语料库(corpus)。

的思想, 它能为很多问题给出线性期望时间算法, 要是没有散列我们就得在最坏情况下花 $\Theta(n \log n)$ 或 $\Theta(n^2)$ 时间来处理这些问题了。

3.7.3 其他散列技巧

散列函数除了在散列表中发挥核心作用之外, 还为许多问题提供了趁手的工具。散列的基本思想在于多对一的映射, 而关键在于控制"多"的程度, 让它尽量不要太多。

3.7.4 规范化

考虑一种单词游戏: 给你一个字母集 A, 通过将其中的字母予以重排, 最终拼出所有在字典中能够查到的单词。例如可以基于四字母集 $\{a, e, k, l\}$ 组出三个词: kale、lake、leak。

给定一个包含 n 个单词的字典 D, 不妨思考一下怎样写出程序寻找能与 m 字母集 A 中字母匹配的单词。也许最直接的方法是用 D 中的每个词 d 与字母集 A 中的字符比对, 而每次拿到一个新的字母集这种测试就得进行 $O(n)$ 次, 而且实际代码编写起来还需要点技巧。[1]

如果我们换个思路, 将 D 中每个单词通过对其字母排序的方式转换成一个新的字符串, 这样行不行呢? 于是kale会变成aekl, 而lake和leak的处理结果也会如此。将这种经过字母排序处理后的字符串作为原有单词的键, 我们可以建立一个散列表, 而具有相同字母分布的词全都会散列到同一个桶中。一旦这个散列表建成, 你就可以将它用于不同的查询集 A, 而每次查询的时间将与 D 中的发生匹配的词数(比 n 小很多)成正比。

我们还想知道, 对于这种字典中可查到的单词, 哪种 m 字母集能够组出最多的词? 乍一看这个问题比前面的那个要难得多, 因为可能会有 α^m 个字母集, 其中 α 是字母表的大小(也即 $|A|$。不过你仔细观察一下, 答案其实只是碰撞数最大的散列码所对应的字母集而已。在按照碰撞数排序的散列码数组一眼扫过去就能简单快速地获得答案,[2] 当然在基于结链的散列表中依次处理每个桶找出最大值也可以完成任务。

以上方案将复杂的对象化简为标准(即"规范")形式, 是展示**规范化**(canonicalization)力量的极好实例。字符串变换操作会产生更多的匹配结果, 例如将字母转为小写形式或词干提取(移除像-ed、-s和-ing这样的单词后缀), 因为多个字符串会碰撞到同一散列码上。Soundex是一个姓名规范化方案(更多细节可参阅21.4节), 根据其规则可知"Skiena"的拼写变体如"Skina"、"Skinnia"和"Schiena"都会散列到同一个Soundex代码: S25。

对散列表而言, 过多的碰撞是非常糟心的事情; 而对于上面这些模式匹配问题, 碰撞却正是我们想要的东西。

3.7.5 精简

假设你要按照实际文字内容对图书馆里的所有 n 本书进行排序, 注意不是依据书名判定次序。Edward Bulwer Lytton的Paul Clifford书中第一句是"It was a dark and stormy night···"[BL30], 而本书刚开始则是"What is an algorithm?···", 因此Paul Clifford会排在我

---

[1] 译者注: 即便 m 很小, 生成 A 的全部置换(共 $m!$ 个)直接在字典中查找也不如后文的方案快。

[2] 译者注: 碰撞数是桶中的元素个数。"一眼扫过去"比喻在有序数组中只需要找末尾元素即可。

们这本书之前。假定一本书的平均字数为$m \approx 100\,000$，而由于每次比较都要将两本书加以对比，不用运行就能想到整个排序工作肯定费时又费力。

不过我们可以将键换成每本书刚开始的那些文本(比如说前100个字符)，再对此类前缀字符串进行排序即可。当然，肯定存在由相同前缀造成的碰撞，比如某本书的多个版本或者可能有剽窃现象，不过这些情况出现的可能性相当小。当前缀排序完成之后，我们再去解决碰撞问题，此时只需比较全文即可。目前全世界最快的排序程序便是采用了这种思路，相关讨论可见17.1节。

实际上，以上方法是一个通过散列来精简(通过较小的散列码表示较大的对象)的实例，它也称作**采集指纹**(fingerprinting)。相比于较大的对象而言，较小的对象处理起来更为简单，而且散列码通常还能保留每个数据项的唯一性特征。不过请注意，本问题中的散列函数是为了完成特定目标而设计，并不是要将其用于维护散列表，因此实施方案比较简单(直接取其前缀)。我们还可以设计更精密更复杂的散列函数，可让两个仅有细微差别的对象发生碰撞的概率变得低到忽略不计。

3.8　专用数据结构

迄今为止所描述的基本数据结构都是用来表示无内在结构的数据集，其目的是让检索集合元素的操作更容易，并且大多数程序员对这些数据结构都耳熟能详。然而，用于表示特定种类的对象(如空间中的点、字符串和图)的数据结构，则不那么为人所知。

专用数据结构的设计原则和基本对象的数据结构几乎没什么区别，我们依然需要一组会经常用到的基本操作，而我们同样要找一个能支持这些操作并且效率非常高的数据结构。高效的专用数据结构对于设计高效的图算法与几何算法非常重要，因此读者应该知道有这样一些数据结构可供使用：

- **字符串数据结构** —— 字符串通常以字符数组表示，可能会以某种特殊字符标记该字符串的结束。后缀树/后缀数组这样的特殊数据结构会对字符串进行预处理，从而能让模式匹配操作更快。有关细节可见15.3节。
- **几何数据结构** —— 几何数据通常由大量的点和区域构成。平面中的区域可用多边形描述，其中多边形的边界由一连串线段给出。多边形能以点的数组$(v_1, \cdots, v_n, v_1)$表示，而形如(v_i, v_{i+1})的序偶则是该多边形的一段边界。空间数据结构如k维树将点和区域按几何位置合理组织以支持快速查找。更多细节见15.6节。
- **图数据结构** —— 图通常以邻接矩阵或邻接表来表示。正如第7章和15.4节所讨论的那样，表示图的方式是否合适，会对由此衍生出的图数据结构之上的算法设计产生显著的影响。
- **集合数据结构** —— 子集由全集中一些数据项组成，通常它可用字典表示，这样可以支持属于关系(membership)的快速查询操作。不过，**位向量**(bit vector)也可完成此功能，它是这样的一个布尔数组：若i在子集中则第i个比特呈"真"状态(值为1)。用于操控集合的数据结构可参阅15.5节中的相关内容。

3.9 算法征战逸事: **把它们串起来**

人类的基因组对造出一个人所需的全部信息给予了编码。基因测序对医学和分子生物学产生了极大的影响, 而现在算法学家(比如我)也对生物信息学产生了兴趣, 主要有以下几个原因:

- DNA序列能用基于4字符字母表$\{A, C, T, G\}$的字符串精准表示。生物学家的实际需求不但创造了诸如最短公共超串(见21.9节)这样的新问题, 而且与此同时也让算法学家对旧有算法如字符串匹配(见21.9节)重新提起了兴趣。
- DNA序列是极长的字符串。人类基因组大约包含了30亿个碱基对(可将碱基视为字符), 规模如此之大的问题意味着对生物学问题中的算法进行渐近复杂度分析刚好完全合适, 给出大O记号之后算法性能基本可以高下立判。
- 充足的资金正在资助想在基因组学研究这项激动人心的事业中取得新成果的那些计算机科学家。

计算生物学中有一项DNA测序技术即杂交测序(SBH), 我对它很有兴趣, 而这项技术一直盘桓于我的脑海中。SBH过程将一组探针装到阵列上,[1] 从而形成一个测序芯片。这些探针每个都能测定它所代表的探测字符串是否作为子串出现在目标DNA中, 那么基于探测字符串"是"或"不是"目标DNA的子串这种约束条件即可完成对该DNA的测序。

现有某个未知字符串S(长度为n), 给定该字符串中所有长为d的子串(以集合形式输入),[2] 我们想找到有可能成为S的子串且长为$2d$的所有字符串。例如, 假定我们知道S所有长为2的子串仅有AC、CA、CC。可以从子串连结的角度处理: $ACCA$有可能是S的子串, 因为$ACCA$中间新形成的那个长为2的子串CC是S的子串; 然而$CAAC$不可能成为S的子串, 因为它中间的那个子串AA不是S的子串。由于S可能非常之长, 我们有必要找到一种能构建所有长为$2d$且与约束条件相容的快速算法。

构建所有长为$2d$的字符串的最简单算法应该是将所有长为d的字符串配对连结起来(共$O(n^2)$对), 对于每个连结串我们需要从头到尾测试其中所有长为d的子串(除去首末只需考虑$d-1$个即可), 以确定该连结串确实有可能是长为$2d$的子串, 图3.11中给出了一个具体测试过程。依然考虑之前的例子: $\{AC, CA, CC\}$可能会产生9个连结串, 分别是$ACAC$、$ACCA$、$ACCC$、$CAAC$、$CACA$、$CACC$、$CCAC$、$CCCA$、$CCCC$, 这些连结串中仅有$CAAC$可排除, 因为AA不在长为2的子串集合中。

我们需要一种快速的方法来检查这$d-1$个子串(它们逐个推进最终跨越整个连结串), 以确定它们是否属于我们所容许的那些长为d的字符串(以字典形式给出)之中。该方法所用的时间取决于我们使用哪种数据结构来实现字典。二叉查找树能在$O(\log n)$次比较内找到正确的字符串, 其中每次比较需要测定两个长为d的字符串哪个在字典序下排名靠前, 因此利用这样的二叉查找树处理完$d-1$个子串总共需要$O(d\log n)$时间。

这个时间复杂度看上去似乎相当不错, 因此我的研究生Dimitris Margaritis使用二叉查找树数据结构来实现我们的程序。理论思考很美好, 但是拿实际数据开始运行程序的时候

---

[1] 译者注: 例如将寡核苷酸片段(称为探针)按行和列规则地附着到基片上, 由于探针在基片上规则排列, 因此称之为阵列。
[2] 译者注: $|S| = n$, 原文进行算法分析时经常提到的"字符串长度"指的是n, 为了方便理解译文略有改动。此外, S所有长为d的子串至多有$n - d + 1 = O(n)$个, 而它们可以配出$O(n^2)$个连结串。

麻烦来了。

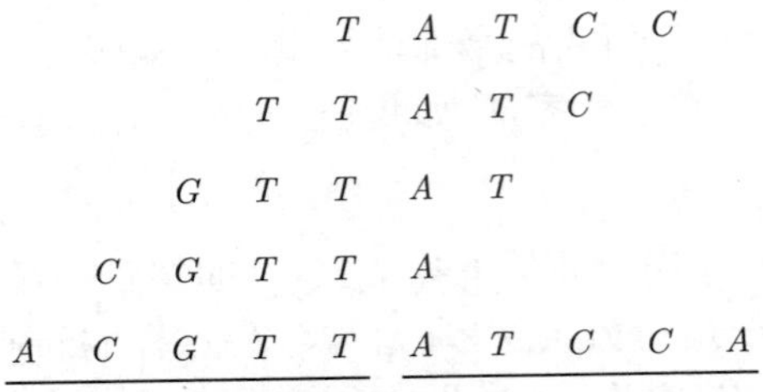

$$
\begin{array}{ccccccccc}
 & & & & & T & A & T & C & C \\
 & & & & T & T & A & T & C \\
 & & & G & T & T & A & T \\
 & & C & G & T & T & A \\
A & C & G & T & T & A & T & C & C & A
\end{array}
$$

图 3.11　两个片段的连结串要想包含于S中, 仅当该连结串所有的子片段(此处只需检查4个)都是S的子串

"我已经试过我们系里最快的计算机了, 但程序太慢了," Dimitris发着牢骚, "在n仅为2000的情况下都要花很长时间。这种方法肯定没法达到能够处理n为50 000的程度。"

我们对程序进行了性能剖面测试, 发现几乎所有时间都消耗在该数据结构中查找。这不奇怪, 由于我们对所有$O(n^2)$个可能出现的连结串进行了$d-1$次查找。我们需要一个更快的数据结构来实现字典, 因为循环非常之深, 而查找还处于最内层。

"使用散列表如何?" 我建议道, "它对一个长为d的字符串进行散列然后在散列表中查找对应值, 这应该只要$O(d)$时间。那样就会一举去掉$O(\log n)$因子。"

Dimitris回去为我们的字典实现了一个散列表。与上次一样, 理论上感觉没问题, 但拿实际数据来运行程序的时候麻烦又来了。

"我们的程序仍然太慢," Dimitris抱怨着。"当然了, 现在这个程序在n为2000的时候, 运行速度是以前的10倍。目前我们可以达到能够处理n大约为4000这个样子, 散列方案确实效果很好。不过, 我们还是不可能完成处理n为50 000的任务。"

"我们本来应该预料到这一点," 我沉思着, "毕竟$\log 2000 \approx 11$, 差不多就是10倍左右, 所以我们需要一个再快一点的数据结构用来查找字典中的字符串。"

"可是, 还有什么能比散列表更快呢?" Dimitris反驳, "要想查找一个长为d的字符串, 你得将这d个字符全部读入。而我们的散列表已经做到$O(d)$时间的查找, 量级没法更低了。"

"说得对, 它测试第1个子串用了d次比较。但也许我们能在第2个子串上做得更好。想一想我们在字典中的查询数据怎么来的? 当我们将$ABCD$与$EFGH$连结时, 首先测试$BCDE$是否在字典中, 然后再考虑$CDEF$, 而这两个字符串的差别只是一个字符。我们应该可以利用这点, 这样后续的每次测试用常数时间便可运行……"

"我们不可能用散列表来完成这种设想," Dimitris插了一句嘴, "因为第2个键不会跑到表中第1个键附近。二叉查找树也不管用, 因为$ABCD$和$BCDE$这两个键的首字符不同, 而这种差异会让两个字符串位于树中的不同区域。"

"但是我们可以利用后缀树(suffix tree)来实现我刚说的那个思路。" 我反驳, "后缀树是一棵trie, 它包含了指定字符串集合中所有串的全部后缀。例如, 字符串$ACAC$的后缀集是$\{ACAC, CAC, AC, C\}$, 要是连上字符串$CACT$的后缀, 我们就能得到图3.12中的后缀树。我们可以在$ACAC$那里放置一个指针指向$ACAC$的最长真后缀(proper suffix), 也即CAC, 沿这个指针就能走到一个新位置, 这样一来我们就可以很容易地进行测试, 因为在那里想测试$CACT$是否在我们的容许集合中只要再比较一个字符就行了。"

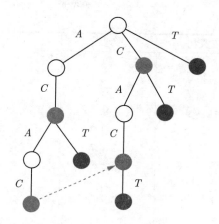

图 3.12 根据$ACAC$和$CACT$建立的后缀树, 它设置了指向$ACAC$最长真后缀的指针

后缀树是一种非常棒的数据结构, 15.3节给出了相当详尽的讨论。Dimitri阅读了一些关于后缀树的材料, 然后为我们的字典构建了一个精巧的后缀树实现。又与上次那样, 我们觉得应该可以解决了, 但拿实际数据来运行程序的时候麻烦又一次光顾了。

"现在我们的程序确实比以前快, 但它会耗尽所有内存," Dimitris抱怨着, "后缀树为每个d字符后缀建立了一条长为d的路径, 所有后缀加起来有$\Theta(n^2)$个, 也就是说树中有$\Theta(n^2)$个结点。我们的程序在处理n超过2000的时候就死机了。我们真不可能达到n为50 000这种规模。"

我仍然不肯放弃这个思路, "有一种办法能绕过内存空间不足的问题, 就是采用压缩后缀树(compressed suffix tree)。" 我回想着, "其实可以回查(refer back)原始字符串, 而不用将字符结点所组成的这条很长的路径明确表示出来。" 正如15.3节所描述的那样, 压缩后缀树始终只需要线性空间。

这是Dimitris最后一次回去, 他也实现了压缩后缀树数据结构。程序现在运行起来非常棒! 像表3.2所展示的那样, 在$n = 65\ 536$的算例上运行仿真程序处理字符串一点问题都没有。我们的结果证实, 交互式SBH应该是一种非常高效的测序技术。基于这些仿真, 我们成功激起了生物学家对此项技术的兴趣。而要在实验室的真实溶液环境下让工作能够顺利开展, 则是另一个计算挑战, 12.8节将对此进行阐述。

程序员从表3.2中能获取的经验教训应该很明显: 我们单独考察某个需要多次执行的操作(字典中的字符串查找), 并优化它所用的数据结构以更好地支持该操作; 若对实现字典的数据结构加以改进仍然无法达到要求, 我们再深入分析考察所执行的查询操作其本质, 确保能够选出一个更为出色的数据结构; 最后, 如果没有获得所需要的性能水准, 我们就绝不要放弃。在生活中和在算法研究中其实都一样, 坚持不懈通常都会取得成功。

表 3.2 利用不同的数据结构进行SBH仿真的运行时间(以秒计)

字符串长度n	二叉树	散列表	后缀树	压缩后缀树
8	0.0	0.0	0.0	0.0
16	0.0	0.0	0.0	0.0
32	0.1	0.0	0.0	0.0
64	0.3	0.4	0.3	0.0

续表

字符串长度n	二叉树	散列表	后缀树	压缩后缀树
128	2.4	1.1	0.5	0.0
256	17.1	9.4	3.8	0.2
512	31.6	67.0	6.9	1.3
1024	1828.9	96.6	31.5	2.7
2048	11 441.7	941.7	553.6	39.0
4096	>2天	5246.7	内存耗尽	45.4
8192		>2天		642.0
16 384				1614.0
32 768				13 657.8
65 536				39 776.9

章节注释

散列表这种概念上很简单的数据结构, 其优化却异常复杂。要想在开放式定址中让散列表的性能最优, 最重要的是要保证串结长度特别短, 为此得有一套更为复杂的处理机制, 而不是简单的顺序探查, 相关讨论详见Knuth的[Knuth98]。

Mihai Pătraşcu的某个讲座深刻影响了我对散列的很多观点, 他是一位极为优秀的理论计算机科学家, 可惜没到30岁就英年早逝了。对散列和随机化算法讲解更详细的教材有Motwani和Raghavan的[MR95], 以及Mitzenmacher和Upfal的[MU17]。

我们的三角形带优化程序名为stripe, [ESV96]中给出了具体细节描述。Schlieimer等在[SWA03]讨论了针对剽窃检测的散列技术。

利用杂交进行DNA测序其相关算法问题的综述有Chetverin和Kramer的[CK94], 还有Pevzner和Lipshutz的[PL94]。关于本章在算法征战逸事中所提及的交互式SBH, [MS95a]详述了我们的成果。

3.10 习题

栈、队列与列表

3-1. *[3]* 编译器和文本编辑器所共有的一个问题是: 判断字符串中的圆括号是否平衡且正确地嵌套。例如字符串"((())())()"包含了若干对正确嵌套的圆括号, 而字符串")()("和"())"中的括号却存在着问题。给出一种算法, 如果输入字符串包含了平衡且正确嵌套的圆括号则返回真, 否则返回假。这道题要得到满分, 得在字符串不平衡或嵌套错误时找出首个违反规则的圆括号。

3-2. *[5]* 考虑仅包含左括号和右括号的字符串, 例如")()(())()())()))((", 设计一个算法找出此类字符串中平衡括号的最大长度(上述实例中答案为12)。[提示]: 并未限定从原字符串中连续取出若干括号而构建。

3-3. *[3]* 给出一种算法反转单链表的方向, 换言之, 反转后所有指针应该变成倒着指的状态。你的算法只能花费线性时间。

3-4. *[5]* 设计一种栈既能支持通常的Push操作和Pop操作, 还能通过Minimum操作找到当前栈中的最小元,[1] 并且均可在常数时间内完成。

3-5. *[4]* 动态数组既能让数组增长, 还可以达到分摊意义下常数时间的性能, 我们已经了解其机理。本问题将涉及动态数组的扩展功能, 可使其能按特定要求来增长和缩短。

(a) 考虑下溢策略, 每当数组中实有元素个数降到不足当前容量的一半时, 则将其容量减半。给出一个由插入和删除所组成的操作序列实例, 而依照该序列执行时, 上述策略的分摊代价会很高。[2]

(b) 请进一步给出比上述所建议的策略更好的下溢策略, 它能让每次删除操作只需常数分摊代价即可完成。

3-6. *[3]* 假设你想要维护冰箱里的食品存储, 从而尽量减少变质情况的发生。你该用什么数据结构, 又该如何去用呢？

3-7. *[5]* 在3.3节中讨论单链表时, 相关注释提到常数时间的删除操作是可行的, 请完善相关细节。另外, 最好尽可能还要保证其他操作的效率。

基本数据结构

3-8. *[5]* 井字棋(Tic-Tac-Toe)是一种在$n \times n$棋盘(通常$n = 3$)[3]上开展的游戏, 两个玩家相继轮流在棋盘的单元格上标记"O"或"X", 能够在行或列或对角线上最先放置n个连续"O"或"X"标记的玩家将获胜。请创建一个可附带$O(n)$空间的数据结构, 当输入走子序列时, 它只需常数时间即可报出最后一步是否能在该游戏中胜出。

3-9. *[3]* 给定一部包含n个单词的字典, 设输入为一个由2到9之间数字组成的序列, 编写一个函数报表输出此类序列能在标准电话键盘上按出的所有单词, 注意选词范围限于该字典。例如输入序列为"269"时, 你的程序应该返回any、box、boy、cow, 以及其他符合要求的单词。

3-10. *[3]* 如果某个字符串X可通过重排其字母而变成另一字符串Y, 则称这两个字符串互为**变位词**(anagram), 例如silent和listen以及incest和insect就是两组变位词。给出一个高效算法来确定两个字符串X和Y是否为一组变位词。

树和其他实现字典的结构

3-11. *[3]* 假设字典中元素均为取自有限集$\{1, 2, \cdots, n\}$的整数, 设计一种数据结构能让查找、插入和删除在最坏情况下都可在$O(1)$时间内完成, 你可以用$O(n)$时间去进行字典的初始化操作。

3-12. *[3]* 二叉树的最大深度是沿根向下走到最远的叶子结点那条路径上的结点总数。对于一棵包含n个结点的二叉树, 给出一个$O(n)$算法求出其最大深度。

---

[1] 译者注: 以上操作略有修改, 以便与前文保持一致。

[2] 译者注: 容量一般指数组当前所拥有的位置总数。

[3] 译者注: 现实中的Tic-Tac-Toe限定3×3棋盘且无外边框, 很像"井"字, 此处为一般情况。井字棋归属于连珠游戏, 不过此类游戏存在各种不同的玩法和叫法, 例如四子棋(Connect Four)中棋子会沉到最底部, 又比如五子棋还有各种禁手限制。此外, 有兴趣的读者可以阅读*Winning Ways for Your Mathematical Plays*这本书的第22章: *Lines and Squares*。

3-13. *[5]* 一棵二叉查找树出了点问题, 其中有两个元素互换了位置。给出一个$O(n)$算法找出这两个元素, 后续可将其换回原位。

3-14. *[5]* 给定两棵二叉查找树, 将其合为一个双链表并确保最终所有元素有序放置。

3-15. *[5]* 设输入为一棵包含n个结点的二叉查找树, 设计一个$O(n)$时间算法将其改为等价的层高平衡二叉树形式, 并详述具体过程。所谓"层高平衡", 指的是这棵二叉查找树中任意结点的左右子树其高度差不超过1。

3-16. *[3]* 考虑包含n个结点的二叉树, 分析下列实现方案其数据存储的效率(以数据所用空间除以整个结构所占空间的比值来衡量):

    (a) 所有结点存储数据、两个孩子指针和一个父亲指针。数据域用了4字节, 所有指针均占4字节。

    (b) 仅叶子结点[1]存储数据, 而内部结点只存储两个孩子指针。数据域用了4字节, 所有指针均占2字节。

3-17. *[5]* 给定一棵包含n个结点的二叉树, 给出一个$O(n)$算法判定它是否满足"层高平衡"(其定义见习题**3-15**)。

3-18. *[5]* 描述如何对任意二叉查找树进行修改, 可使其查找、插入、删除、最小元和最大元操作依旧均只需$O(\log n)$时间, 而定序后邻和定序前邻现在却都只要$O(1)$时间即可完成。应该修改哪几种操作以满足本题的要求?

3-19. *[5]* 设有某个用来实现字典的平衡二叉树数据结构, 假定你可以随意使用这个结构的内部代码。这种字典支持操作查找、插入、删除、最小元、最大元、定序后邻和定序前邻, 每个操作都可在$O(\log n)$时间内完成。修改插入和删除操作, 在确保它们依然只需$O(\log n)$时间的基础上, 让最小元和最大元操作现在只要$O(1)$时间即可, 请阐明如何达到以上要求。[提示]: 要从使用字典的抽象操作这个思路考虑, 而不是胡乱摆弄指针之类的底层对象。

3-20. *[5]* 设计一种支持下列操作的数据结构:

- Insert(x, S) —— 将x插入集合S中。
- Delete(k, S) —— 从S中删除第k小的元素。
- Member(x, S) —— 当且仅当$x \in S$时返回真。

在n元集合中, 所有操作用时都必须为$O(\log n)$。

3-21. *[8]* **连结**(concatenate)操作取两个字典D_1和D_2作为输入, 将其合二为一变成新字典D, 不过前提条件是D_1中的所有元素都必须小于D_2中的任意元素。设计一个算法, 用连结操作将两棵二叉查找树合并成一棵二叉查找树。[2] 该算法最坏情况下的运行时间应为$O(h)$, 其中h是两棵树其高度的较大值。

树结构的应用

3-22. *[5]* 设计一种支持下面这两种操作的数据结构:

- Insert —— 将数据流中取出的新元素插入该数据结构中。
- Median —— 返回目前为止所存数据的中位元。

---

[1] 译者注: 即外部结点。可基于通常的二叉查找树改造出此类树, 插入新元素时需要将某个外部结点一分为二再同时降低一层。
[2] 译者注: 这里的二叉查找树均可视为字典, 但请注意它们之间并不一定满足连结操作的要求。

在n元集合中, 所有操作用时都必须为$O(\log n)$。

3-23. *[5]* 假定我们可使用本章所提到的那种标准形式字典(基于平衡二叉查找树实现), 所处理的数据集是n个长度至多为l的字符串。我们想要打印出以某个特定前缀p作为开头的所有字符串, 请给出方案在$O(ml\log n)$时间内完成, 其中m是满足要求的字符串个数。

3-24. *[5]* 数组A(其中元素为$a_0, a_1, \cdots, a_{n-1}$)在相隔$k$个位置之内如果不包含重复元素, 那么称之为"$k$步无重"($k$-unique), 也即不存在$i$和$j$满足$a_i = a_j$且$|j-i| \leqslant k$。设计一个在最坏情况下运行时间为$O(n\log k)$的算法, 它能测出数组是否满足$k$步无重。

3-25. *[5]* 在**装箱问题**(bin-packing problem)中, 我们要装入n个重量至多为1千克的物件。现在的目标是找到最少数目的箱子使其能装下这些物件, 并保证每个箱子承重不超过1千克。

- **最佳适应启发式方法**(best-fit heuristic)装箱可描述如下: 首先, 我们的原则是按物件到达次序逐个处理。对每个物件, 考察所有已放入其他物件并且还能容纳当前待处理物件的箱子, 找到那个装入之后所剩空间最小的箱子并放入; 如果没有这样的箱子, 则启用一个新箱子。设计一个能在$O(n\log n)$时间内实现最佳适应启发式方法的算法(以n个重量值$w_1, w_2, \cdots, w_n$作为输入, 输出所需箱子个数)。
- 用**最差适应启发式方法**(worst-fit heuristic)再次装箱, 这种方案中我们将待处理物件放入那个装入之后所剩空间最大且已放入其他物件的箱子。

3-26. *[5]* 给定一个由n个值组成的序列$x_1, x_2, \cdots, x_n$, 具有下述形式的查询会多次提交: 输入i和j, 请找出$x_i, \cdots, x_j$中的最小值。我们试图快速回答此类问题。

(a) 设计一种数据结构, 它将使用$O(n^2)$空间, 并且能在$O(1)$时间内回答查询。

(b) 设计一种数据结构, 它将使用$O(n)$空间, 并且能在$O(\log n)$时间内回答查询。你的数据结构可以使用$O(n\log n)$空间, 并且能达到$O(\log n)$的查询时间, 这样可以拿到部分分数。

3-27. *[5]* 假定给你一个由n个整数构成的输入集S。再给你一个黑盒, 如果输入任意实数序列和某个整数k, 黑盒能立刻正确回答输入序列是否存在某个子集其中元素之和恰为k。阐明如何基于此黑盒用$O(n)$次来找出S的一个子集, 使得其元素加起来等于k。

3-28. *[5]* 令A为一个存储实数的数组(其中元素为$a_0, a_1, \cdots, a_{n-1}$), 并定义前$i$个值的部分和(partial sum)如下:

$$S_i = \sum_{j=0}^{i-1} a_i \quad (0 \leqslant i < n)$$

设计一种算法来完成任意由下列操作所组成的操作序列:

- Add(i, d) —— d为某个实值, 该操作会让a_i加上d。
- Partial-Sum(i) —— 返回S_i。

这里没有插入和删除, 而对数组元素的改动仅限于其具体数值。每个操作都应在$O(\log n)$步内完成。你可以额外再用一个大小为n的数组当成工作空间。

3-29. *[8]* 扩展前一问题的抽象数据类型以支持插入和删除。[1] 每个元素现在拥有一个"键"和一个"值", 键为k的元素其值记为$M(k)$, 所有元素只能通过其键来访问。Add操作可施加

---
[1] 译者注: 本题略有改动, 使表述更为清晰。

于元素的值, 但要注意元素必须基于键才能访问。假设我们定义了一种关于键k的**条件和**(conditional sum):

$$C(k) = \sum_{\substack{0 \leqslant i < n \\ a_i < k}} M(a_i)$$

各项操作描述如下:

- Add(k, d) —— d为某个实值, 该操作会让键为k的元素其值加上d。
- Insert(k, v) —— 插入一个新元素, 其键为k而值为v。
- Delete(k) —— 删除键为k的元素。
- Conditional-Sum(k) —— 返回$C(k)$, 也即当前这个抽象数据类型中所有键小于k的那些元素其值之和。

对于任意具有$O(n)$个操作的操作序列, 最坏情况下的运行时间应该仍为$O(n \log n)$。

3-30. *[8]* 你现在为某家拥有n张单人床房间的酒店提供咨询服务。客人在入住时会要求找一个房号在$[l, h]$之间的房间。设计一种数据结构可在规定时间内对客房数据完成以下操作:

(a) Initialize(n) —— 初始化数据结构, 在多项式时间内对编号为$1, 2, \cdots, n$的空房设定相关初值。

(b) Count(l, h) —— 用$O(\log n)$时间返回房号在$[l, h]$之间的空房数量。

(c) Check-In(l, h) —— 用$O(\log n)$时间以指针形式返回$[l, h]$范围内的第一间空房, 并标记为"业已入住", 如果$[l, h]$中所有房间均已有客人入住则返回空指针。

(d) Check-Out(p) —— 用$O(\log n)$时间将指针p所对应的房间标记为"退房成功"。

3-31. *[8]* 设计一种数据结构, 在特定约束条件下它可让我们只需$O(1)$时间(与所存储数据的总个数无关, 也即常数时间)便可查找、插入和删除某个整数x。假定$1 \leqslant x \leqslant n$且只有$m + n$个单位的空间可用, 其中$n$是某个上界, 而$m$是整个处理过程中该整数表的最大存储容量。[提示]: 可使用两个数组A和B, 其长度分别为n和m。你不得对A或B进行初始化, 因为那样会执行$O(n)$或$O(m)$次操作。事实上, 这意味着数组一开始全是随机的无用数据, 所以你必须非常小心。

实现项目

3-32. *[5]* 实现若干互不相同的数据结构用作字典, 如链表、二叉树、平衡二叉查找树和散列表。考虑一个简单的实验来评估上述数据结构的相对性能: 读入某个很大的文本文件并对其中所出现的全部单词进行报表输出, 重复单词只列一个。该问题可以通过维护一个字典来高效实现, 该字典包含了迄今为止文本中所有已经出现的不同单词, 而每次在文件数据流中遇到字典里不曾出现的单词时, 将其插入字典并且报出。撰写一份简要报告并给出你的结论。

3-33. *[5]* 恺撒(Caesar)移位(见21.6节)是实现保密通信的一类非常简单的密码。不幸的是, 利用英文的统计特性便能攻破这类密码。开发出一个恺撒移位解密程序, 要能处理足够长的文本。

面试题

3-34. *[3]* 你会采用什么办法在字典中查找单词?

3-35. *[3]* 假定你的衣橱中都是衬衫。要想合理放置这些衬衫以便寻找, 你能做些什么?

3-36. *[4]* 写一个函数, 找出单链表位于中间的那个结点。

3-37. *[4]* 写一个函数, 比较两棵二叉树是否完全相同。完全相同的二叉树拥有相同的结构, 并且每个位置上的键也相同。

3-38. *[4]* 写一个程序, 将一棵二叉查找树转成链表。

3-39. *[4]* 实现逆置一个链表的算法。完成之后, 再考虑不用递归实现该算法。

3-40. *[5]* 要想维护网络爬虫所访问过的网址, 什么数据结构是最好的呢? 给出测试某个所给网址是否访问过的算法, 并在空间和时间上优化。

3-41. *[4]* 给你一个待查字符串和一本杂志, 现在你想从杂志中剪下字母来生成这个字符串。给出高效算法以确定该杂志是否能构造该字符串。

3-42. *[4]* 考虑反转句子中的单词, 例如 "My name is Chris" 反转之后变为 "Chris is name My"。请对时间和空间加以优化。

3-43. *[5]* 不用任何额外存储, 尽可能快地确定某链表是否含有环。另外, 请找出环的位置。

3-44. *[5]* 你有一个由 n 个整数组成的无序数组 X。请构造另一个也包含 n 个元素的数组 M, 其中 $M[i]$ 是 X 中除了 $X[i]$ 之外其他所有元素的乘积。你不能使用除法, 但是可以额外再用一些内存。[提示]: 存在比 $O(n^2)$ 更快的解法。

3-45. *[6]* 设计一种算法, 它能在所给网页之中找到出现最频繁的单词序偶, 例如对应 "New York" 的序偶 ("New", "York")。你会使用哪种数据结构? 请同时优化时间和空间。

力扣

3-1. https://leetcode.com/problems/validate-binary-search-tree/

3-2. https://leetcode.com/problems/count-of-smaller-numbers-after-self/

3-3. https://leetcode.com/problems/construct-binary-tree-from-preorder-and-inorder-traversal/

黑客排行榜

3-1. https://www.hackerrank.com/challenges/is-binary-search-tree/

3-2. https://www.hackerrank.com/challenges/queue-using-two-stacks/

3-3. https://www.hackerrank.com/challenges/detect-whether-a-linked-list-contains-a-cycle/problem

编程挑战赛

下列编程挑战赛问题可在 https://onlinejudge.org/ 上找到, 网站会自动判分。

3-1. "Jolly Jumpers" —— 第2章, 问题10038。

3-2. "Crypt Kicker" —— 第2章, 问题843。

3-3. "Where's Waldorf?" —— 第3章, 问题10010。

3-4. "Crypt Kicker II" —— 第2章, 问题850。

第4章

排序

典型的计算机科学专业学生在其本科毕业前至少要学习三次基本排序算法: 初次是在入门性质的程序设计课程中, 然后是在数据结构课程中, 最后是在算法课程中。为什么排序值得投入如此之大的精力呢? 这有几个原因:

- 排序是基本要素, 许多其他算法都以排序为基础来构建。要是理解了排序, 我们就能解决许多其他问题, 并会深深叹服排序的功能之强大。
- 在研讨排序问题的过程中, 大多数算法设计中非常有用的重要想法都会露面, 比如分治、数据结构和随机化算法。
- 排序是计算机科学中研究最彻底的问题。目前已经知道的不同排序算法其命名都能以打计, 更重要的是, 其中大多数在特定情况下都拥有该种排序方案所独有的优势, 而所有其他排序算法都无法取代。

本章我们将讨论排序, 但着重强调排序如何能应用于解决其他问题。在这种意义下, 排序表现得更像一种数据结构而不是一种问题, 因为次序关系自身就自然地会引出结构。随后我们将给出若干基本算法的详细阐述: 堆排序、归并排序、快速排序和分配排序, 它们将作为重要算法设计范式(paradigm)的实例而出现。卷II中的17.1节还会继续述及排序。

4.1 排序的应用

在本章的课程中, 我们将复习若干排序算法及其复杂度。但下面这句才是关键:[1] 存在一些精巧的排序算法, 它们能在$O(n \log n)$时间内完成排序工作。对于很大的n来说, 此类算法相比于朴素的$O(n^2)$排序算法是种极大改进。不妨仔细看看下表中两种排序算法分别所用的程序步数:[2]

n	$n^2/4$	$n \log n$
10	25	33
100	2500	664
1000	250 000	9965
10 000	25 000 000	132 877
100 000	2 500 000 000	1 660 960

你可能仍然在用平方时间算法而侥幸没出现麻烦, 即便$n = 10\ 000$时可能也不会多么费时, 而一旦$n \geqslant 100\ 000$时还在用平方时间的排序那无疑将是非常荒谬的举措。

---

[1] 译者注: 原文称其为punch-line, 一般指笑话最后部分的妙语与笑点。

[2] 译者注: 表中每行$n^2/4$和$n \log n$之间的较小值以斜体表示。

许多重要的问题都能归约为排序, 因此我们可以利用手里这些精巧的$O(n\log n)$排序算法来做那些工作, 而本来你会以为完成任务似乎要平方时间算法才行。一种重要的算法设计技术是用排序作为基本要素来构建处理方案, 因为某组数据项一旦排好序, 剩下来的很多问题就变得简单多了。

考虑下列应用:

- **查找**(searching)——若键已完全排好序, 二分查找可在$O(\log n)$时间内测定某项是否在字典中。为查找操作做预处理, 这可能是排序最重要的一项应用了。

- **最近数对**(closest pair)——给定一个由n个数组成的集合, 你怎么在所有数字配对中找到差别最小的那对数? 一旦这些数已经排序, 最近的那对数字肯定相互紧靠在该有序序列中的某个地方。因此, 从头到尾一遍线性扫描即可完成任务, 再算上排序过程, 于是总时间为$O(n\log n)$。

- **元素唯一性**(element uniqueness)——给定一个内含n项的集合, 其中存在副本吗? 该问题是上面最近数对问题的特例, 而我们所问变为: 是否存在一对元素其数值之差为0? 最高效的算法是先对这些数排序, 再从头到尾做一次线性扫描来检查所有相邻俩数即可。

- **寻找众数**(finding the mode)——给定一个包含n条数据的集合, 哪个元素在集合中出现的次数最多? 如果这些元素已排序, 我们可从左到右扫视(sweep)[1]并计数, 因为所有相同项在排序时已归到一块了。

  要是想进一步找出任意元素k出现的频率, 可用二分查找在有序数组中找k(在查找操作中一般称k为键值)。找到之后从该点向左走到首个不为k的元素, 然后再这样向右走, 由此我们便能在$O(\log n + c)$时间内找到待求计数值, 其中c为k出现的次数。我们还能做得更好: 先用二分查找寻找$k - \epsilon$和$k + \epsilon$所在位置(其中ϵ为足够小的正数),[2] 然后取两个位置之差, 这可在$O(\log n)$时间内找到键值k出现的次数。

- **选择**(selection)——哪一项是数组中第k大的? 如果键已按次序排好, 只要去看数组中第k个位置即可在常数时间内找到第k大的元素。特别地, 中位数(见17.3节)在排完序的序列中就位于第$n/2$个位置。

- **凸包**(convex hull)——给定一个点集, 它由二维空间中的n个点组成, 能够包含该点集中所有点且面积最小的凸多边形是什么样的? 凸包像一根撑大后套住平面上的点再松开的橡皮筋。橡皮筋缩至恰好包住这些点的程度, 如图4.1[左]所示。凸包对输入点的外形给出了一种很好的表示, 而且我们可以从20.2节中的讨论中看到, 凸包是构建更精巧的几何算法的基本要素。

  但是我们如何用排序来构建凸包呢? 一旦你将所有点按x轴排序, 这些点可以从左到右插入凸包。新插入的点是最右点, 由于这个点总是在边界上, 我们知道它一定在当前所形成的凸包上。[3] 加入这个新的最右点可能导致其他点被删除, 但我们可以很快找出这些点, 因为它们位于加入新点后所形成的多边形内部。可参见图4.1[右]。这些点肯定与我们上次所插入的那个点相邻, 因此很容易找到, 而且删除也非常简

---

[1] 译者注: 扫视这个词的本义是清扫, 其过程是持续扫一段路再集中清理, 以此比喻对相同的数计数, 碰到不同的数再重新开始。

[2] 译者注: ϵ要小于集合中任意不同元素之差的最小值, 可在排序后顺便算出。若是输入就是有序数组, 该方案就不太合适了。

[3] 译者注: 这里提到的"最右点""边界"和"凸包"都是指当前所处理到的点集意义下的概念。

单。在已做完排序的情况下，上述构建过程的总时间是线性的。[1]

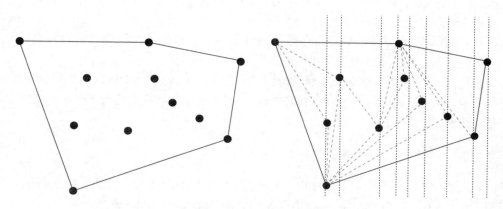

图 4.1 点集的凸包[左]以及通过从左到右插入构建凸包的过程[右]

尽管这些问题中有少数(即中位数和选择)能以更复杂的算法在线性时间内解决，但排序为上述所有问题提供了快速而简单的解法。应用问题中用于排序的运行时间被证明是瓶颈的情况非常少见，而能通过更巧妙的算法技术以非排序方案去除此类瓶颈的例子更是罕见。绝对不要害怕花时间去排序，不过前提是你得用一个高效的排序子程序(routine)。

> **领悟要义**: 排序是许多算法中最重要的部分。对数据排序是任何算法设计师为谋求效率而应去尝试的第一招。

停下来想想: 寻找交集

问题: 给出一个高效算法来确定两个集合(大小分别为m和n)是否不相交。就m远小于n的情况分析最坏情况下的时间复杂度(以m和n表示)。

解: 稍微想一下就至少可以找到三种算法，它们都是排序和查找的变形:

- **先将较大集合排序**——较大集合可在$O(n \log n)$时间内排好序。接着我们这就可用较小集合中的m个元素为待查项逐个去做二分查找，看看它是否在较大集合中。总时间将会是$O\big((n+m) \log n\big)$。
- **先将较小集合排序**——较小集合可在$O(m \log m)$时间内排好序。我们现在可用较大集合中的n个元素为待查项逐个去做二分查找，看看它是否在较小集合中。总时间将会是$O\big((n+m) \log m\big)$。
- **将两个集合都排序**——注意到一旦两个集合都排好序，我们不再需要做二分查找去检测共同元素。我们可以比较两个有序集合的最小元素，如果它们不同则舍弃较小的那个元素。在排序后通过反复将该想法递归施于这两个集合上(其中一个集合已

---

[1] 译者注: 从最左点出发到当前最右点存在上凸包和下凸包。上凸包和下凸包均为线性序列，因此寻找上一个点很容易，加入新点后应从上次所插入点分别沿上凸包和下凸包向前持续删除到形成新凸包为止，是否删除可依据序列中邻点的转向情况而定。以所有点删除次数作为参照，由于每个点只能被删除一次，因此排序后只需要线性时间即可构建出凸包。

变小), 我们便能在线性时间内检测出副本。总开销是$O(n\log n+m\log m+n+m)$。

那么, 上述方法哪个最快呢? 很显然, 对较小集合排序胜过对较大集合排序, 因为当$m<n$时$\log m<\log n$。类似地, $(n+m)\log m$应该在渐近意义下小于$n\log n$, 因为当$m<n$时$n+m<2n$。因此对较小集合排序是这些待选方案里最好的。注意当m为常数时, 这个最好方案的时间复杂度对n而言是线性的。

注意用散列可达到期望意义下的[1]线性时间。我们可以建立一个包含两个集合中所有元素的散列表, 再验证在同一个桶(bucket)中有冲突的元素是否确实是相同元素。实际上, 这可能是最佳解法。

停下来想想: 以散列处理问题会如何?

问题: 较快的排序显然很棒。不过在以下任务中, 哪些可通过散列方法而非排序得以同样很快甚至于更快的速度完成呢? 注意我们以期望时间(expected time)衡量。

- 查找(searching)。
- 最近数对(closest pair)。
- 元素唯一性(element uniqueness)。
- 寻找众数(finding the mode)。
- 寻找中位数(finding the median)。
- 凸包(convex hull)。

解: 不妨逐项讨论:

- 查找——散列表对此问题是一个极好的方案, 它能够让你在常数期望时间内查到数据项, 比起二分查找的$O(\log n)$时间好多了。[2]
- 最近数对——目前我们所见到的散列表毫无用武之地。一般的散列函数会将键值散布于表中, 所以两个相似的数字(键值)不太可能落入同一个桶, 因此也没法进行后续的比较。按取值范围将键放入桶中, 可基本确保最接近的两个数字在同一个桶内, 而再不济也会位于相邻的桶中。但是这样一来, 我们也就不能确保各个桶中只存放少量数字, 相关实例和细节将在4.7节的桶排序中讨论。
- 元素唯一性——在这个问题上, 散列通常比排序更快。可用结链法建立散列表, 随后在所有桶中遍取任意两个元素(注意每个桶元素总数的期望是常数)。如果任何桶中都没有重复的数据, 那么所有元素都肯定是唯一的。散列表的创建和扫视可在线性期望时间内完成。
- 寻找众数——使用散列可给出一种线性期望时间算法。每个桶所包含不同的元素应该不太多, 但是却可能存在不少相同的副本。我们从桶中的首元素开始处理, 对其所有副本进行计数并删除, 不断重复该操作直至桶为空, 这种扫视的执行遍数其期望为常数。
- 寻找中位数——恐怕散列方法无能为力。中位数可能出现在散列表的任何一个桶中, 而我们也无法据此判断它在序关系下其前后到底有多少数据项。

[1] 译者注: 从概率角度分析平均情况下的时间复杂度, 得到其数学期望。
[2] 译者注: 二分查找所能提供的时间保证却是散列表不能比的。

- **凸包**——我们当然可基于几何点创建散列表, 这与其他数据类型一样。但这样做对解决该问题似乎没什么作用: 反正它肯定无法帮我们按x轴对点排序。

由此可见, 散列能够高效地解决以上某些问题, 但并非对所有问题都合适。

4.2 排序的范式

我们已见到许多排序在算法技术中的应用, 而且后面还将看到几种高效的排序算法。然而有一个问题阻隔了这两部分内容: 我们希望手里的数据项以什么次序来排序? 事实上, 这个基本问题的答案依具体应用而定。通常我们需要考虑下列议题:

- **序增还是序减?**——键的集合S中所有元素满足$S_i \leqslant S_{i+1}(1 \leqslant i < n)$时, 则$S$以升序方式排好次序。所有元素满足$S_i \geqslant S_{i+1}(1 \leqslant i < n)$时, 它们按降序方式排序。不同的应用需要不同的次序。

- **仅对键排序还是对整个记录排序?**——对一个数据集排序需要维护复杂数据记录的完整性。一个包含姓名、地址和电话号码的邮寄列表可用姓名作为键字段来排序, 但最好保留姓名与地址之间的关联。[1] 因此在复杂记录中, 我们要指明哪个是键字段, 还要明了每个记录方方面面的信息。

- **对于键值相同我们应作何处理呢?**——不管用哪种全序(total order)关系, 具有相同键的元素都将挤到一块, 但有时这些元素之间的相对次序还是有些要紧的。假定某百科全书同时收录了Michael Jordan(篮球运动员)、Michael Jordan(统计学家)和Michael Jordan(演员), 哪个条目应该先出现呢? 你可能需要到次键(如条目的长短)上去再排一次序, 从而以明确的方式来解决同键问题。

  有时需要让这些键值相同的项的次序与它们排序之前所处的相对次序一致。能够自动确保这项要求的排序算法称为**稳定的**(stable)。很不幸, 只有极少数最优排序算法[2]是稳定的。若添加初始位置作为次键, 所有算法都能实现稳定性。

  当然, 我们可以不对键值相同的项的次序进行任何特殊处理, 不妨让这些项随遇而安。但要注意, 如果算法设计中没有明确对出现大量同键的情况予以针对性处理, 某些高效的排序算法(如快速排序)可能会遭遇性能变成平方时间的麻烦。

- **非数值数据该怎么办?**——按字母序排列就是文本字符串的排序。**符号次序规则序列**(collating sequence)是一个由字符和标点组成的序列, 它决定了符号之间的相对次序关系, 一般而言图书馆对此都有着非常完整和复杂的细则。不妨想想: Skiena与skiena是相同的键吗? Brown-Williams应在Brown American之前还是之后呢? 而Brown-Williams又应该在Brown, John之前还是之后呢?

要确定上述这些问题的答案, 正确的解决方法是在你的排序算法中使用一个**比较函数**(comparison function), 它能依具体应用而定出作为输入的两个元素之间的次序关系。这种比较函数接收指向记录a和记录b的指针作为输入: 若$a < b$返回"<"; 若$a > b$返回">"; 若

---

[1] 译者注: 仅按姓名来排序可能会将相同住址的同一个人排到不同的位置, 这样会降低邮寄的效率。

[2] 译者注: 我们将fast译为"最优", 主要是为了区分于快速排序(quicksort)算法, 本书中fast sorting algorithms是指时间复杂度为$O(n \log n)$的排序算法, 它们在基于比较的排序算法中是最优的。

$a = b$返回"="。

一旦将两个元素之间的次序关系判定抽象成这样一个比较函数, 我们就能独立于判定准则来实现排序算法。我们只用简单地将该比较函数作为变元传进排序过程即可。[1] 但凡还不错的程序设计语言都有一个内建(built-in)的排序子程序, 并且一般以库函数形式出现。绝大多数时候用这个排序子程序要比你自己编写一个要好得多。例如, C标准库包含用于排序的qsort函数:

```
#include <stdlib.h>
void qsort(void *base, size_t nel, size_t width,
           int(*compare) (const void *, const void *));
```

使用qsort的关键在于了解其变元所代表的意义。该函数会对数组(以base指向之)的前nel个元素排序, 其中每个元素长为width字节。因此我们能对各种数组排序, 无论元素是1字节的字符、4字节的整数还是100字节的记录, 只需改变width的值即可处理这一切。

不论次序问题怎么解决, 我们只要把最终方案写到compare函数中即可。它接收两个指向长为width字节元素的指针作为变元: 若排序后函数中的第一个元素出现于函数中的第二个元素之前, 则返回一个负数, 若排序后函数中的第二个元素出现于函数中的第一个元素之前, 则返回一个正数, 若两者相同则返回0。这里有一个用于对整数以升序形式排序的比较函数:

```
int intcompare(int *i, int *j)
{
    if (*i > *j)
        return 1;
    if (*i < *j)
        return -1;
    return 0;
}
```

上述比较函数能用于对整个数组a进行排序, 若是只处理数组中的前n个元素, 换成如下调用形式即可:

```
qsort(a, n, sizeof(int), intcompare);
```

qsort暗示快速排序(quicksort)是实现这个库函数的算法, 然而对用户来说这通常无关紧要。

4.3 堆排序: 借助数据结构而得的最优排序

排序是研究算法设计范式的天然实验室, 因为许多非常有用的设计技术都能引出一些很有价值的相关排序算法。因此, 接下来的几节从一些具体排序算法入手, 以此介绍由它们所带出的算法设计技术。

---

[1] 译者注: 程序设计语言中的过程(procedure)概念就是C语言中无返回值的函数。下文给出了将比较函数以函数指针的变元形式传递进排序过程/函数中的具体方法。

　　警觉的读者会问, 既然前面已经说过最好不要自己实现排序而应该换用内建库函数, 为何我们还要复习这些早已被广泛实现过的排序算法呢? 答案则是——这些排序算法中的设计技术对于你可能碰到的其他算法问题而言是非常重要的。

　　选对了数据结构那么算法则会得到改进, 而有着最显著改进的实例之一就出现在排序中, 因此我们从数据结构的设计开始讲起。回想一下选择排序(算法19), 它不断地从集合未排序部分中取出现存的最小元素, 该算法很容易写出代码实现:

算法 19　　SelectionSort(A)
1　**for** i **from** 1 **to** n **do**
2　　　在A中寻找最小元(使用Find-Minimum操作)并将该元素赋值给Sort[i]
3　　　在A中删除最小元(使用Delete-Minimum操作)
4　**end**
5　**return** Sort

　　不妨回过头去看2.5.1节, 那里写过一种选择排序的C语言实现。在该节中, 我们将输入数组划分为有序区和无序区。为找到最小元, 我们可以扫一遍数组的无序部分(需线性时间)。随后将所找到的最小元与数组中第i个元素交换, 做完后转向下一次迭代过程。选择排序进行了n次迭代, 一次平均要用$n/2$步, 于是总共需要$O(n^2)$时间。

　　不妨想想, 我们如果改良数据结构会怎样? 在无序数组中若能找到某个特定项的位置, 只要用$O(1)$时间即可移除它, 但是寻找最小元却要耗费$O(n)$时间。而这些正好都是优先级队列所支持的操作。那么, 我们如果用更好的数据结构(堆或平衡二叉树中择一)替换无序数组去实现优先级队列, 算法效率将有何变化呢? 现在循环内部的这些操作均用时$O(\log n)$, 于是一次循环用时$O(\log n)$, 而改进前每次循环却要耗费$O(n)$时间。使用优先级队列的这种实现可提升选择排序的速度, 其时间将从$O(n^2)$减至$O(n \log n)$。

　　通常我们称这个算法为**堆排序**(heapsort), 而这个名字掩盖了它与选择排序之间的关联, 但实质上堆排序只不过是采用恰当数据结构所实现的选择排序。

4.3.1　堆

　　堆是一种简洁优美的数据结构, 它能提供高效的优先级队列操作——插入操作和取最小元操作。[1] 这两个操作之所以高效, 原因在于它们在元素集上维护一种"部分有序"的状态, 该状态弱于"完全有序"(因此堆可以高效地维护), 但却强于"混沌无序"(因此最小元便可迅速确定)。

　　在所有按等级构成的组织中, 其权力情况可由一棵树反映, 树中每个结点代表一个人, 若存在(x, y)这条边则意味着x直接管理(或强于)y。根结点处的成员位于堆顶, 它担任"堆的首领"。

　　本着这样的指导精神, **按堆性质设定标签**(heap-labeled)的树可以定义为这样一棵二叉树——要求树中每个结点的键标签得强于该结点所有孩子的键标签。在**最小堆**(min-heap)中, 结点要想管住它的孩子, 该结点所包含的键得小于孩子所包含的键; 而在**最大堆**(max-

---

[1] 译者注: 取最小元操作可以认为是加入了返回值(即最小元)的删除最小元操作。

heap)中, 结点要想管住它的孩子, 该结点所包含的键得大于孩子所包含的键。图4.2[左]描绘了一棵将美国历史中有特殊意义的年份按最小堆方式放置的树。

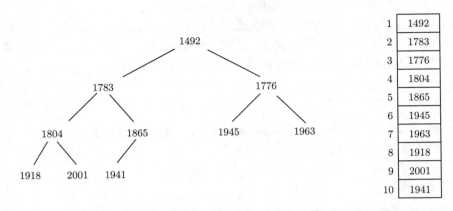

图 4.2 将美国历史中重要年份按堆标签的树[左]以及此树所对应的隐式堆表示[右]

要实现这棵年份二叉树, 最自然的想法就是将每个键存储在结点中, 这种结点含有指向它的两个孩子的指针。与处理二叉查找树一样, 指针所占内存大小很容易就会超过键所用的内存大小, 而键才是我们真正感兴趣的数据。若是想不用任何指针来表示二叉树, 那么堆则是能实现这个想法的一种极好数据结构。我们可以将数据当作数组中的键来存储, 并用键的位置来**隐式地**(implicitly)履行指针的职责。

我们将树根存储于数组的第1个位置, 并将它的左右孩子分别存储于第2和第3个位置。我们一般会将一棵完整二叉树(complete tree)[1]第l层的2^{l-1}个键从左到右分别存储在第2^{l-1}到$2^l - 1$个位置中, 如图4.2[右]所示。为简化问题, 我们假定数组下标从1开始。

```
typedef struct {
    item_type q[PQ_SIZE + 1];        /* 优先级队列的数据主体 */
    int n;                           /* 优先级队列实有元素的个数 */
} priority_queue;
```

上述表示法最让人拍案叫绝的地方在于, 第k个位置的键其父亲和孩子的位置可以迅速确定: 对于k位置的键, 它的左孩子位于$2k$处, 右孩子位于$2k+1$处, 而它的父亲则在$\lfloor k/2 \rfloor$处临朝听政(hold court)。[2] 有了上述性质, 我们不用任何指针就能在树中随意游走。

```
int pq_parent(int n)
{
    if (n == 1)
        return -1;
    return (int) n / 2;             /* 隐式地求得floor(n / 2) */
}

int pq_young_child(int n)
{
    return 2 * n;
}
```

---

[1] 译者注: 也译作"完全二叉树"。
[2] 译者注: 以此结点为根的子树仍为堆, 称为子堆, 这里比喻此结点是该子堆的首领。

这样一来, 我们就可以不用指针将任意二叉树存储于一个数组中。不过这种方案有什么隐患呢? 假定我们这棵高为h的树是稀疏的, 即结点数$n \ll 2^h - 1$。所有缺失的内部结点仍然在我们的数据结构中占据着空间, 因为我们必须按完美二叉树[1]的方式表示, 这样才能维护父亲和孩子位置之间的映射。

由于空间效率的要求, 所以我们不能让树中出现空位——即每层必须按其所能容纳的个数塞满。要是这样的话, 仅有最底层可能没全填满。如果在最底层尽可能地向左填入元素, 也就是从最左边开始排放, 这样我们就能刚好用n个数组元素来表示一棵有n个键的树。如果不强加这些结构上的约束, 我们有可能需要一个大小为2^n的数组来存储n个元素。现在除最底层之外的所有层都填满了, 由于

$$\sum_{i=0}^{h-1} 2^i = 2^h - 1 \geqslant n$$

我们可推出$h = \lceil \log(n+1) \rceil$, 也就是说一个由$n$个元素所组成的堆, 其高度$h$相对于$n$是对数量级关系。

这种二叉树的隐式表示法节省了内存, 但不如使用指针灵活。如果我们想存储任意的树拓扑结构, 就会面临大量空间闲置不用的问题。我们也不能像指针表示法中那样仅改变单个指针来随便移动子树, 而只能去直接挪动子树中每个元素。这种灵活性上的缺失解释了我们为何不能用此想法表示二叉查找树的原因, 但这个想法对于堆的运作来说却很完美。

停下来想想: 堆中各元素都在哪里?

问题: 我们怎样才能在堆中高效地找到某一特定键?
解: 答案是我们没有办法。由于堆不是二叉查找树, 因此二分查找不能发挥作用。我们对堆中叶子结点(约$n/2$个)的相对次序几乎一无所知——所以肯定没有任何方案能让我们避免对这些叶子结点从头到尾做线性查找。

4.3.2 建堆

建堆可以增量式完成, 方法是将每个新元素插入到空闲点中最靠左的那个, 即堆中第$n+1$个位置(注意插入之前堆中实有n个元素)。这样一来, 按堆性质设定标签的树可以保持堆所要求的形状(即完整二叉树), 但是不一定能维持键之间的强弱关系。最小堆中的新插入结点可能小于其父亲, 而最大堆中的新插入结点可能大于其父亲, 两者都需要调整。

解决方案是将所有不满足堆性质的这类元素与其父亲进行互换。原来的父亲结点乐于换位, 因为强弱关系已作恰当调整。原来的父亲结点的另一个孩子现在也很乐意, 因为它现在被一个比原来父亲结点更强的元素管住了。新插入元素现在更高兴, 因为它可能还有机会进一步去与它的新父亲结点比试高低。[2] 我们再在更高层中递归执行此过程, 最后将新插

---

[1] 译者注: 作者使用了"full binary tree"这个词, 实际上他想表达的是每层都达到最大结点数的那种完美树形态, 而在很多算法教材中"full"这个词一般表示二叉树中所有结点的度必须是0或2。此外, 堆是完整二叉树。

[2] 译者注: 作者的比喻是有能力的人在等级结构里进行不断升迁, 从而让各方都能发挥自己最大的功用, 最终每个结点都有能力去管理自己的下级。

入的键在这个等级结构中上冒(bubble up)到它应待的位置。由于每步我们在子树的根那里用更厉害的角色替换原有的根, 从而维持了堆中其他地方的秩序。

```
void pq_insert(priority_queue *q, item_type x)
{
    if (q->n >= PQ_SIZE)
        printf("Warning: priority queue overflow!");
    else {
        q->n = (q->n) + 1;
        q->q[q->n] = x;
        bubble_up(q, q->n);
    }
}

void bubble_up(priority_queue *q, int p)
{
    if (pq_parent(p) == -1)
        return;                    /* 位于堆顶, 无父亲 */

    if (q->q[pa_parent(p)] > q->q[p]){
        pq_swap(q, p, pq_parent(p));
        bubble_up(q, pq_parent(p));
    }
}
```

在每层的交换过程只用常数时间。因为由n个元素所组成的堆的高度为$O(\log n)$, 所以每次插入用时至多为$O(\log n)$。因此, 通过n次这样的插入可将n个元素组建成堆, 这个初始化堆的工作可在$O(n \log n)$时间内完成。

```
void pq_init(priority_queue *q)
{
    q->n = 0;
}

void make_heap(priority_queue *q, item_type s[], int n)
{
    int i;                         /* 计数器 */

    pq_init(q);
    for (i = 0; i < n; i++)
        pq_insert(q, s[i]);
}
```

4.3.3 取最小元

优先级队列中尚未讨论的操作现在只剩下寻找最小元和删除最小元操作了。[1] 找出最小元很容易, 因为堆的首领(称为堆顶)刚好位于数组之首。

移除堆顶元素将在数组中留下一个空位。可将最右叶子的元素(位于数组中第n个位置)移动到数组首位以填补此空位。

---

[1] 译者注: 本节讨论最小堆。

尽管树的形状已得到修复, 但根的标签可能不再满足堆的性质(类似于在堆中插入元素的情景)。实际上, 这个新的根的两个孩子都有可能会强于根结点。因此这个最小堆的根应该是上述三个元素(即目前的根和它的两个孩子)中的最小元。如果当前根是最小元, 堆的序关系就会恢复正常。如果不是, 较小的孩子应与根交换, 而此问题则被压到下一层。

不满足堆性质的元素会沿着堆结构进行**下冒**(bubble down), 直到该元素强于它的孩子为止, 为了满足堆的要求该元素可能会变成叶子结点(没有孩子可管)。这种下渗(percolate down)[1]操作也称**堆化**(heapify), 因为它将两个堆(原来的根下面的子树)和一个新键并成一个新的堆。

```
item_type extract_min(priority_queue *q)
{
    int min = -1;                  /* 最小值 */

    if (q->n <= 0)
        printf("Warning: empty priority queue.\n");
    else {
        min = q->q[1];

        q->q[1] = q->q[q->n];
        q->n = q->n - 1;
        bubble_down(q, 1);
    }

    return min;
}


bubble_down(priority_queue *q, int p)
{
    int c;                  /* 孩子的下标 */
    int i;                  /* 计数器 */
    int min_index;          /* 最轻(值最小)的孩子的下标 */

    c = pq_young_child(p);
    min_index = p;

    for (i = 0; i <= 1; i++)
        if ((c + i) <= q->n) {
            if (q->q[min_index] > q->q[c + i])
                min_index = c + i;
        }

    if (min_index != p) {
        pq_swap(q, p, min_index);
        bubble_down(q, min_index);
    }
}
```

在 $O(\log n)$ 步 `bubble_down` 后, 我们将到达叶子, 而每步均为常数时间。因此根的删除在 $O(\log n)$ 时间内完成。

---

[1] 译者注: 比喻根结点的行进轨迹像水向下渗透一样, 且渗到某处停止。也可用"下滤"(sift down)一词(见[Tar83]), 堆可认为多层不同孔径的滤纸叠成, 比喻根结点被滤到某一层停止。

在未排序区不断地将最大元素与最后一个元素交换且调用堆化函数, 这样可给出一个 $O(n \log n)$ 排序算法, 它被称为**堆排序**(heapsort)。

```
void heapsort(item_type s[], int n)
{
    int i;                        /* 计数器 */
    priority_queue q;             /* 为堆排序而用的堆 */

    make_heap(&q, s, n);

    for (i = 0; i < n; i++)
        s[i] = extract_min(&q);
}
```

堆排序是一种美妙的排序算法。它的实现非常简单——实际上其完整实现已由上文给出。在最坏情况下它能在 $O(n \log n)$ 时间内运行完毕, 这个时间复杂度是所有排序算法中我们能期望看到的最好结果。堆排序同时也是**就地**(in-place)排序, 即它除了包含待排序元素的数组外, 几乎不使用任何额外内存。不过, 本节所实现的堆排序并非就地排序, 因为代码在 q 而不是在 s 中构建优先级队列。诚然如此, 我们其实可将每个新取出的最小元刚好放入因堆缩小而腾出的数组空位中, 便能就地完成对原数组的排序。另外, 尽管实践表明有一些其他算法会略快一点, 但是只要是对位于计算机主存的数据排序, 你选用堆排序肯定不会出太大的问题。

优先级队列是极为有用的数据结构。回忆一下, 它们在3.6节中所述的算法征战逸事中担当了主角。卷Ⅱ中的15.2节将全面地列举优先级队列的各类实现方案。

4.3.4 更快的建堆算法(*)

正如我们已看到的, 可通过增量式插入在 $O(n \log n)$ 时间内对 n 个元素进行建堆。令人惊奇的是, 使用我们的 `bubble_down` 过程再配上一些巧妙的分析, 建堆速度还可以更快。

假定我们让 n 个被指定于建堆的元素填入存放优先级队列的数组的前 n 个位置。这样堆的形状是没问题, 但会弄乱元素之间的强弱关系。我们应怎样修复呢?

以逆序考虑该数组, 即从最后一个(第 n 个)位置开始。它代表树的一个叶子, 并且强于它的孩子(实际上它没有孩子)。对于数组中后 $n/2$ 个位置来说, 情况也是一样, 因为它们都是叶子。如果反向沿着数组往前走, 我们终将遇到一个有孩子的内部结点。此元素也许管不住它的孩子, 但它的孩子代表着一个符合强弱关系要求的子堆(虽然很小)。

这刚好是设计 `bubble_down` 时要它所应对的情景: 对于那些是两个子堆的首领的根结点, 执行下冒操作以修复堆的秩序。因此, 我们可对 `bubble_down` 施以 $n/2$ 次非平凡的[1]调用, 这样即可创建出一个堆:

```
void make_heap(priority_queue *q, item_type s[], int n)
{
    int i;                        /* 计数器 */

    q->n = n;
```

---

[1] 译者注: 确实执行了若干语句, 而不是仅判断出该结点无孩子则不操作的情况。

```
    for (i = 0; i < n; i++)
        q->q[i + 1] = s[i];

    for (i = q->n / 2; i >= 1; i--)
        bubble_down(q, i);
}
```

　　将调用bubble_down(n)的次数与每次操作的开销上界$O(\log n)$相乘, 我们能得到一个粗略的分析结论, 即运行时间为$O(n \log n)$。这样看起来它不比前文所述的增量式插入算法更快。

　　不过请注意, 上述结论实际上只是一个上界, 因为仅有最后一次插入才真正会耗去$\lfloor \log n \rfloor$步。回想一下, bubble_down所用时间正比于它所合并的堆之高度。大多数所合并的堆都是极小的。一棵由n个结点组成的完美二叉树中有$\lceil n/2 \rceil$个结点是叶子(即高度为0), $\lceil n/4 \rceil$个结点其高度为1, $\lceil n/8 \rceil$个结点其高度为2······一般而言, 堆中至多有$\lceil n/2^{h+1} \rceil$个高度为h的结点, 所以建堆的开销是

$$\sum_{h=0}^{\lfloor \log n \rfloor} \lceil n/2^{h+1} \rceil h \leqslant n \sum_{h=0}^{\lfloor \log n \rfloor} h/2^h < 2n$$

　　由于这个和式不完全是几何级数, 我们不能应用通常的特性来获取和的表达式, 但后续通项可保证分子h微不足道的贡献会被分母2^h压倒。[1] 于是该级数会迅速地收敛到关于n的线性函数。

　　我们能在线性时间而不是$O(n \log n)$时间内建堆, 这要紧吗? 答案是——通常没什么影响。建堆时间在堆排序的时间复杂度中不占首要地位, 所以改进建堆时间并不能提升堆排序在最坏情况下的渐近性能。即便如此, 这也强有力地展示了精确分析的力量。此外, 像几何级数收敛这样的免费午餐有时真会为你提供。

停下来想想: 在堆中何处?

问题: 给定一个基于数组的最小堆(内含n个元素)和一个实数x, 请高效地确定堆中第k小的元素是否大于或等于x。你的算法运行时间在最坏情况下必须是$O(k)$, 且与堆的大小无关。
[提示]: 你不必去找第k小的元素——只需确定它与x的关系。
解: 这里至少有两种不同的想法, 它们都能带你找到可以正确解决此问题的算法, 不过效率却不高。

　　(1) 调用"取最小元"操作k次, 并测试所取出的元素是否都小于x。[2] 这种方法是完完全全地对前k个元素进行排序, 因而给我们的信息量超过了所想要的答案中所蕴含的信息量, 而该方案将会耗费$O(k \log n)$时间。

　　(2) 第k小的元素不会位于堆中深于第k层的位置, 因为从它到根的路径经过的元素必然是减序。因此我们可察看堆中前k层的所有元素, 并统计有多少个小于x, 停止条件是我们找到了k个小于x的元素或者检查完所有元素。这种方案是正确的, 但需耗费$O(\min(n, 2^k))$时间, 因为顶部的k层共有$2^k - 1$个元素。

---

[1] 译者注: 推导过程用到了 $\sum_{h=0}^{\lfloor \log n \rfloor} h/2^h < \sum_{h=0}^{+\infty} h/2^h = 2$。

[2] 译者注: 即在这k次操作中重复测试当前取出是否小于x, 一旦不满足则第k小的元素一定大于或等于x。

我们现在给出一个$O(k)$时间的解法, 它仅察看k个小于x的元素, 顶多再加上k个大于或等于x的元素。考虑如下递归过程[1](在根位置请用i取1且count取k的变元值调用该函数):

```
int heap_compare(priority_queue *q, int i, int count, int x)
{
    if ((count <= 0) || (i > q->n))
        return count;

    if (q->q[i] < x) {
        count = heap_compare(q, pq_young_child(i), count - 1, x);
        count = heap_compare(q, pq_yount_child(i) + 1, count, x);
    }
    return count;
}
```

由定义可知根必然是最小元, 所以, 如果最小堆的根大于或等于x, 那么堆中不会有元素小于x。此过程搜索所有那些权重小于x的结点的孩子, 直到: 要么我们已找到k个小于x的元素, 此时该过程返回0; 要么所有小于x的结点都被搜尽了, 此时该过程返回一个大于0的值。因此, 只要还有小于x的结点存在, 那么该过程所能找到的元素便足以为你提供问题的答案。

而它用了多长时间呢? 仅当某结点小于x时我们才察看它的孩子, 而且我们总共所处理的此类结点至多是其中的k个。我们对每个这样的结点至多会察看它的两个孩子, 因而至多访问$3k$个结点, 则总访问时间为$O(k)$。[2]

4.3.5 利用增量式插入来排序

现在考虑一种通过高效数据结构且与堆排序不同的排序算法。它从无序集中任选一个元素, 再将其放入有序集中的合适位置:

```
for (i = 1; i < n; i++) {
    j = i;
    while ((j > 0) && (s[j] < s[j - 1])) {
        swap(&s[j], &s[j - 1]);
        j = j - 1;
    }
}
```

以上代码其实是插入排序。尽管这种排序在最坏情况下耗时$O(n^2)$, 但是, 如果数据基本有序时它的执行速度比最坏情况下快得多, 因为内层循环只需几步迭代即可将其筛到合适的位置。[3]

插入排序可能是增量式插入技术的最简单实例。我们在使用增量式插入技术时, 会逐步建立起n个元素上的一个数据结构(可能比较复杂), 其思路是先将该结构建在$n-1$个元

---

[1] 译者注: 此算法实际上是前序遍历(也可认为是深度优先遍历)的变种, 而基于按层遍历(也可认为是广度优先遍历)稍加改动也是可行的。

[2] 译者注: 前文提及"它仅察看k个小于x的元素, 顶多再加上k个大于或等于x的元素。" 这个分析更为准确。如果大于或等于x的元素的查看次数超过k, 那么察看它们的父亲(注意肯定小于x)的次数也会超过k, 显然这是不可能的。

[3] 译者注: 新元素从后往前行进, 筛孔大则可通过, 直到筛孔小到使之停于该位置为止。

素上, 再进行必要的变动从而加入最后一个(第n个)元素。事实证明, 增量式插入是一种在几何算法中特别有用的技术。

注意, 基于增量式插入的排序算法还可以更快, 而这是采用更高效数据结构的产物。我们可将元素逐个插入到一棵平衡二叉查找树中, 每个插入操作用时$O(\log n)$, 完成树构建的总时间为$O(n \log n)$。最后对所有元素用一次中序遍历即可将它们有序读出, 而这部分工作仅耗费线性时间。

4.4 算法征战逸事: 给我一张机票

我接到一个要寻求公平正义的独特任务。一家航空旅行社聘请我帮他们设计一个能寻找从x城市到y城市最便宜飞机票价的算法。我一直被票价受制于现代化的"产出管理"(yield management)[1]而产生的摇晃式波动所困扰, 你们中的大多数人恐怕也和我差不多吧。似乎航班价格在空中翱翔的本领远远超过了飞机自身。在我看来, 问题在于航空公司根本不想让大家看到真实的底价。要是把这个工作干好了, 我敢完全肯定下次他们就会按底价给我机票。

"你看", 第一次会议开始时我说道, "这个没那么难。创建一个图, 其中的顶点对应机场, 而机场之间(u, v)所添加的边表示u到v可以直航。将此边的权值设置为从u到v最便宜的票价。那么从x到y最便宜的票价可通过计算图中从x到y的最短路径而得到。这个路径/票价能用Dijkstra最短路径算法找到。" 于是我挥舞着手宣布: "问题解决了!"

与会人员深思着并不时点头, 然后突然笑了起来。其实, 要去虚心请教专家的人是我才对, 因为我完全不了解极度复杂的航空旅行定价。不夸张地说, 任何时候都有无数高低不等的票价在那里放着, 它们每天还会有数次变动。而特定情况下还会有特惠票价, 但是能否拿到则要受制于一套错综复杂的定价规则。这些规则是整个行业无意识拼凑而成——其结构极度复杂, 而且内在逻辑也常常自相矛盾, 而我们却恰恰要在这些规则中高效搜出最便宜的票价。我最喜欢的例外规则仅在马拉维的领土范围内生效。该国人口数仅为1800万, 人均收入为1234美元(世界第180位), 但大家都知道马拉维是影响世界航空定价政策的强国, 这很出人意料。要想对航空巡游能精确地定价, 最低要求是——绝对要去检查其路线以保证该次航行不会让我们穿越马拉维境内。

实际问题中有某一部分是这样的: 对于第一段航程, 至少有100种高低不等的票价, 比如说洛杉矶(LAX)到芝加哥(ORD), 随后的每段航程也至少有大概这么多种票价, 比如说从芝加哥(ORD)到纽约(JFK)。最便宜的洛杉矶到芝加哥(LAX-ORD)的票价(或许是美国退休者协会AARP能弄到的儿童价)不太可能与最便宜的芝加哥到纽约(ORD-JFK)的票价(可能是斋月前的特价且只能用于随后飞到麦加的航程)组合到一起。[2]

他们劈头盖脸说了我一通, 不过确实是我过度简化了这个问题, 于是我开始静下心来去思索如何解决。我的第一步工作是将问题简化到最简单并且仍保留本质特征的情况。"也就是说, 我们要找出符合你的规则要求的最便宜两阶段航程票价。有没有一种方法不用拿票价组合去测试就能预先确定哪对组合能满足规则要求呢?", 我问道。

---

[1] 译者注: 也称"收益管理"(revenue management), 指机票依据顾客群和预定时间等状况定价, 目的是保证公司得到最大效益。

[2] 译者注: 这些都是定价规则, 它们制约着票价。所组合的票价必须都满足规则要求。

"没有,也没办法知道," 他们很确定地对我说,"我们仅能查阅一个黑盒似的子程序来确定给定旅程/旅客是否可以拿到某个特定价格。"

"那么我们的目标是让这个用来测试票价组合的黑盒函数的调用次数最少。这意味着要从低到高对所有可能出现的票价组合进行黑盒函数评判,只要碰到首个合乎规则要求的组合就马上停止。"

"对。"

"为什么不列出所有$m \times n$对票价组合,再依照价格排序,最后按次序进行评判呢? 显然这可在$O(nm \log(nm))$时间内执行完。"[1]

"我们现在基本上就是按照这样来做的,但排出集合中的所有这$m \times n$对票价组合的开销太高,因为很可能第一个就是我们所需要的。"

我隐约感觉到这是一个很有趣的问题。"这样我们实际上所需要的是一个高效的数据结构,它能够在不预先排出所有票价组合的情况下不断返回接下来[2]最便宜的票价组合。"

这确实是一个有趣的问题。在一个由插入和删除操作所形成的集合中寻找最小值,这恰恰是优先级队列所擅长的工作。这里隐藏的困难是,我们不能预先将所有值安排到优先级队列中。[3] 我们只能在每次评判后将新的票价组合插入到优先级队列中。"

我构造了一些实例,比如图4.3中的这个例子。不妨以X和Y这两个分量中的列表下标来表示每个票价。最便宜的那个票价肯定可以通过两个列表中最便宜的分量加起来以给出,可用$(1,1)$来表示。第二便宜的票价将由列表其中一个的首位元素和另一个列表中的第二个元素给出,所以组合应该是$(1,2)$或者$(2,1)$。要是这样,问题就比较复杂了。第三便宜的票价组合可能是上面还没评判过的票价组合,或者是$(1,3)$和$(3,1)$其中之一。[4] 在图4.3的实例中,要是X的第三个票价为120,那么$(3,1)$就是第三便宜的票价组合。

X	Y	$X+Y$	
		$150	(1,1)$
$100	$50	$160	(2,1)$
		$175	(1,2)$
$110	$75	$180	(3,1)$
		$185	(2,2)$
		$205	(2,3)$
$130	$125	$225	(1,3)$
		$235	(2,3)$
		$255	(3,3)$

图 4.3 对列表X和Y组对求和进行排序

"请告诉我," 我问道,"将相应的两个列表按递增形式排序, 这点时间我们应该有吧?"

---

[1] $m \times n$个这样的和是否能比将nm个任意整数排序要快,此问题在算法理论中是一个著名的公开问题,一般称为"$X + Y$排序"问题。要更详细地了解该问题,可参看[Fre76, Lam92]。

[2] 译者注:相当于隐式地按递增次序逐个检查票价组合,直到找到首个满足所有规则要求的组合为止。

[3] 译者注:虽然建堆的算法能在$O(nm)$时间内完成,但它有一定的乘因子,而且前面所取出的票价组合都不满足要求。相对于后面的算法和数据的特殊性质(分量已排序)而言,其开销还是较大。

[4] 译者注:如果第二便宜的票价组合是$(1,2)$,那么第三便宜的票价组合可能是$(2,1)$或$(1,3)$;如果第二便宜的票价组合是$(2,1)$,那么第三便宜的票价组合可能是$(1,2)$或$(3,1)$。

"没必要啊,"主管回答,"它们从数据库中取出来时就已做过排序了。"

这是个好消息。它意味着票价组合中的列表下标存在某种跟自然数一般的次序(natural order)。我们根本不需要在(i,j)之前对$(i+1,j)$或$(i,j+1)$评判,[1] 因为它们显然对应着更贵的票价。

"解决了!"我说了一下方案,"我们在优先级队列中存放并维护票价组合(仅存放(i,j)这样的形式),而(i,j)的键值为(i,j)所对应的票价。初始时仅将票价组合$(1,1)$排在优先级队列中。如果经过评判发现$(1,1)$不可行,我们让它后面两个元素(即$(1,2)$和$(2,1)$)再排入优先级队列。推而广之,当票价组合(i,j)已评判且被摈弃后,我们让票价组合$(i+1,j)$和$(i,j+1)$入队。如果这样,我们就能按照正确的次序(即先低后高)评判完所有的票价组合。"

开发组的人员马上就理解了我的算法,"这个没问题。但是出现重复情况该怎么办? 我们可能会扩展$(x-1,y)$,也有可能扩展$(x,y-1)$,而这两种方式都会构造出票价组合(x,y)。"

"说得对。我们需要一个额外的数据结构来防止重复情况。最简单的可能是散列表,如果我们想在优先级队列中插入某个已处理过的票价组合,散列表会提前告诉我们该组合已出现过。事实上,我们的数据结构绝不会拥有超过n个待处理的票价组合,因为对于第1维坐标(即X)的不同值,只能有一个票价组合。"[2]

于是他们就按这个方案执行了。我们的方案可以很自然地推广到具有多于两段航程的巡游(不过时间复杂度会随着航程的段数而增长)。优先级队列所内蕴的特性决定了最便宜的票价组合会优先评判,因此这能让系统在找到一个最便宜且符合规则的票价之后立刻停止。事实证明,此方案对用户而言足以提供交互级的响应速度。虽然我做出了这么大的贡献,但也没见这家旅行社给我的票价比普通人更便宜。

4.5 归并排序: 通过分治来排序

递归算法将较大的问题简化成一些较小的问题。我们可给出一种递归方式的排序,其步骤是: 首先将所有元素划分成两组,再分别递归地完成较小问题的排序,然后对这两个有序列表进行某种形式的交错,最后便能将所有元素完全排好。明白了交错操作的重要性之后,我们就顺理成章地称该算法为**归并排序**(mergesort),其框架如算法20所示。

算法20 MergeSort($A[1..n]$)

---

1 MergeSort($A[1..\lfloor n/2 \rfloor]$)

2 MergeSort($A[\lfloor n/2 \rfloor + 1..n]$)

3 Merge($A[1..\lfloor n/2 \rfloor]$, $A[\lfloor n/2 \rfloor + 1..n]$)

递归的基础情形在子数组包含单个元素时会出现,而这种情况下不管怎么排其结果都一样。图4.4给出了一次归并排序执行的轨迹示意。你可以对上半部分的树画出后序遍历(也即任意结点的两棵子树调用完结返回有序列表之后才进行归并),从而了解程序处理相关数据的次序,而下半部分则是上半部分的镜像树,它能给出数组中数据状态的变化情况。

---

[1] 译者注: 只有这两种情况下才有序关系, 换言之, 票价下标组合不是全序集。
[2] 译者注: 该结论在此例中正确。一般情况下不会超过$\max(n,m)$个, 其证明不难。

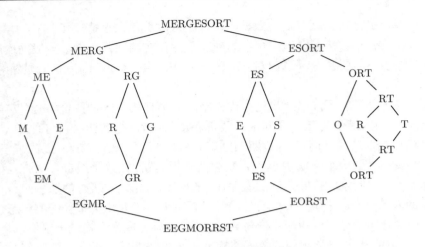

图 4.4　归并排序运行情况演示

　　归并排序的效率取决于我们能否高效地将两个有序列表(长度均为原表的一半)组合成单个有序列表。我们可以先将其连结成一个列表,再调用堆排序或其他排序算法来完成任务,但这种做法只会将我们先前分别在两个列表上所做的全部工作付诸东流。

　　我们可以换一种方案,不妨对两个列表进行**归并**(merge)。注意到在这两个已递增排列的列表所有元素中最小的那个肯定位于其中一个列表的首位(参看图4.4下半部分的树)。这个最小元可移除,剩下的还是两个有序表——但其中一个比先前略短。而原先第二小的元素肯定位于这两个列表其一的首位。不断重复此操作直到两个列表都变空为止,这样就将两个有序列表(它们加起来共有n个元素)归并成一个有序列表,且至多使用$n-1$次比较,也就是说完成它需要$O(n)$时间。

　　归并排序的总运行时间是多少? 在执行树的每一层上考虑其开销有助于获得答案(可参阅图4.5)。为简便计,可假设n是2的幂,则第k层由2^k个MergeSort过程调用构成,MergeSort过程用于处理列表中的子段(subrange),每个子段包含$n/2^k$个元素。

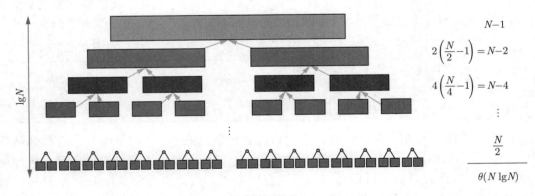

图 4.5　归并排序递归树: 树高为$\lceil \log n \rceil$而每层归并的开销为$\Theta(n)$, 于是算法运行时间为$\Theta(n \log n)$

　　在第$k=0$层完成此过程需要归并两个有序列表, 每个列表大小为$n/2$, 比较总次数至多为$n-1$。在第$k=1$层完成此过程需要分别归并两对有序列表, 每个列表大小为$n/4$, 比

较总次数至多为 $n-2$。可知在一般情况下, 在第 k 层完成此过程需要分别归并 2^k 对有序列表, 每个列表大小为 $n/2^{k+1}$, 比较总次数至多为 $n-2^k$。在每层上完成对所有元素的归并过程是线性的。在树的每层中, 这 n 个元素中的每一个都会在并且仅在某个子问题中出现。以比较次数来说, 最费时间的情况实际上是顶层。

在每层的子问题中, 元素个数会减半。因此, 我们能对 n 实施减半的次数(直到减为 1 为止)是 $\lceil \log n \rceil$。由于递归执行深度只到 $\log n$ 层, 且每层的操作开销是线性量级, 那么在最坏情况下归并排序用时为 $O(n \log n)$。

对于链表排序来说, 归并排序是一种相当好的算法, 因为它不像堆排序或快速排序那样依赖于元素的随机访问特性。我们不用任何额外空间就可以很容易将两个有序链表归并, 仅仅通过重新安排指针指向即可。然而, 归并排序的主要劣势在于, 它对数组排序时需要一个辅助缓冲区。要对两个有序数组(或数组中的一段)归并, 我们需要使用第三个数组来存储归并的结果以避免"踩坏"那两个数组。考虑一下对 $\{4,5,6\}$ 和 $\{1,2,3\}$ 归并, 它们是按顺序选自某一个数组。要没有缓冲区, 我们在归并时会将数组中前一半的元素覆盖, 这样数据就会丢失。

归并排序是一个经典的分治算法。只要我们能将较大的问题分割成两个较小的问题, 那么基本上就已胜券在握了, 因为较小的问题更易于解决。正如我们处理归并操作那样, 分治技巧在于利用两个局部解去对整个问题构建出最终解。实际上, 分治是一种非常重要的算法范式, 也是第5章我们所要讨论的主题。

实现

依照前文中的伪代码, 我们可以很自然地写出基于分治的 **mergesort** 子程序:

```
void mergesort(item_type s[], int low, int high)
{
    int middle;      /* 中间元素的下标 */
    if (low < high) {
        middle = (low + high) / 2;
        mergesort(s, low, middle);
        mergesort(s, middle + 1, high);
        merge(s, low, middle, high);
    }
}
```

读到这里你就会明白, 如何去具体实现归并才是更具挑战性的任务。问题在于我们必须将已归并过的数组元素放到另外的地方。[1] 为避免在归并过程中因数组数据被覆盖而丢失元素, 我们可先将每个子数组分别复制到单独的队列中, 再将这些元素归并回数组中。详细代码如下:

```
void merge(item_type s[], int low, int middle, int high)
{
    int i;                        /* 计数器 */
    queue buffer1, buffer2;       /* 用于暂时存放待归并元素的缓冲区 */
    init_queue(&buffer1);
    init_queue(&buffer2);
```

---

[1] 译者注: 或者将未归并过的元素放到别处, 这也是后文中采纳的方案。

```
    for (i = low; i <= middle; i++)
        enqueue(&buffer1, s[i]);
    for (i = middle + 1; i <= high; i++)
        enqueue(&buffer2, s[i]);
    i = low;
    while (!(empty_queue(&buffer1) || empty_queue(&buffer2))) {
        if (headq(&buffer1) <= headq(&buffer2))
            s[i++] = dequeue(&buffer1);
        else
            s[i++] = dequeue(&buffer2);
    }
    while (!empty_queue(&buffer1))
        s[i++] = dequeue(&buffer1);
    while (!empty_queue(&buffer2))
        s[i++] = dequeue(&buffer2);
}
```

4.6 快速排序: 通过随机化来排序

考虑对n条数据进行排序, 假定我们从待排序元素之中随机选择一项(记为p)。**快速排序**(quicksort)将其余的$n-1$项分成两队: 其中一队位于靠前的位置, 其中包含了在序关系下所有出现于p之前的元素; 另一队位于靠后的位置, 其中包含了在序关系下所有出现于p之后的元素。当然, 这两队之间刚好为p留出了一格空位。图4.6基于两种选择策略分别对算法执行过程给出了演示。[1]

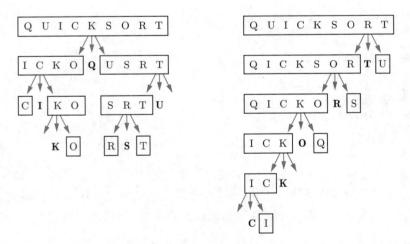

图 4.6 快速排序运行情况演示: 选子数组的首元素作为枢纽元[左]或选子数组的末元素[右]作为枢纽元

这样的划分给我们带来两个便利。首先, 枢纽元p会停在某处, 而此位置恰好是最终排序完成后p应待的地方。其次, 对划分后的元素排完序, 没有元素会翻转到枢纽元的另一边。因此我们现在可以对枢纽元的左右两边元素分别排序! 这就给我们一个递归排序算法, 因为

---

[1] 译者注: 为了便于理解, 我们根据图4.6对本段稍加改动。

我们能用划分的方式继续对每个子问题排序。该算法肯定正确, 因为每个元素最后都会作为枢纽元停在正确的位置:

```
void quicksort(item_type s[], int l, int h)
{
    int p;              /* 划分点下标 */
    if (l < h) {
        p = partition(s, l, h);
        quicksort(s, l, p - 1);
        quicksort(s, p + 1, h);
    }
}
```

对于某一特定枢纽元(其键值称为枢纽), 我们用一次线性扫描即可划分数组, 其方法是将数组分为三段并维护以下性质不变: 小于枢纽的段(firsthigh的左侧), 大于或等于枢纽的段(在firsthigh和i之间)和未察看的段(i的右侧), 其实现[1]如下:

```
int partition(item_type s[], int l, int h)
{
    int i;              /* 计数器 */
    int p;              /* 枢纽元所在下标(本程序取h位置的元素为枢纽元) */
    int firsthigh;      /* 枢纽元当前所在的划分点 */
    p = h;              /* 此处我们简单选择末元素作为枢纽元 */
    firsthigh = l;
    for (i = l; i < h; i++)
        if (s[i] < s[p]) {
            swap(&s[i], &s[firsthigh]);
            firsthigh++;
        }
    swap(&s[p], &s[firsthigh]);
    return firsthigh;
}
```

由于划分步骤至多包含n次交换, 因而划分所用时间在键值数的线性量级之内。但是, 整个快速排序用时多长呢? 像考察归并排序一样, 快速排序也会构建一棵递归树, 该树由数组(共有n个元素)中的一些子段(subrange)逐层嵌套而成。同样地, 每层中快速排序处理(现在是用partition代替merge)每个子段也会花费线性时间。分析算法性能的方法和前文也是类似的, 因此快速排序在$O(n \cdot h)$时间内运行完, 其中h为递归树的高度。

现在的难点在于如何分析树的高度, 而它取决于枢纽元在每次划分后停在哪里。如果我们非常幸运, 碰巧能够不断挑出中位数作为枢纽, 那么所有子问题的大小始终是前一层问题大小的一半。树高代表了我们将n一直减半直到为1所需的次数, 也就是说树高至多为$\lceil \log n \rceil$。图4.7[左]展示了这种非常理想的情况, 它对应快速排序的最好情况。

现在假设我们老是不走运, 所挑选的枢纽元总是将数组切成长度相差最大的两段。这意味着枢纽元总是子数组中最大或最小的元素。当枢纽元安定在自己所应待的位置后, 给我们留下的是一个大小为$n-1$的子问题。我们消耗了线性时间来处理问题, 却选了一个没什么价值的元素, 仅仅降低了问题的规模量, 如图4.7[右]所示。这对应着算法的最坏情况, 它在递归树的每层只砍掉了一个元素, 于是树高为$n-1$, 而排序总时间为$\Theta(n^2)$。

---

[1] 译者注: 本书中的实现仅为说明问题而编写。若要深入研究快速排序, 尤其是划分操作, 可看相关文献与著作, 如[Sed78]和[Sed98]。

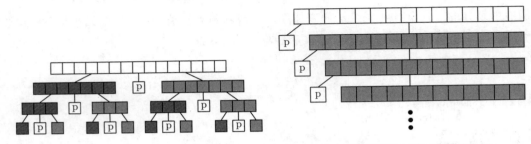

图 4.7　用于展示快速排序的递归树(枢组元已做标记): 最好情况[左]和最坏情况[右]

这样一来, 快速排序的最坏情况可比堆排序或归并排序要差多了。要为自己正名, 在平均情况下快速排序应该要非常好才行。要理解这点, 你得对随机抽样有一点感官上的认知。

4.6.1　快速排序期望情况的直观解释

我们可认为每一步是随机枢组在构建划分树, 而快速排序的期望性能取决于该树的高度。归并排序能在$O(n\log n)$时间内运行完毕, 是因为我们每次将键的列表切成等长的两半, 再递归地对其排序, 最后用线性时间将这两半归并起来。因此, 只要所选择的枢组元靠近排序完成后数组的中间元素(即枢组接近于中位数), 我们就能获得一个好的分割, 并能实现与归并排序一样的性能。

对于为什么快速排序的运行时间在期望情况下是$O(n\log n)$, 我将给出一个浅显易懂的解释。枢组是随机选择而得, 选到一个好枢组的可能性有多大呢? 对于枢组而言, 最好的选择是所有键值的中位数, 因为这样就恰好有一半元素停在枢组元左边, 且恰好有一半元素停在枢组元右边。不幸的是, 要是随机选择枢组的话, 我们选到中位数的概率只有$1/n$, 此概率相当小。

我们认为某个键是一个**尚佳**(good enough)枢组, 若它在元素做完排序后位于中间那半段——该段中的这些元素排在所有待排序键的第$n/4$到$3n/4$位。此类尚佳元素相当多, 因为所有元素中有一半离中间的距离比离两端的距离要近(见图4.8)。因此, 每次选择我们会以$1/2$的概率挑出一个尚佳枢组。事实上, 只要我们选了一个尚佳枢组, 我们就能让排序算法朝好的方向发展。

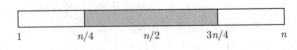

图 4.8　枢组接近于中位数的机会为一半

尚佳枢组的最坏情况是在3/4处划分所有元素, 即划分后较大的那部分有$3n/4$个元素。这刚好也是随机选取枢组策略下较长的那个子数组所对应的期望长度, 因为较长子数组的最坏情况是选择首/末元素之后长度为$n-1$, 而较长子数组的最好情况是选择中间元素之后长度为$n/2$(两个子数组大致长度相等), 易知期望长度约为$3n/4$。那么, 不断根据最坏情况的尚佳枢组构建而成的快速排序划分树的树高h_g是多少呢? 此树的最深路径会经由长为n的划分, 长为$(3/4)n$的划分, 长为$(3/4)^2n$的划分……直到长为1的划分。以3/4不断对n

相乘, 多少次能将n变为1呢?

$$(3/4)^{h_g} n = 1 \implies n = (4/3)^{h_g}$$

因此$h_g = \log_{4/3} n$。

但是在所有随机选出的枢纽中, 只有一半才是尚佳枢纽。按我们的分类方式, 其余的都是较差枢纽。这些较差枢纽中最差的则会给出最深的路径, 而这类路径延伸除了降低划分长度之外基本上什么也没干。在一棵典型的随机构建而成的树中, 最深路径所经由的枢纽里面, 尚佳枢纽和较差枢纽大约各占一半。由于尚佳划分和较差划分的期望个数是相同的, 而较差划分充其量只能让树高加倍,[1] 因此$h \approx 2h_g = 2\log_{4/3} n$, 这个高度显然是$\Theta(\log n)$。

平均而言, 随机化快速排序划分树与随机插入所产生的二叉查找树(可用它模拟划分树)都是相当好的。已经有更精确的分析证明出, 在n次插入后的树高近似为$2\ln n$。因为$2\ln n \approx 1.386 \log n$, 平均情况下的树仅比理想情况下的平衡二叉树高了39%。由于快速排序在每层的划分工作用时$O(n)$, 所以平均时间是$O(n\log n)$。如果我们极其不幸, 即随机所选的元素总是数组当前的最大元或最小元, 那么快速排序将转成插入排序, 且运行时间为$O(n^2)$。然而, "运行时间不为$O(n^2)$"这注的赔率很小, 几乎是零。

4.6.2 随机化算法

对于快速排序来说, 关于期望情况下$O(n\log n)$运行时间有一个微妙之处很重要。我们前文所给的快速排序实现中每次在子数组中选择最后一个元素作为枢纽元。假定给你一个有序数组输入到该程序。要是这样的话, 该程序在每步将会挑出最差的枢纽, 那么整个程序在平方时间内才能运行完。

对于任意确定性的枢纽选择方案, 总存在一个最坏情况下的输入算例, 它必然会将我们的算法判为平方时间。[2] 上述分析无法推出比下述断言(claim)更强的结论:

> "快速排序能以高概率在$\Theta(n\log n)$时间内运行完毕, 前提是要排序的数据是随机排列的。"

但是, 假定我们现在对算法再加一个初始步骤, 即在要对元素排序前将它们的次序进行随机的置换。这样一个置换能在$O(n)$时间内构建完毕(详见16.7节)。这看上去可能像是做无用功, 但它可以保证无论什么初始输入我们都能获得$\Theta(n\log n)$期望运行时间。最坏情况下的$O(n^2)$性能依然会出现, 但它取决于我们不走运的程度。于是, 像以前那样有着明晰定义的"最坏情况"输入不复存在了。我们现在可以说:

> "随机化快速排序对于任意输入都能以高概率在$\Theta(n\log n)$时间内运行完毕。"

当然也可不采用置换操作而是在每步随机选择一个元素作为枢纽元, 我们能得到同样的时间性能保证。

---

[1] 译者注: 每次划分使元素变为两部分, 分析树高需要考察较长的划分, 而这个划分与划分前长度的比率是关键。注意到尚佳划分和较差划分的期望个数相同, 记为t, 再设尚佳划分的长度比率为$\alpha_1, \alpha_2, \cdots, \alpha_t$, 且较差划分的长度比率为$\beta_1, \beta_2, \cdots, \beta_t$。显然, α_i最差为$3/4$, 而β_j最差为接近1的值(不妨设其值等于1)。$n \times (3/4)^t \times (1)^t \approx 1$, 则树高为$2t \approx 2h_g$。

[2] 译者注: 指确定性算法(deterministic algorithm), 即我们通常所说的算法。确定性快速排序必有一个敌手(adversary), 见[CLRS09]。

对于复杂度在最坏情况下很差但在最好情况下极佳的算法, **随机化**(randomization)是一种改进算法性能的强有力工具。它能使算法对于边界情况更稳健, 并且在处理具有结构鲜明的输入算例(常常会使启发式决策举棋不定, 如有序输入之于快速排序)时效果更佳。通常在采用随机化技术之后, 一些简单的算法都可以提供较高的性能保证, 而这往往只有那些非常复杂的确定性算法才能做到。因此, 我们将随机化算法单列一章, 作为第6章的主题。

准确分析随机化算法需要一些概率论的知识, 这部分内容留待第6章再行讨论。然而, 某些高效随机化算法的设计方法却很容易解释:

- **随机抽样**(random sampling)——想了解n个元素的中位数的值却没有时间或空间察看所有元素? 可对输入选择一小部分随机样本并研究之, 因为其结果应该是有代表性的。

  这就是民意调查背后所藏的思想, 对少数人抽样调查由此反映全民的观点。要去获取真正随机的样本而不是调查你随便碰到的前x个人, 这样才能消除不知不觉中所产生的偏见。为了避免这样, 真正专业的调查机构通常的做法是: 随机拨打电话号码, 然后等待会有人来接听。

- **随机散列**(randomized hashing)——我们已声称散列能用于实现字典的操作, 且为$O(1)$"期望时间"。然而, 对于任何散列函数都能给出一组键, 它们会被散列到相同的桶中, 也即最坏情况。但是现在假定算法在执行第一步时, 我们从一簇性能较好的散列(有很多个)中随机选择一个作为散列函数, 这样便能以高概率维持原有性能。而随机散列在性能改进方面给我们的保证与随机化快速排序是同一类型。

- **随机搜索**(randomized search)——随机化还能用于提升搜索技术的性能, 比如我们在12.6.3节所要详细讨论的模拟退火。

停下来想想: 螺母与螺栓

问题: 螺母与螺栓(nuts and bolts)问题的定义如下: 给你一大堆不同内径的n个螺母以及与之可配对的n个螺栓。可以让你对给定的一副螺母和螺栓测试它们是否相互匹配, 测完你会知道螺母到底是太大或太小, 还是刚好能配上螺栓。螺母/螺栓两两之间的内径/外径之间的差异太小以至于肉眼无法辨别, 因此你无法直接比较两个螺母/螺栓的内径/外径。我们需要你去为每个螺母配上所对应的螺栓。

请给出一种$O(n^2)$算法求解螺母与螺栓问题。再对该问题给出一个$O(n\log n)$期望时间的随机化算法。

解: 可用蛮力法将螺母和螺栓配对: 一开始先处理首个螺栓, 我们将该螺栓与每个螺母比较, 直到发现匹配为止。在最坏情况下, 该过程需要n次比较。随后对余下每个螺栓不断重复此过程, 即用螺栓在现存的螺母中配对, 这将产生一个比较次数为平方量级的算法。

要是随机挑出一个螺栓并挨个与螺母试配又会如何呢? 我们可作一个理论期望: 平均而言要找到匹配大约要去比较所有螺母的一半, 因此随机化算法所做的工作量只是最坏情况下的一半。这可以算得上是很不错的改进, 尽管它不是渐近意义下的改进。

随机化快速排序可达到题目中所要的期望情况运行时间(expected-case running time), 因此一个自然的想法就是仿效它来求解螺母与螺栓问题。快速排序最基本的步骤是以枢纽为中心划分待排序元素, 那么我们能以随机选择的螺栓b为中心划分螺母和螺栓吗?

我们无疑能够将不匹配的螺母按照内径小于或大于b的外径来划分。但要将问题分解成两半还需要划分螺栓，但我们不能用螺栓和螺栓两两比较。不过，一旦我们找到匹配b的螺母，即可按照类似的方法用该螺母来划分螺栓。我们用$2n-2$次比较即可将螺母与螺栓划分，而剩下的分析步骤可直接仿效随机化快速排序。

该问题的有趣之处在于，目前求解螺母和螺栓排序问题的已知算法中，没有一个是简单的确定性算法。通过本例我们看到了随机化是如何去芜存菁的，它消弭了较差的情况，而最终留存的则是一个简洁优美的算法。

4.6.3 快速排序真的快吗

运行时间为$\Theta(n\log n)$的算法与$\Theta(n^2)$的算法之间在渐近意义下有着明显的差异。因此，只有那些最固执的读者才会怀疑我的断言: 在规模足够大的算例上，归并排序、堆排序和快速排序都将胜过插入排序或选择排序。

但是，我们怎样才能比较两个同为$\Theta(n\log n)$时间的算法以确定哪个更快呢? 我们如何才能证明快速排序真的很快呢? 很不幸，RAM模型和大O分析所提供的工具有点粗糙，用它们不能区分这两个算法的性能差异。面对具有同样渐近复杂度的算法时，程序实现细节和系统中的某些不可预期状况(诸如缓存性能和内存大小)也很有可能是决定性的因素。

我们能确定的是，一个编写无误且实现得很好的快速排序其速度通常是归并排序或堆排序速度的两到三倍。其首要原因是，快速排序最内层循环中的操作更简单。但是你要不相信我所说的"快速排序更快"这个论断，我也不会与你争辩。因为这是一个超出我们现有分析工具解决范围的问题，而做出确切判断的最好办法是实现算法并以数据进行实测。

4.7 分配排序: 通过装桶来排序

对于电话簿中的姓名，我们可按照姓的首字母划分为不同部分，并以这种思路来排序。划分后会得到26个存放姓名的堆叠(pile)或桶，它们互不相同。注意到堆叠J中任意姓名肯定出现于堆叠I中所有姓名之后，但肯定在堆叠K中任意姓名之前。因此，我们就能继续对每个堆叠独立地进行排序，并且最后只要简单整合这些已做过排序的堆叠即可完成整体的排序工作。

如果这些姓名均匀地分配于桶中，分配后所产生的26个排序问题都将比原问题小很多。进一步地，现在我们再基于每个姓名的姓的第2个字母划分各堆叠，则会生成越来越小的堆叠。一旦每个桶只包含单个姓名，所有姓名马上就排完序了。据此设计的算法通常称为**桶排序**(bucketsort)或**分配排序**(distribution sort)。

装桶(bucketing)是一种非常有效的想法，但我们要能保证数据分布大体上是均匀的，其实这是散列表、k维树和另外很多种实用数据结构的核心思想。此类技术不好的一面是，当数据分布不是我们所期望的那样，算法性能会非常糟糕。尽管诸如平衡二叉树之类的数据结构对于任意分布的输入都能提供始终如一的性能保障(最坏情况亦如此)，但启发式数据结构(heuristic data structures)[1]处理输入非所期望时却不存在此类承诺。

---

[1] 译者注: 类似启发式方法: 最好情况极佳，最坏情况可能很糟糕，平均情况依赖于输入数据的分布。

非均匀分布在现实生活中确实会出现。考虑姓为Shifflett的美国人(这个姓不太常见)。在我上一次去查曼哈顿电话号码簿(拥有超过一百万个人名)时,里面不多不少只有5个Shifflett。那么在一个有50 000人口的小城市中会有多少个Shifflett呢?图4.9展示了在弗吉尼亚州的Charlottesville市电话簿中的一部分号码,电话簿中有两页半都是Shifflett。Shifflett家族在该地区长期安居,但它却会将所有的分配排序程序弄乱,因为它将桶从S弱化为Sh、Shi、Shif$\cdots$直到Shiffett,其结果是划分策略完全失效。

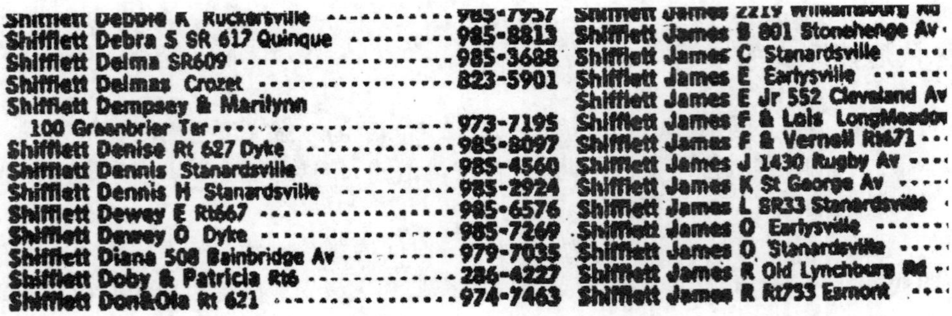
Shifflett Debbie K Ruckersville 985-7957
Shifflett Debra S SR 617 Quinque 985-8813
Shifflett Delma SR609 985-3688
Shifflett Delmas Crozet 823-5901
Shifflett Dempsey & Marilynn
100 Greenbrier Ter 973-7195
Shifflett Denise Rt 627 Dyke 985-8097
Shifflett Dennis Stanardsville 985-4560
Shifflett Dennis H Stanardsville 985-2924
Shifflett Dewey E Rt667 985-6576
Shifflett Dewey O Dyke 985-7269
Shifflett Diana 508 Bainbridge Av 979-7035
Shifflett Doby & Patricia Rt6 286-4227
Shifflett Don&Ola Rt 621 974-7463
Shifflett James 2219 Williamsburg Rd
Shifflett James B 801 Stonehenge Av
Shifflett James C Stanardsville
Shifflett James E Earlysville
Shifflett James E Jr 552 Cleveland Av
Shifflett James F & Lois LongMeadow
Shifflett James F & Vernell Rt671
Shifflett James J 1430 Rugby Av
Shifflett James K St George Av
Shifflett James L SR33 Stanardsville
Shifflett James O Earlysville
Shifflett James O Stanardsville
Shifflett James R Old Lynchburg Rd
Shifflett James R Rt733 Esmont

图 4.9 Charlottesville市里面姓为Shifflett的一个小子集

领悟要义: 使用排序可以阐明大多数算法设计范式的精髓。数据结构技术、分治、随机化和增量式构建都能引出高效的排序算法。

排序的下界

本节最后一个议题是关于排序的复杂性。我们已经见过若干最坏情况下运行时间不超过$O(n\log n)$的排序算法,但它们没有一个是线性的。毫无疑问,要对n条数据排序要察看所有这些元素,因此任何排序算法在最坏情况下都肯定是$\Omega(n)$。那么,排序算法能够以线性时间完成吗?

若是排序算法基于比较操作来完成,那么这个答案是"不能"。n个键有$n!$个不同置换,任何排序算法在每个置换上的执行过程中,其表现(即运行时间)各不相同,注意到这一点后$\Omega(n\log n)$的下界即可证明。事实上,如果某个算法对两个不同的输入数据(也即置换)其处理完全相同,那么该算法不能对这两个置换同时都给出正确的排序。对于任何基于比较的排序算法,元素两两之间的每次比较结果都会不断调节和控制算法的运行时间。[1] 我们可将此类基于比较的算法所有执行过程的集合视作一棵拥有$n!$个叶子的树。高度最低的树对应着最快的算法,而$\log(n!)$刚好就是$\Theta(n\log n)$。

图4.10展示了一棵对三个元素进行插入排序的决策树。为了"转译"(interpret)[2]此实例,图中模拟了插入排序对输入$a=(a_1,a_2,a_3)=(3,1,2)$所采取的操作。由于$a_1\geqslant a_2$,这两个元素必须交换才能符合从小到大排序的规则。插入排序随即将这个已排序子数组(实际上就

[1] 译者注:每次比较操作对两个元素x和y比较大小,其结果指引着应沿树的哪条路径向下,可视为对运行时间的一种调节控制。

[2] 译者注:可理解为"转换",也即将排序算法在n个元素上的执行过程完全转为一棵拥有n个结点的决策树。

是前两个元素)的末元素(目前对应原始输入a_1)与a_3相比较。此处$a_1 \geqslant a_3$, 那么最后还要将a_3与已排序子数组的首元素(目前对应原始输入a_2)进行对比, 从而决定将a_2放在最终排序结果的第1位还是第2位。

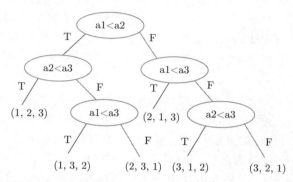

图 4.10 将输入数组a的插入排序转译为一棵决策树: 其中每个叶子结点代表一个给定输入置换, 而从根到叶子的路径描述了该算法对数据排序用到的比较操作所形成的序列。

该下界很重要, 原因如下: 首先, 这个思想加以扩展可以给出许多排序应用问题的下界, 包括元素唯一性、寻找众数和构建凸包; 其次, 在算法问题中, 排序拥有一个非平凡的下界, 而平凡的下界[1]占大多数。顺便提及, 我们在第11章中将给出另一种方案来证明更快的排序算法不太可能存在。

请注意, 基于散列的算法不会执行此类元素比较操作, 因此以上所给$\Omega(n \log n)$下界没法直接制约它们, 但是这类算法可能会不太走运。此外, 任意Las Vegas随机化排序算法的期望运行时间下界仍是$\Omega(n \log n)$。[2]

4.8 算法征战逸事: 为被告辩护的Skiena

我过着一种平静而且还算简单的生活。这种生活的好处之一是, 我基本上不可能突然接到律师打来的电话, 并告知我是某场官司的关键人物。因此一位律师打电话给我, 不但要和我商讨问题, 而且话题居然是排序算法, 这让我很是惊讶。

原来是她的律师事务所正在处理一件牵涉到高性能排序程序的案子, 需要一位专家作为能向陪审团解释技术争议的专家证人。她们知道我在算法方面还挺在行, 但在确定让我当证人之前, 事务所要求看看我的教学评价以证明我确实能够向别人将问题解释清楚。[3] 这个案子确实是了解那些真正很快的排序程序运作原理的一个绝好机会, 它非常有吸引力。我原以为我终于可以搞清楚哪个就地排序算法在实际中最快这个问题了, 到底是堆排序还是快速排序呢? 而实际中又是用了什么精妙且又秘而不宣的算法方案来最小化元素之间的比较次数呢?

结果非常打击人——没人关心就地排序。真正的竞技场其实是巨型文件排序, 其数据

---

[1] 译者注: 一般指$\Omega(n)$, 其中n为问题规模量。

[2] 译者注: 可参阅[MR95]的第2章及其习题2.6。

[3] 我有一位同事比较刻薄, 他说这是第一次有人查阅大学老师的教学评价, 以前在任何地方都未曾有人这样做过。

量远远超出能放入内存的文件大小。该类算法中唯一重要的操作就是将数据送入/送出磁盘。此时针对内部排序(也即在内存中的排序)而设计的精巧算法就不是特别重要了,因为真正的问题在于如何对若干以GB计的数据同时排序。

回想一下,磁盘的寻道时间相对较长,因为磁盘中我们要读的那部分得用一点时间才能旋转到读/写头之下。一旦读/写头对准了正确的位置,接下来的数据读入操作就相对较快了,也就是说读入单字节和读入一个数据块(一般比较大)的开销基本是一样的。因此算法目标应定在块的读/写次数最小化上,此外还要协调这些读/写操作从而让排序算法绝不会去等待所需的数据。

一年一度的MinuteSort竞赛则是对这种磁盘密集(disk-intensive)型排序的最佳展现,该竞赛的目标是在一分钟内对尽可能多的数据排序。截止本节撰写之时,该项竞赛的冠军是腾讯公司所研发的Tencent Sort,它用了一个不算太新的512节点集群(每节点有20核和512GB内存),可在一分钟内对55TB的数据完成排序。你若是对此感兴趣的话,可以浏览http://sortbenchmark.org/查看赛事最新记录以及其他组别的排序竞赛。

说了这么多,到底哪种外部排序算法最好呢?现在多路归并排序基本上已经是当之无愧的最好算法,但我们会采用许多工程上的手法和特殊技巧去改进它。对于k个有序列表(其中元素为数据块),你可以将每个列表的首块作为成员来建堆。通过不断抽出堆顶元素,你便可创建一个有序列表,它"归并"了这k个列表。因为堆位于主存,所以这些操作很快。当你得到一个足够大的有序串结(sorted run)后,可将其写进磁盘并释放内存,这样便可处理更多的数据。一旦k个列表中某一列表位于堆中的那个首块的元素全部取完,则应将此列表的下一块装入堆中。

事实证明,在这种极高水准的竞争中,很难对排序程序/算法仅仅通过基准测试(benchmark)来判定哪种确实最快。一个设计目的是处理一般文件的商业化程序,另一个是处理整数而做过代码精炼优化的程序,对它们进行比较,这公平吗?MinuteSort竞赛采用的是随机生成的大量长为100字节的记录,一种被广泛采用的技巧则是:从键中剥去一些相对较短的前缀,先对这些前缀排序,即可避免费力地拖着那些额外的字节。[1] 显然,这和对姓名排序完全不是一种思路:前文所提到的Shifflett就不是随机分布的。

从这儿我们能学到些什么呢?最最重要的是,无论如何也不要卷到诉讼中去,不管是作为原告还是被告。[2] 上法庭这种手段并不能迅速解决纠纷。法律上的斗争(battle)在很大程度上与军事上的较量(battle)相似:它们迅速升级,在时间、金钱和精神上的消耗日益加剧,而且通常结果只有一种——双方筋疲力尽,只能相互和解。要是聪明的话,就会自己解决问题而非法庭相见。充分吸取这个教训能省去很多无谓开销,它可比买这本书的花费贵多了。

就技术而论,每当你要拿低复杂度(比如说线性或$\Theta(n \log n)$量级)的算法去处理海量的数据集时,最重要的就是去考虑外存性能。即便是5或10这样的常数因子都将导致巨大的差异,从而将算法从"可行"变为"完全不能用"。当然,不管数据存取时间怎么变,平方时间算法在大数据集上注定不可用。

---

[1] 译者注:可参考AlphaSort。由于这种标准测评的形式已规定好,即记录都是100字节,可取键的前4字节为前缀,再配上一个指向完整数据记录的指针形成结构体。前缀数据量小,可用快速排序处理这种结构体。因为前缀决定了此记录应处的大概位置,这样记录可以部分有序,而归并的目的也是要形成这种比较有规律的序列,因此利于后面的排序过程。若直接使用键进行比较,由于它稍微较长,作者形象地比喻成"费力地拖着"键的后缀部分。

[2] 不过,以专家身份去做证人还是相当有意思的。

章节注释

在本章未讨论的排序算法中, 有几个值得一提: Shell **排序**, 它本质上是插入排序的一个更高效变种; **基数排序**(radix sort), 这是一种对字符串排序的高效算法。你可通过浏览 Knuth的[Knu98]来了解这两个算法和其他各种排序算法, 这本书有上百页关于排序的有趣材料。书中还包含了外部排序, 也就是本章关于法律那个算法征战逸事的主题。

正如在本章中程序实现的那样, 归并排序将已归并的元素复制到一个辅助缓冲区中, 以避免覆盖原始的待排序元素。通过巧妙但复杂的缓冲区操作, 归并排序可在一个数组中实现且不用太多额外存储, 例如Kronrod所设计的就地归并算法(可参阅[Knu98])。

要想详细了解随机化算法, 可阅读Motwani与Raghavan的[MR95]以及Mitzenmacher与Upfal的[MU17]这两本教材。螺母与螺栓问题最早由Rawlins在[RAW92]中引入, Komlos、Ma和Szemeredi为该问题设计了一个$O(n \log n)$算法[KMS96], 虽然该算法非常复杂但它是一个确定性算法。

4.9 习题

排序应用

4-1. *[3]* 某位惯爱扫兴的人被派了一项任务, 让他把$2n$名游戏者分成两队, 每队各有n名游戏者。每位游戏者都有一个数值评分, 它是对他/她在游戏中水平高低的度量。这位扫兴者试图将游戏者按最不公平的方式划分, 从而让两队的游戏能力相差最明显。[1] 描述一下这位扫兴者如何能在$O(n \log n)$时间内完成此任务。

4-2. *[3]* 对于下列每个问题, 给出一个算法以在给定的时限之内找出所想得到的数。你的解答要简短, 而且可以随意取用书中的算法作为子程序。例如, $S = \{6, 13, 19, 3, 8\}$, $19 - 3$能最大化两数之差, 而$8 - 6$能最小化两数之差。

(a) 令S为一个n个整数组成的无序数组。给出一个算法找出两个数$x, y \in S$, 使其能最大化$|x - y|$。最坏情况下你的算法必须能在$O(n)$时间内运行完毕。

(b) 令S为一个n个整数组成的有序数组。给出一个算法找出两个数$x, y \in S$, 使其能最大化$|x - y|$。最坏情况下你的算法必须能在$O(1)$时间内运行完毕。

(c) 令S为一个n个整数组成的无序数组。给出一个算法找出两个数$x, y \in S$, 使其能最小化$|x - y|$, 注意$x \neq y$。最坏情况下你的算法必须能在$O(n \log n)$时间内运行完毕。

(d) 令S为一个n个整数组成的有序数组。给出一个算法找出两个数$x, y \in S$, 使其能最小化$|x - y|$, 注意$x \neq y$。最坏情况下你的算法必须能在$O(n)$时间内运行完毕。

4-3. *[3]* 取一个长为$2n$的实数序列作为输入。设计一个$O(n \log n)$算法将这些数划分成n对, 要求该划分中数对之和的最大值在所有划分中最小。例如, 假定给我们的数是$(1, 3, 5, 9)$。可能的划分为$((1,3), (5,9))$、$((1,5), (3,9))$和$((1,9), (3,5))$。对于这些划分来说, 其数对之和分别为$(4,14), (6,12)$和$(10,8)$。因此第3个划分以10作为其数对之和的最大值, 而这个值在三个划分数对之和最大值中是最小的。

---

[1] 译者注: 派任务者和普通人一般都想将游戏者按公平方式划分, 按最不公平方式划分确实很扫兴。

4-4. *[3]* 假定给我们n对元素作为输入, 其中每对的第1项是一个数字而第2项是一种颜色(只能取红、蓝、黄这三种颜色其一)。此外假定这n对元素已按数字排过序。给出一个$O(n)$算法按颜色来对其排序(红在蓝前, 而蓝在黄前), 并使颜色相同的情况下数字仍保持有序。例如: (1, 蓝)、(3, 红)、(4, 蓝)、(6, 黄)、(9, 红)应排成(3, 红)、(9, 红)、(1, 蓝)、(4, 蓝)、(6, 黄)。

4-5. *[3]* 多重数集的**众数**(mode)是其中出现最频繁的数。多重集合$\{4, 6, 2, 4, 3, 1\}$有一个众数(即4)。给出一个高效且正确的算法来计算由n个数组成的某个多重集合中的众数。

4-6. *[3]* 给定两个集合S_1和S_2(大小均为n)和数x, 简要描述一种$O(n \log n)$算法, 它能判定是否存在一对分别来自S_1和S_2的元素其和为x。给出本问题的一个$O(n^2)$算法可以拿到部分分数。

4-7. *[5]* 如果某位科学家的n篇论文中有x篇被至少引用了x次, 而余下$n - x$篇论文的引用数均不超过x, 那么我们定义该名科学家的h指数就是x。假设输入数组存有某位学者的论文引用数(均为非负整数), 设计一种高效算法计算该学者的h指数。

4-8. *[3]* 大致描述一个合理的方案来解决下列每个问题。给出你所提方案的最坏情况复杂度的量级。

(a) 给你一大堆(数以千计)电话账单和另一堆(同样也是数以千计)付账的支票。找出谁没付账。

(b) 给你一张学校图书馆所有图书的一览表(其中包括题名、索书号和出版社名)和一张出版社名单(共30个)。找出学校图书馆所藏每个出版社所出版的书有多少本。

(c) 给你大学图书馆中所有去年有借阅记录的图书出借卡, 每张卡上有借阅此书的读者姓名。找出至少借过一本书的读者数量。

4-9. *[5]* 给定一个由n个整数所组成的集合S和一个整数T, 设定自然数$k > 1$, 给出一个$O(n^{k-1} \log n)$算法, 它能测出S中是否存在k个数其和为T。

4-10. *[3]* 给你一个由n个实数组成的集合S和一个实数x。我们要寻找一个算法以确定是否S中存在两个元素之和恰好为x。

(a) 假定S无序。给出此问题的一个$O(n \log n)$算法。

(b) 假定S有序。给出此问题的一个$O(n)$算法。

4-11. *[8]* 设计一个$O(n)$算法, 若给你一个由n个元素组成的列表, 该算法能找出此列表中出现次数超过$n/2$的所有元素。然后再设计一个$O(n)$算法, 若给你一个由n个元素组成的列表, 该算法能找出此列表中出现次数超过$n/4$的所有元素。

排序的应用: 区间与集合

4-12. *[3]* 给出一个计算A和B并集的高效算法, 此外令$n = \max(|A|, |B|)$。输出是由并集中元素所形成的数组, 注意重复元素只出现一次。

(a) 假定A和B无序。给出此问题的一个$O(n \log n)$算法。

(b) 假定A和B有序。给出此问题的一个$O(n)$算法。

4-13. *[5]* 设置于门口的摄像头会记录参加聚会的n个人其出入时间, 设p_i这个人的入场时间为a_i而其出场时间为b_i(假定$b_i > a_i$)。设计一个$O(n \log n)$算法分析出入时间数据, 从而找出聚会中同时在场人数最多的那个时间点。你可以假定所有的入场时间和出场时间均不相同(任意时间点只会有一人通过门口)。

4-14. *[5]* 给定一个由n个区间所组成的列表I，其中区间记为(x_i, y_i)，请返回一个已对重叠区间完成合并的列表。例如输入如果是$I = \{(1,3),(2,6),(8,10),(7,18)\}$，那么输出则为$\{(1,6),(7,18)\}$。要求你的算法在最坏情况下其运行时间为$O(n \log n)$。

4-15. *[5]* 给定一个由某条直线上的n个区间所组成的集合S，其中第i个区间以其左右端点表示，也即$[l_i, r_i]$。请设计一种$O(n \log n)$算法，找出直线上能同时处于最多区间的点p。例如，输入为$S = \{(10,40),(20,60),(50,90),(15,70)\}$，易知不存在能同时处于所有四个区间的点，但是$p = 50$这个点能同时处于三个区间。你可以假设端点也包含区间。

4-16. *[5]* 给定一个由某条直线上n条线段所组成的集合S，其中第i条线段S_i的范围是从l_i到r_i。请给出一种高效算法选出最少的线段，并使这些线段整合在一起之后能完全覆盖从0到m的区间。

堆

4-17. *[3]* 设计一个算法于$O(n + k \log n)$时间内在一个由n个整数构成的无序集中找到第k小的元素。

4-18. *[5]* 给出一个$O(n \log k)$时间的算法，它可将k个有序列表(元素总数为n)归并成一个有序列表。[提示]: 使用堆来加快$O(kn)$时间的简单算法速度。

4-19. *[5]* 你想存储一个由n个数构成的集合，可将其放入最大堆或有序数组中。对于下列每种应用，请说明哪种数据结构更好，或是两者都行。对你的答案做出解释。

    (a) 想要迅速找到最大元素。

    (b) 想要对某元素可迅速删除。

    (c) 想要迅速建成数据结构。[1]

    (d) 想要迅速找到最小元素。

4-20. *[5]* 回答以下问题:

    (a) 给出一个高效算法来找出n个键中的第2大的键。你可以比使用$2n - 3$次比较的那种算法做得更好。

    (b) 然后再给出一个高效算法来找到n个键中的第3大的键。在最坏情况下你的算法做了多少次键的比较? 在此过程中，你的算法需要找出哪两个元素是最大和次大的吗?

快速排序

4-21. *[3]* 利用快速排序中的划分思想来给出一个算法，它能于$O(n)$期望时间内在一个由n个整数构成的数组中找到**中位数**(median)。[提示]: 你必须查看划分的两边吗?

4-22. *[3]* 一个由n个值构成的集合的中位数是该集合中第$\lceil n/2 \rceil$小的值。

    (a) 假定快速排序始终以当前子数组的中位数为枢纽。那么在最坏情况下这种快速排序将进行多少次比较?

    (b) 假定快速排序始终以当前子数组的第$\lceil n/3 \rceil$小的值为枢纽。那么在最坏情况下这种快速排序将进行多少次比较?

---

[1] 译者注: 建堆或将元素排序后放入数组中。

4-23. *[5]* 假定数组A由n个元素构成, 每个元素都只能为红白蓝其中一种颜色。我们想要将这些元素排序, 使得红在白前, 白在蓝前。[1] 在键上仅允许如下操作:

- Examine(A, i)——报出A中第i个元素的颜色。
- Swap(A, i, j)——交换A中第i个元素与第j个元素。

找出一个正确且高效的"红–白–蓝"排序算法。存在线性时间的算法解答。

4-24. *[3]* 给出一个高效算法来重排一个由n个键组成的数组, 使得所有负键位于所有非负键之前。你的算法必须是就地算法, 这意味着你不能申请另一个数组来暂存元素。你的算法有多快呢?

4-25. *[3]* 考虑待排序数组中的两个不同元素, 记为z_i和z_j。在快速排序的一次执行过程中, z_i和z_j互相比较的最多次数是多少?

4-26. *[5]* 快速排序的递归深度定义为: 在抵达基础情形之前所接连产生递归调用的最大次数。随机化快速排序的最小递归深度和最大递归深度分别为多少?

4-27. *[8]* 给定一个$\{1, \cdots, n\}$的置换p, 请将其按递增顺序排序为$(1, \cdots, n)$。你唯一可用的操作是reverse(p, i, j), 它可将p的子序列$p_i, \cdots, p_j$逆置。对于置换$(1, 4, 3, 2, 5)$而言, 一次置换便足以完成排序工作(选第2个元素到第4个元素作为子序列)。

  (a) 证明使用$O(n)$次逆置可对任何置换排序。

  (b) 我们假设reverse(p, i, j)的开销等于它所处理子序列的长度, 也即序列中的元素个数$|j - i| + 1$。请设计一种算法对p排序, 且开销为$O(n \log^2 n)$。分析你的算法运行时间和开销, 并证明其正确性。

归并排序

4-28. *[5]* 考虑对归并排序进行以下修改: 将输入数组分成三部分(而非一分为二), 对每部分数组递归地排序, 最后使用三路归并子程序将这三个排完序的子数组归并为一个。这种修改后的归并排序在最坏情况下的运行时间是多少?

4-29. *[5]* 假设给你k个有序数组, 每个数组均含有n个元素, 现在你想把它们归并成一个含有kn个元素的有序数组。一种方法是不断使用(两路)归并子程序: 先归并前两个数组, 然后将结果与第三个数组归并, 再与第四个数组归并, 如此反复, 直到将第k个数组也归并进来为止。该算法的运行时间是多少?

4-30. *[5]* 再次考虑将k个长为n的有序数组归并为一个长为kn的有序数组之问题。首先将这k个数组分为$k/2$对数组, 然后使用(两路)归并子程序将每对数组进行归并, 进而获得$k/2$个长为$2n$的有序数组。我们不断重复以上步骤, 直到最终剩下一个长为kn的有序数组。该算法的运行时间是多少(请表示为n和k的函数)?

其他排序算法

4-31. *[5]* 稳定排序算法会让那些键相同的元素相对次序与原先它们被放置的次序相同。要保证归并排序是稳定排序算法, 阐明哪些工作是必需的。

---

[1] 译者注: 这就是著名的荷兰国旗问题(Dutch National Flag Problem), 由E. W. Dijkstra提出。

4-32. *[5]* 扭动排序(wiggle sort): 给定一个无序数组$A[1..n]$, 请对其元素重新安排位置使得最终满足$A[0] < A[1] > A[2] < A[3] \cdots$。例如, 输入数组$[3,1,4,2,6,5]$的一个可能解答是$[1,3,2,5,4,6]$。你能仅用$O(1)$空间在$O(n)$时间内完成吗?

4-33. *[3]* 证明1到k之间的n个正数可在$O(n \log k)$时间内完成排序。$k \ll n$是一个值得思考的情况。

4-34. *[5]* 我们试图对一个由n个整数组成的序列S排序。S中有许多重复值, 而且其中不相同的整数个数为$O(\log n)$。为此种序列的排序给出一个最坏情况下时间为$O(n \log \log n)$的算法。

4-35. *[5]* 令$A[1..n]$为一数组, 它的前$n - \sqrt{n}$个元素已排好次序(不过我们对其余元素的情况一无所知)。给出一个本质上比$O(n \log n)$更好的算法。[1]

4-36. *[5]* 假定数组$A[1..n]$只能从$\{1, \cdots, n^2\}$中取值, 但是在A中出现的数至多为$\log \log n$个。设计一个本质上比$O(n \log n)$更低的算法。

4-37. *[5]* 某个长为n的序列由0和1组成, 考虑用比较操作对该序列排序的问题。对于任意一次对x和y的比较, 算法能知道$x < y$、$x = y$、$x > y$这三个式子中到底哪个是成立的。

    (a) 给出一个最坏情况下需要$n - 1$次比较的算法。证明你的算法最佳。

    (b) 给出一个平均情况下比较次数为$2n/3$的算法(假定所输入n个数中, 0和1出现概率相同)。证明你的算法最佳。

4-38. *[6]* 令P是一个简单多边形(不一定为凸)和任一点q(不一定在P内部)。设计一种高效算法寻找一条以q为起点且与P的边相交最多的线段。换言之, 要是站在q这点处, 你的枪向哪个方向瞄准能使子弹射穿墙的数目最多? 子弹穿过P中顶点只按一堵墙算。若P的顶点数为n, $O(n \log n)$算法是能找到的。

下界

4-39. *[5]* 我在一篇论文[Ski88]中设计了一种基于比较的算法, 其运行时间为$O(n \log(\sqrt{n}))$。大家知道排序存在一个$\Omega(n \log n)$的下界, 这篇论文中的算法时间复杂度到底能否达到? 其算法又该如何设计呢?

4-40. *[5]* B. C. Dull先生声称他研究出了一种用于优先级队列的新数据结构, 它支持插入、最大元和取最大元操作——所有这些操作在最坏情况下只需$O(1)$时间。请证明他错了。[提示]: 不需要详细繁复的论据——只要想想关于排序的$\Omega(n \log n)$下界和他的数据结构所能推出的结论。

查找

4-41. *[3]* 某公司的数据库由10 000个已排序的姓名构成, 已经知道其中40%的客户占了60%的数据库访问量, 他们一般被称为"优质客户"。有两种用于表示该数据库的数据结构方案可供选择:

- 将所有姓名放入一个数组中, 并使用二分查找。
- 用两个数组, 将优质客户放入第1个数组中, 而将剩下的客户放到第2个数组中。仅

---

[1] 译者注: 即时间量级比$O(n \log n)$更低, 例如$O(n)$。

在我们用二分查找在第1个数组中没找到待查姓名时, 我们才会对第2个数组进行二分查找。

论证哪种选择能给出更好的期望时间性能。要是将这两个选择中所用的二分查找换成在无序数组中进行线性查找, 你的选择会改变吗?

4-42. *[5]* Ramanujan数能以两种不同的立方和形式表示——也就是说存在不同的a、b、c、d使得$a^3 + b^3 = c^3 + d^3$。找出所有满足a、b、c、$d < n$条件的Ramanujan数。例如1729是一个Ramanujan数, 因为$1^3 + 12^3 = 9^3 + 10^3$。[1]

    (a) 给出一个高效算法检验某个给定整数n是否为Ramanujan数, 并分析其复杂度。

    (b) 设计一种能生成1到n之间所有Ramanujan数的高效算法, 并分析其复杂度。

实现项目

4-43. *[5]* 考虑一个元素为整数(正数、负数和零)的$n \times n$数组A。假定A中每行的元素严格递增排列, 且每列的元素严格递减排列(因此在同行或同列不可能有两个零)。设计一个高效的算法对A中零元素的出现次数进行计数。简要描述该算法并分析其运行时间。

4-44. *[6]* 实现若干互不相同的排序算法, 如选择排序、插入排序、堆排序、归并排序和快速排序。进行下面的实验: 读入一个大文本文件并报出其中出现过的单词(重复的仅报一个作为代表), 用这样一个简单的应用程序评测和对比这些算法的相对性能。此应用程序可通过排序来高效地[2]实现, 其方案是: 对文本中出现的所有单词排序, 再从头到尾处理一次这个有序序列, 最后便能找出所有不同的单词。写出包含你所下结论的简要报告。

4-45. *[5]* 实现一个外部排序, 也即利用中间文件(intermediate file)对内存无法放入的文件来排序。归并排序是一个非常合适的算法, 可以此为基础完成代码实现。同时在由小记录构成的文件和由大记录构成的文件上测试你的程序。

4-46. *[8]* 设计并实现一个并行算法, 它将数据遍布于若干处理器上。归并排序作为候选算法应该很合适, 不过你得把它改成适宜于并行化操作的形式。测一下算法随处理器个数增加而带来的性能加速。测完之后, 将并行算法的运行时间与用纯粹的串行归并排序实现的运行时间相比较。你有什么体会?

面试题

4-47. *[3]* 如果要对一百万个整数进行排序, 你会用什么算法? 它会消耗多少时间和内存?

4-48. *[3]* 描述最受欢迎的排序算法的优缺点。

4-49. *[3]* 实现一个算法, 它接收一个输入数组, 只返回数组中那些仅出现一次的元素。

4-50. *[5]* 你有一台仅配了4GB内存的计算机。如何用它对一个存于磁盘上的500GB的较大文件排序?

4-51. *[5]* 设计一个栈, 它支持常数时间内的推入、弹出和检索最小元操作。你能做到吗?

4-52. *[5]* 给定一个由3个单词组成的待查字符串, 在文档中找出包含待查字符串中所有3个单词的片段——即满足要求且包含单词数最少的片段。给你这些单词在文档中出现的位置,

---

[1] 译者注: 有兴趣的读者不妨同时搜索"Ramanujan"和"1729"。

[2] 译者注: 当然, 对于这类有关字符的计数型问题, 用trie来实现也是一个不错的选择。

比如第1个单词出现位置是(1, 4, 5), 第2个单词出现位置是(3, 9, 10), 第3个单词出现位置是(2, 6, 15)。这三个列表是有序的, 你可以看到前面给出的示例正是如此。

4-53. *[6]* 给你12枚硬币。其中一枚与其他不同, 但不知是轻还是重。请用天平仅通过三次称量找出这枚硬币。

力扣

4-1. https://leetcode.com/problems/sort-list/

4-2. https://leetcode.com/problems/queue-reconstruction-by-height/

4-3. https://leetcode.com/problems/merge-k-sorted-lists/

4-4. https://leetcode.com/problems/find-k-pairs-with-smallest-sums/

黑客排行榜

4-1. https://www.hackerrank.com/challenges/quicksort3/

4-2. https://www.hackerrank.com/challenges/mark-and-toys/

4-3. https://www.hackerrank.com/challenges/organizing-containers-of-balls/

编程挑战赛

下列编程挑战赛问题可在https://onlinejudge.org/上找到, 网站会自动判分。

4-1. "Vito's Family" —— 第4章, 问题10041。

4-2. "Stacks of Flapjacks" —— 第4章, 问题120。

4-3. "Bridge" —— 第4章, 问题10037。

4-4. "Shoemaker's Problem" —— 第4章, 问题10026。

4-5. "ShellSort" —— 第4章, 问题10152。

第5章

分治

在那些最强有力的问题求解技术中,有一种方法是将问题拆成更小且更易解决的部分。较小的问题没有那么强势,于是我们便有可能将注意力集中在那些细节问题上,而这是从整体上研究原问题时所看不到的。要是能将问题拆成更小的同类子问题,那么一个递归算法就会开始逐渐成形。如今每台计算机都有多核处理器,而要想发挥并行处理的功用,得将任务分解成至少与处理器个数相同的子任务。

算法设计中有两种重要的范式,它们都基于将问题拆分至更小问题的这种思想。在第10章中我们会讲解动态规划,它通常先从问题中移除一个元素,再解决这个新形成的小问题,然后在较小问题解的基础上以合适的方式再将移除元素重新加回来。而**分治**(divide-and-conquer)则是将问题划分成几部分,比如说两半,再分别求解这两部分,最后将它们重新整合起来从而形成完整的解。

要将分治作为一种算法技术来使用,我们必须将问题分成两个更小的子问题,再对它们分别递归求解,最后整合这两个子问题的解从而得到原问题的解。只要整合所用时间少于求解这两个子问题的时间,便能获得一个高效的算法。归并排序(4.5节中已讨论)是分治算法的一个经典实例。对于两个具有$n/2$个元素的有序表,我们需要花费$O(n \log n)$时间才能得到,而归并这两个有序列表却只需线性时间,因此归并排序很高效。

许多重要的算法,包括归并排序、快速傅里叶变换和Strassen矩阵相乘算法,其优异的性能都要归功于分治这项算法设计技术。然而我发现,除了二分查找及其众多变种之外,分治是一种在实际中很难用好的设计技术。此外,递推关系(recurrence relation)决定了此类递归算法的性能开销,而我们对分治算法的分析能力取决于能否求出递推关系的渐近记号,因此我们还将介绍递推式(recurrence)的求解技术。

5.1 二分查找及相关算法

要在有序数组S中查找键值,二分查找是一种很快的算法,而它可称得上是所有分治算法之母。为了查找q这个键,我们用q和位于中间的键$S[n/2]$比较。如果q出现在$S[n/2]$之前,它必然属于S的前半部;否则它必然属于S的后半部。不断在q每次所归属的那部分上递归重复此过程,我们就能在$\lceil \log n \rceil$次比较之内找到该键所处位置——相比于使用顺序查找平均所需$n/2$次比较,这是一个很大的超越。[1]

```
int binary_search(item_type s[], item_type key, int low, int high)
{
    int middle;                        /* 中间元素的下标 */
    if (low > high)
```

---

[1] 译者注: 我们对二分查找的代码实现略有更改, 原文中计算**middle**时有可能会产生溢出错误。

```
        return -1;                    /* 未找到此键 */
    middle = low + (high - low) / 2;

    if (s[middle] == key)
        return middle;

    if (s[middle] > key)
        return binary_search(s, key, low, middle - 1);
    else
        return binary_search(s, key, middle + 1, high);
}
```

上述这些你可能已经学过了。不过，重要的其实是去体会二分查找到底有多快。**二十问题**(twenty questions)是一个流行的儿童游戏，一名游戏者选一个单词，而另一个不断问"真/假"问题[1]来试着去猜出那个单词。如果问过20个问题后单词仍不能确认，选词的游戏者获胜；否则，提问的游戏者赢得奖金。事实上，提问的游戏者始终有一种策略能赢得奖金，也就是基于二分查找的方案。指定一部纸版字典，提问的游戏者从中间翻开，再选一个单词(比如说"move")，然后问那个未知单词依字母序是否在"move"之前。由于普通字典收词数大约为50 000到200 000，我们能确保上述过程会在20次提问内结束。

5.1.1 出现次数的计数

有不少巧妙的算法都是二分查找稍加改动而得。假定我们想对某个有序数组中给定键k(比如说Skiena)的出现次数进行计数。因为排序会将所有k的副本集中在一段紧密相连的区段中，此问题即可简化为寻找符合要求的区段并度量其长度。

使用前面所给的二分查找子程序，可让我们在$O(\log n)$时间内找到一个键值为k的元素(记为x)的下标，显然x所在的区段符合要求。要定出区段边界很自然会想到从x向左挨个测试元素，直到我们找到首个不同于待查键的元素为止，然后再从x向右重复此查找过程。右边界和左边界的差再加1，刚好就是k出现次数的计数值。

上述算法可在$O(\log n + s)$时间内运行完毕，其中s是所给键的出现次数。如果整个数组由完全相同的键构成，此时间可能会与直接查找的线性时间一样糟。若将二分查找修改成寻找包含k的那个区段的边界，而不是找k本身，我们可得到一个更快的算法。假定我们从上述实现中删去关于相等性的测试：

```
    if (s[middle] == key)
        return middle;
```

并在每个不成功的查找中返回下标**high**而不是-1。由于没有相等性测试，所有查找现在都将是不成功的。每当待查键和一个具有相同键值的数组元素比较时，查找便会在右半部继续执行，最终停在该区段的右边界。改变二元比较算符>的方向后，再重复此查找过程可将我们带至该区段的左边界。两次查找均用时为$O(\log n)$，因此无论区段大小如何，我们都能在对数时间内完成k所出现次数的计数工作。

---

[1] 译者注：只能用"真/假"或"是/否"回答的问题。

若是将我们的二分查找函数修改为在搜索失败时返回(low + high) / 2,[1] 而非原有的-1, 便可获得一个位于两个特定数组元素之间的位置, 若是数组中能找到待查键k, 其实这两个元素所在的位置本应是成功返回的下标值。以上变更为我们提供了求解以上串结长度问题的另一种方案: 我们基于这种修订方案寻找$k - \epsilon$和$k + \epsilon$所在位置, 其中ϵ是一个足够小的常数, 能保证数组中没有在这两个值之间的键, 进而也意味着两次查找必然都会失败。显然, 这种基于两次二分查找的方案同样只需要$O(\log n)$时间。

5.1.2 单侧二分查找

现在假定我们有一个数组, 其构成是一连串0再接着一连串但个数未知的1, 我们想要找出它们之间的转折点。如果我们知道数组中元素个数的上界n, 在此数组上的二分查找将在$\lceil \log n \rceil$次测试内提供转折点的下标。

要是没有n这样的上界, 我们可在逐步增大的区间($A[1]$, $A[2]$, $A[4]$, $A[8]$, $A[16]$, $\cdots$)上不断测试, 直到找出首个非零值为止。于是我们拥有了一个目标数据滑动窗, 而且很适合二分查找去处理。无论数组实际长度为多少, 这种**单侧二分查找**(one-sided binary search)都能在至多$2\lceil \log p \rceil$次比较内找到转折点的下标p。只要我们想去寻找当前位置附近的某个键, 这时候最有用的就是单侧二分查找。[2]

5.1.3 平方根和其他方根

n的平方根是平方等于n的数r, 即$r^2 = n$。每台袖珍计算器都具备平方根计算的功能, 但是研制一个高效计算平方根的算法对我们来说依旧很有启发性。

首先, 注意到$n \geqslant 1$情况下n的平方根必然在1到n之间。令$l = 1$且$r = n$。考虑此区间的中点$m = (l + r)/2$。[3] m^2与n相比, 是大还是小? 如果$n > m^2$, 那么待求平方根肯定比m大, 于是令$l = m$再让算法重复上述步骤; 如果$n < m^2$, 那么待求平方根肯定小于m, 于是令$r = m$再让算法重复上述步骤。无论哪种情况下, 我们都只用一次比较便将区间减半。因此, $\lceil \log n \rceil$轮之后我们将能找到n的平方根, 且偏差在$\pm 1/2$以内。

这种**对分法**(数值分析中的叫法)还能用于更一般性的问题中, 也即寻找方程的根。若存在x使得$f(x) = 0$则称x是方程f的根。假定我们从满足$f(l) > 0$和$f(r) < 0$的初值l和r开始处理。如果f是连续函数, 在l和r之间肯定存在一个根。取$m = (l + r)/2$, 每次测试$f(m)$, 我们就能将这个包含方程根的窗口$[l, r]$截半, 而切掉哪半段则视$f(m)$的符号而定, 直到我们的估计值(即m)达到精度要求为止。

数值分析中专门有一类所谓的"求根算法", 它们比二分查找收敛更快, 事实上也是由于能快速求解前面这两个问题而得名的。二分查找总是去测试区间的中点, 而求根算法却不一定这样做, 它们以插值来找一个离实际的根值更近的测试点。不过, 二分查找的优点在于

---

[1] 译者注: 此处得小心处理溢出问题, 不过通常搜索失败时上下界差值为1, 可对原表达式化简处理。实际上, 这种方案不是很方便, 而且随后的ϵ选取若无线性扫描也未能保证稳妥。

[2] 译者注: 当$p \ll n$时, $2\lceil \log p \rceil$这个开销比$\lceil \log n \rceil$划算得多。更重要的是, 对于上界未知的单调型问题(不限于处理数组), 单侧二分查找更能发挥功用, 例如对某个单调递增函数找出满足特定约束的最大值。

[3] 译者注: 连续型问题取中点比起离散型的二分查找算法方便多了, 不妨仔细体会。

简单和稳健，并且在不附加关于待计算函数特性的情况下，它仍会尽自己所能去快速地[1]完成计算。

> **领悟要义**：二分查找及其变种是分治算法的完美典范。

5.2 算法征战逸事：错中揪错

Yutong起身宣布了他几周辛勤工作的成果。"死了。"他愤怒地说。随即，房间中每个人都发出了哀叹。

我所在的团队正在研发一种制造疫苗的新方法：合成减毒病毒工程(Synthetic Attenuated Virus Engineering)或者叫SAVE(刚好是"拯救")。由于基因编码的运行机制，对于给定任何长为n的蛋白质，一般会有3^n种可用于编码的不同基因序列。打眼一看，似乎它们都一样，因为这些所描述的是完全相同的蛋白质。但是这3^n个同义基因序列中的每一个，使用生物机器的方式都存在些许不同，而翻译的速度也都有所差异。

通过将一种危险性较低的基因取代原有病毒基因，我们有望造出某种弱毒疫苗：一种能起到同样致病效果但毒性较弱的制剂。我们人类的身体可以在不得病的前提下打败稍弱的病毒，并在这个过程中训练免疫系统将来去战胜更强的敌人。但是我们需要的是较弱的病毒而不是已死的病毒：你基本不可能从打败那些已经死掉的东西这件事中学到任何技能。

"死亡意味着在这个包含1200个碱基的区域中肯定存在一个地方，病毒在那里进化而给出一个特别的信号，你可以将它理解为序列存活所必需的东西。"团队里面的一位资深病毒学家说道。由于我们在该点位改变了序列，导致我们杀死了病毒。"我们必须找到这个信号，这样才能让病毒重获新生。"

"但是有1200个位置要去找！我们怎么才能找到啊？"Yutong问道。

我思考了一会。我们必须排错，这听起来好像和在程序中排错的问题一样。我想起多少个寂寞的夜晚，我努力想弄清到底是哪一行让程序崩溃。我经常得去委委屈屈地注释掉大段的代码，然后再次运行以测试它是否依然会崩溃。当我将注释过的区域缩减到足够小的一段后，问题往往就很容易解决了。而查找这个区域的最好方式就是……

"二分查找！"我宣布。在图5.1的第Ⅱ组设计中，现在我们用已死的关键信号缺失毒株所编码的子序列(通常以深色标记)替换掉前半部分原先的活性编码子序列(通常以浅色标记)。如果这个杂交基因序列可以存活，这意味着关键信号肯定发生在序列的后半部分，而要是病毒死亡则意味着问题必然出现在前半部分。我们通过在一个长为n的区域上执行二分查找，只需$\lceil \log n \rceil$轮测序实验便可将关键信号定位到所在区域。

"我们可以只做四轮实验就能把长为n的基因序列中包含信号的区域大小缩减到$n/16$，"我告诉他们。那位资深病毒学家很激动，但是Yutong的脸色却发白了。

"再做四轮实验！"他抱怨起来。"我已经花了整整一个月合成、克隆，本以为这是最后一次培养病毒了。现在你又让我整个重做，再等着看结果确定信号究竟在哪半部分，做完一遍还不够，然后接着要再重复三遍？你想都别想！"

---

[1] 译者注：即仍按每次减半的方式进行，仅与区间大小有关(仍为对数量级)，而与函数特性无关。

图 5.1 设计四种合成基因序列来定位一个特定序列信号: 浅色部分从可存活序列中提取, 而深色部分则从存在致死缺陷的序列中提取。基因序列II、III和IV均可存活, 而基因序列I存在缺陷, 这个实验结果只能用位于右起第5个区域的致死信号来解释。

Yutong的这番话说明他已经意识到, 二分查找的力量来自于"信息交互": 我们在第r轮中的检索方案取决于通过$r-1$在第1轮中的检索结果。二分查找生来就是串行算法, 因此, 如果单次比较操作是一个缓慢而费事的过程时, $\log n$次比较操作突然之间就显得不是很好了。不过, 我还藏着一个很炫酷的小戏法没展示呢。

"连着这样做四轮对你来说确实工作量太大了, Yutong。不过, 你能不能同时做四种不同的设计? 如果我们一次把它们都给你的话。" 我又问他。

"如果我同时对四组不同的序列做同样的工作, 这倒没什么难度," 他说。"其实不比我只做其中一个麻烦多少。"

问题解决了。我提议让他们同时合成四种病毒设计, 也即图5.1中标为I、II、III和IV的序列。事实证明, 只要你能够检索任意子集而不是仅能处理顺序相连的两半, 你就可以并行化二分查找。请注意这四种设计所定义的每一列都是由深色(死)和浅色(活)所组成的独特模式。[1] 因此, 四种合成设计中的这种活/死模式就能在一轮实验唯一地给出其中关键信号的位置。在这个例子中刚好病毒I死亡而其他三个依然存活, 这样就准确地将致死信号定位于从右数第5个区域。

Yutong迎难而上, 付出一个月的辛劳(不是几个月)后发现了脊髓灰质炎病毒中的一个新信号[SLW+12]。他使用分治的观点在一堆错乱之中成功揪出错误, 而分治在每步将问题一分为二时会运行得最快。请注意, 我们每次用四种设计组成一套, 都得由一半深色和一半浅色组成, 这样的安排可使16个区域对应不同的颜色模式。传统的二分查找其实属于交互式操作, 反复处理到最后一次测试在最终所剩的两个区域间选出结果。而通过将测试扩展到可以一次性按对分方式处理完序列, 我们消除了对多次测序的需求, 从而使整个过程加快了很多。

5.3   递推关系

许多分治算法的时间复杂度可以很自然地通过递推关系建模来得到。要想理解什么样的分治算法能高效执行, 很重要的一点就是求出相应的递推关系级级, 此外递推关系还可以为一般情况下的递归算法分析提供重要工具。对于满是数学符号的算法分析有畏难心理的

---

[1] 译者注: 实为4位二元编码, 也可理解为长为4的二进制数(从0000到1111), 共16个。

那些读者完全可以跳过本节, 但算法设计中有许多很重要的洞见来自对递推关系特性的熟谙。[1]

那么, 什么是递推关系呢? 它是一种根据自身来定义的等式。Fibonacci数是以递推关系$F_n = F_{n-1} + F_{n-2}$来定义, 它将在10.1.1节中讨论。此外还有许多自然数函数(natural function)也可以很容易地表述为递推关系。任意多项式亦可用递推关系表示, 如线性函数:

$$a_n = a_{n-1} + 1, a_1 = 1 \quad \longrightarrow \quad a_n = n$$

任意指数函数也可用递推关系表示, 例如2的幂:

$$a_n = 2a_{n-1}, a_1 = 1 \quad \longrightarrow \quad a_n = 2^{n-1}$$

最后, 有很多古怪的函数不能以常见记号简单地描述, 它们也可用递推关系表示:

$$a_n = na_{n-1}, a_1 = 1 \quad \longrightarrow \quad a_n = n!$$

这意味着递推关系是一种强有力的函数表示方法。

这种自引用(self-reference)特性是递推关系和递归程序/算法所共有的, 而recurrence (递推)和recursive(递归)共用一个词根也说明了它们之间确有共通之处。从本质上看, 递推关系提供了一种分析递归结构(例如递归算法)的手段。

分治递推关系

分治算法往往会将所给问题拆成若干(比如说a个)较小的部分, 每部分规模量为n/b。[2] 分治算法还得再花$f(n)$时间将这些子问题的解组合成一个完整的解。令$T(n)$表示该算法在最坏情况下解决一个规模量为n的问题所用时间。那么$T(n)$便可由以下递推关系给出:

$$T(n) = aT(n/b) + f(n)$$

考虑下列实例, 都是我们所学过的算法:

- **归并排序**——归并排序的时间性能由递推关系$T(n) = 2T(n/2) + O(n)$决定, 因为该算法将数据分成大小相等的两半, 待这两半排完序再花费线性时间将它们归并。事实上, 此递推关系的解为$T(n) = O(n \log n)$, 正好和我们前面所分析的一样。
- **二分查找**——二分查找的时间性能由递推关系$T(n) = T(n/2) + O(1)$决定, 因为我们每步只花费了常数时间将原问题简化成子问题(规模量为原问题的一半)。事实上, 此递推关系的解为$T(n) = O(\log n)$, 正好和我们前面所分析的一样。
- **快速建堆**——`bubble_down`(详见4.3.4节)这种建堆方法可建立一个含有n个元素的堆, 其过程是: 先构建两个含有$n/2$个元素的堆, 随后在对数时间内将它们与根合并。上述过程可浓缩为递推关系$T(n) = 2T(n/2) + O(\log n)$。事实上, 此递推关系的解为$T(n) = O(n)$, 正好和我们前面所分析的一样。

求解递推关系意味着你得找出一个较好的闭形式函数/渐近记号来表述或界定。我们可用5.4节中将要讨论的**主定理**(master theorem)来处理分治算法中常见的递推关系。

---

[1] 译者注: 若某个递推关系其解的渐近记号较好, 比如为$O(\log \log n)$, 即可用此来设计算法。van Emde Boas树就是一例。
[2] 译者注: 这里的a指分治后真正需要去处理的子问题数, 而不是规模变更系数b。比如二分查找将问题一分为二, 我们所要处理的子问题数为$a = 1$, 而$b = 2$。

5.4　求解分治递推关系

形如$T(n) = aT(n/b) + f(n)$一般称为分治递推关系, 事实上它很容易求解, 因为其解通常属于三种完全不同的情况之一:

(1)若对于某个常数$\epsilon > 0$有$f(n) = O(n^{\log_b a - \epsilon})$, 则$T(n) = n^{\log_b a}$。

(2)若$f(n) = \Theta(n^{\log_b a})$, 则$T(n) = \Theta(n^{\log_b a} \log n)$。

(3)若对于某个常数$\epsilon > 0$有$f(n) = \Omega(n^{\log_b a + \epsilon})$, 且对于某个常数$c < 1$有$af(n/b) \leqslant cf(n)$, 则$T(n) = \Theta(f(n))$。

尽管这看上去有些吓人, 但它实际上不难运用。问题在于从上述所谓的主定理中找出适用于你所要处理的递推关系的那种情况。情况(1)适用于建堆和矩阵相乘, 而情况(2)适用于归并排序。对于比较笨拙的算法, 通常会出现情况(3), 其中对子问题进行组合的开销压倒[1]了所有的其他开销。

图5.2展示了一个典型的$T(n) = aT(n/b) + f(n)$分治算法所对应的递归树。每个规模量为n的问题被分解成a个规模量为n/b的问题。每个规模为k的子问题需要$O(f(k))$时间来进行它自身的内部处理工作, 即划分和整合[2]这两步中间的那些工作。算法所需总时间是所有这些内部处理开销之和再加上建立递归树的附加费用。该树的高度为$h = \log_b n$, 且叶子结点的个数为$a^h = a^{\log_b n}$, 通过一些代数运算处理, 刚好可将$a^{\log_b n}$化为$n^{\log_b a}$。[3]

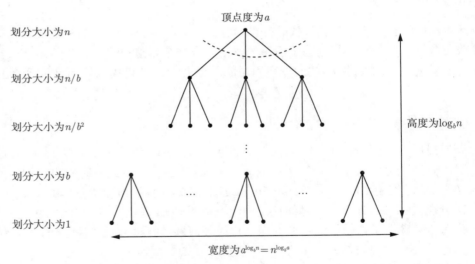

图 5.2 将每个规模量为n的问题分解成a个规模量为n/b的子问题所形成的递归树

主定理的三种情况对应三种不同的开销(它们都是关于a、b和$f(n)$的函数), 而这三种开销都有可能占据上风:

---

[1] 译者注: 注意$af(n/b) \leqslant cf(n)$, 这表明$f(n)$的增长不算"特别"快。

[2] 译者注: 这里的划分和整合是观念上的, 而在算法上只需常数时间。如归并排序中划分是将元素从中分成两块, 内部处理工作是归并有序表, 而整合则是归并后简单地从算法中返回一个有序表。

[3] 译者注: 附加费用是从$T(n)$变为$aT(n/b)$最后再变为$a^{\log_b n}T(1)$这部分, 可用叶子结点的个数$a^{\log_b n}$描述, 也就是说这部分的时间开销是$O(n^{\log_b a})$, 或可视作将附加费用分摊到叶子结点。而对应规模为k的子问题的内部结点处的开销跟$f(k)$有关, 因此可称为内部处理工作。算法的总时间即为$n^{\log_b a}$再加上内部处理开销, 只需比较这两者之间的关系即可得到时间复杂度。

- 情况1: 叶子太多——若叶子结点的个数超过内部处理所需开销的总和, 则运行总时间为$O(n^{\log_b a})$。
- 情况2: 每层工作量相同——当我们沿树下移时, 每个问题都会变得更小, 但是会有更多的问题要去解决。若每层内部处理所需开销相同, 则运行总时间即为每层的$n^{\log_b a}$时间乘以层数$\log_b n$, 即运行总时间为$O(n^{\log_b a} \log n)$。
- 情况3: 根结点的处理过于费时——若内部处理所需开销随n增长足够快, 则处理根所需开销就会变成最强的量级。要是这样的话, 运行总时间便为$O(f(n))$。

5.5 快速乘法

你至少知道两种将整数A和B相乘而获得$A \times B$的方法。通常你首先学到的是$A \times B$意味着将B份A相加, 于是便可给出一种对两个n位十进制数相乘的$O(n \cdot 10^n)$时间算法。然后你学到的是对按位表示的较长数字逐项做乘法, 比如:

$$9256 \times 5367 = 9256 \times 7 + 9256 \times 60 + 9256 \times 300 + 9256 \times 5000 = 13\ 787\ 823$$

不妨仔细观察上式, 我们在每个数位之后所填补的那些零并没有真正作为乘数参与运算, 而我们只是通过将乘积直接移位(移动距离恰为零的个数)从而达到相同的功效。假设我们实际执行两个一位数字的相乘只需常数时间(可通过在乘法表中查找来实现), 那么以上算法可在$O(n^2)$时间内完成对两个n位十进制数的乘法运算。

本节我们将介绍一种更快的大数相乘算法, 它属于较为经典的分治算法。为简单起见, 不妨设乘数均为$n = 2m$位, 我们可以将每个数分成两段, 而这些数段均为m位, 这样一来, 原有数字的乘积便可很容易地基于各个数段的乘积而构建。设$w = 10^{m+1}$, 于是A和B可分别表示为$A = a_0 + a_1 w$且$B = b_0 + b_1 w$, 其中a_i和b_i分别对应每个数字各自的数段。有了这样的分段方法之后, 于是可知:

$$A \times B = (a_0 + a_1 w) \times (b_0 + b_1 w) = a_0 b_0 + a_0 b_1 w + a_1 b_0 w + a_1 b_1 w^2$$

通过以上处理过程, 我们将两个n位数的乘法问题化为四个$n/2$位数的乘积。如果不明白, 可以回想一下前面我们所讨论的"乘以w不参与实际计算": 它只是在乘积后面补零而已。有了这四个乘积结果, 我们还必须将它们全部加起来, 当然这只需$O(n)$时间即可完成。

我们将两个n位数相乘所花费的总时间记为$T(n)$, 如果我们在每个较小的乘积上递归使用相同的算法, 那么这种相乘算法的运行时间可由以下递推式给出:

$$T(n) = 4T(n/2) + O(n)$$

使用主定理(情况1)易知该算法能在$O(n^2)$时间内运行完毕, 而它与逐位乘法基本上完全没有分别。这说明我们的方案只能叫分而未治, 根本算不上分而治之。

Karatsuba算法基于另一种分解给出乘法的递推式, 从而让运行时间得到了改善。假设我们先算出以下三个乘积:

$$q_0 = a_0 b_0$$
$$q_1 = (a_0 + a_1)(b_0 + b_1)$$
$$q_2 = a_1 b_1$$

请注意我们接下来会使用一个巧妙的运算组合:

$$\begin{aligned}
A \times B &= (a_0 + a_1 w) \times (b_0 + b_1 w) \\
&= a_0 b_0 + a_0 b_1 w + a_1 b_0 w + a_1 b_1 w^2 \\
&= q_0 + (q_1 - q_0 - q_2)w + q_2 w^2
\end{aligned}$$

于是我们现在只需要三个"半长"(half-length)乘法以及若干加法便能算出原有数字的乘积。w 的相关项依然不作为乘数参与计算, 不妨回想前文的讨论: 它们只是零的移位而已。因此 Karatsuba算法的时间复杂性由下列递推式掌控:

$$T(n) = 3T(n/2) + O(n)$$

由于 $n = O(n \log_2 3)$, 而这属于主定理的第1种情况,因此 $T(n) = \Theta(n^{\log_2 3}) = \Theta(n^{1.585})$。这相比于大数相乘的平方算法是一个很大的改进, 而实际上对于500位左右的数字来说, 其执行速度胜过常规数乘算法不少。

这种使用较少的乘法但会用较多的加法的策略, 同样可为矩阵相乘快速算法助力, 不过其递推式定义略有不同。在2.5.4节中所讨论的矩阵嵌套循环乘法中, 两个 $n \times n$ 矩阵相乘要花费 $O(n^3)$ 时间, 原因是我们要想算出矩阵乘积中 n^2 个元素, 得逐个位置执行 n 维向量的点乘运算才能完成。然而, Strassen找到了一种分治算法[Str69], 该算法巧妙地处理7个 $n/2 \times n/2$ 的矩阵积从而获得两个 $n \times n$ 矩阵的乘积, 其运行时间的递推式为

$$T(n) = 7T(n/2) + O(n^2)$$

由于 $\log_2 7 = 2.81$, 因此 $O(n^{\log_2 7})$ 强于 $O(n^2)$, 而这同样适用于主定理的第1种情况, 易知 $T(n) = \Theta(n^{2.81})$。

研究人员通过越来越复杂的各种递推式不断地"改进"[1]Strassen算法, 目前的最好结果可达到 $O(n^{2.3727})$, 不妨参阅16.3节以了解更多细节。

5.6　最大子范围与最近点对

假设你接到任务要为一个对冲基金撰写广告文案, 该基金本年度的每月业绩为

$$[-17, 5, 3, -10, 6, 1, 4, -3, 8, 1, -13, 4]$$

虽说今年你亏了钱, 但是从五月到十月这个时段你的净收益共计17个单位, 相比于这一年的其他连续时段而言算是最大收益。这给了你吹嘘的资本, 并以此入手来准备文稿。

---

[1] 译者注: 其实在算法实用性上没有太多的"改进"。

最大子范围问题的输入为一个含有n个数的数组A, 输出是一对下标i和j, 它们能够最大化$S = A[i] + A[i+1] + \cdots + A[j]$。由于有负数的存在, 将整个数组相加并不一定能最大化目标函数。显式地测试每种可能的区间(也即"开始—结束"端点对)需要$\Omega(n^2)$时间, 我们在这里给出一个可在$O(n\log n)$时间内运行完的分治算法。

假设我们将数组A分为左右两半。最大子范围会在哪里? 它要么位于左半边要么位于右半边, 也可能从中间横跨两边。一个在$A[l]$和$A[r]$之间寻找最大子范围的递归程序可以很容易地调用自身来处理左右两个子问题, 那么我们又该如何找到位于中点m向两边延伸的那种最大子范围(注意必然能覆盖m位置和$m+1$位置)?

解决问题的关键在于, 其实这种居中向两边延伸的最大子范围, 应该是位于左侧且结束于m的最大子范围与位于右侧且开始于$m+1$的最大子范围这两者的并集, 如图5.3所示。左侧的这种最大子范围其和值V_l可在线性时间内通过扫视找到(算法21), 当然右侧的相应和值也可以类似地找到。

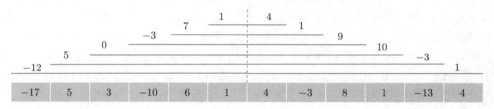

图 5.3 最大子范围之和: 要么整个在中轴左边, 要么整个在中轴右边, 或者(像此图实例这样)基于以中轴为界分别朝左右两边延伸的两个最大子范围之和(分别是7与10)来求和

算法 21 LeftMidMaxRange(A, l, m)

1   $S \leftarrow M \leftarrow 0$
2   **for** i **from** m **downto** l **do**
3      $S \leftarrow S + A[i]$
4   **if** $(S > M)$ **then**
5         $M \leftarrow S$
6   **end**
7   **end**
8   **return** M

这种分治算法将数组分成两半(对应数组长度n除以2), 再以线性时间整合子问题。我们设该递归算法所花费的时间为$T(n)$, 易知:

$$T(n) = 2T(n/2) + \Theta(n)$$

根据主定理的情况2可推出$T(n) = \Theta(n\log n)$。

"分别在两侧找到最优再检查横跨中轴的情况"这个一般化方案也可适用于其他问题, 下面来考虑一个由n个点构成的集合中寻找点对之间的最小距离的问题。

这个问题在一维中很简单, 4.1节中我们已经见过: 将点进行排序之后, 最近点对必然是相邻的; 排序后从左到右以线性时间扫视, 便可获得一个$\Theta(n\log n)$算法。但是我们可以用一个短小精悍的分治算法来代替麻烦的扫视过程。最近点对可基于左半部分点集、右半部分点集以及位于数组中间的一对点来定出, 因此通过算法22一定能找到。

算法 22 ClosestPair(A, l, r)

1 $m \leftarrow \lfloor (l+r)/2 \rfloor$
2 $L_{\min} = \text{ClosestPair}(A, l, m)$
3 $R_{\min} = \text{ClosestPair}(A, m+1, r)$
4 **return** $\min(L_{\min}, R_{\min}, A[m+1] - A[m])$

由于每次函数调用只需常数时间整合子问题, 因此运行时间可由下列递推式给出:

$$T(n) = 2T(n/2) + O(1)$$

主定理的情况1会告诉我们答案, 也即$T(n) = \Theta(n)$。

以上一维最近点对算法仍然是线性时间, 所以看起来不太引人注目, 不过我们将思路推广到二维点的处理上就能看出算法效率了。我们按x轴对n个二维点排序后, 同样的点对特性依然成立: 最近点对要么是左半部分的两个点, 要么是右半部分的两个点, 或者横跨左右。如图5.4所示, 这些横跨左右的点最好接近那条划分左右的"中位线",[1] 也即要求此类点到中位线的距离$d < \min(L_{\min}, R_{\min})$, 此外还得让$y$坐标的差异也不大。通过巧妙的簿记技术, 我们可在线性时间内找到横跨左右的这种最近点对, 因此算法运行时间的递推式为

$$T(n) = 2T(n/2) + \Theta(n)$$

依照主定理的情况2可知$T(n) = \Theta(n \log n)$。

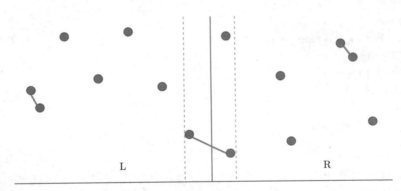

图 5.4 二维中的最近点对(要么位于中位线左边, 要么位于位线右边, 或者在一根穿过中位线的细条上)

5.7 并行算法

两个脑袋比一个强, 更一般地说, n个脑袋比$n-1$个强。随着集群计算和多核处理器的出现, 并行处理变得越来越重要。

---

[1] 译者注: 在最近点对问题中的"中轴"和"中位线"基于点的个数来划分, 并非以几何位置来确定"中间"。

5.7.1 数据并行化

分治是最适合于并行计算的算法范式。通常我们将规模量为n的问题划分为p个规模量相等的子问题, 并分别将它们同时送到各个处理器。这样就能将完成时间(更专业的说法是加工周期[1])从$T(n)$减至$T(n/p)$再加上将结果整合到一起的开销。如果$T(n)$是线性量级, 我们可实现的最大加速比则是p。如果$T(n) = \Theta(n^2)$, 理论上看起来我们可以做得更好(也即p^2), 但通常这只能算作一种幻想。假设我们要针对n项数据扫描所有可能出现的序偶: 虽然我们尽可以将这n项划分为p个互相独立的子集, 但在所有n^2个序偶中, 有$n^2 - p(n/p)^2$个序偶肯定不会分配到同一个处理器上。

发挥多处理器功用的最佳策略是充分利用**数据并行化**(data parallelism), 也即在相互独立的不同数据集上各自运行单个算法。例如计算机动画系统得以每秒30帧的速度渲染逼真的动画, 把每帧分配给不同的处理器, 或者把每个图像分区并让不同处理器承担, 这样可能都应该算是按时完成任务的最佳方案。顺便说一句, 这类任务常常被称为**冷场并行**(embarrassingly parallel)。[2]

一般来说, 这样的数据并行化方案在算法上意义不大, 但却非常简单有效。实际上并行算法的精髓在于不同的处理器应如何同步运行并可将其辛勤劳作成果高效整合, 从而远胜单处理器求解问题的方案, 而这样所涉及的技术就比较高深了。此类算法已超出本书的讨论范围, 不过你还是得稍微了解一点设计和实现复杂并行算法将会面临的挑战。

5.7.2 并行化的陷阱

下面列出若干与并行算法相关的潜在陷阱以及复杂性问题:

- 加速潜力通常被一个较小的上界制约——假设你能使用一台24核机器, 这些处理器专门服务于你的工作中且不能为别人所用。它们可以用于对最快的串行程序进行加速, 并有潜力让加速比(或加速因子)变为24。这当然很好, 但是要能找到一个更好的串行算法, 也许能获得更高的性能。你花在代码并行化上的时间也许应该去用在提高串行版本的性能上。相比并行模型而言, 针对串行机器/程序所开发的性能调优工具(如剖面程序)更好用。
- 没有意义的加速——假设我的并行程序在一台有24核机器上的运行速度是在单处理器的机器上速度的24倍。这个非常好, 对吧? 如果你一直这样去线性加速, 而且拥有处理器的数量无限多, 对于任何串行算法你最终都将击败它。然而, 要是在一台常见的并行机上运行某个易于并行化的代码, 我们常常能见到一个精心设计的串行算法就击败了它。你的并行版本代码降到单处理器情况下很有可能是一个较差的串行算法, 因此加速性能这种计量指标通常无法公平地评测并行的优势。实际上, 你也没法买到一个拥有无限个核的机器。

---

[1] 译者注: 这个概念一般称为"makespan", 在调度问题中比较常见。

[2] 译者注: 这个概念不太好翻译, 不妨参阅https://english.stackexchange.com/questions/83677/what-is-embarrassing-about-an-embarrassingly-parallel-problem。此处的"冷场"寓意尴尬的场景, 此外还暗喻进程之间无话可说, 也即不存在通信。

上述情况的一个典型例子出现极小化极大(minimax)博弈树搜索算法中, 该算法常
用于计算机弈棋程序。并行化一个蛮力的树搜索简单得令人尴尬: 只需将每个子树
放于不同的处理器上即可。然而, 由于不同的处理器会分析考虑相同的位置, 许多
计算量都被白白浪费。在串行情况下从蛮力搜索换为更聪明的alpha-beta剪枝算法
可以轻易地节省99.99%的计算量, 从而使并行蛮力搜索所获得的任何加速性能提升
在其面前都相形见绌。alpha-beta剪枝算法可以并行化, 但是不太容易, 而且其加速
比(可表示为一个自变量为所拥有处理器个数的函数)提升起来慢得要命。

- 并行算法很难调试——除非你的问题可以分解为若干互不相关的任务, 要不然不同
  的处理器就得彼此相连才能最终获得正确结果。不幸的是, 众所周知这种通信的不
  确定性本质上使得并行程序难以调试, 因为你在排错时每次运行代码都将得到不同
  的结果。然而数据并行化除了在最后复制结果的时候, 其他时间基本上不会涉及通
  信问题, 这样处理起来就简单多了。

只有尝试串行求解问题后发现确实太慢时, 我才推荐你去考虑并行处理。即便如此, 我
也会让自己的注意力仅放在那些将输入划分成互不相关的任务从而实现并行化的算法, 这
种情况下除了汇集最后结果之外处理器间不需要任何通信。这种粗粒度并且非常朴素的并
行方式很容易同时达到可实现性和可调试性的目标, 因为确实能将它还原而生成一个串行
情况下效率也很高的算法实现。然而, 即使是这种方法中也会有陷阱, 在下面的算法征战逸
事中你就可以看到。

5.8 算法征战逸事: 毫无进展[1]

在2.9节中, 我引入了一些我们的算法成果, 从而创建了一个快速程序来检验对于锥数
情况的华林猜想。在那个年代我的代码运行还挺快, 它能在某个台式工作站的后台用几周
时间完成运行。可是, 我那些研究超级计算机同事完全没有兴趣选用这种方案。

"我们为什么不去并行处理呢?" 他建议道, "无论怎么优化, 你都还是会有一个外层循
环, 从1到1 000 000 000对其中每个整数中执行同样的计算。我可以把这个范围内的数划分
为不同的区间, 每个区间范围的数分别在不同的处理器上运行。你看着吧, 这会很简单。"

他开始动工了, 他想在一台英特尔IPSC-860上进行计算, 这是一个有32个节点且每个
节点都配了16MB内存的超立方体——在当时它可是个很大的铁家伙。然而, 不但没有得到
答案, 在后续几周内我却没完没了地定期接受有关系统可靠性的电子邮件的热情款待:

- "我们的程序代码运行得很好, 只是一个处理器昨晚死机了。我会重新执行它。"
- "这次机器意外重启了, 所以我们这个运行很久的作业(job)被杀死了。"[2]
- "我们还有个问题。使用这台机器有个原则: 不管有什么特殊情况, 任何人对整个机
  器的支配时间不得超过13小时。"

---

[1] 译者注: 这个算法征战逸事与小说 *Going Nowhere Faster* 同名, 脱胎自"going nowhere fast", 意为"毫无进展"。此外, faster
意味着并行算法可能带来的加速。

[2] 译者注: 对于现在的读者而言, 将其类比为"杀死进程"(kill the process)这样的说法可能会更容易理解一些, 关于kill命令可
参见https://en.wikipedia.org/wiki/Kill_(command)。

不过, 最终他迎难而上。他等到机器稳定之后便锁住了16个处理器(半台计算机), 可让自己不限时使用, 再将从1到1 000 000 000的整数划为16个等长的区间, 然后将每个区间在它所对应的处理器上运行。第二天, 他忙着躲开那些愤怒的用户, 由于我们这种跟无赖一样的作业, 让这些用户无法完成自己的工作。当第一个处理器完成对1到62 500 000这些数的分析那一瞬间, 他对所有冲他大嚷大叫的人们宣布: 剩下的处理器也会很快跟上来。

可是它们没有。他没有意识到测试每个整数的时间会随着数的增大而加长。这样到最后测试1 000 000 000是否可表示为三个锥数之和要比测试100这个数的情况花费更长的时间。这样一来, 每个宣布已完成作业的新处理器的出现间隔会越来越长。由于超立方体的体系结构限制, 在我们全部工作完成前他不能交回任何一个处理器。最终, 半台机器和它的大部分用户被区区一个(也就是最后那个)区间绑架了。

通过这个故事可以得到什么结论? 如果你要去并行化一个问题, 一定要去仔细地平衡处理器间的负载。运用简单估算(back-of-the-envelope calculations)或是我们将在10.7节讨论的划分算法去获得较为准确的负载平衡, 便会显著地降低我们要花在这台机器上乃至于这位仁兄面对同事怒气的时间。

5.9 卷积(*)

两个数组(或向量)A和B的**卷积**(convolution)是一个新的向量C, 其分量为

$$C[k] = \sum_{j=0}^{m-1} A[j] \times B[k-j]$$

其中, A和B的实有元素的个数分别为m和n, 并设数组下标从0开始。于是, C中卷积所存放的位置是从$C[0]$到$C[n+m-2]$。A和B中所有超出以上下标范围(分别是m和n)元素的值都用零表示, 因此它们对任何积都没有贡献。

我们比较熟悉的一个卷积实例是多项式乘法。不妨回想两个多项式相乘的问题, 比如:

$$(3x^2 + 2x + 6) \times (4x^2 + 3x + 2) = (3 \times 4)x^4 + (3 \times 3 + 2 \times 4)x^3$$
$$+ (3 \times 2 + 2 \times 3 + 6 \times 4)x^2 + (2 \times 2 + 6 \times 3)x^1 + (6 \times 2)x^0$$

可让$A[i]$和$B[i]$表示每个多项式中x^i的系数, 于是多项式乘法就对应着卷积, 因为乘积多项式中x^k项的系数就是由前文中的卷积$C[k]$所给出。这个系数是所有指数配对之和为k的那些项乘积之和: 例如$x^4 \times x^1$和$x^3 \times x^2$这两种配对方式都会形成x^5。

最容易想到的卷积实现方法是对$0 \leqslant k \leqslant n+m-2$逐个计算$m$维向量点积得出$C[k]$, 可用双重循环在$\Theta(nm)$时间内完成。由于边界条件限制, 内层循环并非永远要执行m次迭代。如果A和B数组容量更大且右侧全设为零, 可以采用更简单的循环边界控制。代码如下:

```
for (i = 0; i < n + m - 1; i++) {
    for (j = max(0, i - (n - 1)); j <= min(m - 1, i); j++) {
        c[i] = c[i] + a[j] * b[i - j];
    }
}
```

卷积将 A 和 B 的元素逐个取出按规则配对相乘, 因而看起来我们确实应该需要平方时间才能得出这 $n + m - 1$ 个数。但是研究人员突发奇想(其实好些排序算法精巧程度也不相上下), 找到了一个绝妙的分治算法可在 $O(n \log n)$ 时间内完成卷积操作(不妨假设 $n \geqslant m$)。就像前文我们讨论排序那样, 存在大量的应用问题可以充分利用这种能显著加速长序列处理的特质。

5.9.1 卷积的应用

对于卷积而言, 从 $O(n^2)$ 提升到 $O(n \log n)$ 可谓大获全胜, 这一点与排序的改进一样。要利用好这一点, 需要识别你是否在进行一个等价于卷积的操作。当你尝试在一个较大的 k 取值范围内列出所有和为 k 的可能配对之时, 或是在序列串 B 上滑动掩模或者模式串 A 并逐位开展计算之时, 常常都会出现卷积的身影。

卷积操作的重要应用包括:

- **整数乘法**——我们可将任意的 b 进制整数表示为多项式形式。比如取 $b = 10$, 则10进制数 $632 = 6 \times b^2 + 3 \times b^1 + 2 \times b^0$。不过尚存一个难点, 也即多项式乘法其表现相当于没有进位的整数乘法。

  运用快速多项式乘法处理整数乘法有两种不同的方法: 第一种方案是在乘积多项式上显式地执行进位操作, 也即 $\lfloor C[i]/b \rfloor$ 加上 $C[i+1]$ 并用 $C[i] \bmod b$ 替换 $C[i]$; 第二种方案是先计算乘积多项式, 再将 b 代入求值从而得到整数的乘积值 $A \times B$。

  有了快速卷积算法, 以上这两种看似简单的方法甚至能给出一个比 Karatsuba 算法更快的数乘算法, 在RAM计算模型上均只需 $O(n \log n)$ 时间。

- **互相关函数**——对于两个时间序列 A 和 B, 互相关函数可衡量一个序列经由移位或滑移后相对于另一个序列其相似度到底是多少。人们可能会在看完某商品广告之后大约平均 k 天的时候购买该商品, 那么销量和滞后 k 天的广告费用之间应该有很高的关联性, 于是这种互相关函数 $C(k)$ 可用下式计算:

$$C(k) = \sum_j A[j] \times B[j + k]$$

  请注意, 按照卷积的原始定义, 以上点积计算是通过后移 B 而不是前移 B 来完成的。但是我们仍然可用快速卷积算法来计算互相关函数: 只需简单将输入从原始序列 B 改为 B 的逆置序列 B^R。

- **移动平均滤波**——我们经常要通过在时间窗上计算平均值来完成对时间序列数据的平滑处理。例如我们可能要对任意位置 i 设定 $C[i-1] = 0.25B[i-1] + 0.5B[i] + 0.25B[i+1]$, 而这就是一个换了一种形式出现的卷积, 其中 A 可视为一个围绕 $B[i]$ 所展开的时间窗其权重向量。

- **字符串匹配**——回顾一下子串模式匹配问题, 我们最早在2.5.3节中讨论过。给定一个文本串 s 和一个模式串 p, 我们想要确定 s 中所有能与 p 匹配的子串其开始位置。对于 $s = abaababa$ 和 $p = aba$ 这个例子而言, 我们可在 s 中的若干位置找到 p, 所对应子串的起始位置分别为0、3和5。

2.5.3节中所给的$O(mn)$算法在文本串中所有n个可能的起点位置将一个长为m的模式串不断滑动对比。这个滑动窗方法暗示了它其实可以转化成文本串s与模式串的逆置p^R之间的卷积，图5.5给出了一个实例展示，其中文本串为A而模式串为B。我们能用快速卷积在$O(n\log n)$时间内解决字符串匹配问题吗？

答案是可以！假设我们的字符串所对应字母表大小为α，那么我们可用一个长为α且恰好有一个非零位的二元向量来表示每个字符。假设字母表为$\{a,b\}$，可设$a=10$且$b=01$。则我们可以将前文中s和p这两个字符串分别编码为

$$s = 1001101001100110 \to abaababa$$
$$p = 100110 \to aba$$

我们考虑将s的任意偶数位置设定为匹配起始点，在这种情况下，时间窗的点积为m当且仅当p能够与之匹配。[1] 因此，快速卷积可在$O(n\log n)$时间内找出s中所有p出现的位置。

图 5.5 当模式串逆置之后字符串的卷积便等价于字符串匹配

领悟要义: 要学会识别披着各种外衣的卷积问题，而回报则是能改进较差$O(n^2)$性能的$O(n\log n)$神速卷积算法。

5.9.2　快速多项式乘法(**)

上述应用肯定会激发我们对高效卷积计算方法的兴趣。快速卷积算法使用了分治策略，但关于其正确性的详细证明会涉及复数和线性代数的一些高深知识，而这超出了本书的讲解范畴。请注意：以下内容跳过不看也没关系！不过，我们会提供较为充分的概括总结来让你理解关于分治的那一部分。

我们通过多项式相乘的快速算法来表述卷积，它基于以下事实逐步引出：

- 多项式可表示为方程或点集——我们知道任意一对点可定义一条直线。更一般地说，任何n阶多项式$P(x)$可由多项式上的$n+1$个点所完全定义。例如点$(-1,-2)$、点$(0,-1)$和点$(1,2)$可定义二次函数(也即方程)$y = x^2 + 2x - 1$，实际上这些点x坐标与y坐标的关系也是由该方程所决定。

- 我们可通过求值在$P(x)$上找到$n+1$个这样的点，但代价似乎非常高昂——在某个给定多项式上生成单点是很容易的，只需简单地任选一个$x = a$并将其代入$P(x)$即

---

[1] 译者注：例如100110与100110的点积为$3 = m$，而100110与101001的点积为$1 < m$。此外需要注意的是，这个例子中p刚好与p^R相同。

可。对单个这样的a代入求值所花的时间将会是关于$P(x)$其阶数的线性量级, 对我们所处理的问题来说, 阶数其实就是n。然而对x的不同取值执行$n+1$次以上操作则会耗费$O(n^2)$时间, 如果想要找快速乘法的话, 显然超出了我们的承受范围。

- 如果两个多项式$A(x)$和$B(x)$都在相同的x取值上已计算过, 那么$A(x)$和$B(x)$基于点表示形式的相乘则会很容易——假设我们想计算$(3x^2 + 2x + 6)(4x^2 + 3x + 2)$的乘积, 显然结果是一个4阶多项式, 因此我们需要5个点来定义它。我们可以基于同样的x取值序列分别计算:

$$A(x) = 3x^2 + 2x + 6 \longrightarrow (-2, 14), (-1, 7), (0, 6), (1, 11), (2, 22)$$
$$B(x) = 4x^2 + 3x + 2 \longrightarrow (-2, 12), (-1, 3), (0, 2), (1, 9), (2, 24)$$

由于$C(x) = A(x)B(x)$, 现在我们通过将相应的y值相乘来构建$C(x)$上的点。

$$C(x) \longleftarrow (-2, 168), (-1, 21), (0, 12), (1, 99), (2, 528)$$

因此, 基于这种"点表示"方法将点相乘只需花费线性时间。

- 我们可通过两个基于x^2的$n-2$阶多项式来对n阶多项式$A(x)$求值——我们可将$A(x)$的项分别按偶数阶项和奇数阶项划分, 例如:

$$12x^4 + 17x^3 + 36x^2 + 22x + 12 = (12x^4 + 36x^2 + 12) + x(17x^2 + 22)$$

将x^2换为x', 等式右边就刚好可以给我们两个更小且阶更低的多项式。

- 高效分治算法近在咫尺——针对d阶多项式, 我们需要对它的n个点求值, 而且得满足$n \geqslant 2d + 1$, 因为要用这些点来计算两个d阶多项式的乘积。我们可将问题分解为在两个$d/2$阶多项式上执行此类求值操作, 再花上线性时间将子问题的结果拼到一起。于是可定义递推式$T(n) = 2T(n/2) + O(n)$, 它的答案是$T(n) = O(n \log n)$。

- 要想正确无误处理, 需要选择合适的x用于求值——采用平方这个小技巧能使采样点以$\pm x$形式成对出现, 这样是最好的, 因为它们平方之后变得一模一样, 而对其求值只需要一半的工作量。

  然而, 除非x的值是精心选择的复数, 否则这条特性并不能递归地成立。[1] n次单位根是方程$x^n = 1$的解集。在实数情况下, 我们只能在$\{-1, 1\}$中挑选解集, 但是在复数情况下该方程有n个解。这n个根中的第k个可表示为

$$w_k = \cos(2k\pi/n) + i\sin(2k\pi/n)$$

要欣赏这些数字的魅力, 请看我们对其求幂后会发生什么:

$$w = \left\{ 1, \frac{1+i}{\sqrt{2}}, i, -\frac{1-i}{\sqrt{2}}, -1, -\frac{1+i}{\sqrt{2}}, -i, \frac{1-i}{\sqrt{2}} \right\}$$
$$w^2 = \{1, i, -1, -i, 1, i, -1, -i\}$$
$$w^4 = \{1, -1, 1, -1, 1, -1, 1, -1\}$$
$$w^8 = \{1, 1, 1, 1, 1, 1, 1, 1\}$$

---

[1] 译者注: 也即无法不断地开方且出现一正一负。

可以看出, 以上这些项一正一负成对出现, 每次平方后都会使其中存在差异的项总数减半。事实上, 这些属性正是我们能让分治法正常工作所需要的。

快速卷积的最佳实现通常是计算快速傅里叶变换(FFT), 所以我们经常会想办法将问题归约为FFT, 从而可利用现有的库函数。关于FFT的讨论, 可参阅16.11节。

领悟要义: 快速卷积可在$O(n\log n)$时间内求解很多问题。不过要想迈出第一步, 得辨识出你所处理的问题本质上是卷积。

章节注释

好些别的算法教材(包括[CLRS09、KT06、Man89])对于递归算法内容的覆盖面更广。你可以在Cormen等的[CLRS09]中读到关于主定理的精彩综述。

Skiena在[Ski12]中给出了疫苗设计算法的入门介绍。5.2节中所讲的查错序列其实是一种池化(pooling)设计, 只需对池化样本进行$\log n$次验血, 便能在n个人中识别出那个真正的病患。堵丁柱和黄光明在[DH00]中对这些有趣的试验设计方法给出了很好的综述。这些设计中的子集从左到右的次序对应着一个格雷码(17.5节将讨论), 其中相邻子集恰好只有一个元素不同。

邓越凡和杨振宁的[DY94]列入了我们对锥数的并行计算工作。本节对卷积和FFT的讲解基于Avrim Blum的15-451/651算法课程的讲义而完成。

5.10 习题

二分查找

5-1. *[3]* 假定给你一个数组, 它由业已排序的n个数**循环右移**(circularly shifted)k位而构成。例如, {35, 42, 5, 15, 27, 29}是某个有序数组循环右移2位而成, 而{27, 29, 35, 42, 5, 15}则是原有序数组循环右移4位而成。

(a) 假定你知道k的值。给出一个$O(1)$算法找到A中最大的数。

(b) 假定你不知道k的值。给出一个$O(\log n)$算法找到A中最大的数。你可以给出一个$O(n)$算法, 这样可以拿到部分分数。

5-2. *[3]* 现有一个由n个互不相同的正整数所组成的有序数组, 其中的数取自1到$n+1$(也即缺一个数)。设计一个$O(\log n)$时间的算法找出缺失数字, 除了若干辅助变量之外不得再使用更多的空间。

5-3. *[3]* 考虑数值化的二十问题游戏。在这种游戏中, 1号游戏者先想一个1到n之间的数。2号游戏者必须通过问尽可能少的真/假问题来猜出此数。假定没人作弊。

(a) 若n已知, 最佳策略是怎样做的?

(b) 若n未知, 请给出一个还不错的策略。

5-4. *[5]* 给你一个由n个不同元素组成的**单峰**(unimodal)数组, 这意味着该数组中的元素在遇到最大元之前按递增次序排列, 随即元素按递减次序排列. 请给出一种在单峰数组中查找最大元的算法, 其运行时间为$O(\log n)$.

5-5. *[3]* 假定给你一个由不同整数组成的有序序列$\{a_1, a_2, \cdots, a_n\}$. 给出一个$O(\log n)$算法以确定是否存在下标$i$满足$a_i = i$. 例如$\{-10, -3, 3, 5, 7\}$中$a_3 = 3$. 而在$\{2, 3, 4, 5, 6, 7\}$中不存在这样的$i$.

5-6. *[5]* 假定给你一个由不同整数组成的有序序列$A = \{a_1, a_2, \cdots, a_n\}$, 其中元素均从$[1, m]$中取值, 且$n < m$. 给出一个$O(\log n)$算法找出一个未在$A$中出现且取自$[1, m]$的整数. 要拿满分, 必须找到这种整数中最小的那个.

5-7. *[5]* 令M为一个$n \times m$的整数矩阵, 其中每行(从左到右)均按递增排列, 而每列(自上而下)也均按递增排列. 给出一个高效算法找出整数x在M中所处位置, 或能确定x不在M中. 在最坏情况下, 你的算法需要用x和矩阵项比较多少次?

分治算法

5-8. *[5]* 给定两个分别长为n和m的有序数组A和B, 求这$n + m$个元素的中位数, 整个运行时间限制为$O(\log(n + m))$.

5-9. *[8]* 5.6节的最大子范围问题取一个含有n个数的数组A为输入, 要求输出一对下标i和j能够最大化$S = A[i] + A[i + 1] + \cdots + A[j]$. 请给出一个$O(n)$时间的最大子范围算法.

5-10. *[8]* 给定n根木棒, 每根长度皆为整数, 我们以$L[i]$表示第i根木棒的长度. 现在需要切割这些木棒最终得到长度完全相同的k根木棒, 当然会剩下一些余料. 此外, 我们希望所产出的这k根木棒越长越好.

(a) 给定长度为$L = \{10, 6, 5, 3\}$的4根木棒, 在$k = 4$时我们能得到等长木棒的最大长度是多少? [提示]: 答案并非3.

(b) 给出一个正确且高效的算法, 在给定L和k的情况下返回从初始n根木棒上切出的k根等长木棒的最大长度.

5-11. *[8]* 将本章所讲解的基于卷积的字符串匹配算法扩展到允许使用通配符"$*$"进行模式匹配的情况. 通配符"$*$"可匹配任何字符, 例如"h$*$t"可与"hit"或者"hot"匹配.

递推关系

5-12. *[5]* 5.3节中断言任意多项式都可用递推关系表示. 请找出能表示多项式$a_n = n^2$的递推关系.

5-13. *[5]* 假设你需要处理某个规模量为n的问题, 需要在以下三种算法中做出选择:

- 算法A先将问题划分为5个规模量减半的子问题, 再递归求解每个子问题, 最后将结果以线性时间整合.
- 算法B先递归求解两个规模量均为$n - 1$的子问题, 再以常数时间整合结果, 最终解决原问题.
- 算法C将原问题分成9个规模量均为$n/3$的子问题并分别递归求解, 最后用$\Theta(n^2)$时间整合结果.

这些算法的运行时间各是多少(以大O记号表示)? 你会选择哪一种算法呢?

5-14. *[5]* 求解下列递推关系, 并给出每个递推关系的Θ界:

    (a) $T(n) = 2T(n/3) + 1$

    (b) $T(n) = 5T(n/4) + n$

    (c) $T(n) = 7T(n/7) + n$

    (d) $T(n) = 9T(n/3) + n^2$

5-15. *[3]* 利用主定理求解下列递推关系:

    (a) $T(n) = 64T(n/4) + n^4$

    (b) $T(n) = 64T(n/4) + n^3$

    (c) $T(n) = 64T(n/4) + 128$

5-16. *[3]* 给出下列递推关系中$T(n)$的紧致渐近上界(大O记号)。通过标出所选主定理的三种情况之一、递推迭代或者换元法来证明你的答案是正确的:

    (a) $T(n) = T(n - 2) + 1$

    (b) $T(n) = 2T(n/2) + n \log^2 n$

    (c) $T(n) = 9T(n/4) + n^2$

力扣

5-1. https://leetcode.com/problems/median-of-two-sorted-arrays/

5-2. https://leetcode.com/problems/count-of-range-sum/

5-3. https://leetcode.com/problems/maximum-subarray/

黑客排行榜

5-1. https://www.hackerrank.com/challenges/unique-divide-and-conquer

5-2. https://www.hackerrank.com/challenges/kingdom-division/

5-3. https://www.hackerrank.com/challenges/repeat-k-sums/

编程挑战赛

下列编程挑战赛问题可在https://onlinejudge.org/上找到, 网站会自动判分。

5-1. "Polynomial Coefficients" — 第5章, 问题10105。

5-2. "Counting" — 第6章, 问题10198。

5-3. "Closest Pair Problem" — 第14章, 问题10245。

第6章
散列与随机化算法

前述章节讨论的算法其设计目标是优化最坏情况下的性能: 保证在指定运行时间内给出每个问题算例的最优解。

实现这一点确实很了不起, 不过我们其实可以对算法始终正确这一点降低要求, 或者在始终高效这点上稍加放松, 依然可以给出具有性能保障的实用算法。随机化算法不仅仅是启发式方法: 任何不佳的性能其实只能归结于运气不好(不妨想象投掷硬币), 而不是来自刻意设计(当作反例来用)的输入数据。

依照能否保证算法的正确性或高效性, 我们可将随机化算法归为两类(本章将分别给出若干实例):

- Las Vegas**算法** —— 此类随机化算法能保证正确性, 而且通常都是(并非永远)高效的。快速排序就是一个极好的Las Vegas算法实例。
- Monte Carlo**算法** —— 此类随机化算法可证明是高效算法, 而且通常都能(并非永远)给出正确或接近正确的答案。[1] Monte Carlo算法的代表是12.6.1节中将讨论的随机抽样方法, 我们从(比如说1 000 000个)随机样本中找出最好的一种解法, 以此作为算法输出。

随机化算法往往很易于描述并实施, 这是它们的一个优点。算法设计往往需要仔细应对罕见或可能性不大的情况, 如果你将这些烦心事抛诸脑后, 就有可能不用去考虑和设计复杂的数据结构, 以及那些为了适应实际问题而做的各种改造。这种简明的随机化算法往往具有直观上的魅力, 而设计起来也相对容易。

然而, 随机化算法的严格分析往往是非常不容易的。概率论是我们分析随机化算法要用到的数学, 这门学科肯定得具备形式化数学的外衣(逻辑严谨), 也必然会包含巧妙的数学思维(应用广泛)。[2] 概率分析通常会涉及一长串不等式的代数运算, 让人望而生畏, 而且还强烈地依赖于技巧和经验。

本书定位于一般读者, 并严格遵循"免去定理和证明"的行文策略, 而这样导致书中很难提供较好的概率分析。但我还是会尽我所能给出我的直觉判断, 从而让读者感受到这些算法为什么通常可保证正确性或高效性。

通过对散列表(3.7节)和快速排序(4.6节)的讨论, 我们已经初窥随机化算法的堂奥。现在你最好去复习一下上述章节, 这样能帮助你更好地理解本章接下来要讲的内容。

---

[1] 译者注: 按照作者在第1章的界定, Monte Carlo算法只是启发式方法而不能称为"算法"。当然, 我们可以认为之前所讨论的"算法"是"确定性算法"(非随机化)。

[2] 译者注: 现实生活中概率问题丰富多样, 各种精彩的数学技巧层出不穷。然而, 长期以来概率论缺乏严格的数学基础, 直到Kolmogorov引入了公理化体系才解决了这个基本问题。

停下来想想：快速排序之城

问题：为什么随机化快速排序是Las Vegas算法而不是Mont Carlo算法？[1]

证明：回想一下：Mont Carlo算法始终很快，尽管通常是正确的但可能会错；而Las Vegas算法则始终正确，尽管通常是快速的但可能较慢。

随机化快速排序肯定能将序列排好次序，由此可知它始终正确。尽管若是选择一连串糟糕的枢纽元可能会导致其运行时间超出$O(n \log n)$，但排序工作肯定能完成。因此，快速排序是Las Vegas算法的一个优秀范例。 ∎

6.1 重温概率论

我会克制住在这里全面回顾概率论的冲动，因为我的目标之一是将本书控制在一定的篇幅内。我假定：(1) 你之前已经对概率论有所了解；(2) 当你需要了解更多内容时，你知道应该去哪查阅资料。如此一来，我就能把本节内容限定在书中会用到的那些基本定义和基本特性上。

6.1.1 概率

概率论为事件可能性的推理提供了形式化的框架。形式化的数学学科都会有一大撮相关的定义，从而能够精准地具象化我们所推理的内容：

- **试验**(experiment)是一种过程，一次试验会有一个结果，而可能出现的结果已限定在某个集合内。举个我们后文一直会用的例子：投掷一红一蓝两个六面骰子是一种试验，骰子的每一面都刻着不同的整数$\{1,2,3,4,5,6\}$。
- **样本空间**(sample space)S是试验中所有可能产生的**结果**(outcome)所形成的集合。在我们的骰子实例中有三十六种可能会出现的结果，也即集合S包含如下元素：

$$
\begin{array}{cccccc}
(1,1) & (1,2) & (1,3) & (1,4) & (1,5) & (1,6) \\
(2,1) & (2,2) & (2,3) & (2,4) & (2,5) & (2,6) \\
(3,1) & (3,2) & (3,3) & (3,4) & (3,5) & (3,6) \\
(4,1) & (4,2) & (4,3) & (4,4) & (4,5) & (4,6) \\
(5,1) & (5,2) & (5,3) & (5,4) & (5,5) & (5,6) \\
(6,1) & (6,2) & (6,3) & (6,4) & (6,5) & (6,6)
\end{array}
$$

- **事件**(event)E是试验结果集S的一个特定子集。两个骰子总数为7或11(双骰子赌局中出场首轮投掷获胜的条件)对应的事件是子集

$$E = \{(1,6),(2,5),(3,4),(5,2),(6,1),(5,6),(6,5)\}$$

- 结果s的**概率**(probability)一般记为$p(s)$，该数值满足两条特性：

---

[1] 译者注：Las Vegas和Mont Carlo均为城市名，因此标题为"快速排序之城"。

    - 对于样本空间S的任意结果s都满足$0 \leqslant p(s) \leqslant 1$;

    - 所有结果的概率之和为1, 也即$\sum\limits_{s \in S} p(s) = 1$。

对于两个公平(fair)[1]骰子, S中的任意结果s的概率均为$p(s) = (1/6) \times (1/6) = 1/36$。

- 事件E的概率是该事件所有结果的概率之和, 也即

$$P(E) = \sum_{s \in E} p(s)$$

还可以根据事件E的**补**(complement)也即$\bar{E}$来定义$P(E)$, 也就是考虑E没有出现时的情况, 于是可知

$$P(E) = 1 - P(\bar{E})$$

上述公式非常有用, 因为有时候分析$P(\bar{E})$往往要比分析$P(E)$要容易得多。

- **随机变量**(random variable)W是样本空间上一个关于结果的数值函数。函数"将两个骰子的值相加"(也即$W((a,b)) = a + b$)会得到一个2到12之间的整数值。这意味随机变量的所能取到的值存在概率分布, 例如: 概率$P(W(s) = 7) = 1/6$, 而概率$P(W(s) = 12) = 1/36$。

- 在样本空间S上可定义随机变量W的**期望值**(expected value)

$$E(W) = \sum_{s \in S} p(s) \times W(s)$$

6.1.2 复合事件与独立性

在同一样本空间下考虑两个较为简单的事件A和B(简单事件), 如何通过它们计算较为复杂的事件(复合事件), 这是实际中经常遇到的问题。也许事件A对应"两个骰子中至少一个是偶数", 而事件B表示"投出的总数是7或11"。注意会出现A的结果不是B的结果这样的情况, 可将其精确表示为

$$A - B = \{(1,2),(1,4),(2,1),(2,2),(2,3),(2,4),(2,6),(3,2),(3,6),$$
$$(4,1),(4,2),(4,4),(4,5),(4,6),(5,4),(6,2),(6,3),(6,4),(6,6)\}$$

即**差集**(set difference)操作。观察到此处$B - A = \varnothing$, 因为和值为7或11的任意一对数都必然由一个奇数和一个偶数组成。

事件A和事件B之间共有的结果称作**交集**(intersection), 记为$A \cap B$, 也可写为

$$A \cap B = A - (S - B)$$

只要在A或B中出现的结果都可纳入**并集**(union)之中, 记为$A \cup B$。并集和交集的概率可通过以下方程予以关联:

$$P(A \cup B) = P(A) + P(B) - P(A \cap B)$$

---

[1] 译者注: 也称为无偏(unbiased), 意味着每种结果出现的可能性相同, 与之相对的则是有偏(biased)。

如果再配上补操作 $\bar{A} = S - A$, 就可以组合出各式各样的事件(如图6.1所示)。要想算出以上这些集合(也即事件)的概率, 可根据其具体定义数出对应结果的个数, 即可方便地获得。

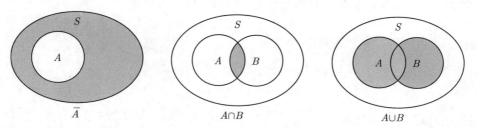

图 6.1 以Venn图展示集合(阴影部分): 从左到右分别为 $\bar{A} = S - A$(差集)、$A \cap B$(交集)和 $A \cup B$(并集)

事件 A 和事件 B 如果满足

$$P(A \cap B) = P(A) \times P(B)$$

那么它们之间相互**独立**(independent)。这意味着事件 A 和 B 所共有的结果中不存在特别的关联。例如, 假设我班上有一半的学生是女生, 而且一半的学生在平均线以上, 如果这两个事件是独立的, 那么我们可以预估这个班里既是女生又在平均线以上的学生占四分之一。

概率学家非常青睐独立事件, 因为它可将计算简化。例如, 若将第 i 次投掷得数为偶的事件记为 A_i, 那么一次掷两个骰子所得全为偶数的概率为

$$P(A_1 \cap A_2) = P(A_1)P(A_2) = (1/2) \times (1/2) = 1/4$$

这样一来, 两个骰子中至少一个是偶数(记为事件 A)的概率是

$$P(A) = P(A_1 \cup A_2) = P(A_1) + P(A_2) - P(A_1 \cap A_2) = 1/2 + 1/2 - 1/4 = 3/4$$

独立性在很多问题中往往不成立, 这充分体现了概率分析的精妙与困难。当我们逐个投掷 n 枚硬币时(可认为相互独立), 得到 n 个正面的概率是 $1/2^n$。但是如果硬币之间完全相关(perfectly correlated), 也就是 n 枚硬币只可能是全部为正面或全部为反面, 得到 n 个正面的概率则变为 $1/2$。更一般地, 如果投出的第 i 和第 j 枚硬币的结果之间有着复杂的关联, 这种计算会变得非常困难。

设计随机化算法时通常会假设样本随机选取且相互独立, 因此我们尽可放心地直接将概率相乘来处理此类复合事件。

6.1.3 条件概率

假定 $P(B) > 0$, 那么在事件 B 已发生的情况下, 事件 A 的**条件概率**(conditional probability) $P(A|B)$ 定义为

$$P(A|B) = \frac{P(A \cap B)}{P(B)}$$

特别地, 如果 A 和 B 这两个事件相互独立, 那么

$$P(A|B) = \frac{P(A \cap B)}{P(B)} = \frac{P(A)P(B)}{P(B)} = P(A)$$

也就是说B对于A发生的概率完全没有影响。只有当两个事件彼此有依赖性时, 条件概率才有意义。

回忆一下6.1.2节中的掷骰子事件, 即:

- 事件A: 两个骰子中至少一个是偶数;
- 事件B: 投出的总数是7或11。

根据事件定义可以观察到$P(A|B) = 1$, 因为任何和数为奇的投掷肯定由一个奇数和一个偶数组成, 因此$A \cap B = B$。我们再来考虑$P(B|A)$, 注意到$P(A \cap B) = P(B) = 8/36$, 而$P(A) = 27/36$, 因此$P(B|A) = 8/27$。

我们计算条件概率的主要工具是贝叶斯定理, 它可逆转依赖关系的方向:

$$P(B|A) = \frac{P(A|B)P(B)}{P(A)}$$

很多时候其实从一个方向计算概率会比从另一个方向计算概率更为方便。由贝叶斯定理可知, $P(B|A) = (1 \times 8/36)/(27/36) = 8/27$, 这正好是我们之前所得到的概率值。

6.1.4   概率分布

当随机变量是数值函数时, 其值与发生概率有关。我们前面所给的例子中, $W(s)$是两个投出的骰子之和, 函数值则是一个2到12之间的整数。若$W(s)$取特定值也即$W(s) = w$时, 它的概率是骰子之和为w的所有结果其概率总和。

此类随机变量可用其**概率密度函数**(probability density function)也即PDF表示。在PDF图中, x轴代表随机变量取值, y轴表示每个随机变量所取值对应的概率。图6.2[左]给出了两个公平骰子之和的PDF, 我们可以观察到峰值为$w = 7$, 对应最有可能出现的骰子总数, 其概率为1/6。

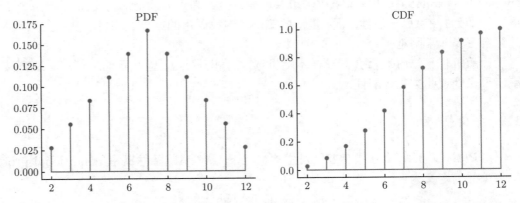

图 6.2   两个骰子之和(横轴)的概率密度函数(PDF)包含着与累积分布函数(CDF)完全相同的信息(然而看起来却截然不同)

6.1.5 均值与方差

摘要统计量(summary statistic)主要有两类, 将它们放在一起可以让我们了解关于概率分布或数据集的很多内容:

- **集中性度量**central tendency measure —— 获取随机样本或数据点其分布的中心位置信息。
- **方差/差异性度量**(variation/variability measure) —— 描述散布程度, 也即随机样本或数据点与其中心的远近程度。

均值(mean)是最基本的集中性度量。随机变量W的均值或者说是期望值记为$E(W)$, 它由下式给出:

$$E(W) = \sum_{s \in S} W(s)p(s)$$

如果所有简单事件的概率相等, 那么均值(或$w_1, w_2, \cdots, w_n$的平均数)可按下式计算:

$$\bar{W} = \frac{1}{n} \sum_{i=1}^{n} w_i$$

最常见的差异性度量是**标准差**(standard deviation)σ, 随机变量W的标准差σ一般定义为$\sqrt{E((W - E(W))^2)}$。对于一个数据集来说, 其样本标准差会基于个体与均值差的平方之和来计算:[1]

$$\sigma = \sqrt{\frac{\sum\limits_{i=1}^{n}(w_i - \bar{W})^2}{n-1}}$$

与之相关的统计量是**方差**(variance)$V = \sigma^2$, 也即标准差的平方。有时讨论方差要比讨论标准差更便捷, 因为方差(variance)这个概念比标准差(standard deviation)要少敲10个字符(含空格)。玩笑归玩笑, 其实这两个统计量所度量的东西是完全一样的。

6.1.6 投掷硬币

当你将一枚公平硬币投掷一万次并获得实际数据之后, 你在直觉上应该能了解到正面和反面基本上会按均匀分布形式出现。你现在知道每次投掷正面朝上的概率是$p = 1/2$, 于是n次投掷后正面总数的期望值为$p \times n$, 在本例中值为5000。你可能学过, n次投掷出现h个正面会服从二项分布(正面总数不妨记为随机变量H), 也即

$$P(H = h) = \binom{n}{h} \times \left(\sum_{i=0}^{n} \binom{n}{i} \right)^{-1} = \frac{1}{2^n} \binom{n}{h}$$

此外, 它是一个钟形分布, 并且关于均值对称。

不过你可能不会欣赏如图6.3所示的这种如此细狭的分布。当然了, 投掷结果从0个正面到n个正面都会出现, 其中任意情况都可从n次公平硬币的投掷中得到, 但实际上结果却完

---

[1] 译者注: 此处"样本标准差"(区别于前面的"标准差")的公式为Bessel校正, 分母为$n-1$而不是n。

全不公平: 我们得到的正面总数几乎总是在均值左右的几个标准差范围之内, 而这个二项分布的标准差为$\sigma = \sqrt{np(1-p)} = \Theta(\sqrt{n})$。

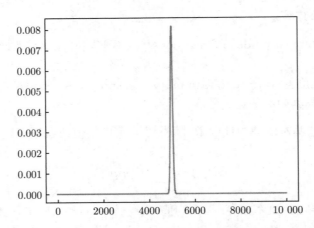

图 6.3 在$n = 10\,000$次公平硬币投掷中得到h个正面的概率分布(紧密聚集于均值$n/2 = 5000$所在位置)

实际上, 对于任意概率分布来说, 至少有$1 - 1/k^2$的比例位于均值(记为μ)的$\pm k\sigma$范围之内。[1] 对于随机化算法以及随机过程中常见的概率分布, 通常σ相对于μ而言是比较小的, 因此其分布依然会呈现聚集的形态。

> **领悟要义**: 学生们常常问我, 当随机化快速排序的运行时间退化成$\Theta(n^2)$量级时"会发生什么"? 答案是就像你买彩票完全一样, 什么也不会发生——基本可以说你只会输钱。使用随机化快速排序, 你几乎胜券在握——如此紧密聚集的概率分布可让运行时间几乎总是非常接近于期望时间。

停下来想想: 沿路随机行走

问题: 图中的随机行走(random walk)是重要的随机过程, 在相关课程里通常都要求大家掌握。期望覆盖时间(访问完全部顶点所需步数的期望值)主要取决于图的拓扑结构, 图6.4给出了不同的图结构示意。路径(path)是一种特殊的图, 沿路随机行走会导致什么样的期望覆盖时间呢?

假设我们将一条包含m个顶点的路径的起点设为这条路的最左边。我们用手指不断快速抛出(flip)一枚公平硬币再接回, 抛出正面就向右走一步而出现反面则向左走一步, 要是硬币让你离开这条路你千万得停在原地别动。你预计需要抛多少次硬币(写成关于m的函数)才能抵达终点(这条路的最右边)?

解: 要想在抛了n次硬币后到达路径的最右边, 我们抛出正面的数量至少得比反面多$m - 1$, 当你位于最左边的顶点时只能不断抛硬币直到它示意你向右走(希望你不会感到烦躁)。我们预期抛掷结果的一半为正面, 其标准差为$\sigma = \Theta(\sqrt{n})$, 事实上$\sigma$描述了正面和反面其总数

---

[1] 译者注: 也即Chebyshev不等式的等价表述形式: 随机变量X满足$P(|X - \mu| < k\sigma) \geqslant 1 - 1/k^2$。

之差的扩散程度, 而这个取值是确实有可能出现的。我们必须抛出足够的次数, 让 σ 至少增长到跟 m 的量级一样, 也即

$$m = \Theta(\sqrt{n}) \rightarrow = \Theta(m^2)$$

因此, 期望覆盖时间为 $\Theta(m^2)$。[1]

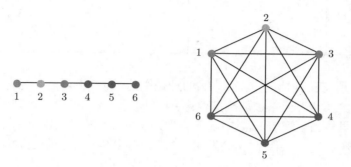

图 6.4 在路径[左]或完全图[右]中随机行走需要多少次才能访问完所有 n 个点?

6.2 理解球与箱

球与箱是概率论的经典问题: 给定 n 个相同的球, 将其随机投入 m 个有编号的箱中。投完之后, 球的(概率)分布是我们关心的问题。不妨先思考一个有趣的问题——装下 n 个球实际所用到的箱数期望值是多少?

散列可视作投球入箱的过程, 不妨认为我们将 n 个键(对应球)散列到 m 个桶(对应箱)之中。当 $m = n$ 时, 按正常估计来说每箱平均会有一个球, 但是请注意, 不管散列函数是好是坏, 这个结论都是成立的($n/n = 1$)。

一个好的散列函数应该表现得像随机数生成器一样, 会以等概率挑选从 1 到 n 之间的整数/箱号。但是当我们从一个均匀分布中选取 n 个这种整数时, 又会发生什么? 最理想的情况是将 n 项(对应球)分别放入不同的箱中, 这样一来, 每个桶里刚好包含一个待查键。但这种事情真可能出现吗?

为了帮你培养自己的直觉, 我建议你编写一个小的模拟程序并运行这个试验。当然我也这样做了, 散列表大小从一百万取到一亿, 结果如表6.1所示。

表 6.1 包含 k 个键的桶数

k	$n = 10^6$	$n = 10^7$	$n = 10^8$
0	367 899	3 678 774	36 789 634
1	367 928	3 677 993	36 785 705
2	183 926	1 840 437	18 392 948
3	611 112	613 564	6 133 955
4	15 438	152 713	1 531 360
5	3130	30 517	306 819

---

[1] 译者注: 其值为 $(m-1)^2$, 证明可见Herbert S. Wilf发表于 *The American Mathematical Monthly* 的短文 *The Editor's Corner: The White Screen Problem*, 作者还描述了自己使用BASIC编程的故事。

k	$n = 10^6$	$n = 10^7$	$n = 10^8$
6	499	5133	51 238
7	56	754	7269
8	12	107	972
9		8	89
10			10
11			1

可以看到在所有三种情况中, 36.78%的桶是空的, 而这不可能是巧合。第一个桶(记为B_1)为空, 当且仅当n个球全都被放到其他$n-1$个桶里。易知任意一个球没装入该桶的概率$p = (n-1)/n$。虽然当n变大时p会接近于1, 但是所有n个球都没装到B_1中, 因此概率是p^n。当p这个较大的概率多次相乘时, 又会发生什么呢? 你其实在学极限的时候见过这个:

$$P(|B_1| = 0) = \left(\frac{n-1}{n}\right)^n \to \mathrm{e}^{-1} \approx 0.367\ 879$$

因此36.78%的桶在较大的散列表中都将会是空的。此外可以证明, 包含一个元素的桶所占比例其数学期望极限也刚好是这个值(e^{-1})。

如果有这么多的桶都是空的, 其他的桶肯定有些会特别满。表6.1中最满的桶随着n的增加变得更满, 从8到9再到11。事实上最满的桶其中元素个数期望值为$O(\log n/\log\log n)$, 它虽然增长缓慢但并不是常数, 因此3.7.1节中提到散列的最坏情况访问时间为$O(1)$这种表述太过于随意了。[1]

> **领悟要义**: 随机过程的精准分析需要更为形式化的概率论知识、代数技巧和严谨的渐近记号表述。本章会略过此类问题, 但你应该庆幸这些内容的存在奠定了理论基础。

优惠券收集者问题

作为最后的散列热身, 我们现在将球不断往n个箱里投掷, 直到所有箱都不再为空时停止, 也就是说每个箱中至少有一个球。我们预计要投多少下呢? 在图6.5中可看出, 要让每个箱都发挥功用, n次投球是远远不够的。

我们可以把这种球的序列分成n段, 其中第i段r_i始于非空箱的个数刚达到i时, 直到再次把球扔进一个空箱为止。于是, 投满所有n个箱的球数期望值$E(n)$则是所有段的期望长度之和。由几何分布的特性可知, 如果你多次抛出一枚硬币且正面朝上的概率恒为p, 那么当你获得第一个正面时, 抛掷次数的期望值是$1/p$。此外, 从i个箱变为非空状态的那一刻起, 下次投球会扔进空箱的概率是$p = (n-i)/n$。综合以上结论, 我们可得到:

$$E(n) = \sum_{i=0}^{n-1} |r_i| = \sum_{i=0}^{n-1} \frac{n}{n-i} = n\sum_{i=0}^{n-1} \frac{1}{n-i} = nH_n \approx n\ln n$$

---

[1] 准确来说, "散列表查找的期望时间为$O(1)$"是对所有n个键取平均意义下的结论, 但是我们知道会有少数键对应着很不走运的情况, 需要耗费$O(\log n/\log\log n)$时间。

这里还有个小技巧, 就是你得记住调和数 $H_n \approx \ln n$。

								18	
				32				16	
	24		29	31	19			15	
	21		12	25	9			11	27
30	20	14	10	23	3		26	4	22
28	13	8	5	17	1	�33	7	2	6
1	2	3	4	5	6	7	8	9	10

图 6.5 通过往10个箱里随机投球(优惠券)的一次具体试验来阐述优惠券收集者问题: 直到投出第33次所有箱才全变为非空状态(集满所有优惠券)

停下来想想: 完全图的覆盖时间

问题: 假设我们从一个 n 顶点完全图(如图6.4所示)中的顶点1出发, 在该图中随机行走, 每一步都从当前位置走向一个随机选取的邻点。那么, 访问完图中所有顶点的期望步数是多少?

解: 这个问题和前一道"停下来想想"基本相同, 但是由于处理的图不同, 那么答案也可能有所不同。

实际上, 这个随机过程每次独立地随机生成1到 n 之间的整数, 看起来与优惠券收集者的问题基本相同, 那么你可能会认为随机行走的期望覆盖长度是 $\Theta(n \log n)$。

这个论据唯一的瑕疵在于, 随机行走模型不允许我们连续两步停留在同一个顶点上, 除非图中存在自圈(从顶点到其自身的边)。因此, 没有自圈的图应该会有一个稍短的覆盖时间, 因为重复访问在覆盖率上完全没有影响, 不过这不足以改变覆盖时间的渐近记号。对比两个问题的分析过程可知, 下一步发现未覆盖顶点(共有 $n-i$ 个)的概率会从原来的 $(n-i)/n$ 变为 $(n-i)/(n-1)$, 于是总覆盖时间便从 nH_n 降到 $(n-1)H_n$, 而最终结果在渐近意义下是一样的。综上所述, 覆盖整个图需要 $\Theta(n \log n)$ 步, 比覆盖路径要快得多。 ∎

6.3　为什么散列是随机化算法

回想一下第3章中的散列函数 $H(s)$, 它可将键 s 映射为0到 $m-1$ 范围内的整数, 而理想情况下是均匀地映射到该区间。由于好的散列函数和均匀随机数生成器的机制很相似, 也即会让这些键散布在指定整数范围内, 因此我们可将散列值视为抛掷一个 m 面骰子的结果, 并通过这种方式来分析散列。

但是仅仅因为我们可用概率论来分析散列并不意味着能将其转为随机化算法。正如之前所讨论的那样, 散列是完全确定的过程, 因为不涉及任何随机数。实际上散列必须是确定的, 因为无论何时输入某个特定的 s 之后, 我们都需要 $H(s)$ 得出完全相同的结果, 如若不然, 我们基本上很难在茫茫的散列表中找到这个 s。

我们喜欢随机化算法的原因之一是它们能让最坏情况输入算例难以出现: 差的性能应该只是极端坏运气的结果, 而不是某个捣蛋鬼故意给我们不太好的数据让算法性能降低。但是, 我们很容易(注意是从原则上来说)为任意散列函数 H 构造一个最坏情况下的实例。假设我们任取一个由nm个不同键值组成的集合S, 并对每个$s \in S$进行散列。由于该散列函数的值域只包含m个元素, 因此必然会出现很多碰撞。平均每个桶中的键数是$nm/m = n$, 根据鸽笼原理可知肯定有一个桶中至少包含n个键(它们自己非要聚到一起), 而这些键将必然是散列函数H的噩梦。

我们如何防止这种最坏情况的输入? 如果从一个较大的散列函数集合中随机选一个, 那么我们就能建成可靠的护城河, 因为这种较差的实例一般都是基于散列函数的完整信息而专门构造的, 而随机化让反例构造者基本无从下手。

问题来了, 我们应该如何构建一簇随机的散列函数呢? 回想一下, 通常散列函数定义为

$$H(s) = F(s) \bmod m$$

我们用$F(s)$先将键s转换为一个相当大的值, 再取其除以m之后的余数, 便可将最终值限定于指定范围。我们想要的值域范围通常由实际问题和内存限制共同决定, 所以随机选择m是不太合适的做法。那么, 要是先用一个大于m的整数p来取模会怎样呢? 一般而言, 多求一次余数会让结果出现差异, 也即

$$F(s) \bmod m \neq \big(F(s) \bmod p\big) \bmod m$$

考虑如下实例: $21\,347\,895\,537\,127 \bmod 17 = 8$, $(21\,347\,895\,537\,127 \bmod 2\,342\,343) \bmod 17 = 12$, 而$8 \neq 12$。因此, 我们可以随机选出某个整数$p$来重新定义散列函数:

$$H_p(s) = \Big(\big(F(s) \bmod p\big) \bmod m\Big)$$

此外, 只要满足$F(s) \gg p \gg m$(相对较大即可)且m与p互素, 你大可不必操心散列的性能问题, 它自然就会解决。

一旦能够随机挑选散列函数, 就意味着我们现在所使用的散列真正具备了随机化特性, 从而让最坏情况下的输入不敢再轻举妄动。此种策略还可以让我们设计基于多个散列函数的强大算法, 例如6.4节中即将讨论的Bloom过滤器。

6.4 Bloom过滤器

之前我们讲过Google等搜索引擎所面临的重复文档检测的问题。搜索引擎旨在建立一个网络上所有文档的索引库, 而这些文档之间互不相同。大家都知道, 很多文档会有一模一样的副本出现于不同的网站上, 包括我这本书的盗版(真是非常不幸)。每当Google用爬虫抓取一个新的链接时, 需要判断所发现的链接是不是对应一个以前从未遇到过的文档, 从而确定是否应该加入索引库。

也许这里最自然的解法就是建立关于文档的一个散列表。要是一个刚被爬虫抓取的文档被散列到某个空桶中, 我们知道它肯定是新文档。但是如果出现了碰撞, 这并不一定意味着我们以前见过这个文档。为了验证这件事, 我们必须将新文档与桶中所有其他文档逐个进行比较, 从而检测文档s和文档s'之间是否为假碰撞($H(s) = H(s')$但$s \neq s'$)。之前我们在3.7.2节中已经讨论过该问题。

但是在这个实际应用中, 假碰撞并不是真正的灾难: 就算不处理这件事, 也仅仅意味着Google没能为所发现的新文档编制索引而已。要是上述情况发生的概率足够低, 那么这种漏判的风险其实还是可以接受的。如果我们忽略假碰撞, 也即不再需要逐个复查所有文档, 便能显著降低散列表的存储量。只需将每个桶存放的一个指针链接变为一个比特(标记该桶是否被占用), 我们在通常的64位机器上便可将空间减少为原来的1/64。此外, 省下的存储空间还可以拿出一部分出来再利用, 这意味着我们可以构造一个更长的散列表(提升其格数), 进而从一开始就能让碰撞概率再降低一些。

现在假设我们已经建立了这样一个m比特的位向量散列表, 并且有n个互不相同的文档目前占用了表中的n位(与文档一一对应), 那么再来一个新文档散列到已用位置的概率为$p = n/m$(对应假碰撞)。因此, 即便散列表只有5%的使用率, 我们依然有$p = 0.05$的概率会错误地漏掉一个新发现的文档, 而这远远超出了可接受水平。

更好的做法是采用Bloom过滤器, 虽然这也是一种位向量散列表, 但是Bloom过滤器让每份文档不仅仅对应于表中的一个位置, 它用了k个不同的散列函数对每个键处理k次。当文档s被插入到Bloom过滤器时, 我们将$H_1(s), H_2(s), \cdots, H_k(s)$对应的所有位置全都设为1(标记为"已占用")。要想确认s是否出现在此类数据结构中, 你得按上述方式计算出所有k个散列值并验证这些位是不是都为1。图6.6给出了一个简单的实例(●表示"已占用"而○表示"未占用"), 查找5的时候会出现假阳性结果(误判为已有文档), 因为两个对应位均已被其他元素设为"已占用"。而如果k较大时某个文档被错误判定为已经存在于Bloom过滤器之中, 这意味着散列表中对应的所有k位都已经被之前的文档设为1, 它一定是倒霉透顶了。

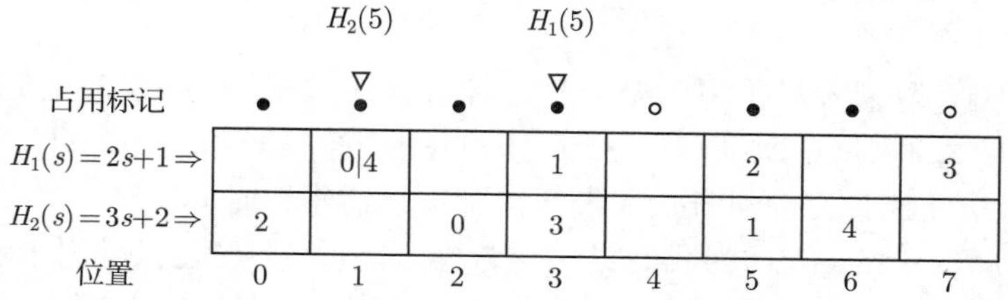

图 **6.6** 用两个散列函数将整数$0, 1, 2, 3, 4$散列到一个$m = 8$位Bloom过滤器中, 再查询5时出现误判

这种情况出现的可能性有多大? 上述Bloom过滤器中n个文档的散列标记最多会占用kn位, 因此发生单次碰撞的概率会上升到$p_1 = kn/m$, 这是单个散列情况下碰撞概率的k倍。但是我们现在查询文档还出现误判则意味着所有k位都会碰撞, 而该事件发生的概率只有$p_k = (p_1)^k = (kn/m)^k$这么大。这是一种很奇特的表达式, 因为随着k的增大, p_1的k次方形式会让其幂值迅速变小, 而p_1本身又会随着k的增大而提升。要想找到让p_k最小化的k, 可以先求导数再令其为0便能找到。

图6.7将出错概率p_k表示为装填因子$\alpha = n/m$的函数, 也即$p_k = (k\alpha)^k$, 另外图中5条不同的函数曲线对应参数k分别取1到5。很明显, 相比于常规的散列方案(图中对应$k = 1$的直线)而言, 使用多个散列函数的策略($k > 1$)能够显著降低假阳性错误出现的可能性。我们还可以看出, 当装填因子较小时, k若增大则出错概率会降低。但是请注意, 对于较大的k来说, 其出错率会随着装填因子的增大而迅速升高。因此, 如果任取一个装填因子, 都存在一个k

的取值点, 在此基础上添加更多散列函数只会适得其反, 也就是说, 我们可以为特定装填因子选择正确的k值, 从而大幅度降低假阳性错误率且不增加散列表的空间。

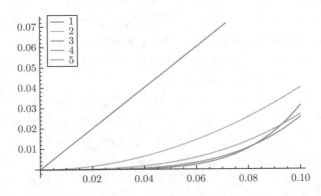

图 6.7 将Bloom过滤器出错概率表示为关于装填因子$\alpha = n/m$的函数(参数k从1到5)

当装填因子为5%时, $k = 1$这种简单散列表的出错率是$k = 5$(Bloom过滤器)情况下其出错率(也即$(5 \times 0.05)^5 \approx 9.77 \times 10^{-4}$)的51.2倍, 而且你要知道它们所使用的内存量完全相同。Bloom过滤器对于维护索引来说是一种很好的数据结构, 不过你得偶尔忍受其缺陷——它可能会在真实结果为"NO"的时候回答"YES"。

6.5 生日悖论和完美散列

在实际应用中, 散列表对于字典来说是一种很好的数据结构, 较为完美地提供了插入、删除和查找操作。然而, 虽说散列在最坏情况下的$\Theta(n)$查找时间较为罕见, 可是这终究是块心病。有没有办法能让我们确保查找在最坏情况下只需常数时间呢?

完美散列(perfect hashing)为我们提供了这种可能性, 不过它只能用于**静态字典**(static dictionary)。"静态"意味着我们已批量获取了所有的键, 后续不允许插入或删除新的数据项。我们只会用到查找(也即检验某个键是否在字典中)操作, 因此可以一次性建好数据结构, 随后便能重复使用。这是一种很常见的应用场景, 它不需要动态数据结构的灵活性, 这种情况下你完全没必要去用那么复杂的字典。

也许可以试试采用某个特定的散列函数$H(s)$, 它所处理的集合S由n个键组成, 我们希望$H(s)$能创建一个无碰撞的散列表, 也就是说, 对于任意一对互不相同的$s', s'' \in S$能够确保$H(s') \neq H(s'')$, 于是便可达到要求。显然, 当我们将散列表增大时, 如果表的长度相对于n越大, 成功概率就越高——可用于下一个键的空位越多我们就越有可能遇到。

如果想让n个键实现零碰撞, 我们需要提前准备一个多大的散列表呢? 假设一开始这个长为m的散列表中无任何元素, 随后不断将键插入, 那么在第$i + 1$次插入前, 表中应该还有$m - i$个空位, 易知散列值对应空位的概率是$(m - i)/m$。对于一个完美散列来说, n次插入每次都不能出现碰撞问题, 因此零碰撞的概率为

$$\prod_{i=0}^{n-1}\left(\frac{m-i}{m}\right) = \frac{m!}{m^n \times (m-n)!}$$

　　这实际上是著名的**生日悖论**(birthday paradox)：一个房间里得有多少人，才有可能出现至少有两人生日相同的情况？不妨认为这个问题中散列表的大小为$m = 365$，我们可以先算一下具体结果(如图6.8所示)。从图中可看出，当$n = 23$时无碰撞的概率会降低到1/2以下，而当$n \geqslant 50$时概率会进一步减少到3%以下。换言之，只要当23个人在房间里的时候，多半就有可能会遇到碰撞(生日相同)。我们可用渐近记号简单表述以上结论(证明从略)：当$n = \Theta(\sqrt{m})$时出现碰撞的概率将超过1/2。

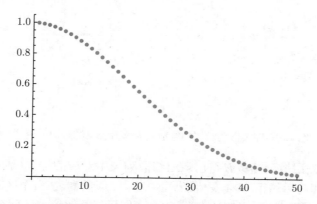

图 6.8　散列表无任何碰撞的概率随着表中的键数n增大而急速下降(表长取$m = 365$)

　　但是为了保证n个元素的常数访问时间，得让表的长度维持在$m = \Theta(n^2)$，而这种平方量级的空间看起来就像是一张为了省时间而违章所导致的巨额罚单。其实，我们可以创建一个两级散列表来解决该问题。该方案先将集合S中的n个键散列到一个由n格组成的散列表中，这称为I级散列表。我们知道会有碰撞，但是每格对应的元素列表通常都不会太长，除非倒霉透顶才会出现很多元素挤到一起的状况。[1]

　　由于存在碰撞，很多列表的长度都大于1。不过，我们对于"不会太长"的定义是n项数据会尽量散开，并能保证所有列表长度的平方和在n的线性量级之内，也即

$$l = \sum_{i=0}^{n-1} l_i^2 = \Theta(n)$$

其中，l_i为散列表中第i个列表的长度。可以考虑如下场景：假设所有列表的长度碰巧都等于l_0且为常数，这意味着存在n/l_0个非空列表，于是列表长度的平方和是$l = l_0^2 \times (n/l_0) = nl_0$，刚好是线性量级。当然，我们甚至还可以让若干列表拥有更多的元素(但是表长不得超过$\sqrt{n}$)，只要此类的列表总数不超过某个固定值，散列表所使用的空间仍然是线性量级。

　　事实上，可以证明$l \leqslant 4n$的概率很大。因此，如果当前所采用的散列函数在S上不能保证这个式子成立，那么可以换另一个再试试，很快我们就能找到一个满足要求的散列函数，可让所有元素列表都"不会太长"。

　　我们将使用一个长度为l的数组作为II级散列表，并依次为I级散列表中第i个桶的元素分配l_i^2个位置。需要注意的是，l_i^2这个长度已经足以避免在l_i个元素中出现"生日悖论"现象(任意散列函数如果空间不足的话，多半都会出现碰撞)。当然了，如果还有碰撞我们只需要换一个散列函数再试一遍，直到所有元素最终都能在II级散列表中独享一格为止。

---

[1] 译者注：I级散列表并没有真正的桶用于存储元素，我们只需统计出对应该位置的元素列表长度即可。

图6.9以具体实例展示了整个方案: I级散列表中的第i项其内容主要是II级散列表中所对应区间的具体范围, 第i个区间已分配l_i^2个位置用于存储I级散列表中散列值为i的元素, 实际上只需存储起始位置即可(图中上下两个表的连线)。此外, II级散列表中第i个区间所用的散列函数信息(可考虑用标识符的形式)也可以存于I级散列表的第i项之中。

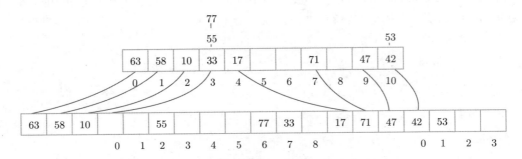

图 6.9   完美散列利用两级散列表来确保常数时间的查找

若要查找s, 可先用散列函数H得出s在I级散列表中对应的位置(不妨设$H(s) = i$)。通过I级散列表第i项和其后的第$i + 1$项, 我们可以获取II级散列表第i个区间的起点和终点(左闭右开形式), 进而可算出该区间的长度l_i^2, 此外我们还能了解这个区间在II级散列表中所使用的散列函数H_i。根据以上信息我们只需用$H_i(s) \bmod l_i^2$再加上第i个区间的起点位置, 便可获得s在II级散列表中应存放的位置。综上所述, 查找操作可确保在$\Theta(1)$时间内执行完毕, 而两级散列表合起来的空间依然是$O(n)$。

完美散列在实际中是一种非常有用的数据结构, 如果你要在一个静态字典中做大量查询, 它绝对是理想之选。你可以对完美散列的基本方案给出很多细节上的调整, 从而尽可能减少其空间占用量、初始化时间和查找开销, 例如尝试多种散列函数来让II级散列表中的空闲位置更少。实际上, 所谓**最小完美散列**(minimum perfect hashing)可在保证常数时间访问的同时, 还能让所有区间都不存在空位, 也即II级散列表总长与键数n完全一致。

6.6   取小式散列

散列能让你快速测出文档D_1中的某个词w是否在文档D_2中也出现过: 不妨用某个散列函数H为D_2中的单词建立一个散列表T, 再以散列函数值$H(w)$在T中搜寻w即可。为了简单起见, 我们可分别将两份文档中重复单词予以删除, 当然这样还能提升效率, 预处理之后每个文档自身词汇表中的所有词项在该文档中只会出现一次(于是文档变为集合)。[1] 如果将上述操作施于所有$v \in D_1$, 每次在T中查找词项v, 便能统计出两个集合其交集和并集的元素个数, 进而可计算两份文档的Jaccard相似度:

$$J(D_1, D_2) = \frac{|D_1 \cap D_2|}{|D_1 \cup D_2|}$$

两份文档相似程度的范围从0到1, 有点像两份文档相似的概率。

---

[1] 译者注: 请注意行文中单词和词项的区别。"the cat in the hat"中有5个单词, 其词汇表为{"the", "cat", "in", "hat"}, 表中包括4个词项。

不过, 若想在不去逐个比对所有单词的情况下判定两份文档是否相似, 应该怎么做呢? 如果我们需要不断地计算各种文档之间的Jaccard相似度, 而文档总量近乎互联网数据规模时, 算法效率就会很成问题。要是只允许在每个文档中使用一个单词的信息, 我们又该选哪个词?

大概最容易想到的方法是在原始文档中将出现频次最高的词作为候选者, 但是这个词很可能总是"the", 而你肯定不会用它来刻画相似度。或许根据TF-IDF(Term Frequency-Inverse Document Frequency)统计选出最具代表性的单词会更好, 不过该方案对单词分布的假设依然是从词频角度出发, 而这未必总是合理的。

问题的关键在于如何同步, 也就是说我们在分别查阅两份较为相似的文档时, 怎样从中挑出相同的词呢? **取小式散列**(min-wise hashing)就是一种巧妙但又很简单的方法: 我们先计算D_1中每个单词的散列函数值, 并选出函数值最小的那个单词, 随后再用同一散列函数对D_2中的所有单词也执行同样的操作, 对比这两个词即可, 具体实例可参考图6.10。

The	cat	in	the	hat
17	128	56	17	(4)

The	hat	in	the	store
17	(4)	56	17	96

图 6.10 如果两份文档非常相似, 那么在两份文档中对应最小散列值的元素就很有可能是同一个词

取小式散列最妙的一点就是它给出了一种在两份文档中通过"相同的随机方式"挑选单词的方法。假设两份文档的词汇表完全相同(记为V): 显然, 在D_1和D_2中散列值最小的单词肯定也是一样的, 因此取小式散列能够正确匹配; 考虑与之完全相反的策略, 如果随机选择本身也是完全随机的, 那么在两份文档中选出相同单词的概率则只有$1/|V|$。

通常情况下, D_1和D_2的词汇表不会完全相同, 那么两份文档中散列值最小的单词是同一个词的概率既取决于两个词汇表所共有的词项数(可通过交集计算), 还取决于两份文档中所有词项的数目(可通过并集计算)。实际上, 这种概率就是前面所给出的Jaccard相似度。

我们还可以使用k个不同的散列函数多次处理文档来获取更多的抽样信息, 而对应的最小散列值依次按位存于k维向量之中。可将两份文档其最小散列值k维向量中位置与数值均相同的分量总数除以k, 以此给出一个更接近于Jaccard相似度的量化值。[1] 但是警觉的读者会困惑我们如此绕来绕去, 为何不去直接计算Jaccard相似度呢? 反正要找到最小散列值要对D_1和D_2中的所有单词都处理一遍, 或者说需要线性时间, 而这和花费在算出交集中元素个数的准确值(进而可知Jaccard相似度)其时间量级是一样的!

实际上, 取小式散列的真正价值在于为文档相似性的搜索比对工作建立索引, 以及对大型文档语料库的聚类。假设现有n个文档, 每个文档中平均有p个词项, 我们想创建索引来帮助我们确定其中哪个文档与新的待查文档D最相似。若对文档中的所有单词散列, 将会产生一个大小为$O(np)$的表。而在每个文档中仅存储k个散列值($k \ll p$)的取小式散列方案只需$O(nk)$空间, 其开销会小得多,[2] 而更关键的是, 跟D最相似的文档很有可能出现在与D相关程度(基于文档中最小的k个散列值给出度量)较高的那些文档中——特别是在其Jaccard相似度很高的情况下。

---

[1] 译者注: 该方案的描述略有修改(已与作者沟通)。有兴趣的读者可阅读*Min-Wise Independent Permutations*这篇论文。
[2] 译者注: 请注意这里的n非常大, 不妨考虑搜索引擎所处理的文档数。

停下来想想: 估算种群规模

问题: 假设我们会接收一个由数字组成的数据流S, 其总长为n。该数据流可能会包含很多重复数字, 甚至于某个数字还可能会重复n次。我们怎样才能只用常数空间的内存便可估计S中到底有多少个不同值的数字?

解: 如果空间不成问题, 那么最自然的解法就是为数据流中不同的元素建立一个字典数据结构, 每个元素都对应一个出现频次的计数值。对于我们从数据流中收到的下一个元素: 如果它存在于字典中, 则给对应计数值加1; 如果找不到该元素, 那就将其插入字典。但是我们所拥有的空间只够存储定量的元素, 现在该怎么办?

让我们请取小式散列过来救场。假设我们在S中每收到一个新元素s时都会用函数H进行散列, 并且只在$H(s)$小于之前的最小散列值情况下才保存该值(也即更新最小值)。

为何这种方案能奏效? 假设可能取到的散列值范围在0到$m-1$之间, 如果在该范围内均匀地随机选择k个数, 这些数的期望最小值是多少呢? 如果$k=1$, 期望值是$m/2$(显而易见)。对于一般的k, 我们可能煞有介事地摆出一副专业的模样随口猜测: 如果我们的k个数在区间中均匀分布, 那么期望值应该是$m/(k+1)$, 也即最小散列值的期望。

事实上, 瞎猜却真找出了正确答案。将k个样本中最小的那个定义为X, 于是

$$P(X=i) = P(X \geqslant i) - P(X \geqslant i+1) = \left(\frac{m-i}{m}\right)^k - \left(\frac{m-i-1}{m}\right)^k$$

将X的期望值除以m, 当m趋于无穷大时求极限可得:

$$\frac{E(X)}{m} = \frac{1}{m}\sum_{i=0}^{m-1}\left[i \times \left(\frac{m-i}{m}\right)^k - i \times \left(\frac{m-i-1}{m}\right)^k\right] \longrightarrow \frac{1}{k+1}$$

现在揭开谜底, 处理完数据流之后最小散列值对应$E(X)$, 而当m很大时, $m/E(X) \approx k+1$, 这个值能够很好地估计出我们遇到的互异元素总数。以上方法不会被数据流中重复出现的数字所干扰, 因为这些数在我们每次计算散列函数时都会产生完全相同的值。∎

6.7　高效字符串匹配

字符串是由字符组成的序列, 其中字符的顺序至关重要: 例如ALGORITHM和LOGARITHM所包含的字符完全一样, 但变位后就是两个词。从程序设计语言的语法分析/编译, 到网络搜索引擎, 乃至于生物序列分析, 文本字符串对于许多计算应用都是必不可少的基础要素。

字符数组是表示字符串的主要数据结构, 它能让我们以常数时间访问字符串中第i个字符。当然, 我们还得维护标记字符串终止的辅助信息: 要么是代表字符串结束的特殊字符; 要么是字符串中字符个数的计数值n(这个可能会更有用一些)。

文本字符串中最基础的操作是子串查找, 也即:

问题: 子串模式匹配。

输入: 文本串t与模式串p。

> 输出: 文本串t中包含模式串p这样的子串吗? 如果包含的话, 这个子串的位置又在哪儿?

查找模式串p在文本t中所处位置的最简单算法是: 在文本的每个位置用模式串置于其上并对齐, 再检查模式串的所有字符是否匹配对应位置的文本字符。2.5.3节已经阐述过这个算法, 其执行时间为$O(nm)$, 其中$n = |t|$而$m = |p|$。

这种平方界是最坏情况下取得的。不过, 更复杂且在最坏情况下为线性时间的查找算法确实存在(完整讨论可见18.3节)。但是, 本节我们给出一种线性**期望时间**(expected-time)的字符串匹配算法, 它称为Rabin-Karp算法, 该算法是基于散列的思想而设计。假定我们有一个特定的散列函数(图6.11展示了不同散列函数其效果差异), 它可对模式串p和从文本串t中从第j个位置开始的m字符子串分别计算散列值: 如果这两个字符串完全相同, 显然所算出的散列值必定相等; 如果两个字符串不同, 大多数情况下可以肯定其散列值也不相等。上述过程中散列值一致但字符串不同的假阳性结果很少见, 正因为如此, 那些逐字复检两个字符串是否完全相同的步骤即便要花费$O(m)$时间也不用太放在心上。

上述算法将字符串匹配降低至只需$n - m + 2$次散列计算(t有$n - m + 1$个窗/子串, 再加上1次对p本身的散列操作), 另外还有次数应该非常少的验证步骤(每次为$O(m)$时间)。但是这里隐藏了一个问题: 对一个长为m的字符串进行散列函数计算要花$O(m)$时间, 而$O(n)$次这样的计算似乎会给我们再次带来一个$O(mn)$算法。

不过, 让我们更来仔细地观察前面所定义的散列函数(见3.7节)作用于从字符串s的第j个位置开始的m个字符上的情况:

$$H(s,j) = \sum_{i=0}^{m-1} \alpha^{m-(i+1)} \times \text{char}(s_{i+j})$$

如果现在我们试图计算下一串m个字符(即窗)的散列值$H(s,j+1)$时会有何变化呢? 注意, 两个窗中有$m - 1$个字符是相同的, 尽管它们被乘以α的次数相差为1。略作代数变换便可揭示出如下关系:

$$H(s, j + 1) = \alpha\big(H(s, j) - \alpha^{m-1}\text{char}(s_j)\big) + \text{char}(s_{j+m})$$

这意味着一旦我们算出从j位置开始的散列值, 再用上2次乘法、1次加法和1次减法即可获得从$j + 1$位置开始的散列值, 因此该过程可在常数时间内完成(α^{m-1}的值可预先计算一次, 此后便可用于所有散列值的计算)。以上数学推导即便在我们计算$H(s,j)$模l的余数时也仍然奏效, 其中l是一个较大的素数(但要根据需要取一个合适的值), 这样就算模式串很长而取模仍能保证我们的散列值不会特别大(至多为l)。

Rabin-Karp算法是随机化算法的一个优秀范例(如果我们以某种随机的方式挑选l)。虽然我们无法保证该算法肯定能在$O(n + m)$时间内运行完毕, 因为散列值相等有可能意味着假匹配, 而我们也许不太走运而频繁遇见这样的情况。尽管如此, 我们失手的可能性其实不大——如果散列函数返回值均匀地落在0到$l - 1$之间, 那么发生一次假匹配的概率应为$1/l$。那么以下结论基本上可以认为是合理的: 如果$l \approx n$, 每次匹配过程中通常只会有一次假匹配(碰撞)发生; 进一步要是$l \approx n^k$的话($k \geqslant 2$), 我们将基本上不会看到任何假匹配。

$H(s, j)$	0	1	2	5	3	6	5
$H'(s, j)$	0	1	1	2	2	2	2
$s \to$	A A	A	B	A	B	B	A B

图 **6.11**　Rabin-Karp算法散列函数对比($m = 3$，模式串为BBA，A和B对应的char函数值分别为0和1)：$H(s, j)$可对不同子串给出基本相异的散列值(第1行效果较好)；而基于char函数值直接求和的另一个散列函数$H'(s, j)$却不具备这种能力(第2行碰撞很多)

6.8　素性检验

初学程序设计时基本上都会有这样的作业：检验一个整数n是否是素数，而素数意味着只有1和自身才能整除这个数。素数序列从2, 3, 5, 7, 13, 17, $\cdots$开始，而且永无止境。

要是让你写程序，有可能会采用试除(trival division)算法。不妨以i从2到$n - 1$执行循环，每次检查n/i是否是整数：如果是的话，那么i就是n的一个因子，于是n必然为合数；否则继续试除。只有那些能经受得住全部考验的整数才是素数。事实上，循环只需运行到$\lceil \sqrt{n} \rceil$即可，因为n的最小非平凡因子最多只可能取到这个值。

就算改进了循环上界，试除的开销依然不低。如果我们假设每次除法花费常数时间，那么算法运行时间为$O(\sqrt{n})$，但是你要注意这个n是待分解整数的实际取值。[1] 一个1024位的数(一个小型RSA密钥的长度)能够加密的数字可达$2^{1024} - 1$，而RSA的安全性取决于因子分解的难解性，密钥越长通常越难破译。注意到$\sqrt{2^{1024}} = 2^{512}$，这个值比宇宙中原子的数量还多，因此要花些时间等待计算结果是可想而知的。

素性检验(不是因子分解)的随机化算法快得多。费马小定理指出，如果n是一个素数，那么所有不能被n整除的a均满足

$$a^{n-1} = 1 \ (\text{mod} \ n)$$

例如，当$n = 17$，$a = 3$时，由于$(3^{17-1} - 1)/17 = 2\,532\,160$，因此$3^{17-1} = 1 \ (\text{mod} \ 17)$成立。但是换成$n = 16$就不一样了，$3^{16-1} = 11 \ (\text{mod} \ 16)$，而该结果其实可证明16必然不是素数。

这里就值得推敲了：如果n为素数，这种较大的特定幂值模n的剩余永远是1。这个技巧实在太棒了，因为它碰巧是1的概率应该非常小——只有$1/n$(如果余数在其取值范围内满足均匀分布的话)。

假定我们现在已经证出合数按此方式检验其剩余为1的概率小于$1/2$。[2] 那么基于这个结论可设计如下算法：随机选择100个整数a_i，每个都在1到$n - 1$之间，并且验证这些数都不能整除n(一旦失败则n为合数)；随后计算$a_i^{n-1} \bmod n$，如果100个结果全都为1，那么n不是素数的概率一定小于$1/2^{100}$，而这个概率几乎小到可以忽略不计。由于检验次数固定(此处取100)，运行时间通常很快，这意味着它是一个Monte Carlo随机化算法。

然而在我们的概率分析中有一个小问题。目前我们已经知道，在10^{21}以内只有很小的一部分整数(大约500亿个数中有一个)虽然不是素数，但是它们对于所有的a同样满足费马

[1] 译者注：渐近记号中通常使用的是问题的规模量，此类问题中一般使用整数长度l，而$n = \Theta(2^l)$意味着它是指数量级。
[2] 译者注：可阅读Motwani和Raghavan所著[MR95]讨论素性检验的14.6节。

同余。这种数称为Carmichael数(例如561和1105), 而它们注定会被错判为素数。尽管如此, 在实际中上述随机化算法在区分"伪素数"(likely primes)[1]与合数时还是非常有效的。

> **领悟要义**: Monte Carlo算法永远很快且基本正确。另外, 很多Monte Carlo算法只可能出现单向错误。

你还可能关心的一个问题是计算$a_i^{n-1} \bmod n$其值的时间复杂度, 事实上它可在$O(\log n)$时间内完成。回想一下前面的内容, 我们可通过分治法将a^{2m}变为$(a^m)^2$来完成计算, 这意味着只需对数次(指数n作为问题规模量)乘法即可。此外, 程序不必处理超过n值范围的数。根据模算术的性质可知

$$(x \times y) \bmod n = ((x \bmod n) \times (y \bmod n)) \bmod n$$

因此我们完全不需要在计算的过程中对大于n的数做乘法。

6.9 算法征战逸事: 将我的中间名首字母告诉Knuth

Donald Knuth是计算机科学成长为独立学科的开派宗师之一, 他的TAOCP系列(也即《计算机程序设计艺术》)前3卷于1968—1973年陆续出版(现在出到第4卷), 深刻展示了算法设计中的数学之美, 时至今日读来依旧引人入胜, 让人受益匪浅。说句老实话, 我真情愿让你们把我这本书撂在一边, 拿起一部他的作品, 哪怕只读一小会也是极好的。

Knuth同时也是《具体数学》这本教材的合著者, 该书侧重于算法的数学分析技巧以及离散数学。和他的其他作品一样, 《具体数学》除了课后作业之外还列出了很多开放性研究问题, 而其中一个问题引起了我的注意, 它与中间二项式系数(middle binomial coefficient)有关:

$$\binom{2n}{n} \equiv (-1)^n \left(\bmod (2n+1)\right) \Leftrightarrow 2n+1是素数$$

以上命题是否正确?

只要$2n+1$为素数, 很容易证明上述同余式成立。通过基本的模运算可知

$$(2n)(2n-1)\cdots(n+1) \equiv (-1)(-2)\cdots(-n) \equiv (-1)^n n! \left(\bmod (2n+1)\right)$$

因为如果d与m互素, $ad \equiv bd \pmod m$则意味着$a \equiv b \pmod m$, 而$n!$可以整除$(2n)!/n!$, 再将上式左右两边同时除以$n!$即可获证。

不过, 是否像猜想的那样, 仅当$2n+1$是素数时这个公式才成立? 事实上, 这个问题很容易让人联想起6.8节所讨论过的费马小定理。我觉得这个猜想未必正确, 因为基本可以照搬随机化素性检验算法正确性分析的那套逻辑。如果我们将中间二项式系数模$2n+1$的剩余

(residue)当作随机整数, 那么它刚好是$(-1)^n$的概率非常很低, 也就$1/n$的样子。[1] 因此, 在少量的验证中没有发现一个反例并不是非常让人信服的证据, 因为随便就找出反例的事情本来就很难碰到。

因此我写了一个16行的Mathematica程序, 让它在周末的时候一直运行。当我回来再看计算机时, 发现程序停在了$n = 2953$这个数上面。这意味着

$$\binom{5906}{2953} \equiv 5906 \equiv (-1)^{2953} \pmod{5907}$$

实际上这个中间二项式系数非常大(大概是7.93285×10^{1775})。然而$5907 = 3 \times 11 \times 179$, 这表明此时$2n + 1 = 5907$不是素数, 于是猜想被推翻了。

将这个结果发给Knuth之后, 他回复说要把我的名字写进《具体数学》的下一印次之中, 我简直高兴坏了。Knuth向来以极其注重细节而闻名, 因此他还问了我的中间名首字母。[2] 我很自豪地告诉他是"S", 并问他什么时候能给我寄一张支票, 因为大家都知道Knuth会给任何在他的书中(随便哪本都行)找到错误的人寄一张2.56美元的支票,[3] 所以我也想要一张留作纪念。但是他拒绝了, 对我解释说解决一个公开问题并不等于改正了书中的一处错误。我一直很后悔, 要是当初告诉他我的中间名首字母是"T"就好了, 这样他的书将来重印时, 我就可以告诉他, 我找到了一处错误![4]

6.10　随机数从何而来

所有本章中讨论的这些精妙的随机化算法都会引出一个问题: 随机数究竟是从哪里来的? 而在你中意的程序设计语言中调用随机数生成器之后到底发生了什么?

我们习惯于利用物理过程来产生随机性, 比如抛硬币和掷骰子, 甚至通过以盖革计数器监测放射性衰变的方式来完成。我们相信这些事件是不可预测的, 因此它们展示了真正的随机性。

但这不是你的随机数生成器所做的事情。它很有可能仅仅用了一个线性同余生成器而已, 其本质相当于散列函数。准确点来说, 我们所得到的第n个随机数R_n是前一个随机数R_{n-1}的一个简单函数:

$$R_n = (aR_{n-1} + c) \bmod m$$

其中, a, c, m, R_0均为较大且精心选择的常数。实际上, 这是通过对前一个随机数R_{n-1}散列来获得下一个。

警觉的读者会质疑算法生成的这些数究竟能具备多少随机性。其实, 它们是完全可预测的, 因为知道R_{n-1}就能了解足够的信息来生成R_n。这种可预测性意味着, 只要知道你的

随机数生成器当前状态, 原则上来说, 一个铁了心(determined)要和你作对的敌手就可以构造一种输入让你的随机化(randomized)算法面临最坏情况。

实际上, 线性同余生成器一般被称为伪随机数生成器, 它所产生的数字流看起来像随机的, 只是因为这些数与真随机数源(truly random source)生成的数所预期的统计特性相同而已。对于随机化算法在实际中的应用来说, 伪随机数通常已经完全足够了。然而我们理想中的"随机性"已经丢失了, 造成的后果就是偶尔我们会付出代价, 一个典型场景就是关于密码学的实际问题, 其安全保障依赖于真随机性的假设。

随机数生成器问题非常令人着迷, 读者不妨翻到后面看看搭车客指南中的16.7节, 其中更为详细地讨论了随机数应该怎样生成以及不应该怎样生成。

章节注释

对更加形式化且推理严格的随机化算法讲解方式感兴趣的读者可以参考Mitzenmacher与Upfal的[MU17], 也可阅读Motwani和Raghavan的随机化算法教材[MR95], 不过年代稍显久远。此外, 取小式散列由Broder发明[Bro97]。

6.11 习题

概率

6-1. *[5]* 你有n枚无偏硬币, 现在进行如下操作让硬币全部正面朝上: 开始将n枚硬币逐个随机抛向桌面; 接下来的每一轮先捡出所有反面朝上的硬币, 然后把它们朝桌面再抛一次; 一直这样重复下去, 直到所有的硬币都正面朝上为止。

(a) 该过程所需轮数的期望值是多少?

(b) 该过程中硬币投掷次数的期望值是多少?

6-2. *[5]* 假设我们逐个抛出n枚可能会有偏的硬币, 并且知道每一枚硬币的正反面出现的概率, 并将p_i记为第i枚硬币$(1 \leqslant i \leqslant n)$抛出后正面朝上的概率(其值在$[0,1]$区间内)。针对上述概率值, 给出一个高效算法来计算最终恰好抛出k个正面朝上的硬币其准确概率值。

6-3. *[5]* 在置换中, 一对未按次序排列的元素称为**逆序**(inversion)。

(a) 证明一个包含n项的置换最多有$n(n-1)/2$个逆序。哪个/哪些置换刚好有$n(n-1)/2$个逆序?

(b) 令$p = (p_1, p_2, \cdots, p_n)$为一个置换, 而$p$的翻转$(p_n, p_{n-1}, \cdots, p_1)$也是置换, 证明$p$与其翻转总共恰有$n(n-1)/2$个逆序。

(c) 用前两小题的结果证明一个随机置换中逆序数的期望值为$n(n-1)/4$。

6-4. *[8]* **错位排列**(derangement)是$\{1, \cdots, n\}$的一种置换, 其中所有项都不在自己应处的位置上, 也就是说置换$p = (p_1, p_2, \cdots, p_n)$对任意$1 \leqslant i \leqslant n$都满足$p_i \neq i$这个条件。一个随机置换是错位排列的概率有多少?

散列

6-5. *[3]* 一家电台只播放甲壳虫乐队的歌曲, 每次随机播放下一首歌(以均匀分布选歌), 每小时大约会放10首歌。我听了大约90分钟时就听到了重复的歌, 估算一下甲壳虫乐队一共录了多少首歌?

6-6. *[5]* 给定字符串 S 和 T, 其长度分别为 n 和 m, 在 $O(n+m)$ 期望时间内在 S 中找到一个能包含 T 中所有字符的最短窗(也即子串)。[1]

6-7. *[8]* 设计并实现一个高效的数据结构, 对于能够存放 n 个数据项(其键与值均为整数)维护一个**最近最少使用**(LRU)缓存。一旦LRU缓存达到其容量限制, 它就会舍弃最近访问最少的那项数据, 缓存所支持的操作如下:

- get(k) —— 如果键 k 当前尚在缓存中, 则返回与 k 所对应的值, 否则返回 -1。
- put(k, v) —— 将键 k 映射为值 v, 若 k 不在缓存中则将这项数据插入。如果缓存中已经有 n 项数据, 那么在插入 (k, v) 这对数据之前删除最近最少使用的数据项。

以上两种操作都应在 $O(1)$ 期望时间内完成。

随机化算法

6-8. *[5]* 一对英语单词 (w_1, w_2) 如果可以通过循环移位的方式进行相互变换, 则称这对单词是一个**旋轮**(rotodrome)。例如单词(windup, upwind)是就一个旋轮, 因为我们可将windup循环右移2位从而获得upwind(反向变换易知可行)。[2]

　　给出一个高效算法在 n 个长为 k 的单词中找到所有旋轮, 并附以最坏情况下的算法分析。再考虑利用散列给出一个在期望时间意义下更快的算法。

6-9. *[5]* 给定一个正整数数组 w, 其中 $w[i]$ 为下标 i 对应的权重。设计一种算法能够随机选出下标, 并满足下标 i 出现的概率是 $w[i]$ 在总权重之中所占的比例。

6-10. *[5]* 已知一个函数 rand7 可生成1到7范围之间的均匀分布随机整数。请用 rand7 生成一个新函数 rand10, 它能生成1到10范围之间的均匀分布随机整数。

力扣

6-1. https://leetcode.com/problems/random-pick-with-blacklist/

6-2. https://leetcode.com/problems/implement-strstr/

6-3. https://leetcode.com/problems/random-point-in-non-overlapping-rectangles/

黑客排行榜

6-1. https://www.hackerrank.com/challenges/ctci-ransom-note/

6-2. https://www.hackerrank.com/challenges/matchstick-experiment/

---

[1] 译者注: 不妨搜索 *Minimum Window Substring* 问题。

[2] 译者注: Wolfram挑战赛有一道略微不同的题目Rotodromes(https://challenges.wolframcloud.com/challenge/rotodromes)。

6-3. https://www.hackerrank.com/challenges/palindromes/

编程挑战赛

下列编程挑战赛问题可在https://onlinejudge.org/上找到, 网站会自动判分。

6-1. "Carmichael Numbers" — 第10章, 问题10006。

6-2. "Expressions" — 第6章, 问题10157。

6-3. "Complete Tree Labeling" — 第6章, 问题10247。

第7章
图的遍历

　　图是计算机科学的合聚主题(unifying theme)[1]之一——它是组织结构的抽象表示, 可用于描述交通系统、人际互动(human interaction)[2]和电信网络。如此众多不同的结构可用单一的形式体系来建模, 对于那些科班出身学过图论知识的程序员来说, 这简直就是一个可从中汲取无尽能量的知识源泉。

　　更确切地说, 图 $G = (V, E)$ 由一个顶点集 V 连同一个边集 E(存储顶点对)构成。图非常重要, 这是因为它本质上可用来表示任何关系。[3] 例如, 图可对路网建模, 不妨用城市作为顶点且以城市之间的道路作为边。我们也可将电路视为图从而建立其模型, 思路是用节点(junction)作为顶点而以电子元件作为边(也可将电子元件视为顶点而将电路连接视为边)。图7.1给出了上述模型的简单示意。

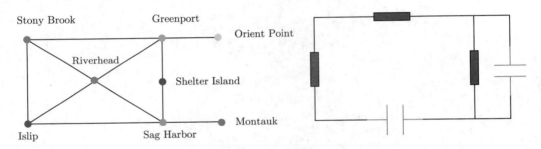

图 7.1 以图对路网(road network)和电路建模

　　求解许多算法问题的要诀是以图的方式去思考。图论为讨论"关系"的特性提供了一套数学语言, 而且令人惊奇的是, 借助图的性质(往往都很经典), 棘手的应用问题常能得到简洁的表述和解决。

　　设计真正全新的图算法是一件非常困难的任务, 而且也无必要。在实际应用中要想将图算法用好, 其关键在于对问题建立正确的模型, 这样你便可利用已有的算法。花时间去熟悉众多图算法问题比理解某些图算法的细节更重要, 最重要的一点是, 本书的卷Ⅱ会迅速指引你找到某个图算法的实现, 不过你得先搞清楚这个图问题到底叫什么名字。

　　我们将在本章阐述图的基本数据结构和遍历操作, 对它们略加拼凑你就能解决一些基本的图问题。第8章将介绍较为高级的图算法: 寻找最小生成树、最短路径和网络流。但我们仍要强调, 正确建模是最最重要的。当处理实际问题时, 花些时间来查阅卷Ⅱ的"算法问题目录册"会让你对备选算法方案更为熟悉。

---

[1] 译者注: 指一种模型或思想, 可用于研究多类问题。
[2] 译者注: 指人与人之间的互相作用和影响的过程, 其概念比较宽泛, 比如人际交往, 又如人与人之间的疾病传染。
[3] 译者注: E 是 $V \times V$ 上的"关系"(relation), 这就是图的本质。

7.1 图的风格

图$G = (V, E)$定义在顶点集V上, 且包含边的集合E(由V中有序或无序的顶点对组成)。在公路网的建模中, 顶点可能代表城市或交叉路口, 而某些顶点对之间则以公路(即边)相连。在计算机程序的源代码分析中, 一个顶点可能对应着一行代码, 如果某行代码y在另一行代码x之后执行, 则这两行之间有边相连。在人际互动分析中, 顶点通常代表人, 而存在关联的人之间以边相连。

图有若干基本特性(如图7.2所示), 它们会影响到我们的抉择——应该选择何种数据结构表示图? 到底有哪些算法能很好地处理这个图问题?

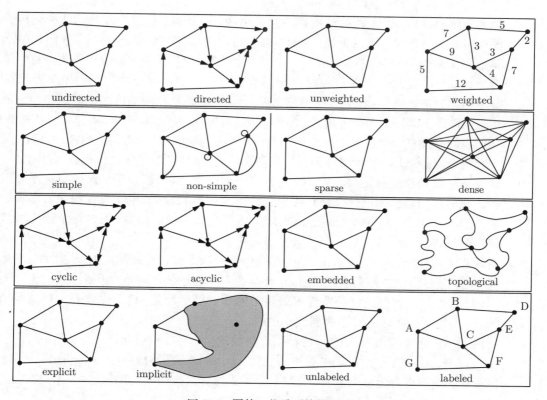

图 7.2　图的一些重要特性/风格

因此, 处理任何一个图问题的第一步就是确定图的风格(flavor):

- **无向和有向**(Undirected vs. Directed)——称图$G = (V, E)$为无向图, 若边(x, y)属于E意味着(y, x)也在E中。否则, 我们称该图为有向图。城市之间的路网通常是无向的, 因为稍微像样一点的公路都有双向车道。城市内部的路网几乎总是有向的, 因为免不了在某些地方暗藏单行道。表示程序流的图通常是有向的, 因为执行过程是从一行流往下一行, 而仅在分支处改变方向。图论中所感兴趣的图大多是无向的。

- **加权**和**无权**(Weighted vs. Unweighted)——加权图中每条边(或每个顶点)会赋以数值或权。在表示路网的图中, 边可能以道路长度、行驶时间或限速值赋权, 这取决于实际应用的需求。在无权图中, 不同的边和顶点不存在费用值上的差别。

  寻找两个顶点之间的最短路径时, 加权图和无权图的区别会变得特别明显。对于无权图, 最短路径应具有数量最少的顶点, 它可通过本章即将讨论的广度优先搜索(BFS)找到。而加权图中的最短路径, 则需要像第8章中将要讨论的那几个精巧算法才能解决。

- **简单**和**非简单**(Simple vs. Non-simple)——以图来求解问题时, 有几类边会使图的处理变得复杂。**自圈**(self-loop)指仅涉及一个顶点的边, 也就是(x,x)。称边(x,y)为多重边, 若它在图中不止出现一次。

  在实现图算法时, 以上两种结构都需要特别注意。因此, 任何能避开这两种结构的图便可称为简单图。坦白来说, 我为本书所给出的所有代码实现仅仅适用于简单图。

- **稀疏**和**稠密**(Sparse vs. Dense)——称图为稀疏图, 仅当所有可能出现的顶点对中仅有一小部分确实连成了边。所有可能出现的顶点对中要是有一大部分形成了边, 那么此时图称为稠密图。称图为完全图, 若该图包含所有可能出现的边。实际上, 包含n个顶点的简单无向图至多会有$\binom{n}{2} = (n^2 - n)/2$对顶点。什么是稀疏, 而什么又是稠密, 它们之间并没有一个明确的分界, 不过一般来说: 稠密图所拥有的边数是顶点数n的平方量级, 也即$\Theta(n^2)$; 而稀疏图的边数则在顶点数n的线性量级之内, 也即$O(n)$。

  稀疏图常常是特定问题的产物。路网肯定是稀疏图, 其原因在于公路的交叉不会很多。我所知道最惊人的交叉路口也仅仅才汇集了7条公路。电子元件相连所形成的节点也与之类似, 它同样受限于该点通常所能连接导线的根数, 不过这个结论可能在电源或地线处不成立。[1]

- **有环**和**无环**(Cyclic vs. Acyclic)——环是由三个或更多顶点所组成的一条闭合路径, 其中除起点/终点之外无重复顶点。[2] 无环图中不包括任何环路。树是连通的无环无向图, 它也是能保留图结构特性里最简单的那一类。此外, 树天生就是一种递归结构, 因为切断任何边将留下两棵较小的树。

  有向无环图通常缩写为DAG。这种图很自然地会出现在调度问题之中, 其中有向边(x,y)意味着活动x必须出现在活动y之前。有一种称为**拓扑排序**(topological sorting)的操作会遵照有向无环图中顶点次序约束关系排好这些顶点。拓扑排序基本是有向无环图上任何算法都要执行的第一步, 我们将在7.10.1节中的讨论中看到这一点。

- **嵌入**和**拓扑**(Embedded vs. Topological)——$G = (V, E)$这种"边—顶点"表示法仅仅描述了图的纯拓扑层面表征。称图为**可嵌入图**(embedded graph), 若其顶点和边都能赋以几何位置和几何元素。因此, 任何图的**绘像**(drawing)[3]都是一种**嵌入**(embedding), 这种嵌入可以是算法意义上的, 也可以不是。[4]

---

[1] 译者注: 从顶点度的角度看, 若大多数顶点度的上界不随顶点数而变, 这种图一般是稀疏图。公路中交叉路口的分叉一般是3或4, 而电路节点也基本上只能连两到三条导线, 而少数顶点的度(例如接地的设备很多)也不会影响到图的稀疏性。

[2] 译者注: 在有向图中, 两个顶点也可组成环。

[3] 译者注: 所谓绘像(drawing), 可想象在纸上所画出的图(包括顶点和边), 显然图的绘像不止一种。事实上, 图论中的绘像是一个专属概念, 可参阅[Tam13]。

[4] 译者注: 例如人的手绘就未必是算法意义上的, 很可能随心所欲, 也未必能保证成功。

在少数情况下, 图的结构会完全由它所嵌入的几何来规定。例如, 如果给我们一堆平面上的点, 而我们要寻找访问所有点且花费最少的巡游(即旅行商问题), 注意其底层拓扑结构是每对顶点都连通的那种**完全图**(complete graph)。另外, 此类图中边的权值通常由点与点之间的欧氏距离来确定。

点的网格是由几何所得拓扑的另一实例。许多$n \times m$矩形网格上的问题需要在邻点之间走动, 因此网格上的边是由几何隐式定义的。

- **隐式**和**显式**(Implicit vs. Explicit)——某些图不是显式构建完毕再进行遍历的, 它们是随用随建的。回溯搜索就是一个很好的实例: 这个隐式形成的搜索图(search graph)中顶点是搜索向量的状态, 而状态之间相连的有向边可在搜索过程中直接生成。互联网体量级的分析(web-scale analysis)则是另一个实例, 在这种场景下你应该尝试动态抓取和分析你真正感兴趣的那一小块相关内容, 而不是将下载整个网络作为初始化过程(也不可能)。图7.2中的相关展示寓意该图分为特征鲜明的两部分: 一部分你现在已经完全掌握其信息; 而图中其他内容则被迷雾所掩盖, 不过这团雾会随你的探索而消散。相比于在分析处理之前显式构建图而言, 以隐式图来搜索通常更简单, 因为这样你不需要存储整个图。

- **有标**和**无标**(Labeled vs. Unlabeled)——有标图中每个顶点会赋一个唯一的名字或标识从而将该顶点与其他顶点区分开。而在无标图中则不作此类区分。

  现实中所出现的图通常会很自然地被加上标签, 而且这些标签也是有实际意义的, 比如交通网络中的城市名。实际应用中的一个常见问题是**同构检验**(isomorphism testing)——在忽略标签情况下确定两个图的拓扑结构是否完全相同, 19.9节会讨论图同构问题。

友谊图

正确地建立问题的模型非常重要, 为了论证这个观点, 让我们考虑这样的图: 图中的顶点代表人, 两个人之间存在边当且仅当他们是朋友(例如图7.3)。此类图称为**社交网络**(social network), 它可在任何人群上做出明确定义——假定这些人在你附近, 或是在你的学校/企业, 他们的范围甚至可以横跨整个世界。近年来兴起了分析社交网络的一个完整学科, 其原因是人及其行为有许多有趣的方面若视为友谊图的特性则可得到最佳诠释。

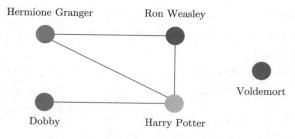

图 7.3 友谊图局部(取自《哈利·波特》)

我们借此机会来说明前文所述及的图论术语。事实证明，"夸夸其谈"(talking the talk)也是"身体力行"(walking the walk)的一个重要组成部分，因为要想解决问题你得先搞懂原理并讲清楚：

- 如果我是你的朋友，这意味着你是我的朋友吗？——该问题实际上问的是：图是否为有向的。称图为无向图如果边(x, y)始终蕴涵边(y, x)的存在，否则图被称为是有向图。"知道"图是有向的，因为我知道许多名人而他们却从来没听说过我。当然，我希望"友谊"图也是一个无向图。

- 朋友与你有多亲近？——在加权图中，每条边都辅有一个数值属性。我们可对朋友关系的强弱程度建模，方法是给每条边取一个合适的值，范围不妨从-100(敌人)到100(血誓兄弟[1])。表示路网的图其边可用其道路长度、行驶时间或限速值赋权，具体依用途而定。如若假定图中所有边的权值相等，该图称为无权图。

- 我是自己的朋友吗？——这个问题能让我们知道某个图是否为简单图，这个概念的意思是该图不包含自圈和多重边。形如(x, x)的边称为自圈。有时人们通过不同方式会多次建立朋友关系：譬如x和y是大学同班同学，而现在他们在同一家公司一起工作。我们可用**多重边**(multiedges)对此类关系建模，比如多条从x到y的边，注意可用不同的标签区分之。

  说实话，简单图在实际中常常更易于处理。因此我们最好还是断言没有人是自己的朋友吧。

- 谁的朋友最多？——顶点的**度**(degree)是其邻边的条数。最受欢迎的人意味着他是友谊图中度最高的顶点，而离群索居的隐士则意味着零度顶点。

  我们在现实生活中所遇到的绝大多数图都是稀疏的。友谊图就是极好例证：即便是全世界最善交际的人所结识的朋友，其数量放到地球人口中可以完全忽略不计。

  相对于边较少的**稀疏图**(sparse graph)，**稠密图**(dense graph)中大多数顶点拥有较高的度。**正则图**(regular graph)中所有顶点拥有完全相同的度。对于一个正则友谊图来说，它在社交特性上真正达到了极致。

- 我的朋友在我附近居住吗？——地理关系会对社交网络产生极强的影响。你的许多朋友之所以是你的朋友，只是因为他们碰巧住在你附近(例如邻居)，或者他们曾住在你附近(例如大学室友)。

  因此，要想获得对社交网络的一个完整认知需要一个**嵌入图**(embedded graph)，图中每个顶点都与他/她在这个世界上所居住的那个地理位置点相关联。这种地理信息可能不会显式地给出编码，但友谊图生来就嵌于平面上的这一事实，决定了我们该如何去解读友谊图。

- 噢，你也认识她？——像Instagram和LinkedIn这样的社交网络服务，建立在这样的假定下：任意成员与其在该社交网络上的朋友之间的关联有着**明确无误**(explicitly)的界定。[2] 换言之，从某人(顶点x)到另一人(顶点y)的"关注关系"(有向边)构成了此类友谊图。

---

[1] 译者注："blood brothers"可认为是亲兄弟，也可认为是有过血誓的结拜兄弟，作者将其定义为最强的朋友关系。

[2] 译者注：尽管现实中存在不那么确定的朋友关系，但社交网络上的"朋友关系"(实际上是"关注关系")只能回答"是"和"否"。

即便假定真实世界人之间的朋友关系也是明确的, 但它们所形成的整个友谊图却**未明确**(implicitly)呈现。人人都知道谁是自己的朋友, 但却无法搞清别人的朋友关系, 只有问当事人才能确定。"六度分隔"理论认为世界上任何两个人(例如Skiena和美国总统)之间都有一条很短的关联路径, 但这对我们寻找该路径没什么帮助。我所能找到与总统之间的最短路径包含三跳:

Steven Skiena → Mark Fasciano → Michael Ashner → Donald Trump

但很有可能存在更短的路径(比如说, 要是他曾与我的牙医一起上大学的话)。友谊图存于每个人但难显露, 因此我也没有办法很容易地检验是否还有更短路径。

- 你是一个实实在在有名有姓的人, 还是芸芸众生中的一名路人?——这个问题主要是问友谊图是有标图还是无标图。每个顶点都有表明其身份的名字/标签吗? 这个标签对我们的分析是否重要?

    很多社交网络的研究不太会涉及对图中的标签问题。在图数据结构中通常以顶点所赋的下标数字作为其标签, 或许是这样编程比较方便, 也可能是要考虑匿名者不想提供更多信息的需求。你也许会坚称"我有名字, 别拿一个数字来称呼我"——不过可别对实现算法的哥们这样抗议。研究传染病或谣言在友谊图(网络)中如何传播的人员, 可能会分析这种网络的特性, 例如连通性、顶点度的分布或是路径长度的分布, 而这些与你到底叫什么名压根没一点关系, 更不会因此而改变。

> **领悟要义**: 图能用于对多种多样的结构和关系建模。图论术语则为我们提供了讨论这些结构和关系的语言。

7.2 用于图的数据结构

挑选正确的图数据结构对算法性能会有巨大影响。你有两个基本选项——邻接矩阵和邻接表, 如图7.4所示。我们假设图 $G = (V, E)$ 包含 n 个顶点和 m 条边。

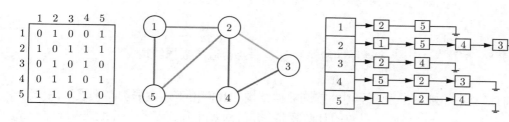

图 7.4 一个给定图的邻接矩阵和邻接表

- **邻接矩阵**(Adjacency matrix): 我们可用一个 $n \times n$ 矩阵 M 表示 G: 若 (i,j) 是 G 的一条边则矩阵元素 $M_{ij} = 1$, 反之则为0。这样可以快速回答"(i,j) 是否在 G 中"的问题, 并且对边的插入和删除能迅速进行数据更新。但是, 对于拥有较多顶点而边却相对较少的图而言, 邻接矩阵会占用过多空间。

考虑一个表示纽约市曼哈顿街道地图的图。每两条街的交叉口都将形称该图的一个顶点,而相邻的交叉口则以边相连。这个图有多大呢?曼哈顿大致是一个网格,它有15条大道,每条大道与200条左右的街道相交。由于每个顶点与其他四个顶点邻接,而每条边被两个顶点共享,因此这会给我们带来大约3000个顶点和6000条边。这些数据的量不算太多,存储起来应该很容易而且会很高效,但是一个存储该图的邻接矩阵将会拥有$3000 \times 3000 = 9\,000\,000$个单元,并且几乎全是空的!

通过将多个比特挤到一个计算机字中存储,或是在无向图上仿照三角矩阵的数据形式存储,这个方案还有节约空间的潜力可挖,但这些方法都失去了邻接矩阵极其优美的那种简明性。而且更关键的问题是:对于稀疏矩阵而言,邻接矩阵的存储空间总会保持着那与生俱来的平方量级。

- **邻接表**(Adjacency lists): 通过使用链表存储每个顶点的邻点,我们可以更高效地表示稀疏矩阵。邻接表需要指针,不过别怕,一旦你有过使用链接结构的经验这就没什么了。

  邻接表会让验证"某条边(i,j)是否在G中"这个问题变得比较困难,因为我们得在相应的列表中从头找到尾。然而让人诧异的是,通常的图算法设计之中其实会完全规避此类查询需求,因此该问题不是什么障碍。典型的图算法模式是,我们用一次深度优先搜索或广度优先搜索去扫视图中所有边,并在我们访问当前边时对这条边可能会影响到的数据进行更新。图7.5总结了邻接表和邻接矩阵之间的权衡结果。[1]

对比项目	获胜者 (以黑体标注)
对于测试(x, y)是否在图中,哪个更快?	**邻接矩阵**更快。
哪个能更快地求出顶点的度?	**邻接表**更快。
对于稀疏图,哪个占内存更少?	**邻接表**只占$\Theta(m+n)$,优于邻接矩阵的$\Theta(n^2)$。
对于稠密图,哪个占内存更少?	**邻接矩阵**较好,但只是略胜一筹。
对于边的插入和删除,哪个更快?	**邻接矩阵**仅用$O(1)$时间,而邻接表要用$O(d)$时间。
哪个能更快地遍历图?	**邻接表**仅用$\Theta(m+n)$时间,而邻接矩阵要用$\Theta(n^2)$时间。
对于大多数问题而言,哪个是更好的选择?	**邻接表**更好。

图 **7.5**　邻接表和邻接矩阵的优势对比

领悟要义: 邻接表对于大多数图的应用而言是非常合适的数据结构。

我们将使用邻接表作为表示图的首选数据结构。我们用下述数据类型来表示图。对于每个图,我们保存一个存放顶点数的计数变量,并且对每个顶点赋予一个1到nvertices之间且与其他顶点不同的数作为其唯一标识。我们用一个链表数组来表示边:

```
#define MAXV        1000         /* 顶点的最大数目 */

typedef struct {
    int y;                       /* 邻接信息 */
```

---

[1] 译者注: 图7.5中$O(d)$所出现的d作者未作解释,它应为图的度,表征了邻接表中所有顶点链表的最大长度。

```
        int weight;                        /* 边的权值, 如果有的话 */
        struct edgenode *next;             /* 列表中下一条边 */
} edgenode;

typedef struct {
        edgenode *edges[MAXV + 1];    /* 邻接信息 */
        int degree[MAXV + 1];         /* 每个顶点的出度 */
        int nvertices;                /* 图中的顶点数 */
        int nedges;                   /* 图中的边数 */
        bool directed;                /* 此图有向吗? */
} graph;
```

我们以顶点 x 所对应邻接表中的一个 edgenode 型结构体 y 来表示有向边 (x, y)。对于给定顶点, graph 的度域(degree field)则会清点出该顶点邻接表中实有数据项的个数。无向边 (x, y) 在任意基于邻接信息的图结构中都会出现两次: 一次在 x 的邻接表中以 y 的形式出现, 另一次则在 y 的邻接表中以 x 的形式出现。布尔型标记 directed 可确定所给图应该被解读成有向图还是无向图。

为了说明如何使用该数据结构, 我们以实例展示如何从文件中读出一个图。典型的图格式的构成是: 初始行设定图中顶点数和边数, 随后是一个边的列表且每行代表一对顶点。我们首先来初始化图结构:

```
void initialize_graph(graph *g, bool directed)
{
        int i;                             /* 计数器 */
        g->nvertices = 0;
        g->nedges = 0;
        g->directed = directed;
        for (i = 1; i <= MAXV; i++)
                g->degree[i] = 0;
        for (i = 1; i <= MAXV; i++)
                g->edges[i] = NULL;
}
```

真正读图时则要把每条边插入到这个数据结构中:

```
void read_graph(graph *g, bool directed)
{
        int i;                             /* 计数器 */
        int m;                             /* 边的条数 */
        int x, y;                          /* 边(x, y)中的顶点 */

        initialize_graph(g, directed);
        scanf("%d %d", &(g->nvertices), &m);
        for (i = 1; i <= m; i++) {
                scanf("%d %d", &x, &y);
                insert_edge(g, x, y, directed);
        }
}
```

关键的子程序是 insert_edge。新的 edgenode 型结构体将插入到相应邻接表的起始位置, 因为表内元素的次序无关紧要。我们用布尔型标记变量 directed 来设定插入函数的变

元, 这样可确定是需要插入每条边的两个副本还是仅仅插入一个。请留意解决此问题所用
到的递归:

```
void insert_edge(graph *g, int x, int y, bool directed)
{
    edgenode *p;                        /* 暂用指针 */

    p = malloc(sizeof(edgenode));       /* 分配edgenode结构体存储空间 */

    p->weight = 0;
    p->y = y;
    p->next = g->edges[x];

    g->edges[x] = p;                    /* 在表首插入 */

    g->degree[x]++;

    if (!directed)
        insert_edge(g, y, x, true);
    else
        g->nedges++;
}
```

在屏幕上输出该数据结构所存储的图也就两重循环的事: 第一重循环遍取所有顶点, 第
二重循环遍取顶点的邻边:

```
void print_graph(graph *g)
{
    int i;                              /* 计数器 */
    edgenode *p;                        /* 暂用指针 */

    for (i = 1; i <= g->nvertices; i++) {
        printf("%d: ", i);
        p = g->edges[i];
        while (p != NULL) {
            printf(" %d", p->y);
            p = p->next;
        }
        printf("\n");
    }
}
```

以设计精良的图数据类型作为范本来构建自己的数据类型是个好主意。你也可以直接
用那些范本作为应用程序的基础, 这样会更好。我们推荐LEDA(参见22.1.1节)或Boost(参
见22.1.3节), 它们是现有通用图数据结构中设计最好的。LEDA和Boost可能比你所要的功
能更强大(因此某种程度上略慢/稍显庞大), 但是它们能很好地解决许多问题, 因此在大多
数情况下, 你会非常乐意去放弃那种在手忙脚乱的DIY过程中所带来的收获(当然也有可能
一无所获)。

7.3 算法征战逸事: 我曾是摩尔定律的受害者

我是一个广受欢迎的图算法库的作者, 所开发的这个库名叫Combinatorica(参见www. combinatorica.com), 运行于计算机代数系统Mathematica之中。效率是Mathematica面临的一个极大挑战, 这归咎于它采用了"面向应用式计算模型"[1](它不支持以常数时间对数组进行写操作), 而其解释(与之相对的是编译)处理方式带来的额外开销也脱不了干系。Mathematica通常比C代码慢, 其速度只有C代码的1/1000到1/5000。

这种速度上的拖累会造成巨大的性能损失。而更糟糕的是, Combinatorica在1990年完成, 由于Mathematica本身就相当吃内存, 得用4MB主存才能正常运行Mathematica, 在那个年代这么多内存用量是很惊人的。在任何较大结构上的计算都注定会在虚存中引发抖动(thrash)。在这么一个环境下, 我的图程序包仅仅希望能在非常小的图上正常运作就好。

因此, 我在设计方案时所做的一个决定就是: Combinatorica的基本图数据结构采用邻接矩阵而不是邻接表。这似乎让人觉得有些奇怪。如果内存紧张, 难道用邻接表从而尽可能保存每个宝贵的比特不是更划算吗? 肯定该用邻接表, 但是对于非常小的图而言, 答案却没那么简单。对于一个由n个顶点和m条边构成的加权图, 对其使用邻接表方式来表示大概要用$n + 2m$个计算机字, 其中的$2m$是由于每条边要存储端点和权值这两个要素。因此, 只有当$n + 2m$比n^2小很多时, 邻接表才会在空间上占得优势。对于$n \leqslant 100$情况下, 邻接矩阵的存储空间都在可控范畴, 当然了, 还有一点就是, 邻接矩阵处理稠密图时只需邻接表的一半存储空间。

更让我头疼的问题是, 由于使用的是一种较慢的解释型语言, 所以我得处理运行过程中用于解释的那些固有开销。不妨查阅一下表7.1所列出的基准测试: 在我1990年所用的工作站上, 两个特别复杂但仍为多项式时间的问题在9顶点图和16顶点图上居然耗费了好几分钟才能运行完! 由于9×9才只是81, 在这种规模下平方量级的数据结构肯定不可能对上述运行时间有什么太大影响。而且从以往经验看, 我知道Mathematica程序语言处理像邻接矩阵这样的规整结构肯定优于各维大小不一的邻接表。

表 7.1 五代SUN工作站上的旧版Combinatorica的基准测试(运行时间以秒计)

大致年份 命令/机器	1990 Sun-3	1991 Sun-4	1998 Sun-5	2000 Ultra 5	2004 SunBlade
PlanarQ[GridGraph[4, 4]]	234.10	69.65	27.50	3.60	0.40
Length[Partitions[30]]	289.85	73.20	24.40	3.44	1.58
VertexConnectivity[GridGraph[3, 3]]	239.67	47.76	14.70	2.00	0.91
RandomPartition[1000]	831.68	267.5	22.05	3.12	0.87

话又说回来, 尽管存在上述性能问题, Combinatorica仍然被证明是一件非常棒的作品。数以千计的人使用我的程序包做了各种各样有趣的图处理工作, 图7.6给出了若干具有代表性的实例。那会儿的Combinatorica绝没有想成为一个高性能算法库。尽管大多数用户很快意识到Combinatorica不可能在较大的图上进行计算, 但他们仍然很积极地使用这个软件,

---

[1] 译者注: 这个概念原文是applicative model of computation, 通俗地说就是函数式编程所采用的模型。

因为Combinatorica作为数学研究工具和原型环境还是很有优势的。在当时来看，大家都非常满意。

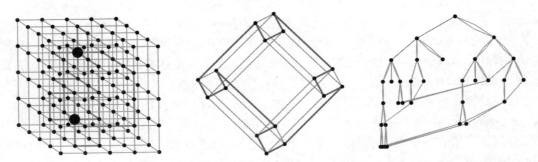

图 7.6　具有代表性的Combinatorica图例：边不相交的若干路径[左]、超立方体中的哈密顿环[中]和深度优先搜索树的遍历演示[右]

　　但是过了些年，我的用户开始询问我：为何许久以来Combinatorica还是只能处理较小规模的图？我知道我的程序很慢，因为它一直都很慢。问题来了，为什么用了这么多年人们才发现这一点呢？我很是不解。

　　原因是市场上的计算机一直保持了每两年左右速度翻倍的态势。人们对某件事耗费多久才能完成的这种预期会随着计算技术的发展而变化。但在相同的稀疏图问题上，Combinatorica的运行时间却没有随计算机性能发展而成比例地减少，我觉得原因有一部分可能是该软件依赖于平方量级的图数据结构吧。

　　一年又一年过去了，用户的要求越发坚决。Combinatorica确实需要更新了。我的合作者Sriam Pemmaraju迎接了挑战。在最初版本发布十年后，我们(其实大部分是他)完全重写了Combinatorica，它能让更快的图数据结构其优势得以充分发挥。

　　新版Combinatorica使用边列表数据结构表示图，其动机很大程度上来自新结构所带来的效率提升。边列表的大小是图规模量(边数再加上顶点数)的线性量级，这一点和邻接表完全一样。采用新结构会让Combinatorica中大多数与图相关的函数产生巨大变化——前提是处理足够大的图。对于那些线性或近线性时间的算法，例如图的遍历、拓扑排序和寻找连通/双连通分量，性能提升在此类"快速"图算法中体现最为惊人。这种改变所带来的性能变化在整个程序包中都能感受得到，无论在运行时间的提升还是内存的节省上都是如此。Combinatorica现在能玩转那些规模50到100倍于旧版程序包所能处理的图。

　　新旧版本Combinatorica中**MinimumSpanningTree**函数运行时间情况均标绘(plot)[1]于图7.7[左]这张图中。所测试的图是稀疏的(实为网格图)，这是为了凸现两种数据结构差异而专门设计的。新版确实快得多，但请注意这种差异仅仅对于图足够大时才有很大的影响，即超出旧版Combinatorica设计时所要求它承载的图的规模。不过，运行时间之间的相对差(relative difference)[2]一直随着顶点数n的增大而增长。图7.7[右]将运行时间之比标绘为一个

---

[1] 译者注：一般指在坐标格中绘制并通常附带标注。例如作者用+表示新版中函数运行时间而用×表示旧版中函数运行时间。
[2] 译者注：一种常见的相对差定义是$|T(n)-T'(n)|/\max(T(n),T'(n))$，其中$T(n)$和$T'(n)$分别对应新旧版本下的运行时间。此外，请注意图7.7所绘制的是$T'(n)/T(n)$。

n的函数。[1] 线性量级和平方量级在渐近意义上存在差异, 因此数据结构对运行时间的影响随着n增大会变得越来越大。

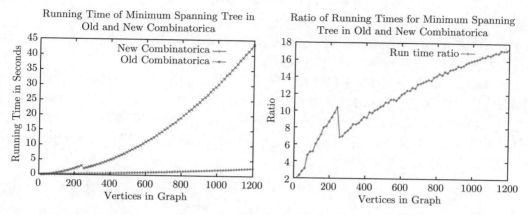

图 7.7 新旧版本Combinatorica性能对比: 执行时间实测[左]和运行时间之比[右]

在$n \approx 250$附近所出现的那个奇怪的颠簸是怎么回事? 这很有可能反映了存储分级体系中不同层级的跃迁(transition)。此类颠簸在今时今日的复杂计算机系统中不那么常见。在数据结构设计中, 缓存性能确实重要, 但它不是一个首要考虑的问题。事实上, 不管缓存会带来什么影响, 邻接表所带来渐近意义下的性能提升都将会完全压制它们。

我们从开发Combinatorica软件的过程中可汲取三个主要经验教训:

- **要让程序运行更快, 等待就行**——精良的硬件设施最终会从高高在上的位置滑到大众面前。我们注意到, 相比最初版本的Combinatorica而言, 硬件加速15年的结果带来了超过200倍的软件性能提速。在这种背景下, 我们从程序包升级中所额外获得的加速就显得特别激动人心了。[2]

- **渐近性终归会起作用**——对未来技术发展没有预见性确实是我的错。尽管没人会有水晶球, 但我们完全可以预言, 未来的计算机会有更大的内存并将比现在的机器运行得更快。这使得那些在渐近意义上更高效的算法/数据结构更具优势, 即便它们的性能在目前的算例上未能尽显, 你也要相信渐近性终将发挥主导性作用。如果新的程序实现其复杂度没有质的飞跃, 那么还是谨慎行事为妙, 以后再去寻觅更好的算法吧。

- **常数因子也很关键**——由于"网络科学"研究的重要性与日俱增, Wolfram Research公司最近已将基本图数据结构移到Mathematica的核心之中。这使得相关代码可用编译型语言而非解释型语言来写, 最终可使所有操作的速度比Combinatorica大约高出10倍。

  以10倍的因子提升计算速度往往非常重要, 这样可将计算时间从一个星期缩短到一天, 或是从一年缩短到一个月。本书主要关注渐近复杂性, 因为我们的意图是讲解基本原理。但在实践中, 常数也很关键。

---

[1] 译者注: 原文为"图大小的函数", 略有不妥。这里指的是图的顶点数n, 而图的大小一般是$n + m$(还得考虑边数m)。
[2] 译者注: 按照硬件的升级速度, 15年后软件性能大约会变为原来的$2^{15/2} \approx 181$倍, 也就是文中所说的大约200倍的量级, 而实测性能远超此数据。

7.4 算法征战逸事: 图的获取

"光是读入数据就花了五分钟。我们不可能有时间再让这个程序去干点什么有意义的事情。"

说这话的年轻研究生很聪明, 对知识也很渴求, 但她没什么经验因此也未曾见识过数据结构的厉害。她很快将会领教到它们的威力。

正如前文中的算法征战逸事(见3.6节)所述, 我们那会正在对三角形带提取算法(它用于三角曲面的快速渲染)进行实验。这个任务要找出最少的三角形带以覆盖网格中的每个三角形, 而它可以被建模成一个图问题: 对于网格中每个三角形该图都会有一个对应顶点, 而每对相邻的三角形我们会以图中的一条边表示。对偶图表示法(见图7.8)可获取将三角剖分划为三角形带所需的全部信息。

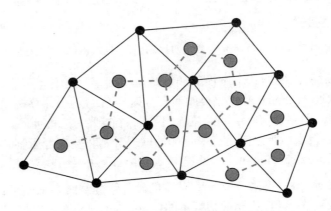

图 7.8 一个三角剖分的对偶图(虚线所示)

我们得精心打造程序让它能够创建出一组较好的三角形带, 而迈向成功的第一步就是要构造三角剖分的对偶图。这个任务我让那位研究生回去完成。过了几天, 她回来向我宣称, 创建只有几千个三角形的对偶图, CPU都要计算5分钟以上。

"胡说!" 我对大家说, "你肯定在创建图的时候做了一些很浪费时间的事情。读入的数据是什么格式呢?"

"嗯, 数据以一个列表开始, 该表给出模型中所用顶点的三维坐标; 随后紧跟着一个三角形的列表, 每个三角形由三个顶点坐标数组的下标描述。你看这里是一个小例子:"[1]

```
VERTICES 4
0.000000 240.000000 0.000000        // 顶点0的三维坐标
204.000000 240.000000 0.000000      // 顶点1的三维坐标
204.000000 0.000000 0.000000        // 顶点2的三维坐标
0.000000 0.000000 0.000000          // 顶点3的三维坐标
TRIANGLES 2
0 1 3                               // 三角形顶点为0, 1, 3
1 2 3                               // 三角形顶点为1, 2, 3
```

---

[1] 译者注: 我们在随后的数据中给出注释, 列出了顶点编号(也是所存入数组的下标)和三角形情况。

"我看懂了。由于下标从0开始, 那么数据显示第一个三角形使用了除第三个点(顶点2)之外的所有点。还可以看出, 上述两个三角形肯定共用了一条由顶点1和顶点3相连而成的边。"

"是的, 完全正确。" 她表示认可。

"好。你现在告诉我如何从这个文件中构建你的对偶图。"

"嗯, 因为点的几何位置数值不会影响到图的结构, 我可以忽略顶点的这部分信息。我的对偶图将设定成拥有和三角形同样数量的顶点。随后我会为这么多顶点建立一个邻接表数据结构。当我读入每个三角形的时候, 会和其他三角形比较, 看看是否存在两个公共顶点。如果有的话, 我会在对偶图中添加一条边将新读入三角形和那个与其共边的三角形连接起来。"

我连珠炮一般批评开了, "这样读取恰恰就是你的问题所在! 你会拿每个三角形去和已读入的三角形逐个比较, 因此你构造对偶图的时间将是三角形数量的平方量级。读取这个输入的图应该是只要线性时间的!"

"我没有让每个三角形与数据中的所有其他三角形进行比较啊。平均来说, 它只会测试1/2或1/3的三角形。"

"挺好。但是我们所面对的依然是一个$O(n^2)$算法, 还是太慢了。"

她还是不肯服输, "就算你说得对, 别光抱怨, 帮我解决它啊!"

她说的这话倒也是, 随即我开始思索。我们需要某种很快的方法去屏蔽掉那些肯定不会与新三角形(i, j, k)相邻的三角形, 而它们占了很大比例。我们真正所需要的是将经过每个点(即i, j, k)的三角形分门别类存入相应的顶点列表中。由可平面图(planar graph)的欧拉公式可知, 与每个点相邻的三角形平均下来不会超过6个。这样一来, 会与每个新三角形进行比较的三角形不超过20个,[1] 这样就不需要去大范围进行比较了。

"我们接下来所需要的数据结构由一个数组构成, 原始数据集中的每个顶点号都会对应数组中的一个下标。数组中所存的元素类型是列表, 而表中会存储所有经过该顶点的三角形。当我们读入新三角形时, 我们将会在数组中查找与该三角形相关的三个列表, 并将该三角形与列表中的所有三角形进行比较。因为任意相邻的三角形有两个公共顶点, 实际上三个列表我们只用测试前两个即可。对于共用两个顶点的每对三角形, 我们会将这两个三角形的邻接关系加入图中。最后我们会将新三角形加入与之相关的三个列表中, 这样可为下次读入新三角形做好更新工作。"

她听完了我的话之后想了一会, 终于露出了笑容, "明白了, 头儿。实验结果我会及时汇报给你。"

第二天她向我汇报了结果: 图可在几秒之内建完, 即便那种比之前大得多的模型也是如此。此后她继续成功地构建了一个提取三角带的程序, 3.6节中对此已给出了详细叙述。

领悟要义: 即便是初始化数据结构这样最基本的问题也可能会是算法开发的瓶颈, 上述故事便是明证。处理大量数据的程序都要求必须能在线性时间或者接近线性时间内完成。这样严格的要求不会给你自由腾挪的空间, 不过一旦你全身心投入于解决对于线性时间的需求, 通常是能够找到一个合适的算法或启发式方法来完成任务的。

---

[1] 译者注: 实际上界是$3 \times 6 = 18$。

7.5　遍历图

也许最基本的图问题应该是以一套系统性的方案去访问所有边和顶点。实际上, 在图上所有简易的簿记操作(例如在屏幕上输出图、复制图和各种图表示方法的等价转换)都是图遍历的应用。

迷宫可以很自然地以图表示, 该图中每个顶点代表迷宫的一个交叉点, 而每条边则代表迷宫的一条通道。因此, 要想被称为图遍历算法, 那它就必须得能让我们从各式各样的迷宫中走出来。出于算法效率的考虑, 我们必须确保不会陷在迷宫中, 也就是说不会重复访问同一个地点。出于算法正确性的考虑, 我们必须以一套系统性的方案进行遍历从而保证能够走出迷宫。一言以蔽之, 我们的搜索必须走遍图中的每条边和每个顶点。

图遍历的关键思想是: 每当我们首次访问一个顶点时都要对其进行标记, 并对那些邻边尚未探查完的顶点予以记录。尽管在神话故事中走迷宫会用面包屑或解开的线团标记已访问的地点, 但程序里却没有这些道具, 我们将凭借布尔标记或枚举类型去遍历。

每个顶点将处于以下三种状态其一:

- **未发现**(undiscovered)——尚未发现的顶点处于其初始状态。
- **已找到**(discovered)——该顶点已被发现, 但我们还没有查完与其关联的边。
- **处理完**(processed)——所有与该顶点相关联的边都已访问过。

显而易见, 只有在我们发现了某个顶点后才能去处理它, 因此每个顶点在整个遍历过程中的状态是: 未发现→已找到→处理完, 如此逐步推进。

我们还必须维护一个结构, 它包含着目前已找到但是尚未处理完的顶点。初始只有一个起始顶点, 我们将其设为已找到状态。要想完全探查某个顶点v, 我们必须评测离开v的每条边: 如果某条边指向了一个未发现的顶点x, 我们则将x标为已发现并把它加入列表等待随后的探查; 要是一条边指向状态为处理完的顶点, 我们可以忽略此边, 因为再走老路不会让我们了解关于该图的新信息; 我们还可以忽略所有指向已发现的顶点(尚未处理完), 因为这种顶点早已存于待处理的顶点列表中。

每条无向边都会被恰好处理两次, 分别发生在对它的两个端点探查的时候。有向边(x, y)将只会被处理一次, 发生在探查其源顶点x之时。连通分量中的每条边和每个顶点最终肯定都会被访问。原因何在? 我们假设存在一个一直未访问的顶点u, 它的邻点v已经访问过。该邻点v终将被探查, 那么随后我们肯定会去访问u。因此, 我们必将找到所有那些等着被发现的顶点。

下面我们来描述这些遍历算法的运行机制以及遍历次序的重要意义。

7.6　广度优先搜索

本节给出基本的广度优先搜索算法, 也即算法23。图中每个顶点的状态都会在遍历过程中的某一时刻发生改变, 也即从未发现变为已找到。在无向图的广度优先搜索中, 我们会给每条边指定一个方向, 如果顶点u找到了顶点v(也即在u处探查到v), 那么边的方向就定为从u到v, 我们也因此将u记为v的父亲。由于除了根(也即起始顶点)以外的每个顶点都刚好有一个父亲, 于是我们就在图的顶点上定义了一棵树。该树(如图7.9所示)确定了树中从根到其他所有结点的最短路径, 而这个性质使得广度优先搜索在最短路径问题中非常有用。

算法23 BFS(G, s)
1 **for each** (顶点$u \in V[G]$) **do**
2   state[u] ← "未发现"
3    $p[u]$ ← NULL, 这意味着该点目前在广度优先搜索树中无父亲
4 **end**
5 state[s] ← "已找到"
6 队列Q中初始仅放入一个元素s
7 **while** (Q中尚有元素) **do**
8   令Q的队首元素出队并赋给u
9   按实际需求对u进行处理
10   **for each** (与u相邻的顶点v) **do**
11   按实际需求对(u, v)这条边进行处理
12   **if** (state[v] = "未发现") **then**
13   state[v] ← "已找到"
14        $p[v] = u$
15   将v放入Q中
16   **end**
17   **end**
18   state[u] = "处理完"
19 **end**

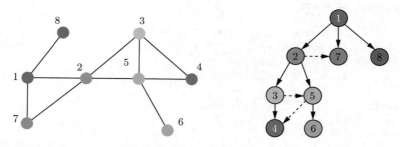

图 7.9 一个无向图和它的一棵广度优先搜索树(虚线不属于树而是指向"已找到"或"处理完"的顶点)

图里面没有出现在广度优先搜索树中的边也有特殊的性质。对于无向图来说, 考虑某个在树边中的父亲顶点u, 从u出发的非树边只有两种可能: 指向与u同层的顶点, 或是指向u下一层的顶点。我们可以很容易地从"树中每条路径肯定是图中最短路径"这个事实中推出上述性质。而对于有向图而言, 则没有以上限制, 设v离根比u离根还要近, 回指祖先的边(u, v)是可以存在的。

7.6.1　实现

我们的广度优先搜索程序实现bfs将用两个布尔型数组来维护我们从图中每个顶点所获得的信息。首次访问某个顶点时我们将其设为已找到(对应discovered数组)。当我们遍历完某个顶点的所有出边后该顶点会被视为处理完(对应processed数组)。因此每个顶点在整个搜索过程中都经历了"未发现→已找到→处理完"的状态变迁。此类信息的维护可用一个枚举型数组，不过这里我们用了两个布尔型数组来代替它。我们还需要存储顶点的父亲，因此最终设定如下：

```
bool processed[MAXV + 1];     /* 哪些顶点处理完 */
bool discovered[MAXV + 1];    /* 哪些顶点已找到 */
int parent[MAXV + 1];         /* 由于找到新顶点而形成的父子关系 */
```

每个顶点被初始化为未发现：

```
void initialize_search(graph *g)
{
    int i;               /* 计数器 */
    for (i = 0; i <= g->nvertices; i++) {
        processed[i] = false;
        discovered[i] = false;
        parent[i] = -1;
    }
}
```

一旦某个顶点被找到，我们就将其放入一个队列中。由于我们要以先进先出次序处理队列中的顶点，因此最先被发现的那些个顶点(恰恰也是最接近根的那些顶点)会被先处理进而扩展出新的顶点。

```
void bfs(graph *g, int start)
{
    queue q;            /* 待访问的顶点队列 */
    int v;              /* 当前顶点 */
    int y;              /* 下一顶点 */
    edgenode *p;        /* 暂用指针 */

    init_queue(&q);
    enqueue(&q, start);
    discovered[start] = true;

    while (!empty_queue(&q)) {
        v = dequeue(&q);
        process_vertex_early(v);
        processed[v] = true;
        p = g->edges[v];
        while (p != NULL) {
            y = p->y;
            if ((!processed[y]) || g->directed)
                process_edge(v, y);
            if (!discovered[y]) {
                enqueue(&q, y);
                discovered[y] = true;
```

```
            parent[y] = v;
        }
        p = p->next;
    }
    process_vertex_late(v);
    }
}
```

7.6.2 发掘遍历的功用

bfs的具体执行结果取决于函数process_vertex_early(), process_vertex_late(), process_edge()。这些函数包含了对每条边和每个顶点进行正式访问的具体安排,[1] 我们可以通过上述函数按需求定制图的遍历。本节我们先考虑进入顶点就能做完所有顶点处理工作的情况, 因此process_vertex_late()不进行任何操作便可返回:

```
void process_vertex_late(int v)
{
}
```

另外两个函数在遍历中会起作用, 如果设置它们为:

```
void process_vertex_early(int v)
{
    printf("processed vertex %d\n", v);
}
```

```
void process_edge(int x, int y)
{
    printf("processed edge (%d, %d)\n", x, y);
}
```

那么可在屏幕上输出所有顶点和边恰好各一次。要是我们设置process_edge为:

```
void process_edge(int x, int y)
{
    nedges = nedges + 1;
}
```

我们便可得到边数的一个准确计数值。不同的算法在遇到顶点/边时会有不同的处理方案, 而上述函数可让我们非常容易地根据实际情况来自由定制。

7.6.3 寻找路径

内置于bfs函数中的parent数组对寻找图中某些特殊路径来说非常有用。找到顶点i的那个顶点可存入parent[i]中。每个顶点都会在遍历过程中被找到, 因此除了根以外每个顶点都有一个父亲。这种父子关系可定义一棵"探索树", 其根为初始所搜索的那个顶点。

由于顶点是从根开始按照离根距离递增的次序被找到, 因此这棵树有着非常重要的特性。从根到每个结点$x \in V$的路径是唯一的, 而该路径是图中所有从根到x路径中边数(等价的说法是途经结点的个数)最少的。

---

[1] 译者注: 作者使用了"正式访问"(official visit)一词, 也就是说这些访问会有所作为, 而不是看看就走。

我们可通过追随从x到根的祖先链来重建上述路径, 注意必须倒着处理。事实上, 我们无法直接找到从根到x的路径, 因为这和父亲指针的方向不一致。可以换一种思路: 我们肯定能找到从x到根的路径, 而它与通常的路径方向相反, 于是可以先存储这条路径再利用一个栈逆置之, 也可用如下的递归来逆置:

```
void find_path(int start, int end, int parents[])
{
    if ((start == end) || (end == -1))
        printf("\n%d", start);
    else {
        find_path(start, parents[end], parents);
        printf(" %d", end);
    }
}
```

对于图7.9中的广度优先搜索实例, 上述算法可生成如下父子关系:

顶点i:	1	2	3	4	5	6	7	8
parent[i]:	-1	1	2	3	2	5	1	1

例如我们想获得从1到6的最短路径, 根据以上parent数组可知路径为$\{1, 2, 5, 6\}$。

使用广度优先搜索寻找从x到y的最短路径时, 有两点要牢记: 首先, 最短路径树只在广度优先搜索将x设为搜索的根去执行才会发挥作用; 其次, 广度优先搜索只能对无权图给出最短路径。我们将在8.3.1节中给出寻找加权图最短路径的算法。

7.7 广度优先搜索的应用

很多基本图算法都会遍历图一或两次, 与此同时再对其进行相关处理。用邻接表方案实现算法是正确的选择, 此类算法肯定都是线性时间, 因为广度优先搜索对于有向图和无向图都能在$O(n + m)$时间内运行完毕。这同时也是最优算法, 因为我们光是读入有n个顶点和m条边的图至少就得这种量级的时间。

用好遍历的窍门是搞清楚遍历算法在什么场景下必能奏效, 下面我们将给出若干实例。

7.7.1 连通分量

我们称某个图是连通的, 如果该图中任意两个顶点之间都有一条路径。如果友谊图是连通的, 那么每个人就都能通过一连串朋友关系认识到任何人。

无向图的**连通分量**(connected component)是满足任意顶点间都存在路径的一个最大顶点子集。因此图被分割成若干相互无关的"切块"(连通分量), 而切块之间则是不连通的。如果我们设想远在世界的未知之地有个没有被发现的部落, 那么它就会在友谊图中独自形成一个连通分量。一个离群索居的隐士或者一个极其烦人的家伙可能会代表一个仅有单个顶点的连通分量。

有一大堆看似很复杂的问题, 其实都可化简为寻找连通分量或对其计数的问题。例如, 对某个益智游戏(比如魔方或十五数字拼图)是否在任意位置都有解进行判定, 实际上是询问由合规排布(legal configuration)所形成的图是否为连通图。

　　顶点的次序对分量而言不重要, 所以我们可用广度优先搜索去找连通分量。我们从起点开始, 在搜索过程中找到的任何点肯定都是同一连通分量中的一部分。随后我们可不断从任意未发现的顶点(如果还有的话)实施搜索来确定下一个分量, 直到所有顶点都被找到:

```c
void connected_components(graph *g)
{
    int c;              /* 分量的编号 */
    int i;              /* 计数器 */

    initialize_search(g);
    c = 0;
    for (i = 1; i <= g->nvertices; i++)
        if (!discovered[i]) {
            c = c + 1;
            printf("Component %d:", c);
            bfs(g, i);
            printf("\n");
        }
}
void process_vertex_early(int v)
{
    printf(" %d", v);    /* 处理顶点v */
}

void process_edge(int x, int y)
{
}
```

　　请仔细阅读上述实现, 计数器c代表当前分量的编号, 每次调用bfs时c会自增。我们可以改变process_vertex的操作从而将每个顶点明确地与其所在分量的编号绑定(而不是像现在这样在屏幕上输出每个分量中的顶点)。

　　一般存在两种不同的有向图连通性概念, 它们会各自引出寻找弱连通分量和强连通分量的算法。两类分量均可在$O(n + m)$时间内找到, 详细讨论见18.1节。

7.7.2 双色图

　　顶点着色问题要给图中每个顶点指定一个标签(或颜色), 使得没有边会连接两个同色顶点。最简单的方式是对每个顶点都指派一个独一无二的颜色, 这样就完全不存在冲突, 但是我们的目标是要使用尽可能少的颜色。顶点着色问题通常出现在调度应用中, 例如编译器中的寄存器分配。关于顶点着色算法和应用的完整叙述与讨论可见19.7节。

　　如果一个图只用两种颜色着色即可避免冲突, 那么它就是**二部图**(bipartite graph)。二部图很重要, 因为它们会自然而然地出现在很多应用中。

　　不过, 我们怎样才能为某个二部图找到一个合理的黑白着色方案, 使得该图非黑即白呢? 假设我们将起始顶点设为黑色。所有邻近这个黑点的顶点都应该是白色, 因为已假定该图确实为二部图。

　　我们可以扩充广度优先搜索的功能: 让它在找到新顶点时将该点涂上与其父亲相反的颜色; 而对于那些没找到新顶点的边(非树边), 我们检查它是否连接了两个同色顶点, 要是有冲突则意味着图不能分涂二色。如果算法停止时都还没有发生冲突，那么我们肯定创建了一个正确的黑白着色方案。

```c
void twocolor(graph *g)
{
    int i;        /* 计数器 */
    for (i = 1; i <= g->nvertices; i++)
        color[i] = UNCOLORED;
    bipartite = true;
    initialize_search(&g);
    for (i = 1; i <= g->nvertices; i++)
        if (!discovered[i]) {
            color[i] = WHITE;
            bfs(g, i);
        }
}

void process_edge(int x, int y)
{
    if (color[x] == color[y]) {
        bipartite = false;
        printf("Warning: not bipartite due to (%d, %d)\n", x, y);
    }
    color[y] = complement(color[x]);
}

int complement(int color)
{
    if (color == WHITE)
        return BLACK;
    if (color == BLACK)
        return WHITE;
    return UNCOLORED;
}
```

我们可在任意连通分量中对首个顶点随意指派一个颜色。不过，虽然广度优先搜索可将图分为黑白两色，但却无法仅凭图的结构来确定究竟谁黑谁白。

> **领悟要义**: 广度优先搜索和深度优先搜索所提供的机制能让我们访问图中的每条边和每个顶点。事实证明，它们是最简单且最高效的那些图算法的核心所在。

7.8 深度优先搜索

图遍历算法主要有两种: **广度优先搜索**(Breath-First Search, BFS)和**深度优先搜索**(Depth-First Search, DFS)。对某些问题来说，用哪种搜索没一点区别，而在另一些问题中两种搜索之间的区别却是至关重要的。

BFS和DFS之间的区别在于它们探查顶点的次序，而这完全取决于存储那些已找到但未处理完的顶点所用的容器:

- 队列——可在先入先出(FIFO)的队列中存储顶点, 我们会先去探查最早入队的顶点。于是我们的探查从起始顶点开始缓慢地扩散开来, 这样便形成了一个广度优先搜索。
- 栈——可在后进先出(LIFO)的栈中存储顶点, 我们会沿着某条路径蹒跚前行去探查顶点, 若是有新的邻居就去拜访它, 并且只在我们完全被之前已找到的顶点包围时才回退到上层。于是我们的探查很快会从起始顶点附近离开, 这样便形成了一个深度优先搜索。

深度优先搜索有一个很简洁的递归实现(算法24), 它可避免在代码中显式地使用栈。在算法24(亦可参阅后文的dfs函数实现)中, 我们为每个顶点引入了一个概念称为遍历时间点并对其实时维护。每当我们进入或离开任意顶点时, 我们的时钟(在dfs函数中对应time变量)就会走一格。而对每个顶点, 我们会分别记录进入时间点和离开时间点。

算法24 DFS(G, u)

1 state$[u] \leftarrow$ "已找到"
2 按实际需求对u进行处理
3 time $\leftarrow$ time $+ 1$
4 entry$[u] \leftarrow$ time
5 **for each** (与u相邻的顶点v) **do**
6   按实际需求对(u, v)这条边进行处理
7   **if** (state$[u] =$ "未发现") **then**
8         $p[v] \leftarrow u$
9   DFS(G, v)
10   **end**
11 **end**
12 state$[u] \leftarrow$ "处理完"
13 time $\leftarrow$ time $+ 1$
14 exit$[u] \leftarrow$ time

时间点区间的特性很有意思, 而且也非常有用, 在深度优先搜索算法里有如下两条:

- 谁是祖先?——假设在深度优先搜索树中x是y的祖先。这意味着我们肯定是在进入y之前就已进入了x, 因为没人能在自己的父亲或是祖父之前就生出来! 另外, 我们在离开x之前肯定已经离开y了, 因为深度优先搜索的机制确保了我们不能先离开x, 直到我们完成对x所有子孙的搜索才能从x离开进而回退到上一层。因此y的时间点区间肯定真包含于祖先x的时间点区间。
- 有多少个子孙?——v的离开时间点和进入时间点之差可以告诉我们v在深度优先搜索树中有多少个子孙。由于时钟每次进入顶点和离开顶点时都会自增1, 所以时间点差值的一半就代表v的子孙数。

我们将在若干应用问题中使用深度优先搜索的进入和离开时间点, 特别是拓扑排序和双连通/强连通分量。我们得在顶点的入口和出口分别采取不同的操作, 这样会让dfs函数

所调用的`process_vertex_early`和`process_vertex_late`子程序与前文不同。对于图7.10中的深度优先搜索实例，各项数据如下：

顶点i:	1	2	3	4	5	6	7	8
parent[i]:	-1	1	2	3	2	5	1	1
进入时间点:	1	2	3	4	5	6	11	14
离开时间点:	16	13	10	9	8	7	12	15

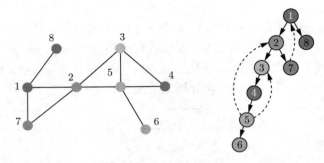

图 7.10　一个无向图和它的深度优先搜索树(虚线不属于树，它们指示着反向边)

深度优先搜索的另一个重要特性是，它将一个无向图的边恰好划分为两类：树边和反向边。树边会找到新顶点，而这种父子关系会记录到`parent`数组中。在反向边中，一个端点是当前正在进行扩展的顶点，而另一个端点则是该顶点的祖先，所以这种边会指回到树中而不是扩展出新顶点(可参阅图7.10中的实例)。

深度优先搜索将所有边划为以上两类的这个特性极为有用。为什么一条边不能指向顶点在树中的兄弟或表兄弟结点而可以是祖先结点呢？从给定顶点v可达的结点在我们完成对v的遍历之前已经被扩展过，因此对于无向图来说，指向兄弟或表兄弟的这种拓扑结构是不可能的。事实上，边的这种分类是证明那些基于深度优先搜索的算法其正确性之基石。

实现

深度优先搜索可视为使用栈而非队列的广度优先搜索。以递归实现`dfs`非常简单优美，同时我们也不必在遍历过程中自行维护一个栈去存储顶点。

```
void dfs(graph *g, int v)
{
    edgenode *p;    /* 暂用指针 */
    int y;          /* 下一顶点 */

    if (finished)
        return;     /* 允许搜索提前终止 */

    discovered[v] = true;
    time = time + 1;
    entry_time[v] = time;

    process_vertex_early(v);

    p = g->edges[v];
```

```
while (p != NULL) {
    y = p->y;
    if (!discovered[y]) {
        parent[y] = v;
        process_edge(v, y);
        dfs(g, y);
    }
    else if ((((!processed[y]) && (parent[v] != y)) || (g->directed))
        process_edge(v, y);
    if (finished)
        return;
    p = p->next;
}

process_vertex_late(v);
time = time + 1;
exit_time[v] = time;

processed[v] = true;
}
```

　　深度优先搜索所用的思想基本上与回溯是一致的, 我们将在9.1节中学习回溯。这两种技术都需要尽全力深入前行去穷举搜索一切可能, 如果继续向前搜索已无新发现则回退到上一层。二者都适合以递归算法形式描述, 这样理解起来最简单。

> 领悟要义: 深度优先搜索利用进入/离开时间点将顶点有条不紊地组织起来, 进而将边划分为树边和反向边。正是这种组织结构才让深度优先搜索真正强大起来。

7.9 深度优先搜索的应用

　　算法设计范式一般看上去都不是那么深奥, 深度优先搜索亦如此。你也许没看出来深度优先搜索其实极为精妙, 而这意味着此类算法的正确性需要处理好细节问题。

　　基于深度优先搜索的那些算法其正确性取决于我们究竟何时处理边和顶点, 而这就是我们所说的细节。对于处理顶点v的时机, 可以选在尚未遍历v的出边之前(process_vertex_early()), 也可以选在处理完所有出边之后(process_vertex_late())。有时我们在两个时间点都会采取一定的操作, 也就是说, process_vertex_early()会初始化一个数据结构来记录不同顶点的信息, 而这些信息将会在处理边的时候进行更新, 最后再用process_vertex_late()去分析加工。

　　无向图中每条边(x, y)既在顶点x的邻接表中又在顶点y的邻接表中。因此对任意一条边(x, y), 我们有两个处理它的时间点, 分别是在探查x和探查y的时候。将一条边标记为树边或反向边出现在这条边首次被探查到的时候。我们第一次见到某条边时, 通常是处理这条边最合理的时机。有的时候, 我们可能想在第二次见到同一条边时去做一些不同的操作。

　　不过, 当我们在探查x时遇到了(x, y)这条边, 如何判断我们之前是否已经在探查y时遍历过这条边呢? 如果顶点y的状态是未发现, 那么这个问题很简单: (x, y)此时已成为树边,因此这肯定是第一次遇到(x,y)。如果y已被处理完，这个问题也很简单：因为当我们探查y时已经查过这条边，那么这必然是第二次遇到(x,y)。可是如果y是x的祖先，也就是说y的状态是已找到，答案又是什么呢？这肯定是我们的第一次遍历，除非y是x的父亲——也就是说(y,x)是一条树边（可通过测试y == parent[x]成立与否来确定），仔细思考一下你就会确信这个结论是正确的。

我发现每当我试着实现一个基于深度优先搜索的算法时，其中所蕴含的微妙之处都能让我有新的体会。[1] 我强烈建议你仔细分析下面这些实现，看看哪里会有疑难情况并把它们搞清楚。

7.9.1 寻找环

反向边是在无向图中寻找环的关键。如果没有反向边那么所有边都是树边，进而可知树中并不存在环。不过，只要有从x到其祖先y的反向边，就会形成一个包含了从y到x路径的环。这个环用dfs函数很容易找到：

```
void process_edge(int x, int y)
{
    if (parent[x] != y) {    /* 找到反向边! */
        printf("Cycle from %d to %d:", y, x);
        find_path(y, x, parent);
        finished = true;
    }
}
```

这个环检测算法之所以正确，是因为我们可保证会处理每条无向边且仅在第一次遇到时检测处理。否则任何一条无向边的两次遍历都能建立一个两顶点假环(x,y,x)。找到首个环之后我们利用finished标志提前退出，若是没有此标志我们会不停地对每条反向边去找出一个新的环，而这完全没必要。实际上，一个完全图拥有$\Theta(n^2)$个这样的环，可想而知多么费时。

7.9.2 关节点

假设你是一个想让电话网络瘫痪的蓄意破坏者。那么图7.11中你该选择引爆哪个交换站才能让损失程度最大呢？你可以看到图中有一个故障点[2]——删除之后会断开图中连通分量的顶点。这种顶点称作**关节点**(articulation vertex)或**割点**(cut-node)。任何包含关节点的图都带有与生俱来的脆弱性，因为删除一个顶点会造成其他顶点之间连通性的丧失。

我们在7.7.1节中已给出了基于广度优先搜索的连通分量算法。一般而言，所谓图的**连通度**(connectivity)描述了图中最少需要删除多少个顶点可让图断开。如果图有关节点的话，那么该图的连通度是1。没有此类顶点的图称为**双连通图**(biconnected graph)，这种图更稳健可靠。连通度将在18.8节中进一步讨论。

---

[1] 实际上，本书上一版中最让人震惊的错误就出现在本节。

[2] 译者注：你可以理解为这是一种设计故障：此类点的存在，会降低系统的稳定性。

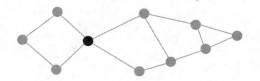

图 7.11 关节点: 图中最薄弱的点

以蛮力法测试关节点很容易。可以暂时删除每个顶点x, 然后再对剩余的那部分进行广度优先搜索或深度优先搜索以确定它是否依然连通。n次这样的遍历总时间是$O(n(m+n))$。然而我们有一个巧妙的线性时间算法, 仅用一次深度优先搜索便能测完连通图的所有顶点。

深度优先搜索树能告诉我们关节点的哪些信息呢? 这棵树将图中的一个连通分量其所有顶点都连了起来。如果深度优先搜索树本身就完全代表了图的所有内容, 那么所有内部(非叶子)结点都将是关节点, 因为删除它们之中的任何一个都至少会让一个叶子结点脱离根。摧毁一个叶子结点(例如图7.12中的深色阴影顶点)则不会断开树, 因为它除了自己连在主干上之外并没连接别的顶点。

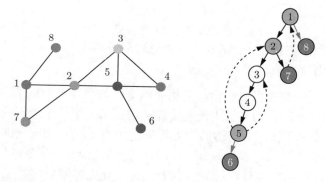

图 7.12 左侧所展示的图其深度优先搜索树含有三个关节点(也即顶点1、顶点2和顶点5)。由于相关反向边(例如(5, 2)这条边)的存在使得顶点3和顶点4不会成为割点; 而深色阴影顶点(顶点6、顶点7和顶点8)是深度优先搜索树的叶子, 与关节点完全绝缘。(1, 8)和(5, 6)这两条边是桥, 其删除会断开原图

搜索树的根是一个特例。如果根只有一个孩子, 那么它将扮演叶子的功能。但是根如果有两个或两个以上的孩子, 那么删除根会断开这些孩子, 这样会使根成为一个关节点。

一般的图比树更为复杂。不过对图进行深度优先搜索会将所有边划分为树边和反向边。不妨将这些反向边看作安全线缆(security cable), 它们将一个顶点连回该顶点的某个祖先。从x回到y的安全线缆可确保x和y之间树边路径上的所有顶点都不会是关节点。要是删除这些顶点中的任意一个, 安全线缆也仍会将剩余顶点全留在树中。

反向边(也即安全线缆)将深度优先搜索树的某一大块连回到祖先结点, 而寻找关节点需要记录这种连接的跨度情况。令reachable_ancestor[v]表示顶点v可以到达并且最接近根(或者说最老)的祖先, 这意味着我们可通过树边找到顶点v的某个子孙再从那里用一条反向边从而到达reachable_ancestor[v]。初始设定reachable_ancestor[v]为顶点v, 代码如下:

```
int reachable_ancestor[MAXV + 1];    /* 从v可以到达的最老祖先 */
int tree_out_degree[MAXV + 1];       /* 深度优先搜索树中v的出度 */
```

```
void process_vertex_early(int v)
{
    reachable_ancestor[v] = v;
}
```

一旦我们遇到一条反向边能将我们带到以前未曾见过的更老的祖先时，我们便更新 reachable_ancestor[v]。祖先的相对年龄/地位可根据其entry_time元素值来确定：

```
void process_edge(int x, int y)
{
    int class;          /* 边的分类 */
    class = edge_classification(x, y);
    if (class == TREE)
        tree_out_degree[x] = tree_out_degree[x] + 1;
    if ((class == BACK) && (parent[x] != y)) {
        if (entry_time[y] < entry_time[reachable_ancestor[x]])
            reachable_ancestor[x] = y;
    }
}
```

关键问题是确定可达关系对"顶点v是否为关节点"这个问题到底有什么影响。共有三种情况，我们分别讨论(也可参考图7.13)。请注意，以下情况并不互斥，或者说某个顶点v可能会因为多种原因而变为关节点：

- **根割点**——如果深度优先搜索树的根有两个或两个以上的孩子，它肯定是一个关节点。第二个孩子所在的子树中没有边能够连到第一个孩子所在的子树。
- **桥割点**——如果顶点v可到达的最老祖先是顶点v本身，那么删除(parent[v],v)这一条边[1] 便会断开图。显然，parent[v] 一定是关节点，因为它会将顶点v从图中切除。顶点v也是一个关节点，但顶点v若是深度优先搜索树的叶子结点则除外。因为对任何叶子来说，你剪掉它的时候不会有别的东西掉下来。
- **父亲割点**——如果顶点v可以到达的最老祖先是顶点v的父亲，那么删除这位父亲肯定会将顶点v从树中割掉，但顶点v的父亲如果是根则除外。回想一下，桥的较低顶点也总是满足以上性质，除非它是一个叶子结点。

当我们遍历完顶点的所有出边后准备从该点回退到上层之前，下面的子程序会系统性地分别评测割点的三种条件。我们用entry_time[v]表示顶点v的年龄。程序中的可到达时间点time_v表示利用反向边能够到达的最老祖先。若是回到位于顶点v之上的祖先将会排除顶点v作为割点的可能性：

```
void process_vertex_late(int v)
{
    bool root;              /* parent[v]是深度优先搜索树的根吗? */
    int time_v;             /* v所能到达的最早时间点 */
    int time_parent;        /* parent[v]所能到达的最早时间点 */
    if (parent[v] == -1) {  /* 测试v是否为根 */
        if (tree_out_degree[v] > 1)
            printf("root articulation vertex: %d \n", v);
```

---

[1] 译者注: 这条边就是一座"桥"，顶点v对应桥中的较低顶点。

```
        return;
    }
    root = (parent[parent[v]] == -1);    /* parent[v]是根吗? */
    if (!root) {
        if ((reachable_ancestor[v] == parent[v]))
            printf("parent articulation vertex: %d \n", parent[v]);
        if (reachable_ancestor[v] == v) {
            printf("bridge articulation vertex: %d \n", parent[v]);
            if (tree_out_degree[v] > 0) /* 测试v是否为非叶子结点 */
                printf("bridge articulation vertex: %d \n", v);
        }
    }

    time_v = entry_time[reachable_ancestor[v]];
    time_parent = entry_time[reachable_ancestor[parent[v]]];

    if (time_v < time_parent)
        reachable_ancestor[parent[v]] = reachable_ancestor[v];
}
```

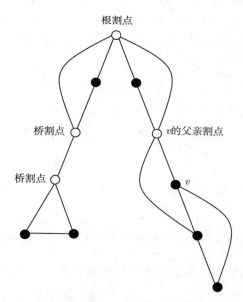

图 7.13 关节点的三种情况: 根割点、桥割点和父亲割点

这个程序的最后几行确保了我们何时将顶点可到达的最老祖先赋给该顶点的父亲, 也就是说: 只要它能到达的祖先比起它父亲能到达的最老祖先离根还要近, 那么我们就执行更新操作。

我们可以换另一种形式讨论可靠性, 也就是考虑边失效而不是顶点失效。也许我们的破坏者会发现切断一根线缆可要比摧毁一个交换站简单多了。一条删除之后便会断开图的边称为**桥**(bridge), 任何不存在此类边的图称作**边双连通图**(edge-biconnected graph)。

要想确定给定边(x, y)是否为一座桥, 可以很容易地通过删除这条边再测试所剩的图是否仍为连通图来做到, 易知该算法需要线性时间。事实上, 所有的桥都可以一次性找出来,且仍然只花$O(n+m)$时间。如果我们知道: 边(x,y)是树边且没有反向边从y或y以下的结点指回x或x以上的结点，那么便能判定边(x,y)是一座桥。对`process_late_vertex`函数进行相应的修改即可完成上述判定。

7.10　有向图的深度优先搜索

我们已经看到无向图的深度优先搜索是非常有用的, 因为它对图中的边给出了很清晰的组织结构, 如图7.10所示。而在从给定源点开始的DFS过程中, 每条边都会被设定为四种潜在标签(图7.14)之中的一个。

遍历无向图时, 每条边要么在深度优先搜索树中, 要么是指向树中祖先的反向边。让我们再回想一下原因, 这点很重要。我们可能会遇到一条指向子孙顶点的"正向边"(x,y)吗? 当然不会。在这种情况下, 早在探查y的时候我们就会找到(x,y), 并已让其成为"反向边"。我们可能会遇到一条将两个无关顶点连接起来的"跨越边"(x,y)吗? 同样不会。这是因为早在我们探查y时就会找到这条边, 并已让其成为"树边"。

对于有向图而言, 深度优先搜索中能为边标出的类型会更加多样化。实际上图7.14中边的4种情况全都有可能出现在有向图遍历中。事实证明这种分类在处理有向图算法时仍然是非常有用的, 因为我们通常会对不同类型的边施以不同的操作。

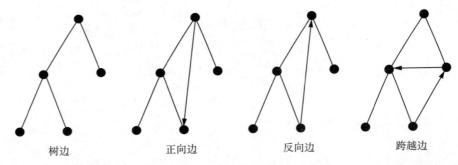

树边　　　　　　正向边　　　　　　反向边　　　　　　跨越边

图 7.14　搜索图所遇到的边可能出现的4种情况(其中正向边和跨越边仅在有向图的DFS中出现)

每条边可以很容易地依据其状态、进入时间点以及父子关系来正确地标记, 其函数实现请看下面的代码:

```
int edge_classification(int x, int y)
{
    if (parent[y] == x)
        return TREE;
    if (discovered[y] && !processed[y])
        return BACK;
    if (processed[y] && (entry_time[y] > entry_time[x]))
        return FORWARD;
    if (processed[y] && (entry_time[y] < entry_time[x]))
        return CROSS;
    printf("Warning: unclassified edge (%d, %d)\n", x, y);
    return -1;
}
```

与处理广度优先搜索算法一样,这种深度优先搜索算法的实现也包含自由空间让你可以有选择地处理每个顶点和每条边——比如复制、在屏幕上输出或是计数。设定起始顶点后,两种算法都会在该点所处的连通分量中遍历完其中所有的边。由于我们需要在每个连通分量中选出起始顶点(可任选)进行搜索才能遍历完一个非连通图,因此我们得在一个连通分量搜索完成后任选一个仍未发现的顶点开始新的搜索。两种搜索算法之间唯一重要的区别在于其对图中边的组织和标记方式。

我强烈建议读者自己去论证算法在这四种情况下的正确性。我之前已经说过深度优先搜索有很多微妙之处,而在有向图上其程度还会加倍。

7.10.1 拓扑排序

拓扑排序是有向无环图(DAG)上最重要的操作。它会将所有顶点排成一条直线并使全部有向边都从左指向到右,图7.15给出了一个具体实例。图若包含有向环则不会存在这样的排序,因为你没办法在环线上一直向右,事实上你还会回到起始点!

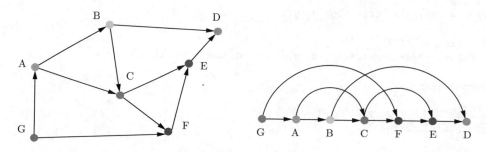

图 7.15 一个只有一种拓扑排序(G, A, B, C, F, E, D)的有向无环图

每个有向无环图都至少有一个拓扑排序。拓扑排序的重要性是它会给我们提供一种工序: 每个顶点有若干后续顶点,当前顶点若未处理完则所有后续顶点不能开工。假设边代表优先约束(precedence constraint),那么(x, y)这条边则意味着任务x必须在任务y之前完成。这样一来,任何拓扑排序就定义了一个合规的调度。实际上,对于给定的一个有向无环图,有很多这样的排序存在。

但是实际应用中需要你更深入地探讨拓扑排序。假设我们要在有向无环图中寻找从x到y的最短(或最长)路径,那么拓扑序关系下出现于y之后的顶点对于寻找此类路径一点用处都没有,因为没办法从它们那里回到y。该算法的策略是在拓扑序关系下从左到右依次对所有顶点进行恰当的处理,主要是要考虑它们的出边所带来的影响,不过我们完全明了每步所需的信息已经提前全盘在握。事实证明,拓扑排序在任何有向图的算法问题中基本上都会起到至关重要的作用,18.2节中的相关讨论便是明证。

拓扑排序可用深度优先搜索高效地完成。一个有向图是有向无环图当且仅当我们遇不到反向边。只需逆向依次记录标为处理完的顶点,便可找到有向无环图的一个拓扑排序。为什么呢? 对于任意有向边(x, y),考虑当我们探查顶点x遇到这条边时会发生什么情况:

- 如果y目前未发现, 那么我们得开始对y的深度优先搜索, 完成后才能继续处理x。因此y在x之前就会被标为处理完, 那么在拓扑序关系中x出现于在y之前, 事实上x也必须在y之前。
- 如果y现在已找到但是没有处理完, 那么(x, y)是一条反向边, 而有向无环图中绝不允许有这种边出现(因为会造成环)。
- 如果y已经处理完, 它将会在x处理完之前早已标记过了。因此在拓扑序关系中x出现于在y之前, 事实上x也必须在y之前。

请研读以下程序实现:

```
void process_vertex_late(int v)
{
    push(&sorted, v);
}

void process_edge(int x, int y)
{
    int class;          /* 边的分类 */
    class = edge_classification(x, y);

    if (class == BACK)
        printf("Warning: directed cycle found, not a DAG\n");
}
void topsort(graph *g)
{
    int i;              /* 计数器 */
    init_stack(&sorted);

    for (i = 1; i <= g->nvertices; i++)
        if (!discovered[i])
            dfs(g, i);

    print_stack(&sorted);   /* 将拓扑排序所得次序报表 */
}
```

我们一旦评测完某个顶点所有的出边就将该顶点推入栈。位于栈顶的那个顶点永远不会有任何来自栈内顶点的入边。不断将栈中顶点弹出便可产生一个拓扑排序。

7.10.2   强连通分量

如果有向图中任意两个顶点之间存在一条有向路径, 那么该图就是**强连通图**(strongly connected graph)。路网应该是强连通图, 否则就会存在某些地方, 你可以从家开车到那里, 但是无法在不违反单行标志的前提下开回家。

使用图的遍历去测试某个图$G = (V, E)$是否为强连通图很简单, 而且可在线性时间内完成。图G是强连通图当且仅当G中任意顶点v满足: 既可从任意顶点到达顶点v, 也能从顶点v到达任意顶点。

为了测试从图G中任意顶点是否可达顶点v, 我们可以构建G的**转置图**(transpose graph) $G^T = (V, E')$, 其顶点集和G完全相同, 而边集则全由G中的边反转而得。也就是说, 有向边 $(y, x) \in E'$当且仅当$(x, y) \in E$。这部分代码为:

```
graph *transpose(graph *g)
{
    graph *gt;        /* 图g的转置 */
    int x;            /* 计数器 */
    edgenode *p;      /* 暂用指针 */

    gt = (graph *) malloc(sizeof(graph));
    initialize_graph(gt, true); /* 有向图初始化 */
    gt->nvertices = g->nvertices;
    for (x = 1; x <= g->nvertices; x++) {
        p = g->edges[x];
        while (p != NULL) {
            insert_edge(gt, p->y, x, true);
            p = p->next;
        }
    }
    return gt;
}
```

我们给出一种"两次DFS"方法: 第一次在G中对v进行深度优先搜索, 这样可找出从v可达的所有顶点; 由于G^T中任意从v到z的路径对应着G中从z到v的路径, 我们只需在G^T中对v再做一次深度优先搜索(第二次), 即可找出所有在G中可达v的那些顶点。

任意有向图均可划分为若干强连通分量(在其内部所有顶点之间都存在有向路径), 如图7.16[左]所示。有向图中的强连通分量集合可通过将前述"两次DFS"修改升级为"两轮DFS"[1]来获得, 不过其原理需要仔细体会, 先给出代码如下:

```
void strong_components(graph *g)
{
    graph *gt; /* 图g的转置 */
    int i;        /* 计数器 */
    int v;        /* 分量中的顶点 */

    init_stack(&dfs1order);           /* 设置一个栈dfs1order */
    initialize_search(&g);
    for (i = 1; i <= g->nvertices; i++)
        if (!discovered[i])
            dfs1(g, i);     /* 第一轮DFS */

    gt = transpose(g);
    initialize_search(gt);

    components_found = 0;
    while (!empty_stack(&dfs1order)) {  /* 当栈dfs1order不为空 */
        v = pop(&dfs1order);
        if (!discovered[v]) {
            ++components_found;
            printf("Component %d:", components_found);
```

---

[1] 译者注: 译文对这部分内容略有修订, 主要是通过1和2这两个数字给出明确的标记。

```
                    dfs2(gt, v);        /* 第二轮DFS，注意搜索时的处理略有差别 */
                    printf("\n");
              }
       }
}
```

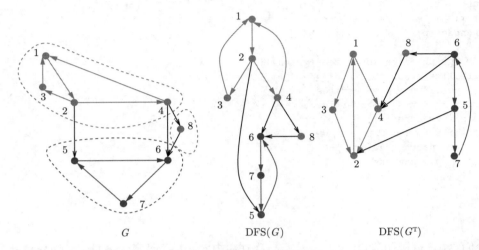

G DFS(G)   DFS(G^T)

图 7.16 图 G 的若干强连通分量[左]与该图的某个深度优先搜索树[中]。在 G 中对顶点1进行深度优先搜索，其顶点结束搜索的次序逆向排列为 $[3, 5, 7, 6, 8, 4, 2, 1]$，依此顺序再对转置图 G^T 中的顶点逐个进行深度优先搜索[右]

在第一趟遍历时，[1] 我们将顶点入栈，而出栈则按照逆序处理，这和7.10.1节中的拓扑排序有点像。这种关联其实有一些内在的道理：有向无环图(DAG)这种有向图中每个顶点都会自成强连通分量；DAG中栈顶元素对应的顶点无法从任何其他顶点而到达；此外，这里的记录方式与拓扑排序完全一致：

```
void process_vertex_late1(int v) {   /* 函数名中的1与dfs1(第一轮DFS)一致 */
    push(&dfs1order,v);
}
```

第二趟遍历在转置图上执行，其过程与7.7.1节中的连通分量算法类似，只不过这里按顶点出栈次序处理。从 v 开始的每次搜索都会找到 v 在转置图 G^T 中的所有可达顶点，也即在 G 有路径可到达 v 的那些顶点。注意相关代码修改却很少：

```
void process_vertex_early2(int v) { /* 函数名中的2与dfs2(第二轮DFS)一致 */
    printf(" %d", v);
}
```

以上算法的正确性需要细细品味。注意到第一轮DFS会让原始有向图 G 中的顶点顺次作为搜索起点，并基于可达性将顶点放入栈中，而栈内还会依照不同的DFS形成分组。这样一来，栈顶所对应的那次DFS其组内相关顶点都无法从栈中任意更早批次DFS的组内顶点出发可达。在 G^T 中的第二趟遍历从 G 的"最后一个"顶点 x(也即栈顶)开始搜索，进而找到

---

[1] 译者注："一趟遍历"/"一轮DFS"需要对遍历所有顶点，可能会实施多次DFS搜索过程。

G^{T}中所有从x出发可达的顶点, 而这些顶点都能到达x, 这意味着它们定出了一个强连通分量。要想理解为何此类可达顶点刚好给出了包含x的强连通分量, 你可以将它们视为G中可达性"最差"的顶点, 后续的DFS过程也可仿此类比。

章节注释

我们对图遍历部分的处理相当于[SR03]这本书(我与Revilla合著)第9章材料的扩充版。关于算法征战逸事中所讨论的Combinatorica图库, [Ski90](讨论旧版软件)和[PS03](讨论新版软件)是同类书之中讲解最好的。社交网络科学的通俗读本可以去看Barabasi的[Bar03]、Easley和Kleinberg的[EK10]以及Watts的[Wat04]。随着网络科学这个多学科领域的突然涌现, 人们现在对图论的兴趣激增, 不妨参阅Barabasi的[B+16]和Newman的[New18]这类入门教材。

7.11 习题

模拟图算法运行过程

7-1. *[3]* 对于图7.17中的加权图G_1和加权图G_2:

(a) 从顶点A开始广度优先搜索, 报出所遇到的顶点次序。选择邻接顶点时, 以字母序(也就是A在Z之前)来确定先后。

(b) 从顶点A开始深度优先搜索, 报出所遇到的顶点次序。选择邻接顶点时, 以字母序(也就是A在Z之前)来确定先后。

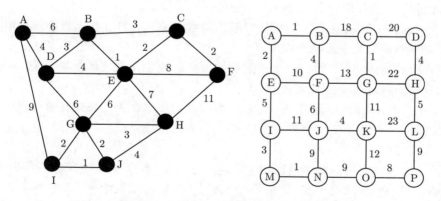

图 7.17 搜索问题的算例: 无向图G_1[左]和无向图G_2[右]

7-2. *[3]* 对图7.18中的图G做拓扑排序。

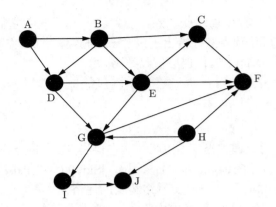

图 **7.18**   拓扑排序问题的算例: 有向图G

遍历

7-3. *[3]* 证明树中任意两个顶点之间只有唯一的一条路径。

7-4. *[3]* 在对无向图G的广度优先搜索中, 证明每条边要么是树边要么是跨越边。(x, y)是跨越边意味着x既不是y的祖先也不是y的子孙。

7-5. *[3]* 对于顶点度数至多为2的图, 给出一个线性算法来计算此类图的色数。这样的图一定是二部图吗?

7-6. *[3]* 给定一个具有n个顶点和m条边的无向连通图G, 设计一个$O(n + m)$算法找出图中的一条边, 使得该边的移除不会改变G的连通性(前提是G中存在这样的边)。你能将算法运行时间降低到$O(n)$吗?

7-7. *[5]* 在广度优先搜索和深度优先搜索中, 未发现的顶点首次遇到时则会被标为已找到, 而当它的邻接顶点全被搜索过之后则会标为处理完。在任一时刻, 可能有若干顶点同时处于未发现状态。分别找出符合以下要求的图并描述其特征。

(a) 图中含有n个顶点, 设定一个搜索起始顶点v, 要求在广度优先搜索过程中某个时间点有$\Theta(n)$个顶点同时处于已找到状态。

(b) 图中含有n个顶点, 设定一个搜索起始顶点v, 要求在深度优先搜索过程中某个时间点有$\Theta(n)$个顶点同时处于已找到状态。

(c) 图中含有n个顶点, 设定一个搜索起始顶点v, 要求在深度优先搜索过程中存在一个时间点, 使得$\Theta(n)$个顶点仍为未发现而$\Theta(n)$个顶点已变成处理完。[提示]: 这里也可能还有一些处于已找到状态的顶点。

7-8. *[4]* 给定某棵二叉树的前序遍历和中序遍历(见3.4.1节), 有可能重建这棵树吗? 如果可以的话, 请草拟一个算法来实现; 如果不行, 请提供反例。如果给你的是前序遍历和后序遍历, 请再回答上述问题。

7-9. *[3]* 给出正确并且高效的算法在以下图数据结构之间转换某个无向图G。你必须给出每个算法的时间复杂度, 我们假定图中有n个顶点和m条边。

(a) 从邻接矩阵转换为邻接表。

(b) 从邻接表转换为关联矩阵。关联矩阵M会对于每个顶点以行表示, 而对每条边以列表示, 并且其赋值满足: 如果顶点i是边j中的点则$M_{ij} = 1$, 否则$M_{ij} = 0$。

   (c) 从关联矩阵转换为邻接表。

7-10. *[3]* 假设算术表达式以树的形式给出。每个叶子结点是一个整数, 每个内部结点是一个标准算术运算(+, −, *, /)。例如$2 + 3 * 4 + (3 * 4) / 5$这个表达式可由图7.19中左边的树表示。设表达式树中有n个结点, 给出一个$O(n)$算法对这种表达式树进行求值。

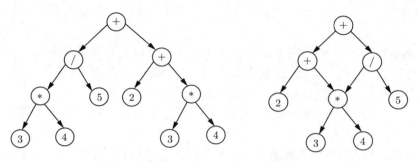

图 7.19 表达式$2 + 3 * 4 + (3 * 4)/5$的树形表示和有向无环图表示

7-11. *[5]* 假设算术表达式以有向无环图(DAG)的形式给出, 而其中的公共表达式已移除。每个叶子结点是一个整数, 每个内部结点是一个标准算术运算(+, −, *, /)。例如表达式$2 + 3 * 4 + (3 * 4) / 5$可由图7.19中右边的有向无环图表示。设表达式图中有n个结点和m条边, 给出一个$O(n + m)$算法对这种表达式图进行求值。[提示]: 修改表达式树情况下的算法以达到所需的性能。

7-12. *[8]* 5.4节中的算法征战逸事描述了一个对三角剖分构建对偶图的高效算法, 不过它不能确保在线性时间内完成。给出一个在最坏情况下只需线性时间求解该问题的算法。

应用

7-13. *[3]* 滑梯与爬梯(Chutes and Ladders)游戏的棋盘上有n格, 玩家想从1号格移动到n号格。玩家在每次移动之前先掷一个六面骰子, 从而决定向前移动多少格。棋盘上还有一些滑梯和爬梯将某些格子结对相连: 坐在滑梯顶部的玩家会直接跌落滑梯出口所在格; 站在爬梯底部的玩家会直接抵达爬梯顶端所在格。假设你投掷骰子的功力炉火纯青, 可以完全掌控每次所掷出的点数, 请给出一种高效算法求出你最少需要掷多少次骰子方可胜出。

7-14. *[3]* 梅花桩(Plum Blossom Poles)是一种功夫训练器械, 我们将n根粗桩固定于地并露出桩面, 并设桩位$p_i(0 \leqslant i < n)$为(x_i, y_i)。习武者从某桩的顶部跨到另一桩的顶部, 以此练习武术技能。为了保持身形平衡, 习武者每步跨越必须大于d米但得小于$2d$米。请给出一种高效算法找到从桩p_s到桩p_t的安全路径(前提是存在此类路径)。

7-15. *[5]* 你正在安排婚礼座位, 手里有一份宾客名单V。对于每位来客g, 所有与其关系较差的其他来宾信息你都了然于胸。情绪是相互的: 如果h与g关系不佳, 那么g与h的关系也较差。你的目标是座位安排不会让同桌的任何一对宾客存在关系不佳的情况。另外, 婚礼只置办了两桌。如果存在大家都可接受的座位安排, 请给出一种高效算法。

算法设计

7-16. *[5]* 有向图 $G = (V, E)$ 的平方积(the square of a graph)记为图 $G^2 = (V, E^2)$, 它满足以下要求: $(u, w) \in E^2$ 当且仅当存在 $v \in V$ 使得 $(u, v) \in E$ 且 $(v, w) \in E$(也就是说从 u 到 w 有一条恰好包含两条边的路径)。对于邻接表和邻接矩阵分别给出高效算法。

7-17. *[5]* 图 $G = (V, E)$ 的顶点覆盖是顶点集 V 的某个子集 V', 它能让 E 中每条边至少能和 V' 中一个顶点相关联。

(a) 如果 G 是一棵树, 给出一个高效算法找出元素个数最少的顶点覆盖。

(b) 令 $G = (V, E)$ 是一棵树, 该树中每个顶点的权值等于该顶点的度。给出一个高效算法找出 G 的最小权顶点覆盖(即所有顶点权值之和最小)。

(c) 令 $G = (V, E)$ 是一棵树, 该树中顶点可取任意权值。给出一个高效算法找出 G 的最小权顶点覆盖。

7-18. *[3]* 图 $G = (V, E)$ 的顶点覆盖是顶点集 V 的某个子集 V', 它能让 E 中每条边至少包含 V' 中的一个顶点。从 G 的任意深度优先搜索树中删除所有叶子结点之后, 余下的顶点一定能形成一个 G 的顶点覆盖吗? 给出证明或举出反例。

7-19. *[5]* 无向图 $G = (V, E)$ 的独立集是顶点集 V 的某个子集 U, 并满足: U 中任取两个顶点, 我们都无法在 E 中找到能够将这两点相关联的边。

(a) 如果 G 是一棵树, 给出一个高效算法找出元素个数最多的独立集。

(b) 令 $G = (V, E)$ 是一棵树, 该树中每个顶点的权值等于该顶点的度。给出一个高效算法找出 G 的最大权独立集(即所有顶点权值之和最大)。

(c) 令 $G = (V, E)$ 是一棵树, 该树中顶点可取任意权值。给出一个高效算法找出 G 的最大权独立集。

7-20. *[5]* 图 $G = (V, E)$ 的顶点覆盖是顶点集 V 的某个子集 V', 它能让 E 中每条边至少包含 V' 中的一个顶点。图 $G = (V, E)$ 的独立集是顶点集 V 的某个子集 V'', 它能让 E 中任意一条边都无法同时包含 V'' 中的两个顶点。

独立顶点覆盖也是顶点集 V 的某个子集, 但它既是 G 的独立集又是 G 的顶点覆盖。给出一个高效算法测试 G 是否含有独立顶点覆盖。这个问题会简化成哪一个经典的图问题呢?

7-21. *[5]* 考虑图中三角形的存在性问题。请确定给定无向图 $G = (V, E)$ 是否包含一个三角形(也即长度为3的环)。

(a) 给出一个 $O(|V|^3)$ 算法找到一个三角形, 前提是图中存在三角形。

(b) 改进你的算法, 让它在 $O(|V| \cdot |E|)$ 时间内运行完毕。你可以假设 $|V| \leqslant |E|$。

请留意, 这些复杂度上界容许你有充裕的时间在 G 的邻接矩阵和邻接表这两种表示之间进行转换。

7-22. *[5]* 考虑电影集合 $\{M_1, M_2, \cdots, M_k\}$。我们另有一个集合存放观众信息, 每位观众会指出两部他们想在周末看的电影。所有电影在周六晚上和周日晚上放映, 且允许同时上演多部影片。

你得决定哪些片子在周六放映而哪些又在周日放映, 从而让每个观众能够看全那两部他们所喜欢的电影。有没有一个排片方案能让每部影片至多上映一次呢? 如果存在这样的排片方案, 设计一个高效算法来找到它。

7-23. *[5]* 树 $T = (V, E)$ 的直径 D_T 由下式给出:

$$D_T = \max_{u,v \in V} \delta(u,v)$$

其中, $\delta(u,v)$ 是从 u 到 v 的路径所经过边的条数。简要描述一个高效算法计算树的直径并证明算法的正确性, 并请分析该算法的运行时间情况。

7-24. *[5]* 给定一个有 n 个顶点和 m 条边的无向图 G, 以及一个整数 k, 给出一个 $O(m+n)$ 算法找到 G 的最大诱导子图 H 使得 H 中每个顶点的度大于或等于 k, 或是证明不存在这样的图。图 $G=(V,E)$ 的诱导子图 $F=(U,R)$ 要满足以下条件: U 是 V 的子集, R 是 E 的子集, 而 R 中每条边的两个端点都在 U 中。

7-25. *[6]* 令 v 和 w 是有向无权图 $G=(V,E)$ 中的两个顶点。设计一个线性算法找出 v 和 w 之间最短路径的条数(这些路径不得重复, 但是两条不同路径之中的顶点不一定不相交)。

7-26. *[6]* 设计一个线性时间算法从图中去除所有度为2的顶点, 对于需要去掉的顶点 v, 要求将 (u,v) 和 (v,w) 这两条边换成一条新的边 (u,w)。我们还得去掉重复的边, 可用其中一条边替换剩下的多个副本, 但这里有些微妙之处需要细心留意, 这是因为: 去除某条边的副本可能会创建一个度为2的新顶点, 而这个顶点也得被去掉; 去除一个度为2的顶点可能会创建多重边, 而重复的边也得去掉。

有向图

7-27. *[3]* 有向图 $G=(V,E)$ 的逆是在同一顶点集上所定义的另一个有向图 $G^R=(V,E^R)$, 不过所有边均逆置, 也即 $E^R = \{(v,u):(u,v) \in E\}$。请给出一种 $O(n+m)$ 算法, 以邻接表格式求出一个拥有 n 个顶点和 m 条边的图之逆。

7-28. *[5]* 你的任务是把 n 个表现不好的孩子排成一队直线并且面朝队首。你手握一份写有 m 句话的列表, 其中每句都是 "i 讨厌 j" 这样的形式。如果 i 讨厌 j, 你肯定不愿意将 i 安排在 j 后面的某个位置, 因为这样一来 i 就能扔东西去砸 j 了。

    (a) 给出一个算法在 $O(m+n)$ 时间内对队伍进行排序, 若是无法排序该算法会有提示。

    (b) 假设你想换种方案, 也就是这些孩子排成若干行并面对你, 你得保证: 如果 i 讨厌 j, 那么 i 所在的行号必须小于 j 所在的行号。给出一个高效算法找出所需的最少行数, 前提是存在这样的排法。

7-29. *[3]* 某个学术项目(academic program)有 n 门必修课, 其中某些课程之间具有先修关系, 不妨以序偶 (x,y) 表示必须修完 x 课程才能去学 y 课程。你应该如何分析先修课程序偶从而确保学生具备完成该计划的可能性?

7-30. *[5]* 捉对接龙(Gotcha-solitaire)是种在一副牌上玩的游戏, 这副牌有 n 张不同的牌, 且均为正面朝上放置。该游戏规定了 m 种捉对序偶, 例如 (i,j) 表示 i 这张牌必须在 j 这张牌之前的某个时间点打出。你可自行逐张选牌, 若在不违反全部追对约束的情况下能够选完整副牌便算获胜。请给出一种高效算法求出可获胜的选牌次序, 前提是存在胜利的可能性。

7-31. *[5]* 给定一个由某种语言中的 n 个单词所构成的列表, 其中每个单词长度均为 k, 共有 α 种字母。尽管你知道这些单词已按字典序(依照字母表排先后)排列, 然而你对该语言却压根不懂。请根据该列表在这种语言中重建 α 个字母(字符)的次序。

    例如, 若是所给字符串列表为 $\{QQZ, QZZ, XQZ, XQX, XXX\}$, 那么字符次序必然是 Q 在 Z 之前而 X 在 Z 之前。

(a) 给出一种高效重建字符次序的算法。[提示]: 使用图结构, 每个顶点代表一个字母。

(b) 算法运行时间是多少? 请表示为关于n、k和α的函数形式。

7-32. *[3]* 有向图中的弱连通分量是一个忽略图中边的方向性之后而得的连通分量。给有向图加上一条有向边可以减少弱连通分量的个数, 可是最多会减少多少个分量呢? 关于强连通分量个数变化的情况又会如何?

7-33. *[5]* 给定无向图G和其中某条边e, 设计一个线性时间算法判定G中是否存在一个包含边e的环。

7-34. *[5]* 有向图G的**树形图**(arborescence)是一棵有根树, 它的根到G中其他任意顶点都存在有向路径。给出一个高效且正确无误的算法来测试G中是否包含树形图, 并分析算法的时间复杂度。

7-35. *[5]* 有向图$G = (V, E)$的**母亲**是满足以下要求的顶点v: 对于G中所有其他顶点, 均可从v找到一条有向路径到达。图中顶点数$|V| = n$且边数$|E| = m$, 请完成如下任务:

(a) 给出一个$O(n + m)$算法测试给定顶点v是否是G的母亲。

(b) 给出一个$O(n + m)$算法测试图G是否包含母亲顶点。

7-36. *[8]* 令G是一个有向图。称G的环异度不超过k, 如果G中所有环(未必限定为简单环)至多包含k个相异顶点。给出一个线性时间算法判定有向图G的环异度是否不超过k, 其中G和k均为算法输入。对你所设计的算法证明其正确性并分析运行时间。

7-37. *[9]* **竞赛图**(tournament)是通过对完全无向图中的所有边任意设置一个方向而形成的有向图——也就是说, 竞赛图$G = (V, E)$中的所有u、$v \in V$, E中都恰好有一条边与之对应, 要么是(u, v)要么是(v, u)。证明每个竞赛图都有一条哈密顿路径——也即一条对每个顶点都恰好访问一次的那种路径, 并给出一个算法寻找该路径。

关节点

7-38. *[5]* 所谓图的关节点是图中的一个顶点, 删除这个顶点之后该图便不再连通。令G是一个有n个顶点和m条边的图。给出一个简单的$O(n + m)$算法在G中寻找一个不是关节点的顶点——也就是说删除该顶点后G仍然连通。

7-39. *[5]* 接着上面的问题, 给出一个$O(n + m)$算法对其中所有n个顶点给出删除次序, 使得每次删除后都依然能保持图的连通性。[提示]: 考虑一下深度优先搜索/广度优先搜索。

7-40. *[3]* 假设G是一个连通无向图。所谓桥是图中的一条边, 移除这条边之后该图便不再连通。能肯定每座桥e都是G的深度优先搜索树中的一条边吗? 给出证明或举出反例。

7-41. *[5]* 一个仅有双行道的城市决定将其道路全改为单行道。人们希望确保新的路网是强连通图, 这样每个人都可以驾车自由往返城市的任意地点且不违反通行规则。

(a) 令G是原有的无向图。证明只要G不包含桥, 我们就能想出办法为G中的边设定方向以满足通行需求。

(b) 给出一种高效算法对无桥(bridgeless)图G中的边设定方向, 并使所得图为强连通图。

面试题

7-42. *[3]* 深度优先搜索和广度优先搜索中用到了哪几种数据结构?

7-43. *[4]* 写一个函数以遍历二叉查找树并返回遍历序列中的第i个结点。

力扣

7-1. https://leetcode.com/problems/minimum-height-trees/
7-2. https://leetcode.com/problems/redundant-connection/
7-3. https://leetcode.com/problems/course-schedule/

黑客排行榜

7-1. https://www.hackerrank.com/challenges/bfsshortreach/
7-2. https://www.hackerrank.com/challenges/dfs-edges/
7-3. https://www.hackerrank.com/challenges/even-tree/

编程挑战赛

下列编程挑战赛问题可在https://onlinejudge.org/上找到, 网站会自动判分。

7-1. "Bicoloring" —— 第9章, 问题10004。
7-2. "Playing with Wheels" —— 第9章, 问题10067。
7-3. "The Tourist Guide" —— 第9章, 问题10099。
7-4. "Edit Step Ladders" —— 第9章, 问题10029。
7-5. "Tower of Cubes" —— 第9章, 问题10051。

第8章

加权图算法

我们可用第7章中的数据结构和遍历算法为基础去构建任何图上的计算。但是该章中提出的所有算法处理的都是无权图——即每条边都具有相同的值或权的图。

对于加权图问题的处理却会进入另一番天地。路网中的边会自然而然地与数值相关联，如建造费用、遍历时间、长度以及限速值。事实证明，找出此类图中的最短路径要比无权图中的广度优先搜索更复杂，但解决此问题会为更多领域的应用大开方便之门。

其实第7章所给的图数据结构也可用于加权图，但需要略加改动，下面给出具体实现。该邻接表结构同样含有一个链表数组edges，顶点x的出边会存于edges[x]表中:

```
typedef struct {
    edgenode *edges[MAXV + 1];    /* 邻接信息 */
    int degree[MAXV + 1];         /* 每个顶点的出度 */
    int nvertices;                /* 图中顶点的个数 */
    int nedges;                   /* 图中边的条数 */
    bool directed;                /* 图有向吗? */
} graph;
```

每个edgenode都是含有三个数据域的记录: 第一个描述了边的第二个端点y，第二个使我们能记录边的权值weight，第三个则指出了表中下一条边next。其定义如下:

```
typedef struct {
    int y;                        /* 邻接信息 */
    int weight;                   /* 边权, 如果有的话 */
    struct edgenode *next;        /* 表中下一条边 */
} edgenode;
```

接下来我们将用上述数据结构来描述若干复杂的算法，它们包括最小生成树、最短路径以及最大流。这些最优化问题能够高效地解决，确实让我们对那些算法敬佩不已。回想一下，我们遇到的第一个加权图问题，也即旅行商问题，它可找不到这类高效算法。

8.1 最小生成树

图$G = (V, E)$的**生成树**(spanning tree)是E的一个子集，其中的边构成了一棵连接V中所有顶点的树。对于边已加权的图来说，我们对最小生成树(边权之和尽可能小的生成树)最感兴趣。

当我们需要用最少的道路、电线或管道来连接一组点(表示城市、家庭、交叉路口或其他地点)时，最小生成树就是要找的那个答案。任何树其实都是在边数意义下的最小连通图，而最小生成树则是在边权意义下的最小连通图。在几何问题中，在点集$\{p_1, \cdots, p_n\}$上通过对边(p_i, p_j)赋予一个等于p_i到p_j之间距离值的权, 从而定义了一个完全图。图8.1展示了一个几何意义下最小生成树的例子。关于最小生成树的更多应用将会在18.3节中讨论。

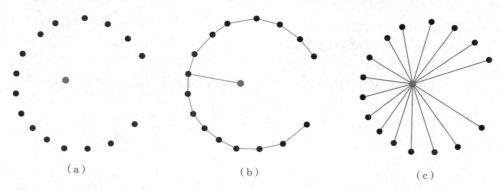

图 8.1 (a) 点集的两棵生成树 (b) 最小生成树 (c) 从中心选最短路径到每个点所生成的树

在所有可能出现的生成树中, 最小生成树可让生成树中边的总长度达到最小值。然而, 图中可能会有不止一棵最小生成树。事实上, 所有无权图G(或者图中权值都相等)的生成树都是最小生成树, 因为每一棵树都恰好包含着$n-1$条具有相同权的边。我们可以发现, 可用深度优先搜索或者广度优先搜索找到这样一棵生成树。对于一般的加权图来说, 找到最小生成树更困难, 不过下面会给出两种不同的算法(即Prim算法和Kruskal算法)。从这两种算法中可以看出, 某些贪心启发式方法具有最优性。

8.1.1 Prim算法

Prim最小生成树算法从一个顶点开始, 接下来每次在树中剩下未完成部分长出一条边, 直到所有的顶点都被纳入而结束, 其思路见算法25。

算法 25 PrimMST(G)

---
1 任选一个顶点s, 从该点开始建树
2 **while** (还有未入树的顶点) **do**
3   在端点分别为树内顶点和未入树顶点的边之中挑选一条权值最小的
4   将所选边和顶点加入树T_{Prim}中
5 **end**

贪心算法从所有可选项中选出最好的局部选项而不考虑全局结构, 它以这种方式来决定下一步该做什么。由于我们寻求权最小的树, 最小生成树的贪心算法自然应是不断选择能扩大树顶点数量且权值最小的边。

Prim算法无疑会创建一棵生成树, 因为树内顶点和未入树顶点之间若添加边绝不可能引入环。但是, 为什么它在所有生成树中权最小呢? 人们处理问题时自然会想到贪心启发式方法, 但它不一定能找到全局最优解, 关于这一点我们已经见过很多其他的实例。因此, 我们得特别小心地去论证这类断言。

可用反证法来证: 假设存在一个图G, 而Prim算法未能给它返回最小生成树。由于我们以增量式方法建树, 这意味着肯定会有一些特定时刻我们走错了路。假设在插入边(x, y)之

前, 构成T_{Prim}的边集依然是某棵最小生成树$T_{\min}$的子树, 而选择边(x, y)之后将我们带离了最小生成树(如图8.2(a)所示), 这可是致命一击。

然而怎样才算是走错路呢? 如图8.2(b)所示, 在$T_{\min}$中必定会有一条从x到y的路径p。这条路径肯定用到一条边(v_1, v_2), 其中v_1在T_{Prim}中而v_2却不在。(v_1, v_2)至少具有和(x, y)一样的权值, 要不然Prim算法会在(x, y)获得机会前将(v_1, v_2)选走。从$T_{\min}$中插入(x, y)且删除(v_1, v_2)所留下的生成树其权值不会比变更前更大, 这意味着Prim算法并没有在选择(x, y)这条边时犯下致命错误, 因此得出矛盾。于是, Prim算法必然创建了一棵最小生成树。

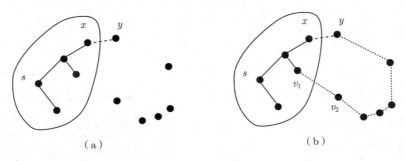

图 8.2 Prim算法在哪里变糟? 不存在这种可能, 因为边权关系$w(v_1, v_2) \geqslant w(x, y)$

实现

Prim算法从一个给定顶点开始, 一步步生长出最小生成树。在每次迭代中, 我们都会给生成树加入一个新顶点。只需用贪心算法便可找到正确方案——我们每次从连接树内顶点和树外顶点的边之中选出权最低的加入。这种想法最简单的实现是: 给每一个顶点指派一个布尔变量以标记该顶点是否在树中(下面代码中的数组intree), 接下来在每次迭代中搜索所有边, 从而找到权最小的边且恰好带上一个intree中的顶点。[1]

我们在这里的实现技高一筹: 可对每个未入树的顶点一直跟踪记录与其相连且权值最低的边。每次迭代时在所有尚未入树的顶点中找出这种权值最低的边加入树。我们在每次迭代后必须更新到达非树顶点的最低权值。然而, 由于最新加入的顶点是树中的唯一变更, 所有边权的更新只可能来自该顶点的出边:

```
int prim(graph *g, int start)
{
    int i;                       /* 计数器 */
    edgenode *p;                 /* 暂用指针 */
    bool intree[MAXV + 1];       /* 顶点已入树中? */
    int distance[MAXV + 1];      /* 加入树中的开销 */
    int v;                       /* 当前要处理的顶点 */
    int w;                       /* 下一候选顶点 */
    int dist;                    /* 对树扩张所需的最少开销 */
    int weight = 0;              /* 树的权 */

    for (i = 1; i <= g->nvertices; i++) {
        intree[i] = false;
```

---
[1] 译者注: 所找到的边将树内顶点和树外顶点相连接, 而树外顶点要加入树, 这就是我们所要找的顶点。

```
            distance[i] = MAXINT;
            parent[i] = -1;
    }

    distance[start] = 0;
    v = start;
    while (!intree[v]) {
        intree[v] = true;
        if (v != start) {
            printf("edge (%d,%d) in tree \n",parent[v],v);
            weight = weight + dist;
        }
        p = g->edges[v];
        while (p != NULL) {
            w = p->y;
            weight = p->weight;
            if ((distance[w] > weight) && (!intree[w])) {
                distance[w] = weight;
                parent[w] = v;
            }
            p = p->next;
        }

        dist = MAXINT;
        for (i = 1; i <= g->nvertices; i++)
            if ((!intree[i]) && (dist > distance[i])) {
                dist = distance[i];
                v = i;
            }
    }
    return weight;
}
```

分析

Prim算法是正确的, 然而它的效率能有多高呢? 这取决于采用哪种数据结构实现。在伪代码中, Prim算法做了 n 次迭代, 而每次迭代扫过所有 m 条边, 这会得到一个 $O(mn)$ 算法。

然而我们的实现避免了在每一趟测试所有 m 条边的需要。它只考虑至多 n 条费用最小的边(其信息已掌握且以parent数组表示)和至多 n 条从每次新入树的顶点 v 出来的边(用以更新parent数组)。通过为每个顶点维护相应的布尔标记来确定它是否在树中, 我们便能在常数时间内测出当前边是否连接了树内顶点和未入树顶点。

这种思路将得到Prim算法的一个 $O(n^2)$ 时间代码实现, 它充分展现了数据结构具有很强的算法提速能力。事实上, 更复杂的优先级队列数据结构会引出一个 $O(m + n \log n)$ 时间的实现, 其方法是在每次迭代中扩张树的时候利用该数据结构更快地找到花费最少的边。

最小生成树本身或它的费用可以通过两种不同的方式重建。最简单的方法应该是在执行过程中添加语句, 当发现边时则在屏幕上输出或对这条被选中的边其权进行累积求和。另一种方法则是利用parent数组, 树的拓扑信息已被该数组编码记录, 因此它加上原始的图便可描述最小生成树的所有信息。

8.1.2 Kruskal算法

Kruskal算法是另一种寻找最小生成树的方法, 事实证明这种算法在稀疏图中更为高效。与Prim算法相同的是, Kruskal算法也是贪心算法。而与Prim算法的不同之处在于, 它不从某个特定的顶点开始。Kruskal算法所给出的生成树可能与Prim算法所给出的生成树有所不同, 不过两者的权值完全一样, 图8.3给出了实例对比。

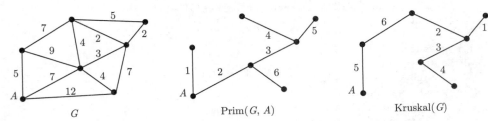

树中的编号表示插入次序, 图中遇到边权相等的那几步是随意选择的

图 8.3 图G[左]: Prim算法所给出的最小生成树[中]和Kruskal算法所给出的最小生成树[右]

Kruskal算法不断构建顶点的连通分量, 最后在最小生成树中完工。起初每个顶点都在待成树之中建立了相互独立的分量。算法考虑所留存边中权最小的那条, 并测试它的两个端点是否在同一个连通分量中并重复此过程。若是在的话, 这条边就会被抛弃, 因为加上它之后会在待成树中创建一个环。如果端点是在不同分量中, 我们则插入这条边, 并将两个分量合并成一个。由于每一个连通分量都将一直维持树的形态, 因此我们从不需要对环进行显式的测试。具体步骤如算法26所示。

算法 26 KruskalMST(G)

1 将边放入一个优先级队列中, 以其权比较次序(确保每次可取出最小元)
2 count ← 0
3 **while** (count < $n - 1$) **do**
4   在优先级队列中取下一条边(v, w)
5   **if** (v所在的分量 ≠ w所在的分量) **then**
6   count ← count + 1
7   将边(v, w)加入树T_{Kruskal}之中
8   将v所在的分量与w所在的分量予以合并
9   **end**
10 **end**

这个算法加入了$n-1$条边且不会造出环, 所以它无疑会为任一连通图建立一棵生成树。但是为何肯定是一棵最小生成树呢? 假设此树不是最小生成树。像处理Prim算法的正确性证明那样, 一定有一些图会让Kruskal算法在处理它们的时候失效。特别地, 肯定会有一条边(x, y), 其插入将让树T_{Kruskal}无法变成最小生成树$T_{\min}$, 而之前的边都没有问题。插入(x, y)这条边将建立一个环且该环包含从x到y的路径。由于插入(x, y)时x和y位于不同分量中, 这条路径上至少有一条边(v_1, v_2)将会在插入(x, y)之后被Kruskal算法拿去评测。但这意味着

边权关系$w(v_1, v_2) \geqslant w(x, y)$, 交换这两条边会产生一棵权值至多为$T_{\min}$的树。因此, "我们在选择$(x, y)$时犯下致命错误"这个假设不成立, 所以算法是正确的。图8.4给出了相关示意。

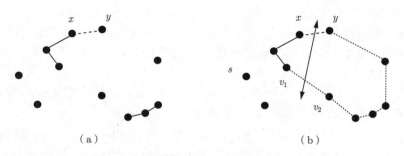

（a）　　　　　　　　　　　　　　　　　　　　（b）

图 **8.4**　Kruskal算法在哪里变糟? 不存在这种可能, 因为边权关系$w(v_1, v_2) \geqslant w(x, y)$

T_{Kruskal}算法的时间复杂度是多少呢? 对m条边排序要花$O(m \log m)$时间。`for`循环做了m次迭代, 每次迭代要测试两棵树配上一条边之后的连通性。不妨用最容易想到的方法, 测试连通性可在一个至多有n个顶点和n条边的稀疏图[1]中通过广度优先搜索或深度优先搜索实现, 因此获得一个$O(mn)$算法。

然而, 如果我们能在比$O(n)$更快的时间内实现分量测试, 会获得一个更快的Kruskal算法实现。事实上, 一个叫**合并—查找**(union-find)的巧妙数据结构可支持在$O(\log n)$时间内完成此类查询。合并—查找会在下一节进行讨论。用了这个数据结构, Kruskal算法可在$O(m \log m)$时间内运行完毕, 它对于稀疏图而言比Prim算法要快。你可以再次感受到实现一个简单直接的算法时采用正确的数据结构所产生的影响力。

主要子程序的实现几乎算是直接照搬伪代码:[2]

```
void kruskal(graph *g)
{
    int i;                      /* 计数器 */
    union_find s;               /* union-find数据结构 */
    edge_pair e[MAXV + 1];      /* 边数据结构的数组 */
    int weight = 0;             /* 最小生成树的开销 */

    union_find_init(&s, g->nvertices);
    to_edge_array(g, e);
    /* 按权值升序对边排序 */
    qsort(&e, g->nedges, sizeof(edge_pair), &weight_compare);

    for (i = 0; i < (g->nedges); i++) {
        if (!same_component(s, e[i].x, e[i].y)) {
            printf("edge (%d, %d) in MST\n", e[i].x, e[i].y);
            weight = weight + e[i].weight;
            union_sets(&s, e[i].x, e[i].y);
        }
    }
    return weight;
}
```

---

[1] 译者注: 即待成树, 它至多有n个顶点和$n-1$条边。

[2] 译者注: 实际上作者这里实现的时候是直接对边排序, 并没有像前文伪代码中那样采用优先级队列。

8.1.3 合并—查找数据结构

集合划分是将某个全集(比如说整数1到n)中的元素划分为一组不相交的子集。因此,每一个元素必须处于且只能处于一个子集中。集合划分会很自然地出现在图问题中, 比如连通分量(每一个顶点都在且只在一个连通分量中)和顶点着色(一个顶点在二部图中可能会是黑色或白色, 但不会既是黑色也是白色或者两者都不是)。17.6节会给出生成集合划分以及其他划分的算法。

图中的连通分量可用一个集合划分表示。要让Kruskal算法高效运行, 我们需要一个能高效地支持如下操作的数据结构:

- SameComponent(v_1, v_2)——顶点v_1和顶点v_2目前在图的同一个连通分量中吗?
- MergeComponents(C_1, C_2)——给定一对连通分量C_1和C_2, 将其合二为一, 从而回应它们之间出现一条边的事件。

完成该任务有两种显而易见的数据结构, 但每种却只能高效地支持上述两个操作的其中一个。明确地给每一个元素标记它所在分量的编号可使SameComponent测试在常数时间内完成, 然而在一次合并后更新分量编号将需要线性时间。还有另一种方案, 我们可以将MergeComponents操作当作在图中插入一条边, 然而当需要辨识连通分量[1]时我们必须运行一次对整个图的遍历。

合并—查找数据结构通过从结点指向其父亲的指针, 将每个子集表示为一棵"反向"的树(如图8.5所示)。这棵树的每一个结点都包含一个集合元素, 子集的**名字**取自根的关键字。我们还会对每一个顶点v维护以v为根的子树中元素数(其原因看完后文的讲解你就明白了):

```
typedef struct {
    int p[SET_SIZE + 1];    /* 父亲元素 */
    int size[SET_SIZE + 1]; /* 子树i中的元素数 */
    int n;                  /* 集合中的元素数 */
} union_find;
```

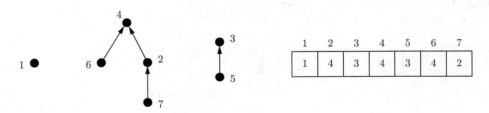

图 8.5 合并—查找实例: 以树[左]和数组[右]表示的结构

我们以Union和Find这两种更简单的操作实现我们想要的分量操作:

- Find(i)——寻找包含元素i的树的根, 可沿着父亲指针一直走到头。返回值则是根的标签。
- Union(i, j)——将集合中的一棵树(假定是包含i的那棵)的根连接到包含另一个元素(假定是j)的树上, 这样一来Find(i)就与Find(j)相等了。

---

[1] 译者注: 即实现SameComponent(v_1, v_2), 可从v_1或v_2出发找到它所在的连通分量的所有顶点来完成。

我们想要让合并/查找操作序列的执行时间最小化,还得适应任意序列的最坏情况。树结构可能会极度失衡,所以我们必须限制树的高度。具体的控制手段是在两个分量的根合并时对由谁成为合并后分量的根的问题作出规定,这样收效最明显。

要最小化树的高度,最好将较小的树作为较大的树的子树。为何如此呢?这样会让作为根的那棵较大子树中所有结点的高度都保持不变,而所有合并至这棵树中的结点高度都增加1。这样一来,合并较小的树会使那个顶点较多的集合所对应树其高度维持原样。

实现

实现细节如下:

```c
void union_find_init(union_find *s, int n)
{
    int i;                      /* 计数器 */
    for (i = 1; i <= n; i++) {
        s->p[i] = i;
        s->size[i] = 1;
    }
    s->n = n;
}

int find(union_find *s, int x)
{
    if (s->p[x] == x)
        return x;
    else
        return find(s, s->p[x]);
}

void union_sets(union_find *s, int s1, int s2)
{
    int r1, r2;                 /* 集合的根 */
    r1 = find(s, s1);
    r2 = find(s, s2);
    if (r1 == r2)
        return;                 /* 已在同一个集合中 */
    if (s->size[r1] >= s->size[r2]) {
        s->size[r1] = s->size[r1] + s->size[r2];
        s->p[r2] = r1;
    }
    else {
        s->size[r2] = s->size[r1] + s->size[r2];
        s->p[r1] = r2;
    }
}

bool same_component(union_find *s, int s1, int s2)
{
    return find(s, s1) == find(s, s2);
}
```

分析

在每一次合并中, 所含结点较少的树会成为孩子。但是这样一棵树能长多高? 高度能表示为关于树中结点数的何种函数? 考虑高度为h情况下规模最小的树。单结点树高度为1。高度为2的树至少有两个结点, 它由两棵单结点树合并而得。何时树的高度会再增加呢? 合并单结点树不能提升树高, 因为这些树只会成为高度为2的有根树的孩子。只有当我们对两棵高度为2的树合并时, 我们才能得到一棵高度为3的树, 这时将有4个结点。

看到这种模式了吧? 得让树中的结点数加倍才能让树高增加1。在我们用完所有n个结点时能做多少次加倍呢? 最多可做$\log n$次加倍。于是合并与查找都可在$O(\log n)$时间内完成, 而这对Kruskal算法来说已经很好了。事实上, 合并—查找可用更快的速度完成, 15.5节会讨论这一点。

8.1.4　最小生成树的变种

最小生成树算法有很多有趣的性质, 有助于你解决许多紧密相关的问题:

- **最大生成树**——假设一家坏心眼的电话公司拿到了将一片房屋互连的合同; 公司收费正比于它所安装的电话线数量。很自然, 它会尽量去建最昂贵的生成树。任何图的**最大生成树**(maximum spanning tree)都能通过简单对所有边权取负值再运行Prim算法或Kruskal算法而获得。在边被取负值的图中最负的那棵树就是未取负值之前的最大生成树。

  大多数图算法并不能这么简单地适用于负数情况。事实上, 最短路径算法处理负数就会出问题, 可以肯定地告诉你, 这种取负数的技术用于最短路径算法无法产生最长的路径。
- **最小积生成树**——假设我们要找一棵能最小化边权之积的生成树, 这里假定所有边权都是正数。由于$\log(a \cdot b) = \log(a) + \log(b)$, 边权被其对数取代后的图之最小生成树给出了原图的最小积生成树。
- **最小瓶颈生成树**——有时我们要寻找一棵生成树, 该树中权最大的边在所有生成树的此类边里是最小的。[1] 事实上, 每棵最小生成树都符合这种特性。证明直接参照Kruskal算法的正确性证明可得。

  当边权被解释为费用、容量或者强度时, 此类瓶颈生成树会有很有意思的应用。求解这类问题有一个效率略低但是概念上更为简单的方式, 可从图中删除所有"较重"的边, 再看看删完后的图是否依然连通。这种测试可以用简单的BFS/DFS完成。

如果图中所有m条边的权都不同, 那么该图的最小生成树唯一。反之, Prim/Kruskal算法中权相同的边挑选次序将决定谁会作为算法所返回的最小生成树最先脱颖而出。

下面两种重要的最小生成树变种不是用本节这些技巧所能解决的。

---

[1] 译者注: 这是一个**极小化极大**(minimax)问题: 我们为每棵生成树找出权最大的边, 再在这些边中挑选出权最小的, 最后返回这条边所对应的生成树。

- Steiner树——假设我们想要将一片房屋用电线连接起来，不过我们能随意添加额外的中间顶点作为共用交叉点使用。这个问题被称为**最小Steiner树**，它将会在19.10节中讨论。
- **低聚度生成树**[1]——考虑另一个问题，有些生成树其顶点度的最大值在所有生成树中最小，如果我们想要找出这种类型的"最小"生成树该怎么办？能实现这种所谓最高顶点度最小树其实会退化为一条简单路径，而该路径包含$n-2$个度为2的结点并有两个度为1的端点。每个顶点恰只访问一次的路径称为哈密顿路径，它将会在19.5节中讨论。

8.2 算法征战逸事：网络之外别无他求[2]

我得到消息，附近一家小型印制电路板测试公司需要一些算法咨询。于是，我现在置身于一个普普通通工业园的一栋平平常常的建筑当中，与Integri-Test公司的总裁及他的一位技术总监进行交谈。

"我们是自动印制电路板测试设备的领头羊。我们的客户对于他们的PC板可靠性有着很高的要求。在电路板和其他部件装配之前，他们必须检查每块电路板以确定它是否存在断线。这意味着板上的每对要求相连的点都确实连通了。"

"你们怎么做这项测试？"我问。

"我们有一个双臂机器人，每只臂都带有电子探针。两只机器臂同时接触两个点以测试这两个点是否确实连通。如果是，那么探针就会将其闭合成一个回路。对于每一个网络来说，我们将一只机器臂固定在一个点上，然后移动另一只机器臂以覆盖剩余的其他点。"

"等等！"我喊道，"什么是网络？"

"电路板是若干组用金属涂层互相连接在一起的点，这就是我们所说的网络。有时一个网络由两个点组成，即一条孤立的线。有时一个网络可能会有100到200个点，比如全部连到电源或接地。"

"我懂了。所以你们有一个列表，电路板上每对点的连接都包含在表里，你想追踪这些连线的状况。"

他摇摇头，"不完全是这样。我们测试项目的输入只由和网络相关的那些点组成，如图8.6(b)所示。我们不知道不过也不需要知道现实中的线在哪里。我们要做的就是核查网络中所有点是否都相互连通。我们是这样做的：将机器人的左臂放在网络中最左边的点上，然后让它的右臂在网络中剩余的所有其他点上移动，从而测试这些点是否与左边的点相连。若是测试无误，那么它们肯定彼此间都相连。"

我思索了一阵他说的意思，"好吧，所以右臂必须访问网络所有剩余点。你们怎么选择访问它们的顺序呢？"

那位技术人士开口了，"嗯，我们将这些点从左到右排序，然后机器臂基于这种次序行进。你觉得这种方法效率如何？"

"你听说过旅行商问题吗？"我问。

---

[1] 译者注：一般有两类："low-degree"和"high-degree"，直译为"低度"和"高度"容易误解，尤其是后者。
[2] 译者注：原标题引用"Nothing But Nets"这个公益组织名，详见http://nothingbutnets.net/。

他是个电子工程师, 不是计算机科学家。"没听说过。那是什么?"

"旅行商问题是你们现在试图解决的问题的名称。给定一组待访问的点, 如何对它们安排访问次序以使巡游时间减到最少, 这就是旅行商问题。关于它的算法已被广泛地研究过。对于小的网络, 通过穷举搜索你们可以找到最佳巡游。对于大的网络, 有一些启发式方法可让你非常接近最佳巡游。" 如果手边有我写的这本书, 我会指引他们看19.4节。

总裁写下了几行笔记, 然后皱起了眉头, "不错。也许你可以帮我们给出这些点在网络中更好的排序方式, 但这不是我们真正的关键问题。当你观察我们的机器人运行时, 会看到在一个给定网络中, 机器人的右臂有时必须得跑完电路板右边的全部点, 而左臂只是停在那里。如果把网络分成小块会平衡左右臂的利用率, 也许还能更快一些。"

我坐下来思考着。左右臂分别都有互相制约的旅行商问题要解决。左臂会在各个网络中最左边的点之间移动, 而右臂则会基于左边旅行商巡游的次序对每个网络的所有其他点进行访问。通过把每个网络分成较小的网络, 我们可以避免让右臂穿梭于整个电路板。进一步说, 很多个小网络意味着左边的旅行商问题中会有更多的点, 于是左臂的每次移动便有可能会更短。"

"你说得对。如果我们能把大网络分成小网络, 那就成功了。我们想把网络在点的数量和物理面积上都变小。但是我们必须确保: 如果验证了每一个小网络的连通性, 就能确认大网络也连通。两个小网络所共有的一个点就足以证明由两个小网络所组成的一个大网络是相互连通的, 因为电流可在任何点对之间通过。"

现在我们得把一个网络划分成互相重叠的片, 每一片都是较小的网络。这是个聚类问题。正如18.3节中所讨论的那样, 最小生成树经常用于聚类。事实上, 这就是解答! 我们可以去找网络中点的最小生成树, 一旦生成树上有条边过长, 我们就把树分成更小的簇。[1]如图8.6(d)所示, 每一簇与另一簇恰好有一个公共点, 这种方式能确保整个网络的连通性, 因为我们的操作是去覆盖一棵生成树的所有边。簇的形状会反映出网络中点的情况。如果点在电路板上一字排开, 最小生成树就会是一条路径, 而且簇会是若干点对。如果点都落在一个密集区域内, 那便有一个塞满点的簇可供右臂在其上极快地四处移动, 这种簇非常好。

于是, 我对构造图的最小生成树思想作了一番讲解。老板听着多写了些笔记, 然后又皱起了眉。

"我喜欢你的聚类想法。可是最小生成树是在图中定义的。现在给你的全都是点。边的权从哪里得来呢?"

"噢, 我们可以把它想象成一个完全图, 这个图中每对点都是连通的。边权定义为两点之间的距离。是这样吧?……"

我又陷入思索之中。边的费用应该反映出在两点之间巡游的时间。尽管距离和巡游时间有关, 但却不一定是一回事。

"嘿, 关于你们的机器人我有个问题。它的机器臂左右移动和上下移动所需的时间长短一样吗?"

---

[1] 译者注: 聚类问题将数据集按照一定方法聚集成若干不相交的簇。严格地说, 这里的划分是针对边而言, 注意不是顶点的划分, 因此图8.6(d)的标注我们也略作修改。

他们想了一会。"是的。我们用的是同型号的马达来控制水平和垂直移动。由于每只机器臂的两个马达都是独立的, 我们可以让任意机器臂在平行和垂直方向上同步移动。"

"那么, 同时向左和向下移动一英尺所需的时间和仅仅向左移动一英尺的时间完全一样? 这意味着每条边的权不应该赋值为两点之间的欧氏距离, 而应是x坐标差值和y坐标差值的较大者。这个一般称之为L_∞度量, 不过我们可以通过改变图的边权来实现距离度量的变更。你们的机器人还有什么有趣的地方吗?" 我问道。

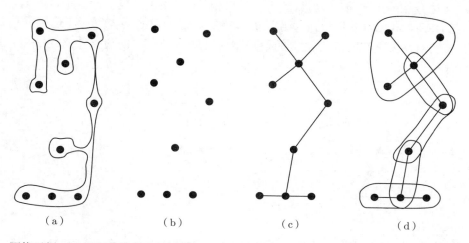

图 8.6 网络示例: (a) 用于连接的金属涂层 (b) 触点 (c) 触点的最小生成树 (d) 边按簇划分所得的点集

"嗯, 机器人到达预设速度得花些时间。我们或许也应该考虑机器臂的加速和减速。"

"非常对。你越能精确地对机器臂在两点间移动的时间建模, 我们的解决方案效果就越好。不过, 现在我们已经有了一个非常简单而又清晰的距离公式。让我们先把程序代码编完, 再看看它效果如何吧!"

对于这种方法会不会有好的表现, 他们多少有些怀疑, 不过还是同意考虑考虑。几周后他们打电话请我回去, 并对我报告说新算法比他们之前的方法减少了30%的巡游距离, 而代价是增加一点点预处理计算。然而, 由于他们的测试机器一台就要200 000美元, 而计算机才花2000美元, 因此这是笔很划算的买卖。这种算法最特别的优势在于, 对一种特定型号电路板的设计而言, 后续的所有成品测试仅需一次预处理即可。

通向成功解决方案的关键思路是借助算法领域中所研究的经典图问题对任务进行建模。他们一开始提到"让机器人移动最少"的一刹那我就感觉到了旅行商问题的意味。一旦我意识到他们实际上是在建立一个星形的生成树以保证连通性时, 就会很自然地去问最小生成树是否会运作得更好。这个想法提示我们聚类, 这样一来就会想到将每个网络分成较小的网络。最后, 通过仔细地设计我们的距离度量方式, 从而精确地对机器人本身的开销进行建模, 我们可以在不改变基本的图模型或算法设计的情况下将这些复杂的特性(比方说加速)纳入考虑范围。

领悟要义: 大多数图的应用都可以被归约为图的经典问题, 进而可用一些著名的算法来求解。这些问题包括最小生成树、最短路径以及卷Ⅱ中所提到的其他问题。

8.3 最短路径

路径是连接两个顶点(一般称为起点和终点)的边序列。通常来说, 在路网或社交网络中连接两点之间的路径可能会非常之多, 而我们最感兴趣的则是边权之和最小的路径, 也即**最短路径**(shortest path), 它反映了两个顶点之间的最快旅途或最近血缘关系。

无权图中从s到t的最短路径可以用从s点开始的广度优先搜索构建。广度优先搜索树中记录了连边数目最少的路径, 那么当所有边权相等时, 该树可提供最短路径。

然而, BFS却不足以在加权图中寻找最短路径。权最短的路径可能所途径的边数量很多, 正如从家到办公室在时间意义上的最短路线可能会是在乡间道路绕来绕去的近路, 如图8.7所示。

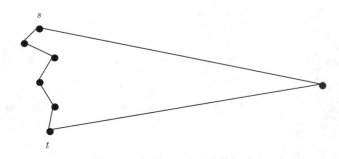

图 8.7 从s到t的最短路径可能会途经许多中间顶点

本节中我们将给出在加权图中寻找最短路径的两种不同算法。

8.3.1 Dijkstra算法

Dijkstra算法是一种在边加权和/或顶点加权的图中寻找最短路径的一种首选方法。给定一个起点s, Dijkstra算法会找到图中从s到所有其他顶点之间的最短距离, 其中当然也包括你想要的终点t。

假设图G中从s到t的最短路径途经某个中间顶点x。显然这条路径肯定包含从s到x的最短路径作为前缀, 因为如果不包含的话, 我们可以换用这个最短的$s \to \cdots \to x$前缀进而缩短从s到t的路径长度。因此, 在找到从s到t的路径前, 我们必须计算从s到x的最短路径。

Dijkstra算法将执行若干轮, 每轮会构建一条从s到某个新顶点x的最短路径。确切地说, 遍取已找到最短路径的所有顶点k, x是尚未处理的顶点中能最小化$\mathrm{dist}(s, k) + w(k, x)$的那个, 其中$\mathrm{dist}(a, b)$函数表示从$a$到$b$最短路径的长度, 而$w(a, b)$函数表示边$(a, b)$的权。

上述思路会让我们想到一个类似于动态规划的策略(算法27)。从s到它自身的最短路径是平凡的, 因此$\mathrm{dist}(s, s) = 0$。[1] 接下来, 如果(s, y)是从s出发权值最小的边, 那么则意味着$\mathrm{dist}(s, y) = w(s, y)$。在后续轮次中, 一旦确定了到顶点$x$的最短路径, 我们就检查从$x$出发的所有边, 看看从$s$途经$x$是否会有一条抵达某个未知顶点的更好路径。

---

[1] 实际上, 只有图中不含负权边才有此性质, 这也是为何我们在后续讨论中假定所有边权为正的原因。

算法 27 ShortestPathDijkstra(G, s, t)

```
1   known ← {s}
2   for (i from 1 to n) do
3   │   dist[i] ← ∞
4   end
5   for each (边(s, v)) do
6   │   dist[v] ← w(s, v)
7   end
8   last ← s
9   while (last ≠ t) do
10  │   在未找出最短路径的顶点中选出能最小化dist[u]的顶点x
11  │   for each (边(x, v)) do
12  │   │   dist[v] = min[dist[v], dist[x] + w(x, v)]
13  │   end
14  │   last ← x
15  │   known ← known ∪ {x}
16  end
```

这里的基本想法与Prim算法极为相似。对于顶点树中的那些结点, 目前已掌握从s开始到它们的最短路径, 而每次迭代我们刚好就加入一个顶点。就像在Prim算法中那样, 我们对树外的所有顶点记录迄今为止所能发现的最短路径, 再将这些顶点按费用递增的次序插入。

Dijkstra算法与Prim算法的区别仅仅在于它们如何对每个树外顶点的需求程度进行评测。在最小生成树问题中, 我们所关心的只是下一个可能被选上的树边之权; 而在最短路径问题中, 我们想纳入那个离s最近(以最短路径的距离长度衡量)的树外顶点。这是一个同时涉及两种因素的函数: 新加入的边(k, x)之权以及从s到这条边所连的那个树内顶点k之间的距离。

实现

实际上, 两种算法的伪代码掩盖了它们算法实现上的极度相似。其实, 算法实现的更改很少。下面我们给出一个Dijkstra算法的实现, 它基于Prim算法的代码实现, 也就刚好改了三行代码——而其中之一仅仅是函数名而已!

```c
int dijkstra(graph *g, int start)      /* 更改函数名: prim(g, start) */
{
    int i;                             /* 计数器 */
    edgenode *p;                       /* 暂用指针 */
    bool intree[MAXV + 1];             /* 顶点还在树中吗? */
    int distance[MAXV + 1];            /* 从start到所有顶点的距离 */
    int v;                             /* 当前要处理的顶点 */
    int w;                             /* 下一候选顶点 */
    int dist;                          /* 以start为起点的当前最短距离 */
    int weight = 0;                    /* 树的权 */

    for (i = 1; i <= g->nvertices; i++) {
        intree[i] = false;
        distance[i] = MAXINT;
```

```
        parent[i] = -1;
    }

    distance[start] = 0;
    v = start;
    while (!intree[v]) {
        intree[v] = true;
        p = g->edges[v];
        while (p != NULL) {
            w = p->y;
            weight = p->weight;
            if (distance[w] > (distance[v] + weight)) { /* 此处更改 */
                distance[w] = distance[v] + weight;       /* 此处更改 */
                parent[w] = v;  /* 译者注: 此处未改, 原书标记有误。*/
            }
            p = p->next;
        }

        dist = MAXINT;
        for (i = 1; i <= g->nvertices; i++)
            if ((!intree[i]) && (dist > distance[i])) {
                dist = distance[i];
                v = i;
            }
    }
    return weight;
}
```

这种算法可定出一棵以s为根的最短路径生成树, 对于无权图来说它刚好就是广度优先搜索树, 但是在一般意义下这棵树实际上提供的是从s到所有其他顶点的最短路径。

分析

Dijkstra算法的运行时间是多少? 按照这里的实现来看其复杂度是$O(n^2)$, 它与Prim算法正确版本的运行时间一样。除了条件扩展[1]之外, 其实它和Prim算法完全就是一模一样的算法。

从start到某个给定顶点t的最短路径长度正好就是distance[t]的值。我们怎么去用dijkstra找到实际路径呢? 可以从t开始沿着parent指针反向行走, 直到找到start为止, 如果没有这样的路径存在, 则会遇到-1而终止。这与7.6.2节中我们在BFS/DFS的find-path()子程序中所做的一模一样。

Dijkstra算法只能在没有负权边的图中正确运行。原因是在执行的过程中我们可能会遇到一条权值非常小的负权边, 其"负"作用大到会改变从s到已在树中的一些其他顶点之间的最近路线。事实上, 从你家到邻居家最划算的方法就是: 不断在银行的大堂进来出去, 只要你从该家银行获得足够多的钱财收益值得你如此绕来绕去。[2] 除非银行限制每个客户只

---

[1] 译者注: 指改动前后判断语句中的关于distance[w]的条件变化。
[2] 译者注: 作者用风趣的语言解释了负权。假设你去银行可能获得它回馈给你的奖金, 那么每多去一次就会获益更多, 而这相对于费用而言就是负权。那么, 我们不着急去邻居家而应先去最大化收益, 最后才去邻居家使得费用最小。

能拿一次回馈奖金, 否则你会进出银行大堂无数次来攫取收益, 而永远不会再考虑朝你真实的行程终点迈出一步!

　　大多数应用并不涉及负权边, 这使得我们更多地限于学术性讨论。下面要讲的Floyd-Warshall算法[1]可以正确无误地在带负权的图中找出最短路径, 但却没法处理权为负值的环, 因为这种环会引出一个极度畸形的最短路径结构。

停下来想想: 处理顶点费用的最短路径

问题: 假设给我们一个图, 它的权全都定义在顶点而不是边上。那么从x到y的路径费用就是路径中所有顶点的权之和。请给出一个在这种顶点加权图中寻找最短路径的高效算法。

解: 一个自然的想法是修改已有的边权图算法(也即Dijkstra算法)用于顶点加权这个新领域。很显然这套方案可奏效: 只需在任何提到边权的地方以边所在终点的权来替换即可, 而这种权的信息可以在使用时从存储顶点权的数组中查到。

　　然而, 我更喜欢让Dijkstra算法保持完好不变, 因此不妨转换思路到集中精力去建立一个边加权的图, 而Dijkstra算法在这个图上将会给出所需要的答案。只要将输入图的每条有向边(i, j)的权值设置为顶点j的费用, 那么Dijkstra算法就可以处理这种图了。正如我将在8.7节所提倡的那样, 去设计图, 而非算法。

　　这种技术能够被拓展到各种各样不同的领域中, 比如当顶点和边都存在费用的时候。∎

8.3.2　全图点对最短路径

　　假设你想找到图的"中心"顶点——就是到其他所有顶点的最长(或平均)距离最小的那个顶点, 这可能会是一个开始新业务的最佳地点。或者也许你需要知道图的直径——在所有顶点对上最短路径距离中的最长距离值, 这可能对应发送一封信或者一个网络数据包所用的最长时间。这些问题以及其他应用会需要计算给定图中所有顶点对之间的最短距离。

　　由于图中n个顶点都是起点, 我们可对所有顶点逐个调用Dijkstra算法来解决**全图点对最短路径**(all-pairs shortest path)问题。然而, Floyd和Warshall提出的全图点对最短路径算法更巧妙, 它能以图的权值矩阵为底子构建出这个$n \times n$的最短距离矩阵。

　　Floyd-Warshall算法最好用在邻接矩阵数据结构上, 这样不是浪费空间, 因为我们需要储存的距离都是成对的, 也就是说共有n^2个。下面的adjacency_matrix类型尽最大所能(也即MAXV个)为矩阵分配空间, 它还会记录图中有多少个顶点。

```
typedef struct {
    int weight[MAXV + 1][MAXV + 1]; /* 邻接(权值)信息 */
    int nvertices;                  /* 图中顶点数 */
} adjacency_matrix;
```

　　邻接矩阵实现有个关键细节, 也即我们如何表示图中缺失的边。对于无权图通常约定1表示图中的边而0表示无边。如果用上述数字去表示边的权, 却刚好给出了错误的解释, 原因是原来表示无边的0在这里被解释为顶点之间不需任何费用即可到达。与之相反, 我们应该将每一个不是边的矩阵元素初始化为某个最大值MAXINT。这样我们既可以测出这里是否

---

[1] 译者注: 作者在本书中混用Floyd算法和Floyd-Warshall算法两种叫法, 我们统一为Floyd-Warshall算法, 并对原文关于算法作者的语句略作修改。

有边, 还能在最短路径计算中自动忽略无边情况, 因为只有真正的边才会被用到, 不过前提是MAXINT大于待处理图的直径。

有很多方式刻画图中两个顶点之间最短路径的特征。Floyd-Warshall算法这样做: 初始对图中顶点从1到n编号。我们不是用这些数字去标记顶点, 而是给这些顶点一个处理次序。考虑从i到j仅用编号为$1, 2, \cdots, k$的顶点作为可用的中间顶点, 这样的最短路径长度我们定义为$W[i, j]^k$。

这意味着什么? 当$k = 0$时我们不允许有中间顶点, 因此唯一容许的路径就是图中原有的边。因此初始全图点对最短路径矩阵由最初的邻接矩阵组成。我们将执行n次迭代, 其中第k次迭代仅让前k个顶点作为每对顶点x和y之间路径可用的中间步。[1]

在每次迭代中我们允许可能成为最短路径的集合再大一些, 方法是添加一个新顶点作为可用的中介点。允许第k个顶点作为路径中的一站(stop), 但仅在存在一条经过k的较短路径时才可行, 于是

$$W[i, j]^k = \min(W[i, j]^{k-1}, W[i, k]^{k-1} + W[k, j]^{k-1})$$

Floyd-Warshall算法的正确性很精妙, 我强烈建议你去将它完全弄明白。实际上, 该算法是动态规划(我们将在第10章深入讨论这种算法设计范式)的一个极好案例。不过算法实现却非常简单, 里面完全没有复杂的编程技巧:

```c
void floyd(adjacency_matrix *g)
{
    int i, j;                /* 二维数组大小计数器 */
    int k;                   /* 中间顶点计数器 */
    int through_k;           /* 通过顶点k之后可达到的路径长度 */

    for (k = 1; k <= g->nvertices; k++)
        for (i = 1; i <= g->nvertices; i++)
            for (j = 1; j <= g->nvertices; j++) {
                through_k = g->weight[i][k] + g->weight[k][j];
                if (through_k < g->weight[i][j])
                    g->weight[i][j] = through_k;
            }
}
```

Floyd-Warshall全图点对最短路径算法可在$O(n^3)$时间内运行完毕, 在渐近意义下这不比调用Dijkstra算法n次的方法要好。然而上述程序的循环非常紧凑, 并且代码非常简短, 这两点让Floyd-Warshall算法性能更好而且也更实用。值得注意的是, 很少有图算法在邻接矩阵中运行得比在邻接表中更好, Floyd-Warshall算法就是其中一个。

上述所编写的Floyd-Warshall算法的输出不能让我们重建任意所给一对顶点间的实际最短路径。如果我们为每对顶点(x, y)在算法中所选用的最后一个中间顶点维护一个父亲矩阵$\boldsymbol{P}$, 那么这些最短路径可以复原。比如说从x到y最短路径中最后一个中间顶点所存值为k。从x到y的最短路径则是从x到k最短路径再连上从k到y最短路径, 可以对给定矩阵$\boldsymbol{P}$递归式操作重建从x到y的最短路径。但是要注意, 大多数全图点对的应用都只需要距离矩阵这个输出结果, 这才是Floyd-Warshall算法的设计目的。

---

[1] 译者注: 作者在本节中使用了步(step)和汽车站点(stop)的比喻描述路径中的顶点。

8.3.3 传递闭包

Floyd-Warshall算法还有一项重要应用, 就是计算**传递闭包**(transitive closure)。在分析一个有向图时, 我们经常对给定顶点能够到达哪些顶点感兴趣。举个例子, 考虑一个**胁迫图**(blackmail graph), 如果某人i握有另一个人j的敏感个人信息, 并足以让i要求j去做i想做的任何事, 那么这个胁迫图中就存在一条有向边(i, j)。在图中的n个人中, 你希望雇其中一个作为你的私人代表。那么谁的胁迫潜力最强?

最简单的答案可能是度最高的顶点, 但是一个更好的私人代表应该是: 一个拥有胁迫链会引出图中成员最多的那个人。例如Steve也许只能直接胁迫Miguel, 但是如果Miguel可以敲诈剩下的任何人, 那么Steve就是你要雇的人。

从任一顶点可到达的顶点都能通过广度优先搜索或深度优先搜索来获取。但是整批顶点则可用全图点对最短路径来计算。如果运行完Floyd-Warshall算法之后, 从i到j的最短路径长度现在仍为MAXINT, 你就可确定从i到j不存在任何有向路径。任何一对顶点路径的权小于MAXINT, 这肯定是可达的, 不论是在图论还是在胁迫这个词的字面意义上都成立。

传递闭包会在18.5节中更详细地讨论。

8.4 算法征战逸事: 拨出文档

我曾作为访问团的一员参观了Periphonics公司, 该公司那会儿是电话语音应答系统构建的业界领军者。*更多选项请按1, 不按1那就请按2*, 相比于这种能让我们的生活成为灾难的电话系统, 他们公司的产品是更高级的版本。导游满腔热情, 言辞之中都是"产品体验令人愉悦", 这可惹恼了我们团里脾气最差的那个人。

"用户喜欢按键输入! 去他的吧!"队尾传来一个声音, "我痛恨在电话上敲来敲去。每次我给我的经纪公司打电话查股票行情, 都会有个机器告诉我输入三字母代码(the three letter code)。[1] 更糟糕的是, 我得按两次按键来输入一个字母, 这样才能区分开电话按键上每个键所代表的三个字母。我按了数字键2, 然后电话提示音说选择A请按1, 选择B请按2, 选择C请按3。[2] 如果你问我对这玩意的感受, 我告诉你, 麻烦死了。"

"或许你不用每输入一个字母都按两次键。"我插嘴道, "也许这个系统能根据上下文估计出正确的字母!"

"你输入股票代码[3]那三个字母的时候并没有一大堆上下文啊。"

"的确如此, 但是如果输入英语句子时, 我们就会有很充足的上下文环境。我敢打赌, 如果英语文本在电话上以按一次键代表一个字母的方式输入, 那么我们就可以正确无误地重建文本。"

Periphonics的那位员工丝毫不感兴趣地看了我一眼, 然后继续带我们参观。可是我回到办公室后, 决定对此试上一试。

---

[1] 译者注: 由三个字母组成的三位股票代码。当然, 如今的股票代码还可以是四位。

[2] 译者注: 此处利用电话数字按键输入英文字母的方式与国内略有不同: 数字键1不对应任何字母, 数字键2对应ABC, 数字键3对应DEF, 数字键4对应GHI, 数字键5对应JKL, 数字键6对应MNO, 数字键7对应PRS, 数字键8对应TUV, 数字键9对应WXY。注意该编码体系中不包括Q和Z这两个字母。另一种方法是无语音提示直接按两次, 例如按2再按3代表输入字母C。

[3] 译者注: 原文为"股市代码", 不甚准确。

在电话上输入每个字母的可能性是不相等的。事实上, 不是所有的字母都能够输入, 因为Q和Z在标准美国电话机上压根就没有标出。因此我们可以采用这样的约定: 将Q, Z和空格符号都设置在*键上。我们可以利用字母使用频率不是均匀分布的这一特点来对文本译码。举个例子, 如果你在输入英语时按了数字键3, 你更有可能想输入E, 而不是D或F。为了对这种电话输入文本进行预测, 我们首先尝试以三个字母为一组构造窗口(三元组), 再从三元组所出现的频率入手设计方案。[1] 不过实验结果却很不好, 三元组统计"非常漂亮地"将数字编码译成了希腊文, 但这根本不是我们原本所输入的英文!

有个很明显的原因就是——该算法对于英语单词一无所知。如果把它和字典结合在一起, 我们也许能想出点别的思路。但是字典中的两个单词通常会表现为完全相同的一个电话编码符号串。举个极端的例子, 编码符号串"22737"会让11个完全不同的英语单词撞到一起, 包括cases、cares、cards、capes、caper、bases。为了让下一步实验更方便, 我们先将字典里存在冲突的单词中那些能确定下来的字母报表列出,[2] 再用三元组统计译出余下的字母。

可是, 识别效果依然非常糟糕。文本中所出现的大多数符号串都是存在二义性的编码, 而它们可映射为多种不同的单词, 我们得用一种方法来区别字典中被揉到同一个编码下的那些单词。[3] 也许我们还应该将每个单词的流行程度纳入考虑范围, 但是这仍然存在太多的错误。

于是我就开始和Harald Rau一起做这个项目, 事实证明他是一位很好的合作者。首先他是个既聪明又坚毅的研究生; 其次, 作为一个地道的德国人, 对于我在英语语法方面对他开的任何玩笑他都深信不疑。Harald按照图8.8的思路完成了一个电话编码重建程序。它适用于一次输入一个句子的情况, 而且可以定出每个编码符号串与字典中相匹配的单词。关键问题在于如何纳入最后一个阶段的语法约束。

"我们可以通过一个叫Brown语料库(Brown Corpus)的大型文本数据库获得高质量的单词使用频率和语法信息。Brown语料库包含了数千个典型英语句子, 每个句子都按词性进行了语法分析。但是我们该如何把它全部纳入进来呢?" Harald问。

"我们把它当作一个图问题考虑考虑。" 我建议。

"图问题? 什么图问题? 这个问题中有图吗? 到底在哪儿?"

"你可以把一个句子想象成一系列电话号码式标记(token), 每个标记代表句子中的一个单词。[4] 每个电话号码式标记都有一个列表给出了在字典中与该标记匹配的单词。该怎么选择最好的那个呢? 单词组成的每个"句子"都可能是一种诠释, 每个诠释都能看成图中的一条路径。所有可能被选的单词集合就构成了这个'句义图'的顶点集。第i个单词的每种选择到第$i+1$个单词的每种选择都会有一条边。那么, 横穿句义图且费用最低的路径则定出了这个句子的最佳诠释。"

"但是所有路径看起来都一样。它们都有着相同数量的边。等等, 现在我明白了! 我们必须对边加上权以让这些路径体现出差异。"

---

[1] 译者注: 这里所讨论的三元组是语言模型中的概念。例如ALL的出现概率比ALJ和ALK都要高, 假设出现数字编码255, 如果前面两个数字已经翻译为A和L, 最后一个应该翻译为L。这就是充分利用了上下文的信息。

[2] 译者注: 例如编码符号串"22737"对应的cases、cares、cards、capes、caper、bases之中a是可以确定的。

[3] 译者注: 原文用到了散列的概念, 即"the different dictionary words that got hashed to the same code"。

[4] 译者注: 例如将give这个单词表示为"4483"这样的电话号码式标记, 可参考图8.8中的Token。

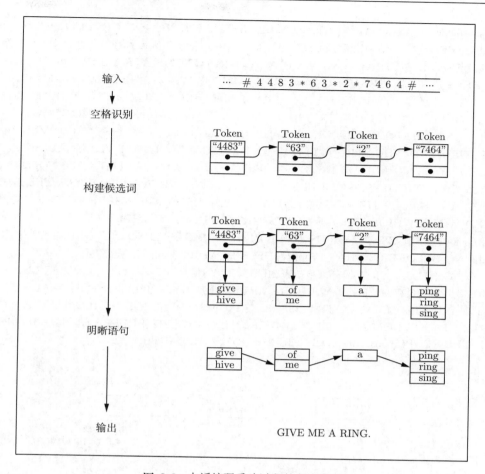

图 8.8 电话编码重建过程的各个阶段

"一点没错! 每条边的费用能反映我们有多大的可能性会去穿过该边所确定的这对单词。也许我们可以统计一下这对单词在先前文本中连着出现的频率。或者我们可以按照每个单词的词性定出权值。兴许名词挨着名词的可能性不如动词后接名词的可能性大。"

"要记录词对(word-pair)的统计数据比较困难, 因为词对太多了。另外, 我们可以很容易地获知每个单词的频率, 该如何把这点也考虑进来呢?"

"走过某个顶点, 我们可以根据该顶点所对应单词的频率情况来支付费用。最佳的句子将由横穿句义图的最短路径给出。"

"可是我们怎么算出上述这些因素的相对权重呢?"

"先去试试对你来说最自然的方案, 然后我们再根据它做些实验看看。"

Harald在程序中采用了上述最短路径算法, 图8.9给出了简单的示意(包含词对和单词的频率因素)。有了合适的语法和统计约束, 这个系统运行得非常好。不妨看看我们译出的葛底斯堡演说(其中所有的重建错误已被重点标出):

FOURSCORE AND SEVEN YEARS AGO OUR FATHERS BROUGHT FORTH ON THIS CONTINENT A NEW NATION CONCEIVED IN LIBERTY AND DEDICATED TO THE PROPOSITION THAT ALL MEN ARE CREATED EQUAL. NOW WE ARE ENGAGED

IN A GREAT CIVIL WAR TESTING WHETHER THAT NATION OR ANY NATION SO CONCEIVED AND SO DEDICATED CAN LONG ENDURE. WE ARE MET ON A GREAT BATTLEFIELD OF THAT **WAS**. WE HAVE COME TO DEDICATE A PORTION OF THAT FIELD AS A FINAL <u>**SERVING**</u> PLACE FOR THOSE WHO HERE <u>**HAVE**</u> THEIR LIVES THAT THE NATION MIGHT LIVE. IT IS ALTOGETHER FITTING AND PROPER THAT WE SHOULD DO THIS. BUT IN A LARGER SENSE WE CAN NOT DEDICATE WE CAN NOT CONSECRATE WE CAN NOT HALLOW THIS GROUND. THE BRAVE MEN LIVING AND DEAD WHO STRUGGLED HERE HAVE CONSECRATED IT FAR ABOVE OUR POOR POWER TO ADD OR DETRACT. THE WORLD WILL LITTLE NOTE NOR LONG REMEMBER WHAT WE SAY HERE BUT IT CAN NEVER FORGET WHAT THEY DID HERE. IT IS FOR US THE LIVING RATHER TO BE DEDICATED HERE TO THE UNFINISHED WORK WHICH THEY WHO FOUGHT HERE HAVE THUS FAR SO NOBLY ADVANCED. IT IS RATHER FOR US TO BE HERE DEDICATED TO THE GREAT TASK REMAINING BEFORE US THAT FROM THESE HONORED DEAD WE TAKE INCREASED DEVOTION TO THAT CAUSE FOR WHICH THEY HERE **HAVE** THE LAST FULL MEASURE OF DEVOTION THAT WE HERE HIGHLY RESOLVE THAT THESE DEAD SHALL NOT HAVE DIED IN VAIN THAT THIS NATION UNDER GOD SHALL HAVE A NEW BIRTH OF FREEDOM AND THAT GOVERNMENT OF THE PEOPLE BY THE PEOPLE FOR THE PEOPLE SHALL NOT PERISH FROM THE EARTH.

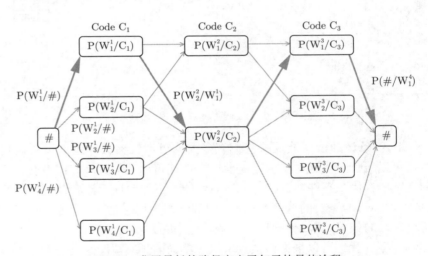

图 8.9　费用最低的路径定出了句子的最佳诠释

　　虽然我们仍然会犯一点儿错误, 但是我们通常能以大约99%的字符正确率重建输入文本, 很明显上述结果对于很多实际应用来说已经很好了。Periphonics公司肯定也是这样想的, 因为他们授权我们将我们的程序并入到他们的产品中。此外, 算法重建文本的时间比任何人在手机键盘上输入文字都快。

　　许多模式识别问题的约束可以自然地以图中的最短路径问题形式表述。事实上, 解决这些问题有一个特别方便的动态规划方法(也即Viterbi算法), 它在语音和手写识别系统中有广泛的应用。除了算法名字有些与众不同之外, Viterbi算法基本上只用于求解有向无环图上的最短路径问题。通常来说, 寻求图的表述形式来解决你所要处理的问题, 通常都是个很好的思路。

8.5 网络流和二部匹配

加权图可以被理解为一个管道网络, 其中边(i, j)的权决定了管道的**容量**(capacity)。容量可以被看作是一个关于管道横截面积的函数: 一根粗管道也许可以在一段给定时间内输送10个单位的水流, 而较细的管子可能只能输送5个单位。在不超过每根管道最大容量的前提下, **网络流问题**(the network flow problem)需要求出给定加权图G中从顶点s到顶点t所能输送的最大流量。

8.5.1 二部匹配

尽管网络流理论是学者们很感兴趣的一个问题, 而且自成一体, 但该问题最重要的用途还是在于解决其他重要的图问题。一个经典的例子就是二部匹配。图$G = (V, E)$中的一个匹配是边集E的子集E', 并满足E'中没有两条边共用一个顶点。匹配能将某些顶点配对以保证每个顶点位于一个此类匹配点对中, 而且至多只会在一对之中, 图8.10给出了一个匹配实例。

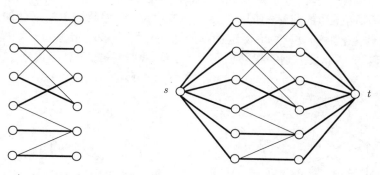

图 8.10 标出了最大匹配的二部图[左]与对应的网络流实例[右](粗线代表$s - t$最大流)

称图G是一个二部图或**可染双色**(two-colorable)[1]图, 若G的顶点集可以划分为两个集合L和R, 使得G中所有边满足一个顶点在L中而另一个顶点在R中。许多由实际问题而自然形成的图都是二部图。比如某些顶点可以代表要完成的工作, 而剩余顶点代表有能力完成这些工作的人。边(j, p)的存在意味着工作j可以由p这个人完成。或者我们令某些顶点代表男孩, 另一些顶点代表女孩, 并以边代表一对男女能够互相合拍。这些图中的匹配可以自然地被解读为工作分配或是婚配, 我们将在18.6节重点讨论匹配问题。

最大二部匹配可以用网络流很容易地找到。先创建一个**源点**(source)s与L中的每个顶点相连, 且边权均为1。再创建一个**汇点**(sink)t, 并用权为1的边将t和R中的每个顶点连起来。最后, 为二部图G中的每条边赋权为1。于是, 从s到t的最大流就定出了G中的最大匹配。我们肯定可以只使用匹配中的边和从源点到汇点穿过匹配的其他边来找到一个流, 而

---

[1] 译者注: 可以用两种颜色对所有顶点进行"染色"或"着色"。

该流和匹配一样大。另外, 绝不会有更大的流存在。我们怎能指望穿过任一顶点会得到比1个单位更大的流呢?

8.5.2　计算网络流

传统的网络流算法是基于**增广路径**(augmenting paths)这个想法, 该算法会不断去寻找从s到t中容量为正的路径(即增广路径)再将其加到流中。可以证明, 通过网络的流是最佳的, 当且仅当网络中不再含有任何增广路径。由于每条增广都加入了流, 我们最终肯定找到的是全局最大值。

解决问题的关键结构是**残存流图**(residual flow graph), 记为$R(G, f)$, 其中G是输入图而f是目前通过G的流。这个有向且边加权的$R(G, f)$包含与G相同的顶点。对G中每条具有容量$c(i, j)$和流$f(i, j)$的边(i, j)来说, $R(G, f)$可能包含两条边:

(i) 一条权为$c(i, j) - f(i, j)$的边(i, j), 前提是$c(i, j) - f(i, j) > 0$。

(ii) 还有一条权为$f(i, j)$的边(j, i), 前提是$f(i, j) > 0$。

残存流图中边(i, j)的存在表明可从i中推入正流到j, 而边(i, j)的权给出了可推入流的精确值。[1] 从s到t的残存流图中的一条路径意味着可以从s推入更多的流到t, 而这条路径中最小的边权定出了还可以再推入的流。

图8.11举例说明了这种想法。[2] 图G中的$s - t$最大流是7, 具体找法如下: 残存流图$R(G)$中两条t到s的有向路径容量分别是2和5(其和等于7), 依照上述路径给出的这些流完全占满了顶点t所连的那两条边的容量, 所以不会再有增广路径, 因此该流是最佳的。如果删除某个边集中的边会让s与t孤立(比如t所连的那两条边), 那么该边集称为$s - t$割。显然, 没有从s到t的流能超过$s - t$最小割的权。事实上, 与最小割相等的流总能找到。

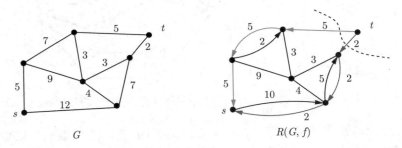

图 8.11　图G的$s - t$最大流[左]展示了与之相关的残存流图$R(G, f)$[右]和$s - t$最小割(t附近的虚线)

领悟要义: 从s到t的最大流始终等于$s - t$最小割的权。因此, 流算法可用于求解图中边/顶点的各种连通度问题。

---

[1] 译者注: 正流(positive flow)意味着从i到j可以加入一个流$f'(i, j) = c(i, j) - f(i, j) > 0$, 因为当前残存的容量$c(i, j) - f(i, j) > 0$。作者使用推入形象地表示流的加入。

[2] $R(G, f)$中以无向边形式画出的边由于没有流, 可认为在两个方向具有残存容量。

实现

限于篇幅, 我们在这里没法对网络流理论展开完整的讨论。但是, 看看如何找出增广路径以及计算最大流却是很有益的。

对于残存流图中的每条边, 我们都得记录目前通过该边的流量, 以及还剩下多少**残存**(residual)容量。因此, 我们必须修正前面的edge结构, 使其能为新加入的数据域提供存储空间:

```
typedef struct {
    int v;                      /* 相邻顶点 */
    int capacity;               /* 边的容量 */
    int flow;                   /* 通过该边的流 */
    int residual;               /* 该边的残存容量 */
    struct edgenode *next;      /* 表中下一条边 */
} edgenode;
```

我们用广度优先搜索去寻找任意从源点到汇点且能增加总流量的路径, 并用该路径来扩充总流量。当此类增广路径不再存在时, 我们结束函数并返回最大流。

```
void netflow(flow_graph *g, int source, int sink)
{
    int volume;                 /* 增广路径的权 */

    add_residual_edges(g);

    initialize_search(g);
    bfs(g, source);

    volume = path_volume(g, source, sink, parent);

    while (volume > 0) {
        augment_path(g, source, sink, parent, volume);
        initialize_search(g);
        bfs(g, source);
        volume = path_volume(g, source, sink, parent);
    }
}
```

任何从源点到汇点的增广路径都会提升流量, 所以我们可用bfs在图中去寻找这样一条路径。所搜索的图得选合适, 因此我们只考虑仍有容量剩余的网络边, 换言之, 只找正残存流(positive residual flow)。下面的谓词(predicate)可帮助bfs区分饱和边与未饱和边:[1]

```
bool valid_edge(edgenode *e)
{
    return (e->residual > 0);
```

---
[1] 译者注: 通俗地说, 该谓词提供了一个判定函数。如果流占满了某条边的容量, 则称该边为饱和边, 否则称为未饱和边。

```
}
```

　　加入一条增广路径会将残存容量中的可用流量最大限度地转换为正流。这种流量受路径中残存容量值最小边的限制, 就像交通流以什么速度行进受限于最拥堵的点一样。

```
int path_volume(flow_graph *g, int start, int end, int parents[])
{
    edgenode *e;            /* 需要考察的边 */
    edgenode *find_edge();
    if (parents[end] == -1)
        return 0;
    e = find_edge(g, parents[end], end);
    if (start == parents[end])
        return e->residual;
    else
        return min(path_volume(g, start, parents[end], parents),
                   e->residual);
}
```

　　不妨回想BFS使用父亲数组记录了遍历过程中每个顶点的发现者, 可使我们重建从任意顶点返回根的最短路径。这棵树的边是顶点序偶, 而并不完全对应我们实施搜索的图其数据结构中存储的真实边。调用find_edge(g, x, y)可返回一个指针, 它指向图g中真实存储x与y之间的边记录信息, 而这是获得该边残存容量所必需的步骤。find_edge函数查找相应指针可通过直接扫描x的邻接表g->edges[x]来完成, 也可以使用合适的查找表数据结构来处理(这种方法更好)。

　　沿着有向边(i, j)多发送1个单位的流将减少边(i, j)中1个单位的残存容量, 但是会增加边(j, i)中1个单位的残存容量。[1] 因此, 加入一条增广路径的行为需要修正路径上的每段连接, 并得同时处理连接的正反向两条边。

```
augment_path(flow_graph *g, int start, int end, int parents[], int volume)
{
    edgenode *e;            /* 需要考察的边 */
    edgenode *find_edge();
    if (start == end)
        return;
    e = find_edge(g, parents[end], end);
    e->flow += volume;
    e->residual -= volume;
    e = find_edge(g, end, parents[end]);
    e->residual += volume;
    augment_path(g, start, parents[end], parents, volume);
}
```

　　初始化流图需要给每一条网络边$e = (i, j)$创建有向流边(i, j)和(j, i)。通过所有边的流的初值都设为0。(i, j)残存流初值设为e的容量, 但(j, i)残存流初值设为0。

---

[1] 译者注: 这里考虑的容量都是整数值, 每次对1个单位进行操作。

分析

上述增广路径算法肯定收敛于最优解。然而，每条增广路径可能都只会给总流量增加一点儿，因此在理论上该算法最终收敛所用的时间可能会是任意值。

不过Edmonds和Karp已在[EK72]中证明，一直选择最短无权增广路径可保证$O(n^3)$次增广操作足以找到最优解。事实上，我们上面实现的就是Edmonds-Karp算法，因为我们用了一个从源点开始的广度优先搜索来寻找下一条增广路径。[1]

8.6 随机化最小割

对于很多不同类型的问题，现在都已经有了巧妙的随机化算法。迄今为止，我们已经在如下问题中都见过随机化算法: 排序(快速排序)、查找(散列)、字符串匹配(Rabin-Karp)以及数论(素性检验)等。本节我们把上述列表拓展到图算法。

图的最小割问题想要将图G中的顶点集划分为集合V_1和V_2，并使得横跨两个集合的边(x,y)总数最少，"横跨"的意思是$x \in V_1$和$y \in V_2$。寻找最小割通常出现在网络可靠性分析中: 最小的故障集(若将其删除则会断开图/网络的连接)是什么? 18.8节会对最小割问题进行更为详细的讨论。18.8节所展示的图的有一个大小为2的最小割集，而图8.12中最左侧那个的图只要删除一条边便会断开连接。

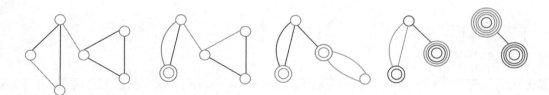

图 8.12 如我们走运的话，一系列随机的边收缩过程不会增加最小割集的大小

假设G中的最小割C其大小为k，这意味着删除k条边对于断开G的连接是必不可少的。于是，任意顶点v必须与至少k个其他顶点连接，因为若非如此便会存在一个更小的割可将v与图的其余部分断开连接。实际上，这意味着G必须包括至少$kn/2$条边，其中n是顶点的数量，其原因是每条边对其两个端点的度之贡献值刚好都为1。

对于边(x,y)的**收缩**(contraction)操作会将顶点x和y折叠成单个合并顶点，不妨将其记为xy。这样一来，任何形为(x,z)或(y,z)的边都会被(xy,z)取而代之。可以看出，一条边收缩会让顶点减少一个。尽管收缩过程会伴随着边的转化，但是边的总数仍会维持原状: 在收缩之前不妨设(x,z)和(y,z)都在G中，随后自圈(xy,xy)会替换(x,y)这条边，同时该过程会创建边(xy,z)的两个副本(对应原有的(x,z)和(y,z)这两条边)。

在G中让边(x,y)收缩之后，G的最小割其大小会发生什么变化呢? 每一次收缩会让划分(也即前文所提到的V_1和V_2方式)的可能性变小，因为新顶点xy不能再细分下去。最关键的地方在于观察到: 除非我们收缩的边是最优割集的k条边之一，否则最小割的大小不会变

---

[1] 译者注: 此处的无权路径实际上对每条边加了单位权，因此广度优先搜索可以找到最短路径。

化。如果我们确实在收缩这些割边, 所形成的新图其最小割的大小可能会增加, 因为原有的最佳划分将不复存在。

这意味着我们可以设计随机化算法如下: 随机选择G的一条边并对其收缩, 此操作需重复$n-2$次, 直到我们只剩下一个两顶点的图, 而这两个顶点之间同时存在多条边。这些边描述了图中的一个割, 尽管它也许不是G的最小割。我们可将整个过程重复r次, 将所得到最小的那个割集认定为"最小割"。如果算法实现得当, 对于给定图的这一系列收缩可以在$O(nm)$时间内执行完毕, 于是可得到一个运行时间为$O(rmn)$的Monte Carlo算法, 注意它不能保证最优解。

在任意给定收缩迭代序列上成功获得最小割的概率是多少? 我们可从图G的初始情况开始逐步考虑, 此时G至少有$kn/2$条边。若是随机边e不属于k条割边之一的话, 对e的收缩可保护最小割C不被破坏。注意到图中边数与顶点数之间的关系, 第i次边收缩依然成功的概率p_i为

$$p_i \geqslant 1 - \frac{k}{k(n-i+1)/2} = 1 - \frac{2}{n-i+1} = \frac{n-i-1}{n-i+1}$$

在一个较大的图中, 除了最后几次收缩之外, 其他收缩成功概率完全都是我们想要得到的高概率。

要想让某个特定的迭代序列结束时给出一个最小割C, 我们必须让整个过程的$n-2$次收缩保证次次取得成功, 其出现概率为

$$\prod_{i=1}^{n-2} p_i = \prod_{i=1}^{n-2} \frac{n-i-1}{n-i+1} = \left(\frac{n-2}{n}\right)\left(\frac{n-3}{n-1}\right)\left(\frac{n-4}{n-2}\right)\cdots\left(\frac{3}{5}\right)\left(\frac{2}{4}\right)\left(\frac{1}{3}\right) = \frac{2}{n(n-1)}$$

以上乘积居然神奇地消去了, 而最终所得成功概率为$\Theta(1/n^2)$。这个值虽然不是很大, 不过如果我们运行$r = n^2 \log n$次, 就很有可能至少偶然发现一次最小割。

> **领悟要义**: 任何随机化算法成功的关键在于设定一个可以确保成功概率界限的场景。概率算法的分析可能会很棘手, 但整个算法过程通常很简单, 本节的实例正是如此。归根结底, 随机化算法要是过于复杂的话, 可能会变得难以分析进而失去设计意义。

8.7　去设计图, 而非算法

正确地建模是成功使用图算法的关键。我们已经给出了许多图问题, 也开发了求解这些问题的算法。卷Ⅱ中展示了两打左右的各式图问题, 大部分在第18章和第19章的各节之中。这些经典的图问题提供了一套完整的框架, 可用于对绝大多数应用进行建模。

秘密在于学会设计图, 而不是算法。我们已经看到了这种思想的几个实例:

- 通过对输入图G的边权取负值, 并在新得到的图中使用最小生成树算法, 我们可以找到最大生成树。负权意义下的最小生成树将确定G中权最大的树。

- 为求解二部匹配, 我们构建了一个特殊的网络流图使得最大流刚好对应着边数最大的匹配。

以下应用会证明正确建模的强大力量。每个案例都是真实世界中的应用, 并且都可以被建模为一个图问题。有些建模特别精巧, 但它们阐明了图在表示关系时的普适性。当你看到一个问题时, 先别偷看我们如何解决, 而是试着自己想出一个恰当的图表示。

停下来想想: 粉红豹去探险[1]

问题: "我在寻找一个算法, 用于设计能穿过一间充满障碍的房间的合理路线, 从而让视频游戏中的角色按此行进。我该怎么做?"

解: 所谓理想的路线应该看起来像是智者会去选择的那条。对于智者而言, 要么完全不做要么就用最高效的方案, 所以这个问题应该被建模为最短路径问题。

但是怎么给出图呢? 一种方法应该是在房间里布点组成网格: 对每个能让角色可以站住的地方(也即不会让其倒在障碍物中)所在网格点创建一个顶点; 任意一对相邻顶点之间都连一条边, 并设定边权正比于顶点之间的距离。尽管已经有在几何空间上直接求解最短路径的方法(参见18.4节), 但是我们将该问题以离散形式建模为一个图更为简单。 ∎

停下来想想: 序列安排

问题: 某个DNA测序计划生成了由小片段所组成的实验数据。对于所给每个片段 f, 我们已了解某些片段必须强制性地排到 f 的左侧, 还有另一些片段必须强制性地排到 f 的右侧。我们该如何找到一个从左到右妥当安排片段的方式以满足所有约束呢?

解: 建立一个有向图, 其中每个片段都以一个唯一的顶点指代。对任一必须位于 f 左边的片段 l, 插入一条离开 l 的有向边 (l, f), 而对任一必须位于 f 右边的片段 r, 插入一条进入 r 的有向边 (f, r)。我们要找一种顶点的安排方式使得所有的边都从左向右一直延展。上述方案形成了一个有向无环图, 而所求的则是该图的*拓扑排序*。这种图必须无环, 因为环会让安排方式无法前后一致。 ∎

停下来想想: 矩形装桶

问题: "我所处理的图形任务(graphic work)需要解决如下问题: 给定平面中任意一个矩形集合, 我该如何划分这些矩形并用最少的桶装入它们, 并满足任意桶中的所有矩形子集互不相交呢? 也就是说, 同一个桶中任意两个矩形之间都不能有重叠区域。"

解: 我们构想出这样一个图, 其中每个顶点都是一个矩形, 而如果两个矩形相交则会有一条边。每个桶对应一个矩形的**独立集**(independent set), 而独立集的定义(见19.2节)可保证桶中任意两个矩形之间没有重叠。图中的一种**顶点着色**(vertex coloring)方案(见19.7节)相当于将顶点集划分成若干独立集, 那么最小化色数正是你想要的图问题。 ∎

[1] 译者注: 这是一款名为 *The Pink Panther's Passport to Peril* 的电子游戏。

停下来想想：名字冲突

问题："在从UNIX移植代码到DOS时，我得将几百个文件的名字全部缩短，而每个文件名的长度都不能超过8个字符。我不能让所有文件名都只用它们的前8个字符来替换，因为像"filename1"和"filename2"这样两个文件名会被赋值为同一个名字。我该怎么缩短这些名字才能既保留原来文件名的意义又能确保它们不冲突呢？"

解：建立一个二部图，其中包含对应于每个原有文件名$f_i(1 \leqslant i \leqslant n)$的顶点，还包含对于任意$f_i$的一系列可接受的缩写名$f_{i_1}, \cdots, f_{i_k}$。为每一对原文件名和对应缩写名添加一条边。现在我们要寻找一个由n条边组成的集合，其中没有顶点共用边，这样每个文件名都被映射到一个可接受的替换文件名上，且能互相区分。我们要在图中寻找**边独立集**(independent set of edges)，[1] 18.6节所讨论的**二部匹配**(bipartite matching)正是这个问题。∎

停下来想想：文本分离

问题："我们目前在建一个光学字符识别系统，现在需要一种方法在该系统中分离文本行。尽管行与行之间有空白，但是噪点和页面倾斜这样的问题会让行间空白难以发现。我们该如何处理行的分割？"

解：考虑如下基于图的表述形式。将图像中每个像素视为图中的一个顶点，该图中两个相邻像素之间会有一条边，而边的权应该与这两个像素的浓度之和成正比。[2] 两行之间的分离问题就是在这个图中找一条从页面左边到页面右边的路径。我们需要寻找一条相对较直的路径，而且要尽量避免较黑的点。这提示我们，像素图中的最短路径算法很有可能找到一种不错的行分割方案。∎

> **领悟要义**：设计一个新颖的图算法绝非易事，因此千万别这样去做。我们应该反其道而行之，要尝试设计图来对你的问题建模，而所设计的图必须让你能用经典算法解决。

章节注释

网络流是一种高级算法技术，识别某个特定问题能否用网络流解决则需要有一定的经验。我们向读者推荐Williamson的[Wil19]以及Cook和Cunningham的[CC97]这两本书，阅读它们可以获得对该主题更详细的处理方法。

网络流的增广路径方法由Ford和Fulkerson提出[FF62]。Edmonds和Karp证明了：一直选择最短增广路径(很像测地线)可保证$O(n^3)$次增广足以找到最优解[EK72]。

本章算法征战逸事的主题是电话编码重建系统，Rau和Skiena在[RS96]中描述了该系统的更多技术细节。

---

[1] 译者注：我们通常所提的"独立集"一般对应"顶点独立集"，这里则是"边独立集"。

[2] 译者注：作者原意是像素越黑，权值则会越大，因此我们译作浓度。请注意这个词与灰度的区别，一般灰度图像中最黑的点灰度值最小(即0)。另外，这里的边权定义可以多样化，但必须保证两个像素的浓度都得比较小。如果浓度最小值为0，那么浓度之积作为边权是不合适的。

8.8 习题

图算法模拟

8-1. *[3]* 对于问题**7-1**中的图:

(a)画出Kruskal算法中主循环每次迭代后的生成森林。

(b)画出Prim算法中主循环每次迭代后的生成森林。

(c)找出以A为根的最短路径生成树。

(d)计算从A到H的最大流(边权对应容量)。

最小生成树

8-2. *[3]* 一棵最小生成树中两个顶点之间的路径必然是两个顶点在整个图中的最短路径吗? 给出证明或举出反例。

8-3. *[3]* 假设图中所有边的权各异(也就是说没有哪两条边有着相同的权)。一棵最小生成树中两个顶点之间的路径必然是两个顶点在整个图中的最短路径吗? 给出证明或举出反例。

8-4. *[3]* Prim算法和Kruskal算法能产生不同的最小生成树吗? 对肯定回答或否定回答作出解释。

8-5. *[3]* 如果有负的边权, Prim和Kruskal算法都可以运行吗? 对肯定回答或否定回答作出解释。

8-6. *[3]* 假设图中所有边的权各异(也就是说没有哪两条边有着相同的权):

(a)该图中的最小生成树是否唯一? 给出证明或举出反例。

(b)该图中的最短路径是否唯一? 给出证明或举出反例。

8-7. *[5]* 假设我们已经获得某个图G(具有n个顶点和m条边)的最小生成树T, 并给了一条要加入G中的新边$e = (u, v)$(权为w)。给出一个寻找图$G + e$的最小生成树的高效算法。要拿满分, 你的算法得在$O(n)$时间内运行完毕。

8-8. *[5]* 证明命题或举出反例:

(a)令T为某个加权图G的最小生成树。对G的每条边的权加上权值k可创建一个新图G'。T中的边可以形成G'的一棵最小生成树吗?

(b)令$P = \{s, \cdots, t\}$表示加权图G中从顶点s到顶点t的最短路径。对G的每条边的权加上权值k可创建一个新图G'。P能代表G'中从s到t的最短路径吗?

8-9. *[5]* 依照以下要求设计并分析算法: 取一个加权图G作为输入, 在G中找出非最小生成树边的最小变化值, 而这种值的变动会让G的最小生成树发生改变。你的算法必须正确并能在多项式时间内运行完毕。

8-10. *[4]* 考虑在加权连通图G中寻找权值最小的连通子集T的问题。T的权值是T中所有边权之和。

(a)难道这个问题不就是最小生成树问题吗? [提示]: 考虑具有负权的边。

(b)给出一个高效算法来算出权最小的连通子集T。

8-11. *[5]* 给定一个只有正权边的无向图$G = (V, E)$, 令$T = (V, E')$是G的最小生成树。假定图G中某条边$e \in E$的边权由$w(e)$修改为$\hat{w}(e)$, 我们想更新最小生成树T以反映这种边的

改动, 并且希望计算过程不要从头再来一遍。考虑如下四种情况, 给出能够更新树的线性时间算法:

    (a) $e \notin E'$且$\hat{w}(e) > w(e)$;

    (b) $e \notin E'$且$\hat{w}(e) < w(e)$;

    (c) $e \in E'$且$\hat{w}(e) < w(e)$;

    (d) $e \in E'$且$\hat{w}(e) > w(e)$。

8-12. *[4]* 令$G = (V, E)$为一个无向图。称边集$F \subseteq E$为**反馈边集**(feedback-edge set), 若G的每个环都在F中至少有一条边。

    (a) 假设G是无权图。设计一种高效算法来找到一个元素个数最少的反馈边集。

    (b) 假设G是加权无向图, 且边权均为正。设计一种高效算法来找到一个权最小的反馈边集。

合并—查找

8-13. *[5]* 设计一种高效数据结构来处理定义于加权有向图上的如下操作:

    (a) 合并两个指定分量。

    (b) 找出包含给定顶点v的那个分量。

    (c) 从一个给定分量中检索出一条权最小的边。

8-14. *[5]* 全集中共有n个元素, 一个由合并和查找所构成的操作序列(其中共有m个操作)运行于全集上, 设计一种数据结构能让这个操作序列可在$O(m + n)$时间内执行完毕。

最短路径

8-15. *[3]* 有向图的**单目的地最短路径**(single-destination shortest path)问题要寻找从每个顶点到特定顶点v的最短路径。给出一个高效算法来解决单目的地最短路径问题。

8-16. *[3]* 令$G = (V, E)$为一个无向加权图, 且T为一棵根位于顶点v处的最短路径生成树。现在设G中的所有的边权值都增加了一个常数k。T仍然是从v开始的最短路径生成树吗?

8-17. *[3]* 回答下列问题:

    (a) 为加权连通图$G = (V, E)$和顶点v举出一个实例, 使得G的最小生成树与根位于顶点v处的最短路径生成树相同。

    (b) 为加权连通有向图$G = (V, E)$和顶点v举出一个实例, 使得G的最小生成树与根位于顶点v处的最短路径生成树存在很大差异。

    (c) 这两棵树能否完全不相交?

8-18. *[3]* 给出证明或举出反例:

    (a) 无向图的最小生成树中一对顶点之间的路径必然是最短(权最小)路径吗?

    (b) 假设图的最小生成树是唯一的。一个无向图的最小生成树中一对顶点之间的路径必然是最短(权最小)路径吗?

8-19. *[3]* 给出一种高效算法, 在边权为正的无向加权图$G = (V, E)$中找出从x到y的最短路径, 其约束是该路径必须途经某个特定顶点z。

8-20. *[5]* 某些图问题中顶点可以加上权, 这种权可以替代边权也可以作为边权的补充。令C_v为顶点v的费用, 而$C_{(x,y)}$是边(x, y)的费用。本问题考虑寻找图G中顶点a和b之间费用最少的路径。路径的费用是其中所有边和顶点费用的总和。

(a) 假设图中每条边的权为0(注意若无边则费用为∞), 而任意顶点v均满足$C_v = 1$(也就是说, 所有顶点都有着相同的费用). 给出一个高效算法以寻找从a到b费用最少的路径并给出算法的时间复杂度.

(b) 现在假设顶点的费用不为常数(但都是正的), 且边的费用保持上问的假设. 给出一个高效算法以寻找从a到b费用最少的路径并给出算法的时间复杂度.

(c) 现在假设边和顶点的费用都不是常数(但都是正的), 给出一个高效算法以寻找从a到b费用最少的路径并给出算法的时间复杂度.

8-21. *[5]* 令G是一个有n个顶点和m条边的加权有向图, 所有边都带正权. 有向环是一个起点和终点为同一顶点且至少包含一条边的有向路径. 给出一种$O(n^3)$算法给出G中权最小的一个有向环其路径长度, 若图无环则返回$+\infty$.

8-22. *[5]* 设加权图G表示一个路网, G中的边对应道路而顶点对应交叉路口. 每条道路都标有可通行的最大车辆高度. 请设计一种高效算法求出能从s成功行驶到t的最大车辆高度.

8-23. *[5]* 给定一个可能存在负权边的有向图G, 其中任意两个顶点之间的最短路径可确保至多存在k条边. 设计一种算法能在$O(k(n+m))$时间找到从顶点u到顶点v的最短路径.

8-24. *[5]* 我们能否通过将取最小值改为取最大值来修改Dijkstra算法进而解决单源最长路径问题? 如果可以, 证明你的算法是正确的. 如果不行请提供反例.

8-25. *[5]* 令$G = (V, E)$为一个加权有环有向图, 它可能会具备负的边权. 给定源点v, 设计一个线性时间算法解决以v为源点的单源最短路径问题.

8-26. *[5]* 令$G = (V, E)$为一个有向加权图, 并满足其中所有权为正. 令v和w为G中两个顶点, 且$k \leqslant |V|$为一个整数. 设计一个算法寻找从v到w且恰好包含k条边的最短路径. 注意这条路径不一定是简单路径.

8-27. *[5]* 套利是利用货币的汇率差来获利. 例如可能会有一个较短的时间窗, 在此期间1美元可以兑换0.75英镑, 1英镑可以兑换2澳元, 1澳元可以兑换0.70美元. 在这种情况下, 精明的交易员可以用1美元最终换来$0.75 \times 2 \times 0.70 = 1.05$美元——利润率是5%. 设有$n$种货币$c_1, \cdots, c_n$, 并有一个$n \times n$的兑换率表格$R$, 依据$R$可以查出1个单位的$c_i$货币可兑换$R[i,j]$个单位的$C_j$货币. 设计一种算法并予以分析, 它可确定

$$R[c_1, c_{i_1}]R[c_{i_1}, c_{i_2}] \cdots R[c_{i_{k-1}}, c_{i_k}]R[c_{i_k}, c_1]$$

的最大值. [提示]: 考虑全图点对最短路径.

网络流和匹配

8-28. *[3]* 图中的匹配是由互不相交的边组成的集合——也就是说, 这些边不会共用任何顶点. 给出一个寻找树中最大匹配的线性时间算法.

8-29. *[3]* 无向图$G = (V, E)$的**边覆盖**(edge cover)是一个边的集合, 边覆盖要求图中的每个顶点都至少会关联集合中的一条边. 给出一个基于匹配的高效算法来找到G中规模最小的边覆盖(即边的条数最少).

力扣

8-1. https://leetcode.com/problems/cheapest-flights-within-k-stops/

8-2. `https://leetcode.com/problems/network-delay-time/`
8-3. `https://leetcode.com/problems/find-the-city-with-the-smallest-number-of-neighbors-at-a-threshold-distance/`

黑客排行榜

8-1. `https://www.hackerrank.com/challenges/kruskalmstrsub/`
8-2. `https://www.hackerrank.com/challenges/jack-goes-to-rapture/`
8-3. `https://www.hackerrank.com/challenges/tree-pruning/`

编程挑战赛

下列编程挑战赛问题可在`https://onlinejudge.org/`上找到, 网站会自动判分。

8-1. "Freckles" —— 第10章, 问题10034。
8-2. "Necklace" —— 第10章, 问题10054。
8-3. "Railroads" —— 第10章, 问题10039。
8-4. "Tourist Guide" —— 第10章, 问题10199。
8-5. "The Grand Dinner" —— 第10章, 问题10249。

第9章

组合搜索

规模巨大的问题可用穷举搜索技术可以解决, 不过运算成本极高。但是在某些实际问题中, 这样做可能非常值得, 而电路或程序的测试就是很好的例子。你可以通过尝试所有可能的输入并核实设备确实给出正确的答案, 从而验证该设备的正确性。尽管正确性得到验证是一种值得自豪的特性, 然而声称某个事物在你尝试的所有输入下都能正确运行, 这真不值得你去大书特书。

现代计算机有好几吉赫兹的时钟频率, 意思是每秒数十亿次的运算。由于做些稍微有点价值的事都需要好几百条指令, 在现代的机器上每秒搜索百万级别的数据项是你可以期望的能力。

认识到一百万有多大(或是这个数字相对于超大规模而言有多小)是很重要的。一百万个排列意味着大约10个对象的全部排放方式, 但是更多对象就会超出百万规模。一百万个子集意味着大约20个数据项的全部组合, 但是更多数据项也会超出百万规模。解决那些明显超出规模的问题需要细致地缩减搜索空间, 以确保我们只去考察真正有用的元素。

在本章中我们重点介绍**回溯**(backtracking)技术, 它可为组合搜索算法问题列出所有可能的解。我们还将以实例说明通过巧妙的剪枝技术对真实搜索应用进行加速的强大能力。对于那些规模太大以至于完全不会考虑使用蛮力组合搜索来解决的问题, 第12章会介绍启发式方法(例如模拟退火), 对于任何从事实际工作的算法设计师来说, 此类启发式方法在其武器库中都是重要的兵器。

9.1 回溯

回溯是一种在搜索空间中对所有可能的排布(configuration)[1]进行遍历的系统性方案。这些排布可能表示了若干对象的所有安排(置换), 或者构建若干元素所有可能的挑选方案(子集)。还有其他一些常见的场景, 例如可能会要求你枚举图的所有生成树, 或者两个顶点之间的所有路径, 抑或是将顶点按照着色不同进行分类。

这些问题的共同点是, 我们必须让每个可能的排布恰好生成一次。要让排布不重不漏, 则意味着我们必须定义一个具有条理性的生成次序。我们可将组合搜索所寻找的解(solution)建模为一个向量 $A = (a_1, a_2, \cdots, a_n)$,[2] 其中每个元素 a_i 都是选自某个有限大小的有序集 S_i。这样的向量可以代表某种安排/置换, 其中 a_i 相当于该置换中的第 i 个元素。或者向量可以代表一个给定的子集 S, 其中 a_i 为真当且仅当全集中的第 i 元素在 S 中。向量甚至可以代

---

[1] 译者注: 也译为"布局"或"格局", 我们使用"排布", 突出所有可能的安排和布置这层含义。

[2] 译者注: 原文对于向量符号标记较乱, 我们这里统一标注——A 表示数学意义上的解向量, 而 a 表示程序中实际存储的解向量。

表游戏中的某个走子(move)序列,[1] 或者图中的一条路径, 其中 a_i 相当于序列中第 i 次走子或路径中的第 i 条边。

在回溯算法的每一步中, 我们都会试着去扩展某个已经给出的部分解(partial solution) $\boldsymbol{A}^{(k)} = (a_1, a_2, \cdots, a_k)$,[2] 方法是在部分解末尾再添加一个元素。扩展后我们必须测试现在所得的向量是否为解: 如果是解的话, 我们应该打印该解或者对解计数统计; 否则我们必须检验现在的部分解是否还有可能被扩充为某些完整解(complete solution)。

回溯构建了一棵存储部分解的树, 其中每个顶点/结点代表一个部分解。如果从结点 x 扩充元素创建了结点 y, 也即向前推进一步, 那么就有一条从 x 到 y 的边。这棵存储部分解的树让我们可以换一种思路来考虑回溯, 因为构建解的过程与深度优先遍历回溯树是完全一致的。将回溯看作隐式图[3]上的深度优先搜索, 则可获得基本回溯算法的一个自然而然的递归实现(算法28)。

算法 28　BacktrackDFS(A, k)

> **1** **if** (A 中的 $(a_1, a_2, \cdots, a_k)$ 是解) **then**
> **2** 　　报表输出 A
> **3** **else**
> **4** 　　$k \leftarrow k + 1$
> **5** 　　构建 S_k(也即 A 在 k 位置的候选者集合)
> **6** 　　**while** ($S_k \neq \varnothing$) **do**
> **7** 　　　　$a_k \leftarrow S_k$ 中某一元素
> **8** 　　　　$S_k \leftarrow S_k - \{a_k\}$
> **9** 　　　　BacktrackDFS(A, k)
> **10** 　　**end**
> **11** **end**

尽管广度优先搜索也可以被用于解的枚举, 但深度优先搜索远胜于它, 因为深度优先搜索占用空间少得多。从根到深度搜索优先目前所搜到的结点只有一条路径, 而所搜索到的当前状态由该路径完整表示。深度优先搜索所需空间与树的高度成正比。在广度优先搜索中队列储存着当前层中所有结点, 其数目与搜索树的宽度成正比。对于实际中我们最关心的那些问题, 树宽以树高的指数函数形式增长。

实现

回溯通过列举所有可能性来确保其正确性, 而通过永不重复访问任意状态来保证其高效性。为了帮助你理解回溯的工作机制, 下面给出一个通用的**backtrack**代码框架:

```
void backtrack(int a[], int k, data input)
{
    int c[MAXCANDIDATES];   /* 下一位置的候选者 */
    int nc;                 /* 下一位置的候选者数目 */
```

---

[1] 译者注: 回溯常常用于棋类游戏, 这里的"move"我们译为"走子", 即棋子的一次位置移动。

[2] 译者注: 为区分解 A(也称完整解), 我们将部分解改为 $A^{(k)}$。部分解满足 $k < n$, 添加新元素可扩展至 $(a_1, a_2, \cdots, a_{k+1})$, 最终获得解 $(a_1, a_2, \cdots, a_n)$。

[3] 译者注: 虽然是树, 但可以视为图, 所以归为隐式图。

```
    int i;                      /* 计数器 */
    if (is_a_solution(a, k, input))
        process_solution(a, k, input);
    else {
        k = k + 1;
        construct_candidates(a, k, input, c, &nc);
        for (i = 0; i < nc; i++) {
            a[k] = c[i];
            make_move(a, k, input);
            backtrack(a, k, input);
            if (finished)
                return;         /* 提前终止 */
            unmake_move(a, k, input);
        }
    }
}
```

现在来研究递归何以能给出一个既精致又简单的回溯算法实现。因为每次递归过程的调用都会分配一个新的候选者数组c用于扩展, 因此每个位置上尚未考虑的候选者集合(都是候选者全集的子集)互不干扰。

该算法中依问题定制(application-specific)[1]的部分由五个子程序组成:

- is_a_solution(a, k, input)——目标问题给定时, 这个布尔型函数测试向量a的前k个元素可否形成某个完全解。最后一个变元input使我们可以将通用信息传递到程序中。我们可以用input来指明目标解的大小n。在构建n个元素的置换或子集时, input的取值容易理解, 不过要注意, 在构建大小可变的对象(例如游戏中的走子序列)时, 目标解的大小也可能会与程序中的其他数据相关。

- construct_candidates(a, k, input, c, &nc)——给定数组a当中的前$k - 1$个位置的内容, 这个子程序用a中第k个位置所有可能的候选者去填满数组c。c可视为返回的数据, 其中的候选者数目以nc表示。我们又一次看到了input, 它在这里依然可以起到传递辅助信息的作用。

- process_solution(a, k, input)——某个完整解一旦构造完毕, 该子程序就会去打印、计数或者进行你想去做的任何处理。

- make_move(a, k, input)和unmake_move(a, k, input)——这两个子程序可让我们基于最近一次走子情况来改变数据结构, 也可以在我们决定撤回走子时清理这个数据结构。这样的数据结构可以按需求进行重建, 方法是在解向量a中全部擦除, 但是当每个走子都牵扯到那种可以很容易撤销的增量式变化时, 这种数据结构就不够高效了。

本章所有例子中的上述两个函数调用基本上都会以空函数形式出现, 不过它们会在9.4节的数独程序中真正发挥作用。

考虑到需要提前终止, 我们在程序中加入了一个全局性的finished标记, 它可设在上述任何一个依问题定制的子程序中。

---

[1] 译者注: 也翻译成"专用", 例如Application-Specific Integrated Circuits(ASIC)翻译成"专用集成电路"。但此处翻译成"依问题定制"强调需要根据实际问题来精心设计这些子程序。

9.2 回溯实例

要真正理解回溯如何运行, 你必须明白此类对象(例如置换和子集)是如何通过定义正确的状态空间构建而来的。下面的小节中会描述若干状态空间的例子。

9.2.1 构建全部子集

当我们设计用于表示组合对象的状态空间时, 一个关键点就是有多少个对象要去表示。一个n元集合有多少个子集? 不妨考虑整数集合$\{1,\cdots,n\}$。$n=1$情况下恰有2个子集, 即$\{\}$和$\{1\}$。[1] $n=2$情况下有4个子集, $n=3$情况下有8个(如图9.1[左]所示)。每个新元素能让子集的个数加倍, 所以n元集合会有2^n个子集。

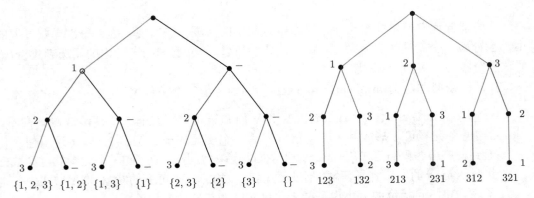

图 9.1 枚举$\{1,2,3\}$的所有子集[左]和所有置换[右]所形成的搜索树(树边意味着将元素插入到部分解)

每个子集由它所包含的元素来描述。要构建全部2^n个子集, 我们可以建立一个有n个单元的数组/向量, 其中a_i的值(true或false)用于表示第i项是否在给定子集中。在我们前文所给的通用回溯算法方案中, 可设S_k为$\{\mathtt{true},\mathtt{false}\}$, 只要$k=n$时那么$\boldsymbol{A}^{(k)}$就是解。只需简单实现is_a_solution(), construct_candidates()和process_solution(), 我们就可以马上构建出全部子集。

```
bool is_a_solution(int a[], int k, int n)
{
    return (k == n);
}

void construct_candidates(int a[], int k, int n, int c[], int *nc)
{
    c[0] = true;
    c[1] = false;
    *nc = 2;
}

void process_solution(int a[], int k)
{
```

---
[1] 译者注: 为使程序输出方便, 这里将空集$\varnothing$记作$\{\}$。

```
/* 译者注: 原文与通常集合表示形式不太一致, 已对打印格式微调, 下同。*/
int i;                       /* 计数器 */
printf("{");
for (i = 1; i <= k; i++)
    if (a[i])
        printf("%d, ", i);
printf("\b\b}\n");
}
```

现在你可以看到, 每个子集构建完之后将它打印出来的这个函数, 居然是上述三段程序中最复杂的一个!

最后, 我们得举例告诉你如何传入正确的变元来调用backtack。具体来说就是三点: 给出一个指针指向空的解向量; 设置k为0以表示解向量当前为空; 指明全集中元素的个数。程序如下:

```
void generate_subsets(int n)
{
    int a[NMAX];              /* 解向量 */

    backtrack(a, 0, n);
}
```

$\{1,2,3\}$的子集会以何种次序产生? 这取决于construct_candidates所获得的走子次序。由于我们的实现中true总是出现在false之前, 所以全真(取值均为true)的子集最先出现, 而全假(取值均为false)的子集即空集最后出现, 也即次序为: $\{1,2,3\}$, $\{1,2\}$, $\{1,3\}$, $\{1\}$, $\{2,3\}$, $\{2\}$, $\{3\}$, $\{\}$。

为保证你理解回溯的过程, 请对照图9.1[左]中的实例细读代码并全程追踪数据的变化。生成子集问题会在17.5节中更全面地讨论。

9.2.2 构建全部置换

对集合$\{1,\cdots,n\}$的置换个数进行计数, 可以说是生成所有这些置换的必要前提。对于置换$(a_1, a_2, \cdots, a_n)$的第一个元素值来说, 有n种不同的选项。一旦定下了a_1, 由于我们除了a_1之外其他任意值都可用(置换中不允许重复), 所以对第二个位置来说还剩$n-1$个候选者。重复这个论证方法可获得所有互不相同的置换, 共计$n! = \prod_{i=1}^{n} i$种。

这种计数论证方案提出了一个合适的表达方式。我们建立一个具有n个单元的数组/向量a作为解向量$\boldsymbol{A}$。部分解中前$i-1$个元素对应着置换中的前$i-1$个元素, 而第i个位置的候选者集合将会是没有出现在这$i-1$个元素中那些值。

在前述通用回溯算法方案中, 可设S_k为$\{1,\cdots,n\} - \bigcup_{i=1}^{k-1}\{a_i\}$,[1] 只要$k=n$时$\boldsymbol{A}^{(k)}$就是一个解。

```
void construct_candidates(int a[], int k, int n, int c[], int *nc)
{
    int i;                    /* 计数器 */
    bool in_perm[NMAX];       /* 谁在置换中? */
```

---

[1] 译者注: 原书表达不够严谨, 译文作了改动。

```
    for (i = 1; i < NMAX; i++)
        in_perm[i] = false;
    for (i = 1; i < k; i++)
        in_perm[ a[i] ] = true;
    *nc = 0;
    for (i = 1; i <= n; i++)
        if (!in_perm[i]) {
            c[*nc] = i;
            *nc = *nc + 1;
        }
}
```

要测试i是否为置换中第k格(即a_k)的候选者, 可以逐个去迭代A中前$k-1$个元素, 从而验证i是否和所有这些元素都不相匹配. 不过, 我们倾向于建立一个位向量数据结构(见15.5节)来维护存在于部分解中的元素数据, 而这则能给出一个常数时间的合法性测试.

要完成这项工作我们得详细写出process_solution和is_a_solution的实现, 还需要对backtrack设置正确的变元. 所有这些与处理子集问题的方式都基本相同:

```
void process_solution(int a[], int k)
{
    int i;                    /* 计数器 */
    for (i = 1; i <= k; i++)
        printf(" %d", a[i]);
    printf("\n");
}

bool is_a_solution(int a[], int k, int n)
{
    return (k == n);
}

void generate_permutations(int n)
{
    int a[NMAX];              /* 解向量 */

    backtrack(a, 0, n);
}
```

由于候选者次序的作用, 上述程序以**字典序**(lexicographic)生成置换, 或者说是有序形式, 即: 1 2 3, 1 3 2, 2 1 3, 2 3 1, 3 1 2, 3 2 1. 生成置换问题会在17.4节中更全面地讨论.

9.2.3　构建图的全部路径

在给定图中枚举所有从s到t的简单路径, 这比列出所有置换或子集的问题更加复杂. 没有一个关于边数或顶点数的函数来显式表达解的计数, 因为路径的数量取决于图的结构.

我们传递给backtrack函数来构建路径的输入数据是一个结构体, 其中包括待处理的图以及起点和终点:

```
typedef struct {
```

```
    int s;         /* 起点 */
    int t;         /* 终点 */
    graph g;       /* 在此图中构造路径 */
} paths_data;
```

任意 s 到 t 的路径起点总是 s。因此 s 是第一个位置的唯一候选者, 于是 $S_1 = \{s\}$。可作为第二个位置的候选者若是顶点 v, 得满足 (s, v) 是图的一条边, 因为在顶点到顶点之间蜿蜒而成的路径都是用边来定义合法走子步骤的。一般而言, S_{k+1} 由与 a_k 相邻且未被部分解 $A^{(k)}$ 中其他位置用过的那些顶点组成。

```
void construct_candidates(int a[], int k, paths_data *g, int c[], int *nc)
{
    int i;                /* 计数器 */
    bool in_sol[NMAX];    /* 已经在解中的是哪些顶点? */
    edgenode *p;          /* 暂用指针 */
    int last;             /* 当前路径中的最后一个顶点 */
    for (i = 1; i < NMAX; i++)
        in_sol[i] = false;
    for (i = 0; i < k; i++)
        in_sol[ a[i] ] = true;
    if (k == 1) {
        c[0] = g->s;      /* 总是从顶点s开始 */
        *nc = 1;
    }
    else {
        *nc = 0;
        last = a[k - 1];
        p = g->g.edges[last];
        while (p != NULL) {
            if (!in_sol[p->y]) {
                c[*nc] = p->y;
                *nc = *nc + 1;
            }
            p = p->next;
        }
    }
}
```

只要 $a_k = t$ 我们就报表输出一条路径, 也即它成功到达了终点。

```
bool is_a_solution(int a[], int k, paths_data *g)
{
    return (a[k] == g->t);
}
```

我们可通过在 process_solution 函数中对全局变量 solution_count 不断递增来对所找到的路径计数。此外, 每条路径所对应的顶点序列都存于解向量 a 之中并可随时打印:

```
void process_solution(int a[], int k, paths_data *g)
{
    int i;                /* 计数器 */
    solution_count++;     /* 对所有从s到t的路径计数 */
    printf("{");
    for (i = 1; i <= k; i++) {
```

```
        printf("%d, ", a[i]);
    }
    printf("\b\b}\n");
}
```

虽然大多数路径长度很可能都短于n, 但解向量A中必须能容下全部n个顶点。图9.2展示了一棵搜索树, 该树给出了示例图中从起点s出发的所有路径。

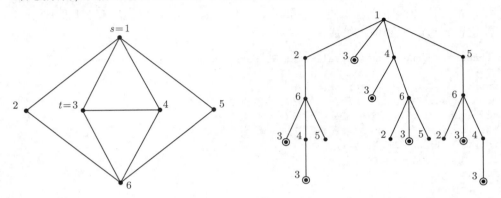

图 9.2 枚举给定图[左]中所有$s-t$路径所形成的搜索树[右]

9.3 搜索剪枝法

回溯通过枚举所有的可能性确保了正确性。枚举图中n个顶点的所有$n!$个置换再选出最佳者, 这样可产生一个寻找旅行商最优巡游的正确算法。对每个置换来说, 我们可以先看看巡游指示的所有路径边是否确实在图G中, 如果在的话再去将这些边的权加起来。

然而, 先构建所有置换再去分析很浪费时间。假设我们的搜索从顶点v_1开始, 但碰巧边(v_1, v_2)不在G中。随后去枚举始于(v_1, v_2)的$(n-2)!$个置换完全是白费功夫。更好的办法是剪去(v_1, v_2)之后的搜索过程, 并用(v_1, v_3)继续接下来的搜索。通过限制下一个元素的集合, 让其只反映当前部分排布下的那些合法走子, 我们可以显著地降低搜索复杂度。

剪枝(pruning)是一种切断后续搜索的技术, 它在我们所建立的部分解不能扩展为完整解的时候将会发挥作用。对旅行商来说, 我们要为其找出能遍历所有顶点且费用最低的巡游。假设在搜索过程中, 我们发现了巡游t, 它所花的费用为C_t。接下来, 我们可能会得到一个部分解$A^{(k)}$其边之和$C_{A^{(k)}} > C_t$。还有理由去继续探索该结点吗? 当然没有, 因为任何以$A^{(k)} = (a_1, \cdots, a_k)$为前缀的巡游都将比巡游$t$花费更多, 因此注定不会是最优的。将这种已经在成本上输掉的部分巡游尽快切除, 能对运行时间产生巨大影响。

利用对称性是降低组合搜索次数的另一种路径。有些部分解等价于先前已考虑过的部分解, 剪掉它们需要识别出搜索空间中的潜在对称性。例如, 在我们已经尝试了所有以v_1开始的所有部分位置后, 请考虑一下我们的TSP搜索状态。继续去搜索以v_2开始的部分解会有意义吗? 没有。任何始于v_2且止于v_2的巡游可以被看作是一个始于v_1并止于v_1的巡游做了循环移位, 原因是这两个巡游都是环状的。因此在n顶点上只有$(n-1)!$个互不相同的巡游, 而不是$n!$个。通过限制巡游第一个元素为v_1, 我们在不会错过任何有意义解的同时, 还节约了一个值为n的因子。此类对称性可能不太容易发现, 可是一旦找出来通常会很容易派上用场。

领悟要义: 当扩充了树的剪枝技巧后, 组合搜索便可用于寻找较小规模最优化问题的最优解。至于规模量有多小则取决于具体问题, 不过通常大小上限大概是$20 \leqslant n \leqslant 100$中的某个数字。

9.4 数独

数独热潮已经席卷了全球。现在很多报纸都会登载"数独游戏每日一题"的栏目, 而卖出的数独书以百万本计。英国航空公司发布了一项正式的备忘录, 禁止空乘人员在航班起飞和降落时玩数独。实际上, 在讲算法课时我已经很多次都注意到讲台下面的同学们在孜孜不倦地求解数独问题(读者朋友不妨先试试图9.3)。

							1	2
				3	5			
			6				7	
7						3		
			4			8		
1								
			1	2				
	8						4	
	5					6		

6	7	3	8	9	4	5	1	2
9	1	2	7	3	5	4	8	6
8	4	5	6	1	2	9	7	3
7	9	8	2	6	1	3	5	4
5	2	6	4	7	3	8	9	1
1	3	4	5	8	9	2	6	7
4	6	9	1	2	8	7	3	5
2	8	7	3	5	6	1	4	9
3	5	1	9	4	7	6	2	8

图 9.3 挑战数独谜题[*左*]和答案[*右*]

什么是数独? 最常见的一种数独形式是一个9×9的网格, 其中已填充若干从1到9的数字而其空白格则留待求解。类似于三连棋(tic-tac-toe), 数独网格分为9个区(sector),[1] 每个区是一个3×3子问题。当每行、每列和每区都包含数字1到9时, 并且还都得不重不漏, 这个谜题就算解完了。图9.3展示了一个数独谜题挑战和它的解。

回溯非常适合求解数独谜题, 而本节我们将用数独谜题为例来深入讲解组合搜索中的剪枝。我们的状态空间将会是由空格组成的序列, 每个空格最终都得填入一个数字。空格(i, j)的备选数恰为: 尚未出现在i行, 也没有出现在j列, 更没有出现在包含(i, j)的那个3×3区中1到9之间的整数。一旦排除了某格中的备选数, 我们马上就进行回溯。

由`backtrack`函数维护的解向量`a`在每个位置只能容纳一个整数。这足以储存数独纸板中每格的内容(从1到9), 但无法存储该格的坐标。因此, 我们又单独设置了一个走子位置的数组`move`, 并将其作为我们在下面提供的`boardtype`数据类型的一部分。支撑我们求解方案所需要的基础数据结构是:

```
#define DIMENSION 9                          /* 9 * 9数独纸板 */
```

[1] 译者注: 图9.3中的数独实例以粗线划分为9个区。不过在数独的标准术语中, 这种粗线3×3区域一般称为"宫"(block)。

```
#define NCELLS DIMENSION * DIMENSION        /* 9 * 9问题中的81个单元格 */
#define MAXCANDIDATES DIMENSION+1           /* 每格备选数的上界 */
bool finished = false;

typedef struct {
    int x, y;                              /* 单元格的x坐标和y坐标 */
} point;

typedef struct {
    int m[DIMENSION + 1][DIMENSION + 1];    /* 存储数独纸板内容的矩阵 */
    int freecount;                          /* 还剩几个空格? */
    point move[NCELLS + 1];                 /* 我们怎样去填充空格? */
} boardtype;
```

我们对解中下一位置构建备选数字可这样操作: 先选出一个我们下次想要去填的空格 (next_square), 随后要确定出哪些数字是待填入该空格的备选数(possible_value)。这些程序从根本上来说是类似于簿记的工作, 不过有关它们如何运行的精巧细节可能会对算法性能产生极大的影响。

```
void construct_candidates(int a[], int k, boardtype *board,
                          int c[], int *nc)
{
    int i;                                          /* 计数器 */
    bool possible[DIMENSION + 1];                   /* 什么数可以放入格中? */
    next_square(&(board->move[k]), board);          /* 接下来我们应该填入哪格? */
    *nc = 0;
    if ((board->move[k].x < 0) && (board->move[k].y < 0))
        return;                                     /* 出错则不能继续走子 */
    possible_values(board->move[k], board, possible);
    for (i = 1; i <= DIMENSION; i++)
        if (possible[i]) {
            c[*nc] = i;
            *nc = *nc + 1;
        }
}
```

我们必须更新上述程序中board的数据结构, 以反映将一个备选数填入格中的结果, 而若是要从该位置离开并回溯时还应移除这些数据变更。这些数据更新工作通过make_move和unmake_move来处理, 二者都直接从backtrack调用:

```
void make_move(int a[], int k, boardtype *board)
{
    fill_square(board->move[k], a[k], board);
}

void unmake_move(int a[], int k, boardtype *board)
{
    free_square(board->move[k], board);
}
```

这些更新board的子程序有一个重要任务——维护数据以标明数独纸板还剩多少空格。当不再剩余待填空格时, 我们就可以找到一个解:

```
bool is_a_solution(int a[], int k, boardtype *board)
{
    steps = steps + 1;        /* 记录步数 */
    return (board->freecount == 0);
}
```

以上代码中的steps是一个记录搜索复杂程度的全局变量(具体结果可见表9.1)。

表 9.1 不同剪枝策略下的数独运行时间(以steps所记录的步数计)

剪枝所用限定方式		谜题复杂度		
next_square	possible_values	简单	中级	困难
任意空格	局部清点	1 904 832	863 305	压根没法结束
任意空格	向前探查	127	142	12 507 212
约束最多	局部清点	48	84	1 243 838
约束最多	向前探查	48	65	10 374

找到解之后我们马上打印排布,并通过激发全局性标记finished(将其设为true)以关掉回溯搜索。你可以放心地这样去做而不必担心有什么后果,因为"官方"数独谜题只允许有一个解。而对于非官方的数独游戏,可能会有大量的解答方法。事实上,空数独(最初所有数字都不确定)的可行填法共有6 670 903 752 021 072 936 960种。我们可以保证,关掉搜索之后多余的解一个都看不见:

```
void process_solution(int a[], int k, boardtype *board)
{
    finished = true;
    printf("process solution\n");
    print_board(board);
}
```

我们下面将完成两个程序模块的细节: 找出接下来想去填的空格(next_square); 对于指定空格找出可填入其中的所有候选数(possible_values)。先看next_square, 选择下一空格有两种合理方案:

- 选择任意空格——选取我们最先遇到的空格, 有可能选第一个、最后一个或者是一个随机空格。要是看起来没有任何理由相信某种启发式方法比另一个效果更好时, 所有选法都一样。

- 选择约束最多的空格——这种方案中我们检查每个空格(i, j), 看看该空格还剩几个候选数, 即没有在i行和j列还有包含(i, j)的区之中用到的数字。我们选择那个候选数字数目最少的空格。

尽管两种方案都能够正确运行, 但第二种方案要好得多得多。通常都会有一些空格只剩一个候选数。对于这些方格, 没有别的填法只能填一个数字。我们不如赶紧填好此类空格, 特别是鉴于将这些数定下来之后会有助于减少其他空格所能填的候选数数目。当然我们在每次找候选空格时将会比第一种方案花更多的时间, 但是如果题目够简单的话, 我们压根也用不到回溯。

如果约束最多的空格有两个可选数字, 相比于完全无限制的空格的1/9概率而言, 我们第一次就有1/2的概率猜对结果。例如, 将我们每次空格可选数字数目的平均值从3降低到2会是一个极大的战果, 因为这种平均值对每个位置都会乘进去。又比如说, 如果我们有20个位置要去填, 只需枚举$2^{20} = 1\,048\,576$个解。对于20个位置, 每个位置的分支因子要是3的话, 将会导致运行时间变为3000多倍!

我们最后要决策的是关于 `possible_values` 的方案, 它对每个空格可返回容许的数字取值情况。下面列出两种可行方案:

- 局部清点——为数独纸板位置(i, j)创建候选数的子程序是 `possible_values`, 要是该程序完成了它该做的基本任务, 并且包容1到9里面那些未出现在给定行和列还有区(均由(i, j)确定)之中的所有剩余数字, 那么我们的回溯搜索便正确运行。

- 向前探查——不过, 如果在局部清点准则下我们现在所面临的部分解中有其他一些空格已经无候选数留存, 又该怎么办呢? 肯定没有办法将这种部分解扩展成完整解, 也即无法填满数独网格。因此, 由于纸板上的其他位置的情况, 对于此类(i, j)位置, 确实想不出来任何走子。

  只要选择此类空格进行扩展, 随后就会发现这种部分解已无法走子, 这样我们就必须回溯, 因此程序最终肯定会发现这种障碍。但是为什么要一直等到所有努力完全付诸东流的时候呢? 我们最好马上停止回溯而去进行其他走子方案。[1]

成功的剪枝需要向前探查策略, 这样可以发现何时一个解注定无子可走, 并尽可能早地进行回溯。

表9.1给出了对于上述所有不同的回溯版本(共4种排列方式)在3个具有不同复杂度的数独实例上所调用 `is_a_solution` 的次数, 可以看出:

- 简单数独纸板的定义是对于人类玩家来说易于解出。事实上, 当约束最多的空格被选为下一位置时, 我们的程序不用任何回溯步骤就能解决表中的简单问题。

- 中级数独纸板会难倒2006年3月所举行的世界数独锦标赛决赛中所有选手。适当的搜索变体仍然仅需少许回溯步骤即可迅速解决此问题。

- 困难问题是图9.3中给出的那块数独纸板, 它只含有17个确定的数字。它是只有一个完整解情况下而且我们目前能确实找到的初始已填数字位置最少的数独问题。[2]

当然, 什么样的问题被看作是"困难"实例取决于所给的启发式方法。有人觉得数学/理论要比编程要难, 有人则不这么想, 这个你肯定理解。所以, 启发式方法A也会认为算例I_1比I_2简单, 而启发式方法B给它们排名的次序结果却完全不同。

通过以上这些实验, 我们能了解什么? 答案是向前探查, 这样可以尽可能快地消除死棋(dead)位置, 因此这是对搜索进行剪枝的最好方法。没有这个操作我们永远完成不了最难数独谜题, 而且做简单和中级数独时所花时间会是向前探查所用时间的上千倍。[3]

---

[1] 向前探查这种剪枝限定方式可以自然而然地由"选择约束最多的空格"这一策略推出, 只要允许选择那些无子可走的空格即可。不过我的算法实现中将那些已经包含数字的单元格归于无子可走的情况, 因此就限制了下一空格只能选那些至少有一种走子方式的空格。

[2] 译者注: 不过, 2012年Gary McGuire等已通过计算机搜索并配合较为复杂的算法"证明"了: 不存在16个已知数的唯一可解数独, 参见http://www.math.ie/checker.html。

[3] 译者注: 作者指的是同为任意空格策略下, 局部清点和向前探查方案的时间之比。

和向前探查策略一样，聪明的空格选择(即约束最多策略)也有着相似的效果，尽管它在表面上看只是重排了一下我们做事的顺序。然而事情的本质却不是这样，先去处理约束较多位置相当于减少原有无约束的树中每个结点的出度，而我们所确定下来的每个新增位置都能增加约束，从而有助于在未来选择空格时降低结点的出度。

当我为下一走子任选一个空格时，程序需要大半个小时(48分44秒)来解出图9.3中的数独。当然了，我的程序在大多数算例中运行速度都比这个要快，但是数独问题是给铅笔作答的人类设计的，答题时间要比这个短得多。让下一走子到约束最多的空格中，那么搜索时间将大幅度减少，其缩减因子超过1200。[1] 于是现在这三个数独题目我们都可以在几秒内做完——你如果手工解题的话，这点时间只够你去取铅笔。

这就是剪枝搜索的力量。即便是简单的剪枝策略都足以将运行时间从"不可能完成"减少到一瞬间。

9.5 算法征战逸事：覆盖棋盘

每个研究者都梦想解决经典问题——它们一般是超过一个世纪一直作为公开问题且尚未解决的难题。与一代又一代人沟通，成为科学发展的一部分，从而助力人类在进步的阶梯又迈出新的一步，这一切是很浪漫的事情。解开在你之前无人能做的问题，也会给人一种值得骄傲的愉悦之感。

一个难题为什么会留作公开问题如此之久，这有很多的可能性。首先，也许因为它太难太深，以至于需要独一无二的超强智者才能解决；第二种原因是技术上的——解决该问题所需的想法或技术在问题出现之初也许尚不存在；最后还有一种可能性是没有人足够重视这个问题，能抽点时间认真地思考它。有一次，我帮着解决了一个保持了一百多年的公开问题。至于哪个原因是最好的解释，留待读者朋友们来判断。

弈棋是几千年来一直让人类着迷的一项游戏。此外，它还激起了许多形态与棋完全割离的组合问题。组合爆炸最初被大家意识到是因为一个传说故事——象棋的发明者对他的奖赏提出了要求：得在棋盘的第一格里放一粒米，而在第 $i+1$ 格里得放下比第 i 格中多一倍的米。当国王听说为了兑现奖赏就得支付的米粒数居然达到了

$$\sum_{i=1}^{64} 2^{i-1} = 2^{64} - 1 = 18\,446\,744\,073\,709\,551\,615$$

此时他震怒万分。这位聪明的国王在处死发明者的同时，他也首创了剪枝策略以作为应对组合爆炸的一种技术。

1849年Kling提出了一个问题：棋盘上8个主要棋子是否存在一种排布方式能够同时威胁到棋盘上的64格？8个主要棋子分别是：一王一后、双马、双车以及一白一黑两个象。注意棋子不能威胁到它本身所处的格。存在排布可以同时威胁到63格，如图9.4所示，这个结论已经为人们熟知很久了，但我们不知道它是否为该问题的最好结果，这一直是公开问题。

---

[1] 译者注：由表9.1可见，调用次数从12 507 212降低到10 374，缩减因子约为1212，从理论上估计，整个算法的运行时间会从48分44秒降到2.4秒左右。

通过穷举组合搜索获得该问题解的时机似乎已经成熟了，不过它是否真可以解出还得看搜索空间的大小。

图 9.4　能覆盖63格但没法覆盖64格的排布

考虑8个主要棋子(一王一后、双车、双象和双马)。将它们放置在棋盘上一共有多少种方法呢？平凡界是 $64!/(64-8)! = 178\,462\,987\,637\,760 \approx 2 \times 10^{14}$ 个位置。在一台还算差不多的计算机上，任何超过 10^9 这个数量级的位置数都无法在合理时间内搜索成功。

完成这项工作需要能有显著成效的剪枝。我们的第一个想法是去除对称性。由于横竖正交对称性还有对角线对称性，这样只给后留下了10个不同的位置，如图9.5所示。

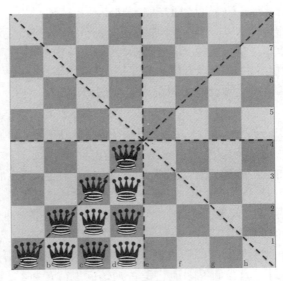

图 9.5　棋盘上对于后有意义的10个不同位置(已考虑对称性)

一旦后的位置确定了, 则剩下32×31种不同方案来放置象, 随后是$61 \times 60/2$种对车的摆法, 以及$59 \times 58/2$种对马的排布, 最后余下57种方法来定下王的位置。这种穷举搜索会检查$1\,770\,466\,147\,200 = 1.8 \times 10^{12}$个互异位置——这个数字要尝试起来还是太大了。

我们可以用回溯法去构建所有这些位置, 但得找到一个方案来对搜索空间进行大幅度剪枝。对搜索剪枝意味着我们需要一个快速的方法来证明: 已经无法从某个已部分填充的位置排布(部分解)扩展成完整解其威慑力可覆盖全部64格。假设我们已在棋盘上放置了7个棋子, 它们组合在一起可以覆盖棋盘上除了10个位置外的所有格。假设剩下来的棋子是王, 有没有一个位置能放置王从而让所有格都受到威胁? 答案必然是否定的, 因为根据象棋的规则王最多只能威胁到8格。没有任何理由再去测试任何王的可行位置。对此类排布进行剪枝, 我们会取得巨大战果。

这种剪枝策略需要对棋子威胁能力进行先评估计算再走子, 并且得仔细地安排计算次序以便更好地剪枝。每个棋子都有一个能够威胁到棋盘位置的最大数目(不妨称为活动能力): 后是27, 王/马是8, 车是14, 象是13。我们可能想要依照活动能力的降序形式来安插这些棋子: 后、车、车、象、象、王、马、马。当未受威胁的格数超过了尚未放置棋子的最大位置覆盖数时, 我们就可以剪枝。可以用活动能力降序形式走子来最小化未受威胁的总格数。

当使用上述剪枝策略实现回溯搜索时, 我们发现它排除了95%以上的搜索空间。而在优化走子序列生成方案之后, 我们的程序每秒可搜索一千多个位置。但是这样还是太慢了, 因为$10^{11}/10^3 = 10^8$秒意味着1000天! 尽管可以通过进一步改进程序代码从而让它能提速大概一个数量级, 但我们真正所需要的是找到一个方法剪去更多的结点。

有效的剪枝意味着每次删去不必要分支可以排除大量的位置。我们以前所尝试的策略剪枝能力太弱了。要是我们换一种思路, 现在不再是在棋盘上同时放置8个棋子, 而是放置多于8个棋子, 这又会怎么样呢? 显然, 我们同时放下的棋子越多, 它们就越有可能威胁到全部64格。但是, 如果它们没有覆盖, 上述这些棋子组成的集合的所有8元子集都不可能威胁到所有棋盘格。因此这里还有潜力可挖, 也就是可以通过剪枝单个结点从而排除大批无用位置。

所以在我们的最终版本中, 搜索树的结点对应着可以拥有任意数量棋子的棋盘, 而且假定一格中可能有不止一个棋子。对于一个给定的棋盘, 我们区分出了对棋盘格发起的强攻击和弱攻击。强攻击相当于象棋中通常的威胁概念。如果一个棋盘格受到棋盘上某个子集的强攻击, 那么该格受到了弱攻击——也就是说, 弱攻击会忽略子集中相关棋子所能产生的全部阻碍效果。[1] 全部64格可以用8个棋子来进行弱攻击, 如图9.6所示。

我们的算法由两趟处理组成。第一趟列出了那种每格都受到弱攻击的所有棋盘。第二趟考虑有阻碍的棋子从而对第一趟的棋盘列表进行过滤。弱攻击要计算起来比强攻击快得多(不用考虑阻碍), 而任何强攻击集合肯定是一个弱攻击集合的子集。只要是不可能受到弱攻击威胁的位置就可剪枝。

这个程序很高效, 因而一天之内可在一台很慢的IBM PC-RT(1988年)上完成搜索。在双象分别位于相反颜色格的情况下, 该程序没有找到任何一个能覆盖全部64格的7个棋子

---

[1] 译者注: 图9.6中左图中e5位置的车和e7位置的马可视为全部8个棋子的一个子集, e8位置的白格可认为受到该子集的强攻击, 因为马阻碍了车的攻击。

位置排布。然而我们的程序证实，用7个棋子有可能覆盖整个棋盘，如图9.7所示，但前提是包括一后和一马可以占据同一格。

图 9.6　对于64格的弱覆盖

图 9.7　当后与马叠于一格(以白后形式展示)时7个棋子足矣

领悟要义：灵巧的剪枝可以迅速完成那些难得出奇的组合搜索问题。相比于其他因素，恰当的剪枝会对搜索时间产生更大的影响。

9.6 最佳优先搜索

在处理那些希望不大的选择之前, 优先考虑当前的最佳方向可以加快搜索的速度, 而这种思想很重要。在前文所给的backtrack代码实现中, 搜索次序由construci_candidates函数生成元素的次序来决定。排在候选数组前面的数据项会比靠后的数据项先行一步, 因此优良的候选者排序会对求解问题的时间产生极为关键的影响。

本章中迄今为止的实例都集中在存在性搜索问题上, 也即我们要找一个满足所有给定约束的一个解(或者是全部解)。最优化问题则不同, 它需要寻找能让某个指定目标函数其值最低或最高的解。处理最优化问题的一个简单策略是先构建所有可行解, 再将能让最优化指标得分最高的那个解报表输出。但是, 这种做法代价极高, 而更好的思路则是依照从"最好"到"最坏"的次序生成解, 若是能证实某个解最优就马上报表输出。

最佳优先搜索(best-first search)也被称为**分枝定界**(branch and bound)法, 它会为我们所生成的每个部分解设定一个分值。我们使用一个优先级队列(在下文的代码中命名为q)基于分值来维护这些部分解的次序, 因此最有希望胜出的那个部分解可以很容易找出并随后会被扩展。正如在回溯中所做的那样, 我们通过查验is_a_solution来判定所处理的部分解是否为解, 如果确实为解就去调用process_solution。在最佳优先搜索中, 我们仍然会调用construct_candidates来找出所有能扩展这个部分解的方法, 但是会为它们每一个附带相关分值之后插入到优先级队列中。下面给出一个通用的最佳优先搜索代码实现, 它被用于求解旅行商问题(TSP):

```
void branch_and_bound(tsp_solution *s, tsp_instance *t)
{
    int c[MAXCANDIDATES];    /* 下一位置的候选者 */
    int nc;                  /* 下一位置的候选者数目 */
    int i;                   /* 计数器 */

    first_solution(&best_solution, t);
    best_cost = solution_cost(&best_solution, t);
    initialize_solution(s, t);
    extend_solution(s, t, 1);
    pq_init(&q);
    pq_insert(&q,s);

    while (top_pq(&q).cost < best_cost) {
        *s = extract_min(&q);
        if (is_a_solution(s, s->n, t)) {
            process_solution(s, s->n, t);
        }
        else {
            construct_candidates(s, (s->n) + 1, t, c, &nc);
            for (i = 0; i < nc; i++) {
                extend_solution(s, t, c[i]);
                pq_insert(&q, s);
                contract_solution(s, t);
            }
        }
    }
}
```

extend_solution和contract_solution这两个函数负责处理与每个新候选者所对应的部分解其创建和设定分值过程的簿记工作。

```c
void extend_solution(tsp_solution *s, tsp_instance *t, int v)
{
    s->n++;
    s->p[s->n] = v;
    s->cost = partial_solution_lb(s, t);
}

void contract_solution(tsp_solution *s, tsp_instance *t)
{
    s->n--;
    s->cost = partial_solution_lb(s, t);
}
```

部分解的分值应该设为多少呢? 在 n 个点上会有 $(n-1)!$ 个环状置换, 因此我们可将每个巡游表示为一个从某个指定顶点(不妨设为 v_1)开始的 n 元素置换, 这样就避免了重复问题。部分解可构造一个从顶点 v_1 开始的巡游前缀, 因此很自然的一个评分函数应该是此前缀上所对应的边其分值之和。这种评分函数具有一个很有趣的特性, 也就是它可作为当前部分解后续任意扩展所对应巡游其分值的下界, 不过前提是图中所有边权为正。

不过, 从最佳优先搜索中所得出的第一个完整解必然会是最佳解吗? 并不一定。当我们将它从优先级队列中取出时, 此刻肯定没有分值更低的部分解。但是对所取出的部分解进行扩展后其分值会增加, 也即我们在该巡游中所添加的下一条边。一个之前分值更高的部分解再配上一条边权较低的下一条边也可以扩展成新的巡游, 进而得出分值更低(也即更优)的完整解, 这是完全有可能的。

因此, 若要获得全局最优解, 我们必须继续考察取自优先级队列的部分解, 直到当前最小元比我们目前已知的最好结果其分值更高。请注意能实施这种策略得要求部分解的评分函数是最优解分值的下界, 否则优先级队列中后续可能会藏着某些元素也许能扩展到更好的解, 而这也会使我们别无选择, 只能将优先级队列中的所有元素全部扩展以确保我们能找到正确答案。

9.7 A*启发式方法

即便我们的部分解评分函数确实可反映最优巡游的下界, 虽然可让我们一旦获得比未考察的部分解其最小分值更低的完整解时便能立刻叫停, 但这样的最佳优先搜索仍要花费一些时间。考虑我们在旅行商最优巡游的搜索中将会遇到的部分解特性: 解的分值会随部分解中的边数增加而提升, 这样会导致具有少量顶点的部分解比更接近完整解(通常意味着更长的路径)看似更有希望(实际上未必)。即便是只拥有 $n/2$ 个顶点情况下最差的部分解(这种路径是完整解的前缀)也很有可能比全部 n 个顶点上的最优解分值更低, 而这意味着我们可能需要对所有的部分解进行扩展, 直到所形成的前缀其分值大于最佳完整巡游的分值为止。显然, 这种逐步推进的求解思路将会非常费时。

A*启发式方法(在英文中读作"A-star")是对以上所提到分枝定界搜索问题的细化修正, 在每一次迭代中我们转而将目前所发现的最佳(分值最低)的部分解予以"提前扩展"。该方法的思路是对部分解所可能对应的扩展的开销设定一个下界, 该下界值会大于仅由当前部分巡游所给出的分值, 这样一来那些更有希望胜出的部分解会比有拥有很少顶点的部分解更容易入围。

基于一个目前拥有 k 个顶点的部分解(对应 $k-1$ 条边), 我们到底应该如何为完整巡游(包含 n 条边)的分值设定下界呢? 由于这个部分解最终还会再获得 $n-k+1$(对应代码中的 t->n - s->n + 1)条边, 那么以下代码中的 minlb 如果可针对所有边权给出一个下界(实为最近的两个顶点之间的距离), 对当前部分解的分值增加 (t->n - s->n + 1) * minlb 便可为该部分解给出一个更切合实际的分值下界。具体代码如下:

```
double partial_solution_cost(tsp_solution *s, tsp_instance *t)
{
    int i;                   /* 计数器 */
    double cost = 0.0;       /* 解的分值 */

    for (i = 1; i < (s->n); i++) {
        cost = cost + distance(s, i, i + 1, t);
    }

    return cost;
}

double partial_solution_lb(tsp_solution *s, tsp_instance *t)
{
    return (partial_solution_cost(s, t) + (t->n - s->n + 1) * minlb);
}
```

表 9.2 展示了基于若干搜索变种下寻找最优 TSP 巡游对完整解的评测次数。完全没有剪枝的蛮力回溯执行这类调用的次数是 $(n-1)!$, 不过我们要是基于部分解的分值进行剪枝之后, 搜索效果会更好, 而我们若是使用完整解的分值下界进行剪枝则能进一步提升效率。然而, 同时使用分枝定界和 A* 启发式方法还能锦上添花。

请注意, 只列出所评测的完整解其总数远远不能反映搜索所做的总工作量, 因为我们还要处理那些没来得及形成巡游就被剪枝的部分解, 不妨想想那种还差一步却被否决的部分解。不过表 9.2 的确反映了一个基本事实: 即使采用相同的剪枝标准, 最佳优先搜索所必须要查看的那部分搜索树也比回溯要处理的子树要小得多。

表 9.2 不同搜索方案下对 TSP 完整解的评测次数(A* 启发式方法与分枝定界齐用效果最佳, 远胜回溯法)

n	回溯			分枝定界	
	状态空间规模	以部分解的分值剪枝	以扩展分值剪枝	以部分解的分值剪枝	以扩展分值剪枝
5	24	22	17	11	7
6	120	86	62	28	20
7	720	217	153	51	42
8	5040	669	443	111	85
9	40 320	2509	1619	354	264
10	362 880	5042	3025	655	475
11	3 628 800	12 695	6391	848	705

　　　　最佳优先搜索更像是一种广度优先搜索, 而在DFS上执行BFS的缺点是所需空间较大。一个回溯搜索/DFS树所用存储基本上正比于树的高度, 但一个最佳优先搜索/BFS树得维护所有的部分解, 而其空间用量会更多地由树的宽度来决定。

　　　　最佳优先搜索中优先级队列所能达到的最大规模, 其实是一个非常棘手的问题。在上述TSP实验中, 当$n = 11$时优先级队列的大小达到了202 063, 而回溯中的调用栈其深度却仅仅只是11。在这种场景下, 空间比时间能更快将你击垮。要从一个缓慢的程序中获得答案, 你只需要有足够的耐心; 而面对因内存不足而崩溃的程序, 则无论等多久都等不到答案。

> **领悟要义**: 一个给定部分解对你的"许诺"不能仅列出它当前的分值/开销, 还得包括其完整解剩余部分的潜在开销。一个紧致的完整解分值估计虽然仍是一个下界, 但它会使最佳优先搜索的效率大幅度提升。

　　　　实践证明, A*启发式方法在各种不同的问题中都很有用, 其中最著名的实例则是在图中寻找从s到t的最短路径。回想一下Dijkstra最短路径算法从s开始执行, 每次迭代都要加入一个新的顶点并成功获取到该顶点的最短路径。当此图用于描述地面上的路网时, 这种已知的区域会像环绕s不断增长的碟片那样来扩展。

　　　　但这种扩展意味着大约有一半的增长位于远离t的方向, 而这种移动会离目标更远。我们以驾车为例, 通过以树内顶点v直达t的距离加上从s到v的树内距离作为从s驾驶到t所需距离的下界, 从而有利于最佳优先搜索让路径朝正确方向扩展。在线地图服务之所以能够如此迅速地为你提供回家的路线, 正是由于这种最短路径计算启发式方法的存在。[1]

章节注释

　　　　本章对回溯的处理有一部分是基于我所写的*Programming Challenges*这本书[SR03]。特别是这里给出的**backtrack**子程序是[SR03]中第8章中同名程序的通用版本。可以在那本书里查看我对著名的八皇后问题的求解方案, 而该问题需要在一个8×8棋盘上找出所有由8个相互无法攻击的后所组成的排布。

　　　　关于我们用组合搜索来最优化棋盘覆盖位置的方案, 其更多细节可参阅Robison等的论文[RHS89]。

9.8　习题

置换

9-1. *[3]* **更列**(derangement)是集合$\{1, \cdots, n\}$的一个置换p, 它满足所有置换项都不在自己的正确位置上, 也即对于所有的$1 \leqslant i \leqslant n$都满足$p_i \neq i$。用剪枝方案写出一个高效的回溯程序以构建$n$个数据项的所有更列。

---

[1] 译者注: 可参阅Russell与Norvig所著*Artificial Intelligence: A Modern Approach*第3版的3.5.2节(第4版讲解略有不同)。

9-2. *[4]* **多重集合**(multiset)允许拥有重复的元素。因此一个n项元素所构成的多重集合可能只有少于$n!$个互不相同的置换。例如$\{1,1,2,2\}$只有六种不同的置换: $(1,1,2,2)$, $(1,2,1,2)$, $(1,2,2,1)$, $(2,1,2,1)$, $(2,2,1,1)$。设计并实现一种高效算法以构建多重集合的所有置换。

9-3. *[5]* 给定正整数n, 找出由多重集合$S=\{1,1,2,2,3,3,\cdots,n,n\}$中元素(共$2n$个)构成的全部置换, 并使得1到$n$中任意整数$x$两次出现之间所包含的元素总个数, 刚好等于该元素的值(也即x)。例如当$n=3$时, 两个可行解是$(3,1,2,1,3,2)$和$(2,3,1,2,1,3)$。

9-4. *[5]* 设计并实现一种算法以测试两个图是否互相同构(图同构问题将会在19.9节中讨论)。利用适当的剪枝, 拥有数百个顶点的图可以放心去测试。[1]

9-5. *[5]* 集合$\{1,2,3,\cdots,n\}$共包含n种不同的置换。请按字典序递增形式标记所有置换并将它们逐个列出, 例如当$n=3$时置换序列可构造如下:

$$\{123,132,213,231,312,321\}$$

当输入为n和k时, 请给出一种高效算法返回所对应置换序列(共有$n!$个)之中的第k个置换。为效率计, 我们不必构造该序列的前$k-1$个置换。

回溯

9-6. *[5]* 对于给定的n, 请生成能够存储$1,2,\cdots,n$且具有不同结构的所有二叉查找树。

9-7. *[5]* 实现一种算法, 打印由n对括号组成的所有合规(意思是圆括号和方括号都分别能正确配对)序列。

9-8. *[5]* 给定一个有向无环图(DAG), 请生成该图的所有拓扑排序。

9-9. *[5]* 输入为一个特定的总数t和一个由n个整数组成的多重集合S, 请从S中找出所有满足其元素和为t的不同子集。例如当$t=4$且$S=\{4,3,2,2,1,1\}$时, 存在四个不同的子集满足元素和等于t, 我们按求和形式写出: $4=3+1=2+2=2+1+1$。一个数字可以在求和中多次使用, 但不得超过该数字在S中所出现的次数(或称为重数), 此外单个数字也可算作和值。

9-10. *[8]* 设计并实现一种算法求解子图的同构问题。给定图G和H, 是否存在一个H的子集H'使得G和H同构呢? 若是你的程序在子图同构问题的特例(例如哈密顿环、团和独立集)上执行, 其表现分别会如何呢?

9-11. *[5]* 现有$n=2k$名球员, 我们需要为其指派球队, 也就是将他们分为两队且每队恰有k人。例如球员的名字若是$\{A,B,C,D\}$, 那么我们有三种不同的方案将其分为两支人数相等的球队: $\{\{A,B\},\{C,D\}\}$, $\{\{A,C\},\{B,D\}\}$, $\{\{A,D\},\{B,C\}\}$。

(a) 对$n=6$名球员列出10种可行的指派球队方案。

(b) 给出一种高效回溯算法构建所有可行的指派球队方案。请务必避免重复解。

9-12. *[5]* 给定一个字母表Σ和一个由禁止出现的字符串所组成的集合S以及目标长度n, 设计一种算法在Σ上构建出一个长为n的字符串t, 使得S中没有任何元素会作为子串出现在t中。假设$\Sigma=\{0,1\}$: 若是$S=\{01,10\}$且$n=4$, 易知0000和1111是两个可行解; 而若是$S=\{0,11\}$且$n=4$, 则不存在满足要求的字符串。

---

[1] 译者注: 意思是不必担心程序无法停止, 下文也有类似的句子。

9-13. *[5]* k次平分(k-partition)问题需要将一个由正整数构成的多重集合划分为k个不相交的子集(依然允许出现重复元素), 使得所有的子集其元素和均相等。设计并实现一种算法求解k次平分问题。

9-14. *[5]* 环的平均权值时其边权之和除以环中顶点数。给定一个拥有n个顶点和m条边的加权有向图G, 找出G中平均权值最小的环。

9-15. *[8]* 在收费公路重建问题中, 假设我们给你$n(n-1)/2$个距离值(存于多重集合D中)。本问题是在公路沿线合理安排n个点的位置, 使得所有的点对之间其距离值刚好构成D。例如关于距离值的多重集合$D = \{1, 2, 3, 4, 5, 6\}$可这样形成: 1号点是起点, 将2号点安置在距离1号点1个单位距离之处, 再向前将3号点安置在距离2号点3个单位距离之处, 然后继续向前将4号点安置在距离3号点2个单位距离之处。设计并实现一种高效算法对收费公路重建问题中的所有解进行报表输出。你应该去发掘一切能最小化搜索范围的附加约束条件。利用适当的剪枝, 拥有数百个点的问题可以放心去求解。

游戏与谜题

9-16. *[5]* 换位构造(anagram)是打乱单词或短语中的字母顺序从而使其变成另外一个单词或短语。有时候, 这种构造结果会让人很震惊。例如"MANY VOTED BUSH RETIRED"是"TUESDAY NOVEMBER THIRD"的换位构造, 它准确地预言了1992年美国总统选举的结果。设计并实现一种算法, 利用组合搜索和一部英语字典来寻找换位构造。

9-17. *[5]* 在一个$n \times n$的棋盘上构建一种马的走子序列, 使得它仅访问每格一次便能走遍整个棋盘。

9-18. *[5]* Boogle棋盘是一种由$n \times m$个字符组成的网格。对于给定棋盘, 我们想找出所有可由棋盘中相邻字符序列所构造的单词且不能出现重复。例如棋盘为:

e	t	h	t
n	d	t	i
a	i	h	n
r	h	u	b

该棋盘上可构造出tide、dent、raid和hide等单词。设计一种算法在给定棋盘B上造出最多的单词, 要求单词必须在指定字典D之中。

9-19. *[5]* Babbage方阵[1]是由单词组成的方形网格, 按第x行横向读出的单词与按第x列纵向读出的单词完全相同。给定一个k字母单词w和一部含有n个单词的字典, 找出所有以单词w打头的Babbage方阵。例如针对单词hair我们能找出两个可行的Babbage方阵:

h	a	i	r
a	i	d	e
i	d	l	e
r	e	e	f

h	a	i	r
a	l	t	o
i	t	e	m
r	o	m	b

---

[1] 译者注: 这个填字谜题(word puzzle)来自https://challenges.wolframcloud.com/challenge/babbage-squares, 根据题目所介绍, Charles Babbage在19世纪将此游戏推广开来。此外, 有兴趣的读者可阅读关于Babbage的传奇故事。

9-20. *[5]* 证明你可通过图的顶点最少着色问题来解决任意数独谜题。[提示]: 这个特定的图具有 $9 \times 9 + 9$ 个顶点, 需要你根据数独的特点合理构建。

组合最优化

对于下列每个问题: 实现一个组合搜索程序给出较小算例的最优解, 你的程序在实际中运行会表现如何呢?

9-21. *[5]* 设计并实现一种算法求解16.2节中所讨论的带宽最小化问题。

9-22. *[5]* 设计并实现一种算法求解17.10节中所讨论的最大可满足性问题。

9-23. *[5]* 设计并实现一种算法求解19.1节中所讨论的最大团问题。

9-24. *[5]* 设计并实现一种算法求解19.7节中所讨论的顶点的最少着色问题。

9-25. *[5]* 设计并实现一种算法求解19.8节中所讨论的边的最少着色问题。

9-26. *[5]* 设计并实现一种算法求解19.11节中所讨论的反馈顶点集问题。

9-27. *[5]* 设计并实现一种算法求解21.1节中所讨论的集合覆盖问题。

面试题

9-28. *[4]* 写出一个函数在特定的字符串中找出其中所有字母的排列/置换。

9-29. *[4]* 实现一种高效算法列出 n 项元素的所有 k 元子集。

9-30. *[5]* 换位构造是打乱给定字符串中的字母顺序从而使其变成一个由字典中所能查到的单词组成的序列, 如 *Steven Skiena* 可变为 *Vainest Knees*。提出一种算法为给定字符串构建出所有的换位构造。

9-31. *[5]* 电话键盘在每个数字键上都有对应的若干字母。写出一个程序对给定的数字序列(例如145345)生成所有该序列能够表达出来的单词。

9-32. *[7]* 你开始时面对一间空房还有一群等候其外的人(共 n 个)。你每步决策可以: 要么准许门外的某个人进入房间, 要么让房内的某个人离开房间。你能否安排出一个长为 2^n 的决策序列, 使得房间内的人所对应的组合恰好都出现一次呢?

9-33. *[4]* 设随机数生成器 **rng04** 能以等概率生成 $\{0, 1, 2, 3, 4\}$ 上的随机数, 请用 **rng04** 写一个随机数生成器 **rng07**, 它能以等概率生成0到7之间的随机数。**rng07** 函数对 **rng04** 函数的期望调用次数是多少?

力扣

9-1. https://leetcode.com/problems/subsets/

9-2. https://leetcode.com/problems/remove-invalid-parentheses/

9-3. https://leetcode.com/problems/word-search/

黑客排行榜

9-1. https://www.hackerrank.com/challenges/sudoku/

9-2. https://www.hackerrank.com/challenges/crossword-puzzle/

编程挑战赛

下列编程挑战赛问题可在https://onlinejudge.org/上找到, 网站会自动判分。

9-1. "Little Bishops" —— 第8章, 问题861。

9-2. "15-Puzzle Problem" —— 第8章, 问题10181。

9-3. "Tug of War" —— 第8章, 问题10032。

9-4. "Color Hash" —— 第8章, 问题704。

第10章

动态规划

最有挑战的算法问题都会牵扯到最优化, 这类问题中我们得找一个解能够最大化或最小化某个函数。旅行商问题是一个经典的最优化问题, 该问题中我们需要寻找一个巡游以最小的总费用遍历图中所有顶点。但是正如第1章中所讨论的那样, 很容易提出许多求解旅行商问题的"算法", 它们会生成一些看起来似乎很合理的解, 但是无法在任何情况下构造出费用最少的巡游。

用于最优化问题的算法需要证明这种算法永远能返回最好的解。贪心算法在每一步都会做出局部最优决策, 这样通常很高效但也经常不能保证全局最优性。穷举搜索算法会尝试所有可能性并选择出最好的解, 这样必然能产生最优解, 但通常会导致时间复杂度上的代价极其高昂。

动态规划结合了以上两种派系算法思想中最优秀的特质。[1] 动态规划给了我们一种定制式设计算法的方案,[2] 它能让我们一边去存储结果(避免了重复计算, 从而带来了高效性), 一边系统性地按一定次序去搜索所有可能性(从而确保了正确性)。通过对所有可能有用的决策存储它们会带来的结果, 再以一种系统性的方式使用这类信息, 最终让总计算量得到了最小化。

一旦你理解了动态规划这种方式就会发现很好用, 它也许应该是最简单易用的算法设计技术了。事实上, 我发现完全依靠自己思考来设计动态规划算法更为简单, 而在书里去查现成的算法还得找半天。也就是说, 你要是还没有真正理解动态规划, 那它看起来就如同魔法一般。你得弄明白其中的窍门才能去用它。

动态规划是一种通过存储部分结果从而高效实现递归算法的技术。窍门在于看出朴素的递归算法是否一次又一次地在计算相同的子问题。若是如此则将每个子问题的解存于表中, 再遇到时只需查表而不用去重新计算, 于是便能获得高效的算法。你得从递归算法或递归定义开始来设计。只有当我们发现一个正确的递归算法之后, 才会去操心如何使用结果矩阵来加速算法。[3]

对于那些其组件之间有着内蕴的从左到右次序的组合式对象, 动态规划通常都是求解此类对象之上最优化问题的正确方案。从左到右式的对象包括: 字符串、有根树、多边形、整数序列等。你得认真地去研究实例, 经过不断反复最后恍然大悟, 这是弄明白动态规划的最好办法。本章会给出若干算法征战逸事, 在这些故事当中动态规划都扮演了决定性的角色, 这充分证明了动态规划在实际中非常有用。

---

[1] 译者注: 原文是"Dynamic programming combines the best of both worlds", 这里所提到的 *The Best of Both Worlds* 是《星际迷航》中的故事。

[2] 译者注: 只要定制好动态规划中的递推式便可大体上完成算法设计工作。

[3] 译者注: 求解子问题获得的结果通常以矩阵形式存储, 因此这里使用了"结果矩阵"这个词。作者这里的意思是要优先设计递归算法, 至于子问题的解存储问题在前期不必过多考虑。

10.1　缓存与计算

　　动态规划本质上说是一种拿空间去换时间的策略。对于一个给定的量值,重复计算一般没什么坏处,但是次数多了的话在这上面所花的时间就会成为性能上的拖累。要是这样的话,我们就应该存储最初所计算的结果并在随后查找它直接使用,这样比再次重算这个量好多了。

　　动态规划充分利用了空间与时间之间的互换,计算Fibonacci数之类的递推关系则是阐明这种互换的最好实例。下面我们看看三种计算Fibonacci数的不同程序。

10.1.1　以递归计算Fibonacci数

　　Fibonacci数最初是由13世纪的意大利数学家Fibonacci对兔群数量增长建模时所定义的。兔子的繁殖,就像兔子飞速奔跑那样增长。Fibonacci猜测某个月份出生的兔子对数应该等于前两个月中所出生的兔子总对数,而且溯源到最开始的那个月是一对兔子。为了算出第n个月出生的兔子数,他定义了如下递推关系:

$$F_n = F_{n-1} + F_{n-2}$$

并给出基础情形为$F_0 = 0$且$F_1 = 1$。因此, $F_2 = 1$, $F_3 = 2$,而这个序列会继续下去: 3, 5, 8, 13, 21, 34, 55, 89, 144······ 事实证明, Fibonacci的上述公式在兔子对数的计数上表现不佳,不过它却具备许多有意思的性质。

　　因为Fibonacci数由一个递归公式定义,所以对于F_n可以很容易写出一个递归程序去计算。用C语言写的一个递归函数算法实现看起来应该是这样的:[1]

```
long fib_r(int n)
{
    if (n == 0)
        return 0;

    if (n == 1)
        return 1;

    return fib_r(n - 1) + fib_r(n - 2);
}
```

　　上述递归算法的执行过程可用其**递归树**(recursion tree)来描述,如图10.1所示。这棵树以深度优先的方式来计算,而所有递归算法的执行方式都是如此。我强烈建议你手工追踪一下本例的运行过程,以让自己复习一下递归知识。

　　注意, F_4在递归树的两边都得计算,而在这个小小例子中F_2居然计算了不下5次。[2] 当你运行程序时这种冗余计算的总权重马上凸显出来。在我的笔记本上这段代码计算F_{50}居然要花4分40秒。要是换一种更好的方法,你用计算器去算都能比上述程序算得更快。

　　这种算法计算F_n需要多少时间呢? 由于$F_{n+1}/F_n \approx \phi = (1 + \sqrt{5})/2 \approx 1.618\ 03$, 也就是说当$n$较大时$F_n > 1.6^n$。由于我们的递归树只有0和1这两个数能作为叶子结点,要将这

---

[1] 译者注: 严格地说,该函数还需要考虑负数输入的情况。

[2] 译者注: 实际上F_2在该例中恰好计算了5次,作者这样说是为了强调对F_2的重复计算太多了。

些叶子的值加起来得到F_n这样一个如此巨大的数, 这意味着我们至少得有1.6^n个叶子结点或1.6^n次函数调用。运行这样一个简单的小程序, 却要花指数时间!

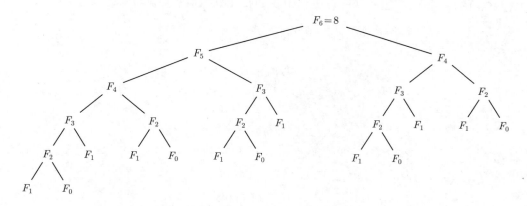

图 10.1 递归计算Fibonacci数所形成的递归树

10.1.2 以缓存计算Fibonacci数

事实上我们能够做得更好。我们可以显式地将每个Fibonacci数的计算结果F_k存储于查找表中(也可理解为*缓存*), 而这个查找表数据结构以变元k作为索引, 此种技术一般称为**备忘录方法**(memoization)。请记住, 避免重复计算的关键在于: 当你要去计算某个值之前先去检查清楚该值是否已算过。

```
#define MAXN 92         /* 我们所能考虑到的最大n值 */
#define UNKNOWN -1       /* 此值表示空单元 */
long f[MAXN + 1];        /* 用于缓存已算出的Fibonacci数的数组 */

long fib_c(int n)
{
    if (f[n] == UNKNOWN)
        f[n] = fib_c(n - 1) + fib_c(n - 2);
    return f[n];
}

/* 译者注: 这个计算方式像一个驾驶员(driver), 在通过路口前会先看清楚。*/
long fib_c_driver(int n)
{
    int i;      /* 计数器 */
    f[0] = 0;
    f[1] = 1;
    for (i = 2; i <= n; i++)
        f[i] = UNKNOWN;
    return fib_c(n);
}
```

我们调用`fib_c_driver(n)`来计算F_n。它会初始化我们的缓存, 我们初始已知的两个值(F_0和F_1)会直接存于缓存, 而那些我们还不知道的值则全部标为UNKNOWN。接下来, 它会去调用直接递归算法的改进——"通过路口前先看清楚"版本。

这种利用了缓存的版本会迅速达到long型整数所能存放的最大值。[1] 至于为何能提速,新递归树(图10.2)可解释其原因: 这棵树不存在真正意义上的分支, 因为只有左边的调用需要进行真正的计算, 而右边的调用在缓存中找到要计算的值之后就立即返回了。

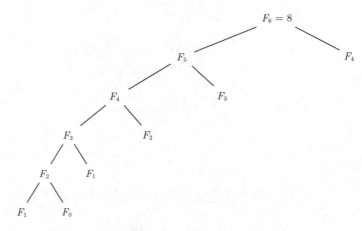

图 10.2 基于缓存计算Fibonacci数所形成的递归树

这种算法的运行时间是多少? 递归树所提供的更像是一个线索, 而不是像传统方案那样直接给出代码去计算。事实上, 它可在线性时间(也就是$O(n)$时间)内计算F_n, 因为对于每个$(0, n-1)$内的k值都恰好调用递归函数fib_c(k)两次。

显式地存储由递归调用所得到的结果(也即填表[2])以避免重复计算, 这是一种可以一般化的方案, 它虽然还不能算是彻底的动态规划, 但已拥有动态规划的绝大多数优点, 而且非常容易理解与实现, 因此很值得你去深入仔细地研究。原则上说, 任何递归算法都可以采用这种缓存策略。不过, 存储部分解对诸如快速排序、回溯以及深度优先搜索之类的递归算法一点好处都没有, 因为这些算法中形成的所有递归调用基本上都有不同的变元值。不值得去存储那些你永远不会再用的东西。

只有当不同的变元值所形成的变元空间其存储开销我们能够承受时, 缓存策略才有意义。由于递归函数fib_c(k)的变元是一个0到n之间的整数, 需要缓存的值只有$O(n)$个。以一个线性量级的空间去换一个指数时间量级绝对非常划算。不过下面我们会看到, 通过完全消除递归的方式我们还可能算得更快。

领悟要义: 显式地缓存由递归调用所得的结果足以获得动态规划方案的绝大多数优点, 通常会包括其时间性能, 也就是说与完全实施动态规划方案下的运行时间基本一致。尽管动态规划方案更为优雅, 但同时其思路也更难以捕捉, 如果你不想费劲思考而是倾向于对程序多做代码调优的话, 大可就此止步。

---

[1] 译者注: 也即算出F_{92}, 其后的Fibonacci数long型整数存储不下了, 这也是前述程序中为何MAXN使用92的原因。当然, 这些数值都是由作者的机器和编译器等条件所决定的, 在其他环境下可能会有差异。

[2] 译者注: 更口语化且更为大家熟知的说法是"打表"。

10.1.3 以动态规划计算Fibonacci数

通过直接指定递推式的求值次序, 我们可以更容易地在线性时间内计算出F_n:

```c
long fib_dp(int n)
{
    int i;                  /* 计数器 */
    long f[MAXN + 1];       /* 该数组用于缓存已算出的Fibonacci数 */
    f[0] = 0;
    f[1] = 1;
    for (i = 2; i <= n; i++)
        f[i] = f[i - 1] + f[i - 2];
    return f[n];
}
```

你可以看到以上代码消除了所有的递归调用! 我们从最小到最大逐个计算Fibonacci数同时存储所有的计算结果, 由此可知, 不论我们需要计算哪个F_i时, F_{i-1}和F_{i-2}的结果已经为我们准备好了。这种算法的线性时间性能应该是显而易见的: 一共计算n个值, 每个值都由两个整数的简单相加而算出, 因此总的时间和空间都是$O(n)$。

若是更仔细地去研究, 可以发现我们其实不需要存储整个执行过程涉及的所有中间值。由于递推式只取决于两个变元, 因此只需保存我们所算出的前两个值:

```c
long fib_ultimate(int n)
{
    int i;                      /* 计数器 */
    long back2 = 0, back1 = 1;  /* f[n]的前两个值 */
    long next;                  /* 用于暂时存储求和值的变量 */
    if (n == 0)
        return 0;
    for (i = 2; i < n; i++) {
        next = back1 + back2;
        back2 = back1;
        back1 = next;
    }
    return back1 + back2;
}
```

通过对递推的分析, 所需存储降为常数空间, 不过运行时间上没有渐近意义上的降阶。

10.1.4 二项式系数

现在再举一个实例, 我们来看看如何计算**二项式系数**(binomial coefficients), 它也可以通过确定求值次序从而消除递归。二项式系数在计数时是最重要的一类数, 在计数意义下$\binom{n}{k}$是从n种可能性中选出k项的可选方案数。

你会怎样计算二项式系数? 首先, $\binom{n}{k} = n!/((n-k)!k!)$, 因此在原则上你可以直接由阶乘来计算。然而这种方法有一个很严重的缺陷: 中间值的计算很容易导致算术溢出, 即便最终算出的二项式系数能由一个整数变量正确表达时也会如此。

一个能够更稳定地计算二项式系数的方法是利用Pascal三角[1]构造计算过程中所隐含的递归关系:

$$
\begin{array}{ccccccccccc}
 & & & & & 1 & & & & & \\
 & & & & 1 & & 1 & & & & \\
 & & & 1 & & 2 & & 1 & & & \\
 & & 1 & & 3 & & 3 & & 1 & & \\
 & 1 & & 4 & & 6 & & 4 & & 1 & \\
1 & & 5 & & 10 & & 10 & & 5 & & 1 \\
\end{array}
$$

每个数字都是紧挨着它的上方两个数字之和。隐含其中的递推关系是:

$$
\binom{n}{k} = \binom{n-1}{k-1} + \binom{n-1}{k}
$$

这为什么能够成立呢? 考虑第n个元素是否出现在某个k元子集(此类子集共有$\binom{n}{k}$个)中的问题。如果在的话, 我们可以通过在前$n-1$个元素中挑出$k-1$个以构造完该子集。如果不在的话, 我们只能全在前$n-1$个元素中去选这k个元素。这两种情况没有交叉, 而且所有的可能性也都考虑过了, 因此上述和式就是对所有k元子集的计数。

递推式离开基础情形则无法完成。什么样的二项式系数的值是我们需要不计算就能知道的呢?

- 和式中加号左边的项$\binom{n-1}{k-1}$代表着一种类型的递归, 会让我们一直向下计算, 最终处理形如$\binom{x}{0}$这样的二项式系数。从一个集合中选择零个事物, 会有多少种方案呢? 其实就只有一个, 那就是空集。如果这不够让你信服, 那么退回到前一步的$\binom{y}{1} = y$这种形式总应该能接受吧。上述这两种情况都可以作为基础情形。
- 和式中加号右边的项$\binom{n-1}{k}$则代表另一种类型的递归, 最终我们需要处理形如$\binom{z}{z}$的二项式系数。从一个z元集合中选择z项事物有多少种方案呢? 刚好只有一个——也即全集。

将基础情形和递推式定义合起来就定义出了二项式系数(其变元值必须是自然数)。

对这样的递推式求值计算的最好方法是建立一个表来存储所有可能会碰到的数值, 表的大小上限为你所要计算的具体参数。

图10.3示范了一个对递推式求值的正确次序。已经被初始化的单元分别标记为$A \sim K$, 这同时代表了对它们赋值的次序。对于余下的每个单元, 将该单元正上方与紧挨该单元左上方这两个单元值之和对其赋值。标记$1 \sim 10$的单元所形成三角区域代表计算$\binom{5}{4} = 5$时的求值次序。

以上二项式系数的计算方案遵循如下代码:

```
long binomial_coefficient(int n, int k)      /* 计算n中选k的方案数 */
{
    int i, j;                                 /* 计数器 */
    long bc[MAXN + 1][MAXN + 1];              /* 存储二项式系数的表 */

    for (i = 0; i <= n; i++)
        bc[i][0] = 1;
```

---
[1] 译者注: 也称为"贾宪三角", 若是称为"杨辉三角"则不甚严谨。

```
for (j = 0; j <= n; j++)
    bc[j][j] = 1;
for (i = 2; i <= n; i++)
    for (j = 1; j < i; j++)
        bc[i][j] = bc[i - 1][j - 1] + bc[i - 1][j];
return bc[n][k];
}
```

请仔细研究以上函数, 看看我们究竟是怎么样实现该算法的。本章余下部分会更关注如何正确地建立递推式并合理地分析它, 而不再更多讨论这里所展示数据表操控技巧。

n/k	0	1	2	3	4	5
0	A					
1	B	G				
2	C	1	H			
3	D	2	3	I		
4	E	4	5	6	J	
5	F	7	8	9	10	K

n/k	0	1	2	3	4	5
0	1					
1	1	1				
2	1	2	1			
3	1	3	3	1		
4	1	4	6	4	1	
5	1	5	10	10	5	1

图 10.3 用于计算 $M_{5,4}$ 所对应二项式系数的 `binomial_coefficient` 函数其求值次序[左](表中 $A \sim K$ 单元为初始条件而 $1 \sim 10$ 单元依次根据递推式计算)和计算结束之后的矩阵内容[右](注意 $M_{5,4}$ 的最终结果已加粗)

10.2 字符串近似匹配

在文本字符串中搜索模式, 其重要性毋庸置疑。前面的 6.7 节给出了对字符串进行精确匹配的算法——判定模式串 p 是否能作为文本串 t 的子串, 并返回所出现的位置。生活常常没那么简单。文本或模式中的单词可能会拼错,[1] 这会掠夺我们精确匹配的可能性。从基因组序列的进化或语言的演变中都能隐约发现, 我们常常会使用脑海中最原始的模式进行搜索: "Thou shalt not kill" 在历史长河中演变成为 "You should not murder"。[2]

我们该怎么去搜索到一个最接近于给定模式的子串来弥补拼写错误呢? 要处理字符串的不精确匹配, 首先得定义一个费用函数来告诉我们两个字符串之间离得多远——也即一对字符串之间的距离度量。一个合理的距离度量要能反映从一个字符串转为另一个字符串所必需的变动次数。有三种很自然就能想到的变化类型:

- **替换**——将模式串 p 中某个字符以文本串 t 中另一个不同的字符替换, 比如将 "shot" 变为 "spot"。

- **插入**——将某个字符插入到模式串 p 中从而使插入后的字符串能与文本串 t 匹配, 比如将 "ago" 变为 "agog"。

- **删除**——将模式串 p 中的某个字符删除从而使删除后的字符串能与文本串 t 匹配, 比如将 "hour" 变为 "our"。

---

[1] 译者注: 作者故意将 "misspelled" 拼写为 "mispelled", 并附上 "sic"(原文如此), 以提醒他是故意拼写错的。事实上, 这也是一个常见拼写错误(http://www.alphadictionary.com/articles/misspelled_words.html)。

[2] 译者注: 原文是十诫中的第六诫 "汝不可杀人", 而在现代社会则接近于法律条款 "你不能谋杀"。作者意思是从古至今都得遵循某些模式。

要完整且合理地最终给出字符串相似性问题, 还需要我们对上述字符串变换设定每个操作的费用。若对每个操作的费用都赋为1, 则会定义两个字符串之间的**编辑距离**(edit distance)。正如18.4节所讨论的那样, 字符串的近似匹配问题会在很多应用中出现。

字符串近似匹配看上去像是一个复杂的问题, 因为我们必须准确地定出需要分别在模式和文本的哪些位置以何种次序进行插入/删除, 而且涉及的字符数目还可能会比较多。不过, 让我们逆向思考一下该问题。在做最终决策时我们想要获得什么样的信息? 在做每次字符串匹配的时候, 能对最后一个字符施加什么样的操作呢?

10.2.1 以递归计算编辑距离

我们观察到这样的事实——字符串中最后一个字符必然是属于匹配、替换、插入或删除这四种情况其一(如图10.4所示), 可用此来定出一个递归算法。切除这个最后一次编辑操作所涉及的字符, 则会留下一对较短的字符串。考虑p的某个前缀和t的某个前缀, 令i和j分别为它们最后一个字符的下标。在前一次操作后可能会形成三种较短的字符串对, 它们分别对应匹配/替换, 插入或删除操作后所得的字符串。要是我们知道编辑这三对较短字符串所需费用, 就可以确定哪种选项可获得最好的解决方案, 随后便可作出决策选择该方案。通过递归的魔力我们就能得知最低费用。

更精确地说, 令$D_{i,j}$为模式串的子串$p_1 p_2 \cdots p_i$和文本串的子串$t_1 t_2 \cdots t_j$之间字符差异的最小值。换言之, $D_{i,j}$是以下三种能给出较短字符串方式所花费用中的最小值:

- 若$p_i = t_j$则取$D_{i-1,j-1}$为费用否则取$D_{i-1,j-1}+1$。这意味着, 要么第i个字符和第j个字符匹配, 要么我们得用t_j替换p_i, 这取决于这两个尾部字符是否相同。至于此类替换操作的费用, 我们可通过后续的match函数统一算出(将p_i和t_j同时作为变元)。
- 取$D_{i,j-1}+1$为费用。这意味着文本中多了一个字符, 得说清楚它的来历, 因此我们不必前移模式位置指针, 但得为插入操作支付一次费用。至于此类插入操作的费用, 我们可通过后续的indel函数统一算出(将t_j作为变元)。
- 取$D_{i-1,j}+1$为费用。这意味着模式中多了一个字符, 得删除它, 因此我们不必前移文本位置指针, 但得为删除操作支付一次费用。至于此类删除操作的费用, 我们可通过后续的indel函数统一算出(将p_i作为变元)。

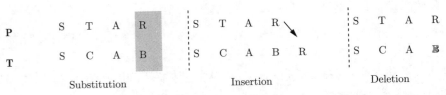

图 10.4 单次字符串"编辑"操作中处理末尾字符只能属于替换[左]、插入[中]或删除[右]这几种情况其一

```
#define MATCH    0       /* 代表匹配的枚举类型符号 */
#define INSERT   1       /* 代表插入的枚举类型符号 */
#define DELETE   2       /* 代表删除的枚举类型符号 */
int string_compare(char *p, char *t, int i, int j)
{
```

```
    int k;              /* 计数器 */
    int opt[3];         /* 三种选项所花费用 */
    int lowest_cost;    /* 最低费用 */

    /* indel可返回插入或删除的费用 */
    if (i == 0)
        return j * indel(' ');
    if (j == 0)
        return i * indel(' ');

    /* match可返回匹配或替换的费用 */
    opt[MATCH] = string_compare(p, t, i - 1, j - 1) + match(p[i], t[j]);
    opt[INSERT] = string_compare(p, t, i, j - 1) + indel(t[j]);
    opt[DELETE] = string_compare(p, t, i - 1, j) + indel(p[i]);

    lowest_cost = opt[MATCH];
    for (k = INSERT; k <= DELETE; k++)
        if (opt[k] < lowest_cost)
            lowest_cost = opt[k];
    return lowest_cost;
}
```

这个程序绝对正确——要是不相信的话, 请说服你自己。同时我们也发现它的速度却是难以置信的慢。在我的计算机上运行时, 比较两个长为11的字符串的计算过程要花好几秒, 而要比较再长点的字符串的话, 这个程序就会消失在世外乐土(Never-Never Land)再也不回来了。

这种算法为何如此之慢? 由于它一而再再而三地重复计算费用值, 因而耗费了指数时间。在字符串的每个位置上递归都会形成三路分支, 意味着它的增长量级至少是3^n。而实际上其量级还会更高一些, 这是因为大多数调用只能降低数组两个下标中的一个, 而不能让两个下标都减少。

10.2.2 以动态规划求解编辑距离

那么, 我们怎么才能让该算法提速进而可以实用呢? 这里有个重要的观察事实: 大多数递归调用都在计算那些之前已被算过的东西。我们怎么知道的呢? 由于只有$|p| \cdot |t|$种互不相同的(i, j)元素对可作为递归调用的变元, 因此也只可能会有$|p| \cdot |t|$种不同的递归调用。可将这些(i, j)元素对所对应的某些函数值(例如费用)逐个存于表中, 我们通过这种方法就可以只在需要时才去查表, 从而避免了重复计算。

下面给出这种算法的动态规划实现, 它是基于表来完成的。所用的表是一个二维矩阵m, 它共有$|p| \cdot |t|$个单元, 其中每个单元包含了子问题最优解的费用, 以及一个父亲指针(能够说清如何到达此处)。表结构如下:

```
typedef struct {
    int cost;                   /* 抵达本单元所需费用 */
    int parent;                 /* 父亲所在单元位置 */
} cell;
cell m[MAXLEN + 1][MAXLEN + 1]; /* 动态规划用表 */
```

　　我们的动态规划实现与前述递归版本有三个不同之处。其一, 它用查表而不是递归调用来获取中间值; 其二, 它会更新每个单元的parent域, 这能让我们在计算结束后重建编辑序列; 其三, 它在实现的时候采用了更一般化的goal_cell()函数, 而不是仅仅在最后返回m[i][j].cost(对应p和t的最终费用)。如此这般可让我们能将该程序用于与之类似的众多问题中, 从而使程序的适用面更广。

　　此外需要注意的是, 下文的函数实现中我们所采用的字符串和下标使用约定有点不同于寻常。特别是我们假设每个字符串一开始都会填上一个空白字符, 因此字符串s真正意义上的第一个字符位于s[1]。我们为什么要这样做? 这样可使矩阵m与字符串的下标完全同步, 从而更加清晰方便。我们必须将m的第0行和第0列用于存储边界值以匹配空前缀, 这点请不要忘了。或者我们也可让输入字符串原封不动, 再按字符串常规约定来调整算法中的下标即可。

```
int string_compare(char *p, char *t, cell m[][MAXLEN + 1])
{
    int i, j, k;      /* 计数器 */
    int opt[3];       /* 三种选项的费用 */

    for (i = 0; i < MAXLEN + 1; i++) {
        row_init(i);
        column_init(i);
    }

    for (i = 1; i < strlen(p); i++) {
        for (j = 1; j < strlen(t); j++) {
            opt[MATCH] = m[i - 1][j - 1].cost + match(p[i], t[j]);
            opt[INSERT] = m[i][j - 1].cost + indel(t[j]);
            opt[DELETE] = m[i - 1][j].cost + indel(p[i]);

            m[i][j].cost = opt[MATCH];
            m[i][j].parent = MATCH;
            for (k = INSERT; k <= DELETE; k++) {
                if (opt[k] < m[i][j].cost) {
                    m[i][j].cost = opt[k];
                    m[i][j].parent = k;
                }
            }
        }
    }
    goal_cell(p, t, &i, &j);

    return m[i][j].cost;
}
```

　　要确定单元(i,j)所存的值, 得让三个值就位——也即$(i-1,j-1)$, $(i,j-1)$和$(i-1,j)$这三个单元所存的值。任何能保证上述性质的求值次序都可以用, 本程序中所用行主序就是其中一种。[1] 程序中的双重循环其实是在计算每对字符串前缀的费用并填入矩阵, 先行后

---

[1] 假设我们创建了一个图: 矩阵中每个单元都会在图中创建一个顶点; 如果计算单元y的值必须先求得单元x的值, 那么应创建一条有向边(x,y)。这样所得的图是有向无环图(请思考为何肯定是有向无环图), 在此图上的任何拓扑排序都会定出一个可行求值次序。

列逐个算出。回想一下前文我们已对字符串稍作填充处理, 这样可让s[1]和t[1]分别作为两个输入字符串的首字符, 因此处理后的字符串长度(使用strlen获取)将比原始字符串的长度多1。

我们在图10.5中展示了用五步将p = "thou⊔shalt⊔not"变为t = "you⊔should⊔not"的费用矩阵,[1] 这可作为阐明上述算法的实例。建议你使用手算给出该矩阵的值, 这样可以特别精准地掌握动态规划的工作机理。

p	t 位置	y 0/1	o 2	u 3	⊔ 4	s 5	h 6	o 7	u 8	l 9	d 10	⊔ 11	n 12	o 13	t 14

p	位置	y / 1	o / 2	u / 3	⊔ / 4	s / 5	h / 6	o / 7	u / 8	l / 9	d / 10	⊔ / 11	n / 12	o / 13	t / 14
:		**0**	1	2	3	4	5	6	7	8	9	10	11	12	13	14
t:	1	**1**	1	2	3	4	5	6	7	8	9	10	11	12	13	13
h:	2	2	**2**	2	3	4	5	5	6	7	8	9	10	11	12	13
o:	3	3	3	**2**	3	4	5	6	5	6	7	8	9	10	11	12
u:	4	4	4	3	**2**	3	4	5	6	5	6	7	8	9	10	11
⊔:	5	5	5	4	3	**2**	3	4	5	6	6	7	7	8	9	10
s:	6	6	6	5	4	3	**2**	3	4	5	6	7	8	8	9	10
h:	7	7	7	6	5	4	3	**2**	**3**	4	5	6	7	8	9	10
a:	8	8	8	7	6	5	4	3	3	**4**	5	6	7	8	9	10
l:	9	9	9	8	7	6	5	4	4	4	**4**	5	6	7	8	9
t:	10	10	10	9	8	7	6	5	5	5	5	**5**	6	7	8	8
⊔:	11	11	11	10	9	8	7	6	6	6	6	6	**5**	6	7	8
n:	12	12	12	11	10	9	8	7	7	7	7	6	6	**5**	6	7
o:	13	13	13	12	11	10	9	8	7	8	8	9	7	6	**5**	6
t:	14	14	14	13	12	11	10	9	8	8	9	9	8	7	6	**5**

图 10.5 用于编辑距离计算的动态规划矩阵示例(其中用于校准两个字符串的最优路径以粗体突出显示)

10.2.3 重建路径

字符串比较函数会返回最优校准的费用, 但不是校准本身。[2] 你现在知道只需五步即可将"thou⊔shalt⊔not"转化为"you⊔should⊔not", 这个自然很好, 不过什么样的编辑操作序列能实现这点呢?

给定一个动态规划问题, 它若有解则其解可用那些贯穿动态规划矩阵的路径描述, 此类路径始于初始排布(一对空字符串, $(0,0)$位置)一直向下抵达最终目标状态(一对已被处理完的字符串, $(|p|,|t|)$位置)。构建解的关键在于沿着那条会抵达目标状态的最优路径重建你每步所做的决策, 而这些决策早已记录在每个数组单元的parent域中。

从目标状态出发逆向行走, 每次依照parent指针回到一个较早的单元, 重复该过程直到返回起始单元, 这样可重建所有决策(与之前的BFS算法或Dijkstra算法中的重建方案基本类似)。m[i][j]的parent域能告诉我们(i,j)上的操作究竟是MATCH(简记为M, 注意不匹配则记为S, 也即替换), 还是INSET(简记为I), 或是DELETE(简记为D)。如果反向追踪图10.6的父亲矩阵数据, 便会产生一个从"thou⊔shalt⊔not"变到"you⊔should⊔not"的编辑序列DSMMMM MISMSMMMM, 它表达的意思是——删除第一个"t", 将"h"替换为"y", 接下来是5个匹配操作,

---
[1] 译者注: 为了与起始位置的空白字符区分, 程序实现时字符串中的空格以⊔字符代替。
[2] 译者注: "校准"(alignment)一词意味着对p施加若干操作最终让其变为t。

然后插入一个"o", 再将"a"替换为"u", 接着是"l"的匹配, 然后将"t"替换为"d", 最后4个匹配对应余下的"⊔not"。

	t		y	o	u	⊔	s	h	o	u	l	d	⊔	n	o	t
p	位置	0	1	2	3	4	5	6	7	8	9	10	11	12	13	14
	0	**-1**	1	1	1	1	1	1	1	1	1	1	1	1	1	1
t:	1	**2**	0	0	0	0	0	0	0	0	0	0	0	0	0	0
h:	2	2	**0**	0	0	0	0	0	1	1	1	1	1	1	1	1
o:	3	2	0	**0**	0	0	0	0	0	1	1	1	1	1	0	1
u:	4	2	0	2	**0**	1	1	1	1	0	1	1	1	1	1	1
⊔:	5	2	0	2	2	**0**	1	1	1	1	0	0	0	1	1	1
s:	6	2	0	2	2	2	**0**	1	1	1	1	0	0	0	1	1
h:	7	2	0	2	2	2	2	**0**	1	1	1	1	1	1	0	0
a:	8	2	0	2	2	2	2	2	**0**	0	0	0	0	0	0	0
l:	9	2	0	2	2	2	2	2	0	0	**0**	1	1	1	1	1
t:	10	2	0	2	2	2	2	2	0	0	0	**0**	0	0	0	0
⊔:	11	2	0	2	2	0	2	2	0	0	0	0	**0**	1	1	1
n:	12	2	0	2	2	2	2	2	0	0	0	0	2	**0**	1	1
o:	13	2	0	0	2	2	2	2	0	0	0	0	2	2	**0**	1
t:	14	2	0	2	2	2	2	2	2	0	0	0	2	2	2	**0**

图 10.6　用于编辑距离计算的父亲矩阵(其中用于校准两个字符串的最优路径以粗体突出显示)

逆向行走会以逆序重建解。不过, 巧妙地使用递归可以帮我们倒转回来:

```
void reconstruct_path(char *p, char *t, int i, int j, cell m[][MAXLEN + 1])
{
    if (m[i][j].parent == -1)
        return;
    if (m[i][j].parent == MATCH) {
        reconstruct_path(p, t, i - 1, j - 1, m);
        match_out(p, t, i, j);
        return;
    }
    if (m[i][j].parent == INSERT) {
        reconstruct_path(p, t, i, j - 1, m);
        insert_out(t, j);
        return;
    }
    if (m[i][j].parent == DELETE) {
        reconstruct_path(p, t, i - 1, j, m);
        delete_out(p, i);
        return;
    }
}
```

对许多问题来说(也包括编辑距离), 这种行走轨迹可以直接由费用矩阵重建, 而不必显式地保存上一步指针的数组。就本问题而言, 其技巧在于从三个可能的先辈单元着手溯源, 我们考察这三个单元的费用以及所对应的字符, 由此可给出从先辈单元行走到当前单元的费用, 这样就能知道你是从哪个单元行走至此, 于是行走轨迹重建成功。不过, 存储历史信息更为清晰方便。

10.2.4 编辑距离的变种

`string_compare`和`reconstruct_path`这两个函数用到了许多我们尚未定义的函数, 它们分为四类:

- 表格初始化——`row_init`和`column_init`两个函数会分别初始化动态规划所用表的第0行和第0列。对于字符串编辑距离问题来说, 单元$(i, 0)$和单元$(0, i)$都对应着长度为i的字符串与空字符串对比后的匹配结果。这需要i次插入/删除(不能多也不能少), 因此这些函数的定义就清楚了:

```
void row_init(int i)
{
    m[0][i].cost = i;
    if (i > 0)
        m[0][i].parent = INSERT;
    else
        m[0][i].parent = -1;
}
```

```
void column_init(int i)
{
    m[i][0].cost = i;
    if (i > 0)
        m[i][0].parent = DELETE;
    else
        m[i][0].parent = -1;
}
```

- 处罚费用——`c`和`d`均为字符, 函数`match(c, d)`代表将c替换为d所需的费用, 而函数`indel(c)`表示插入/删除c所需的费用。对于标准编辑距离来说, 如果两个字符相同的话那么match应该不产生费用, 否则费用为1。在标准编辑距离情况下无论是什么变元indel都返回1。不过, 我们有时可能采用一些依问题定制的费用函数, 比如标准键盘布局相邻位置的字符, 或者听起来或看起来很相近的字符, 对于在上述情况下的替换也许应该更宽容一些。

```
/* 译者注: 为使下列两个函数行数相同, 我们改写了match函数。*/
int match(char c, char d)
{
    return (c == d) ? 0 : 1;
}
```

```
int indel(char c)
{
    return 1;
}
```

- 目标单元确认——函数`goal_cell`返回用于标记解的终点单元下标。对于编辑距离而言, 这由两个输入字符串的长度所决定。然而, 我们即将遇到的其他应用却并没有固定的目标位置。

```
void goal_cell(char *p, char *t, int *i, int *j)
{
    *i = strlen(p) - 1;
    *j = strlen(t) - 1;
}
```

- 反查动作——`match_out`、`insert_out`、`delete_out`这些函数在反查时, 会对查到的每种编辑操作去执行相应的动作。这些动作都由应用的需求决定, 对于编辑距离来说, 这些动作可能意味着要去打印出操作名或者所涉及的字符。

```
void insert_out(char *t, int j)
{
    printf("I");
}
void delete_out(char *p, int i)
```

```
void match_out(char *p, char *t,
               int i, int j)
{
    if (p[i] == t[j])
        printf("M");
```

```
{                                       else
    printf("D");                            printf("S");
}                                       }
```

所有这些函数对于编辑距离的计算来说都非常简单。不过我们得承认，边界条件的设定还有下标的操作不太容易弄对。尽管动态规划算法很容易设计(前提是你理解这个技术)，但是处理好所有细节仍需要仔细的思考和缜密的测试。

对于这样一个简单的算法看起来似乎有一大堆基础设施需要完善。然而有了上述框架，许多重要问题现在就可作为编辑距离的特例去求解了，只需对上述短小精悍的函数其中的一些地方稍作变动即可：

- **子串匹配**(Substring Matching)——假设我们想在一个较长的文本串t中为一个较短的模式串p寻找它的最佳出现位置——比如说，有个很长的文件包含了"Skiena"的各种错误拼写(Skienna, Skena, Skina, ···)，我们要在该文件中搜索最像"Skiena"的错误拼写。这种搜索要是直接套用我们原始的编辑距离函数将无法在"好"中选"优"(因为算法的敏感度较低)，因为绝大多数编辑序列的费用都花在删除文本正文中不是"Skiena"必要组分的那些字符上了。更确切地说，这些序列都是先匹配任一形如"···S···k···i···e···n···a"的前缀(由"Skiena"散开)，再删除余下字符，它们都是最优解。

  我们想要一个编辑距离搜索算法，它开始进行匹配的费用与文本位置无关，这样一来我们对那些从中间开始的匹配不再会有偏见。现在目标状态不必同时位于文本和模式这两个字符串的末尾，而只用在完整匹配模式的前提下去文本中找费用最小的位置，相关代码修改如下：

```
void row_init(int i)
{
    m[0][i].cost = 0;        /* 注意有变动 */
    m[0][i].parent = -1;     /* 注意有变动 */
}

void goal_cell(char *p, char *t, int *i, int *j)
{
    int k;                   /* 计数器 */
    *i = strlen(p) - 1;
    *j = 0;
    for (k = 1; k < strlen(t); k++)
        if (m[*i][k].cost < m[*i][*j].cost)
            *j = k;
}
```

- **最长公共子序列**(Longest Common Subsequence)——也许我们有兴趣寻找由那些同时散落于两个字符串之中的字符所构成的最长字符串，注意这些字符的相对次序不能变。这确实是个有趣的问题，我们将在21.8节中讨论。此外，"democrats"(民主党人)和"republicans"(共和党人)之间是否有共同点？当然有，因为它们的最长公共子序列(Longest Common Subsequence, LCS)是"ecas"。

  公共子序列就是编辑轨迹中所有获得匹配的那些字符。要最大化此类匹配的数目，我们得避免互异字符之间的替换操作。禁用替换操作之后，去除那些非公共子序列的方法就只剩下插入和删除。费用最小的校准才能让此类插入和删除(indel函数)的数目最少。因此它定能保留住最长公共子序列。我们改变匹配费用函数来让替换操作更昂贵, 这样可以获得想要的校准:

```
int match(char c, char d)
{
    /* 译者注: 此处的match函数同样稍有改动。*/
    return (c == d) ? 0 : MAXLEN;
}
```

这个函数足以让替换所得处罚费用比一次插入再加一次删除还要高, 这样会使我们压根不愿意再将替换作为编辑操作, 因为它毫无吸引力。

- **最大单调子序列**(Maximum Monotone Subsequence)——如果一个数列中第 i 个元素最少也和第 $i-1$ 个元素一样大, 那么该序列单调递增。最大单调子序列问题要从一个输入字符串 p 中删除数量最少的元素而留下一个单调递增子序列。例如, 243517698的最长递增子序列是23568。

  事实上, 这完全就是一个最长公共子序列问题, 这种情况下算法的第二个输入字符串 t 则是将 p 中的元素按递增次序排序而来, 也即123456789。p 和 t 的任何公共序列肯定能代表字符在 p 中的原有次序, 肯定也只使用了在排序后那个序列(也即 t)中的位置(同时也是数值)递增的字符——因此最长的这个就是最大单调子序列。当然, 这种方法修改一下便可用于给出最长递减子序列,[1] 只需简单地颠倒排序的次序即可。

正如你所看到的那样, 我们的编辑距离程序加以改造后可以很容易地完成许多非常棒的工作。而关键技巧就是——要能看出你所要解决的问题只是字符串近似匹配的一个特例。

警觉的读者会发现, 没有必要保存全部 $O(mn)$ 个单元来计算某个校准的费用。如果我们通过从左到右填充矩阵列的方式计算递推式, 我们将永远用不着两列以上的单元来存储这些计算所必需的数值。因此 $O(m)$ 空间足以计算出递推式, 并且还不会改变时间复杂度。以上方案确实不错, 然而不幸的是, 没有完整的矩阵我们就无法重建校准。

动态规划中节省空间非常重要。由于任何计算机的内存都是有限的, 因此现实中 $O(nm)$ 空间比 $O(nm)$ 时间更容易对程序造成瓶颈效应。幸运的是, 有一个精巧的分治算法能在 $O(nm)$ 时间和 $O(m)$ 空间内算出具体校准步骤, 我们将会在21.4节中讨论。

10.3 最长递增子序列

用动态规划解决问题通常涉及如下三步:

(1) 将答案表述为递推关系或递归算法。

(2) 证明你的递推式所用到的不同变量的取值其总数会以一个多项式(我们通常希望它很小)为界。

(3) 给出一个递推式的求值次序, 从而保证当你需要部分解时它们总能拿来直接用。

要想了解这些步骤如何完成, 可以看看我们如何开发出一个算法在一个长为 n 的数列中找出最长单调递增子序列。说实话, 它在前面10.2.4节中被作为编辑距离的一个特例已给

---

[1] 译者注: 作者偶尔会用"递增序列"/"递减序列"的说法, 为了统一起见, 我们均改为"子序列"。

出了描述, 在该节中它被称为*最大单调子序列*。不过, 从头开始再去解决这个问题依然很有启发意义。实际上, 对于动态规划算法, 自己重新去设计比在书里找更简单。

在这种问题中, 被选中的元素必须以从左到右递增存于原序列中, 而且在子序列中也必须是从左到右来排列。例如, 我们考虑序列

$$S = (2, 4, 3, 5, 1, 7, 6, 9, 8)$$

S的最长递增子序列长度是5, 例如$(2, 3, 5, 6, 8)$就是一个最长递增子序列。事实上, 同样长度的最长递增子序列一共有8个, 你能将它们一一列举出来吗? 长度为2的最长递增子序列有4个: $(2, 4)$, $(3, 5)$, $(1, 7)$, $(6, 9)$。

若是我们转而思考从一个原序列的串结(run)中辨认出递增子序列, 所谓串结就是必须选择那些彼此在物理上相邻的一串元素, 而显然在一个数列中找到最长递增串结是很简单的。实际上, 你要设计出一个线性时间算法寻找这种串结也应该说是毫不费力的。但是要找出最长递增子序列是相当复杂的。那些无用的元素散布在各处, 我们该怎么确定这些应该跳过的元素呢?

为了用上动态规划技术, 我们需要建立一个计算最长递增子序列长度的递推式。要找到正确的递推式, 应该思考一下哪些关于$S = (s_1, s_2, \cdots, s_n)$的前$n - 1$个元素的信息将会帮助你找到整个$S$这个序列的答案呢?

- 看上去$(s_1, s_2, \cdots, s_{n-1})$中最长递增子序列的长度是应该了解的有用信息。事实上, s_n要是不能接在某个同等长度的子序列之后而使子序列变得更长, 那么上述子序列就是S的最长递增子序列了。

  不幸的是, 光有序列长度对于完成关于S的完整解来说信息量还不够。假设我告诉你$s_1, s_2, \cdots, s_{n-1}$中最长递增子序列的长度是5以及$s_n = 8$。那么最终$S$的最长递增子序列长度是5还是6呢? 这个问题的答案取决于此类长为5的序列其末尾元素是否小于8。

- 要是s_n接于某个最长递增子序列之后扩展成了更长的子序列, 我们需要知道原有子序列的长度。要能确保此类操作完全具备可行性, 我们实际上得获取另一种信息, 也即任意s_i作为末尾元素时所能找到的最长递增子序列长度, 注意得保证这种子序列的末尾元素也为s_i。

我们围绕以上想法可建立一个递推式。不妨定义l_i为以s_i结尾的$(s_1, s_2, \cdots, s_i)$其最长递增子序列长度。$(s_1, s_2, \cdots, s_i)$的最长递增子序列可以通过将该数附于s_i左边的某个最长递增子序列之后而构造出来, 注意还得保证所找的子序列最后一个数要小于s_i。计算l_i的递推式如下:

$$\begin{cases} l_i = 1 + \max_{\substack{0 \leqslant j < i \\ s_j < s_i}} l_j \\ l_0 = 0 \end{cases}$$

对于数列中每个数, 以该数为结尾的最长递增子序列长度都可由上式定出。整个序列的最长递增子序列的长度由$l_1, l_2, \cdots, l_n$中的最大值给出, 因为获胜的子序列肯定得在某个位置结束。表10.1是针对我们前面所讨论算例给出的计算结果。

表 **10.1** 最长递增子序列用表

序列元素 s_i	-	2	4	3	5	1	7	6	9	8
最大长度 l_i	0	1	2	2	3	1	4	4	5	5
上一位置 d_i	-	-	1	1	2	-	4	4	6	6

重建真实序列仅用这些长度值无法完成, 那我们还需要存储什么样的辅助信息呢? 对每个元素 s_i, 我们将存储它的"上一位置"——在以 s_i 结尾的最长递增子序列中在 s_i 之前紧挨着 s_i 的那个元素的下标 d_i。由于所有这些指针都是指向左方的, 那么从最长递增子序列的最后一个值开始, 再依照指针来重建序列中其他元素是非常简单的。

这个算法的时间复杂度是多少? 这 n 个 l_i 值每个都是通过比较位置 i 左边的值计算而得的, l_i 需要比较 $i-1$ 次, 而 $i-1 < n$, 因此这个分析的结果是共需 $O(n^2)$ 时间。事实上, 通过巧妙地使用字典数据结构, 我们可以在 $O(n \log n)$ 时间内算出这个递推式。不过, 简单的递归会更易于编写程序代码, 因此用它也不错, 同时还会为今后的改进设置一个很好的起点。

领悟要义: 一旦你理解了动态规划, 那么从头开始自己设计完成此类算法要比到处去找它们来得更容易。

10.4 算法征战逸事: 条码的文本压缩

一张皱巴巴的条码标签被撕成几片, Ynjiun 对着它们晃动着他的激光扫码枪。这个系统迟疑了几秒钟, 然后发出令人愉快的"哔"声。他给了我一个胜利的微笑, "简直就是坚不可摧。"

我那时正在访问 Symbol(现在叫 Zebra)科技公司的研究实验室, 这家公司是世界领先的条码扫描仪制造商。尽管我们常常认为条码没什么大不了的, 可它们背后所蕴含的技术数量却多得惊人。条码之所以能存在是因为传统的光学字符识别(Optical Character Recognition, OCR)系统不够可靠, 难以精确地完成库存情况的各项操作。我们在现实中经常会遇到条码的这套符号表示方案(symbology), 每盒麦片、每包口香糖还有那一个个汤罐头上面都有, 条码将一个十位的数字编码成条状并让其拥有足够强的纠错能力, 因此这样几乎不可能扫出错误的数字, 即使罐子颠倒或是凹进去都能扫到。当然偶尔会出现收银员在商品包装找了半天也看不到要扫描的标签, 不过, 一旦你听到了"哔"的一声, 就会知道条码已经被正确地读出来了。

传统条码标签的十位数字所提供的空间容量只够在一张标签上存储一个标识号码。因此任何超市条码处理程序都得有个数据库将像 $11\,141 \sim 47\,011$ 这样一串数字映射到某种型号和品牌的酱油。条码世界里一直以来想实现的就是能开发出高容量的条码符号表示方案, 它要能存储全部文件并且仍然能被可靠地读出。

"PDF-417 是我们新采用的二维条码符号表示方案。" Ynjiun 向我解释道。标签样本如图10.7所示。[1]

---

[1] 译者注: 有很多种二维条码标准, PDF-417是美国所开发的一种标准。不过, 更为大众所熟知的"手机二维码"实际上是日本 Denso(电装)公司提出的二维条码, 即 QR 码。

图 10.7 一张用PDF-417存储了葛底斯堡演说的二维条码标签

"你在一张典型的1英寸标签中可以装入多少数据?" 我问他。

"这取决于我们使用哪个等级的纠错方案, 不过都在1000字节左右。这对小的文本文件或图像已经足够了。" 他说。

"挺有意思。你肯定用了某些数据压缩技术来最大化你们在一张标签中所能存储的文本数量。" 对一些标准的数据压缩算法的讨论请参见21.5节。

"我们的确融入了一种数据压缩方法," 他解释道, "客户想要用标签去标记不同类型的文件, 我们认为我们已经知道了这些类型。某些文件会全由大字字母组成, 而另一些文件则会有大小写混合(mixed-case)[1]的字母和数字。我们在编码中提供了四种不同的文本模式, 每个都有不同的字符子集(由字母和数字组成)可供你使用。只要我们还在某种模式中, 就可只用5比特来描述每个字符。要切换模式我们会先发布一条模式转变指令(得多花费5比特), 接着便可使用新的字符编码。"

"明白了。所以你们设计模式字符的集合来最小化典型文本文件上模式切换操作的数目。" 图10.8对这些模式给出了详细的图示。

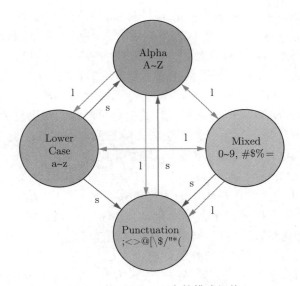

图 10.8 PDF-417中的模式切换

---

[1] 译者注: 这是一种规范体系, 包括句首单词的第一个字母大写等一系列规则。

　　"是的。我们把所有的数字放在一个模式中，又把所有标点字符放入另一个模式中。我们还加入了模式暂换指令和模式锁止指令。在模式暂换中，我们只是让下一个字符切换到一个新的模式中，比如要创建一个标点符号。这样一个句点后我们不必花费多余指令便可回到文本模式。当然，如果我们要在另一个模式下写上一连串东西的话(例如一个电话号码)，我们还可以持续地锁止到该模式中。"

　　"哇欧!" 我说，"要是所有模式切换运转起来的话，一定会有很多不同的方式来给文本编码以形成标签。你们怎么去找长度最小的那种编码?"

　　"我们用贪心算法，策略是会看一下后面的几个字符然后再决定哪种模式效果最好。贪心算法运行起来非常不错。"

　　我就这一点继续追问他："你怎么知道它运行得非常不错? 也许会有好得多的编码，只不过你没找到罢了。"

　　"我想我也不知道。不过，寻找最优编码很可能是NP完全问题。" Ynjiun的声音小了，"不是吗?"

　　我开始思索。每个编码都始于某个给定的模式，而编码包括一个由各类字符编码和模式暂换/锁定操作所组成的序列。给定文本中任意的位置，我们可以对条码输出下一个字符的编码(如果它可由我们的当前模式提供)或者决定是否切换。由于我们从左到右移动来遍历整个文本，我们的当前状态完全由当前字符位置和当前模式状态来确定。对于一个给定的位置和模式所组成的数据对，有很多编码可让我们到达这个点，我们要是关注一下到达这里开销最低的方案，那么……

　　我的眼睛亮了起来，好像把这些想法都投影到了墙上。

　　"PDF-417中任何给定文本的最佳编码其实可用动态规划找到。对于每个可能的模式 $1 \leqslant m \leqslant 4$ 和每个可能的字符模式 $1 \leqslant i \leqslant n$，我们将维护在模式 m 结束时前 i 个字符所能找到的费用最小的编码(可用矩阵元素 $M_{i,m}$ 存储)。而从每个模式/位置往下走一步只可能是匹配、暂换和锁定这三种情况其中的一种，因此只用考虑很少的几种可能操作。"

　　大致来说，递推式应该写为

$$M_{i,j} = \min_{1 \leqslant m \leqslant 4} \left(M_{i-1,m} + c(s_i, m, j) \right)$$

其中，$c(s_i, m, j)$ 是对字符 s_i 编码并从模式 m 转到模式 j 所需的费用。费用最小的具体编码序列可从 $M_{n,r}$ 反向追踪，其中 r 是能够最小化 $M_{n,m}$ 的 m 值($1 \leqslant m \leqslant 4$)。动态规划表中共有 $4n$ 个单元，填入每个单元需要常数时间，因此要找到最佳编码所需时间为 $O(n)$，其中 n 为字符串长度。

　　Ynjiun对这个想法持怀疑态度，但他还是支持我们去实现一个最优编码器。不过，由于PDF-417的模式切换有些怪异，所以一开始出现了几个复杂的问题，不过我的学生Yaw-Ling Lin很勇敢地迎接了挑战。Symbol公司比较了我们对于13 000个标签的编码，得出结论是动态规划平均可让条码单位面积的密度提升8%。效果很明显，因为没有人愿意浪费8%的潜在存储容量，尤其是在同类型条码容量都只有几百字节的时候。对于某些应用场景来说，这8%的余量允许一张条码标签足以存储改进之前要两张来存储的数据。当然，平均8%的改进意味着该算法在某些标签上可能压缩得更好。尽管我们的编码器比贪心算法所需运行时间略长一点，但这不是什么太大的问题，因为说到底打印标签所需的时间才是瓶颈所在。

　　用全局最优解替换启发式方法求得的解所产生的影响不仅适用于这里所举的案例, 事实上在大部分应用问题中基本都是如此。除非你确实把你的启发式方法弄糟了, 否则你一般都会获得一个还不错的解。不过, 换用最优解绝对会有所改善, 虽然效果通常不是特别明显, 但在实际应用中肯定是有一定好处的。

10.5 无次序划分[1]/子集和值

　　给定一个由n个正整数组成的多重集合$S = \{s_1, \cdots, s_n\}$, S是否存在一个子集S'其所有元素之和与输入的目标值k相等? 这就是所谓的子集和值问题, 它是背包问题的一种特例且限定了数值类型。不妨想想一个背包客用尽各种可能, 从集合S中选出若干物品试图刚好填满容量为k的背包。该问题非常重要, 16.10节中将对其应用给出更详细的讨论。

　　动态规划在具有线性序的集合元素效果最显著, 所以我们可以先直接从左到右考虑该集合, 而S中的元素从s_1到s_n的排布也算是给出了一种次序关系。要推导递推关系, 我们需要确定从s_1到s_{n-1}中可提炼什么信息可用于决策如何进一步纳入s_n的信息。

　　以下想法也许可行: 第n个整数s_n要么属于我们想要找的那个总和为k的子集, 要么不属于。如果答案是肯定的, 那么我们一定能找到一种方法使S中前$n-1$元素的某个子集总和为$k - s_n$, 因此再配上最后这个元素便能大功告成; 如果答案是否定的, 那么有可能存在一个完全用不到s_n的解(当然也许根本无解)。以上两种情况便可定出递推式:

$$T_{n,k} = T_{n-1,k} \vee T_{n-1,k-s}$$

其中, $T_{n,k}$可判定原问题是否有解(以真或假给出)。于是我们可据此设计出一个$O(nk)$算法, 可回答给定的目标值k是否能达到:

```
bool success[MAXN + 1][MAXSUM + 1]; /* 该数据表用于回答对应和值可否达到 */
int parent[MAXN + 1][MAXSUM + 1];   /* 存储父亲所在下标的数组 */

bool subset_sum(int s[], int n, int k)
{
    int i, j;                       /* 计数器 */
    success[0][0] = true;
    parent[0][0] = -1;
    for (j = 1; j <= k; j++) {
        success[0][j] = false;
        parent[0][j] = -1;
    }

    /* 构建数据表 */
    for (i = 1; i <= n; i++)
        for (j = 0; j <= k; j++) {
            success[i][j] = success[i - 1][j];
            parent[i][j] = -1;
```

---
[1] 译者注: 所谓"unordered partition"(无次序划分)在这里指将存储正整数的多重集合S划分成两个子集, 并满足其中一个子集总和为k(相当于子集和值问题有解)。不过在"整数划分"/"整数分拆"问题中, 这种无次序划分往往会给出有序的标准化表示(例如降序形式), 所以我们不翻译成"无序划分"。

```
            if ((j >= s[i - 1]) && (success[i - 1][j - s[i - 1]])) {
                success[i][j] = true;
                parent[i][j] = j - s[i - 1];
            }
    return success[n][k];
}
```

我们用parent数组记录总和为特定值的子集。对于问题的最终解答可查看success[n][k], 若它为true则存在一个满足要求的子集: 若是parent[n][k]为-1则该子集中不能包含s_n这个元素。若是parent[n][k]不为-1我们则按照其值在矩阵中向回走, 直到找到某个元素指示可停下为止, 详细代码如下:

```
void report_subset(int n, int k)
{
    if (k == 0)
        return;
    if (parent[n][k] == -1)
        report_subset(n - 1, k);
    else {
        report_subset(n - 1, parent[n][k]);
        printf(" %d ", k - parent[n][k]);
    }
}
```

表10.2给出了当输入集合$S = \{1, 2, 4, 8\}$且目标值$k = 11$时的运行结果(实际上对应着success表)。由于右下角是真, 因此该目标值可达成。注意到这里的S其实代表着在不超过8情况下2的所有幂, 由于每个整数都可以表示为二进制, 因此该表最底部一行全为真。

表 10.2　子集和值算例的运行结果

i	s_i	0	1	2	3	4	5	6	7	8	9	10	11
0	0	真	假	假	假	假	假	假	假	假	假	假	假
1	1	真	真	假	假	假	假	假	假	假	假	假	假
2	2	真	真	真	真	假	假	假	假	假	假	假	假
3	4	真	真	真	真	真	真	真	真	假	假	假	假
4	8	真	真	真	真	真	真	真	真	真	真	真	真

表10.3则对应parent数组, 可基于此给出$k = 11 = 1 + 2 + 8$的最终解形态。例如右下角的3意味着$11 - 8 = 3$, 后续处理留作练习(对应单元我们在表中以双下划线标记)。

表 10.3　子集和值算例中父亲矩阵的取值情况

i	s_i	0	1	2	3	4	5	6	7	8	9	10	11
0	0	<u>-1</u>	-1	-1	-1	-1	-1	-1	-1	-1	-1	-1	-1
1	1	-1	<u>0</u>	-1	-1	-1	-1	-1	-1	-1	-1	-1	-1
2	2	-1	-1	0	<u>1</u>	-1	-1	-1	-1	-1	-1	-1	-1
3	4	-1	-1	-1	<u>-1</u>	0	1	2	3	-1	-1	-1	-1
4	8	-1	-1	-1	-1	-1	-1	-1	-1	0	1	2	<u>3</u>

警觉的读者可能会疑惑, 子集和值本身是一个NP完全问题, 这种$O(nk)$子集和值算法究竟是如何获得的呢? 这个渐近记号是关于n和k的多项式, 难道, 我们证明了P = NP吗?!

不幸的是, 这段推理什么都没证明出来。注意到目标值k需要用$O(\log k)$比特来存储, 这意味着以上算法的运行时间是输入规模量(也即$O(n \log k)$比特)的指数量级。对整数N使用那种挨个测试全部$\sqrt{N}$个候选者的因子分解方法不能算作多项式时间算法, 同样也是这个原因, 其运行时间依然是输入规模量(也即$O(\log N)$比特)的指数量级。

此外, 我们还可以换一种视角来观察这个问题。不妨任选一个特定算例, 再对其中所有整数均乘以1 000 000, 可以想想算法的运行情况会如何。这种变换基本上不会改变排序或最小生成树的算法运行时间, 也不会影响截止本节我们在书中所讨论的任何其他算法。然而, 它会让本节中的动态规划算法速度降低到原有的一百万分之一, 还会使数据表存储需要一百万倍的空间才能完成。整数的取值范围对子集和值问题影响确实很大, 因此在处理大整数时, 子集和值就变成了难解问题。

10.6 算法征战逸事: 功率平衡

我有许多(也许可能确实有点多)较为刻薄的揣测, 其中之一是如今大多数电子工程(Electrical Engineering, EE)专业的学生可能不知道如何制作一台收音机。原因在于我所遇到的学习电子工程和计算机工程(Computer Engineering, CE)的学生基本上都专注于软硬件知识相对较为均衡的计算机体系结构和嵌入式系统, 而纯做硬件的极少。当自然灾害来临时, 这些人不会去考虑我最喜欢的调幅广播电台应如何恢复运行。

因此, 当一位电子工程领域的教授和他的几名学生带着一个关于电网性能最优化的纯粹电子工程问题来找我时, 真是让我非常宽慰。

"交流电力系统采用三相输电, 我们将三相分别称为A、B和C。当每相上的负载(load)大致相等时, 系统处于最完美的运行状态。" 他解释道。

"我猜负载是需要使用电能的那些机器, 对吧?" 我马上抓住了问题的本质。

"对, 其实某条街的每栋房屋都可看作是一个负载, 而任意房屋都会在三相中分配一相为其供电。"

"可以推测, 他们在街道布线时应该会以三栋房为一个循环单元, 也就是按照$A, B, C, A, B, C, \cdots$这种形式连接, 从而平衡负载。"

"大致如此," 这位教授肯定了我的看法。"不过这些房屋的用电量并不一定相同, 而在工业区此类情况更为明显。某家公司可能仅仅开了照明灯, 而另一家公司也许在用电弧炉。当我们测算了人们实际使用的负载后, 会将其中一些迁移到另外的相以达到负载均衡。"

现在我看出了其中蕴含的算法问题。"嗯, 给定一个表示不同负载的数集, 你想要将它们分别指派为A、B和C这三相其中之一, 从而让负载尽可能均衡, 是这样吗?"

"确实如此。你能帮我们设计一个可以完成这个任务的快速算法吗?" 他问道。

对我来说, 现在问题似乎已经非常清楚了。个人感觉它应该和整数集划类[1]问题有点相似, 该问题需要将$S = \{s_1, \cdots, s_n\}$中的元素均分成两半, 我们可以按照前一节的表述形式,

---

[1] 译者注: 本书中还会提到"整数划分"(或称"整数分拆"), 为了与其区分, 我们将这里所提到的问题翻译为"整数集划类", 也即对若干整数进行均分。关于"整数集划类"问题, 可参阅本章习题**10-21**。

先设定目标值为 $k'' = \left(\sum\limits_{i=1}^{n} s_i \right) / 2$, 再按照子集和值问题求解。当所选的子集其中元素总和(对应着 k'')与剩下的元素总和(对应着 $\left(\sum\limits_{i=1}^{n} s_i \right) - k''$)相等时, 那么最均衡的划分就可能出现。

将问题从两个子集推广为三个子集的情况, 这种推广过程非常简单, 但是解决起来一点也不容易。我们现在设定目标值 $k''' = \left(\sum\limits_{i=1}^{n} s_i \right) / 3$, 若是 s_n 刚好等于 k''', 那么将原有集合均分为三个总和相等的子集还是需要在 $\{s_1, \cdots, s_{n-1}\}$ 上求解整数集划类问题(均分为两类)。

我轻轻地道出这个坏消息: "整数集划类是一个NP完全问题, 三相平衡问题和它一样难。因此, 你的问题并不存在多项式时间算法。"

他们起身准备告辞。但在此刻我突然想起了10.5节中所描述的子集和值动态规划算法。为什么不能将它扩展到三相上呢? 实际上我们可以为给定负载集 S 定义函数 $E(n, l_A, l_B)$, 如果有一种方法能划分 S 的前 n 个负载使得 A 相负载为 l_A 而 B 相负载为 l_B, 那么 $E(n, l_A, l_B)$ 取值为真(否则为假)。请注意我们没必要去记录和处理 C 相负载 l_C, 因为

$$l_C = \sum_{i=1}^{n} s_i - l_A - l_B$$

这样一来我们可以设计如下递推式, 它由原来的子集和新加入的第 n 个负载共同决定:

$$E(n, l_A, l_B) = E(n-1, l_A - s_n, l_B) \lor E(n-1, l_A, l_B - s_n) \lor E(n-1, l_A, l_B)$$

更新数据表中的每个单元格只需常数时间, 但此处有 nk^2 个单元格需要更新, 其中 k 这个目标值是我们在任意单相上所设定的均衡功率值(同时也是我们要处理的数值上限)。因此, 我们可用 $O(nk^2)$ 时间便能对三相问题给出最优均衡方案。

这一下子让他们非常开心, 准备回去着手算法实现的相关工作。但是在他们离开之前, 我问了个问题, 还特意选了一位学习计算机工程专业学生走到他跟前发问: "交流电为什么有三相?"

"呃, 也许是阻抗匹配, 和那个那个, 复数?" 他结结巴巴地说不清。他的导师很是不悦地看了他一眼, 不过我似乎得到了些许慰藉, 看来不光是我不明白这个问题。

不过计算机工程专业的学生会写代码, 这在团队里确实能发挥重要作用。他很快实现了动态规划算法并在若干具有代表性的问题上进行了实验, 最终成果可参阅[WSR13]。

通常而言, 我们的动态规划算法与多个启发式方法相比绝不会落下风, 而且常常还能给出更好的解。这一点儿并不奇怪, 因为我们的算法永远可获得最优解而启发式方法却没法保证。不过我们的动态规划算法运行时间依负载取值范围的四次方增长, 这可能会是个问题, 但是如果对负载按照不同取值情况装桶(例如 $\lfloor s_i/10 \rfloor$), 可将运行时间减少为原来的1/100, 而且所得解对于原始问题而言仍然非常好。

当我们的电子工程师开始考虑更为复杂且贴近实际的目标函数时, 动态规划进一步展现了其真正的实力。改变负载所处的相并非没有开销的操作, 所以他们希望找到一个相对均衡的负载分配, 使得达到该分配所需的变更次数最小化。这基本上和之前的递推式几乎一致, 只不过从能否达成目标的真/假状态转成了实现任意状态所需的最低费用:

$$E(n, l_A, l_B) = \min\Big(E(n-1, l_A - s_n, l_B) + 1, E(n-1, l_A, l_B - s_n) + 1, E(n-1, l_A, l_B)\Big)$$

不过这些电子工程师现在设定的目标更高了，他们想要找出能确保绝不会导致三相严重失衡且费用最低的解。因为基于以上递推式给出的最终解可能会选择让全部负载都填满 A 相(这主要是初值设定所导致的问题)，而根本不考虑换到 B 相或 C 相，而这种情况肯定是非常糟糕的。然而，只要我们将某些负载极度失衡的状态设定其 E 函数取值为 ∞，意味着这种情况完全不可取，那么我们仍然可依照上述递推式成功解决问题。

一旦你能够将状态空间降到足够小的时候，动态规划便尽显其威力，你几乎可以对一切问题实现最优化。只要遍历每种可能出现的状态，再对其合理赋分就能轻松完成。

10.7 依次序划分问题

假设现在为给三位工作人员分配了一项任务——逐页翻查书架上的书来寻找一条给定的信息。为了公平而高效地完成这项任务，这些书会分给上述三位工作人员各自处理。我们要避免去重新整理这些书，也不能把书取下来堆成几堆，那么最简单的方法就是将书架划为三个区域，并为每个区域安排一名工作人员。

可是什么样的方法来划分书架算是公平的呢？如果所有的书页数都一样，问题就很简单了，只需将这些书划分为三个同样大小的区域，例如:

$$100\ 100\ 100\ |\ 100\ 100\ 100\ |\ 100\ 100\ 100$$

这样每人都是处理300页。

但是，如果这些书页数不一样呢？假设我们依然还用同样的划分，而书的页数情况像以下这样:

$$100\ 200\ 300\ |\ 400\ 500\ 600\ |\ 700\ 800\ 900$$

我会自告奋勇去选择第一组，因为总共只需翻查600页，而不是去挑总页数为2400的最后一组。这个书架最公平的划分可能应该是:

$$100\ 200\ 300\ 400\ 500\ |\ 600\ 700\ |\ 800\ 900$$

其中最大工作量现在只有1700页，对比之前有明显的下降。

在一般情况下我们的这个问题可描述如下:

> 问题: 不得重新整理的整数集划类。
>
> 输入: 若干非负数的某种安排方式 $S = (s_1, \cdots, s_n)$ 以及整数 k。
>
> 输出: 将 S 划分为 k(或小于 k)个区域，在不对任何数进行重排的约束下最小化所有区域其和的最大值。

这个所谓的**直线式划分**(linear partition)问题[1]通常出现在并行处理过程中。我们要去平衡各个处理器上所完成的工作，从而最小化总运行用时。这种计算中的瓶颈将会是工作

---

[1] 译者注: 对应本节标题"ordered partition"(依次序划分)，若是翻译成"有序划分"容易联想到"有序数组"等概念。

分配最多的处理器。实际上，5.8节的算法征战逸事就是围绕着求解这个问题展开的，不过那个同事把它搞砸了。

请在这里停下几分钟，去试着找到一个求解直线式划分问题的算法。

○ ———————————————— ? ———————————————— ★

经验不多的算法工作者会建议用启发式方法，看起来这是解决划分问题最自然的方法。也许他们会计算划分的平均大小即 $\sum\limits_{i=1}^{n} s_i/k$，接下来试着插入若干隔板以接近平均长度。然而，这种启发式方法在某些输入上注定会失败，因为它们无法系统性地对所有可能的划分进行分析计算。

我们换一种方法，可以考虑用一个递归的穷举搜索方法来解决这个问题。注意第k个划分的起点紧挨着我们所放的第$k-1$块隔板。我们在哪里放最后一块隔板呢？不妨设位置为i，也即在第i个和第$i+1$个元素之间放置隔板$(1 \leqslant i \leqslant n)$。这种方案的费用是多少？总费用应该是以下两个量中的较大者：

- 最后一个划分的费用 $\sum\limits_{j=i+1}^{n} s_j$；
- i左侧已经构造完成的那些划分中的最大费用。

接下来我们想知道，位于左侧的这个页数最多的划分其费用是多少？要使目标最小化，我们想要尽可能公平地用余下的$k-2$块隔板去划分$(s_1, \cdots, s_i)$这些元素。这是同样问题的一个较小算例，因此它可用递归求解！

因此，不妨将$M_{n,k}$定义为所有能将$(s_1, \cdots, s_n)$分为k个区域的划分其费用的最小值，其中划分的费用指的是该划分的各区元素之和中的最大值。如此定义之后，该费用便可根据以下递推式算出：

$$M_{n,k} = \min_{1 \leqslant i \leqslant n} \left(\max \left(M_{i,k-1}, \sum_{j=i+1}^{n} s_j \right) \right)$$

我们必须确定出递推式的边界条件。在递推式中每个变量取最小值的时候，总是由这些边界条件来给出答案。对于本问题，第一个变量在实际中能取的最小值是$n=1$，这意味着第一个划分仅包含一个元素。无论用多少块隔板，我们都不可能创建一个比s_1还小的最小非空划分。第二个变量在实际中能取的最小值是$k=1$，意味着我们压根不需要划分S。综合上述分析可得：

$$\begin{cases} M_{1,k} = s_1, \text{对于所有} k > 0 \\ M_{n,1} = \sum\limits_{i=1}^{n} s_i \end{cases}$$

要是在我们已将部分结果存储起来的基础上，计算最终结果要花多少时间？表中一共存在$k \cdot n$个单元，结论很明显。针对$1 \leqslant n' \leqslant n$和$1 \leqslant k' \leqslant k$来计算部分结果$M_{n',k'}$要花多少时间呢？计算$M_{n',k'}$会涉及在$n'$个量中找最小值，而这$n'$个量每个都会在如下两个值中取较大者：一个是在表中直接查找；另一个至多会对n'个元素求和(需要$(O(n')$时间)。假设考虑最坏情况，表格中填一格需要n^2时间，一共需要填满kn个格，因此整个递推式可在$O(kn^3)$时间内算出。

数据表的求值次序和前面的几个动态规划算法完全一样: 对较大变元值计算之前先对较小变元值计算, 因此每次求值所需要的费用都已早早放在表中等待取用。完整细节在下面的代码中给出:

```c
void partition(int s[], int n, int k)
{
    int p[MAXN + 1];                /* 前缀和数组 */
    int m[MAXN + 1][MAXK + 1];      /* 存储值的动态规划用表 */
    int d[MAXN + 1][MAXK + 1];      /* 存储隔板位置的动态规划用表 */
    int cost;                       /* 用于划分费用比较择优 */
    int i, j, x;                    /* 计数器 */
    /* 构建前缀和 */
    p[0] = 0;
    for (i = 1; i <= n; i++)
        p[i] = p[i - 1] + s[i];
    /* 初始化边界值 */
    for (i = 1; i <= n; i++)
        m[i][1] = p[i];
    for (j = 1; j <= k; j++)
        m[1][j] = s[1];
    /* 计算最主要的那个递推式 */
    for (i = 2; i <= n; i++)
        for (j = 2; j <= k; j++) {
            m[i][j] = MAXINT;
            for (x = 1; x <= (i - 1); x++) {
                cost = max(m[x][j - 1], p[i] - p[x]);
                if (m[i][j] > cost) {
                    m[i][j] = cost;
                    d[i][j] = x;
                }
            }
        }
    reconstruct_partition(s, d, n, k);  /* 打印对书的划分方案 */
}
```

事实上, 上面这种实现运行起来比前面所宣布的理论结果更快。在最初的分析里面, 我们假设更新矩阵中每个单元要花$O(n^2)$时间。这是因为我们在若干个点(最多为n)中选出最好的一个来放置隔板, 而每个点都需要对若干项求和(也是最多为n)。事实上, 通过存储n个前缀和(prefix sum), 也就是$p_i = \sum_{k=1}^{i} s_k$所组成的集合, 很容易避开此类和式的计算过程, 因为直接用$\sum_{k=i}^{j} s_k = p_j - p_{i-1}$即可。这能让我们计算每个单元的递推式结果都可在线性时间内完成, 最终得到一个$O(kn^2)$算法。此类前缀和同时也是$k=1$的矩阵元素初值, 可仔细观察图10.9中所用到的矩阵。

通过研究递推关系以及图10.9中的动态规划矩阵, 你应该能说服自己最后所求出的$M(n,k)$值就是最佳划分中跨度(区间和值)最大的费用。然而对于大多数应用问题来说, 我们所需要的是对工作的实际划分。要是没有它, 我们完全就只剩下一张虽然打折力度很大但只能用于某件脱销产品的优惠券了, 它显然毫无用处。

因此我们还需要一个矩阵D用于重建最优划分。每当更新$M_{i,j}$的时候, 我们都会记录究竟用的是哪个隔板位置来算出$M_{i,j}$的值。要重建用于求出最优解的路径, 我们从$D_{n,k}$开

始逆向处理数据, 并在每次定出一个位置后加入一块相应的隔板。这种逆向行走最好通过如下递归函数来获取:

```c
void reconstruct_partition(int s[], int d[][MAXK + 1], int n, int k)
{
    if (k == 1)
        print_books(s, 1, n);
    else {
        reconstruct_partition(s, d, d[n][k], k - 1);
        print_books(s, d[n][k] + 1, n);
    }
}

void print_books(int s[], int start, int end)
{
    int i;                          /* 计数器 */
    printf("{");
    for (i = start; i <= end; i++)
        printf("%d, ", s[i]);
    printf("\b\b}\n");
}
```

M	k			D	k		
n	1	2	3	n	1	2	3
1	1	1	1	1	−	−	−
1	2	1	1	1	−	1	1
1	3	2	1	1	−	1	2
1	4	2	2	1	−	2	2
1	5	3	2	1	−	2	3
1	6	3	2	1	−	**3**	4
1	7	4	3	1	−	3	4
1	8	4	3	1	−	4	5
1	9	5	3	1	−	4	**6**

M	k			D	k		
n	1	2	3	n	1	2	3
1	1	1	1	1	−	−	−
2	3	2	2	2	−	1	1
3	6	3	3	3	−	2	2
4	10	6	4	4	−	3	3
5	15	9	6	5	−	3	4
6	21	11	9	6	−	4	5
7	28	15	11	7	−	**5**	6
8	36	21	15	8	−	5	6
9	45	24	17	9	−	6	**7**

图 10.9　利用动态规划基于矩阵 M 和 D 求解两个输入算例: $(1,1,1,1,1,1,1,1,1)$ 划分为 $(1,1,1)$, $(1,1,1)$, $(1,1,1)$[左]和 $(1,2,3,4,5,6,7,8,9)$ 划分为 $(1,2,3,4,5)$, $(6,7)$, $(8,9)$[右]。前缀和以双画线标记, 最优解对应的划分以粗体标出

10.8　上下文无关语言的语法分析

编译器会确定一个给定的程序在某种程序设计语言中是否合法, 如果不合法的话, 它将"赏给"你若干语法错误提示。这需要我们对语言给出一个精确的语法描述, 通常会使用**上下文无关语法**(context-free grammar), 如图10.10[左]所示。每个语法的**规则**(rule)或**产生式**(production)会定义一种解释, 待解释的符号(都已取名)在规则左边, 规则右边的符号序列是其解释。规则右边可以是**未竟符**(它们也得由规则给出定义)的组合, 也可以是**终止符**(简单的定义来说就是字符串, 例如"the", "a", "cat", "milk"和"drank"等)。

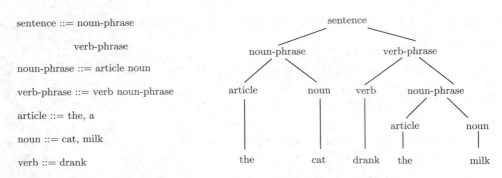

sentence ::= noun-phrase

                  verb-phrase

noun-phrase ::= article noun

verb-phrase ::= verb noun-phrase

article ::= the, a

noun ::= cat, milk

verb ::= drank

图 10.10 一个上下文无关语法[左]以及与其相关的一棵语法分析树[右]

    根据某个已给的上下文无关语法G来对给定字符串S进行语法分析, 这是一个关于构建**语法分析树**(parse tree)的算法问题, 它会依照替换规则最终将S定义为G中的一个未竟符。图10.10[右]基于我们选为范例来用的语法, 对一条简单的语句给出了一棵语法分析树。

    当我上研究生时选了一门编译器课程, 那会觉得语法分析这个问题真是复杂得要命。不过, 几年前一个朋友吃午餐时给我非常直白地解释了语法分析。不同之处在于, 我现在对动态规划的理解可比学生时代深入多了。

    我们假设文本字符串S长为n, 而语法G本身只有常数大小。这是公平合理的假设, 因为无论我们想要去编译的程序有多长, 定义特定程序设计语言(如C或Java)的语法其长度是固定的。

    此外我们假设每条规则的定义都遵循Chomsky范式(例如图10.10[左]), 这意味着每个非平凡的规则[1]右边要么恰好包含两个未竟符(形如$X \to YZ$), 要么只有一个终止符(形如$X \to \alpha$)。任何上下文无关语法都能很容易通过机械化的操作变换成Chomsky范式, 只需增加额外的未竟符和产生式并以此不断地对较长规则的右边序列进行缩短即可, 不过代价是语法会有扩充。从这个角度看, 我们的假设没有丢失一般性。

    对于一个上下文无关语法G, 其中有实际意义的规则均由两个未竟符组成, 那么, 我们如何高效地用G去对字符串S做语法分析呢? 关键是得观察出语法分析树的根所用规则(假设是$X \to YZ$)会将S在某个位置(记为i)分割开, 如此处理之后, 字符串的左部(以$S[1 \cdots i]$表示)肯定由未竟符Y生成, 而其右部(以$S[(i+1) \cdots n]$表示)必然由未竟符Z生成。

    这可让我们想到一种动态规划算法, 该方案会记录S每个子串能生成的所有未竟符。不妨定义一个布尔函数$M(i, j, X)$, 当且仅当子串$S[i \cdots j]$由未竟符X生成时该函数取值为真。如果存在生成式$X \to YZ$与i和j之间的分隔点k, 使得$S[i \cdots j]$左部能生成Y而右部能生成Z, 该函数就能取值为真。换言之, 对于$i < j$:

$$M(i, j, X) = \bigvee_{(X \to YZ) \in G} \left(\bigvee_{k=i}^{j-1} \big(M(i, k, Y) \wedge M(k+1, j, Z) \big) \right)$$

其中, $\bigvee$这个逻辑"或"运算针对所有产生式和分割位置, 而$\wedge$只处理两个布尔值的逻辑"与"运算。

---

[1] 译者注: 平凡的规则指产生空字符串的规则, 即$X \to \epsilon$。

一般而言, 单字符[1]终止符定义了递推式的边界条件. 更准确地说, 当且仅当存在一个产生式 $X \to \alpha$ 并满足 S 的第 i 个字符为 α 时 $M(i, i, X)$ 取值为真.

这种算法的复杂度是多少? 易知状态空间大小是 $O(n^2)$, 因为 (i, j) 能定出 $n(n+1)/2$ 对子串 (注意 $i < j$). 将该值乘以未竟符的个数对大 O 记号没有影响, 因为这个语法已被限定为常数规模量. 计算 $M(i, j, X)$ 的值需要针对 $i \leqslant k < j$ 逐个测试所有中间值 k, 因此在最坏情况下要花 $O(n)$ 时间去计算每个单元, 而表中共有 $O(n^2)$ 个单元. 于是, 我们最终得到一个 $O(n^3)$ 也即立方时间的语法分析算法.

停下来想想: 容竞的语法分析

问题: 程序通常会包含一些语法小错误而妨碍到编译. 给定一个上下文无关语法 G 和输入字符串 S, 寻找 S 所必须做的最小数量的字符替换, 使得修改后的字符串可被 G 接受.

解: 当我刚开始碰到这个问题时, 它看起来非常非常难. 但是再三思考之后, 这看上去应该像是将编辑距离问题进行高度抽象之后的一般版本, 它可以很自然地通过动态规划来处理. 语法分析这个词最初听起来也很复杂, 但是还是被同样的技术攻克. 实际上, 我们可将用于简单语法分析的递推关系一般化从而解决这个结合了新难点之后的问题.

我们可定义一个整数函数 $M'(i, j, X)$, 要是子串 $S[i \cdots j]$ 经过若干变动最后成为可由未竟符 X 生成的子串, 那么 $M'(i, j, X)$ 可以给出所需变更的最少次数. 我们得通过某个产生式 $X \to YZ$ 完成分隔和计算: 某些对 S 的变动可能在分隔点左侧, 还有一些可能在分隔点右侧. 不过我们所在意的仅仅是最小化其和值, 换言之,

$$M'(i, j, X) = \min_{(X \to YZ) \in G} \left(\min_{i \leqslant k < j} \left(M'(i, k, Y) + M'(k+1, j, Z) \right) \right)$$

本例中的边界条件的变化也不明显. 我们先考虑存在产生式 $X \to \alpha$ 的情况, 那么 i 位置的匹配费用取决于该位置所对应的字符: 如果 S 的第 i 个字符为 α, 那么 $M'(i, i, X)$ 设为 0; 如果不是 α, 于是我们需要使用一次替换, 从而可知此时 $M'(i, i, X)$ 设为 1. 我们再考虑语法中不存在形如 $X \to \alpha$ 这种产生式的情况, 此时无法将一个仅含单字符的字符串替换为能够生成 X 的对象, 于是对于所有的 i 我们都将 $M'(i, i, X)$ 设为 ∞. ∎

领悟要义: 考虑从左到右式的对象, 例如字符串中的字符、置换中的元素、多边形周围的点或者搜索树上的叶子结点, 对于此类对象上的任何最优化问题来说, 动态规划都有可能为你带来一个能求出最优解的高效算法.

10.9 动态规划的局限性: TSP

动态规划并不会一直奏效. 知道它为什么会失败很重要, 这能帮你避免那些会带向错误算法或低效算法的陷阱.

旅行商将再一次作为我们的典型算法问题出现, 在旅行商问题中我们要寻找能访问图中所有城市的最短巡游. 这里我们会将注意力限定于一个有趣的特例中:

---

[1] 译者注: 实际上, S 并不是普通意义上的字符串, 它的每个"字符"都代表一个实际的字符串, 例如图 10.10 中的"the".

> 问题: 最长简单路径
>
> 输入: 加权图$G = (V, E)$, 并指定了起点s和终点t。
>
> 输出: 求出从s到t开销最大的路径并要求对任何顶点的访问不得超过一次。

这个问题与旅行商问题有两个不同之处, 不过却极其无关紧要。其一, 它要找一条路径而不是一个闭合的巡游。这种差异不是本质上的: 我们只要通过添加边(t, s)就可获得一个闭合的巡游。其二, 它要找费用最昂贵的路径而不是费用最便宜的巡游。这种差异同样不是非常显著: 本问题鼓励我们尽可能多地去访问顶点(理想情况是所有顶点), 旅行商问题也是如此。这个问题的名字中有一个很显眼的关键词是"简单", 这意味着我们对任何顶点的访问不允许超过一次。

对于无权图(每条边的费用是1)来说, 从s到t的最长简单路径长度可能会达到$n - 1$。寻找此类哈密顿路径(如果它们存在的话)是一个很重要的图问题, 它会在19.5节中讨论。

10.9.1　动态规划算法什么时候是正确的?

只有当动态规划所依据的递推关系是完全正确的时候, 动态规划算法本身才是正确的。假设我们定义$L_{i,j}$为从i到j的最长简单路径其长度。注意从i到j的最长简单路径在即将到达j之前得先访问某个顶点x以让路径尽可能长。因此所访问的最后一条边必须是(x, j)这样的形式。这样可想到如下递推式来计算最长路径的长度:

$$L_{i,j} = \max_{\substack{x \in V \\ (x,j) \in E}} \left(L_{i,x} + c(x, j) \right)$$

其中, $c(x, j)$是边(x, j)的费用。这个想法看起来很合理, 但是你发现问题了吗? 我至少看到了两个。

第一个问题是该递推式完全起不到简化作用。我们怎么知道顶点j之前没有出现在从i到x的最长简单路径中? 如果出现过, 添加边(x, j)会创建一个环。为了避免此类情况发生, 我们必须定义另一个递归函数用于逐步回想我们所去过的地方。也许我们可以定义$L'(i, j, k)$函数表示从i到j且回避了顶点k的最长简单路径长度, 这样可行吗? 这个想法也许会是朝正确方向所迈出的一步, 但依然无法带来一个切实可行的递推式。

第二个问题与求值次序有关。哪一项你能最先求值呢? 因为图中顶点没有一种从左到右或从小到大的排列次序, 我们不清楚较小的子问题到底是什么。由于不存在此类次序以获得部分解, 那么我们一旦开始去求某个值就会陷入一个无限循环之中。

任何问题你只要看出它满足**最优性原理**(principle of optimality), 就可以用动态规划去求解它。粗略地说, 这意味着部分解只要求出后就可将其最优性延展, 新的最优性只涉及该部分解之后的状态, 而不用再考虑该解的其他具体细节。例如, 在确定究竟是要通过替换、插入还是删除来延展字符串近似匹配的时候, 我们不需要知道已经施加于数据之上的操作序列具体构成情况。事实上, 对于模式串p的前m个字符和文本串t的前n个字符, 可能会有若干种不同的编辑序列, 它们都能以费用C完成目标。未来的决策要基于之前决策的结果之上, 而不能依据旧决策条文本身来制定。

当操作的具体细节会起作用时, 那么问题就不满足最优性原理, 该原理仅在操作的费用是唯一决定要素时成立。例如假设不允许我们使用某种特定次序下的操作组合, 而这种形式的编辑距离是不满足最优性原理的。不过, 你要是给出了正确的递推式表述的话, 许多组合问题依然还会遵循最优性原理。

10.9.2 动态规划算法什么时候是高效的

任何动态规划算法的运行时间都是关于如下两个量的函数: (1) 我们必须记录的那些部分解的数目; (2) 对每个部分解求值所花的时间。第一个要素(即状态空间的大小)通常更值得关注。

在我们看到的所有例子当中, 部分解可通过在输入中规定其停止位置而得到完整的描述。这是因为所处理的那些组合式对象(字符串、数列和多边形)隐含着一个次序来规定对象中元素的排列情况。这个次序不允许打乱, 而如果有变化则意味着原问题变成了一个完全不同的新问题。一旦有了固定的次序之后, 那么有可能出现的停止位置或状态就会相对较少, 因此我们就得到了高效算法。

然而当对象没有稳固的次序时, 我们获得的部分解总数可能会达到指数量级。假设部分解的状态是取自起点i到终点j的整条路径P, 我们使用$\mathcal{L}(i, j, P_{i,j})$表示从$i$到$j$并途经顶点序列$P_{i,j}$的最长简单路径长度, 其中$P_{i,j}$是路径$P$中$i$和$j$之间所有中间顶点所形成的序列。下列递推关系即可计算最长简单路径:

$$\mathcal{L}(i, j, P_{i,j}) = \max_{\substack{x \in V \\ (x,j) \in E \\ j\text{不在}P_{i,x}\text{中} \\ P_{i,x}\text{末尾添加}x\text{后即为}P_{i,j}}} \Big(\mathcal{L}(i, x, P_{i,x}) + c(x, j) \Big)$$

这个公式当然是正确的, 但是它的效率如何呢? 路径$P_{i,j}$对应着一个有序的序列, 其中所含顶点数最多会达到$n - 3$, 也就是说可能会有$(n - 3)!$条这样的路径! 实际上, 这种算法其实是在用组合搜索(按照回溯方式)来创建所有的中间路径。事实上, $(n - 3)!$这个上限值对路径总数可能会有一些夸大, 因为我们在需要计算$\mathcal{L}(i, j, , P_{i,j})$时由于$P_{i,j}$已定, 因此后续的$P_{i,x}$其实不存在多种可能。

不过想到了这点之后, 我们则可用它来设计一个更好的算法。令$\mathcal{L}'(i, j, S_{i,j})$表示从$i$到$j$并途经顶点集$S_{i,j}$的最长简单路径, 注意我们现在换而考虑中间顶点所组成的集合$S_{i,j}$。这样一来, 如果$S_{i,j} = \{a, b, c\}$, 恰有六条路径能与$S_{i,j}$相容: $iabcj, iacbj, ibacj, ibcaj, icabj, icbaj$。一般情况下, 此类状态空间的大小最多为$2^n$, 因此比枚举路径的方案数要小得多。更严格地说, 该函数可用如下递推式求值:

$$\mathcal{L}'(i, j, S_{i,j}) = \max_{\substack{x \in V \\ (x,j) \in E \\ j \notin S_{i,x} \\ S_{i,j} = S_{i,x} \cup \{x\}}} \Big(\mathcal{L}'(i, x, S_{i,x}) + c(x, j) \Big)$$

我们将从i到j的最长简单路径长度记为$\mathcal{L}'(i, j)$, 显然它可通过在所有可能的中间顶点子集中基于最大函数值获得:

$$\mathcal{L}'(i,j) = \max_{S \subset (V - \{i,j\})} \mathcal{L}'(i,j,S_{i,j})$$

对于n顶点的集合只有2^n个子集, 因此这相比于枚举所有$n!$条巡游来说是一个很大的改进。实际上, 对于顶点个数上限为30左右的旅行商问题, 完全可用上述方法去求解, 而当$n = 20$的时候$O(n!)$算法就已经不能用了。由此可见, 处理此类良序化(well-ordered)的对象, 动态规划依然是最有效的。

> **领悟要义**: 所处理的对象要是没有那种内在的从左到右次序, 动态规划通常注定要用指数空间和指数时间来完成。

10.10 算法征战逸事: 过去所发生的事就是Prolog[1]

"但是我们的启发式方法在实际中效果非常非常好。" 我的同事一边自吹自擂却一边哭着求助。

统合(unification)[2]是像Prolog这样的逻辑程序设计语言中的一种基本计算机制。Prolog程序包括一组规则, 每条规则都有一个主项(head)和与主项相关联的动作, 一旦要是规则主项与当前的计算能够匹配或统合, 那么则执行相应的动作。

Prolog程序的执行开始先会确定一个目标, 例如设定$p(a, X, Y)$, 其中a是一个常量, 而X和Y是变量。随后Prolog会去系统化地将目标主项和能与目标主项统合的每个规则主项进行匹配。统合意味着将变量与常量绑定, 前提是能将它们合理地配起来。对于下面的程序(无意义, 仅作示例)所提供的规则来说,[3]

$$p(a, a, a) := h(a);$$
$$p(b, a, a) := h(a) * h(b);$$
$$p(c, b, b) := h(b) + h(c);$$
$$p(d, b, b) := h(d) + h(b);$$

易知目标$p(X, Y, a)$可统合前两条规则中的任意一条, 因为X和Y可被绑定成常量从而匹配剩下的那两个字符; 而目标$p(X, X, a)$只能匹配第一条规则, 因为要绑定到第一个位置和第二个位置的那两个变量必须相同。

"为了加速统合过程, 我们想预处理规则主项的集合, 这样就能很快地确定哪条规则与所给目标是匹配的。若要快速进行统合操作, 我们得将这些规则组织为一个trie数据结构。"

trie是处理字符串的一个极其有用的数据结构, 我们将在15.3节中会讨论。trie的每个叶子结点代表一个字符串。我们让从根到叶子的路径上第i个结点对应着字符串中的第i个字符, 这样每个结点都刚好由字符串中的一个字符来标记。

---

[1] 译者注: 作者在这里想表达的意思是Prolog可拆成"Pro"(之前的)和"log"(日志), 当然Prolog的本义其实是Programming in Logic。此外, "pro-"这个前缀的其他含义如今可能更常见。

[2] 译者注: 通常译作"合一", 不过有的时候将其作为动词使用可能读起来不甚通顺。

[3] 译者注: 它给出了四条规则, 从上到下依次为: s_1, s_2, s_3, s_4, 与图10.11对应。实际上, 在该图中也可根据从根到叶子的路径直接得出所对应的字符串, 例如s_2途经结点即字符串baa。

"我同意你的想法。trie是用于表示你的规则主项一种很自然的方法。在一组字符串上建立一棵trie很简单——只要从根开始将这些字符串插入就可以了。那你的问题又是什么呢?"我表示不解。

"我们的统合算法其效率很大程度上取决于它是否能最小化trie中边的数量。因为我们已经提前知道所有的规则,所以我们可以随意对字符在规则中的所在位置进行重排。我们可以选择让根结点代表规则的第三个变元,而不是让它像通常那样代表第一个变元。我们想利用这种变元可随意排列的特性来为一组规则构建一棵规模量最小的trie。"

他给我展示了图10.11中的例子。依照字符串的原有位置次序(1, 2, 3)而建成的一棵trie用到的边共有12条。然而,通过将字符次序变更为(2, 3, 1),我们可获得一棵仅有8条边的trie。

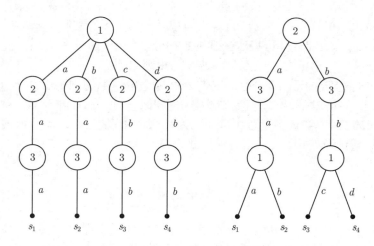

图 10.11 用于处理相同Prolog规则主项集合的两棵不同的trie

"这个挺有意思……"我刚要回应,他又打断了我。

"还有另一个约束。我们必须让trie中的叶子保持有序,要满足树最下面中的那些叶子从左到右看和刚才我们在纸上写规则的次序完全一致。"

"但是你为什么要让trie中的叶子保持某个给定的次序呢?"我问。

"Prolog程序中的规则次序特别特别重要。如果你改变了规则的次序,那程序就可能会返回不同的结果。"

下来就是我的任务了。

"我们有一个贪心启发式方法,可以建立一棵挺好的trie,但它不是最优的。我们的方法是挑选出能够最小化根结点度值的字符位置,再以该位置作为根,基于这个思路可完成构建过程。换言之,它每次挑选拥有字符种类最少的那个位置。启发式方法在实际中运行得非常非常好。但是,我们需要你证明找到最优的trie是个NP完全问题,这样我们的论文就会,嗯,很完善了。"

我答应试着证明这个问题的难解性,随后将他从我的办公室支走了。这个问题确实看起来要用一个非平凡的组合最优化[1]来建立费用最小的树,但是我不知道该如何将规则的从

---
[1] 译者注: 即不能以多项式时间解决的问题。

左到右次序性作为某种因素纳入到难解性证明当中。事实上, 我想不出哪种NP完全问题会有这种从左到右的次序约束。毕竟它拥有这条特殊性质: 如果一组给定的规则中存在一个位置让所有规则在该位置上的取值都相同, 那么这个字符位置在任何费用最小的树中都应该最先去探查。因为规则必须有序排列, 于是子树中的每个结点都肯定代表了一串连续排列的规则所对应的根。因此对于这种树而言, 只能选出$\binom{n}{2}$种本质上互不相同的结点……

就是这样! 问题解决了。

第二天我又去找了那位教授并告诉他, "我不能证明你的问题是NP完全问题。但是! 要是有一个高效的动态规划算法能找到最佳trie, 你觉得怎么样?" 在他完全听懂算法之后, 那会看着他紧锁的眉头舒展开来真是很高兴。找到一种高效算法能给出他所需的trie, 这可要比一个能证明自己无法快速完成任务的定理好得多!

我的递推式看起来大致是这样: 假设给定n个有序规则主项$s_1, \cdots, s_n$, 且每个主项都有m个变元, 并将s_q的p位置字符记为$s_q[p]$。我们考虑在第p个位置$(1 \leqslant p \leqslant m)$针对规则主项$s_i, \cdots, s_j(1 \leqslant i < j \leqslant n)$探查, 可将这些规则主项分割为$t_{i,j}(p)$个串结$R_1, \cdots, R_{t_{i,j}(p)}$。[1] 任取串结$R_k(1 \leqslant k \leqslant t_{i,j}(p))$, 它对应着一串连续的规则主项$s_{i_k}, s_{i_k+1}, \cdots, s_{j_k}$, 且这些规则主项在$p$位置的字符值都等于$s_{i_k}[p]$。由于我们要求每个串结中的规则必须连续, 因此只要考虑$\binom{n}{2}$种可能会出现的情况即可。当我们探查p位置时会创建若干串结且分别对应着树, 而这些树都有相应的费用, 将其费用总和再加上为每棵树和探查点p之间各自连接一条边的费用, 就是探查p位置的总费用$C_{i,j}$。相关递推式为

$$C_{i,j} = \min_{1 \leqslant p \leqslant m} \left(\sum_{k=1}^{t_{i,j}(p)} \left(C_{i_k,j_k} + 1 \right) \right)$$

团队里的一个研究生马上开始着手实现这个算法, 并与他们的启发式方法进行比较。在很多输入情况下最优算法和贪心算法创建了完全一样的trie。但是对于有些算例而言, 动态规划相比于贪心算法能给出20%的性能改进, 也就是说, 要比在实际中性能已经很出色的那个解还要小20%。动态规划所花的时间比贪心算法运行时间要多一点, 但是为了在编译器优化中让你程序性能更好, 你永远都会很乐意用一点额外的编译时间来换取更少的执行时间。这种20%的改进值得花时间吗? 这得依情况而定。要是你的工资涨20%, 你会觉得有多大用处呢?

Prolog规则必须保持有序这一事实是我们在动态规划求解方案中所用到的关键特性。实际上, 要是没有它我便能证明该问题确实就是NP完全问题, 这也是我们写在相关论文中以使结果更完善[2]的那部分内容。

> **领悟要义**: 全局最优解(例如可使用动态规划来找到)通常都明显优于那些用典型启发式方法所找到的解。这种改进对你有多重要取决于所处理的应用问题, 但是它绝对没有坏处。

---

[1] 译者注: 例如$p = 2$时, 图10.11中的算例s_1, s_2, s_3, s_4可划分为$t_{1,4}(p) = 2$个串结, 也即s_1, s_2和s_3, s_4, 对应p位置的字符分别为a和b。

[2] 译者注: 原文使用了"make it complete"呼应"NP-Complete"。

章节注释

动态规划技术的发明归功于Bellman[Be58]。Wagner和Fischer首次提出了编辑距离算法[WF74]。本章中书籍划分问题的一个更快算法由Khanna等给出[KMS97]。

像动态规划和回溯搜索这样的技术可以用于对很多NP完全问题给出最坏情况下的"高效"(尽管依然是非多项式时间)算法。不妨读读Downey和Fellows的[DF12]以及Woeginger的[Woe03],你可以找到关于此类技术的精彩综述。

若想进一步了解本章中所提到的这些算法征战逸事,不妨看看已发表的相关论文。关于Prolog中的trie最小化问题(10.10节)可参阅Dawson等的论文[DRR+95]。相位功率平衡算法(10.6节)可见Wang等的[WSR13]。Theo Pavlidis和Ynjiun Wang在造访石溪大学期间的努力探索(10.4节)使得二维条码技术有了很大的进展[PSW92]。

本章介绍的语法分析动态规划算法通常称为CKY算法,它取自其三个发明者(Cocke和Kasami以及Younger)[You67]姓氏首字母,他们分别独立地提出了该算法。语法分析最早由Aho和Peterson将其一般化为编辑距离问题[AP72]。

10.11 习题

递推式基础

10-1. *[3]* 一次最多能跳k级! 某个孩子在一个拥有n级台阶的楼梯中向上奔跑,每次可跨1到k级台阶。设计一种算法求出孩子能有多少种上楼方式(将其表示为关于n和k的函数)。

10-2. *[3]* 假设你是一名资深游戏玩家,需要在一条山路沿途的n个矿洞中采集宝石,每个矿洞中的宝石价值为$m_i(1 \leq i \leq n)$而且你完全掌握其信息。你不得在相邻的两个矿洞中连续开采,这样会引起坍塌事故。设计一种高效算法可求出在不引发事故的情况下你所能采集到的最大总价值。[1]

10-3. *[5]* 篮球比赛可视为一个由2分投篮、3分投篮和1分罚球所组成的得分序列。给定分值n,设计一种算法求出存在多少种分类计分(也即1分罚球总分值、2分投篮总分值和3分投篮总分值)使得其总分为n。例如当$n = 5$时有五个解: $(5,0,0)$, $(2,0,1)$, $(1,2,0)$, $(0,1,1)$, $(3,1,0)$。

10-4. *[5]* 篮球比赛可视为一个由2分投篮、3分投篮和1分罚球所组成的得分序列。给定分值n,设计一种算法求出存在多少种得分序列使得其总分为n。当$n = 5$时有13种可行序列,例如$1 \to 2 \to 1 \to 1$和$3 \to 2$以及$1 \to 1 \to 1 \to 1 \to 1$。

10-5. *[5]* 给定一个已填满非负数的$s \times t$网格,请找出一条从左上角到右下角的路径使得该路径中所有数字的总和最小。你在任何时候都只允许朝下或朝右移动一格。

(a) 基于Dijkstra算法设计一种求解方案,并分析其时间复杂度(将其表示为关于s和t的函数)。

(b) 基于动态规划技术给出一种解决方案,并分析其时间复杂度(将其表示为关于s和t的函数)。

---

[1] 译者注: 本题表述已作改动。

编辑距离

10-6. *[3]* 我们在打字时经常会犯换位错误(交换了相邻的字符), 例如你想录入"steve"却打成了"setve"。在编辑距离的常规定义体系下, 这种换位需要两次替换来修正。

请纳入一种交换操作, 使得此类相邻字符间的换位错误只需一次操作即可。

10-7. *[4]* 假设给你三个字符串X、Y、Z, 其中$|X| = n$, $|Y| = m$, $|Z| = n+m$。称Z为X和Y的一个**混洗**(shuffle), 若Z能由X和Y中字符经过依次安插排列而成(但得保持字符在原有字符串中从左到右的次序)。

(a) 请验证: 字符串"cchocohilaptes"是"chocolate"和"chips"这两个词的一个混洗, 而字符串"chocochilatspe"则不是。

(b) 给出一种高效的动态规划算法来确定Z是否为X和Y的一个混洗。[提示]: 你所创建的动态规划矩阵的元素值应该是布尔型, 而不应是数值型。

10-8. *[4]* 两个字符串X和Y的最长公共子串(注意不是子序列)是X和Y的子串中最长的那个, 所谓子串必须以X和Y所共有的一连串字符形式出现。例如, "photograph"和"tomography"的最长公共子串是"ograph"。不妨设$|X| = n$且$|Y| = m$。

(a) 给出一种$\Theta(nm)$时间的动态规划算法, 它基于最长公共子序列/编辑距离算法来求解最长公共子串。

(b) 设计一种不依赖于动态规划的$\Theta(nm)$算法。

10-9. *[6]* 两个序列p和t的最长公共子序列(Longest Common Subsequence, LCS)是一个满足既是p又是t的子序列这个条件的最长序列l。两个序列p和t的最短公共超序列(Shortest Common Supersequence, SCS)是一个最短的序列l'并满足p和t均为l'的子序列。

(a) 给出一种高效算法, 对于给定两个序列分别找出其LCS和SCS。

(b) 令$d(p,t)$是在不允许替换操作的情况下(也就是说只能用插入字符和删除字符来改变序列)p和t之间的最短编辑距离。证明$d(p,t) = |\text{SCS}(p,t)| - |\text{LCS}(p,t)|$, 其中$|\text{SCS}(p,t)|$和$|\text{LCS}(p,t)|$分别是$p$和$t$的SCS长度和LCS长度。

10-10. *[5]* 假设某个游戏中有n枚扑克筹码分两堆叠放, 你可以看到所有的筹码边缘(进而了解其颜色)。筹码分为三种颜色($R/G/B$), 在游戏中每轮允许选择一种筹码颜色并将该颜色的所有筹码从两堆的顶部同时取走。我们的目标是将筹码全部取出并尽量减少轮数。

例如游戏初始时两堆分别为$RRGG$和$GBBB$(顶部分别为R和G), 只要按照R, G, B序列取筹码便能仅在三步内清空这两堆筹码。设计一种$O(n^2)$时间的动态规划算法针对所给定的两堆筹码找出最优游戏策略。

贪心算法

10-11. *[4]* 设$P_1, P_2, \cdots, P_n$表示n个程序, 其中程序P_i需要的存储空间为s_i(单位为MB)。现有一个容量为D(单位为MB)的磁盘可用于存储程序, 但是该磁盘无法存下所有这些程序, 也即$D < \sum_{i=1}^{n} s_i$。

(a) 以s_i的非递减序来挑选程序存入磁盘, 这种贪心算法能否最大化磁盘中所能容纳的程序个数呢? 证明或者举出反例。

(b) 以s_i的非递减序来挑选程序存入磁盘, 这种贪心算法能否最大化磁盘容量的利用率s呢? 证明或者举出反例。

10-12. *[5]* 美国的硬币按照面值1, 5, 10, 25, 50来铸造(单位为美分)。现在来考虑按照面值$\{d_1, \cdots, d_k\}$(单位为分)来铸造硬币的某个国家, 我们想要寻找一个算法能用最少数目的该国硬币来找开n分钱。

(a) 贪心算法不断选出不超过待找金额的最大面值硬币, 直到钱找开为止。当所在国家硬币面值集合为$\{1, 6, 10\}$时, 证明这种贪心算法不一定总能用最少的硬币完成找零的任务。

(b) 给出一种高效算法能确定出基于面值集合$\{d_1, \cdots, d_k\}$找开n分钱所需的最少硬币数, 并分析该算法的运行时间。

10-13. *[5]* 美国的硬币按照面值1, 5, 10, 25, 50来铸造(单位为美分)。现在来考虑按照面值$\{d_1, \cdots, d_k\}$(单位为分)来铸造硬币的某个国家, 我们想统计有多少种方式能找开n分钱, 并记其种数为$C(n)$。例如当所在国家硬币面值集合为$\{1, 6, 10\}$时, $C(5) = 1$, $C(6)$到$C(9)$都是2, $C(10) = 3$, $C(12) = 4$。

(a) 有多少种方式能由$\{1, 6, 10\}$找开20分钱?

(b) 给出一种高效算法来计算$C(n)$, 并分析该算法的时间/空间复杂度。[提示]: 可通过计算$C_{n,d}$来求解, 其中$C_{n,d}$是最高面值为d的情况下能找开n分钱的方案数。千万注意不要重复计数。

10-14. *[6]* 在单处理器调度问题中会给我们一个由n项任务组成的集合, 其中每项任务i都有处理时间t_i和截止时间d_i。一个调度是任务的一种排列, 若按该排列次序执行任务时, 每项任务可在其截止时间之前任务完成, 那么称该调度是可行的。单处理器任务调度的贪心算法会最先选出截止时间最早的那项任务。

证明如果存在一个可行调度, 那么上述贪心算法所给出的调度必然可行。

数的问题

10-15. *[3]* 给定一根长为n英寸的木棒以及一张关于各种大小(从1到n)的木棒价目表。给出一种高效算法求出通过切割木棒再行出售之后所能获得的最大金额(当然也可整根售卖)。例如当$n = 8$时, 不同大小的木棒价格分别为1, 5, 8, 9, 10, 17, 17, 20(对应大小从1到8), 那么我们可将该木棒切成长度分别为2和6的短棒, 能够获取的最大金额为22。

10-16. *[5]* 你的公司领导写了一个包含n项的算术表达式来计算你的年终奖金, 不过这位领导让你随意在其中添加括号。给出一种高效算法来设计括号的添加策略, 使得最终奖金额最大。例如表达式

$$6 + 2 \times 0 - 4$$

存在不同的括号添加方式, 相应取值范围则是-32到2。

10-17. *[5]* 给定一个正整数n, 设计一种高效算法用最少的完全平方数(例如1、4、9或16这样的数)实现其总和刚好等于n。

10-18. *[5]* 给定一个包含n个整数的数组A, 找出一种计算该数组中最大子段和的高效算法。例如A所存储的元素为$-3, 2, 7, -3, 4, -2, 0, 1$时, 其中$2, 7, -3, 4$这个子段(要求元素连续取出)总和为10, 对应着最大子段和。

10-19. *[5]* 现有m个手提箱需要让两名司机分开运载, 其中第i个手提箱重量为w_i。给出一种高效算法来分配手提箱使得两名司机所运的手提箱总重相等, 前提是存在这样的方案。

10-20. *[6]* 背包问题如下: 给定一个整数集$S = \{s_1, s_2, \cdots, s_n\}$和一个目标数值$t$, 寻找$S$的一个子集使其元素之和恰为$t$。例如, 可在$S = \{1, 2, 5, 9, 10\}$之中找出一个子集使得其元素之和为$t = 22$, 但是当$t = 23$时却不存在这样的子集。

给出一种正确的动态规划算法求解背包问题, 可在$O(tn)$时间内运行完毕。

10-21. *[6]* **整数集划类**(integer partition)取正整数集$S = \{s_1, \cdots, s_n\}$作为输入, 我们需要寻找子集$P \subset S$使得

$$\sum_{1 \leqslant i \leqslant n, i \in P} s_i = \sum_{1 \leqslant j \leqslant n, j \notin P} s_j$$

假设$\sum_{i=1}^{n} s_i = m$, 给出一个$O(nm)$时间的动态规划算法来求解整数集划类问题。

10-22. *[5]* 假定有n个数(某些可能为负数)排成一个圆环, 我们想找到圆上的一段连续的数字(位于某条圆弧之上)使得其和最大。给出一个高效算法求解此问题。

10-23. *[5]* 某种字符串处理语言允许程序员将字符串分为两段。将一个长为n的字符串分为两段需要花费n个单位时间, 因为这种操作会涉及旧字符串的复制工作。一个程序员想将字符串分为若干段, 他所采用的划分次序会影响到总的用时情况。例如, 假设我们想将一个有20个字符的字符串在第3个、第8个和第10个位置之后切断。如果我们按从左到右的次序切分, 那么第一次切分花费20个单位时间, 第二次切分花费17个单位时间, 第三次切分花费12个单位时间, 共计49个单位时间。如果我们按从右到左的次序切分, 那么第一次切分花费20个单位时间, 第二次切分花费10个单位时间, 第三次切分花费8个单位时间, 共计38个单位时间。

给出一种动态规划算法, 以字符位置的列表作为输入, 只允许在这些位置之后进行切分, 要求在$O(n^3)$时间内算出最少的切分花费并输出。

10-24. *[5]* 考虑如下数据压缩技术。给定一个列表其中存储了m个文本串, 每个串其长度至多为k。现在我们想对一个长为n的数据串D使用尽可能少的文本串来编码。例如, 若是该表包含("a", "ba", "abab", "b"), 且数据串为"bababbaababa", 最好的编码方式则是("b", "abab", "ba", "abab", "a")——共计5个码字。给出一个$O(nmk)$算法找出最优编码的码长。你可以假设每个文本串都可以基于该表至少给出一种编码。

10-25. *[5]* 传统的国际象棋世界锦标赛是由24局对弈构成的比赛。要是比赛积分打平, 则上届冠军卫冕。每局对弈结果为胜出、告负以及和局其中之一, 其中胜出积1分, 告负积0分, 而和局积分为1/2。棋手轮流执黑和白。执白的棋手具有优势, 因为白棋先行。上届冠军首局执白行棋。每次对弈时, 上届冠军执白胜出、告负以及和局的概率分别是p_W、p_L、p_D, 而他执黑胜出、告负以及和局的概率分别是q_W、q_L、q_D。

(a) 以递推式写出上届冠军能够卫冕的概率。假设比赛还剩g局对弈未进行, 而上届冠军还需赢得i分才能卫冕(该分值是1/2的倍数)。

(b) 基于你的递推式, 给出一个动态规划算法来计算上届冠军能卫冕的概率。

(c) 对于一场由n局对弈构成的比赛, 分析算法的运行时间。

10-26. *[8]* 鸡蛋要是从足够高的地方掉下来则会摔碎。更明确地说, 对于任意一栋足够高的n层建筑物, 肯定存在某个楼层f使得鸡蛋从f层掉下会摔碎而从$f-1$层掉下则不会。如果鸡蛋一摔就碎那么$f = 1$, 而要是鸡蛋永远摔不碎我们则设$f = n + 1$。

你想在一栋n层建筑物中使用鸡蛋来测出该建筑物的临界楼层f,而你能执行的操作只有投落鸡蛋再进行观察。一开始的时候你站在楼下拥有k只鸡蛋,而你想尽可能减少投落鸡蛋的次数,注意摔碎的鸡蛋无法再用。令$E(k,n)$是肯定能测出临界楼层所投落鸡蛋的最少上楼次数。[1]

(a) 证明$E(1,n) = n$。

(b) 证明$E(k,n) = \Theta(n^{\frac{1}{k}})$。

(c) 为$E(k,n)$寻找一个递推式。用动态规划计算$E(k,n)$的运行时间是多少?

图问题

10-27. *[4]* 考虑一个市内街道由$X \times Y$网格定义的城市。我们想从网格左上角一直穿行直到网格右下角。

不幸的是城里有些坏邻居,我们不想走到他们所在的十字路口。给定一个$X \times Y$的矩阵$\boldsymbol{B}$,其中$B_{ij} = \ominus$则意味着街道i和街道j所交叉的路口有一个坏邻居得提防。

(a) 给出一个$\boldsymbol{B}$矩阵实例(要求给出具体元素内容)使得没有一条路径能在避开坏邻居的情况下穿过该网格。

(b) 给出一个$O(XY)$算法寻找一条能在避开坏邻居的情况下穿过该网格的路径。

(c) 给出一个$O(XY)$算法寻找一条能在避开坏邻居的情况下穿过该网格的最短路径。你可以假设所有的街区的边长全相等。给出一个$O(X^2Y^2)$算法可得到部分分数。

10-28. *[5]* 考虑与上题相同的情况。我们在一个市内街道由$X \times Y$网格定义的城市。我们想从网格左上角走到网格右下角。给定一个$X \times Y$的矩阵$\boldsymbol{B}$,其中$B_{ij} = \ominus$则意味着街道i和街道j所交叉的路口有一个坏邻居得提防。此外设所有街区边长为单位值。[2]

要是没有坏邻居与我们斗争,穿过该网格的最短路径的长度应该是$(X-1) + (Y-1)$,而实际上可能会有很多这样的路径能穿过该网格。此类路径都只能包含向右和向下这两种移动方式。

给出一个算法以矩阵$\boldsymbol{B}$作为输入,它会输出长为$X+Y-2$并且安全通过网格的路径条数。要得满分,你的算法必须在$O(XY)$时间内运行完毕。

10-29. *[5]* 我们需要构建一个由n个盒子组成的栈,其中第i个盒子宽为w_i高为h_i且深为d_i。这些盒子不可旋转,而且只有当栈中每个盒子宽度、高度和深度都绝对超出其上的盒子相关大小时,它们才能叠放起来。给出一种高效算法来构造尽可能高的栈,其高度为栈中所有盒子的高度总和。

设计问题

10-30. *[4]* 考虑在图书馆书架上存放n本书的问题。书的次序由书目管理系统决定,所以不能随意重排。因此,我们可用b_i来表示某本书$(1 \leqslant i \leqslant n)$,该书的厚度为$t_i$而高度为$h_i$。图书馆内每层书架长为$L$。

假设所有书籍具有相同的高度h(也即对于任意的i有$h_i = h$),并且每层书架之间的高度间隔大于h,所以任意一本书都能轻松放进所有书架中。贪心算法将尽可能多的书塞进首

---

[1] 译者注: $E(2,n)$情况是个经典趣味问题。注意题中没有提及: 鸡蛋若是没有摔碎,还可以去楼下捡回再用。

[2] 译者注: 为了后文表述长度值方便,我们增加了此条假设。

层书架, 直到我们第一次碰到某个下标i使得b_i无法放入为止, 然后重复处理后续书架。证明贪心算法总能找到最优的书架布局方式, 并分析该算法的时间复杂度。

10-31. *[6]* 本题是上题的推广。现在考虑书的高度不为常数的情况, 不过我们可以自由调整每层书架的高度变为该层书架上最高那本书的高度。因此某个特定的布局的费用就是该情况下所有层高(也就是该层书架上最高那本书的高度)之和。

(a) 对于尽可能填满书架的这种贪心算法, 举出一个例子来说明该算法无法永远让层高总和最小。

(b) 给出一个求解本题(使层高总和最小)的算法并分析它的时间复杂度。[提示]: 使用动态规划。

10-32. *[5]* 假设你有一把特殊定制的直线排布键盘,[1] 其中仅含以下符号键并按特定规则布局: 最左侧的26个按键依次是小写字母"a"到"z", 随后紧跟数字0到9, 接下来是按指定次序排列的30个标点符号, 最右侧是空格键。假设初始时你的左手食指放于"a"而右手食指置于空格。

针对长为n的给定输入文本, 请利用动态规划算法找出一种最高效的打字方案, 也即最小化手指的总移动距离。例如输入文本为"abababab$\cdots$abab"时, 你需要将两根手指全部挪到键盘左侧。假设键盘共有k个键, 请基于n和k分析你所设计的算法其时间复杂度。

10-33. *[5]* 假设你从未来穿越回现在, 携带了一份关于Google股价的资料, 不妨以数组$G[1..n]$表示, 其中$G[i]$存放了从现在起第i天后的Google股价($1 \leqslant i \leqslant n$)。你想利用这份资料获得最大化收益, 不过每天你至多只能完成一个单位的交易(也即买入或卖出一股)。设计一种高效算法构建股票交易序列从而实现收益最大化。请注意, 你至少得拥有一股才能考虑卖出。

10-34. *[5]* 给定一个长为n的字符串$S = s_1 \cdots s_n$, 你觉得这是一份压缩后的文本文档, 因为其中所有空格都已删去, 形如"itwasthebestoftimes"。

你想基于字典重建文档, 而该字典的使用方式是对某个返回布尔值的函数d进行调用: $d(w)$返回真当且仅当输入字符串w确实是该语言中真实存在的单词。不妨假设调用$d(w)$函数并返回结果仅耗费单位时间。

(a) 给出一个$O(n^2)$算法来确定字符串S是否可以重新组织成一个由w中单词所构成的序列。

(b) 如果假设该字典是一个由m个单词组成的集合, 其中每个单词至多长为l。给出一个高效算法来确定字符串S是否可以重新组织成一个由w中单词所构成的序列, 并分析该算法的运行时间。

10-35. *[8]* 考虑以下双人游戏并尝试获得最高分。游戏初始会给定一个n位整数I, 玩家每走一步都可以从当前整数的剩余部分中取出首位数字或末位数字, 并将该数字累加到该玩家的得分中, 随后所形成的较小整数交由另一名玩家按同样的规则处理。两名玩家轮流取出数字直到全部取完。请给出一种高效算法让先手玩家可以基于给定的n位数I拿到最高分。不妨假设两名玩家都非常聪明, 每步都会按最优策略处理。

10-36. *[6]* 输入为一个由n个实数组成的数组, 考虑在其中找到最大子数组段(一段连续的相邻元素)和值的问题。[2] 例如数组所存储元素为31, -41, 59, 26, -53, 58, 97, -93, -23, 84,

---

[1] 译者注: 本题由Codeforces上的*Linear Keyboard*改编, 当然喜欢键盘的读者可能会联想到"线性轴"。

[2] 译者注: 这个问题更为熟知的名字是"最大子段和"(maximum interval sum), 也可译为"最大区间和"。

其中$59, 26, -53, 58, 97$求和可获得最大值, 也即$59 + 26 + (-53) + 58 + 97 = 187$。当所有数为正时, 整个数组求和便能提供答案; 而在所有数为负时, 空数组可以最大化其总和(也即0)。

(a) 给出一个简单清晰并且正确的$\Theta(n^2)$时间算法来寻找最大子数组段。

(b) 进一步对该问题给出一个$\Theta(n)$时间的动态规划算法。要是只想拿部分分数, 你可以考虑设计一个$O(n \log n)$时间的分治算法, 不过得确保正确性。

10-37. *[7]* 考虑测试问题: 给定一个k元字母表A和定义于该字母表上的乘法运算(见表10.4), 我们的测试对象是一个取自A的字符串$x = x_1 x_2 \cdots x_n$。请确定是否有可能在x中加入适当的括号使得表达式的结果值为字母表(例如$\{a, b, c\}$)中的某个目标元素(例如a)。这里的乘法运算既不满足交换律也不满足结合律, 所以乘法的次序很重要。

表 10.4 定义于三元字母表$\{a, b, c\}$上的乘法运算示例

字母	a	b	c
a	a	c	c
b	a	a	b
c	c	c	c

例如我们基于表10.4中的乘法运算处理字符串$bbbba$: 按$(b(bb))(ba)$添加括号所给出的结果为a, 而按$((((bb)b)b)a)$添加括号则给出的结果为c。

给出一种$O(f(n, k))$时间的算法($f(n, k)$是一个以n和k为变量的多项式)来确定: 对于给定的字符串和乘法运算以及目标元素, 是否存在相应的括号添加策略可达成最终目标。

10-38. *[6]* 令α和β为常量。假定在二叉树中朝左孩子方向走会花费α, 而朝右孩子方向走会花费β。给定键值$k_1, \cdots, k_n$和查找这些键值的概率$p_1, \cdots, p_n$, 设计一种算法建立一棵查找期望费用最小的二叉树。

面试题

10-39. *[5]* 给定一个硬币面值集合, 寻找数目最少的硬币来找开某个金额。

10-40. *[5]* 给你一个包含n个数的数组, 其中每个数都可能为正数、负数或者零。给出一种高效算法来定出下标位置i和j, 从而最大化第i个数到第j个数之间的元素之和。

10-41. *[7]* 当你将杂志中的一个字符挖去的时候, 这页背面的字符也会同时被去掉, 不妨去观察一下。你可以从某本杂志中弄下来一些字符粘贴成字符串, 给出一种算法来确定是否能用给定的杂志以这种方法生成一个给定的字符串。假设给你一个函数, 对于任意给定的字符位置p, 该函数能帮你获取p位置的字符值以及p位置背面所对应的字符位置(进而了解其值)。

力扣

10-1. https://leetcode.com/problems/binary-tree-cameras/

10-2. https://leetcode.com/problems/edit-distance/

10-3. https://leetcode.com/problems/maximum-product-of-splitted-binary-tree/

黑客排行榜

10-1. https://www.hackerrank.com/challenges/ctci-recursive-staircase/
10-2. https://www.hackerrank.com/challenges/coin-change/
10-3. https://www.hackerrank.com/challenges/longest-increasing-subsequent/

编程挑战赛

下列编程挑战赛问题可在https://onlinejudge.org/上找到, 网站会自动判分。

10-1. "Is Bigger Smarter?" — 第11章, 问题10131。
10-2. "Weights and Measures" — 第11章, 问题10154。
10-3. "Unidirectional TSP" — 第11章, 问题116。
10-4. "Cutting Sticks" — 第11章, 问题10003。
10-5. "Ferry Loading" — 第11章, 问题10261。

第11章

NP完全

本章我们所要介绍的技术是用于证明——对于某个给定问题，不存在求解它的高效算法。从事实际工作的读者一听到跟"证明"这个概念相关的事情可能就会感到局促不安，要是再听到有人居然想花时间证明什么东西不存在，他们更会惊慌失措。也许这些读者会问："假设有件工作我不知道如何去做，而事实证明它是个不可能完成的任务，为什么知道这个事实之后我会感觉更好呢？"

事情的真相是这样的，NP完全性对于算法设计师来说是一个极其有用的工具，尽管它所给出的全都是否定性的答案。事实上，NP完全性这个理论能让算法设计师将精力专注在那些更有价值的事情上，因为它会警醒我们："要想为这个问题寻找高效算法，你的研究注定要失败"。当我们无法证明某个问题是难解问题时，那便意味着很有可能存在能解决该问题的高效算法。第10章中的两篇算法征战逸事描述了这样的故事：起初对难解性给出了错误证明，尔后灵光一闪，最后得到了令人欣喜的结果。

NP完全性理论也能让我们知道到底是什么特性会使某个问题变为难解问题。这会给我们提供两种不同的思维模式：以其他方式对问题建模；或是对该问题中较为容易求解的特质进行深入探究。对于算法设计师来说，能够感知到什么问题是难解问题，这是一种很重要的技能，而这种意识只能来自难解性证明的亲身实践。

我们将要用到的基本概念是两个问题之间的**归约**(reduction)，它可以证明这两个问题实际上是等价的。我们会通过一系列的归约来阐述这种思想，每个归约要么会得出一个高效算法，要么为"完全不存在高效算法"提供论据。我们还将提供NP完全性中关于复杂理论性部分的简介，而这是计算机科学最根本的概念之一。

11.1 问题和归约

我们已在本书中遇到了许多无法找到高效算法的问题。可以证明这些问题在某些程度上可视为是同一个问题，而NP完全性理论为此类证明提供了所需的工具。

证明问题难解性的关键思想是两个问题之间的**归约**或**变换**(translation)。下面给出一个比喻来解释NP完全性，它可帮助你理解这种思想。一群孩子在操场上轮流对打来证明他们究竟有多"强悍"。Adam痛揍了Bill，而Bill又狠击了Dwayne，那么他们之中有谁能称得上是"强悍"的呢？或者都不"强悍"呢？事实上，要是不引入外部标准的话，我们肯定无法得出结论。若是我告诉你这位Dwayne是Dwayne "The Rock" Johnson(这位"巨石强森"可是公认的硬汉)，你肯定会印象深刻——Adam和Bill至少是Dwayne Johnson这种级别的硬汉。在这个比喻中，每场打斗代表一个归约，而Dwayne Johnson扮演了可满足性(satisfiability)的角色，事实上，可满足性问题是一个公认的难解问题，绝对货真价实。

归约是将一个问题转化为另一个问题的操作。要描述归约，我们必须给出若干稍微严格一点的定义。所谓算法问题，对应着某个一般性的问题，它拥有用于输入的变元，同时具备判定所给答案或解是否达到要求的条件。而算例则是一个输入变元已确定的问题。它们之间的差异可用一个例子来说清楚：

问题：旅行商问题(TSP)

输入：加权图 G。

输出：哪个巡游 $(v_1, v_2, \cdots, v_n)$ 可以最小化 $\left(\sum_{i=1}^{n-1} d[v_i, v_{i+1}] \right) + d[v_n, v_1]$？

任何加权图都可确定TSP的一个算例。而每个变元已确定的算例都至少有一个费用最少的巡游。要想求解一般的旅行商问题，得有一个对所有算例都能找到最佳巡游的算法。

11.1.1 关键思想

现在我们考虑两个算法问题：Bandersnatch问题和Bo-billy问题。[1] 假设我给你如下归约(也即算法29)来求解Bandersnatch问题：

算法 29 Bandersnatch(G)

1 将输入 G 变换为Bo-billy问题的一个算例 Y

2 以 Y 为变元调用子程序Bo-billy来求解算例 Y

3 **return** Bo-billy(Y)的答案(也即将它作为Bandersnatch(G)的答案)

这种算法会正确无误地解决Bandersnatch问题，前提是从Bandersnatch到Bo-billy的变换总能保证解的正确性。换言之，上述变换对于所有算例 G 都具备如下特性：

$$\text{Bandersnatch}(G) = \text{Bo-billy}(Y)$$

所谓归约就是：将一种类型问题的算例变换为另一种类型问题的算例并能保持答案相同。

现在我们假设从 G 变换到 Y 的这种归约可在 $O(P(n))$ 时间内完成。这会有两种含义：

- 要是我的Bo-billy子程序能在 $O(P'(n))$ 时间内运行完，则意味着我可以先花时间对问题进行变换，接着用些时间执行Bo-billy子程序，从而在 $O(P(n) + P'(n))$ 时间内解决Bandersnatch问题。

- 要是我知道 $\Omega(P'(n))$ 是计算Bandersnatch问题的一个下界(意味着肯定不会有比这个下界更快的求解方法)。那么 $\Omega(P'(n) - P(n))$ 肯定是计算Bo-billy问题的下界。为何如此？如果我可以将Bo-billy问题解得再快一点，那么我就可用上述归约求解Bandersnatch从而打破我所给出的下界。这意味着无论哪种能求解Bo-billy问题的方法，其速度都不会比前面所断言的 $\Omega(P'(n) - P(n))$ 更快。

---

[1] 译者注：Bandersnatch是《爱丽丝梦游仙境》中的怪兽熊，而Bo-Billy则是一个作者虚构的名字(比喻我们从未见过的新问题)，看上去似乎风马牛不相及，但是它们可以通过归约联系起来。

从本质上说, 这个归约证明了Bo-billy问题并不比Bandersnatch问题简单。因此, 如果Bandersnatch问题是难解的, 那就意味着Bo-billy问题也是难解的。我们将在本章中给出若干不同种类问题的归约来阐明上述观点。

> **领悟要义**: 归约是一种证明两个问题本质上完全等同的方法。若是其中一个问题存在(或不存在)快速算法, 则意味着另一个问题也存在(或不存在)快速算法。

11.1.2 判定问题

归约是对问题所进行的一种变换, 它可在问题的每种算例下都保持答案的同一性。问题的答案其取值或类型千差万别, 例如旅行商问题所返回的答案是顶点的一种排列, 而许多其他的问题返回的答案是数(有可能限定于正数或整数)。

最简单且仍能保留"提问"本质的一类问题其答案限定于真或假, 这被称作**判定问题**(decision problems)。事实证明, 判定问题的答案之间的归约/变换非常方便, 因为这些问题只允许真和假作为它们的答案。

幸运的是, 有实际意义的最优化问题大部分都可表述为判定问题, 并且还能保留原问题的计算本质。例如旅行商判定问题可定义为:

> **问题**: 旅行商判定问题(TSDP)。
> **输入**: 加权图G和整数k。
> **输出**: 是否存在费用小于或等于k的TSP巡游?

上述判定版本抓住了旅行商问题的核心本质, 这是因为: 如果你对判定问题能找到一个快速算法, 你就可用它对不同的k值进行二分查找从而快速地锁定最优解。要是再多动点脑筋的话, 你还可以用判定问题的快速解来重建真实的巡游排列。

从现在开始我们通常所讨论的都是判定问题, 因为事实证明它更简单, 而且仍能保留NP完全性这套理论工具的强大能力。

11.2 算法的归约

一个工程师和一个算法学家坐在厨房里。算法学家请工程师烧点水, 于是工程师起身, 从台面上拿起水壶, 去洗涤池那里接了水, 把它拿到炉子上, 点炉子, 等着哨声响, 最后关火。随后, 工程师让算法学家再烧点水。她起身, 将壶从炉子上拿下来, 放在台面上, 坐下来。"好啦," 她说, "我把任务归约到了一个已被解决的问题。"

这个烧水归约问题阐明了如何一个从旧算法中生成新算法, 这种方法非常强大, 值得我们仔细钻研。如果可将我们想要解决的问题的输入变换为我们知道如何解决的问题的输入, 那么就能把上述变换和已有方案组建成一种求解目标问题的算法。

在本节中, 我们将考察能引出高效算法的一些归约。要解决A问题, 我们将A的算例变换/归约为B问题的算例, 然后用B问题的高效算法解决该算例。总运行时间是执行归约所需时间再加上求解B问题的算例所需时间。

11.2.1   最近点对

最近点对问题要在一个集合中寻找一对差值最小的数字。例如, 集合 $S = \{10, 4, 8, 3, 12\}$ 中的最近点对是 $(3, 4)$。我们可判断其差值是否低于某个阈值, 这样就可将它转换成一个判定问题。

问题: 最近点对[判定]

输入: 由 n 个数组成的集合 S 和阈值 t。

输出: 是否有一对 S 中的数 s_i 和 s_j 使得 $|s_i - s_j| \leqslant t$?

最近点对是排序的一个简单应用, 因为排序后最近点对肯定处于相邻位置。这样可以给出算法30。

算法 30   CloseEnoughPair(S, t)

1   将 S 排序

2   **return** $\left(\min_{1 \leqslant i < n} |s_{i+1} - s_i| \leqslant t \right)$

关于这个简单的归约, 有几个需要注意的地方:

- 判定版本紧扣这个问题的关注点, 这意味着没有比在数轴上寻找实实在在的最近点对更简单的方案。
- 这个算法的时间复杂度取决于排序的复杂性。如果用一个 $O(n \log n)$ 时间的算法去排序, 那么找到最近点对则会花费 $O(n \log n + n)$ 时间。
- 有了上述归约, 即便我们知道排序有一个 $\Omega(n \log n)$ 的下界, 也不能证明在最坏情况下找到一对足够近的点肯定要花费 $\Omega(n \log n)$ 时间。也许对于寻找足够近的点对这个问题而言, 上述算法可能还不够快, 说不定某些地方还潜伏着更快的算法。
- 另一方面, 如果我们知道在最坏情况下找到一对足够近的点需要 $\Omega(n \log n)$ 时间, 那么这个归约足以证明, 要完成排序不可能少于 $\Omega(n \log n)$ 时间, 否则会意味着有更快的算法可找到一对足够近的点。

11.2.2   最长递增子序列

在第10章中我们展现了如何运用动态规划求解各式各样的问题, 包括字符串编辑距离(10.2节)和最长递增子序列(10.3节)。我们先复习一下:

问题: 编辑距离

输入: 整数序列(或字符序列) S 和 T。处罚费用: 每次插入为 c_{ins}, 每次删除为 c_{del}, 每次替换为 c_{sub}。

输出: 能将 S 变换为 T 且费用最小的操作序列是什么样的?

事实上, 许多其他问题可通过编辑距离给出等效求解。不过这些算法通常可视作归约, 不妨考虑:

问题: 最长递增子序列

输入: 一个长为 n 的整数序列(或字符序列)S。

输出: 设有整数位置序列 $p_1, \cdots, p_m$, 对于任意 $p_i < p_{i+1}$ 满足 $S_{p_i} < S_{p_{i+1}}$, 符合上述要求的最长子序列是什么样的?

事实上, 最长递增子序列(LIS)可作为编辑距离的特例来求解(详见10.3节), 也即算法31。

算法 31 LongestIncreasingSubsequence(S)

1 将 S 整个复制到序列 T 中再对 T 排序
2 $c_{\text{ins}} \leftarrow 1$
3 $c_{\text{del}} \leftarrow 1$
4 $c_{\text{sub}} \leftarrow +\infty$ (对应替换)
5 **return** $(|S| - \text{EditDistance}(S, T, c_{\text{ins}}, c_{\text{del}}, c_{\text{sub}})/2)$

为什么这样可以奏效? 由于我们所构建的 T 中已按递增次序存放了 S 中的元素, 通过这种方式可确保 S 和 T 的任何公共子序列必然是一个 S 的递增子序列。该算法绝不允许我们做任何替换(因为 $C_{\text{sub}} = +\infty$), 所以 S 和 T 的最优校准包含两部分操作: 找到它们之间的最长公共子序列, 并挪动那些不匹配的内容。因此, 将 cab 变换为 abc 的费用是2, 也就是处理不匹配的那个字符(也即 c): 先在末尾插入 c, 再删除字符串开始的 c。[1] S 长度减去费用的一半便能给出最长递增子序列的长度。

上述归约的含义是什么呢? 这个基于排序的归约花费了 $O(n \log n)$ 时间, 而编辑距离需要再花费 $O(|S| \cdot |T|)$ 时间, 于是我们得到了一个可以找出 S 的最长递增子序列的平方算法(该情况下 $|S| = |T| = n$)。事实上, 要是利用更精巧的数据结构, 我们可找到更快的 $O(n \log n)$ 时间算法来求解最长递增子序列, 而我们都知道最坏情况下编辑距离需要平方时间。可以看出, 我们的归约给出了一个很简单但不是最优的多项式时间算法。

11.2.3 最小公倍数

最小公倍数和最大公约数问题常常出现在处理整数的算法问题中。若存在整数 d 使得 $a = bd$, 则称 b 整除 a(记为 $b|a$)。我们将这两个问题形式化地列出:

问题: 最小公倍数(lcm)

输入: 两个整数 x 和 y。

输出: 返回最小整数 m, 要求 m 既是 x 的倍数也是 y 的倍数。

---

[1] 译者注: 相当于挪动了 c, 而所有这种挪动都是通过插入和删除来实现的, 因此不匹配部分的长度乘以2就是校准费用。

> 问题: 最大公约数(gcd)
> 输入: 两个整数x和y。
> 输出: 返回最大整数d, 要求d得同时整除x和y。

例如, $\text{lcm}(24,36)=72$, 而$\gcd(24,36)=12$。如果能将x和y分别转化为其素因子分解形式, 那么这两个问题都很容易解决, 但是迄今为止我们还没有找到能够高效完成整数因子分解的算法(见16.8节)。幸运的是, 欧几里得算法给出了一种不必进行因子分解便可求出最大公约数的方法。这是一个递归算法, 它依赖于两个观察结论。第一个结论是:

> 如果$b|a$, 则有$\gcd(a,b)=b$。

这个结论应该很清楚。如果b整除a, 那么对于某个整数k有$a=bk$, 因此$\gcd(bk,b)=b$。第二个结论是:

> 如果存在整数t和r使得$a=bt+r$, 则有$\gcd(a,b)=\gcd(b,r)$。

由于$x\cdot y$既是x又是y的倍数, 因此$\text{lcm}(x,y)\leqslant xy$。若是存在一个更小的公倍数, 唯一可能就是$x$和$y$都具备一些非平凡的公因子。这个观察结论再配上欧几里得算法便可提供计算最小公倍数的高效方案, 也即算法32。

算法32 $\text{lcm}(x,y)$

1 **return** $(xy/\gcd(x,y))$

这种归约是一个非常好的方法, 它让我们在最小公倍数问题中又再次使用了欧几里得的成果。

11.2.4　凸包(*)

最后一个归约实例来自于一个"简单"问题(也就是一个可在多项式时间内解决的问题), 我们会用寻找凸包的方法去完成数的排序(见图11.1)。

> 问题: 凸包
> 输入: 平面上n个点所组成的集合S。
> 输出: 找到包含S中所有点的最小凸多边形。

如果多边形P中任意两个点所画出的线段完全在多边形内, 那么P就是**凸多边形**(convex polygon)。这种情况下P不含凹口或者说不具备凹性, 因此凸多边形可以说是一种完美的形态。凸包可以帮助点集形成结构, 这种方案非常有用, 20.2节将给出其应用。

我们现在来展示如何将排序变换为凸包, 不妨对照图11.1中的输入数据(13, 5, 11, 17)来思考。这意味着我们必须将每个数转为一个点。不妨将x映射为(x,x^2), 于是便可完成转换。为什么可行呢? 这种转换意味着每个整数都会被映射到抛物线$y=x^2$上的一个点。由于这个抛物线的形状是凸的, 所以每个点肯定在凸包上。此外, 由于凸包上的邻点在x轴上的值也相邻, 那么凸包所返回的点会按x坐标值排序——而这些值对应着初始待排序的那些数。注意, 创建这些点和最后读取结果都只需$O(n)$时间。于是我们可以给出算法33。

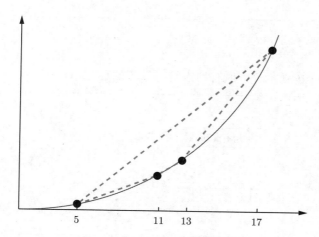

图 11.1 通过将点映射到抛物线上从而把凸包问题归约为排序问题

这意味着什么? 请回想一下排序问题的$\Omega(n\log n)$下界。如果我们能在少于$\Theta(n\log n)$的时间内算出凸包, 那么这个归约就意味着我们可以用快于$\Omega(n\log n)$的速度完成排序, 而这与前述理论下界相违。因此, 凸包必须也得花费$\Omega(n\log n)$时间! 此外你还可以看出, 任何$O(n\log n)$时间的凸包算法通过我们的归约便能给出一个同样为$O(n\log n)$时间的排序, 这种算法虽然复杂但它完全正确。

算法 33 Sort(S)

1 **for each** ($i \in S$) **do**
2   创建点(i, i^2)
3 **end**
4 对所建的点集调用凸包子程序
5 从凸包最左边到最右边依次读取这些点并将其x坐标逐个放回S

11.3 基础性的难解性归约

11.2节中的归约展现了那些存在高效算法的问题之间的变换。然而, 我们主要关心的是用归约证明难解性, 其证明思路是: 如果Bandersnatch存在一个快速算法, 则意味着Bo-billy也有一个, 但事实是Bo-billy不可能找到快速算法, 这样即可证明Bandersnatch是难解的。

我请你暂时先默认**哈密顿环**(Hamiltonian cycle)和**顶点覆盖**(vertex cover)都是难解问题这个结论。到本章结束之时图11.2中的所有内容将会变得清晰明了。

11.3.1　哈密顿环

　　哈密顿环是图论中最著名的一个问题。它要在所给的图中寻找一个能够恰好访问每个顶点一次的巡游(见图11.3)。这个问题历史悠久而且其应用也非常丰富, 19.5节将给出详细讨论。该问题较为形式化的定义为:

问题: 哈密顿环[判定]

输入: 无权图G。

输出: 是否存在一个能访问G中所有顶点且不重复的环?

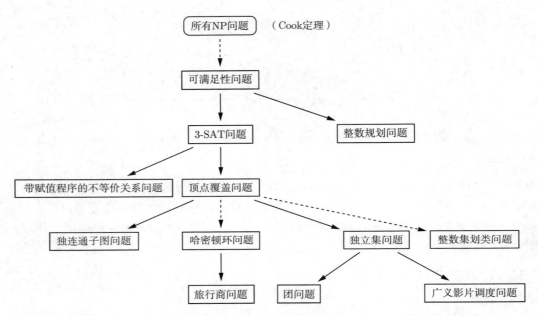

图 11.2　NP完全问题归约树的部分示意(其中实线表示本章中会出现的归约)

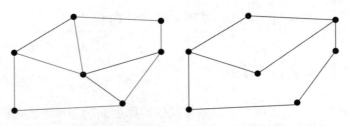

图 11.3　存在哈密顿环的图[左]与不存在哈密顿环的图[右]

　　哈密顿环问题与旅行商问题有一些很明显的相似性。两个问题都要寻找恰好访问每个顶点一次的那种巡游。而这两个问题也存在差异: 旅行商问题处理的是加权图, 而哈密顿环问题处理的是无权图。不过, 算法34中所给出的从哈密顿环问题到旅行商问题的归约说明了两者之间的相似性要强于其差异。

算法 34 HamiltonCycle($G = (V, E)$)

```
1  构建一个加权完全图 G' = (V, E')
2  n ← |V|
3  for i from 1 to n do
4      for j from 1 to n do
5          if ((i, j) ∈ E) then
6              w(i, j) ← 1
7          else
8              w(i, j) ← 2
9          end
10     end
11 end
12 return TravelingSalesmanDecisionProblem(G', n)
```

这个归约的实际实现非常简单, 而且从无权图到加权图的变换可在 $\Theta(n^2)$ 时间内执行完毕。此外, 这个变换的设计可以确保两个问题的答案是相同的。如果图 G 有一个哈密顿环 $(v_1, \cdots, v_n)$, 那么变换成完全相同的巡游后相当于 E' 中的 n 条边, 且每条边的权为 1。这给出了一个 G' 中的旅行商巡游且权恰为 n。如果 G 没有哈密顿环, 那么 G' 中也不会有这样的旅行商巡游, 因为 G 中以费用值 n 完成巡游的唯一途径是只采用权为 1 的边, 而这则意味 G 中有一个哈密顿环。

这个归约既高效 ($\Theta(n^2)$ 时间) 还能保持正确性。旅行商问题若有一个快速算法, 则意味着哈密顿环问题也有一个快速算法; 而如果有了哈密顿环问题的难解性证明, 则意味着旅行商问题也是难解的。由于我们已有哈密顿环问题的难解性证明, 因此上述归约证明了旅行商问题是难解的, 其困难程度至少和哈密顿环问题一样。

11.3.2 独立集和顶点覆盖

顶点覆盖问题要找出一个较小的顶点子集来关联图中每条边, 我们将在 19.3 节中深入详细地讨论它。该问题更正式的定义如下:

问题: 顶点覆盖 [判定]

输入: 图 $G = (V, E)$ 和整数 $k \leqslant |V|$。

输出: 是否存在一个至多有 k 个顶点的子集 $S \subset V$, 使得任意 $e \in E$ 都至少会包含一个 S 中的顶点呢?

要找到图中的一个点覆盖不难, 比如平凡的点覆盖, 也就是由图中所有顶点组成的那个覆盖。而要用尽可能小的顶点集去覆盖所有边会比较棘手。对于图 11.4 中的图而言, 8 个顶点中只需 4 个便足以覆盖。

对于图 G 中某些顶点所组成的集合 S 来说, 如果 S 中不存在满足 $x \in S$ 和 $y \in S$ 条件的边 (x, y), 那么 S 就是独立集。当然, 找出一个独立集也同样不难, 例如任选单个顶点即可构造出平凡的独立集。这意味着独立集中任意两个顶点之间没有边相连。正如19.2节中所讨论的那样, 独立集会出现在设施选址问题中。最大独立集判定问题的形式化定义为:

> 问题: 独立集[判定]
> 输入: 图G和整数$k \leqslant |V|$。
> 输出: G中是否存在一个k顶点独立集?

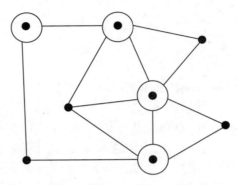

图 11.4 带圈的顶点形成了一个顶点覆盖而其他顶点则形成了一个独立集

顶点覆盖和独立集都围绕着寻找顶点的特殊子集这个中心: 第一个问题关心的是每条边都得有顶点代表它, 而第二个问题则关心的是顶点之间不得有边相连。如果S是G的顶点覆盖, 剩余顶点所形成的$V - S$肯定会形成一个独立集, 因为要是一条边的两个顶点都在$V - S$中, 那么S不可能成为一个顶点覆盖。这就给了我们一个从顶点覆盖问题到独立集问题之间的归约(算法35)。

> **算法 35** VertexCover(G, k)
> 1 $G' \leftarrow G$
> 2 $k' \leftarrow |V| - k$
> 3 **return** IndependentSet(G', k')

我们再一次用一个简单的归约证明了两个问题答案相同。请注意怎样在对答案一无所知的情况下构思出上述变换: 我们变换的是输入而不是解答。这个归约可以证明: 顶点覆盖问题的难解性可推出"独立集问题肯定是难解问题"的结论。上述归约具有一定的特殊性, 我们很容易将两个问题的角色颠倒过来, 这样便能证明这两个问题具有同样的难度。

停下来想想: 广义影片调度问题的难解性

问题: 证明广义影片调度问题是一个NP完全问题。

> 问题: 广义影片调度判定问题。
> 输入: 直线上n个区间集所组成的集合I, 整数k。
> 输出: 能否从I中选出一个子集, 使得其中至少包含k个相互不重叠的区间集呢?

解: 回忆一下1.2节中讨论过的影片调度问题。每份片约都附有一个将占用的拍摄时间段。我们想要寻找片约集合的最大子集, 使得演员不会签订两份相互冲突的片约(冲突指的是两部影片同时需要一个演员)。

广义影片调度问题允许片约中有不连续的拍摄计划。比如, I号片约从一月拍到三月, 尔后又从五月拍到六月, 它与从四月拍到八月的II号片约毫无交集, 但会与从六月拍到七月的III号片约发生冲突。

为了证明某个问题是难解问题, 我们得先搞清楚: 谁将扮演Bandersnatch的角色? 而谁又将扮演Bo-billy的角色呢? 我们需要找到构造方案将独立集问题的所有情况都变换为影片调度的算例——也即直线上的一些线段集合, 其中每个集合都由若干不相交的线段组成。因此, 独立集是Bandersnatch而广义影片调度判定是Bo-billy, 也即我们要从独立集问题出发去证明广义影片调度问题一个NP完全问题。

两个问题之间的关联是什么? 它们都会尽可能地选出最大子集: 一个是顶点集而另一个是影片集。这暗示我们得将顶点变换为影片。此外, 这两个问题都要求所选的元素互不干扰: 一个不允许共享某条边, 而另一个不允许有重叠区间。

算法36中给出了构造方案: 图有m条边, 我们对每条边都在直线上为其创建一个区间。每个顶点对应一部影片, 而它会包含相应的区间以表示与该顶点邻接的边, 如图11.5所示。

算法 36 IndependentSet$(G = (V, E), k)$

1   $I \leftarrow \varnothing$

2   $m \leftarrow |E|$

3   **for** i **from** 1 **to** m **do**

4   读取第i条边(x, y)

5   在集合I中为影片x加入区间$[i, i + 0.5]$

6   在集合I中为影片y加入区间$[i, i + 0.5]$

7   **end**

8   **return** GeneralMovieScheduling(I, k)

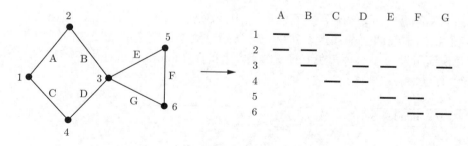

图 11.5 从独立集到广义影片调度问题的归约(顶点以数字表示而边以字母表示)

每对存在共享边的顶点(不允许出现在独立集中)将确定两部共享一个时间段的影片(不允许出现在一个演员的排期中)。因此在这两个问题中, 能够满足要求的最大子集都是相同的, 所以能求解广义影片调度的快速算法能够给我们带来一个能解决独立集的快速算法。综上所述, 广义影片调度问题肯定至少拥有与独立集问题相同的难度, 因此它是NP完全问题。

11.3.3   团

社交团(social clique)指的是这样一群人, 他们彼此之间都是朋友, 而且会一起消磨时光。图论中的团是一个完全子图, 其中每对顶点之间都有一条边。团是所有子图中最稠密的一种。

问题: 最大团[判定]

输入: 图$G = (V, E)$和整数$k \leqslant |V|$。

输出: 图中是否包含一个由k个顶点构成的团? 也就是说, 设子集$S \subset V$且$|S| = k$, 并满足S中的每对顶点都对应着G中的一条边, 是否存在这样的子集?

图11.6中的图[左]包含一个由4个浅色顶点构成的团。我们希望在友谊图中看到各种较大的团, 它们分别对应由工作地点、邻居、组织和学校所形成的友谊关系。团的应用将在19.1节中进一步讨论。

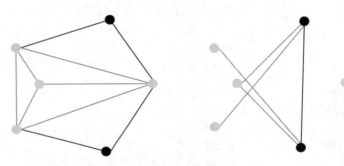

图 11.6 一个较小的图G其团(4个浅色顶点)和独立集(2个深色顶点)[左], 该独立集在G的补图中会形成一个团(2个深色顶点)[右]

在独立集问题中, 我们想寻找子集S, 其中任意两个顶点之间没有边相连。这与团完全相反, 我们在团中强调两个顶点之间总有一条边。这些问题之间的归约由无边和有边之间角色的互换而引发——这种角色互换通常称为图的**补**(complementing)操作。于是, 可给出相应归约(算法37)。

算法37 $\text{IndependentSet}(G = (V, E), k))$

1 $E' \leftarrow \varnothing$
2 **for each** $((i, j) \in V \times V)$ **do**
3   **if** $((i, j) \notin E)$ **then**
4   将(i, j)加入E'中
5   **end**
6 **end**
7 构建G的一个补图$G' = (V, E')$
8 **return** $\text{Clique}(G', k)$

本节中最后两个归约提供了一个逻辑链, 它连接了三个不同的问题。团问题的难解性由独立集问题的难解性推出, 而独立集问题的难解性则由顶点覆盖的难解性推出。通过在逻辑链中创建归约, 我们基于难解性推理关系将一对又一对问题连到一起。一旦所有这些逻辑链都以一个公认为是难解的问题作为起点(像前文中提到的Dwayne Johnson那样), 我们的证明工作就宣告完成。事实上, 下面将提到的可满足性问题将承担这个逻辑链中第一个连接点的任务。

11.4 可满足性

要通过归约证明所有问题的难解性, 我们必须从一个地地道道的、可以证明的且无法否认的难解问题开始考虑。而所有NP完全问题之母则是一个称为**可满足性**(satisfiability)的逻辑问题。

问题: 可满足性(SAT)

输入: 布尔变量集合V以及V上的子句集C。

输出: 是否存在一个C的成真指派(satisfying truth assignment)? 也就是说, 是否有一种方案能将变量$v_1, \cdots, v_n$设为真或假使得每个子句都至少包含一个变字(literal)为真呢?

这个问题可用两个例子说清楚。设布尔变量集为$V = \{v_1, v_2\}$, 定义于V上的子句集为$C = \{\{v_1, \bar{v}_2\}, \{\bar{v}_1, v_2\}\}$, 我们将变量$v_i$的补记为$\bar{v}_i$(因为这个记号意味着“$v_i$的否定”)。如果某个子句包含$v_i$且$v_i = $ 真, 或是包含$\bar{v}_i$且$v_i = $ 假, 那么该子句便可满足, 并且我们会得1分。这样一来, 要想让某个子句集成真, 我们得做出一系列关于真/假的n项决策, 并尝试找到一个能全部满足它们(共得n分)的正确真值指派。[1] 易知此例中的子句集C可满足, 只需对$C = \{\{v_1, \bar{v}_2\}, \{\bar{v}_1, v_2\}\}$设定$v_1$和$v_2$同为真或者$v_1$和$v_2$同为假即可。不过, 让我们再来考虑子句集$C' = \{\{v_1, v_2\}, \{v_1, \bar{v}_2\}, \{\bar{v}_1\}\}$, 而这里却找不到成真指派: 因为$v_1$必须为假才能满足第3个子句, 这意味着$v_2$必须也是假才能满足第2个子句, 这会使第1个子句无法满足。尽管你试来试去, 又试来试去, 再试来试去, 最后还是不满足。[2]

出于社群和技术两方面的原因, 学界已广泛承认可满足性是一个难解问题: 一个在最坏情况下不存在多项式时间算法的问题。毫不夸张地说, 每个世界顶尖的算法专家(以及数不清的接近于顶尖的专家)都直接或间接地试图找到一个快速算法来测试给定子句集合是否可满足。他们都失败了。此外, 要是存在快速可满足性算法的话, 计算复杂性这个领域中有很多奇怪且难以置信的论断将会被证明是正确的。可满足性是一个难解问题, 而承认这点可让我们不用去面对那些令人困惑的论断。关于可满足性问题的更多内容及其应用可见17.10节。

---

[1] 译者注: “变字”(literal)作为名词一般意为印刷中的错误, 这里指的是某个变量v或者$\bar{v}$(在逻辑问题中一般称为v的“否定”也即$\neg v$)。子句一般记为析取形式, 例如$v_1 \vee \neg v_2$。子句集一般记为合取形式, 例如$(v_1 \vee \neg v_2) \wedge (\neg v_1 \vee v_2)$。

[2] 译者注: 这句其实一语双关, 形容人很难满足。

3-SAT

可满足性扮演着NP完全问题的头号角色, 意味着该问题在最坏情况下是极难求解的。然而这个问题在某些特殊情况下的算例却不一定那么难。假设每个子句恰好只有单个变字(例如$\{v_i\}$或$\{\bar{v}_j\}$), 那么我们仅有一种变字设置方案才能满足该子句(只需设置$\{v_i\}$为真或设置$\{\bar{v}_j\}$为真即可让所有子句都可满足)。我们可以在问题算例中的每个子句重复上述论断。于是, 只有在我们找到两个彼此直接矛盾的子句(比如$C = \{\{v_1, \{\bar{v}_1\}\}\}$)时, 该子句集才不是可满足的。

由于每个子句只有一个变字的那种子句集很容易判定可满足性, 我们感兴趣的则是那种稍微大一点的子句类型。每个子句需要多少个变字才能使问题从多项式时间可解变为难解呢? 这种突变将出现在每个子句包含三个变字时, 也即3-SAT问题。

问题: 3-SAT

输入: C由一组子句构成, 其中每个子句恰好包含3个取自布尔变量集V中的变字。

输出: 是否存在一个V的真值指派使得每个子句都可满足呢?

由于这个问题是可满足性问题的一种受限情况, 所以3-SAT问题的难解性意味着可满足性问题亦是难解的。但其逆命题却不成立, 因为一般的可满足性问题其难度得靠较长的子句体现。要证明3-SAT问题是难解的, 我们可用归约将任意一个可满足性问题的算例变换到一个3-SAT问题的算例上, 且不改变其可满足性的特质。

这种归约会基于每个子句的**句长**(length)对所有子句分别进行转换, 方法是一直向前读取子句集并同时添加新的3字子句(3-literal clause)和布尔变量。假设子句C_i含有k个变字:

- $k = 1$, 也即$C_i = \{z_1\}$——我们创建两个新变量v_1, v_2和四个新的子句: $\{v_1, v_2, z_1\}$, $\{v_1, \bar{v}_2, z_1\}$, $\{\bar{v}_1, v_2, z_1\}$, $\{\bar{v}_1, \bar{v}_2, z_1\}$。注意, 这四个子句全都同时可满足的唯一方案是设置z_1为真, 这意味着原先的C_i也将成真。
- $k = 2$, 也即$C_i = \{z_1, z_2\}$——我们创建一个新变量v_1和两个新的子句: $\{v_1, z_1, z_2\}$, $\{\bar{v}_1, z_1, z_2\}$。要想同时满足这两个子句, 条件则是z_1和z_2中至少其一为真, 这样C_i就会成真。
- $k = 3$, 也即$C_i = \{z_1, z_2, z_3\}$——我们原封不动地将C_i复制为3-SAT算例$\{z_1, z_2, z_3\}$。
- $k > 3$, 也即$C_i = \{z_1, z_2, \cdots, z_k\}$——我们创建$k-3$个新变量和$k-2$个新的子句, 并将子句组织为链, 链中$2 \leqslant j \leqslant k-3$的情况下我们令$C_{i,j} = \{v_{i,j-1}, z_{j+1}, \bar{v}_{i,j}\}$, 位于边界上的两个子句是$C_{i,1} = \{z_1, z_2, \bar{v}_{i,1}\}$和$C_{i,k-2} = \{v_{i,k-3}, z_{k-1}, z_k\}$。举例说明其实最容易明白, 设子句为

$$C_i = \{z_1, z_2, z_3, z_4, z_5, z_6\}$$

增补三个新的布尔变量(记为$v_{i,1}, v_{i,2}, v_{i,3}$)即可将$C_i$转换为以下4个3字子句:

$$\{\{z_1, z_2, \bar{v}_{i,1}\}, \{v_{i,1}, z_3, \bar{v}_{i,2}\}, \{v_{i,2}, z_4, \bar{v}_{i,3}\}, \{v_{i,3}, z_5, z_6\}\}$$

这里最复杂的是较长子句的情况。如果C_i的原有变字中没一个为真, 那么则没有足够的新变量去满足所有新分出来的子句。你可以设置$v_{i,1}$为假, 于是$C_{i,1}$可满足, 但这会迫使

$v_{i,2}$为假, 这样继续下去直到最后$C_{i,n-2}$不能成真。然而, 如果任意一个变字$z_s =$ 真, 那么我们会有$n-3$个自由变量, 且还剩下$n-3$个3字子句, 容易找到方案让每个自由变量控制一个子句, 这样我们便可让每一个子句都成真。

如果SAT算例中有n个子句且变字总数为m, 上述变换会花费$O(m+n)$时间。由于任意SAT问题的解也能满足3-SAT算例, 并且任意3-SAT问题的解也描述了如何设置变量才能给出SAT问题的解, 因此变换后的问题与原问题完全等价。

注意, 略微修正上述构造方案便可证明4-SAT, 5-SAT或任意k-SAT问题$(k \geqslant 3)$全都是NP完全问题。不过, 如果我们想把它用于2-SAT问题, 这种构造方案就会失败, 因为链的子句都太小而没法再加入别的东西。事实上, 我们其实可以利用一个恰当的图并在其上进行深度优先搜索, 这样可为2-SAT问题给出一个线性时间算法, 详细讨论见17.10节。

11.5 创造性的归约

由于可满足性问题和3-SAT问题都被认为是难解的, 我们在归约中可任意选用一个。通常3-SAT问题是个更好的选择, 因为它处理起来更简单。接下来我们将讨论两个更复杂的归约, 讲解它们的目的是让你更好地掌握归约技术, 同时也是为了扩大我们手里的已知难解问题列表。许多归约都极其复杂, 因为在本质上来说, 我们是在用一个完全不同的问题的语言去重构另一个问题。

搞清正确的归约方向是一个会长久困惑我们的疑问点。回想一下, 我们得将某个已知NP完全问题(对应Bandersnatch)的每个算例变换为我们所感兴趣的问题(对应Bo-billy)的一个算例。如果我们用一个耗费指数时间的子程序去执行反向的归约, 那么我们就只能获得一种极慢的方法来求解所感兴趣的问题。初学时它总会令你很困惑, 因为这种归约的方向看上去似乎是反的。请确保你现在理解了归约的方向, 每当你觉得困惑时就回想一下这个方向问题。

11.5.1 顶点覆盖

事实证明, 算法图论是培育难解问题的一块丰饶土壤。一个非常典型的图论NP完全问题就是顶点覆盖, 它在11.3.2节中已经定义过, 这里再复述如下:

问题: 顶点覆盖[判定]

输入: 图$G = (V, E)$和整数$k \leqslant |V|$。

输出: 是否存在一个至多有k个顶点的子集$S \subset V$, 使得任意$e \in E$都至少会包含一个S中的顶点呢?

事实上, 证明顶点覆盖问题的难解性要比我们之前见过的归约都要难, 因为归约中所涉及的这两个问题之间的结构差异极大。要想将3-SAT问题归约为顶点覆盖问题, 我们得从3-SAT算例的变量和子句中创建一个图G并要能体现出k这个上界。[1] 构造方案如下:

---

[1] 译者注: 后文中的$n + 2m$便是顶点覆盖问题中的k。

  首先来变换3-SAT问题的变量。对于每个布尔变量v_i, 我们创建两个顶点v_i和$\bar{v}_i$并以一条边将其相连(形成一个"互补件")。至少需要n个顶点去覆盖所有这些边, 因为任意两条边都不会共用一个顶点。

  其次变换3-SAT问题的子句。假设共有m个子句, 我们为每个子句创建三个新的顶点, 子句中的三个变字各分配一个。每个子句中的那三个顶点将被连成三角形(形成一个"三角件"), 那么一共会出现m个三角形。对于这些三角形的任意覆盖来说, 每个三角形至少得有两个顶点应纳入顶点覆盖中, 也就是说顶点覆盖中共有$2m$个来自三角形的顶点。

  最后将上面两个分量集连到一起。顶点互补件中的每个变字会与子句三角件中对应相同变字的顶点相连。对于一个由n个变量和m个子句构成的3-SAT算例, 我们可以此为基础创建一个拥有$2n + 3m$个顶点的图。例如3-SAT算例$\{\{v_1, \bar{v}_3, \bar{v}_4\}, \{\bar{v}_1, v_2, \bar{v}_4\}\}$的整个归约情况如图11.7所示, 其中顶点覆盖从上到下列出(注意虽有重名但是对应着不同的顶点): $\{v_1, v_2, \bar{v}_3, \bar{v}_4, \bar{v}_3, v_1, \bar{v}_1, \bar{v}_4\}$, 因此这个覆盖中位于最上层的顶点$v_1, v_2, \bar{v}_3, \bar{v}_4$可定出一个成真指派。

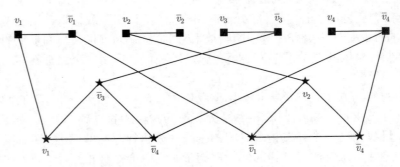

图 11.7 将3-SAT算例$\{\{v_1, \bar{v}_3, \bar{v}_4\}, \{\bar{v}_1, v_2, \bar{v}_4\}\}$归约为顶点覆盖

  按照我们这套精细的设计方案, 该图会有一个大小为$n + 2m$的顶点覆盖, 当且仅当原先的表达式是可满足的。起初顶点互补件和子句三角件尚未连通, 由之前的分析可知, 此时要想形成顶点覆盖都至少必须具备$n + 2m$个顶点, 而我们在顶点互补件和子句三角件之间连边不可能缩减最终顶点覆盖的规模。要想证明上述归约是正确的, 我们必须证出:

- 每个成真指派会给出一个大小为$n + 2m$的顶点覆盖——给定子句集的一个成真指派, 我们从顶点互补件中选出指派为真的变字(共n个)并将其加入顶点覆盖。每个三角件有三条边与顶点互补件相连(不妨称为跨越边), 由于我们处理的是成真指派, 因此每个子句中指派为真的那个变字肯定会覆盖这三条跨越边中的至少一条。因此, 若是再选上每个子句三角件中的另外那两个顶点, 剩下的所有跨越边也将全部覆盖完。

- 每个大小为$n+2m$的顶点覆盖会给出一个成真指派——任取一个大小为$n+2m$的顶点覆盖C, 其中肯定恰好有n个顶点属于顶点互补件。让这些最先找到的顶点定义真值指派, 而C中剩余的$2m$个顶点会在每个子句三角件上各占两个。如若不然的话, 必然会有一条来自子句三角件中的边未被覆盖。每个子句有三条跨越边与顶点互补件相连, 但每个子句三角件在顶点覆盖中的那些顶点却只能覆盖两条跨越边。因

此, 如果C给出了一个顶点覆盖, 那么每个子句至少肯定会存在一条跨越边是由最先找到的那些个顶点所覆盖的, 这意味着这些跨越边所对应的真值指派可满足所有子句。

有了顶点覆盖问题的难解性证明, 再将11.3.2节中团问题和独立集问题相关的归约依次串到一起, 便形成了难解图问题的兵器库, 它们会让我们未来的难解性证明更容易。

> **领悟要义**: 一个小小的NP完全问题集合(3-SAT、顶点覆盖、整数集划类和哈密顿环)足以证明大多数其他难解问题的难解性。

11.5.2 整数规划

正如16.6节所讨论的那样, 整数规划是一个基本的组合最优化问题。不过, 我们最好将它视为变量限取整数值(而非实数值)的线性规划。

问题: 整数规划[判定]
输入: 一个整数变量集V, 一组V上的不等式, 一个最大化函数$f(V)$, 以及一个整数B。
输出: 是否存在一个V的整数赋值使得所有不等式都成立并保证$f(V) \geqslant B$?

考虑如下两个算例。第一个算例是

$$\text{s.t.} \begin{cases} v_1 \geqslant 1, v_2 \geqslant 0 \\ v_1 + v_2 \leqslant 3 \end{cases}$$

$$f(V) : 2v_2, \quad B = 3$$

$v_1 = 1, v_2 = 2$则是上述问题的一个解, 注意该解满足约束且符合整数解要求, 对应目标函数取值为4。然而, 不是所有整数规划问题的解都能满足所给要求。我们再考虑第二个算例:

$$\text{s.t.} \begin{cases} v_1 \geqslant 1, v_2 \geqslant 0 \\ v_1 + v_2 \leqslant 3 \end{cases}$$

$$f(V) : 2v_2, \quad B = 5$$

对这个问题而言, 给定上述约束条件下$f(V)$的最大值仅为$2 \times 2 = 4$, 因此相关判定问题将是无解的。

我们将可满足性问题归约为整数规划问题以证明整数规划也是难解的。请注意, 通常3-SAT问题会让归约更简单一些, 而就这个归约而言, 直接用3-SAT问题也能达到目的, 方法几乎一模一样。

归约应朝哪个方向进行? 我们想证明整数规划问题是难解的, 现在已知可满足性问题是难解问题。如果我们可用整数规划问题求解可满足性问题, 若是整数规划问题是易解的,这就意味着可满足性问题也是易解问题。那么现在方向应该很清楚了——我们得将可满足性问题(对应Bandersnatch)变换为整数规划问题(对应Bo-billy)。

这种变换应该是什么样的呢? 每个可满足性算例都包含了布尔变量(取值为真/假)和子句, 而每个整数规划算例都包含了整数变量和约束条件。一个合理的想法就是令整数变量对应布尔变量, 而让约束扮演子句在原先问题中的同样角色。

经我们变换后的整数规划问题将拥有两倍于可满足性算例的变量数——每个布尔变量和它的补各配一个。对可满足性问题中的任意变量v_i来说, 我们将增加以下限制:

- 整数规划问题中每个变量v_i其值限取0或1, 不过请注意, 转换方法是添加$0 \leqslant v_i \leqslant 1$和$0 \leqslant \bar{v}_i \leqslant 1$这两个约束条件。由于0和1分别对应假和真, 于是这些变量便可完全无缝地对接。
- 通过引入约束条件$1 \leqslant v_i + \bar{v}_i \leqslant 1$, 可确保与任意可满足性问题变量相关的那两个整数规划变量的取值恰好一真一假。

对于每个子句$C_i = \{z_1, z_2, \cdots, z_k\}$, 我们可创建一个约束条件:

$$v_1 + v_2 + \cdots + v_k \geqslant 1$$

要满足这个约束条件, 那么其中至少得有一个变量得设为1, 也就是对应指派为真的变字。因此满足这种约束等价于满足子句。

事实上, 最大化函数和以及约束条件相对而言不是特别重要, 我们已经完全模拟出了可满足性算例。不妨令$f(V) = v_1$, $B = 0$, 这样可确保它们不会干扰任何能满足所有不等式的变量赋值。显然, 上述归约可在多项式时间内完成。要证明这种归约能够保持答案不变, 我们必须验证以下两点:

- 任何可满足性问题的解都会给出一个整数规划问题的解——在任何可满足性问题的解中, 由于子句已成真, 所以肯定会有一个指派为真的变字, 而它对应一个整数规划问题中的1, 因此每个子句所对应不等式其左侧的和将大于或等于1。
- 任何整数规划问题的解都会给出原先可满足性问题的解——在这种整数规划算例中的任何解中, 全部变量都只能设为0或1: 如果$v_i = 1$则令变字z_i为真, 否则如果$v_i = 0$则令变字z_i为假。这种指派方式是合法的, 并且肯定能满足所有子句。

上述归约在正反两个方向下都可进行, 因此整数规划问题必然是难解问题。请注意如下特性, 它们在一般的NP完全性证明中都是正确的:

- 这种归约保留了问题的结构。归约没有去解决问题, 只是将问题变成了不同的形式。
- 用这种变换而得的算例只是整数规划整个算例集中的一个较小子集。不过, 只要算例集中有一部分难以解决, 那么所对应更具一般性的算法问题也必然是难解的。
- 这种变换抓住了整数规划问题作为难解问题的本质。完全不是因为变量前面的系数很大, 也完全不是因为变量取值范围很广, 因为将系数和变量值全都限制为0/1便足矣。更完全不是因为不等式中包含很多个变量。事实上, 整数规划问题之所以是难解问题在于我们难以去满足一组相互牵制的约束条件。仔细研究归约所需特性可让我们了解很多关于算法问题的深层次内容。

11.6 难解性证明的艺术

证明某个问题的难解性是一种技巧。但是,一旦你找到了它的窍门,归约就会出人意料地简单,而且你会很乐意去证明归约。其实,NP完全问题证明中不为人知的一个小秘密就是——创造证明要比解释缘由更容易,我们知道重写旧的编码要比理解并修改它更容易,这也是同一个意思。

要想判断一个问题像不像难解问题,这需要经验。也许获得这种经验的最快捷的方式就是仔细研读难解问题列表。问题的文字表达稍微改动一下,就有可能是多项式时间问题和NP完全问题之间的天壤之别。很容易找到图中的最短路径,但要找图中的最长路径却是难解的。在图中创建所有边恰好访问一次的巡游很容易(欧拉环),而创建一个所有顶点恰好访问一次的巡游却是难解的(哈密顿环)。

如果怀疑某个问题可能是NP完全问题,你要做的第一件事就是去查Garey和Johnson所写的 *Computers and Intractability*[GJ79],该书有一个包含了数百个已知NP完全问题的列表,很有可能就有你所感兴趣的问题。

另外,对那些需要寻找难解性证明的问题,我再给你提供下列建议:

- 让你的源问题尽量简单(也即对其进行限制)——永远不要将旅行商问题用作源问题,因为它过于一般化了。用哈密顿环问题(本质上也是旅行商问题)会好一些,该问题中的所有权值都是1或$+\infty$。而更好的是哈密顿路径而不是环,这样你就不用担心封闭成环的问题。最好的则是用有向可平面图上的哈密顿路径,该问题中每个顶点的度皆为3。虽然所有这些问题难度都一样,但是你在待归约问题上所加约束越多,那么你在归约上要做的工作就会越少。

  我们再举另一个例子,永远不要用可满足性问题去证明难解性。[1] 请以3-SAT问题为起点,而事实上你甚至连3-SAT问题的特性都用不全。你可以换用平面3-SAT问题,在这种场景下必然能将子句转换为平面上的图,它可让所有相同的变字有边连接并能保证没有边相互交叉。这种性质在证明几何问题的难解性上往往是很有用的。所有这些问题的难度都一样,因此用它们之中任意一个去做NP完全性的归约都具有相同的可信力。

- 让你的目标问题越难越好——尽管放手去另加约束或放宽限制来让你的目标问题更具一般性。也许你的无向图问题可以被推广为一个有向图问题,这样其难解性的证明会更容易。一旦你有了对更一般问题的难解性证明,你就可以回来再试着去还原目标问题。

- 根据情况去选择最合适的源问题——尽管从理论上说任何NP完全问题之间彼此没有差别,但是源问题选对与否会让难解性证明起来的难易程度相差极大,这是最容易也是最先会犯错的地方。在证明问题难解性的过程中,有些人会顺着难解问题列表在这一大堆问题中试来试去,指望这样能找到最为适配的那一个。这些人的业余之处在于:他们似乎永远认不出来要找的那个问题,即便就摆在他们面前也如此。

---

[1] 译者注:其实作者在11.5.2节中刚好违背了这条准则,不过本书第2版确实用的是3-SAT。

我一般用四个(也只用四个)问题作为证明难解性的候选源问题。将数量限制为四个意味着我对这四个问题每个都了若指掌, 例如这些问题的哪几个变种是难解问题而哪几个变种却不是。我最喜欢的这四个源问题是:

(1) 3-SAT问题: 可靠的老朋友。[1] 如果下面三个问题看上去都不合适的话, 我将回到这个最原始的源问题。

(2) 整数集划类问题: 对于那些难解性似乎源于处理大数的问题, 整数集划类问题将是一个选项, 同时也是唯一的选项。

(3) 顶点覆盖问题: 对于任何图问题而言, 只要其难解性取决于选择, 那么顶点覆盖问题就是解决之道。例如色数、团和独立集都会涉及如何选出一个符合要求的顶点子集/边子集。

(4) 哈密顿路径问题: 对于那些难解性取决于次序关系的图问题, 我将会选择哈密顿路径问题。如果你想去规划路线或是安排计划, 那么哈密顿路径问题很有可能就是你撬动这些问题的杠杆。

- 对错误决策加强处罚力度——很多人在思考难解性的证明时过于胆小。[2] 因为难点在于, 你想要把一个问题变换为另一个问题, 同时却又得让新问题的特性尽可能接近于原问题。要想实现这一点, 最简单的方式则是放手去处罚, 也就是惩罚任何妄图偏离预期答案的思路。你的想法应该是, "如果你选了这个元素, 那么这个选择肯定分量极重, 它可能会让你根本找不到最优解。" 错误行径的后果越是严峻, 那么证出问题的等价性就会越容易。

- 先在较高层级上战略性地思考, 再去打造合适的构件[3]来执行战术——你应该去问你自己如下问题:

(1) 我该如何限制只选甲或只选乙, 而不是两个一起选中?

(2) 我该如何让甲肯定在乙之前被选上?

(3) 我该如何清理没选的那些要素?

一旦知道了想要让构件完成什么功能, 你就可以开始考虑如何着手去制作它们了。

- 当你被卡住的时候, 请在算法和归约之间轮换着去探寻思路——有时, 你无法证明难解性的原因居然是存在一个高效算法能解决该问题! 有一些技术所引出的算法会让你极其意外, 你可以使用动态规划技术, 也可以考虑将问题化为匹配或网络流这样的图问题(尽管它们功能异常强大但却能在多项式时间内解决)。一旦你不能证明难解性, 不妨遵从内心真实的想法去偶尔改变一下你的观点, 这样其实会更好。

11.7 算法征战逸事: 争分夺秒亦难

我课堂上学生的注意力就像沙漏中流沙一般不断下滑。他们的眼神开始发直, 连第一排的学生也一样。教室中间的呼吸越发平缓和规律。而教室后面一个个脑袋耷拉着, 眼睛也闭上了。

---

[1] 译者注: 这是一本由P. G. Wodehouse所著的小说, 名为 *The Old Reliable*。
[2] 译者注: 颇有胡适先生所提出的"大胆的假设, 小心的求证"之意。
[3] 译者注: 归约中会使用许多具有特定结构的"构件"(gadget), 例如前文中的互补件和三角件。

关于NP完全性的这讲还剩20分钟, 我实在没办法批评他们。这些学生已经听我讲了好几个类似于前文中所提到的归约。然而, 创造NP完全性的证明可要比解释其缘由更容易。他们得看看如何从无到有创建出一个归约才能真正领悟归约到底是怎样完成任务的。

我拿起那本Garey和Johnson的名著 *Computers and Intractability*[GJ79], 这可是我长久以来非常信赖的一本书, 它后面含有一个附录列出了三百多个不同的已知NP完全问题。

"我们已经讲得够多了!" 我大声宣布, 意图惊醒后排的学生。"NP完全性的证明没什么难度, 翻来覆去就那几个招数, 所以我们可以随心所欲地创建一个出来。我需要一个志愿者借我一根指头。有人愿意吗?"

前排的几个学生举起了手, 而后排的几个学生真的举起了他们的手指。我在第一排选了一个学生。

"从这本书后面的附录里随机挑选一个问题。我可以在这堂课剩下的17分钟里证明这些问题中任意一个的难解性。用你的手指在书里翻出个问题来念给我听。"

我显然吸引了他们的注意力。不过, 其实我当时完全可以夸下海口: 要是证不出来就当众玩个电锯抛掷杂耍(juggle chain-saws)。[1] 你可以想象一下, 现在我得冒着生命危险找出答案, 我可不愿意被这些电锯肢解掉。

这个学生选了一个问题。"嗯, 证明带赋值程序的不等价关系是难解的," 她说。

"啊? 我以前从没听说过这个问题。是什么来着? 请你把问题的完整描述读给我听一遍, 这样我能把它写在黑板上。" 该问题如下:

问题: 带赋值程序的不等价关系[判定]

输入: 首先是一个有限的变量集X。其次会给定两个程序P_1和P_2, 它们均为如下形式的赋值序列:

$$x_0 \leftarrow \textbf{if } (x_1 = x_2) \textbf{ then } x_3 \textbf{ else } x_4$$

其中, x_i属于$X(i = 0, 1, 2, 3, 4)$, 另外还有一个x_i的值集V。

输出: 是否存在一个初始赋值将X中每个变量设定为一个V中的值, 会使得这两个程序让X中的某些变量最终取值有所不同呢?

我看了看手表, 只剩15分钟了。但现在一切都已摊在了台面上。我所面对的是一个语言问题。输入是带有变量的两个程序, 我得测测它们, 看看这两个程序是否总是完成相同的功能。

"先考虑最重要的。我们需要为归约选择一个源问题。我们应该从哪个问题开始考虑呢? 整数集划类问题? 3-SAT问题? 还是顶点覆盖问题或哈密顿路径问题?"

因为下面有观众, 所以我试着边想边说, "我们的目标问题不是图问题或数值问题, 因此让我们考虑一下可靠的老朋友——3-SAT问题。这里似乎有些相似之处: 3-SAT问题有变量, 这个问题也有变量。要让该问题更像3-SAT问题, 我们可以试着对这个问题中的变量加以限制, 于是它们只能取两个值——也就是$V = \{真, 假\}$。好了, 这样看起来就很合适了。"

我的表显示还剩14分钟。"那么同学们, 归约该朝什么方向进行呢? 3-SAT问题到语言问题, 还是语言问题到3-SAT问题呢?"

---

[1] 译者注: 将多个电锯连环向空中抛出又接回来, 类似于三球杂耍, 直接在网络上搜索其英文名便可一目了然。

前排的学生小声给出了正确答案，"3-SAT问题到语言问题。"

"非常正确。现在我们必须把一个子句集变换为两个程序。我们该怎么做？我们可以试着将子句集分为两个子集，再分别写出它们的程序形式。但是我们该怎么划分子句集呢？我找不到非常自然的划分方法，因为从问题中哪怕去掉一个子句都可能马上会让一个不可满足的表达式变成可满足的，这样会将答案完全改变。让我们换个别的方法试试。我们可将所有子句变换成一个程序，再让第二个程序完全无用。比如，第二个程序可能会忽略输入，并且永远只会输出真/假。这样似乎比较好。嗯，好得多。"

我依然在边想边说，事实上我经常这样思考问题。不过现在有人在听我自言自语，这场景却很少见。

"现在我们考虑该如何将一个子句集变为一个程序。我们想要知道这个子句集能否被满足，也就是说是否存在一组变量的真值指派可使子句集成真。假设我们要创建一个程序来评测$c_1 = \{x_1, \bar{x}_2, x_3\}$是否可满足。"

我花了很宝贵的几分钟在黑板上推演，最后找到了一个能完全模拟子句的程序。假设我已经有TRUE和FALSE这两个常量分别用于表示真和假：

$$c_1 \leftarrow \textbf{if}\ (x_1 = \text{TRUE})\ \textbf{then}\ \text{TRUE}\ \textbf{else}\ \text{FALSE}$$

$$c_1 \leftarrow \textbf{if}\ (x_2 = \text{FALSE})\ \textbf{then}\ \text{TRUE}\ \textbf{else}\ c_1$$

$$c_1 \leftarrow \textbf{if}\ (x_3 = \text{TRUE})\ \textbf{then}\ \text{TRUE}\ \textbf{else}\ c_1$$

"很好。现在我有办法来评测每个子句的真假了。我可以用同样的方法来评测是否所有的子句都可成真。"

$$\text{SAT} \leftarrow \textbf{if}\ (c_1 = \text{TRUE})\ \textbf{then}\ \text{TRUE}\ \textbf{else}\ \text{FALSE}$$

$$\text{SAT} \leftarrow \textbf{if}\ (c_2 = \text{TRUE})\ \textbf{then}\ \text{SAT}\ \textbf{else}\ \text{FALSE}$$

$$\vdots$$

$$\text{SAT} \leftarrow \textbf{if}\ (c_n = \text{TRUE})\ \textbf{then}\ \text{SAT}\ \textbf{else}\ \text{FALSE}$$

现在，连教室后排的学生也都激动了起来。他们开始投出期盼的目光，因为他们想按时下课。而这堂课只剩两分钟了。

"很好。那么现在我们有了一个可以返回TRUE的程序，当且仅当存在一种变量指派的方案可满足子句集。我们需要第二个程序来完结任务。SAT = FALSE怎么样？对，这样就完全达到了我们的目标。我们的语言问题将询问这两个程序是否会一直输出相同的结果，也就是说结果相同与否和变量赋值完全无关。如果子句集可满足，那一定会有一组变量赋值能让较长的第一个程序输出TRUE。于是，测试程序是否等价就和询问"子句集是否可满足"完全一样。"

我胜利地高举双手，"这样一来，我们就非常简洁和轻松地证出了上述问题的NP完全性。"[1] 在打铃前最后一秒，我说出了最后一个字。

---

[1] 译者注：原文为"neat, sweet, and NP-complete"，取自一个名为"Neat Sweet & Complete"的家政服务公司(http://www.neatsweetcomplete.com/)。

11.8 算法征战逸事: 后来我失败了

从 Garey 和 Johnson 的书里 300 多个问题中随机选一个 NP 完全问题并证明其难解性, 这种随机应变的练习非常有趣, 因此我每次教算法课时都会再玩一次。你也能猜到我没输过, 事实上我连着成功了 8 次。但是就像 Joe DiMaggio 的连续 56 场安打走到尽头而 Google 终将迎来一个亏损财季那样, 我遭报应的时候也到了。

那节课大家投票决定来看一下问题列表中关于图论部分的归约, 一个随机选出的学生挑了编号 30。我们看到这个 GT30 问题是这样的:

问题: 独连通(uniconnected)子图[判定]

输入: 有向图 $G = (V, A)$ 和正整数 $k \leqslant |A|$。

输出: 是否有弧的子集 $A' \subset A$ 且 $|A'| \geqslant k$, 使得 $G' = (V, A')$ 的任意点对之间最多只有一条有向路径呢?

我花了好一会才弄明白题意。在无向图情况下该问题其实是在寻找一棵生成树, 因为生成树刚好在任意一对顶点之间只单独给出一条路径。在这棵生成树上哪怕只加上一条边 (x, y) 都会得到一个环, 那么则意味着 x 和 y 之间会有两条不同的路径。

任何形式的有向树应该也是独连通的, 然而这个问题要找出最大此类子图。考虑一个全由有向边组成的二部有向无环图(bipartite-DAG), 其中任意边 (l_i, r_j) 都从“左”顶点(必须取自特定的顶点集)指向不同的“右”顶点。在这种图中没有任何路径会由一条以上的边组成, 若是图中有 n 个顶点, 其中却可能会包含 $\Omega(n^2)$ 条边。

“这是一个选择问题,” 理解这个问题之后我意识到了这点。不管怎么做, 我们最后都必须选出一个最大的弧子集, 并要保证其中没有两个顶点之间会存在多重路径。这意味着顶点覆盖应该选为源问题。

我仔细对比分析了这两个问题。它们都在寻找子集: 不过顶点覆盖问题要的是顶点子集而独连通子图要的是边子集, 顶点覆盖问题要找的是最小子集而独连通子图问题要找的是最大子集。我的源问题考虑的是无向边, 而我的目标问题却处理的是有向弧, 因此无论如何我得想出一种方案把边的方向性加到归约里。

我必须做点什么来给顶点覆盖问题中图的边加上方向。我可以试着将每条无向边换成一条弧, 比如可将 (x, y) 这条无向边换成从 y 到 x 的弧。然而究竟选哪个方向将造成最终有向图之间千差万别。边的“正确”朝向问题或许本身就是难解的, 因此归约的变换阶段处理它肯定是太难而无法继续的。

我意识到可以去给图中的这些边加上方向使得最后形成一个有向无环图。可是结果又能怎样呢? 有向无环图中的点对之间肯定存在多条不同有向路径相连的这种可能性。

我们还可以尝试换另一种思路, 不妨用两条弧来代替每条无向边, 也就是将任意无向边 (x, y) 换成从 x 到 y 和从 y 到 x 的两条弧。现在不需要为归约去选择正确朝向的弧, 但这样图肯定会变得非常复杂。我不知道怎么才能让点对之间绝不会出现我们不想看到的多重路径。

在这期间时钟一直在走着, 我也没忘。在那节课的最后十分钟里一种恐慌感向我袭来, 我意识到这次我没法完成了。

对于一位教授来说, 没有什么比弄砸一堂课感觉更糟糕的了。你站在讲台上硬撑着夸夸其谈, 心里很清楚虽然学生们确实不懂你在说什么, 但他们其实知道你也不懂你自己在说什么。下课铃响了学生们鱼贯而出, 他们神色各异, 或是满脸同情, 或在幸灾乐祸。

我向他们保证下节课会找到解法, 可是每次我思考这个问题时, 不知为何总在同一个地方卡住。我甚至想作弊, 去期刊中查找证明。可是Garey和Johnson引用的参考文献是一份三十年前未出版的老旧技术报告。网上找不到, 我们学校的图书馆也没有。

一想到要回去讲下一节课, 也是那学期的最后一节课, 我就很犯愁。然而就在上课前的那一晚, 答案在我的梦中出现了。"劈开所有边。"一个声音说道。我猛然惊醒, 看了看表已是凌晨3点。

我在床上坐起来, 终于想出了证明。假设我将每条无向边(x, y)换成一个构件, 它包含一个新的中点v_{xy}, 还有从v_{xy}分别到x和y的两条弧。这个方法很不错。那么, 哪些顶点之间可能会有多重路径? 新顶点只有出边, 因此它们只可能作为多重路径的源点。旧顶点只有入边。这样一来, 以新顶点为源点顶多只会有一条路径能到顶点覆盖图中的顶点(该图只包含旧顶点), 因此这种构件不会形成多重路径。

不过我们现在要再加入一个汇点s, 并为所有旧顶点连上一条到s的边。这样任意新顶点v_{xy}若是作为源点, 那么v_{xy}到该汇点恰好有两条路径, 它们分别经由与v_{xy}相邻的那两个旧顶点。而这两条路径中得砍去一条以创建一个独连通子图。怎么去处理呢? 我们可在两个旧顶点中任选一个, 再删除弧(x, s)或是(y, s), 通过这种方式可将新顶点v_{xy}与汇点断开。我们可以找到数目最少的弧并删去, 从而以此最大化我们的子图大小。原先无向图中的每条边都对应着两个顶点, 它们都有一条出边, 我们至少得删除其中一条。因此, 这正好和找到原先图的顶点覆盖问题一模一样! 具体归约如图11.8所示。

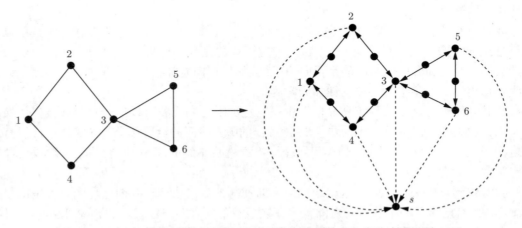

图 11.8   通过划分边和添加汇点而将顶点覆盖归约为独连通子图

在课堂上给出这个论证多多少少是对我自己的一种证明, 而更确切地说, 它再次验证了我所讲的难解性证明原则。你可以看到上述归约实际上并不是那么难: 只要把边劈开再加上一个汇点即可。一旦你选对了视角, 那么NP完全性的归约通常会出人意料地简单。

11.9 P与NP

NP完全性理论是在自动机和形式语言理论中那一套看似严格烦冗实则精妙绝伦的定义体系上所建立。对于那些缺乏相关理论基础的初学者来说，这套术语经常让人很困惑，也常会被误用。要是从实用角度去看归约的设计与使用，这些理论细节其实不是特别重要。话虽这么说，但是该领域的"P = NP吗?"这个问题却是计算机科学中意义最深远的公开问题，因此任何训练有素的算法工作者都应该了解一下这个悬而未决的问题。

11.9.1 验证与发现

P与NP主要所争论的问题在于，验证是否真是一项比先于它的发现更容易的任务呢？假设考试时你"碰巧"看到了旁边学生的答案。你是不是感觉心情好多了？你并不敢不作检查就提交答案，因为一个有能力的学生(比如说你自己)如果花费足够的时间，是可以正确解答问题的。我们想知道的是，完全靠自己解出答案是不是真比仅仅验证答案更快。

对于本书中所讨论的NP完全判定问题而言，上述疑问的答案似乎是显而易见的：

- 给定一个图中的顶点巡游次序，你能验证该图是否存在一个权值至多为k的旅行商巡游吗？当然可以。只要对所给巡游中的边权求和并且验证它不超过k即可。这可比找到巡游要容易，难道不是吗？

- 给定一个真值指派，你能验证它是否代表着某个可满足性问题的解吗？当然可以。只要检查每个子句，并确保子句中至少包含一个所给真值指派中取值为真的变字即可。这可比找到成真指派要容易，难道不是吗？

- 给定一个大小不超过k的顶点子集S，你能验证图G中是否存在一个大小至多为k的顶点覆盖吗？或者说S是满足要求的一个G的覆盖吗？当然可以。只要遍历G的每条边，对于任意边(u,v)检查u或者v是否在S中即可。这可比找到顶点覆盖要容易，难道不是吗？

乍一看好像确实很明显。对于这三个问题，给定任意解都可在线性时间之内得到验证，而且目前这些问题都还没有能比蛮力搜索速度更快的求解算法。上述论证的隐患在于，我们无法给出严格的下界证明，这样也就不能确认上述问题不存在快速算法。也许实际上存在多项式算法(比如说$O(n^{87})$这种理论上的"高效算法")，只不过它们藏得太深而我们一直没有发现而已。

11.9.2 P类和NP类

每个具有明确定义的算法问题都肯定会有一个渐近意义下的最快求解算法，这个"最快"是在最坏情况下以大O记号来度量的。

我们可将P类想象为一个算法问题的高级俱乐部，只有一个问题被证明有多项式时间算法能求解时它才能加入。最短路径问题、最小生成树问题以及简单影片调度问题都是这种P类的正式会员。这里的P代表多项式时间。

一个不那么排外的俱乐部则会欢迎所有能在多项式时间内验证其解答的算法问题。正如前文所讨论的那样,我们知道这个俱乐部包含旅行商问题、可满足性问题和顶点覆盖问题,目前它们都还没有P俱乐部的准入资质证明。然而,所有P类的会员却可以自由出入NP类这个排他性不强的俱乐部。这是因为,如果你能从一张白纸开始并在多项式时间内解决这个问题,你肯定可以同样快速地验证一个给定解:只需从零开始求解该问题,再看看你所得到的解是不是和给你的解是不是同样优秀。

我们将这个不太排外的俱乐部称作NP。你可以认为这里的NP代表未必多项式时间。[1]

有兴趣的读者可以思考这个悬赏百万美元的难题:NP类中是否存在一些问题,我们能确认它们绝不可能成为P类的成员呢?如果不存在这样的问题,那这两个类一定是相同的,也就是P = NP。如果真有这样的问题存在(哪怕只有一个),这两个类就不一样了,也就是P ≠ NP。大多数算法和复杂性理论领域的专家观点是P ≠ NP,不过我们需要一个更强有力的严格证明,不能光说“我找不到足够快的算法”就完了。

11.9.3　可满足性问题为何如此之难

NP完全性的归约会形成一棵枝繁叶茂的树,而这棵树完全依赖于可满足性问题的难解性。图11.2展示了这棵树其中的一部分,相关问题定义和归约论证散布于本章和其他章节。

不妨考虑一下,如果有人确实为可满足性问题找到了一个多项式时间算法会意味着什么呢?这件事似乎处理起来有些棘手。我们知道,给定任意NP完全问题(比如旅行商问题),若是存在一个求解它的快速算法,那么归约树中从可满足性问题到该问题之间路径上所有问题都有快速算法(旅行商问题的例子将对应哈密顿环问题、顶点覆盖问题和3-SAT问题)。但是,可满足性问题的快速算法却不会给我们马上带来什么有用的算法,因为从可满足性问题到它自身的归约路径中空无一物。

不必担心。我们有一个能力惊人的超级归约(也即Cook定理)能将NP中的所有问题都归约为可满足性问题。这样一来,如果你证明了可满足性问题(或任意一个与之等价的NP完全问题)在P中,那么NP中所有其他问题都将随之进入P中,于是P = NP。由于本书中所提到的问题基本上全都在NP中,这将会是一个非常强有力而且出人意料的结论。

Cook定理证明了可满足性与NP中任何问题的难度至少是相同的。此外,它还证明了每个NP完全问题的难解性都完全一样。任意一块多米诺骨牌的倾倒(也就是任意NP完全问题找到了多项式时间算法)会把其他骨牌都撞倒。我们无法为这些问题中的任意一个找到快速算法,正是因为如此,我们才非常确信它们都是真正难解的,而且P ≠ NP也是极有可能的。

11.9.4　是NP难解还是NP完全?

我们将要讨论的最后一个技术细节是NP难解问题和NP完全问题之间的区别。虽然我想让我所用的术语稍微简单些,不过这两个概念之间确实有着微妙的差异(但大多数情况下不太重要)。

---

[1] 事实上,它代表**非确定型多项式时间**(nondeterministic polynomial-time)。如果你学过相关知识的话,就会知道它是在非确定型自动机意义下所给出的概念。

如果某个问题与NP中任何问题的难度至少是相同的, 则称该问题(例如可满足性问题)是NP难解(NP-hard)问题。如果某个问题既是NP难解问题同时自身也在NP中, 则称该问题是NP完全的(NP-complete)。由于NP类包含了太多问题, 所以你遇到的大多数NP难解问题实际上都是NP完全问题, 要想判定这一点, 通常只需对该问题给出一个验证策略即可, 而且验证过程往往都很简单。我们在这本书中所遇到的NP难解问题也全都是NP完全问题。

尽管如此, 依然还是存在着一些问题属于NP难解问题却不在NP中。这些问题甚至会比NP完全问题更加难解! 像弈棋这样的双人游戏为我们提供了不在NP中的NP难解问题实例。设想你坐下来跟一位无所不知的对手下棋。他执白先行将中兵推进两格以此开局, 随后宣布"将军"。要想确定无疑地证实他的结论, 只能为你的所有可行走子创建一棵全满的树, 在树中任意位置他都能用无法破解的应招来证明你在当前状态下根本无法获胜。这棵全满的树其结点数将会是高度的指数函数, 而树高则是你拼尽全力抵抗但最后却输掉比赛所能完成的最大走子步数。显然这棵树无法在多项式时间内予以创建和分析, 因此该问题不在NP中。

章节注释

NP完全性这个概念最早由Cook在[Coo71]中提出。可满足性问题是个货真价实的百万美元难题, 因为Clay数学研究所向能够解决"P = NP?"问题的人提供了这样一笔奖金, 你可以访问http://www.claymath.org来找到更多关于该问题和奖金的相关内容。

Karp在[Kar72]中提供了从可满足性问题到20多个重要算法问题的归约, 这深刻说明了Cook定理结论的重要性。我之所以会推荐Karp的这篇论文是因为它不但优美而且简约——Karp将每个证明问题等价性的归约描述都浓缩到三行之内。将这些归约合到一起便形成了证明问题复杂性的利器, 毫不夸张地说, 它们能对数百个目前尚无高效算法的重要问题给出论证。

NP完全性理论的最佳导引依然是Garey和Johnson的*Computers and Intractability*这本书[GJ79]。它介绍了一般性的理论, 其中包括了Cook定理[Coo71](也就是可满足性问题与NP中的任意问题都拥有至少一样的难度)的一个比较容易理解的证明。该书还提供了一个含有300多个NP完全问题的列表, 这是一个必备的参考资料, 它可以让你可以很好地了解和掌握那些最常见的难解问题。本章中提及但未给出证明的那些归约可在Garey和Johnson的书或者像[CLRS09]之类的教材中找到。

*Factor Man*是一部跌宕起伏的小说[Gin18], 书中有个发现了可满足性问题多项式时间算法的人, 他得与特工和刺客进行各种周旋。我对这本书双手点赞! *The Golden Ticke*[For13]则通俗易懂地介绍了复杂性理论以及"P = NP?"问题。

上述问题列表中还有一些问题处在摇摆不定的状态中, 我们既不知道这个问题是否存在快速算法, 也不知道它是否为NP完全问题。这当中最为人所知的则是图同构问题(见19.9节)和整数因子分解问题(见16.8节)。这份"待定列表"非常短, 很大程度上归功于当前算法设计的深入进展和NP完全性这套强大的理论。因此, 目前几乎对于所有的重要问题, 我们都有快速算法或不存在高效算法的坚实论据。

如果想从其他角度了解关于NP完全性并且注重趣味性, 不妨看看Erik Demaine在MIT所开设的《算法下界》课程相关视频: *Fun with Hardness Proofs*(http://courses.csail.mit.edu/6.890/fall14/)。[1] 本章算法征战逸事关于独连通子图的问题最早在[Mah76]中被证明是难解问题。

11.10 习题

变换和可满足性问题

11-1. *[2]* 利用SAT问题到3-SAT问题的归约将下式变换为一个3-SAT公式:

$$(x \vee y \vee \bar{z} \vee w \vee u \vee \bar{v}) \wedge (\bar{x} \vee \bar{y} \vee z \vee \bar{w} \vee u \vee v) \wedge (x \vee \bar{y} \vee \bar{z} \vee w \vee u \vee \bar{v}) \wedge (x \vee \bar{y})$$

11-2. *[3]* 基于3-SAT问题到顶点覆盖问题的归约画出下式所对应的图:

$$(x \vee \bar{y} \vee z) \wedge (\bar{x} \vee y \vee \bar{z}) \wedge (\bar{x} \vee y \vee z) \wedge (x \vee \bar{y} \vee \bar{x})$$

11-3. *[3]* 证明4-SAT是NP难解问题。

11-4. *[3]* "吝啬SAT"问题定义如下: 给定子句集(所有子句均由变字的析取组成)和整数k, 找出一个限定最多让k个变字取真的成真指派, 前提是此类指派确实存在。证明吝啬SAT是NP难解问题。

11-5. *[3]* "双重SAT"问题想判断对于给定的可满足性问题是否至少存在两个不同的成真指派。例如算例$\{\{v_1, v_2\}, \{\bar{v}_1, v_2\}, \{\bar{v}_1, \bar{v}_2\}\}$虽然可满足, 但只有一个解: v_1为假而v_2为真。然而算例$\{\{v_1, v_2\}, \{\bar{v}_1, \bar{v}_2\}\}$却恰好有两个解。证明双重SAT是NP难解问题。

11-6. *[4]* 假设我们有一个子程序可快速求解旅行商判定问题, 不妨设其为线性时间算法。给出一个高效算法来找到旅行商的实际巡游, 要求上述子程序的调用次数只能是多项式量级。

11-7. *[7]* 实现一个变换器将可满足性问题的算例变换为等价的3-SAT问题的算例。

11-8. *[7]* 设计并实现一个回溯算法来测试给定子句集是否可满足。你能用什么准则来对这个搜索剪枝呢?

11-9. *[7]* 实现从顶点覆盖问题到可满足性问题的归约, 并将可满足性测试的程序运行于归约所得的子句集之上。我们能将它作为问题求解的一种实用方案吗?

基础性的归约

11-10. *[4]* 集合覆盖问题的算例一般包括: 由n个元素组成的集合X, 若干X的子集所构成的集簇F以及整数k。该问题想问: "是否存在k个F中的元素(均为X的子集)使得其并集为X呢?" 例如, 若$X = \{1, 2, 3, 4\}$而$F = \{\{1, 2\}, \{2, 3\}, \{4\}, \{2, 4\}\}$, 那么$k = 2$时无解, 但$k = 3$时却有解(比如说$\{1, 2\}, \{2, 3\}, \{4\}$)。请将顶点覆盖问题归约为集合覆盖问题, 以此证明它是NP难解问题。

---

[1] 译者注: 还可以访问HardnessProofsathttp://courses.csail.mit.edu/6.890/找到不同年份的课程资料。

11-11. *[4]* 棒球卡收集者问题如下: 给定棒球卡套装包 $P_1, \cdots, P_m$, 每包里所装的卡都是今年棒球卡的一个子集, 如果限制所买包数不能超过 k, 能否集齐整年的棒球卡呢? 例如, 若棒球选手集是 {Aaron, Mays, Ruth, Skiena} 而套装包分别为 {Aaron, Mays}, {Mays, Ruth}, {Skiena}, {Mays, Skiena}, 那么 $k = 2$ 时无解, 但 $k = 3$ 时却有解 (比如说 {Aaron, Mays}, {Mays, Ruth}, {Skiena})。请将顶点覆盖问题归约为棒球卡收集者问题, 并以此证明它是 NP 难解问题。

11-12. *[4]* **低聚度生成树问题** (low-degree spanning tree problem) 如下: 给定图 G 和整数 k, 那么 G 是否包含一棵生成树其中所有顶点的度都至多为 k 呢? 显然只有树中的边才能计入, 注意这里说的不是顶点在图 G 中的度。例如, 图 11.9 中没有一棵生成树能让所有顶点的度都不超过 3。

    (a) 请将哈密顿路径问题归约为低聚度生成树问题, 以此证明它是 NP 难解问题。

    (b) 现在考虑**高聚度生成树问题** (high-degree spanning tree problem), 其描述如下: 给定图 G 和整数 k, G 是否包含一棵生成树其中顶点度的最大值至少为 k 呢? 图 11.9 的算例中存在一棵生成树其中最高的顶点度为 8。给出一个高效算法求解高聚度生成树问题并分析它的时间复杂度。

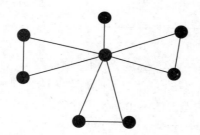

图 11.9 低聚度生成树问题

11-13. *[5]* 最少元素集合覆盖问题需要基于全集 $U = \{1, \cdots, n\}$ 找出一个集合覆盖 $S \subseteq C$ 使得 S 中所有子集的大小之和最多为 k。

    (a) 证明 $C = \{\{1,2,3\}, \{1,3,4\}, \{2,3,4\}, \{3,4,5\}\}$ 存在一个大小为 6 的覆盖, 不过由于存在一个重复元素[1]所以无法找到一个大小为 5 的覆盖。

    (b) 证明该问题是 NP 难解问题。[提示]: 如果所有子集大小相同, 集合覆盖依然是难解问题。

11-14. *[3]* 半数哈密顿环问题如下: 给定一个拥有 n 个顶点的图 G, 判断该图是否有一个总长正好为 $\lfloor n/2 \rfloor$ 的简单环 (其中 $\lfloor n/2 \rfloor$ 可将 $n/2$ 截断为整数)。证明该问题是 NP 难解问题。

11-15. *[5]* 三相功率平衡问题要寻找一种方案, 将一个由 n 个正整数所组成的集合划分为三个集合 A, B, C 使得:

$$\sum_{x \in A} x = \sum_{y \in B} y = \sum_{z \in C} z$$

从整数集划类问题或子集和值问题 (见 10.5 节) 出发归约来证明该问题是 NP 难解问题。

11-16. *[4]* 证明以下问题是 NP 难解问题:

---

[1] 译者注: 不妨将集合覆盖中的所有子集合并成一个多重集合, 所谓的"重复"问题便可理解。

> 问题: 稠密子图[判定]
>
> 输入: 图G以及整数k和整数y。
>
> 输出: G包含一个恰有k个顶点且至少有y条边的子图吗?

11-17. *[4]* 证明以下问题是NP难解问题:

> 问题: 团和非团[判定]
>
> 输入: 无向图$G = (V, E)$和整数k。
>
> 输出: G是否既包含大小为k的团而又包含大小为k的独立集呢?

11-18. *[5]* 欧拉环是图中每条边恰好访问一次的巡游。欧拉子图则要求能对该子图中的所有边构造出欧拉环。证明: 寻找图中边数最多的欧拉子图是NP难解问题。[提示]: 设计一种图, 其中每个顶点都恰好是三条边的交点, 这种特殊情况下的哈密顿环问题依然是NP难解问题。

11-19. *[5]* 证明以下问题是NP难解问题:

> 问题: 最大公共子图
>
> 输入: 图$G_1 = (V_1, E_1)$和$G_2 = (V_2, E_2)$以及预留顶点数b。
>
> 输出: 顶点集$S_1 \subseteq V_1$和顶点集$S_2 \subseteq V_2$, 可使删除这两个顶点集之后原来的两个图中均至少保留b个顶点, 而且所构造出的两个新图完全等价。

11-20. *[5]* 图G的强独立集是一个顶点子集S, 使得任取S中两个顶点都在G中找不到长为2的路径。证明强独立集是NP难解问题。

11-21. *[5]* **风筝图**(kite graph)是一种由偶数个(记为$2n$)顶点构成的图, 其中n个顶点形成一个团, 而剩下n个顶点组成了一根风筝线(tail), 这条线是一条终点为团中某个顶点的路径。给定图G和目标值g, 最大风筝图问题要求在G找到一个含有$2g$个顶点的子图刚好是风筝图。证明最大风筝图是NP难解问题。

创造性的归约

11-22. *[5]* 证明以下问题是NP难解问题:

> 问题: 命中集(Hitting Set)[判定]
>
> 输入: 集合S的子集所组成的集合C, 正整数k。
>
> 输出: S是否包含子集S'既能满足$|S'| \leqslant k$, 还能让C的每个元素(均为S的子集)至少包含一个S'中的元素呢?

11-23. *[5]* 证明以下问题是NP难解问题:

问题: 背包[判定]

输入: 由n项元素构成的集合S, 其中第i项的权为w_i而值为v_i。两个正整数: 权的上界W和值的下界V。

输出: 是否存在子集$S' \subset S$同时满足以下条件呢?

$$\sum_{i \in S'} w_i \leqslant W \quad \text{且} \quad \sum_{i \in S'} v_i \geqslant V$$

[提示]: 从整数集划类问题开始考虑。

11-24. *[5]* 证明以下问题是NP难解问题:

问题: 哈密顿路径[判定]

输入: 图G以及顶点s和顶点t。

输出: G是否包含一条始于s而终于t的路径并且满足对图中所有顶点恰好访问一次呢?

[提示]: 从哈密顿环问题开始考虑。

11-25. *[5]* 证明以下问题是NP难解问题:

问题: 最长路径[判定]

输入: 图G和正整数k。

输出: G是否包含一条至少能访问k个不同顶点且其中没有顶点会被访问超过一次的路径呢?

11-26. *[6]* 证明以下问题是NP难解问题:

问题: 控制集(Dominating Set)[判定]

输入: 图$G = (V, E)$和正整数k。

输出: 设子集$V' \subset V$并满足$|V'| \leqslant k$, 而V中每个顶点x还必须满足: 要么$x \in V'$, 要么存在$y \in V'$使得边$(x, y) \in E$。是否能找到这样的子集V'呢?

11-27. *[7]* 证明: 即便限制图中所有顶点都具有相同的度时, 顶点覆盖问题依然是NP难解问题。所谓顶点覆盖问题是: 图G是否存在一个包含k个顶点的子集S, 使得G中的每条边至少关联到S中的一个顶点呢?

11-28. *[7]* 证明以下问题是NP难解问题:

问题: 组集(set packing)[判定]

输入: 由集合S的子集所构成的集合C以及正整数k。

输出: C中是否存在k个以上的元素(均为S的子集)它们互不相交呢? 所谓不相交指的是这些子集之间没有任何共同元素。

11-29. *[7]* 证明以下问题是NP难解问题:

问题: 反馈顶点集[判定]
输入: 有向图$G = (V, A)$和正整数k。
输出: 取$V' \subset V$, 要求$|V'| \leqslant k$并且从G中删除V'的所有顶点会形成一个有向无环图, 是否存在这样的V'?

11-30. *[8]* 给出一个从数独问题到图顶点着色问题的归约。更具体地来说, 任给一块部分填充的数独纸板, 请阐明如何基于数独纸板构造一个可染九色的图, 并且满足: 如果这种图可以成功染色当且仅当该块数独纸板有解。

特殊情况下的算法

11-31. *[5]* 哈密顿路径P是一条每个顶点恰好访问一次的路径。要想测出图G是否包含一条哈密顿路径, 这是个NP完全问题。与哈密顿环问题不同, 从P的终点到起点未必存在一条G中的边。

给出一个$O(n+m)$时间的算法测出有向无环图G是否包含一条哈密顿路径。[提示]: 考虑拓扑排序和深度优先搜索。

11-32. *[3]* 考虑k度团问题, 它将一般的团限制为图中每个顶点的度至多为k。证明对于任何给定的k值(这意味着k为常数), k度团问题都有高效算法。

11-33. *[8]* 2-SAT问题就是判断2-CNF布尔表达式是否可满足。除了每个子句只能有两个变字之外, 2-SAT问题和3-SAT问题完全一样。例如以下表达式是2-CNF:

$$(x_1 \vee x_2) \wedge (\bar{x}_2 \vee x_3) \wedge (x_1 \vee \bar{x}_3)$$

给出一个能求解2-SAT问题的多项式时间算法。

P = NP?

11-34. *[4]* 证明下列问题属于NP:
   (a) 图G中是否有一条长为k的简单路径(也即无重复顶点的路径)?
   (b) 整数n是否为合数(也即非素数)?
   (c) 图G是否有一个大小为k的顶点覆盖?

11-35. *[7]* 判定问题"整数n是否为合数(也即非素数)?"能否在多项式时间内给出答案(注意这里多项式的变量为算法输入的规模量), 这在2002年以前是个公开问题。[1] 算法38能在$O(n)$时间内运行完毕, 可是这个理由为何不足以证明该问题在P中呢?

---

[1] 译者注: 2002年Agrawal, Kayal和Saxena的论文 *PRIMES is in P* 对该问题作出了肯定的回答, 也即素性测试问题存在多项式时间算法。

算法 38 PrimaryTesting(n)

1 **for** i **from** 2 **to** $n-1$ **do**
2   **if** $((n \bmod i) = 0)$ **then**
3   **return** TRUE
4   **end**
5 **end**
6 **return** FALSE

力扣

11-1. https://leetcode.com/problems/target-sum/

11-2. https://leetcode.com/problems/word-break-ii/

11-3. https://leetcode.com/problems/number-of-squareful-arrays/

黑客排行榜

11-1. https://www.hackerrank.com/challenges/spies-revised

11-2. https://www.hackerrank.com/challenges/brick-tiling/

11-3. https://www.hackerrank.com/challenges/tbsp/

编程挑战赛

下列编程挑战赛问题可在https://onlinejudge.org/上找到, 网站会自动判分。

11-1. "The Monocycle" — 第13章, 问题10047。

11-2. "Dog and Gopher" — 第13章, 问题111301。

11-3. "Chocolate Chip Cookies" — 第13章, 问题10136。

11-4. "Birthday Cake" — 第13章, 问题10167。

注意: 上述问题和NP完全性没什么太大关系, 只是为保持"编程挑战赛"这部分的体系完整性才添加到本章。

第12章
处理难解问题

对于实用主义的人来说，你的工作绝不会以证出问题的NP完全性而告终，也许总有一些原因驱使着你永远将给出实际解答这件事放在首位。不过话又说回来，就算知道没有多项式时间算法，那个难缠的应用问题还是在那里摆着，所以你依然得去寻求一个程序来解决该问题。现在你仅仅知道无法找到一个程序能在最坏情况下给出该问题的最优解。不过你仍然还有三个选择：

- 平均情况下的快速算法——例如能够实现充分剪枝的那些回溯算法就可归为此类。
- 启发式方法——像模拟退火或贪心策略这样的启发式方法可以用于快速找出一个解，不过我们不能保证它是最好的那个解。
- 近似算法——NP完全性理论只能确定某个问题很难得出精确解。要是有了依据具体问题而专门精心设计的启发式方法，我们便能确保可在所有算例上接近最优解。

本章将深入讨论以上这些方案。另外，我们还将简要介绍量子计算，这项令人振奋的技术正在努力朝那些尚未获得高效求解方案的问题突围(不过仍未取得实质进展)。

12.1 近似算法

近似算法所返回的解附带着质量保证，也就是说最优解永远不可能比近似算法所给出的解强太多。因此，使用近似算法永远不会差得太离谱。不论你的输入算例是什么，也不论你幸运与否，求解任务通常都会完成得还不错，这点你绝对可以放心。此外，能保证较好近似界的那些近似算法通常都在概念上非常简单，运行速度也很快，而且还易于编程实现。

然而，有件事情我们却通常难以搞清楚，也就是近似算法的解与从不给你保证的那些启发式方法所得出的"解"相比到底能好多少。这个问题的答案可能会是"不如"也可能会是"更好"。你的钱放在银行的储蓄账户中可保证你能拿到3%的利息且毫无风险。不过，尽管股市表现阴晴难卜，你把钱投到股市中还是很有可能比把它扔在银行里收益要好得多。

要想获得最大收益，一种方法就是将近似算法和分化极大的启发式方法都放在给定问题算例上运行一遍，然后再选择结果较好的那个解。这样，你会得到一个带有质量保证的解，还会得到第二次机会可让你解决得更好。就难解问题的启发式方法而言，稳妥和机遇你有时可以两者兼得。

12.2 顶点覆盖问题的近似算法

回想一下顶点覆盖问题, 我们要为给定的图G找出一个较小的顶点子集S, 使得G中的任意边(x, y)至少有一个顶点(x或y)在S中。正如我们之前所见的那样, 寻找图的最小顶点覆盖是NP完全问题。然而, 我们有一个非常简单的程序(算法39)可以高效找出一个覆盖, 其大小至多为最佳覆盖大小的两倍, 具体方案是不断挑选未覆盖的边并选取它的两个端点全部放入覆盖中。

算法 39 $\text{VertexCover}(G = (V, E))$

1 **while** $(E \neq \varnothing)$ **do**
2   任选E中一条边(u, v)
3   将u和v都加入顶点覆盖中
4   对于E中只要与u或v相关联的边均予以删除
5 **end**

很显然算法39总能得到一个顶点覆盖(设其大小为n), 因为对于每条边而言, 只有在它的一个关联顶点加入顶点覆盖后, 程序才会删除这条边。我们更关心下面的论断: 任意顶点覆盖所用的点数至少都得是$n/2$。原因何在呢? 假设上述算法只选取了k条边, 而它们在原图中形成了一个匹配, 不妨对这些边进行考察: 容易看出没有两条边会共用一个顶点, 因此光是覆盖这些边就需要让每条边最少都得对应覆盖中的一个顶点, 这会让能够涵盖这k条边的任意覆盖会为每条边至少包含一个顶点, 而这样会使其至少为算法输出的这种贪心覆盖(由$2k$个顶点组成)的一半大小。

这个算法会给你下面这几条值得注意的启示:

- *尽管程序很简单, 但是它并不笨*——很多看起来更聪明的启发式方法在最坏情况下可能会有相当差的表现。比如, 为什么要采用上述程序中两个顶点全选的方案, 而不是将其修改为只选一个顶点加入覆盖呢? 这种改进的理由在于, 只用一个顶点也能同样覆盖到所选的边。然而, 我们考虑一下图12.1中的星形图。原有的启发式方法将产生一个仅有两个顶点的覆盖, 而只选单点的那个启发式方法所返回的顶点覆盖大小则可能达到$|V| - 1$之多, 我们可能会非常倒霉地不断选出叶子而不是把中心留下来作为顶点覆盖的成员。

- *贪心不一定总是正确选择*——对顶点覆盖来说, 也许最自然的启发式方法就是重复地选出剩余度最高的顶点加入覆盖并将该点的相关要素删除,[1] 其理由是这种点所覆盖的边数最多。然而, 在顶点度相同或相近的情况下, 贪心启发式方法会完全迷失方向。而在最坏情况下, 它可能会产生一个$\Theta(\log |V|)$倍于最优覆盖大小的结果(见图12.2)。

- *让启发式方法更复杂不一定会让它更好*——通过增加更多特殊情况或细节很容易让启发式方法复杂化。比如, 上面的程序没有确定接下来到底要选择哪条边。我们可以选择边中端点度最高的作为下一条边, 这样看起来比较合理。然而, 这种方案没有改进最坏情况下的近似界, 它所做的却只是让算法更难分析而已。

---
[1] 译者注: 从图$G = (V, E)$开始, 不断找出当前V中度最大的顶点v, 再将v从V中删去并在E中删除与v关联的边。

- 用于后处理的清除步骤完全无害——设计简单启发式方法还隐藏着另一种优势,也就是它们通常能够加以修改而产生实际表现更好的解,同时在理论上的近似界也不会弱化。例如,我们可从顶点覆盖中删去任何不必要的点,这种后处理步骤只会改善算法的实际效果而没有任何副作用,不过请注意它不能改进最坏情况下的近似界。此外为了公平起见,我们还可以多次重复整个算法过程并选用不同的起始边,最后取最佳结果即可。

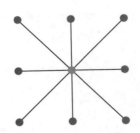

图 12.1 要是不小心选了中心顶点则会导致一个糟糕的顶点覆盖

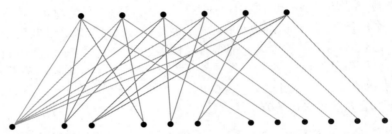

图 12.2 一个会让顶点覆盖贪心启发式方法表现极差的算例。所输入的二部图其最佳覆盖是上方的那一行顶点,然而贪心启发式方法有可能会在从左到右选出下方的那一行顶点。此例可扩展并创建出一个算例使得贪心解的大小是最小顶点覆盖其大小的 $\Theta(\log |V|)$ 倍

　　近似算法的重要特性是它能直接将所得解的规模量与最优解的下界相关联。请不要去想我们会做得多好,而应该要考虑最坏情况——也就是说我们到底会表现得有多糟糕。

停下来想想: 留下顶点覆盖

问题: 假设我们对图 G 实施深度优先搜索,在执行过程中自然会建立一棵深度优先搜索树 T。T 中任何度为1的非根顶点都是叶子结点,我们将其全部删除。请证明: T 的所有非叶子结点集合构成了图 G 的一个顶点覆盖,而该顶点覆盖的大小至多是 G 的最小顶点覆盖其大小的两倍。

解: DFS树 T 的所有非叶子结点何以必然会形成一个顶点覆盖呢?不妨回想一下深度优先搜索的神奇特性: 它可将所有边分为树边和反向边。考虑任意顶点 v: 如果 v 是 T 的叶子结点,那么会有一条包含 v 的树边 (x,v),而该边将被非叶子结点 x 覆盖; 如果存在包含 v 的其他类型边,那么一定是指向 v 的祖先的反向边,从而可将所有这些反向边都纳入覆盖范围。综上所述,非叶子结点所形成的集合可将图中的边全部覆盖。

不过, 为何非叶子结点集合的大小至多是最优覆盖其大小的两倍呢? 不妨从任意一个叶子结点 v 开始向上朝根结点行走: 假设这条路径由 k 条边组成, 也即从叶子结点到根结点一共经过了 $k+1$ 个图中的顶点。这种启发式方法会选 k 个非叶子结点放入覆盖, 然而关于这条路径的最小覆盖得包含 $\lceil k/2 \rceil$ 个顶点, 因此我们所得到的覆盖大小总是在最佳覆盖其大小的两倍范围之内。

顶点覆盖随机化启发式方法

前文中那个顶点覆盖启发式每次任选尚未覆盖的边, 并将其两个端点都同时添加到覆盖之中, 尽管我们已经证明这样可得到一个近似因子为2的近似算法, 但是在两个顶点任取其一即可覆盖指定边的情况下, 将覆盖增加两个顶点看起来似乎效率较低。然而, 图12.1中的星形算例表明: 我们若是对每条边反复选出错误的顶点(也即非中心顶点), 我们最终可能会得到一个大小为 $n-1$ 而非1的覆盖。

得到如此之差的性能, 只有连续 $n-1$ 次做错决定才能达到, 这意味着要么是天赋异禀(能预测到坏结果), 要么运气极其糟糕。因此, 我们可以随机挑选顶点, 让它真正成为运气问题, 于是可设计算法40。

算法 40 VertexCover($G = (V, E)$)

1 **while** ($E \neq \varnothing$) **do**
2   任选 E 中一条边 (u, v)
3   从 u 和 v 中随机挑选一个顶点(记为 x)加入顶点覆盖中
4   对于 E 中只要与顶点 x 相关联的边均予以删除
5 **end**

当算法40执行完毕之后我们将得到一个顶点覆盖, 但是它的期望大小与真正的最小覆盖 C 相比如何呢? 请注意, 对于我们所选的每一条边 (u, v), 其两个端点中至少有一个肯定会出现在最佳覆盖 C 中, 因此我们有一半的概率能幸运地选到"正确"的顶点。当算法运行结束时, 我们会选出一个顶点集合 $C' \subseteq C$ 以及另一个顶点集合 D(其顶点取自 $V - C$ 中)。我们知道 $|C'|$ 肯定始终小于或等于 $|C|$, 此外 D 的期望大小与 C' 的期望大小相同。因此, 在期望意义下 $|C'| + |D| \leqslant 2|C|$, 于是我们所得到的的解的期望大小至多是最优解大小的两倍。

随机化是设计近似算法的一个非常强大的工具, 其功效是将不良特例出现的可能性予以降低甚至于基本不存在。不过, 此类概率的细致分析往往需要复杂的推理工作, 但是启发式方法自身通常极为简单且易于实现。

12.3 欧氏空间旅行商问题

现实生活里大多数旅行商问题的应用都有这样的现象, 笔直向前的路线不用想就比绕来绕去的路线要短。例如, 如果一个图中的边权是城市之间的直线距离, 那么从 x 到 y 的最短路径永远都是"尽量走直线"。

　　由欧氏几何诱导的边权必然满足三角不等式, 也就是顶点u, v, w所组成的任意三角形都有$d(u,w) \leqslant d(u,v) + d(v,w)$。图12.3画出了一般情况下的示意, 由此可以看出上述条件的合理性。不过, 机票价格却是一个违背三角不等式的距离函数实例, 这是因为有时候通过某个城市转飞要比直飞到目的地更便宜。当然了, 在许多问题和应用场景中三角不等式通常还是成立的, 而且非常自然。

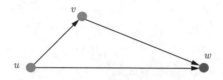

图 12.3　三角不等式$d(u,w) \leqslant d(u,v) + d(v,w)$通常在几何图和加权图中成立

　　实际上, 就算我们考虑的边权是欧氏距离, 旅行商问题依然还是难解问题。不过, 我们可以利用最小生成树和服从三角不等式的图来近似处理最佳旅行商巡游问题。首先, 你得观察到图G的最小生成树权值就是最佳巡游T其费用的下界。为何如此呢? 由于欧氏距离非负, 从巡游T中任意删除一条边将会得到一条路径, 而它的总权值肯定不会比原先巡游的权值更高。这条路径没有环, 所以它是一棵树, 这也意味着它的权值至少等于最小生成树的权值。因此, 最小生成树的权值给出了最佳巡游的一个下界。

　　考虑对最小生成树执行深度优先搜索, 看看遍历过程中会发生什么。我们将访问每条边两次, 一次在发现边时沿树向下, 另一次是在完成对整个子树的探索之后沿树向上。例如在图12.4[左]的深度优先搜索中, 我们访问顶点的次序是:

$$1, 2, 1, 3, 5, 8, 5, 9, 3, 6, 3, 1, 4, 7, 10, 7, 11, 7, 4, 1$$

你可以看到树的每条边恰好都用了两次。由于以上闭环(circuit)[1]对最小生成树的每条边会重复访问两次, 因此其花费至多为最佳巡游花费的两倍。

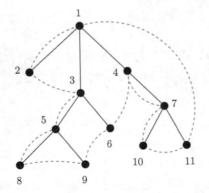
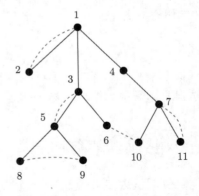

图 12.4　一棵生成树的深度优先遍历(附有对它取捷径之后的巡游)[左], 若是在同一棵DFS搜索树基于Christofides启发式方法对奇度值顶点给出一个最小权值匹配[右], 便能构建出一个欧拉图

---

[1] 译者注: "闭环"虽然也能访问所有顶点, 但可能存在重复访问, 因此不一定是"巡游"。

然而, 许多顶点在这种深度优先搜索所形成的闭环中却会重复出现。为了移除多余的顶点, 我们可以在每步中选出一条最短路径直接抵达下一个未访问过的顶点最终形成一个捷径巡游。因此前面那棵树的捷径巡游是

$$1, 2, 3, 5, 8, 9, 6, 4, 7, 10, 11, 1$$

由于我们是用一条直接到达的边替换一连串的边, 所以三角不等式能确保这种巡游只可能变得更短。于是, G中捷径巡游的权值必然在G的最优巡游权值的两倍之内, 此外捷径巡游只需$O(n+m)$时间构建, 其中n是G的顶点数而m是G的边数。

Christofides启发式方法

我们还可以从另一种视角来观察这种对最小生成树加倍的想法, 它能为TSP给出更好的近似算法。不妨回想一下**欧拉环**(Eulerian cycle)概念,[1] 图G中的欧拉环可将图中每条边都刚好遍历一次, 它其实算是一个闭环。我们可通过一个简单特征刻画来检验某个连通图中是否含有欧拉环: 也即每个顶点的度值必为偶数。我们分析这个偶度值约束: 很显然它是必要条件, 因为你走出每个顶点的次数必须要与走入该顶点的次数完全相同; 不过这同时也是充分条件, 而且在任何偶度值连通图上的欧拉环都可以很容易地在线性时间内找到。

我们可用欧拉环的概念重新诠释TSP的最小生成树启发式方法。不妨基于G的最小生成树构造一个**多重图**(multigraph)M, 它会将生成树的所有边都重复添加两遍。易知这个拥有n个顶点和$2(n-1)$条边的多重图必然是欧拉环, 因为图中每个顶点的度值都是G的最小生成树中所对应顶点度值的两倍。M的任何欧拉环都会定出一个闭环, 它与前文中DFS给出的闭环其性质完全相同, 因此可以用同样的方法构造出一个TSP捷径巡游, 其费用至多是最优巡游的两倍。

以上结论表明, 如果我们能找到一种更便捷的方法来确保所有顶点的度值均为偶数, 那么就可以设计出一种更好的TSP近似算法。回想一下匹配(8.5.1节)的概念, 图$G = (V, E)$中的匹配是一个边集$E' \subset E$, 它可使得E'中任意两条边不会共享同一个顶点。若在给定图中添加一组匹配边, 可使相关顶点的度数增加1, 从而会让奇度值顶点变为偶度值顶点, 而偶度值顶点变为奇度值顶点。

因此, 我们首先要在G的最小生成树中找出奇度值顶点, 它们是阻碍我们在最小生成树上寻求欧拉环的障碍所在。由于任何图中都必然存在偶数个奇度值顶点, 通过在这些奇度值顶点之间添加一组匹配边, 我们就能让原图变为欧拉图(如图12.4[右]所示)。我们可以高效地求出费用最低的完美匹配(也即每个顶点得刚好只出现在一条匹配边上), 相关讨论可参阅18.6节。

以上就是Christofides所提出的启发式方法。这里再简要概括一下: 我们先构造一个多重图M, 它既包括G的最小生成树, 同时还包含该树中奇度值顶点之间权值最小匹配边集; 易知M是一个欧拉图, 因此它包含一个欧拉环, 我们再通过取捷径方案便可构建出一个权值至多不超过M其总权值的TSP巡游。

请注意, 如果该图满足三角不等式, 那么仅针对奇度值顶点构造的最低费用匹配其开销必然是基于整个图G的这类最低匹配其费用值的下界。

---

[1] 如果不记得的话, 可以先浏览18.7节稍加复习再转回来, 也算一种巡游了。

　　从图12.5中可以看出, 任何TSP巡游中交替出现的那些边必然可定出一个匹配, 因为每个顶点在这类边中仅出现一次。图12.5中的浅色边(或深色边)的费用肯定大于或等于G的最小匹配其权值, 而且对于总权值较低的那种颜色匹配其边权之和最多只能达到TSP巡游路径总长的一半, 因此我们加到M中的匹配边其费用必然至多只能是最优TSP巡游其费用的一半。

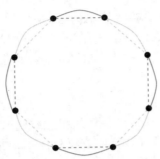

图 12.5 在拥有偶数个顶点且遵守三角不等式的图中, 任意TSP巡游均可划分为深色和浅色匹配, 而两者中必然有一个匹配的费用至多为该巡游总费用的一半

　　综上所述, M的总权值必然至多为TSP最佳巡游的$(1+1/2) = 3/2$倍, 因此Christofides启发式方法所构造的巡游其权值最多是最佳巡游权值的3/2倍。与最小生成树启发式方法一样, 由于取捷径而减少的权值意味着最终所得到的巡游可能会优于以上保证, 不过它绝不会变得更差。

12.4　何时平均已经够好

　　在传奇般的Wobegon湖畔, 所有孩子都高于平均水平。[1] 对于某些最优化问题, 所有解(或大部分解)似乎都接近于最佳。认识到这一点之后我们便能得到极为简单的近似算法并可证明其质量保证, 若是再利用我们将在12.6节要讨论的启发式搜索策略精细化调优还能进一步改善其性能。

12.4.1　最大化k-SAT

　　不妨回顾11.4.1节中所讨论的3-SAT问题: 我们在该问题中会处理一个3字子句集, 例如其中的某个子句是$\{v_3, \bar{v}_{17}, v_{24}\}$, 我们需要为每个变字$v_i$给出一个真/假指派从而让所有子句成真。

　　更一般化的问题则是最大化3-SAT, 我们则需要找出一组布尔变量指派使得这些子句能成真的数量最多。"是否能让100%的子句可满足?", 这实际上是原始3-SAT问题, 因此最大化3-SAT问题肯定依然难解。不过既然它是以一个最优化问题的形式出现, 那么我们可以考虑其近似算法。

　　我们如果投掷一枚硬币来决定每个变量v_i的取值, 便可构建出一个完全随机的真值指派, 这会导致什么情况发生呢? 我们期望的可满足子句比例能达到多少? 考虑上面的子句算例$\{v_3, \bar{v}_{17}, v_{24}\}$: 除了指派$v_3$为假且$v_{17}$为真以及$v_{24}$为假这种情况之外, 其他指派都能满足

----
[1] 译者注: 可搜索"Lake Wobegon effect"。

该子句。于是, 该子句能对应"优良"指派的概率将是 $1 - (1/2)^3 = 7/8$。因此, 我们可期望任何随机指派都将满足7/8的子句, 其比例达到了87.5%。

通过以上这种似乎完全不加思考来处理NP完全问题的方法来说, 其结果似乎已经非常不错了。而实际上对于一个有 m 个输入子句的最大化 k-SAT算例, 我们基于随机指派甚至可期望满足其中的 $m(1 - (1/2)^k)$ 个子句。从近似的角度来看, 所处理的子句越长我们会越容易接近最优解。

12.4.2 最大无环子图

有向无环图(DAG)要比一般的有向图更容易处理。有时, 我们删除一个较小的边集或顶点集足以破除给定图中的所有环, 而这种方式对于简化图来说很有用。这类反馈集问题将在19.11节中讨论。

现在我们来考虑此类问题中一个值得关注的问题——最大有向无环子图, 也就是保证图中有向环全部破除的同时尽可能多地保留边:

问题: 最大有向无环子图

输入: 有向图 $G = (V, E)$。

输出: 找到 E 的最大子集 E', 并保证 $G' = (V, E')$ 是无环图。

事实上, 我们有一个很简单的算法能保证你找到的解至少有最优解的一半边数。我强烈建议你在偷看答案前先试着找到这个算法。

○ ——————————————— ? ——————————————— ★

随意创建一个顶点排列, 并将其解读为一个类似于拓扑排序那样的从左到右次序。这样一来, 图中的一些边将从左指向右, 而剩下的边则会从右指向左。

这两个边子集之中肯定会有一个较大(或者两个一样大)。这意味着较大的子集至少包含了 E 中一半的边。此外, 由于只有DAG才能被拓扑排序, 而出于同样的原因, 这两个边子集肯定都是无环的——你朝一个方向不断向前不可能形成一个环。综上所述, 我们的答案就是这个较大的边子集, 它肯定无环而且至少包含了最优解的一半边数![1]

这种近似算法简单到了近乎愚蠢的地步。但是请你注意, 前面说过启发式方法可以让我们既可以不失去质量保证还能拥有更好的实际运行结果。比如说, 我们也许可以试着给出很多的随机排列然后再选择最好的结果。或者我们可以尝试交换排列中的点对, 如果交换之后能让更多的边跑到规模更大的那一侧便予以保留, 否则就撤销这次交换。

12.5 集合覆盖

前面这几节可能会助长一种错误认知, 你会以为所有问题都可以近似到两倍因子以内。实际上, 很多卷II中的问题(例如最大团问题)绝不可能取得具备实用意义的近似因子。

---

[1] 译者注: 该子集的大小不会小于 $|E|/2$, 而最优解的大小不会超过 $|E|$, 因此得证。

　　集合覆盖问题则处于两种极端的中间地带, 它有一个$\Theta(\log n)$因子的近似算法。实际上, 集合覆盖问题是顶点覆盖问题的更一般版本, 其定义参见21.1节:

问题: 集合覆盖

输入: 全集$U = \{1, \cdots, n\}$下的一组子集所构成的集合$S = \{S_1, \cdots, S_m\}$。

输出: 取S的子集T, 要求T中元素之并等于全集:

$$\bigcup_{i=1}^{|T|} T_i = U$$

满足上述约束的最小子集T是什么样的呢?

　　最自然的启发式方法肯定是贪心算法, 它会不断选出包含迄今尚未覆盖元素最多的那个子集, 直到所有元素全都被覆盖为止。我们将其写成伪代码形式, 也即算法41。

算法41　SetCover(S)

1　**while** $(U \neq \varnothing)$ **do**
2　　　找出一个与U相交元素个数最多的子集S_i
3　　　将S_i选入集合覆盖
4　　　$U \leftarrow U - S_i$
5　**end**

　　这种基于贪心策略的选择过程所造成的一个后果是, 每次新覆盖的元素个数将会是一个随着算法执行而变的非增序列。为何如此呢? 如果不满足这个性质的话, 贪心算法早就会选出更强(也即个数更多)的子集, 当然前提是它得存在。

　　因此我们可将这种启发式方法视为未被覆盖元素的个数从n减少到0的过程, 并且每次的变化量逐渐递减。图12.6展示了这种执行过程的一次具体跟踪实况。在这种跟踪实况中, 剩余的尚未覆盖元素个数不断减少, 每当经过2的幂之时便会出现一个重要的里程碑。显然最多只会有$\lfloor \log n \rfloor$个这样的里程碑事件。

按里程碑归类	6	5		4					3			2	1	0
未被覆盖元素的个数	64	51	40	30	25	22	19	16	13	10	7	4	2	1
所选子集的大小	13	11	10	5	5	3	3	3	3	3	3	2	1	1

图12.6　在集合覆盖问题的一个特定算例上执行贪心算法的覆盖过程

　　将启发式方法在里程碑之间(也即$[2^i, 2^{i+1} - 1]$)所选出用于覆盖元素的那些子集的个数记为w_i, 并定义w为所有w_i的最大值$(0 \leqslant i \leqslant \log n)$。在图12.6的例子中, 最宽的那一列给出了五个子集, 我们需要这些子集将尚未覆盖元素的个数降到$[2^4, 2^5 - 1]$区间之外。

　　由于最多只有$\log n$个这样的里程碑, 贪心启发式方法所产生的解至多会包含$w \cdot \log n$个子集。不过我接下来要给出断言——最优解至少会包含w个子集。因此, 启发式方法给出的解就算再差, 所得覆盖的大小也不会超过最优覆盖大小的$\log n$倍。

这是为什么呢? 考虑我们穿过两个里程碑之间(也即$[2^i, 2^{i+1} - 1]$)时所覆盖新元素的平均个数。区间中那2^i个元素需要w_i个子集, 因此该区间中的平均覆盖率是$\mu_i = 2^i/w_i$。更确切地说, 这些子集中最小的那个至多能覆盖μ_i个元素。因此, 当前剩余2^i个元素的S中不会存在能覆盖μ_i个元素的子集。因此要完成任务, 我们至少需要$2^i/w_i = \mu_i$个子集。[1]

令人有些吃惊的是, 的确存在某些集合覆盖问题的算例, 而贪心启发式方法对它们所得的覆盖大小将会达到最优覆盖大小的$\Omega(\log n)$倍(不妨回顾图12.2中的集合覆盖算例)。由此可见, 对数因子是上述问题和启发式方法本身所具有的一种特性, 而不是算法分析能力不足所造成的较差结论。

> **领悟要义**: 近似算法将确保答案总能接近于最优解。此类算法提供了一种能较好处理NP完全问题的实用方法。

12.6 启发式搜索方法

回溯给了我们一种寻找最优解的方法, 它很像依照某个给定目标函数对各种候选者计分最后挑选胜者的方式, 然而任何去搜索所有排布的那种算法在较大的算例上注定会无法求解。启发式方法(heuristic method)则为我们提供了处理复杂的组合最优化问题的另一类方案。

本节我们将讨论启发式搜索方法。我们把大部分注意力放在模拟退火上, 这是我发现在实际用起来最可靠的方法。虽然你感觉有一种巫术之云笼罩于启发式搜索算法之上, 但是如果你仔细思索的话, 这些启发式方法如何运行还有为何其中某种算法表现更好, 这其中所内蕴的逻辑还是比较清晰的。

具体而言, 我们将要考虑这三种不同的启发搜索方法: 随机抽样、局部搜索以及模拟退火, 而这里会继续用旅行商问题这个实例去比较启发式方法的效果。所有这三种方法都有两个共同构件:

- **解空间的表示**——这是问题所有可能的解所形成的一个集合, 它很完整但表达方式又非常简洁。对于旅行商问题而言, 解空间由$(n-1)!$个元素组成——也就是说, 顶点所可能形成的全部环状置换。我们需要某种数据结构来表示解空间的每个元素。对于旅行商问题来说, 候选解可以自然而然地用一个有$n-1$个顶点的数组S来表示, 规定其中的S_i是从v_1开始的巡游之中的第$i+1$个顶点。
- **费用函数**——启发式搜索方法需要**费用函数**(cost function)或者称为**评分函数**(evalutation function),[2] 从而对解空间中每个元素的好坏进行评价。我们的启发式搜索方法会找出费用函数中打分最好的元素——要么是最高要么是最低, 这取决于问题的本质。对于旅行商问题来说, 评价某个给定候选解S的费用函数应该将所涉及的费用直接加起来, 即所有(S_i, S_{i+1})其边权总和, 其中S_0和S_{n+1}均对应着顶点v_1。

---

[1] 译者注: 更精确的结论是贪心算法求解集合覆盖问题的近似因子为$\sum_{i=1}^{n} \frac{1}{i} = H_n = \Theta(\ln n) = \Theta(\log n)$。

[2] 译者注: 实际上, 大多数研究人员更习惯于用**目标函数**(objective function)这个词。

12.6.1　随机抽样

在某个解空间中搜索的最简单方法就是对解空间进行随机抽样。这也被称作Monte Carlo方法。我们会不断创建随机解并对其评分，一旦得到足够好的解或者(更有可能的是)我们懒得再等下去的时候则马上停止。最后我们对整个抽样过程所发现的最好解进行报表输出。

真正的随机抽样要求我们要能够均匀随机地从解空间中挑选元素。这意味着解空间中的每个元素作为下一候选者的概率都是相同的。做到这样的抽样可能是一个很微妙而让你不易察觉的问题。关于产生随机置换、随机子集、随机划分以及随机图的算法将会在17.4节到17.7节中讨论。

```
void random_sampling(tsp_instance *t, int nsamples, tsp_solution *bestsol)
{
    tsp_solution s;      /* 当前TSP解 */
    double best_cost;    /* 目前为止评分最好的费用函数值 */
    double cost_now;     /* 当前费用 */
    int i;               /* 计数器 */
    initialize_solution(t->n, &s_now);
    best_cost = solution_cost(&s_now, t);
    copy_solution(&s_now, bestsol);
    for (i = 1; i <= nsamples; i++) {
        random_solution(&s_now);
        cost_now = solution_cost(&s_now, t);
        if (cost_now < best_cost) {
            best_cost = cost_now;
            copy_solution(&s_now, bestsol);
        }
    }
}
```

什么时候随机抽样可以搜到高质量的解呢？

- 当尚可接受的解其比例较高时——从干草堆中找到一根干草很容易，因为你随抓一下基本上都能抓到干草。当解足够多时随机搜索肯定会很快地找到一个。
  寻找素数问题是体现随机搜索成功应用的领域。产生很大的随机素数以作为密钥是像RSA之类密码系统的一个重要组成部分。n个整数中大概有$1/\ln n$个是素数，所以我们只需要适量样本就可以用其寻找长为数百位的素数。
- 当解空间中不存在相干性时——当我们没法判断自己正在接近最优解时，随机抽样就是一个好的处理方法。假设要在你的朋友之中找一个社会保险号以00为结尾的。除了在他们之中随便拍拍一个人的肩膀去询问之外，你基本上想不到什么可行方案了。此类情况下没别的方法比随机抽样更聪明。
  再考虑寻找大素数的问题。素数很随意地散布在整数中，因此随机抽样和其他任何系统性的方法其表现都差不多。

随机抽样求解TSP的表现如何？相当蹩脚。当我对于某个TSP算例试了1亿个随机置换之后，所找到最好的解也才达到43 251，而这是最佳巡游费用(结果为6828)的8倍多！解空间几乎全部由很糟到平庸层次的解所组成，因此，尽管我们不断加大对抽样总量/运行时间的投入, 而解的质量却提升极慢。图12.7展示了随机抽样的随意上下波动, 而且可以看到整个求解过程中所遇到的一般都是低质量的解, 由此你应该会对评分函数值随着每次迭代而如何变化有个大概认识。[1]

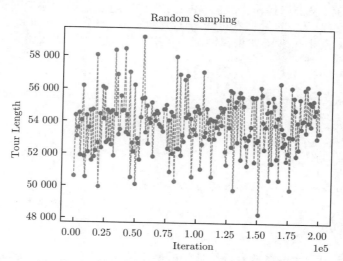

图 12.7 使用随机抽样求解旅行商问题的搜索时间与解的质量之间的权衡对比分析

就像旅行商问题一样, 我们所遇到的大多数问题其高质量的解相对来说非常少, 但解空间的相干性却很高。因此, 我们需要更强大的启发式搜索算法来有效地处理这类近乎海底捞针的问题。

停下来想想: 挑选点对

问题: 我们需要一种方法来高效且无偏地生成随机的顶点对, 从而以此执行随机顶点交换。请提出一种高效算法来均匀随机地产生 $\{1, \cdots, n\}$ 上的 $\binom{n}{2}$ 对无序元素。
解: 均匀地生成随机的结构是一个极易让人忽视的问题。我们考虑下面生成随机无序点对的程序:

```
i = random_int(1, n - 1);
j = random_int(i + 1, n);
```

很显然, 由于 $i < j$, 上述程序确实生成了无序点对。进一步说, 若假设 `random_int` 能均匀生成它的两个变元之间的整数, 那么很明显所有 $\binom{n}{2}$ 个无序点对确实都可生成。

但是点对是均匀的吗? 答案是否定的。生成点对 $(1, 2)$ 的概率是多少? 有 $1/(n-1)$ 的概率得到1, 随后有 $1/(n-1)$ 的概率得到2, 于是可得 $p(1, 2) = 1/(n-1)^2$。但是得到 $(n-1, n)$ 的概率是多少? 同样有 $1/(n-1)$ 的机会能得到第一个数字, 但是现在对于第二个候选数只有唯一一种可能的选择了! 这个点对出现的概率会是第一个点对出现的概率的 n 倍左右!

---

[1] 译者注: 作者对图12.7、图12.9还有图12.10所用描述是权衡对比分析, 意思可以这些图可以帮助我们决策, 例如如何在较短的时间内找到一个还不错的解。

　　问题是, 以较大数字开始的点对要比以较小数字开始的点对少。我们可以通过准确计算有多少无序点对以i开始(恰为$n-i$个), 并适当地从概率值设定上予以倾斜从而解决这个问题。第二个值于是就可以直接从$i+1$到n中均匀随机地选出。

　　然而我们不通过数学方式处理问题, 而是利用下述事实: 均匀随机地生成n^2个有序点对非常容易。我们仅仅去选择两个互相无关的整数。随后我们忽略点对的次序(也就是将有序点对变更为满足$x<y$的无序点对(x,y)), 这样会让我们以$2/n^2$概率生成每个无序点对(且点对中两个元素互不相同)。如果我们碰巧产生了点对(x,x), 那么抛弃它并再试一次。可设计如下算法:

```
do {
    i = random_int(1, n);
    j = random_int(1, n);
    if (i > j)
        swap(&i, &j);
} while (i == j);
```

这样我们便可在常数期望时间内获得均匀随机的无序点对。　　　　　　　　　　　　　■

12.6.2　局部搜索

　　现在假设你想聘请一位算法专家给你当顾问来解决问题。你可以随机地拨个电话号码, 问问他们是不是算法专家, 如果他们说不是你便挂掉电话。多次重复上述流程之后你将有可能找到一个算法专家, 但是可能更高效的方法是: 不挂电话而是再问一下电话里的人知不知道谁会有可能认识算法专家, 然后给那些人打电话。

　　局部搜索方法则会去尝试聘请解空间中每个元素周围的局部邻域。将解空间中的每个元素x视为图中一个顶点, 每个与x相邻的候选解y会存在一条有向边(x,y)。我们的搜索从x开始处理x邻域的所有元素, 最后找出最有希望成为最优解的候选者。

　　我们当然不想为任何规模巨大的解空间去显式创建这个邻域图。考虑一下旅行商问题, 它的邻域图中会有$(n-1)!$个顶点。我们要精准地引导启发式搜索的方向而不是四处撒网, 因为我们不希望在有限的时间内执行如此之多的操作。

　　我们想要以一种通用转移机制取而代之, 它对现有的解稍微修改一下就可将我们带到下一个解上。典型的转移机制包括随机交换解中的一对数据项, 或是改变(插入或删除)解中的某项。

　　旅行商问题中最显而易见的转移机制应该是随机选一对顶点S_i和S_j并交换它们在当前巡游中的位置, 如图12.8所示。整个过程是先删除当前与S_i相邻的边, 再删除与S_j相邻的边, 并添加两条新边以替换它们, 我们至多会改变巡游中的8条边。理想地说, 这种增量式变动对解的质量评分(即费用函数值)所带来的影响通常可以增量式算出而不必全盘推倒重算, 因此费用函数求值时间正比于变动可能性的个数(通常是常数), 而不再是线性于解的长度。当然, 直接用两条新边换掉巡游中的两条旧边可能是个更好的办法, 因为这样更换起来更容易, 观察巡游费用变化也很方便。

　　局部搜索启发式方法从解空间的任一元素开始, 然后扫描邻域去寻找对其有利的转移。在旅行商问题的求解过程中, 如果根据transition函数计算结果得知新插入的4条边要比待删除的4条边其费用要低, 这种顶点交换显然是有利的。不妨将其一般化: 在**爬山**(hillclimbling)过程中, 从任意点开始只要能朝着旅行所指方向, 便随便迈出一步, 我们可通过这个策略去尝试寻找山顶(当然换成去找山沟的最低点也是可以的)。不断重复上述过程, 直到我们到达某点而它的所有邻点都给我们指向错误方向为止, 那么最终我们就成了山丘之王, 或者沟壑里的院长。[1]

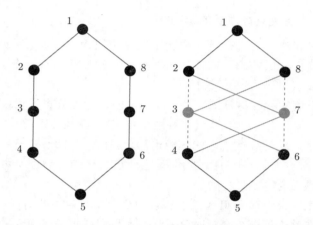

图 12.8　交换顶点3和顶点7以改进TSP巡游(4条旧边会被4条新边替换)

　　然而, 我们还不一定能称作山岳之王。[2] 假设你在一座滑雪小屋(ski lodge)中醒来, 渴望着去邻近的山峰登顶。想提高你所处海拔的第一个转移可能就是爬楼梯上到楼顶。接下来你就被困住了。要想去那座山峰登顶你得先下楼再走出这小屋, 但这违背了"每步都得提高你的分数"这个要求。爬山和与之有着密切联系的那些启发式方法(如贪心搜索或梯度下降搜索)很善于快速找到局部最优解, 但它们常常找不到全局最优解。

```
void hill_climbing(tsp_instance *t, tsp_solution *s)
{
    double cost;      /* 目前为止的评分最好的费用函数值 */
    double delta;     /* 交换所引发的费用变化 */
    int i, j;         /* 计数器 */
    bool stuck;       /* 我得到了一个更好的解吗? */

    initialize_solution(t->n, s);
    random_solution(s);
    cost = solution_cost(s, t);

    do {
        stuck = true;
        for (i = 1; i < t->n; i++)
            for (j = i + 1; j <= t->n; j++) {
                delta = transition(s, t, i, j);
                if (delta < 0) {
                    stuck = false;
                    cost = cost + delta;
                }
```

---

[1] 译者注: "山丘之王"与电影 *King of the Hill* 同名。"沟壑里的院长"名为 *Dean of the Ditch*, 是作者杜撰的名词, 可能脱胎自"学院院长"(Dean of the Faculty), 这也是对院长的调侃, 暗喻院长最为弱势。

[2] 译者注: "山岳之王"与电影 *King of the Mountain* 同名, 这里的山岳一词突出是全局最大值, 从而和前文的山丘(局部极大值)形成对比。

```
            else
                transition(s, t, j, i);
        }
    } while (!stuck);
}
```

什么时候局部搜索会搜到高质量的解呢?

- 当解空间存在很强的相干性时——爬山在解空间为凸时效果最好。换言之, 它完完
  全全就是一座山构成的。不论你从山上何处开始爬都会有一个上行的方向, 直到你
  位于全山最高点(即全局最优解)为止。

  很多自然问题确实存在这样的特性。我们可以认为二分查找很像在搜索空间的中部
  开始寻找解, 该搜索空间中每点都有两个可走方向, 但只有一个方向才能让我们接
  近目标关键字。求解线性规划的单纯形法(见16.6节)只不过是在满足约束条件的正
  确解的搜索空间中进行爬山而已, 但是它通过严格的数学证明可保证让我们对任何
  线性规划问题都会得到最优解。

- 只要增量式进行评分的费用远低于整体评分费用时——要对任一具有n个顶点的旅
  行商问题候选解进行评分会耗时$\Theta(n)$, 因为我们得将描述巡游的环状置换中每条边
  的费用加起来。不过, 一旦对某个巡游求出了费用, 那么在该巡游中交换了一对给定
  顶点之后新巡游的费用可在常数时间内算出。

  如果给了我们一个很大的n值, 而用于搜索只给一个很少的时间预算, 即使我们是在
  大海捞针明知无望, 我们也要用这点时间去多做一些增量式评分, 这样比只做两三
  次随机抽样可是好多了。

局部搜索的主要缺点是: 当我们找到了局部最优点后, 很快就没什么再能去做的了。当
然如果我们还有时间, 那可以从其他的随机点再开始搜索, 可是在拥有很多小山丘的地形
中, 我们刚好就撞见最高峰的可能性很小。

局部搜索求解TSP的表现如何? 所用时间量级相近的情况下, 它的效果要比随机抽
样好得多。在一个包含150个城市的高难度TSP算例中, 我们的最佳局部搜索巡游长度为
15 715——几乎达到了随机抽样所得出巡游长度的1/3, 改进可谓相当大。[1]

这个结果不错, 但是还不够好。当听说你要交两倍于应纳税额的时候, 你肯定很不开心。
图12.9描绘了局部搜索的轨迹: 像抓痕一样从某个随机巡游到质量尚可的解并不断重复, 但
所找到的这些较好解的值非常相近。我们需要更强大的方法来逼近最优解。

12.6.3   模拟退火

模拟退火是这样一种启发式搜索方法: 它允许偶尔转移到那些费用较高(因此质量较
差)的解中去。这听起来似乎不像是进步, 但它确实可以帮助我们的搜索脱离局部最优的困
境。那个滑雪小屋实例中被困在顶楼的倒霉蛋如果真想登上山岳之顶, 那最好还是破窗而
出吧。

激发模拟退火的灵感来自将融化的材料降温到固态的物理过程。在热力学理论中, 一
个系统的能量情况由构成它的每个粒子的能态来描述。一个粒子的能态会随机地上下跳动,

---

[1] 不过这依然超过了最佳巡游费用(其结果为6828)的两倍, 因此它还是比不过12.3节的最小生成树近似算法。

从而达到一种会受系统温度影响的能态高低之间转移(也称跃迁)。具体而言, 在温度 T 下从低能态 e_i(高质量)到高能态 e_j(低质量)的反向转移概率 $P(e_i, e_j, T)$ 由下式给出:

$$P(e_i, e_j, T) = \mathrm{e}^{(e_i - e_j)/(k_B T)}$$

其中, k_B 为常数, 一般称为Boltzmann常数, 可用于调节这种反向移动所对应的概率。[1]

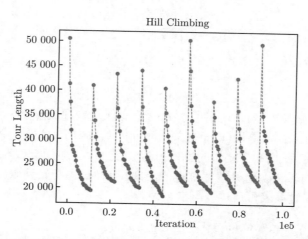

图 12.9 使用爬山法求解旅行商问题的搜索时间与解的质量之间的权衡对比分析

这个公式是什么意思? 从低能态转移到高能态意味着 $e_i - e_j < 0$, 也即指数为负。注意到对于任意正数 x 有 $0 \leqslant \mathrm{e}^{-x} = 1/\mathrm{e}^x \leqslant 1$, 因此该公式确实可描述概率, 而且 $|e_i - e_j|$ 越大对应概率越小。所以确实存在非零概率让粒子从低能态转移到高能态, 此外跨度小的转移其概率要高于跨度大的转移, 而且温度越高这类能态转移就越有可能出现。据此我们可设计算法42。

算法 42 SimulatedAnnealing()

1 创建初始解 s
2 初始化温度 T
3 **repeat**
4   设定迭代终止次数为 m
5   **for** i **from** 1 **to** m **do**
6   随机挑选一个 s 的邻点 s' 并尝试生成转移
7   **if** $(C(s) \geqslant C(s'))$ **then**
8              $s \leftarrow s'$
9   **else if** $(\mathrm{e}^{(C(s) - C(s'))/(k_B t)} >$ 取自 $[0, 1)$ 的某个随机数) **then**
10             $s \leftarrow s'$
11   **end**
12   对 T 降温
13   **end**
14 **until** $(C(s)$ 再无变化)
15 **return** s

---

[1] 译者注: 物理学中常用 k 表示Boltzmann常数, 这里使用 k_B 主要是为了区别于算法和数学中常用的变量 k。

读者可能会问: 算法42是用于材料退火的, 它能用来改善组合最优化吗? 对一个物理系统来说, 当它降温时会想要达到最低能态。将一个离散粒子集合的总能量最低化是一个组合优化问题。通过所给的概率分布生成的随机转移, 我们可以模仿物理现象来求解任意组合最优化问题。

领悟要义: 忘掉融化金属这回事而去关注优化吧。模拟退火之所以有效, 这是因为它在解空间中处理质量较好元素所用时间要比处理质量较差元素的时间多得多, 还因为它避免了重复地陷入同一个局部最优解的困境。

像处理局部搜索一样, 要表述问题得给出解空间的表示和一个易于计算的费用函数 $C(s)$(对所给的解评测其质量)。这里所引入的新构件是**冷却进度表**(cooling schedule), 它的参数决定了我们有多大可能性(以一个关于时间的函数表示)接受一个较差的转移。

在搜索的一开始, 我们最想要做的就是用随机性去广泛地探查搜索空间, 因此得需要很大的概率去接受反向转移。随着搜索过程的展开, 我们试图将转移限定于局部改进和局部最优化的工作。冷却进度表可通过以下参数调节:

- 初始系统温度——通常 $T_1 = 1$。
- 温度衰减函数——通常是 $T_i = \alpha \cdot T_{i-1}$, 其中 $0.8 \leqslant a \leqslant 0.99$。这暗示着温度按呈指数式衰减而不是线性衰减。
- 变温前后两次温度之间的迭代次数——通常温度降低之前可允许进行大约1000次迭代。实际上, 由于我们在某温度下对问题的求解已有一定进展, 因此停留在该温度值进行多轮实验通常都能继续有所斩获。
- 接受准则——典型准则是接受所有满足 $C(s) \geqslant C(s')$ 的这种正向转移, 此外若是

$$e^{\frac{C(s)-C(s')}{k_B \cdot T_i}} \geqslant r$$

那么反向转移(对应 $C(s') > C(s)$ 条件)也可接受, 公式中的 r 是 $[0,1)$ 中一个随机数。由于Boltzmann常数 k_B 很小, 而通常的费用函数之差除以 k_B 会是一个较大的负数, 再经过指数函数的作用会使得值趋近于1, 这样一来在起始较高温度下几乎所有转移都可接受。[1]

- 终止准则——当前解的值在最后一次迭代执行时要是没有变化/改进时, 搜索通常就会终止, 并报表输出当前的解。

建立适当的冷却进度表有些像试错法的过程, 它会随便扰动一下常数再看看会发生什么情况。对大多数人来说, 或许从模拟退火的某个已有实现开始研究比较合适, 因此你可以去查看我的完整程序实现(可参阅https://www.algorist.com)。

仔细对比本节所提到的三种启发式方法其搜索结果随着时间变化的剖面图, 可以看出表现最好的是模拟退火(其剖面图见图12.10)。不妨观察图12.10中所展示的三次模拟退火运行情况, 每一次都像濒死的心跳那样快速收敛到最小值。由于没有陷入局部最优解, 三次运

行都能获得比最好的爬山法所给结果还要出色的解。此外, 这种可以快速骤降(类似心脏骤停)到极优解的表现说明了模拟退火只需较少的迭代次数便能取得评分上的最显著改进。

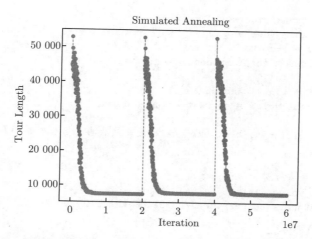

图 12.10 使用模拟退火求解旅行商问题的搜索时间与解质量之间的权衡对比分析

模拟退火基于一千万次迭代可给出一个费用值为7212的解——仅仅比最优解多10.4%而已。那些愿意多等几分钟的人甚至可以得到更好的解, 让它运行10亿次迭代(在我的笔记本上仅需5分21秒)可将评分值降到6850(只比最优解多4.9%)。

在专家手中可以依照旅行商问题定制最好的启发式方法, 它会比模拟退火稍稍胜出一点。但是这同时也说明了模拟退火解法效果极好, 因此它是我的首选启发式方法。

实现

算法实现与前述伪代码非常接近, 几乎是直接转成程序代码:

```
void anneal(tsp_instance *t, tsp_solution *s)
{
    int x, y;                      /* 用于指示待交换的一对数据项 */
    int i, j;                      /* 计数器 */
    bool accept_win, accept_loss;  /* 接受转移 */
    double temperature;            /* 系统当前温度 */
    double current_value;          /* 当前状态值 */
    double start_value;            /* 循环起始处的费用值或能量值 */
    double delta;                  /* 交换前后的费用或能量差值 */
    double merit, flip;            /* 保存交换的接受条件 */
    /* 将能量函数差乘以系数转换为概率中的指数 */
    double exponent;

    temperature = INITIAL_TEMPERATURE;
    initialize_solution(t->n, s);
    current_value = solution_cost(s, t);

    for (i = 1; i <= COOLING_STEPS; i++) {
        temperature *= COOLING_FRACTION;
        start_value = current_value;
        for (j = 1; j <= STEPS_PER_TEMP; j++) {
```

```
                  /* 选择待交换数据的数组下标 */
                  x = random_int(1, t->n);
                  y = random_int(1, t->n);

                  delta = transition(s, t, x, y);
                  accept_win = (delta < 0);     /* 费用降低则必然接受转移 */
                  exponent = (-delta / current_value) / (K * temperature);
                  accept_loss = (exp(exponent) > random_float(0, 1));

                  if (accept_win || accept_loss)
                      current_value = current_value + delta;
                  else
                      transition(s, t, x, y); /* 再次交换相当于撤销转移 */
              }

              /* 若解的质量有改进则恢复温度值 */
              if (current_value < start_value)
                  temperature = temperature / COOLING_FRACTION;
          }
      }
```

12.6.4 模拟退火的应用

我们提供若干实例以论证前述构件是如何去为实际组合搜索问题带来优雅的模拟退火解决方案的。

最大割

最大割(maximum cut)问题想要将加权图 G 的顶点集划分为 V_1 和 V_2,从而最大化那些顶点分属 V_1 和 V_2 的边权(或者边数)之和。对于能确定某个电子线路连线关系的图来说,图中的最大割定义了在线路中通信数据的最大并发量。正如19.6节所讨论的那样,最大割是一个NP完全问题。

我们该如何表述最大割可让其适用于模拟退火呢? 解空间共包含 2^{n-1} 个可行顶点划分。我们对子集划分的表述方案可以节省一个值为2的因子,因为可假设顶点 v_1 固定在集合划分的左边,于是在右边的顶点子集可用一个长为 $n-1$ 的位向量表示。解的费用是当前排布下割的权。[1] 一个自然而然的转移机制就是随机选择一个顶点将其移动到划分的另一边去,只需简单反转位向量中的相应位即可完成。费用函数的变化则会是它的旧邻边的权减去新邻边的权。这可以在正比于顶点度的时间内计算出来。

这种简单而且自然的建模,正是我们在实际中应该去探寻的启发式方法。

独立集

图 G 的**独立集**(independent set)是图的一个顶点子集 S 并满足: G 中任意边的两个端点不会同时位于 S 中。若利用独立集诱导出子图 G',显然 G' 的边集无元素(即空图),而最大独立集就是要寻找最大的这种空诱导子图。[2] 正如19.2节中所讨论的那样,寻找较大的独立集

---

[1] 译者注: 顶点划分定义了一个割,而在割中跨越两个划分子集的边权/边数之和称为割的权。

[2] 译者注: 为了帮助读者理解,我们对空诱导子图(empty induced subgraph)给出了补充说明。

这种需求来自与设施选址(facility location)和编码理论等应用相关的所谓分置问题(dispersion problem)。

该问题用于模拟退火求解方案的状态空间自然应是顶点的全部2^n个子集(可表示为位向量)。和处理最大割一样, 一个简单的转移机制应该是添加或删除S中的某个顶点。

子集S一个很自然的费用函数也许会是这样: 若S包含一条边则费用为0, 而若S确实是独立集则费用为$|S|$。这个函数确保我们始终向着搜寻独立集的方向前行。然而该条件非常严格, 这使得我们有可能只在所容许搜索空间的某个狭窄区域内行进。要是在冷却的早期允许非空图出现, 这样可使搜索空间更具灵活性, 而且费用函数的计算速度更快。在实际中, 像$C(S) = |S| - \lambda \cdot m_S / T$的费用函数可能会更好, 其中$\lambda$是某个常数, T是温度, 而m_S是S所诱导的子图中的边数。该目标函数偏好边数很少的较大子集, 而其中T对$C(S)$的这种影响也能够确保搜索工作可赶走诱导子图中的边, 而随着系统的降温, 边的清理速度还会加快。

电路板布局

在设计印制电路板时, 我们面临着将模块(通常是集成电路)安放在板上的问题。布设的预期指标包括: (1) 最小化电路板的面积或纵横比, 这样电路板可以较好地适配于给它所分配的空间; (2) 最小化连接元件的导线总长度/最长导线长度。电路板布局是这种令人棘手的多指标优化的代表性问题, 而模拟退火则是求解此类难题的最佳选择。

形式化地说, 假设给我们一组矩形模块$r_1, \cdots, r_n$, 每个模块都有自身大小$h_i \times l_i$。此外对每对模块r_i和r_j, 都给了我们连接这两个模块的所需导线条数w_{ij}。我们要找上述矩形的一种布局, 从而将面积和导线长度最小化, 并要服从任何两个矩形不能相互重叠的约束。

该问题的状态空间得能描述每个矩形的位置。为将问题离散化, 可将电路板视为一个整数化网格, 并限制矩形模块的顶角必须和该网格中单元格的顶角相重合。将一个矩形模块挪到另一个位置, 或者交换两个模块的位置, 这些都是合理的转移机制。一个自然而然的费用函数应该是

$$C(S) = \lambda_{\text{area}}(S_{\text{height}} \cdot S_{\text{width}}) + \sum_{i=1}^{n} \sum_{j=1}^{n} (\lambda_{\text{wire}} \cdot w_{ij} \cdot d_{ij} + \lambda_{\text{overlap}}(r_i \cap r_j))$$

其中, λ_{area}、λ_{wire}、λ_{overlap}分别是在费用函数中控制相应分量影响力的权值。[1] 按照独立集的费用函数思路, λ_{overlap}应该是关于一个关于温度的递减函数, 这样在大体布局定下之后λ_{overlap}会调整矩形位置从而将让它们互不相交。

> **领悟要义**: 模拟退火是一种简单但有效的技术, 它对组合搜索问题可以高效地求得质量很高的解(但不是最优解)。

12.7 算法征战逸事: 只不过它不是收音机而已

"把它想成一台收音机," 他轻声微笑道, "只不过它不是收音机而已。"

---

[1] 译者注: $S_{\text{height}} \cdot S_{\text{width}}$为电路板所需的最小面积, d_{ij}是矩形r_i和矩形r_j之间的距离(或导线长度), $r_i \cap r_j$是矩形r_i和矩形r_j的重合面积。

我被商务机载着, 风驰电掣般来到了位于加州东部的某研发中心, 它隶属于一家规模庞大却又极度神秘的公司。那里的人都很多疑, 因而我一直也没见过我们所研究的东西, 不过请我来的那个人将问题作了一个很好的数学抽象。

这次的应用是关于一种叫**选配**(selective assembly)[1]的制造技术。Eli Whitney用零部件可互换体系开始了一场工业革命。他精细地确定了所造机器中每个部位的制造公差, 从而找到可互换的零部件, 这意味着任意合规(在公差范围内)的带轮齿小零件(cog-widget)都可被其他合规带轮齿小零件所替换。这极大地加速了制造过程, 因为工人们只要将零部件放在一起, 而不再需要放下手里工作去锉掉毛边等诸如之类的事。这使替换坏件成了轻而易举的事。这是个非常了不起的创新。

不幸的是, 这种方案也会产生一大堆略超制造公差的带轮齿小零件, 这样一来不得不扔掉它们。随后, 另一位聪明人观察到, 要是某个所给的装配中其他所有零件都优于制造公差要求, 也许此类存在缺陷的零件中会有一个能用上。好的加上差的很可能变成还凑合。这就是选配的思想。

"每台NR机[2]都由n种不同的NR机零部件组成," 他对我说。对于第i类零部件(比如说正常的法兰垫片), 我们有一堆这种零部件(共s_i个)。每个零部件(法兰垫片)都附带了它与完美零部件偏差程度的计量值。我们要尽可能将这些零部件配起来以便造出数量最多的NR机。

图12.11以实例展示了这种情况。每台NR机都由三个部件组成, 而能正常工作的NR机其瑕疵总数最多不能超过50。通过在每台机器中巧妙地平衡好的部件和差的部件, 从而使我们能用到所有部件造出来三台可以工作的NR机。

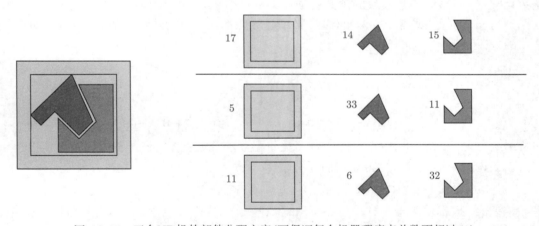

图 12.11   三台NR机的部件分配方案(可保证每台机器瑕疵点总数不超过50)

我考虑着这个问题。最简单的装配步骤是给每个部件类型选一个最好的部件再用它们来造出一台NR机, 然后不断重复此方案, 直到所造的NR机不能播放(或者无法完成NR机的某个其他功能)。但是这只能造出少量NR机并且其质量差异会很惊人, 然而人们想要尽可能多地造出能用的NR机。

我们的目标是将好的部件和差的部件配起来使得瑕疵点总数不会太多。实际上, 这个问题听起来跟图中的**匹配**(matching)有关(见18.6节)。假设我们建了一个这样的图: 图中的顶点对应这些部件, 对所有那些在总容差之内的两个部件之间加上一条边。在图的匹配中, 我们要寻找最大数量的边, 并满足所有顶点都不会在匹配中重复出现。我们在给定部件集合中要制造出最大数量的这种由两个部件组成的装配, 上述匹配问题就是对该问题的建模。

"我可以使用匹配来解决你们的问题," 我宣称, "前提是NR机都只由两个部件制成。"

一片默然。然后他们都开始笑话我, "每个人都知道NR机不止两个部件啊," 他们边说边摇头。

这意味着这个算法方案宣告结束。扩展到两个以上的部件后将该问题变成了超图[1]上的匹配问题——这是个NP完全问题。此外, 光是构建这个图就得耗费指数时间(部件的种类数作为指数), 因为我们必须显式地构建每条可能的超边(对应着装配)。

我回到白板跟前。他们要装配部件使得所有装配好的机器其瑕疵点总数都不超过允许范围。要是这样描述的话, 上述问题听起来似乎是个填装问题。在**装箱**(bin packing)问题(见20.9节)中, 假设给我们一组大小不同的物品, 我们需要用最少的箱子存放物品, 而每个箱子容量均为固定值k。在这里, 装配可以代表箱子, 每一个装配能够容忍的瑕疵点总数应该小于或等于k。待填装的每个物品代表着单个部件, 而物品的体积反映零件的制造质量。

然而这不是单纯的装箱问题, 因为拿来填装的部件类型不同。这个应用问题对每个箱子可容纳物品施加了约束。造出最大数量的NR机意味着我们在寻找一种填装, 要求每个箱子都恰好包含m个不同种类的部件, 且该填装方案能最大化箱子数目。

装箱问题是一个NP完全问题, 但它却天生很适宜于用启发式搜索方法求解。解空间由部件装箱的分配方案组成。我们初始为每个箱子在每个部件类型中随机选择一个部件, 从而为我们的搜索生成一个初始排布。

我们所采用的局部邻域扰动操作需要将若干部件从一个箱子移到另一个之中。我们可以一次移动一个部件, 但是更有效的方法是在两个随机选择的箱子之间交换某个类型的部件。[2] 用这种交换方案会让两个箱子依然都装有完整的NR机, 而且有望产生更多在容差之内的箱子。因此, 我们交换操作需要三个随机整数: 其中一个用于选择合适的部件类型(从1到m), 而另外两个用于选择所要交换的装配箱(假设是从1到b)。

关键决策则是我们所用的费用函数。研发人员给我们提供了每个单独成形的装配在瑕疵点总数上的严格限值k。但是, 什么函数才是一个对装配集合计分的最好方案呢? 我们可以直接将可接受的完整装配数目作为函数返回值, 并以此当作我们的计分值, 这是一个1到b之间的整数。虽然这确实是我们要最优化的目标, 但要是我们朝着最优解方向做出了部分改进, 它却难以感知到这种变化。假设我们的某次交换成功地让一个无法正常工作的装配瑕疵点数更接近NR机的瑕疵限值k, 这种排布应该会比交换前更适合于作为进一步改进的起点, 因此它可能有利于优化。

---

[1] **超图**(hypergraph)中的每条边都可包含两个以上的顶点。超图中的边集更具一般性, 它可认为是顶点(或元素)集的若干子集组成。

[2] 译者注: 通常的装箱问题不涉及物品类型和完整性, 因此可以随意移动, 例如一个箱子物品多而另一个箱子物品少。作者在这里是强调本问题与装箱问题的差异。

我的最终费用函数如下：我给每一个可正常工作装配计1分，再为每个不能工作的装配计一个比1小得多的分数，其分值基于该装配中瑕疵点总数与阈值k的接近程度。不能工作的装配其分数呈指数式下降，具体分值取决于该装配瑕疵点总数超出k的程度。这样一来，最优化算法将设法最大化可正常工作的装配数目，另外还会驱使另一个装配接近限值k。

我实现了这个算法，随后在他们提供的测试用例(从车间直接获取)中运行了该搜索。我们发现NR机包含$m = 8$类重要部件，其中某些类型的部件比其他类型更昂贵，所以能拿出来让我们去测试算法的候选部件相对较少。实际上，他们只给了8个最贵的那种部件让我们去试配，因此我们拿到的这一大堆部件中最多只能有8种装配。

我观察着模拟退火在这个问题的算例中急剧落下又慢慢升起。[1] 完整装配的数量沿着$(1, 2, 3, 4)$迅速攀升，随后的优化改进的速度开始略微减慢。接着在略微下顿之后又到达5和6，此后停了一阵，到最后第7个装配也与它们成功会师。但是这个方法已经尽其所能了，直到我失去观察的耐心时程序都未能装配好8台NR机。

我打电话试图承认失败，可是他们不想听我唠叨。原来，工厂先前费了九牛二虎之力最好的结果也只能达到6台可正常运行的NR机，因此这表明我的结果是一个显著的改进！

12.8 算法征战逸事：对阵列退火

3.9节的算法征战逸事记述了我们如何运用高级数据结构对一个新的DNA测序方法仿真的故事。我们的方法称为交互式杂交测序(interactive SBH)，它必须按要求建立特定的寡核苷酸阵列。

牛津大学一位生物化学家对我们的技术很感兴趣，此外他的实验室有我们完成算法测试工作所需要的仪器。这台仪器叫Southern阵列制造机(Southern Array Maker)，它由Beckman仪器公司出品，可为你准备64行互不相关的寡核苷酸序列，它们平行地附着于聚丙烯基材(polypropylene substrate)上。这个设备可以在指定行号和列号的相应阵列单元上附加一个字符串，通过这种方法逐行逐列操作每个单元进而构建好阵列。图12.12展示了如何通过先沿行建立前缀再沿列建立后缀的方法来创建全部$2^4 = 16$个由嘌呤(A或G)组成的4聚体核苷酸串(4-mer)。这种技术提供了一个在实验室测试交互式SBH可行性的理想环境，因为只要对仪器正确地编程，它就能够按你的要求装配出各种各样的寡核苷酸阵列。

前缀	后缀			
	AA	AG	GA	GG
AA	$AAAA$	$AAAG$	$AAGA$	$AAGG$
AG	$AGAA$	$AGAG$	$AGGA$	$AGGG$
GA	$GAAA$	$GAAG$	$GAGA$	$GAGG$
GG	$GGAA$	$GGAG$	$GGGA$	$GGGG$

图 12.12 一个"前缀—后缀"阵列(包含所有由嘌呤组成的4聚体核苷酸串)

---

[1] 译者注：可对照图12.10中费用函数的变化，但请注意此处是最大化费用函数，所以会急剧落下。

然而我们得给出正确的程序实现，而要装配出复杂的阵列得去求解一种非常难的组合问题。假设给定一个由 n 个字符串组成的集合 S(代表寡核苷酸)，以 S 作为输入在一个 $m \times m$ 的阵列中进行装配(在 Southern 这台机器中 $m = 64$)。我们必须做出一个关于行控制命令和列控制命令的次序安排来获取字符串集合 S。我们证明了设计密集的阵列问题是 NP 完全的，然而这没多大用处。我带着学生 Ricky Bradley 迎接挑战，无论如何也得找出办法来解决这个问题。

"我们接下来必须使用启发式方法了，"我告诉他，"那么我们该怎么对这个问题建模？"

"嗯，每个字符串都可以划分为前缀和后缀，它俩配起来可以得到原有的字符串。例如字符串 ACC 可用四种方法获取：空白前缀和后缀 ACC、前缀 A 和后缀 CC、前缀 AC 和后缀 C，还有前缀 ACC 和空白后缀。可以找一个前缀的集合和一个后缀的集合，用它们配合起来可获取所给出的字符串集合 S，我们要找到最小的前缀集和后缀集。"Ricky 回答道。

"很好。这给了我们一个状态空间表示方法，可自然而然地用模拟退火处理。这个状态空间将会包括所有可能的前缀子集和后缀子集。很自然地想到，状态间的转移会包括：在我们所处理的这些子集中插入或删除字符串，或将前缀子集/后缀子集中一个字符串换出并将不在子集中的另一个字符串换入。"

"什么样的费用函数能较好地发挥效果呢？"他问。

"嗯，我们要让覆盖全部字符串的阵列尽可能小。取阵列所用的行(前缀)数和列(后缀)数的较大值，再加上 S 中尚未覆盖的字符串数目，这个函数如何？试试看会发生什么。"

Ricky 回去按照上述思路实现了模拟退火程序。每当接受了一次转移该程序在屏幕上会输出解的情况，观察这个很有趣。程序很快地剔除了无用的前缀和后缀，阵列体积开始迅速缩小。可是经过数百次迭代后，改进程度开始减缓。一次转移可以淘汰一个无用的后缀，不过等上一会却会把另一个无用后缀又加回来。迭代次数上千之后，就再没有什么实际的改进了。

"这个程序看起来不能识别它是否取得了改进。评分函数仅仅对最小化两个尺寸(行数和列数)中的较大值这个目标计了分数。为什么不加上一项给另一个尺寸也计点分呢？"

Ricky 更改了评分功能，然后我们又试了一次。这次程序对较短的尺寸方面优化改进时不再犹豫了。它确实将较短的变得更短，我们的阵列开始朝很窄的矩形发展而不是按我们想的那样变成正方形。

"这样好了，给评分函数再加上另一个计分项，促使阵列变成近似于正方形的样子。"

Ricky 又试了一次。现在阵列的形状正确了，而且优化改进也朝着正确的方向发展。可是改进速度依然缓慢。

"插入方式的转移其中有很多只能牵扯字符串集合中的少量元素。也许我们应该在随机选择的时候有所侧重，以保证重要的前缀/后缀会被更频繁地选中。"

Ricky 又试了一次。现在它收敛速度更快了，可是有时还是会卡在那里不动。我们更改了冷却进度表。算法现在好些了，可是它到底表现如何呢？我们找不到一个最优解的下界，所以对当前解和最优解的接近程度也无从所知，因此程序确实没办法评价当前解的质量。我们改进了又改进，直到最后程序无法再对解进行优化。

我们的最终解决方案能较好地去除初始阵列中的无用元素，所用随机转移如下：

- 交换——将阵列中的一个前缀/后缀与阵列中所没有的前缀/后缀进行交换。
- 添加——在阵列中添加一个随机的前缀/后缀。
- 删除——从阵列中删除一个随机的前缀/后缀。
- 有益的添加——在阵列中添加最有用的前缀/后缀。
- 有益的删除——从阵列中删除最无用的前缀/后缀。
- 基于字符串的添加——在S中随机选择一个尚未被阵列覆盖的字符串,再添加最有用的前缀和/或最有用的后缀从而让阵列可覆盖该字符串。

我们采用了标准的冷却进度表,它会让温度呈指数式下降(取决于问题的规模量),对于是否接受具有较高费用的状态,它采用的是Boltzmann准则(与温度有关)。最终费用函数定义如下:

$$\text{cost} = 2 \times \max + \min + \frac{(\max - \min)^2}{4} + 4(\text{str}_{\text{total}} - \text{str}_{\text{in}})$$

其中,max是阵列芯片长宽尺寸的较大值,min是阵列芯片长宽尺寸的较小值,$\text{str}_{\text{total}} = |S|$,$\text{str}_{\text{in}}$是阵列芯片上当前所包含$S$中字符串的数目。

我们的算法表现如何呢?图12.13展示了一个按需求定制的阵列其收敛情况,它包含了5716个互不相同的HIV病毒7聚体核苷酸串(7-mer)。图12.13由芯片阵列状态的四个快照组成,分别采集于退火过程中的0次迭代点、500次迭代点、1000次迭代点和5750次迭代点(最终阵列芯片状态),深色像素点代表某个HIV病毒7聚体核苷酸串的首次出现的位置。[1] 图中最终阵列芯片的尺寸是130 × 132——相比于初始尺寸192 × 192而言改进相当大。大约要花费15分钟左右的计算(相当划算)来完成最优化,这在实际应用中完全可以接受。

图 12.13 模拟退火对HIV阵列的压缩结果(从左至右分别是0次、500次、1000次和5750次迭代)

不过,我们的算法到底表现如何呢?由于模拟退火只是一种启发式方法,我们确实不知道我们的解与最优解的差距到底有多少。我觉得我们做得很不错了,但是也不能非常肯定。模拟退火是处理复杂最优化问题的一个好办法。然而要得到最高质量的解,改进和完善你的程序所花的时间通常都会比一开始写程序用的时间还要多。这是桩很乏味的苦差事,但是有时你不得不去做。

---

[1] 译者注: 可能在其后重复出现,但对结果没有影响,还会影响观测(像素点越多应该表示覆盖效果越好),因此只标出首次出现的位置。

12.9 遗传算法与其他启发式搜索方法

目前已有很多启发式搜索方法可用于求解组合最优化问题。和模拟退火一样，许多技术依赖于模拟真实世界的物理过程。流行的方法包括**遗传算法**(genetic algorithms)，**神经网络**(neural networks)和**蚁群优化**(ant colony optimization)等。

这些方法所蕴含的直觉[1]很吸引人，可是怀疑主义者们将其斥之为巫术式的最优化技术，说它更多地依赖于对自然的高度模拟，而不是依靠前人用其他传统方法研究问题并有严格逻辑步骤保证的计算结果。

你要是使用上述技术，问题不在于你是否能在花费较多时间的前提下对很多优化问题取得相当好的解。你当然能做到。真正的问题在于——相比于我们前面所讨论的方法，这些技术是否能用较低的实现难度来获取更好的解。

我认为它们在一般情况下是做不到的。但是本着自由探究的原则，这一节会简要介绍这些方法中最常用的遗传算法。更详细的阅读书目参见本章注释。

遗传算法

遗传算法从进化和自然选择中汲取了灵感。通过自然选择的过程，生物在某种特定环境中不断适应从而最大化其生存机会。随机突变发生在一种生物的基因信息中，而它随后会被传给该生物的后代。如果这种突变被证明对该类生物有用，有突变的这些后代更有可能存活并继续繁衍下去。如果这种突变有害，那么有突变的后代则很难活下去也更难产出下一代，因而坏的特性会随着这些后代的死亡而消失。

遗传算法对于给定问题维护一种候选解的"种群"(population)。我们从该种群中的随机抽出一些元素，并且允许这些元素通过结合两个解(双亲)的外形去"再造"(reproduce)新元素。一个元素被选去再造新元素的概率基于这个元素的"适应程度"(fitness)——基本上由该元素所代表的解的费用决定。不能适应环境的元素就会在种群中死去，而被一种成功适应的解的后代所取代。

遗传算法背后的这种想法极其吸引人。然而，它在实际的最优化问题中表现得似乎不如模拟退火那么好。其主要原因有两个：第一，以遗传算子(比如位串上的突变和交叉)的方式对应用问题建模是非常不自然的。这种伪生物学让你与你所处理的问题之间隔了一层，从而提升了复杂度。第二，遗传算法在非平凡的问题上需要花费很长的时间。交叉操作和突变操作通常对依问题定制的结构没什么用，因此，大多数转移都会导向较差的解，收敛速度会很慢。实际上，只有在时间这个角度看遗传算法对进化的模拟可能非常合适——真正的进化取得显著的改进需要数百万年。

我们将不再深入讨论遗传算法，也不会劝你在实际应用中放弃考虑遗传算法。不过如果你真要坚持跟遗传算法"玩耍"的话，16.5节提供了指向遗传算法实现的网址。

领悟要义：我从来没有遇到一个问题，让我感觉遗传算法是攻下问题的正确方案。此外，我也从来没有见过任何使用遗传算法并见诸报道的计算结果能给我留下很好的印象。你若是需要启发式搜索巫术，请别犹豫，一定要坚持选用模拟退火。

---

[1] 译者注：可以理解为某种迅速搜寻最优解且无法以逻辑思维表述的能力。

12.10   量子计算

今时今日涌现出了一类新型计算设备, 正在逐渐扩充和增强2.1节中所介绍的随机存取机(RAM)计算模型。这类设备"搭载"了量子力学原理,[1] 而机器所提供的那些不可思议的超强特性则来自原子系统的独特行为模式。量子计算机充分利用了这些特性, 在运行某些类型的计算时可使其算法效率在渐近意义下快于传统机器。

众所周知, 量子力学完全不直观, 因此也没有人敢说真正理解它。叠加! 量子诡异性(quantum weirdness)! 纠缠! 薛定谔的猫! 波函数坍缩! 这都是什么啊!? 我必须明确指出, 有关量子计算机的运行规律绝无争议和分歧。而对于量子力学特性以及量子机器在理论上的能力, 所有专业人士的意见都是一致的。你不必理解定律(或法律)存在的原因, 你只要一丝不苟地严格遵守就行。量子计算研究围绕着开发能够实现大规模可靠量子系统的技术而展开, 并着眼于设计可有效利用这种强大算力的新算法。

我们假定读者可能从未接受过专业的物理课程熏陶, 也很可能早就记不清线性代数以及关于复数的数学知识了, 因此本节将尽量回避此类问题。我们只是想阐释这些机器为什么会具有巨大的潜力, 并就如何利用这种能力为某些问题设计在渐近意义下的更快算法提供一些个人见解。本节所采用的处理方式则是建立一个新的"Quantum"计算机模型,[2] 不过这个模型在本质上并不是正确的, 但我们希望它能让读者了解究竟为何这些机器如此激动人心。本节将介绍三种最有名的量子算法工作机理, 我们在节末对量子计算的未来给出了若干预测, 并在12.10.5节中坦白了为何要使用本节这样一个不太正确的量子计算机模型。

12.10.1   "Quantum"计算机的特性

考虑一台具有n比特内存的传统确定型计算机, 不妨将其内存标记为$b_0, b_1, \cdots, b_{n-1}$。由于任意比特均可设为0或1, 所以该计算机恰有$N = 2^n$种状态, 而这台机器的第$i$种状态实际上对应整数$i$的二进制表示(以比特串形式出现)。在该机器上所执行的每一条指令都会改变机器的内存状态, 你可以理解为对特定的某组比特进行翻转。

我们可将传统的确定型计算机视为关于机器当前状态的一种概率分布。在任意时刻, 如果计算机恰好处于状态j则$p(j) = 1$, 而对于其他$2^n - 1$种任意可能状态i, 机器处于该状态的概率$p(i)$为零。这当然也算是一种状态上的概率分布, 不过极为特别罢了。

量子计算机的内存则以n个量子比特形式出现, 设其为$q_0, q_1, \cdots, q_{n-1}$。于是同样也会有$N = 2^n$种可能存在的比特模式与这台计算机相关, 但它的实际状态(量子态)在任意时候都是一种概率分布。这2^n种比特模式中的每一个都有所对应的概率, 不过$p(i)$在这里被定义为: 当我们读取该机器时所"输出"的结果i(对应量子态i)的出现概率。这类概率分布比起传统确定型计算机上的分布更为多样化——在任意时刻处于所有N种量子态的概率可能都不为零。量子计算的真正优势是能够并行处理所有这$N = 2^n$种状态的概率分布。如同数学上的概率分布那样, 所有这些机器量子态的概率之和也必须得为1:

---

[1] 译者注: 不妨理解为"搭载"(powered by)了性能强悍的芯片。
[2] 译者注: 作者使用带有引号的"Quantum"(量子)来表述本节的计算机模型, 虽与量子计算机模型同名但不完全同义, 因此译文直接采用"Quantum"表述。后文的"Fourier"也同样如此。

$$\sum_{i=0}^{N-1} p(i) = p(0) + p(1) + \cdots + p(2^n - 1) = 1$$

我们的这种特殊的"Quantum"计算机支持如下操作/指令:

- Initialize-State(Q, n, D)——按照D这种"描述"对机器Q中的n个量子比特其概率分布进行初始化。如果D是通过将每种量子态所想设定的概率以列表形式直接给出,显然该过程将会耗时$\Theta(2^n)$。因此我们会寻求更短的通用描述(比如说降低到$O(n)$这个量级),例如可给出"将所有$N = 2^n$种量子态的概率全设为相等,也即$p(i) = 1/2^n$"这类描述。请注意Initialize-State量子态初始化操作的所需时间是$O(|D|)$而并非$O(N)$。

- Quantum-Gate(Q, c)——根据量子门条件c来改变机器Q的概率分布。量子门是一种类似于与/或的逻辑运算,可根据当前的内容(比如说q_x和q_y)改变量子态的概率。本操作所需时间与条件c所涉及的量子比特数成正比,不过通常只需$O(1)$。

- Jack(Q, c)——针对所有满足条件c的量子态全部予以概率提升。例如我们若将c设定为"$q_2 = 1$"条件,满足c的所有量子态其概率便会有所提升,如图12.14所示。[1] 本操作所需要的时间与条件c中所涉及的量子比特数成正比,但在通常的场景下我们只需$O(1)$时间。

  读者可能会疑惑:即使依据条件c仅仅提高了单个量子态i的概率,为了保持概率总和为1,也应该花时间降低所有其他$2^n - 1$个量子态的概率。而这种操作居然可以在常数时间内完成,绝对会让所有人都大跌眼镜。然而,这确确实实是"Quantum"物理的奇妙性质之一。

- Sample(Q)——从所有2^n种量子态中随机挑选出一个(得满足机器Q的当前概率分布),并将其作为这n个量子比特$q_0, q_1, \cdots, q_{n-1}$的值返回。机器需要$O(n)$时间来应答其"状态"。

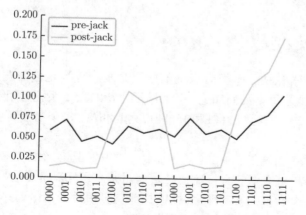

图 **12.14** 对满足$q_2 = 1$的所有量子态提升其概率(本例为q_0, q_1, q_2, q_3)

"Quantum"算法就是由这些功能强大的运算所组成的序列,当然我们还可以补充传统计算机的控制逻辑。

---

[1] 译者注: 图12.14中浅色折线为提升后的概率分布, 满足该条件的有: 0100, 0101, 0110, 0111, 1100, 1101, 1110, 1111。

12.10.2 Grover数据库搜索算法[1]

我们将考虑的第一种算法是用于求解数据库搜索问题, 或者更广义地说, 该算法其实是"键—值"函数求逆。假设我们将长为n的二进制数串(共有$N = 2^n$种取值可能)视为具有唯一性的键, 并将任意键i与一个值$v(i)$相关联(它们均为二进制形式)。如果这些值需要m比特来存储的话, 我们可将数据库表示为$n + m$个量子比特(共有$2^{(n+m)}$种量子态), 也即$(q_0, q_1, \cdots, q_{n+m-1})$, 而其量子态中长为$n$的前缀与$2^n$个未经排序且概率非零的数串一一对应, 而每个量子态中长为m的后缀则会存储值。[2]

我们可通过附加适当的条件D, 用Initialize-State$(Q, n + m, D)$指令创建满足以上要求的系统Q。对于任意以i(二进制形式)为前缀的量子态: 若是由i配上$v(i)$而构成, 我们对此类状态赋以$1/2^n$的概率; 而所有前缀为i的其他$2^m - 1$个状态的概率均设为零。对于某个长为m的给定待搜索字符串S, 我们需要返回一个长为$n + m$的量子态(不妨以字符串$f_0 f_1 \cdots f_{n+m-1}$表示)使得$S = f_n \cdots f_{n+m-1}$。

前文所给的"Quantum"计算机指令集并未提供打印操作, 而仅有Sample(Q)算是相关指令。为了让这个采样有可能返回我们想要的结果, 我们必须让所有包含正确值的量子态提升其概率。于是便可获得算法43。

算法43 Grover-Search(Q, S)

---

1 **repeat**
2 $\quad$ Jack$(Q,$ 所有满足$q_n \cdots q_{n+m-1} = S$的串$)$
3 **until** (成功概率已经足够高)
4 **return** $Sample(Q)$的前n位

算法43中的Jack操作每次都只需常数时间, 显然运行起来很快。但它提升概率的速度有点慢, 必须得执行$\Theta(\sqrt{N})$轮才有可能成功达成目标。因此该算法可用$\Theta(\sqrt{N})$时间返回对应字符串, 相比于处理无序结构的顺序查找其$\Theta(N)$复杂度而言, 这是一个非常大的提升。

能否攻破可满足性问题?

Grover数据库搜索算法一个很有意义的应用是求解可满足性问题(见11.4节), 它可以说是所有NP难解问题之母。我们知道一个n量子比特的量子系统可用于表示所有长为n的二进制数串(共$N = 2^n$个)。只需将1和0分别视为真和假, 每个串便可为n个布尔变量定义出相应的真值指派。

现在我们再对系统新增第$n + 1$个量子比特, 用于处理第i个二进制数串是否满足给定的布尔逻辑公式F。测试给定的真值赋值是否满足某个子句集非常容易——直接测试每个子句是否至少包含一个指派为真的变字, 而此类测试可用量子门序列并行完成。如果F是一

---

[1] 译者注: 本小节对Grover算法的内容表述与常规形式有一定的差异, 读者最好去阅读关于量子计算的专著(例如[NC02])。实际上, 我们只需了解Grover算法可在$\Theta(\sqrt{N})$时间完成即可。此外, 作者使用本节题名的原因是Grover在其原始论文中使用了"数据库搜索", 不过该算法现在一般称为"Grover算法"或"Grover搜索算法"。

[2] 译者注: 本段以及后续的译文略有修改(已与作者沟通), 读者直接阅读原文可能会认为数据库包含了更多量子比特。此外, 下一段会详细讲解如何存储值。

个含有k个子句的3-SAT公式, 那么一遍测试即可处理完所有子句, 为此共需大约$3k$个量子门。如果$q_0, q_1, \cdots, q_{n-1}$是成真指派, 那么量子比特$q_n$回答为1, 否则回答为0。这意味着任意无法满足$F$的指派所对应的二进制数串$E$都会让量子态$E$的概率$p(E)$变为0。

我们可执行Grover-Search$(Q, 1)$操作,[1] 便可返回$q_0, q_1, \cdots, q_{n-1}$的某个量子态, 而该状态以高概率对应着一个成真指派。这样一来, 我们就设计出了一种求解可满足性问题的高效量子算法!

Grover数据库搜索算法运行时间为$O(\sqrt{N})$, 其中$N = 2^n$。由于$\sqrt{N} = \sqrt{2^n} = (\sqrt{2})^n$, 因此以上算法的运行时间为$O(1.414^n)$, 比原始的算法界有很大的提高。实际上, 对于$n = 100$而言, 算法的"步数"可从$1.27 \times 10^{30}$降至$1.13 \times 10^{15}$。不过$(\sqrt{2})^n$依然会呈指数级增长, 因此我们并没有获得多项式时间算法。这里的量子算法虽然远胜蛮力搜索, 但还不足以达到P = NP所能提供的算法效率。

> **领悟要义**: 尽管量子计算机能力拔群, 但它无法在多项式时间内求解NP完全问题。当然如果P = NP, 很多问题会有天翻地覆的变化, 不过业界却普遍倾向于P $\neq$ NP。我们相信: 能用量子计算机在多项式时间内解决的问题类(一般称为BQP)不包含NP, 对于这一点的把握和我们认定P $\neq$ NP是基本相同的。

12.10.3 更快的"Fourier"变换

快速傅里叶变换(FFT)是信号处理中最重要的算法, 它可将一个长为N的数值时间序列转换为一个由N个不同频率的周期函数之和的等价形式。许多信号处理中的滤波和压缩算法其实本质上都只是对信号进行傅里叶变换之后中将高频和/或低频分量予以消除, 16.11节将对此进行讨论。

计算傅里叶变换通常可用一个$O(N^2)$算法简单处理, 因为变换结果中的所有N个元素都分别为N项之和。而FFT则是一种分治算法, 它可在$O(N \log N)$时间内计算此类卷积, 我们在5.9节已讨论过。实际上, FFT还可用$\log N$级电路来实现, 其中每级涉及N个互相独立的并行乘法。[2]

FFT电路的每一级都刚好可用$\log N$个量子门来实现。因此, 一个n量子比特系统(共$N = 2^n$种量子态)上的此类傅里叶变换可在"Quantum"计算机上以$O((\log N)^2) = O(n^2)$时间完成求解。相比于FFT, 这是一个指数级的时间性能提升!

但这里却隐藏了一个难题。我们现在有一个n量子比特的量子系统Q, 设输入元素为a_i满足$0 \leqslant a_i \leqslant N - 1$, 所得的傅里叶系数最终会被"等效"表示为$Q$中量子态$i$的概率。然而, 我们所能做的却只有调用Sample(Q), 它会以正比于系数值的概率进行选择, 最终得到一个较大系数所对应的下标(可信程度很高)。

虽然以上方案只是给出了一种功能极为受限的"Fourier"变换, 其返回值仅有较大系数的下标(不过概率较高), 但它为(我个人认为)最著名的量子算法也就是Shor整数因子分解算法奠定了基础。

---

[1] 译者注: 此处对应$m = 1$, 于是$n + m - 1 = n$, 因此我们需要判定$q_n = 1$。

[2] 译者注: 这里的表述较为模糊, 有兴趣的读者可阅读[NC02]的5.1节, 其中提到: 若$N = 2^n$, 那么每一级所需量子门个数至少为$n, n - 1, \cdots, 1$。此外, 其实关于本节内容, 我们只需要掌握一个要点: 量子傅里叶变换仅需$\Theta(n^2)$时间。

12.10.4 整数因子分解的Shor算法

给定整数k, 以k为周期的函数(周期函数指的是以固定间隔循环反复的函数)与那些因子为k的整数(也即可被k整除)之间存在着很有意思的关联。很显然, 这类整数在数轴上肯定会重复出现并且间隔为隔k。拥有7这个因子的整数有哪些呢? 其序列为$7, 14, 21, 28, \cdots$, 而这显然是一个周期为$k = 7$的周期函数。

FFT可让我们能够将"时域"(这里由小于N的所有7的倍数组成)中的序列转换为"频域"上去, 第7个傅里叶系数非零意味着该周期函数的周期为7。反之亦然。我们可将一个n量子比特的量子系统Q任意状态i的概率初始化为$p(i) = 1/2^n$, 这代表每个i都可能是周期/因子, 如图12.15所示。对Q进行FFT可以将我们转入时域, 可获得每个整数$0 \leqslant i \leqslant N - 1$的因子总数。

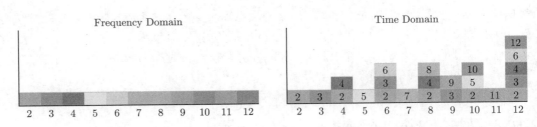

图 12.15 将整数从频域转到时域可算出每个整数的因子总数

下面考虑对给定整数M进行因子分解(假设$M < N$)。通过量子魔法我们可在时域中建立量子系统Q, 而在该时域中那些可作为M其因子的倍数的整数才会具有较高的概率, 如图12.16所示(图中取$M = 21$)。举例来说, 如果$M = 77 = 7 \times 11$, 我们可能会得到33、42和55这类采样, 而它们看似有些用处, 但实际上你会发现所有这些采样全都不是M的因子。

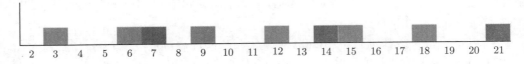

图 12.16 从$M = 21$其因子的倍数中采样不太可能直接得到一个因子, 但基于多个采样的最大公约数几乎肯定能获得M的因子

x和y的最大公约数$\gcd(x, y)$是指能同时整除x和y的最大整数d, 而目前已有可用于计算$\gcd(x, y)$的快速算法(可参阅11.2.3节的讨论)。只要两个采样的最大公约数大于1, 我们就有了一个关于M其因子的极佳备选数, 不妨观察$\gcd(33, 55) = 11$。

算法44给出了完整的Shor因子分解算法伪代码。该算法中重复执行的操作其总数都分别正比于n而不是$M = \Theta(2^n)$, 因此这是对试除法因子分解算法的指数级改进。若在传统计算机上进行整数因子分解, 目前我们尚未发现多项式时间算法, 但也不知道该问题是否NP完全。因此, 整数因子分解的快速量子算法并不违背我们在前面所做的复杂性理论假设。

算法 44　Shor-Factor(M)

1　设定一个 n 量子比特的量子系统 Q(其中 $N = 2^n$ 且 $M < N$)
2　利用 Initialize-State 对 Q 初始化使得其中所有概率均相等(也即 $1/2^n$)
3　**repeat**
4　　　Jack(Q, "所有满足 $\gcd(i, M) > 1$ 的量子态 i")
5　**until** (所有与 M 互素的数(量子态)其概率降到非常低)
6　FFT(Q)
7　**for** j **from** 1 **to** n **do**
8　　　$S_j \leftarrow$ Sample(Q)
9　　　**if** (存在 $k < j$ 使得 $\mathrm{GCD}(S_j, S_k) > 1$ 且 $\mathrm{GCD}(S_j, S_k)$ 可整除 M) **then**
10　　　　　**return** $\mathrm{GCD}(S_j, S_k)$(确为 M 的因子)
11　　　**end**
12　**end**
13　打印相关提示信息(因为执行到此处意味着未找到因子)

12.10.5　展望量子计算

量子计算的前景如何? 我写本书这一版时(2020年)视力尚可(还没老糊涂), 而量子计算领域也正在迅猛发展。我的眼界未必强于其他人, 但我会做一些有理有据的猜测:

- 量子计算并非空中楼阁, 而且终究必然实现——就算是普通人, 在观察了四十年的技术成熟度曲线(hype-cycles)[1]之后, 肯定也都能发展出一种相当可靠的"垃圾识别器", 而不会被某项吹牛的技术哄骗, 而量子计算现在算是无预警地通过了我的严苛检验。我看到非常聪明的人对该领域的前景拥有激昂的信心, 我也看到这个领域清晰而又稳定的技术进步, 还看到了很多大公司和其他重要参与者的巨量投资。就目前而言, 如果量子计算逐渐消失于无形, 我会感到异常震惊。

- 量子计算不太可能影响本书所探讨的算法问题——读者朋友通过阅读我的书所获得来之不易的算法专业知识, 在量子计算时代依然很有价值。我将量子计算视作一种具有面向特定应用的技术, 就像我们都知道最快的超级计算机主要用于科学计算而非工业领域那样。除了整数因子分解问题之外, 我认为本书中没有任何内容能够通过量子计算机更好地完成。

  最快的技术并不一定能得到普遍应用。目前我们能实现的最高数据传输速率其实需要用到一架满载着海量DVD(或更为密集的存储介质)的巨型飞机。[2] 不过, 目前还没有人找到合理的方式基于这种数据传输技术实现较好的商业化, 而同样量子计算也并不一定适用于大多数的传统计算问题。

- 量子计算取得巨大优势的领域可能是计算机科学家并不真正关心的问题——目前我们还不清楚量子计算的杀手级应用是什么, 但最有前途的应用似乎是量子系统的模拟, 而这在化学和材料科学领域是重大问题, 同时很可能会给药物设计与药物工

---

[1] 译者注: 也即 Gartner Hype Cycle。

[2] 译者注: 可能最为人熟知的故事是 Amazon 通过卡车运输硬盘来高效传递数据。

程带来惊人的变革。不过我们目前还不清楚计算机科学家能在多大程度上引领这场技术浪潮。[1]

让我们拭目以待吧。我期待着撰写本书的第4版, 也许能在2035年出版, 这样刚好可以了解以上预测是否成立。

需要特别注意的是, 本节所描述的"Quantum"计算模型与真正的量子计算机有好几个重要方面存在差异, 但是我个人还是认为"Quantum"计算模型基本上抓住了量子计算机工作原理的主要特质。不过, 在真正的量子计算机中其实是这样的:

- 概率的背后是复数在主导——我们通常所讨论的概率一般是0到1之间的实数, 且在概率空间上所有元素对应概率其总和为1。然而, 量子概率是复数且其平方在0和1之间, 并且在概率空间上所有元素的这些复数概率平方和等于1。回想一下5.9节中所讨论的FFT算法是基于复数运行, 而这正是其获得超强性能的根源。

- 读取量子系统的状态会破坏它——当我们从量子系统的状态中随机采样时, 我们将会丢失关于其余$2^n - 1$种量子态的所有信息。因此我们不能像前文中那样从分布中反复采样, 但是可以根据需要不断从头开始重建系统, 再对其进行采样从而获得重复采样的效果。

  量子计算的关键障碍在于如何提取我们所想要的答案, 因为这是一种测量, 而它只能获得Q中固有信息的极小一部分内容。如果我们测量Q中的部分而非全部量子比特, 那么剩下的量子比特也会被"测量", 其状态会相应坍缩。这就是量子计算神奇魔力的真正来源, 一般被称为纠缠。

- 真正的量子系统很容易崩溃(或称为退相干)——操纵单个原子进行复杂操作绝非易事。量子计算机通常在极低的温度和屏蔽环境中工作, 这样可以尽量延长其运行时间。就目前的技术而言, 量子计算机能持续工作的时间并不长, 而这限制了其上所能运行算法的复杂性, 还得要为量子系统研发纠错技术。

- 量子态的初始化和量子门的能力与我们在前文描述的有所不同——我们对量子态究竟应该如何初始化以及能够执行哪些操作作了简要的说明。不过, 量子门基本上是酉矩阵, 施以矩阵乘法则会改变Q中的概率情况。相关运算可由量子力学的特性给出精准定义, 而此中的细节其实还是挺重要的。

章节注释

Kirkpatrick等关于模拟退火技术最原始的论文[KGV83]中包含了一个使用模拟退火对VLSI模块布局问题的应用。12.6.4节中的应用实例基于Aarts和Korst在[AK89]一文中的材料。D-Wave公司所生产的一种量子计算机旨在通过量子退火来求解最优化问题, 不过这是否能成为一项重要技术目前尚无定论。

本章的启发式TSP求解方案采用了顶点交换作为局部邻域扰动操作(local neighborhood operation)。事实上, 边交换是一个更强大的扰动操作。每次边交换最多只允许改变巡游中的两条边, 而与之不同的顶点交换在最坏情况下甚至会改变四条边。因此边交换更有

---

[1] 译者注: 指的是量子计算在计算机应用领域似乎还看不到较好的切入点, 而引领浪潮也无从谈起。

可能找出局部意义下的改进, 不过这需要更精巧的数据结构来高效地维护边交换后巡游中的顶点次序, 不妨参阅Fredman等的[FJMO93]。

不同的启发式搜索技术巧妙地呈现于Aarts和Lenstra的[AL97]中。对于有兴趣去深入学习启发式搜索的读者, 我强烈推荐这本书。此外, [AL97]所涉及的内容还包括**禁忌搜索**(tabu search), 这是模拟退火的一个变种, 它会使用额外的数据结构以避免转移到最近刚访问过的状态。Dorigo和Stutzle的[DT04]讨论了蚁群优化。Livnat和Papadimitriou在[LP16]中提出了一种理论可解释为何遗传算法通常表现不佳: 繁衍的目标是创造多样化的种群而非凸显高度优化的个体。不过, Michalewicz和Fogel的观点[MF00]则是支持遗传算法以及与之相似的其他启发式方法, 读者可参阅之。

我们用模拟退火来压缩DNA阵列的工作在[BS97]中已经体现。对于更多关于选配的讨论, 可参阅Pugh的[Pug86]和Coullard等的[CGJ98]。

如果本章对量子计算的讨论激发了你的兴趣, 建议你阅读更权威的著作。[Aar13, Ber19, DPV08]都对量子计算给出了饶有趣味的讲解, 不过Yanofsky和Mannucci的[YM08]最为通俗易懂。Scott Aaronson的博客(https://www.scottaaronson.com/blog/)也很引人入胜, 为你提供了诸多关于量子算法的最新进展以及更丰富的复杂性理论内容。

12.11 习题

难解问题的特例

12-1. *[5]* 多米诺骨牌(Domino)可由若干对整数(x_i, y_i)表示, 其中x_i和y_i均为取自1到n的整数。我们将一副多米诺骨牌记为一个长为m的序列$S = ((x_1, y_1), (x_2, y_2), \cdots, (x_m, y_m))$, 游戏目标则是构建一条较长的牌链$(x_{i_1}, y_{i_1}), (x_{i_2}, y_{i_2}), \cdots, (x_{i_t}, y_{i_t})$使得任意$y_{i_k} = x_{i_{k+1}}$。多米诺骨牌可以倒放, 也即$(x_i, y_i)$与$(y_i, x_i)$完全等价。对于$S = ((1,3), (4,2), (3,5), (2,3), (3,8))$而言, $(4,2), (2,3), (3,8)$和$(1,3), (3,2), (2,4)$都是最长的多米诺牌链。

(a) 证明寻找最长多米诺牌链是NP完全问题。

(b) 给出一种高效算法找出一个沿链数字递增的最长多米诺牌链。对于本题中的S, 满足此类要求的最长牌链是$(1,3), (3,5)$或$(2,3), (3,5)$。

12-2. *[5]* 给定图$G = (V, E)$以及G中的两个不同顶点x和y。图G中任意顶点v都包含$t(v)$个代币(token), 一旦访问过顶点v便可将其代币收入囊中。

(a) 若要找到一条从x到y的路径并尽可能多地收集到代币, 证明这是一个NP完全问题。

(b) 如果G是一个有向无环图, 请设计出一种高效算法。

12-3. *[8]* **哈密顿完备化**(Hamiltonian completion)问题取给定图G为输入, 我们需要找出一种算法对G添加条数最少的边可使改造后的图包含一个哈密顿环。对于一般的图而言, 该问题是NP完全问题; 然而若G是一棵树, 此问题则存在高效算法。请给出一种高效算法可在树T中加入最小数量的边从而可形成一个哈密顿图, 你需要证明该算法的正确性。

近似算法

12-4. *[4]* 在**最大可满足性问题**(maximum-satisfiability problem)中, 我们要找一个尽可能多地满足子句的真值指派。给出一个启发式方法, 它所找到的指派总能满足至少有最优解成真子句数一半的子句。

12-5. *[5]* 对顶点覆盖问题考虑如下启发式方法: 创建图的一棵深度优先搜索树, 然后从该树中删掉所有的叶子结点, 这样所留下来的一定是图的一个顶点覆盖。证明这个覆盖的大小至多为最优解大小的两倍。

12-6. *[5]* 图$G = (V, E)$的**最大割**(maximum cut)问题要将顶点集V划分为两个不相交的集合A和B从而让割(A, B)中的边数量最多, 割中的任意边(a, b)均取自E并满足$a \in A$和$b \in B$。对最大割问题考虑如下启发式方法: 先取顶点v_1指派给A, 再取顶点v_2指派给B。对剩下的每个顶点, 将它指派给能让割中新增边最多的那一方。证明这个割至少有最优割的一半大小。

12-7. *[5]* **装箱问题**(bin-packing problem)将给我们n个物体, 其重量分别为$w_1, w_2, \cdots, w_n$。我们的目标是找到最少数目的箱子使其能装下这n个物体, 这里的每个箱子最大容量为1千克。**最先适应启发式方法**(first-fit heuristic)依照物体的交付次序逐个考虑。我们将每个物体放入能容纳它的第一个箱子, 如果不存在这样的箱子则启用一个新箱子。证明这种启发式方法所用的箱数至多为最优解箱数的两倍。

12-8. *[5]* 对上文所描述的最先适应启发式方法给出一个具体算例, 使得在该例的适配过程中所用到的箱数至少是最优解箱数的5/3倍。

12-9. *[5]* 给定无向图$G = (V, E)$, 其中每个顶点的度小于或等于d。描述一种算法高效找出一个G的独立集, 该独立集的大小至少得是G的最大独立集其大小的$1/(d + 1)$。

12-10. *[5]* 图$G = (V, E)$的顶点着色是对V中每个顶点指派一种颜色使得每条边(x, y)中的顶点x和顶点y的颜色不同。给出一种最多用$\Delta + 1$种颜色便能为G进行顶点着色的算法, 这里Δ是G的最大顶点度。

12-11. *[5]* 证明你可通过图的顶点最少着色问题来解决任意数独谜题。[提示]: 这个特定的图具有$9 \times 9 + 9$个顶点, 需要你根据数独的特点合理构建。[1]

组合最优化

对于下列每个问题: 设计并实现一个模拟退火算法求得一个质量尚可的解。你的程序在实际中运行会表现如何呢?

12-12. *[5]* 设计并实现一种算法求解16.2节中所讨论的带宽最小化问题。

12-13. *[5]* 设计并实现一种算法求解17.10节中所讨论的最大可满足性问题。

12-14. *[5]* 设计并实现一种算法求解19.1节中所讨论的最大团问题。

12-15. *[5]* 设计并实现一种算法求解19.7节中所讨论的顶点的最少着色问题。

12-16. *[5]* 设计并实现一种算法求解19.8节中所讨论的边的最少着色问题。

12-17. *[5]* 设计并实现一种算法求解19.11节中所讨论的反馈顶点集问题。

12-18. *[5]* 设计并实现一种算法求解21.1节中所讨论的集合覆盖问题。

---

[1] 译者注: 本题与某章的一道习题完全相同, 请设计一种算法快速找到它。

"Quantum"计算

12-19. *[5]* 考虑一个n量子比特的"Quantum"系统Q, 该系统所有$N = 2^n$个状态其初始概率均相等, 也即量子态i的概率$p(i) = 1/2^n$。设$Jack(Q, 0^n)$操作会将满足所有量子比特均为零的量子态其概率加倍, 那么我们需要调用多少次Jack操作才能使Sample操作返回这种全0量子态的概率大于或等于$1/2$呢?

12-20. *[5]* 针对可满足性问题构建特殊算例:

    (a) 恰有一个解的n变字算例。

    (b) 刚好有2^n个不同解的n变字算例。

12-21. *[3]* 考虑11的前10个倍数: $11, 22, \cdots, 110$。我们在这些倍数中随机选取两个数x和y, 其最大公约数$\gcd(x, y) = 11$的概率是多少?

12-22. *[8]* IBM量子计算(`https://www.ibm.com/quantum-computing/`)可为你提供在量子计算模拟器上的编程机会。请尝试在其上运行一个量子计算程序实例并观察结果。

力扣

12-1. `https://leetcode.com/problems/split-array-with-same-average/`

12-2. `https://leetcode.com/problems/smallest-sufficient-team/`

12-3. `https://leetcode.com/problems/longest-palindromic-substring/`

黑客排行榜

12-1. `https://www.hackerrank.com/challenges/mancala6/`

12-2. `https://www.hackerrank.com/challenges/sams-puzzle/`

12-3. `https://www.hackerrank.com/challenges/walking-the-approximatelongest-path/`

编程挑战赛

下列编程挑战赛问题可在`https://onlinejudge.org/`上找到, 网站会自动判分。

12-1. "Euclid Problem" — 第7章, 问题10104。

12-2. "Chainsaw Massacre" — 第14章, 问题10043。

12-3. "Hotter Colder" — 第14章, 问题10084。

12-4. "Useless Tile Packers" — 第14章, 问题10065。

第13章
如何设计算法

为给定的某个实际问题设计正确的算法是一项非常重要的创造性行为——你紧抓着一个问题, 想从浩瀚星河中凭空捉出它的解答。在算法设计中你的选择空间极其广阔, 会留下充分的自由去让你绞尽脑汁。

本书的目标是让你成为一个更好的算法设计师。全书分为两卷: 卷I所展示的技术提供了能支撑所有组合算法的基本思想; 卷II中的算法问题目录册将帮助你对实际问题建模, 并会告诉你相关问题的现有研究成果。然而, 要成为一个优秀的算法设计师光有书本知识可不行, 你得具备一种重要的思维模式——也就是正确的问题求解方法。光靠书本很难教会你这种思维方式, 但我们将努力让你学会, 因为它对于任何成功的算法设计师来说都是不可或缺的。

算法设计(或任何其他的问题求解任务)的关键是通过向自己提问来引导思维不断深入展开。我们这样做会怎么样? 我们那样做又会怎么样? 如果你被某个问题卡住, 最好的办法就是转向下一个问题。在任何团队的头脑风暴会议中, 屋子里最有用的人其实是那个一直在问"我们为什么不能用这种方法来做"的人, 而不是那些总爱吹毛求疵分析这个不可行那个不可行的人, 因为持续发问的她/他最终总会灵光突闪而找到一个无法被枪毙的方案。

为了实现这个目标, 我们提供了一系列的问题来引导你合理地寻找待解决任务的正确算法。要有效地利用它, 你不仅得提出问题, 还要回答问题。关键在于去仔细地思考这些问题的答案, 而方法则是以日志形式记录思考的全过程。"我能这样做吗?"的正确答案永远不会是"不能", 而是"不能, 因为……"。通过阐明为什么有些想法不能奏效的具体缘由, 你可以弄清楚是不是自己不想投入精力认真思考, 而你可能有意无意地在掩饰这点。有时你找来找去也无法对某些疑问作出令人信服的解释, 最后你常常会惊奇地发现其原因在于你所给的结论根本就是错的。

战略和战术之间的区别在任何设计过程中都是非常重要的, 请务必时刻注意。战略代表的是如何探求整体图景——能让我们围绕框架逐步构建方案从而达成目标。战术一般用于赢得那些为了完成目标而非打不可的小型战役。在问题求解中, 不断检查你是否在正确的层级上思考是非常重要的。如果你对于自己要如何攻破你的问题没有整体战略, 那么担心战术就没意义了。一个战略问题的例子是: "我能不能把这个实际问题建模为一个图算法问题呢?" 而接下来的一个战术问题将会是: "能用邻接表或邻接矩阵数据结构表示我的图吗?" 当然, 这种战术决策对于解决方案的最终质量来说也很关键, 但是这些决策只有放在成功的战略下才能被正确地评价。

好多人面对设计问题时都会思路停滞, 这样的人太多了。在读到或听到问题后, 他们坐下来, 发现自己不知道下一步该做什么。你得避免这种厄运。请遵循下面所提供的一系列问题的指示, 并紧跟算法问题目录册中相关章节所给出的思路。我们将尽量让你知道下一步该做什么。

　　显而易见, 你在算法设计技术(如动态规划、图算法、难解性和数据结构)上的经验越多, 那么你使用本节的问题列表最后获得成功的可能性就越大。本书卷I的写作思路就是要强化你的这种技术背景。然而, 不论你的技艺有多强, 把列表中的这些问题全部过一遍都会大有裨益。问题列表中越靠前的条目越重要, 它们着重于让你能对所面临的问题有一个详尽细致的了解, 而这些不需要过多的算法专业技能。

　　这组问题受到[Wol79]中一段文字的启发, 那本书名叫《真本事》(*The Right Stuff*),[1] 它是一本讲述美国太空计划的好书。该书提到了飞机坠毁前试飞员的无线电传输。人们原以为试飞员会异常惊恐, 并猜想地面控制中心会听到飞行员"啊——"的尖叫, 最后只会以撞到山上的声音而告终。事实却完全不是那样, 这些飞行员会逐条进行他们能做的各项操作并核查。"我已经试过襟翼了。我已经检查过引擎了。两个机翼还在。我已经按规程对……进行复位了。"他们确实有"真本事"。正因为如此, 他们才有可能通过试尽各种方法最终避免撞山事故。

　　我希望本书能为你提供算法设计师的"真本事", 以防你在探索算法的艰险之路上撞得头破血流。

　　1. 我确实理解了这个问题吗?

　　(a) 输入究竟由什么构成?

　　(b) 我们到底期望会有什么结果或输出?

　　(c) 我能创建一个可以手工求解的较小输入算例吗? 当我尝试解决它时会出现什么问题呢?

　　(d) 总能找到最佳答案对于我要处理的问题来说重要性有多高? 对于和最优解接近的答案, 我会不会满意呢?

　　(e) 问题的典型算例有多大规模? 我要处理的是十个元素, 一千个元素, 还是一百万个元素呢?

　　(f) 我的这个问题对速度的要求有多高? 该问题需要在一秒钟, 一分钟, 一小时, 还是一天内解决呢?

　　(g) 我能投入多少时间和精力实现算法呢? 我是只有一天时限只够写完简单算法的实现, 还是有充足时间去实现多种方法并实验对比最后找出哪个是最好的呢?

　　(h) 我要解决的是一个数值问题, 图算法问题, 几何问题, 字符串问题, 还是集合问题呢? 哪种建模表述看起来最简易呢?

　　2. 我能否为该问题找到一个较为简单的算法或启发式方法?

　　(a) 如果用蛮力法在所有子集或所有安排中搜出最好的一个, 这样能正确地解决我的问题吗?

　　i. 如果答案是肯定的, 我们凭什么会相信这个算法总能给出正确的答案?

　　ii. 一旦解创建完毕, 我该如何衡量解的质量?

　　iii. 这个简单又缓慢的解决方案其运行时间是多项式量级还是指数量级? 我的问题规模是不是相对较小, 因此用蛮力法求解已足够了呢?

　　iv. 问题的定义是不是真的清晰明确呢? 我们算出的结果到底是不是正确解?

---

[1] 译者注: 根据这本书所改编的同名电影也非常精彩, 通常译为《太空先锋》。这里我们考虑到上下文将书名译作《真本事》。

(b) 如果不断地采用某个简单准则(比如最大元素优先、最小元素优先或随机选择)进行处理, 能否解决我的问题?

i. 如果可行, 这种启发式方法对于哪些类型的输入效果较好? 它们与该问题中可能会出现的数据形态是一致的吗?

ii. 这种启发式方法对于哪些类型的输入效果较差? 如果无法找到这种算例, 我能证明该方法总会有很好的效果吗?

iii. 我的启发式方法多久能得出答案? 它有没有简单的程序实现?

3. 我的问题是否在本书卷Ⅱ中的算法问题目录册中?

(a) 这个问题的研究现状如何? 有没有现成的程序实现可让我使用?

(b) 对于这个问题我找对地方了吗? 我是不是浏览过算法问题目录册中的所有算法示意图了呢? 我是否在书后索引部分将所有可能的关键词都查遍了?

(c) 网上是否有相关资源? 我在Google学术中搜索过吗? 我查过本书配套网页(https://www.algorist.com)吗?

4. 这个问题有没有特例是我现在能解决的呢?

(a) 我能否在忽略某些输入变元时高效地解决问题?

(b) 当我将某些输入变元设为平凡值(如0或1), 问题会不会变得容易解决?

(c) 可否将问题简化到我能够高效求解的情况? 为什么这个处理特例的算法不能推广为适应更多类型输入的一般性算法呢?

(d) 我的问题在算法问题目录册中是不是某个更一般问题的一种特例?

5. 哪个标准算法设计范式与我的问题最相关?

(a) 是否存在一组数据项能通过大小或其中某个键就能完成排序? 这种序关系会让寻找答案的过程更容易吗?

(b) 有没有一种方法(也许是二分查找)能把问题分为两个较小的问题? 将所有元素按照大/小或左/右划分又会怎样? 这是否能引出一个分治算法?

(c) 输入对象是否自然而然地就能分解出从左到右的次序, 例如字符串中的字符, 置换中的元素, 或树的叶子? 我能用动态规划深入探讨这种次序吗?

(d) 是否存在某些重复进行的操作, 例如搜索或是寻找最大/最小元素? 我能用某个数据结构来加速这些查询吗? 字典/散列表或堆/优先级队列可行吗?

(e) 我能用随机抽样去找出下一个待选对象吗? 建立许多随机排布并选出最好的一个, 这种方法怎么样呢? 我能用像模拟退火之类的启发式方法将排布聚到最优解上吗?

(f) 我的问题能用线性规划来建模吗? 整数规划行不行?

(g) 我的问题看起来像是可满足性问题、旅行商问题或其他NP完全问题吗? 是不是因为该问题是NP完全问题所以没有高效算法呢? 这个问题是否列在Garey和Johnson那本[GJ79]书后的问题中呢?

6. 我还没能解决它?

(a) 我愿意花钱雇专家(例如本书的作者)来教我该怎么做吗? 要是愿意的话, 请查一下22.4节中所提到的专业咨询服务。

(b) 我得回到这张列表的开头, 再去研究一遍这些问题。在我这次对列表问题重新作答的过程中, 是否有答案发生变化呢?

问题求解虽然不是一门科学, 但却是艺术和技能的交融, 这是一项最值得修炼的技艺。在讨论问题求解的书中, 我最喜欢的依然是Pólya的那本《怎样解题》(*How to Solve It*)[P57], 它的特色在于对各式问题求解技巧都给出了极其精当的阐述, 读来令人不忍释卷。1

准备科技公司的面试

我觉得很多人阅读这本书产生并非因为是对算法怀有天生的热爱, 而是害怕技术性工作的面试中要考算法。当然, 我希望你能够沉浸于阅读之中, 并能逐步体会算法思维的力与美。不过本节着重从应试的角度出发, 我们将提供一些简要的建议, 在你参加科技公司的面试时可助你一臂之力。

首先, 大家都知道自己的算法设计水平, 因此面试前一天晚上的填鸭式学习并不会有多大帮助。花一周的时间认真阅读本书, 我认为你可以实实在在学到一些关于算法设计的技能; 当然你如果花更长的时间, 还可以学到更多东西。我在本书中讲到的内容侧重实用, 学完会有较大的收获, 这样一来, 你就不是仅仅为准备一个24小时内就会忘光内容的考试临时抱佛脚。算法设计可谓是一门傍身的技术, 所以花时间来阅读我的书是非常值得的。

算法设计问题往往以两种方式渗在面试过程中出现: 程序设计考查初选和白板算法设计问题。大型科技公司通常收到的申请极多, 以至于第一轮筛选往往是自动化完成的: 你能在黑客排行榜(https://www.hackerrank.com/)这样的面试网站上答出一些编程挑战问题吗? 这些编程挑战问题考查编写代码的速度和正确率, 通常用于淘汰掉尚未打好基础的候选者。

这种考试的形式意味着, 你在编程挑战问题中的表现会随着实践的增多而提高。如果你是一名大学生, 可以试着加入学校里的ACM国际大学生程序设计竞赛(ICPC)队伍。该项赛事中每队由三名学生组成, 在五个小时内共同解决5到10个编程挑战问题, 这些题目通常都是算法题而且也很有趣。别认为只有拿到区域赛金牌才会有很大的收获, 你只要投身其中便能受益匪浅。

对于自学者, 我推荐去评测网站上做一些编程题, 例如黑客排行榜和力扣(https://leetcode.com/)。其实我在每章的末尾都从在线评测网站中分别选了若干合适的编程挑战问题, 不妨由浅入深, 逐步提高速度, 享受快乐学习。但是你得判断出你的弱点到底在于边界情况的正确性还是算法设计本身的错误, 这样才能有针对性地改进。在这里我推荐拙作 *Programming Challenges*[SR03], 这本书是为此类程序设计问题专门设计的训练指南, 如果你真正读懂了, 同样能学到不少东西。

通过了初步筛选后, 你会将获得视频面试或现场面试的机会。这个环节中, 面试官可能会要求你在白板上解决一些算法设计问题, 本书每章末尾的面试题基本上就是这种类型, 我们将有些问题分类为面试题是因为据传某些科技公司之前考过。当然, 本书中所有习题都非常适合自学和用于面试准备。

你应该在白板前怎么做, 才能让你看起来对自己想表达的内容很清楚呢? 首先, 我会鼓励你问出足够清晰的问题, 这能确保你可以准确理解该问题到底要求做什么, 而仅仅成功解决一个理解错误的问题可能给你加不了几分。我强烈建议你先提出一个简单、较慢且正确的算法, 再去尝试复杂的想法。其次, 你可以(当然也必须)去想想你是否能做得更好。通常,

---

1 译者注: 作者在本书第2版中提到: "我建议你去认真研读此书, 无论是你面临问题之时, 还是你解决问题之后。"

提问者希望看到你是如何思考的，与其说他们关心的是你能设计的最终算法，不如说他们关心的是你积极的思考过程。

我那些参加过此类面试的学生们经常来吐槽：某某面试官给他们的解法是错的！在一家好公司找到一份工作并不能让其员工潜移默化地成为算法专家，而面试官问你的问题通常也只是别人问他的问题，未必能保证给出正确解答。所以你千万不要怯场，把你的想法讲清楚。当然，任何事情只要尽你所能，结果通常不会差。

最后，我得坦白一下。多年来我一直在一家名为General Sentiment的初创公司担任首席科学家，并且面试过我们公司聘用的所有研发人员，他们大多数都知道我是本书的作者，于是颇为担心会遭到我的刁难。不过，我其实从来没问过他们一道算法难题。我们需要的是复杂分布式系统的专业开发人员，而不是擅长解决算法难题的人。我问的很多问题都和他们所做过的最庞大的程序项目相关，还会问他们在其中承担何种工作，从而了解求职者能够熟练处理哪些工作以及他们究竟喜欢做什么工作。对于我们在General Sentiment聘用的员工，我感到非常自豪，他们全是优秀的人才，现在都在更好的工作岗位上发光发热。

当然了，我还是强烈建议其他公司都能继续通过算法问题进行筛选。这样做的公司越多，我这本书就会越畅销。

祝愿大家求职顺利，同时也希望你们从这本书中学到的知识能对日常工作、事业发展以及职业生涯起到帮助。另外，不妨在Twitter上(@StevenSkiena)关注我！

算法世界搭车客指南

第14章
算法问题目录册

接下来我们将为你呈上一份由实际中频频出现的算法问题所组成的目录册。它介绍了这些问题的研究现状(无论是理论还是实践),而且如果其中的问题在你的实际应用中出现时,目录册会给出建议来让你用最佳方式去处理。

怎样才能用好这份目录册呢? 在使用之前,先得想清楚你的问题。如果你知道问题的名字,那么可在索引或目录中找到目录册的词条。你得通读整个词条,因为它包含了其他相关问题的信息。当然,你还可以从头到尾快速翻阅目录册,浏览词条开头的图例和问题名,看看是否有什么能激发灵感。另外,别怕麻烦,多查索引,本书的所有问题都已列入其中,而且还有可能在不同的关键词和实际问题条目下出现。

目录册中的词条所包含的内容跨度很广,此前基本上没人按照这样的方式收集整理过。关注实际应用或历史溯源的读者都能从中受益,因为每个词条中不同的版块(field)[1]会分别给出相关介绍。

为使这份目录册更易于使用,我们介绍每个问题之前会配上两副图: 左侧的图("输入图例")代表问题算例(也即输入),右侧的图("输出图例")是在此算例下的问题求解结果(也即输出)。我们在构造这些算例时花了不少心思,特意让它们能凸显算法运行的细节内容,而不是仅仅让你简单了解问题的定义,例如最小生成树的配图展示了如何通过最小生成树而将点聚类。我们希望读者能快速翻阅问题的配图来辨认哪些问题可能与你想求解的实际问题存在关联。为了消除纯粹以图示形式来表达问题所固有的含糊性,我们会用更形式化的方式给出问题的描述作为补充。

一旦你找到了问题条目,其中"讨论"这一版块会告诉你应该做些什么。我们会描述该问题可能会出现的应用场景,也会介绍若干专门性的问题(辅以相关数据集)。我们同样会讨论你可能想得到的结果类型,以及如何去获取这些成果。对于每个问题,我们会描述一个简易能用的算法基本框架,若是首先试用了这套方案但不足以解决问题,你还可以试着去用更为强大的算法,问题条目会指引你找到相关内容与信息。

我们还为每个问题收集了一些可用的软件实现,在每个条目的"实现"版块中予以讨论。这些子程序很多都是相当不错的,而且它们或许放到你的应用程序中便能即插即用; 而那些可能还不足以当作产品使用的子程序,也许可以为你自己的实现方案提供一个良好的参考原型。各种软件实现通常按实用程度递减的形式列出,但如果有一个无可争议的最佳实现方案,我们将毫不含糊地强力推荐。另外,第22章会对若干软件实现给出更详细的介绍。我们所提到的所有实现基本都能通过访问本书配套网站而获得——访问https://www.algorist.com即可下载。

---

[1] 译者注: 词条中的"实现"和"注释"这两个版块,分别讨论实际应用和历史溯源。实际上,若将词条视为一条"记录",则field还可以理解为相应的字段。

作为每个问题条目的结语, 我们会讨论该问题的研究历史, 并述评理论计算机科学主流所关注和认可的研究现状(为了不影响阅读体验特意将其单独置于每节末尾)。我们尽可能对每个问题简要地列出目前的最好成果, 如果有人做过不同算法的实验对比或是有相关综述性文章, 我们也会一并给出。无论是学生, 还是研究人员, 抑或是实际工作者, 肯定都会对这些内容很感兴趣, 他们需要了解是否存在更好的解决方案。

注意事项

本书卷Ⅱ部分为你提供的是一份算法问题目录册, 而不是一本烹饪手册(cookbook)。[1]之所以不能以烹饪书的形式来写, 是因为世上已有太多太多的烹饪法, 而且照着人们的口味还有许许多多可以去翻新的花样。本书的写作目标是为你指出正确的方向, 这样你就能自己解决你所面临的问题。我们会尽量指出你在算法设计之路上可能遇到的各式问题, 不过你还得特别注意如下事项:

- 对于每个问题, 我们会给出攻克它的若干算法以及可以去尝试的努力方向。所推荐的这些是基于个人经验, 并且主要面向我所认为的那些典型问题。我觉得为常见应用场景作具体的推荐比试图涵盖所有情况更重要。如果你不认可我的建议, 也不必盲从, 但在你放弃我所给出的建议之前, 先试着想想这些建议背后的推理逻辑, 最好能清晰地解释为何这个实际问题不满足我给出的假设。
- 我推荐的实现未必能刚好完全解决你的问题: 例如某些程序仅仅只能作为你自己写代码的参考; 又比如还有不少程序通常嵌在较大的软件中, 要单独拿出来独立运行可能会相当困难。另外, 所有程序都可能包含缺陷(bug), 其中许多缺陷还是相当严重的, 因此你得时刻小心。
- 对于任何你要投入商用的软件实现, 请务必尊重其许可条件(licensing conditions)。我们提到的很多代码不但并非开源软件, 而且还有许可限制。关于商用问题的更深入讨论可参阅22.1节。
- 如果你用了我所推荐的软件实现, 我很乐意听到你的实际体验, 无论是正面意见还是负面意见都没关系。另外, 我特别有兴趣了解本书未提及的其他实现方案。

---

[1] 译者注: cookbook原意是包含若干烹饪法的书, 引申为巨细无遗的手册, 这里指引申意。但为了与后面所谈论的烹饪法(recipe)所对应, 故按本意译出。

第15章

数据结构

数据结构与其说是算法，还不如说是助力你构造应用程序的基础建筑物。关于常见的那些标准数据结构的用途，你一定要熟极而流，事实上这只是用好数据结构的最基本要求。

不过这样一来，数据结构的相关词条与算法问题目录册中的其他部分会稍微有些不协调。也许本节中最有用的那部分内容将会是各种实现和数据结构库的相关信息与建议。对于这里所提到的许多数据结构，想要给出特别好的代码实现没那么简单，因此即便我们提及的程序不能完全符合你的要求，当作模仿的对象也是很有用的。某些基本数据结构(例如k维树和后缀树)本应为人们所熟知，然而实际上却并非如此，希望本节的这部分内容对更好地宣传它们会起到一定的作用。

关于基本数据结构的书籍汗牛充栋，我特别喜爱的有以下这些：

- Sedgewick的[Sed11] —— 这本书全面地介绍了算法和数据结构，书中巧妙精美的算法运行图示[1]可谓独树一帜。此书有C语言和C++语言以及Java语言的版本。
- Weiss的[Wei11] —— 很好的一本教材，相比其中的算法内容而言，这本书更为强调数据结构的讲解。此书有Java语言、C语言、C++语言和Ada语言版本。
- Goodrich和Tamassia的[GTG14] —— 作者自己开发了Java数据结构库(JDSL)，[2] 因此这套系列图书的Java版如鱼得水，充分发挥了JDSL的功用。
- Brass的[Bra08] —— 与其他教材相比，这本书的特色在于对高级数据结构的介绍更多，此外它选用C++语言实现代码。

Handbook of Data Structures and Applications[3]这本手册[MS18]对数据结构研究现状提供了全面详尽的综述，而且内容也很新。仅学过一门数据结构基础课程的学生在看到该领域居然有如此之多的研究新进展时，很可能会震撼不已。

15.1 字典

输入　由n条记录(每条可由一个或多个键字段确定)组成的集合。

问题　构建和维护一个数据结构，任给待查键q，我们能够高效地对q所关联的记录进行定位[4]、插入和删除。

---

[1] 译者注：逐格给出算法的每步运行过程图示。

[2] 译者注：由Goodrich和Tamassia等的团队所开发(https://www.cs.brown.edu/cgc/jdsl/)，不过已经很久未更新了。

[3] 译者注：这种"手册"与百科全书不同，一般由各种专题综述构成，后文中还会出现此类著作。

[4] 译者注：随后便能访问和处理与q所关联的记录。

字典的输入和输出图例如图15.1所示。

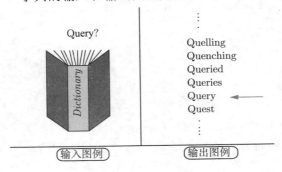

图 **15.1** 字典的输入和输出图例

讨论 "字典"是计算机科学中最重要的抽象数据类型之一。[1] 目前已经有很多用于实现字典的数据结构, 其中包括散列表、跳跃表和平衡(或者未采用平衡策略的)二叉查找树, 而这意味着为字典挑选最好的实现方式可能需要费些心思。 不过在实际问题中, 相比于"在所有选项中找出唯一的优胜者", 更为重要的其实是"避免使用较差的数据结构"。

这里先给一条非常基本的建议: 字典数据结构的实现应与接口相分离, 并且相关代码处理务必细致小心。我们应该显式地调用数据结构的初始化、查找和修改等方法[2]或子程序, 而不是将它们所要完成的操作写成具体代码直接嵌到程序中。这样做会使你的程序更为干净利落, 而且更容易去试用基于不同数据结构的实现, 进而可观察它们对程序性能产生的影响。千万别被这种抽象机制中由于调用函数而带来的固有开销所困扰,[3] 要是你的实际问题对时间的要求严格到连这点开销都会影响程序性能的程度, 那么能够随意更换字典各种实现再对比择优的分离策略对你来说就更不可或缺了。

在为你的字典选择合适的数据结构时, 请先拿以下问题问问自己:

- 你的数据结构中将会有多少条目呢? —— 你事先会知晓数据的项数吗? 对于你当下所处理的问题, 它是小到只需一个简单的数据结构就足以应付, 还是大到必须担心内存或虚存耗尽呢?

- 你知道插入、删除和查找操作的相对频率吗? —— 在那些一旦创建完数据结构之后便不再修改的应用程序中, 静态数据结构(如有序数组)便已足够。**半动态**(semi-dynamics)数据结构(只支持插入而不可删除)比起完全动态化的数据结构[4]而言, 其实现会大为简化。

- 我们可以假设对键的访问模式将会是均匀且随机的吗? —— 许多应用程序中的查找/检索对元素的访问表现为某种有偏分布, 也就是说某些元素的访问会比其他元素更为频繁。此外, 检索常常还会有一些时间局部性(temporal locality)的特质, 即元素的访问很有可能反复集中在簇(cluster)而不是规律性地均分在区间中。实际上, 伸展树(splay tree)这样的数据结构更适于处理有偏和有簇的情况。

- 每个单独的操作都要快, 还是整个程序的总工作量要最小, 哪个更重要? —— 在有的场景下反应时间至关重要, 例如在控制心肺机的程序中, 你绝不可以在各个步骤之间等待太长时间。但是当你在数据库中进行大量检索时, 例如试图找出所有碰巧

---

[1] 译者注: 此处的"字典"对应着很多教材中的"集合"这个术语(见第3章注释), 请注意甄别。不过在[MS18]中将"字典"与"集合"的相关实现方案统一归为字典数据结构。

[2] 译者注: 此处指面向对象程序设计中类的方法(method)。

[3] 译者注: 原文为"调用过程"(procedure), 为了便于理解译文换成"调用函数"。"固有开销"指函数调用时的相关数据维护开销。

[4] 译者注: 也即**动态数据结构**(dynamics data structures), 集合就是最典型的动态数据结构。

是政客的罪犯, 以极快的速度从议会中找出一位此类政客, 这样固然很好, 不过我们实际上希望的是用最小工作量将他们全都揪出来。

习惯于利用面向对象技术的一代人已经成长起来, 他们不太可能去修理自己车上的发动机, 更不可能自行编写容器类(数据结构)。这样其实也好, 因为默认容器已足以应对大多数应用场景。尽管如此, 弄清楚汽车引擎盖下都有什么(也即事物的内部机理), 有时能派上一些用场:

- 无序链表或无序数组 —— 对于小规模数据集, 无序数组应该是最容易维护的数据结构。与无序数组的简洁紧凑相比, 链表的缓存性能显得十分糟糕。然而你的字典一旦不再是小规模, 比如条目总数超过50 ~ 100, 此时不管是用链表还是数组, 线性量级的查找时间都会让你急死。

  一种特别值得关注且非常实用的列表变种是**自组织列表**(self-organizing list)。每当某个键被访问或插入时, 我们都会将它移至表首, 因此在不久的将来当它再次被访问时, 这个键仍有可能处于表的靠前位置, 故只需短暂的查找就能找到它。多数应用程序中的访问频率和引用地址都会出现不均衡的现象, 因此与有序列表或无序列表相比, 针对成功查找情形(也即能找到), 自组织列表中的平均查找时间通常要少得多。更一般地, 自组织数据结构不仅可在数组中构建, 也可在链表和树中发挥作用。

- 有序链表或有序数组 —— 除非你打算消除重复的数据项, 否则维护有序链表很不划算, 因为在有序链表这样的数据结构中无法执行二分查找。此外, 在插入或删除操作不太多的时候, 才适合使用有序数组, 并且也几乎是最好选择。

- 散列表[1] —— 对于所涉及的键其数量为中等规模乃至于大规模的那些应用场景, 散列表多半都是较好的选择。我们用一个散列函数将键(可以是字符串、数字或其他任何数据)映射为0到$m-1$之间的整数, 然后维护这m个桶所形成的桶数组, 一般可用无序链表实现桶中的数据存储。利用散列函数可以很快确定出哪个桶里包含着给定键。假设散列函数通过足够大的散列表很好地散开了所有键, 每个桶中应该只有极少的数据项, 那么此时线性查找也是完全够用的。此外, 散列表中的插入和删除完全转化为了桶/链表上的相应操作。关于散列及其应用的详细论述见3.7节。

  在大多数应用场景中, 经由充分调优的散列表远胜于有序数组, 然而要构建令人满意的散列表还得在设计方案上敲定以下几个关键点:

  (a) 如何处理冲突? —— 与装桶方案相比, 开放式定址方案可以让散列表更简洁, 而且其缓存性能更好, 不过若是散列表的装填因子(容量占用率)过高的话, 开放式定址方案的性能会愈发不稳定。

  (b) 表应该设为多大? —— 对于装桶方案, 桶数m应该与表中预期存放的最大条目个数基本保持一致。而对于开放式定制方案, 应该还要让表的长度再提升30% ~ 50%。此外, 将m的值选为素数, 可以最大限度降低出现较差散列函数的风险。

  (c) 我该用哪种散列函数? —— 对于字符串s而言, 形如

---

[1] 译者注: 一般散列表用于实现不指定元素序关系的"字典"(注意并非本节所用的术语"字典")。实际上, 此处的其他数据结构都依赖于元素之间的全序关系, 其目的是实现全序集。

$$H(s) = \left(\alpha^{|s|} + \sum_{i=0}^{|s|-1} \alpha^{|s|-(i+1)} \times \mathrm{char}(s_i) \right) \bmod m$$

的散列函数就行, 其中 α 是字母表的大小, 而函数 $\mathrm{char}(s_i)$ 可将 s 中的字符 s_i 映射为对应整数编码(0到 $\alpha - 1$ 之间)。按照16.9节所述, 利用Horner法则(或提前算出所涉及的 α^x 函数值), 即可高效实现该散列函数的计算。该散列函数的一个变种(见6.7节)具有极好的特性, 可在常数时间内算出任意字符串中的下一个 k 字符滑动窗其散列码, 性能远胜于通常的 $O(k)$ 时间。

若要评估散列函数/散列表实现的性能, 只需打印每个桶中各键分布状况的统计信息, 以此了解其分布均匀性究竟如何。很有可能你所尝试的首个散列函数实际效果并非最好, 笨拙地补缀而非彻底更换散列函数通常极易减缓应用程序的运行速度。

- 二叉查找树 —— 二叉查找树是一种非常优雅的数据结构, 能够快速完成插入、删除和查找(详见3.4节)。各种类型的树其区别主要在于: 插入或删除后是否需要调整平衡, 以及如何重回平衡。在简单的随机查找树中,[1] 我们将每个结点插入到查找操作所停止的那个叶子位置, 而不加平衡调整。这种树虽然在随机插入情况下运行良好, 但可惜大多数应用场景并不是随机的。实际上如果不采用平衡调整策略, 通过已排序后次序插入各键所构造的查找树会惨不忍睹, 因为它会退化成一个链表。

平衡查找树使用局部旋转操作调整查找树的结构, 将那些离根过远的结点移到稍近的位置, 同时还要维持树在中序遍历意义下的查找结构。在平衡查找树方案中, AVL树和2-3树业已过时, 而红黑树似乎正当红。此外有种自组织数据结构特别值得关注, 那就是伸展树, 它基于旋转操作将刚刚被访问过的键朝根结点挪动, 这样一来, 频繁使用或被访不久的结点将会靠近树的顶部, 从而可让查找速度更快。

说了这么多, 其实读者朋友们可能更关注: 我的程序中到底哪种查找树最合适? 实际上通常答案应该是代码实现完成得最好的那种。选择哪种风格的平衡树其实没那么重要, 关键要看编写平衡树代码的程序员水平高低。

- B树 —— 对于规模大到内存都装不下的数据集, 那么最好的选择应该是某种类型的B树。[2] 一旦将数据结构置于外存, 其查找时间将会猛增若干数量极。实际上, 现代的缓存架构中也会出现类似效应, 其原因是缓存比内存快多了, 不过这种现象所处的尺度较小因而不太容易发现。

B树的基本思想是将二叉查找树的若干层折叠成一个单独的较大结点, 这样一来我们就可以在内存中先进行若干步查找操作, 随后再去真正展开对磁盘的访问, 请注意内外存的每步查找逻辑上等价, 只是速度不同而已。基于B树只需少量磁盘访问即可读写大量的键数据。为了充分发挥B树的优势, 了解外存设备和虚存系统的交互方式非常重要, 尤其是页面大小和虚拟/物理地址空间这类参数值。不过, 使用缓存通配算法[3](见本节"注释"版块)可以让你不用过多地去考虑这些细节问题。

---

[1] 译者注: 对于有 n 个键需要一次性构造出二叉查找树的场景, 可以预先打乱其次序再逐个插入, 效果通常不错。此外, Knuth曾经说过他常常会使用这种简单的方案。

[2] 译者注: B树有很多变种, 例如B$^+$树和B*树。此外, 作者这里使用的"主存"这个概念较为传统, 再加上我们考虑到前后文的一致性, 所以本段将其换成"内存"。

[3] 译者注: 有人将"cache-oblivious"译为"缓存无关"。

即使是对于中等规模的数据集, 过多的内外存数据交换会导致数据结构性能出乎意料地差, 因此纠结是否该选用B树时, 还得听听你的磁盘声响。[1]

- **跳跃表**(skip list) —— 这种数据结构初看起来特别玄乎。我们可在不同层级上分别维护有序链表, 其中各元素以1/2的概率来判定是否要将其复制到更高一级的链表中, 于是总共差不多会有$\log n$层(每层对应一个链表), 而每个链表长度都大概是其下一层链表长度的一半。查找操作从最顶层的表(基本上是最小的)开始, 若待查键介于该表两个元素所形成的区间之内, 则到下一层更长的表中继续探查。在每层表的这种区间中查找前移时会遇到的元素个数期望值为常数,[2] 因此查找操作总共所花费时间的期望值为$O(\log n)$。相比于平衡树, 跳跃表的主要优势是易于分析且便于实现。

(**实现**) 现代编程语言的库所提供的库都会给出全面且高效的容器类。如今大多数编译器都提供C++**标准模板库**(STL), 请参阅Josuttis的[Jos12]和Meyers的[Mey01]以及Musser的[MDS01], 以了解使用STL和C++标准库的详细指南。Java Collections则是一个较小的数据结构库, 它包含在Java SE的`java.util`包之中。

LEDA(见22.1.1节)提供了一整套C++字典数据结构, 包括散列表、完美散列表、B树、红黑树、随机查找树和跳跃表。Mehlhorn和Naher基于实验结果[MN99]给出以下结论: 散列表是最好的字典数据结构, 而跳跃表和2-4树(B树的特例)是最高效的树(或似树)数据结构。

(**注释**) Knuth对基本的字典数据结构给出了最为详细的分析和阐述[Knu97a], 不过并未讨论一些现代数据结构, 例如红黑树和伸展树。对于所有计算机科学专业的学生而言, 花时间阅读他的著作可谓是成长路途中一件重要的事情。

*Handbook of Data Structures and Applications*对字典数据结构的各个方面都给出了非常新的综述[MS18]。其他综述还有Mehlhorn和Tsakalidis的[MT90b]以及Gonnet和Baeza-Yates的[GBY91]。对于字典数据结构讲解比较好的教材有Sedgewick的[Sed98]和Weiss的[Wei11]以及Goodrich等的[GTG14]。我很推崇以上这些资源, 在此不再为本节所介绍的数据结构提供更为原始的参考资料。

1996年举办的第5届DIMACS算法实现挑战赛的主题是基础数据结构, 其中就包括字典, 请参阅Goldwasser等的[GJM02]。相关数据集及程序代码的下载地址为`http://dimacs.rutgers.edu/Challenges`。

对于大多数实际问题, 在内存层次结构中的各层之间来回传输数据(内存到缓存或者外存到内存), 其开销在整个计算过程的耗时中占据主导地位。每次数据传输都要移动一个大小为b的块, 故而高效的算法都希望将块传输的次数最小化。关于这种涉及外存基本算法和数据结构的问题, Vitter对其复杂性给出了极为全面的研究[Vit01]。**缓存通配数据结构**可在此种模型下为性能提供保障, 并且不要求给出关于块规模参数b的信息, 故而我们不必针对架构特别调整代码便能在任何机器上获得很不错的性能。请参阅[ABF05, Dem02]以了解关于缓存通配数据结构的精彩综述。

---

[1] 译者注: 如果程序运行过程中磁盘读写太多, 数据量又不是特别大, 最好不要选。不过今时今日固态硬盘的使用越来越频繁, 作者的这种"听声辨器"就不一定有效了。

[2] 译者注: 也即在每层查找所需时间为$O(1)$, 关于这个结论的一个简明讲解可参阅*Using randomization in the teaching of data structures and algorithms*。

伸展树以及其他现代数据结构的研究中会用到**分摊分析**(amortized analysis), 也就是关注任何操作序列所耗费的总时间上限。在分摊分析中单个操作也许会开销巨大, 但这只是因为开销极低的操作数量足够多, 我们从中的获利可抵偿此项巨额开支。分摊复杂度为$O(f(n))$的数据结构通常不如最坏情况复杂度为$O(f(n))$的数据结构(因为可能会出现某次操作极其耗时的情况), 但往往优于平均情况复杂度为$O(f(n))$的数据结构, 这是因为分摊分析所给出的上界对于任意输入均可达到, 平均情况复杂度却并非如此。

相关问题 排序(17.1节); 查找(17.2节)。

15.2 优先级队列

输入 一个记录集, 其键附有全序(total order)关系。

问题 构建并维护一个数据结构, 以提供对记录集中最小元(或最大元)的快速访问。[1]

优先级队列的输入和输出图例如图15.2所示。

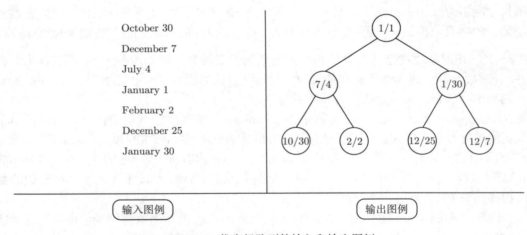

图 **15.2** 优先级队列的输入和输出图例

讨论 优先级级队列是仿真(simulation)类程序中特别实用的数据结构, 尤其适用于维护一组按时间定序的未来事件(event)。[2] 它们之所以被称为“优先级”队列, 是因为你取出数据项既非依据插入时间(例如在栈或队列中), 也不是根据键的匹配(例如在字典中), 而是基于其中的最高优先级。

若你的应用程序在初次取出数据项后不再执行任何插入操作, 则无需给出优先级队列, 而只用按优先级对记录排序自高而低进行处理即可, 注意得维护一个指针来标记最后所处

---

[1] 译者注: 为了与第3章保持一致, 本节统一使用“最小元”/“最大元”而非原文中的“最小键”/“最大键”, 并将其意义明确为在所给全序关系下键值最小/最大的记录。

[2] 译者注: 可参阅离散事件仿真(Discrete Event Simulation, DES)的相关著作。在此类场景中, 若干已给出其发生时间的事件存储于优先级队列中, 每次取出一个或多个进行处理并有可能引出新事件(其发生时间也可能随机)。

理的那条记录。在Kruskal最小生成树算法中,或者在对一组完全按预设脚本依次出现的事件进行仿真时,你所遇到的就是这类情形。

然而,若是此类过程混有插入和删除操作时,你就得有个实实在在的优先级队列。以下问题将帮你做出正确选择:

- 你还需要哪些操作? —— 你需要基于任意键值查找元素,还是只用找出最小元? 你是要删除集合中的任意元素,还是只需不断地删除最大元或最小元?
- 你事先已知数据结构的最大规模量吗? —— 这个议题其实是在问: 你是否能为数据结构提前分配足够的存储空间而让后期不再变动吗?
- 你会更改优先级队列中当前所存元素的优先级吗? —— 想更改元素的优先级,我们除了要保证能找到最大元之外,还必须能在其中依照键值对元素进行"查"和"改"。

你可以从基本优先级队列的以下算法实现中做出选择:

- 有序数组或有序链表 —— 有序数组可以极其高效地定出最小元并通过将最前端下标减1来完成"删除"(数据仍在),然而插入新元素需要维护全序关系会导致速度变慢。当优先级队列不存在插入操作时,有序数组无疑是很合适的选择。对于优先级队列的几种简单实现方案其评介见3.5节。
- 二叉堆 —— 这种数据结构简单且精巧,同时支持插入和取最小元,且两者用时皆为$O(\log n)$。二叉堆在数组中维护着一个隐式的二叉树结构,会使任何子树的根键值永远小于其所有子孙的键值,于是最小元总是位于二叉堆的顶部。插入新键的方法是将其置于首个未使用的叶子结点上,并将相应元素向上渗透,直至在局部满足序关系即可找到最终的适合位置。二叉堆的构建和各种操作的C语言实现见4.3.1节。

  当优先级队列中数据个数其上限已知时,二叉堆是最佳首选,因为数组在创建时必须指定长度。即便上限未知时,基于动态数组(见3.1.1节)实现二叉堆也算差强人意。
- 限高优先级队列 —— 这种数据结构基于数组实现,在键的取值范围有限时,它可支持常数时间的插入和寻找最小元操作。假设我们已知所有键值都是1到n之间的整数,那么我们可以创建一个由n个链表(称为桶)构成的数组,其中第i个链表/桶存放键值为i的所有数据项。该优先级队列需要维护一个下标t,它永远对应着键值最小的非空链表。要将键值为k的数据项插入优先级队列,将其直接加入第k个桶并置t为$\min\{t,k\}$即可。若是要取最小元,只需报表输出第t个桶中的首个数据项并将其删除,若删除后此桶已空则将下标t后移到合适位置。[1]

  图算法中有一种基本操作,即保持图中顶点依其度值排序,限高优先级队列对此非常有效,尽管如此,这类优先级队列并未得到应有的重视。当所有键取离散值且键值范围较小时,此种优先级队列通常都是最佳选择。
- 二叉查找树 —— 二叉查找树也可作为优先级队列来用,这是因为最小元通常是最左边的叶子结点而最大元通常是最右边的叶子结点,只需简单地不断取出左(右)指

---

[1] 译者注: 我们依然按照图3.8横向绘制与表示,注意此处考虑的是最小元,位置变化也相应表述为前后移动。此外,由于后续要与键值k比较,因此我们所维护的应该是一个下标而非指针。

针直至下一指针为空, 即可找到最小元(最大元)。当你还需要其他字典操作, 或者你的键值范围未加限制而且事先对于优先级队列的规模一无所知, 此时选择二叉树来实现优先级队列一般最为合适。

- Fibonacci堆和配对堆 —— 这些优先级队列比较复杂, 它们的设计目的是为了加速**降低键值**(decrease-key)操作, 即降低优先级队列中某个已有数据项的优先级。例如在最短路径的求解中, 当我们发现通往某个顶点v的某条路径比先前所找出的路径更短时, 其实就会用到该操作。如果实现和使用得当, 在大规模问题中选用此类结构可提升程序性能。

(实现) 现代编程语言的库所提供的库都会给出全面且高效的优先级队列实现。Java SE的java.util包所提供的Java Collections给出了一个PriorityQueue类。C++标准模板库(STL)中优先级队列模板类priority_queue的三个成员函数(push和top以及pop)分别与三个堆操作(Insert和Find-Maximum以及Delete-Maximum)完全对应。若要了解使用STL的详细指南, 请参阅Meyers的[Mey01]和Musser的[MDS01]。

LEDA(见22.1.1节)提供了一整套C++优先级队列数据结构, 包括Fibonacci堆、配对堆、van Emde Boas树和限高优先级队列。Mehlhorn和Naher基于实验结果[MN99]给出以下结论: 简单的二叉堆在大多数应用场景中最具竞争力, 而配对堆在对决中击败了Fibonacci堆。Sanders给出了大量实证研究[San00], 实验结果表明由他提出的基于k路归并的序列堆比一个具有良好实现的二叉堆要快一倍。

(注释) *Handbook of Data Structures and Applications*对优先级队列的各个方面都给出了非常新的综述[MS18]。各种优先级队列数据结构之间的实证对比见[CGS99, GBY91, Jon86, LL96, San00]。

双端优先级队列扩展了堆的基础操作, 它可同时支持"寻找最小元"和"寻找最大元"这两种操作。请参阅Sahni的[Sah05]以了解有关双端优先级队列4种不同算法实现的综述。

限高优先级队列是实践中非常有用的数据结构, 但是当键值范围无界时, 它很难保证在最坏情况下取得较好性能。不过von Emde Boas优先级队列[vEBKZ77]支持$O(\log \log n)$时间的插入、删除、查找、最大元和最小元操作, 其中各键在1到n中取值。

Fibonacci堆[FT87, BLT12]支持常数分摊时间的插入和降低键值操作, 以及$O(\log n)$分摊时间的取最小元和删除操作。基于常数时间的降低键值操作可以获得最短路径、加权二部匹配和最小生成树等经典算法的更快实现。Fibonacci堆实际上并不容易实现, 而且它所涉及的常数因子较大。然而配对堆似乎能以较少的结构性开销(overhead)实现相同的时间界, 关于配对堆和其他堆的实证研究见[LST14, SV87]。

堆定义了一个可用线性量级的比较次数来构建的偏序。最为人熟知的那个线性时间建堆算法归功于Floyd[Flo64]。在最坏情况下, $1.625n$次比较对于建堆就已足够[GM86], 后续的研究给出了更为精准的结论: $1.5n - O(\log n)$次比较即可[CC92]。

(相关问题) 字典(15.1节); 排序(17.1节); 最短路径(18.4节)。

15.3 后缀树和后缀数组

输入 一个长为n的字符串s, 用于后续参照。

问题 构建数据结构, 以便快速查出任意待查串q在s中出现的所有位置。

后缀树和后缀数组的输入和输出图例如图15.3所示。

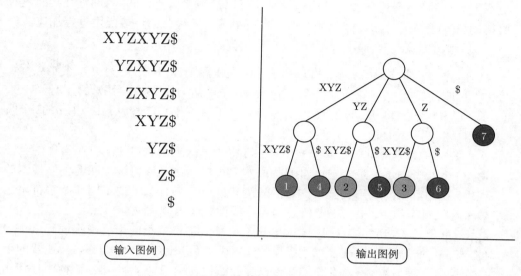

图 15.3 后缀树和后缀数组的输入和输出图例

讨论 后缀树和后缀数组非常适宜求解字符串问题, 这种数据结构可以带来优美且高效的求解过程。正确使用后缀树通常可将字符串处理算法从$O(n^2)$提速到线性时间。事实上, 后缀树正是3.9节所述算法征战逸事的主人公。

在其最简单的实例中, 后缀树只不过是字符串s的n个后缀形成的trie。所谓的trie是一种树结构, 其中每条边代表一个字符而根结点代表空字符串, trie中始于根结点的每条路径代表一个字符串, 由所经历的边其标记字符拼接而成。每个有限的单词集都可定出一棵不同的trie, 两个具有共同前缀的单词在首个相异字符处产生分支, 而每个叶子结点标志着字符串的结束。图15.4[左]展示了一棵简单的trie。

测试所给待查字符串q是否在某个字符串集合之中时, trie非常有用。从trie的根结点开始沿着由q中连续字符所定义的分支穿行, 若在trie中无法找出一条相对应的分支则q必然不在该字符串集合中。否则, 无论这棵trie中有多少字符串, 经$|q|$次字符比较后我们都能从中找到待查串q。[1] 尽管trie可能会很占内存, 但其构建相当简单(重复插入新字符串即可), 查找起来也非常快速(只需向下移动)。

后缀树只是s全部"真"后缀(也即非空后缀)形成的trie。由于s的任意子串都是s某个后缀的前缀(能理解吧?), 因此后缀树可帮你检验q是否为s的子串, 而其查找时间仍为$O(|q|)$。

这套方案存在的问题是, 由于n个后缀的平均长度是$n/2$, 故以此方式构建完整后缀树可能需要$O(n^2)$时间, 更糟的是还需$O(n^2)$空间。但若能巧妙设计, 我们仅需线性空间也足

---

[1] 译者注: 这里的$|q|$代表字符串q的长度, 下同。

以表示出完整的后缀树。不难发现, 基于trie的后缀树中有一类很简单的无分支路径, 它们处在两个出度大于或等于2的结点之间, 而树中大多数结点都位于此类路径上。[1] 事实上, 每条这样的简单路径都对应着原字符串 s 的一个子串。若是原字符串 s 存于数组中, 我们只需用数组的起始下标和结束下标即可表示出任何一条按此方式折叠的路径。这样一来, 树中的每条路径仅用两个整数即可完成标注, 从而仅需 $O(n)$ 空间即可存储完整后缀树的全部信息。节首的输出图例精彩地呈现了一棵已折叠处理的后缀树全貌。[2]

更令人欣喜的是, 通过巧妙地使用指针甚至可以最小化构建时间, 也即存在构建这种折叠后缀树的 $O(n)$ 算法。[3] 而这些附加的指针也可用于对后缀树的许多应用进行加速。

然而, 后缀树究竟能有何用? 请考虑以下应用问题:

- 找出 q 作为子串在 s 中的所有出现位置 —— 就像在trie中那样, 可先从根结点行至与 q 所对应的结点 t_q, 则 q 以子串形式出现于 s 中的所有位置皆可用 t_q 的子孙结点来表示, 而这些结点可从 t_q 以深度优先搜索来找出。基于后缀树从 s 中找出 q 的 k 个匹配需用 $O(|q| + k)$ 时间。

- 找出若干字符串的最长公共子串 —— 可构建一棵后缀树包含所有字符串的全部后缀, 各个叶子结点记录着它来自哪些原始字符串。在对该树进行深度优先搜索的过程中, 我们可以同时用其公共前缀的长度和能够成为其孩子的不同原始字符串之个数来标记每个结点, 根据以上信息即可在线性时间内挑出最佳结点。

- 找出 s 中的最长回文 ——**回文**(palindrome)是其字符按正向和反向阅读起来都一样的字符串, 比如"madam"。要找到字符串 s 中的最长回文, 可基于 s 与其逆置的全部后缀构建一棵后缀树, 各个叶子结点以其起始位置标识。这样一来, 该树中任何结点若是具有取自相同位置的正向和反向孩子结点, 便形成了一个回文串。

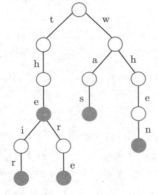

1	XYZXYZ$
4	XYZ$
2	YZXYZ$
5	YZ$
3	ZXYZ$
6	Z$
7	$

图 15.4 基于字符串集合{"the", "their", "there", "was", "when"}构建的trie[左]以及字符串"XYZXYZ"的后缀数组[右]

---

[1] 译者注: 为了便于理解, 最好根据本节的实例画出trie。

[2] 译者注: 对于本节的输出图例, 需要注意下标从1开始。可以证明后缀树的结点总数为 $O(n)$, 详情可阅读[MS18]。此外, 后缀树在处理时会为字符串附加一个特殊符号"$"。

[3] 译者注: 原文为了便于讲解, 使用了"完整后缀树"和"折叠后缀树", 其实后者才是真正的"后缀树", 因此后文我们统一使用"后缀树"。此外, 由于后缀树中有 $O(n)$ 个结点, 因此 $O(n)$ 时间的构建算法必然最优。

　　由于后缀树的线性时间构建算法极为复杂，我建议你选用已有算法实现。不过另一个较好的选择是使用后缀数组，它可以实现后缀树的大部分功能，但实现起来更容易。

　　后缀数组本质上只是包含 s 全部 n 个后缀的有序数组，图15.1[右]给出了一个简单实例。因此，以待查串 q 对此后缀数组进行二分查找，便可找到与 q 在前缀上互相匹配的那个后缀所在的位置，从而用 $O(\log n)$ 次字符串比较便能完成高效的子串查找。若在区间进行查找时能够了解其上下界对应的两个后缀的公共前缀长度(刚好也是下标值)，这样便可确定二分查找中所要检测的下一个字符位置，从而任何查找只需执行 $\log n + |q|$ 次关于字符的比较。例如若查找下界为"cowabunga"而上界为"cowslip"，则介于两者之间的所有键必然共享相同的前三个字母，那么任何中间键只需针对 q 从第四个字符开始检测。

　　实际上相对于后缀树而言，后缀数组在查找速度方面通常与之相当或比之稍快，而且所用内存更少，通常是其四分之一。每个后缀完全由其唯一的起始位置(从1到 n)确定，并且在需要时只用通过输入字符串的一个引用副本来读取即可。

　　想要高效构建后缀数组还得注意一个关键点，待排序的字符串实际上共有 $O(n^2)$ 个字符。一种方法是先构建一棵后缀树，然后对其执行中序遍历读出字符串，刚好就完成了排序!不过，最近的突破性进展已经可以给出直接构建后缀数组的高效算法(空间与时间皆如此)。

实现　如今现成的后缀数组代码实现就有一大堆。事实上，[PST07]对稍微晚近一些的线性时间构造算法全部给出了实现与基准评估。Schürmann和Stoye完成了一个非常出色的C语言实现[SS07]，见https://bibiserv.cebitec.uni-bielefeld.de/bpr/。

　　关于压缩全文索引的不同C/C++实现，Pizza&Chili语料库(http://pizzachili.dcc.uchile.cl/)收集了不下八种。这些数据结构都在竭力最小化使用空间，一般都会将输入字符串压缩到接近经验熵(empirical entropy)，同时还能保持极为出色的检索速度!

　　关于后缀树的代码实现也是随处可见。开源项目BioJava(http://www.biojava.org/)为处理生物数据提供了Java框架，其中就给出了一个后缀树类**SuffixTree**。libstree则是Ukkonen线性时间算法的一个C语言实现，获取网址见http://www.icir.org/christian/libstree/。Strmat是Gusfield用C语言所编写的一组程序，对他自己编纂的那本[Gus97]中所讨论的模式精确匹配算法给出了配套实现，其中就有后缀树的代码，获取网址见https://web.cs.ucdavis.edu/~gusfield/strmat.html。

注释　trie最早由Fredkin提出[Fre62]，其名称源自单词"retrieval"(检索)的中间字符。关于基本trie数据结构的综述及大量文献可参阅Gonnet和Baeza-Yates的[GBY91]。

　　构建后缀树的高效算法归功于Weiner[Wei73]、McCreight[McC76]和Ukkonen[Ukk92]。关于这些算法的精彩阐述见Crochmore和Rytter的[CR03]以及Gusfield的[Gus97]。Apostolico等的[ACFC+16]讲述了后缀树40年风风雨雨的历史。

　　后缀数组的发明者是Manber和Myers[MM93]，不过Gonnet和Baeza-Yates在[GBY91]中曾提出过一个与之等同的想法，称作Pat树。2003年，三个研究团队分别独立地提出了线性时间的后缀数组算法[KSPP03, KA03, KSB06]，且后续研究进展迅速。请参阅Puglisi等的[PST07]，以了解涵盖所有这些进展的综述。

　　相关领域的成果推动了压缩全文索引的研究进展，它基本具备了后缀树/后缀数组的所有功能，所用数据结构的规模量正比于压缩后的文本字符串长度。Makinen和Navarro的[MN07]对这些令人惊叹的数据结构给出了综述。

后缀树经过线性时间的某种预处理之后, 其能力可得到进一步增强, 基于此数据结构可在常数时间内计算出树中任意一对结点x和y的**最近共同祖先**(Least Common Ancestor, LCA)。此类数据结构归功于Harel和Tarjan[HT84], 而其原始版本现在已被Schieber和Vishkin[SV88]以及后来的Bender和Frarch[BF00]逐步简化, 相关阐述见Gusfield的[Gus97]。后缀树或trie中两个结点的最近共同祖先确定了代表两个相关字符串最长公共前缀的那个结点。我们能够在常数时间内应答这样的查询着实令人惊讶, 这也证明了以其作为其他算法的构建模块非常有用。

相关问题 字符串匹配(21.3节); 文本压缩(21.5节); 最长公共子串(21.8节)。

15.4 图数据结构

输入 一个拥有n个顶点的图G。

问题 使用灵活高效的数据结构表示图G。

图数据结构的输入和输出图例如图15.5所示。

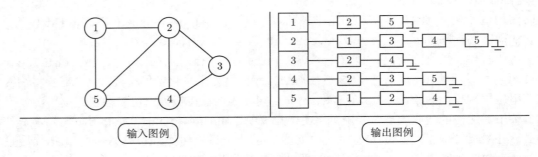

图 **15.5** 图数据结构的输入和输出图例

讨论 表示图的基本数据结构有两种: 邻接矩阵和邻接表。对这两种数据结构的完整描述见7.2节, 其中还介绍了邻接表的算法实现。在大多数情况下, 邻接表通常都是我们的首选。

决定选择何种数据结构时面临的议题有:

- 图有多大? —— 我们需要考虑在通常情况以及最坏情况下, 图到底会有多少个顶点, 又到底能有多少条边。要描述有1000个顶点的图, 就需要能包含1 000 000个元素的邻接矩阵, 这种情况虽然在现实所能处理范围之内, 但是邻接矩阵只对小规模图或非常稠密的图才有可能发挥作用。

- 图有多稠密? —— 如果图非常稠密, 也即大部分顶点之间都有边相连, 那么就不太有选用邻接表的理由, 因为你反正都肯定要用到$\Theta(n^2)$空间。事实上, 对于完全图采用邻接矩阵反倒会更加简洁, 因为这样便不再需要指针。

- 要实现哪些算法? —— 某些算法选用邻接矩阵会显得更自然, 比如全图点对最短路径算法, 然而大多数基于DFS的算法却更适合选用邻接表。对于反复问询"(i, j)在G中吗?"的算法, 邻接矩阵优势明显, 然而大部分的图算法其设计可以免除这种查询, 不过要是你所处理的工作全是此类查询, 那么最好应该选用一个存储边的散列表。

- **计算过程中图会被修改吗?** —— 如果图一旦创建完成, 后续再没有边的插入/删除操作, 则可选用高效的静态图实现方案。事实上, 比修改图的拓扑结构更常见的是修改图中顶点或边的属性, 比如大小、权值、标签或颜色等, 因此这些属性最好作为邻接表中顶点记录或边记录的额外字段来处理。

- **图会是一个持久化的在线结构吗?** —— 数据结构和数据库是两回事。人们使用数据库来支持商业级应用程序, 这类程序必须持续维护对大量数据的访问。我确信Facebook绝不会采用内存驻留型(memory-resident)邻接表来存储友谊图(见第7章)。如果想以**持久化**(persistent)数据结构来表示网络并且还能支持在线访问方式, 像Neo4j这样的图数据库就非常好用。

构建一个优良的通用图类是一项浩大的工程, 因此我建议你在自行开发前, 先去查看一下现有的算法实现(尤其是LEDA)。请留意, 邻接矩阵和邻接表相互转换时, 所用时间是关于规模较大的那个数据结构其存储量的线性量级。这样的转换不太可能成为任何应用程序的瓶颈, 因此如果存储空间充足, 你可以同时保留这两种数据结构。尽管这种做法通常并无必要, 但是当你对选择哪种结构不知所措时, 两者都用可能是最简单的选择。

可平面图(planar graph)能够绘制于一个平面上, 且任两条边皆不相交。许多应用场景所处理的图根据定义可知皆为可平面图, 比如各国地理区划图。我们偶尔也会遇到其他可平面图(例如树)。由于任何n顶点可平面图最多只有$3n-6$条边, 故可平面图总是稀疏图, 因此它们应该用邻接表来表示。如果图的平面绘图(或平面嵌入)对后续计算至关重要, 那么我们最好将可平面图以几何形态表示。若想了解由图构建其平面嵌入的算法请参阅18.12节。

超图(hypergraph)是种广义图, 其中的每条“超边”将两个以上的顶点整个连在一起组成一个子集。[1] 假设我们要标注某个代表在某个专门委员会当中, 这类超图中的每个顶点对应单个国会议员, 而每条超边代表的就是一个委员会。从集合中任选一些子集出来, 会很自然地被看作是超图。

适宜超图(假设其中也是n个顶点)的两种基本数据结构是:

- **关联矩阵** —— 该结构类似于邻接矩阵。关联矩阵的大小为$n \times m$, 其中m是超边的数量, 该矩阵的每一行对应着一个顶点, 每一列对应一条超边, 当且仅当顶点i与超边j相关联时$M_{i,j}$为非零元。对于普通意义上的图, 其关联矩阵每列仅有两个非零元。无论图还是超图, 每个顶点的度值都决定着每行非零元的个数。

- **二部关联结构** —— 这种方案类似于邻接表, 故适合于稀疏超图。我们将超图中的所有超边和所有顶点都当成“元顶点”置于这种关联结构中, 若是超图中的顶点i出现在超边j中, 则在关联结构中加入一条“关联边”(i,j)。实际上, 这种关联结构很适合于用邻接表来存储。此外, 绘制超图所对应的二部图, 正是一种自然的超图可视化方式。

要想将大规模图的存储与处理高效化, 往往得特别加以考虑, 而且也很困难。不过对于边与顶点的总数为百万级别的图而言, 其关键性问题目前都已能处理。首先要做的是使数据结构尽可能精简, 这可通过以位向量(见15.5节)表示邻接矩阵或将非必要指针从邻接表

---

[1] 译者注: 也许“超圈”这个词比较合适, 也即将某些元素圈在一起。

结构中移除来实现。例如对于静态图(不支持边的插入和删除)来说,其边列表皆可由紧凑
存储顶点标识符的数组来替换,由于相关指针随之被移除,故有可能节省一半空间。

如果你的图极为庞大,通常很有必要将其转为分层表示,也即将顶点聚类为子图,进而
将此类子图视为一些"浓缩顶点"。构建这种层级分解的方法有两种: 第一种是以自然的方
式或基于领域专业知识将图拆解为众多分量,如城镇间的路网图便暗含着一种自然分解,即
按州、县、市、区逐层划分地图; 第二种方法则是按19.6节中所讨论的图划分算法处理。与
图划分(这是NP完全问题)的简单启发式方法相比,自然分解的效果可能更出色。如果所处
理的图确实其规模已经大到根本无法利用算法很好地划分,请先核实常规数据结构是否适
宜你的问题,要不然你所采取的各种处理措施很可能会徒劳无功。

（实现）　LEDA(见22.1.1节)是一款商用软件产品,它提供了目前用C++所实现的最佳图数据
类型。研究它为图操作所提供的方法,你就可以理解抽象图类型的正确分层如何使算法实
现变得既简洁又容易。

C++社群的BGL(Boost Graph Library)[SLL02]更易获取使用,其中给出了邻接表、邻接
矩阵和边表的算法实现,还有一个不错的基本图算法库,网址见http://www.boost.org/
libs/graph。其接口与组件与C++标准模板库(STL)一样都是泛型(generic)的。

Neo4j(https://neo4j.com/)是一个应用广泛的图数据库,其中的"j"代表Java。Need-
ham和Hodler对Neo4j中的图算法给出了示例[NH19]。JUNG(http://jung.sourceforge.n
et/)是一个在社交网络社群特别流行的Java图算法库。稍新一些的JGraphT(https://
JGraphT.org/)也具有类似功能。

The Stanford GraphBase(见22.1.7节)提供了一种简单却灵活的图数据结构,该书基于
CWEB(C语言的一种"文学化编程"版本)实现。阅读这本书非常有益于理解Knuth在其基
础数据结构中的处理和取舍,不过从实用角度来说,我还是更推荐其他编程实现作为你进一
步开展研发的基础。

对于以C语言实现的图类型,我倾向于(当然这属于偏爱)选择本书以及拙著*Program-
ming Challenges*[SR03]所提供的库,参阅22.1.9节以了解详情。Combinatorica[PS03]提供了简
单图数据结构的Mathematica实现,附有一个包含算法和可视化程序的库,参见22.1.8节。

（注释）　图的邻接表数据结构在Hopcroft和Tarjan的线性时间算法[HT73b, Tar72]中优势尽显。
几乎所有关于算法或数据结构的书都对最基本的邻接表和邻接矩阵数据结构给出了介绍,
例如[CLRS09, AHU83, Tar83]。关于超图,请参阅Berge的[Ber89]。

Naher和Zlotowski发现静态图类型的效率可以进一步提升[NZ02],他们只是简单地利用
了一个更紧致的图结构,便将某些LEDA图算法的速度提高了三倍多。

在处理最短路径乃至于划分的问题中,图的矩阵表示可以借助线性代数来开展研究。
Bapat在[Bap10]中介绍了拉普拉斯矩阵和其他矩阵结构。一个有意思的问题是用最少的位
数表示n个顶点上的任意图,特别是在还得高效支持某些操作的约束条件下求解这个最小
化问题。van Leeuwen在[vL90b]中对相关问题进行了综述。

所谓动态图算法[EGI98]其实是一种数据结构,它可在有边插入和删除的情况下维持对
某些"特征元"(例如最小生成树或图的连通性)的快速访问。[1] 构建动态图算法的一般方案

---

[1] 译者注: 关于这些概念可参阅[EGI98]这本手册(*Algorithms and Theory of Computation Handbook*),此外它已更新第2版。

是**稀疏化**(sparsification)[EGIN92]。Jeff Westbrook是动态图算法领域的一名先驱人物, 他后来还担任了电视剧《辛普森一家》(*The Simpsons*)的编剧。

由于VLSI的设计人员要大量使用单元库(cell library), 故在VLSI设计问题中通常都会用到分层定义图(hierarchically defined graph)[Len90]。与分层定义图相关的问题有平面性检验[Len89]和连通性[LW88]以及最小生成树[Len87a], 它们均已给出了针对性的算法设计。

相关问题　集合数据结构(15.5节); 图划分(19.6节)。

15.5　集合数据结构

输入　关于数据项的全集$U = \{u_1, \cdots, u_n\}$, 以及定义在该全集上的一个由子集所构成的集合$S = \{S_1, \cdots, S_m\}$。

问题　用数据结构表示每个子集, 以便高效地完成以下操作: 检验$u_i \in S_p$是否成立; 求出集合S_p与集合S_q的并/交; 在S_p中插入或删除某些元素。

集合数据结构的输入和输出图例如图15.6所示。

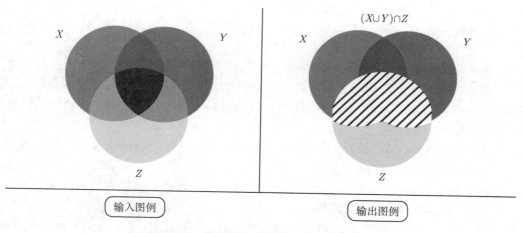

图 **15.6** 集合数据结构的输入和输出图例

讨论　在数学意义下, 集合是从某个确定的全集中抽取对象并且随意收集起来, 其中元素未必存在序关系。但若是将一套典范序定义于任意集合的所有元素之上(通常会干脆将其排序后再存储), 往往非常有用, 还能加快或简化很多操作。[1] 排序处理可让两个子集求并/求交的问题转化为线性时间的操作——只需从左向右扫视, 看看你错过了什么即可。此外, 有序存储可使元素查找能在次线性时间内完成。最后我们来看一个有趣的悖论: 实际上我们打印/书写某个集合中的元素通常也是遵照某种特别的典范序, 而各种数学著作总是提醒我们"其实次序并不重要"。

---

[1] 译者注: 其实这套典范序是定义在全集上的, 作者的意原是让不同的子集采用相同的序关系(遵循典范)。此外, 集合按照有序形式存储有利于归并操作。

我们要将集合[1]与另外两类对象(字典和字符串)区分开来。字典其实也是一组对象, 但它却不像集合那样限定元素只能从一个规模固定的全集中选取, 详见15.1节。而字符串则是一种注重先后次序的结构, 也即$\{A, B, C\}$与$\{B, C, A\}$完全不同, 15.3节和第21章会分别讨论字符串数据结构及字符串相关算法。

多重集合(multiset)允许各元素不止一次地出现在其中。通过维护一个计数字段, 集合数据结构通常可被扩展为多重集合数据结构, 而使用规模量与数据项数相等的链表亦可达成目的。[2]

当各子集恰有两个元素时, 可视之为某图结构的边, 而该图所有顶点等同于全集。当各子集的基数[3]不受限时, 这套体系则称为超图。不妨想想你的问题可否以图论视角来类比, 比如图/超图中的连通分量或最短路径, 这套考虑问题的方式很值得一试。

表示任意子集的各种主要方法有:

- **位向量** —— 对于拥有n个数据项的全集U, 其上的任何子集S_p都可以用n元位向量或数组来表示: 若$u_i \in S_p$则令位向量的第i位为1, 否则将其设为0。由于各元素仅占一位, 因此即便$|U|$很大时, 位向量也非常节省空间。而对于元素的插入和删除, 只需翻转该元素所对应的位即可。求交/求并运算只需直接对位进行"与"/"或"运算。不过, 位向量的主要短板是它在稀疏子集上的性能不佳, 例如将某个稀疏子集(甚至于空集)的所有成员全部列出却需要$O(n)$时间。

- **容器或字典** —— 除了位向量之外, 子集S_p还可用链表、数组或字典来表示, 将元素直接存入即可, 而这些数据结构都不需要有一个固定的全集概念。与位向量相比, 字典在稀疏集上具有更高的空间效率和时间效率, 而且更容易处理。若是想高效地求并/求交, 那么就很有必要保持各子集中元素的次序, 而且还会让其他操作受益, 例如对于两个有序子集, 只需花线性时间将其归并, 即可找出这两个子集中的所有重复数据项。

- **Bloom过滤器** —— 在缺少固定全集的情形下, 我们可以模拟位向量。不妨将各子集中诸元素散列为0到$n-1$之间的整数, 并对相应的位进行设定即可, 例如若$e \in S_p$则将第$H(e)$位设成1。然而在此方案下, 由于不同键可能会被散列到同一位置而产生冲突, 从而会留下出错的隐患。

  Bloom过滤器则会使用多个(比如k个)不同的散列函数$H_1, \cdots, H_k$, 若是插入键e便将$H_1(e), \cdots, H_k(e)$所对应的位全部设置成1。只有当所有k个散列值所对应的位皆为1时, 才能判定e在集合S_p之中。增加散列函数的个数k和表的长度n, 可将误报的概率降低到任意小。

  对于可容忍小概率差错的静态子集应用场景而言, 这种基于散列的数据结构比字典更节省空间。事实上, 许多实际问题都能容忍少许差错。比如偶尔漏检一些罕见的随机字符串而不予校正, 这样的拼写检查器并不会造成什么大麻烦。对Bloom过滤器更全面的论述见6.4节。

---

[1] 译者注: 本节的"集合"其实是给定全集情况下的集合, 而且有时候还限定全集为若干连续的整数, 并非通常所讨论的一般"集合", 请读者注意甄别。

[2] 译者注: 使用计数可以统计元素在多重集合中出现的次数(也称重数)。直接将重复元素存于多重集合中也是可行的, 例如这里提到的链表, 又比如可在二叉查找树中将序关系从<修改为≤。

[3] 译者注: 对于有限集而言, 基数也就是该集合中的元素个数。

许多应用程序都会涉及一组两两不相交的子集, 即各元素只在一个子集中出现。例如考虑维护图的连通分量或政客的党派关系时, 每个顶点/政客恰好只出现在一个分量/政党之中, 这样的子集系统称为集合划分。给定集合上的划分生成算法详见17.6节。

集合划分数据结构的首要议题是维护随时间推移而发生的变化, 例如其原因可能是连通分量之间增添新边或顶点从子集中删除。我们对于集合的处理包括: 更换某数据项; 归并/合并两个集合; 拆分某个集合。于是我们会面临两类典型的查询, 也即"某个特定数据项在哪个集合之中?"和"某两个数据项是否在同一集合之中?",[1] 你所拥有的基本选择如下:

- 容器组 —— 以其原有的容器或字典来表示各子集, 如此可快速访问其中所有元素, 且有助于求并/求交操作。其开销主要来自隶属关系(membership)测试, 因为我们必须独立地去查每个子集数据结构, 直至找到目标。

- 广义位向量 —— 将数组的第i个元素设置为它所属子集的编号/名称, 则集合隶属关系查询以及单个元素的修改都可在常数时间内完成, 然而像执行两个子集合并这种操作所用时间却与全集的大小成正比, 这是因为两个子集中的所有元素都必须找出来, 而且还要更改各元素在数组中所存的名称。

- 附带子集属性的字典 —— 与广义位向量类似, 二叉树中的每个数据项也可增加字段来记录其所属子集的名称, 则集合隶属关系查询和单个元素的修改所需时间就都刚好是字典查找操作的时间开销。当然, 求并/求交操作会同样极慢。不过, 对于快速执行合并操作的需求推动了所谓"合并—查找"数据结构的发展。

- "合并—查找"数据结构 —— 我们可将子集表示为有根树, 其中每个结点指向其父亲结点而非孩子结点, 各子集之名即为根结点数据项之名。要找到给定元素所属子集的名字, 只需按其父亲结点指针向上遍历至根结点即可。两个子集的合并也很容易, 只需将两树中的一个根结点指向另一个根结点, 则两棵树中的全部元素此时都拥有相同的根结点, 从而其所属子集的名字相同。

  这里的实现细节对算法渐近性能影响很大。总是挑选较大(或较高)的树其根作为合并后的树根(8.1.3节中的算法实现便是如此), 可确保树高为对数量级。将路径中所遇到的结点全部直接指向根结点, 可让每次查找所涉及的路径予以缩减(此即路径压缩)并将树高降至近乎常数量级。"合并—查找"数据结构既快速又简单, 每个程序员都应该熟悉它。

实现 现代编程语言的库所提供的库都会给出全面且高效的集合数据结构。C++ **标准模板库**(STL)提供了`set`和`multiset`容器。LEDA(见22.1.1)基于C++提供了高效的字典数据结构、稀疏数组与"合并—查找"数据结构来维护集合划分。Java SE的`java.util`包中的Java Collections提供了`HashSet`和`TreeSet`容器。

"合并—查找"的代码实现是所有Kruskal最小生成树算法实现的基础, 由此可以推断15.4节所提到的图算法库多半都会包含一个"合并—查找"代码。最小生成树的算法实现可参阅18.3节。

---

[1] 译者注: 这刚好就是"不相交集"的"查找"(find)与"合并"(union)操作。

计算机代数系统REDUCE(`http://www.reduce-algebra.com/`)中提供了一个支持集合论中各种操作的软件包SETS, 它可显式地处理集合, 也可隐式地(以符号形式)处理集合。其他计算机代数系统也可提供类似功能。

(注释)　求交/求并等集合运算的最优算法由Reingold提出[Rei72]。Raman对于各种不同集合操作所用的数据结构进行了精彩综述[Ram05]。关于Bloom过滤器, Broder和Mitzenmacher的[BM05]是一篇很好的综述, 而[PSS07]则给出了相关实验结果。cuckoo过滤器[FAKM14]是一种改进的Bloom过滤器变种, 它能提供更好的空间/时间性能并且还支持删除。

　　某些平衡树数据结构支持归并、合并、连接和切断操作, 这样可允许快速对不相交的子集求并/求交。[1] 请参阅Tarjan的[Tar83]以了解关于此类结构的绝佳阐述。Jacobson[Jac89]扩展了位向量数据结构的功能, 它可支持时间和空间意义下都很高效的选择操作(也即"第i个1在第几位?")。

　　Galil和Italiano综述了可用于不相交集其合并操作的数据结构[GI91]。在一个包含n个元素的集合上执行m次"合并—查找"操作的运行时间上界为$O(m\alpha(m,n))$, 该时间界归功于Tarjan[Tar75], 而在某种受限计算模型中这刚好也是下界[Tar79]。逆Ackerman函数$\alpha(m,n)$的增长是出了名的慢, 因此$O(m\alpha(m,n))$接近于线性量级。Davenport-Schinzel序列是计算几何中的一种组合式结构, 其长度与"合并—查找"的最坏情况时间性能有着某种有趣的联系, 详见Sharir和Agarwal的[SA95]。

　　集合X的幂集指的是X全部$2^{|X|}$个子集所组成的集合。随着规模的增加, 对幂集的显式操作很快就会变得举步维艰; 对于非平凡计算, 以符号形式对幂集进行隐式表示变得非常必要。请参阅[BCGR92]以了解关于幂集符号化表示的相关算法和计算实践。

(相关问题)　生成子集(17.5节); 生成划分(17.6节); 集合覆盖(21.1节); 最小生成树(18.3节)。

15.6　k维树

(输入)　点集S, 由n个k维空间中的点(或更复杂几何对象)构成。

(问题)　构建一棵树基于"半平面"将空间划分, 使得每个对象都包含于自己的矩盒区域中。[2] k维树的输入和输出图例如图15.7所示。

(讨论)　k维树以及相关的空间数据结构将空间按层次分解成少量单元, 各单元仅包含输入点集的少数代表。这提供了一种按位置访问几何对象的快速方法: 沿层次结构向下遍历, 找出那个包含目标对象的最小单元, 然后扫描该单元中所有对象, 直至找到我们的目标。

　　通过划分点集来构造k维树的算法比较典型。树中每个结点都是一个垂直于某个维度的超平面(称为分割面), 理想情况下分割面会将某个子空间平分为"左"/"右"子集(或者是"上"/"下"子集), 而这些新子集(对应着孩子结点)又将被垂直于其他维度的分割面继续划

---

[1] 译者注: 这些术语的名称并不一致, Tarjan在[Tar83]中所使用的是"join"和"split"。

[2] 译者注: 平面中一条直线将该平面划分为两个"半平面", 其实这里使用"半空间"更严格。所谓"矩盒"(box)在计算几何中特指像矩形和长方体这样的几何对象(还有可能是在高维情况)。

分为相等的两半。此类划分在经过 $\log n$ 层的处理后会停止, 此时每个点都有自己归属的叶子结点(也即单元)。[1]

在从树根到树中其他结点的任何路径上, 所对应的这些分割面共同构成了一个独一无二的矩盒空间区域, 而后续分割面接着又将其一分为二。每个矩盒区域都由 $2k$ 个平面所定义, 其中 k 指空间维度。其实, k维树英文名称" kd-tree"中的" kd"正是" k-dimensional"(k维)的缩写。[2] 当我们沿树向下搜索时, 始终会着眼于由这些半平面所围起来(可视为交集)的搜索区域。

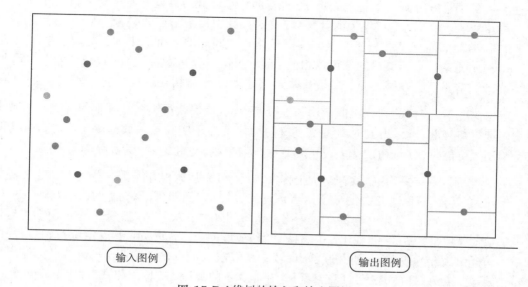

输入图例   输出图例

图 15.7 k维树的输入和输出图例

分割面的选取方式会决定 k维树的不同风格, 不过我们通常会选择以下划分方式:

- 沿各维度循环 —— 先按维度 d_1 进行划分, 继之以维度 $d_2, \cdots , d_k$, 然后再轮到 d_1。[3]
- 沿点分布范围最广的维度划分 —— 选择划分维度时, 这种策略将考虑让所得矩盒区域尽可能接近于正方形或立方体。[4] 由于此时我们需要按照几何体意义平分子空间来选择分割面, 而通常所选的分割面会等分该子空间中属于 S 的几何点, 显然它未必总是位于矩盒区域的正中间, 例如该矩盒中所有点恰好位于矩盒左半部。
- 四叉树或八叉树 —— 这种情况不用单一分割面进行划分, 转而使用交于某个划分点的所有轴平行分割面。二维情形下我们会构造出四个子单元, 而在三维情形下我们会得到八个子单元。四叉树在图像数据处理中似乎特别流行, 不过其中的叶子单元却意味着该区域中所有像素的颜色皆相同。
- 随机投影树 —— 在该策略中, 过某结点的分割面由某个随机斜率/随机方向所约束(更一般的情况是分割面"平行于"某个过原点的 $k-1$ 维平面), 我们需要找出一条垂

---

[1] 译者注: 参照[dBvKOS08]在二维情况下的讲解, 配合其中的插图理解起来可能更容易一些。

[2] 译者注: 今时今日, 很多研究者会将 k维树写成"kd-tree"(注意其中"k"不再是变量形式), 还会直接使用"2-dimensional kd-tree"这样的术语(参阅[dBvKOS08])。这样做的好处是将其作为缩写型的专门术语(中文可译为"多维树"), 缺点是稍欠严谨。

[3] 译者注: 二维情况最容易理解, 按照 x 坐标和 y 坐标交替即可。

[4] 译者注: 例如公平划分树(fair-split tree), 可参阅[Sam06]的1.5.1.4节。

直于该方向的线/平面使得它可将待处理点均匀地划分成两半, 这样的线/平面必定存在而且很容易找到。不断递归处理, 最终所得树其高度必然为对数量级, 虽然规模依然相同, 但是当高维数据中存在内生的低维结构时, 随机投影树比k维树能够更好地处理此类几何点。

- BSP树 —— 所谓的二叉空间划分(Binary Space Partitions, BSP)会利用一般的分割面(也即不限于较为特殊的轴平行分割面)将空间划分为不同单元, 并使得各单元仅含一个几何对象(如多边形)为止。对于某些几何对象集要达成此类划分不可能只用到轴平行分割。不足之处是, 这种多面体单元其边界处理比矩盒区域更复杂。

- 球树 —— 球树是点集上的分层数据结构, 其中每个结点关联着一个球(参数为球心和半径), 而这种球是能够包含其孩子结点关联球的一个最小球。与k维树不同, 球树中兄弟结点所关联的球可以相交, 而且它们也不是对整个空间进行划分。实际上, 球树非常适宜在高维空间中进行最近邻搜索, 而k维树在这类情况下则往往会崩溃。

理想情况下, 我们的划分不但能均匀地分割空间(确保获得饱满且规则的区域), 而且也能均匀分割点集(确保得到对数量级高度的树), 但对于实际输入数据要想同时做到这两点恐怕不太可能。在k维树的诸多应用场景中, 若能保持单元饱满, 其优势非常明显:

- 点定位 —— 要确定待查点q位于哪个单元, 可先从树根开始探查分割面的哪一侧会包含点q。随后对相关的孩子结点重复此过程, 我们即可沿树而下找到包含点q的叶子结点/单元, 且用时与树高成正比。请参阅20.7节以了解关于点定位的更多内容。

- 最近邻搜索 —— 要找出S中离待查点q最近的点, 不妨先通过点定位找到包含q的单元c, 设p代表单元c所关联的点, 我们可算出从p到q的距离$d(p, q)$留待后续使用。不过, 点p或许离q很近, 但它有可能并非真正的最近邻。原因何在? 假设q靠近单元c的右边界, 则q的最近邻很可能就在c的相邻单元的左边界附近。如此一来, 我们必须遍历与q的距离小于$d(p, q)$的所有单元, 并核实它们之中都没有包含更近的点。若树的叶子单元划分合理且形态饱满, 则几乎没有什么单元需要额外检测。请参阅20.5节以了解关于最近邻搜索的更多内容。

- 范围搜索 —— 哪些点位于待查矩盒或待查区域内? 从树根开始, 先看看待查区域与当前结点所对应的单元是否相交(或包含该单元)。若得到肯定答案则继续检查其孩子结点, 否则可直接放弃对该结点之下所有叶子单元的搜索, 从而迅速剪除搜索空间中不相关的部分。范围搜索是20.6节的主题, 可予以查阅。

- 部分键值搜索 —— 假设我们想在S中寻找点r, 但却缺乏关于r的完整信息, 这就是部分键值搜索(partial key search)。比如对于一棵具有年龄、体重和身高三个维度的三维树, 我们要从中找出一个59岁且身高5英尺8英寸但体重未知的人。查找仍从根结点开始, 我们可找到除了体重维度外其他维度皆正确的所有子孙结点。为确保找出正确的点, 这类结点的两个孩子结点都要搜索。我们所了解的维度字段信息当然是越多越好, 尽管如此, 这种部分键值搜索比直接按键核查所有点还是要快很多。

k维树的最佳适用范围可从低维度到中等维度, 比如从2维一直到20维左右。随着维度增加, k维树的功效将急剧降低, 其主要原因是k维单位球与单位超立方体的体积比呈指数式收缩。不妨以最近邻搜索为例, 在以待查点为中心的给定半径范围内, 需要搜索的单元数量将达到指数级。此外, 与各单元相邻的单元数量$2k$也会随k相应提升, 最终会让我们很难应对。

归根结底, 你或许应该放弃(或通过投影消除)那些最不重要的维度, 尽量避免在高维空间处理问题。

实现 KDTREE 2包含k维树的C++和Fortran 95实现, 可在多种维数情况下高效寻找最近邻, 详见https://arxiv.org/abs/physics/0408067。scikit-learn是一个很流行的Python包, 其中所包含的球树同样可用于高维数据中的最近邻搜索。

Samet个人主页中的空间索引(spatial index)演示(http://donar.umiacs.umd.edu/quadtree/)提供了一系列Java小应用程序(Applet), 形象地展示了k维树的很多变种, 与其专著[Sam06]相辅相成。

1999年举办的第6届DIMACS算法实现挑战赛[GJM02]的主旨是最近邻搜索所用的数据结构, 相关数据集及程序代码的下载地址为http://dimacs.rutgers.edu/Challenges。

注释 Samet的[Sam06]是关于k维树和其他空间数据结构的最佳参考资料, 其中对这些空间数据结构所有主要的变种以及很多不是特别重要的变种都给出了极为详尽的讲解。此外, Samet所写的一个综述(相对较短)[Sam05]也可作为参考。我们通常都将k维树的提出[Ben75]归功于Bentley, 不过k维树和许多非正式流传的数据结构(其中有些未曾作为论文发表)颇为相近, 因此其历史脉络不是特别明晰。

空间数据结构的性能会随着维数增加而降低, 为了解决该问题, 球树[Omo89]和随机投影树[DF08]等数据结构应运而生。

将高维空间投影到随机的低维超平面上, 是一种理念简单但却功能强大的降维方法。理论分析[IMS18]和实证研究[BM01]的结果皆表明, 此类方法能够实现较小的距离偏差。

设计算法快速给出一个离待查点很近的点并且保证邻近度可分析(provably close), 这是高维最近邻搜索一个重要研究方向, 请参阅[ML14]以了解有关高维近邻的实证研究结果。**远近敏感型散列**(Locality-Sensitive Hashing, LSH)这种方法很受欢迎而且非常有效, 例如Andoni和Indyk所提出的算法[AI06]。而另一种方案由Arya等提出[AMN+98], 该方案基于数据集构建稀疏加权图结构, 起始任选随机点再以贪心策略在图中朝待查点靠拢从而找出最近邻, 通常我们会基于若干次随机实验(多次运行程序)定出最终解, 也即所有实验结果中离待查点最近的那个点。此外, 使用类似的方法有望解决高维空间的其他问题。

相关问题 最近邻搜索(20.5节); 点定位(20.7节); 范围搜索(20.6节)。

第16章
数值问题

如果你遇到的大部分问题本质上都是数值问题，那么我们这本书对你来说很有可能不太合适。也许你应该去读一读 *Numerical Recipes*[PFTV07]，它对数值计算中的基本问题给出了一个极好的概览，包括线性代数、数值积分、统计学和微分方程。此书与众不同的地方在于附带了所有算法的C++源代码，另外还提供了之前的Fortran甚至更早的Pascal版本实现。*Numerical Recipes*在某些组合/数值问题上的讨论可能不如我们本章所涉及的范围广，虽然此事无关紧要，但是你应该了解。此外，可在http://numerical.recipes/网站找到 *Numerical Recipes*书中的更多相关内容。

机器学习严重依赖于线性代数和无约束最优化，因此数值计算现在已经变得越来越重要。但请注意，数值算法往往与组合算法差异较大，其原因至少有两点：

- **是否考虑精度与误差** —— 通常数值算法会重复执行浮点运算，每次操作都会累积误差，直到最终结果变得毫无意义。我最喜欢的一个例子[MV99]是关于温哥华证券交易所的，在经过22个月时间的舍入误差累积之后，其指数居然从1 098.982这个正确值减少到了574.081。

  一个简单且可靠的测试舍入误差的方式是分别以单精度和双精度运行数值程序，要是结果不一致的话，应该认真思考其原因。

- **代码库的丰富程度** —— 大规模且高质量的数值程序库自20世纪60年代就已经存在了，而组合算法至今仍然没有类似的库。这种情况的出现有几种原因，主要包括：Fortran语言[1]设计之初便已瞄向了数值计算标准语言的目标；数值计算的本质是让模块尽可能独立开来，而非被嵌入于大型应用中；有些规模庞大的科研社群(community)对通用数值算法库存在需求。

  不管原因如何，先前的开发者已打好了基础，你应该善加利用这些软件库。对于本章的任何问题，基本上找不到什么理由去重新实现算法，使用现有的代码才是上策。此外，前期调研时先去Netlib(见22.1.4节)搜索相关代码，是个非常好的策略。

很多科学家和工程师对于算法的理解通常会受到数值方法的熏陶，觉得只需要简单的程序控制和数据结构[2]即可；相比之下，计算机领域的研究者起手编程就会用到指针和递归，因此对组合算法所必需的那些更为复杂的数据结构习以为常。不过，双方可以相互学习，也应该向彼此取经，因为许多问题既可用数值方式建模，也可通过组合方式建模。

讨论数值算法的文献非常之多，除了 *Numerical Recipes*以外，我们还推荐：

- Chapara和Canale的[CC16] —— 目前最畅销的数值分析教材。

---

[1] 译者注："FORmula TRANslation"(公式翻译)的缩写即FORTRAN，而其设计目标就是数值计算。
[2] 译者注：例如上三角/下三角这样的矩阵结构。

- Mak的[Mak02] —— 这本充满乐趣的教材将Java引入数值计算领域, 同时也将数值计算引入Java的世界。此书提供源代码。
- Hamming的[Ham87] —— 这本书清晰明了地讲解了数值计算中的基本方法, 虽然有些老旧, 但依然是很好的教材。可以买到Dover出版社[1]所推出的平价版。
- Skeel和Keiper的[SK00] —— 浅显有趣地讲解了基本的数值计算方法。这本书借助了计算机代数系统Mathematica, 从而让算法描述不需要太关注实现细节。我很喜欢它。
- Cheney和Kincaid的[CK12] —— 这是一本传统的数值分析教材, 基于Fortran语言描述, 除了求根(root-finding)、数值积分、线性方程组、样条和微分方程等标准主题之外, 该书还讨论了最优化与Monte Carlo方法。
- Buchanan和Turner的[BT92] —— 全书以完全不依赖于任何程序设计语言的方式讲解了数值分析中的所有标准主题, 包括并行算法。此外, 这也是我们介绍的所有教材中最为全面的一本。

16.1 解线性方程组

(输入) $m \times n$矩阵A与m维列向量b, 合起来即可表示含有n个变量的m个线性方程。

(问题) 什么向量x能使$Ax = b$?

解线性方程组的输入和输出图例如图16.1所示。

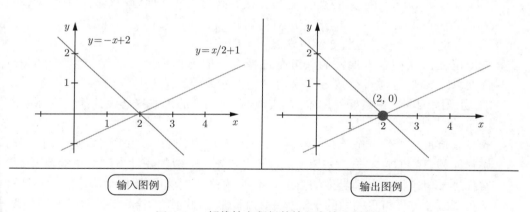

图 16.1 解线性方程组的输入和输出图例

(讨论) 在科学计算问题中大约有75%需要解线性方程组[DB74]。例如应用Kirchhoff定律分析电路生成一个方程组——其解会给出通过电路每个支路的电流; 又比如许多机器学习算法可简化为解线性方程组, 包括线性回归和奇异值分解(SVD); 甚至寻找两条或多条直线之间的交点, 也会归结为一个小型线性方程组的求解。

---

[1] 译者注: 该社重印过很多数学经典著作, 而且价格非常亲民。

不是所有的方程组都有解。不妨尝试求解$2x+3y=5$和$2x+3y=6$这个方程组即可明了。一些方程组有(无穷)多个解, 如$2x+3y=5$和$4x+6y=10$。此类**退化**(degenerate)方程组称为**奇异**(singular)的, 它们可通过测试系数矩阵的行列式是否为零来识别。

解线性方程组是一个在科学和商业上都极为重要的问题, 因此优秀的代码实现俯仰皆是。虽然它的基本算法(高斯消元法)只是一个在高中就会学到的内容, 但是你千万别去自己实现求解器(solver),[1] 而当处理大规模方程组时更是如此。

高斯消元法基于以下事实: 同比缩放(若$x=y$则$2x=2y$)和方程相加($x=y$和$w=z$的解与$x=y$和$x+w=y+z$的解相同)这两种操作不改变线性方程组的解。高斯消元法通过缩放与相加使得每个变量只出现在一个方程中, 而其他方程中的该变量都已被消去, 最终使方程组变为"任意方程可直接读取解"的形态。

对于一个$n \times n$线性方程组, 高斯消元法的时间复杂度为$O(n^3)$, 因为想要消去第i个变量(共有n个)我们得将第i行(含有n项)缩放后加到其余$n-1$个方程中去, 而这种消元操作会执行n次。我们知道时间复杂度的常数因子通常无关紧要, 不过在这个问题上却有所不同。实际上算法只需处理系数矩阵的部分位置, 再通过反向回代(back substitute)便可获得方程组的解, 这样能比那种处理全部矩阵系数的朴素算法节约50%的浮点数运算。[2]

我们需要考虑的问题有以下这些:

- **舍入误差和数值稳定性是否影响了我的解?** —— 若不考虑舍入误差, 实现高斯消元完全是直截了当的。各行的运算误差其舍入累积会迅速破坏方程的解, 特别是对于几乎奇异的矩阵。

  为了消除数值误差的危害, 可将求得的解代回每一个原始方程并测试它们与"真解"(desired values)的接近程度, 这样做很有必要。解线性方程组的迭代技术(如Jacobi方法和Gauss-Seidel方法)通过对初始解细调从而获得更精确的解。当然, 好的线性方程组求解软件包肯定都包含此类子程序。

  高斯消元法减小舍入误差的关键是选择合适的方程和变量从而让主元(pivots)符合要求,[3] 随后再通过缩放方程来消除较大的系数。这既是一门科学, 还是一门艺术, 正因为如此, 你最好使用本节"实现"版块列举的那些精心设计的代码库中的子程序。

- **我应该使用库中的哪个子程序?** —— 选择合适的代码其实也算得上是一门艺术, 如果你能领悟我们这本书的宗旨, 那你就应该先从一般的线性方程组求解器开始, 通常你也希望它们足以满足你的需求。不过, 通过搜索相关软件手册还能找到针对特殊类型线性方程组更高效的求解程序, 如果你处理的矩阵恰好是这些特殊类型之一, 则求解时间可从立方量级减少到平方量级甚至线性量级。

- **我的方程组是稀疏的吗?** —— 辨识你是否要处理一个特殊类型的线性方程组, 关键在于弄清到底需要多少矩阵元素来描述A。如果只需少量非零元素, 那你很幸运, 这种矩阵是稀疏的。要是这几个非零元素还都聚集在对角线附近, 那么你更幸运了, 因为它还满足带状矩阵的特征。降低矩阵带宽的算法将在16.2节中讨论。稀疏矩阵

---

[1] 译者注: 可以理解成求解程序, 但是使用起来和计算器一样方便。

[2] 译者注: 一般会对浮点数运算(floating-point operations, flops)进行计数来评价算法性能, 例如"$2n^2$ flops"这样的表述。

[3] 译者注: 可搜索"pivoting"(选择主元)以了解相关内容。

的许多其他规律也可加以利用, 要想了解更多细节, 最好去查询你的求解器软件手
册或者较好的数值分析著作。

- 我会使用同一个系数矩阵来解很多个方程组吗? —— 在实际应用如最小二乘曲线
  拟合中, 我们必须要对不同的向量 b 多次求解 $Ax = b$。可以先将 A 预处理从而会让
  求解更容易: A 矩阵的 **LU 分解**(LU 为 Lower-Upper 的缩写) 可构造下三角矩阵 L 和上
  三角矩阵 U 使得 $LU = A$, 我们可以使用这种分解来求解 $Ax = b$, 因为

$$Ax = (LU)x = L(Ux) = b$$

这种方法的高效性在于反向回代解三角方程组过程可以在平方时间内完成。先解
$Ly = b$ 再求 $Ux = y$ 即可得到 x, 于是在提前做完 LU 分解(花费 $O(n^3)$ 时间)之后, 用
两个 $O(n^2)$ 时间的步骤便能解出, 而原始方案却需要一个 $O(n^3)$ 时间的步骤。

解线性方程组问题等价于矩阵求逆, 因为 $Ax = B \leftrightarrow A^{-1}Ax = A^{-1}B$, 其中 $I =$
$A^{-1}A$ 是单位矩阵。然而你要避免使用这种方案来解线性方程组, 原因是矩阵求逆的时间是
高斯消元法的三倍。事实证明, LU 分解在矩阵求逆以及计算行列式时非常有用(见16.4节)。

(实现) 用于解线性方程组的首选程序库显然是 LAPACK, 它是 LINPACK 的衍生库[DMBS79]。
LAPACK 和 LINPACK 的 Fortran 代码均可在 Netlib(https://www.netlib.org/)下载, 而你
还可以在该网站上找到很多别的代码。LAPACK 还有一些使用其他语言编写的版本, 例
如以 C 语言编写的 CLAPACK 和以 C++ 语言编写的 LAPACK++。**模板数值工具包**(Template
Numerical Toolkit) 为此类 C++ 函数提供了接口, 可在 https://math.nist.gov/tnt/下载。

JScience 提供了一个覆盖面甚广的线性代数软件包(包括行列式) 作为其综合性科学计
算库的一部分。JAMA 则是用 Java 编写的另一个矩阵软件包。上述两个软件包以及其他相
关的库可以在 https://math.nist.gov/javanumerics/找到。

Numerical Recipes[PFTV07](http://numerical.recipes/)提供了解线性方程组的指南
和子程序。

事实上, 处理数值程序时缺乏自信, 是驱动我们使用前述免费代码最具说服力的理由。

(注释) Golub 和 van Loan 的[GL96] 是线性方程组算法的标准参考文献。对高斯消元法和
LU 分解相关算法阐释较好的著作包括[CLRS09] 和一系列数值分析教材如[BT92, CK12,
SK00]。关于线性方程组所用到的数据结构, 其综述可在[PT05] 中找到。

[Gal90, GO14, HNP91, KSV97] 讨论了处理线性方程组的并行算法。并行体系结构在
实践中用途广泛, 而解线性方程组则是其最重要的应用。

关于矩阵求逆以及(随后即可处理的) 线性方程组求解, 可以使用 Strassen 算法, 再来一
次归约, 便都能在矩阵乘法所需时间量级内完成。对以上问题的等价性讲解较好的教材有
[AHU74, CLRS09]。

[HHL09] 所提出的 HHL 量子算法可在 $O(\log n)$ 时间内求解 $n \times n$ 线性方程组, 相比传统
计算机上的理论极限(也许还不一定能达到) 而言, 可谓是指数级加速。[1] HHL 将是一个真正
的游戏改变者, 但是这里还存在许多需要注意的地方, Aaronson 在[Aar15] 中对相关内容解
释得较为清楚。

---

[1] 译者注: "指数级加速" 意味着对原有时间取对数, 本例中的多项式量级则会变为 $O(\log n)$。

相关问题 矩阵乘法(16.3节); 行列式与积和式(16.4节)。

16.2　带宽约减

输入 图$G = (V, E)$, 将其用于表示一个由零元和非零元组成的$n \times n$矩阵$\boldsymbol{M}$。

问题 顶点集$\{1, 2, \cdots, n\}$的哪一种置换$p = (p_1, p_2, \cdots, p_n)$能让顶点重新编号后图$G$的带宽取值最小呢? 其中带宽可定义为"最大边长":[1]

$$\max_{(i,j) \in E} |p_i - p_j|$$

带宽约减的输入和输出图例如图16.2所示。

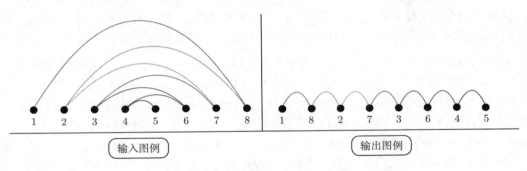

图 **16.2**　带宽约减的输入和输出图例

讨论 对于图和矩阵来说, **带宽约减**(bandwidth reduction)都是一个不太引人注目但却很重要的问题。应用于矩阵问题时, 带宽约减意味着要对一个稀疏矩阵的行和列进行排列, 从而让非零元与中心对角线的最大距离b最小化。这对于解线性方程组而言很重要, 因为在带宽为b的矩阵上执行高斯消元法的复杂度为$O(nb^2)$, 如果$b \ll n$, 那么相对于复杂度为$O(n^3)$的一般算法, 这是一个巨大的改进。

相比于矩阵版本而言, 图上的带宽最小化问题其表现方式会更隐秘一些。将n个电路元件排成一行并使得最长导线的长度达到最小(从而让时延最短), 这同样是一个带宽问题, 其中图G的每个顶点对应一个电路元件, 而每条连接两个元件的导线都对应G中的一条边。更一般的问题则是矩形电路布线, 它很自然地继承了线性版本的特性, 因此计算难度与其一致, 并且在求解时所用的启发式方法也基本相似。

若将图中的顶点按单位距离依次排成一条线, 带宽约减问题则是要找一种排列方案从而最小化图中边的最大点距。[2] 不过, 这个问题还有几个其他变种: 在**趋直排列**(linear arrangement)中, 我们要设法减少所有边的长度之和。此问题可用于电路布线, 也即我们合理确定芯片位置以最小化导线的总长度。而在**外廓最小化**(profile minimization)问题中, 我们

---

[1] 译者注: 为了便于读者理解, 本段译文略有改动。此处"最长边"概念可参考"输入图例", 不妨理解为顶点编号差异的最大值。

[2] 译者注: 本节"输出图例"则是按此视角设计, 其中所有边的点距都为1。当然若从置换的角度看(边集在置换p下所对应顶点编号发生了变化), 这些顶点应该从左到右按1到8重新编号, 编号相差均为1, 当然带宽也为1。

得考虑最小化单向距离的总和。对于每一个顶点v, 所谓"单向距离"指的是v左侧所有与v相邻顶点中离其最远的那个顶点对应的边之长度。[1]

不幸的是, 带宽最小化的所有这些变种都是NP完全问题。即便输入的图是一棵顶点度最大值为3的树, 处理此类图仍然是一个NP完全问题, 而该种情况大概是我所见到的问题中最强的条件。可想而知, 那些条件宽泛的问题会更难, 因此我们只能选择蛮力搜索和启发式方法。

幸运的是, 专属型(ad hoc)启发式方法得到了很好的研究, 而其中最好的启发式方法已有产品级(production-quality)代码实现。这些方法的基本步骤都是从给定顶点v开始执行广度优先搜索: 我们先将v置于最左侧的点位; 所有与v距离为1的那些顶点紧随其右放置; 然后再处理距离为2的所有顶点; 依此类推, 直到G中所有顶点都全部纳入。目前流行的这些启发式方法其差异主要在于——应该分别考虑多少个不同的起始顶点以及等距顶点要如何排列。将那些度值较低的顶点放在左边, 似乎是解决等距顶点排列问题的好主意。

Cuthill-McKee算法和Gibbs-Poole-Stockmeyer算法是求解最小带宽问题最流行的启发式方法, 其相关信息可见本节的"实现"版块。Gibbs-Poole-Stockmeyer算法的最坏情况耗时$O(n^3)$, 但其实际性能接近于线性时间。

蛮力搜索程序可通过回溯所有$n!$个可能出现的顶点置换, 从而精确求解最小带宽问题。不妨预先分析实际输入数据, 设定一个相对合理的带宽值[2]作为搜索起点, 并考虑基于部分解交替地在最左和最右的空位添加顶点形成完整解(长为n的置换)的搜索方案, 可以较好地实现剪枝从而达到缩减搜索空间的效果。

实现　Del Corso和Manzini对带宽问题给出了精确求解方案[CM99], 文中代码可在https://people.unipmn.it/manzini/bandmin/找到。Caprara和Salazar-González开发了基于整数规划的改进方法[CSG05]。他们的分枝定界法C语言实现可在石溪算法仓库(https://www.algorist.com/algorist.html)找到。

Cuthill-McKee算法[CM69]和Gibbs-Poole-Stockmeyer算法[GPS76]两者的Fortran语言实现均可在Netlib找到。[Eve79]基于一个包含30个矩阵的测试集分析对比了以上两种算法和Levy算法, 实验表明Gibbs-Poole-Stockmeyer算法效果极其出色。Petit在[Pet03]中对最小趋直排列问题的启发式方法进行了广泛的实验研究, 其代码和数据可在http://www.lsi.upc.edu/~jpetit/MinLA/Experiments/下载。

注释　Diaz等在[DPS02]中对求解带宽问题和相关图布线问题的算法给出了极好的综述。[CCDG82]列举了1981年之前的带宽最小化问题相关研究结果, 涵盖了图论和算法这两个领域。专属型启发式方法现在得到了广泛研究——这正是其重要性在数值计算中的体现, 而Everstine在[Eve79]中至少引用了49种不同的带宽约减算法!

带宽问题的难解性最早由Papadimitriou确定[Pap76b], 而处理图中分量限于度值最大为3的树其难解性可参阅[GGJK78]。对于带宽是否不超过定值k这个问题, 存在能以多项式时间求解的算法[Sax80]。在一般情况下, 带宽问题存在能够保证对数多项式(polylogarithmic)级别近似因子的近似算法[BKRV00, FL07], 但是想要设计出更好的近似算法却很难[DFU11]。

---

[1] 译者注: 依然是将所有顶点排成线, 于是"左"和"右"即可区分。

[2] 译者注: 例如*Finding Exact Solutions to the Bandwidth Minimization Problem*将此值设定为非零元个数的一半。

(换乘)　解线性方程组(16.1节); 拓扑排序(18.2节)。

16.3　矩阵乘法

(输入)　$x \times y$矩阵A, $y \times z$矩阵B。

(问题)　计算$A \times B$(结果为$x \times z$矩阵)。

矩阵乘法的输入和输出图例如图16.3所示。

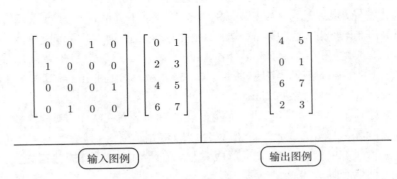

输入图例　　　　　　　　输出图例

图 16.3　矩阵乘法的输入和输出图例

(讨论)　矩阵乘法是线性代数的一个基本问题。对于组合算法来说, 矩阵乘法的主要意义在于它与许多其他问题等价, 包括传递闭包/传递约简、语法分析、解线性方程组和矩阵求逆。更快的矩阵相乘算法意味着对于所有这些问题都有了更快的算法, 矩阵乘法非常重要, 它所涉及的若干种坐标变换计算(比如缩放、旋转和平移), 在机器人技术和计算机图形学中无处不在。

矩阵乘法通常用于数据重排问题, 这样比在代码中使用固化的排列方法更灵活。虽然乘以单位矩阵相当于什么运算都没做, 不过你留意一下节首前的输入图例/输出图例, 以置换矩阵(左)乘输入矩阵, 输出矩阵的行将会重排。对于这种运算, 高效稀疏矩阵乘法库可以做到超乎寻常的快。

算法45可求出$x \times y$的矩阵A和$y \times z$的矩阵B的乘积, 它的实现形式较为紧凑, 计算时间为$O(xyz)$。不过要记得先对所有的$1 \leqslant i \leqslant x$以及$i \leqslant j \leqslant z$将$C_{ij}$初始化为0。

我们在2.5.4节给出过一个矩阵乘法的C语言实现, 这个简单的算法在实践中似乎很难被击败。虽然算法45中的三层循环可以随意调换次序(因为所得到的结果不会改变), 但这样的置换将改变存储器访问模式, 进而影响到缓存的效能发挥。在六种可能的代码实现里面, 其运行时间通常会在10% ∼ 20%变化, 不过, 如果没在你的计算机上对实际输入的矩阵运行不同代码并比较, 一般没法提前确定到底何者最优(通常是ikj排列形式)。

不过, 当两个带宽为b的矩阵相乘时, 算法则有可能加速到$O(xbz)$时间。矩阵A和矩阵B中的零元素并不影响其乘积, 而两个矩阵中非零元素与主对角线之间绝不会超出b位。

算法 45　Multiply(A, B)

1　**for** i **from** 1 **to** x **do**
2　　**for** j **from** 1 **to** z **do**
3　　　**for** k **from** j **to** y **do**
4　　　　$C_{ij} \leftarrow C_{ij} + A_{ik} \times B_{kj}$
5　　　**end**
6　　**end**
7　**end**

若是使用巧妙的分治方式, 可以为矩阵乘法设计出在渐近意义下更快的算法。然而, 这些算法真正编程实现起来较为困难, 而且只有在规模很大的矩阵上才能体现算法性能, 就连到底在何种规模应该启用分治算法也有赖于具体的数值情况。此类算法中最有名的是Strassen算法, 其运行时间为$O(n^{2.81})$, 而关于究竟到达什么分界点Strassen算法会在性能上超越简单的立方算法, 各种实验结果(相关讨论见本节的"实现"版块)并不一致, 不过大致都在$n \approx 100$上下波动。[1]

当对超过两个矩阵的一条矩阵链依次进行相乘时, 我们有一种更好的方法来简化计算。回想一下, 一个$x \times y$的矩阵乘以一个$y \times z$的矩阵得到一个$x \times z$的矩阵。因此, 将一个矩阵链从左到右进行相乘会产生大量的中间矩阵, 每一个都需要花费很多时间去计算。矩阵乘法没有交换律但具有结合律, 所以可以用任何方式对该乘积链加括号(但是可以选择我们认为是最好的那种方式), 并且完全不会改变最后的输出。可以使用一个标准的动态规划算法构建最佳的括号结合方式。以上算法优化是否值得, 这取决于你所处理的这些矩阵大小其不规整程度是否较高, 以及你是否频繁执行这个矩阵链乘运算以至于有必要调整乘法次序。注意我们是针对乘积链中的各个矩阵大小值而优化, 而并非考察矩阵自身的元素。如果链中所遇到的矩阵大小值均相同, 那么以上算法就不再能提升链乘运算效率了。

矩阵乘法在计算一个图中两个顶点之间的路径数时有个特别有趣的解释。设A是图G的邻接矩阵, 即如果i和j之间存在边那么$A_{ij} = 1$, 否则$A_{ij} = 0$。现在考虑该矩阵的平方$A^2 = A \times A$。如果$(A^2)_{ij} \geqslant 1$, 意味着肯定存在一个顶点k满足$A_{ik} = A_{kj} = 1$, 所以i到k再到j是G中一条长度为2的路径。更一般地, $(A^k)_{ij}$统计出了i和j之间长度恰为k的路径总数。这种计数会包括那些顶点重复出现的非简单路径, 比如说从i到k, 再到i, 最后到j。

实现　D'Alberto和Nicolau在[DN07]中设计了一个非常高效的矩阵乘法代码, 它会在最优分界点上将Strassen算法换为立方算法。该代码可以在https://www.fastmmw.com/找到。早先的实验会在大约$n = 128$时设定分界点, 并认为Strassen算法在此处开始优于立方算法[BLS91, CR76]。

一般而言, 除非你的矩阵非常大, $O(n^3)$算法很可能就是你最好的选择。最受欢迎的线性代数库是LAPACK, 即LINPACK的升级版[DMBS79], 其中包括矩阵乘法的一些程序。这些Fortran代码可以在Netlib中找到。

---

[1] 译者注: 虽然矩阵的大小n不是很大, 但是矩阵中的元素非常多(n^2个), 可称得上"大规模"。

注释　与矩阵乘法的直接实现相比, Winograd算法[Win68]更为快速, 它大约可将乘法次数减少一半。尽管需要额外的簿记操作[DN09], 但这仍然算是一个较好的提升。

在我看来, Strassen发表$O(n^{2.81})$时间的矩阵相乘算法[Str69]才算是理论算法设计的历史开篇。在渐近意义下对算法进行改进首次成为一个备受重视的目标, 而此类研究本身确实非常重要。在实用性上改进Strassen算法的提升空间已经不太多了。目前关于矩阵乘法最好的结果是Williams的$O(n^{2.3727})$算法[Wil12], 以$n^{0.003}$倍优势击败了之前的冠军(Coppersmith和Winograd的[CW90])。关于此问题有一个猜想: 也许(n^2)时间足矣。

布尔矩阵乘法问题可以归约为一般矩阵乘法问题[CLRS09]。布尔矩阵乘法的"四个俄罗斯人算法"[ADKF70]使用预处理来构造所有$\log n$行子集, 以便在执行实际乘法时进行快速检索, 可得到$O(n^3/\log n)$时间的算法性能。额外的预处理还可将其加速到$O(n^3/\log^2 n)$[Ryt85]。

要在实际工程中实现高效的矩阵相乘算法, 需要对缓存精细化管理。对这些问题的研究参见[BDN01, HUW02]。

矩阵相乘的逆运算是矩阵分解, 也即将矩阵M拆为A和B, 并使$M = A \times B$。LU分解是矩阵精确分解(exact matrix factorization)的一个例子, 不过现在人们对数据科学和机器学习中特征矩阵的低维分解(low dimensional factorization)越发感兴趣[KBV09]。

研究者对图的平方积的关注开始超越路径的计数。Fleischner证明了任意双连通图的平方积有一个哈密顿环[Fle74]。寻找图的平方根(也即给定A^2寻找A)的结果可在[LS95]中找到。

对矩阵链乘算法的精彩阐述可参阅[BvG99, CLRS09], 这些书都将链乘算法的设计思路作为动态规划的典型范例予以展示。

相关问题　解线性方程组(16.1节); 最短路径(18.4节)。

16.4 行列式与积和式

输入　一个$n \times n$矩阵M。

问题　矩阵M的行列式$|M|$或积和式perm(M)是什么?[1]

行列式与积和式的输入和输出图例如图16.4所示。

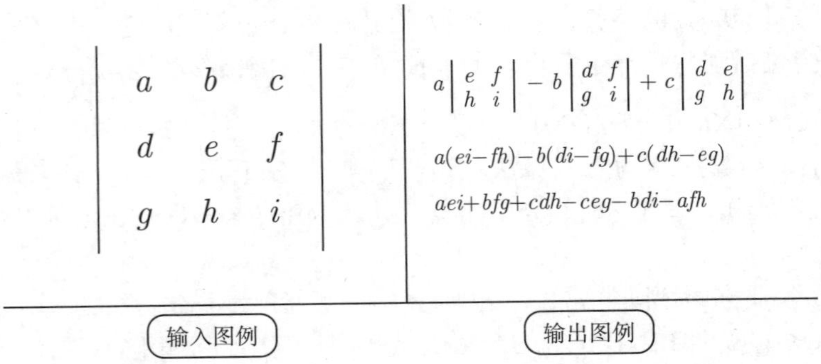

$$a \begin{vmatrix} e & f \\ h & i \end{vmatrix} - b \begin{vmatrix} d & f \\ g & i \end{vmatrix} + c \begin{vmatrix} d & e \\ g & h \end{vmatrix}$$

$$a(ei-fh)-b(di-fg)+c(dh-eg)$$

$$aei+bfg+cdh-ceg-bdi-afh$$

输入图例   输出图例

图 16.4　行列式与积和式的输入和输出图例

---

[1] 译者注: "积和式"(permanent)的概念可能不太常见, 读者可自行查阅相关教材。此外, 为了和perm(M)的形式保持一致, 我们也可将M的行列式记为det(M)。

(讨论) 矩阵的行列式提供了一种简洁实用的抽象方式, 可用于解决各种线性代数问题:

- 测试一个矩阵是否奇异(意指其逆矩阵不存在)。事实上, 矩阵 M 是奇异矩阵, 当且仅当 $|M| = 0$。

- 对于一个由 n 个 n 维向量所组成的集合, 测试这些向量是否位于某个维数小于 n 的超平面上。如果是这样, 那么基于向量数据而定义的方程组是奇异的, 因此 $|M| = 0$。[1]

- 测试一个点在一个直线或平面的左边或右边。该问题可化简为判断某个行列式的符号是正还是负, 相关讨论可见20.1节。

- 计算三角形、四面体或其他单纯复形的面积或体积。这些量都是行列式值的一个函数, 这个问题也会在20.1节讨论。

我们可定义 n 阶矩阵 M 的行列式为 M 的所有"列向量置换"(共 $n!$ 个)之和:

$$|M| = \sum_{i=1}^{n!} (-1)^{\text{sign}(\pi_i)} \prod_{j=1}^{n} M_{j,\pi_j}$$

其中, π_i 是矩阵列的置换($1 \leqslant i \leqslant n!$), 而 $\text{sign}(\pi_i)$ 表示置换 π_i 中不合次序的元素对总数(称为逆序数)。

这个定义的直接实现其算法运行时间为 $O(n!)$, 我们在高中学的代数余子式展开方法其效率也是同样。求行列式值的更好算法是基于LU分解, 16.1节中已讨论过。计算 M 的行列式只需简单地将其LU分解中的对角元进行相乘, 而LU分解在 $O(n^3)$ 时间内便能完成。

组合问题中有一个与行列式极为相似的函数, 称为积和式。例如图 G 的邻接矩阵其积和式统计出了图 G 中完美匹配的总数。矩阵 M 的积和式定义为

$$\text{perm}(M) = \sum_{i=1}^{n!} \prod_{j=1}^{n} M_{j,\pi_j}$$

它与行列式的不同之处仅仅在于, 积和式中的所有乘积因子都为正。

出人意料的是, 尽管行列式可以很容易地在 $O(n^3)$ 时间内求出, 然而计算积和式的值却是一个NP难解问题。行列式与积和式的本质差异在于 $\det(AB) = \det(A) \times \det(B)$, 而 $\text{perm}(AB) \neq \text{perm}(A) \times \text{perm}(B)$。存在运行时间为 $O(n^2 2^n)$ 的积和式算法, 这比按定义计算的时间 $O(n!)$ 要快得多。因此, 求解一个 20×20 矩阵的积和式还是有可能的。

(实现) 线性代数软件包LINPACK包含了各种各样计算积和式的Fortran子程序, 并对不同的数据类型和矩阵结构进行了优化。JScience提供了一个覆盖面甚广的线性代数软件包(包括行列式)作为其科学计算库(该库非常全面)的一部分。JAMA是用Java编写的另一个矩阵软件包。可从 http://math.nist.gov/javanumerics/ 找到这两个以及许多其他相关库的链接。

Nijenhuis和Wilf的[NW78](见22.1.9节)中提供了一种计算矩阵积和式的高效的Fortran程序。Cash[Cas95]提供了一个C程序来计算积和式, 其设计动机源自计算化学中的Kekulé结构计数问题。

---

[1] 译者注: 本段内容已修正, 原书所讨论的是多个点共面问题且未指定维数(实际上需要使用矩阵来判定), 其表述有误。例如3个三维向量(对应4个三维点)共面(也即二维平面)的判定, 在该情况下 $n = 3$。

Barvinok提供了两种不同的积和式近似计算代码: 第一种代码基于[BS07], 可对矩阵的积和式、矩阵的Hafinian函数[1]以及图中生成森林的数目给出近似计算, 参见http://www.math.lsa.umich.edu/~barvinok/manual.html; 第二种代码基于[SB01], 可在数秒内对200×200矩阵算出其积和式的估值, 参见http://www.math.lsa.umich.edu/~barvinok/code.html。

(注释) Cramer法则将矩阵求逆和解线性方程组问题统一归为行列式的计算, 然而基于LU分解的算法运行速度更快。关于Cramer法则的详细讲解, 可参阅[BM53]。

使用快速矩阵乘法可在$o(n^3)$时间内求出行列式, [AHU83]中展示过这种技术, 我们在16.3节也讨论了相关算法。判别行列式符号是稳健几何计算中的一个重要问题, 而其快速算法[Cla92]应归功于Clarkson。

Valiant在[Val79]中证明了积和式的计算是#P完全问题, 其中#P是一台处理"计数"的机器在多项式时间内可解的问题类。一台"计数机"会返回一个问题中所有不同解的个数。图中哈密顿环的计数问题是一个#P完全问题, 这很自然地就是NP难解问题(理应更难), 因为只要计数值超过零便可证明该图是Hamilton图。不过, 即使所对应的判定问题可在多项式时间内解决, 计数问题仍有可能是#P完全的, 而积和式与完美匹配问题就是明证。

Minc的[Min78]是关于积和式的主要参考文献。一个计算积和式的$O(n^2 \cdot 2^n)$时间算法其变种(归功于Ryser)可在[NW78]这本书中找到。

现在已经有一些概率算法可用于估算积和式, 研究人员经过不懈努力, 最终得到了完全多项式随机化方案, 它可获得任意精度的近似结果, 并且其运行时间是一个仅与输入矩阵大小和预设误差有关的多项式[JSV01]。

(相关问题) 解线性方程组(16.1节); 匹配(18.6节); 稳健的几何基元操作(20.1节)。

16.5 约束最优化与无约束最优化

(输入) n元函数$f(x_1, \cdots, x_n)$。

(问题) 哪个点$p = (p_1, \cdots, p_n)$可使f取值最大化(或者最小化)?

约束最优化与无约束最优化的输入和输出图例如图16.5所示。

(讨论) 自本书前一版问世以来, 在算法问题目录册所列的75个问题中, 最优化这一问题的重要性提升最为明显。从基础的线性回归到复杂的深度学习, 凸优化和非凸优化都是与机器学习关系最密切的算法问题。

无论何时, 如果你要对一个目标函数调优至性能最佳, 就必然要用到最优化。假设你正在构建一个程序用于找出值得投资的优质股票, 而你手里有一些可供分析的财务数据: 例如市盈率(PE-ratio)、利率(interest)和股票价格(price), 并且它们都是关于时间t的函数。我们以线性加权形式给出股票优良度(stock-goodness)的公式:

$$\text{stock-goodness}(t) = c_1 \times \text{price}(t) + c_2 \times \text{interest}(t) + c_3 \times \text{PE-ratio}(t)$$

[1] 译者注: 此函数由E. R. Caianiello提出, "Hafnian"在拉丁语中是"哥本哈根"之意。

那么, 关键问题则是我们应该给以上这些因子(公式中的系数)分别赋予多高的权重。形式化地说, 我们需要找出c_1、c_2、c_3的值, 使得股票优良度函数基于过往数据确实能对股票给出最准确的评价。在处理模式识别和机器学习任务时, 也会出现这种对评价函数进行调优的类似问题。

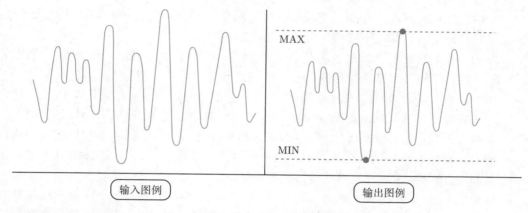

图 16.5 约束最优化与无约束最优化的输入和输出图例

无约束最优化问题还会出现在科学计算当中。小到蛋白质分子, 大到恒星星系, 物理系统都会自然地趋于最小化其"能量"或"势函数"。因此, 模拟自然的程序通常会定义势函数, 为每种可能出现的物态赋予分值, 然后选择能使该势函数取值最小的物态。

全局最优化问题往往很难, 因此会有很多不同的处理方式。为了将自己引到正确的求解方向上, 不妨先问以下几个问题:

- 我做的是约束最优化还是无约束最优化? —— 在无约束最优化中, 除了需要最大化f的值之外, 对变量取值没有任何限制。然而, 很多问题会对变量施加约束, 从而将某些点排除在外, 否则它们很可能会成为全局最优点。例如, 公司雇佣的员工数不得小于0, 在理论分析中无论此类做法能省下多少钱都不可行。约束最优化问题通常需要数学规划方法, 例如线性规划(将在16.6节讨论)。

- 我试图优化的函数是否可用公式来显式描述? —— 有时你试图对一个表现为代数公式形态的函数找出其最大值或最小值, 例如寻找公式$f(n) = n^2 - 6n + 2^{n+1}$的最小值。如果是这类情况, 解决方案是计算其导数$f'(n)$, 然后找出那些使$f'(p') = 0$的点$p'$。这些点就是局部的最大值或最小值, 这可以通过计算二阶导数或者直接将p'的值代入函数f中进行区分。请注意, 在多元函数中情况会变得更复杂一些。

  像Mathematica和Maple这样的符号计算系统, 在求导数方面都相当得心应手。尽管玩转计算机代数系统和神奇的魔法有几分像, 然而它们绝对值得一试。此外, 你可以随时利用计算机代数系统对你的函数绘图, 以便更好地探究所处理的问题。

- 你的函数具有凸性吗? —— 全局最优化问题的主要难点是陷入局部最优之中。考虑在山脉中寻找最高峰的问题: 如果只有一座山, 而且山势毫无起伏, 我们沿着任何朝上的方向行走, 都能到达山顶。然而, 若是山形中还有许多伪峰顶或此地存在其他山峰时, 我们将很难确认自己是否位于真正的最高点。

凹函数/凸函数恰好有一个最大值/最小值,[1] 可将此类函数视作一个仅有一座单峰山脉的世界。梯度下降搜索方法通过分析偏导数(斜率),从而确定上山(或下山)的最快线路。而当某点的导数为零时,在此处可达最优值。凸优化可用于快速求解大规模问题,即便在高维空间也很有效。考虑寻求系数集以最小化线性回归问题的拟合误差的任务,比如函数变量有1000个(或者说维度为1000)的情况,注意这里的最优解(最小点)可定出1000个变量值。如果最优化问题中目标函数是凸的(正如线性回归这种情况),梯度下降搜索方法将很快解决问题。

你如何判断自己的函数是否为凸函数?这涉及对其导数的分析,业已超出本书的讨论范围。不过要是非常聪明的人告诉你某函数是凸函数时,请相信他们。

- 你的函数其连续或光滑程度有多高?—— 纵使你的函数不是凸函数/凹函数,但它大概率会至少具有光滑性(smoothness)。所谓“光滑性”,专指任意点p局部邻域内所有点的函数值应该接近于点p的函数值。我们在任何搜索过程中都假设所处理函数均为光滑函数(smooth function)。如果任意点的函数值是完全随机的,除非对各个点都进行采样,否则没有算法能够找出最优解。

- 对于给定点,获取其函数值是否计算量很大?—— 我们经常基于一个外界的程序或子程序而不是直接使用解析函数来计算函数f在点X上的值。既然我们能够通过调用函数给出指令进而获取任意给定点的函数值,那么,不妨大致搜寻一番之后,再精准“围猎”最大值或最小值。

在此种情形下,我们搜索的精细程度取决于计算$f(X)$的效率。若是觉得逐点估值代价昂贵,那么最佳方案只能选简单网格搜索。假设维度为k,设有某个整数s,你的时间足够去测试$m \approx s^k$个可能的点。你可以先在k个维度中对各维找出可能存在的最小值和最大值,再将这k个取值范围划分为s个等距子范围。不妨在k个取值范围中分别到s个子范围里各选一个值,即可确定s^k个不同的点,而这些点大体上涵盖了所有可能性。最后使用$f(X)$函数针对这些“采样点”计算其中每个点的函数值,并将表现最好的那个当作“最优点”即可。获胜者也可用作新起点,在此基础上继续进行更加系统化的搜索。

对游戏的评价函数调优时会遇到此类场景。假设$f(x_1, \cdots, x_n)$是一个计算机象棋程序中的盘面评价函数,其中x_1代表兵的价值,x_2代表象的价值,后面还有一系列变量不再赘述。一组系数可作为盘面评价参数,要想测出这组值有多好,我们必须基于该数据一连玩上很多局,或在某个已有棋局库中进行大量测试。很明显这种方案极为耗时,而用来优化系数的f值模拟评分过程则是瓶颈所在,所以我们必须尽量减少模拟的次数。

求解凸优化问题最高效的算法是用导数和偏导数找到局部最优值,每次都会给出指引,也即从当前点应该沿什么方向移动能够最快地增加或减少目标函数值。这些导数有时可以使用解析法计算,或者可以通过计算邻点处函数值之差给出数值估计。关于寻找局部最优的最速下降和共轭梯度,已经提出了各式各样的方法,其实很多方面和数值求根算法类似。

---

[1] 译者注: 本节中论及凸(convex)函数和凹(concave)函数之处,已按数学中的惯例修改行文。

对于约束最优化，找到满足所有约束条件的那个点往往是问题中最困难的部分。利用那些处理无约束最优化问题的算法其实也是一种方法，但是需要根据有多少未被满足的约束条件而设置罚函数。这就是**拉格朗日松弛**(Lagrangian relaxation)背后的理念，你可能会从微积分中想起它。合适的罚函数通常会根据具体问题而专门设定，不过随着优化的推进，改变罚函数常常也是很有意义的。最后，罚函数应该设得很高，从而确保所有约束条件都能得到满足。

模拟退火这种方法处理约束最优化相当稳健，尤其是用于组合式结构(置换、图和子集)优化时更是如此。对模拟退火技术的描述参见12.6.3节。

对于任何你要处理的最优化问题，尝试若干不同的方法是一个好的思路。出于这个原因，我们推荐你在尝试实现自己的方法之前，先试试本节"实现"版块中所提到的代码。许多关于数值算法的著作都对相关算法给出了清晰的描述，而我最喜欢的则是 *Numerical Recipes*[PFTV07]。

实现 约束最优化/无约束最优化的世界庞杂混乱，因此需要一些指南引导我们找到合适的代码，这方面的佼佼者是Hans Mittlemann的最优化软件决策树(http://plato.asu.edu/guide.html)。

NEOS(远程最优化系统)提供了一种独特服务——可使用威斯康星探索研究院(WID)的计算机和软件远程解决你的问题。线性规划和无约束最优化均在支持之列。当你仅需要一个最优解而不是一个程序时，不妨查看https://neos-server.org。

通用的模拟退火算法实现业已存在，而尝试这些代码很可能也是使用模拟退火技术处理约束最优化的最佳练手方式，例如你可以随意运行7.5.3节中我所编写的程序。Lester Ingber用C语言编写的**自适应模拟退火算法**(ASA)特别受欢迎，可在http://asa-caltech.sourceforge.net/找到。

注释 Bertsekas的[Ber15]、Boyd和Vandenberghe的[BV04]以及Nesterov的[Nes13]都对凸优化给出了全面论述，包括基于梯度下降的方法。无约束最优化和拉格朗日松弛法是好几本书(例如[Ber82, PFTV07])的主题。

与机器学习问题相关的全目标函数在训练数据规模上通常是线性的，这使得梯度下降法的偏导数计算非常费时。在实践中更好的方法则是使用训练数据的一个随机小样本来估计当前位置的导数，这种随机梯度下降算法在[Bot12]中有讨论。关于机器学习的优秀著作有[Bis06, FHT01]。

模拟退火由Kirkpatrick等[KGV83]设计，它是Metropolis算法[MRRT53]的现代变种，不过两者都使用Monte Carlo技术来计算系统的最小能态。[AL97]对局部搜索的所有变种给出了精彩论述，当然模拟退火也包含在内。

遗传算法由Holland研发并推广[Hol75, Hol92]。有些书更偏爱遗传算法，例如[LP02, MF00]。

相关问题 线性规划(16.6节); 可满足性(17.10节)。

16.6　线性规划

(输入)　关于m个变量的n个线性不等式所构成的方程组S, 其中方程为

$$S_i = \sum_{j=1}^{m} c_{ij} \cdot x_j \geqslant b_i \quad (1 \leqslant i \leqslant n)$$

以及一个线性的目标函数$f(X) = \sum_{j=1}^{m} c_j \cdot x_j$, 其中$X = (x_1, x_2, \cdots, x_m)$。

(问题)　满足S中所有不等式约束的哪一组变量赋值X'能使目标函数f达到最大?

线性规划的输入和输出图例如图16.6所示。

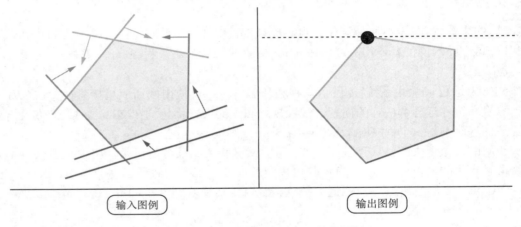

图 **16.6**　线性规划的输入和输出图例

(讨论)　线性规划是数值最优化和运筹学中最重要的问题, 其应用包括:

- 资源配置 —— 如果设定投资额度, 我们想寻求一种能让收益最大化的方法。通常来说, 我们的可选方案、回报以及花费可以表示为线性不等式组, 于是问题转化为在此约束条件下最大化收益。事实上, 航空公司与其他公司会经常去求解超大规模线性规划问题。

- 不相容方程组的近似解 —— 关于m个变量(记为$x_i, 1 \leqslant i \leqslant m$)的$n$个线性方程所形成的方程组在$n > m$时是超定的。这种超定方程组通常是不相容的, 或者说不存在对变量的一组赋值能恰好满足所有方程。为了找到最适合于此类方程组的变量赋值, 我们可以将每一个变量x_i都换为$x_i' + \epsilon_i$, 这样所构造的新方程组可按线性规划来解, 只需让误差项之和最小即可。

- 图算法 —— 本书描述的大多数图问题, 包括最短路径、二部匹配、网络流都可以作为线性规划的特例而求解。而剩下的问题, 包括旅行商问题、集合覆盖和背包问题, 则大多数可用整数线性规划求解。

单纯形法是求解线性规划的标准算法。线性规划问题中的每一个约束条件都像一把刀将解空间切走一部分。我们在剩下的区域中寻求能使$f(X)$最大(或最小)的点。适当对解空

间加以旋转, 一定能让最优点成为区域中的最高点。由一组线性约束条件的交集形成的区域(单纯形)一般是凸集, 因此, 除非我们现已身处最高点, 否则任意起始顶点附近总有更高的顶点。当我们在附近找不到更高的顶点之时, 这意味着我们必然已经找到了最优解。

虽然基本的单纯形法不是太复杂, 但是要完成高效的代码实现从而求解大规模线性规划问题, 仍然需要很多技巧。大规模规划往往很稀疏(意味着大多数不等式所用到的变量都很少), 因此得使用精巧的数据结构。求解时我们需要考虑数值稳定性(numerical stability)与算法稳健性, 以及下一步应该选择哪一个相邻顶点(所谓的转轴规则)。此外, 你还可以选用一些精妙的内点法, 从单纯形内部切入而非游走于外沿, 这样可在很多应用场景中完胜单纯形法。

关于线性规划你所要了解最重要的一条是——使用现成的线性规划代码(LP求解器)比自己去编写要好很多。此外, 与其上网冲浪苦找, 你还不如花钱购买。线性规划是一个能对经济效益发挥极其重要作用的算法问题, 因此其商业实现明显优于免费版本。

线性规划的主要问题包括:

- *是否有变量存在整数约束条件?* —— 每个工作日从纽约发往华盛顿的航班不可能是6.54架次, 即使根据你的模型算出该值可使收益最大化。事实上, 像航班架次这种变量通常天然具有整数约束。如果所有的变量具有整数约束, 则该线性规划称为**整数规划**, 若只有部分变量具有整数约束则称为**混合整数规划**。

  不幸的是, 整数规划或者混合整数规划的最优化是一个NP完全问题。不过有些整数规划技术的实际效果还不错, 例如**割平面技术**(cutting plane technique): 我们先将原问题当作线性规划直接求解, 然后基于所得结果再添加额外的线性约束, 随后在此基础上重新对其进行求解(新约束条件可迫使最优解朝附近的整数点靠拢)。经过多次迭代后, 这种以线性规划求得的最优点可与原整数规划问题的解相匹配。与大多数指数算法一样, 整数规划的运行时间依赖于问题实例的困难程度而且无法预测。

- *是我的变量个数更多还是约束条件更多?* —— 任何具有 m 个变量 n 个不等式的线性规划问题, 都可等价地写成一个具有 n 个变量 m 个不等式的**对偶**(dual)线性规划问题。了解这一点很重要, 因为求解器在这两个问题上的运行时间可能会差异巨大。一般来说, 变量数目远大于约束条件数目的线性规划问题可以直接求解。实际上, 如果约束条件远多于变量, 通常更好的做法是求解对偶线性规划问题或者(等价地)在原线性规划问题上使用对偶单纯形方法。

- *如果我的目标函数或者约束条件不是线性的该怎么办?* —— 在最小二乘曲线拟合问题中, 我们通过让所有点与直线之间距离的平方和最小化来寻找与某个点集最接近的一条直线。在将其表述为一个数学规划问题时, 目标函数很自然地就应该是二次的, 而不再是线性的。尽管最小二乘拟合问题存在快速算法, 但是一般的**二次规划**(quadratic programming)是NP完全的。

  当你必须要解决一个非线性规划时有三种可能的"行动方案": 最好的办法是以其他方式尝试求解或者重新建模, 就像最小二乘拟合那样(并没有基于二次规划求解); 第二种是花些心思去找找求解二次规划的专属代码; 最后一种是将你的问题建模为一个约束最优化问题或非约束最优化问题, 再尝试用16.5节中的代码解决它。

- 如果我的模型与手头上的线性规划求解器的输入格式不匹配怎么办？ —— 很多线性规划的实现仅接受所谓标准型的规划模型, 即所有的变量限制为非负值且目标函数必须最小化, 此外所有的约束条件必须是等式(而非不等式)。

  不要担心这些限制, 因为存在标准变换可将任意线性规划模型转换为标准型。例如为了将最大化问题转换为最小化问题, 只需要简单地对目标函数中每个系数乘以 -1。其他的不匹配问题基本可通过在模型中增加松弛变量来解决, 详细方案可在任意一本线性规划教材中找到。像AMPL这样的建模语言可为你的求解器提供较好的接口, 并且替你处理以上问题。

实现 至少有三种还不错的免费线性规划求解器可供选择。由Michel Berkelaar用ANSI C编写的lp_solve可以处理整数规划和混合整数规划, 可从http://lpsolve.sourceforge.net/5.5/下载, 该软件的用户社区也很繁荣。由COIN-OR(the Computational Infrastructure for Operations Research)出品的单纯形求解器CLP, 可在http://www.coin-or.org/获取, COIN-OR还提供了一些其他最优化软件。最后是GNU线性规划工具包GLPK(GNU Linear Programming Kit), 它旨在解决大规模线性规划、混合整数规划(MIP)以及其他相关问题, 可以在https://www.gnu.org/software/glpk/找到。

根据基准测试的数据结果, [GAD+13, MT12]都倾向于认为商业求解器的性能优于源代码, 不过究竟是CLP还是GLPK更好, 尚有不同意见, 详情可参阅相关技术报告。

NEOS(远程最优化系统)提供了一种独特服务——可使用威斯康星探索研究院(WID)的计算机和软件远程解决你的问题。线性规划和无约束最优化均在支持之列。当你仅需要一个最优解而不是一个程序时, 不妨查看https://neos-server.org。

注释 基于线性规划实现最优化的需求源于第二次世界大战期间的后勤(logistics)[1]问题。1947年George Dantzig发明了单纯形法[Dan63]。Klee和Minty[KM72]证明了在最坏情况下单纯形法是指数算法。[2] 不过, 单纯形法在实际中却非常高效。

平滑分析(smoothed analysis)衡量当输入受到少量随机干扰时算法的复杂性。在许多问题中, 我们所精心构造的最坏情况下的算例在这种随机扰动下会流于平常。Spielman和腾尚华使用平滑分析[ST04]来解释在实践中单纯形法的效率问题。Kelner和Spielman设计了一个多项式时间的随机化单纯形法[KS05b]。

1979年Khachian椭球算法[Kha79]的发现, 首次证明了线性规划是P问题。Karmarkar给出的算法[Kar84]是一个内点法, 这在理论和实践上都是对椭球算法的有效改进, 同时也对单纯形法形成了挑战。[Chv83, Gas03, MG07]都对线性规划中的单纯形法和椭球算法给出了精彩阐述。

半定规划处理对称半正定矩阵变量上的最优化问题, 此类问题具有线性的费用函数与线性约束条件, 其重要特例包括线性规划和具有凸二次约束条件的凸二次规划。半定规划及其在组合最优化问题中的应用可见[Goe79, VB96]的综述。

线性规划在对数空间归约下是P完全问题[DLR79], 这使得它不太可能有NC并行算法。顺便提一下, 如果某个问题属于NC类, 当且仅当它可在PRAM上使用多项式数量的处理器以

---

[1] 译者注: 现如今"logistics"通常指的是"物流"。
[2] 译者注: [KM72]使用的是"单纯形算法"(simplex algorithm), 还有其他文献(例如后文的[KS05b])也使用此名。为了保持体例统一, 我们统一使用"单纯形法"(simplex method)。

对数多项式(polylogarithmic)时间求解。任何对数空间归约下的P完全问题不可能属于NC类, 除非P = NC。在[GHR95]中可以找到P完全理论的详尽论述, 以及一份丰富的P完全问题列表。

相关问题 约束最优化/无约束最优化(16.5节); 网络流(18.9节)。

16.7 随机数生成

输入 无输入, 或者一个种子。

问题 生成一个随机整数序列。

随机数生成的输入和输出图例如图16.7所示。

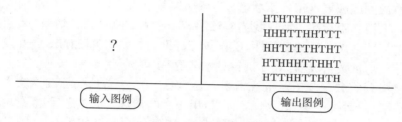

图 16.7 随机数生成的输入和输出图例

讨论 随机数具有极为广泛的应用, 不但十分有趣而且相当重要: 随机数构成了模拟退火算法以及相关启发式最优化技术的基础; 离散事件仿真基于随机数流(stream of random numbers)而运行, 并被用于从交通系统到扑克游戏的诸多建模; 密码和密钥通常是随机生成的; 图和几何问题的随机化算法正在彻底改变这些领域, 并逐渐使随机化成为计算机科学的基本思想之一。

不幸的是, 随机数生成似乎看起来要比实际完成容易得多, 因此人们常常忽视此问题。然而实际上, 在任何确定性的设备上产生真正的随机数(也称真随机数)是根本不可能的。von Neumann在[Neu63]中说得很好: "任何想用算术方法来产生随机数的人, 必然是有罪的。"[1] 我们所能期望的最好结果只能是**伪随机数**(pseudorandom numbers), 也即一串看起来像是随机生成的数字。

使用一个差劲的随机数生成器会带来严重的后果。一个著名的例子是某个Web浏览器加密方案被攻破是由于它的随机数生成器种子所使用的随机位太少[GW96]。若是用了糟糕的随机数生成器, 仿真精度通常会因此而降低甚至于完全消失。这是一个绝不能草率对待的领域, 但人们在实际中却常常不当回事。处理相关问题之前最好想想如下议题:

- 我的程序应该在每次运行时生成完全相同的"随机"数吗? —— 每次都发给你同一手牌的扑克游戏会让你很快就失去兴趣。通常的解决方法是用机器时钟的低位作为**种子**(seed)或者随机数流的起点, 这样每次程序的运行状态便会有所不同。[2]

---

[1] 译者注: 这是一句玩笑话, 意思是算术方法实现真随机数肯定行不通。

[2] 译者注: 尽管未必会产生完全不同的伪随机数序列, 不过我们这是尽量让最终结果有所差异。

此类方法适用于游戏, 却不适合研究型仿真/实验。只要是多次循环调用随机数生成器, 随机数的分布就有可能显现周期性。此外, 要是程序运行结果无法重复, 那么调试就会变得非常麻烦。万一你的程序崩溃了, 你没法追溯, 也找不到原因。一个可行的折中方案是使用确定性的伪随机数生成器, 不过依然有变化: 在开始新的仿真之前, 我们会将此次所用的种子先存入某个文件。在调试某次仿真的时候, 该文件可用某个固定的种子值不断覆盖写入。

- 我的编译器内置随机数生成器其质量如何? —— 如果你需要生成均匀分布的随机数, 且不愿为仿真的精准性搭上全副身家, 我建议你直接使用编译器所提供的生成器即可。你把事情搞砸的最大可能无非是用了不太好的初始种子值, 因此最好读一下库函数手册并使用里面的推荐方案。

  如果你真打算为了仿真结果而不惜代价, 你最好测试一下所选用的随机数生成器。要知道, 盯着结果来判断输出是否真正随机, 这是非常困难的。原因在于, 人们对于随机数源到底应展现出什么状态, 其认知偏差颇大, 而且经常观察到的数据表现模式实际上根本不存在。所以我们应该用若干不同的测试来评估随机数生成器, 并且要确定测试结果的统计显著性。美国国家标准与技术研究院(NIST)开发了检验套件用于评估随机数生成器, 具体讨论见本节的"实现"版块。

- 要是我必须自行实现随机数生成器该怎么办? —— 首选的标准算法应该是线性同余生成器, 这种方法快速、简单, 而且(用正确的常数实例化之后)能给出合理的伪随机数。线性同余生成器中第n个随机数R_n是第$n-1$个随机数R_{n-1}的函数:

$$R_n = (aR_{n-1} + c) \mod m$$

  线性同余生成器与轮盘的工作方式一样: 赌珠一圈圈地围绕转轮跑了很长的路径(到达$aR_{n-1} + c$), 停止在某个槽之中, 轮盘槽所标的数字相对(路径长度而言)都比较小, 到底落到哪个槽里, 则极度依赖于赌珠转过的路径长度(由其模m可得)。

  关于常数a、c、m以及R_0的正确选择, 已有相关定理, 不过阅读起来比较冗长。[1] 伪随机数的周期很大程度上是模数m的函数, 而m则通常会受到你的机器字长的制约。注意到由线性同余生成器生成的随机数流会在第一个数字重复出现的瞬间开始循环往复, 而现在的计算机速度极快, 足以在几分钟内调用2^{32}次随机数生成器。因此任何32位线性同余生成器都身处这种循环危机之中, 由此激发了关于超长周期随机数生成器的研究。

- 我若是不想要特别大的随机数应该如何处理? —— 线性同余生成器R_n可产生0到$m-1$之间均匀分布的整数序列, 进而很容易通过缩放再生成其他的均匀分布。要生成0到1之间均匀分布的实数, 用R_n/m即可。请注意, 1不能以此方式生成, 不过0可以。如若需要l到h之间均匀分布的整数, 请使用$\lfloor l + (h-l+1)R_n/m \rfloor$。

- 要是我需要非均匀分布的随机数该怎么办? —— 按照给定非均匀分布生成随机数可能是件棘手的事情。最稳妥可靠的方法是采用"接受—拒绝"采样。我们可以将想要采样的几何区域界定到一个矩盒内, 然后随机从该矩盒中选择点p, 不妨通过随机、独立地选择x和y坐标来生成p。如果点p位于我们感兴趣的区域, 则返回它作为

---

[1] 译者注: 可参阅Knuth的经典著作[Knu97b], 主要是3.2.1.1节和3.2.1.2节。

随机选择的点; 否则我们抛弃该点, 重复上述步骤再选其他随机点。这本质上相当于在投飞镖, 我们随机投掷并只公布那些击中目标的结果。[1]

这一方法虽然正确但却低效。如果所感兴趣的区域与界定矩盒相比其面积/体积很小, 那么我们大多数的飞镖都不会命中目标。要想了解高斯分布和其他特殊分布的高效生成器, 请参阅本节"注释"和"实现"版块。

如果你要自行设计算法千万得慎重细心, 因为获取正确的概率分布需要一些技巧。例如从半径为r的圆中均匀选点, 有种错误做法是: 选择一个0到2π之间的极角和一个0到r之间的极径, 以此生成极坐标中的点。乍一看两种选择都是随机均匀的, 你也许会推测按此方案执行之后大概会有一半的生成点与圆心距离小于$r/2$, 但事实上只有四分之一的生成点满足以上条件![2] 显然这种过于离谱的差异严重破坏了结果, 但是我们不太容易发现这种微妙的逻辑推理, 从而导致数据偏差很容易地躲过了检查。

- 我该将Monte Carlo仿真运行多久呢? —— 仿真运行的时间越长, 结果理应更为精准地接近于极限分布。然而, 只有在抵达随机数生成器的周期(或者说循环长度)之前, 以上论断才是正确的。从那之后, 你的随机数序列会周而复始地循环, 因此更久的运行时间不会产生更多信息。

  无需让一次仿真持续最长时间, 换用不同种子进行多次时长稍短(如10步到100步)的仿真, 通常会提供更多信息。[3] 最后我们考察所获得一系列结果的范围, 计算其方差还能对仿真结果的可重复性给出合理的度量。我们自然而然地会认为一次Monte Carlo仿真就能给出"唯一"的正确答案, 这套作法则纠正了此种倾向。

实现 首先请浏览https://www.agner.org/random, 这是一个关于生成随机数的绝佳网站, 通过它的链接指引, 你可以找到各种论文和许多随机数生成器的实现。

　　并行仿真对随机数生成器有特殊的要求。例如如何确保随机数流在每台机器上都是独立的呢? L'Ecuyer等提供了面向对象的生成器[LSCK02], 周期大约为2^{191}, 其C语言、C++语言和Java语言实现可在http://www.iro.umontreal.ca/~lecuyer/myftp/streams00/找到, 这样我们在并行应用场景中就可以获得独立的随机数流。另一个可选方案是可扩展并行随机数生成器库SPRNG(Scalable Parallel Random Number Generators Library)[MS00], 可在http://sprng.cs.fsu.edu/找到。[4]

　　美国国家标准与技术研究院(NIST)已经开发了一个非常全面的统计检验套件(NIST Statistical Test Suite)[BRS+01]用于验证随机数生成器的有效性。这套软件以及相关技术报告皆可下载, 其网址为https://csrc.nist.gov/projects/random-bit-generation/documentation-and-software。

　　"真随机数"[5]生成器一般通过观测物理过程来提取随机位。http://www.random.org网站提供源自大气噪声生成的随机数, 其数据已通过了NIST的统计检验。如果你仅需少量随

---

[1] 译者注: 这应该是作者的幽默, 人们常对自己没投中的那些结果闭口不谈。

[2] 译者注: 可从面积角度考虑概率。

[3] 译者注: 不妨计算数学期望并对比。

[4] 译者注: 网站已更名为http://sprng.org/。

[5] 译者注: 一般称为"true random number"或"truly random number"。

机数(如发行彩票时), 则无需使用(伪)随机数生成器, 从此类网站获取即可, 这种解决方法非常轻松简易。

(注释) Knuth对随机数生成器给出了全面的介绍[Knu97b], 我强烈推荐。他明确了若干方法(包括我们这里没有介绍的平方取中和移位寄存器方法)背后的理论, 以及随机数生成器有效性统计检验的详细讨论。

不过, 有关随机数生成的更多最新进展还是得参阅一下[Gen06, L'E12]。Mersenne扭旋[1]是一个周期为$2^{19\,937}-1$的快速随机数生成器[MN98]。其他较为现代的方法包括[Den05, PLM06]。关于生成非均匀分布随机变量的方法, 其综述可参阅[HLD04]。不同随机数生成器的实际使用对比可见[PM88]。

随机数表作为计算机尚未普及时的遗物出现在大多数数学手册中, 其中最有名的当属[RC55], 它提供了一百万个随机数。为了开怀一笑, 我劝你去亚马逊网站上看看[RC55]这本书的数百篇评论, 你会对互联网上竟有如此多聪明人留下深刻印象。

Kolmogorov复杂性理论探讨了随机性与信息之间的深层次联系, 该理论通过字符串的压缩率(compressibility)来衡量其复杂度, 并论断"真正的随机字符串是不可压缩的"。这样一来, π这个看起来很随机的数字串在该定义下就不能认为是随机的, 因为π的整个序列都可基于π的级数展开来编写一段程序代码而获得。李明和Vitáni的[LV97]给出了Kolmogorov复杂性理论的全面介绍。

(相关问题) 约束最优化/无约束最优化(16.5节); 生成置换(17.4节); 生成子集(17.5节)

16.8　因子分解与素性检验

(输入) 整数n。

(问题) n是素数吗? 如若不是, 其因子有哪些?
因子分解与素性检验的输入和输出图例如图16.8所示。

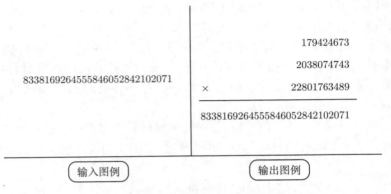

图 16.8　因子分解与素性检验的输入和输出图例

---

[1] 译者注: 关于Mersenne Twister(一般简记为MT)这个名字的来源, 还有一段趣事: http://www.math.sci.hiroshima-u.ac.jp/m-mat/MT/ename.html。

讨论 整数分解(integer factorization)和素性检验(primality testing)互为对偶问题, 它们长期以来被疑为仅有数学趣味而已, 而现在这两个问题却有着数不胜数的应用。RSA公钥密码系统(见21.6节)的安全性是基于大整数因子分解在计算上的难解性。众所周知, 当散列表的大小是素数时, 通常其性能会有所提高。为了充分利用这种优良特性, 初始化子程序得在散列表预期长度附近找出一个素数。最后, 素数玩起来很有趣, 这就是大素数生成程序通常驻留于UNIX系统游戏目录的原因。[1]

因子分解和素性检验是密切相关的问题, 尽管它们在算法上有很大不同。有些算法无需实际给出某个整数的因子即可证明该整数是合数(也即不是素数)。为了使自己相信此说合理, 请注意, 你可以直接判定任何末位为0、2、4、5、6或8的非平凡整数是合数, [2] 而无需真正分解它们(连除法都不用做)。

对于本节的这两个问题, 最简单的算法是蛮力试除法(trial division)。要分解n, 可对所有$1 < i \leqslant \sqrt{n}$计算n/i的余数。除非n是素数, 则其素因子分解中至少包含一个整数i使得$n/i = \lfloor n/i \rfloor$。在分解过程中, 务必确认因子的重数(multiplicity)要算对, 同时也别忽略了所有大于$\sqrt{n}$的素数。

此类算法都可通过提前算好的小素数表来加速, 从而避免对所有取值范围内的i进行测试。我们可用位向量表示法(见15.5节)将极多的素数全部存入一个小到惊人的空间之中。[3]事实上, 小于1 000 000的全体奇数可放入一个存储量不超过64KB的位向量里, 如果删除3及其他小素数的倍数, 还可能会得到更紧致的编码。

试除法的运行时间为$O(\sqrt{n})$, 但仍非多项式时间算法。要表示n只需$\log n$比特, 所以试除法的用时与输入规模量呈指数关系。目前存在相当快(但是仍为指数时间)的因子分解算法, 不过其构造以及正确性会用到较为高深的数论知识。目前最快的算法是数域筛法, 它利用随机性构造了一个同余方程组——其解通常会给出整数的因子。使用该方法已能对长达250位(829比特位)的十进制整数进行因子分解, 不过, 取得如此惊人的成就其实耗费了巨量计算。

随机化算法使得测试一个整数是否为素数变得容易很多。费马小定理指出: 只要n是素数, 则对所有不能被n整除的a, $a^{n-1} = 1 \pmod{n}$均成立。设想我们选取了一个随机值a满足$1 \leqslant a < n$, 随后计算$a^{n-1} \pmod{n}$的余数: 如果余数不是1, 则正好证明了n肯定为合数。这种随机化素性检验非常高效, 例如PGP(见21.6节)在几分钟内利用数百次此类检验便能找到位数超过300的素数(可用作密钥)。

虽然素数以看似随机的方式分散在整数中, 但它们的分布并非毫无规律。素数定理指出, 小于n的素数其个数(通常用$\pi(n)$表示)约为$n/\ln n$。此外, 素数之间永远不会存在很大的间隔。[4] 因此, 为了找出一个大于n的素数, 一般可能需要检验大约$\ln n$个整数就能出结果。素数的这些分布规律, 连同快速随机化素性检验, 解释了PGP何以能如此迅速地找到这么大的素数。

---

[1] 译者注: 可搜索"BSD Games"(年代较为久远), 其中包含了`primes`(生成素数), 此外还有`factor`(分解素数)。当然, UNIX那个年代的"大素数"放到如今只能算是很平常的素数。

[2] 译者注: 这里的"非平凡整数"指的是多位数, 例如16是尾数为6的非平凡整数, 而6则不是。

[3] 译者注: 这样构造出的素数表具备很强的实用性。

[4] 译者注: 不妨参阅张益唐在2014年所发表的惊世之作 *Bounded gaps between primes*。

　　量子计算机(请注意是理论上)能够非常快速地实现大整数因子分解, 实际上比普通计算机要快出指数级。若是拥有这种能力的量子计算机在我修订完本书第四版之前问世, 我自然不会感到震惊。但是严重的技术挑战仍然存在: 在新近所提出的一项方案中, 因为有大量的纠错需求, 仍需2000万量子比特才能用Shor算法实现"RSA规模"(2048位)的大整数因子分解[GE19]。据说对于量子计算而言, RSA因子分解算法可谓"自杀式应用程序", 这是因为, 量子计算成功之日, 便是RSA停用之时, 而与此相关的应用程序也就失去了意义。

　　(实现)　计算数论目前有若干通用系统可用。例如PARI具备求解关于精确整数(准确地讲, 在32位机上精度在80 807 123位以内)复杂数论问题的能力, 它还能处理实数、有理数、复数、多项式和矩阵的精确算术问题。它拥有200多个特殊的预定义数学函数, 主要使用C语言编写, 并针对若干主流CPU架构将内部核心代码以汇编语言实现。PARI可作为一个库来调用, 不过它还拥有计算器模式——允许即时访问所有的类型和功能。需要PARI者可访问http://pari.math.u-bordeaux.fr/。

　　数论处理库NTL是一个高性能、可移植的C++库, 它提供的数据结构和算法可处理带符号的精确整数, 以及整数和有限域上的向量、矩阵和多项式, 其网址为http://www.shoup.net/ntl/。

　　最后, 还有"整数和有理数精确算术C/C++库"(MIRACL), 它实现了包括二次筛法在内的六种不同整数分解算法, 其网址为https://github.com/miracl/MIRACL。

　　(注释)　阐述因子分解和素性检验之现代算法的论著有Crandall和Pomerance的[CP05]以及Yan的[Yan03]。关于计算数论更全面的综述可参阅Bach和Shallit的[BS96]以及Shoup的[Sho09]。

　　Agrawal、Kayal和Saxena在[AKS04]中解决了一个长期悬而未决的公开问题, 首次给出了一个检验某整数是否为合数的多项式时间确定性算法。取得如此重要的成绩, 他们的算法却异常简单和初等, 而论文的构成也主要是详细分析较早的随机化算法所用技巧, 最后自然地给出结果。这件事在某种程度上让那些因敬畏而刻意回避经典公开问题的研究者(比如我)深感愧疚。Dietzfelbinger的[Die04]这本书围绕该算法展开, 提供了一种适合于自学的讲解方式。

　　复杂性类co-NP是这样的一类问题所组成的集合: 若给定合适的证书(certificate), 我们可用多项式时间算法验证该问题的"否定"算例。在计算复杂性理论中有个重要问题, 即P = NP∩co-NP是否成立。判定问题"n是合数吗?"曾是最佳反例的候选者: 通过展示n的因子, 自然可知它是NP问题; 又因为每个素数的素性都有一个简短证明[Pra75],[1] 所以合数检验问题必然属于复杂性类co-NP。不过如今已经有了关于合数检验是P问题的证明[AKS04], 推翻了这条推理链。有关复杂性类的更多信息请参见[AB09, GJ79]。

　　Shor以其多项式时间整数分解算法[Sho99]激起了人们对量子计算的极大兴趣。截至本书完稿, 完成15 = 3 × 5这个因子分解在量子计算领域仍然算是最先进的整数分解实验技术[MNM+16]。关于量子计算的介绍可参阅[Aar13, Ber19]。

---

[1] 译者注: 所谓"简短"实际上对应着"succinct", 它有较为严格的定义。此外, 本段中提及的"合适的证书"其实指的也是"简短的证书", 而[Pra75]名为 *Every prime has a succinct certificate*。

Carmichael数是一种永远能够满足费马小定理的合数, Miller-Rabin随机化素性检验算法[Mil76, Rab80]排除了(使用费马素性检验)无法处理Carmichael数的问题。整数分解的最佳算法有二次筛法[Pom84]和椭圆曲线算法[Len87b]。

在进入计算时代之前的久远岁月中, 机械筛选器为整数分解提供了最快方法。不妨参阅[SWM95]去了解关于一件造于一战期间的此类设备之精彩描述: 使用手摇曲柄能用15分钟的时间通过筛选来证明$2^{31} - 1$是素数。

代号为RSA-129的整数(129位)其因子分解耗时八个月, 使用了1600多台计算机。这一点很不寻常, 因为原始的RSA论文[RSA78]对此所做的最初预测是, 使用20世纪70年代的技术得耗时4×10^{16}年。2020年2月, 代号为RSA-250的整数(250位)其因子分解问题被成功攻克, 这是目前整数分解的最好成果。

相关问题 密码学(21.6节); 精确算术(16.9节)

16.9 精确算术[1]

输入 两个非常大的整数x和y。

问题 $x + y$、$x - y$、$x \times y$和$x \div y$的值分别是多少?
精确算术的输入和输出图例如图16.9所示。

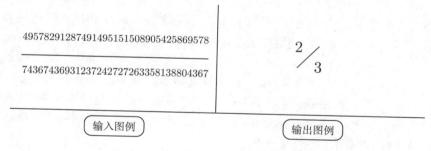

输入图例   输出图例

图 16.9 精确算术的输入和输出图例

讨论 只要是比基本汇编语言高级的编程语言, 它们都支持单精度甚至于双精度的整数/实数加、减、乘、除。但是我们要是想以美分为单位计量美国国债会怎么样呢? 价值22.4万亿美元的国债以美分来表示的话需要16位十进制数, 这远远超过了32位二进制整数的表示范围(不过用64位二进制整数还是绰绰有余的)。

还有些应用程序需要更为巨大的整数。用于公钥加密的RSA算法推荐使用至少2048位的整数密钥(对应617位的十进制数), 从而保证足够的安全性。不管是为了娱乐或研究, 关于数论猜想的实验都需要处理很大的数。我曾解决过一个相对简单的公开问题, 基于整数$\binom{5906}{2953} \approx 9.932\,85 \times 10^{1775}$的精确计算而完成(见6.9节)。

需要面对大整数的时候应该怎么做?

---
[1] 译者注: 我们将"Arbitrary-Precision Arithmetic"译为"精确算术", 不过这个概念还有多种与之等价的提法(例如"High-Precision Arithmetic"), 本书均将其统一译为"精确算术"。

- 我只是要求出某个大整数算例还是我需要一个子程序嵌入整个系统之中？—— 如果你只需要大整数的某特定计算结果，比如前文我所处理的那个数论特例，那么你就应该选用Python解释器或者像Maple与Mathematica这样的计算机代数系统。这些工具默认提供精确计算，并采用易于使用的语言解释器作为前端，这样一来，你的问题常常只需要5~10行代码即可解决。

  如果你的子程序需要精准的算术运算，那么最好得选用一个现成的精确算术库。除了加减乘除四则运算之外，你很可能还会从库中获得更多附加函数，例如计算最大公约数和平方根等。详情可参阅本节"实现"版块的内容。

- 我需要精度较高的算术还是精确算术？—— 你所处理的整数总不至于大到没有上界吧？或者你真需要无限精确吗？这决定着你是否该用固定长度的数组代替数位链表来表示你的整数。相对而言，数组肯定更简单些，并且绝不会使大多数应用受限于它。

- 我应该选择在哪种进制下做算术？—— 选10为基数(从而将每个整数表示为一个由十进制数字组成的字符串)来实现自己的精确算术软件包也许是最简单的。不过，计算时选用更大基数会高效得多，理论上的最佳值是取硬件算术运算所支持最大整数(不妨记为M)的平方根$\lfloor \sqrt{M} \rfloor$。

  究其原因，基数越大，数的表示位就越少。不妨对比十进制的64和二进制的1 000 000，它们其实代表相同的数。由于不管加数大小到底如何，通常硬件加法都会占用一个时钟周期，故用最大所能支持的基数$b = \lfloor \sqrt{M} \rfloor$可获最佳性能。我们所能选的基数之所以止步于$b$，主要是为了避免两个这种超大进制的数相乘时发生溢出。

  选用更大基数首先会带来一个问题：整数必须在输入时从10进制进行转换，而在输出时又得转回来。不过，使用精确算术的四则运算操作即可轻松完成转换。

- 你做快速计算愿意降到什么运算层级？—— 硬件加法比调用子程序要快得多，所以当较低精度的算术满足需求时，使用较高精度的算术反而会极大地影响到算法速度。在本书中，通过汇编语言实现核心代码才能提速的问题极为少见，精确算术则是其中之一。当然，如果你对整数在机器中的表示法非常精通，使用位掩码和移位操作代替算术操作也同样会提升性能。

关于基本算术运算，最受欢迎的算法分列如下：

- 加法 —— 学校所教的基本方法是对齐小数点再从右到左将数字相加(带有"进位")，这是种关于数字长度的线性时间算法。底层硬件可以用更复杂的超前进位并行算法，你的微处理器进行较短的加法运算时很可能用的就是这种方法。

- 减法 —— 改换数字符号位后，减法不过是加法的特殊情形而已，因为$(A - (-B)) = (A + B)$。减法的难点在于执行"借位"，其简易处理是始终保持从较大的绝对值中减去较小的数字然后再调整数值符号，这样便无需担心无位可借的问题。计算机体系结构师[1]会使用补码表示法来简化带符号整数的减法。

- 乘法 —— 重复相加可以实现相乘，不过此法之于大整数而言其耗时将是指数级的，因此不值得考虑。学校所教的逐位相乘法编程实现不难，用于两个n位整数的乘法

---

[1] 译者注：这是句玩笑话，原文为"computer architects"，其实这算是相关课程中的基础知识。

运行时间为$O(n^2)$。对于很大的整数, Karatsuba的$O(n^{1.59})$分治算法则优于逐位相乘法。事实上, Mathematica中精确算法的代码作者Dan Grayson发现, 在乘数远未达到100位之前, 这种性能逆转就已出现。此外, 还有一种以傅里叶变换为基础的更快算法可实现大整数乘法, 参见16.11节。

- 除法 —— 重复相减可以实现除法, 不过耗时也是指数级的。而你在上学时最讨厌的长除法, 反倒是值得选用的最简便易行的算法。长除法需要调用精确乘法和精确减法的子程序, 使用类似于试错法的方式最终可让商的每位都取到正确数字。
  事实上, 整数除法可以归约为整数乘法, 尽管其转换方法有点费思量, 详情请参阅本节"注释"版块。如果你在编程实现渐近意义下的"快速"乘法, 那么你随后可在长除法中重用该代码。

- 求幂 —— 我们可以通过连续$n-1$次乘法来求a^n, 也即计算$a \times a \times \cdots \times a$。不过, 观察到$n = \lfloor n/2 \rfloor + \lceil n/2 \rceil$便会设计出更好的分治算法。若$n$为偶数, 可知$a^n = (a^{n/2})^2$; 而若$n$为奇数, 可知$a^n = a(a^{\lfloor n/2 \rfloor})^2$。无论在哪种情况下, 我们都最多只需耗费两次乘法便可将指数规模减半, 因此$O(\log n)$次乘法便足以算出最终值(算法46)。

算法 46 Power(a, n)

1 **if** $(n = 0)$ **then**
2 $\quad$ | $\quad$ **return** 1
3 **end**
4 $x \leftarrow$ Power$(a, \lfloor n/2 \rfloor)$
5 **if** (n为偶数) **then**
6 $\quad$ | $\quad$ **return** x^2
7 **else**
8 $\quad$ | $\quad$ **return** $a \times x^2$
9 **end**

使用中国剩余定理和同余算法可以方便地对"大整数"执行算术运算(注意不像精确算术那样可以处理任意大的整数)。中国剩余定理指出: 介于1和$p_1 p_2 \cdots p_k$间的每个整数a, 都由a分别模$p_1, p_2, \cdots, p_k$所得余数集唯一确定, 其中每对p_i与$p_j (1 \leq i \neq j \leq k)$都是互素的整数。使用这样的同余方程组可以实现加法、减法和乘法(但不包括除法), 其优点是无需复杂的数据结构即可处理特定范围内的"大整数"。

面向长整数的许多算法可以直接用于计算多项式。多项式快速求值的Horner法则就是一个很有用的算法。对于多项式$P(x) = \sum_{i=0}^{n} c_i \cdot x^i$, 若不加考虑地直接逐项求值, 则需要执行$O(n^2)$次乘法。而更好的方法是利用$P(x) = c_0 + x(c_1 + x(c_2 + x(c_3 + \cdots)))$, 按此求值仅需线性量级的运算次数。

实现 不管是Python还是像Maple和Mathematica这样的商业计算机代数系统, 都包含了精确算术功能。你若拥有它们的使用权限, 要想快速随手使用精确算术, 那么这就是你的最佳选择。本节余下部分将重点关注可嵌入于整个系统的源代码。

　　C/C++快速精确算术库最成功的当属GMP(GNU Multiple Precision Arithmetic Library), 其操作对象包括带符号整数、有理数和浮点数, 它应用广泛并有很好的支持, 其网址为http://gmplib.org/。

　　java.math的BigInteger类不但提供了与所有Java原始整数运算符功能类似的精确算术操作, 还提供了更多功能: 包括模算术、计算最大公约数、素性检验、素数生成、位运算和其他一些杂项操作。

　　拙著*Programming Challenges*所提供的库中, 给出了一个性能较低且测试不完善的精确算术实现[SR03], 不过比那些工业级代码更适合初学者阅读, 详见22.1.9节。

　　有几个计算数论的通用系统(数论库PARI和NTL的相关信息可参阅本章16.8节)也可以选用, 它们都支持精确整数的运算。

注释 [Knu97b]是各种基本算术运算相关算法的首选参考文献, 该书还以MIX汇编语言给出了实现。Bach和Shallit的[BS96]以及Shoup的[Sho09]对计算数论的介绍较新一些。Brent和Zimmermann的[BZ10]则从现代观点讨论了计算机算术中最重要的一些主题。

　　对于$O(n^{1.59})$时间的乘法分治算法[KO63]的讲解可参阅[AHU74, Man89]。Schönhage和Strassen首先提出了一个基于FFT的数乘算法[SS71], 它可在$O(n \log n \log \log n)$时间内实现两个n比特数的相乘, 相关讲解可参阅[AHU74, Knu97b]。在2019年, 数乘算法终于被Harvey和van der Hoeven[HVDH19, HVDHL16]改进到了$O(n \log n)$。找到像整数乘法这样一个基本问题的渐近最优算法竟然需要这么久, 所以这个突破性进展非常引人关注。[AHU74, Knu97b]介绍了整数除法和整数乘法间的归约方法。Bernstein的[Ber04]则讨论了快速乘法在其他算术运算中的应用。

　　关于中国剩余定理及同余算法的精彩讲解见于[AHU74, CLRS09]。关于基本算术算法在电路级的实现, [CLRS09]的讲解非常出彩。

　　计算两数最大公因数的欧几里得算法可能是最古老的算法, 相关介绍可见[CLRS09, Knu97b]。

相关问题 因子分解(16.8节); 密码学(21.6节)。

16.10　背包问题

输入 物品集$S = \{1, \cdots, n\}$, 其中物品i的大小为s_i, 价值为v_i。背包容量为C。

问题 找出S的子集S', 在满足$\sum_{i \in S'} s_i \leqslant C$(即该子集中所有物品可一起装入容量为$C$的背包)的情况下, 使得$\sum_{i \in S'} v_i$取值最大。

　　背包问题的输入和输出图例如图16.10所示。

讨论 背包问题源于具有资金约束的资源分配。在预算给定的前提下, 你该如何选择采购清单? 任何物品都有自身的价格和价值, 我们需在总价受限的情形下购入最大价值。背包问题可能会让人想起背包客的形象, 他只能带一个容量固定的背包, 因此不得不选取最有用和最便携的物品塞满它。

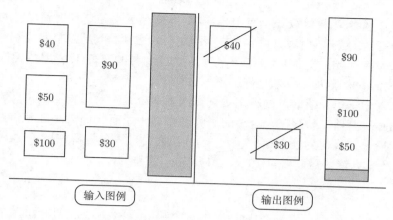

图 16.10　背包问题的输入和输出图例

最为常见的是0/1背包问题：每件物品要么全部放入背包，要么舍弃。此类物体不可随意拆解，所以从一包六罐可乐套装中拿走一罐或者打开一罐喝掉一小口都是不恰当的行为。正是这种0/1特性使得背包问题变得很难求解。若是允许我们细分物体，显然一个简易的贪心算法便可得出最优选择：计算每件物品的"每升价格"(价格/体积)，[1] 不断选出"每升价格"最贵的物品(若背包无法容纳则选该物品的最大切块)，直到背包装满。不幸的是，大多数应用场景天然就存在着这种0/1约束。

在选择最佳算法时会出现的议题包括：

- 各项物品是否价值或大小相同？——　当所有物品价值完全相同时，只需装入数量最多的物品即可最大化总价值。因此，最优解决方案即是将物品按大小递增排序，再依此次序将它们装入背包，直到背包无法装下为止。当所有物品都具有相同大小时，问题的求解基本类似：将物品按价值排序，先取最有价值的物品装箱。当然，以上两类只不过是背包问题的简单情形。

- 所有物品"每升价格"相同？——　如果这样的话，我们的问题就相当于忽略了价格，只是试图最小化背包中所剩的空间而已。不幸的是，即使这个受限版本也是NP完全问题，所以我们别指望会有一个总能高效解决该问题的算法。不过，也不要丧失期望，因为此类背包问题事实上仍算是一个"相对容易"的难解问题，接下来我们讨论可用的算法。

恒定"每升价格"背包问题有个重要特例，那就是整数集划类问题，图16.11对此给出了一个简明易懂的展示。在图16.11中我们尝试将某个集合 S 中的元素划分到两个子集 A 和 B 之中，使得 $\sum_{a \in A} a = \sum_{b \in B} b$，或者更一般地，使两者的差别尽可能小。这种整数集划类可以认为是两个等容储物箱的装箱问题，或容量为原有容量一半的背包问题。这些问题彼此密切相关，而且都是NP完全问题。

恒定"每升价格"背包问题通常也被称为**子集和值问题**(subset sum problem)：我们想找出一个物品子集，其元素总和刚好达到某个特定目标值 C，也即背包的容量。

---

[1] 译者注：原文用"每磅价格"(price per pound)，考虑到背包容量以"升"计，我们换为"每升价格"。此外，后文常常会最大化"价格"。

- 所有大小值都是相对较小的整数? —— 当物品大小与背包容量C皆为整数时, 存在一个高效动态规划算法(见10.5节)可用$O(nC)$时间和$O(C)$空间找到最优解。该算法能否发挥作用, 取决于C到底有多大: 当$C \leqslant 1000$时, 其表现相当好; 但是如果$C \geqslant 1\,000\,000\,000$时, 算法性能就不怎么样了。

  我们先考虑子集和值问题的动态规划算法基本方案:[1] 对于物品集S', 若将$U[i, S']$赋值为true, 当且仅当存在一个S'的子集使得其中所有物品大小之和恰好为i。因此, $U[i, \varnothing]$应全部设定为false$(1 \leqslant i \leqslant C)$。我们尝试逐个将新物品$j$(大小为$s_j$)添加到$S'$, 并及时更新受到影响的$U[i, S' \cup \{j\}]$值。注意到

  $$U[i, S' \cup \{j\}]\text{为true} \iff U[i, S']\text{为true或}U[i - s_j, S']\text{为true}$$

  这是由于我们要么会用到s_j从而达到i这个和值, 要么不用s_j直接可满足条件。我们通过对i的C种取值执行n次扫视(也即逐个处理$s_1, s_2, \cdots, s_n$)再更新数组, 便可找出所有能满足条件的和值。查验所存元素值为true对应i的最大值是否为C, 则可揭示子集和值问题解的存在性。为了重构这个满足要求的子集, 我们必须还要针对$1 \leqslant i \leqslant C$存储能将$U[i]$从false转为true的对应物品编号, 最终通过反向扫描整个数组构建子集。

  以上动态规划过程忽略了物品的价值。因此, 为了将该算法推广到背包问题的求解, 我们不妨让数组U中的元素换而存储满足大小之和为i的最优(也即价值最大)子集的总价值, 并且只在$U[i - s_j, S']$加上v_j(物品j的价值)优于$U[i, S' \cup \{j\}]$的原有值时才加以更新。

- 如果我有多个背包该如何处理? —— 当有多个背包时, 最好将其当作装箱问题处理。20.9节讨论装箱算法/下料算法, 不过关于多背包的优化算法在本节的"实现"版块也可以找到。

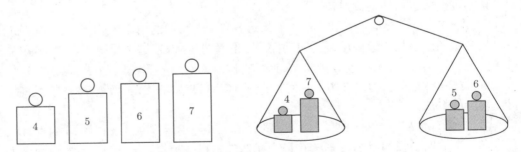

图 16.11 整数集划类是背包问题的一个特例

使用整数规划或回溯法可以找到大容量背包问题的精确解。可用0/1整数变量x_i表示物品i是否在最优子集中, 问题则转化为满足约束条件$\sum_{i=1}^{n} x_i \cdot s_i \leqslant C$的目标函数$\sum_{i=1}^{n} x_i \cdot v_i$最大化问题。关于整数规划的代码见16.6节。

精确解的计算成本实际上极高, 故须使用启发式方法。简单的贪心启发式方法按照前面谈到的选取最大"每升价格"这一规则添加新物品。这种启发式方法所得解往往很接近最

---

[1] 译者注: 从严谨性角度考虑, 我们对本段译文有所改动。作者所用的数组$U[i, S']$需要将集合S'合理地编码为自然数。

优解, 但也会在有些问题算例上表现极为糟糕。"每升价格"规则也可用于基于穷举搜索的算法中, 从长远考虑的眼光先淘汰掉那些"廉价但沉重"的物体, 从而减小问题规模。

还有一种基于微缩的启发式方法。若背包容量是一个小整数(比如说不超过C_s), 我们使用动态规划便可较好地处理。但当我们要考虑的问题中背包容量C超出了C_s, 又该怎么办呢? 不妨先按比例C/C_s缩小所有物品的大小, 并将缩小后的大小近似到最接近的整数, 再对这些"微缩"物品使用动态规划。这种微缩法运行效果良好, 尤其当物品大小上下浮动范围不是太大时更是如此。

实现 Martello和Toth收集了各种背包问题变种的Fortran算法实现, 其网址为`http://www.or.deis.unibo.it/kp.html`, 他们慷慨地提供了其相关论著[MT90a]的免费电子版。

David Pisinger维护着一个背包问题及其相关变种(如装箱问题和集装箱装柜问题)的C语言代码集, 网址为`http://www.diku.dk/~pisinger/codes.html`, 条目分类非常清晰, 其中最强的代码基于[MPT99]所提供的动态规划算法而实现。

ACM算法集萃中的"算法632"[MT85]是解决0/1背包问题的Fortran代码, 不过它还可以支持多背包问题, 参见22.1.4节。

注释 Keller、Pferschy和Pisinger的[KPP04]是背包问题及其变种的最新参考资料。Martello和Toth的专著[MT90a]和综述[MT87]是背包问题的标准参考文献, 既包括理论进展也含有实验结果。[MPT99]给出了基于整数规划方法求解背包问题的精彩论述。关于0/1背包问题算法实际计算效率的研究可参阅[MPT00]。

多项式时间近似方案(PTAS)这类算法可在关于问题规模量与近似因子ϵ的多项式时间内近似求出问题的最优解, 这个非常强的条件意味着我们可在运行时间和近似度之间给出较为平滑的权衡调节。关于背包问题及子集和值问题的多项式时间近似方案[IK75], [BvG99, CLRS09]给出了精彩讲解。此外, 即便在多背包(multiple knapsacks)情形下, 多项式时间近似方案也依然存在[CK05]。

背包问题存在一个很有意思的特殊变种, 即3SUM问题: 给定三个集合A、B和C, 各个集合皆有n个整数, 我们想找到$a \in A$、$b \in B$和$c \in C$, 使得$a + b = c$。3SUM问题现有最佳算法需要$O(n^2)$时间, 我们通常会利用这一点: 某问题若能归约到3SUM问题, 则暗示该问题也许不存在亚平方算法(sub-quadratic algorithm)[GO95]。

向量装箱问题是背包问题的一般化推广: 背包在d个方向轴上都存在容量约束(如CPU及内存限制), 而每个物品由一个d维向量(分别对应各种资源的需求量)定义。在虚拟机布局(virtual machine placement)这个具体问题的求解中, 向量装箱问题的启发式方法已有一定的研究[PTUW11]。

正是在背包问题难解性的基础上, Merkle和Hellman[MH78]提出了第一个广义公钥加密算法, 相关讲解可参阅[Sch15]这本教材。

相关问题 装箱问题(20.9节); 整数规划(16.6节)。

16.11 离散傅里叶变换

输入 对某个函数h等间隔采样所得的一个长为n的实值或复值序列$h_k (0 \leqslant k \leqslant n-1)$。

问题 离散傅里叶变换 $H_m = \sum\limits_{k=0}^{n-1} h_k \mathrm{e}^{-2\pi ikm/n} (0 \leqslant m \leqslant n-1)$。

离散傅里叶变换的输入和输出图例如图16.12所示。

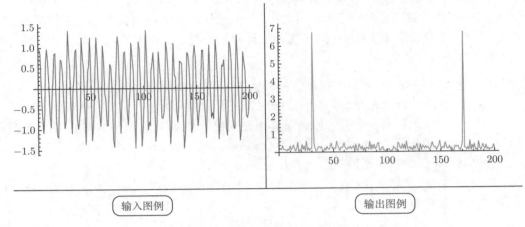

图 **16.12**　离散傅里叶变换的输入和输出图例

讨论 很多计算机研究者通常对傅里叶变换不甚了了, 但是科学家与工程师们却几乎每天都要使用它(eat them for breakfast)。就其功能而言, 傅里叶变换提供了一种方法, 可将通常在时间上所采样的序列转换到频域。这给出了函数 h 的一种对偶表示, 而某些运算在频域中将会比在原始的时域中更容易处理。傅里叶变换的应用有以下方面:

- 滤波 —— 对某个函数进行傅里叶变换相当于将其表示为一些正弦函数的和。我们可以基于此对图像进行滤波, 通过舍弃部分正弦函数(比如滤除其中不需要的高频分量和/或低频分量)来消除噪声和其他伪影(artifacts), 之后再进行傅里叶逆变换, 便可重回时域完成处理。举个一维的例子, 本节"输出图例"中的尖峰对应着与输入数据非常接近的某个正弦函数的周期,[1] 而剩下的都是噪声。

- 图像压缩 —— 经由平滑和滤波处理后的图像所含的信息要比原始图像少, 但却保留着相似的外观。通过去除那些对图像整体贡献相对较小的正弦函数(将其系数设为0), 我们可以在几乎不损失图像保真度的情况下降低图像的数据量。

- 卷积(convolution)和解卷积(deconvolution) —— 傅里叶变换可以高效计算两个序列的卷积。所谓卷积是指从两个不同序列中取出元素配对相乘, 要理解卷积的这种"配对相乘", 不妨回顾两个 n 元多项式 f 和 g 的乘法运算, 此外在两个字符串的比较[2]时也会出现卷积。如果直接实现这样的乘积需要 $O(n^2)$ 时间, 而用快速傅里叶变换则可导出一个 $O(n \log n)$ 算法。

  另一个卷积的例子来自图像处理。由于扫描仪获取的并非某个单点而是图像块的强度, 故它对输入图像的扫描结果总会存在些模糊现象。用高斯点扩散函数(point spread function)对输入信号解卷积, 可以重构原始信号。

---

[1] 译者注: 由于频谱对称, 所以会出现两个尖峰, 请读者注意甄别。

[2] 译者注: 卷I的5.9.1节讲解过该应用, 此外还可参阅 *Faster algorithms for string matching problems: matching the convolution bound* 这篇论文, 或者同时搜索"convolution"与"string matching"。

- 计算函数相关性 —— 两个函数$f(t)$和$g(t)$的相关函数其定义为

$$z(t) = \int_{-\infty}^{\infty} f(\tau)g(t+\tau)\mathrm{d}\tau$$

利用傅里叶变换很容易计算。若函数$f(t)$和$g(t)$形状相似，且其中一个不过是另一个的平移(比如$f(t) = \sin(t)$且$g(t) = \cos(t)$这种情况)，设平移距离为t_0，那么函数在t_0的取值$z(t_0)$将会很大。该结论(的离散情形)可用于完成随机数生成器的周期检测任务。我们可以生成很长一列随机数，将其转换成时间序列(时间i对应着第i个随机数)，最后计算这个序列的(自)相关函数，其结果中任何较大的峰值都可能对应着潜在的周期。[1]

离散傅里叶变换一般以n个复数$h_k (0 \leqslant k \leqslant n-1$，与时间序列等间隔点对应)作为输入，其输出为$n$个复数$H_k (0 \leqslant k \leqslant n-1)$，且每个输出值皆对应一个具有给定频率的正弦函数。离散傅里叶变换定义为:

$$H_m = \sum_{k=0}^{n-1} h_k \cdot \mathrm{e}^{-2\pi \mathrm{i} km/n} = \sum_{k=0}^{n-1} h_k \left[\cos\left(\frac{2\pi km}{n}\right) - \mathrm{i}\sin\left(\frac{2\pi km}{n}\right) \right]$$

而傅里叶逆变换定义为

$$h_m = \frac{1}{n}\sum_{k=0}^{n-1} H_k \cdot \mathrm{e}^{2\pi \mathrm{i} km/n} = \frac{1}{n}\sum_{k=0}^{n-1} H_k \left[\cos\left(\frac{2\pi km}{n}\right) + \mathrm{i}\sin\left(\frac{2\pi km}{n}\right) \right]$$

以上等式能让我们轻松地在h和H间转换。

由于离散傅里叶变换的输出包含n个数，每个数所用的计算公式又涉及n个数，因此整个变换的计算可在$O(n^2)$时间内完成。快速傅里叶变换(FFT)则是一种能在$O(n\log n)$时间完成离散傅里叶变换计算工作的算法。鉴于FFT打开了现代信号处理的发展之门，有人将其视为史上最重要的算法。有好几种自称FFT的不同算法，不过都是基于分治法。[2] 从本质上说，n个点的离散傅里叶变换计算问题可化简成两个关于$n/2$个点的变换计算，随后再递归即可。

FFT通常假设n是2的幂。如果不满足这种条件，与其寻找能处理更一般情况的代码，还不如用0填补数据直接构造出$n = 2^k$个元素来得更好。

千万切记: 许多信号处理系统有很强的实时性约束，因此FFT通常以硬件方式实现，或者至少使用面向特定机器的汇编语言来实现。对于本节"实现"部分所提及的代码，如果你实测之后发现速度过慢，不妨回想以上建议。

实现 FFTW是一个C语言子程序库，可用于计算一维或多维的离散傅里叶变换，特点是输入规模量可取任意值且支持实值和复值数据，可谓现有免费FFT代码中的明智之选。大量基准测试证明，FFTW的确名副其实，配得上"西部最快傅里叶变换"(Fastest Fourier Transform in the West, FFTW)之名。此外，FFTW还获得了1999年的J. H. Wilkinson奖(专门颁发给优秀数值软件)。不妨浏览http://www.fftw.org/一探究竟。

[1] 译者注: 此处的平移距离t_0一般也称为"时延"，关于随机性检测可搜索"autocorrelation plot"。
[2] 译者注: 不妨参阅*Fast fourier transforms: A tutorial review and a state of the art*和*50 Years of FFT Algorithms and Applications*这两篇论文。

　　FFTPACK是一个由P. Swartzrauber编写的Fortran语言子程序包，可用于周期性序列和其他对称序列的快速傅里叶变换。FFTPACK包括复值、实值、正弦、余弦和四分之一波长等变换，可浏览http://www.netlib.org/fftpack了解更多信息。GNU的C/C++科学库(GSL)提供了一个对FFTPACK改换语言重新实现的版本，GSL的网址为http://www.gnu.org/software/gsl/。

（注释）　Bracewell的[Bra99]和Brigham的[Bri88]是对傅里叶变换以及FFT的极好介绍，而[PFTV07]对此的阐述也很好。我们通常会将快速傅里叶变换的发明归功于Cooley和Tukey二人[CT65]，不过关于其完整历史还请参见[Bri88]。

　　[FLPR99]对快速傅里叶变换提出一种缓存通配(cache-oblivious)算法，也正是此文首次引入了"缓存通配算法"这个概念。FFTW便是基于这种算法来实现的，而有关FFTW设计的更多信息请参阅[FJ05]。当$k \ll n$时，对于仅仅寻求变换后最大的k个系数，这一问题存在更快的算法[HIKP12]。

　　[KO63]提出了一个多项式乘法的高效分治算法，在$O(n^{1.59})$时间内即可算完，[AHU74, Man89]对其进行了讨论。Schönhage和Strassen给出了一种基于FFT的算法[SS71]，对两个n比特的数相乘只需$O(n \log n \log \log n)$时间。

　　量子傅里叶变换提供了相对于经典FFT的指数级加速，基于n个量子比特中存储的2^n个振幅仅需$O(n^2)$次运算即可[NC02]，不过关键难点在于如何高效地基于你所要的振幅"制备"量子比特并从中"取出"。量子傅里叶变换对于Shor量子因子分解算法[Sho99]而言是一个基本组件，在这里我们给出一个直观的简单解释：对于一组在频域中周期为2, 3, 5, 7, 11, $\cdots$的正弦函数，如果待分解的某个数能被以上这些数中的任何一个整除，那么定会导致时域中存在一个峰值。

　　复变量对于快速卷积算法是否确实不可或缺？这是一个公开问题。幸运的是，快速卷积在应用程序中通常可以看成一个黑盒。此外，字符串匹配问题的许多变种大多基于快速卷积[Ind98]。

　　近些年来，小波技术已被提议用于取代滤波中的傅里叶变换。对小波技术的介绍可参阅[BN09]。

（相关问题）　数据压缩(21.5节)；精确算术(16.9节)。

第17章

组合问题

我们现在来讨论若干纯组合性质的算法问题。首先是排序和查找，它们是电子计算机发展之初所出现的首批非数值问题。排序可视为对所有的键确定其次序的过程(也可自行指定次序)，而查找和选择则是基于这种次序关系以及相关排位信息找出特定的键。

本节余下部分还会讨论置换、划分和子集等组合式对象以及日历计算和调度问题。我们特别强调组合式对象的**排位**(rank)与**译算**(unrank)方法——可使每个不同的对象"映射至"/"映射自"某个唯一的整数。有了排位/译算操作之后，处理许多其他任务就方便了不少，比如随机对象的生成(任选一个随机数并对其译算)，或按指定次序列举所有对象(从1到n依次译算)。我们以图的生成问题结束该方法的讨论，而关于图算法更为全面的介绍可参阅后续章节。

本节所讨论皆为常规组合算法，与之相关的著作包括：

- Knuth的巨著TAOCP —— [Knu98](TAOCP第3卷)是关于排序和查找的标准参考文献，而TAOCP第4卷则讨论了更多新内容(也即组合算法)，不过目前只出版了其4A部分[Knu11]，主要包括置换、子集、划分和树的各种生成算法。

- Ruskey的[Rus03] —— 作者从未正式完成这份手稿，但它却一直是关于组合式对象生成的标准文献。通过Google搜索"Ruskey Combinatorial Generation"可找到此书的预览版。

- Kreher和Stinson的[KS99] —— 该书主要论述组合生成算法，此外还特别关注同构和对称这类代数问题。

- Pemmaraju和Skiena的[PS03] —— 讲解Combinatorica库(22.1.8节)如何使用，该库由400多个Mathematica函数组成，可用于生成组合式对象和处理图论问题。这本书以独特的视角展示了如何将这么多种完全不同的算法融合到一起，身为并列作者之一的我写这本《算法设计导引》是完全能够胜任的。

17.1 排序

(输入) 包含n项数据的集合S。

(问题) 按递增次序排列集合中所有元素。

排序的输入和输出图例如图17.1所示。

(讨论) 排序是计算机科学中最基本的算法问题。我们得了解各种不同的排序算法，就如同音乐人要懂音阶一样。正如4.2节所述，很多时候排序是解决整个算法问题的第一步。事实上，"没有思路，试试排序"是算法设计的首要规则之一。

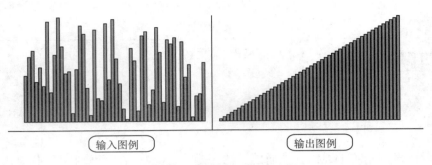

图 **17.1**   排序的输入和输出图例

与此同时, 排序基本上展示了算法设计的几乎所有标准范式。程序员通常都熟悉多种不同的排序算法, 不过这反而可能使其迷茫于究竟哪种才适合于要处理的实际问题。以下准则可让你不再纠结:

- **待排序的键有多少?** —— 对于小规模数据(如 $n \leqslant 100$), 使用哪种平方量级算法其实都无所谓。插入排序比冒泡排序更快、更简单, 也更不容易出错。Shell排序与插入排序联系紧密, 但其速度比插入排序更快, 不过你得到Knuth的[Knu98]之中先查一下到底哪种插入间隔序列更为合适。

  不过, 如果要排序的数据超过100项, 是否使用了像堆排序、快速排序或归并排序这类 $O(n \log n)$ 算法就很重要了。有些人或许会独爱一种甚于其余, 大可按自己的喜好来选择, 不必过于在意。

  而一旦数据量大到内存无法容纳(比如100 000 000项), 此时就应该着手考虑能够最小化磁盘或网络访问的外存排序算法了。本节后续还会接着讨论内存排序和外存排序的效率问题。

- **是否存在相同的键?** —— 若所有键值皆有差异, 则其排列次序必将完全确定。然而, 当两项数据键值相同时, 就需要其他准则来判定哪项应该排序在先。事实上, 有时候到底用何种准则其本身却不好裁定。打破此种同键平局的通常做法是在排序时借助辅键, 比如当姓氏相同时, 名字或中间名首字母均可决定数据的最终次序。

  有时也可依据数据元素在输入中的原始位置分出其胜负。假设排序前输入数据中的第5项和第27项具有相同键值, 这意味着在最终排定的次序中, 原始的第5项必将先于原始的第27项出现。在同键平局情形下, 所谓的**稳定**(stable)排序算法可以保持数据原始次序。大多数平方量级排序算法都是稳定的, 然而有很多 $O(n \log n)$ 算法却不是。如果保持排序的稳定性对你很重要, 那么最好在比较函数中显式地使用初始次序作为辅键, 而不仅仅是单纯依赖于你所采用算法其本身的稳定性。

- **对于数据你了解多少?** —— 你或许可以利用关于数据自身的特殊性质, 从而更快地或用更简便的方法对其排序。一般而言, 完成排序这个步骤其实速度相当快, 因为只需 $O(n \log n)$ 时间, 而如果整个程序的瓶颈仅在于排序的耗时, 那你实在太幸运了。[1]

  - 数据是否已被部分排序? 如果是, 某些算法将会比它在通常情况下表现得更好, 插入排序便是一例。

- 你是否了解键的分布? 如果键值完全随机或者服从均匀分布, 那么桶排序(归属于分配排序)便能发挥作用。[1] 考虑文本字符串排序的情况, 先按其首字母将数据投入不同的桶, 再基于其后续字符递归处理, 直到每个桶缩到直接用简单排序即可处理为止。如果数据确实均匀地分布于键值空间, 那么该算法会非常高效。注意, 若将桶排序用于"史密斯协会"[2]的成员名册, 其性能将惨不忍睹。

- 你的键是否过长或难以比较? 在对长文本字符串排序时, 先在各键中基于相对较短的前缀信息(比如前10个字符)初步排序, 再根据整个字符串的信息消除同键平局问题, 也许会收到奇效。如果数据本身信息过多或有些内容无关紧要, 你肯定不想浪费快速却宝贵的内存, 而这在外存排序(见下文)中显得尤为重要。

  另一个可能有用的想法是使用基数排序(无需比较键值), 其时间复杂度线性于输入算例中的字符总数, 而基于比较的排序算法其耗时通常为$O(n \log n)$量级。

- 键的潜在范围是否非常小? 假定要对取自某个特定范围的元素排序, 比如$n/2$个不同的整数, 它们均在1到n之间。不妨初始化一个全为0的n元位向量, 再根据键值开启(turn on)对应位(也即设定为1), 最后从左到右扫描位向量打印所有值为1的向量位置下标即可, 以上就是处理该问题的最快算法。

- 是否会为磁盘访问而担忧? —— 处理大规模排序问题时, 要将所有数据同时载入内存几乎不可能。实际上, 我们需要在外存设备中不断处理与维护数据, 所以该问题被称为**外存排序**(external sorting)。[3] 早期存储数据会用到磁带驱动器, 因此Knuth在[Knu98]中讨论了多种精妙算法, 可高效合并来自不同磁带的数据。今时今日, "外存"通常对应着虚拟内存, 任何排序算法只要用了虚拟内存肯定都能跑起来, 但是那些笨拙的算法却会在内存/外存交换上浪费大量时间。

  最简单的外存排序方法是将数据装入B树结构, 然后对树进行中序遍历并依次读出所有键即可。性能最佳的排序程序是基于多路归并来设计的: 先使用高效的内存排序对文件中的数据分块予以排序, 再使用2路或k路归并方式, 对所有已排序的顺串(run)分阶段依次归并, 最终排完整个文件。为优化性能, 可针对外存设备特性设计更为复杂的归并策略和缓冲区管理。

在通用内存排序算法之中, 快速排序(参见4.2节)应该是最好的一个, 不过具体实现起来要对方方面面的代码细节不断调优。实际上, 大部分人并不适合做这种专业性的工作, 若有库函数可用, 那你最好别去自己编程实现。一个编写欠佳的快速排序极有可能会比一个编写欠佳的堆排序运行得更慢。如果你执意要自己写快速排序, 不妨使用以下启发式方法, 它们会让实际运行速度大幅度提升:

- 利用随机化 —— 排序之前可生成关于全部下标的随机置换(参见17.4节),[4] 基本上可以避开近乎有序的数据输入, 也就不会出现需要平方量级运行时间的难堪情况。

---

[1] 译者注: 这是桶排序的一种变种, 由于排序过程很像按邮编逐级分类, 所以也称为邮递员排序(https://xlinux.nist.gov/dads/HTML/postmansort.html)。

[2] 译者注: 作者的原意是这个虚构的协会里所有人都叫史密斯, 实际上还真有一个"Jim Smith Society", 只要名为Jim Smith便可加入。

[3] 译者注: 原书也会使用"external-memory sorting"这个词。读者如果需要查阅相关资料, 以"external sorting"搜索会更方便一些。

[4] 译者注: 在随机置换中挑选下标生成枢纽元可达到随机化的目的, 也可通过随机数来获得下标。

- **三者取中** —— 选取数组起始位、结束位和中间位这三个元素的中位数为枢纽元, 这样更有可能将数组划分为长度大致相等的两部分。实验表明, 在较大的子数组上应当使用大样本, 而在在较小的子数组上应当使用小样本。[1]
- **将小型子数组留给插入排序** —— 当子数组较小(比如不足20个元素)时应该终止快速排序的递归调用, 切换到插入排序通常会更快。你应该借助实验来确定具体代码中所应采用的最佳切换点。
- **从较小划分开始** —— 先处理较小划分再考虑较大划分, 这样可以最小化程序运行过程中的内存用量。由于每次存入栈中的函数调用所排的元素个数最多是上次处理个数的一半, 因此仅需 $O(\log n)$ 栈空间即可。

此外, 在你开始编程之前, 建议看看Bentley关于构建高效快速排序的论文[Ben92b]。

(实现)　GNU所实现的排序应该算是目前最好的免费排序代码, 它是GNU核心实用程序库(http://www.gnu.org/software/coreutils/)的一部分。此外, 还有一些提供高性能外存排序程序的商业公司, 包括Cosort(www.iri.com)、Syncsort(www.syncsort.com)和Ordinal Technology(www.ordinal.com)。

现代程序设计语言基本都内置了很多库, 这可使你完全没必要再去自行实现排序代码。C语言标准库包含函数qsort, 它是快速排序(根据名字可以猜到)的泛型实现。**C++标准模板库**(Standard Template Library, STL)同时提供了sort和stable_sort两种方法。有关使用STL和C++标准库的更多详细指南, 请参见Josuttis的[Jos12]和Meyers的[Mey01]。相比之下, Java Collections则是一个较小的数据结构库, 它包含在Java SE的java.util包之中。特别需要指出的是, Java中单独给出了SortedMap类和SortedSet类(这点与C++有所不同)。

高性能排序系统通常会将工作分配到许多机器上。像Hadoop[Whi12]这样的"映射-归约"(Map-Reduce)系统可使并行桶排序的实现稍微容易一些, 如[O08]这份报告中所提到的排序系统曾经获得过Sort Benchmark的TeraByte组别冠军。Satish等在[SHG09]中详细论述了GPU上的高效排序算法。

许多网站提供了所有基本排序算法的运行情况演示, 其中不少都有相当有趣的可视化设计。实际上, 说起算法演示, 你肯定第一个会想到排序。不妨在Google和YouTube上搜索"sorting animations", 挑一些最受欢迎的动画看看。

(注释)　迄今为止关于排序的最好著作是Knuth的[Knu98], 该书出版至今已有五十多年, 读来依旧引人入胜。由于[Knu98]成书较早, 后续所发展的研究领域未能全面覆盖, 例如基于预排序措施的排序算法, 相关综述可见[ECW92]。Timsort是在实际中较为流行的一种排序算法(不少人认为Timsort是最快的), 它合理地利用了有序子序列, 时间复杂度可达到 $O(n\log p)$, 其中 p 为输入数据中已排序的顺串个数(可参阅[AJNP18])。

每部算法教科书都会讨论基本的内存排序算法。堆排序最初由Williams设计[Wil64]。快速排序则由Hoare提出[Hoa62], 而Sedgewick对其作了细致分析并讨论了相关实现[Sed78]。一般认为是von Neumann于1945年在EDVAC上首次实现了归并排序。关于排序历史的全面论述, 可参阅Knuth的[Knu98], 书中甚至追溯到了穿孔卡片制表机的年代。

---

[1] 译者注: "三者取中"对应3个样本。我们还可以使用更多的样本, 例如Tukey曾提出过一种名为"ninther"的9样本方案。

已故计算机科学家Jim Gray所发起的高性能排序年度竞赛是最具影响力的角逐场，要想了解最新结果和历史记录可访问http://sortbenchmark.org/网站。就该项赛事所体现的整体趋势来说，乐观的人和悲观的人对其认知完全不同：你可能会认为排序问题的进展相当鼓舞人心(百万条记录的算例是最初的基准，而如今其规模小到根本不值一提)；但是你也可能觉得这些算法索然无味(对我而言是这样的)，因为代码中系统/内存管理技术的重要性已彻底超越了排序本应体现的组合/算法策略。对于设计和改良高性能排序代码，目前的研究方向会考虑"缓存特调"(cache-conscious)排序[LL99]和"缓存通配"(cache-oblivious)排序[BFV07]。[1]

大家都知道，基于代数决策树模型[BO83]可给出排序的复杂度下界$\Omega(n \log n)$。对于较小的n值给出n个元素排序所需的最少比较操作次数，这方面的研究进展相当不错，相关阐述可见[Aig88, Raw92]，而Peczarski的[Pec04, Pec07]给出了稍新一些的结果。

排序问题的下界在不同的计算模型会有所差异。Fredman和Willard在[FW93]中给出了一种$O(n\sqrt{\log n})$排序算法，其所依赖的计算模型允许对键施以算术运算。Andersson在[And05]中对此类非标准计算模型下的高效排序算法给出了综述。

相关问题 字典(15.1节)；查找(17.2节)；拓扑排序(18.2节)。

17.2 查找

输入 包含n个键的集合S，待查键q。

问题 q位于S中何处？

查找的输入和输出图例如图17.2所示。

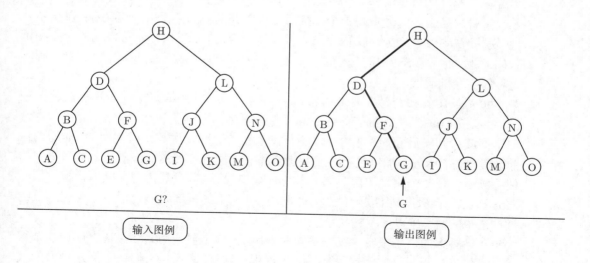

图 17.2 查找的输入和输出图例

---

[1] 译者注："cache-conscious"和"cache-oblivious"这两个概念都有不同的译法，不过放在一起得统筹翻译处理。

（讨论）不同领域对"searching"(查找或搜索)的理解存在差异。"搜索"某函数的全局最大值或最小值属于无约束最优化问题, 16.5节对此已有讨论。而弈棋程序则通过回溯法(参见9.1节)的某个变种策略穷举"搜索"各种可能, 从而选择下一步的最佳着数。

但是本节我们仅讨论如何在列表、数组或树中"查找"某键。15.1节已讨论过字典数据结构, 在提供插入和删除操作的前提下, 它依然可保证对键集元素的高效访问, 其典型实现包括二叉查找树和散列表。

对待查找应当有别于字典, 这是因为如果我们考虑没有插入/删除的静态查找时, 也许存在更简单且更高效的解决方案。在最内层循环中若能恰当地使用此类小巧精致的数据结构, 则会对整体性能产生实质性改进。此外, 本节中的二分查找和自组织等思想也适用于很多其他问题, 这证明了我们的关注方向非常正确。

我们会考虑两类基本方法: 顺序查找和二分查找。两者都很简单, 却都有不少实用且精妙的变种。所谓顺序查找(sequential search)是从存储键的列表/数组首部开始, 依次逐个与待查键q比较, 直到匹配成功或到达尾部。所谓二分查找(binary search)所处理的则是一个存储键的有序数组。为查找q我们先将其与位于中间的键$S[n/2]$相比较: 若q在$S[n/2]$之前, 它必位于数组前半部分; 否则q必位于数组后半部分(或者压根不存在)。按照以上策略选出对应的子数组并不断重复此过程, 只需$\lceil \log n \rceil$次比较即可找到q。使用顺序查找平均需要大约$n/2$次比较, 因此二分查找拥有巨大的优势。此外, 有关二分查找的更多内容可参见5.1节。

顺序查找算法最为简单, 在不超过大概20个元素的情况下可能也是最快的。元素较多时(比如说超出100个), 二分查找显然会比顺序查找更高效, 而在多次查询的场景下, 投入到排序的先期成本后续会很容易逐渐摊平。事实上, 两种算法代表着不同的策略(顺序或二分), 至于如何选择, 还取决于一些其他因素:

- 你肯花多长时间用于编程? —— 想要正确写出二分查找算法, 处理各种边界条件会是异常棘手之事。二分查找首个正确版本直到其诞生17年后才到来! 你可以在本节"实现"版块中找个二分查找程序放心大胆地随意运行, 当然你还可以编写一些测试代码, 例如查找集合S中的每个键, 又比如找出任意两键之间的所有键, 看看该程序是否能够全部通过。

- 某些项是否比其他项访问更频繁? —— 在英语中, 有些单词(如"the")比其他单词(如"defenestrate")出现的可能性更高。将最常用的单词置于列表前面, 而将最生僻的单词放入列表后面, 即可减少顺序查找过程中的比较次数。通常而言, 非均匀访问才是常态, 请务必加以重视。现实世界中许多分布都受幂律支配, 而英语单词的使用频率就是一个典型实例, 按Zipf定律(Zipf's law)可对其相当准确地建模。依照Zipf定律, 访问频率排名为i的键($1 \leqslant i \leqslant n$)被选中的概率为访问频率排名为$i-1$的键被选中的概率乘以$(i-1)/i$。

  关于访问频率的信息很容易在顺序查找中用上, 但是要想用到二叉树上就会复杂得多。我们肯定想让常用的键值都接近于树根(以便快速找到它们), 但是这样做的代价是可能失去平衡甚至于退化为顺序查找。不过此类问题可采用动态规划算法构建**最优二叉查找树**(optimal binary search tree)来解决, 关键在于如下视角: 每棵子树的根结点都将子树中的键值空间划分为左右两部分并列于该结点两侧, 而每部分都可表示为一个键值子范围(比原空间更小)之上的最优二叉查找树。显然, 最优树的根结点其选择标准是让对应划分的期望查找开销最小化。

- **访问频率是否会随时间而变化?** —— 虽然上文提到列表或树的结构可以整体重排, 从而能够充分利用频率的有偏分布特性, 但是这需要事先对访问模式有所了解才能实现, 而在许多实际问题中很难提前获取这些信息。因此, 自组织列表是一种更好的方案, 其中键的次序会随着查询情况而实时变化。最好的自组织方案是前移(move-to-front)法: 将最近查询过的键从其当前位置移动到列表首部。受人追捧的键(访问频率高)会火速冲到列表榜首, 而无人问津的键(访问频率低)则渐渐落到列表后面。你不必去记录访问频率, 只需根据规则要求将键直接移动即可。从本质上说, 自组织列表的性能源泉是数据的**引用局部性**(locality of reference), 也就是说对任何键的访问都很可能以接二连三的形式出现, 因此一个最近经常用到的键将持续处于列表靠前的位置, 即便有其他键访问频率更高也不影响这一点。

  自组织策略虽然扩展了顺序查找的适用范围, 但是当元素较多时(阈值不妨还是取100), 我们建议还是转用二分查找更好。当然, 你可以考虑使用**伸展树**(splay tree), 这是一种自组织二叉查找树, 它会将每个刚刚查过的结点旋转到树根, 并能在分摊意义下保持出色的查找性能。

- **键是否就在附近?** —— 已知目标键在位置p右侧, 假设我们判断该键在p附近, 于是采用了顺序查找: 如果猜测正确, 用顺序查找会很快; 但若猜测有误, 那这种方案就太吃亏了。更好的想法则是设定一个不断增大的位置序列:

$$p+1, p+2, p+4, p+8, p+16, \cdots$$

  我们基于此向右不断测试, 直至找到首个位于目标键右侧的键(通过键值判定)。这样可给出一个包含目标的窗(子区间), 随后在其上以传统的二分查找处理即可。这种所谓的单侧二分查找最多只需$2\lceil \log l \rceil$次比较便能找到处于位置$p+l$的目标, 要是$l \ll n$的话, 显然它比直接在整个区间上使用二分查找更快。当然, 如果l较大时(例如接近于n)单侧二分查找会稍慢一些, 但是对数时间其实也慢不到哪里去。实际上, 单侧二分查找在无边界查找问题中特别管用, 比如搜索根的数值解。

- **数据结构是否置于外存上?** —— 键的总数一旦过多, 二分查找就不再算是最佳查找技术了。这种先定位中点再加以比较的方式将会让指针(或下标指示器)在这些键上疯狂乱跳, 而每次比较都需要从外存中读入一个新页。像B树(参见15.1节)或van Emde Boas树(参见本节"注释"版块)这样的数据结构则好得多, 此类结构会尽量将键聚集到同一个内存页中, 以此减少每次查找的磁盘访问量。

- **能否猜出键位于何处?** —— 在**插值查找**(interpolation search)中, 关于键值分布的信息可以帮我们推测下一步该去哪里查找。与二分查找相比, 插值查找可能更准确地诠释我们使用电话簿的过程。设想我们在一本有序的电话簿中查找"乔治·华盛顿"(Washington George), 直接在四分之三位置开始第一次比较应该更为合适, 基本上可谓是事半功倍。[1]

---

[1] 译者注: 按理说这个名字在3/4位置之后, 本来前期需要两次比较(1/2位置和3/4位置), 现在只需一次即可完成。

尽管插值查找相当有吸引力, 但我认为你最好别用, 原因如下: 首先, 你得花费很多时间去优化自己的查找算法, 这样才有希望让插值查找的性能超越二分查找; 其次, 即便你的方案最终优于二分查找, 但通常投入产出完全不成正比, 费了半天劲才让程序快了一点点; 最后, 此类算法的稳健性不强, 若是数据分布发生变更(比如将代码从英语文本处理移植到法语文本处理), 那么其运行速度会大打折扣。

实现　　基本的顺序查找和二分查找算法非常简单, 你应该考虑自己动手实现它们。[1] 话虽如此, C标准库中还是给出了 bsearch 函数, (根据名字可以猜到)它是二分查找的泛型实现。[2] 而C++**标准模板库**(Standard Template Library, STL)同时提供了 find(顺序查找)和 binary_search(二分查找)的算法实现。Java Collections在Java标准版的 java.util 包中提供了 binarySearch。

　　许多数据结构教材都包含了丰富的具体实现, 相关讲解也非常生动。例如伸展树和其他查找结构的Java实现可在Sedgewick的[SW11](https://algs4.cs.princeton.edu/code/)或Weiss的[Wei11] (http://www.cs.fiu.edu/~weiss/)[3]中找到。

注释　*The Handbook of Data Structures and Applications*这本手册[MS18]对字典数据结构的各个方面都给出了非常新的综述, Mehlhorn和Tsakalidis的[MT90b]以及Gonnet和Baeza-Yates的[GBY91]也属于此类综述。Knuth的[Knu97a]全面详细地讨论和分析了基本查找算法和字典数据结构, 可惜诸如红黑树和伸展树的现代数据结构却未论及。

　　线性插值查找在有序数组S的$[l,r]$下标区间中查找应该去探访的下一个位置可定义为

$$l + \left\lfloor \frac{q - S[l]}{S[r] - S[l]} \times (r - l) \right\rfloor$$

其中, q为待查键。[4] 如果键值彼此独立且服从均匀分布, 则期望查找时间为$O(\log \log n)$, 相关证明可参阅[DJP04, PIA78], 不过这只是理论结果, 实际中其实很难达到。

　　将常用键安排在树根附近, 能让二叉查找树更好地利用数据的非均匀访问模式并降低查找时间, 可用动态规划在$O(n \log n)$时间内构造出此类最优查找树[Knu98]。Stout和Warren在[SW86]中给出了一种灵巧的算法, 可通过旋转高效地将二叉树转换为高度最低(也即最为平衡)的形态。

　　与传统二分查找策略相比, 二叉树(或有序数组)凭借其van Emde Boas(一般简写为vEB)结构布局可获得更好的外存性能, 但代价则是更高的程序实现难度。想了解更多相关内容以及其他缓存通配(cache-oblivious)数据结构, 请参阅Arge等的综述[ABF05]。

　　Grover算法可在量子计算机上以$O(\sqrt{n})$时间完成无序数据库中的搜索[NC02]。这里给出简单的直观解释: 量子计算机基于概率而运行, 处于叠加态的n项元素最初设定为等概分布, 但是经过一次振幅放大操作可将目标元素的概率提升到原有概率的$\sqrt{n}$倍, 经过$O(\sqrt{n})$次放大操作之后我们就很有可能(或称以高概率)"采样"出目标元素。

相关问题　字典(15.1节); 排序(17.1节)。

---

[1] 译者注: 在了解二分查找的各种陷阱之后, 其代码实现本身并不难。

[2] 译者注: 基于 void* 实现了泛型。

[3] 译者注: 此句略有修改。另外, Weiss的主页包含了多种程序设计语言的数据结构实现。

[4] 译者注: 此处位置公式略有修改。[PIA78]中的原始实现给出了首尾两个哨兵, 而其下标也并非从0开始。不妨令q分取$S[l]$和$S[r]$代入观察其结果。

17.3 中位数和选择

(输入) 由n个数字或键组成的集合S, 整数k。

(问题) 从集合S中找出那个恰好不小于k个键的元素。
中位数和选择的输入和输出图例如图17.3所示。

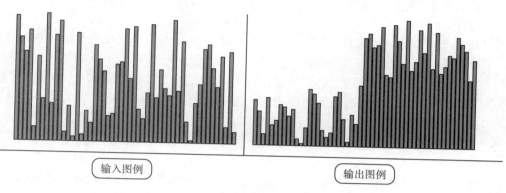

图 17.3 中位数和选择的输入和输出图例

(讨论) 寻找中位数是统计学的基本问题, 因为相比于均值/平均数而言, 中位数能够更稳健地表达"平均"这个概念。在排序问题领域发表过研究论文的学者, 其财富均值仅仅因为一个威廉·盖茨(William Gates)[1]的存在[GP79]便发生显著变化, 但他对此群体财富中位数的影响却只相当于将一个毫无积蓄的研究生不纳入统计。

所谓选择问题指基于某种序关系从集合中找出第k个元素, 寻找中位数其实是此类一般问题的特殊情况。选择问题有以下应用:

- 滤除离群值 —— 处理有噪数据时, 最好舍弃最大的10%和最小的10%。用选择算法可找出对应第10百分位和第90百分位的数据项, 随后将每个数据项与选好的上下界进行比较即可过滤掉离群值(outlier)。

- 确定最有希望的候选者 —— 计算机弈棋程序可对下一步所有可能的着数快速评估打分, 然后更仔细地分析考虑排名靠前的25%, 这仍是一个先选择再过滤的过程。

- 十分位数及相关区段 —— 如果想直观展示人口收入的分布状况, 按薪金排名信息均匀地划分为若干区段再绘制成图表形式是一种不错的方案, 比如基于十分位数的分区点分别位于第10百分位、第20百分位等。要想计算这些值, 只需用选择算法找出若干特定的排名位置便可完成。

- 次序统计量 —— 它们都是选择问题的特例, 在实际中相当有用, 其中包括寻找最小元($k = 1$)、最大元($k = n$)和中位元($k = n/2$)。

---

[1] 译者注: William H. Gates也即比尔·盖茨(Bill Gates), Bill是William的昵称。[GP79]是盖茨上学时与Papadimitriou一起写的论文, 题为 *Bounds for sorting by prefix reversal*, 也就是所谓的煎饼排序(pancake sorting)问题。

　　计算均值/平均数只需线性时间, 将所有元素相加再除以总个数n即可, 但是寻找中位数却是一个比较困难的问题. 不过, 一旦有了中位数算法, 我们可以轻而易举地将其推广为一般的选择算法. 寻找中位数和选择算法的相关主题包括:

- **算法必须得多快?** —— 最简易的寻找中位数算法通过排序完成: 先以$O(n \log n)$时间完成n条数据的排序, 再返回处于$n/2$位置的数据项. 当然排序的作用不仅于此, 除了中位数之外它还给出了更多信息, 有序排列的形态让你可在常数时间选出任意排名第k的元素$(1 \leqslant k \leqslant n)$. 不过, 如果你想要的只是一个中位数, 其实还有更快的算法.

  我们着重介绍快速选择, 这是一种基于快速排序的$O(n)$期望时间算法. 从集合S中随机选择一个数据项作为枢纽元, 据此将集合划分为小于枢纽和大于枢纽这两个子集. 由子集的大小可算出枢纽元在整个序列中的排名, 进而能确定中位数位于枢纽元的左侧还是右侧, 随后到对应子集中递归处理直到收敛于中位数为止.[1] 该算法(平均)需要$O(\log n)$次划分操作, 而每次划分的时间开销大约是前次划分的一半, 这样便形成了几何级数, 于是整个算法只需线性时间. 如果运气不佳, 算法耗时可能会达到$\Theta(n^2)$, 类似于快速排序的最坏情况.

  不过, 还可以设计出更复杂的算法, 在最坏情况下只需线性时间便能找到中位数. 然而, 快速选择这种线性期望时间算法在实际中可能效果更好.

- **若你只有一次机会接触各个元素该怎么办?** —— 处理大数据集需要来来回回与外存交换数据, 选择算法和寻找中位数会相当耗时. 在数据流问题中, 数据量往往过大而不可能全部存储, 因此无法重复读写数据(进而找出真正的中位数). 又比如为了后续分析, 我们需要估计十分位数(摘要统计量)的近似值, 或者我们可能想估计数据流的k阶频率矩.[2]

  解决此问题的一种办法是随机抽样: 可通过抛硬币决定是否保存每个数据值, 若将正面朝上的概率设置得足够小则能确保内存不会溢出. 不妨假设样本的中位数接近于原始数据集的中位数, 因此将其作为估计值是比较合适的. 或者你也可以将数据分成长块迭代处理, 这样得牺牲部分内存来对每个数据块计算相关值(例如十分位数)并予以记录, 然后再将当前块的十分位数融合到历史分布中, 从而以生成更为精细的十分位数.

- **你能多快找到众数?** —— 在均值和中位数之外, 关于"平均"还有第三个概念, 也即**众数**(mode), 它的定义是集合中出现频率最高的元素. 计算众数的最佳策略是先用$O(n \log n)$时间对所有元素排序, 进而形成了由相同元素组成的一系列顺串(run), 最后从左到右线性扫视(sweep)所有顺串并找出最长的那个, 于是便在$O(n \log n)$的总时间之内找到了众数.

  尽管我们也可以用散列方法在线性期望时间内找到众数, 但是请注意, 在最坏情况下并不存在线性时间的众数算法. 实际上, 测试某集合中是否存在两个相同元素(称为元素唯一性问题)其下界为$\Omega(n \log n)$, 而元素唯一性问题等价于"众数是否出现了

---

[1] 译者注: "收敛"常出现于数值算法中, 它在这里只是一个形象的比喻, 意味着问题规模不断缩小.

[2] 译者注: 若数据流中的x_i出现次数为f_i, 对f_i^k求和则为频率矩, 相关细节以及估计算法可参阅[Mu05].

不止一次?"。当众数在整个集合中占比很大时, 利用快速中位数算法还可以继续提升众数算法的性能, 至少在理论上确实有改进。

实现 C++标准模板库(Standard Template Library, STL)提供了基于线性期望时间选择算法实现的泛型函数`nth_element`。有关使用STL和C++标准库的更多详细指南, 请参见Josuttis的[Jos12]、Meyers的[Mey01]和Musser的[MDS01]。

注释 寻找中位数及选择算法的线性期望时间算法都归功于Hoare[Hoa61]。Floyd和Rivest在[FR75]中提出了一种平均比较次数较低的算法。[BvG99, CLRS09, Raw92]这几本书对线性时间选择算法的讲解都非常好, 而其中[Raw92]特别具有启发性。

数据流算法在大规模数据集上应用非常广泛, Muthukrishnan的[Mut05]和Cormode的[CH09]对此给出了很好的综述。

到底需要多少次比较(必须给出显式表达)才能保证必然可找出n个元素的中位数, 很多理论计算机科学家对此非常感兴趣并展开了比拼。Blum等最早在[BFP+72]中提出了线性时间算法, 并证明了cn次比较即可找到中位数。但我们更想知道c如何值, Dor和Zwick已证明, $2.95n$次比较操作足矣[DZ99]。事实上, 这些算法只是试图最小化元素比较的次数而非各种操作的总数, 故而并未催生出实际运行速度更快的算法。对于寻找中位数问题, 目前的比较次数最佳下界依然由[DZ01]的$(2 + \epsilon)n$所保持。

Aigner在[Aig88]中给出了选择问题的紧致组合界。[DM80]提出了一种寻找众数的最优算法。[1]

相关问题 优先级队列(15.2节); 排序(17.1节)。

17.4 生成置换

输入 整数n。

问题 生成长为n的全部/随机/相邻置换。

生成置换的输入和输出图例如图17.4所示。

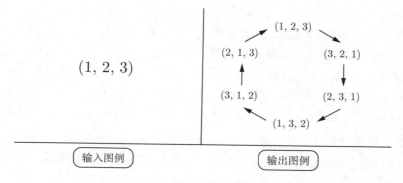

图 17.4 生成置换的输入和输出图例

---

[1] 译者注: 此外, **过半数**(majority)也是一个很有意思的问题, Boyer和Moore在*MJRTY - A Fast Majority Vote Algorithm*中给出了一个线性时间算法。

(讨论) 置换反映了对数据项的安排或次序。许多算法问题旨在寻求一组对象的最佳排列方案，例如旅行商问题(对n个城市花费最低的访问次序)、带宽约减问题(将图中顶点排成一条线并满足其带宽最小)和图同构问题(重排某个图的顶点使该图与另一个图相同)。任何想解决此类问题的算法都必须在运行过程中构造一系列的置换。

n个数据项存在$n!$个置换，而随着n的增加，构造全部置换的难度急剧上升，例如$15! = 1\ 307\ 674\ 368\ 000$，因此$n > 15$时生成全部置换几无可能。像这样的规模应该会浇灭热衷于穷举搜索者的激情，并有助于向这些人解释生成随机置换的重要性。

任何置换生成算法都离不开**序**(order)这个基本概念，生成所有置换最终可形成一个序列，而其元素的先后关系就是"生成序"。最自然的置换生成次序是字典序，只要按数值大小将所有置换排序便会出现。例如$n = 3$时，$(1,2,3),(1,3,2),(2,1,3),(2,3,1),(3,1,2),(3,2,1)$就是字典序形式。尽管字典序自带美学愉悦感，但在实用方面通常并不具备特别优势。例如要在一堆文件中查找，每次看到的文件名是否按字典序出现其实并不重要，只要你最后能查完所有文件就行。实际上，非字典序反倒会引出更快速且更简单的置换生成算法。

构造置换有两种不同的典型策略：排位/译算方法和迭代变换法。一般而言，后者更高效，但前者可解决的问题类型更广泛。排位/译算的关键是在长为n的置换p上定义排位函数并在整数序偶(m,n)上定义译算函数(限定$0 \leqslant m \leqslant n! - 1$):

- 排位函数$\mathrm{Rank}(p)$ —— 在给定的生成序中，置换p位于何处？通常而言，排位函数是递归的。不妨考虑如下定义：基础情形为$\mathrm{Rank}((1)) = 0$，对于$d > 1$时$\{1,2,\cdots,d\}$的某个置换$p^{(d)} = (p_1,p_2,\cdots,p_d)$其排位为

$$\mathrm{Rank}(p^{(d)}) = (p_1 - 1) \times (d-1)! + \mathrm{Rank}((p_2,\cdots,p_d))$$

我们得让$(p_2,\cdots,p_d)$对应整数1到$d-1$的置换才能确保排位函数的计算能够继续递归，也就是说删除$(p_1,p_2,\cdots,p_d)$首个元素后所剩较短置换中的元素必须重新编号。这就解释了在下面的例子中，$(1,3)$为何会神奇地变成$(1,2)$，并且(2)怎么又突然换成了(1):

$$\mathrm{Rank}((2,1,3)) = (2-1) \times 2! + \mathrm{Rank}((1,2)) = 2 + (1-1) \times 1! + \mathrm{Rank}((1)) = 2$$

- 译算函数$\mathrm{Unrank}(m,n)$ —— n个数据项可生成$n!$个置换，其中哪个处于位置m？译算函数通常会先找出与m最近的某个$(n-1)!$的倍数(但不大于m)，再继续递归计算。不妨考虑$\mathrm{Unrank}(2,3)$: 置换的首元素必然为"2"，这是因为$(2-1) \times (3-1)! \leqslant m = 2$，但是$(3-1) \times (3-1)! > m = 2$;[1] 从$m = 2$中减去$(2-1) \times (3-1)!$, 则可转为更小的$\mathrm{Unrank}(0,2)$计算问题; 排名为0意味着置换中的元素有序排列，由于只剩下两个元素1和3(因为2已使用)，因此该置换为$(1,3)$; 于是$\mathrm{Unrank}(2,3) = (2,1,3)$。

排位函数和译算函数互为逆运算，至于它们到底如何定义倒无所谓。换言之，对任意置换p, $p = \mathrm{Unrank}(\mathrm{Rank}(p),n)$必须都成立。一旦给出置换的排位函数和译算函数，我们就可以完成许多不同的任务：

---

[1] 译者注：译算的依据是排位函数，易知首元素为$\lfloor m/(n-1)! \rfloor + 1$，代入可知结果为2。

- **循规生成置换**[1] —— 要想确定排在置换p之后的相邻置换, 可以先调用排位函数 Rank, 将其结果加1再调用译算函数Unrank即可。类似地, 排在置换p之前的相邻 置换应该是$\text{Unrank}(\text{Rank}(p) - 1, n)$, 其中$n$为$p$的长度。对从0到$n! - 1$的所有整数, 依次译算得出其置换, 就相当于生成所有置换。

- **随机生成置换** —— 在0到$n! - 1$之间随机选择一个整数, 对其译算即可得到一个真 正的随机置换(前提是要有真随机数)。

- **记录一组置换** —— 假设在生成随机置换的过程中, 我们只对此前从未出现过的置 换感兴趣。不妨构造一个初始全为0的$n!$元位向量(参见15.5节), 生成置换p则将位 向量第$\text{Rank}(p)$位设成1, 换言之, 位向量第i位的值若为1则意味着之前肯定已生成 过置换$\text{Unrank}(i, n)$。此前1.8节中的彩票问题对k元子集就曾采用过类似技术。

这种排位/译算方法非常适用于n值较小的情形, 而随着n的增加, $n!$将迅速超出计算机 系统内置整数的表示范围。此时迭代变换法便可发挥作用, 它会给出下一置换和上一置换 操作, 以此将一个置换转换为另一个置换, 这通常只需交换置换中的两个元素即可。不过这 种方法的难点在于如何安排交换次序, 从而不重不漏地生成全部$n!$个置换。本节的输出图 例展示了集合$\{1, 2, 3\}$的生成序(共6个置换), 相邻置换彼此仅用一次交换即可。

使用迭代变换法循规生成置换尽管需要技巧但却形式简洁, 它通常精炼到仅需十几行 代码即可实现。若要寻找代码, 可参见本节"实现"版块的相关内容。因为迭代变换法本质 上仅执行交换操作, 所以这些算法每次变换会非常快, 只需常数时间且与置换本身的长度无 关! 而秘诀则是将置换表示为长为n的数组, 如此即可迅速交换。在某些应用程序中, 只有 置换间的变更才值得重视。例如在查找旅行商问题最佳巡游的蛮力搜索程序中, 在前一置 换对应巡游的基础上增减四条边, 即可迅速算出新置换所对应的巡游开销。

在整个讨论过程中, 我们一直假设所有参与置换的数据项都是完全不同的。不过有的 问题中可能会出现重复元素(这意味着我们面对的是一个多重集), 此时若能避开相同置 换, 你就可以节省大量的时间和精力。例如多重集$\{1, 1, 2, 2, 2\}$仅有10个不同的置换, 而 不是$5! = 120$个。为了避免重复情况, 请使用回溯法并按字典序生成置换。

生成随机置换是个很重要的小问题, 人们经常碰巧会撞上, 但也屡屡轻敌而落败。正确 的方式(算法47)只需寥寥几行代码便可在线性时间内完成(其中$U(a, b)$可均匀地生成一个a 和b之间的随机整数), 也即所谓的Fisher-Yates洗牌算法。

算法 47　Shuffle(A)

```
1  for i from 1 to n do
2  │   a_i ← i
3  end
4  for i from 1 to n do
5  │   交换 a_i 与 a_{U(i,n)}
6  end
```

---

[1] 译者注: 这是[NW78]中一个比较特别的概念, 也即"sequencing"(若是译为"依次生成"不能体现其重要性), 可理解为按照特 定的"生成序"规则构造置换。

算法47能以等概率方式随机生成所有置换, 但是乍一看似乎有点让人困惑。如果你没看明白, 可以针对算法48为何不能均匀生成置换给出令人信服的解释。[1]

算法 48 Wrong(A)

```
1  for i from 1 to n do
2  │   a_i ← i
3  end
4  for i from 1 to n − 1 do
5  │   交换 a_i 与 a_{U(1,n)}
6  end
```

以上这些微妙之处足以说明为什么你必须极其谨慎地对待随机生成算法。其实我建议在真正使用任何随机生成器之前, 你都应该对其进行较为充足的实验。例如, 不妨生成10 000个长度为4的随机置换, 并验证所有24个不同的置换其出现次数大致相同。如果你知道如何检验统计显著性, 那么这种随机置换用起来信心就更足了。

实现 C++标准模板库(Standard Template Library, STL)提供了以字典序生成置换的下一置换函数(next_permutation)和上一置换函数(prev_permutation)。FXT算法库(http://www.jjj.de/fxt/)提供了数量惊人的C++函数, 可用于生成各种各样的组合式对象, 其中就包括置换和循环置换。

由维多利亚大学的Frank Ruskey开发的Combinatorial Object Server是一个非常独特的资源(http://combos.org/), 可生成置换、子集、划分、图和其他组合式对象, 而其交互式界面还允许你指定自己所需的输出格式, 不妨去看看。此外, 该网站提供源代码下载, 具体实现语言包括C、Pascal和Java。

Nijenhuis和Wilf关于生成组合式对象的论述[NW78]虽然年代久远但依然极具参考价值。作者给出了高效的Fortran语言实现, 可生成随机置换, 并能以相邻置换变更最少的方式循规生成置换, 此外书中还提供了一些提炼置换循环结构的子程序。更多信息可参阅22.1.9节。

Combinatorica(参见22.1.8节)[PS03]提供了构造随机置换、以相邻置换变更最少的方式循规生成置换和以字典序循规生成置换等算法并用Mathematica函数实现, 还给出了用回溯法在多重集合上构造所有不同置换的函数, 并支持各种置换群操作。

注释 关于置换生成算法, 最好且较新的参考文献当数Knuth的[Knu11]。Sedgewick关于该主题的精彩综述[Sed77]要早一些, 不过该领域的进展并不算迅速。此外, [KS99, NW78, Rus03]中也有很好的论述。

快速置换生成方法讲究的是: 在相邻置换之间只允许进行一次交换。Johnson-Trotter算法[Joh63, Tro62]满足一个更强的条件, 也即所交换的两个元素也总是相邻的。Myrvold和Ruskey针对置换给出了简单的排位函数和译算函数且只需线性时间[MR01]。

Markov链生成方法通过随机转移(比如交换)来构造随机对象。按照6.2.1节对优惠券收集者问题的分析, 对恒同置换$(1, 2, \cdots, n)$使用$\Theta(n \log n)$次随机交换, 就足以构造出一个随

---

[1] 译者注: 原书以彩色字体标记两个算法的差异, 也即$U(i, n)$和$U(1, n)$之别。

机置换了，以上基于交换的随机置换生成算法是本书首创。Sinclair提出了Markov链生成理论[Sin12]。

在准备上机编程之前，建议先阅读附有随机置换表的书籍[MO63]，而不是只关注算法。

相关问题 随机数生成(16.7节); 生成子集(17.5节); 生成划分(17.6节)。

17.5 生成子集

输入 整数n。

问题 生成整数集$U = \{1, 2, \cdots, n\}$的全部/随机/相邻子集。

生成子集的输入和输出图例如图17.5所示。

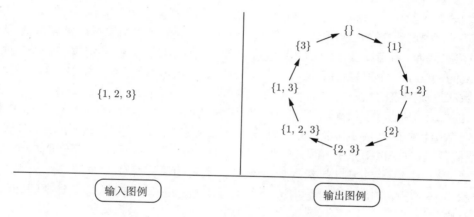

图 17.5 生成子集的输入和输出图例

讨论 子集所描述的是从原有集合中选出的一组对象，至于对象之间的次序并不重要。许多重要的算法问题都致力于探寻某个集合的最佳子集: **顶点覆盖**(vertex cover)问题要寻求顶点的最小子集，并确保能触及图中每条边; **背包**(knapsack)问题则是在总容量受限的条件下寻找最有价值的物品子集; 而**组集**(set packing)问题得在一些子集之中挑出数目最少的若干子集，并确保全集中的每个元素皆可覆盖且恰好只被一个子集覆盖。

包含n个元素的集合共有2^n个不同子集，包括空集和该集合本身。随着n的增加，子集数量呈指数级增长，但与n项数据的$n!$个置换相比，其增长速率要慢得多。考虑20个元素所组成的集合，由于$2^{20} = 1\,048\,576$，实际上用蛮力搜索去穷举该集合的所有子集还是很容易的。不过$2^{30} = 1\,073\,741\,824$，这就意味着$n$值再大一点便会抵达当前算力水平的极限。

根据定义可知，元素间的相对次序并不是区分子集的依据，因此$\{1, 2, 5\}$和$\{2, 1, 5\}$其实是完全相同的子集。不过基于某种序关系维护子集其实是一个很好的主意，例如字典序或正则序(canonical order)，此举可让某些操作提速，例如检验两个子集是否等同。

与置换(参见17.4节)的情形一样，子集生成问题的关键是在所有2^n个子集中构建一种数值化的序列。下面列出三种主要方案以供选择:

- **字典序** —— 这意味着对子集排序, 通常也是生成组合式对象最自然的方案。按照字典序, $\{1,2,3\}$ 的8个子集依次是 $\{\}$、$\{1\}$、$\{1,2\}$、$\{1,2,3\}$、$\{1,3\}$、$\{2\}$、$\{2,3\}$ 和 $\{3\}$。然而, 按照字典序生成子集却绝非易事, 除非有一个令人信服的理由让你非这样做不可, 否则就别自找麻烦了。

- **格雷码** —— 以相邻变更最少的方式循规生成子集特别有趣也极为有用, 其中相邻子集的差异仅在于刚好插入/删除一个元素。此类"生成序"一般称为格雷码 (Gray Code), 正如本节的输出图例所示。

  按格雷码生成子集会非常快, 原因在于其中存在一个很妙的递归结构。先构造 $n-1$ 元格雷码 G_{n-1}, 再将 G_{n-1} 的副本翻转, 并在该副本中的每个子集里添加元素 n, 最后将两者拼在一起即可获得 G_n。研究一下本节的输出图例, 就能明白这一点。[1]

  由于相邻子集间仅有一个元素变更, 所以基于格雷码的穷举搜索算法会相当高效。一个集合覆盖程序只需添加/删除一个子集, 即可更新所覆盖的范围。有关格雷码子集生成程序, 请参见本节"实现"版块。

- **二进制计数** —— 解决子集生成问题最简单的方法基于以下观点: U 的每个子集 S 可基于 U 中属于 S 的元素所定义。我们可以用一个 n 位二进制字符串来表示 S, 其中第 i 位取值为1当且仅当 i 属于 S。这便在 2^n 个长度为 n 的二进制字符串和 2^n 个 U 的子集之间定义了一个双射 (注意 n 在两者之间的关联作用)。对于 $n=3$ 的情况, 二进制计数法生成子集的次序为: $\{\}$、$\{3\}$、$\{2\}$、$\{2,3\}$、$\{1\}$、$\{1,3\}$、$\{1,2\}$、$\{1,2,3\}$。

  这种二进制表示法是解决所有子集生成问题的关键。要按次序生成全部子集, 只需从0计数到 2^n-1, 对于每个整数以其二进制表达式的所有位依次对元素施以"掩码"操作, 也即选择值为1的位置所对应的元素组成子集。要生成"后一子集"或"前一子集", 只需将此整数加1或减1。子集的译算操作完全等同于上述掩码过程; 而子集的排位操作则是构造一个二进制数, 其值取1的位与子集中的元素完全对应。

  要生成随机子集, 不妨先生成一个0到 2^n-1 之间的随机整数再译算即可, 但是以上取值范围过大, 而随机数生成器的舍入规则可能会致使某些子集永远无法生成。实际上, 抛掷 n 次硬币会更好一些, 第 i 次抛掷结果可决定元素 i 是否属于该子集。随机生成实数或较大的整数, 并判断该数究竟大于还是小于其取值范围的一半, 以此可以更为稳定地模拟硬币抛掷过程。

在实际中经常还会出现两个与集合生成密切相关的问题:

- **k 元子集** —— 我们有时无意于构造所有子集, 而可能只对恰好包含 k 个元素的子集感兴趣。这样的子集共有 $\binom{n}{k}$ 个, 其值远小于 2^n, 特别是当 k 较小时。

  构造所有 k 元子集的最好方法是以字典序生成, 其排位函数基于以下观点: 以 i 为最小元素的 k 元子集共有 $\binom{n-i}{k-1}$ 个。据此我们可以确定 U 的第 m 个 k 元子集中的最小元素, 然后继续递归地确定该子集的其余元素。详情可参阅本节"实现"版块。

---

[1] 译者注: 例如 G_2 对应子集序列为 $\{\}$、$\{1\}$、$\{1,2\}$、$\{2\}$, 将其副本翻转后得到 $\{2\}$、$\{1,2\}$、$\{1\}$、$\{\}$, 再向该副本中的子集逐个添加3可得 $\{2,3\}$、$\{1,2,3\}$、$\{1,3\}$、$\{3\}$, 拼接后则可得到 G_3 所对应的子集序列。

- **字符串** —— 生成所有子集等价于生成所有2^n个"0/1"字符串。这种基本技术同样适用于在字母表$\mathcal{A}$上生成全部字符串，只不过此种情况下共有$|\mathcal{A}|^n$个字符串。当然，随机字符串也很容易生成。

实现 FXT算法库(http://www.jjj.de/fxt/)提供了数量惊人的C++函数，可用于生成各种各样的组合式对象，其中就包括子集和k元子集，可在源代码的comb文件夹下找到。

由维多利亚大学的Frank Ruskey开发的Combinatorial Object Server是一个非常独特的资源(http://combos.org/)，可生成置换、子集、划分、图和其他组合式对象，而其交互式界面还允许用户指定自己所需的输出格式，不妨去看看。此外，该网站提供源代码下载，具体实现语言包括C、Pascal和Java。

Nijenhuis和Wilf的[NW78]是一本极好的关于组合式对象生成的参考书。作者给出了高效的Fortran语言实现，可构造随机子集，并能分别以格雷码和字典序循规生成子集。此外书中还提供了一些构造随机k元子集以及通过字典序循规生成k元子集的子程序。更多信息可参阅22.1.9节。

Combinatorica(参见22.1.8节)[PS03]提供了多个关于子集生成的Mathematica函数，它可构造随机子集，并能以不同方式(格雷码、二进制计数和字典序)循规生成子集，还能构造随机k元子集以及通过字典序循规生成k元子集。

注释 子集生成方面的最佳文献是Knuth的[Knu11]，而[KS99, NW78, Rus03]也很不错。Wilf的[Wil89]是对[NW78]的增补，全面深入地讨论了现代意义下的格雷码生成问题。

格雷码的设计[Gra53]最初是为了用于在模拟信道中以稳健的方式传输数字信息。若按格雷码形式依次分配码字，第i个码字与第$i+1$个码字只会略有不同，因此模拟信号强度的微小波动只会损坏个别的比特位。此外，格雷码与超立方体上的哈密顿环有着极好的对应关系。Savage的[Sav97]这篇综述列举了许多种组合式对象(当然子集也在其中)对应的格雷码，也即相邻变更最少的生成序。Ruskey和Williams设计了一种很有意思的新方法[RW09]，可基于位串旋转来生成k元子集。

ThinkFun(原Binary Arts公司)开发的流行益智游戏Spinout®可利用类似格雷码的思想去求解。

相关问题 生成置换(17.4节)；生成划分(17.6节)。

17.6 生成划分

输入 整数n。

问题 生成n的全部/随机/相邻(整数)划分，或对包含n个元素的集合生成全部/随机/相邻划分。

生成划分的输入和输出图例如图17.6所示。

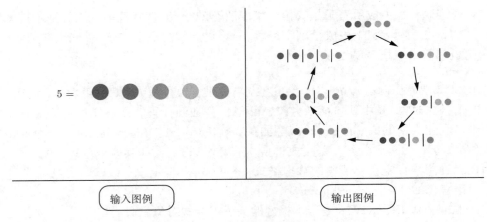

图 17.6 生成划分的输入和输出图例

(讨论) 有两种不同类型的组合式对象, 其名称涉及同一个词"划分"(partition), 那就是整数划分和集合划分。两者是迥然不同的概念, 但把它们都变成你能理解的术语将会大有裨益

- **整数划分**(integer partition)[1]是一个由非零整数(称为划分元)组成的多重集合, 其元素之和恰好为n。例如, 5的7个不同整数划分为

$$\{5\}, \{4,1\}, \{3,2\}, \{3,1,1\}, \{2,2,1\}, \{2,1,1,1\}, \{1,1,1,1,1\}$$

我见过一个需要生成整数划分的有趣问题——模拟核裂变。当原子受到撞击时, 原子核会裂变成一组更小的核碎片, 其中粒子的总数n必然和原子核初始情况完全一样。因此, n的整数划分就代表了原子裂变的所有可能。

- **集合划分**(set partition)则是将元素$\{1, 2, \cdots, n\}$划分为非空子集。当$n = 4$时, 不同的集合划分共有15个:

$$\begin{array}{lll}
\{\{1,2,3,4\}\}, & \{\{1,2,3\},\{4\}\}, & \{\{1,2,4\},\{3\}\}, \\
\{\{1,2\},\{3,4\}\}, & \{\{1,2\},\{3\},\{4\}\}, & \{\{1,3,4\},\{2\}\}, \\
\{\{1,3\},\{2,4\}\}, & \{\{1,3\},\{2\},\{4\}\}, & \{\{1,4\},\{2,3\}\}, \\
\{\{1\},\{2,3,4\}\}, & \{\{1\},\{2,3\},\{4\}\}, & \{\{1,4\},\{2\},\{3\}\}, \\
\{\{1\},\{2,4\},\{3\}\}, & \{\{1\},\{2\},\{3,4\}\}, & \{\{1\},\{2\},\{3\},\{4\}\}
\end{array}$$

以集合划分作为输出的算法问题有顶点/边着色和连通分量。

尽管整数划分的总量随n呈指数级增长, 但其变化速度却出奇的慢。当$n = 20$时只存在627个划分, 而枚举$n = 100$时的所有整数划分也未尝不可, 因为总共仅有190 569 292个划分。

生成整数划分最简单的方法是按逆字典序来构造。首个划分是$\{n\}$本身, 随后按以下规则重复执行: 先在大于1的数中找出最小元p拆成$p - 1$和1, 然后重新到当前仍大于1的数中再次找出最小元q, 最终收集所有为1的元素并尽可能将其合并为q。例如$\{4, 3, 3, 3, 1, 1, 1, 1\}$

---

[1] 译者注: 也译为"整数分拆"。

的"下一划分"是$\{4,3,3,2,2,2,1\}$, 因为$3-1=2$是当前大于1的数中的最小元, 而现在有5个1, 肯定要打包合并为$2,2,1$。当划分的所有元素都缩减为1时则结束构造, 这样我们只用一遍即可找出整数的全部划分。

这个算法的程序编写相当复杂, 你最好到本节"实现"版块中挑一个来用。无论你如何选择都应该测试$n=20$的结果, 确保能刚好得到627个不同的划分。

均匀地随机生成整数划分是一件比随机生成置换或子集更棘手的事情, 这是因为首个(也是最大的)划分元的选择将对随后能够生成的划分总数产生显著影响。例如, 若将n的最大划分元定为1那么只会有一个整数划分, 也就是$\{1,1,\cdots,1\}$。由于任何整数划分要么包含k这个划分元, 要么不包含k, 所以, 若n的最大划分元不超过k时, 其整数划分的总量$P_{n,k}$遵循如下递推式:

$$P_{n,k}=P_{n-k,k}+P_{n,k-1}$$

两个边界条件分别是$P_{n,1}=1$和$P_{x-y,x}=P_{x-y,x-y}$(其中$y\leqslant x$)。第二个条件乍看有点怪, 但却正确无误: 例如$P_{3,5}$必然等于$P_{3,3}$, 这是因为3的整数划分中, 不可能有谁的最大划分元是4或5。这样一来, 我们可基于$P_{n,k}$的函数值算出相关概率, 再据此选择随机划分的最大划分元, 然后通过递归方式便能最终构造出整个随机划分, 本节"实现"版块给出了相关资源。

随机整数划分往往拥有大量相当小的划分元, 而Ferrers图则是一种很好的可视化方案, 图17.7给出了一个实例(读者可先忽略点的颜色深浅问题)。Ferrers图中各行分别对应着各个划分元并按其值递减排序, 而各划分元的取值由该行的点数表示, 这样的图提供了一个研究整数划分的好方法。

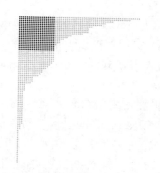

图 17.7　一个随机整数划分的Ferrers图($n=1000$)

Ferrers图在评估学术研究人员的作品成就方面有一个应用。研究论文常常会被其他研究论文引用, 而更高的引用次数可能对应着更重要的工作。如果某学者发表的h篇论文都曾得到过至少h次引用, 那么满足以上条件的最大h值就是该学者的**高被引指数**(H-index)。若将某位作者的被引用情况绘成Ferrers图, 高被引指数就相当于图中左上能容纳的最大正方形边长。[1]

集合划分可以使用类似于整数划分的生成技术。每个集合划分可被编码为**受限生长串**(restricted growth string), 也即序列$a_1,\cdots,a_n$,[2] 其中:

---

[1] 译者注: 图17.7中深色点表明该作者的高被引指数为19。此外, 原书的图中点数之和不等于1000且深色区域不是正方形, 此处予以重新绘制。

[2] 译者注: 也称为**受限生长函数**(Restricted Growth Function, RGF), 原书即采用此名, 实际上"受限生长串"更贴切一些。

$$\begin{cases} a_1 = 0 \\ a_i \leqslant 1 + \max(a_1, \cdots, a_{i-1}) \quad (i = 2, \cdots, n) \end{cases}$$

序列中取值不同的数字标记着划分的一个子集或称为块, 而以上生长条件可确保所有块以正则序(canonical order)排列(序关系根据块中最小元判定)。例如受限生长串 0, 1, 1, 2, 0, 3, 1 定义了集合划分 $\{\{1,5\}, \{2,3,7\}, \{4\}, \{6\}\}$。[1]

　　既然集合划分和受限生长串之间存在着一对一的等价关系, 我们就可以在受限生长串上用字典序对集合划分进行排位。实际上, 前文所列 $\{1,2,3,4\}$ 的15个集合划分便是根据其受限生长串的字典序排列(不妨检查一下)。

　　如同整数划分的做法, 我们可以使用类似的计数策略生成随机集合划分。第二类Stirling数 $\{{n \atop k}\}$ 可表示 $\{1, 2, \cdots, n\}$ 中恰好由 k 个块组成的那些集合划分总数, 计算所用递推式为

$$\begin{Bmatrix} n \\ k \end{Bmatrix} = \begin{Bmatrix} n-1 \\ k-1 \end{Bmatrix} + k \begin{Bmatrix} n-1 \\ k \end{Bmatrix}$$

其边界条件为 $\{{n \atop n}\} = \{{n \atop 1}\} = 1$, 可参阅本节"注释"版块了解更多细节。

(实现)　FXT算法库(http://www.jjj.de/fxt/)提供了数量惊人的C++函数, 可用于生成各种各样的组合式对象, 其中就包括整数划分与整数的**构成**(composition), 可在源代码的comb文件夹下找到。Kreher和Stinson在[KS99]中基于字典序分别给出了整数划分与集合划分的生成, 以及相关排位/译算函数, 可访问http://www.math.mtu.edu/~kreher/cages/Src.html获取其C语言实现。

　　由维多利亚大学的Frank Ruskey开发的Combinatorial Object Server是一个非常独特的资源(http://combos.org/), 可生成置换、子集、划分、图和其他组合式对象, 而其交互式界面还允许你指定自己所需的输出格式, 不妨去看看。此外, 该网站提供源代码下载, 具体实现语言包括C、Pascal和Java。

　　Nijenhuis和Wilf的[NW78]仍然是生成组合式对象的宝贵资源。作者针对整数划分、集合划分、构成和杨氏表(Young tableaux)这些组合式对象的构建给出了高效的Fortran语言实现, 既可随机生成也能循规生成, 更多信息可参阅22.1.9节。

　　Combinatorica(参见22.1.8节)[PS03]针对整数划分、构成、字符串和杨氏表这些组合式对象的构建算法给出了相关的Mathematica函数实现, 并提供随机生成和循规生成两种机制。此外, Combinatorica还能对以上对象进行计数等其他操作。

(注释)　Knuth的[Knu11]是兼顾整数划分和集合划分生成算法的最佳文献, [KS99, NW78, Rus03, PS03]的讲解也很棒。Andrews的[And98]是整数划分及相关主题的首选参考, 而[AE04]对其有着更通俗易懂的介绍。Mansour的[Man12]是一本关于集合划分的专著。

　　整数划分和集合划分都是多重集合(不一定要求元素相异)划分的特例, 相关讨论可见Knuth的[Knu11]。特别地, 多重集合 $\{1, 1, 1, \cdots, 1\}$ 上的各种集合划分恰好与整数划分完全对应。

---

[1]　译者注: 0, 1, 1, 2, 0, 3, 1对应1, 2, 3, 4, 5, 6, 7, 例如受限生长串中取值为1的位置对应了2, 3, 7这三个元素, 也即子集 $\{2,3,7\}$。

Knuth的[Knu11]详细介绍了组合式对象生成的(漫长)历史, 其中特别有趣的是集合划分和一款日本焚香游戏之间的联系, 在$n = 5$时游戏共有52个焚香模式/集合划分, 为了便于记忆, 当时的人们取用《源氏物语》(*The Tale of Genji*)的不同章名加以标记。顺便提一句: 就目前所知,《源氏物语》也许是世界上最早的小说。

2015年的电影《知无涯者》[1]讲述了印度天才数学家Ramanujan的生活, 即是围绕着他那令人惊叹的整数划分近似计数公式而展开的。

还有两个相关的组合式对象, 即杨氏表和整数的构成, 不过它们不太可能出现在实际代码当中, 两者的生成算法皆可参见[NW78, Rus03, PS03]。

杨氏表是整数$\{1, 2, \cdots, n\}$的二维布局, 其每行元素的个数由n的一个整数划分定义。此外, 每行每列元素皆按递增次序排布, 且所有行靠左对齐。杨氏表的这种造型使得许多种结构都可变成其特例, 同时衍生了不少有趣的性质, 例如在杨氏表和置换之间存在双射。

将n个无区别的球放入k个有区别的盒子之中, 其分配方案就是构成。例如我们可以按4种方法将3个球放进2个盒子中, 也即$(3, 0), (2, 1), (1, 2), (0, 3)$。我们按照字典序可以很容易地循规生成这种组合式对象, 而要随机生成的话, 则可使用17.5节的算法先对$n + k - 1$个元素选取一个随机的$(k - 1)$元子集, 再统计每两个所选元素之间未选项的数目即可。例如$k = 5$且$n = 10$(于是$n + k - 1 = 14$), 则$1, 2, \cdots, (n + k - 1)$的某个4元子集$\{1, 3, 7, 14\}$便可定义出构成$(0, 1, 3, 6, 0)$, 因为元素1的左边和元素14的右边都空无一物。

相关问题 生成置换 (17.4节); 生成子集(17.5节)。

17.7 图的生成

输入 描述待建图的参数: 顶点数n, 边数m/边概率p。

问题 生成可满足输入参数的全部/随机/相邻图。

图的生成的输入和输出图例如图17.8所示。

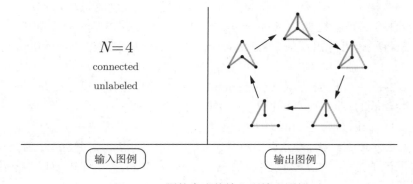

$N = 4$
connected
unlabeled

输入图例   输出图例

图 **17.8** 图的生成的输入和输出图例

---

[1] 译者注: 原书*The Man Who Knew Infinity: A Life of the Genius Ramanujan*更值得一读。

讨论　图生成问题[1]通常出现在为程序构建测试数据之时。对同一问题或许现在有两个不同程序可用，你想看看哪个更快，或者想知道两者是否能给出相同答案(一般来说不太会出现差异)。另一个应用在于实验图论(experimental graph theory)领域，通常是验证某个特定性质是否适用于所有图。对15个顶点的所有可平面图完成四色验证后，你会更倾向于相信四色定理。

许多因素会使图生成问题复杂化。首先，请确保你清楚地了解要生成什么类型的图。不妨回顾第7章的内容，那里讨论过图的几个重要特性。就生成目的而言，最重要的问题是：

- 我想要有标图还是无标图？—— 这个问题的实质在于，在判断两个图是否相同时，各顶点的名称是否会影响结果。[2] 在生成有标图时，我们会构造所有的图拓扑结构并在其上给出所有的编号方案；而在生成无标图时，我们会忽略编号，只需为每种图拓扑结构指定一个代表即可。比如3个顶点上只有2个连通的无标图，也即一个三角形和一条简单路径。但是3个顶点上却有4个连通的有标图，也即一个三角形和三条3顶点路径，而这些路径彼此的区别在于其中间顶点的名称不同。一般来说有标图更容易生成，然而你很可能会被寥寥几个图的众多同构副本拖入泥潭。
- 我想要有向图还是无向图？—— 大多数无需刻意设计的生成算法所构建的都是无向图。而图的方向性其实会反映在整体上：例如通过抛硬币随机标定边的方向，可将无向图转换成有向图；若将所有顶点随机地排列在一条直线上并让各条边从左指向右，那么任何图就变成了有向无环图(一般缩写为DAG)。看了以上这些思路和输出结果之后，你就必须仔细分析考虑所用的算法是否真能随机均匀地产生图，并权衡它对你的问题会产生多大的影响。

你还必须明确界定所言"随机"的含义。随机图有三种基本模型，它们依据不同的概率分布来构建图：

- 随机边生成 —— Erdős-Rényi模型以给定的边概率p为参数，它通过抛硬币的方式来决定是否在每对顶点x和y之间添加一条边(x,y)。当$p=1/2$时，所有的有标图将以相同概率生成，而更小的p值可用于构造更稀疏的随机图。
- 随机边选择 —— 该模型以待建边数m作为参数，它会随机均匀地选择m条不同的边：一种方法是随机抽取点对(x,y)，如果它尚不在图中则将其创建为边；另一种方法则是将所有可能出现的$\binom{n}{2}$条边置于集合中，再从中选出一个随机m元子集(详见17.5节)。
- 择优连接 —— 根据"富者更富"(rich-get-richer)模型，新建边指向度较高的顶点比指向度较低的顶点其可能性更大。不妨想一下由网页所组成的图，若向其中添加新链接(边)，在所有合理的网络生成模型中，下一个链接都更有可能指向Google，而不是www.algorist.com站点。[3] 在考虑是否选择某顶点与之链接时，若定义选中概率正比于该顶点的度，那么所生成的图便具有幂律特性，而在很多现实网络中会经常遇见此情形。

---

[1] 译者注：本节尽量避免出现"生成图"和"生成树"的字样，特别是后者，它很容易和广为流传的"最小生成树"这个词相混淆。
[2] 译者注：本节统一使用自然数作为图(以及树)的标签，也即编号。
[3] 请从你的主页链接到我们的站点，从而修正这种拙劣的模型表现。

在这些选项中哪个最适合为你的实际问题建模? 也许, 它们全都不行。根据定义可知, 随机图几乎没有具体的结构, 而你要知道"图"这个概念常常用于对高度结构化的关系进行建模。随机图上的实验运行起来虽然比较有趣且易于实现, 但往往却给不了你想要的东西。

能替代随机图的是"天然"图——这种图反映了真实世界众象之间的关系。网络上有许多现成的关系数据, 仅需要写点程序再外加想象力, 即可将其变成非常有意义的天然图。考虑由一组网页所定义的图, 两个页面之间若有超链接则意味着存在一条边。当然你还可以换别的图, 例如铁路、地铁或航空网络同样能够定义为图, 以停靠站为顶点, 而两个直达站点可连为边。

最后我们讨论两类图, 它们的生成算法特别值得关注:

- 树 —— Prüfer码提供了一种排位和译算有标树的简单方法, 一举解决了所有常规的生成问题(见17.4节)。在 n 个结点上恰好有 n^{n-2} 棵有标树, 而在字母表 $\{1, 2, \cdots, n\}$ 上也恰好有这么多个长为 $n-2$ 的字符串。

  Prüfer双射的关键在于——每棵(自由)树至少有两个度为1的结点。因此在任何有标树中, 与编号最小的叶子 u 相连的结点 v 是明确的。将 v 取作字符串编码 S 的第一个字符 s_1, 然后删除 u。我们不断重复此过程, 直至只剩下两个顶点。如此这般, 便可为任意有标树定义唯一的编码 S 并可用于对树进行排位。要将字符串编码转换成树, 首先得观察到原树中编号最小的叶子 u 其实是 S 中缺失的最小整数, 将 u 与 s_1 (也即 v)相连即可确定树的第一条边, 随后按照归纳法即可获得整棵树。

  无标有根树的高效生成算法将在"实现"版块予以讨论。

- 度值序列转图 —— 图 G 的度值序列是一个整数划分 $p = \{p_1, p_2, \cdots, p_n\}$, 而 G 中顶点度值排第 i 位的那个顶点的度值即为 p_i。每条边对所连两个顶点的度值都有贡献, 所以 p 是 $2m$ 的整数划分, 其中 m 是图 G 的边数。

  并非所有划分都有图的度值序列与其对应。然而如果存在对应的话, 那么利用所给的度值序列即可递归构造出一个满足要求的图。如果存在图 G 与划分 p 相对应, 则 G 中度最高的顶点 v_1 可连接到度值紧随其后的 p_1 个顶点, 也即划分元 $p_2, \cdots, p_{p_1+1}$ 所对应的顶点。随后重置 p_1 为0, 并将 $p_2, \cdots, p_{p_1+1}$ 皆减1, 得出一个更小的整数划分。照此递归执行, 如果在终止之前没有产生出负的划分元, 则该划分将被转化为图。由于我们总是将度最高的顶点连接到度值排名靠前的那些顶点, 所以在每次处理后有必要按大小次序重排划分元。

  虽然这种构造具备确定性, 但只需借用换边(edge-flipping)操作, 即可通过 G 生成一系列满足所给顶点度值序列的半随机(semi-random)图。假设图 G 中包含边 (x, y) 和 (w, z), 但边 (x, w) 和 (y, z) 并不是图中的边, 那么将 (x, y) 和 (w, z) 换为 (x, w) 和 (y, z) 即可在不改变任何顶点度的前提下, 创建出一个不同的图(不一定连通)。

实现 *The Stanford GraphBase*[Knu94]最主要的用途就是当作算例生成器, 所构建的图可为其他程序提供测试数据。凭借其独立于具体机器的随机数生成器, 用其方法所构造的随机图可在其他任何地方实现原样重建, 这使得此类图能完美应用于算法实验对比。更多相关信息请参见22.1.7节。

有关现实世界网络的数据资源包括Network Data Repository(http://networkrepository.com/)和Stanford Large Network Dataset Collection(https://snap.stanford.edu/data/), 有兴趣不妨看看。

Combinatorica(参见22.1.8节)[PS03]给出了图生成器的相关Mathematica函数实现, 它可构建星图、轮图、完全图、随机图和树, 还能根据给定度值序列转换成图。此外, Combinatorica在此基础上还提供了更多实用的图操作, 例如连接(GraphJoin)操作、积(GraphProduct)操作和生成"线邻图"(LineGraph)操作。

由维多利亚大学的Frank Ruskey开发的Combinatorial Object Server(http://combos.org/)包含了自由树和有根树的生成, 并提供源代码下载。

图同构检验程序Nauty(见19.9节)包含了一套用于生成非同构图的程序, 此外还提供了一些特殊的图生成器(能产生二部图、有向图和多重图), 可在http://users.cecs.anu.edu.au/~bdm/nauty/上找到。Brendan McKay分门别类详尽地收集了图和树的若干族系(family), 可访问其网站http://cs.anu.edu.au/~bdm/data/。图之家(The House of Graphs)珍藏了一组相当有意思的图(https://hog.grinvin.org/), 旨在粉碎某些猜想[BCGM13]。

Nijenhuis和Wilf的[NW78]提供了高效的Fortran子程序, 书中借助Prüfer码实现了有标树的枚举, 并给出了随机无标有根树的构造算法, 更多信息可参阅22.1.9节。Kreher和Stinson在[KS99]中给出了有标树的生成算法, 可访问http://www.math.mtu.edu/~kreher/cages/Src.html获取其C语言实现。

(注释) 关于如何以随机均匀的形式产生图, 研究此类问题的著作汗牛充栋, 综述类文献可见[Gol93, Tin90]。[NLKB11]展示了GPU上的快速随机图生成。与各类图生成问题密切相关的是对其计数。Harary和Palmer的[HP73]是图枚举问题相关研究成果的综述。

Knuth的[Knu11]是有关树生成问题的最佳文献(此书相对较新)。在长为$n-2$的字符串和有标树之间的双射构建[Prü18]要归功于Prüfer。

随机图理论专注于随机图的特征, 其中非常有意思的是阈值定律。在随机图中如果边密度达到了一定的阈值, 某些特征将很有可能出现, 例如图中存在较大的连通分量。讲解随机图理论的书有[Bol01, FK15, JLR00]。

图演化的择优连接模型直到稍近才融入网络科学的研究之中, 而这门学科领域精彩纷呈, 相关介绍可参阅[Bar03, Wat04]。按指定度值序列转换成图的方法可见[BD11, VL05]。

给定整数划分, 如果存在某个简单图其中所有顶点的度刚好与该划分相对应, 则称该整数划分**可图化**(graphic)。Erdős和Gallai证明了[EG60]: 某个顶点度值序列$p_1, p_2, \cdots, p_n$可图化, 当且仅当[1]对每个正整数$r \leqslant n$均满足

$$\sum_{i=1}^{r} p_i \leqslant r(r-1) + \sum_{i=r+1}^{n} \min(r, p_i)$$

(相关问题) 生成置换(17.4节); 图同构(19.9节)。

---

[1] 译者注: 原文遗漏了一个条件——度值序列之和为偶数。

17.8 日历计算

(输入) 特定日历日期d: 年、月、日。

(问题) 按照给定日历系统计算, d是星期几?

日历计算的输入和输出图例如图17.9所示。

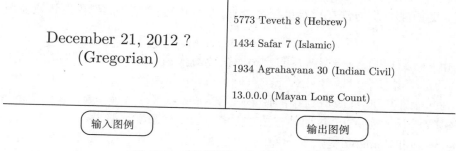

December 21, 2012 ?
(Gregorian)

5773 Teveth 8 (Hebrew)

1434 Safar 7 (Islamic)

1934 Agrahayana 30 (Indian Civil)

13.0.0.0 (Mayan Long Count)

输入图例

输出图例

图 17.9 日历计算的输入和输出图例

(讨论) 商务问题通常需要进行日历计算。也许我们想显示指定年份和月份的日历, 或许我们需要计算某些事件发生在星期几或哪一天, 比如弄清楚180天的期货合同何日到期。正确计算日历的重要性在"千年虫"(仅用两位数存储年份的老旧程序所面临的2000年危机)引发的那场喧闹中已显露无余。

国际交流之中还会出现更复杂的问题, 原因在于不同的国家和民族使用不同的日历系统。有些日历, 比如世界上大部分地区使用的公历/格里高利历(Gregorian calendar), 是基于太阳运转周期制定的;[1] 而另一些日历, 比如希伯来历(Hebrew calendar), 是基于月球运转周期制定的, 也称阴历(lunar calendar)。不妨想想, 按照中国农历或伊斯兰教历, 今天的日期该怎么表述呢?

日历计算不同于本书中的其他问题, 日历承载着历史而且数学意味不是特别强。相关的算法问题主要围绕着日历系统规则本身展开, 而我们需要正确地实现日历计算而非设计高效的速算法。

日历系统底层的基本方法是设定一个特殊的参考日期(称为纪元), 并从那里开始计数。将计数聚合成月和年的特殊规则是一个系统与另一个系统的差别之处。实现一部日历需要两个函数: 给定日期, 返回纪元以来经过的天数(要求为整数); 给定整数n, 将位于纪元之后n天的日历日期作为输出。其实, 以上函数有点类似于诸如置换(参见17.4节)等组合式对象的排位/译算规则。

太阳年并非日长的整数倍, 这是造成日历系统复杂性的主要根源。要保持日历日期与季节一致, 必须定期添加闰日, 还得不定期再予以调整。一个太阳年是365天5小时49分12秒, 所以每四年要增加一个闰日, 但是每年都会莫名增加额外的10分48秒。

---

[1] 译者注: 因此它也称阳历(solar calendar)。

最初的儒略历(取自恺撒大帝之名)忽略了这额外的几分钟, 而截至1582年它们已经累计达到10天。教皇格里高利十三世随后提出了今天使用的公历, 删除了这十天并取消了特定年份(能被100整除而不能被400整除)的闰日。据说骚乱随之而来, 因为民众担心他们的生命被缩短了10天。在天主教会之外, 对变更的抵制减缓了改革。在英国和美国直到1752年9月, 额外多出的天数才被删除, 而在土耳其却等到了1927年。

大多数日历系统的规则都相当复杂且缺少章法, 因此你最好应该从可靠的地方照搬代码, 而不是自己去重新编写一套。本节"实现"版块会给出一些比较合适的具体实现。

有各种"让朋友惊叹"(impress your friends)的算法, 能让你口算出某个特别的日子究竟是星期几。这样的口算方法在所给世纪之外通常很难靠得住, 当然你更应该避免用计算机实现它。

实现　用C++语言和Java语言编写的日历库很容易找到。Boost时间日期库基于C++语言给出了公历的可靠实现, 请参见https://www.boost.org/doc/libs/1_70_0/doc/html/date_time.html。从包java.util中的抽象超类Calendar派生的GregorianCalendar类, 基于Java实现了公历。实际上, 这两种方法对大多数应用程序都足够了。

Dershowitz和Reingold提供了一种统一的算法表示[RD18], 它适用于各种不同的日历系统, 其中包括公历、ISO日历、中国农历、印度历、伊斯兰教历和希伯来历, 以及一些具有历史价值的其他日历。Calendrical是用Common Lisp、Java和Mathematica对这些日历的一种实现, 并配有一些实用的函数, 其中包括日历间的日期转换、星期序的确定以及世俗和宗教节日的计算。Calendrical很可能是现有最全面且最可靠的日历程序, 可访问其网站http://calendarists.com了解更多信息。

GitHub网站(https://github.com/)上也可以快速找到基于C语言和Java语言对国际日历的实现, 不过其可靠性未知。此外, 以"Gregorian calendar"为关键词可避免大量行事历(datebook)实现混入搜索结果中。

注释　Dershowitz和Reingold的论文[DR90, RDC93]全面讨论了日历计算的相关算法, 不过现在已被两位作者的新书[RD18]所取代, 书中罗列了不少于25个国际日历和旧时日历的算法。[DR02]给出了一个300年的日历, 从1900年到2200年的所有日期均制表绘出。

相关问题　精确算术(16.9节); 生成置换(17.4节)。

17.9 作业调度

输入　有向无环图$G = (V, E)$, 图中顶点代表作业任务, 而边(u, v)则意味着任务u必须在任务v之前完成。

问题　哪种任务调度可以使用最少时间或处理器完成作业?

作业调度的输入和输出图例如图17.10所示。

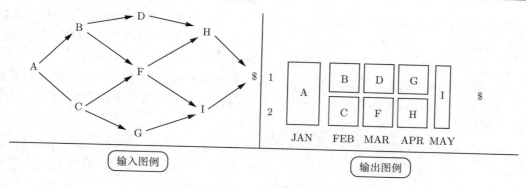

图 17.10 作业调度的输入和输出图例

讨论 设计出满足一组约束条件的最佳调度方案，是许多实际问题的基本要求。将任务映射到处理器，是任何并行处理系统的一个关键环节。糟糕的调度可能会闲置许多机器，而眼睁睁看着只有一个瓶颈任务处于运行状态。分配职员工作、安排会议房间或确定课程考试时间段都将涉及调度问题。

由于刻画调度问题的约束条件其本质千差万别，从而导致最终的调度类型大有不同。在算法问题目录册中还有其他几个问题与各种各样的调度有关联：

- 拓扑排序要构造一个完全符合DAG中其优先约束(precedence constraint)的调度，参见18.2节。
- 二部图匹配将作业分配给具有合适技能的工人，参见18.6节。
- 顶点着色/边着色将作业分配到多个时段，可保证两个互有干扰的作业不会撞到一起，参见19.7节和19.8节。
- 旅行商为拜访一组指定地点而挑选最高效的巡游方案，参见19.4节。
- 欧拉环根据扫雪车或邮递员所必经的一组边设定出最高效的路线，参见18.7节。

本节重点关注有向无环图的优先约束调度问题。假设你已经把一个很大的作业(job)分解成一些较小的任务(task)：对于每项任务，你都知道要花费多长时间才能完成它；对于每一对任务A和B，你都知道A是否必须在B之前被完成。如果这种强制性的约束条件越少，我们的调度方案就会越紧凑。此外，约束条件应该形成一个有向无环图——之所以无环，是因为优先约束中的环代表着永远无法解决的"第22条军规"(Catch-22)。

我们常常遇到关于以下这些任务网络的几个问题：

- 关键路径 —— 从起始顶点到完结顶点的最长路径给出了**关键路径**(critical path)。了解关键路径的具体信息非常重要，因为要想缩小项目的最短完工时间(minimum completion time)，唯一可行方法就是减少每个关键路径上任务的长度。DAG中的关键(也即最长)路径可以在$O(n+m)$时间内用动态规划找出。
- 最短完工时间 —— 假设所拥有的工人不限量，在优先约束下我们怎样才能最快地完成作业？如果没有优先约束，每个任务皆可独立进行但必须指定专人专项，那么作业总时间将是最长的单个任务完工时间。如果要求每个任务只能在上一个任务完成后开始(这是一种极强的优先约束)，那么，将每个任务的完工时间加起来就是作业的最短完工时间。

由于DAG的最短完工时间由关键路径决定, 因此该指标可以在$O(n+m)$时间内算出。要获得这样的调度方案, 可按拓扑序考虑任务处理: 一旦某个任务的所有先决任务[1]完成之后, 则立即在新的处理器上启动该任务。

- 如何权衡工人数量和完工时间? —— 我们真正感兴趣的是, 仅依靠给定数量的工人如何给出最佳调度方案从而最快地完工。可惜, 该问题以及大多数类似问题都是NP完全问题。

实际的调度问题通常包含一些用上述技术很难甚至于不可能建模的约束, 例如在游戏中分开Joe和Bob以确保他们不会杀死对方。[2] 有两种合理的方法可以处理此类问题: 容易想到的是, 我们可在求解过程中先忽略最难的约束, 而最后再努力修订调度方案使其满足这些约束;[3] 另一种思路是借助整数线性规划(参见16.6节)将所有复杂约束都带上, 以此来对你的调度问题完成建模。我建议在增加复杂性之前, 先尝试一些简单的算例来弄清具体运行情况。

另一种基本的调度问题则需要将一组没有优先约束的作业分配给若干相同的机器, 从而最小化总耗时。考虑一家打印店, 它拥有k台复印机和一堆必须在今天完成的作业。此类任务被称为**作业车间调度**(job-shop scheduling), 可化为装箱问题(见20.9节)来建模: 将每个作业的权重设为其完工所需的处理时长; 每台机器都可以表示为一个箱子, 其容量相当于一天里的小时数。

作业车间调度有着更为复杂的变种, 各任务被指定了允许开始的时间和要求截止的时间。现在已有一些行之有效的启发式方法, 思路是按任务规模和截止时间对任务进行排序。我们推荐读者去参考文献中获取更多信息。请留意, 只有当不能将作业分解到多台机器上或者不允许中断作业(也即被抢占)再对其重新调度时, 这些调度问题才会变得很困难。如果实际问题允许, 你应该充分利用这些自由度(分解和中断)。

实现　JOBSHOP是一组求解作业车间调度问题的C语言程序, 最初为Applegate和Cook的一篇论文[AC91]而编写, 可于http://www.math.uwaterloo.ca/~bico/jobshop/下载。

UniTime(https://www.unitime.org/)是一个全面的教育类调度系统, 它基于开源许可发布, 支持开发课程/安排考试时间表, 并能让学生分班上课。

LEKIN是一个灵活的作业车间调度系统, 为了教育用途而开发[Pin16]。它支持单机、多机并行、流水车间、柔性流水车间、作业车间和柔性作业车间的相关调度, 可于http://www.stern.nyu.edu/om/software/lekin下载。

20多年来, ILOG CP(https://www.ibm.com/analytics/cplex-cp-optimizer)一直代表着商业调度软件的最先进技术[LRSV18], 它提供受限的免费版本下载。

注释　关于调度算法的文献非常之多。Brucker的[Bru07]和Pinedo的[Pin16]对这个领域做了全面概述。*The Handbook of Scheduling*这本手册[LA04]关于调度的各个方面提供了一系列综述。Buttazzo的[But11]主要讨论计算系统的实时调度。

---

[1] 译者注: 原文为"latest prerequisite"(最后一个先决任务), 实际上意味着该任务的所有条件均已具备。

[2] 译者注: 这款游戏是"超级马里奥兄弟", 在双人游戏模式时Mario Joe和Luigi Bob会同时登场。

[3] 译者注: 原文"and then modify the schedule to account for them"较为幽默, 不妨想象"由于未能遵守约定, 事后费劲解释并加以改正"的场景。

作业车间调度有一个很好的分类法, 它可涵盖数千个相关变种, 我们将每个问题描述为 $\alpha|\beta|\gamma$ 形态便能分门别类: α 对应机器环境, β 对应处理特征和约束条件的各种细节, γ 对应要最小化的目标。对相关结果的综述可参阅[Bru07, CPW98, LLK83, Pin16]。

甘特图(Gantt chart)能够为作业车间调度解决方案提供可视化表示, 其中水平横轴代表时间而各行代表着不同的机器。本节的输出图例展示的就是一幅甘特图, 其中每个作业的任务具体安排都表示为一个横块, 据此可了解作业的开始时间、时长和所用机器。在实际工程中, 优先约束调度技术通常被称为PERT/CPM, 也即方案评估和审查技术(Program Evaluation and Review Technique)/关键路径方法(Critical Path Method)的缩写。甘特图和PERT/CPM在大多数关于运筹学的教材中都会出现, 比如[Pin16]。

时间排表(timetabling)是一个专有术语,[1] 常常用于讨论教室调度和相关问题。PATAT (Practice and Theory of Automated Timetabling)是一个两年一次的会议(https://patatconference.org/), 旨在报告该领域的最新成果。

(相关问题) 拓扑排序(18.2节); 匹配(18.6节); 顶点着色(19.7节); 边着色(19.8节); 装箱问题(20.9节)。

17.10 可满足性

(输入) 合取范式子句集。

(问题) 是否存在一个对布尔变量的真值指派, 使得集合中所有子句都能同时满足?

可满足性的输入和输出图例如图17.11所示。

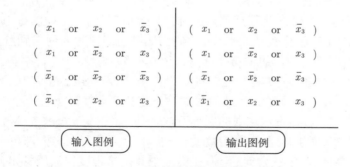

图 17.11 可满足性的输入和输出图例

(讨论) 当我们寻求完全符合(也即"满足")某组逻辑约束的一个排布(configuration)或对象时, 就会出现可满足性(SAT)问题。SAT的代表性应用是验证给定的硬件或软件系统设计对所有输入都能正常工作: 假设某个特定的逻辑公式 $S(X)$ 代表输入变量取 $X = (x_1, \cdots, x_n)$ 时的运算结果, 而 $C(X)$ 代表用逻辑电路实现 $S(X)$ 的布尔值输出, 除非存在某个真值指派 X' 能让 $S(X') \neq C(X')$, 否则此电路都是正确无误的。

---

[1] 译者注: 例如course timetabling(课程时间排表)和examination timetabling(安排考试时间)。

　　可满足性问题是最原始且独一无二[1]的NP完全问题。尽管SAT可用于约束满足(con-straint satisfaction)、逻辑问题和自动定理证明, 但它在理论上最重要的意义还在于——SAT是完成所有其他NP完全性证明的本源问题。如今最好的SAT求解器(solver)采用了各种先进的实用技术, 因此在需要精确求解NP完全问题时, 将SAT求解器作为跳板还是比较合适的。[2] 尽管如此, 一般情况下若要处理NP完全问题, 更好的方案还是使用那些能得出较好但非最优结果的启发式方法。

　　可满足性判定(satisfiability testing)中的常见问题包括:

- 你的逻辑公式[3]是合取范式, 还是析取范式? —— 在可满足性问题中, 约束以逻辑公式的形式出现, 而表达此类公式的方法主要有两种——合取范式(CNF)和析取范式(DNF)。在合取范式中, 所有子句都得满足(因为由∧联结), 而每个子句会通过变字(其形式为布尔变量v_i或其否定$\bar{v}_i$)取或(∨)的方式构成, 例如:

$$(v_1 \vee \bar{v}_2) \wedge (v_2 \vee v_3)$$

  对于析取范式, 只要任何一个子句满足即可(因为由∨联结)。上述公式可改写为析取范式

$$(\bar{v}_1 \wedge \bar{v}_2 \wedge v_3) \vee (\bar{v}_1 \wedge v_2 \wedge \bar{v}_3) \vee (\bar{v}_1 \wedge v_2 \wedge v_3) \vee (v_1 \wedge \bar{v}_2 \wedge v_3)$$

  求解DNF型可满足性问题其意义不大, 因为每个DNF公式都是可满足的, 除非所有子句都包含某变字及其补(也即否定)。但是CNF型可满足性问题却是NP完全的。这似乎很矛盾, 因为我们可利用德摩根定律(De Morgan's Law)将CNF公式转换为等价的DNF公式, 反之亦然。问题的关键在于转换时会处理的项数可能达到指数量级, 因而在多项式时间内不可能完成构造。

- 你的子句有多大? —— k-SAT是可满足性问题的一种特殊情况, 其中每个子句最多包含k个变字。1-SAT问题是平凡的, 因为出现在任何子句中的每个变字肯定要赋值为真。2-SAT问题虽然是非平凡的, 但仍然可在线性时间内得到解决。而这非常有意义, 因为只需花点心思即可将某些问题建模为2-SAT。一旦各个子句都恰好包含3个变字(即3-SAT),[4] "美好时光"[5]将就此终结, 因为3-SAT是NP完全问题。

- 我们能满足大多数子句吗? —— 如果你下定决心要精确求解一个SAT问题, 除了借助像Davis-Putnam方法这样的回溯算法之外, 你基本上没太多办法。在最坏的情况下得测试的真值指派会达到指数量级, 但幸运的是有很多方法可用来对搜索剪枝。尽管可满足性是NP完全问题, 但在实际中其困难程度取决于特定问题的具体情况。自然意义下的"随机"算例通常非常好解决, 而事实上, 在物理世界中没那么容易就能遇到真正困难的算例。

---

[1] 译者注: 原文"Satisfiability is the original NP-complete problem"中的"the"强调SAT的独特性。事实上, SAT是首个被证明为NP完全的问题。

[2] 译者注: 将其他NP完全问题转为可满足性问题, 再予以求解。此外, 精确求解所得的结果必须是最优解。

[3] 译者注: 原文以and/or形式给出, 译文已改为对应的∧/∨逻辑运算。

[4] 译者注: 细心的读者可以发现, 3-SAT和k-SAT的定义有冲突, 而很多文献也随意混用。实际上, "各个子句都恰好包含3个变字"这种情况应称为3-CNF, Knuth的TAOCP在第4卷中严格区分了3-SAT和3-CNF。不过, 可补充新变字和相关子句从而让3-SAT变为3-CNF且不改变原问题的解。

[5] 译者注: 此处"good times"一语双关, 线性时间是速度较快的运行时间量级, 而美好的时光往往一晃而过。

不过我们其实可以放宽问题, 将目标变为尽可能多地满足子句, 这样也有可能找到答案。更换目标之后我们就可以利用优化技术(如模拟退火算法)通过随机化算法或启发式方法对结果不断调优。事实上, 对变量的任何随机真值指派都将以概率 $1 - (1/2)^k$ 满足每个 k-SAT子句, 于是我们的首次尝试就可能会满足大多数子句。然而, 要真正解决问题绝非易事。此外, 即使对于不可满足的问题, 要想找到一个能实现满足子句个数最多的指派, 这也是一个NP完全问题(Max-SAT)。[1]

当要处理一个复杂性未知的问题时, 先考虑证明它为NP完全问题, 这一步可能会很重要。如果你认为自己拿到的可能是个难解问题, 不妨翻阅Garey和Johnson的[GJ79]去找一下。如果没能找到, 我建议你放下书自己思考, 仅凭借3-SAT、顶点覆盖、独立集、整数集划类、团和哈密顿环等基本问题, 试着直接从头证明其难解性。本书的第11章专注于难解性证明的策略, 也许能给你启发。

实现 近年来, 可满足性问题求解器的性能已取得极大的提升。一年一度的SAT竞赛会按照若干组别决出性能最顶尖的求解器, 所有这些求解器的源代码及更多资源都可在竞赛主页(http://www.satcompetition.org/)下载。

针对可满足性问题及其相关逻辑最优化问题, "SAT Live!"(http://www.satlive.org/)网站提供了这方面论文、程序和测试数据集等最新资源。

注释 实践中对可满足性判定最全面的概述来自Kautz等的[KSBD07]。Davis-Putnam-Logemann-Loveland(DPLL)算法于1962年提出, 它通过回溯法求解可满足性问题。对于某些用DPLL求解器难以解决的问题, 局部搜索技术却能发挥更好的作用。有关可满足性判定领域的综述, 请参阅[BHvM09, GKSS08, KS07]。

Knuth的TAOCP第4卷的7.2.2.2节专门论述可满足性算法, 先期以分册(fascicle)形式单独出版[Knu15]。[2] Knuth在书中展示了可满足性问题各种迷人的应用(包括生命游戏), 细致讨论了求解此类问题所用到的回溯搜索方法, 并且给出了精巧的程序实现。

[DGH+02]提出了一个最坏时间复杂度为 $O^*(1.4802^n)$ 的3-SAT求解算法。[Woe03]对NP完全问题的较快算法(但非多项式时间)给出了综述。

关于NP完全性的首要参考文献当推[GJ79], 其特色在于它提供了一份包含大约三百多个NP完全问题的清单。该书至今仍是一部非常有用的参考资料, 我最常翻阅的应该就是它。在Cook定理[Coo71]中, 可满足性被证明是难解问题, [CLRS09, GJ79, KT06]中对该定理的讲解都很不错。Karp的论文[Kar72]充分展现了Cook定理的重要性, 该文证明了20多个不同组合问题的难解性。

[APT79]中给出了一个2-SAT问题的线性时间算法。有关2-SAT在地图标记中的实际应用, 请参见[WW95]。现有的最大2-SAT问题(Max-2-SAT)最佳启发式方法[FG95]所得结果与最优解之比可达到0.931以上。[3]

相关问题 约束最优化(16.5节); 旅行商问题(19.4节)。

---

[1] 译者注: 更换目标之后有可能找到满足所有子句的指派从而获得该问题的精确求解, 不过有时难以找到答案(未能真正解决问题)。此外, "不可满足"的问题意味着无解, 如果我们用优化技术找不到答案, 意味着原问题无解的可能也较大。

[2] 译者注: 该分册已汇集于TAOCP第4卷的4B部分, 而与其紧密相关的约束满足问题则列入后续的4C部分。

[3] 译者注: [FG95]所用近似因子为0.931, 原书使用了1.0741(以倒数换算), 这纯属个人喜好不同。

第18章

图问题: 多项式时间

本书"算法问题目录册"所列题材差不多有三分之一涉及图算法问题, 某些章节里的问题实际也同样可从图论角度给出恰当表述, 比如带宽最小化和有限状态自动机优化。对于图中的"特征元"[1]或图论问题本身, 能正确辨识出其称谓, 这是一名优秀算法设计师的基本技能之一。 实际上, 你一旦弄清了自己手头所要处理问题的名称, 就会按图索骥找到相应的解决方案。

本章论述的问题均具备高效求解算法, 其运行时间随图规模呈多项式增长。每个应用问题通常远不止一种建模方式, 因此在你继续寻求更复杂表述之前, 先搞清这些高效算法不失为明智之举。

通常而言, 理解抽象图概念的最佳方法就是将其绘制出来。图的许多有趣属性都是从某类绘制的自然属性类比而得, 例如所谓的"可平面图"。因此, 我们在本章还将讨论图、树和可平面图的绘制算法。

许多高级图算法的编程很难, 但是它们都有较好的程序实现可用, 只不过你得知道该到哪里去找。就图问题而言, 目前最好的通用源代码是LEDA[MN99]和BGL[SLL02](Boost Graph Library)。此外, 对于很多特定的图问题, 还有更好的专用代码。

要想了解当下关于图算法所有领域的概况, 请参阅Atallah的[AB17]和Thulasiraman的[TABN16]以及van Leeuwen的[vL90a]。值得关注的书籍还有:

- Sedgewick的[SW11] —— 这是两卷本中关于图算法的分卷,[2] 它全面介绍了该领域的内容, 且读来轻松易懂。
- Ahuja和Magnanti以及Orlin的[AMO93] —— 虽然这本书看起来是关于网络流的著作, 但它其实涵盖了图算法的方方面面, 并特别注重以运筹学的观点来讲解。我强烈推荐。
- Even的[Eve11] —— 这本关于图算法的高级教科书备受推崇, 此外其中关于平面性检验算法的讲述特别透彻。

18.1 连通分量

(输入) 一个拥有n个顶点和m条边的有向图或无向图G。

(问题) 找出图G的所有分量(通俗的叫法是"分片")。顶点x和顶点y属于图G的不同分量, 是指在图G中不存在从顶点x到顶点y的路径。

连通分量的输入和输出图例如图18.1所示。

---

[1] 译者注: 虽然作者在这里使用了"invariant"(通常是图同构中的不变量), 但是所指范围更宽泛并且也容易引起误解, 因此我们将其译为"特征元"。

[2] 译者注: 作者在第2版中所引的是Sedgewick两卷本算法教材的*Part 5: Graph Algorithms*分卷。第3版只改动了前面的文献引用而没有修订文字说明, 实际上[SW11]不再分两卷出版且仅有Java版。

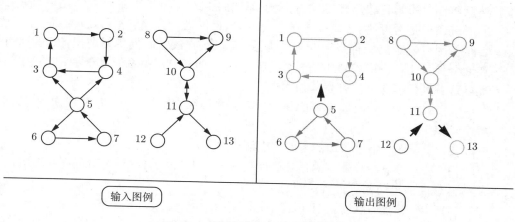

输入图例　　　　　输出图例

图 18.1　连通分量的输入和输出图例

(讨论)　图的连通分量大致相当于图中那些相对独立的片。两个顶点位于图 G 中的同一个**分量**(component), 当且仅当它们之间存在某条路径。

寻找连通分量是许多重要图应用问题的核心。例如尝试去对一组物品进行简单而自然的聚类: 我们将每个物品表示为一个顶点, 并在每对被认为"相似"的物品间添加一条边, 该图的连通分量即对应于不同的物品类别。

检验图的连通性是每个图算法不可或缺的预处理步骤。当算法仅仅只能作用于"**非连通图**" (disconnected graph)的某一个分量时, 难以觉察的错误便会微妙地随之产生。连通性判定其实异常便捷, 因此即便你已知某个输入图肯定连通, 也应坚持对其进行连通性验证。

任何无向图的连通性检验既可用深度优先搜索也可用广度优先搜索, 你选择哪个都无关紧要。这两种遍历都需要先将每个顶点的分量编号字段初始化为0, 再从首个顶点(记为 v_1)开始搜索1号分量。每当找出一个顶点则将该顶点相关字段的值设为当前的分量编号。首次遍历结束后我们将分量编号增加1, 并从分量编号仍为0的首个顶点重新开始搜索。若是使用邻接表(如7.7.1节所述)正确实现以上过程, 可使总运行时间为 $O(n+m)$。

实践中还有另一些连通性概念:

- 如果图是有向的会怎么样? ——有向图的连通分量概念有两种: 如果有向图中每对顶点之间都有一条有向路径, 它就是强连通图; 如果有向图仅在忽略边的方向时连通, 那它就是弱连通图。想想某城市中由单行道和双行道所组成的路网, 就能明白"强""弱"之别: 如果可以在城镇中任何两地间合法行驶, 则其路网是强连通图; 若是只有合法与非法的驾驶行为并用才能在任何两个位置互达时, 路网便是弱连通图。如果存在两点 a 和 b, 且从 a 到 b 不可能存在任何行驶路径, 则路网是非连通图。

弱连通分量和强连通分量都可定出顶点集的唯一划分。节首输出图例表明, 有向图 G 的构成要素可以是两个弱连通分量, 也可以是五个强连通分量(也称为 G 的切块)。测试有向图是否弱连通只需线性时间即可轻松完成: 将图 G 的所有边直接换成无向边, 使用前文所述基于DFS的连通分量算法。强连通性的测试要稍微复杂一些, 有种线性时间算法最简单: 从任意顶点 v 执行深度优先搜索, 以证明整个图皆可从 v 到达;

然后将图G的所有边反转方向从而构造转置图G', 从v开始遍历图G'足以判别图G的所有顶点是否可达v。图G是强连通的, 当且仅当所有顶点都可达v且都从v可达。若是使用更复杂的一种基于DFS的算法, 可以仅在线性时间内提取出图G的所有强连通分量。上述"两次DFS"方法的推广(也即"两轮"DFS)看似易于编程实现, 但要准确理解其何以有效还需费些思考:

  (1) 从图G中任一顶点开始执行DFS, 并按照完成次序(并非发现次序)依次对各个顶点编号。

  (2) 反转图G中每条边的方向, 得到图G'。

  (3) 从图G中编号最高的顶点开始对G'执行DFS。若此搜索未能完全遍历G', 则从编号最高的未访问顶点开始执行新搜索。

  (4) 步骤(3)创建的每棵DFS树刚好都定出了一个强连通分量。

我自己关于以上这个"两轮"算法的实现放在了7.10.2节。不管怎么样, 从这个现成的代码入手总比从教科书上的描述开始要来得更容易一些。

- 我的图/网络中最弱的点是哪个? —— 链路的强度取决于它的最弱环节有多强, 毕竟断掉一个或多少环节后链路就有可能不再连通。图的**连通度**(connectivity)反映了其链路的强度, 也即须删除多少条边或多少个顶点才能使其断开。连通度是网络设计和其他结构问题的基本"不变量"。

关于连通度的一般性算法问题将在18.8节讨论。这里考虑较为特殊的**双连通分量**(biconnected components), 此种图的分片在其中切除一个顶点及其关联边不会改变连通性。使用DFS可在线性时间内找出所有双连通分量, 该算法的一种实现可参阅7.9.2节。被删除后会破坏图连通性的顶点(也即关节点)原本与多个双连通分量相连, 其关联边有一个唯一的划分刚好与这些分量相对应。

- 该图是树吗? 若图中有环应如何寻找? —— 在有向图中常常会碰到环的识别问题。例如测试一系列条件是否产生死锁, 通常都是转化为环检测。如果我在等Fred, Fred在等Mary, Mary在等我, 这就形成了环, 而我们都会陷入死锁。

在无向图中经常遇到的则是树的识别问题。按照定义, 树是个无向连通图, 且其中不含任何环。可用深度优先搜索测试某图是否连通, 若该图连通且其n个顶点间仅存$n-1$条边, 则它是一棵树。

在有向图中或无向图中寻找环均可使用深度优先搜索。一旦我们在DFS中碰到反向边, 也即DFS树中通向其祖先顶点的边, 那么该反向边连同树一起便给出了一个有向环。不含环的有向图被称为有向无环图(Directed Acyclic Graphs, DAG)。拓扑排序(见18.2节)是DAG上的基本操作。

实现 15.4节的图数据结构实现中都含有BFS/DFS的实现, 故而至少可在一定程度完成连通性检验。C++的BGL[SLL02](http://www.boost.org/libs/graph/doc)给出了连通分量和强连通分量的实现, LEDA(参见22.1.1节)还另外给出了双连通分量、三连通分量、广度优先搜索、深度优先搜索、连通分量和强连通分量的实现(均为C++代码)。

  至于Java程序实现, JUNG(http://jung.sourceforge.net/)也提供了双连通分量算法, 而JGraphT(https://jgrapht.org/)提供了有关强连通分量的算法。

对于处理图的连通性问题相关基本算法其C语言实现, 我倾向于(当然这属于偏爱)选择本书附带的库(详见22.1.9节), 其中就包括强连通分量和双连通分量。

注释 深度优先搜索最早用于迷宫问题求解, 可追溯至19世纪[Luc91, Tar95]。关于广度优先搜索最早的记载是1957年Moore的那篇寻找(迷宫)最短路径[Moo59]的论文。

Hopcroft和Tarjan[HT73b, Tar72]确立了深度优先搜索作为高效图算法基本技术的地位。每部论及图算法的著作中都少不了对深度优先搜索和广度优先搜索的阐释, 其中[CLRS09]的相关讲解算是目前最全面的。

强连通分量的首个线性时间算法[Tar72]由Tarjan所提出, 相关论述见[BvG99, Eve11, Man89]。求解强连通分量的另一算法由Sharir和Kosaraju给出, 该算法编程更简单且运行更流畅, 对其精彩论述可见[AHU83, CLRS09]。Cheriyan和Mehlhorn针对稠密图提出了某些问题(例如强连通分量)的改进算法[CM96]。

关于连通分量问题, 由于DFS很难并行化, 研究人员绕道而行, [KLM+4, SRM14]分别在"映射—归约"(Map-Reduce)模型和其他计算模型上给出了连通分量并行算法。

随机图的连通性相当有趣, 其边数一旦超过某特定阈值(出奇的小), 该图便很有可能包含一个巨型连通分量和少量的微型连通分量。例如仅有 $n \ln 2 = 0.693n$ 条边的随机图可能包含着一个具有 $n/2$ 个顶点的连通分量。照此类推, 任何像Facebook这样的大规模社交网络很可能会包含一个大规模"连通分量", 除去网络隐士与新用户之外, 几乎所有人都参与其中。这种现象进一步强化了所谓世上任何两人之间仅有"六度分隔"的说法。关于随机图理论的每部著作(例如[Bol01, JLR00])都会论及巨型连通分量的产生。[1]

相关问题 边连通度与顶点连通度(18.8节); 最短路径(18.4节)。

18.2 拓扑排序

输入 一个拥有 n 个顶点和 m 条边的有向无环图 $G = (V, E)$, 而 G 的本质是一个偏序集。

问题 找出 V 中顶点的一种线性排列方式, 使得对于每条边 $(i, j) \in E$, 顶点 i 均位于顶点 j 的左侧。

拓扑排序的输入和输出图例如图18.2所示。

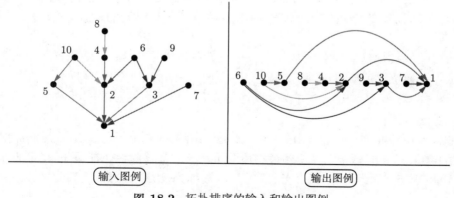

图 **18.2** 拓扑排序的输入和输出图例

---

[1] 译者注: 也即ER随机图模型中的巨型分量(giant component)。

（讨论）　拓扑排序多半会作为有向无环图(DAG)算法的子问题而出现, 它以简单且一致的方式对DAG的顶点和边排序, 因此拓扑排序在DAG中的地位与深度优先搜索在普通图中其地位基本相同。

拓扑排序可用于优先约束下的作业调度。假设我们有一组任务有待完成, 但某些任务须在其他任务之前执行, 那么这些优先约束便形成了一个有向无环图, 而该图的任何拓扑排序(也称线性延展)则给出了这些任务的一种执行顺序, 以保障每项任务仅在其所有约束被满足之后才能开始处理。

关于拓扑排序有三个重要的事实:

(1) 只有DAG方可拓扑排序, 因为任何有向环都与任务的线性序关系天生存在矛盾。

(2) 每个DAG都可拓扑排序, 故对任何合理的作业优先约束集, 至少总有一种可行调度。

(3) DAG的拓扑排序通常有很多种, 在约束条件极少时尤其如此。不妨想想n个无任何约束的作业, 其所有$n!$种排列都是可行的拓扑排序。

以下线性时间拓扑排序算法[1]在概念上最为简单: 我们先在DAG上检查所有顶点[2]从而找出全部源点, 也即入度为零的顶点(任何DAG中必然至少存在一个这样的源点, 而源点可以出现在所有调度的靠前位置, 且不会与任何约束条件相冲突); 删除所有从这些源点出发的边后会生成新的源点, 可以轻松地将这些新点紧挨首组源点其右放置; 重复此过程直至处理完所有顶点。选用正确的数据结构(邻接表和队列)并在编程时稍加注意便能较好地实现该算法, 并可保证运行时间为$O(n+m)$。

另一种算法基于以下事实: 按照DFS完成时间递减对顶点排序, 可以得到一个线性延展。该算法的一种实现及其正确性论证可参阅7.10.1节。

关于拓扑排序还有两个不太好处理的问题:

- 若是需要所有线性延展而非其一会怎样? —— 有的时候我们需要构建DAG的所有线性延展, 例如在满足全部优先约束的前提下再依照某个额外的标准来选出最佳调度。但请留意, 线性延展的数量通常会随着DAG的规模呈指数级增长, 甚至就连线性延展的计数都是NP难解问题。

列出DAG所有线性延展的算法通常基于回溯法。这些算法会从左到右构建所有可能的序关系, 其中每个入度为零的顶点都是下个顶点的备选。继续排序之前, 所选顶点的出边将被删除。列出线性延展(或计数)的最佳算法将在本节随后讨论。

构造随机线性延展的算法从任意一个线性延展着手, 然后不断采样顶点对, 若某对顶点互换位置后所得排列仍然是一个拓扑排序则实施此次交换操作。若有足够多的随机样本, 便能得出一个可视为以均匀分布选出的线性延展。可参阅本节"注释"版块了解详情。

- 若输入图并非无环图会怎样? —— 如遇一组约束自相矛盾, 人们自然而然地希望从中移除一个最小子集, 以使剩余约束互不冲突。被移除后仍能留下DAG的那些烦人作业(顶点)/无理约束(边)所组成的集合被称为反馈顶点集/反馈边集, 它们将留待

---

[1] 译者注: 即Kahn算法。

[2] 译者注: 遍历邻接表即可。原文使用了DFS, 略有不妥。

19.11节讨论。不幸的是, 无论是寻找可以构成反馈顶点集的最小子集, 还是寻找可以构成反馈边集的最小子集, 都是NP完全问题。

一旦检测出某顶点位于有向环上, 基于DFS的拓扑排序算法就会止步不前, 为了使其得以继续, 我们只有删除这些恼人的边或顶点。这种带有权宜色彩的启发式方法虽然快捷但并不完善, 它最终确实能获得一个DAG, 但也可能会删除更多原应保留的边或顶点。12.4.2节给出了有关此问题的一个近似算法。

(实现) 所有15.4节的图数据结构实现基本上都包含拓扑排序的实现, 例如BGL[SLL02] (http://www.boost.org/libs/graph/doc)和LEDA(见22.1.1节)的C++实现。至于Java实现, 请查看JGraphT(https://jgrapht.org/)。

Combinatorial Object Server(http://combos.org/)提供了基于字典序和格雷码序的线性延展生成算法及其计数算法的C语言实现, 而其交互式界面还允许你指定自己所需的输出格式。

对于处理图的基本算法其C语言实现, 我倾向于(当然这属于偏爱)选择本书附带的库(详见22.1.9节), 其中就包括拓扑排序。

(注释) 关于拓扑排序的精彩论述见[CLRS09, Man89]。要对外存中的图进行拓扑排序, 目前还没有可证明的I/O型高效算法(provably I/O-efficient algorithm), 但Ajwani在[ACLZ11]中分享了他对超大规模的图求解拓扑排序的经验。Brightwell和Winkler证明了, 偏序线性延展的计数问题是#P完全问题[BW91], 即使对于高度[1]为2的偏序集[DP18]亦如此。复杂类#P包含着NP, 故任何#P完全问题必定是NP难解问题。

Pruesse和Ruskey提出一种算法[PR86]可在常数分摊时间内生成DAG的线性延展, 而且每个线性延展与上一次所生成的线性延展只差一个或两个相邻变换。该算法可用来对n顶点DAG的线性延展计数且耗时为$O(n^2 + e(G))$, 其中$e(G)$是图中的线性延展总数。Avis和Fukuda的逆向搜索技术[AF96]也可用于列出所有线性延展。关于生成所有线性延展的回溯程序, 其相关描述见[KS74]。

Huber给出一种算法[Hub06]通过随机均匀采样从而可对任意偏序集生成线性延展, 它的期望运行时间为$O(n^3 \log n)$, 从而改进了[BD99]的结果。

(相关问题) 排序(17.1节); 反馈边集/反馈顶点集(19.11节)。

18.3 最小生成树

(输入) 一个拥有n个顶点和m条边的加权图$G = (V, E)$。

(问题) 找出能在V上构成树且总权最小的边子集$E' \subset E$。

最小生成树的输入和输出图例如图18.3所示。

---

[1] 译者注: 偏序集中最长链的元素个数称为该偏序集的高度。

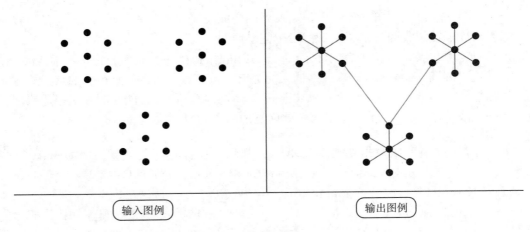

图 18.3 最小生成树的输入和输出图例

(讨论) 图的最小生成树(Minimum Spanning Tree, MST)定义了一种权最小的边子集, 它可基于单个连通分量将该图所有顶点相连。电话公司对最小生成树会很感兴趣, 因为关于一组位置的MST可给出以尽可能少的线缆连接所有站点的布线方案。实际上, MST是所有网络设计问题之母。

最小生成树之所以重要, 其原因在于:

- MST的求解快速简单, 并且生成了一个能够反映原图很多性质的稀疏子图。
- MST提供了一种在点集中确定聚类的方法, 从最小生成树中删除所有较长的边会留下一些连通分量, 它们自然而然定出了数据集的一个聚类。例如在本节输出图例中, 删除两条较长的边会留下三个非常自然的聚类。
- MST可用于给出诸如Steiner树和旅行商问题等难解问题的近似解。
- 作为一种教学工具, MST算法以可视化形式论证了贪心算法有时也会得出最优解, 而且最优性是可证明的。

有三种经典算法可以高效构造最小生成树。前两种(Kruskal算法和Prim算法)的详细实现及其正确性证明见8.1节。第三种方法(Bŏruvka算法)[1]尽管出现得最早, 而且(有人认为它)更易实现且更加高效, 但不知何故却不太为人所知。这三种备选算法分别是:

- Kruskal算法 —— 初始将各顶点皆设为一棵独立的树, 在避免生成环的情形下不断添加费用最低的边, 从而将这些树逐步连接合并成一整棵树, 详见算法49。
  使用"合并—查找"数据结构(见15.5节)可高效实现"查找顶点x所在的分量"这一操作, 从而得到一个$O(m \log m)$算法。
- Prim算法 —— 任选顶点v, 从该点开始"培育"一棵树, 其方法是不断找出能将新顶点接入该树的最低成本边, 详见算法50。执行过程中, 我们将各顶点分别标记为"树内"、"接壤"(意味着该顶点与树内点有一条边相连)或"未见"(意味着需要经过不止一条边才能到达到当前所构造的树)。

---

[1] 译者注: 我们统一将本节的"Boruvka"改为"Bŏruvka"。

算法 49 Kruskal(G)

---

1 按照权递增的次序对边排序

2 count $\leftarrow 0$

3 **while** (count $< n-1$) **do**

4 　取出下一条边(v, w)

5 　**if** (v所在的分量 $\neq$ w所在的分量) **then**

6 　　将边(v, w)加入树T_{Kruskal}之中

7 　　将v所在的分量与w所在的分量予以合并

8 　　count $\leftarrow$ count $+ 1$

9 　**end**

10 **end**

由于在树内点与接壤点之间添加边并不会引入环, 故此算法可为任何连通图创建生成树。此外, 利用反证法可证明由此得到的是权最小的树。Prim算法可以基于简单的数据结构给出一个$O(n^2)$时间的代码实现。

算法 50 Prim(G)

---

1 任选一个顶点开始建树

2 **while** (存在接壤点) **do**

3 　针对端点分别为树内点和接壤点的边, 在其中挑选一条权最小的边

4 　将所选边和顶点加入树T_{Prim}之中

5 　更新所有受到影响的接壤点及其相关费用

6 **end**

- Bǒruvka算法 —— 该算法基于以下事实: 各顶点所关联的边中权最小的那条必定会出现在最小生成树中。实际上, 这些边的并集会给出一个最多有$n/2$棵树的生成森林。现在我们再对每棵树T选择一条权最小的边(x, y), 并满足$x \in T$且$y \notin T$。新选出的所有这些边也必定位于某棵最小生成树中, 而由此得出的生成森林最多只有之前一半数量的树。如此迭代下去直到构建完成, 详见算法51。[1]
  每轮过后, 树的数量至少减半, 因此最多$\log n$次迭代后即可得到MST, 而每次迭代只需$O(m)$时间, 这便给出了一个$O(m \log n)$算法, 还无需使用特别的数据结构。[2]

算法 51 Bǒruvka(G)

---

1 将生成森林F初始化为n棵单顶点树

2 **while** (F不止包含一棵树) **do**

3 　**for each** (G中未选的边) **do**

4 　　为F中的任意树T找出从T到$G-T$的最小边

5 　**end**

6 　在确保无问题的前提下将以上所选出的边加入F从而将相应两树合二为一

7 **end**

---

[1] 译者注: 每轮需要遍历边的列表, 遍历完成后可为当前的每棵树定出满足要求且权最小的边。合并时注意不能选重复的边。

[2] 译者注: 不过通常需要"合并—查找"结构。

MST只是实践中会遇到的若干类生成树问题之一, 要搞清它们之间的区别, 还需了解以下问题:

- 图中所有边权都一样? —— 每棵包含n个结点的生成树恰好有$n-1$条边。若你的图是无权图, 则其任何生成树都是最小生成树。广度优先搜索算法或深度优先搜索算法都可被用于在线性时间找出有根生成树。DFS树往往又长又细, 而BFS树更能反映图的距离结构。

- 我该用Prim算法还是Kruskal算法? —— 按照8.1节给出的代码实现, Prim算法可在$O(n^2)$时间内运行完毕, 而Kruskal算法则需要$O(m \log m)$时间。从这个角度来看, Prim算法在稠密图上更快, 而Kruskal算法在稀疏图上更快。不过, 若用更高级的数据结构(例如配对堆), 可将Prim算法的运行时间提升至$O(m + n \log n)$, 而这种Prim算法的实现对于稀疏图和稠密图都是最快的实用选择。

- 若输入为平面点集而非图会怎样? —— 对于d维空间中由n个点组成的几何算例, 可先以$O(n^2)$时间将其距离图整个构造出来, 继而再对该图找出其MST。但对二维空间中的点, 通过几何形式解决问题会更高效: 首先构建点的Delaunay三角剖分(见20.3节和20.4节), 从而获得一个具有$O(n)$条边的图, 而点集最小生成树的所有边皆在其中; 在此稀疏图上执行Kruskal算法, 可在$O(n \log n)$时间内最终找出MST。

- *寻找生成树时如何避开度值较高的顶点?* —— 生成树问题的另一个常见目标是最小化其顶点度最大值, 代表性问题就是最小化互联网络中的扇出(fan out)。不幸的是, 寻找顶点度最大值为2的生成树是个NP完全问题, 因为这等同于哈密顿路径问题。不过目前已有高效算法能构造出一类生成树, 其顶点度最大值至多为所需度值再加1, 而这应该足以满足实际需求了, 相关文献可参阅本节的"注释"版块。

(**实现**)　15.4节中所有图数据结构的实现都包含了Prim算法和/或Kruskal算法的实现, 例如BGL(http://www.boost.org/libs/graph)[SLL02]和LEDA(两者的一般性简介均可参见22.1.1节)的C++实现。JGraphT(https://jgrapht.org/)是一个丰富的Java图算法库, 其中包括了Bôruvka算法、Kruskal算法、Prim算法以及其他变种。

对最小生成树算法的计时实验结果并不太一致, 这表明各算法用时差异没有那么大, 因此无需太过在意。[MS91]给出了Prim算法、Kruskal算法和Cheriton-Tarjan算法的Pascal实现, 其中附有大量实证分析, 结论是配上合适优先级队列实现的Prim算法在大多数图中运行速度最快。而*The Stanford GraphBase*(见22.1.7节)中讨论了四种不同的MST算法, 结果表明Kruskal算法最快。

Combinatorica(见22.1.8节)[PS03]基于Mathematica实现了MST的Kruskal算法, 并利用组合方法高效地给出了一种图的生成树计数算法。

对于处理图的基本算法其C语言实现, 我倾向于(当然这属于偏爱)选择本书附带的库(详见22.1.9节), 其中就包括最小生成树。

(**注释**)　最小生成树问题可追溯至1926年的Bôruvka算法, 远早于Prim算法[Pri57]和Kruskal算法[Kru56]。Prim算法随后又被Dijkstra重新发现[Dij59]。参阅[GH85]以了解更多关于MST算法的有趣历史。Wu和Chao就最小生成树及其相关问题写过一部专著[WC04]。

Prim算法和Kruskal算法的最快实现会用到Fibonacci堆[FT87]，然而同时期所提出的配对堆(pairing heap)也可实现相同的时间界并且结构性开销更少。[SV87]给出了配对堆相关实测的结果。Andoni在[ANOY14]中给出了针对诸如"映射—归约"(Map-Reduce)等模型的高效并行算法。

将Bǒruvka算法与Prim算法简单组合起来可获得一个$O(m \log \log n)$时间的算法：先让Bǒruvka算法执行$\log \log n$次迭代，可生成一个最多拥有$n/\log n$棵树的森林；再创建一个图G'，以所生成森林中的树作为其"顶点"，而对于树T_i和树T_j之间的"边"，令其"边权"为两树间的最小边权(即满足$x \in T_i$且$y \in T_j$的边(x,y)之最小权)；G'的MST外加由Bǒruvka算法所选的边即为图G的MST。G'这个图至多有$n/\log n$个顶点和m条边，因此(基于Fibonacci堆实现的)Prim算法只需$O(m)$时间。

关于寻找MST的最佳理论界，这件事讲起来比较复杂。Karger和Klein以及Tarjan在[KKT95]中给出了MST的一个线性时间随机化算法，不过仍是基于Bǒruvka算法。Chazelle在[Cha00]中给出了一个$O(n\alpha(m,n))$时间的确定性算法，其中$\alpha(m,n)$是逆Ackerman函数。Pettie和Ramachandran在[PR02]中给出了一个最优算法并给出了证明，但确切运行时间未知(初看起来似乎有些自相矛盾)，不过介于$\Omega(n+m)$和$O(n\alpha(m,n))$之间。

图G的**撑展**(spanner)$S(G)$是一个子图，它在两个存在相互制约的网络设计目标之间给出了一个有效的折中方案：确切点说，$S(G)$必须得与G的MST具有相近的总权值，同时又能保证其中顶点x和顶点y在$S(G)$中的最短路径接近于它们在整个图G中的最短路径。Narasimhan和Smid的专著[NS07]对撑展网络给出了全面的综述。

空间点集基于欧氏距离的MST的$O(n \log n)$算法应归功于Shamos，论述该算法的计算几何教材有[dBvKOS08, PS85]。

Fürer和Raghavachari所给算法[FR94]构造的生成树其结点度最大值(同时也是该树的度)差不多已是最小，实际至多为最低聚度(lowest-degree)生成树的度值再加1。该情况有点类似于Vizing的边着色定理，由它所给算法的近似因子也需再多加个1。随后出现的一般化算法[SL07]可在多项式时间内求出满足顶点度最大值小于或等于$k+1$的生成树，其边权不超过在顶点度最大值小于或等于k情况下最优/最小生成树的边权。

最小生成树算法可从**拟阵**(matroid)的角度获得解释。拟阵是在包含关系下具有封闭性的子集系统，使用贪心算法可以找出拟阵中的最大加权独立集。Edmonds建立了贪心算法和拟阵之间的联系[Edm71]，讲解拟阵理论的著作包括[GM12, Law11, PS98]。

动态图算法寻求在边插入或删除操作下高效维护图的某个特征元(如MST)。Holm等给出一种高效的确定性算法[HdlT01]在图中维护MST(以及其他几个特征元)，每次更新仅需对数多项式分摊时间。

按权从小到大的次序"生成"全部生成树的算法见[Gab77]。对于列举无权图的全部生成树，每次"生成"操作仅需常数分摊时间。若想了解有关生成树的"生成"、排位和译算等算法的相关概述，可参阅Ruskey的[Rus03]。[1]

相关问题 Steiner树(19.10节)；旅行商问题(19.4节)。

---

[1] 译者注：此处"生成"(generate)的意思是逐个产生(在第17章中较为常见)，请注意区分"生成树"中的"生成"，而从这个角度看，"spanning tree"译为"支撑树"可以较好地避免此类问题。此外，若图G中共有$t(G)$棵不同的生成树，基于具有常数分摊时间的"生成"操作可在$O(t(G))$时间内将这些生成树全部给出。

18.4　最短路径

输入 一个拥有n个顶点和m条边的加权图G以及顶点s和顶点t。

问题 找出G中从s到t的最短路径。

最短路径的输入和输出图例如图18.4所示。

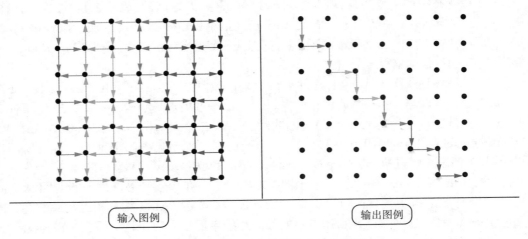

| 输入图例 | 输出图例 |

图 18.4　最短路径的输入和输出图例

讨论 寻找图中最短路径的问题应用广泛, 有些甚至相当出人意料:

- 运输或通信应用中常会出现最短路径问题, 如寻找Chicago和Phoenix两地间的最佳行驶路线, 或寻求指引数据包穿越网络的最快传输路径。
- 将数字图像划分成若干个包含不同目标(前景)的区域, 该过程称为图像分割。区域的边界皆可视作图像上的路径, 且需尽量避免穿过目标像素。整个像素网格可以建模为加权图, 并让其边权能够反映相邻像素间像素值的变化程度。以这种加权图中的最短路径定出两个区域之间的边界, 还是有较高合理成分的。
- 回想一下8.4节中有关"拨出文档"的算法征战逸事, 我们试图利用语法约束方面的若干概念, 从若干选项中为句子各空位选出恰当单词。此类工作在自然语言处理和语音识别系统中很常见。我们构建一个图, 其顶点对应于这些可能的诠释(也即单词), 在位置上相邻的单词之间有边相连。如果对每条边其权的设定能够反映所对应相邻单词转移的可能性(也即转移概率), 则从起点到终点穿过该图的最短路径便定出了句子的最佳诠释。
- 将图中信息通过一幅图绘制出来时, 图的"中心"应该尽量画在页面中心。关于图的中心, 一种较好的定义是到图中任何其他顶点的最远距离能够最小化的那个顶点。只有掌握了所有顶点对之间最短路径的长度, 才可以确定该中心点。

寻找最短路径的首要算法当推Dijkstra算法, 它可以高效地算出给定起始顶点s到其余$n-1$个顶点的最短路径。我们将s到顶点x的最短路径长度记为$l(s,x)$, 而(u,v)的边权以$w(u,v)$表示。每次迭代可定出一个新顶点v, 并能获取从s到v的最短路径。算法需要持续维护顶点集P: 从s到P中任意顶点的最短路径目前已知, 而在每次迭代后在P中添入一个新顶点v, 使得对于$u \in P$和$v \in V - P$能让边(u, v)满足:

$$l(s, v) = \min_{u \in P} \left(l(s, u) + w(u, v) \right)$$

随后再将边(u, v)添入以s为根的最短路径生成树, 而该树可描述始于s的所有最短路径。

　　Dijkstra算法的一个$O(n^2)$实现可见8.3.1节。使用更复杂的数据结构可以获得更快的计算速度, 请参阅本节"注释"版块。此外对于本节的问题要求, 我们其实只想得到从s到t的最短路径, 那么t一旦进入P可即刻终止算法。

　　在仅有正权的图中求解本节的这种单源最短路径时, Dijkstra算法是最合适的选择。然而, 特殊情形下有时也会需要不同的选项:

- 你的图是加权图还是无权图? —— 若你的图是无权图, 则利用简单的广度优先搜索算法即可在线性时间找出从源点到其余顶点的最短路径。只有当边权不同时, 你才需要动用更复杂的算法。

- 你的图是否带有负权? —— Dijkstra算法假设所有边都带正权。当图中某些边带负权时, 你只能使用更为一般(但效率较低)的Bellman-Ford算法。当图中含有负环时, 问题会变得尤其麻烦: 在此类图中从s到t的最短路径毫无意义, 这是因为我们可以反复从s绕道负环, 从而使总开销要多小就有多小。

　　请注意, 对每个边权全部增加一个固定值使其全部转为正权并不能解决该问题。因为在这种情况下, Dijkstra算法更倾向于得出边数较少的路径, 纵使它们在总权值上并非原图的最短路径也会被选出。

- 你的输入是一组几何障碍而非图? —— 许多应用问题需要在几何场景(例如充满障碍的房间)中寻找两点间的最短路径。对于这类问题, 最直接的解决方案就是依照Dijkstra算法的数据处理形态将输入转换为距离图: 其顶点对应于障碍的边界顶点, 而边定义为彼此"可见"的顶点对。

　　存在更高效的几何算法, 可以直接根据障碍的**排布**(arrangement)来计算最短路径, 若想了解这些算法可参见20.14节的运动规划。

- 你的图是无环图甚或DAG? —— 有向无环图的最短路径只需线性时间即可找到。利用拓扑排序算法对所有顶点进行排序, 使得所有边的方向皆从左指向右。随后我们从源点s起开始从左向右处理各顶点: s到自身的距离$l(s, s)$显然为0, 后续采用下式计算:

$$l(s, j) = \min_{(i, j) \in E} \left(l(s, i) + w(i, j) \right)$$

这是由于我们已获知j左侧的任意顶点i的最短路径长度为$l(s, i)$。[1] 实际上, 大多数动态规划问题皆可表述为特定DAG上的最短路径问题。此外, 只需将"min"换为"max", 同样是用以上算法亦可找出DAG中的最长路径, 这在作业调度(见17.9节)等应用中非常有用。

---

[1] 译者注: 该算法的运行时间为$O(n + m)$, 其分析过程非常典型, 留作练习。

- 须要全图点对最短路径? —— 若要计算全图点对最短路径矩阵 D(其中 D_{ij} 表示从 i 到 j 的最短路径长度), 最朴素的方法便是分别将各个顶点当作源点, 再将Dijkstra算法重复执行 n 次。Floyd-Warshall算法则精巧很多, 它是一种求全图点对最短路径的 $O(n^3)$ 时间动态规划算法, 比Dijkstra算法更易于实现且速度更快。此外它适用于带负权的图(但得无负环), 8.3.2节中提供了它的一种实现。我们以 M 表示边权矩阵, 当边 (i,j) 不存在时记 $M_{ij} = \infty$, 可给出基于该矩阵的求解方案, 详见算法52。

算法 52　Floyd-Warshall(M)

1　$D^{(0)} \leftarrow M$
2　**for** k **from** 1 **to** n **do**
3　　**for** i **from** 1 **to** n **do**
4　　　**for** j **from** 1 **to** n **do**
5　　　　$D_{ij}^{(k)} \leftarrow \min\left(D_{ij}^{(k-1)}, D_{ik}^{(k-1)} + D_{kj}^{(k-1)}\right)$
6　　　**end**
7　　**end**
8　**end**
9　**return** $D^{(n)}$;

要理解Floyd算法, 关键在于弄清 $D_{ij}^{(k)}$, 它表示"从 i 到 j 且以 $1, \cdots, k$ 为备选中间顶点的最短路径长度"。请留意, 该算法最多占用 $O(n^2)$ 空间, 因为我们在第 k 次迭代时只需存储 $D^{(k)}$ 和 $D^{(k-1)}$。[1]

- 我该如何从图中找出最短环? —— 全图点对最短路径问题的一个应用是寻找图中的最短环, 其长度称为图的**围长**(girth)。Floyd算法可用于计算顶点 i 到自身的最短路径长度 $d_{ii}(1 \leqslant i \leqslant n)$, 其实也就是穿过点 i 的最短环长度。

  这个结果或许是你想的答案, 但请注意穿过点 i 的这种最短环也可能仅是从 i 到某个顶点 j 随后又返回到 i, 而这两次用到了同一条边。我们通常所讨论的是简单环, 也即不得重复经历任何边或顶点的环。若要找出最短的简单环, 需先计算点 i 到其余顶点最短路径的长度, 再逐一核对是否有合适的边能让相关顶点返回到 i。

  图的最长环求解是NP完全问题, 因为求图的哈密顿环(见19.5节)不过是这个问题的一种特例。

全图点对最短路径矩阵可用于计算与图 G 的**中心**(center)相关且较为实用的若干"不变元"(invariant)。我们先定义顶点 s 的**偏心距**(eccentricity), 它是 s 到所有顶点最短路径长度的最大值, 从偏心距可以派生出若干图的不变元: 图的**辐长**(radius)[2]定义为所有顶点偏心距的最小值, 而图的中心即是以辐长为偏心距的顶点集; 图的**直径**(diameter)定义为所有顶点偏心距的最大值。

实现　性能最佳的最短路径代码实现归功于Andrew Goldberg及其合作者, 见http://www.avglab.com/andrew/soft.html。[3] 这些代码中值得特别提及的是MLB, 这是一个适

---

[1] 译者注: 更快的实现方案仅需存储一个矩阵。
[2] 译者注: 此处若译为"半径"略有不妥, 它未必是直径的一半。
[3] 译者注: 原网址已无法访问, 相关代码可在石溪算法仓库下载(https://www3.cs.stonybrook.edu/~algorith/implement/goldberg/implement.shtml)。

用于非负整数边权情况的最短路径算法, 参阅[Gol01]可获知该算法及其C++实现详情, 该算法运行时间通常只有广度优先搜索的4~5倍, 却能处理拥有百万顶点的图。此外, Dijkstra算法和Bellman-Ford算法的高性能C语言实现很容易找到。

15.4节所提及的所有C++和Java图算法库中至少包含了Dijkstra算法的一种实现, 我们分别予以介绍: C++的BGL(http://www.boost.org/libs/graph)[SLL02]所收录的算法特别广泛, 例如Bellman-Ford算法和Johnson全图点对最短路径算法; LEDA(见22.1.1节)就我们论及的最短路径算法均给出了很好的C++实现, 其中包括Dijkstra算法和Bellman-Ford算法以及Floyd算法; JGraphT(https://jgrapht.org)提供了Dijkstra算法和Bellman-Ford算法的Java实现。

2006年10月举行的第9届DIMACS算法实现挑战赛以最短路径算法为主题, 讨论最短路径高效算法的实现问题。相关论文、算例和实现的获取网址见http://dimacs.rutgers.edu/programs/challenge/。

注释 [CLRS09]这本教材给出了对于Dijkstra算法[Dij59]和Bellman-Ford算法[Bel58, FF62]以及Floyd全图点对最短路径算法[Flo62]的精彩讲解。最短路径算法的优秀综述包括[MAR+17, Zwi01]。[1] 关于几何最短路径算法的综述可见Mitchell的[PN18]。

基于Fibonacci堆的Dijkstra算法作为适用于单源最短路径的最快算法而闻名, 其运行时间为$O(m + n \log n)$[FT87]。有关最短路径算法的实证研究可参见[DF79, DGKK79], 不过这些实验都是在Fibonacci堆被引入之前完成的, 稍新一些的研究请参见[CGR99]。在实际中可使用启发式方法来提高Dijkstra算法的性能, Holzer等通过细致的实验研究了四种此类启发式方法相互配合使用后的效果[HSWW05]。

像谷歌地图(Google Map)这类在线服务能从庞大的路网中迅速找到两点间的最短路径, 至少也是一条近似的最短路径。这类问题与最短路径问题其实存在些许差异: 预处理成本可以分摊到诸多点对点的查询之中;[2] 长途高速公路主干线的存在可以将此路径问题简化为主干线最优进出口的选择问题; 近似解或启发式解也能满足实际需求。

A*算法执行最佳优先搜索来寻找最短路径, 并结合下界分析来确定我们当前所找到的最佳路径何时会对应图的最短路径。Goldberg和Kaplan以及Werneck在[GKW06]中所述的A*算法实现, 经过对德国路网数据[3]长达两小时的预处理后, 应答其上的点对点查询仅需1毫秒左右。对于能加速最短路径算法的启发式方法, 其分析可见[AFGW10]。

除最优路径外, 许多应用问题还期望得到多个较短的备选路径, 这引发了寻找"k条最短路径"的问题。根据路径是否必须为简单路径或者能否包含环, 还出现了不同的变种。Eppstein在[Epp98]中给出了这些路径的隐式表达, 其生成过程耗时$O(m + n \log n + k)$, 在此基础上若要重建实际路径, 每条皆可在$O(n)$时间完成。Hershberger等在[HMS03]中给出了一种新算法及其实验结果。

对于普通图和可平面图, 已有计算其围长的快速算法, 分别是[IR78]和[Dji00]。

相关问题 网络流(18.9节); 运动规划(20.14节)。

---

[1] 译者注: Schrijver所写的 *On the History of the Shortest Path Problem* 也非常值得一读。

[2] 译者注: 初始不必算出所有的点对之间最短路径, 后续查询两点之间的最短距离可实时计算再存储以备用。

[3] 译者注: 此处表述有改动。[GKW06]的路网数据可覆盖整个国家, 而该论文选取了若干国家的实际数据(其中还包括北美洲)进行测试。

18.5 传递闭包与传递约简

(输入) 一个拥有n个顶点和m条边的有向图$G = (V, E)$。

(问题) 求出G的**传递闭包**(transitive closure), 也即构建图G'使得: 边$(i, j) \in E'$当且仅当G中存在从i到j的有向路径。求出G的**传递约简**(transitive reduction), 也即构造边数最少的图G'并使得: 若是G'中存在从i到j的有向路径当且仅当G中存在从i到j的有向路径。

传递闭包与传递约简的输入和输出图例如图18.5所示。

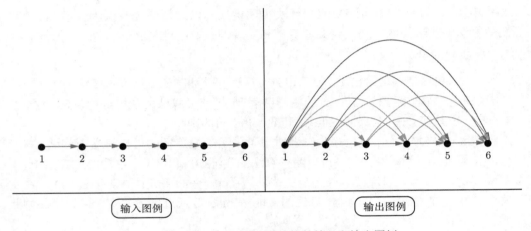

图 18.5 传递闭包与传递约简的输入和输出图例

(讨论) 传递闭包问题可以被视为建立一个数据结构来高效地求解"从x可达y吗?"这类可达性查询, 而在构造出传递闭包矩阵$\boldsymbol{T}$之后, 只需报出矩阵元素$\boldsymbol{T}_{xy}$即可在常数时间内应答此类查询。

处理图G因属性修改所产生的连锁效应时, 就会用到传递闭包。考虑以下这个位于电子表格模型底层的图: 它以各单元格为顶点; 当且仅当单元格j的取值有赖于单元格i时, 它便有条从单元格i指向单元格j的边。当某给定单元格的取值被修改时, 由其可达的所有单元格也必须更新其取值。利用图G的传递闭包, 可以很容易地找出这些单元格。由于类似原因, 许多数据库问题都可归结为传递闭包的求解问题。

计算传递闭包的基本算法有三种:

- 较为简单的算法是从各顶点开始执行广度优先搜索或深度优先搜索, 并记录遇到的所有顶点。如此经过n次遍历, 即可得出一个$O(n(n+m))$算法。对于稠密图, 该算法将退化为立方时间。该算法很容易实现, 且在稀疏图上运行状况良好, 通常也许就是你解决实际问题的正确选择。

- Warshall算法可在$O(n^3)$时间内构造出传递闭包, 这种巧妙的方法其实与18.4节所述Floyd全图点对最短路径算法的本质相同。如果我们对所得路径的长度并不关注而是仅考虑传递闭包, 则完全可为矩阵中各个元素仅分配1比特来降低存储量, 即矩阵元素$\boldsymbol{D}_{ij}^{(k)} = 1$当且仅当从$i$途经中间顶点$1, 2, \cdots, k$可达顶点$j$。

- 矩阵乘法也可用来求解传递闭包问题。我们将图 G 的邻接矩阵记为 M(也可写为 M^1),矩阵 $M^2 = M \times M$ 中的非零元素其实对应着 G 中所有长度为2的路径。注意到 $(M^2)_{ij} = \sum_x M_{ix} \cdot M_{xj}$,故 (i, x, j) 这条路径的存在势必对 $(M^2)_{ij}$ 有所贡献。因此,根据 $\bigcup_{i=1}^{n} M^i$ 这个并集的结果可获得传递闭包矩阵 T。此外,利用16.9节的快速求幂算法计算该并集时仅需执行 $O(\log n)$ 次矩阵运算。

  当 n 足够大时,使用Strassen快速矩阵相乘算法来计算传递闭包可能会更快,但我自己肯定不会去劳神尝试。传递闭包事实上和矩阵乘法一样难,所以基本不太可能有明显更快的算法。

　　具体到实际中所出现的许多图中,以上三种算法的运行时间可能会变得更快。回想一下强连通分量,它是一个顶点集,其中每对顶点都相互可达。一个较为具体的例子是,任何有向环其实都定义了一个强连通子图。[1] 任何强连通分量中的所有顶点在可达性上其实和这些顶点所对应的那个子图是完全一致的。因此,我们可将寻找 G 的传递闭包这个问题简化到 G 的强连通分量所构成的图中处理,而这种图可在线性时间内算出(见18.1节),其边和顶点通常要比原图 G 少很多。

　　传递约简是传递闭包的逆运算,其求解也称为**最小等效有向图**(minimum equivalent digraph)问题,即在不影响可达性的同时尽量减少边数。实际上,G 的传递闭包等同于 G 的传递约简的传递闭包。传递约简可理解为存储空间最小化,其具体做法就是从 G 中删除那些不影响可达性的冗余边。图的绘制(绘图)过程也会用到传递约简,为了减少视觉混乱必须尽可能多地擦除那些可以隐式导出的边,这类工作非常重要。

　　图 G 的传递闭包是唯一的,但图在传递性上的"约简"可能会有很多种,[2] 而 G 本身其实也算,而我们要找的是最小约简(也即传递约简)。此外,该问题有多种处理方式与表述形式:

- 可以考虑以下这种便捷的线性时间传递约简算法,不过它不是特别讲究:我们先快速找出图 G 的强连通分量并分别以简单环代之,继而用边将不同的分量予以桥接。由此所得的"传递约简"可能并不总是最小约简,但对许多图而言,所得极有可能与真正的传递约简非常接近。

  这种启发式方法有隐患:它很可能将不属于 G 的边纳入 G 的传递约简。此举究竟会不会引发问题,将视你的实际应用而定。

- 如果在传递约简中仅限于使用图 G 中的边,我们就只能放弃找出最小传递约简的希望。原因如下:不妨考虑仅含一个强连通分量的有向图,其中各顶点皆可达其余顶点,它的传递约简将是一个恰好由 n 条边组成的简单有向环,但此情形只有当 G 是哈密顿图时才会发生,由此可见寻找这类最小传递约简其实是NP完全问题。

  处理此类"边保留"(edge-preserving)传递约简的启发式方法通常会依次考察每条边,只在不影响传递闭包的前提下才会删除它。要想高效实现此算法,意味着我们必须将花费在可达性检验上的时间压缩至最小。启发式策略通常基于以下考虑:只要从 i 到 j 还有其他路径可避开直接使用有向边 (i, j),则此边可删除。

---

[1] 译者注:这里仅仅是举例展示"强连通"这个概念以及该图可视为一个整体,请注意强连通子图不一定是强连通分量。此外,后文还提到了以环替换强连通分量的约简方法。
[2] 译者注:为严谨起见,此处略有改动。这里的"约简"只需要保证可达性等价即可。

- 能以任意点对作为边的这类最小传递约简可在$O(n^3)$时间内找到, 阅读本节"注释"版块以了解详情。然而, 前文所述快捷但不够讲究的启发式方法足以应对大多数实际问题, 它的运行速度更快且编程实现更简单。

实现 BGL[SLL02](http://www.boost.org/libs/graph)对传递闭包和传递约简给出了极佳的工业级代码实现。LEDA(见22.1.1节)提供了传递闭包和传递约简的C语言实现[MN99]。JGraphT(https://jgrapht.org/)是一个内容丰富的图算法库, 它给出了这两种算法的Java实现。

Combinatorica[PS03](见22.1.8节)提供了传递闭包和传递约简的Mathematica实现, 并对需要进行传递约简的偏序关系给出了图形化展示。

注释 van Leeuwen对传递闭包和传递约简给出了精彩的综述[vL90a]。Fischer和Meyer证明了矩阵乘法和传递闭包之间的等价性[FM71], 相关讲解见[AHU74]。

关于传递闭包的研究极多, 其中大部分(1995年以前)都被Nuutila写入了[Nuu95]。Penner和Prasanna则借助缓存友好(cache-friendly)的实现方式[PP06], 将Warshall算法[War62]的性能提高了大约一倍。

[AGU72]确立了传递闭包与传递约简在求解时间上的等价性。[Nuu95, PP06, SD75]对传递闭包算法进行了实证研究。稀疏传递约简通常包含较长的路径。传递闭包撑展则寻求直径不超过k的最小传递约简[BGJ+12]。

在数据库查询优化中, 传递闭包的规模估计很重要。Cohen在[Coh94]中给出了估算传递闭包大小的线性时间算法。

相关问题 连通分量(18.1节); 最短路径(17.4节)。

18.6 匹配

输入 一个拥有n个顶点和m条边的(加权)图$G = (V, E)$。

问题 找出边集E的最大子集E'并使得V中各顶点至多只与E'中一条边相关联。

匹配的输入和输出图例如图18.6所示。

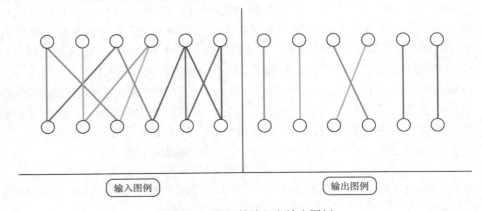

图 **18.6** 匹配的输入和输出图例

讨论 假设你管理着一队员工, 每个员工都有能力执行从作业中划分出的某组任务, 那么该派何人去做何事才能完成作业? 不妨构建一个图, 其顶点代表所有员工和全部任务, 而边则将每个员工与其可以完成的任务相连。若是每个员工将被分配一项任务, 那么我们想要的指派方案则是所能找出的某种最大边集, 其中每个员工最多负责一项任务而每项任务最多隶属于一个员工, 这便是"匹配"。

不少算法其实非常像魔法, 而匹配则是其中极为强大的一种, 其魔力之大足以令人惊讶: 其一, 它居然只需要多项式时间即可高效找出最佳匹配; 其二, 你只要掌握了匹配魔法, 能够供其施展的实际问题可谓随处可见。

让一组男士迎娶一组女士并使每对伴侣都能幸福美满, 这是二部匹配问题的另一个例子。在此例的图中, 彼此合适的男女之间都有边相连。[1] 匹配算法也可应用于合成生物学[MPC+06], 比如我们需要重排字符串 s 中的字符, 以便尽可能多地产生字符移位。举例来说, "aaabc"可重新排列为"bcaaa", 除中间位置的"a"保持固定外其他字符都产生了移位。这还是一个二部匹配问题: 我们将那些男士换成一个存储符号的多重集合(其中的符号取自给定字母表), 再将女士换成字符串中的位置(1到 $|s|$),[2] 而边则将各符号连接到所有在原字符串中存储与之相异字符的那些位置。

在保留问题的**指派**(assignment)本质不变的同时, 有数种方式可使以上这个匹配的基本框架具备更强的处理能力:

- 你的图是二部图? —— 许多匹配问题会涉及到二部图, 然而我们有时也需要在非二部图中进行匹配。在普通图上也有高效的匹配算法, 不过二部图上的匹配方法要更简单也更快速。

- 若员工们可获派多项任务该如何? —— 对匹配问题的自然推广, 要么是对员工指派不止一项任务, 要么(对等地)为特定任务寻找多名员工。这种要求可以通过复制员工顶点来建模, 希望员工匹配多少次, 就将其复制多少次。事实上, 在前文的字符串重排/洗牌这个问题中, 我们已用过这个小技巧(让同一字符多次出现)。

- 你的图是加权图还是无权图? —— 截至目前, 所论匹配问题皆基于无权图。前文我们一直在讨论寻求**最大基数匹配**(maximum cardinality matching)的问题, 而在理想情况下它将对应所谓的**完美匹配**(perfect matching), 也即图中每个顶点都有另一顶点与其相匹配。

  但在一些其他应用场景下我们会对每条边赋以特定的权重, 这或许反映了某个员工与某项任务的适合程度, 或是某人对另一个人的喜爱程度。在此情形下, 问题则转变为如何构建**最大权重匹配**(maximum weight matching), 也即寻找总权重最大的边独立集。[3]

高效的匹配构造算法得以实现的关键在于找出图中的增广路径, 其起始边和结束边皆为非匹配中的边。图 G 中特定匹配 M(目前为部分匹配)的增广路径 P 是指, 在 M 以内及其之外依次来回交替的边所组成的路径(M 之外, M 以内, $\cdots$, M 之外)。给定这样一条增广路径

---

[1] 译者注: 这里的表述和条件都比较简单, 在著名的**稳定婚姻问题**(stable marriage problem)中还有更多约定, 详见本节"注释"版块。

[2] 译者注: 例如"aaabc"对应顶点集(多重集合)为{'a', 'a', 'a', 'b', 'c', 1, 2, 3, 4, 5}。

[3] 译者注: "边独立集"中的任意两条边不会有相同的关联顶点。

P, 将P的那些属于M的偶序边全部替换为P的奇序边, 我们便可得出一个新匹配且比原匹配M多一条边。因此, 只需要搜索此类增广路径并在一无所得时停止, 据此便可构造出最大基数匹配。

普通图的匹配问题要比二部图的匹配问题更难处理, 这是由于普通图包含的增广路径很可能牵涉到长度为奇数的环(也即路径的首顶点和末顶点相同),   而这样的环通常称为"花"(blossom)。二部图中绝不可能出现花这样的结构, 因为二部图的定义本身就排除了长度为奇数的环。

二部匹配的标准算法基于网络流, 二部图经简单变换即可转换成等价的网络流图。实际上, 8.5节已对这类转换给出过一种实现。

请注意, 求解加权匹配问题需要依情况采用不同的方法, 其中最著名且最重要的则是面向矩阵的"匈牙利算法"(Hungarian algorithm)。

(实现) Andrew Goldberg及其合作者给出了加权和无权二部匹配的高性能代码。Goldberg和Kennedy给出的CSA[GK95]是基于费用标度(cost-scaling)网络流的加权二部匹配C语言代码。Cherkassky等设计的BIM[CGM+98]是基于增广路径方法的无权二部匹配代码, 其运行速度更快。二者的获取网址皆为http://www.avglab.com/andrew/soft.html, 请注意仅限非商业用途。[1]

第1届DIMACS算法实现挑战赛[JM93]专注于网络流和匹配, 收集了若干最大权重匹配和最大基数匹配的算例生成程序和算法代码实现, 获取网址见http://dimacs.rutgers.edu/archive/Challenges/。其中有一个最大基数匹配求解器基于Gabow的$O(n^3)$算法而实现, 还有一个最大权重匹配求解器, 两者皆由Edward Rothberg用C语言编写而成, 他的最大权重匹配求解器虽然比无权求解器要慢一些, 但却更为通用。

LEDA(见22.1.1节)为二部图和普通图中的最大基数匹配和最大权重匹配都提供了高效的C++实现。Blossom IV是一个最小权重完美匹配的C语言高效实现[CR99], 其获取网址为http://www.math.uwaterloo.ca/~bico/software.html。在稀疏的普通图上, 其最大基数匹配的$O(mn\alpha(m, n))$实现[KP98]则归功于Kececioglu和Pecqueur, 见http://www.cs.arizona.edu/~kece/Research/software.html。

The Stanford GraphBase(见22.1.7节)中包含了二部匹配匈牙利算法的实现。为了提供易于可视化的加权二部图, Knuth使用了一个数字化版本的《蒙娜丽莎》并在其中寻找亮度最高的像素(但不能在当前行和当前列都是最高亮度), 他还将匹配用于构建好玩的"多米诺肖像"。

(注释) Lovász和Plummer的[LP09]是关于匹配理论和算法的权威文献。[Gal86]是关于匹配算法的综述论文。关于二部匹配问题求解的较好教材, 若要了解其网络流算法可参阅[CLRS09, Eve11, Man89], 若要了解其其匈牙利算法可参阅[Law11, PS98]。最好的最大二部匹配算法归功于Hopcroft和Karp[HK73], 该算法并未使用网络流, 而代之以不断寻找最短增广路径, 其运行时间为$O(\sqrt{n}m)$。此外, 匈牙利算法的运行时间为$O(n(m + n\log n))$。

---

[1] 译者注: 原网址已无法访问, 石溪算法仓库似乎也未收录。可尝试搜索来寻找相关代码, 例如关键词为"Goldberg"和"CSA"。此外, 所谓"费用标度"指的是输入费用取值为$-C$到C之间的整数。

求解最大基数匹配的Edmond算法[Edm65]引发了关于什么问题可在多项式时间内解决的思考, 故而具有重大的历史意义。[Law11, PS98, Tar83]对Edmond算法都给出了精彩的讲解。普通图中匹配问题的最佳算法可在$O(\sqrt{n}m)$时间运行完毕[MV80]。

考虑男女婚配问题的某个匹配方案, 其中包含(B_1, G_1)和(B_2, G_2)这两条边(配对), 但是B_1更喜欢G_2而G_2也更喜欢B_1。在现实生活中, 这种婚姻匹配方案显然不合适。匹配需要避免出现此类情形, 从而实现稳定的婚姻。若要深入了解稳定匹配理论, 可参阅[GI89]。关于**稳定婚姻问题**(stable marriage problem)的如下结论会让人惊奇不已: 男/女关于对方的喜爱程度不管按照何种方式来打分, 至少总有一种方案能达成稳定婚姻。此外, 这种稳定婚姻可在$O(n^2)$时间内找到[GS62], 它的一个重要应用就是每年为各医院分派住院医师(medical residents)。

在图的完整信息缺失的情形下仍须进行边的选择时, 你所面临的就是在线匹配(online matching)问题。这种问题多见于互联网广告投放领域, [M+13]则是一篇关于此的极佳综述。

二部图的最大匹配与最小顶点覆盖规模相当, 这意味着, 二部图中的最小顶点覆盖问题和最大独立集问题皆可在多项式时间内解决。

(相关问题) 网络流(18.9节); 顶点覆盖(19.3节)

18.7 欧拉环/中国邮递员

(输入) 一个拥有n个顶点的图$G = (V, E)$。

(问题) 找出能遍访图G各边的最短巡游。

欧拉环/中国邮递员的输入和输出图例如图18.7所示。

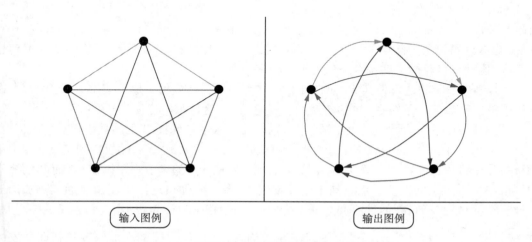

输入图例   输出图例

图 18.7 欧拉环/中国邮递员的输入和输出图例

(讨论) 假设由你负责垃圾车、扫雪车或邮递员的日常巡游路线设计。所有这些问题都要求对城中每条道路必须全部遍历至少一次, 以确保完成所有投递或收取。为了提高效率, 你会谋求最小化总行驶时间, 或者是与时间等同的其他目标, 例如总距离或所遍历的总边数。

换个思路, 考虑电话菜单系统的人工验证。每个诸如"要获取更多信息请按4"的选项都可完全视为图中两个顶点间的有向边, 而我们的测试人员要做的就是找出遍历该图最高效的方式, 使得访问系统中各种跳转至少一次。

上述两项任务都是**欧拉环**(Eulerian cycle)问题的变种, 其本质可由"一笔画"游戏完美诠释: 让孩子们一笔完整地画出某个特定图案, 但不能重复画过任何边, 也不能让铅笔抬离纸面。他们须在图中找出一条路径或者环, 恰好历经各边一次。

要确定某个图是否包含欧拉环, 还有赖于以下这些众所周知的判定条件:

- 无向图包含欧拉环当且仅当它是连通图, 且各顶点的度值都是偶数。
- 有向图包含欧拉环当且仅当它是强连通图, 且各顶点具有相同的入度和出度。

如果要找的是**欧拉路径**(Eulerian path), 也即覆盖所有边但不得返回起始顶点, 故相应度值条件可以弱化: 无向连通图包含欧拉路径当且仅当除两顶点外其余顶点的度值皆为偶数, 这两个被排除在外的顶点将会作为该图中任意欧拉路径的起点和终点; 有向连通图包含从顶点x到顶点y的欧拉路径当且仅当除x和y之外其余顶点具有相同的入度和出度, 而x的入度比此度值少1且y的入度比此度值多1。

欧拉图的这些特征简化了对此类路径/环存在性的判断: 先用DFS或BFS核实该图的连通性, 再剩下就是对奇度值顶点进行计数。图中所存在的欧拉环可借助Hierholzer算法以线性时间找出: 先使用DFS从图中找出一个环, 将其删除后再重复此操作, 直至将整个边集划分成一组其边不相交的环。每次删除环会使各顶点所减少的度值为偶数, 因此剩余的图将继续满足欧拉环的度值限制条件。经过划分后的所有环必然拥有公共顶点(因为图是连通的), 故可在任何公共顶点处拼接成"8"字形。将提取的所有环按特定方式拼接起来, 我们将得到一条包含所有边的单一回路。[1]

一旦存在欧拉环, 即可解决原先我们所提的扫雪车路径规划问题, 因为任何遍访各边恰好一次的这类巡游必然存在一个最短长度。当然实际路网一般不大可能满足欧拉环的度值限制条件, 因此我们需要转而解决的是更一般的**中国邮递员问题**(Chinese postman problem), 也即使得遍历各边至少一次的环其长度最小化。此类最小环对任何边的访问不会超过两次, 因此任何路网其实都存在较好的巡游路线规划。

为G添加适当的边可使其成为欧拉图, 此法可用以构造最优邮递员巡游。在G中两个奇度值顶点之间添加一条路径, 将其转换为偶度值顶点, 这种策略可使G更接近于欧拉图。

寻找往图G添加的最佳最短路径集, 可以转化为求解特殊图G'上的最小权重完美匹配。对于无向图G, 图G'的顶点仅对应于G的奇度值顶点, 而G'中边(i,j)的权重则定义为G中从i到j的最短路径长度。对于有向图G, 图G'的顶点对应于G的度值不平衡顶点, 而G'的所有边则从出度亏点指向入度亏点。基于以上改造, 二部匹配便可适用于图G'。通过添加边一旦能获得欧拉图, 即可在线性时间内从中提取一个最优环。

(**实现**) 欧拉环的程序实现在多个图算法库中均可找到, 但中国邮递员问题的代码却不多见。我推荐Thimbleby对有向图中中国邮递员问题所给出的Java实现[Thi03], 其获取网址为http://www.harold.thimbleby.net/cpp/index.html。此外,JGraphT(https://jgrapht.org)提供了Hierholzer算法的Java实现。

---

[1] 译者注: 欧拉环通常也称欧拉回路(Eulerian circuit)。

GOBLIN(http://goblin2.sourceforge.net/)是个覆盖面甚广的C++库, 可处理所有的标准图优化问题, 包括有向图和无向图两种情形的中国邮递员问题。LEDA(见22.1.1节)提供了全套工具以高效实现二部图和普通图中的欧拉环、匹配以及最短路径求解。

Combinatorica(见22.1.8节)[PS03]提供了欧拉环和de Bruijn序列的Mathematica实现。

注释 图论的历史始于1736年, 欧拉在彼时首次解决了Königsberg七桥问题。Königsberg(如今的加里宁格勒)是Pregel河畔的一座城市, 在欧拉生活的那个年代, 此处曾有七座桥连接着河岸和河心的两座岛屿, 这种情形可建模为拥有七条边和四个顶点的多重图。欧拉原想找出一条每座桥仅过一次便可折返回家的路——故名欧拉环, 但随后便证明了这种巡游绝无可能, 因为全部四个顶点的度值皆为奇数。这七座桥尽毁于第二次世界大战。要了解欧拉这篇原始论文的翻译版和该问题的研究历史还请参阅[BLW76]。

Corberán和Laporte的[CL13]以及Toth和Vigo的[TV14]是关于车辆路径问题和弧路径问题的较新论著, 其中自然会论及中国邮递员问题。[Eve11, Man89]讲解了构造欧拉环的线性时间算法[Ebe88]。用于构造欧拉环的Fleury算法[Luc91]直接且精巧: 从任一顶点开始前行, 并抹去走过的任何边; 选择下条边继续前行时只需避开"桥"(指那些一旦删除便会将图断开的边)即可, 直至别无可选。

欧拉巡游(Euler's tour)技术是并行图算法的重要范式。并行图算法大多是在一开始先找生成树, 并定出其根, 所使用的就是欧拉巡游技术。参阅并行算法教材(如[Já92])以了解相关理论, 参阅[CB04]以了解相关实验结果。图中欧拉环的计数问题存在高效算法[HP73]。

在图中寻找遍历所有边的最短巡游问题最早由中国学者管梅谷提出[Kwa62], 故而得名中国邮递员问题。[1] 求解该问题的二部匹配算法[EJ73]归功于Edmonds和Johnson, 对有向图和无向图皆有效。不过该问题在混合图中会变为NP完全问题[Pap76a], 所谓混合图是指在其中有向边和无向边共存。对中国邮递员算法的讲解可参阅[Law11]。

在一个大小为α的字母表Σ上, 跨度为k的de Bruijn序列S是指一个总长为α^k的环形串, Σ上长度为k的所有串都是S的子串, 而且每个这样的子串在S中仅出现一次。例如当$k = 3$且$\Sigma = \{0,1\}$时, 环形串00011101依次包含着以下子串: 000, 001, 011, 111, 110, 101, 010, 100。de Bruijn序列可视为"密码箱开锁器"式序列: 假设密码锁有k位且每位可选α个数字, 我们每次需要旋转拨盘尝试开锁, 而S可给出足以试尽所有长度为k的拨盘旋号组合且旋动次数最少的开锁序列。

要创建de Bruijn序列, 可先构造一个有向图: 其顶点表示长为$n - 1$的字符串(共α^{n-1}个), 边(u, v)存在当且仅当$u = s_1 s_2 \cdots s_{n-1}$且$v = s_2 \cdots s_{n-1} s_n$。于是, 该图中的任何欧拉环都对应一个de Bruijn序列。对de Bruijn序列及其构造方法的讲解见[Eve11, PS03]。

为了优化刺绣纹样, [AHK$^+$08]给出了一种基于欧拉环的巧妙算法。

相关问题 匹配(18.6节); 哈密顿环(19.5节)。

---

[1] 译者注: 原始文献为《奇偶点图上作业法》, 随后被翻译为英文。至于 *Chinese postman problem* 一名, 也许是Alan J. Goldman或J. Edmonds所起。根据管梅谷先生的访谈, 他也是后来翻阅期刊才知道这个问题被命名为"中国邮递员问题"。此外, https://algorithms.discrete.ma.tum.de/graph-algorithms/directed-chinese-postman/index_en.html提供了该算法的动态展示。

18.8　边连通度与顶点连通度

输入　一个拥有n个顶点和m条边的图G及其任意一对顶点s和t。

问题　被删掉后会致使G不连通, 或将s与t断开的最小顶点集(或边集)是什么?

边连通度与顶点连通度的输入和输出图例如图18.8所示。

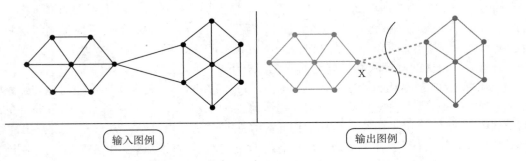

| 输入图例 | 输出图例 |

图 18.8　边连通度与顶点连通度的输入和输出图例

讨论　与网络可靠性有关的问题常常会涉及图的连通度。在通信网络中, 顶点连通度意味着破坏者为了将网络切断(阻止两个未受损站点进行通信)而须摧毁的交换站点的最少个数, 边连通度则意味着为达同一目的而须掐断的通信线路的最少条数。要么精准地摧毁一个站点, 要么准确地剪断若干条电缆, 两者都足以将本节输出图例中的网络断开。

图G的边连通度(顶点连通度)指代被删除后足以破坏图G连通性的边(顶点)的最小数量。这两个量之间关系密切, 顶点连通度总是小于或等于边连通度, 因为从割集的每条边上删除一个顶点就能将图断开, 当然也有可能存在更小的顶点子集。最小的顶点度值是边连通度和顶点连通度两者共同的上限, 因为删除该顶点的所有相邻顶点(或剪断它到其相邻顶点的所有边)便会将一个单顶点分量与图的其余部分完全分开。

实践证明, 值得关注的连通度问题有如下几个:

- **图本身就不连通?** —— 最简单的连通度问题就是检验图是否连通。正如18.1节所述, 深度优先搜索或广度优先搜索足以在线性时间内找出所有连通分量。对于有向图, 我们需要考虑图是否强连通, 即每对顶点之间是否存在有向路径。实际上, 在弱连通图中, 可能存在路径使得某些顶点有往无返。

- **图中存在薄弱环节?** —— 如果任何单一顶点的删除都不会导致图G不连通, 则称G是双连通图。那种一旦被删便会破坏连通性的薄弱点被称为图G的**关节点**(articulation vertex)。边的类似概念被称为**桥**(bridge), 意指那种被删除后会导致图G不连通的某一条边。

  识别关节点(或桥)最简单的算法是尝试逐一删除顶点(或边), 并用DFS或BFS来检验所得图是否保持连接。这两个问题都有基于深度优先搜索的线性时间算法(但更复杂), 实际上7.9.2节已经给出了一个完整实现。

- **想把图分成规模相等的两块?** —— 我们通常会删除很小一部分顶点(或边), 以求将图划分成规模大致相等的块。比如为将一个较大的计算机程序分成两个可维护的单元, 我们可以构造一个图, 以其顶点代表所有子程序, 边则添加在任何两个存在交互的子程序之间, 也即有向边代表着一侧的子程序可调用另一侧的子程序。据此我们就可以寻求如何将所有子程序划分成规模大致相等的两组, 从而确保至多有极少数存在交互的子程序跨越该划分。

以上问题其实就是图划分, 它将在19.6节讨论。尽管这是个NP完全问题, 但仍存在效果尚可的启发式方法。

- 随便分开即可还是须分开指定点对? —— 连通度问题一般有两种类型: 一种寻求将全图分开的最小割集(cut-set), 另一种则寻求将两点s和t分开的最小集合。将任何"两点连通度算法"使用$n-1$次(例如逐个处理s与其他所有顶点), 便可得到一般的连通度算法, 因为每次删除割集后, 顶点s必与其他$n-1$个顶点中的至少一个顶点处于不同分量。

边连通度和顶点连通度其实皆可使用网络流技术求解, 该方案将加权图按管道网络处理, 其中每条边皆具有最大容量值。我们寻求最大化图中两个给定顶点之间的流量, 而图G中顶点u和顶点v之间的最大流恰好是能断开u和v的最小边集之权。这样一来, 只需最大化无权图G中s和其余$n-1$个顶点之间的流量, 即可得出图G的边连通度。

Menger定理描述了顶点连通度的特征, 它指出: 某个图是k阶连通的(k-connected), 当且仅当其中每对顶点至少由**无公共顶点**(vertex-disjoint)的k条路径相连。于是我们可以再次借用网络流执行该计算, 请注意, 一对顶点之间的流量若为k, 将意味着在它们之间**无公共边**(edge-disjoint)的路径有k条。

为了充分利用Menger定理可构造有向图G', 在G'中任何无公共边的路径集都有G中无公共顶点的路径集相对应。要做到这一点, 须将G中任意顶点x转为G'中的两个顶点x_1和x_2, 并在G'中添加一条边(x_1, x_2), 还须将图G中的每条边(u, v)转为图G'中的边(v_2, u_1)和边(u_2, v_1), 如此一来, 图G中每条无公共顶点的路径将与图G'中两条无公共边的路径相对应。可以证明, 图G'的最大流则相当于图G顶点连通度的两倍。[1]

实现 MINCUTLIB汇集了关于割算法的一组高性能代码, 由Chekuri等完成[CGK+97], 包括网络流和基于收缩(contraction)的方法。他们的主要目的是从实验角度研究割算法以及找出那些能使求解快速完成的启发式方法, 而MINCUTLIB中的代码其实算是这项出色研究的部分成果。该组代码的获取网址为http://www.avglab.com/andrew/soft.html, 仅限非商业用途。[2]

在18.1节给出的大多数图数据结构库中, 都有连通性和双连通性的检验程序。C++的BGL[SLL02](http://www.boost.org/libs/graph/doc)的独特之处在于它还实现了边连通性检验算法。

GOBLIN(http://goblin2.sourceforge.net/)是个覆盖面甚广的C++库, 处理所有标准的图最优化问题, 包括边连通度和顶点连通度。LEDA(见22.1.1节)所支持功能也较多, 它以C++实现了低阶连通度查验(双连通分量和三连通分量)和边连通度/最小割集。

注释 有关边连通度和顶点连通度的网络流方法, [Eve11, PS03]对其给出了精彩讲解, 而Nagamouch和Ibaraki的[NI08]则是连通度问题的专著。处理这类问题的诸多算法其正确性

---

[1] 译者注: 本段稍有改动, 相关细节与证明可参阅[Eve11]。

[2] 译者注: 原网址已无法访问, 相关代码很难找到。

完全基于Menger定理[Men27], 即连通度由能分隔一对顶点且无公共边/顶点的路径之数量所决定。此外, 最大流最小割定理[FF62]归功于Ford和Fulkerson。

对于最小割集/边连通度, 理论上最快的算法皆基于图收缩而非网络流。收缩图G中的边(u,v)就是将该边的两个端点合二为一, 这样做会消除自圈但也会产生多重边。此类收缩不论顺序如何皆有可能扩大(但不会缩小)G的最小割集, 而当割集中的任何边都未被收缩时所得割集则保持不变。Karger提出一个完美的随机化算法来计算最小割集, 可以确保所得最小割集对任何随机删除序列皆依某个非平凡的概率而保持不变。Motwani和Raghavan在[MR95]中对随机化算法的讲解非常精彩, 其中就讨论了Karger算法。

Karger算法的最快方案[Kar00]可在$O(m \log^3 n)$期望时间内运行完毕。稍快一些的确定性算法也存在[HRW17]。参阅[CGK+97, HNSS18]可了解对最小割集求解算法的实验比较。

最小割集方法在计算机视觉领域已获诸多应用, 图像分割就是一例。Boykov和Kolmogorov在[BK04]中给出了此应用背景下各种最小割集算法的实验评估结果。

基于非网络流方法的k阶边连通性检验$O(kn^2)$算法[Mat87]归功于Matula。当k的取值小到一定程度, 还存在更快的k阶连通性算法。图的所有三连通分量可在线性时间内全部生成[HT73a], 而对四连通分量则$O(n^2)$时间足矣[KR91]。

相关问题   连通分量(18.1节); 网络流(18.9节); 图划分(19.6节)。

18.9   网络流

输入   一个拥有$n+2$个顶点和m条边的有向图G, 并对任意边$e=(i,j)$指定容量c_{ij}, 以及源点s和汇点t。[1]

问题   流的运送受限于每条边的容量, 从s到t的最大流是多少?

网络流的输入和输出图例如图18.9所示。

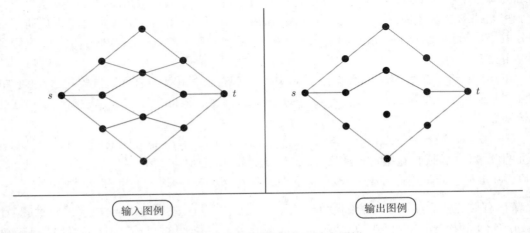

输入图例   输出图例

图 18.9   网络流的输入和输出图例

---

[1] 译者注: 在本节中顶点以整数表示(从0到$n+1$), 并设定$s=0$且$t=n+1$。此外, 本节的下标略有改动。

(讨论) 网络流的应用远不止于管道工程, 比如在一组工厂和一组商店之间运送货物, 应该如何找出最划算的方法也可用来解释网络流问题, 这与在通信网络中如何优化资源配给的许多问题如出一辙。

但是网络流的真正优势在于: 实践中的许多线性规划问题都可用其建模, 包括本书已经讨论过的二部匹配、最短路径和边连通度/顶点连通度等图问题; 在解决这些问题方面, 网络流算法要比通用线性规划方法更快。

要想充分利用这种优势, 其关键在于要能看出你的问题可被建模为网络流, 而这又需要丰富的经验与扎实的研究。我建议先为你的问题建立一个线性规划模型, 然后拿它与两类主要网络流问题所对应的线性规划模型相比较, 看看能否借鉴。这两类网络流问题分别是最大流和最小费用流:

- **最大流** —— 我们这里要求解的是, 在已知图 G 各边容量约束的情形下, 求出源点 s 到汇点 t 尽可能满的流量。设变量 x_{ij} 表示经过顶点 i 沿有向边 (i, j) 的流量, 因为该边流量受其最大容量 c_{ij} 所限, 故有

$$0 \leqslant x_{ij} \leqslant c_{ij} \quad (0 \leqslant i, j \leqslant n+1)$$

此外在每个非源点或非汇点, 流入和流出的总量相等, 因此

$$\sum_{j=1}^{n} x_{ji} - \sum_{j=1}^{n} x_{ij} = 0 \quad (1 \leqslant i \leqslant n)$$

我们的目标是合理分配以使聚于汇点 t 的流量达到最大, 即

$$\max \left(\sum_{i=1}^{n} x_{it} \right)$$

- **最小费用流** —— 在这个问题中, 我们为每条边 (i, j) 增设了一个量值 d_{ij}, 它表示从 i 到 j 输送单位流的费用。我们要将给定流量 f 从 s 输送到 t, 但总费用必须达到最小, 也就是说:

$$\min \left(\sum_{i=0}^{n} \sum_{j=1}^{n+1} d_{ij} \cdot x_{ij} \right)$$

除了要满足最大流问题对边和顶点的容量限制之外, 约束还要多加一条, 即

$$\sum_{i=1}^{n} x_{it} = f$$

部分情形需要特殊处理:

- 若有多源点甚或多汇点该怎么办? —— 没关系, 我们可以修改网络: 只需添加一个顶点, 作为供给所有源点的超源, 或是作为排空所有汇点的超汇。
- 若所有边容量只取 0 或 1 该怎么办? —— 存在更快的算法可求解 0/1 网络流问题。详情请参阅本节"注释"版块。

- 若所有边的费用完全相同该怎么办? —— 直接使用最小费用流通常未必适合这种场景, 更简单且更快速的最大流算法往往效果更好。[1] 不计边成本的最大流问题在许多应用中经常可见, 例如边连通度/顶点连通度和二部匹配。
- 若有多类型的物品有待输送该怎么办? —— 电信网络中的每条短信都有明确的源头和目标, 各目标需要精准接收到发送给它的电话呼叫, 而非随便哪个位置发出的等量通信。这可以建模为**多货品流**(multicommodity flow)问题, 其中每个呼叫代表着不同货品, 而我们要解决的就是: 在不超出各边容量限制的前提下, 如何满足所有呼叫(也即将各货品投运到位)。

  如果允许对流任意切分, 则多货品流问题凭线性规划方法就能解决。但遗憾的是, 不允许切分的整装型多货品流是NP完全问题, 即使仅有两类货品也是如此。

网络流算法一般很复杂, 要想提高其性能, 必须在设计上花费极大的心思。当然, 本节"实现"版块也照例将介绍一些已有的精良代码实现。不过, 网络流问题中涉及的算法主要只有两类:

- *增广路径法* —— 这类算法需要不断找出一条从源点到汇点且容量为正的路径, 并将其加入流中。可以证明, 当且仅当不再包含任何增广路径时网络流才会达到最优。由于每次增广操作皆可让流量增加, 故而终将达到最大值。网络流算法在选择增广路径的方式上差异较大。如若考虑欠妥的话, 每条增广路径对总流量的提升或许只有很少的一点点, 从而导致算法的收敛时间过长。
- *预流推入法* —— 这类算法会将网络流从某个顶点推入另一个顶点, 并可暂时忽略各顶点流入须与流出相等的约束。事实证明, 预流推入法比增广路径法更快, 其主要原因在于它可以同时增广多条路径。此类算法通常是首选方案, 并已有绝佳代码实现(见本节"实现"版块)。

⬚实现 最大流和最小费用流的高性能代码均由Andrew Goldberg及其合作者开发编写: 其中`hi_pr`和`prf`[CG94]适用于求最大流, 但大多数情形下建议使用`hi_pr`; 而对于最小费用流问题的代码, `CS`[GoI97]是最佳选择。以上这两类代码均用C语言编写, 其非商业用途获取网址见`http://www.avglab.com/andrew/soft.html`。[2]

基于C++的BGL(Boost Graph Library)[SLL02](`http://www.boost.org/libs/graph`)和基于Java的JGraphT(`https://jgrapht.org`)皆给出了若干网络流算法的实现。

关于网络流和匹配的第1届DIMACS算法实现挑战赛[JM93]收录了网络流的若干算法实现和数据生成器, 可参见`http://dimacs.rutgers.edu/Challenges`。其中包含: (1) Edward Rothberg用C语言实现的预流推入算法; (2) 11个网络流变种的C语言实现, 年代稍显久远的Dinic算法和Karzanov算法(由Anderson和Setubal实现)也在此列。

⬚注释 关于网络流及其应用的优秀著作包括[AMO93, Wil19], 此外Goldberg和Tarjan的[GT14]是一本篇幅简短的综述, 但又做到了讲解精当。最基本的最大流最小割定理[FF62]归功于Ford和Fulkerson, 关于多货品流问题[Ita78]难解性的讨论见[Eve11]。

---

[1] 译者注: 虽然目标函数依然是费用最小, 但是可以转化成最大流问题获得更快的求解, 例如18.8节的顶点连通度问题。

[2] 译者注: 原网址已无法访问, Goldberg的另一个项目提供了功能接近的部分代码(`https://code.google.com/archive/p/pmaxflow/source`)。

一直以来, 人们普遍认为, 网络流算法完全可以在$O(nm)$时间完成计算, Orlin最终实现了此目标[Orl13]。参阅[AMO93]可了解该问题的算法史。关于网络流算法的实证研究可参阅[GKK74, Gol97]。

网络中的信息流可建模为多货品流问题。不过当多个汇点皆要获取相同信息时, 在内部结点处复制该信息则可削减对从源点到汇点间多条不同路径的需求。**网络编码**(network coding)[YLCZ05]则充分利用了这种想法, 可以最大限度地获取信息流, 从而能够达到最大流最小割定理的理论极限。

(相关问题) 线性规划(16.6节); 匹配(18.6节); 连通度(18.8节)。

18.10　精致绘图

(输入) 图G。

(问题) 绘制图G, 将其结构准确地表现出来。

精致绘图的输入和输出图例如图18.10所示。

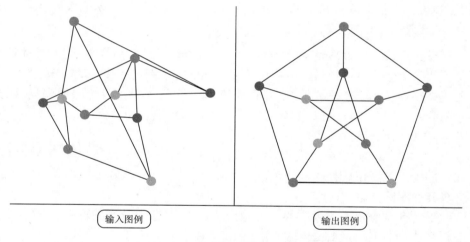

输入图例　　　　输出图例

图 18.10　精致绘图的输入和输出图例

(讨论) 绘图是个很自然的问题, 但其本质并不明确, 什么样的**绘像**(drawing)[1]才能算得上精致呢? 我们希望找到一个图的**可视化**(visualization), 它能够对图结构给出最佳展示从而让我们更容易理解和把握。与此同时, 我们还希望图的绘制精美, 令人愉悦。

遗憾的是, 这些都是"软"指标, 难以成为绘图优化算法的设计依据。事实上, 一个给定的图可能有许多种不同的绘像, 而每一种绘像都有与其最般配的特定环境。19.9节起首给出了Petersen图三幅风格各异的绘像, 翻出来看看, 哪幅才算"真品"呢?[2]

可用于评估绘像质量的"硬"指标有以下几个:

---

[1] 译者注: 此处的"绘像"可以理解为原图G的像, 是绘图算法的一个具体"输出结果"。
[2] 译者注: 实际上, Petersen图共有120种自同构。

- **两边交叉** —— 我们所寻求的绘像中边与边的交叉要尽可能少,它们会引人分心。
- **画区大小** —— 我们所寻求的绘像要尽可能小地缩减绘图区域,但须兼顾最短边的长度,以免图的局部产生"紧塞"现象。
- **边之长短** —— 我们所寻求的绘像要避免特别长的边,它们会淡化绘像的其他特征。
- **角分辨率** —— 我们所寻求的绘像要避免某顶点上相邻边间的夹角过小,否则画出的线条往往会有部分或几乎全部混淆在一起。
- **画幅之比** —— 我们所寻求的绘像宽高比(aspect ratio)应该尽可能地接近所需输出媒介(例如一块4:3的计算机屏幕),那毕竟是我们用于查看图的工具。

但可惜的是,以上这些指标彼此矛盾。此外,随意在其中选一些指标并基于对应约束找出最佳绘像,似乎都是NP完全问题。

在进入正题之前,还有最后两点须知: (1) 对于本来就缺少对称性或者结构无规则的图,真正能称得上精致的绘像可能并不存在,对于顶点数超过10~15的图来说情况尤其如此。(2) 绘制任何大规模稠密图都需要庞大的绘图空间,有时绘图所需的巨量墨点甚至会淹没一大块屏幕。例如要画出100个顶点上的完全图(也即K_{100})差不多要绘制5000多条边,而在1000 × 1000像素的显示器上,每条边仅能平摊到不足200像素,那么除了屏幕上糟糕的一团,你还指望看到什么呢?

一旦对以上问题能够取得共识,其实我们可以发现,绘图算法常常成效卓著而且充满乐趣。为了有助于选取正确的方法,自己先要弄清以下问题:

- **边须为直边或可用曲线和/或弯折?** —— 直线绘制算法相对简单,但有其局限性。正交折线绘图似乎最适合于将电路设计图那样的复杂图可视化,正交在此意味着所有的线必须保持水平或垂直绘制,中间不带斜线过渡,而折线意味着图中每条边将被绘制为一系列直线段,它们要么与顶点相连要么组成直角弯折。
- **是否存在较为自然且为实际问题特有的绘像?** —— 如果你的图代表着由城市(对应顶点)与道路(对应边)所组成的网络,那么你能找到的最佳绘像也许就是将顶点绘制在地图中相应城市所处的同一位置。实际上,"描摹"这条基本原则其实同样适用于许多其他实际问题。
- **你的图是可平面图还是树?** —— 若是如此,请选用一种特殊的可平面图绘制算法或绘树算法,它们将分别在18.11节和18.12节中讨论。
- **你的图是有向的吗?** —— 边的方向对绘图的预期效果有着重大影响。当绘制有向无环图时,最好让所有边的指向都按逻辑接续:要么从左至右,要么自上而下。
- **你的算法得多快?** —— 如果要用于交互式的更新和显示,你的绘图算法就得非常快,因此你只能选用增量式算法,因为其处理策略是先针对待编辑顶点的邻点予以更改。相反地,如果你想输出一幅漂亮的图片留待后续深入研究,你完全可以抽出更多的时间去尽量开展优化。
- **你的图对称吗?** —— 节首的输出图例很迷人,那是因为它具有对称性,准确地说,这是一种五向旋转对称性。图的内生对称性可以通过求解其**自同构**(automorphisms)加以判定,图的同构代码(见19.9节)可以毫无障碍地应用于寻找所有自同构。

为了便捷地绘出一幅权宜之作, 我建议将所有顶点简单地呈环状均匀散布, 然后在顶点间绘制直边。此种画法极易编程且构建迅速, 其主要优点是任意两条边都不会混在一起, 这是因为图中任意三个顶点都不共线。而一旦你所绘制的图中出现了被围于内部的顶点, 这类因边相混而造成的伪影(artifact)现象就有可能难以避免。由于环形散布顶点的次序与图中顶点的插入次序一致, 因而此类绘像偶尔也会显露出对称属性, 这可谓是按环形绘图的意外之喜。模拟退火算法可用于置换环形顶点的次序以使交叉数或边的长度最小化, 从而显著地改善绘像的视效。

一种效果较好的通用绘图启发式方法是将待绘图建模为一个弹簧系统, 随后再借助能量最小化来分隔各顶点: 设定邻接顶点以与其间距之对数(或其他相关值)成正比的弹力相互吸引, 而所有非邻接顶点则以与其分隔距离成正比的弹力相互排斥。基于以上设定的弹力会让各边尽量缩短, 同时也会将那些彼此无边相连的顶点分斥散开。若要近似模拟该弹簧系统的行为, 可先确定各顶点在某个特定时刻的受力情况, 据此在合力方向上对各顶点做少量调整。若干次迭代过后, 系统便会稳定地收敛于一个效果不错的绘像。节首的输入图例和输出图例展示了在特别小的图中嵌入弹簧系统的有效性。

如果你需要使用折线绘图算法, 我建议你研究研究本节"实现"版块或者[JM12]中所提及的若干系统, 看看是否能找到胜任此项工作的软件。要是你想自行开发出一个更好的算法, 至少必须付出极为惊人的工作量才可能有希望。

绘图还会牵扯出一些新的烦人问题, 也即该在何处摆放边/顶点的标签。我们希望将标签贴近其所标识的边或顶点摆放, 同时确保其位置不会彼此重叠, 也不会与其他那些重要的图特征相冲突。可以证明, 最优化标签摆放是个NP完全问题, 不过使用与装箱问题(见20.9节)相关的启发式方法处理此问题却可以收到较好的效果。

（实现） GraphViz(http://www.graphviz.org)是由Stephen North开发的一款倍受欢迎且技术支持也较为丰富的绘图软件, 它用样条曲线来画边, 可对大规模复杂图构造出较为实用的绘像。这么多年以来, 它完全满足了我所有的专业绘图需求。

在15.4节中提及的图数据结构库在图可视化方面都费了些心思。BGL(Boost Graph Library)和JGraphT皆借用GraphViz的DOT格式输出图, 两者均未进行无谓的重复性开发。

VivaGraph和Sigma是浏览器中用于图的交互型显示的JavaScript包, 它们颇受欢迎, 其网址分别为https://github.com/anvaka/VivaGraphJS和http://sigmajs.org/。

绘图问题很好地带动了商业产品的开发和应用, 它们中有些就出自Tom Sawyer Software(www.tomsawyer.com)[1]和yFiles(www.yworks.com)。Pajek[DNMB18]是专为绘制社交网络而设计的一款软件包, 其获取网址见http://mrvar.fdv.uni-lj.si/pajek/。这些产品皆提供免费试用或非商业用途的软件下载。

Combinatorica(参阅22.1.8节了解其更多信息)[PS03]提供了数种绘图算法的Mathematica实现, 其中就有环形布点、弹簧系统和分层处理等嵌入(embedding)机制。[2]

（注释） 绘图领域的研究者社群较为引人瞩目, 其年会(绘图和网络可视化)已延续25年有余, 更多信息可参见http://www.graphdrawing.org/。细读一卷会议文集, 就能很好地了解本

---

[1] 译者注: 该公司名和文学名著 *The Adventures of Tom Sawyer* 有一点关系, 见https://www.tomsawyer.com/about-us。
[2] 译者注: 例如将弹簧系统"嵌入"待绘图中。

领域当前最先进的技术以及处理相关问题的思路与视角。*Handbook of Graph Drawing and Visualization*[Tam13]对该领域做了最全面的综述。

关于绘图算法目前有两本极佳之作, 它们分别是Battista等的[BETT99]以及Kaufmann和Wagner的[KW01], 而第三本则当推Jünger和Mutzel的[JM12], 该书完全基于系统而非算法组织行文, 亮点在于提供了各种系统所用绘图方法的技术细节。关于地图标注(Maplabeling)启发式方法的讨论见[BDY06, WW95]。

图嵌入将与每个顶点相关联的结构信息编码为短向量, 这样为机器学习模型提供了有用特征。此类二维或三维嵌入可以理解为顶点在绘像中的位置, 但对机器学习而言, 处理较高维数(例如128维)才更常见。我们自己的DeepWalk提供了一种构建图嵌入的方法[PARS14], 它非常受欢迎。关于图嵌入, 可参阅[CPARS18]以了解关于该领域的综述。t-SNE[MH08]是一种被广泛使用的方法, 可将高维点集投影(可将此过程类比本节的这些嵌入)至二维以便可视化, 其代码实现可参见https://lvdmaaten.github.io/tsne/。

沿着圆环边界均匀摆放n个点是一个相当平凡的问题, 然而当该问题转换到球体表面之后就会变得异常困难。参阅Hardin和Sloane以及Smith的[HSS07], 可以找到$n \leqslant 130$时这类球面问题的摆放编码, 其数据非常全面。[1]

(相关问题) 绘树(18.11节); 平面性检验(18.12)。

18.11 绘树

(输入) 一棵树T(实为无环图)。

(问题) 创建树T的精致绘像。
绘树的输入和输出图例如图18.11所示。

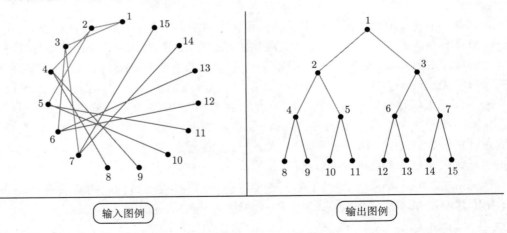

图 18.11 绘树的输入和输出图例

讨论 许多应用程序需要将树画出来, 比如在展示文件系统目录的层次结构时通常就要用到树状图。我尝试着用Google搜索"绘树软件"(tree drawing software), 发现了一些针对家谱树、语法分析树(语句图解)和进化树的专用可视化程序, 所有这些都出现在搜索结果的前二十个链接里。

每个应用程序都有各自的美学原则, 这使得要对"美感"作一般概括并非易事。话虽如此, 绘树的主要问题仍可概括为两大类, 也即你画的是有根树还是自由树:

- **有根树**(rooted tree)对其中元素给出了一种层次序, 它由被标识为根的单个源点向外逐层散发。任何绘像都应该体现出这种层次结构, 还要反映出应用问题本身对子层次结点出现顺序所施加的全部附加约束, 例如家谱树是有根树, 兄弟结点通常按照出生顺序由左至右绘制。

- **自由树**(free tree)只在乎树状连接的拓扑结构, 其他结构特性均不考虑, 就像图的最小生成树便无关乎是否有根, 而此时若还用分层绘像必会引起误解。此类自由树很可能完全继承了其底层图的绘像, 例如在城市地图中基于原有距离所定出的最小生成树。

树始终都是可平面图, 因此可以而且应该具备不存在交叉边的画法, 事实上, 18.12节中即将讨论的任何平面绘图算法都能做到这一点。不过, 杀鸡焉用牛刀, 实际上构造树的平面绘像还有更为简单的方法。在18.10节讨论过的弹簧嵌入启发式方法对自由树的绘制效果就非常优秀, 不过在交互式应用场景下的速度还是太慢。

最自然的绘树算法总是假设所绘为有根树, 其实它们也同样适用于自由树, 这只需从树中选出一个结点设定为绘像中的树根即可。此类虚拟的树根可以任选, 但是选用树的中心点可能会更好一些。所谓中心点是能让其他结点到该点的最远距离最小化的那个结点。我们可以不断修剪所有叶子结点, 最终所剩即为树的中心点, 以此算法寻找树的中心点只需线性时间。[1]

绘制有根树的两种主要可选方法是分层嵌入和径向嵌入:

- **分层嵌入** —— 将根绘于页面中部顶端, 再根据根的度值将页面划分成相应数量的竖带。然后将去根后所得的一组子树逐一分配到相应的竖带, 并递归地绘制每棵子树: 将各子树的根(与被删源树根所相邻的顶点)置于其对应竖带的中部, 并从顶端下沉一定距离, 之后从源树根到子树根引一条边。节首的输出图例是一棵平衡二叉树的分层嵌入, 该绘像非常精致。

  这样的分层嵌入特别适用于展示各种层次结构: 无论是家谱树、层次数据结构还是公司阶层, 各结点自顶而下的间隔展示了该结点到根的距离。遗憾的是, 这种反复细分终将产生极窄的竖带, 导致页面的某个小区域内挤满过多的结点。我们可以尝试调整各竖带的宽度, 使其能够反映各自将会包含的结点总数, 这样在较短的子树绘制完成后, 原本属于它的区域完全可供其邻树扩展从而获得更有效的利用。

---

[1] 译者注: 可参阅18.4节关于"偏心距"以及"中心"等概念。此外, 我们可将自由树视为图, 这里所提到的自由树"叶子"结点在图的视角下就是度为1的顶点。

- 径向嵌入 —— 使用径向嵌入可以更好地绘制自由树：将树的中心置于绘像的中心，围绕该中心点按子树将空间依角度划分成不同扇区。虽然径向嵌入最终也会发生与分层嵌入相同的"紧塞"问题，但是径向嵌入能比分层嵌入更好地利用空间，并且对于自由树来说更能特别自然地将其展示。

(实现) GraphViz(http://www.graphviz.org)是由Stephen North开发的一款倍受欢迎且技术支持也较为丰富的绘图软件，它用样条曲线来画边，可对大规模复杂图构造出较为实用的绘像。这么多年以来，它完全满足了我所有的专业绘图需求。顺便提一句，18.10节讨论过的所有绘图工具在绘树方面都似乎更加智能一些。

目前已有很好的绘图/绘树商业产品，例如出品自Tom Sawyer Software(www.tomsawyer.com)和yFiles(www.yworks.com)的软件。面向树状图的产品还有Lucid(https://www.lucidchart.com)和Visme(https://www.visme.co/tree-diagram-maker/)。这些产品皆提供免费试用或非商业用途的软件下载。

Combinatorica[PS03]提供了若干种绘树算法的Mathematica实现，其中包含了分层嵌入方法和径向嵌入方法。参阅22.1.8节以了解关于Combinatorica的更多信息。

(注释) 有关绘图算法的所有书籍和综述都会涉及绘树算法，我们先列举有关绘图算法的文献：*Handbook of Graph Drawing and Visualization*[Tam13]对绘图领域给出了最全面的综述；关于绘图算法目前有两本极佳之作，它们分别是Battista等的[BETT99]以及Kaufmann和Wagner的[KW01]，而第三本则当推Jünger和Mutzel的[JM12]，该书完全基于系统而非算法组织行文，亮点在于提供了各种系统所用绘图方法的技术细节。

树可视化的综合资源可参见https://treevis.net/，另可参阅相关综述论文[Sch11]。树映射图是另外一种展示分层数据的常用方法[JS91]，树中结点会以矩形展示，而子树则嵌套于父树之中。

绘树(或称"构造树的布局")的启发式方法得到了多位研究者的青睐，其中Buchheim等的[BJL06]反映了当前的最高技术水平。可惜的是，绘树在一定的审美标准之下将变为一个NP完全问题[SR83]。

树在存储中的布局(layout)其实也算"绘树"，不过此类树布局算法所处理的是非绘图类的应用问题。二叉树的van Emde Boas布局算法就是一例，相比于传统基于二分法的查找结构而言，它可提供更好的外存读写性能，不过实现起来更为复杂。若要了解此类及其他缓存通配数据结构可参阅Arge等的综述[ABF05]。

(相关问题) 绘图(18.10节)；平面绘图(18.12节)。

18.12　平面性检验与嵌入

(输入) 图G。

(问题) 能否在平面上画出图G且不出现交叉边？若可行则请画出一幅。

平面性检验与嵌入的输入和输出图例如图18.12所示。

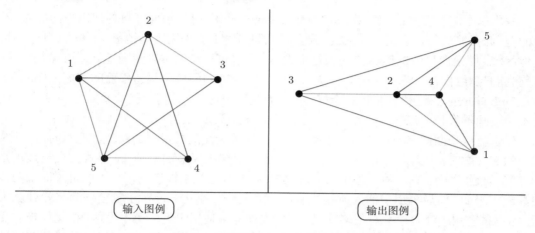

图 **18.12** 平面性检验与嵌入的输入和输出图例

讨论 平面绘像(又称平面嵌入)由于消除了交叉边, 因而能够更为清晰明确地反映所给图的结构。绘像中若有两边交叉, 则其交叉点很容易被错判为额外的顶点。普通路网或印制电路板布局所对应的图原本就是可平面图, 因为它们完全由平面结构所界定。在其他常见的图中, 偶然才会遇到可平面图, 比如树。

可平面图有着很好的特性, 据此可以得出许多问题的更快算法。我们最应该了解的事实是, 每个可平面图都是稀疏的。由欧拉公式可知, 每个非平凡的可平面图 $G = (V, E)$ 均满足 $|E| \leqslant 3|V| - 6$ 这个不等式, 这意味着每个可平面图的边数必然是关于其顶点数的线性量级。此外每个可平面图中必有一个顶点的度值不超过5, 我们可将此类顶点从 G 中删除, 而可平面图的每个子图仍为可平面图, 因此随后仍然可重复此过程直到最终所剩为空图。实际上, 我们所删除的顶点形成了一个(在删除时)"度值相对较低"的顶点序列,

为了能更好地理解平面绘图的微妙之处, 我建议读至此处的你为节首输入图例所给出的图(在 K_5 中删除一条边 e 而得)构建一个(无交叉)平面嵌入。不要偷看旁边的输出图例, 自己动手构建这样一个所有边皆限定为直边的平面嵌入。画完之后请把那条缺失的边 e 添加回输入图例中从而补全为 K_5, 不妨试试对 K_5 本身能否完成同样的操作。

对平面性的研究极大地推动了图论的发展, 但仍需承认, 在实际应用中对检验平面性的需求相对并不常见, 而大部分绘图系统也并不刻意追求平面嵌入。事实证明, "Planarity Detection"(平面性查验)是我所维护的"石溪算法仓库"(www.algorist.com)[Ski99]中点击率最低的页面之一。即便如此, 了解如何处理可平面图还是非常有用的, 特别是当你遇到相关问题的时候。

我们有必要将平面性检验问题(我的图是否有平面绘像)与构造平面嵌入问题(创建一幅平面绘像)区别开来, 尽管两者都可以在线性时间内完成。可平面图上的许多高效算法根本就用不到其平面绘像, 所利用的反而是前述度值较低的待删顶点序列。

平面性检验算法起始会先从图中任选一个环并将其嵌入平面, 然后再考虑 G 中与此环上顶点相连的其他路径。一旦有两条这样的路径相互交叉, 则须将一条画在环外而一条画在环内。但若有三条这样的路径相互交叉则问题无解, 也即该图非可平面图。平面性检验的线性时间算法基于深度优先搜索而设计, 但它们都太过复杂, 因此找一个现成的代码才是明智之选。

利用以上这种"路径交叉"算法将所有路径逐一插入绘像, 由此即可构建出平面嵌入。不幸的是, 此类算法的原理是增量式的, 众多顶点和边可能会毫无阻碍地被算法插入到一小块绘像区域, 而由此导致的"紧塞"现象是个大麻烦, 它将让绘像难以清晰地展示其结构(也许可称为"丑陋绘像")。将各顶点置于$(2n-4) \times (n-2)$的网格再构造**平面网格嵌入**(planar-grid embedding)的这种算法相对会好一些, 因为所有区域都不会发生"紧塞", 且所有的边也不会被画得太长。当然, 由此所得绘像看起来终究不如人们期望中的那样自然。

对于非可平面图, 退而求其次通常只能是寻找可让交叉数最小的绘像。遗憾的是, 计算图中的交叉数是NP完全问题, 实际上即便在可平面图中仅多加一条边, 寻找其交叉数也是NP完全问题[CM13]。有一种很管用的启发式方法, 它先在G中提取一个较大的可平面子图并将其嵌入平面, 随后再逐一插入所剩边从而使交叉数最小化。这对于稠密图而言没什么大用, 因为稠密图中注定了会有很多交叉点; 但它却非常适用于近乎可平面的图, 比如带立交桥的路网或者多层印制电路板。至于图中较大的可平面子图, 我们可利用调整后的平面性检验算法来找出, 此类调整通常是删除那些会引起麻烦的边。

(实现) LEDA(见22.1.1节)针对平面性检验和直边平面网格嵌入皆提供了线性时间构造算法, 其平面性检验器(函数)还可为任何非可平面图返回一个阻挠原图平面嵌入的Kuratowski子图(见本节"注释"版块), 从而给出了该图非可平面性的具体证据。

[CGJ+13]所提出的OGDF(Open Graph Drawing Framework)是一个C++绘图框架(http://www.ogdf.net), 其中有数款平面性检验算法/平面嵌入算法, 如[CNAO85]中的PQ树算法。C++的BGL[SLL02](http://www.boost.org/libs/graph)中也有关于平面性检验和平面嵌入的算法。

PIGALE(http://pigale.sourceforge.net/)是一个专注于可平面图的C++图编辑器和图算法库, 其中有各种各样的算法可用于平面绘像的构造, 还有一些高效的平面性检验算法, 并可找出阻挠原图平面嵌入的子图(本质是$K_{3,3}$或K_5), 当然前提是存在此类子图。

寻找最大可平面子图的GRASP("贪心随机化自适应搜索过程")启发式方法代码实现由Ribeiro和Resende给出[RR99], 可参阅"ACM算法集萃"(见22.1.5节)之"算法797"。

(注释) Kuratowski给出了可平面图的首个特征刻画(characterization)[Kur30]: 它们不包含与$K_{3,3}$或K_5同胚的子图。[1] 因此, 如果你还在继续着那个试图将K_5嵌入平面的练习, 那现在正是最好的放弃时机。Fáry定理[F48]称, 每个可平面图都能以直边的形式画出。

Hopcroft和Tarjan给出了平面性检验的首个线性时间算法[HT74], 随后Booth和Lueker基于PQ树给出了另一种平面性检验算法[BL76]。更为简洁的平面性检验算法可参阅[MM96, SH99]。高效的$2n \times n$平面网格嵌入算法最早由[dFPP90]给出。Nishizeki和Rahman的[NR04]这本书对平面绘图算法的各个谱系给出了很好的概述。关于平面性检验稍新一些的综述可参见[Pat13, Tam13]。

但凡其所有顶点皆可画于绘像"外形面"(outer face)上的图称为**外置可平面图**(outer-planar graph)。这种图的特征刻画是它不含与$K_{2,3}$同胚的子图, 此外我们可在线性时间内完成对外置可平面图的检验和嵌入。

---

[1] 译者注: Kuratowski证明了此特征刻画是判定可平面图的充要条件。

平面性问题的推广围绕着将图嵌入那些比平面更复杂的曲面而展开。我建议你自行给出 $K_{3,3}$ 和 K_5 这两者在百吉饼或甜甜圈上的无交叉嵌入。此外,可参阅[GT01]以了解有关拓扑图理论的简介。

相关问题 绘图(18.10节); 绘树(18.11节)。

第19章
图问题: NP难解

关于图算法有种较为偏激的看法, 那就是"我们想做的一切都是难解的"。的确, 除了复杂性状况悬而未决的图同构问题之外, 本章其余问题皆可证为NP完全问题。NP完全理论表明: 所有NP完全问题要么都有多项式时间算法, 要么全没有。前一种情形出现的可能性太小, 因此一旦确定了某个问题的NP完全性也就意味着不存在能解决该问题的高效算法。

不过千万不要放弃, 即使你的问题出现在本章, 也请保持希望。我将为每个问题推荐攻坚之法: 有些是组合搜索算法, 有些是启发式方法, 有些是近似算法, 还有些是在限定算例情况下的特殊处理方案。与多项式时间问题相比, 处理难解问题所需的方法论完全不同, 但只要我们足够认真细致, 它们通常也能成功获得解决。

在求解NP完全问题方面能助你一臂之力的书有以下几本:

- Garey和Johnson的[GJ79] —— 这是NP完全理论的经典文献。最值得注意的是, 该书有一个简明的目录册, 其中罗列了三百多个NP完全问题, 且都带有相关参考文献和评注。如果你怀疑自己遇到了难解问题, 不妨翻翻这个目录册。在我的算法书库中, 它是我最常翻阅的那一本。
- Crescenzi和Kann的[CK97] —— 他们所维护的网站http://www.nada.kth.se/viggo/problemlist/就是近似算法领域的"Garey和Johnson"。[1]
- Williamson和Shmoys的[WS11] —— 关于近似算法理论及设计的综合性教科书。
- Vazirani的[Vaz04] —— 此书全面地讲解了近似算法理论, 其作者是一位在该领域享有盛誉的学者。
- Gonzalez的[Gon18] —— 这部手册收录了当前关于难解问题在应用和理论两方面各种求解技术的相关综述。

19.1 团

(输入) 一个拥有n个顶点和m条边的图$G = (V, E)$。

(问题) 找出G的一个最大顶点子集S并使其中各点皆两两相连, 也即任意$x, y \in S$均满足$(x, y) \in E$。

团的输入和输出图例如图19.1所示。

---

[1] 译者注: 遗憾的是, 该网站自2000年之后不再更新, 且原网址已换为https://www.csc.kth.se/tcs/compendium/。此外, "Garey和Johnson"指的是[GJ97]这本经典著作。

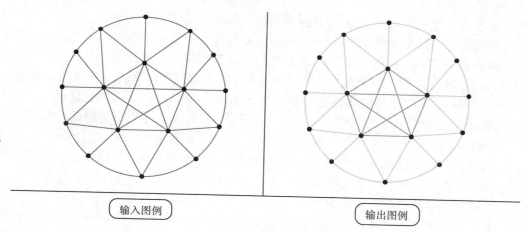

输入图例　　　　　　　　　　　　　　　　　输出图例

图 19.1 团的输入和输出图例

讨论 读高中的时候, 每个人都曾抱怨过拉帮结派的"小团伙"(clique), 这是聚在一起四处闲逛的一群人, 他们似乎左右着所有社交活动。我们可将校园社交网络视为一个图, 其顶点对应着人, 而两人之间的边则意味着他们是朋友。于是, 高中校园里的小团伙便定出了这个友谊图中的一个完全子图, 也称**团**(clique)。

相关对象的"聚类"问题通常可以归约为在图中寻找大规模的团, 美国国税局(IRS)为侦查有组织税务欺诈而开发的程序就是个有趣的例子。当时流行一种骗局, 通过提交大量虚假报税单以骗取本不该得的退税, 但要批量伪造不同的报税单并不是件轻松的活。在IRS构造的图中, 顶点代表着被提交的报税单, 边则出现在任意两个疑似类同的表单之间。这样一来, 该图中所有大规模的团都直指税务欺诈行为。

由于图中的每一条边其实都相当于仅有两个顶点的团, 因而要想找出一个团并不困难, 难的是找出一个尽可能大的团, 而这的确算是一种挑战, 因为寻找最大团是NP完全问题。然而更糟的是, 找出近似因子小于$n^{1-\epsilon}$的方案也被证明是难解问题。从理论上讲, 团问题的难解程度已达本书所有问题之上限, 那么我们还能指望对此做些什么呢?

- 有极大团就够了吗? —— 若是一个团不能通过添加更多顶点而得以扩大, 那它就是**极大团**(maximal clique)。某个极大团也许刚好确实就是**最大团**(maximum clique), 但也很可能并非最大团, 甚至会小太多。为了找到一个尽可能符合期望的极大团, 可按度值从高到低对顶点排序, 将排在首位的顶点加入团中, 然后检验后续顶点是否与当前团中所有顶点相连: 若是, 则将其加入团中以扩充; 若否, 则继续依次处理有序列表中剩余顶点。如果以位向量来标记当前有哪些顶点在团中, 则此算法可在$O(n+m)$时间内完成。另一种方法是在顶点排序时掺入一定随机性, 并经一定次数的尝试后将所找到最大的那个极大团认定为最大团。

- 若我只求一个尽可能大的稠密子图该如何? —— 坚持用团来划定图中聚类可能存在风险, 因为仅缺一条边就会导致某个顶点被排除在外。相反, 我们可以考虑寻找尽可能大的稠密子图, 即其间存在大量边的顶点子集。依照定义可知, 团其实是最为稠密的子图。

要找出一个最大顶点子集, 并确保其诱导子图顶点度值大于或等于d, 利用一个简单的线性时间算法便能完成。我们可以删除G中所有度值小于d的顶点, 不过这可能会使其他顶点的度值降至d以下, 因此它们也必须被删除。重复此过程直至所有剩余顶点的度值大于或等于d, 由此即可构造出最大高聚度子图(high-degree subgraph)。使用邻接表和15.2节的限高优先级队列, 该算法可在$O(n+m)$时间内完成。

- 遇到可平面图该怎么处理? —— 可平面图中所有团的大小绝不会超过4, 否则它将不再成为可平面图。又因每条边其实都对应一个大小为2的团, 故而值得关注的就仅剩了三顶点团和四顶点团。要高效地找出这种小规模团, 可按度值从低到高考察各顶点。[1] 每个可平面图必然包含一个度值至多为5的顶点v(见18.12节), 我们可以先考虑是否存在包含顶点v的最大团, 只需用穷举法检查其有限个邻居即可判定。若该顶点不符合要求则将其删除, 这样会留下一个更小的可平面图, 其中另有一个新的度值较低的顶点。[2] 重复以上"检查–删除"过程, 直到找出想要的团或者图为空。

如果你确实需要找到图中的最大团, 基于回溯的穷举搜索法才是唯一可行的解决方案。我们的策略是搜索顶点的所有k元子集, 一旦某子集中某顶点与其余元素皆不相邻, 则对该子集予以剪枝。图G中最大团的元素个数有一个较为简单的上界, 它等于该图的顶点度最大值加1。另一个更精确的上界可通过对顶点按其度值递减排序而获得, 设此时顶点已排序为$v_1, v_2, \cdots, v_n$, 并令j代表能让顶点v_j的度值至少为$j-1$的最大下标。由于度值小于$j-1$的顶点不会出现在顶点数为j的团中, 故图中最大团包含的顶点数不会超过j个。为了提高搜索速度, 可先从G中删除此类度值较低的顶点。

基于随机化技术的启发式方法(如模拟退火算法)在寻找最大团的问题上表现相当好。

实现 Cliquer是由Patric Östergård开发的一套C语言程序, 主要用于在加权图(且对权值无特殊要求)中寻找团。它使用的是基于分枝定界的精确算法, 其获取网址见http://users.tkk.fi/~pat/cliquer.html。

第2届DIMACS算法实现挑战赛[JT96]旨在征集寻找团和独立集的程序, 相关代码和数据见http://dimacs.rutgers.edu/archive/Challenges/。dfmax.c实现了一种简单直接的分枝定界算法, 它与[CP90]中的算法有些类似。dmclique.c利用[JAMS91]所提出的"半穷举式贪心"方案来寻找尽可能大的独立集。

Kreher和Stinson在[KS99]中提供了若干最大团分枝定界算法的C语言程序, 其中使用了各种不同的下界, 相关代码的获取网址见http://www.math.mtu.edu/~kreher/cages/Src.html。

GOBLIN(http://goblin2.sourceforge.net/)使用分枝定界算法来寻找尽可能大的团, 并称所适用的图其顶点数可达150到200。

---

[1] 译者注: 这里的"从低到高考察"可以理解为将顶点按度值放到若干桶中(类似于散列), 后续再按度值从高到低处理(注意桶的编号最高为5), 而文中所提到的顶点v实际上指的是度值最高的顶点。

[2] 译者注: 这个"度值较低的顶点"只是其度值不超过5而已, 我们依然是先处理编号最高的桶。此外, 每次删除顶点与其关联边需要实时更新其他顶点的度值, 后续处理中若发现某个顶点与其桶编号不符则将其移入正确的桶中, 而每个顶点至多只会移动几次而已。

注释 Bomze等[BBPP99]和吴庆华等[WH15]分别对寻找最大团问题给出了全面综述, 其中特别值得我们关注的是运筹学研究者社群关于最大团分枝定界算法的相关工作, 而此类算法的表现往往很不错。此外, 关于最大团算法的实验结果可参阅[JS01]。

Karp最早证明了最大团是NP完全问题[Kar72], 他所给出的归约(见11.3.3节)在团、顶点覆盖和独立集三者之间确立了非常密切的关系, 因此, 能够有效解决三问题之一的启发式方法和程序, 应该也能为另两个问题提供收效较好的求解方案。

最密子图问题(the densest subgraph problem)要找的是一个顶点子集, 其诱导子图具有最高平均顶点度值。团显然是同规模情况下的最密子图, 不过规模更大然而却没达到完全图特性的那些子图也可能取得更高的平均顶点度值。最密子图也是个NP完全问题, 但是基于删除度值最低顶点策略的简单启发式方法却可获得尚能接受的近似比[AITT00]。检测网络上的垃圾链接是关于最密子图的一个有意思的应用, 可参阅[GKT05]了解详情。

[Has82]证明了团问题无法实现近似因子小于$n^{1/2-\epsilon}$的算法, 除非P = NP(而且在更弱假设下, 团问题不存在近似因子小于$n^{1-\epsilon}$的算法)。请注意, 选择任意单个顶点作为团, 这其实是近似因子为n的一种最大团算法。而以上这些关于最大团问题难解性的结论其实表明, 没有哪种多项式时间近似算法在寻找最大团方面可以比单顶点这种极为平凡的启发式方法做得更好。

相关问题 独立集(19.2节); 顶点覆盖(19.3节)。

19.2 独立集

输入 图$G = (V, E)$。

问题 找出V的最大子集S并使其中各点对皆无边相连, 也即任意$x, y \in S$满足$(x, y) \notin E$。
独立集的输入和输出图例如图19.2所示。

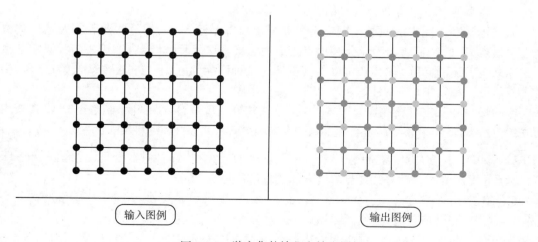

| 输入图例 | 输出图例 |

图 19.2 独立集的输入和输出图例

讨论 寻找尽可能大的独立集这种需求源于**设施分置问题**(facility dispersion problem), 也即找出一组彼此远离的选址来安放相关设施。就像我们的新品牌"McAlgorithm"的特许经营咨询服务网点须确保两个选址不会太近以免引发争端: 我们可以构建一个图, 以可能的选址为顶点, 并在那些被确认为近到足以干扰彼此的两个选址之间添加边, 于是此图中的最大独立集便明确了那个可以正常经营而不会彼此相残的最大选址集。

独立集(independent set或stable set)规避了元素之间的冲突, 因此在编码理论和调度问题中会经常用到。例如我们可以定义一个图, 以所有可能的码字为顶点, 在相似到足以因些许噪声而引发混淆的任何两个码字之间添加边, 该图中的最大独立集便定出了所给通信信道上容量最高的编码。[1]

与独立集密切相关的另两个NP完全问题如下:

- 团 —— 团是其顶点彼此有边相连的子集, 而独立集是其顶点彼此无边相连的子集。对于任意图$G = (V, E)$, 称$G' = (V, E')$为G的补图, 若其满足$(i, j) \in E'$当且仅当$(i, j) \notin E$。补图删除了原图的所有边却为本不相连的点对添加了边, 而原图之于补图亦如此。G中的最大独立集恰好是G'中的最大团, 所以两者的算法原理毫无差异, 19.1节中的算法及其实现也因此可用于寻找图G'中的独立集。

- 顶点着色 —— 图$G = (V, E)$的顶点着色是将V划分为k个子集(对应k种着色), 其中同色顶点之间皆无边相连。这里的每个同色顶点类都相当于一个独立集, 因此很多独立集应用问题其实是顶点着色问题。

  实际上, 一种用于寻找最大独立集的启发式方法就是先任选一种顶点着色算法/启发式方法, 然后在所找出的结果中选出最大同色顶点类。基于"独立集–着色"转换的这种认知, 我们可推断: 色数(chromatic number)较小的图(例如可平面图和二部图)必定拥有较大的独立集。

最简单且较为合理的一种启发式方法是先找度值最低的顶点, 并将它收入独立集, 随后转而将该点及其相邻顶点皆从图中删除。重复此过程直至图为空, 由此所得独立集已无法仅凭添加顶点得以扩大, 故为**极大独立集**(maximal independent set)。使用随机化方案或一定程度的穷举搜索法也可能会获得稍大一些的独立集。

独立集问题与图中的匹配问题在某种意义上可算是互为"对偶": 前者所求为无公共边之最大顶点集, 而后者所求为无公共顶点之最大边集。这提醒我们, 对于那些初看似乎可用最大独立集表述的问题, 你其实可以将其重述为某种匹配问题(因为它可高效求解), 最好不要直接从最大独立集这种NP完全问题的角度去考虑。

树的最大独立集可在线性时间内找到, 方法共分四步: (1) 剪下叶子结点; (2) 将其加入独立集; (3) 删除其相邻结点; (4) 返回第1步继续处理修剪后的树, 直至树为空。

(实现) 计算图中最大团的任何程序皆可用于求图的最大独立集, 只需处理所给图之补图即可。因此, 我建议读者参考19.1节中最大团的求解程序。

GOBLIN(http://goblin2.sourceforge.net)提供了寻找独立集(其使用手册称之为"stable set")的分枝定界算法代码实现。

计算独立集的GRASP("贪心随机化自适应搜索过程")启发式方法代码实现由Resende等给出[RFS98], 可参阅"ACM算法集萃"之"算法787"。

---

[1] 译者注: 该信道的噪声概率模型决定了信道容量, 而我们是否应该在顶点之间添加边, 也部分取决于该模型。

注释　Karp最早证明了独立集问题是NP完全问题[Kar72]，即使在可平面三岔图(planar cubic graph)[1]的情形下，它仍是NP完全问题[GJ79]。二部图的独立集可以高效求解[Law11]，这其实并不简单，因为二部图中较大的那一"部"未必就是该图的最大独立集。

在并行计算模型/分布式计算模型中寻找极大独立集是个极具挑战性的问题，因为并发的加法之间很可能也存在"边"，参阅[BFS12, Gha16]以了解相关代表性成果。

相关问题　团(19.1节); 顶点着色(19.7节); 顶点覆盖(19.3节)。

19.3　顶点覆盖

输入　一个拥有n个顶点的图$G = (V, E)$。

问题　寻找最小子集$C \subseteq V$并使G中的任意边(x, y)至少会包含C中的一个顶点。

顶点覆盖的输入和输出图例如图19.3所示。

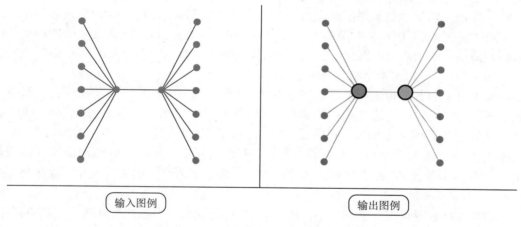

输入图例　　　　　　　　　　　　　输出图例

图 19.3　顶点覆盖的输入和输出图例

讨论　顶点覆盖问题其实是更一般的集合覆盖问题之特例。所谓集合覆盖，则是从给定全集U(例如$\{1, \cdots, u\}$)的一组子集所组成的集合$S = \{S_1, \cdots, S_k\}$中找出最小覆盖C，并满足C中各子集之并为全集U。在售产品会有固定的批次或品类之分，若你的采购方案对这两种因素都要有所考虑，则在求解与此相关的实际问题时，通常就可能会用到集合覆盖。参阅21.1节以了解对集合覆盖的相关讨论。

为使顶点覆盖问题转换为集合覆盖问题，我们可将图G的边集E视作全集U，而与顶点i关联的边组成子集S_i，那么在集合覆盖问题中挑选子集S_i就等同于在顶点覆盖问题中挑选顶点i。某顶点集可作为图G中的顶点覆盖，当且仅当其对应的边子集是U的集合覆盖。由于顶点覆盖问题中的每条边只能出现在两个不同的边子集中，故而顶点覆盖的算例要比一

---

[1] 译者注: "三岔图"(cubic graph)指的是图中任意顶点的度均为3，也称"三价图"(trivalent graph)。显然，由8个顶点所组成的立方体是一种最平凡的三岔图。

般的集合覆盖算例更简单。此外, 顶点覆盖其实是一个相对轻量级的NP完全问题, 因此可得到更有效的解决, 而一般的集合覆盖问题则不然。

顶点覆盖和独立集是一对密切相关的图问题。任取G的覆盖R, 依定义可知E中各边都会与覆盖R中的某顶点关联, 因而不可能有某条边的两个端点同时出现在$V - R$中, 故$V - R$必然是独立集。由于最小化R等同于最大化$V - R$, 因此顶点覆盖和独立集这两个问题是等价的, 于是任何独立集的求解器(solver)也可用于顶点覆盖。同时使用两种视角看待问题通常都会大有裨益, 因为在特定环境下, 其中之一或许会给出更容易的求解方案。

求解顶点覆盖问题最简单的启发式方法是先找度值最高的顶点, 并将其加入覆盖之中, 随后从图中删除该顶点的所有邻边, 重复此过程直至无边可删。利用合适的数据结构, 该方法可在线性时间内完成求解, 而且"通常"还会得出一个不错的覆盖。但在最坏情况下(输入的图极具挑战性), 按此法所得覆盖的顶点数可能是最优覆盖顶点数的$\log n$倍。

庆幸的是, 我们总能找到一个大小不超过最优覆盖顶点数两倍的顶点覆盖。为此先要从图中找出一个极大匹配M, 这类匹配其实是一个边集, 其中各边皆无公共顶点, 且无法通过添加边来进一步扩大。极大匹配可通过增量式方法来构造: 从图中任选一条边$e = (x, y)$, 随即删除这两个顶点x和y及其相邻边, 重复此过程直至图中无法继续此操作。

将所得极大匹配中每条边所连的两个顶点全部收集起来, 即可构成一个顶点覆盖。这之所以是一个覆盖, 原因在于与覆盖中顶点相邻的所有边都已被删除; 而此覆盖的顶点数最多只会是最小覆盖顶点数的两倍, 是因为任何顶点覆盖必然包含着极大匹配M中各边两个顶点中的至少一个, 如此才能刚刚覆盖完M中的所有边。

如果不追求那种理论上可严格证明的改进, 这种启发式方法稍作调整还能在实践中表现得更好: 例如我们在挑选匹配中的边时, 可将标准设定为尽可能多地"删掉"其他边; 我们可以从所能找到的最小极大匹配入手, 从而尽量最小化顶点覆盖中顶点对的数量; 此外M可能会给出一些对于覆盖并非必要的顶点, 而这些顶点的所有关联边均已被其他源自匹配M的顶点所覆盖, 可将求解覆盖的过程在所得覆盖上重做一遍来找出并删除此类冗余顶点。

顶点覆盖问题寻求用少量顶点覆盖所有边, 目标与此大同小异的另外两个重要问题是:

- **用少量顶点覆盖所有顶点** —— 控制集问题要找的是最小顶点集D, 并使$V - D$中各顶点至少与D中的一个顶点相邻接(因此D才称为控制集)。连通图的每个顶点覆盖也是其控制集, 但是控制集可以更小。例如图G若是完全图K_n, 那么任何单顶点都可作为G的最小控制集, 而G的顶点覆盖则需要$n - 1$个顶点。控制集往往会出现在通信问题中, 因为控制集相当于能够与所有站点/用户通信的若干枢纽或广播中心。控制集问题也可转为集合覆盖(见21.1节)来求解。每个顶点其实对应着一个由它自己及其所有相邻顶点组成的子集, 我们可使用集合覆盖的贪心启发式方法求解该等价问题, 所得结果的顶点数至多是最优控制集大小的$\Theta(\log n)$倍。

- **用尽量少的边覆盖所有顶点** —— **边覆盖**(edge cover)问题要找的是最小边集, 并使各顶点至少与其中一条边相连。我们可以先找最大基数匹配(见18.6节), 再对未匹配顶点随意选择其相邻边, 便能高效解决边覆盖问题。令人不解的是, 顶点覆盖和边覆盖互为对偶问题, 但却有着天壤之别的境遇: 一个是NP完全问题, 而另一个则是多项式时间问题。

(实现) 任何求解图中最大团的程序皆可用于处理顶点覆盖问题, 这只需处理所给图的补图并选取不在团中的顶点输出即可。因此, 我非常建议读至此处的你去翻看19.1节所提及的最大团求解程序。

JGraphT(https://jgrapht.org/)是一个Java图算法库, 其中包含了可用于求解顶点覆盖的贪心启发式方法和近似因子为2的启发式方法。

(注释) Karp最早证明了顶点覆盖问题是NP完全问题[Kar72]。多种不同的启发式方法所给出的都是近似因子为2的顶点覆盖算法, 随机化舍入算法也在其列, 关于这些近似因子为2的算法其精彩讲解可参见[CLRS09, Pas97, Vaz04, WS11]。贪心算法所给结果其规模量甚至会差到最优解顶点个数的$\log n$倍, 这种展示算例由[Joh74]首次给出, [PS98]对此也有讨论。关于顶点覆盖启发式方法的实证研究见[ACL12, GMPV06, GW97, RHG07]。

顶点覆盖是否存在近似因子小于2的求解算法, 一直都是近似算法中最主要的公开问题之一。在接受唯一博弈猜想(the unique games conjecture)的前提下, Knot和Regev证明了顶点覆盖不存在近似因子为$2-\epsilon$的算法[KR08]。在假设P $\neq$ NP成立的前提下, Dinur和Safra证明了不存在近似因子低于1.36的算法[DS05]。

控制集的首选参考文献当推Haynes等的专著[HHS98]。对连通控制集问题启发式方法的描述见[GK98]。由于集合覆盖求解算法的近似因子为$\Omega(\log n)$[CK97], 控制集不可能有更好的近似算法。

(相关问题) 独立集(19.2节); 集合覆盖(21.1节)。

19.4 旅行商问题

(输入) 一个拥有n个顶点的加权图G。

(问题) 找出遍访图G中各顶点恰好一次且总权(或称总费用)最小的环。
旅行商问题的输入和输出图例如图19.4所示。

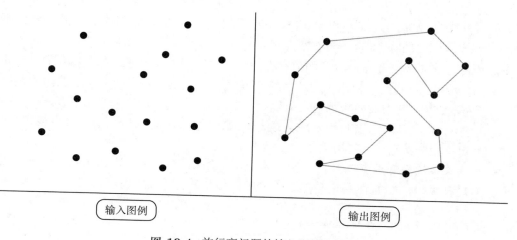

输入图例

输出图例

图 19.4 旅行商问题的输入和输出图例

（讨论）旅行商问题(TSP)是最著名(也许是"恶名远播")的NP完全问题, 其原因是该问题的实用性较广, 而且问题本身也易于向大众讲清楚。设想有位旅行商计划驱车造访一系列城市, 那么他或她该规划出怎样一条既能到访所有城市还能最终返回其家园的最短巡游(route)路线? [1] 请注意, 此处的"最短"指的是驾驶总行程最短。[2]

旅行商问题常出现于许多交通问题和路线规划问题之中。实际上, 在制造业中为设备优化其工具轨迹也是一个旅行商问题。例如我们考虑一个机器臂, 其任务是焊接印制电路板上的所有连接点, 显然在每个焊点恰好停留一次的最短路径可为该机器臂提供最高效的巡游方案。

求解旅行商问题时还会遇到以下议题:

- 图是无权的吗? —— 如果是无权图, 或者是所有边的费用仅有两种取值可能(大或小)的那种完全图, 则这两类旅行商问题皆可归约为寻找图中的哈密顿环(参阅19.5节以了解更多内容)。

- 输入数据满足三角不等式吗? —— 三角不等式恰当地反映了我们对常规距离度量特性的理解, 即对所有顶点 $i, j, k \in V$, 皆有 $d(i,j) \leqslant d(i,k) + d(k,j)$, 其中 d 为距离函数。几何距离总满足三角不等式, 这是因为两点之间以直线距离为最短。而商业航空票价则不满足三角不等式, 这正好解释了找出两点之间最便宜的机票为什么如此之难。对于满足三角不等式的常见图, TSP启发式方法很管用。

- 输入数据是 n 个几何点还是加权图? —— 直接由点组成的几何算例(同样是 n 个点)通常要比基于图来表示的算例更容易处理, 其原因如下: 所有点对皆有边相连, 恰好对应着一个完全图, 故而找出一个可行的巡游并不成问题; 我们还可以按需计算图中的距离, 也就不必存储一个 $n \times n$ 的距离矩阵, 从而节省大量存储空间; 几何算例天生就满足三角不等式, 因此我们能充分发挥某些启发式方法的优势从而提升算法性能; 最后, 我们可以利用像 k 维树这样的几何数据结构来快速找出周遭的未访之地。

- 你可以多次访问同一顶点吗? —— 在许多应用场景中, 没人会关心你是否重复访问了某些顶点, 实际上在航空旅行中反复经停某个枢纽机场也许才是游历所有城市最节省的方案。此外请注意, 当输入数据遵从三角不等式时, 此问题压根就不会出现。顶点可重复访问的TSP很容易求解, 所用还是常规的TSP代码, 但费用矩阵 D 却需重新定义, 也即 D_{ij} 现在代表从 i 到 j 的最短路径总长。新矩阵 D 显然满足三角不等式, 并且可以通过求解全图点对最短路径问题加以构造(参见18.4节)。

- 你的距离函数对称吗? —— 如果存在两点 x 和 y 使得 $d(x,y) \neq d(y,x)$, 我们则称距离函数 d 为非对称的。相比于**对称旅行商问题**(STSP), 实际中所遇到的**非对称旅行商问题**(ATSP)其求解要难得多, 因此我们要尽量避免这种"病态"距离函数的出现。请注意, ATSP算例可以归约为顶点数为其两倍的STSP算例[GP07], 这一点很实用, 因为对称型求解器毕竟各方面都要好得多。

- 寻找最佳巡游有多重要? —— 对于大多数应用场景, 启发式方法所给出的解完全可满足其需求。然而你要是坚持寻求TSP的最优解, 则有两种不同的方案可选: 割平

---

[1] 译者注: 根据作者的勘误表, 本节的"输出图例"并非最优解。有兴趣的读者可以自行计算, 注意请尽量获得与"输入图例"相近的几何数据。

[2] 译者注: 也可以考虑让其驾驶总时长最短。

面法先将TSP建模为一个整数规划问题, 再求解其"线性规划松弛"(linear programming relaxation, 也称"LP松弛"), 而若最优解不在整数点上则需添加强制整数化的附加约束; 分枝定界算法将执行组合搜索, 并同时维护巡游费用的上界和下界(相关分析必须特别精细)。在专业人士手里, 包含成千上万个顶点的问题都能迎刃而解。如果有最好的求解器可用, 或许你也能做到这一点。

几乎所有类型的TSP都是NP完全问题, 所以正确的处理方式仍是利用启发式方法, 由此所得结果通常只比最优解差了几个百分点, 但对工程应用而言却已算是足够接近。针对TSP的启发式方法光看名字就有数十种之多, 确实让人眼花缭乱, 而文献中的实证结果有时甚至还相互矛盾。不过, 我建议你优先将以下启发式方法加入备选之列:

- **最小生成树** —— 先找出图G的最小生成树(n个结点), 再对该树进行深度优先搜索。在DFS的过程中, 对于树中的每条边(共$n-1$条), 我们都恰好穿行两次: 一次是向下寻找新结点, 另一次是向上回溯。最后我们根据结点被发现的次序先后对其排序, 以此确定巡游。如果该图遵从三角不等式, 则所得巡游长度至多是最优TSP长度的两倍, 而实际结果往往还会好很多, 通常也就比最优值高15%到20%。实际上, 求解平面点集最小生成树的时间仅为$O(n \log n)$, 详情可见18.3节。
- **增量式插入法** —— 这属于另一类启发式方法, 它会先从单个顶点开始, 然后逐一插入新点直至巡游构造完成。这类启发式方法的最有效策略似乎是插入最远点: 从所有剩余的点中, 选择点v插入当前所求出的部分巡游T(其中元素以v_i表示), 并使得:

$$\max_{v \in V} \min_{i=1}^{|T|} \left(d(v, v_i) + d(v, v_{i+1}) \right)$$

其中, "min"保证我们在某个位置插入新点可使巡游路径增加的长度最短, 而"max"保证我们最终选择插入的新点是这类备选点中最差(最远)的那一个点。这种方法之所以有效, 是因为它在补充完善细节之前就已"草拟"出了部分巡游计划, 由此得出的巡游通常只比最优解长5%到10%。
- **k阶最优态巡游** —— 更为强大的一种方法则是Kernighan-Lin启发式方法, 也称k阶最优态启发式方法。该方法初始时会任选一条巡游, 再通过局部删改使其得以完善。具体而言, 就是从巡游中删除k条边, 随后将所剩的k条子链重新连接从而形成另外一条巡游, 再看看是否有所改善。某条巡游达到k阶最优态, 是指其中再无k元边集经删除和重连后仍可降低巡游费用。一般来说, 对现有巡游进行2阶最优态处理可以快速有效地改善其他启发式方法的求解质量。实验表明, 3阶最优态巡游通常只比最优解的费用差了几个百分点。而当$k > 3$时, 计算时间的增长远比求解质量的提高要快太多。此外, 模拟退火方法提供了另一种机制, 它会借助边翻转(edge flip)来对启发式方法所求出的巡游进行改进。

实现 基于ANSI C所编写的Concorde是一款求解对称旅行商问题和相关网络优化问题的程序, 由Applegate、Bixby、Chvatal和Cook所编写[ABCC07], 针对TSPLIB中的110个算例, 它曾经创纪录地求出了至少106个问题的最优解, 而且其中最大的算例竟包含多达85 900个城市。Concorde的下载网址为http://www.math.uwaterloo.ca/tsp(仅供学术研究使用),

在现有的TSP代码中它绝对是明智之选。此外该网站的特色在于, 它针对TSP的历史及应用提供了很多非常有意思的参考资料。[1]

Lodi和Punnen对于求解TSP的现有软件给出了精彩综述[LP07], 其中提到的所有程序链接皆存于http://or.deis.unibo.it/research_pages/tspsoft.html。[2]

TSPLIB是TSP难解算例(皆源自实践)的一个标准数据集[Rei91], 目前的TSPLIB版本所提供的支持极为完善, 可于http://comopt.ifi.uni-heidelberg.de/software/TSPLIB95/下载。

(注释) Applegate等的[ABCC07]这本书记录了他们在其创纪录的TSP求解器中所使用的技术, 同时还图文并茂地讲解了相关问题背后的理论及历史。Cook也写了一部关于TSP的畅销书[Coo11]。[3] Gutin和Punnen的[GP07]如今算是旅行商问题各方面及各变种的最佳参考, 基本取代了Lawler等所写的那部曾倍受推崇的旧著[LLKS85]。

用于求解大规模TSP的启发式方法实验结果可见[Ben92a, Rei94, WCL+14]。通常情况下, 用这些方法所得结果只比最优解差了几个百分点。

Christofides启发式方法[Chr76]是对最小生成树启发式方法的一种改进, 它能确保在欧几里得图(欧氏图)上找出一条巡游, 其费用至多是最优解的3/2倍。该方法可以在$O(n^3)$时间内运行完毕, 其瓶颈在于寻找最小权重完美匹配(见18.6节)所需的时间。令人兴奋的是, 最近的研究成果给出了更一般情形下近似因子为常数的非对称TSP算法[STV17]。

Arora[Aro98]和Mitchell[Mit99]提出了欧氏TSP的多项式时间近似方案, 对任意$\epsilon > 0$, 以上方案可提供近似因子为$1 + \epsilon$的多项式时间算法。尽管其实际效果均有待确认, 但其理论价值不可磨灭。

关于寻求TSP最优解的发展历史非常鼓舞人心。1954年, Dantzig和Fulkerson以及Johnson解决了基于美国42座城市的对称TSP算例[DFJ54]。1980年, Padberg和Hong解决了一个包含318个顶点的算例[PH80], 而Applegate等[ABCC07]所能解决问题的规模量几乎是此算例规模量的300倍。这种进步虽然部分得益于硬件的改善, 但更大的原因还应归功于更好的算法。如此增长速率表明, 若是投入足够多, 对于NP完全问题的精确解, 即便是那种奇大无比的算例也兴许终有一日可获解决。

平面上处于凸位(convex position)的n个点所组成的集合, 其TSP最短巡游其实就是该点集的凸包(见20.2节), 它可在$O(n \log n)$时间内算出。除此之外, TSP还有一些其他目前已知的简单特例。

(相关问题) 哈密顿环(19.5节); 最小生成树(18.3节); 凸包(20.2节)。

19.5 哈密顿环

(输入) 一个拥有n个顶点的图$G = (V, E)$。

(问题) 仅用G中的边完成对顶点的一次巡游, 也即各顶点恰好仅访问一次。

---

[1] 译者注: 实际上, Concorde的99.12.15版本能够求解TSPLIB的全部110个算例。此外若有商用需求, 可联系William Cook。

[2] 译者注: 该网址已无法访问, 只能根据[LP07]自行搜索。实际上, 我们一般选择Concorde使用即可。

[3] 译者注: Cook是[ABCC07]的作者之一。

哈密顿环的输入和输出图例如图19.5所示。

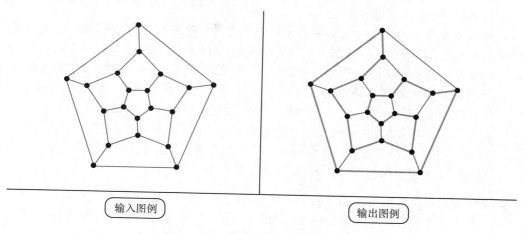

图 **19.5** 哈密顿环的输入和输出图例

讨论　设G'是由G中顶点所形成的一个加权完全图: G的所有边均转入G', 但其边权(点距)皆设为1; G中无边相连的两个顶点在G'中的距离皆设为大于1(例如可定为2)。这样一来, 图G中的哈密顿环便是图G'的旅行商问题特例, 也即在加权图G'中存在费用为n的TSP巡游当且仅当G是哈密顿图。

哈密顿环是图论中的基本结构, 也是对各式各样现象建模的实用工具。17.4~17.6节详述了生成组合式对象的众多算法, 例如置换、子集和划分, 而最小变序(也即格雷码)则是构造此类对象最高效的手段, 自然会被视为特定图[1]之上的哈密顿环。

与此密切相关的是在图中寻找最长路径或者最大环的问题。在优先约束调度问题中, 有向边(x,y)意味着作业x必须在作业y之前完成, 而其最长路径就是关键路径, 它决定着能够完成所有作业所需的最短时间。在电路信号分析中, 最长路径或最大环的长度可给出电路受扰后再次进入稳定状态所需要的时间。

寻找最大环和寻找最长路径都是NP完全问题, 即使是在很特殊的无权图中亦是如此。对此虽有数种攻坚之法, 不过尚需明确:

- **访问顶点超过一次是否会有严厉惩罚?** —— 若是将哈密顿环问题表述为对完整巡游中所访问顶点总数的最小化, 这样我们所处理的则是最优化问题, 而它不再属于存在性问题。[2] 虽然问题本质有所变化, 但这样可为利用启发式方法和近似算法求解哈密顿环问题提供可能。如19.4节所述, 我们先找出图的生成树再进行深度优先搜索, 如此所得到的巡游最多只会访问$2n$个顶点。若是反复利用随机试误法或模拟退火算法还有可能大大降低巡游的规模量。

- **我是在有向无环图中找最长路径吗?** —— 在DAG中寻找最长路径的问题可用动态规划在线性时间内解决。基于18.4节中在DAG中寻找最短路径的算法, 只需简单地

---

[1] 译者注: 这种图通常需要构造, 例如超立方体, 可观看https://www3.cs.stonybrook.edu/~skiena/combinatorica/animations/ham.html的动画展示。

[2] 译者注: 请注意这种表述所给出的不再是哈密顿环问题。

将"min"换成"max"便可胜任该工作。有向无环图是最长路径问题中最有趣的情形,因为它具备高效的求解算法。

- **输入图是稠密的吗?** —— 足够稠密的图总会含有哈密顿环,而由此充分条件所确保存在的环,其构建过程也非常高效。特别地,当图中顶点度值皆不小于$n/2$时,这样的图一定是哈密顿图。当然另如本节"注释"版块所述,还有其他更强的充分条件。
- **你计划访问所有顶点还是所有边?** —— 请核实你的问题确实是处理顶点巡游而非边巡游,但只要稍加思索,有时我们完全可以用欧拉环来重新表述哈密顿环问题,即转而考虑如何遍访图中每条边。其中最著名的实例也许非de Bruijn序列构造问题莫属,18.7节对其已有讨论。这样做之所以成效显著,其原因是欧拉环及其诸多相关变种都已有快速求解算法,而哈密顿环则是NP完全问题。

如果你确实需要判定某个图是否为哈密顿图,那么唯一可能的解决方案就只剩下剪枝回溯法。不过请先检查你所处理的图是否为双连通图(见18.8节),如若不是,则它必有一个关节点,而删除此顶点将会导致该图不再连通,因此该图不可能是哈密顿图。

(**实现**) 节首所述归约(两点之间有边则权设为1而无边相连时权设为2)可将哈密顿环转为遵从三角不等式的对称TSP问题,因此我建议读者可以参考19.4节所提及的TSP求解器。诸多求解器中首选当推Concorde,它用ANSI C编写,可解决对称旅行商问题和相关网络优化问题。Concorde的下载网址为http://www.math.uwaterloo.ca/tsp(仅供学术研究使用),而在TSP的现有代码实现中它是毋庸置疑之选。

Vandegriend的硕士论文[Van98]给出了一种求解哈密顿环问题的有效算法,相关代码实现及原始论文皆可从网络获取,其地址见 https://webdocs.cs.ualberta.ca/joe/Theses/vandegriend.html。

Lodi和Punnen收集了现有TSP软件并给出了较好的评述[LP07],其中包含了哈密顿环这种(TSP)特殊情形,该论文中所有程序的跳转链接皆存于http://or.deis.unibo.it/research_pages/tspsoft.html。[1] Nijenhuis和Wilf在[NW78](参见22.1.9节)中给出了一个通过回溯法枚举图中所有哈密顿环的高效子程序。

*The Stanford GraphBase*一书(见22.1.7节)中的橄榄球程序(football.w)利用了"分阶贪心"(stratified greedy)算法来求解非对称最长路径问题,其目标是想从比分数据中构建一条得分链,以此快速便捷地确定各球队之间的相对优势。抛开术语先看以下实例:如果Virginia以30分击败了Illinois,而Illinois又以14分击败了Stony Brook,那么,在Virginia和Stony Brook之间若有比赛,则由传递性可知前者将会以44分击败后者,是这样吧?我们可以给出更为形式化的表述:给定一个图,且其边(x,y)的权表示x胜出y的分值,问题的目标则是从此图中找出最长简单路径。

(**注释**) 哈密顿环能够得以普及,归因于1839年哈密顿的"环游世界"(*Around the World*)游戏,[2] 不过该问题最早出现于欧拉对骑士巡游问题的相关研究中。关于旅行商问题各方面的内容,可参阅[ABCC07, Coo11, GP07, LLKS85],其中也包含了有关哈密顿环的讨论。

---

[1] 译者注: 该网址目前无法访问,19.4节已作说明。
[2] 译者注: 本节的输入图例正是该游戏,有兴趣的读者不妨一试(千万别偷看解答)。

从图中找出尽可能长的路径其实也极为困难。尽管目前已有快速算法可从哈密顿图中找出长为$\Theta(\log n)$的路径[KMR97]，然而即使想找出一个近似因子为多项式量级的解却依然是难解问题[BHK04]。较好的图论教材(我最喜欢West的[Wes00])大都会论及判定哈密顿图的充分条件。

利用生物过程(biological process)在实验室解决最优化问题的技术早已倍受关注。在这些"生物计算"技术的原始应用中，Adleman曾经求解过有向哈密顿路径问题的一个七顶点算例[Adl94]。不幸的是，这种方法需要的分子数达到了指数级，而阿伏伽德罗(Avogadro)常数的存在，更会使这种实验在处理超出$n \approx 70$的图时变为海市蜃楼。

(相关问题) 欧拉环(18.7节)；旅行商问题(19.4节)。

19.6 图划分

(输入) 一个拥有n个顶点的(加权)图$G = (V, E)$以及两个整数k和p。

(问题) 将顶点集V划分为p个规模大致相等的子集且使跨子集各边的总费用不超过k。

图划分的输入和输出图例如图19.6所示。

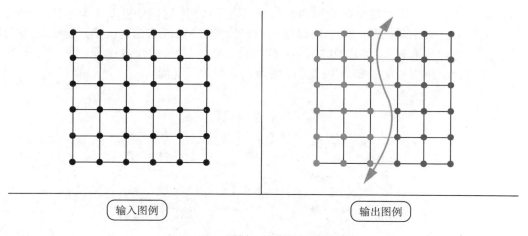

输入图例   输出图例

图 19.6 图划分的输入和输出图例

(讨论) 图划分(graph partition)常常出现于许多分治算法之中，这些算法需要将问题划分成规模相等的子问题，再将这些子问题各自的解拼合为原问题的完整解，以此来提高整个算法的效率。划分过程中被割之边的费用若能最小化，通常可以简化后续拼合任务。

将顶点聚类从而形成符合一致性逻辑的若干分量(component)，此过程也会用到图划分。若各边连接的皆是"相似"对象，则划分所得各簇的内聚一致性也会比较好。大规模的图通常会被划分成规模适当的子图，其目的是提高访问过程的数据局部性，或使其绘像(drawing)不至于太过杂乱。

最后，图划分还是许多并行算法的关键步骤。考虑有限元方法，它常被用于计算那些几何模型的物理属性(如应力和传热)。并行化这种计算的时候，就需要将模型划分成大小相等的块, 而这些块彼此的接口也不能太大。由于几何模型的拓扑结构通常以图表示, 因此这种分解仍为图划分问题。

由于所设定目标函数存在差异, 图的划分[1]也因此呈现出数种不同风格:

- **最小割** —— 这是图的最小边集, 将其割除会导致图不再连通, 它可以使用网络流或随机化算法而高效得出。请参阅18.8节以了解更多连通度算法。不过, 这种最小割也许只能分离出单个顶点, 故而可能会使划分结果在规模上表现得极不均衡。
- **图划分** —— 寻求以尽可能小的割集将全体顶点划分成一些规模大致相等的顶点子集, 这种划分标准更好。不幸的是, 此类划分的求解是一个NP完全问题; 幸运的是, 在实践中相关启发式方法效果尚可。

在某些类型的图中, 总有少量**分隔元**(separator)可将顶点划分成规模均衡的顶点子集。例如每棵树中都至少有一个顶点v, 将其删除(或者等价地删除与v邻接的所有边)会给出该树的一个划分, 且划出的两个子图中的顶点数均不会超过原树结点数(也即n)的一半。[2] 不过, 这两个子图未必是连通图: 不妨想想星形树以其中心作为分隔元的情形。这样一个顶点型分隔元[3]可用深度优先搜索方法在线性时间内找到。每个可平面图都有一个大小为$O(\sqrt{n})$的顶点集, 而将这些顶点删除后所划出的各子图中顶点数不会超过$2n/3$。对于那些通常以可平面图描述的几何模型, 这样的分隔元为其指明了有效的分解途径。

- **最大割** —— 假设某个图所描述的是一套电子线路, 则图中的最大割反映的便是该电路可同时承载的最大数据通信量, 因此速率最高的通信信道应当跨越于该最大割所确定的顶点划分, 如图19.7所示。此类最大割的求解是NP完全问题[Kar72], 不过与图划分所用类似的那些启发式方法处理该问题的表现尚可。

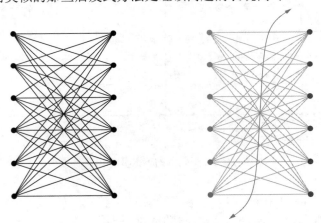

图 19.7　二部图的最大割

求解图划分问题或最大割问题的基本方案是: 先对顶点进行初始划分, 可以随机划分, 也可以依据某些利于特定问题求解的策略; 然后扫视每个顶点(将其记为v), 并尝试将v移至

---

[1] 译者注: 此处与本节的"图划分"问题有所区别, "图的划分"这个概念更为宽泛。
[2] 译者注: 该定理由Jordan于1869年证明。此外, 作者在这里使用的"树分量"其实不太严谨(因为分量是连通图), 我们换为"子图", 也即删除顶点v之后会得到两个子图。实际上, 最终将v置于较小的子图便可给出原顶点集的划分。
[3] 译者注: 通常存在"顶点型分隔元"和"边型分隔元"两类分隔元。

划分的另一顶点子集看看是否会改进目标函数值(这两个问题均针对割而设定)。通过判识v在哪个顶点子集中会拥有更多的邻居, 便可决定是否需要移动v, 而这仅需正比于其度值的时间。当然, v的最佳归属很可能随着其邻居在顶点子集间的跳转而发生改变, 因此在此过程收敛于局部最优前仍需进行多轮迭代。即便如此, 如果时运欠佳的话, 所得局部最优解仍有可能与全局最优解(例如最大割)天差地远。

如果更改顶点的查验次序, 甚或同时移动多个顶点, 则以上处理方法会产生诸多变种。使用某种形式的随机化方法, 特别是模拟退火算法, 几乎肯定会是个好想法。如果需要划分出两个以上的顶点子集, 我们还可以递归地使用此类划分启发式方法。

谱划分(spectral partitioning)方法使用了精巧的线性代数技术来获取较为满意的划分。图G的拉普拉斯矩阵的最小非零特征值所对应的特征向量拥有极好的特性, 据此可将图G划分成连通性非常好的顶点子集。谱划分方法往往还能很好地确定划分的大致形状, 而这些都是用局部最优的启发式方法无法得到的。

⬭**实现**   METIS是最流行的图划分算法实现(`http://glaros.dtc.umn.edu/gkhome/views/metis`), 它曾对含有超过1 000 000个顶点的图成功实现了划分。[1] 其现有版本包括两个变种: 一个专为在并行机上运行而设计(ParMETIS), 另一个则适用于划分超图(hMETIS)。

另一个备受推崇的算法实现是Scotch(`http://www.labri.fr/perso/pelegrin/scotch/`), 你也可以考虑使用。Chaco这个应用非常广泛的图划分算法实现则专注于并行计算应用场景下的图划分, 它用到了数种不同的划分算法, 既有Kernighan-Lin算法也有谱划分方法, 其代码获取网址见`https://github.com/sandialabs/Chaco`。[2]

第10届DIMACS算法实现挑战赛围绕图划分和图聚类的相关问题展开, 其网址为`https://www.cc.gatech.edu/dimacs10/`, 而关于竞赛结果的技术报告可参阅[BMSW13]。

⬭**注释**   关于图划分算法, 稍新一些的综述可参阅[BS13, BMS+16]。实际上, Kernighan-Lin方法[KL70]和Fiduccia-Mattheyses方法[FM82]皆属于图划分问题中最基本的局部改进式(local improvement)启发式方法。[Chu97, PSL90]讨论了图划分中的谱划分方法。此外, 关于图划分的启发式方法实证结果见[BG95, LR93]。

Lipton和Tarjan最早证明了平面分隔元定理(the planar separator theorem)并给出了寻找此类分隔元的高效求解算法[LT79, LT80]。要了解有关平面分隔元算法的代码实现细节还请参阅[ADGM07, HPS+05]。

任何随机的顶点划分都有望割断图中的半数边, 这是因为每条边上的两个顶点分别落入划分两侧的概率为1/2。Goemans和Williamson基于半定规划技术给出了近似因子为0.878的最大割算法[GW95], Karloff随后对其给出了更为紧致(tighter)的分析[Kar96]。

⬭**相关问题**   边连通度与顶点连通度(18.8节); 网络流(18.9节)。

19.7 顶点着色

⬭**输入**   一个拥有n个顶点和m条边的图$G = (V, E)$。

---

[1] 译者注: 1997年10月发布的METIS(3.0.0版本)便能较好地将一个包含四百万个顶点的图划分为256个顶点子集。
[2] 译者注: 原网址已经失效, 我们将其替换成新网址。此外, GitHub上所存的该项目已于2023年9月归档(archived)。

问题 使用种类最少的颜色对V中的顶点着色, 并使对于所有边$(i,j) \in E$, 顶点i和顶点j的颜色相异。[1]

顶点着色的输入和输出图例如图19.8所示。

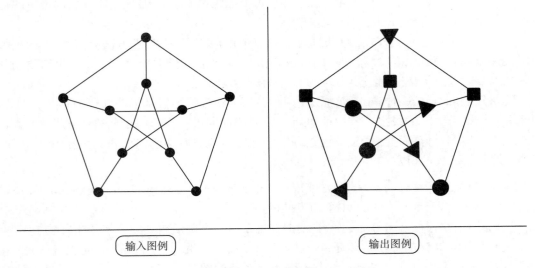

输入图例　　　　　　　　　　　　输出图例

图 19.8　顶点着色的输入和输出图例

讨论 **顶点着色**(vertex coloring)常常出现于调度和聚类等实际问题。我们以着色问题的一个典范应用为例讲解, 也即编译器优化过程中对寄存器的分配问题。程序段中每个变量的值都有其时效, 而变量在某寄存器中所储存的值在此期间必须保持完好(intact), 具体而言, 这个时段是从该寄存器初始化之后持续至所存值的最后一次读写完结之时。显然, 任何生命期有重叠的两个变量不可将其值存储于同一寄存器。现以所有变量为顶点构造一个图, 并在所有生命期有重叠的顶点之间添加边, 若我们对这个图的顶点着色, 并能确保被涂染[2]相同颜色的变量彼此互不冲突, 那么同色的变量就都可以分配同一个寄存器。

当然, 若每个顶点可涂染不同颜色, 则冲突永远也不会发生, 但计算机寄存器的数量毕竟有限, 因此我们得寻求所用颜色种类最少的着色方案。完成图中顶点着色所需颜色种类的最小值被称为图的**色数**(chromatic number)。

实际中还常常会出现若干特殊情形:

- 仅用两种颜色可以实现图着色吗? —— 顶点着色问题有一个重要特例, 就是检验某图是否为二部图, 也即能否仅用两种颜色完成对该图的着色。在建立员工与作业之间映射关系的这类实际问题中, 自然会浮现二部图的身影, 二部图中诸如匹配这样的问题(见18.6节)其实都有快速且简单的算法。

  检验某个图G是否为二部图并不难。我们先任选一个顶点涂染蓝色, 然后对图执行深度优先搜索即可。对新发现的未着色顶点, 着色须与其父亲顶点颜色相反, 以免相连顶点因同色而起冲突。一旦发现某条边(x,y)中的x和y已着同色, 则图G不可能

---

[1] 译者注: 本节图例使用三种不同的形状表示顶点的着色。

[2] 译者注: 本节会使用"着色"、"染色"和"涂染颜色"等说法, 意义均相同。

是二部图; 若无此类情况, 该算法只需 $O(n+m)$ 时间仅用两种颜色即可对此图着色。相关代码实现见7.7.2节。

- **输入图是可平面图吗? 或其所有顶点度值都很低?** —— "最多用四种不同颜色即可对任意可平面图完成顶点着色", 这就是著名的四色定理所给出的结论。尽管判定能否仅用三种颜色对所给可平面图着色是NP完全问题, 但是以四色对可平面图着色的高效算法是存在的。

  不过, 任何可平面图最多只需六种颜色即可实现顶点着色。我们给出一种非常简单的算法: 每个可平面图中都有一个度值最高但不超过5的顶点 v, 删除该顶点再递归地对所剩顶点着色即可。因 v 最多有五个邻居, 故总能从六种颜色中选出未曾在邻点中出现的颜色之一来着色。该做法之所以可行, 是因可平面图删除一个顶点后仍为可平面图, 故它必然还有一个此类度值较低的顶点可继续予以删除。若将此思想用于顶点度最大值为 Δ 的图, 可最多以 $\Delta+1$ 种颜色在 $O(n\Delta)$ 时间内完成该图的顶点着色。

- **这是个边着色问题吗?** —— 某些顶点着色问题可以建模重述为**边着色**(edge Coloring)问题, 即寻求图 G 的边着色, 使得存在公共顶点的那些边涂染相异颜色。这样做的好处在于, 目前我们已有高效算法总可以找出一种接近于最优的着色方案。实际上, 19.8节的重点就是边着色算法。

　　计算图的色数是NP完全问题。若是想得到色数的精确解, 你或许只能借助回溯法, 不过此方法对于求解某些随机图的着色问题非常有效(常常会出人意料)。相对于最优着色, 想得到一个令人满意的近似解依旧是难解问题, 因此别指望近似因子有什么保证。

　　增量式方法已被证明是顶点着色的最佳启发式方法, 好比前面谈到的可平面图着色算法, 各顶点被依次着色, 其用色则依据已着色的邻点而选定。不过, 此类方法在邻点着色次序以及染色方案等细节方面会有所差异。实践表明, 度值高的顶点所受着色约束较多, 若对其着色太晚则后续极有可能需要更多颜色, 故最好依顶点度值不增的顺序进行着色。Brélaz所提出的启发式方法[Bré79]动态地选择当前未着色顶点中**染度**(color degree, 即已着色邻点所用颜色的种类数)[1]最高者, 并以序号最靠前的未用颜色对该顶点着色。

　　利用着色互换可对增量式方法进一步改良。对于一个已成功着色的图, 若将其中所用的两种颜色互换(如红色顶点改染蓝色而蓝色顶点改染红色), 则所得顶点着色仍然不会出问题。于是可以设计如下增量式着色算法: [2]如果当前已使用若干种颜色对图部分着色且无冲突存在, 我们在目前的用色中任选两种颜色(依然以红蓝为例), 并将其他颜色(包括无色)的顶点尽皆去除从而得到一个红蓝子图, 而该子图可能会包含一个或多个连通分量; 我们尝试对这些连通分量分别进行着色互换(也可能不换), 则所得着色结果依然不存在冲突; 接下来我们处理待染色的新顶点 v, 它的邻点原本可能既有红色顶点也有蓝色顶点, 但通过合理的换色处理, 可能这些 v 的"红蓝"邻点就只剩下了蓝色顶点, 故而 v 便可涂染红色而无需使用新颜色。[3]

---

[1] 译者注: 作者在这里使用了"color degree"(染度)这个词, 实际上[Bré79]使用的是"saturation degree"(饱和度), 后文所提到的Dsatur("D"对应降序)算法也来自这篇论文。

[2] 译者注: 此处行文略有修改, 该算法的相关细节可参阅[SDK83]的4.1.3节(注意原文随后未明确给出参考文献)。

[3] 译者注: 例如 v 的一个蓝色邻点来自某个连通分量, 而它的一个红色邻点来自另一个连通分量, 我们只需对后一个连通分量换色处理即可。

就追求更好的着色方案而言, 着色互换必有收获, 但需以增加计算用时和提升实现难度为代价, 其具体实现可见本节"注释"版块。此外, 将着色互换融入状态转换的模拟退火算法其求解效果更好。

实现   图着色问题拥有两套很实用的网络资源(实乃幸事): Culberson所维护的http://webdocs.cs.ualberta.ca/~joe/Coloring/广泛罗列了各种参考文献, 并提供了生成和求解图着色难解算例的程序; Michael Trick所维护的https://mat.tepper.cmu.edu/COLOR/color.html较好地综述了有关图着色的应用问题, 并且评注了所列文献, 此外还收集了七十多种图着色算例(均源于寄存器分配和印制电路板测试这样的应用问题)。这两个页面上都有Dsatur着色算法的C语言实现。

1993年10月举办的第2届DIMACS算法实现挑战赛[JT96]旨在广泛征集与团和顶点着色密切相关的图问题求解程序。相关程序与数据的访问地址见http://dimacs.rutgers.edu/Challenges。

基于C++的BGL(Boost Graph Library)[SLL02](http://www.boost.org/libs/graph)和基于Java的JGraphT(https://jgrapht.org)都提供了若干种顶点着色启发式方法。此外, GOBLIN(goblin2.sourceforge.net)实现了顶点着色的分枝定界算法。

Nijenhuis和Wilf在[NW78](见22.1.9节)中基于回溯给出了色多项式(chromatic polynomial)和顶点着色的Fortran求解代码。对于二部图检验算法、启发式着色方法、色多项式求解以及基于回溯的顶点着色算法, Combinatorica[PS03](见22.1.8节)均给出了其Mathematica实现。

注释   关于图着色稍新一些的综述有[GHHP13, MT10]。Syslo等的[SDK83]是有关顶点着色启发式方法的一部精彩旧著, 其中有许多实证结果。有关顶点着色的经典启发式方法可参见[Bré79, MMI72, Tur88], 若要了解更多启发式方法可参阅[GH06, HDD03]。

Wilf已证明[Wil84]: 检验随机图是否具有色数k的回溯法是常数时间算法, 其运行时间仅依赖于k而与n无关。这个结果其实并不像表面上那么让人叹服, 毕竟真正能用k种颜色完成着色的随机图只占极少数(其比例近乎零)。[1] 目前已有很多效率还算不错且能给出时间界(不过依然是指数时间)的顶点着色算法, 相关综述请参阅[Woe03]。

Paschos对那些已证明其解质量的顶点着色近似算法给出了综述[Pas03]: 一方面, 近似因子要想达到多项式量级以内, 目前这已被证明是一个难解问题[BGS95]; 另一方面, 各种启发式方法却能凭借不同参数的限定而给出非平凡的保证, 例如Wigderson所给的近似因子为$n^{1-1/(\chi(G)-1)}$的算法[Wig83], 其中参数$\chi(G)$代表图G的色数。

Brook定理称, $\chi(G) \leqslant \Delta(G) + 1$, 其中$\chi(G)$是图$G$的色数, 而$\Delta(G)$是$G$中顶点度的最大值, 请注意等号仅在由奇数条边连成的环(其色数为3)或完全图中成立。

四色问题(four-color problem)堪称图论历史上最著名的问题, 它于1852年被首次提出, 1976年Appel和Haken通过代码进行庞杂的计算从而完成了"证明", 自此该问题终获解决。如果使用着色互换启发式方法的一个变种, 任意可平面图仅需五种颜色即可完成着色。尽管已有四色定理, 但对于某个具体的可平面图要测试出究竟确实需要四种颜色还是三种颜色足以完成其着色, 这仍是NP完全问题。关于四色问题的历史与四色定理的证明, 可参阅

---

[1] 译者注: [Wil84]所处理的图其顶点数可以随意增长(至无穷), 而"常数时间"其实是平均意义下的结论。

[SK86]的相关讲解。[RSST96]给出了用四种颜色对图着色的高效算法, 该算法已获形式化验证[Gon08]。

(相关问题) 独立集(19.2节); 边着色(19.8节)。

19.8 边着色

(输入) 一个拥有n个顶点和m条边的图$G = (V, E)$。

(问题) 寻找可对图G中所有边着色的最小颜色集, 并使同色边无共享顶点。[1]
边着色的输入和输出图例如图19.9所示。

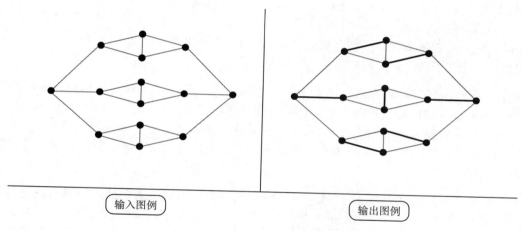

输入图例   输出图例

图 19.9 边着色的输入和输出图例

(讨论) 边着色(edge coloring)会出现在调度问题的求解中, 通常与轮数最小化有关, 这里指的是我们需要开展互不妨碍的若干轮作业(job)来完成某组任务。例如考虑在某种情况下, 我们得安排若干场"一对一"面试, 且每场面试需花费一小时。这些面试当然可以全都安排在不同时段, 以避免可能的冲突, 但同时举行互不冲突的面试将更显紧凑。我们可以构造图G, 其顶点代表人而边则代表两人之间会安排面试。于是图G的边着色方案便能给出调度时间表: 若以不同染色类(color class)代表时间表中的不同时段, 那么所有属于相同染色类的面试则可在同时段举行。[2]

美国国家橄榄球联盟(National Football League, NFL)为了合理安排赛程, 每赛季都会求解类似的边着色问题。上赛季各队的成绩决定了新赛季必须碰面的球队, 如何将各队之间的比赛排入历时数周的新赛季就是个边着色问题。为了兼顾其他次要约束, 例如两队再次比赛得隔开安排, 又比如每周一晚须有精彩比赛等, 该问题还会变得更加复杂。

---

[1] 译者注: 本节图例基于粗细和浓淡表示不同的边着色(共三色)。

[2] 译者注: 同时举行的若干面试可整体视为一轮面试, 而该问题的目标则是最小化轮数。

对图进行边着色所需颜色的最小种类数称为图的**边色数**(edge-chromatic number), 它有时也称为**色示数**(chromatic index)。由偶数条边连成的环仅需两种颜色即可实现边着色, 而由奇数条边连成的环其边色数则会变为3。

与顶点着色相比, 关于边着色有一个更好(虽然不怎么有名)的定理, 即Vizing定理: 顶点度最大值为Δ的任何图最多仅需$\Delta+1$种颜色即可完成边着色。千万别小瞧这个结论, 请注意任何顶点的所有关联边由于必须涂染不同颜色, 因此任何边着色须至少用到Δ种颜色, 所以Vizing定理的这个上界已经算是非常紧致了。

Vizing定理的证明过程是构造性的, 也即它可以转换成一个求解$\Delta+1$种颜色边着色问题的$O(nm\Delta)$算法。判定我们能否少用一种颜色完成着色是NP完全问题, 因此通常不建议你去尝试。Vizing定理的一种算法实现将在本节"实现"版块介绍。

图G上的边着色问题可以转化为其对应**线邻图**(line graph)$L(G)$上的顶点着色问题。对于图G的每条边, $L(G)$便有一个顶点; 当且仅当图G的两条边有共同顶点时, $L(G)$则会有一条相应的边。构造线邻图所需时间是关于其规模量的线性量级, 因此任何顶点着色代码其实都可用来对线邻图着色。虽然存在此类归约, 但是走顶点着色的求解路线往往效果不好, 如果我们能意识到待处理问题本质上是边着色问题, Vizing定理就能大展身手了。

实现 C++的BGL(Boost Graph Library)[SLL02](http://www.boost.org/libs/graph)实现了Misra和Gries对Vizing定理所给出的构造性证明, 运行时间为$O(nm)$。GOBLIN(http://goblin2.sourceforge.net/)实现了边着色的分枝定界算法。

参阅19.7节以了解更多顶点着色代码和启发式方法, 它们均可用于所给目标图的线邻图从而实现边着色。

注释 Stiebitz等的[SSTF12]是一部关于边着色的专著。有关边着色图论成果的综述可见[FW77, GT94]。Vizing[Viz64]和Gupta[Gup66]各自独立地证明了: 任何图最多用$\Delta+1$种颜色即可实现边着色。Misra和Gries对此结论给出了简单的构造性证明[MG92]。尽管已有这些紧致的界限, 但计算边色数仍是NP完全问题[Hol81]。此外, 二部图可在多项式时间内实现边着色[Sch98]。

在引入线邻图概念之后, Whiteny证明了如下结论[Whi32]: 除了K_3和$K_{1,3}$之外, 任意两个连通图只要具有同构的线邻图则原图彼此同构。有兴趣的话可以锻炼一下自己, 试证明: 欧拉图的线邻图既是欧拉图也是哈密顿图, 而哈密顿图的线邻图则总是哈密顿图。

相关问题 顶点着色(19.7节); 调度(17.9节)。

19.9 图同构

输入 图G和图H, 通常其顶点数均为n。

问题 寻找从G中顶点到H中顶点的映射f,[1] 使得G和H在映射意义下完全相同, 也即(x,y)是G中的边当且仅当$(f(x),f(y))$是H中的边。

图同构的输入和输出图例如图19.10所示。

---

[1] 译者注: 准确地说, f必须是双射(bijection)。

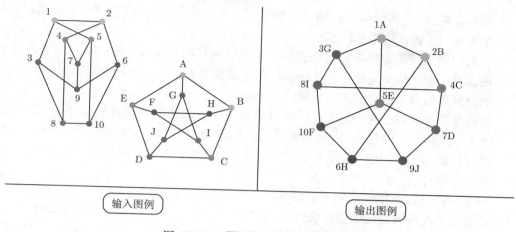

图 **19.10** 图同构的输入和输出图例

讨论 同构问题就是检验两图在本质上是否相同。假设我们有一系列图, 现在必须在每个图上进行极为费时的操作, 如果能够辨识出哪些图本质上其实是复制品, 就可以将这些副本舍弃从而避免了多余的工作。

许多模式识别问题都可用图或子图的同构问题来表述。例如我们若将每个原子都视为顶点, 则化学上的各类化合物结构就能很自然地用对应的有**标图**(labeled graph)来描述, 这样一来, 在化合物结构数据库中找出所有包含**特定官能团**(functional group)的分子, 这其实就是一个子图同构检验问题。

我们说两个图相同, 其确切含义到底指什么? 实际上, 两个有标图 $G = (V(G), E(G))$ 和 $H = (V(H), E(H))$ 完全相同意味着: 任意顶点 v 在 G 中那么 v 肯定也在 H 中(反之亦然); $(x, y) \in E(G)$ 当且仅当 $(x, y) \in E(H)$。[1] 然而同构问题更具挑战性, 它需要找出从 G 到 H 的顶点映射, 以证明这两个图在转换后完全相同。寻找这种映射的过程有时也称**图匹配**(graph matching)。

图同构的另一个重要应用是对称性识别问题。图到其自身的映射称为**自同构**(automorphism), 图的所有自同构(它们形成了**自同构群**)包含着有关图对称性的大量信息。例如完全图 K_n 有 $n!$ 个自同构(任何映射都可行), 而与之截然相对的情形是, 任一随机图很可能只有一个自同构, 那就是它自己。

在实际问题中还会出现图同构的若干变种:

- 图 G 含于图 H 中? —— 除了检验两个图是否等同(同构)之外, 我们通常还想了解某个待查图[2] G 是否为图 H 的子图(注意在这里 G 比 H 要小)。诸如团、独立集和哈密顿环之类问题都是这类子图同构的重要特例。

  "图 G 含于图 H"这句话在图论中有两种不同的解释: **子图同构**(subgraph isomorphism)考虑的是, H 中是否有一个子图与图 G 同构; **诱导子图同构**(induced subgraph isomorphism)考虑的是, H 删去一个顶点子集后所剩子图是否与图 G 同构。在诱导子图同构问题中, G 中所有边一定会在 H 中"呈现", 而 G 中的**非边**(non-edge)必

---

[1] 译者注: 我们对此处的行文已略作修改。
[2] 译者注: 作者使用了 "pattern graph", 也就是将此过程类比为字符串中查找模式串。

然不会在H中"呈现"。[1] 团恰好是这两类子图同构问题的共同实例, 而哈密顿环只是常规的子图同构实例。

请留意实际问题中存在的这些差异。子图同构问题往往要比图同构问题难解得多, 而诱导子图同构问题往往比子图同构问题还要难解。想求解这些问题, 你唯一可选的途径恐怕只有某些形式的回溯法。

- 输入图是有标图还是无标图? —— 在许多实际问题的图中, 顶点或边都附有不同的标签, 它们在确定图同构时至关重要。例如, 若是两个二部图中各顶点皆标有"员工"或"作业", 那么在比较这两个二部图时将员工顶点等同于作业顶点的任何映射都是完全不合理且毫无实际意义的。

  图中的标签及其相关约束可以很容易纳入回溯法加以考虑, 实际上, 通过在两个顶点标签不匹配时借机创造剪枝机会, 此类约束的存在反倒能显著提高搜索速度。

- 你是在检验两棵树是否同构吗? —— 对于特殊的图, 比如树和可平面图, 同构问题存在更快的求解算法。树同构是语言模式匹配及语法分析应用中的常见问题。语法分析树所描绘的是文本的结构, 若是底层文本能以相同结构完全配成对, 与其对应的两棵语法分析树T_1和T_2也便随之同构。

  一种高效的树同构算法是从两棵树(T_1和T_2)的叶子结点开始朝中心向内对每个结点设定标签信息, 而这些标签将基于其孩子的已有标签和结点自身度值而定。[2] 我们从T_1这棵树的视角来考虑, T_1中各结点的标签代表着T_2中可能与之映射相配的顶点集(实为子树)。首先我们检查T_1中所有叶子结点是否能与T_2中所有叶子结点适配, 若适配我们则继续向内处理更高一层的结点, 并将这些结点对其所相邻的叶子结点按照相匹配的标签总数进行分类再查验。如此不断继续, 而在该过程中的任何失配都意味着$T_1 \neq T_2$。若能顺利完成以上检验, 则所有顶点将被划分成一些等价类, 由此最终定出所有的树同构。参阅本节"注释"版块以了解更多细节信息。

- 你有很多图吗? —— 许多数据挖掘程序需要在大规模的图数据库中搜索特定待查图的所有实例, 正如前述化学结构映射应用问题一样。然而此类数据库通常包含着大量较小的图(只是相对较小而已), 若是直接查询显然太慢。因此我们需要基于很小的子结构(每个仅含5 ~ 10个顶点)为数据库编制索引, 并且只有当数据库中的图与待查图拥有相同子结构时, 我们才会对它们进行极为费时的同构检验。

图同构问题目前尚无多项式时间算法, 但是我们也不知道它是否为NP完全问题。跟整数因子分解(见16.8节)一样, 图同构是少数几个计算复杂性至今尚不明确的重要算法问题之一。研究人员的共同认知通常是将图同构问题置于P和NP完全之间, 前提则是P $\neq$ NP。

尽管缺乏能在最坏情况下保证多项式时间的算法, 但在实际中进行同构检验通常并不太难。基本的算法原理是以G中各顶点的标签值来重新设定H的顶点标签, 而其赋值方式共有$n!$种, 我们可通过回溯法检验G是否与H同构。当然, 一旦发现任何不匹配的边,

---

[1] 译者注: 假设同构所用映射为f, 若(x,y)是G中的边则$(f(x), f(y))$必然是H中的边(也即呈现), 若(x,y)不是G中的边则$(f(x), f(y))$也不允许是H中的边(也即"非边"必然不会呈现)。请注意, H中通常都会包含一些G中不存在的边, 但是不会包含此类"非边"。

[2] 译者注: 该算法细节可参阅[Val02]的第4章。实际上, 每个结点的标签是由一串数字组成的编码, 本质上可以视为以该结点为根的子树信息。

而其两个端点却均已出现在搜索前缀(也即部分解)中, 我们则可在此前缀处直接对搜索进行剪枝。

不过, 进行高效同构检验真正的关键在于将顶点预处理成"等价类", 也就是将所有顶点划分到不同集合中, 并使非同类集合中的两个顶点[1]不可能存在映射匹配。等价类中所有顶点的"不变量"(invariant)其值必然相同, 另外请注意这类值与顶点标签无关。我们可以考虑选取的不变量包括:

- **顶点度** —— 不同度值的两个顶点绝不会等同, 也即不能映射匹配。这种简单划分通常能带来极大的便利, 但对于(各顶点度值均相同的)正则图却毫无作用。
- **最短路径距离** —— 全图点对最短路径矩阵(见18.4节)的每行其实都可视作一个关于距离的多重集合, 其元素则是任意顶点v和其他$n-1$个顶点之间的距离。两个顶点只有对应着完全相同的"距离多重集合", 它们才可能属于同一个等价类。
- **长为k的路径总数** —— 对G的邻接矩阵M取k次幂得到矩阵M^k, 其元素$(M^k)_{ij}$代表着从i到j且长为k的(非简单)路径总数。对于任意顶点v和任意正整数k, 该矩阵的每一行其实都构成了路径总数的一个多重集合, 类似于前述最短路径距离, 这个多重集合也可用于顶点划分。

对于大部分图而言, 利用以上这些不变量你基本就能将顶点划分成众多较小的等价类, 随后在其上使用回溯法的过程将会变得较为轻松。由于每个顶点皆以其等价类之名作为标签, 故而我们可将其视作有标匹配问题。与随机图相比, 对称性较高的图之间其同构检验问题会更加难解, 因为等价类划分启发式方法在这种图上的有效性会降低不少。

实现 最好的同构检验程序当推**nauty**("No AUTomorphisms, Yes?"的缩写), 这是一套非常高效的C语言程序, 可用于寻找顶点示色图(vertex-colored graph)[2]的自同构群, 它还能生成图的典范标签以协助同构检验顺利进行。对于大多数不超过100个顶点的图, **nauty**可在不到1秒的时间内较好地完成检验工作。**nauty**的获取网址见http://pallini.di.uniroma1.it/, 其理论基础以及对附属程序(名为**Traces**)的相关讨论见[McK81, MP14]。

Valiente在[Val02]这本书中分别对树和图给出了图同构/子图同构算法实现, 书中的这些C++代码是在LEDA所提供的功能基础上(见22.1.1节)而完成的, 其获取网址见http://www.cs.upc.edu/~valiente/alogrithm/。

Kreher和Stinson的[KS99]除了讲解群论中的一般操作之外, 还给出了图同构的求解算法, 相关的C语言代码实现可参见http://www.math.mtu.edu/~kreher/cages/Src.html。

注释 图同构是计算复杂性理论中的一个重要问题, 主要是因为这类复杂性尚不明确的算法问题较为罕见。2015年最令人振奋的算法进展应属László Babai的一项声明: 历经40年探索之后, 他终于提出了一种拟多项式(quasi-polynomial)时间(虽然是亚指数时间但属于超多项式量级)图同构算法[Bab16]。

关于同构检验的专著有[Hof82, KST93]。Valiente的[Val02]专注于有关树的算法以及子图同构算法。Kreher和Stinson在[KS99]中提供了一种更具群论风格的方法来进行同构检

---

[1] 译者注: 这两个顶点分别取自不同的图, 例如G中度为1的顶点与H中度为2的顶点不属于一类。

[2] 译者注: 这类图中的顶点已规定颜色, 而此时的自同构只允许在同色顶点之间映射转换。实际上, 通常的自同构问题其实对应着图中所有顶点同色的情况。

验。关于图数据挖掘系统和算法的综述见[CH06]。另请参阅[FSV01]以了解不同图和子图同构算法之间的性能比较。

对于可平面图的同构问题[HW74], 还有顶点度最大值不超过某常数的图同构问题[Luk80], 它们已有多项式时间算法。全图点对最短路径启发式方法[SD76]归功于Schmidt和Druffel, 不过请注意, 两个不同构的图可能会拥有完全相同的最短路径矩阵[BH90]。[AHU74]给出了有标树和无标树两者皆适用的树同构线性时间算法。

如果某问题可证与同构问题一样难解, 则称其为**同构完全**(isomorphism-complete)问题。二部图同构检验即是一个同构完全问题: 因为对于任何图, 只需将其中的每条边替换为由一个新加顶点所连接的两条边则所得图必为二部图, 实际上, 原图同构当且仅当变换后的新图也同构。

(**相关问题**)　最短路径(18.4节); 字符串匹配(21.3节)。

19.10　Steiner树

(**输入**)　一个拥有n个顶点的图$G = (V, E)$及其特定顶点子集$T \subset V$(图点型)。另一种输入形式则是一个几何点集T(几何型)。

(**问题**)　寻找能连接T中所有顶点的最小树。[1]

Steiner树的输入和输出图例如图19.11所示。

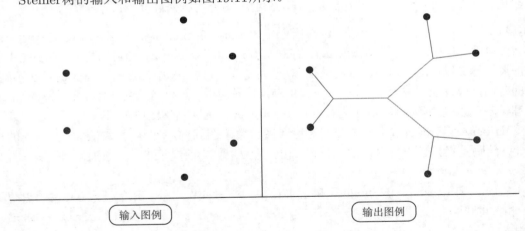

图 **19.11**　Steiner树的输入和输出图例

(**讨论**)　Steiner树常见于网络设计问题, 而所对应的最小Steiner树问题可理解为如何用最少的导线连接一系列站点。实际上, 在设计供水管网、供热管网或通信网络时, 都会遇到类似问题。电子电路设计中的Steiner树问题也很典型, 例如我们可能需要在材料成本和信号传播时延等约束条件下将一系列元件焊点连接到接地端。

当$T \neq V$时, (图点型)Steiner树问题有别于图的最小生成树问题(见18.3节), 即我们可能还须在$V - T$中选择合适的中间连接点来最小化树的费用。而处理几何型Steiner树时, 问

---

[1] 译者注: 后文将T中的顶点称为"终端点"(terminal vertex)。

题的难点则在于从几何空间中找出合适位置以添加新点从而缩短连接。构造Steiner树所面临的议题还有:

- 你得连接多少点? —— 当 T 只是一对顶点时, 其Steiner树就是这两个顶点之间的最短路径(见18.4节)。当 $T = V$ 时, 这种Steiner树包含了图中的所有 n 个顶点, 因此可归约为 G 的最小生成树(MST)。尽管存在这些特殊情况, 不过一般意义下的最小Steiner树问题其实是NP难解问题, 即使设定了各式各样的约束也依然如此。

- 输入是几何点集吗? —— 几何型Steiner树问题所处理的输入是一系列几何点(通常是平面点), 而目标则是寻找能连接这些点且权最小的树。求解过程可能需引入一些中间连接点(也称Steiner点), 它们不属于输入点集, 但得根据输入点集来适当选取。这些Steiner点必须满足若干几何性质, 这样可将其候选范围缩减至有限个点。例如在最小Steiner树中, 每个Steiner点的度值应该正好是3且其任意两边的夹角得刚好是120°。

- 我们所考虑的边有约束吗? —— 在许多布线问题中, 所有边都限于水平或垂直两个方向, 而这种特殊的几何型Steiner树则称为**正线Steiner问题**(rectilinear Steiner problem)。[1] 正线Steiner树与欧氏空间中的常规Steiner树(也称为欧氏Steiner树)有所不同, 它得满足另一套关于边夹角和点度值的约束, 也即所有边夹角须是90°的整数倍且各顶点的度值最多为4。

- 我确实需要最优树吗? —— 在某些应用场景下, 投入大量计算去寻找尽可能好的Steiner树合情合理。例如我们的电路设计或许会被多次复用, 又比如铺设管道挖掘每米沟渠的费用相当昂贵, 在这些情况下我们则应该使用穷举搜索技术(如回溯法或分枝定界法)来找出最优树设计方案。

  尽管几何结构和图论的相关约束可为搜索剪枝提供诸多机会, 但Steiner树问题仍是难解问题。我建议你在试过本节"实现"版块所介绍的算法代码之后, 再去考虑自己的设计思路。

- Steiner点的意义何在? —— 在分类和进化问题中会用到一类特殊的Steiner树, 也即**亲缘演化树**(phylogenic tree), 它展示了不同研究对象/物种之间的亲缘相似性。该树的叶子/终端点(通常)代表着不同物种, 而中间结点则是不同物种乃至于大类之间的分支点。例如某棵亲缘演化树可能会有"人""狗""蛇""蜥蜴"等叶子结点, 而其中间结点则相当于分类单元(taxa),[2] 例如"动物""哺乳动物""爬行动物"。我们若以"动物"定为该树的根结点, 而将"狗"和"人"归入"哺乳动物"之下, 那么这意味着在亲缘关系上人与狗比与蛇更亲近。

  目前已开发出许多种亲缘演化树的构建算法, 其区别仅在于用什么数据建模以及想达到何种优化标准。重构算法和距离度量的各种搭配都可能给出不同的树, 因此要为任何具体问题选定一种"正确"的方案, 在某种程度上只能依赖自我感觉。也许较

---

[1] 译者注: "rectilinear Steiner problem"通常被译为"直角Steiner问题"。不过从rectilinear词的构成(recti-linear)来说, "rectilinear"译为"正线"也许更合适。

[2] 译者注: 这些中间结点可视为Steiner点。

为合理的做法是先去获取本节"实现"版块将提及的常用软件包, 然后再观察它们在你的数据上会给出什么运行结果。

幸运的是, 有一种高效的启发式方法可用于寻找Steiner树并且效果非常不错, 而它还适用于Steiner树问题的所有变种。我们将输入数据直接建模为图,[1] 并以点i到点j的距离设定边(i,j)的权, 而该图的最小生成树则可确保给出一个良好的近似解。实际上, 这种方案对欧氏Steiner树和正线Steiner树均有效。[2]

对于欧氏Steiner树问题, 基于最小生成树的近似解其最坏情况会出现在呈等边分布的三个点上: 任何生成树必然包含两条边, 故其总长度为2; 而最小Steiner树则引入围于三点之内的另外一个点来连接这四个点, 而其总长度为$\sqrt{3}$。事实上, $\sqrt{3}/2 \approx 0.866$这个特殊比值总可以达到, 而最小生成树的总长度与最优欧氏Steiner树通常也差不了几个百分点。对于正线Steiner树问题, 其最优解与最小生成树的长度之比始终不低于$2/3 \approx 0.667$。

对于欧氏空间几何算例的任何次优树, 只要某顶点上的边夹角小于120度, 都可插入Steiner点来细化调优, 即插入此类中间点并重调树的局部边进而使所得解更接近于最优解。对于正线Steiner树问题中的生成树, 也存在类似的优化方法。

请注意, 图点型 Steiner 树问题只关注连接终端点的子树, 所以我们可以修剪原图的最小生成树从而只保留终端点之间的(唯一)路径所包含的那些树边。[3] 先将所有不是终端点的那些叶子结点全部删除, 再继续递归处理便可在$O(n)$时间内找出所有不必要的树边。

还有一种启发式方法也可求解图点型Steiner树问题, 此解法基于最短路径算法而设计: 我们先选两个终端点并将它们之间的最短路径设为初始树; 然后对其余任意终端点t找出它到树的最短路径(终点会落于树中某结点), 再将该路径纳入树中(同时也让t与树成功相连); 不断重复以上过程直到处理完所有终端点。这种启发式方法的表现取决于终端点的插入顺序, 不过常常也可能会给出简单且相当有效的结果。

实现   GeoSteiner是由Warme等所开发的一款软件包[JWWZ18], 可用于求解平面上的欧氏Steiner树问题和正线Steiner树问题。它还能处理超图中最小生成树的相关问题, 并宣称能成功求解的(也即给出最优解)问题其点数规模可达10 000。GeoSteiner的获取网址见http://www.geosteiner.com/, 而它几乎绝对是处理几何型Steiner树算例的最佳代码。

第11届DIMACS算法实现挑战赛于2014年12月举行, Steiner树算法是此次赛事的主题, 而实现寻找最短路径的高效算法则是另一主题。此届挑战赛的相关论文、算例和代码实现的获取网址见http://dimacs.rutgers.edu/programs/challenge/。

FLUTE(http://home.eng.iastate.edu/~cnchu/flute.html)可求解正线Steiner树问题, 它很注重算法执行速度, 但同时也提供了一个用户自定义参数用于调控求解质量与运行时间之间的平衡。GOBLIN(http://goblin2.sourceforge.net)提供了求解图点型Steiner树问题的启发式方法和搜索方法。

---

[1] 译者注: 几何型Steiner树问题可建模为图, 而图点型Steiner树问题则不必如此(输入本身就是图)。

[2] 译者注: 只需针对欧氏Steiner树和正线Steiner树选用相应的距离度量即可。

[3] 译者注: 这是以最小生成树给出图点型Steiner树近似解的启发式方法, 即先求出G的最小生成树再根据T予以修剪。另外, 此处未讨论图点型Steiner树其最小生成树近似解与最优解的差异, 关于这部分内容可参阅[PS02]。

PHYLIP(http://evolution.genetics.washington.edu/phylip.html)和PAUP (https://paup.phylosolutions.com/)是两款广为应用的亲缘演化树推断(inferring)软件包。两者皆提供了20多种算法，可基于实际数据构建亲缘演化树。尽管这些算法大多是为处理分子序列数据而设计的，但其中也有若干种通用方法可用于处理所输入的任意距离矩阵。

(注释) 关于Steiner树问题的专著有黄光明和Richards以及Winter所写的[HRW92]，还有Prömel和Steger的[PS02]。堵丁柱等的[DSR00]收集了关于Steiner树问题各方面的综述。关于Steiner树问题启发式方法的实证结果请参见[BC19, SFG82, Vos92]。

欧氏Steiner树问题可以追溯到费马，他曾提过一个问题：在平面上如何找出一个点p，使其与3个已知点的距离之和最小？该(原始)问题提出不久后便被Torricelli解决。随后有几位数学家对此问题在n个点上的一般推广颇感兴趣，尽管Steiner显然是其中之一，然而他却阴差阳错地被误认为是这个一般性问题的最先提出者。此外，关于该问题非常有趣的详尽历史可参阅[HRW92]。

Gilbert和Pollak最早给出了如下猜想[GP68]：最小欧氏Steiner树与最小生成树的总长度之比始终不低于$\sqrt{3}/2 \approx 0.866$。对于该问题的研究相当活跃，而在此猜想提出20多年之后，堵丁柱和黄光明最终证明了Gilbert-Pollak猜想[DH92]。[1] 此外，平面上n个点的欧氏最小生成树可在$O(n \log n)$时间内构造完成[PS85]。

Arora对d维欧氏空间中的Steiner树问题给出了一个多项式时间近似方案(Polynomial-Time Approximation Scheme, PTAS)[Aro98]。Robins和Zelikovsky对图点型Steiner树问题给出了一个近似因子为1.55的求解算法[RZ05]。

欧氏Steiner树问题和正线Steiner树问题的难解性证明由[GGJ77, GJ77]给出。由于此类Steiner点的精确位置存在数值表示问题，因此欧氏Steiner树问题尚不明确是否属于NP问题。

最小Steiner树可类比为某些物理系统中的能量最小化排布。我们可用此类模拟系统"求解"Steiner树问题，例如基于六个针点上的肥皂膜行为表现来类比处理，该案例的讨论可见[DKR10]。此外，黏菌(slime molds)也很擅长于构建Steiner树[LSZ+15]。

(相关问题) 最小生成树(18.3节)；最短路径(18.4节)。

19.11 反馈边集/反馈顶点集

(输入) 一个拥有n个顶点和m条边的图(通常是有向图)$G = (V, E)$。

(问题) 寻找最小边集E'或者最小顶点集V'，并满足将其从图中删除后可得无环图。
反馈边集/反馈顶点集的输入和输出图例如图19.12所示。

---

[1] 译者注：关于Gilbert-Pollak猜想的证明尚有不同意见，有兴趣的读者可参阅 *The Steiner Ratio Gilbert-Pollak Conjecture Is Still Open* 这篇论文。此外，最小Steiner树与最小生成树的总长度之比一般称为"Steiner比"(Steiner ratio)。

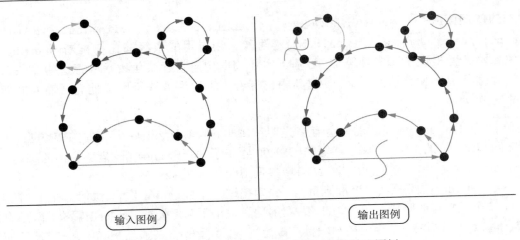

图 19.12　反馈边集/反馈顶点集的输入和输出图例

(讨论)　反馈集问题的出现, 源于许多实际问题在有向无环图(DAG)上要比在一般有向图上更容易求解。所谓优先约束指的是某个作业A须排在另一个作业B之前, 我们考虑附带优先约束的作业调度问题: 当所有约束相容时, 最终所得必为DAG, 而且还可利用拓扑排序(见18.2节)来理顺所有作业/顶点以遵从这些约束条件; 但若存在循环约束, 例如A要先于B, B要先于C, 而C又要先于A, 那么这样的调度将不可能存在。

反馈集意味着最少量的"错乱"约束条件, 也即一旦去除它们即可获得合理调度。在**反馈边集/反馈弧集**(feedback edge set/feedback arc set)问题中, 我们只除去某些单独的优先约束本身; 而在**反馈顶点集**(feedback vertex set)问题中, 我们需要将某些作业连同其关联约束一并去除。

在电子电路中消除竞争状态(race condition)其实也是一个相似的问题, 而实际上反馈集这个词中的"反馈"便源于此。不过, 反馈集问题更为学术化的名字是**最大无环子图**(maximum acyclic subgraph)问题。

最后我们来看看反馈集在锦标赛/竞赛图(tournament)排位问题中的应用。在类似于象棋或网球这样的一些双人竞技中, 若想对选手的技艺排出位次, 可以构造一个有向图: 将所有选手设为顶点; 若选手x在某个场次中击败了选手y, 则从顶点x到顶点y引一条有向边。尽管冷门时有发生, 但位次高的选手通常都会击败位次低的选手。那么, 删除图中最小反馈边集(可理解为尽量舍弃冷门场次)再执行拓扑排序, 所得结果便能很自然地对各位选手技术水平排出名次。

在求解反馈集问题的过程中还须明确以下议题:

- **是否存在必须去除的约束?** —— 如果输入图已是DAG, 则无需任何改变, 至于DAG的判定完全可以借助拓扑排序。一种寻找反馈集的方法是修改拓扑排序算法, 例如在产生矛盾时删除那些引起麻烦的边或顶点。有向图中的反馈边集问题和反馈顶点集问题都是NP完全问题, 所以启发式方法求得的解可能比最优解的规模大很多。

- **怎么找到尽可能小的反馈边集?** —— 可先对顶点按某种方式予以排列,[1] 再选择那些指向有误的边构成反馈集, 这种启发式方法较为有效且仅需线性时间。对于任意顶点排列, 图中的边可按指向划分为"从左向右"和"从右向左"两类, 而我们默认多数边指向无误, 因此可选边数较小的那类作为反馈集。

  但是以顶点的何种排列作为后续处理的基础才较为合适呢? 有一种非常不错的启发式方法, 它所依赖的主要标准是顶点的边失衡度(edge imbalance), 也即顶点的入度减出度。为了能在线性时间内完成此工作, 我们可考虑使用增量式插入法: 任选顶点 v 作为起始点, 入边 (x, v) 所确定的顶点 x 置 v 左侧而出边 (v, x) 所确定的顶点 x 置 v 右侧; 继而对 v 的左侧子集和右侧子集递归执行上述过程, 直至最终给出顶点的排列。

- **怎么找到尽可能小的反馈顶点集?** —— 由上述启发式方法所得顶点排列可定出数量很少的反向边(通常希望较大)。随后我们可以找出尽可能少的一组顶点来覆盖这些反向边, 而这刚好就是顶点覆盖问题(求解它的启发式方法其相关讨论见19.3节)。

- **如何断开无向图中的所有环?** —— 寻找反馈集这个问题在无向图与有向图中的难度截然不同。树是不存在环的无向图, 而由 t 个结点构成的任何树都正好包含 $t-1$ 条边。可以证明, 任意无向图 G 的最小反馈边集规模量为 $|E| - (|V| - c)$, 其中 c 是 G 中连通分量的个数。实际上, 对 G 进行深度优先搜索, 期间所遇到的反向边刚好便组成了最小反馈边集。

  不过, 反馈顶点集问题在无向图中依然是NP完全问题。一种效果尚可的启发式方法思路如下: 先用广度优先搜索找出 G 中的最短环, 并删除该环中的一个顶点甚至为了保险起见而删除整个环; 然后在所剩的环中重新寻找最短环, 不断重复这种"寻找—删除"过程直至该图变成无环图。对于这些被依次找出的最短环(注意BFS会让不同的环中顶点处于完全不一样的层级), 最佳/最小反馈顶点集必然包含着各环至少一个顶点, 因此从被删除环的平均长度即可看出所得近似解的质量究竟如何。

使用随机化或模拟退火方法对那些由启发式方法所给出的解进行细化调优是非常值得的。为了在模拟退火过程中实现状态间的转移, 我们可修改顶点排列, 例如交换两个顶点使其满足序关系,[2] 或者直接在候选反馈集中插入/删除顶点。

实现 求解反馈顶点集问题和反馈边集问题的GRASP("贪心随机化自适应搜索过程")启发式方法代码实现均由Festa等给出[FPR01], 可参阅"ACM算法集萃"(见22.1.5节)之"算法815"。

Iwata和Imanishi所设计的反馈顶点集精确求解器[Iwa16](https://github.com/wata-orz/fvs)在"参数化算法(parameterized algorithm)和计算实验挑战赛"(https://pacechallenge.wordpress.com/track-b-feedback-vertex-set/)上荣获第一名。

GOBLIN(http://goblin2.sourceforge.net)提供了一个求解最小反馈边集的启发式近似方法。

---

[1] 译者注: 该过程不能视为"排序", 因为顶点之间的"次序关系"(例如后文所给的"边失衡度")未必都相容(也即未必满足序关系的传递性)。不过, 这种排列确实将顶点排于直线上并给出了一套"先后"次序。此外, 如果我们直接使用排序则难以让启发式方法在线性时间内完成。

[2] 译者注: 例如前文提到的"边失衡度"就是这种序关系。请注意, 所给的顶点排列中很可能出现一前一后两个顶点不满足此类序关系, 因此可对其进行位置互换。

The Stanford GraphBase(见22.1.7节)中的econ_order.w程序通过置换矩阵的行与列, 来最小化主对角线下方数字的总和。若以邻接矩阵作为此程序的输入, 处理完再将矩阵主对角线下方数字对应的边全部删除, 所得即为无环图。

注释　参阅[FPR99]以了解关于反馈集问题的综述。反馈集的最小化是难解问题[Kar72], 对于相关证明的讲解可参见[AHU74, Eve11]。即使图中顶点的入度和出度都不超过2, 反馈顶点集问题和反馈边集问题均仍是难解问题[GJ79]。

Bafna等给出了一个在无向图上求解反馈顶点集的算法[BBF99], 其近似因子为2。在有向图上求解反馈边集存在一个近似因子为$O(\log n \log \log n)$的算法[ENSS98]。竞赛图排位中所用的启发式方法其相关讨论可参阅[LMM+18]。[Koe05]给出了一种寻找最小反馈集的启发式方法并提供了相关实验对比结果。

固定参数可解型算法(fixed-parameter tractable algorithm)的运行时间通常满足以下性质: 它是关于输入规模量n的多项式量级, 但却是关于解规模量(solution size)k的指数量级。例如某个算法的运行时间为$O(k!n)$, 而只要k取常数则该算法便是一种线性时间算法。利用此类算法可求解反馈顶点集问题[CCL15]。此外, Downey和Fellows的[DF12]这本书中给出了关于固定参数复杂性(fixed-parameter complexity)的最佳综述。[1]

我得坦白一下, 在我的数据科学研究生课程结束时, 由于学生庞杂而我又无暇评阅所有论文, 于是我便采用了反馈边集方法来给众多学生进行期末评分(等级制)。助教和学生自己对于任意两篇论文(例如论文x和论文y)孰优孰劣所做的二元判断(优或劣)基本上是值得信任的, 在获得了大量这种优劣判断之后, 我先用反馈边集算法移除了最小数量的矛盾判断, 再用拓扑排序对论文给出位次并评出最后等级。[2]

[Knu94]讨论过反馈边集在经济学中的一个很有趣的应用。对于任意两个经济部门A和B, 我们已知从A到B的资金流量, 那么通过对所有经济部门排出位次就可以确定: 哪些部门相对于其他部门通常更像第一产业的生产者, 而哪些部门相对于消费者通常更像最终产品的制造商。[3]

相关问题　带宽约减(16.2节); 拓扑排序(18.2节); 调度(17.9节)。

---

[1] 译者注: 参考文献中所给的[DF12](2012年版)书名对应着Downey和Fellows的*Parameterized Complexity*(但此书是1999年版), 而两位作者的另一本书则是*Fundamentals of Parameterized Complexity*(2013年版)。

[2] 译者注: 由于采用等级制(从A到F), 拓扑排序所得结果的不精确性可在一定程度上得到消除。

[3] 译者注: [Knu94]中的原文"the first sectors of the ordering tend to be producers of primary materials for other industries, while the last sectors tend to be final-product industries that deliver their output mostly to end users."可供参考。

第20章
计算几何

计算几何研究的是几何学中的算法问题。它的出现与计算机图形学、计算机辅助设计/制造以及科学计算等领域的发展相联动, 因为这些应用领域刚好都需要几何计算。

计算几何方面的佳作包括:

- de Berg等所著的[dBvKOS08] —— 这本"三位Mark所写"[1]的经典著作是对于计算几何理论及其基本算法的最佳一般性介绍。
- O'Rourke的[O'R01] —— 从实用角度来说, 这本书用于计算几何入门最好, 它强调的是细致且正确的几何算法实现。与书配套的C和Java代码可参见https://cs.smith.edu/~orourke/books/compgeom.html。
- Preparata和Shamos的[PS85] —— 此书尽管有些过时, 但依然是很好的一本计算几何导论读物, 它重点强调了凸包、Voronoi图和相交检测等算法。
- Goodman和O'Rourke以及Toth的[TOG18] —— 这部由专题综述所构成的手册相对较新, 提供了离散与计算几何几乎所有子领域已有成果的详细概览。

计算几何领域的主要会议是ACM计算几何研讨会, 每年五月底或六月初举行。几何算法的代码实现仍在蓬勃发展之中, 虽然我们的问题目录册已经按照适用范围将各种具体实现分类列出, 但是读者朋友一定要去了解CGAL(计算几何算法库): 这是一个用C++编写的综合性几何算法库, 它是一个欧洲联合项目的成果。任何对几何计算真正有兴趣的人, 都应该访问一下CGAL的网站http://ww.cgal.org/去查看相关信息。

20.1 稳健的几何基元操作

(输入) 点p和线段l, 或者两条线段l_1与l_2。

(问题) p恰好包含于l还是在l的上方或下方?[2] l_1和l_2是否相交?

稳健的几何基元操作的输入和输出图例如图20.1所示。

(讨论) 几何基元操作的实现是一个充满艰辛的任务。即使像求两条直线交点这样看似简单的事情, 也远比你想象的要复杂: 如果两条线平行, 也即它们完全不相交, 这时该返回什么? 如果两条线相同, 是不是整条直线就可以当作这两条线的"交点"来返回呢? 如果其中一条线是水平的, 那么为了求得交点而解方程的过程中你需要除以0该怎么处理? 如果两条直线

---

[1] 译者注: 这本书第一版和第二版的封面所列四位作者排名前三的基本都是"Mark"(其实还有一位是"Marc"): Mark de Berg和Marc van Kreveld以及Mark Overmars。不过, 该书出第三版的时候作者排名次序略有调整。

[2] 译者注: 为了更清晰地区分"点位于直线上"和"点位于直线上方", 我们将前者改为"点包含于直线"。

非常接近平行, 交点距离原点太远而造成算术溢出该怎么办? 实际上, 以上这些问题对线段相交来说更为复杂, 因为处理时还会出现更多需要细致审视和单独处理的情形。

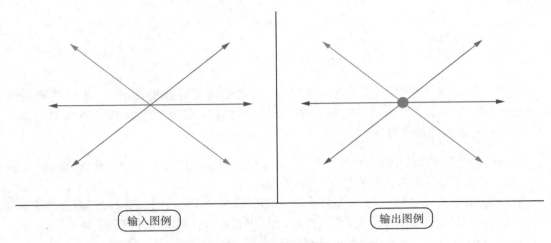

输入图例   输出图例

图 20.1   稳健的几何基元操作的输入和输出图例

假设你是实现几何算法的新手, 我建议你先去看看O'Rourke的这本 *Computational Geometry in C*[O'R01], 从中可以获得很多实际建议以及基本几何算法和数据结构的完整实现。如果能遵从他的做法, 可以帮助你避开许多棘手事宜。

我们一般有两类不同的问题需要处理: 几何退化和数值稳定性。退化指的是必须以完全不同的方法处理的令人讨厌的特例, 比如当两条线相交于超过或少于一个点的时候。处理退化有三种主要的方法:

- **忽略它** —— 对数据处理先给出假设: 仅在没有三点共线、没有三线共点、交点非线段端点等情形时, 你的程序才能正常运行。这可能是最为常见的处理方式, 而在遇到那种你能够忍受频繁宕机的短期项目时, 我会建议你这样做。其欠缺之处在于, 实际中不少数据通常采样于网格点, 而它们往往是高度退化的。

- **伪造它** —— 常见的一种方案是随机地打乱你的数据, 使其不再退化。通过将每个点在按照随机选择的方向移动少许, 你便能让数据中所存在的许多退化得以终结, 并有希望不会造成过多新问题。一旦你觉得自己的程序死机过于频繁, 这也许是你首先要去做的事情。随机扰动方案造成的问题是会细微地改变你的数据形状, 或许这对于你的实际问题来说是无法容忍的。还有一种方案则是对数据进行"符号扰动"(symbolic perturbation),[1] 此种扰动方式可以用一种前后相容的方式去除退化, 但这需要认真研究才能正确实施。

- **解决它** —— 通过编写针对性代码来解决每种可能出现的特例, 计算几何软件会变得更稳健。若是一开始你就这样处理的话, 运行效果会很好, 但若只是当系统死机时才修修补补就会不那么尽如人意。如果你下定决心要以正确的方式去解决它, 请做好花费大量精力的预计。

---

[1] 译者注: 可参阅 *Simulation of simplicity: a technique to cope with degenerate cases in geometric algorithms* 这篇论文。

几何计算通常涉及浮点运算, 它会导致溢出和数值精度损失等问题。处理数值稳定性问题有三种基本方式:

- **整数运算** —— 通过使所处理的点全部置于一个固定大小的整数网格上, 便能准确地比较从而更容易测试任意两个点是否相同或两条线段是否相交。不过其代价则是两条线的交点可能不会恰好表示为一个网格点, 如果你能避开这个问题, 那么以上方案可能是一个最简单也最好的办法。
- **双精度实数** —— 使用双精度浮点数可以减少数值错误的发生。最好的办法可能是将所有数据存储为单精度实数, 而中间计算则使用双精度。
- **精确算术** —— 这种方法肯定是正确的, 但同时也很慢。代码中的细致分析处理可使精确算术的需求实现最小化, 不过也会带来性能损失。当然了, 你应该预料到这种高精度的运算会比标准浮点运算慢好几个量级。

开发稳健几何软件的最佳技巧是将应用程序的构建围绕于一小部分几何基元操作来展开, 而基元操作要能用于处理尽可能多的低层级几何问题。这些几何基元操作包括:

- **三角形面积** —— 假设平面上的点 a, b, c 构成三角形 $t = (a, b, c)$, 尽管其面积 $A(t)$ 的定义是底边与高的乘积的一半, 但用三角函数计算底边与高的长度相当烦琐。更好的方法是使用可以得出两倍面积值的以下行列式:

$$2 \cdot A(t) = \begin{vmatrix} a_x & a_y & 1 \\ b_x & b_y & 1 \\ c_x & c_y & 1 \end{vmatrix} = a_x b_y - a_y b_x + a_y c_x - a_x c_y + b_x c_y - c_x b_y$$

这个公式可以推广到计算 d 维单纯形的体积, 也即可得出体积的 $d!$ 倍。因此, 三维空间中的点 a, b, c, d 所给出的四面体 $t' = (a, b, c, d)$ 其体积的 $3! = 6$ 倍为

$$6 \cdot A(t') = \begin{vmatrix} a_x & a_y & a_z & 1 \\ b_x & b_y & b_z & 1 \\ c_x & c_y & c_z & 1 \\ d_x & d_y & d_z & 1 \end{vmatrix}$$

这些公式给出的体积值带有符号, 因此可能取负值, 故请先对其取绝对值。至于行列式的计算,请参见16.4节。

从概念上讲, 计算多边形面积最简单的方法是对其进行三角剖分, 然后对每个三角形的面积求和, 此方案也可推广到多面体求体积。另有一种无需三角剖分便可流畅处理的算法, 其实现可参见[O'R01, SR03]。

- **"上中下"测试** —— 某个给定的点 c 是在给定的直线 l 上方, 下方, 还是恰好包含于该直线? 解决本问题的一种简单方法是将 l 表示成一条由点 a 指向点 b 的有向直线, 于是便可转而询问 c 在有向直线 l 的左边还是右边。

这个基元操作可通过运用上面三角形面积计算结果的符号来完成: 如果 $t(a, b, c)$ 的面积大于0, 那么 c 位于 $\overline{ab}$ 左边; 如果 $t(a, b, c)$ 的面积等于0, 那么 c 恰好包含于 $\overline{ab}$; 最

后, 如果$t(a,b,c)$的面积小于0, 那么c就在$\overline{ab}$右边。这可以自然地推广到三维情形, 其中面积的符号表示了d在定向平面(a,b,c)的上面还是下面。

- 线段相交 —— "上下"基元操作可用于测试某条直线是否与另一线段相交。线段与直线相交, 当且仅当线段的一个端点在直线左边且另一个端点在直线右边。线段与线段的相交问题与此相似, 不过我建议采用本节"实现"版块中提及的方案。此外, 共用一个端点的两线段相交问题是个存在退化的典型问题。

- 圆内测试 —— 点d位于由平面上的点a,b,c所定义的圆之内还是之外? 这种基元操作会出现在所有Delaunay三角剖分算法中, 而且还可当作稳健的方案来实现距离比较。假设a,b,c在圆中呈逆时针方向排列, 计算行列式:

$$\text{incircle}(a,b,c,d) = \begin{vmatrix} a_x & a_y & a_x^2 + a_y^2 & 1 \\ b_x & b_y & b_x^2 + b_y^2 & 1 \\ c_x & c_y & c_x^2 + c_y^2 & 1 \\ d_x & d_y & d_x^2 + d_y^2 & 1 \end{vmatrix}$$

如果a,b,c,d四点共圆, 计算结果将为0; 如果d在圆内则结果为正, 而若d在圆外则结果为负。

在你自己编程实现之前, 最好先看看以下"实现"版块。

实现 CGAL(www.cgal.org)和LEDA(见22.1.1节)使用C++为平面几何分别都提供了整套的几何基元操作。LEDA比较容易学会, 也相对易于操作, 但是CGAL综合性更强并且可免费使用。如果你要开发一个较为重要的几何应用程序, 至少应该在试着自己写代码之前查看一下CGAL和LEDA。

O'Rourke的[O'R01]提供了本节讨论的大部分基元操作的C语言实现, 见http://cs.smith.edu/~jorourke/books/CompGeom/CompGeom.html。书中所给的基元操作主要配合讲授而编写, 不能直接作为产品使用, 不过其代码还是很可靠的, 适用于不太复杂的应用场景。

Core这个库(见http://cs.nyu.edu/exact/)提供了一套API机制, 可支持精确几何计算(EGC)用于实现能够稳健处理数值问题的算法。任何C/C++程序只要直接使用Core就能很容易地支持三种不同层级的精度(有时可能需要对C/C++代码略作修改): 机器精度、任意精度以及可保证结果精度的定制方案。

Shewchuk用C++对几何基元操作的稳健实现[She97]可参见http://www.cs.cmu.edu/~quake/robust.html。

注释 O'Rourke的[O'R01]面向代码实现讲解了计算几何的基础知识, 这本书很强调稳健的几何基元操作, 非常值得一读。LEDA[MN99]提供了另一个非常好的程序实现典范。

Sharma与Yap给出了关于稳健几何计算实现技术的精彩综述[SY18], 另外Mehlhorn与Yap合著的一部书稿[MY07]可免费下载。Kettner等针对在关于凸包的几何算法中使用实数运算可能会遇到的问题提供了众多的图示例证[KMP+04]。受控扰动(controlled perturbation)[MOS11]是一种较新的稳健计算方法。Shewchuk[She97]以及Fortune和van Wyk[FvW93]针对在几何计算中使用精确算术的开销做了细致研究: 在合适的时机使用它, 既能保持适度的效率, 同时还能获得十足的稳健性。

（相关问题）相交检测(20.8节); 直线排布维护(20.15节)。

20.2 凸包

（输入）d维空间n个点所构成的集合S。

（问题）找到包含S中所有点的最小凸多边形(或多面体)。

凸包的输入和输出图例如图20.2所示。

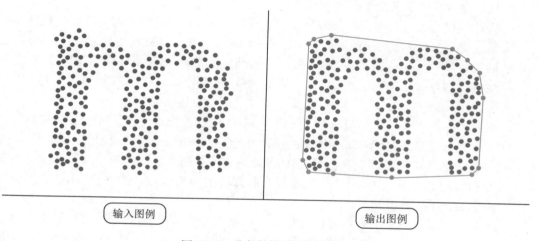

| 输入图例 | 输出图例 |

图 20.2 凸包的输入和输出图例

（讨论）凸包是计算几何最重要的基本问题, 恰似排序是组合算法最重要的基本问题。之所以考虑这一问题, 是因为构建凸包可对数据集的形状或范围有个大致了解。

众多几何算法的预处理都要面对凸包问题。例如考虑寻找一个点集的直径问题, 此处的"直径"指的是相隔最远的那一对点之间的距离。由于直径一定得在凸包上的两个点之间取得, 于是我们可据此设计一个计算直径的$O(n \log n)$算法: 先构建凸包, 再为每个凸包顶点找到离它最远的另一个凸包顶点。所谓的"旋转卡尺"(rotating-calipers)方法以顺时针围绕凸包转动的方式高效求解, 它会从一对互为犄角从而可能从中获取直径长度的凸包顶点快速移至下一对此类顶点。

凸包算法几乎和排序算法一样多。为了有助于从中选择, 请先弄清以下问题:

- 待处理问题的维数是多少? —— 在二维甚至于三维空间中求出凸包的速度很快。不过低维中某些有效的假设会随着维数提升而出现问题, 例如"二维中任意n个顶点的多边形都恰好有n条边"。然而, 面和顶点的数量关系即使是只在三维空间就已经变得很复杂: 一个立方体有8个顶点和6个面, 而八面体则有8个面和6个顶点。这会对表示凸包的数据结构产生影响——你是否只需要寻找凸包顶点还是你得完全给出多面体? 如果你遇到了这样的问题, 要特别注意高维空间所带来的这些复杂性。

二维和三维情况是凸包问题最重要的特例, 目前都有简单的$O(n\log n)$凸包算法, 但在更高维度中凸包问题会变得更为复杂。"礼品裹包算法"是在高维空间中构建凸包的基本算法。请注意三维凸多面体的构成要素是二维的"面"(face), 或者说它是由一些**聚型面**(facet)[1]所围成, 而这些聚型面之间又通过一维的线(称为边)相连。每条边所连的聚型面恰好是两个。礼品裹包算法会先找出一个能包含位置"最低"顶点的初始聚型面, 再从该聚型面开始进行广度优先搜索以发现更多新的聚型面。作为某个聚型面边界的边(例如可记作e)必然也是另一个聚型面的边, 这条特性相当有用。遍历处理所有n个顶点, 便可确定是哪个点能够定出下一个可将e纳入的聚型面。我们其实是一次性"包裹"了一个聚型面上的所有点, 这个动作类似于将包装纸绕过某条边折叠直至碰到某个点而停的过程。

提升效率的关键是确保每条边只被搜索一次。在d维空间中正确实现礼品裹包算法的前提下, 该算法实现所需的时间为$O(n\phi_{d-1} + \phi_{d-2}\log\phi_{d-2})$, 其中$\phi_{d-1}$是聚型面的数量, 而$\phi_{d-2}$是凸包中的边数。如果凸包非常复杂的话, 该算法的运行时间甚至会达到$O(n^{\lfloor d/2\rfloor + 1})$。实际上, 与其自己捣鼓, 倒不如直接在本节"实现"版块所列代码中选一个。

- 数据是以顶点还是半空间的形式给出? —— 寻找d维空间中n个"半空间"(注意每个都得包含原点)的交集与在d维空间中计算n个点的凸包是对偶问题。因此同一个基本算法足以解决这两个问题, 所需的基本对偶变换将在20.15节中讨论。此外, 半平面相交问题与凸包稍有不同, 它没有凸包那样的内部点, 在"半平面"的交集为空时可能存在不可行算例。

- 大概会有多少个点成为凸包顶点? —— 如果你的点集是"随机"产生的, 那么很可能大多数点都在凸包内部。考虑到最左、最右、最上和最下这四个点都必然是凸包顶点, 平面凸包求解程序实际上可以变得更高效。这通常给出一组不同的凸包顶点, 要么3个, 要么4个, 它们界定了一个三角形或四边形, 该区域其内的任何点都不会在凸包上, 故在对所有点进行线性扫视过程中可以舍弃不理。理想情况下, 只会剩下少量的点完整参与凸包算法的运行。

  这个技巧还可以用于二维以上的空间, 不过随着维度增加其效率会降低。

- 怎么确定点集的形状? —— 尽管凸包给出了形状的大致轮廓, 但与凹面相关的所有细节都丢失了, 例如本节"输入图例"中"m"的凸包其实很难与"w"的凸包区分开来。α形则是一种更具一般性的结构, 它通过设置合适的参数可以保留任意大小的凹面。关于α形的代码实现和相关文献将在节尾介绍。

Graham扫描是最流行的平面凸包算法, 它从凸包上的某个已知顶点p开始处理, 例如x坐标最小的那个点, 然后按绕p的角度值对其余点排序。我们从由p及与其转角最小点组成的部分凸包开始, 沿逆时针添加新点: 如果新点相对此前凸包边的转角小于180°, 则将此新点插入原凸包; 如果新点相对上一条的"暂定凸包边"的转角大于180°, 则须删除从上一条的

---

[1] 译者注: "facet"是计算几何中常用的一个概念, 译名众多, 有待商榷, 我们暂且将其翻译为"聚型面"。"facet"与"face"有所区别, 可参阅[TOG18]第15章。

"暂定凸包边"开始的一系列顶点链以保持凸性。算法总体时间开销为$O(n \log n)$, 因为其瓶颈在于按绕p角度值对其他点的排序步骤。

　　这种Graham扫描程序也可用于构建能够穿过点集中所有点的非自相交多边形(即简单多边形)。绕p对其他点排序, 但无需像凸包处理时那样去测试角度, 只需直接按转角顺序依次连接这些点即可获得一个没有自相交的多边形, 尽管它通常有许多难看的细长突起。

　　礼品裹包算法在二维情况下变得格外简单, 因为每个"聚型面"变成了一条边, 每条"边"变成了多边形的一个顶点, 于是"广度优先搜索"只是以顺时针或逆时针次序在包上移动而已。二维礼品裹包(也即所谓的Jarvis步进)算法的运行时间不超过$O(nh)$, 其中h是凸包顶点的数量。我建议还是尽量使用Graham扫描, 除非你事先已经知晓只有为数不多的几个点是最终的凸包顶点。

实现　　CGAL库(www.cgal.org)提供了二维、三维以及任意维数的各种类型凸包算法的C++实现。LEDA(见22.1.1节)提供的平面凸包C++实现也可作为备选。

　　Qhull[BDH97]是一个流行的低维凸包代码, 对于从二维到(大概)八维的情形进行了优化。它基于C编写, 同时可构造Delaunay三角剖分、Voronoi图、最远场址Voronoi图以及半空间相交。Qhull广泛用于各种科学问题, 且有一个维护得很好的网页http://www.qhull.org/。

　　O'Rourke在[O'R01]中提供了二维空间Graham扫描的稳健代码实现, 及三维空间凸包增量式算法的一个$O(n^2)$时间的代码实现。它们均有C和Java的代码可供选用, 具体可见22.1.9节。

　　Ken Clarkson的高维凸包代码Hull同样包含α形, 可参见http://www.netlib.org/voronoi/hull.html。

　　对高维相交半空间的顶点计数则需要与以上不同的代码。Avis的lhs(http://cgm.cs.mcgill.ca/~avis/C/lrs.html)给出了一个关于顶点计数/凸包问题的Avis-Fukuda逆向搜索算法实现, 它使用ANSI C编写, 在算术运算上具有稳健性。由于多面体是被隐式地遍历而不是显式地提前存储于内存中, 即使是输出规模量很高的问题有时也可能得到解决。

注释　　平面凸包在计算几何中的地位与排序在算法理论中一样。正如排序的功能那样, 凸包也是一个可以将很多不同算法变得高效甚至于性能最优的基元操作。快速凸包和凸包归并都是受排序算法启发的凸包算法实例[PS85]。例如11.2.4节中的抛物线上的点就是一种简单的构建, 它将排序归约为凸包, 因此排序的信息论下界表明计算平面凸包得用$\Omega(n \log n)$时间。此外, [Yao81]这篇论文给出了更强的下界。

　　关于Graham扫描[Gra72]和Jarvis步进[Jar73]的精彩阐述, 可参阅[dBvKOS08, CLRS09, O'R01, PS85]。最优平面凸包算法[KS86]耗时只需$O(n \log h)$, 其中h是凸包顶点的数量, 而Graham扫描算法和礼品裹包算法的"最佳性能称号"则被该算法抢走。在[BIK+04]中, 平面凸包无需借助额外内存, 即可完成高效的**就地**(in-place)计算。Seidel[Sei18]对于凸包算法及变种, 尤其是高维情形, 给出了极佳的综述。

　　拓扑学是一门研究形状的学科。Edelsbrunner和Harar的[EH10]是一本计算拓扑导论读物。在[EKS83]中所提出的α包给出了点集形状这个有用的概念, [EM94]则对α形给出了一种三维推广以及相关实现。

用于构建凸包的逆向搜索算法在高维中非常有效[AF96]。通过一个巧妙构造的提升映射 (lifting-map)[ES86]，在d维空间构造Voronoi图的问题可归约为在$d+1$维空间构建凸包，更多细节可参见20.4节。

凸包维护的动态算法其实是特定数据结构中的若干操作：该类数据结构允许随意插入和删除几何点，而这些动态算法能让数据结构永远对应着当前的凸包。Jacob和Brodal将此类操作的开销降低到了对数分摊时间[JB19]。

（相关问题） 排序(17.1节)；Voronoi图(20.4节)。

20.3 三角剖分

（输入） 点集、多边形或多面体。

（问题） 将点集内部划分为三角形(多面体的处理则是高维剖分)。

三角剖分的输入和输出图例如图20.3所示。

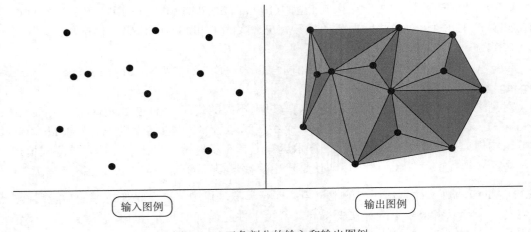

输入图例   输出图例

图 20.3 三角剖分的输入和输出图例

（讨论） 在处理复杂几何对象的过程中，较好的做法是先将它们分解成简单的几何对象。由于最简单的几何对象是二维空间里的三角形，所以三角剖分便成了计算几何中的基元操作。三角剖分的经典应用包括有限元分析和计算机图形学。

实际上，三角剖分还有个特别有意思的应用，那就是曲面插值。假设我们在许多点位对某座山脉的高度进行了采样，并按(x, y, z)坐标形式存储，怎样才能据此估算出水平面上任意点$q = (x', y')$处的山脉高度h_q呢？我们可先将采样点全部投影到水平面上；然后对投影点集进行三角剖分，由此将采样点所投出的"面"分割成三角形；继而在包含q的三角形上，基于三角形的三个顶点对应高度(z坐标)进行插值从而估计出点q处对应的山脉高度。实际上，三角剖分和相关的高度值还可以进一步定出适合图形绘制的山脉表面。

平面上构造三角剖分是通过在顶点之间添加不相交的弦直到无法再加为止。在三角剖分中会出现的议题包括：

- 你在对一个点集还是多边形进行三角剖分? —— 我们通常会有一个需要进行三角剖分的点集, 就像前文所讨论的曲面插值问题一样。而想要剖分得先构造点集的凸包, 然后才能定出"内部"进而将其划分为三角形。

  最简单的 $O(n \log n)$ 时间算法如下: 首先对所有点依照 x 坐标排序, 然后将它们按照4.1节所介绍的凸包算法从左到右插入, 通过对每个刚刚从凸包中去掉的点添加一条弦以构建三角剖分。

- 三角剖分所得三角形的形状重要吗? —— 通常有很多不同的方式将你的输入数据剖分为三角形。考虑由平面上凸多边形顶点的 n 个位置所构成的点集, 对它们进行三角剖分最简单的方法是从第一个点到其余 $n-1$ 个点添加扇形对角线, 但这样得出的三角形势必会又窄又长。

  许多应用程序得极力规避细长的三角剖分, 也就是说要使三角剖分中尽量避免出现小角度。一种思路是采用点集的Delaunay三角剖分, 它在所有可能的三角剖分中寻求最小角度值的最大化。但是Delaunay三角剖分并不能完全满足我们的期望, 不过已非常接近我们的目标, 况且这种三角剖分还具有足够多的其他有用属性, 这使其成为高质量三角剖分的最佳选择。此外, 使用本节"实现"版块所介绍的实现方法, 可在 $O(n \log n)$ 时间内完成其构造。

- 我如何改进给定三角剖分的形状? —— 任何三角剖分的每条内部边都由两个三角形共享。于是这两个三角形的四个点所呈现的要么是一个凸四边形, 要么是一个三角形(相当于某个角被"吞掉"了)。凸形的妙处在于, 将其内部边换成连接另外两个顶点的弦, 就会得到一个新的三角剖分。

  这给了我们一种局部"边翻转"操作, 它能够改变而且有可能改进一个给定的三角剖分。实际上, 通过去除"瘦"三角形直到无法通过局部翻转来改进, 便能基于任意的初始三角剖分构造出一个Delaunay三角剖分。

- 我们在哪种维数处理问题? —— 三维问题通常比二维问题更复杂。三角剖分的三维推广实际上是通过添加不相交的面将给定空间分割为若干四面体(它具备四个顶点)。一个关键的难点在于, 我们没有办法在不额外添加顶点的情况下将某个多面体内部进行"四面体剖分"。此外, 判定这种"四面体化"(tetrahedralization)是否存在其实是个NP完全问题, 因此我们应该放手去添加额外的顶点来简化该问题。

- 输入有何约束? —— 当对多边形或多面体进行三角剖分时, 我们只能添加不与任何聚型面边界相交的弦。更一般地, 我们还可能遇到一些其他障碍或约束, 而所插入的弦不得与其相交。最好的此类三角剖分则是**约束**Delaunay三角剖分, 其相关代码可查阅本节"实现"版块。

- 是否允许额外添加点或对输入顶点加以挪动? —— 当三角形的形状很重要时, 有策略地向数据集添加少量额外的"Steiner点", 从而促进某类三角剖分(比如不存在小角度)的构建, 这是比较值得的。如前文所述, 你必须添加Steiner点才能完成某些多面体的三角剖分工作。

要在线性时间内完成对凸多边形的三角剖分, 只需选取任意起始顶点 v, 并从 v 向多边形中其他各顶点插入弦以形成扇形。只因多边形是凸的, 我们才能确信其边界不会与这些弦相交。用于一般多边形三角剖分最简单的算法需逐个测试 $O(n^2)$ 条可能满足条件的弦, 并且仅插入那些不与边界或先前插入弦相交的弦。目前存在若干$O(n \log n)$时间但较为实用的算法, 也有理论意义下[1]的线性时间算法, 详情请见本节"实现"版块和"注释"版块。

实现　Jonathan Shewchuk开发的Triangle是一款获得过数值软件奖的C语言代码,[2] 它能生成Delaunay三角剖分、约束Delaunay三角剖分(必须存在某些边)以及"良好"Delaunay三角剖分(不存在小角度情况, 处理方案是额外添加点)。它被广泛地应用在有限元分析中, 具有快速和稳健的特点。如果需要二维三角剖分的代码, 我自己最先会去尝试的就是Triangle。可以在https://www.cs.cmu.edu/~quake/triangle.html上找到它。

　　Fortune所编写的sweep2是一个求解二维情况下Voronoi图和Delaunay三角剖分的C语言代码, 它被广泛使用。如果你所需的只是平面上点的Delaunay三角剖分, 这个代码使用起来会比较方便。sweep2基于Voronoi图的Fortune扫线算法[For87]实现, 它可从Netlib(见22.1.4节)下载, 网址为https://www.netlib.org/voronoi/。

　　TetGen(http://wias-berlin.de/software/tetgen/)应该算是对三维多面体进行四面体剖分的首选软件[Si15]。CGAL(www.cgal.org)和LEDA(参见22.1.1节)皆提供二维和三维情况下各种三角剖分算法的C++实现, 包括约束Delaunay三角剖分和最远场址Delaunay三角剖分。

　　高维Delaunay三角剖分是高维凸包的特例。Qhull[BDH97]是一个流行的低维凸包代码, 对于从二维到(大概)八维的情形进行了优化。它基于C编写, 同时可构造Delaunay三角剖分、Voronoi图、最远场址Voronoi图以及半空间相交。Qhull广泛用于各种科学问题, 且有一个维护得很好的网页http://www.qhull.org/。另一个可选方案是Ken Clarkson的高维凸包代码Hull, 可参见http://www.netlib.org/voronoi/hull.html。

注释　Chazelle给出了对简单多边形进行三角剖分的线性时间算法[Cha91], 由于三角剖分是许多其他几何算法的瓶颈, 因此该算法在提出时被认为是一个重要的理论结果。然而, Chazelle算法的实现完全无望, 其作用更像是一个存在性证明, 不过现在有了一个稍微简单的随机化算法[AGR01]。多边形三角剖分的首个$O(n \log n)$算法由[GJPT78]给出, 随后出现了Tarjan和van Wyk所给出的$O(n \log \log n)$算法[TW88](在Chazelle算法之前提出)。Bern等给出了关于多边形和点集其三角剖分的综述[BSA18]。

　　关于Delaunay三角剖分和高质量网格生成的著作包括[AKL13, SDC16]。国际网格圆桌会议是为那些对网格和网格生成感兴趣的人而举办的年会。关于网格生成的精彩综述包括[Ber02, Ede06]。

　　单调多边形的线性时间三角剖分算法早已问世[GJPT78], 且已成为简单多边形三角剖分算法的基础。称一个多边形是单调的, 如果存在一个方向d使得任意具有d这种斜率的直线与该多边形至多相交于两点。

　　追求所用弦其总长度最小化的这类最优三角剖分得到了比较深入的研究。构造这种最小权重三角剖分的计算复杂性问题因被Rote证明为NP完全问题[MR06]而告解决, 此后人们的兴趣开始转向能够证明其性能良好的那类近似算法[RW18]。此外, 使用动态规划可在$O(n^3)$时间内找到凸多边形的最小权重三角剖分。

---

[1] 译者注: 言外之意是实际性能未必很好。

[2] 译者注: 曾获2003年J. H. Wilkinson奖。

相关问题 Voronoi图(20.4节); 多边形划分(20.11节)。

20.4 Voronoi图

输入 点$p_1, \cdots, p_n$所组成的集合S。

问题 将空间分解成区域, 使p_i所在区域中的所有点离p_i比离S中其他任何点都要近。[1]
Voronoi图的输入和输出图例如图20.4所示。

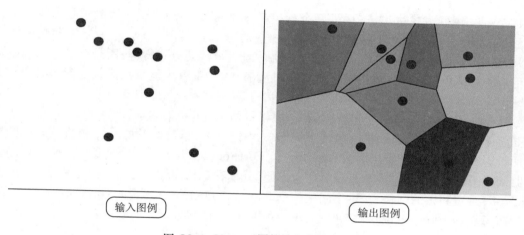

输入图例   输出图例

图 20.4 Voronoi图的输入和输出图例

讨论 Voronoi图表示给定点集S中每个"场址"附近的影响范围。[2] 例如这些点若是代表麦当劳餐厅的位置, 则Voronoi图$V(S)$将空间划分成了各餐厅的配送区域。对于居住在某配送区域的所有人, 想要买到巨无霸的最近位置正是界定该配送区的那个麦当劳餐厅。

Voronoi图可以说是有着海量的应用场景:

- 最近邻搜索 —— 要从所给点集S中找出待查点q的最近邻, 只需确定$V(S)$中哪个单元包含q即可, 更多细节见20.5节。
- 选址问题 —— 假设麦当劳想再开一家餐厅。为了尽量减少对现有麦当劳餐厅的干扰, 选址应该尽可能远离附近的餐厅。所选位置必然只能在Voronoi顶点中去挑, 因此我们能够通过搜索Voronoi顶点以线性时间获得选址。[3]
- 最大空圆 —— 假如你想找一大整片未开发的土地来建造工厂, 麦当劳选址的原理同样适用于规避附近其他设施点, 也即工厂应尽可能远离任何影响其收益的场所。

---

[1] 译者注: 准确地说, 应该是划分成n个区域/单元, 每个点p_i各居其一$(1 \leqslant i \leqslant n)$。为了区分其他点, 我们一般将$S$中的$p_i$称为"场址"(site), 它也可翻译为"基点"。
[2] 译者注: 阅读时请仔细区分"点"(一般是普通几何点)、"场址"(site)以及后文中即将出现的"顶点"(vertex)。
[3] 译者注: 此处的"选址"方案仅用于帮助读者理解, 实际问题较为复杂。划分区域之后, 各个区域的(多边形)顶点称为Voronoi顶点(刚好与若干基点等距), 可以证明这些顶点的数量为$O(n)$。请注意, 我们需要在城区范围选出新址, 其位置离原有餐厅也不能太远(极端的例子是无限远), 因此遍寻所有的Voronoi顶点则是比较好的方案。

Voronoi顶点则可定出在这些应规避的设施点之间最大空圆(largest empty circle)的
中心/圆心。

- 路径规划 —— 如果S中的位置分别对应我们想回避的若干障碍物其中心，基于
  S的Voronoi图$V(S)$中的区域边界(称为"边")可定出一种能够最大化与"两侧"障碍
  物距离的通道，前提是该问题有解。因此，位于障碍物中间"最安全"的路径得沿着
  Voronoi图中的边来设定。

- 优质三角剖分 —— 在对点集进行三角剖分时，我们通常会寻找漂亮匀称的三角形
  而避开存在小角度或形状窄细的那些三角形。Delaunay三角剖分在所有三角剖分中
  寻求最小角度值的最大化，而它可作为Voronoi图的对偶问题来构造，详见20.3节。

Voronoi图的每条边都是S中的两个点其连线垂直平分线的一段，因为正是这些线从各
点之间划分了平面。概念上最简单的Voronoi图构建方法是随机增量式构造法：将新的场址
p添加进来，先确定包含p的单元，再通过添加垂直平分线的方式将p与所有会影响到区域划
分更新的场址全部分开。如果新场址以随机次序插入，很有可能每次插入只会影响到较少
区域。

然而Fortune扫线算法才是首选构造方案，特别是现在其稳健实现已经随手可得。该算
法先将平面中各个场址分别映射(也可视为一种投影)为三维椭圆抛物面，再将这些椭圆抛
物面投影回平面后便能给出所需Voronoi图。Fortune算法有如下三个优点：其$\Theta(n \log n)$运
行时间是最优的；代码实现起来相对比较方便；我们在扫视过程中无需存储全图。

$d+1$维空间中的凸包和d维空间中的Delaunay三角剖分(或等价的Voronoi图)之间存在
着很有意思的关联。先将d维空间中的每个场址(基点)投影到$d+1$维上：

$$(x_1, x_2, \cdots, x_d) \longrightarrow (x_1, x_2, \cdots, x_d, \sum_{i=1}^{d} x_i^2)$$

再取$d+1$维空间中投影所得点集的凸包，最后将其投影回d维空间，即可得到Delaunay三角
剖分。本节"注释"版块中会给出讨论其细节的相关论文，不管你是否研读，你其实都应该知
道这种方案给出了高维空间中构造Voronoi图的最佳方式。此外，计算高维凸包的程序实现
可参阅20.2节。

实际中会出现标准Voronoi图的很多重要变种：

- 非欧距离度量 —— 回想一下，Voronoi图将空间分解为每个给定场址周围所能影
  响到的区域。我们一般采用欧氏距离度量进而可确定影响范围，但欧氏距离有时
  并不适用：开车去麦当劳的时间基本上取决于主路的布局。关于在其他度量下构建
  Voronoi图的问题，目前已有不少各式各样的高效算法。

- 功率图 —— 此类结构将空间分解为场址附近的影响区域，其中不再假设各个场址
  的功率相同。想象一张无线电基站地图，各基站在某个给定频率下工作。基站的影
  响区域会同时依赖于发射机的功率和相邻发射机的位置/功率。

- k阶Voronoi图和最远场址Voronoi图 —— Voronoi图考虑距离最近的点，而我们可
  以进一步思考如何将空间分解为具有某些共性的区域。k阶Voronoi图的一个单元会
  对应S中的某个k元子集，该单元中的所有点共享这些场址，也即距离任意点最近的

k个场址刚好构成了该子集。[1] 在最远场址Voronoi图中，某个特定区域内的任意点会共同将S中同一个场址作为最远基点。这些结构上的点定位(见20.7节)可允许针对合适的点进行快速检索。

(实现) Fortune所编写的sweep2是一个求解二维情况下Voronoi图和Delaunay三角剖分的C语言代码，它已被广泛使用。如果你所需的只是平面上点的Delaunay三角剖分，这份代码使用起来会比较方便。sweep2基于Voronoi图的Fortune扫线算法[For87]实现，可从Netlib(见22.1.4节)下载，其网址为https://www.netlib.org/voronoi/。

CGAL(www.cgal.org)和LEDA(见22.1.1节)都针对二维和三维空间中Voronoi图和Delaunay三角剖分各式各样的算法提供了C++实现。

高维和最远场址Voronoi图可作为高维凸包的特例进行构造。Qhull[BDH97]是一个流行的低维凸包代码，对于从二维到(大概)八维的情形进行了优化。它基于C编写，可构造Delaunay三角剖分、Voronoi图、最远场址Voronoi图以及半空间相交。Qhull广泛用于各种科学问题，且有一个维护得很好的网页http://www.qhull.org/。另一个可选方案是Ken Clarkson的高维凸包代码Hull，可在http://www.netlib.org/voronoi/hull.html找到。

(注释) 早在1850年，Dirichlet就曾研究过Voronoi图，故而Voronoi图有时也被称为Dirichlet镶嵌。如今它以G. Voronoi的姓氏命名，是因为他在1908年的一篇论文中讨论过这个概念。在数学领域中，新概念往往以其最后一位发现者而命名。

[AKL13, OBSC00]这两本书都对Voronoi图及其应用给出了较为完整的讲解。Fortune给出的精彩综述[For18]涵盖了Voronoi图及其相关变种(例如功率图)。构建Voronoi图的首个$O(n \log n)$算法以分治法为基础，由Shamos和Hoey[SH75]提出。至于Fortune扫线算法[For87]以及Delaunay三角剖分与$d+1$维凸包的关系[ES86]，其精彩讲解可参阅[dBvKOS08, O'R01]。

在k阶Voronoi图中，我们将平面进行划分使得一个区域内的每个点都离同一个子集(由k个场址所构成)比较近。使用[ES86]中的算法，所有满足要求的k阶Voronoi图可在$O(n^3)$时间内构造完成。若在这种结构上进行点定位，待查点的k个最近邻可以在$O(k + \log n)$时间内找到。有关k阶Voronoi图的讲解可参阅[O'R01, PS85]。

(相关问题) 最近邻搜索(20.5节)；点定位(20.7节)；三角剖分(20.3节)。

20.5 最近邻搜索

(输入) d维空间中的n个点构成的集合S，待查点q。

(问题) S中的哪个点距离q最近？

最近邻搜索的输入和输出图例如图20.5所示。

---

[1] 译者注：该子集实际上是"k近邻"。如果换用该术语，这句可表述为"也即单元中任意点的k近邻恰好定义了该子集"。

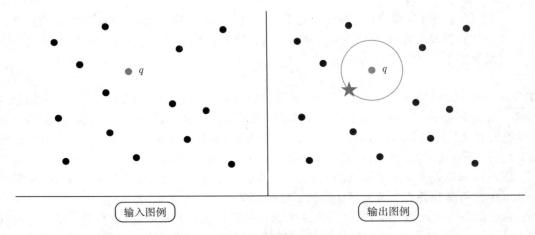

输入图例   输出图例

图 20.5 最近邻搜索的输入和输出图例

讨论 在很多几何应用问题中都需要快速寻找给定点的**最近邻**(the nearest neighbor)。一个经典例子则是设计用来调度应急车辆到火灾现场的系统。调度员一旦了解火灾位置后,他或她就会借助地图来判识距离该点最近的消防站,从而最大限度地减少交通延误。这种情况同样发生在任何需要将消费者对应到特定服务供应商的那类应用中。

最近邻搜索在分类问题中也很重要。假设我们得到一组关于选民的数值数据(比如年龄、身高、体重、受教育年限和收入水平),其中每个人都已标注了"民主党人"或"共和党人"。我们希望设计一个分类器能够预测新选民可能支持的党派。数据集之中的每个人都可用d维空间中一个标明党派的点来表示。若是通过对新加入点分配与其最近邻相同的党派属性,便可构建一个简单的选民分类器。

这样的最近邻分类器应用很广,它通常处理的是高维空间数据。图像压缩的矢量量化方法将一幅图像划分为8×8的像素区域。此种方法会使用一个由数千个8×8像素块构成的预设定库,将图像中的每一个像素区域替换成最为相似的像素块。最相似的像素块是最接近图像目标区域的一个64维空间点。仅需存储该像素块的12位库标识符而非完整的64个像素值即可实现压缩,其代价是图像保真度略有损失。

最近邻搜索中会遇到的议题包括:

- 你需要搜索多少个点? —— 如果数据集只包含很少的点(比如点数$n \leqslant 100$),或者只需要执行少量检索时,最简单的方法就是最好的。将待查点q与n个数据点逐一进行比较即可。只有当在大规模点集上需要快速检索时才值得考虑更复杂的方法。
- 你在哪种维数处理问题? —— 随着维度增加,最近邻搜索会变得越来越困难。15.6节所介绍的k维树这种数据结构在一般维数的空间中表现颇佳,但是当维数增加到20后,k维树查找几乎退化为对所有数据点的线性查找。高维空间中的搜索之所以会出现维数越高越困难的现象,其原因在于随着维数增加,相对于超立方体而言半径为r的"球"(代表着距中心不超过r的所有点)能填满的"体积"会越来越小。事实上我们可以得出这种结论:任何基于将点划分为封闭体的数据结构其效果都会变得越来越差。球树(balltree)则是一种基于球体的数据结构,相对而言在高维情况下的表现会比k维树更好。

在二维情况下, Voronoi图(见20.4节)为最近邻搜索提供了一种高效的数据结构。场址点集的Voronoi图将平面分解成若干区域, 包含数据点p的单元其中所有点与p的距离小于与S中其他任何"场址"的距离。寻找待查点q的最近邻可以归结为鉴别哪个Voronoi图单元包含q, 只需报出与该单元相关联的数据点即可。尽管Voronoi图可在更高维度构造, 但其规模会迅速增长到完全无法可用的程度。

- 你真的需要一个精确意义下的最近邻吗? —— 在维度很高的空间寻找某个点绝对准确的最近邻非常困难, 事实上你怎么做也许都没法超过线性查找(蛮力法), 但有些算法/启发式方法可以非常快地给出一个与待查点相当接近的邻点。

有种重要的技术叫维数约减: 对于特定的$\epsilon > 0$, 将d维空间中任意n个点所组成的集合映射到$d' = O(\log n/\epsilon^2)$维空间中, 并满足低维空间中与其最近邻的距离不超出原始点实际与其最近邻距离的$1 + \epsilon$倍, 满足以上条件的这种投影是存在的。将所有点投影到d'个随机的超平面上(也即d'次维数约减), 就能相对较好地解决该问题。

另外一个想法是在搜索你的数据结构时适当引入随机化。一个k维树结构可以高效搜索包含待查点q的单元——而此单元的边界点都是最近邻的最佳候选。现在假设我们搜索点q', 它是对点q进行少许随机扰动而得到的。q'应该处于一个不同的单元但是还在附近, 而这个单元的边界点中或许会有一个更靠近q。重复此类随机搜索可为我们提供一种相当有效的方案, 只要愿意花费足够多的时间去计算, 我们就有可能改进最终解。

- 你的数据集是静态还是动态的? —— 在你的应用程序中会出现偶然插入或删除新的数据点吗? 如果此类情形并不多见, 则每次从头开始重建数据结构可能是值得的; 如果此类情形频繁出现, 请选择支持插入和删除操作的k维树。

n个点构成的集合S其**最近邻构图**(nearest-neighbor graph)会将每一个点(同时也是图中的顶点)连到与其最近的邻点。这种图实际是Delaunay三角剖分的一个子图, 因此可在$O(n \log n)$时间内构造完成。这其实相当划算, 因为仅仅在S中寻找最近的点对就要花费$\Theta(n \log n)$的时间。

一维的最近点对问题可归约为排序问题, 并可证明其下界。由于一维的最近点对实际上是彼此相邻的两个数字, 故在排序后我们只需检查$n - 1$次相邻数对之间的间隔并找出最小值即可。极端情况下最近点对相隔距离为零, 这意味着数据中存在重复元素。

实现 ANN是一个可在任意高维空间中进行精确或近似最近邻搜索的C++库, 可在维数上限大约为20的空间中高效处理成百上千的点。ANN支持所有l_p距离范数, 包括欧氏距离和Manhattan距离。ANN的网址是https://www.cs.umd.edu/~mount/ANN/, 这是我处理最近邻搜索问题的首选代码。

Annoy项目(Approximate Nearest Neighbors Oh Yeah)由Spotify创建, 这是一个具备Python绑定(Python bingdings)功能的C++库, 其下载地址见https://github.com/spotify/annoy。它基于随机投影树, 旨在支持共享相同数据的并行进程。我的学生们对以Python语言实现的最近邻搜索程序sklearn.neighbors.BallTree非常信任。

Samet个人主页中的空间索引(spatial index)演示(http://donar.umiacs.umd.edu/quadtree/)提供了一系列Java小应用程序(Applet), 形象地展示了k维树的很多变种, 与其专著[Sam06]相辅相成。KDTREE 2包含k维树的C++和Fortran 95实现, 可在多种维数情况下高效寻找最近邻, 详见https://arxiv.org/abs/physics/0408067。

20.4节较为全面地搜集了Voronoi图的各种代码实现。特别是CGAL(www.cgal.org)和LEDA(参见22.1.1节)均提供了Voronoi图的C++实现代码，此外还包含平面点定位的实现，可对其有效加以利用来完成最近邻搜索。

注释　在过去的20年里，高维空间中的近似最近邻搜索一直是个非常活跃的研究领域，其近期成果便为诸多距离度量提供了通用框架[ANN+18]。Andoni和Indyk[AI08, AIR18]驾轻就熟地对高维空间中基于**远近敏感型散列**(Locality-Sensitive Hashing, LSH)和随机投影方法的近似最近邻搜索其最新结果给出了综述。理论分析和实验结果[BM01, ML14, WSSJ14]皆表明，这些方法能够实现较小的距离偏差。

Arya和Mount的近似最近邻搜索代码ANN[AM93, AMN+98]的底层理论支撑有一些不同：该方案基于数据集构建稀疏加权图结构，起始任选随机点再以贪心策略在图中朝待查点靠拢从而找出最近邻，通常会基于若干次随机实验结果(多次运行程序而得)并以其中最近的那个点选为最终结果。此外，使用类似的方法有望解决高维空间的其他问题。最近邻搜索是第5届DIMACS算法实现挑战赛的一个主题，相关技术报告见[GJM02]。

Samet的[Sam06]是关于k维树和其他空间数据结构的最佳参考资料，其中对这些空间数据结构所有主要的变种以及很多不是特别重要的变种都给出了极为详尽的讲解。此外，Samet所写的一个综述(相对较短)[Sam05]也可作为参考。对待查点进行随机扰动的技术归功于[Pan06]。

关于寻找平面上的最近点对[BS76]，[CLRS09, Man89]都给出了详细讲解。其中所给的算法基于分治策略设计，而不是从Delaunay三角剖分中直接选择。

相关问题　k维树(15.6节)；Voronoi图(20.4节)；范围搜索(20.6节)。

20.6　范围搜索

输入　d维空间中的n元点集S和待查区域Q。

问题　S中有哪些点位于Q之内？

范围搜索的输入和输出图例如图20.6所示。

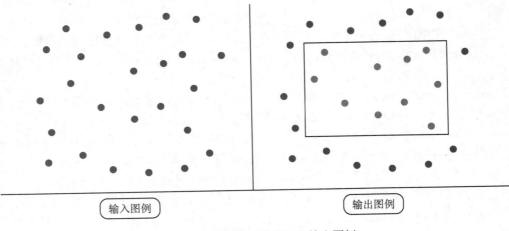

图 **20.6**　范围搜索的输入和输出图例

讨论 范围搜索问题常见于数据库和地理信息系统(GIS)等应用。具有d个数值字段的数据项, 比如由身高、体重和收入所描述的那个人可被建模为d维空间中的点。**范围检索**(range query)要求找出在给定空间区域中的所有点(或其数目)。例如若要找出所有收入为0~20 000美元、身高在6~7英尺、体重在50~150磅的人, 这便定义了一个盒状区域, 其中所包含的都是钱包空瘪且身材瘦削的人。

范围搜索的难度取决于以下几个因素:

- 你想要执行多少次范围检索? —— 最简单的范围搜索方法是针对待查多边形Q逐个测试所有n个点, 该方案在检索次数较少时效果不错。检测某点是否在已知多边形内的算法将在20.7节给出。

- 待查多边形是什么形状? —— 最容易实施检索的区域无疑是**轴平行矩形**(axis-parallel rectangle), 因为其"内—外"检测可简化为查看每一个坐标是否都在指定范围内。节首的输出图例展示了此类正交范围检索。

  当基于非凸多边形检索时, 有必要先将多边形划分为凸片, 当然最好是分为三角形, 再针对每个凸片给出所求点集。由于对一个点是否位于某个凸多边形之内的测试非常快速, 所以这种方法很有效。此类凸分解算法将在20.11节讨论。

- 维数有多高? —— 范围检索的一般方法是在点集上构建一个k维树(见15.6节), 我们针对待查点执行k维树深度优先遍历, 一棵树结点只有当对应的矩形和待查区域相交时才会予以扩展。对于较为庞大或者不太规整的待查区域, 我们可能需要遍历整棵树, 但是一般来说k维树可以给出高效的求解。虽然目前已有在最坏情况下性能更强的二维空间算法, 不过k维树在平面上已经完全够用了。事实上在维数更高的空间中, k维树是此类问题唯一可行的求解方案。

- 你的点集是静态的, 还是有可能进行插入或删除? —— 解决范围搜索和大量其他几何搜索问题的一种实用性方法是基于Delaunay三角剖分。Delaunay三角剖分将任意点p与它附近的点以边相连, 其中也自然包括p的最近邻。为了实施范围检索, 我们首先通过平面点定位(见20.7节)快速找出在检索范围内的一个三角形, 随后围绕这个三角形所对应的顶点进行深度优先搜索, 若是访问了一个点其距离太远而对未发现的邻点没什么作用时就予以剪枝。显然这种算法是高效的, 因为访问过的顶点总数与待查区域内的点数大致上成比例。

  这个方法特别棒的地方在于, 在插入或删除一个点后对Delaunay三角剖分进行"修复"相对比较容易, 采用"边翻转"操作即可, 更多细节可参阅20.3节。

- 我仅仅只需统计区域内的点数, 还是我必须找出它们? —— 通常我们只需对区域中的点计数即可, 而无需实实在在地输出它们。回到本节开始所提到的那个例子, 我们想知道的可能只是该区域的人究竟偏向于瘦还是胖(穷还是富)。此外, 实际问题中常常需要在空间中寻找最密的区域或最空的区域, 它也可用此类计数型范围检索来求解。

  一种能高效解决此类聚合范围检索的优良数据结构是基于点集的强弱关系而构建。若二维点v位于二维点u的左下方, 则称点v弱于点u, 也即点u强于点v。[1] 不妨以函数$D(p)$统计S中弱于二维点$p = (x, y)$的那些点的个数, 那么$x_{\min} \leqslant x \leqslant x_{\max}$且

---

[1] 译者注: 若存在坐标值相同的情况可基于字典序处理, 例如先对比x坐标再对比y坐标。

$y_{\min} \leqslant y \leqslant y_{\max}$ 这种条件所定义的长方形其中的点数 m 可由下式给出(我们将 D 表述为二维分量形式):

$$m = D(x_{\max}, y_{\max}) - D(x_{\max}, y_{\min}) - D(x_{\min}, y_{\max}) + D(x_{\min}, y_{\min})$$

该公式中最后一个加法项是对那些被减去两次的左下角点集所进行的修正。

若是过 S 中的 n 个点各画一条水平线和一条竖直线, 则可将空间划分为 n^2 个矩形。[1] 易知任何一个矩形内部的所有点相对于矩形左下角顶点与右上角顶点而言都具有相同的强弱关系,[2] 因此对于各个矩形内的任意待查点 p, 只需预先计算和存储 S 中不强于该矩形左下角顶点的点数并在需要时直接报出即可, 于是范围检索可由此简化为二分查找且仅需 $O(\log n)$ 时间。这种数据结构需占用平方空间, 虽然开销较大, 但是这个想法可以进一步完善, 也就是使用 k 维树来创建更省空间的搜索结构。

(实现)　CGAL(www.cgal.org)和LEDA(见19.1.1节)使用一个动态Delaunay三角剖分数据结构以支持圆形范围检索、三角形范围检索以及正交范围检索操作。CGAL和LEDA同时也提供范围树的数据结构实现, 且该数据结构支持 $O(k + \log^2 n)$ 时间内的正交范围检索, 其中 k 是待查矩形范围内点的个数, 而此处的 n 其实可以体现区域划分的复杂程度。

　　ANN是一个可在任意高维空间中进行精确或近似最近邻搜索的C++库, 可在维数上限大约为20的空间中高效处理成百上千的点。ANN支持所有 l_p 距离范数上的固定半径最近邻搜索, 可分别用于实现 l_2 和 l_1 范数下的近似圆形范围检索和正交范围检索。ANN的网址为 https://www.cs.umd.edu/~mount/ANN/。

　　Annoy项目(Approximate Nearest Neighbors Oh Yeah)由Spotify创建, 这是一个具备Python绑定(Python bindings)功能的C++库, 其下载地址见https://github.com/spotify/annoy。它基于随机投影树, 旨在支持共享相同数据的并行进程。最近邻搜索与圆形范围搜索密切相关, 这是因为围绕某点的最大空圆可定出该点的最近邻。

(注释)　对于正交范围搜索[Wil85]其最坏情况下能取得 $O(\log n + k)$ 性能的数据结构以及 k 维树, [dBvKOS08, PS85]给出了较好的讲解。k 维树最坏情况下的性能非常糟糕: [LW77]描述了一种二维算例, 对此 k 维树需要 $O(\sqrt{n})$ 时间才能确定一个矩形为空。在计算机字RAM模型下存在更快的范围搜索和计数结构[CLP11, CW16]。Sun和Blelloch在[SB19]中给出了串行和并行范围搜索算法的实验结果。

　　对于检索范围不是轴对齐(也即轴平行)矩形的所谓"非正交范围检索", 问题变得尤为困难。对于半平面相交查询, $O(\log n)$ 时间和线性量级的空间就已足够[CGL85]; 而若是处理一般的单纯形待查区域(例如平面上的三角形)范围搜索问题, 相关理论下界已明确了最坏情况下的高效数据结构绝无可能出现。Agrawal对此给出了综述和讨论[Aga18]。

(相关问题)　k 维树(15.6节); 点定位(20.7节)。

---

[1] 译者注: 此处的划分比较简单, k 维树更为复杂。另外这里的空间限制在弱于 S 中最强点的范围内, 也即按照水平向左和竖直向下画线。

[2] 译者注: 矩形内部的任意点都弱于矩形右上角顶点且强于矩形左下角顶点。

20.7 点定位

⟨输入⟩ 平面的一种多边形区域分解, 以及待查点q。

⟨问题⟩ 哪个区域包含了待查点q?

点定位的输入和输出图例如图20.7所示。

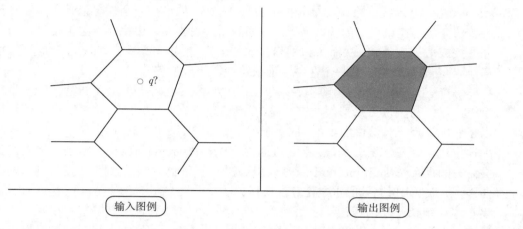

图 20.7 点定位的输入和输出图例

⟨讨论⟩ 通常而言, 稍微复杂一点的几何问题其求解都离不开点定位。在警力调度系统这个典型问题中, 城市会被划分为不同的辖区或区域。给定一张区域地图和一个待查点(犯罪现场), 系统必须识别出哪个区域包含该点, 而这正是平面点定位问题。它的相关变种包括:

- 待查点在多边形P的内部还是外部? —— 点定位的最简单情形只涉及两个区域, 即P的内部和P的外部, 我们需要回答究竟是哪个区域包含待查点。若是所处理的多边形有很多狭窄且弯弯绕绕的地方, 仅仅通过观察来判定会相当困难。无论通过肉眼还是机器来处理这件事, 其要诀在于: 从待查点出发画一条射线直到超出多边形的最远范围。统计射线穿过P中边的次数, 当且仅当其为奇数时待查点位于此多边形内部。如果射线命中顶点而不是穿过边, 这种退化情形要不要统计在内? 只要联系上下文就能轻松给出答案, 因为我们所关心的是射线有几次穿越了P的"边界"。测试n条边中的每一条是否与给定射线相交需要$O(n)$时间, 而基于二分查找可设计出更快的算法来处理凸多边形情况, 仅需$O(\log n)$时间。

- 将会执行多少次搜索? —— 对于所给定的平面子区划分(subdivision),[1] 我们可以逐区域地判别待查点是否包含其中, 但是多次执行这种搜索未免过于费事。在平面已有子区划分之上构建网格或树状数据结构, 会更有利于让我们快速接近要找的那个区域。下文会详细讨论此类搜索结构。

- 你所处理的子区划分形态究竟有多复杂? —— 当划分中的区域非凸多边形时, 需要进行更为复杂的"内—外"判定。但若是先对所有多边形区域进行三角剖分, 则每次

---

[1] 译者注: 平面的"子区划分"一般由多条直线引出。

"内—外"判定将简化为确定一个点是否包含于某个三角形中。这种判定实现起来相当快速和简洁，只是额外多花一点时间记录与每个三角形相关的区域名称即可。此外还有个好处，所处理的区域越小，网格或树状的超结构就很可能表现得越好。不过请注意避免像20.3节所描述的那种又长又窄的三角形。

- 划分区域的大小与形状有多规整？ —— 当划分所得三角形的大小和形状大致相同时，最简单的点定位方法是在整个子区域上覆盖一个由水平线和垂直线构成的规则 $k \times k$ 网格。对这些 k^2 个矩形单元格中的每一个，我们维护一个列表记录所有那些至少部分包含在该矩形内的区域。在这样的所谓网格文件中执行点定位搜索可用二分查找或散列表查找，从而可识别出包含待查点 q 的矩形，然后我们在查询结果(矩形)所对应的列表中搜索每个区域从而最终找出正确的答案。

  只要每个三角形区域仅与相对较少的矩形有重叠(因此可最小化存储空间)，而且每个矩形仅仅与少量三角形区域有重叠(因此可最小化搜索时间)，这类网格文件都可以很好地处理。算法性能如何，取决于你所处理的划分其规整性。可依据区域的实际摆位适当调整水平分隔线，不必遵循规则网格排布，从而获得一定的灵活性。下文讨论的**板条法**(slab method)就是该想法的一个变种，它会用到平方量级的空间存储，不过却能确保高效的点定位算法实现。

- 你在哪种维数处理问题？ —— 在三维或更高维度中，k 维树的某些特点使其基本可以称得上是点定位方法的首选。平面子区划分若是极不规整，网格文件则难以施展功效，而此时就只能选用 k 维树了。

  15.6节所介绍的 k 维树将空间逐层向下分解为矩盒。对于树中的每个结点，当前矩盒会被分解成少量更小的矩盒，其个数通常取值为 $2, 4, \cdots$ 一直到 d 维空间所对应的 2^d。每个叶子矩盒都会记录所有那些至少有部分包含在该矩盒内的区域。点定位搜索从树根开始向下遍历，每次所选的子树其矩盒得包含待查点 q。当搜索到叶子结点时，我们检测其矩盒中每一个区域以确定哪个会包含 q。和处理网格文件一样，我们希望每个叶子结点包含少量区域并且每个区域不要涉及过多的叶子结点。

- 我是否接近正确的单元？ —— 行进是一种简单的点定位技术，对于超过二维的情况甚至可能会更有效。我们从任一单元的任意点 p 出发，希望能够接近于待查点 q。因此，我们可构造一条从 p 到 q 的射线并识别它遇到了单元的哪一面(也就是所谓的射线击中查询)，而此类查询在已经按三角剖分处理过的情况下只需常数时间。

  穿过这个面走到相邻单元将使我们与目标更近一步。对于足够规整的 d 维空间排布情况，行进路径的期望长度是 $O(n^{1/d})$，不过最坏情况下路径长度则是 $O(n)$。

在最坏情况下能确保 $O(\log n)$ 时间的最简单算法是板条法，它会穿过每个顶点画水平线，从而在水平线之间形成 $n+1$ 根板条。只需对 q 的 y 坐标进行二分查找，便能找到包含待查点 q 的水平板条；由于所求区域必然与该板条相交，我们对穿过此板条的那些边再用二分查找处理，即可找出包含 q 的区域。该算法的问题在于对每根板条都要维护一棵二叉查找树，于是最坏情况下需要 $O(n^2)$ 空间。若是在区域上构造分层三角剖分，我们可以设计出一个更节省空间的方法，其搜索时间依旧可保持在 $O(\log n)$，本节的"注释"版块将会对其进行讨论。

　　最坏情况下仍能确保高效的那些点定位方法往往需要大量内存, 或者实现起来很复杂。下面将给出我所找到一些此类高效方法的程序实现, 也许值得一试。不过, 通常我还是会推荐 k 维树来处理点定位问题。

实现 CGAL(www.cgal.org)和LEDA(见22.1.1节)都基于C++语言为平面子区划分的维护提供了完善的支持。CGAL更倾向于跳步行进(jump-and-walk)策略, 不过它同时也提供了最坏情况下运行时间为对数量级的搜索操作。LEDA使用"部分功能型持久化"的查找树(partially persistent search tree)实现点定位, 期望时间为 $O(\log n)$。

　　ANN是一个可在任意高维空间中进行精确或近似最近邻搜索的C++库, 可用于快速识别一个邻近单元的边界点并以其作为行进操作的起点, 可在 https://www.cs.umd.edu/~mount/ANN/找到它。

　　arrange是一个用于维护平面或者球面上多边形排布(arrangement)的软件包。[1] 多边形有可能会退化, 从而使该问题变为线段的排布。该软件包使用了随机增量式构造算法, 并支持排布其上的高效点定位。arrange是由Michael Goldwasser以C语言所编写, 可在 http:// euler.slu. edu/~goldwasser/publications/获取。

　　[O'R01, SR03]均给出了可用于检测某点是否在一个简单多边形上的C语言函数。

注释 Snoeyink给出了点定位其理论与实践最新进展的极佳综述[Son18]。[dBvKOS00, PS85]非常全面地讲解了确定型平面点定位数据结构。

　　Tamassia和Vismara[TV01]将平面点定位作为几何算法工程(基于Java)的一种案例进行研究。[EKA84]给出了平面点定位算法的实证研究, 最终胜出的算法是一种类似于网格文件的装桶技术。关于CGAL点定位算法的性能可参阅[HH09, HKH12]。

　　Kirkpatrick利用优雅的三角形精细化方法[Kir83], 在当前平面子区划分之上构建了三角剖分的层次结构, 使得给定层的各三角形与其下一层所相交的三角形个数仅为常数规模。每层对应的三角剖分其规模都不超过下一层所对应三角剖分其规模的特定比例, 通过几何级数求和可知总空间为线性量级。此外, $O(\log n)$ 量级的分层高度依旧能确保快速的检索。[EGS86]给出另一个实现了同样时间界的算法。本节所述板条法归功于[DL76], [PS85]对其进行了较好的讲解。对于简单多边形"内—外"测试的介绍可参阅[O'R01, PS85, SR03]。

　　关于点定位的动态数据结构其研究兴趣方兴未艾, 这些结构不仅支持快速点定位, 还支持平面子区划分的快速增量式更新(如边/顶点的插入和删除)。Chiang和Tamassia的综述[CT92]是非常不错的研究起点, [Sno18]这篇综述融入了更多新文献。[CN18]提供了目前最好的求解方案, 其查找和更新操作的时间都接近于对数量级。

相关问题 k 维树(15.6节); Voronoi图(20.4节); 最近邻搜索(20.5节)。

20.8 相交检测

输入 由直线及线段 $l_1, \cdots, l_n$ 所组成的集合 S, 或者一对多边形(或多面体) P_1 和 P_2。

---

[1] 译者注: 关于排布问题可参阅20.15节。

问题 哪些直线/线段会相交? P_1和P_2的交集是什么?

相交检测的输入和输出图例如图20.8所示。

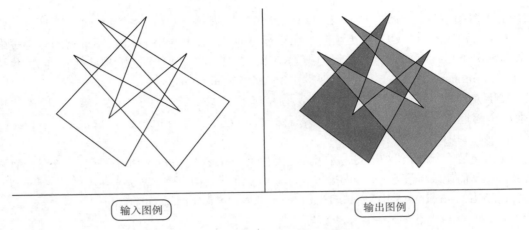

图 20.8 相交检测的输入和输出图例

讨论 相交检测这种几何基元操作的应用众多。试想我们在对一幢大楼描绘其建筑模型的虚拟现实仿真, 若是一个虚拟的人穿过一面虚拟的墙, 在那一瞬间之前所建立起来的"现实"这一幻象就会消失殆尽。为了实现这样的物理约束, 任何这种多面体模型之间的相交必须立刻检测, 并对操作者加以提示或限制。

另一种应用常见于集成电路布局的设计规则检查。导致两金属带相交的这种轻微设计缺陷也会使整个芯片短路, 但是此种差错完全可在投产前发现, 而这只需调用能检出所有相交线段的程序即可。

相交检测需要考虑的议题包括:

- 你想要计算交集的细节还是只报告它? —— 我们应区别对待相交检测和实际交集计算。仅仅检出存在相交现象或许是个相对简单的问题, 而且多数情形下也足以满足需求。例如对于虚拟现实应用而言, 我们在何处碰壁可能无关紧要——重要的是我们是否会碰壁。

- 你在处理相交直线还是线段呢? —— 这里最大的区别在于, 任何具有不同斜率的两条直线都会刚好在一个点上相交。通过检测每对直线, 所有的交点可在$O(n^2)$时间内全部找到。构造直线的排布(arrangement)所提供的信息不仅仅只是交点, 该问题将在20.15节讨论。

  找出n条线段之间的所有交点则更有挑战性, 甚至检测两条线段是否相交这样最基本的问题(也是基元操作)都不是那么容易, 这在20.1节已经讨论过。我们可以逐一直接检测每对线段, 从而在$O(n^2)$时间内找到所有交点。但是在交点不多时, 其实有更快的算法(见节尾)。

- 你预想中会有多少交点? —— 在集成电路设计规则检查中, 我们希望线段集合中的各线段不会相交, 纵使存在但也为数不多。我们所找的算法最好应该是**输出量敏感**

型(output-sensitive),[1] 例如所花费的时间正比于最终得出的交点数, 那么少量交点
情况下的算法运行时间便能明显降低。

对于线段相交问题, 此类输出量敏感型算法是存在的。目前最快的算法需要花费
$O(n \log n + k)$时间, 其中k是交点数。此外, 这些算法都基于平面扫线而设计。

- 你能从p点看到q点吗? —— 可见性问题考虑的是: 在障碍遍布的房间里, 顶点p能否
  直接看到顶点q(也即无遮挡)吗? 这可转述为下面的线段相交问题: 从p到q的线段是
  否与任何障碍物不相交? 此类可见性问题会出现在机器人运动规划(见20.14节)以
  及计算机图形学的隐藏面消除(消隐)中。

- 相交问题中的几何对象是凸的吗? —— 当我们处理由线段边界所构成的多边形时,
  会有更好的相交检测算法。而这里的关键议题则是多边形是否为凸。使用后文将讨
  论的扫线法, 一个凸m边形和另一个凸m'边形的相交检测可在$O(m + m')$时间完成。
  这之所以能够实现, 原因在于这两个凸多边形相交必然会形成一个顶点总数不超过
  $m + m'$的凸多边形(注意不是并集)。

  然而, 处理非凸多边形就没有这么好的表现了。不妨将那幅毕加索风格的节首插画
  (frontispiece)[2]再行拓展, 也即设想两把"梳子"相交。如插画所示, 非凸多边形的交
  集可能并不连通, 在最坏情况下其中的几何单元个数是平方量级。

  与多边形相比, 多面体的相交更为复杂, 在其各边皆不相交的情形下两个多面体也
  可能相交: 想想尖针刺入表面的例子。一般来说, 多边形和多面体所遇到的议题基本
  类似, 而相交问题则稍显特殊。

- 物体会移动吗? —— 在刚刚描述的游历型(walk-through)应用问题中, 房间布局及
  室内物体不会随场景发生改变。不过室内的人却是移动的, 尽管其他几何排布依然
  固定不变, 但是我们还得重做分析。

  一种常见的技术是将场景中的物体近似看作包裹它的某种简单几何对象(例如盒状
  对象)。只要两盒相交, 那么盒内物体就有相交(碰撞)的可能, 随后需要安排进一步
  处理进行裁决。相比于测试更为复杂的几何对象, 测试简单的盒状对象是否相交要
  高效得多, 故当碰撞很少时以上方案必定胜出。此类场景或许会有很多变种, 但基于
  这个思路完全可以在复杂环境下获得巨大的性能提升。

平面扫视(sweep)算法可用于高效地计算一组线段的交点, 或者计算两个多边形的
交/并。此类算法会用一条竖直线(称为扫线)从左到右扫视数据, 并实时记录那些有意义
的变化。在最左端的位置该竖直线交无所交, 但随着这条扫线右移, 我们可能遇到一系列
事件(event):

- 插入 —— 若是扫到某线段的左端点, 则将该线段计入当下可能与其他线段相交的
  线段之列。

- 删除 —— 若是扫到某线段的右端点, 则意味着已经完整地扫过了该线段, 从此可以
  放心地将此线段删除, 并在后续过程中不再予以考虑。

---

[1] 译者注: 算法运行时间通常与输入规模量关系较大, 有的算法其运行时间与输出规模量也有一定的关系, 例如此处是交点越多
则耗时越长。
[2] 译者注: 此处用词略有不妥, "frontispiece"的意思通常是整本书的卷首插画, 而作者所指的则是本节的"输出图例"。

- 相交 —— 我们可将当前与扫线相交的所有线段依照从上到下的次序存储于列表中
  并实时维护, 那么随后若有交点则必然出现在列表中的相邻线段之间。实际上, 扫过
  此交点之后, 这两条相交线段在列表中的相对位置将发生互换。

记录所发生的事件需要两个数据结构。未来情况由一个事件队列维护, 这个优先级队
列(其实现见15.2节)对所有可能的未来事件(如插入、删除和相交)按照其x坐标来判定优先
级。当前情况一般采用所谓的地平线来表示,[1] 它实际上是一个与扫线当前位置相交的有序
线段列表。当然, 地平线可用任意字典数据结构来维护, 例如平衡树结构。

若要计算多边形的交或并, 须对三类基本事件的处理加以修订。处理成对的凸多边形,
这种扫线算法会非常简单, 其原因是: 首先, 最多只有四条多边形的边与扫线相交, 故无需
地平线数据结构; 其次, 事件队列无需考虑次序关系, 而只用依照多边形顺序从每个多边形
的最左顶点开始向右处理即可。对于一般的多边形相交问题, 其细节会更加复杂一些, 但扫
线方法仍然能够胜任。

(实现) LEDA(见22.1.1节)和CGAL(www.cgal.org)都为线段相交和多边形相交提供了广
泛的支持。特别是它们均给出了Bentley-Ottmann扫线法算法[BO79]的C++实现, 该算法可
在$O((n+k)\log n)$时间找到平面上n条线段的所有k个交点。

O'Rourke在[O'R01]中提供了一个稳健的C程序用于计算两个凸多边形的交点(见
22.1.9节)。

找出一组"半空间"的公共交集是凸包问题的一种特例, Qhull[BDH97]是在具有通常维数
的空间中最好的凸包处理代码。Qhull已被广泛用于各种科学问题, 且有一个维护得很好的
主页(http://www.qhull.org/)。

(注释) Mount针对几何对象(如线段、多边形和多面体)相交的处理算法给出了极好的综
述[Mou18]。[dBvKOS08, CLRS09, PS85]这些著作都设有部分章节讨论此类问题。Preparata
和Shamos在[PS85]中对寻找定轴矩形(axis-oriented rectangle)交/并(一个经常在集成电路
设计中遇到的问题)的某些特例给出了较好的讲解。

计算线段相交的最优$O(n\log n+k)$算法[CE92]归功于Chazelle和Edelsbrunner。一个达
到同样时间界且更为简单的随机化算法[Mu194]由Mulnuley给出。

Lin等在[LMK18]中对碰撞检测相关的技术和软件给出了综述。Weller的[Wel13]着重围
绕触觉反馈的碰撞检测, 讨论了一些相对较新的数据结构并集结成书。形状随时间而改换
的可变形模型是碰撞检测的另一挑战[BEB12]。从GPS或图像数据中识别路口是一个倍受关
注的相交检测问题, 详见[FK10]。

(相关问题) 直线排布维护(20.15节); 运动规划(20.14节)。

20.9 装箱问题

(输入) n个大小分别为$d_1, \cdots, d_n$的物品, m个容积分别为$c_1, \cdots, c_m$的箱子。

(问题) 使用数量最少的箱子收纳所有物品。

---
[1] 译者注: 可以理解为刚刚被太阳(扫线)照亮的那些线段。

装箱问题的输入和输出图例如图20.9所示。

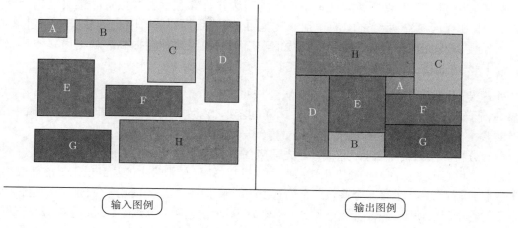

图 **20.9** 装箱问题的输入和输出图例

讨论 **装箱**(bin packing)问题源于众多的包装和制造问题。设想由金属板材切割零件或者由布匹裁剪衣裤,为最大限度降低成本并减少浪费,我们寻求尽可能少地利用制式板材或布匹来完成切割/裁剪。在给定板材上安排切割每个零件的最佳位置,是装箱问题的一个变种,称为**下料**(cutting stock)问题。完成这些零件的加工后,我们又会面临一个装箱问题——如何以最佳方式将零件箱装上卡车,从而尽量降低运输全部物资所需的车辆数量。

即使是看起来最基本的装箱问题也是NP完全问题,例如可参阅16.10节对整数集划类的讨论。因此,我们注定只能寻找启发式方法而非最坏情况下的最优算法。幸运的是,相对简单的启发式方法往往可以很好地解决大多数装箱问题。此外,许多应用都受具体问题的限制,从而会使装箱算法更为复杂。影响我们选择启发式方法的因素如下:

- 物品的形状和大小如何? —— 装箱问题的特征刻画很大程度上取决于所要装的物品其形状,显然,完成一个标准片数的拼图与将方格装入矩形盒有着很大差异。在一维装箱问题中,物品大小只是简单地由一个数给出。比如我们可以考虑一个等价问题,也即将众多等宽的矩形盒塞进同等宽度的烟囱内,[1] 而这样它就变成了背包问题(见16.10节)的一种特例。

  当所有箱子大小和形状相同时,尽量填满当前行再重复处理下一行,可以给出一个合理但不一定最佳的装箱方案。考虑在3×3的正方形中铺设2×1的平面砖:沿一种方向按以上策略处理只能铺三块砖(不是最佳),而如果我们再加个方向,却可以装入四块砖。[2]

- 物品的方向和位置有没有约束条件? —— 许多集装箱贴有"此端向上"的标签(指出了该箱应放置的方向)或"禁止堆叠"(要求将其放在其他集装箱的顶部)。遵循这些约束条件将会限制我们包装的灵活性,因此将增加运送某类货物所需的卡车数。大多数承运商通过忽略这些标签来解决这个问题。的确,如果不计后果那么任务就会变得简单。

---

[1] 译者注:大约是便于圣诞老人通过烟囱运送礼物吧。
[2] 译者注:以上实例很多是二维情形,例如"方格装入矩形盒",三维问题讲解起来不太好理解。

- 问题是离线的还是在线的? —— 我们在开始处理时知道需要装箱的完整货物集合吗(离线问题)? 或是每次只有一件货物到达并且拿到手就要按贪心策略立刻处理完呢(在线问题)? 两者之间的差别非常重要, 因为我们若能着眼全局并提前谋划, 通常会更好地完成货物装箱工作。例如, 我们可以按照某种能提高装箱利用率的货物次序来对其排序(也许从大到小的顺序较为合适)。

处理装箱问题的标准离线启发式方法会按照大小或形状对物品进行排序, 然后再将它们塞进箱子。典型的放入规则列举如下: 选择能容纳当前物品的首个或者最左侧的箱子; 选出当前剩余空间最大的箱子; 选择最贴合的箱子; 随机选择一个箱子。

理论分析和实证结果表明: **递减式最先适应**(First-Fit Decreasing, FFD)策略是最好的启发式方法。我们可先将物品按照大小递减的顺序进行排序, 使得最大的物品位于最前而最小的位于最后; 再将物品一个接一个塞入首个尚有空间的箱子中; 如果当前箱子空间不足, 则必须将一个新的箱子开启使用。在一维装箱情况下, 该方法对箱子的额外需求不超过必要需求的22%,[1] 而且通常性能更好。从直观上看, 我们很容易会想到用递减式最先适应策略来装箱, 因为通常我们会先将体积大的物品装起来, 随后再用小物品填充箱子中的空隙。

FFD算法很容易给出一个$O(n\log n + bn)$时间的实现, 其中$b \leqslant \min(n, m)$是实际所用箱数。每次只需先对箱子进行简单的线性扫描, 查清所剩空间即可装填。当然也可利用二叉查找树记录各箱剩余空间, 便能获得一个$O(n\log n)$的更快算法实现。

我们可以保持以上机制的框架不变, 通过改变插入(装箱)次序来应对具体问题的约束条件。例如将"禁止堆叠"的箱子最后放置(或许人为地挤压使箱子高度降低还能在其顶部留出一些空间可供使用), 又比如在开始时放置那些限定方向的箱子(因此我们稍后将其他箱子置于其顶上就能灵活处理了), 而这些做法都是合理可行的。

装填矩形盒比装填其他几何形状要容易得多(高维的矩盒亦然), 因此零件装箱的通用方案都是先将每个零件装入它自己的长方体零件盒中, 然后再将这些零件盒装入长方体箱中即可。为多边形零件找到一个封闭的矩形很容易, 只要在给定的方向依上下左右作出切线即可。相比之下, 找出能让矩形盒面积(或高维情况下的矩盒体积)最小的那个方向却非常难, 不过该问题在二维和三维空间中均可较好地求解[O'R85]。本节"实现"版块介绍了最小化封闭矩盒的快速近似算法。

若是零件为非凸形状, 将其装入矩盒时必然会形成空隙, 从而可能会浪费相当大的可用空间。一种解决方案是找出每个已装箱零件之中的**最大空矩形**(maximum empty rectangle),[2] 若其空间足够大, 我们就可用以装填其他零件。更高级的解决方案将在本节"注释"版块讨论。

[实现]　BPPLIB (https://site.unibo.it/operations-research/en/research/bpplib-a-bin-packing-problem-library)几乎汇集了装箱问题的所有资源, 包括代码、算例求解可视化演示[3]和参考文献(见[DIM18])。若对装箱问题或下料问题感兴趣, 那这就该是你展开探究的旅途第一站。

Martello和Toth收集了各种背包问题变种的Fortran算法实现, 其网址为 http://www.or.deis.unibo.it/kp.html, 他们慷慨地提供了其相关论著[MT90a]的免费电子版。

---

[1] 译者注: 在所有箱子容积相等的情况下, FFD方法最多所需要的箱数不超过最优解(最小箱数)的1.22倍, 可参阅[MT90a]。

[2] 译者注: 此处依然使用了二维矩形来讲解, 实际应该是"最大空矩盒"。

[3] 译者注: 对应BppGame的"sample problems"功能。

David Pisinger维护着一个背包问题及其相关变种(如装箱问题和集装箱装柜问题)的C语言代码集,网址为http://www.diku.dk/~pisinger/codes.html,条目分类非常清晰。

完成任意形状装填任务[1]的第一步通常是将物品自身先装填到体积最小的矩盒中。如果想寻找最优装箱的近似算法代码实现,可参阅shttps://sarielhp.org/research/papers/00/diameter/diam_prog.html,该算法的运行时间接近于线性量级[BH01]。

注释 有关装箱问题和下料问题的文献数量众多,相关综述请参见[CJCG+13, CKPT17, DIM16, WHS07]。Keller和Pferschy以及Psinger的[KPP04]这本参考书完全专注于背包问题及其变种。装箱问题启发式方法的实验结果可参见[BJLM83, MT87]。

在多边形[DMR97]和点集[CDL86]中寻找最大空矩形已有相关高效算法。

球体装填问题是装箱问题中一个已有深入研究的重要特例,纠错码问题中需要用到它。这类问题中特别出名的"开普勒猜想"(即三维空间单位球最密装填问题)已由Hales和Ferguson于1998年最终解决,相关讲解可参阅[Szp03]。Conway和Sloane的[CS93]是研究球体装填及相关问题的最佳文献。

Milenkovic曾针对服装行业的二维装箱问题开展了广泛研究,其目标是让生产裤装和衣服的材料用量最少。关于这项研究的报告可参阅[DM97, Mil97]。

相关问题 背包问题(16.10节); 组集(21.2节)。

20.10 中轴变换

输入 多边形或多面体P。

问题 找出P的骨架,它是一个点集,其中所包含的任意点在P的边界中能找到的最近点不止一处。

中轴变换的输入和输出图例如图20.10所示。

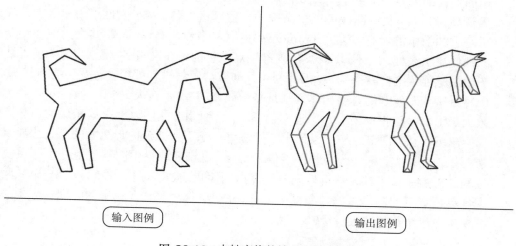

输入图例   输出图例

图 20.10 中轴变换的输入和输出图例

---
[1] 译者注: 物品和箱子的形状均无特定约束。

讨论　　中轴变换(medial axis transformation)在多边形**线化**(thinning)[1]也即寻找其**骨架**(skeleton)时很有用,其目的在于对多边形提取一个简单且稳健的形状表示。字母的线化结果体现了它们形状的本质,改变笔触的粗细,添加诸如衬线的字体装饰,都不会对其造成太大影响(不妨以"A"和"B"为例来想想)。骨架其实也代表着给定形状的"中轴线",该特性还可用于其他问题,如形状重建和运动规划。

多边形的中轴变换通常是棵树,这使得借助动态规划来测算已知模型与未知对象两者骨架间的"编辑距离"变得相当容易。只要这两个骨架足够像,我们就可以将这个未知对象归类为该模型的一个实例。事实证明,此项技术在计算机视觉和光学字符识别领域相当有用。此外,带孔洞的多边形(如字母A和B)其骨架并不是树,而是平面嵌入图[2](embedded planar graph),然而这种情况处理起来并不难。

中轴变换的计算存在两种截然不同的方法,取决于你所输入的是几何点集还是由像素组成的图像(也即数字图像):

- **几何数据**——回想一下点集S的Voronoi图(见20.4节)基于S中每个点s_i将平面分解为若干区域,围绕s_i的区域中所有点到s_i的距离比到S中其他任何点的距离都要近。同样,线段集L的Voronoi图也会基于L中每条线段l_i将平面分解成若干区域,围绕段l_i的区域中所有点到l_i的距离比到L中其他任何线段的距离都要近。

  多边形可表述为一组线段,其中各线段l_i与相邻线段l_{i+1}共享一个顶点。多边形P的中轴变换只不过是多边形P内线段Voronoi图的部分组成要素而已。因此,任何线段型Voronoi图的代码都足以完成多边形线化。

  直解骨架(straight skeleton)这种结构是一个与多边形中轴变换相关的概念,只不过它的平分线(类似于中轴)得满足与其两侧边线等距。对凸多边形而言,直解骨架、中轴变换和Voronoi图这三者完全相同。但一般情况下,直解骨架中的平分线未必位于多边形的中轴上。直解骨架与我们所要求的中轴变换非常类似,但是却更容易计算。特别需要指出的是,直解骨架中所有的边给出了一个多边形分解。关于计算直解骨架的更详细内容,请参阅本节的"注释"版块。

- **图像数据**——数字图像可以视作位于整数网格中各个格点处的像素点,于是我们可基于图像中的所有"边界"(boundary)提取其多边形描述,再将其交由前面刚介绍的几何算法来处理。不过,骨架的内部顶点很可能不在网格点/像素点上。由于数字图像由不连续的像素点构成,因此利用几何方法对其进行处理往往显得举步维艰。

  一种直接基于像素的骨架构建方法是基于线化的"灌木丛火灾"(brush fire)观点。想象火焰沿着多边形的所有边匀速向内燃烧,将两团或两团以上火焰相遇的那些点全部标出就可获得骨架。按此设计出的算法将会遍历待处理图形对象的所有边界点像素,找出满足以上条件的那些顶点作为骨架,再删除边界中的其他点并不断重复此过程。当所有像素都无法再处理时该算法则停止,此时剩下一个仅具有一个或两个像素单位宽度的图形对象。如果实现方式得当,这种算法所花费的时间将会是关于图像中像素个数的线性量级。

---

[1] 译者注:图像处理和图形学中一般将"thinning"译为"细化",但是这样容易引起"处理后细节更多"的误解。

[2] 译者注:也可写成"planar embedded graph",实际上是"平面图"(plane graph)。

由于避开了复杂的数据结构, 直接进行像素操作的算法常常易于实现, 不过在此类基于像素的方法中几何特性未必能精准呈现。例如多边形的骨架不再总是一棵树, 甚或不再必然连通, 此外骨架上的点到两条边界线的距离也只可能是接近而不再完全相等。由于你正尝试在离散世界中使用连续几何的工具, 故而无法彻底地解决问题。所以, 你只能接受现实。

(实现) CGAL(www.cgal.org)包含了一个可用于计算多边形P其直解骨架的软件包。与直解骨架相关的是偏移等高线(offset contour)构建函数, 这类等高线是P中的一个多边形区域, 其中的点到P边界的距离至少为d。

VRONI[Hel01]是一个用于计算平面上线段、点和弧的Voronoi图的程序, 它不但稳健而且高效。由于该程序可以构建任意线段的Voronoi图, 因此我们可以很容易地求出多边形的中轴变换。VRONI已经在数以千计的人造数据集和真实数据集上进行了测试, 而其中有些数据集拥有超过百万个顶点。更多信息可见https://www.cosy.sbg.ac.at/~held/projects/vroni/vroni.html。用于构建Voronoi图的其他程序在20.4节已讨论过。

对于点云(point cloud)进行重建或插值拟合的程序通常会基于中轴变换来设计。[1] Cocone(http://www.cse.ohio-state.edu/~tamaldey/cocone.html)构建了一个多面体表面的近似中轴变换, 该表面可视为E^3中的点集插值而成。可查阅[Dey06]了解Cocone的原理。Powercrust程序[ACK01a, ACK01b]构建了一个离散近似中轴变换, 并根据该变换完成了表面重建, 该方法可在https://www.cs.ucdavis.edu/~amenta/powercrust.html找到。当点样本足够密集时, Powercrust的算法能够对表面生成一个在几何与拓扑意义下都正确的近似。

(注释) Siddiqi和Pizer的[SP08]对中轴表示及其算法给出了全面的讲解。关于图像处理和计算机图形学中的线化方法其综述可参见[LLS92, Ogn93, SBdB16, TDS+16]。中轴变换已被引入到生物学中的形状相似度研究[Blu67]。计算拓扑学是关于形状其形式分析的新兴领域, 参见Edelsbrunner和Harer的[EH10]。[dBvKOS08, O'R01, Pav82]对中轴变换的讲解也非常好。

任意n边形[Lee82]的多边形中轴可在$O(n \log n)$时间内求得, 不过对于凸多边形存在线性时间算法[AGSS89]。在曲边区域(curved region)中构建中轴变换的$O(n \log n)$算法由Kirkpatrick给出[Kir79]。

直解骨架最早由[AAAG95]引入, 关于其构建的亚平方算法则归功于[EE99]。[LD03]中提及了一个很有意思的直解骨架应用, 它可在虚拟建筑模型中定出屋顶结构。节首的输入图例和输出图例得益于[dMPF09]的灵感启发。

(相关问题) Voronoi图(20.4节); Minkowski和(20.16节)。

20.11 多边形划分

(输入) 多边形或多面体P。

(问题) 将P划分为少量简单几何片/块(通常为凸)。

---
[1] 译者注: 此类问题称为**表面重建**(surface reconstruction)。

多边形划分的输入和输出图例如图20.11所示。

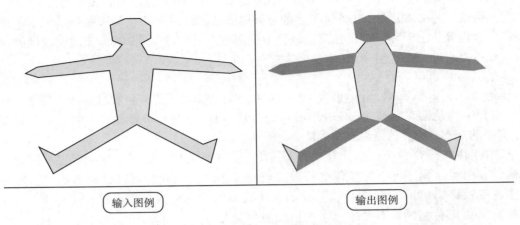

图 20.11　多边形划分的输入和输出图例

(讨论)　相较于非凸对象上的几何问题, 凸对象上的几何问题往往处理起来更为简易, 因此划分便成了许多几何算法的一个重要预处理步骤。处理划分后所得到的多个凸片, 通常总比处理单个非凸多边形来得容易一些。

将国家划分为州、县或区是多边形划分中的经典问题。我们通常只追求各地区的人口或面积上的平衡, 其实形状也至关重要。例如为了使自己的政党能赢得选举优势而"改划选区"(gerrymandering)可谓是瞒天过海之术, 这些选区的形状往往被划分得异常复杂, 以确保它们包含了所有"正确"(right)的选民。为了防止出现此种极其恶劣的操弄行径, 法律规定选区划分应尽可能**紧凑**(compact),[1] 最好形成凸区域。

不同风格划分方法的出现, 完全源于特定应用:

- *所有分片都应该是三角形吗?* —— 三角剖分是所有多边形划分问题的母题, 通过三角剖分我们可将多边形内部完全划分成三角形。三角形是凸的且只有三条边, 从而使其成为最基本的多边形。

  n顶点多边形的任意三角剖分均恰好包含$n-2$个三角形, 这样看来, 如果我们只打算划分出少量凸片那么三角剖分便非最佳方案。通常判别三角剖分是否"优良", 依据在于其三角形的形状而非此处的数量指标。关于三角剖分的简介, 请参阅20.3节。

- *我需要多边形的覆盖还是划分?* —— 划分一个多边形意味着将其内部整个分割成互不相交的若干片; 覆盖一个多边形意味着我们的分法允许包含相互重叠的分片。两者会在不同的情况下发挥功用: 若是为了范围搜索(20.6节)而去分解某个复杂的待查多边形时, 我们需要的是划分, 以确保各定位点仅出现在一个分片中; 但如果是为了图形渲染而分解多边形时覆盖便足矣, 例如我们若要在所有区域上染出相同颜色, 那么两次重复涂染给定区域既很方便也不会惹出什么麻烦。我们将在本节重点

---

[1] 译者注: 可搜索"legislative district compactness"。

讨论划分, 因为准确地进行划分会让后续处理更简单, 而且任何需要覆盖的应用程序同样可以接受划分方案。唯一的缺点是, 在分片数量上划分比覆盖更大。

- 是否允许添加额外顶点? —— 最后的议题是我们是否可以通过拆分边或添加内点的方式向多边形添加Steiner顶点, 否则我们就只能限于在两个现有的顶点之间添加弦。在恰当位置添加顶点有助于减少凸片数量, 但其代价可能是更为复杂的算法和更加混乱的结果。

利用对角线给出凸分解的Hertel-Mehlhorn启发式方法简单且高效。它从多边形的任意一个三角剖分开始处理, 删掉所有不必要的弦只求所留皆为凸片。非凸片的出现仅当删除弦后产生了一个大于180°的内角, 而是否会有这样的角度显现, 只需在局部依据被删弦周围弦和边的状况在常数时间内即可作出判断。最终所得凸片数量至多是最小凸片划分片数的4倍。

我推荐使用Hertel-Mehlhorn启发式方法, 除非追求片数最小化对你而言至关重要。通过多次尝试不同的三角划分和删除顺序, 你可能还会得到更好的分解方案。

使用动态规划可以找出将多边形分解成凸区域时所用的对角线其最小数量的准确值。最简单的算法对于被一条弦分割可能产生的所有$O(n^2)$个多边形维护相应数量的分片, 因此其运行时间为$O(n^4)$。若是使用更繁复的数据结构会给出更快的算法, 运行时间能够达到$O(n + r^2 \times \min(r^2, n))$, 其中$r$是优角顶点[1](reflex vertex)的数量。本节"注释"版块还列出了一个$O(n^3)$时间的算法,[2] 它通过添加内部顶点可进一步减少分片数量, 不过该算法十分复杂, 光是看起来就很难实现。

另一种类型的分解问题是将多边形划分为单调片。依y坐标单调的多边形其所有顶点可被分成两条链, 而任何水平线和每条链至多只相交一次。

实现 许多三角剖分代码都是从多边形的梯形分解或单调分解来着手求解的。进一步讲, 三角剖分其实是凸分解的简单形式。当你开始处理问题时, 请先查阅20.3节中的代码。

CGAL(www.cgal.org)包含了一个多边形划分库, 其中提供: 用于将多边形划分成凸片的Hertel-Mehlhorn启发式方法; 寻找最佳凸划分的$O(n^4)$动态规划算法; 将多边形分解为单调多边形的一个$O(n \log n)$扫线启发式方法。

与本节内容关联最紧密的三角剖分代码当推GEOMPACK, 这是一套用于二维/三维情况下三角剖分和凸分解问题的Fortran77和C++代码, 可于https://people.math.sc.edu/Burkardt/cpp_src/geompack/geompack.html获取。特别地, GEOMPACK既可完成Delaunay三角划分, 也可对多边形或多面体区域进行凸分解, 还可处理任意维的Delaunay三角剖分。

注释 关于多边形划分的综述有[Kei00, OST18]。Keil和Sack对多边形划分和覆盖的已有知识做了精彩总结[KS85]。[O'R01]对Hertel-Mehlhorn启发式方法[HM83]给出了讲解。使用对角线来完成最小凸分解的$O(n + r^2 \times \min(r^2, n))$动态规划算法归功于Keil和Snoeyink[KS02]。利用Steiner点最小化凸片数量的$O(r^3 + n)$算法由[CD85]提出。Amato等提供了一种高效的

---

[1] 译者注: 也即凹进去的那些顶点。

[2] 译者注: 运行时间实为$O(r^3 + n)$, 不过对于星形而言$r = O(n)$, 时间也就变成了$O(n^3)$。

启发式方法[LA06](亦可参阅[GALL13]),可在$O(nr)$时间内将带孔洞的多边形分解成"近似凸"的多边形,他们的后续研究将其推广到多面体情况。

艺术画廊问题是一个与多边形覆盖相关的有趣主题,该问题要求我们在给定多边形区域内安排最少的看守人员,使得多边形内的每个点至少有一人看守。该问题相当于使用最少的射线星状多边形覆盖多边形区域。O'Rourke的[O'R87]是一部精彩之作,遗憾的是它不再继续刊印了,不过可在`http://cs.smith.edu/~jorourke/books/ArtGalleryTheorems`下载。因为有赖于非整数算术,艺术画廊问题究竟在不在NP类没那么容易弄清,但在适当的计算模型下它肯定是NP难解问题[AAM18]。[KBFS12]基于当时的硬件水平对构建最佳看守集问题给出了相关计算结果。

(相关问题) 三角剖分(20.3节);集合覆盖(21.1节)。

20.12 简化多边形

(输入) 具有n个顶点的多边形或多面体P。

(问题) 找出只包含n'个顶点的多边形或多面体P',使得P'和P的形状尽可能接近。

简化多边形的输入和输出图例如图20.12所示。

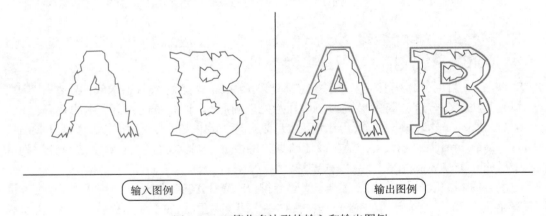

输入图例   输出图例

图 **20.12**   简化多边形的输入和输出图例

(讨论) 多边形**简化**(simplification)有两个主要应用。第一种用于对形状的含噪表述进行数据清洗,因为该表述很可能是通过扫描对象的影像所得,而边界的简化可以消除噪声并重建原对象。第二种则涉及数据压缩,我们希望对庞大且复杂的对象减少其细节,而保持外形仍然基本相同。在计算机图形学中这种预处理能取得显著效果,因为较小模型的渲染速度通常会快得多。

考虑形状简化时,通常会出现以下几个议题:

- 你希望使用凸包吗? —— 最容易给出的简化是对象顶点的凸包(见20.2节),它移除了多边形中所有内向凹陷。如果你正在对一个用于运动规划的机器人模型进行简化,这样做几乎肯定会从中受益。但在OCR系统中使用凸包其结果将是灾难性的,因为字符的凹陷提供了大部分细节特征。字母"X"有可能会被识别为"I",因为它们的凸包都呈盒状。此外,对凸多边形给出凸包完全不能对其实现丝毫简化。

- **允许点插入还是只能执行点删除?** —— 简化的目标通常是使用一定数量的顶点尽可能好地表示出对象。最简单的方案是局部修改边界,以求减少顶点数。例如紧连着的三个顶点若是构成一个小面积三角形,或张出一个很大的角,那么可删除中间那个顶点并以一条首尾顶点连边代之,这样并不会造成多边形的严重扭曲变形。

  然而,只删除顶点的方法会很快消融掉形状,使其变得难以辨识。更具稳健性的启发式方法会移动周边顶点以弥补因删除而产生的缺口。尽管没法保证效果,但这种"分裂—合并"启发式方法的表现依然还不错。要获得更好的结果,可能还得使用下文将提到的Douglas-Peucker算法。

- **最终的多边形必须无自相交吗?** —— 增量式处理过程的一个严重缺点是无法确保获得简单多边形,也即没有自相交的多边形,此类"被简化"的多边形可能显现出难看的伪影,从而给后续工作带来麻烦。如果简化结果非常重要,那你应该直接成对测试多边形所有线段是否存在相交的情形(20.8节已讨论过)。

  一种能够确保最终所得必然为简单多边形的多边形简化近似算法是基于最低节数(minimum-link)路径的求解。点s到点t的路径其**跳转距离**(link distance)指的是该路径上直连线段的数量(节数)。一条笔直路径的节数是1,而一般情况下路径的节数是其中的转角数量加1。在有障碍物的情况下,s到t的跳转距离可定义为从s到t的所有路径的最低节数。

  为了在多边形周围构建出一条通道,基于跳转距离的方案在可接受的误差范围ϵ之内对多边形的边界进行"膨化"(细节可见20.16节)。该通道内节数最低的环则代表了最简单的多边形,并且相比于原有边界的偏离程度不会超过ϵ。一个易于计算的近似跳转距离算法是将一组离散的拐点放入通道并以边连接每对彼此可见(visible)的点,从而将其归约为广度优先搜索。

- **所输入的是有待数据清理的图像而非直接可简化处理的多边形?** —— 数字图像去噪的常规方案是对图像进行傅里叶变换,滤除高频分量后再施以逆变换重建图像。有关快速傅里叶变换的内容详见16.11节。

用于简化形状的Douglas-Peucker算法从某个将来可能会近似于最优解的简单多边形(称为"简单型近似")开始着手,再对其细化调优,而非从复杂多边形入手再尝试简化处理。我们初始选取多边形P的两个顶点v_1和v_2,并以(v_1, v_2, v_1)作为简单型近似(实为退化多边形)并设定为P';继而扫描P的每个顶点,并选择离多边形P'相应边最远的那个顶点,将其插入P'使其成长为一个三角形,以最小化P'与P的最大偏差;如此插入一系列点,直至获得较为满意的结果。基于以上策略插入n'个点需耗时$O(n'n)$,其中$n = |P|$。

在三维空间中,简化问题会更为困难。事实上,找到分离两个多面体的最小面是个NP完全问题。[1] 对于以上在平面情况所讨论的算法,其高维类比可用于设计多面体简化的启发式方法。相关讨论可参阅本节的"注释"版块。

---

[1] 译者注: 细节可参阅[DJ92]这篇论文。

(实现) Douglas-Peucker算法直接实现起来不难。若要获取在最坏情况下能保证高效性能的C语言实现[HS94]，可浏览https://www.codeproject.com/Articles/1711/A-C-implementation-of-Douglas-Peucker-Line-Approxi。

QSlim是一种基于误差平方和的简化算法，它能够对已经由三角剖分处理后的表面快速给出一个高质量的近似简化。该软件的获取地址为http://mgarland.org/software/qslim.html。

还有一类多边形简化的方案是基于多边形中轴变换的简化和扩张。中轴变换(见20.10节)可产生一个多边形的骨架，我们可先行修剪再对其逆变换处理最终得到一个更简单的多边形。Cocone(http://www.cse.ohio-state.edu/~tamaldey/cocone.html)构建了一个多面体表面的近似中轴变换，该表面可视为E^3中的点集插值而成。可查阅[Dey06]了解Cocone的原理。Powercrust程序[ACK01a, ACK01b]构建了一个离散近似中轴变换，并根据该变换完成了表面重建，该方法可在https://www.cs.ucdavis.edu/~amenta/powercrust.html找到。当点样本足够密集时，Powercrust的算法能够对表面生成一个在几何与拓扑意义下都正确的近似。

CGAL(www.cgal.org)支持折线简化，并能处理各种最极端情况下的多边形/多面体简化问题，此外还可找出多边形/多面体的最小外接圆/球。

(注释) Douglas-Peucker增量式细化调优算法[DP73]是大多数形状简化方案的基础，其快速实现归功于[HS94, HS98]。相关推广还有嵌套多边形子区划分[DDS09,XWW11]和能保持面积的简化[BMRS16]。基于跳转距离的多边形简化方案可参见[GHMS93]。形状简化问题在三维空间中会变得愈加复杂。即使是寻找两个同心凸多面体[1]之间的最少顶点凸多面体也是NP完全问题[DJ92]，不过目前已有近似算法[MS95b]。

Heckbert和Garland给出了形状简化算法的综述[HG97]。使用中轴变换(见20.10节)的形状简化算法参见[TH03]。

测试一个多边形是否"简单"可在线性时间内完成，至少在理论上如此，因为这是基于Chazelle所提出的线性时间三角剖分算法[Cha91]可得出的一个结论。

(相关问题) 线化(20.10节)；凸包(20.2节)。

20.13　形状相似度

(输入) 两个多边形P_1和P_2。

(问题) P_1和P_2有多相似？
形状相似度的输入和输出图例如图20.13所示。

(讨论) 形状相似度问题是众多模式识别应用中的一个基础性问题。想想光学字符识别(OCR)系统的原理：我们有一个用于表示字母的形状模型库，以及通过扫描页面得到的未知形状，我们需要将这些形状逐个与形状模型进行对比并找出最相似的匹配，从而识别出未知形状。

---

[1] 译者注：[DJ92]中使用的术语是"concentric"(同心)，不妨想象一下"俄罗斯套娃"。

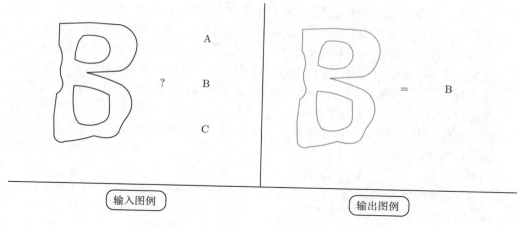

图 **20.13**　形状相似度的输入和输出图例

形状相似度的定义本身并不明确，这是由于"相似"的含义因具体应用问题而异，故而不可能只拿一套算法就能解决所有的形状匹配问题。无论选择何种方法，你都得做好要花费大量时间方可调出最佳性能的心理准备。

你可能会用到的方案有：

- Hamming距离 —— 假设你所处理的两个多边形已正确**配准**(registered)，[1] 也即一个尽可能重叠地放在另一个之上。Hamming距离是对这两个多边形其对称差(symmetric difference)的面积进行衡量，换言之，就是仅包含于其中一个多边形而非同时位于两个多边形所对应区域的总面积。当两个多边形完全相同且严格对准后，此时其Hamming距离为零。如果两个多边形仅因少许噪声而在边界处稍有不同，那么它们正确对准后其Hamming距离也会很小。

  若要计算对称差的面积，可先求出两个多边形的交/并(见20.8节)之后再计算面积(见20.1节)。但是难点在于，两个多边形如何才算正确对准。这种叠合问题在OCR等应用中已被简化，因为字符在页面上本身就已逐行对准且不可自由旋转。关于凸多边形无旋转最优叠合的高效算法可参阅本节的"注释"版块。若是先识别出每个多边形的参照标志(如形心、边界框或极尽点[2])，则能设计一些简单但相当有效的启发式方法，只需从这些标志中挑出某个子集作为特征进行匹配便可定出校准。

  Hamming距离在计算位图图像时尤为简单和高效，因为对准后我们所要做的仅仅是在对应像素点统计其差异再求和即可。尽管Hamming距离在概念上合情合理而且实现起来也很简单，但它对形状的把握较为粗浅，而且在大多数应用场景下很可能是无效的。

- Hausdorff距离 —— 对相似度的另一种度量(配准后的)是Hausdorff距离，它在P_1上找出与P_2距离最远的点并以该距离作为度量。Hausdorff距离是不对称的，[3] P_1中一个又长又细且突出的角可能导致P_1到P_2的Hausdorff距离值很大，即使P_2上的每个

---

[1] 译者注：还可参阅关于"图像配准"的文献。此外，本节会使用若干"配准"的近义词，例如"对准"和"校准"。

[2] 译者注：沿某方向一直推进到尽头所找到的点。

[3] 译者注：有时也会区分"one-sided Hausdorff distance"和"bidirectional Hausdorff distance"。

点都离 P_1 上的某些点很近。不过, 模型整个边界的细微膨胀(就比如很容易出现的边界噪声), 可能会显著提升Hamming距离但对Hausdorff距离影响甚微。

Hamming距离和Hausdorff距离哪个更好? 这取决于你的具体应用。对于这两种距离我们都需要事先计算多边形之间的正确校准, 该过程既困难又耗时。

- 骨架对比 —— 一种更强大的形状相似度计算方法是用线化(见20.10节)来提取各对象的树状骨架。此类骨架能抓取原始形状的诸多特点, 于是问题由此归结于依据树的拓扑结构和边的长度/斜率等特征来对比两个骨架的形状。这种对比可以形式化地建模为子图同构(见19.9节), 只有当它们的长度和斜率足够相似时才认定边匹配。

- 机器学习技术 —— 这是模式识别问题的终极解决方案, 我们会用到基于机器学习的技术, 例如logistic回归、支持向量机或深度神经网络。近年来这个领域的应用进展令人震惊, 而人脸识别就是其中之一。尽管目标图像与模板之间存在姿势、方向和光照的差异, 但人脸识别仍然十分可靠。实际上, 这类问题似乎比本节所关注的刚性(rigid)形状相似度更难解决。

当你拥有大量数据可供训练, 而且所处理的具体问题没有明确的求解思路时, 事实证明机器学习方案极为有效。通常的步骤是: 先确定一组易于计算的形状特征(称为特征向量), 如面积、边数和孔数(不过深度学习方法能消除此类特征计算的必要性); 然后一个黑箱程序便会利用你的训练数据生成一个分类函数(分类器), 该函数的输入是特征向量, 而输出则是度量结果(例如关于形状的样式描述或者该形状与特定形状的接近程度)。

我们所获得的分类器性能好坏取决于应用问题本身, 实际上机器学习方法通常需要大量调优工作才会发挥其全部潜能。不过这里还存在一个问题, 也就是所谓的"可解读性"(interpretability):[1] 如果你不知道这种黑箱式的分类器如何或为何作出决策, 你就完全无法弄清它们何时会失效。某个用于区分汽车和坦克图像的军用系统就很有趣: 它在测试图像上表现得相当完美, 但在战场实测上却惨不忍睹。最终有人意识到拍摄汽车图像时相较于拍摄坦克图像时的天气更加晴朗, 而这个程序分类的依据仅仅是图像背景中所出现的云朵!

实现 计算几何库CGAL(https://www.cgal.org/)包含了许多种与形状检测和匹配相关的函数, 其中就有Hausdorff距离的计算。还有一种多边形之间的距离度量, 可以将其建立在关于转角函数之上[ACH+91]。[2] Eugene K. Ressler对这种转角函数的C语言实现可参见www.algorist.com。

有若干优秀的支持向量机分类器都可使用, 其中包括: Python的scikit-learn包(https://scikit-learn.org/); SVM^light(http://svmlight.joachims.org/); 应用广泛且兼容性良好的LIBSVM(https://www.csie.ntu.edu.tw/~cjlin/libsvm/)。

注释 Veltkamp的[Vel01]是从计算几何的视角对形状匹配给出的精彩综述, 此类综述还有Alt和Guibas的[AG00]。关于模式分类算法的主要著作有[Che15, DHS00, JD88]。对人脸识别中几何方法的较新综述可参见[SBW17]。Goodfellow的[GBC16]是有关深度学习的首选参考资料。

---

[1] 译者注: 另外还有"可解释性"(explainability)。

[2] 译者注: 这种距离可度量两个多边形之间的相似程度。我们先设定水平方向, 再逐点计算多边形在该点的"转角"(指向), 最终给出距离度量。

在限定只能平移(不可旋转)的约束下, 一个n顶点多边形和一个m顶点凸多边形的最佳校准可在$O((n+m)\log(n+m))$时间内给出[dBDK+98]。在既可平移又可旋转的条件下, Ahn等给出了一种最优叠合的近似算法[ACP+07]。

Atallah在[Ata83]中给出了一种计算两个凸多边形其Hausdorff距离的线性时间算法, 而一般情形下的算法可参阅[HK90]。

相关问题 图同构(19.9节); 线化(20.10节)。

20.14 运动规划

输入 某个房间放置了若干多边形障碍物, 该房间中有一个多边形机器人, 其起始位置s和目标位置t已给定。

问题 找出机器人从s到t的最短路线, 要求不可触碰任何障碍物。

运动规划的输入和输出图例如图20.14所示。

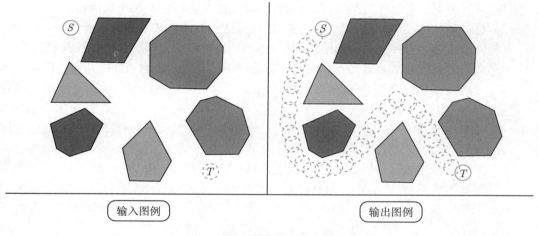

输入图例   输出图例

图 20.14 运动规划的输入和输出图例

讨论 运动规划是一个复杂的问题, 那些曾经将大件家具搬进小型公寓的人都对此深有体会。为移动机器人绘制路径是一个典型的运动规划应用。分子对接(molecular docking)系统也会用到运动规划: 很多药物不过是与给定靶向模型相结合以发挥作用的众多小分子, 确定在研药物可以到达哪些结合点位无疑是运动规划问题的一个实例。

此外, 运动规划还为计算机动画和虚拟现实提供了工具。给定一组对象模型以及它们在场景s_1和场景s_2中的位置, 运动规划算法可以通过构建一小段中间动作序列将s_1转换到s_2。所生成的动作能够填补s_1到s_2的中间场景, 而这种场景插值方法极大地降低了动画制作者的工作量。

运动规划问题的复杂度受制于众多因素:

- 你的机器人是一个点吗? —— 对于"点状机器人"(point robot), 运动规划可简化为寻找从s到t并能绕过障碍物的最短路径, 也即**几何最短路径**(geometric shortest path)问题。最容易实现的一种方案是构造关于多边形障碍物(外加点s和点t)的**可见性图**(visibility graph)。[1] 这种可见性图的每个顶点分别对应着某个障碍物的一个顶点，图中两个顶点之间有边相连当且仅当这两个顶点彼此"可见"，也即它们之间的视线不会被障碍物所遮挡(可视为多边形的某些边引起了遮挡)。

我们可以测试$\binom{n}{2}$对顶点所给出的候选边，通过检验其中每一条是否与障碍物的边相交(共n条)来完成可见性图的构造，其中n是障碍物多边形的顶点总数，不过还有更快的算法。[2] 若将可见性图中每条边的权设定为该边所连两点的真实距离，再利用Dijkstra最短路径算法(见18.4节)即可找到从s到t的最短路径，整个算法的耗时主要取决于可见性图的构造开销。

- 你的机器人可以做哪些动作？ —— 当机器人变成多边形而不再是一个点时，运动规划将变得相当困难。在接下来的讨论中，我们用到的所有通道都必须宽敞到足以让机器人通过。

  算法复杂度取决于机器人所能用到的运动自由度的大小。它除了平移之外能否自由旋转？机器人是否拥有像正常手臂那样能够自由弯曲或独立旋转的关节？每一个自由度其实对应着待搜索的状态空间其中一个维度，增加自由度会使从起点到终点更有可能出现一条较短的路径，但同时也会让找出这类路径变得更加困难。

- 你能简化机器人的外形吗？ —— 运动规划算法往往既复杂又耗时。能够简化环境的任何做法都大有裨益。特别地，设想将你的机器人移入封闭圆盘来替换其原有外形，那么该圆盘任何从起点到终点的路径都适用于圆盘中的机器人。此外由于圆盘的所有方向都彼此等价，所以旋转对于寻找路径毫无帮助。这样一来，所有运动都可以限定为较为简单的平移运动。

- 运动仅限于平移吗？ —— 当旋转被禁止时，障碍扩展方法可用于将多边形运动规划问题归约为之前已解决的点状机器人问题。在机器人上选择一个参照点，再将每个障碍物替换成它与机器人多边形的Minkowski和(见20.16节)。这将创建一个更大且更宽的障碍物，它被定义为机器人以紧挨的形式围绕该对象走一圈所形成的影迹。我们基于这些已经膨化(fattened)的障碍物在房间中找出一条从最初参照位置到终点的路径，便可得到原始环境中多边形机器人的一条可行路径。

- 是否提前了解障碍物的信息？ —— 我们之前一直假设机器人出发时已获取了所处环境的地图，但是在有些应用中以上假设并不成立，例如障碍物可能会移动。求解无地图运动规划问题的策略有两种：第一种是先探测环境并将结果绘成地图，再按图来规划前往目标的路径；第二种会简单一些，就像盲人手持指南针朝着目标方向前进，[3] 被障碍物阻挡后就贴着障碍物行走，直到能够不受阻挡而直接朝向目标前进。不幸的是，第二种策略在较为复杂的特定环境中可能会失效。

解决一般运动规划问题最为实用的方法是在机器人的**待搜索状态空间**(configuration space)[4]进行随机抽样再行处理。将各维度分别对应一个自由度，我们便能在由此构造的状

---

[1] 译者注：阅读时要仔细区分一些概念，主要是顶点和边到底所指为何。例如两个三角形障碍物加上起点和终点所得到的可见性图中有8个顶点。另外要特别注意区分"图中顶点之间的边"和"多边形自身的边"。

[2] 译者注：本句的表述略有修改，另外原文在此处未处理s和t。关于可见性图，建议阅读[dBvKOS08]了解更详细的内容。

[3] 译者注：细心的读者可能会发现，必须使用"盲人用指南针"(语音或点字)才能完成任务。

[4] 译者注：按照第9章的译法应将其翻译为"排布空间"，但会与20.15节的"排布"(arrangement)冲突。

态空间中为机器人定出"可行位置"的集合。能够平移和旋转的平面机器人其自由度为3, 也即机器人位置的x坐标和y坐标以及旋转角θ(均相对于初始时机器人上的某个参照点而言)。这个状态空间上的某些点代表着可行位置, 而其余点则与障碍物相交。

我们可通过随机抽样构造一组可行的状态点。逐个处理每对点p_i和p_j, 测试其间是否存在一条直接且无阻碍的路径, 由此可得出一个图, 其中顶点代表所有可行状态点而边则代表点对之间存在路径可达。运动规划由此得以简化: 先找出从起始/最终位置能走到图中顶点的所有直连路径, 再求解从初始点到最终点的最短路径问题即可。[1]

有很多方法可以增强这种基本技术, 例如在特别感兴趣的区域添加额外顶点。构建路径图为解决问题提供了一个干净漂亮的方案, 否则这些问题会变得非常棘手。

实现 业界最先进的采样策略运动规划算法实现可在OMPL(Open Motion Planning Library)找到, 其网址是`https://ompl.kavrakilab.org/`, 它能够自由地集成第三方所实现的碰撞检测及其可视化。你若想了解任何机器人或其他类型的运动规划项目, OMPL则是你应该访问的第一站。对OMPL的介绍可参阅[ŞMK12]。

MPK(Motion Planning Toolkit)是一个用于开发单机器人/多机器人运动规划的C++库和工具包。它包括了SBL, 这是一个单检式(single-query)[2]概率型路径图快速规划器, 可参见`http://robotics.stanford.edu/~mitul/mpk/`。

计算几何库CGAL(`www.cgal.org`)提供了许多与运动规划相关的算法, 包括可见性图构建和Minkowski和。O'Rourke的[O'R01](可参阅22.1.9节)给出了一种在平面上绘制两关节机器臂运动轨迹的算法实现, 代码较为简单, 仅供教材讲解使用。

注释 Latombe的著作[Lat91]讲解了运动规划的很多实用方案, 包括前文所描述的随机抽样方法。另外两本值得推荐的运动规划著作可免费下载:一本是LaValle的[LaV06](`http://planning.cs.uiuc.edu/`), 还有一本是Laumond的[Lau98](`https://www.laas.fr/~jpl/book.html`)。

运动规划的研究起源于Schwartz和Sharir所提出的"钢琴搬运工问题"。他们的解决方案是先构造搬运工(对应本节的机器人)位置的完全自由空间, 可确保搬运工不会与障碍物相交, 然后在适当的连通分量中找出最短路径。这些自由空间的表述非常复杂, 涉及高次代数曲面的排布。关于钢琴搬运工问题的基础性论文可参阅[HSS87]这本论文集, 稍新一些的综述见[KF11, MLL16, PČY+16, HSS18]。

基于自由空间的运动规划的最佳一般化结果由Canny给出[Can87], 他证明了任何自由度为d的问题都可在$O(m^d \log m)$时间内解决,[3] 不过对于一般运动规划问题中的某些特例存在更快的算法。Lozano-Perez和Wesley提出了运动规划的障碍扩展方法[LPW79]。Lumelski研究了前文所提到的运动规划盲人启发式方法[LS87]。

基于自由空间的运动规划算法其时间复杂度非常依赖于定出自由空间的曲面排布本身的组合复杂度。20.15节将给出排布维护的算法。Davenport-Schinzel序列经常出现于对此

---

[1] 译者注: 本段所出现的"直接"或"直连"其实就是两个点"可见"。

[2] 译者注: 与"单检式"相对的是"多检式"(multi-query), 其区别可参阅SBL的相关论文 *A Single-Query Bi-Directional Probabilistic Roadmap Planner with Lazy Collision Checking*。

[3] 译者注: 此处的m对应着问题中的约束个数, 详见[Can87]。

类排布的分析中。Sharir和Agarwal在[SA95]中较为全面地讲解了Davenport-Schinzel序列及其与运动规划之间的关联。

一个拥有n条线段[1]以及E对可见顶点的可见性图可在$O(n \log n + E)$时间(对应着最优算法)内构造完成[GM91, PV96]。Hershberger和Suri给出了一个$O(n \log n)$算法[HS99]，可在放置了多边形障碍物的场景中为点状机器人找出最短路径，而在相同场景下，Chew给出了一个为圆盘机器人寻找最短路径的$O(n^2 \log n)$算法[Che85]。

相关问题 最短路径(18.4节)；Minkowski和(20.16节)。

20.15　直线排布维护

输入 一组直线$l_1, \cdots, l_n$。

问题 由$l_1, \cdots, l_n$所定出的平面分解是什么？

直线排布维护的输入和输出图例如图20.15所示。

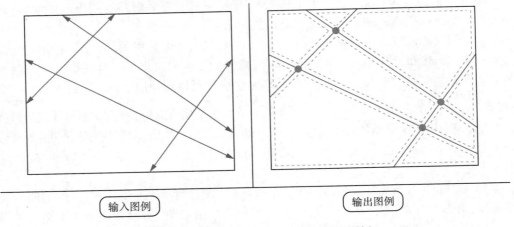

图 20.15　直线排布维护的输入和输出图例

讨论 计算几何中的一个基本问题是构建并明确给出由n条相交直线所形成的区域。很多问题都可归结为构建和分析这样的直线排布，[2] 比如：

- 退化测试 —— 给定同一平面上的一组n条直线，其中会有三条直线经过同一点吗？对所有三元组进行蛮力测试需要$O(n^3)$时间。如果我们换而构建直线的排布，再遍历每个顶点并对其度给出计数值，总开销仅需平方时间。
- 满足最多的线性约束条件 —— 假设给了我们一组n个均形如$y \leqslant a_i x + b_i$的线性约束$(1 \leqslant i \leqslant n)$。平面上哪个点能满足最多的约束条件呢？可构造相应直线排布进而将平面划分为区域(一般称为单元)，任取一个单元，其中所有点都满足的是同一组约束，因此我们只需在各单元中测试一个点便可找到全局最大值。

---

[1] 译者注：刚好对应其中所有多边形(障碍物)的顶点总数。此外，本段中的n其意义完全相同。

[2] 译者注：一组几何对象的排布(arrangement)也即由这些对象所诱导的空间分解(包括各种维度的几何单元)。例如一组特定的直线将平面划分成若干顶点、边以及面，这些全都算作排布。

根据直线排布表现出的特征来审视几何问题, 对算法的表述和构建非常有用。不幸的是, 必须承认直线排布在实践中并不像期待的那样受欢迎。这主要是因为正确的应用必须基于深入的理解。计算几何库CGAL提供了一个通用的稳健实现, 这也从侧面证明了花大力气弄清这项技术肯定是值得的。直线排布中常见的议题包括:

- 构造直线排布的正确方法是怎样的? —— 构造直线排布的算法是增量式处理: 从一条或两条直线的排布着手, 后续每次将一条直线插入排布之中, 由此生成越来越大的排布。插入新直线时, 我们从包含该直线的最左单元开始一直向右穿越整个排布, 每次使用新插入的直线将当前单元一分为二然后再移动到相邻单元。

- 你的排布有多大? —— 名为**关联带定理**(zone theorem)的这一几何事实(geometric fact)指出, 第k条线插入时会穿越并切开排布中的k个单元, 随后总共会形成$O(k)$条边来构筑相关单元的边界。[1] 这意味着, 我们可以扫描插入过程所遇各单元的每条边, 并有把握每次以线性时间完成将此直线插入排布的工作。因此, 依次插入n条直线从而构建其完整排布的总耗时为$O(n^2)$。

- 你想自己的排布派何用场? —— 给定一个排布和一个待查点q, 我们通常想知道该排布的哪个单元会包含点q, 这就是20.7节讨论过的点定位问题。给定一个直线或线段排布, 我们通常比较关注如何找出所有交叉点, 对相交检测问题的讨论见20.8节。

- 你的输入是点集而非线集? —— 虽然点和线看似不同的几何对象, 但表象可能会产生误导。借助**对偶变换**(duality transformation)的魔力, 我们可以将线l变成点p, 反之亦然。例如以下对偶变换:[2]

$$l : y = 2ax - b \longleftrightarrow p : (a, b)$$

对偶性很重要, 因为我们由此可将直线排布应用于点问题, 而且通常会有出人意料的效果。

例如, 假设给定一个n元点集, 我们想弄清其中任意三点是否共线。这听起来很像前文讨论过的退化测试问题。它们实际上的确完全相同, 只不过需要转换一下点线角色而已。我们可以基于以上变换将点对偶为线再构造排布, 随后找出一个同时被三条直线穿过的顶点, 而该顶点的对偶便可定出原来那三个顶点所处的直线。

对于已构建完成的排布, 遍历各单元恰好一次通常会很有用。此类遍历被称为**扫线算法**, 20.8节已经对其稍作讨论。其基本过程是先按x坐标对交点排序再从左到右遍历, 并记录我们所探查到的所有几何元素。

实现 CGAL(www.cgal.org)提供了一个通用且稳健的软件包, 其中包含了曲线(不只是直线)排布。对于任何会用到排布的重要项目, 你都应该先看看这部分内容。Fogel等所撰关于CGAL中排布相关内容的著作[FHW12]可谓最好的入门读物。

关于构造排布并对其进行拓扑扫视, 可浏览https://www.cs.tufts.edu/research/geometry/other/sweep/, 它提供了一套稳健的C++代码。CGAL给出了拓扑扫视的一个扩展形式, 可处理若干两两不相交凸平面的可见性复形(visibility complex)。[3]

---

[1] 译者注: 若是阅读本段不太明白, 可参阅[dBvKOS08]的8.3节, 并配合插图加以理解。

[2] 译者注: 该变换较为特殊, 取自[O'R01]的6.5节。

[3] 译者注: 可理解为在可见性(visibility)意义下所构造的复形(complex)。

　　arrange是一个用于维护平面或者球面上多边形排布的软件包。多边形有可能会退化，从而使该问题变为线段的排布。该软件包使用了随机增量式构造算法，并支持排布其上的高效点定位。arrange是由Michael Goldwasser以C语言所编写，可在http://euler.slu.edu/~goldwasser/publications/获取。

（注释）　Edelsbrunner的[Ede87]全面讨论了排布的组合理论，以及关于排布的算法和应用。对于那些想深入探究排布问题的人，这是一部必不可少的参考书。关于排布组合理论和算法的研究成果，稍新一些的综述有[AS00, HS18]。关于排布构造方面的精彩讲解可参见[dB-vKOS08, O'R01]。关于排布代码实现(例如CGAL中的排布如何实现和改进)的相关讨论可参阅[FWH04, HH00]。

　　排布问题很容易推广到二维以上的情况：空间的分解可由平面(或超出三维后为超平面)定出，而不再是直线排布。关联带定理指出：n个d维超平面的任何排布其总量复杂度为$O(n^d)$，与任意一个超平面相交的那些单元其总量复杂度为$O(n^{d-1})$。这为排布的增量式构造算法的可行性提供了依据：围绕各单元的边界进行遍历并找出那些与新插入超平面相交的相邻单元，所需时间正比于插入超平面后所增加的单元数量。[1]

　　关联带定理的历史发展有些反复，这是因为最初的证明后来被发现在更高维情况下并不正确，相关讨论及正确证明请参阅[ESS93]。Davenport-Schinzel序列理论与排布问题研究密切相关，可参阅[SA95]。

　　直线排布扫视的朴素算法会先按x坐标对n^2个交点进行排序，故需$O(n^2 \log n)$时间。拓扑扫视[EG89, EG91]无需排序，故遍历排布只需平方时间，此外该算法易于实现，可用于许多扫线算法的加速。拓扑扫视的稳健实现及其实验结果可参见[RSS02]。

（相关问题）　相交检测(20.8节)；点定位(20.7节)。

20.16　Minkowski和

（输入）　点集(或多边形)A和B，其点数分别为n和m。

（问题）　A和B的"Minkowski和"(也即$A \oplus B = \{x + y \mid x \in A, y \in B\}$)是什么样的？[2]

　　Minkowski和的输入和输出图例如图20.16所示。

（讨论）　Minkowski和是一种很有用的几何运算，它能让几何对象以一种合理的方式进行**膨化**(fatten)。例如在放置了多边形障碍物的房间里，多边形机器人运动规划问题的一种流行求解方案(见20.14节)正是将每个障碍物与机器人的形状求Minkowski和从而膨化其外形，最终将问题归约为更容易解决的点状机器人情形。Minkowski和的另一应用是形状简化(见20.12节)：我们将对象的边界变宽以在其周围创建一条通道，然后利用该通道内的最低节数路径定出简化形状。最后一个应用是不规则对象的平滑，可对其与一个较小的圆(圆心设在原点)求Minkowski和，便能消除该对象表面的轻微划痕和割伤从而平滑其边界。

---

[1] 译者注：本段所用的"复杂度"可简单理解为数值的量级，在关于排序的文献中常常使用这样的术语。

[2] 译者注：原书混用了多边形的"卷积"与"Minkowski和"，这两个概念其实有区别，可参阅Ron Wein的技术报告*Exact and Efficient Construction of Planar Minkowski Sums using the Convolution Method*，因此我们在本节不使用"卷积"一词。此外，我们换用更为常见的$\oplus$符号来表示Minkowski和。

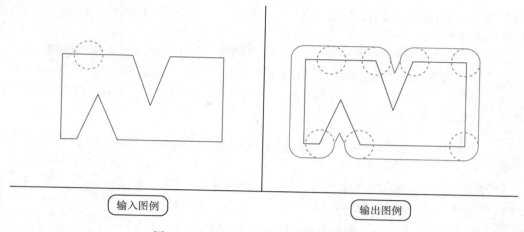

图 **20.16** Minkowski和的输入和输出图例

求Minkowski和时得先假设多边形A和B位于某坐标系中, 随后可定义Minkowski和为

$$A \oplus B = \{x + y \mid x \in A, y \in B\}$$

其中, $x + y$是两点的矢量和。从平移的角度看, Minkowski和实际就是A按B中各点作平移后所有结果的并。计算Minkowski和时会出现的议题包括:

- 你的目标是点阵图像还是显式的多边形? —— 如果A和B是点阵图像(栅格图像), 根据Minkowski和的定义可以给出一个简单算法。我们先基于A和B的边界框来确定最终结果范围, 并据此初始化一个大小足够大的像素矩阵。对于A和B中的每对点, 将其坐标加起来并让那个所得像素点予以加黑处理。如果我们需要Minkowski和的一个显式多边形表示(也即精确给出多边形参数), 那么算法就会变得非常复杂。
- 想让你的操作对象基于一个定值进行膨化吗? —— 最常见的膨化操作是将模型M拓展一个给定容限t, 也称为**偏移式扩张**(offseting)。[1] 节首的图例是通过对模型M与一个以t为半径的圆盘计算Minkowski和而达成, 虽然膨化结果并不是多边形, 最终结果的边界要素换成了圆弧和线段, 但是基本算法可以类似地去套用。
- 你所处理的几何对象是凸形? —— 计算Minkowski和的复杂度很大程度上取决于多边形的形状。当A和B皆凸时, 只需沿其中一个的边界持续描摹另一个, 即可在$O(n + m)$时间内得到两者的Minkowski和。若其中之一非凸, 则$A \oplus B$的规模量(即顶点或边的数目)可能会达到$\Theta(nm)$量级。而A和B皆非凸则会更糟糕, 此时$A \oplus B$的规模量还可能会进一步达到$\Theta(n^2 m^2)$。非凸多边形的Minkowski和通常会比较难看但又内蕴某种数学之美, 它会以意想不到的方式绘制出或擦除掉一些孔洞。

计算Minkowski和最直接的方式是基于三角剖分来求并。先将两个多边形进行三角剖分, 再取A的每一个三角形对B的每一个三角形计算Minkowski和。一个三角形与另一个三角形的Minkowski和, 是下面即将讨论的凸多边形求和中一类易于计算的特殊情形。所有这

---

[1] 译者注: 多边形"偏移式扩张"的膨化结果依然是多边形(可以理解为来回摇晃而成), 这点与"Minkowski和"不同, 可参阅*Offset polygon and annulus placement problems*这篇论文中的图例进行对比。

些凸多边形(共$O(nm)$个)的并就是$A \oplus B$。我们可基于平面扫视(相关讨论见20.8节)来给出多边形求并的算法。

　　计算两个凸多边形的Minkowski和比一般情况更容易, 因为此时其和总是凸的。对于凸多边形最简单的处理方式是将A沿着B的边界滑动然后逐边计算其和。我们可将每个多边形划分成少量凸片(见20.11节), 然后将每对凸片的Minkowski和进行求并, 这样通常会比处理两个已被完全三角剖分过的多边形更高效。

（实现）　CGAL(www.cgal.org)中关于Minkowski和的功能部分提供了高效且稳健的代码, 可实现任意两个多边形Minkowski和的计算, 同时还可处理精确/近似偏移式扩张。

　　[FH06]讨论了三维情况下计算两个凸多面体其Minkowski和的算法实现, 可在https://www.cs.tau.ac.il/~efif/CD/下载。

（注释）　[dBvKOS08, O'R01]对Minkowski和的算法给出了较好的讲解。[KOS91, Sha87]给出了各种不同情况下Minkowski和的最快求解算法。

　　在一般情况下, Minkowski和的实际计算效率取决于将多边形分解成凸片的方式, 而最优解未必源于凸片最少的划分。Agarwal等深入全面地研究了适用于Minkowski和的分解方法[AFH02]。Baram等发现孔洞若是足够小则不会影响Minkowski和的形状, 从而给出了计算带孔洞多边形Minkowski和的加速方案[BFH+18]。

　　两个三维凸多面体求Minkowski和的组合复杂度问题已得到完全解决[FHW07]。对此类多面体求Minkowski和的一种实现可参见[FH06]。

（相关问题）　线化(20.10节); 运动规划(20.14节); 简化多边形(20.12节)。

第21章

集合与字符串问题

聚拢在一起的一组对象称为集合或字符串——两者的区别仅在于其中各对象的次序是否被看重: 集合中各符号的次序无关紧要, 而字符串则相当于符号序列或符号排列。

字符串问题因其符号具有固定次序, 故在借助动态规划这样的技术和后缀树这样的高级数据结构求解时, 可能会比求解无此特性的集合问题表现得更高效。受生物信息学、社交媒体及其他文本处理应用的推动, 大规模字符串处理算法的关注度和重要性一直在增加。关于字符串算法的佳作有:

- Gusfield的[Gus97] —— 在我眼里, 这本书至今仍是字符串算法的最佳入门读物, 它还从经典字符串精确匹配算法的视角, 以明晰且极富创意的方式, 对后缀树进行了深入探讨。
- Crochemore和Hancart以及Lecroq的[CHL07] —— 全面论述各种字符串算法, 其作者为该领域的领军人物。该书虽由法文版翻译而来, 但却清晰易懂。
- Navarro和Raffinot的[NR07] —— 该书主题为模式匹配算法, 简洁、实用并且注重代码实现。此外, 它对位并行方法的论述尤为透彻。
- Crochemore和Rytter的[CR03] —— 关于字符串算法的专题综述, 偏重于理论。

在字符串算法学中耕耘的学者习惯于称其研究领域为**字符串学**(stringology), 每年一度的组合模式匹配(Combinatorial Pattern Matching, CPM)研讨会是他们对此及相关领域在实践和理论两方面进行交流探讨的主要园地。

21.1 集合覆盖

(输入) 由全集$U = \{1, \cdots, n\}$的子集所组成的集簇$S = \{S_1, \cdots, S_m\}$。

(问题) 寻找S的最小子集T, 并满足其元素之并恰为全集, 也即

$$\bigcup_{\substack{1 \leqslant i \leqslant m \\ S_i \in T}} S_i = U$$

集合覆盖的输入和输出图例如图21.1所示。

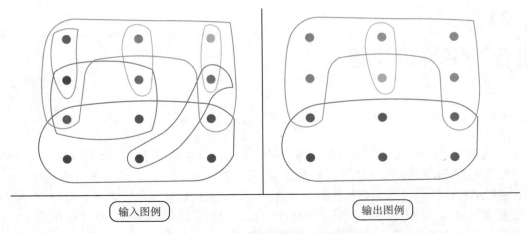

图 21.1　集合覆盖的输入和输出图例

（讨论）要想高效地集齐按固定批次分组包装的物项, 你所面临的就是集合覆盖问题, 即购买尽可能少的批次来完成你的收集, 使得其中至少包含着各物项的一个样本。找到一个集合覆盖并非难事, 因为从包含各物项的所有可能批次中, 你只要各购买一个就行。但是, 找到一个尽可能小的集合覆盖, 却可以让你以更小的开支达成相同的目的。集合覆盖为1.8节所讨论的彩票优化问题提供了自然而然的表述, 在该问题中, 我们要找的是如何购买最少数量的彩票便足以覆盖所有给定的组合。

布尔函数最小化是集合覆盖又一个很有趣的应用。给定一个具体的 k 元布尔函数, 对于所有 2^k 个可能的输入向量, 它可定出相应的输出值(0或1)。为了寻求能完全等价于这个布尔函数的最简电路, 有一种方法是先找出基于各变量及其否定所组成的析取范式(DNF), 例如 $(x_1 \wedge \bar{x}_2) \vee (\bar{x}_1 \wedge \bar{x}_2)$, 再通过分解共同的变量子集来化简它。要得到这种析取范式, 只需每在输出值为1时按输入向量的取值对各变量或其否定建立值为1的"与"项, 再对这些"与"项取"或"即可。给定一组可能的"与"项, 其中各项皆涉及我们所需的一个变量子集, 而我们寻求数量最少的"与"项, 取其"或", 结果仍能实现该函数。这无疑正是个集合覆盖问题。

关于集合覆盖, 你应该了解的问题有以下几个:

- 允许元素被多次覆盖? —— 此特性允许与否, 可以说是集合覆盖与组集的分野, 后者将在21.2节讨论。如果允许, 就应该将元素可多次覆盖的优势利用起来, 因为那样通常会得出更小的覆盖。

- 集合来自图中的边/顶点? —— 集合覆盖问题非常普遍, 不少实用的图问题都是它的特例。换个角度考虑: 假设你想找出图的最小边集, 覆盖各顶点恰好一次, 你真正在找的不过是图的完美匹配(见18.6节); 若是假设你想找出图的最小顶点集, 覆盖各边至少一次, 这其实是顶点覆盖问题, 19.3节已有讨论。

  顶点覆盖缘何能建模为集合覆盖的特例, 弄清其设定颇有裨益。设全集 U 对应于边集 $\{e_1, \cdots, e_m\}$, 令 S_i 为由顶点 v_i 所关联边组成的子集, 由此可构建出 n 个子集。明白这一点, 纵使顶点覆盖是集合覆盖的特例, 你仍可将此特殊问题现有那些性能优秀的启发式方法应用于求解更一般的集合覆盖问题。

- **各子集仅有两元素？** —— 如若你的各个子集最多只有两个元素，那么就该恭喜你：此特殊情形可归约为寻找图中的最大匹配，故能高效地得出最优解。然而不幸的是，一旦你的各个子集都纳入了三个元素，该问题就立刻变成了NP完全问题。
- **用集合覆盖元素还是用元素覆盖集合？** —— 在**命中集**(hitting set)问题中，我们寻找数量尽可能少的"代表"，其整体可"代表"给定集簇的每个子集。图21.2给出了命中集的一个算例图解。命中集问题与集合覆盖问题具有相同的输入，但差异在于，我们要找的是最小的元素子集$T \subset U$，使各个子集$S_i (1 \leqslant i \leqslant m)$中均至少有一个元素属于集合$T$，也即$S_i \cap T \neq \varnothing$。假设我们在选举一个规模尽可能小的议会，且使各个"群体"至少有一名代表入选，那么当某个人拥有多重身份时，他就能同时代表多个群体，好比我就可以同时代表男性、犹太人、左撇子和婴儿潮一代。如果将各群体看作特定的人群子集，则其最小命中集就是满足政治正确的最小规模议会。

命中集是集合覆盖的对偶问题，也即它们是同一问题的不同形式。将全集U中各元素代以其所在子集之名，则S与U将互换角色，即我们如今得从U中找出一组子集来覆盖S中的所有元素，而这正是集合覆盖问题。在完成这种简单转换后，我们便可用任何集合覆盖程序来求解命中集问题，不妨对照图21.2中的算例。

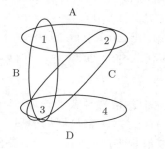 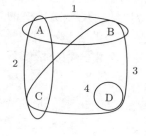

图 21.2 选择元素1和3或者2和3可得命中集算例[左]的最优解；选择子集1和3或者2和4可得该问题的对偶集合覆盖算例[右]的最优解

集合覆盖问题至少和顶点覆盖问题一样难解，故为NP完全问题。事实上，集合覆盖要更难一些：对于顶点覆盖，近似解不会比两倍最优解更差；但对集合覆盖而言，最好的近似算法却可能给出最优解的$\Theta(\log n)$倍。

对于集合覆盖问题，贪心算法是最自然且最高效的启发式求解方法：先选择子集中最大者作为初始覆盖，并将其中所有元素从全集中删除；继而选择子集中含全集剩余未被覆盖元素最多者，加入初始覆盖；重复此过程，直至所有元素皆被覆盖。按此启发式方法求得覆盖，所用子集在理论上始终不会超过最优解的$\log n$倍，但实际效果通常会更好。

对于贪心启发式方法，最简单的实现需要在每个"贪心"步骤中都去扫视输入的所有m个子集。然而通过使用某些数据结构，如链表和限高优先级队列(bounded-height priority queue)(见15.2节)，可使贪心算法在$O(w)$时间内运行完毕，其中$w = \sum_{i=1}^{m} |S_i|$是输入子集的总规模量。

有些元素可能只出现在少数子集中，甚至于单个子集中，检查是否存在这种元素很有必要。如若确实存在，我们应该刚一开始就选择含有此类元素的最大子集，因为我们最终都得将此类子集纳入覆盖，随之也会带入更多元素，故若迟疑，势必要产生多余的覆盖。

　　模拟退火技术是此类贪心启发式方法中的佼佼者, 很有可能给出更好的集合覆盖。利用回溯法可以确保你得出最优解, 但为此似乎不值得付出那么多计算开销。

　　通常而言, 将集合覆盖转述为整数线性规划(ILP), 其效果更好且功能更强。令0/1型整数变量c_i表示子集S_i是否被给定覆盖所选取, 则全集中的每个元素$x \in U$基于包含它的所有子集S_i给出了一个约束, 即

$$\left(\sum_{1 \leqslant i \leqslant m, x \in S_i} c_i \right) \geqslant 1$$

这确保了x将至少被所选子集中的一个所覆盖。在最小化$\sum_i c_i$的同时, 最小集合覆盖须满足所有约束。该整数规划方法可以轻而易举地推广到加权集合覆盖(允许不同子集有不同费用), 甚至于放宽为线性规划(即允许$0 \leqslant c_i \leqslant 1$而非限制各变量须取值0或1), 从而得以运用带舍入技术的那些有效且高效的启发式方法。

实现　前述贪心启发式方法和整数线性规划法两者在其各自的领域中都过于简单, 以至于无人重视而缺乏现成的实现。

　　求解组集问题的穷举搜索算法, 以及求解集合覆盖的启发式方法, 它们的Pascal实现代码可参阅[SDK83], 对于[SDK83]这本书的介绍见22.1.9节。

　　SYMPHONY是一个混合整数型线性规划(Mixed-Integer Linear Program, MILP)求解器, 其中还包含了一个集合划分求解器, 其获取网址见https://github.com/coin-or/SYMPHONY。

注释　关于集合覆盖, [BP76]是一篇有点过时但却依然经典的综述, 而[Pas97]的综述则涵盖了更多后续所提出的近似算法及其复杂度分析。基于整数规划的启发式方法和精确算法均可求解集合覆盖问题, 它们的计算效果都已得到了广泛的研究, 请参阅[CFT99, CFT00]以了解详情。关于集合覆盖问题求解算法和归约规则的精彩阐述见[SDK83]。

　　[CLRS09, Hoc96]很好地论述了求解集合覆盖问题的贪心启发式方法。[Joh74, PS98]给出了一种算例用以展示集合覆盖贪心启发式方法的最坏情况, 可让所得解是最优解的$\log n$倍。这其实并非启发式方法独有的缺陷, 实际上, [Fei98]证明了要为集合覆盖找到一个近似因子小于$(1 - o(1)) \log n$的算法并非易事。源于几何算例的受限集合覆盖问题, 比如寻找最少数量的点以"刺穿"给定的一组圆, 可能存在更好的结果[AP14, MR10]。

　　Knuth在其TAOCP第4卷4A部分中关于布尔逻辑优化的讨论相当有趣[Knu11], 而该问题与集合覆盖的联系极为紧密。

相关问题　匹配(18.6节); 顶点覆盖(19.3节); 组集(21.2节)。

21.2　组集

输入　由全集$U = \{1, \cdots, n\}$的子集所组成的集簇$S = \{S_1, \cdots, S_m\}$。

问题　寻找S中尽可能小的一组子集, 它们互不相交, 且其并恰为全集。

　　组集的输入和输出图例如图21.3所示。

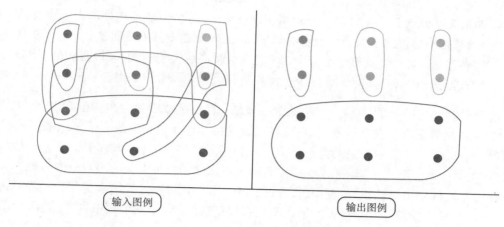

图 21.3 组集的输入和输出图例

(讨论) 组集问题常见于对集合划分有较强约束的应用问题中, (相对于集合覆盖)其主要特征是没有哪个元素可被一个以上的子集所覆盖。

图的独立集问题隐含着类似特征。在19.2节对独立集的讨论中, 我们寻找图 G 中尽可能大的顶点子集, 使得图中各边至多与选定子集中的一个顶点相连。为了将此建模为组集问题: 首先令全集代表 G 的所有边, 其次让子集 S_i 代表与顶点 v_i 关联的所有边, 最后对各边分别再配一个**独元集**(singleton set)。在此设定下的任何一种组集都相当于一组没有公共边的顶点, 也即图的独立集。增补独元集是为了在组集中不漏掉那些未被选定顶点所覆盖的边。

航班机组成员调度问题也是组集的一个应用。每架待飞航班皆需配齐全体机组成员, 其中包括机长、副机长和领航员。基于他们的适飞机型、个性冲突和工作调度表, 导致机组成员结构将会受到约束。给定机组成员与航班所有可能的组合, 其中每种组合都用一个子集表示, 我们需要一种方案, 使得每架航班和每个成员只出现在被选中的一种组合里。毕竟同一个人不可能同时出现在两架不同的航班上, 而且每架航班只需一队机组成员。给定对子集的约束后, 我们需要的其实就是个完美的组集。

我们在此用组集说明关于集合的几个不同问题, 它们都是NP完全问题:

- 各元素只能出现在一个选定子集中? —— 在精确覆盖问题中, 我们寻找一组子集, 恰好覆盖各元素一次。上述航班机组成员调度问题具有精确覆盖的这一特点, 这是由于每架航班及其机组成员最终都必须实际执飞。

  遗憾的是, 精确覆盖将置我们于那种与图中哈密顿环相同的处境。若是我们确实必须覆盖各元素恰好一次, 而该存在性问题又是NP完全问题, 我们所能做的就只有进行指数时间的搜索。这种过程通常费用昂贵, 除非我们在很短时间内碰巧撞到了一个解。

- 各元素皆有自己的独元集? —— 若局部解就能满足我们的要求, 那么事情将会好很多。将 U 中各元素作为独元集列入 S 之中, 并对局部解之外的元素以其独元集组装, 即可将组集的任何局部解扩展成精确覆盖。如此一来, 我们的问题将被归约为寻找最小基数组集, 而后者可以通过启发式方法攻坚。

- **两次覆盖元素罚分几何？** —— 元素出现在多个选定子集中, 在处理集合覆盖(见21.1
  节)时并不会得到任何罚分, 但对于精确覆盖却算违规且被绝对禁止。对于更多应用
  问题来说, 其罚分数值则会介于二者之间, 解决这类问题的一种思路是利用贪心启
  发式方法, 让其更倾向于寻找一个含有早前已覆盖元素的子集。

适于求解组集问题的启发式方法是贪心算法, 有点类似于集合覆盖的启发式方法(见
21.1节)。若想得到所含集合尽可能少的组集, 就需持续选择留存的最大子集, 也即不断从S
中删除与所选最大子集相冲突的全部子集。和我们之前讲的一样, 辅以穷举搜索或随机化
方法(以模拟退火的形式), 稍微花点时间处理额外的计算, 很可能会给出更好的结果。

使用整数规划可以获得性能和功能都更强的方案, 其转换方式与求解集合覆盖时的做
法相类似。令0/1型整数变量c_i表示子集S_i是否被覆盖所选取, 则全集中每个元素$x \in U$基
于包含它的所有子集S_i给出了一个约束, 即

$$\left(\sum_{1 \leqslant i \leqslant m, x \in S_i} c_i \right) = 1$$

这确保了x恰好仅被一个选定子集所覆盖。在考虑这类约束的前提下我们可以最小化或最
大化$\sum_i c_i$, 这样还能灵活调整覆盖中所倾向达到的子集数量。

实现 由于集合覆盖相比于组集是个更为常见和更易处理的问题, 所以找到适合求解覆盖
问题的算法实现可能会更容易。这样的算法实现在21.1节多有讨论, 它们可以轻易施以修
改, 从而达到支持某些组集约束之目的。

求解组集问题的穷举搜索算法, 以及求解集合覆盖的启发式方法, 它们的Pascal实现代
码见[SDK83], 参阅22.1.9 节以了解如何基于FTP方式下载这些代码。

SYMPHONY是一个混合整数型线性规划求解器, 其中还包含了一个集合划分求解器,
其获取网址见https://github.com/coin-or/SYMPHONY。

注释 关于组集的综述性文献有[BP76, HP09, Pas97]。针对组集的局部搜索启发式方法
可参见[SW13]。求解组集的固定参数可解型算法[FKN+08]以及在线算法[EHM+12]已有相关研
究。如[dVV03]所述, 组合拍卖的竞价策略通常也可归约为组集问题来求解。

组集的整数规划松弛解法见[BW00]。关于组集问题求解算法和归约规则的精彩阐述见
[SDK83], 其中就有前文所述关于航班机组成员调度的应用问题。

相关问题 独立集(19.2节); 集合覆盖(21.1节)。

21.3 字符串匹配

输入 长为n的文本串t和长为m的模式串p。

问题 在文本串t中寻找模式串p的一个实例/所有实例。

字符串匹配的输入和输出图例如图21.4所示。

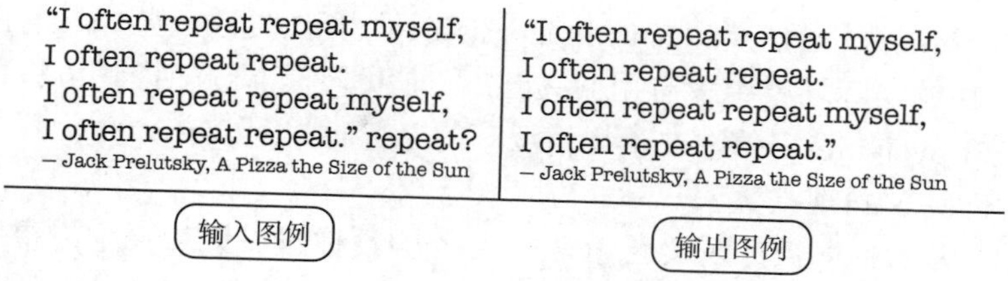

"I often repeat repeat myself,
I often repeat repeat.
I often repeat repeat myself,
I often repeat repeat." repeat?
— Jack Prelutsky, A Pizza the Size of the Sun

"I often repeat repeat myself,
I often repeat repeat.
I often repeat repeat myself,
I often repeat repeat."
— Jack Prelutsky, A Pizza the Size of the Sun

输入图例

输出图例

图 21.4 字符串匹配的输入和输出图例

讨论 几乎所有的文本处理应用程序都会用到字符串匹配: 每个文本编辑器都拥有在当前文档中搜索任意字符串的机制; 像Python这样的模式匹配编程语言, 它们的多数能力皆源自其内置的字符串匹配原语, 这使得编写用于筛选和修改文本的程序变得很容易; 拼写检查器可以扫描输入文本, 让字典业已收录的单词通过检查, 并拒绝任何不匹配的字符串。

字符串匹配是一个很基本的算法问题, 至今依然充满活力。在为所给应用问题挑选正确的字符串匹配算法时, 通常会遇到若干议题:

- 模式串和文本串至少有一个很短? —— 如果字符串很短且查询并不频繁, 则用简单的$O(mn)$时间搜索算法就足以解决问题: 对所有可能的起始位置$1 \leqslant i \leqslant n - m + 1$, 测试始于文本串第$i$个位置的$m$个字符是否与模式串相同。该算法的实现代码(C语言)可参阅2.5.3节。

  对特别短的模式串(如$m \leqslant 10$), 不要指望还有什么算法会比这种简单算法好很多, 故而也无需去做尝试。此外, 其实对于通常情况下的字符串, 我们可以预期算法性能会优于$O(mn)$, 因为在发现文本串/模式串不匹配的瞬间, 我们就可以推移模式串继续测试。实际上, 这种平凡的算法常常只需线性时间即可完成, 不过最坏情况肯定也会发生, 比如算例为: 模式串$p = a^m$, 文本串$t = (a^{m-1}b)^{n/m}$。

- 文本串和模式串都较长时怎么办? —— 字符串匹配的最坏情况实际上也可以在线性时间内完成。请注意利用如下事实: 发现不匹配字符后, 我们无需从头重新搜索, 因为在不匹配点之前, 模式串的前缀和与文本串片段必然完全匹配。针对结束于i位置的部分匹配, 我们只需向前跳回模式串中能满足与文本串部分匹配的首字符位置即可, 随后为进一步对比$i + 1$位置是否能够匹配提供基础。Knuth-Morris-Pratt(KMP)算法通过对待查模式串进行预处理, 构建了此类高效跳转表。相关处理细节极其考验技巧, 不过算法的最终代码实现非常简短。

- 我到底能不能找到模式串? —— Boyer-Moore算法在匹配文本串时采用基于模式串从右向左对比的方式, 故而在不匹配时可以避免查看一大段文本。假设模式串为"abracadabra", 而文本串的第11个字符为"x", 那么该模式串绝不可能从该文本串的前11个位置开始来获得匹配, 故而我们可直接跳转至文本串的第22个字符进行下次测试。如果足够幸运, 该算法只需测试n/m个字符。Boyer-Moore算法在应对不匹配情形时会用到两组跳转表: 一组基于当前的模式串部分匹配, 另一组基于不匹配的当前文本串字符。[1]

---

[1] 译者注: 即BM算法中的常用术语: "good suffix"和"bad character"。

Boyer-Moore算法虽然要比Knuth-Morris-Pratt算法复杂一些, 但是它在模式串长度 $m > 10$ 的实际场景中大有用武之地, 除非我们提前预知模式串将在文本串中反复再现。Boyer-Moore算法在最坏情况下的运行时间为 $O(n+rm)$, 其中 r 是模式串 p 在文本串 t 中的再现次数。

- **要在同一文本串中执行多次查询吗?** —— 假设你正在设计一个需要反复搜索某个特定文本数据库(比如《圣经》)的程序。因为文本串始终固定不变, 所以构建数据结构来加速搜索查询是值得的。15.3节所述后缀树和后缀数组这两个数据结构最适合于这项工作。

- **要在众多文本串中搜索同批模式串吗?** —— 假设你正在设计一个需要从文本流中筛除污言秽语的程序。在这个场景下, 模式串集合会保持稳定, 而待查文本串则能自由改换。我们可能需要针对 k 个不同的模式串在一个文本串中找出所有的匹配, 并且 k 可能会很大。

  为每个模式串各自执行一次线性时间的扫描, 会得到一个 $O(k(m+n))$ 算法。但若 k 足够大, 将会有更好的解法: 建立一个能够识别所有模式串的有限自动机, 并可在不匹配处返回到适当的初始状态。Aho-Corasick算法可在线性时间内构建出一个此类自动机。如21.7节所述, 通过优化模式识别自动机可以取得节省空间的效果。`fgrep` 命令的原始版本中就曾使用过这种方法。

  有些时候, 很多模式串并非以字符串列表的方式具体给出, 而只是简明地给出了其正则表达式。例如正则表达式 $a(a+b+c)^*a$ 可以匹配基于字母表 $\{a,b,c\}$ 并同时以 a 开头和结尾的任何字符串。要检测输入字符串是否与某个正则表达式 R 相匹配, 最好的方法就是构建与 R 等价的有限自动机, 然后以这个机器处理该字符串。如果想了解由正则表达式构建自动机的相关详情, 同样可参阅21.7节。

  若模式串的描述方式不再是正则表达式, 而换成了上下文无关文法, 那么问题将变成一种语法分析, 10.8节对此已有讨论。

- **文本串或模式串有拼写错误时怎么办?** —— 本节所论算法仅适用于字符串精确匹配。如果你不得不容忍拼写错误, 问题将变成字符串近似匹配, 留待21.4节细论。

(**实现**) Strmat是配套[Gus97]实现模式精确匹配算法的一个C程序集, 其中有KMP算法和Boyer-Moore算法的若干变种, 其获取网址见 https://www.cs.ucdavis.edu/~gusfield/strmat.html。

通用正则表达式模式匹配器(grep)有若干种现成的版本, 其中GNU所实现的 `grep` 可参见 https://directory.fsf.org/project/grep/, 它使用了一种基于确定性算法的惰性状态快速匹配器, 而执行普通的定长字符串查找则采用Boyer-Moore算法。

Boost字符串算法库为各种字符串基本操作(当然肯定也包括查找)提供了相应的C++函数, 见 http://www.boost.org/doc/html/string_algo.html。

(**注释**) 所有字符串算法方面的书籍, 包括[CHL07, NR07, Gus97], 对于字符串精确匹配都做了详细讨论。关于Boyer-Moore算法[BM77]和Knuth-Morris-Pratt算法[KMP77]的精彩论述可参见[BvG99, CLRS09, Man89]。由于一些已公开发表的证明并不正确或并不完善, 字符串匹配算法的历史多少显得有些曲折, 请参阅[Gus97]对此所作的说明。

Aho对于字符串模式匹配算法做了很好的综述[Aho90]，其中对正则表达式模式特别重视。对于多模式的Aho-Corasick算法其描述可见[AC75]。

关于字符串匹配算法的实证对比可参阅[DB86, Hor80, Lec95, dVS82, YLDF16]。字符串匹配算法的性能取决于字符串特征和字母表规模，当模式串和文本串都很长时，我建议使用一个你所能找到的Boyer-Moore算法最佳实现。基于GPU的字符串匹配算法在[LLCC12]中有相关讨论。

我们在6.7节中所讨论的Rabin-Karp算法[KR87]用到了散列函数，可在线性期望时间内完成字符串匹配，但其最坏情况仍需平方时间，且其实际性能似乎比前文介绍的字符对比法还要差一些。

相关问题 后缀树(15.3节)；字符串近似匹配(21.4节)。

21.4 字符串近似匹配

输入 长为n的文本串t和长为m的模式串p。

问题 寻找基于插入、删除和替换操作将t转换为p所需的最小费用。

字符串近似匹配的输入和输出图例如图21.5所示。

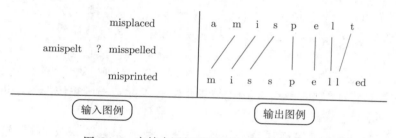

图 21.5 字符串近似匹配的输入和输出图例

讨论 字符串近似匹配之所以重要，是因为我们生活在一个容易出错的世界。拼写纠错程序需要为未列入字典的所有文本字符串找出最相近的匹配。在大规模的DNA序列数据库中进行高效的序列相似性(同源性)搜索已经彻底颠覆了分子生物学研究。假设你在研究人类的一种特定基因，并且发现它类似于鼠类的某种特定基因。这种新基因很可能对人类发挥着与对鼠类相同的作用，纵有差异也只是进化过程中基因突变的结果。

在评估光学字符识别系统的性能时，我曾遇到过字符串近似匹配问题，当时我们需要将系统对测试文档给出的答案与正确结果做对比。为了改进系统，我们必须找出被误识别的字母都有哪些，而解决之法只能是拿着两种文本做校准。同样的原理也适用于文件对比程序，它能在文件的两个版本间识别出哪些行有所变化。

当不允许有任何变更存在时，本节的问题就归约为字符串精确匹配，这在21.3节已有讨论，而本节仅限于讨论容错匹配问题。

动态规划为字符串近似匹配提供了基本方案。令$D_{i,j}$表示将模式串p前i个字符编辑为文本串t前j个字符的费用，[1]而关键在于利用已有信息再配合对两者尾部字符p_i和t_j的操作

---

[1] 译者注：本节的问题是将t编辑为p，有些论文会特别标注"text-to-pattern"，本段内容刚好是反过来的。我们没有进行改动，请读者注意甄别。

求出总费用。我们能执行的操作只有三种: 用一个去匹配/替换另一个, 或者直接删除p_i, 或者插入一个值为t_j的字符。因此, $D_{i,j}$是以下三种可能情形的最小费用:

- 若$p_i = t_j$则取$D_{i-1,j-1}$; 否则取$D_{i-1,j-1}$与替换费用之和。
- 取$D_{i-1,j}$与删除p_i的费用之和。
- 取$D_{i,j-1}$与插入t_j的费用之和。

对此的C语言通用实现和更完整讨论见10.2节。在我们能够充分利用以上递推式之前, 还需要考虑以下几个议题:

- 将模式串与整个文本串匹配还是仅与其子串匹配? —— 这种递推式的边界条件恰好反映了字符串匹配算法和子串匹配算法的差别。若试图校准整个模式串和整个文本串, 则$D_{i,0}$只能是删除模式串前i个字符的费用, 故有$D_{i,0} = i$。同理可知$D_{0,j} = j$。但若允许该模式串出现于文本串任何地方, 那么$D_{0,j}$的真正费用将变为0, 因为从文本第j位开始校准应该不会导致罚分; $D_{i,0}$的费用仍然是i, 因为能让模式串前i个字符与空字符匹配的唯一方法是将它们全都删除。而对于整个文本, 最佳子串模式匹配的费用取决于$\min\limits_{1 \leqslant k \leqslant n} D_{m,k}$。

- 如何选择替换和插入/删除费用? —— 编辑距离算法在插入、删除和替换时, 可设定不同费用。至于何种费用最合适, 取决于你打算怎样执行校准。

  默认情形下, 每次插入、删除或替换的费用相同。若令替换费用超出插入与删除费用之和, 则可确保替换永不发生, 这是因为通过先插入可匹配字符再删除原有字符来进行编辑总要更节省一些。若只考虑插入和删除, 则匹配可归约为最长公共子序列问题, 这将在21.8节讨论。调整编辑距离费用并基于所得校准策略再行反馈是非常值得的, 只有这样你才能找到完成任务的最佳参数。

- 如何找到字符串的实际校准? —— 前述递推式只能生成文本串/模式串的最佳校准费用矩阵, 并未给出达成此费用的编辑操作序列。为了得到对此序列的具体描述, 我们可基于最终算出的费用矩阵$\boldsymbol{D}$中的单元$D_{m,n}$开始逆推, 它必然产生于$D_{m-1,n}$(模式串删除/文本串插入)、$D_{m,n-1}$(文本串删除/模式串插入)或$D_{m-1,n-1}$(替换/匹配)三者其一, 而实际选项则可凭这些费用值及字符p_m和字符t_n共同确认。通过反复向之前的单元逆推我们便可以重构整个校准, 关于此方法的C语言实现可参阅10.2节。

- 若两字符串非常相似怎么办? —— 前述动态规划算法构建了一个$m \times n$矩阵来计算编辑距离, 但是如果想找出所含插入、删除和替换总次数不超过d的校准, 我们只需考虑距主对角线距离不超过d的$O(dn)$个单元所占条带即可。若在此条带内不存在满足要求的低费用校准, 则在整个费用矩阵中也不可能存在低费用校准。

- 你的模式串是短是长? —— 近来有种字符串匹配方法, 充分利用了现代计算机可以单次操作64位(一个机器字)的特性。该长度足以容纳八个8位ASCII字符, 为设计位并行算法提供了启示, 而这种算法可在每次操作中同时完成多个比对。

  这套方案的基本想法相当巧妙。我们为字母表中每个字母α构造位掩码B_α, 其中第i位$B_{\alpha,i} = 1$当且仅当模式串的第i个字符是α。现在假设在文本串j位置有个处理匹配的位向量$\boldsymbol{M}_j$, 其中$M_{j,i} = 1$当且仅当模式串前i位与文本串第$j-i+1$位到第j位的字符精确匹配。我们能找到M_{j+1}所有位的取值, 所用操作仅需两个: 将M_j右移一位, 然后与B_γ按位进行"与"运算, 其中γ是文本串$j+1$位置处的字符。

即将在下文讨论的agrep程序, 就使用了这样的位并行算法生成近似匹配。这种算法易于编程实现, 而且比动态规划快多了。

- 如何最小化所需存储空间? —— 存储动态规划的数据表需要平方量级的空间, 这通常比其运行时间带来的麻烦还要多。幸运的是, 计算$D_{m,n}$只需$O(\min(m,n))$空间, 因为我们只需在矩阵中维护两个有效行(或列)即可计算最佳费用, 而只有在重构实际校准序列时才需要用到整个矩阵。

不过我们还可以使用巧妙的Hirschberg递归算法, 只需线性空间便可高效得出最优校准。在前文求$D_{m,n}$的线性空间算法第一趟处理中, 我们就能确定出哪个中间元素$D_{m/2,x}$曾被用来优化$D_{m,n}$。这将我们的问题归约为寻找最佳路径问题: 从$D_{1,1}$到$D_{m/2,x}$, 再从$D_{m/2,x}$到$D_{m/2,n}$, 而二者皆可递归求解。每轮计算都可将前轮所用半数矩阵元素弃之不理, 所以其总耗时仍为$O(mn)$。事实证明, 使用该线性空间算法处理长字符串, 性能提升极为显著。

- 是否该对长游程的插入/删除区别计分? —— 关于字符串匹配的许多应用问题在校准方面表现得似乎很友好, 其中插入或删除(统称为增删)会成批出现并最终表现为少量的游程(run)或裂隙(gap)。从文件中删除一整段与编辑相同数量分散的单字符相比, 其花费很可能更小, 这是因为对单词的整体编辑可以看作一次单独(尽管跨度很长)操作。

带有裂隙罚分的字符串匹配方法可以很好地权衡此类变更。以删除为例, 我们通常将删除k个连续字符所形成的费用设定为$\lambda + \delta k$, 其中λ是裂隙初始化的费用而δ是连续删除平均到单个字符上的费用。如果λ相对于δ很大, 这将激励校准过程创建相对较少的批量删除操作。

受这种"仿射"[1]裂隙罚分约束的字符串匹配问题, 与基于常规编辑距离的匹配问题一样, 都可在平方时间内完成。我们用不同的递推式E和F分别表示完成"插入裂隙"动作或"删除裂隙"动作的费用,[2] 请注意我们只需为裂隙初始化支付一次费用:

$$V_{i,j} = \max(E_{i,j}, F_{i,j}, G_{i,j})$$
$$G_{i,j} = V_{i-1,j-1} + w_{i,j}$$
$$E_{i,j} = \max(E_{i,j-1}, V_{i,j-1} - \lambda) - \delta$$
$$F_{i,j} = \max(F_{i-1,j}, V_{i-1,j} - \lambda) - \delta$$

其中, $w_{i,j}$为校准p_i与t_j使之匹配的费用。由于各单元格处理依然只需花费常数时间, 因此该算法的运行时间为$O(mn)$, 与无裂隙处理费用的情况用时相同。

- 字符串相似意指其读音很接近? —— 模式近似匹配的其他模型各有其适合的应用场景, Soundex则是其中最值得关注的一种, 它提供了将发音接近的英语单词两两配对的散列方案。这在检测两个拼写不同的名字是否可能相同时很有用, 例如我的姓常常被人拼为"Skina"或"Skinnia"甚至"Schiena", 被正确地拼作"Skiena"的情况却很少, 不过所有这些拼写都指向同一个Soundex码, 即S25。

---

[1] 译者注: 可理解为费用依照"线性"变化。
[2] 译者注: 本段公式改编自[Gus97]的242页, 缺乏背景知识很难读懂, 有兴趣的读者可直接阅读[Gus97](表述更为准确)。

Soundex舍弃了元音和不发音字母, 删除了多余的重复字母, 然后按以下分类给剩余字母分配数字: BFPV对应1、CGJKQSXZ对应2、DT对应3、L对应4、MN对应5、R对应6, 而HWY不对应任何数字。Soundex码以对应姓氏的首字母为起始, 后接最多3个数字。尽管这似乎极不自然, 但经验表明它的运行效果良好, 事实上从20世纪20年代开始至今, Soundex就一直没有中断过其应用。

(实现)　目前有若干优秀的软件工具可用于模式近似匹配。Manber和吴昇的agrep(通用正则表达式模式近似匹配器)支持含带拼写错误的文本搜索[WM92a, WM92b], 其当前版本的获取网址见http://www.tgries.de/agrep/。Navarro的NR-grep整合了位并行算法和筛选方法[Nav01b], 其运行时间尽管并不总比agrep快, 但却更稳定, 获取网址见https://www.dcc.uchile.cl/~gnavarro/software/。

TRE是个通用正则表达式匹配库, 可同时用于精确匹配和近似匹配, 与agrep相比其通用性更强。若其正则表达式长为m而文本串长为n, 则其最坏情况下的复杂度为$O(nm^2)$。TRE的获取网址见https://github.com/laurikari/tre/。

维基百科(Wikipedia)提供了编辑距离(Levenshtein距离)的众多计算程序, 所用编程语言之多让人眼花缭乱(其中有 Ada、C++、Emacs Lisp、JavaScript、Java、PHP、Python、Ruby VB、C#)。欲知详情可前往https://en.wikibooks.org/wiki/Algorithm_implementation/Strings/Levenshtein_distance。

(注释)　字符串近似匹配技术近来取得了诸多进展, 尤其在位并行算法方面。Navarro和Raffinot的[NR07]是有关这些技术的最佳参考, 相关介绍也可参见讨论字符串算法的其他书籍, 如[CHL07, Gus97]。对于带有裂隙罚分的字符串匹配算法其全面论述可参阅[Gus97]。

大家对于基本的动态规划校准算法都是"口口相传", 若是严谨考证的话, 其实该算法最早由[WF74]提出。在Sankoff和Kruskal的书[SK99]中, 我们可以清晰地看到字符串近似匹配算法的广泛应用, 它至今仍是一部非常实用的历史性文献。关于模式近似匹配的综述见[HD80, Nav01a]。对Hirschberg线性空间算法[Hir75]的论述见[CR03, Gus97]。

对于常数规模字母表上长度分别为m和n的两个字符串, Masek和Paterson给出一种算法[MP80]可在$O(mn/\log(\min\{m, n\}))$时间内算出它们间的编辑距离, 所用思想源自用于布尔矩阵乘法的"四个俄罗斯人算法"[ADKF70]。Backurs和Indyk关于问题难解性的较新研究结果[BI15]表明, 在不违反强指数时间假设(SETH)的情况下, 编辑距离的计算不可能在$O(n^{2-\epsilon})$时间内完成。最近的另一项突破是编辑距离问题的亚平方算法(subquadratic algorithm)[CDG+18], 它可达到常数量级的近似因子。

基于最短路径视角处理可以引出各式各样的计算方法, 它们在编辑距离不大时都表现良好, 例如Myers的$O(n\log n + d^2)$算法[Mye86]以及Landau和Vishkin的$O(dn)$算法[LV88]。此外, 最长递增子序列算法可在$O(n\log n)$时间内完成[HS77], 详细讲解可见[Man89]。

Myers的$O(mn/w)$时间近似匹配算法[Mye99b]是一种位并行算法, 其中w是计算机字的位数。关于位并行算法的实证研究见[FN04, HFN05, NR00]。

Soundex由M. K. Odell和R. C. Russell发明并享有其专利权。关于Soundex的阐述可见[BR95, Knu98]。Metaphone是对Soundex进行改进的新式方案[BR95, Par90]。参阅[LMS06]可了解此类语音散列技术在实体名称聚合问题中的应用。

(相关问题) 字符串匹配(21.3节); 最长公共子串(21.8节)。

21.5 文本压缩

(输入) 文本S。

(问题) 创建尽可能短的文本S', 并使S可由S'正确重构。

文本压缩的输入和输出图例如图21.6所示。

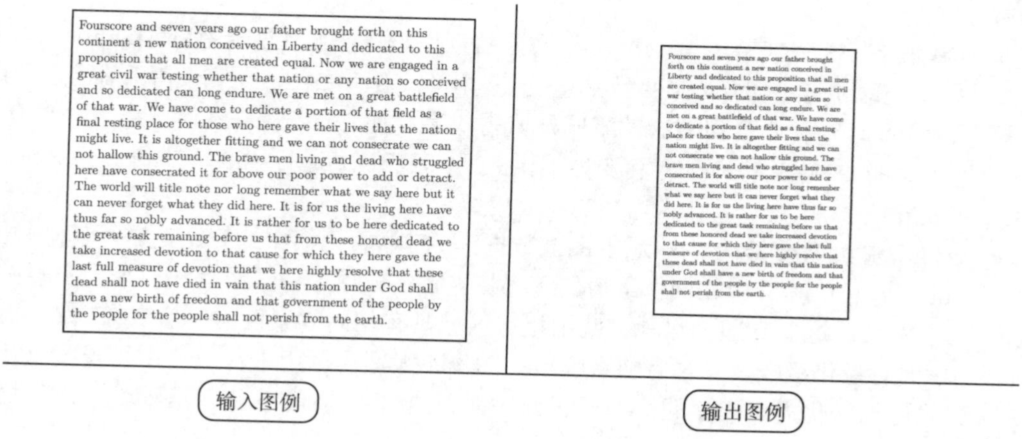

(输入图例)　　　(输出图例)

图 21.6 文本压缩的输入和输出图例

(讨论) 计算机系统外存设备的容量似乎每年都在翻番, 但是大多数外存依然还是很快就会被填满。尽管存储设备的价格一降再降, 我们反而还更关注数据压缩了, 根本原因是如今待压缩的数据比以往任何时候都多得多。从算法的角度来讲, 数据压缩问题就是为给定数据文件寻找能够高效利用空间的编码算法。计算机网络的兴起还为数据压缩带来了新任务, 那就是通过在传输前尽量减少比特数从而提升有效带宽。

人们似乎偏好为自己的特殊问题设计专用数据压缩方法。这些方法有时会超越一般方法, 但并非总是如此。为了选到合适的压缩算法还须面对以下议题:

- 压缩后还须精确恢复所输入文本吗? —— 采用有损编码还是无损编码, 是数据压缩的首要议题。数据文件被悄无声息地更改, 用户就会因之感到心神难安, 故文档存储应用程序通常都采用无损编码。但在图像压缩或视频压缩中, 保真度并不会让人如此担忧, 因为细微扰动在用户眼中根本察觉不到, 而采用有损压缩却可以获得极高压缩率, 因此大多数图像/视频/音频压缩算法都会充分利用这种感知宽容度来尽可能地压缩数据。

- 压缩前能否先做数据简化? —— 释放磁盘空间最有效的方法是删除那些你不再需要的文件。同样, 为减少文件信息内容而做的任何预处理都会在后续压缩中有所回报。我们可以从文件中删除无用的空白(多个空格)吗? 文件能否完全转换为大写字符, 甚或去除其格式信息?

利用Burrows-Wheeler变换来简化输入字符串的效果特别显著。此种变换的基本思路是: 输入n个字符, 按变换对其所有n个循环移位进行排序, 最后报出各移位串的尾字符。例如$abab$的4个循环移位是$abab, baba, abab, baba$, 按照字典序方式排序后会变成$abab, abab, baba, baba$, 读取其中各字符串的尾字符可得变换结果$bbaa$。

一个有趣的现象是: 若是输入字符串的尾字符独一无二(例如对应着字符串的"终止符"), 则该变换可以完美地实现原始输入逆置!

与原始文本字符串直接交由压缩算法处理相比, 对于经Burrows-Wheeler变换后的字符串进行压缩通常能够提升10% ~ 15%的压缩率, 这是因为重复出现的单词会转成由相同字符组成的块, 从而更易于后续压缩处理。此外, 该变换可在线性时间内完成。

- **算法有无专利是否存在影响?** —— 有些数据压缩算法已注册专利, 而Lempel-Ziv算法(下文即将讨论)的LZW变种在其中最为出名。庆幸的是, 该项专利目前已经到期, 当然JPEG专利业已到期这件事同样值得庆幸。通常情况下, 任何压缩算法总有无穷无尽的变种, 其花样与专利变种不相上下, 但若是某通行标准牵扯到了某专利, 那可就麻烦了。

- **如何压缩图像数据?** —— 对于图像数据, 最简单的无损压缩算法是**游程编码**(run-length coding), 其中相同像素值的游程将被替换成单个像素游程和一个代表游程长度的整数。这非常适合那种大范围相邻区域具有相同像素值的二值图像, 如扫描文本, 而对量化级较多且含有随机噪声的图像不太适用。用于计数的字段长度以及将二维图像转化为像素流的恰当遍历顺序都必须精心选择, 这将对压缩效果产生极其重要的影响。

  对于有着严格要求的音频/图像/视频压缩问题, 我建议你使用流行的有损编码方法, 别想着自己动手去折腾。JPEG是标准的高性能图像压缩方法, 而MPEG则旨在利用视频的帧间一致性, 两者分别都是处理该类型的较好选择。

- **压缩须实时运行吗?** —— 快速解压缩通常比快速压缩更重要。YouTube上每段视频只需要压缩一次, 但是每当有人播放时都要执行解压缩操作。事实上, 通过频繁自动压缩文件(这点与YouTube完全相反)来增加磁盘有效容量的操作系统, 也同样需要一个能够快速解压缩的算法。

目前可用的文本压缩算法林林总总有数十种之多, 但是它们均可划入两个大类: 一类为静态算法, 如Huffman编码, 通过分析完整的文档之后再建立单一的编码表; 另一类为自适应算法, 如Lempel-Ziv算法, 会基于当前文档中字符的局部分布而动态地建立编码表。自适应算法通常可较好地解决大多数压缩问题, 但两者都值得关注:

- **Huffman编码** —— Huffman编码用变长码串代替每个字母符号。由于某些符号(如"e")远比其他符号(如"q")的出现频率要高得多, 若对英文文本中每个字母符号皆分配8位编码则难免浪费。Huffman编码为"e"分配短码字, 而为"q"分配较长码字, 以此来压缩文本。

  Huffman编码可用贪心算法构建: 先按其出现频率依升序排列各符号并放入集合中; 再将两个最不常用的符号x和y合并成新符号xy, 其频率为两个子符号频率之和, 随后用xy换掉x和y, 符号集合会随之变小; 将此合并操作重复$n-1$次, 直至所有符号合为一体, 从而定义出一个以所有原始字母符号为叶子结点的带根二叉树。我们以 "0"和"1"区别标注左右分支, 则从树根到叶子的路径对应的二元码便给出了各叶子符号的码字。在构建过程中, 借助优先级队列可以高效应对因符号合并引起的频率变化, 从而能在$O(n \log n)$时间内完成Huffman编码。

Huffman编码广受欢迎, 但却有三点不足: 首先, 编码过程须扫视文本两遍, 第一遍是为了建立编码表, 第二遍才对文本正式实施编码; 其次, 编码表必须明确给出并与文本一起存储以便译码, 而对于短文本这势必会侵蚀掉因编码而省下的所有空间; 最后, Huffman编码只有在符号分布极不均匀时才能充分发挥作用, 但自适应算法却可以识别类似于0101010101 · · · 中的"高阶"冗余。

- Lempel-Ziv算法 —— Lempel-Ziv算法(包括较为流行的LZW变种)可在文本读取过程建立编码表以实现压缩, 此类编码表会随文本读取进度而改变。我们可用一个巧妙的协议确保编码器和译码器皆使用完全相同的编码表, 因此不会丢失任何信息。

  Lempel-Ziv算法为频繁出现的子串建立了编码表, 其长度可以不受限制, 因此, 常用音节、单词和短语都可被其用来构建更好的编码。这种编码能够适应文本分布的局部变化, 这一点非常重要, 要知道许多文档都具有显著的引用局部性。

  Lempel-Ziv算法的惊人之处在于其对不同类型数据具有稳健性, 即使你自己针对应用问题去设计特定压缩算法也很难胜过它, 我劝你勿作尝试。若有简单的预处理步骤能消除应用问题中特有的冗余, 倒是不妨一试, 但千万别浪费太多时间去折腾。你不大可能得到明显优于gzip或其他流行程序的文本压缩效果, 甚或有可能做得更糟。

实现 最受欢迎的文文压缩程序也许当推gzip, 这款公有领域软件是Lempel-Ziv算法的变种。该应用程序基于GNU软件许可发布, 其获取网址见 https://www.gzip.org。

压缩比和压缩时间这两者自然不可兼得。另一个广受欢迎的软件是bzip2, 它使用了Burrows-Wheeler变换。bzip2能比gzip得出更紧致的编码, 但运行时间却有所增加。某些压缩算法甚至为将文件压缩至极致而不惜花费大量时间, 这类代表性程序被集中收于 http://mattmahoney.net/dc/。常常有人给我发送用怪异编码压缩的文件, 我个人认为他们的做法极不合适。一般我都会删掉此类邮件, 并要求他们重发一个gzip文件给我。

注释 关于数据压缩的书籍很多, 较新的百科式著作包括Sayood的[Say17]和Salomon的[Sal06], 此外业界公认[SM10]是一部权威性著作。值得推荐的还有Bell和Cleary以及Witten所著的[BCW90], 不过年代略显久远。关于文本压缩算法的综述见[CL98, A10]。

关于Huffman编码[Huf52]的精彩论述见[AHU83, CLRS09]。关于Lempel-Ziv算法及其变种的论述见[Wel84, ZL78]。关于Burrows-Wheeler变换的介绍见[BW94]。

每年一度的IEEE数据压缩会议(https://www.cs.brandeis.edu/~dcc/)是该领域的主要交流园地。该技术领域已趋成熟, 目前的大多数工作都只是在努力进行小修小补, 尤其是在文本压缩方面。不过我注意到, 大会每年都在美国犹他州的世界级滑雪胜地举行, 这很是诱人。

相关问题 最短公共超串(21.9节); 密码学(21.6节)。

21.6 密码学

(输入) 明文T或密文E，密钥k。

(问题) 用k将T加密为密文，或将E解密为明文。

密码学的输入和输出图例如图21.7所示。

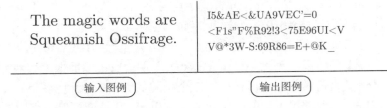

The magic words are
Squeamish Ossifrage.

I5&AE<&UA9VEC'=0
<F1s"F%R92!3<75E96UI<V
V@*3W-S:69R86=E+@K _

(输入图例)   (输出图例)

图 21.7 密码学的输入和输出图例

(讨论) 随着计算机网络的发展，机密文件越发容易遭到攻击，密码学也随之变得更为重要起来。密码学的任务就是让落入外人之手的消息变得难以读懂，以此来提高文件的安全性。密码学诞生至少已有两千年之久，但直到晚近其算法和数学基础才逐渐得以巩固，进而能够衍生出可证明安全的密码系统(provably secure cryptosystem)。

密码学的思想和应用远不止"加密"和"解密"两种任务，在该领域中还有许多数学性建构，例如密码散列、数字签名和非常实用的原语性协议等，从而可提供相关安全保证。

众人皆知的密码系统有三类：

- **恺撒密码**(Caesar shifts) —— 这种最古老的密码是将字母表中各字符映射到另外的字母。最弱的此类密码只按某个固定长度(如13)轮转字母表，从而只会有26种密钥。使用字母表的任意置换能稍好一些，会有26!种可能密钥。即便如此，通过计算各符号的频率并利用"e"比"z"出现得更频繁这一事实，该密码系统也可轻松攻破。有些变种虽使这种攻击更难破解，但它们永远也达不到AES或RSA那样的安全程度。

- **分组密码**(block ciphers) —— 这类算法会将文本编码按位分组，并在密钥控制下逐组不断地将其打乱。**数据加密标准**(DES)就是此类密码的典型范例，它于1976年获批联邦信息处理标准，并于2005年被正式撤销，取代它的是更强的**高级加密标准**(AES)。所谓的**三重DES**是DES的简单变种，它会以两个56位密钥执行三轮DES，故其允许的有效密钥长度可达112位。但随着时间的推移，三重DES也变得容易攻破，因此于2018年"退役"，且在2023年以后不再允许使用。

  不过，256位AES仍被认为非常安全。目前AES库几乎拥有所有主流程序设计语言的实现方式，包括C/C++、Java、JavaScript和Python，基于其编写的程序构成了像WhatsApp、Facebook Messenger和其他众多系统的安全基础。

- **公钥密码**(public key cryptography) —— 如果你担心有人读取你的信息，你同样也不敢将解密信息所需的密钥告知他人。公钥系统使用不同的密钥对信息进行加密和解密，而加密密钥无济于解密，因此将此密钥公开也不会带来任何安全风险。密钥(key)分发问题的这种解决方案实际上是成功的关键(key)所在。

以其发明者Rivest和Shamir以及Adelman命名的RSA, 是公钥密码系统的典型范例。RSA的安全性基于因子分解和素性检验(见16.8节)这两个问题之间的相对计算复杂性。加密过程因凭借素性检验构建密钥故而(相对)较快, 而解密的难度则源自因子分解——而该假设很快便受到了量子计算领域相关进展的冲击。不过撰写本书之时, 在量子计算机上用Shor算法能成功分解的最大整数似乎只能到15, 因此这种威胁并非迫在眉睫, 但它确实值得留意。

相比于其他密码系统而言, RSA比较慢, 其速度大约是AES的1/1000到1/100。尽管如此, RSA仍因成功实现公钥系统而赢得了众多声誉。

选择密码系统的核心议题在于明确你是否非常多疑。为了自己的东西不被他人读取, 你该设防的人究竟是谁: 你的祖母、本地小偷、黑手党, 还是NSA? 若是采用了被普遍认可的AES实现或RSA实现, 你应该无惧任何人, 至少目前仍是安全的。如前所述, 计算机的能力在日益提升(不过普通人常常闲置算力), 会导致许多密码系统的安全性被迅速摧毁。如果你打算长期存储敏感资料, 请务必使用尽可能长的密钥并确保与算法发展同步。

话虽如此, 我坦言自己每学期的期末试题都只用了DES来加密。事实证明, 想在考试中顺利通关的学生有时间闯进我的办公室找到它, 但绝无机会将其破解。但若是NSA想要破解它, 情况将另当别论。不过, 关键是你得明白: 最严重的安全漏洞并非算法而源于人为。请确保你的密码足够长且很难猜, 更不要写下来, 这远比纠结于加密算法重要得多。

在密钥长度相同的情况下, 大多数对称密钥加密机制比公钥加密机制更难破解, 这意味着对称密钥加密比公钥加密所用的密钥长度可以短很多。NIST和RSA实验室都给出了各自推荐的升级密钥长度进度表, 用于指导和保障加密安全。撰写本书之时, 他们推荐的是256位对称密钥, 而这相当于15 360位非对称密钥。此种差异有助于解释为什么对称密钥算法通常比公钥算法的速度快几个数量级。

简单如恺撒密码很有趣且易于编程, 因此, 它们适用于那些不太在意安全级别的应用问题(如隐藏笑话中的笑点)。由于太容易破解, 它们绝不能用于重要的安全问题。

你绝不该做的另一件事是尝试开发自己新的密码系统。AES和RSA的安全性之所以得到广泛认可, 是因为这些系统经受住了多年的公众审核。在此期间, 也曾有许多其他密码系统被提出, 但被证明易受攻击并终被抛弃。这是个业余爱好者不宜进入的领域。如果你负责实现某个密码系统, 请找个颇受尊崇的程序(如PGP), 仔细研究以便了解它们如何处理诸如密钥选择和密钥分发之类的问题。请时刻记住, 任何密码系统的强度都取决于它最薄弱的环节。

实践中与密码学相关的一些常见问题还有:

- 如何验证数据完整性以防随机错误? —— 接收数据通常需要加以验证以确保与传输数据完全相同。一种方案是由接收者将数据传回数据源, 以便原发送者确认。当重传过程出现相反错误导致抵消时, 该方法将会失效。不过此种方法会使你的可用带宽削减一半, 这才是更为严重的问题。

  更有效的方法是使用校验和, 它是一个能将很长的文本缩减变换为某个整数(不会特别小)的散列。我们将校验和随文本一起传输, 在接收端按收到的文本重新计算校验和, 若结果与接收到的校验和不一致则发出警示。最简单的校验和方案只是将字节或字符其值相加, 并用和值对某常数(例如$2^8 = 256$)取模。但在此方案下当两个或更多字符发生调换时, 由此引起的错误会无法发现, 其原因是加法满足可交换性。循环冗余校验(CRC)提供了一种更强大的计算校验和的方法, 用于大多数通信系统和计算机内部以验证磁盘驱动器传输。其代码会计算两个多项式之比的余式, 而分子是输入文本的函数。设计这些多项式需要用到相当复杂的数学知识, 但它们能确保绝大部分实际中可能出现的错误都可检测到。

- 如何验证数据完整性以防故意篡改? —— CRC擅长于检测随机错误, 但对文档的恶意更改却并不好使。对于给定的文档, MD5和SHA-256等密码散列函数都很容易计算, 但是求逆却很难。这意味着对于指定散列函数H以及特定的散列值x, 我们很难构造出一篇文档d使得$H(d) = x$。以上特性可让散列函数在数字签名和其他应用问题中发挥重要作用。

- 如何证明文件未经更改? —— 如果我发给你的是一份电子版的合同, 依靠什么才能阻止你编辑文件, 并承认你手头的版本才是我们达成的共识? 我需要一种方法来证明对文档的任何修改都并非出自我自己的本意。数字签名这种密码技术则让我可用其印证文档的真实性。此外, 像比特币这种加密货币会涉及区块链, 而数字签名则在维护其完整性方面发挥着重要作用。

  我可以计算任何给定文件的校验和, 然后用自己的私钥加密这个校验和, 再将文件与加密后的校验和一并发送给你。你当然可以编辑文件, 但要骗过法官, 你还得编辑已加密的校验和从而使其解密出正确的校验和。而若想设计能产生相同校验和的文件, 这基本没有可能。为了彻底摆脱危险, 我们还需要一个可信的第三方来验证时间戳, 而私钥依然由我保存。

- 如何限制访问受版权保护材料? —— 密码学的一个重要应用是音频和视频的数字版权管理。问题的关键在于解密速度, 要能实时紧跟数据的传输或检索。**流密码**(stream ciphers)往往会使用移位寄存生成器(shift-register generator)高效地提供伪随机比特流, 并与数据流做异或运算以产生加密序列, 而原始数据的恢复只需将此结果与相同的伪随机比特流再次进行异或运算即可。

  事实证明, 高速密码系统相对更容易破解。目前想要解决该问题, 也只能是制定类似于《数字千年版权法》这样的法案, 将破解密码系统的企图明确列为违法行为。

(实现)　Nettle是基于C语言的一个低层级综合性密码库, 其中提供的密码散列算法有MD5和SHA-256, 分组密码有DES和AES以及后续所研发的一些密码, 此外它还给出了RSA的一种实现, 其获取网址见https://www.lysator.liu.se/~nisse/nettle。另请浏览http://csrc.nist.gov/groups/ST/toolkit, 以了解由NIST提供的相关密码资源。

Crypto++是一个很大的密码方案C++类库, 包含了我在本节提到的所有内容。其获取网址见https://www.cryptopp.com/。

许多流行的开源组件采用了严格的密码方案, 可以作为你自己实践的良好典范。GnuPG是PGP的开源版本, 其获取网址见https://www.gnupg.org/。OpenSSL用于对计算机系统进行访问验证, 其获取网址见https://www.openssl.org/。

Boost的CRC库提供了循环冗余校验算法的多种实现, 其获取网址见https://www.boost.org/libs/crc/。

注释 《应用密码学手册》(*Handbook of Applied Cryptography*)[MOV96]提供了密码学各方面的技术综述,并慷慨地开放了在线访问,可参见http://www.cacr.math.uwaterloo.ca/hac。Schneier[Sch15]针对不同加密算法给出了全面概述,而[FS03]或许是更好的导论读物。Kahn介绍了从古代到1967年密码学妙趣横生的历史[Kah67],鉴于密码学科的神秘特性,这篇文献特别值得一读。

关于RSA算法[RSA78]的论述可参阅[CLRS09]。RSA实验室的主页(http://www.rsa.com/rsalabs/)其资源相当丰富。量子技术带来了新的安全加密方法[BB14],也带来了破解现有加密方法的新途径。后量子密码学目前是一个充满活力的研究领域[CJL+16]。

当然,只有NSA才了解目前密码学真正的发展水平。Schneier很好地介绍了DES的历史[Sch15]。不过,NSA决定将DES密钥长度限制在56位这件事确实颇具争议。

PGP计算数字签名所用散列算法为MD5[Riv92],对其相关论述见[Sch96, Sta06]。不过MD5的安全性问题已经暴露出来,可参阅王小云等的[WY05]。SHA系列的散列算法似乎更安全,尤其是SHA-256和SHA-512。

相关问题 因子分解与素性检验(16.8节); 文本压缩(21.5节)。

21.7 有限状态机最小化

输入 状态数为n的确定型有限自动机M。

问题 创建与M行为等效的最小确定型有限自动机M'。

有限状态机最小化的输入和输出图例如图21.8所示。

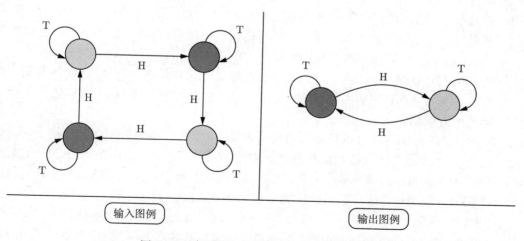

输入图例　　　输出图例

图 21.8 有限状态机最小化的输入和输出图例

讨论 有限状态机对于指定和识别模式十分有用。Java和Python等现代编程语言都内置了对正则表达式的支持,以此种方式定义自动机显得特别自然。控制系统和编译器经常使用有限状态机对当前状态及可能的动作/转移进行编码。最小化这些自动机的规模可以减少此类机器的存储开销和运行成本。

有限状态机一般以有向图来定义。每个顶点代表着一种状态，每个带字符标签的边则代表着了当收到给定字符时从一种状态到另一种状态的转移。节首两个图例所给自动机分析了一系列抛掷硬币的行为，其中浅色状态意味着观察到偶数次正面朝上。[1] 这样的自动机可以直接套用任意一种图数据结构(见15.4节)来表示，也可以表示为一个 $n \times |\Sigma|$ 的转移矩阵 M，其中 Σ 为该自动机的符号字母表($|\Sigma|$ 对应其规模量)。实际上，自动机在状态 i 收到符号 j 后将跳转的状态就是转移矩阵中的 $M_{i,j}$。

有限状态机通常用于指定搜索模式串(它们会以正则表达式的形式出现)，此类模式串由与运算、或运算以及更短的正则表达式所组成，不妨将其视为递归定义。例如正则表达式 $a(a+b+c)^*a$ 可以匹配基于字母表 $\{a,b,c\}$ 并同时以 a 开头和结尾的任何字符串。要测试字符串 S 能否被给定正则表达式 R 识别，最好的办法就是构造等价于 R 的有限自动机，并以这台机器测试 S。若要了解其他字符串匹配方案，可参阅21.3节。

关于有限自动机需要考虑的问题有三个:

- **确定型有限状态机最小化** —— 有限自动机的转移矩阵对于复杂机器会变得极为庞大，这引发了对更紧致编码的需求。最直接的方法当然是消除自动机中的冗余状态，正如节首的两个图例所示，看似完全不同的两个自动机却能完成相同的功能。

  在自动机理论的所有著作中都可以找到最小化确定型有限自动机(DFA)状态数的算法，其基本方案是将状态划分为粗略的等价类，然后再细化该划分。初始时我们一般将状态划为三类(接受、拒绝和未竟)，于是从每个结点出发的"转移"则会按其对应符号指向某个特定类并随符号不同而展开分支。一旦同属某类 C 的两种状态 s 和 t 展开分支后所涉及的元素处于不同类，则须将 C 类再划分为两个子类，一个包含 s 而另一个包含 t。

  该算法扫视(sweep)所有类以寻找新划分，一旦找到就又从头开始重复此过程。对于常数规模的字母表，由于最多只需执行 $n-1$ 次扫视，故此所得为 $O(n^2)$ 算法，而由其最终划分出的等价类则与最小自动机的状态相对应。实际上，还有一个更高效的 $O(n\log n)$ 算法，可参阅本节"注释"版块。

- **由NFA创建DFA** —— 由于DFA无论何时皆处于确定状态，因此非常简单易用。而非确定型自动机(NFA)在某时刻可能处于多种状态，因此NFA的"当前状态"所指实际是所有可能状态的一个子集。

  事实上，任何NFA都可以机械化地转换为等价的DFA，继而依前述方法最小化。然而将NFA转化为DFA很可能导致状态数呈指数式急剧增长，随后又在DFA的最小化过程中被强行消除。不幸的是，陡然暴涨的状态数会使大多数NFA最小化问题变成PSPACE难解问题，这远比NP完全问题还要麻烦。

  NFA和DFA以及正则表达式之间的等价性证明非常简单，大学本科阶段开设的自动机理论课程都会讲到这些内容，不过其程序编写却非常麻烦，我们在本节的"实现"版块中再行讨论。

- **由正则表达式创建自动机** —— 将正则表达式转化为等价的有限自动机一般有两种方式(NFA和DFA)。与DFA相比，NFA更容易构建，但模拟效率却相对较低。

---

[1] 译者注: 配色以及文字说明有所改动。我们设定初始为浅色状态，投掷偶数次"H"必然处于浅色状态。

非确定型构造会选用"空符号移动"(ϵ-move/ϵ-transition),这种形式的转移无需输入来触发。所谓某状态通过空符号移动至另一状态,其实指自动机可同时处于这两种状态。对正则表达式的语法分析树进行深度优先遍历,可以很容易地构造出这种带有空符号移动的自动机。若正则表达式的长度为l,则由此构造的自动机将有$O(l)$种状态。用该自动机处理一个长为m的字符串,由于每对状态/前缀仅需考虑一次,故其用时为$O(lm)$。

确定型构造从正则表达式的语法分析树入手,而树中各叶子结点其实代表模式串中的字母符号。识别出文本串的前缀后,我们将落入可能位置的某些子集之中,这将与有限自动机的某种状态相对应。衍生法可在必要时一种状态接一种状态地构造出自动机。对于某些长度为l的正则表达式,例如$(a+b)^*a(a+b)(a+b)\cdots(a+b)$,在实现DFA的过程中,往往需要$O(2^l)$种状态。这种指数级空间暴涨根本无法避免。幸运的是,无论自动机的规模大小如何,在任何DFA上处理所输入的字符串只需线性时间。

(实现) Grail+是一个用有限自动机和正则表达式进行符号计算的C++软件包。它能使不同的机器表示相互转换并最小化自动机,还可以处理定义在较大规模字母表上的大型自动机。想获取全部代码及文档请访问http://www.csit.upei.ca/~ccampeanu/Grail/,该网站还提供了各种其他自动机软件包的链接。

OpenFst库(http://www.openfst.org/)可用于有限状态加权转移器(FST)的构建、组合、优化和搜索,所谓FST是有限状态机的推广形态,其输出符号不一定与输入符号完全匹配。OpenFst库还可执行FST的最小化以及向确定型机器的转换。

JFLAP(Java Formal Languages and Automata Package)这个图形工具包可帮助你学习自动机理论的基本概念。它具备在NFA和DFA以及正则表达式之间相互转换的功能,并且可以最小化所得自动机。JFLAP还能支持更高层级的自动机,如上下文无关语言和图灵机。该工具包的获取网址见https://www.jflap.org/,并有一本配套教材[RF06]。

(注释) Aho对模式匹配算法做了很好的综述[Aho90],其中关于正则表达式模式的阐述特别清晰。以空符号移动进行正则表达式模式匹配的技术归功于Thompson[Tho68]。关于有限自动机模式匹配的其他论述见[AHU74]。关于有限自动机和计算理论的论述见[HK11, HMU06, Sip05]。该领域最值得关注的主要会议是自动机算法实现及应用会议(Conference on Implementations and Applications of Automata, CIAA)。

Hopcroft给出了最小化DFA状态数的最优$O(n\log n)$算法[Hop71]。由正则表达式构建有限状态机的衍生法归功于Brzozowski[Brz64],[BS86]对其给出了详细阐述。关于衍生法的一般论述请参阅Conway的[Con71]。有关自动机的增量式构建和优化的一些新进展可参见[Wat03]。此外,压缩DFA至最小NFA的问题[JR93],还有检测两个非确定型有限状态机等价性的问题[SM73],都属于PSPACE完全问题。

正则表达式模式匹配算法的低效性已被用于网站的拒绝服务攻击。若面向公众的代码允许包含(在最坏情况下)需要超线性计算量的正则表达式,则攻击者只需提供解析时间超长的病态输入便能使机器过载。关于此类攻击的讨论请参见[DCSL18]。

(相关问题) 可满足性(17.10); 字符串匹配(21.3节)。

21.8　最长公共子串/最长公共子序列

$\boxed{\text{输入}}$　包含字符串 $s_1, \cdots, s_l$ 的集合 S。

$\boxed{\text{问题}}$　寻找最长字符串 s'，使其同为各个 $s_i (1 \leqslant i \leqslant l)$ 的子串或子序列。

最长公共子串/最长公共子序列的输入和输出图例如图21.9所示。

AHAAIGDDETNWORTDTS	AHAAIGDDETNWORTDTS
HGITGDDEANWTOSRDS G	HGITGDDEANWTOSRDS G
GTAS HIDDENWORDTGAG	GTAS HIDDENWORDTGAG
HIGSDDEGNWORGADS TA	HIGSDDEGNWORGADS TA
HAIDAGDENS WORSADTS	HAIDAGDENS WORSADTS
输入图例	输出图例

图 21.9　最长公共子串/最长公共子序列的输入和输出图例

$\boxed{\text{讨论}}$　每当我们对多文本进行相似性搜索时，就会遇见最长公共子串(LCS)/最长公共子序列(LCS)问题。此类问题有个特别重要的应用，也即在生物序列中寻找一致性。构成蛋白质的基因会随时间推移而进化，但对功能至关重要的区域必须保持完好无损才能使其正常工作。取自不同物种的某个基因的最长公共子序列，揭示了时间也未能改变的某些延续特征。

两个字符串的最长公共子序列问题是编辑距离问题(见21.4节)的一个特例，这种情况下的编辑操作禁止替换，仅允许字符的精确匹配、插入和删除。限定以上约束条件之后，长为 n 的模式串 p 与长为 m 的文本串 t 之间的编辑距离则为 $n+m-2|\mathrm{LCS}(p,t)|$，其中 $\mathrm{LCS}(p,t)$ 对应着 p 和 t 的最长公共子序列。因为我们只需删除 p 中多余的字符便能得到 $\mathrm{LCS}(p,t)$，再将 t 中那些未纳入的字符添加至 $\mathrm{LCS}(p,t)$，最终即可将 p 转换为 t。

LCS中经常出现的议题有：

- **你是在寻找公共子串吗？**　—— 在执行剽窃检测时，我们试图寻找的是两个或更多文档所共享的最长短语。由于短语是一串串连续相接的字符，所以我们想要的正是文本间的最长公共子串。

  事实上，对于一组字符串的最长公共子串也只需线性时间即可找出，15.3节对此已有所论。诀窍是构建包含所有字符串的后缀树，每个叶子结点以其所代表的输入字符串为标记，然后通过深度优先遍历确定出那个具有各输入字符串后代的最深结点。

- **你是在寻找分散形式的公共子序列吗？**　—— 接下来我们将重点讨论寻找公共子序列问题，它与公共子串的区别在于其字符可分散。最长公共子序列算法是基于动态规划处理编辑距离的特例，实际上前文早已给出了相关算法实现(见10.2.4节)。

  对于 $p_1 \cdots p_i$ 和 $t_1 \cdots t_j$ 的最长公共子序列，以 $M_{i,j}$ 表示其字符数。当 $p_i \neq t_j$ 时，末位两字符不匹配，故 $M_{i,j} = \max(M_{i,j-1}, M_{i-1,j})$；但若 $p_i = t_j$，我们就可将该字符纳入待求子序列的考虑范围，故 $M_{i,j} = \max(M_{i-1,j-1}+1, M_{i-1,j}, M_{i,j-1})$。

  基于这种递推式计算最长公共子序列的长度只需 $O(nm)$ 时间。我们可从 $M_{n,m}$ 反向逐步确定沿途匹配字符，由此重构真实的子序列。

- 若各字符串互为置换该怎么办？—— 这里所指的置换限定于没有重复字符的字符串。两个置换刚好是 n 对匹配字符穿插放置，这样可使其最长公共子序列算法的运行时间变为 $O(n \log n)$。寻找数字序列 p 的最长递增子序列是一种特别重要的特例，我们可按递增顺序对 p 中元素排序从而得到序列 t，于是 p 和 t 的最长公共子序列即是所求最长递增子序列。

- 若仅有相对较少的匹配字符怎么办？—— 当字符串中所包含的相同字符总数不太多时，便会有更快的算法，而处理置换类型(可视为极端情况)就是明证。对于满足 $p_i = t_j$ 的位置对 (i,j)，以 r 表示其个数。按此设定，r 对位置中的每一对都对应着平面上的一个点。

  使用装桶(bucketing)技术将这些点全部找到仅需 $O(n + m + r)$ 时间。可针对字母表中各符号 c 结合输入字符串(p 和 t)创建桶，将字符串中各字符的位置存入适当的桶中，然后基于桶 p_c 和桶 t_c 中的每对位置，也即用 $x \in p_c$ 和 $y \in t_c$ 创建点 (x, y)。

  每个公共子序列都对应着一条通过这些点的单调非递减路径，即路径只能向上和向右延伸。此类最长路径可在 $O((n + r) \log n)$ 时间内找到：按照 x 坐标递增的顺序对这些点排序，当 x 坐标相同时，转按其 y 坐标递增排序；依此顺序从空序列开始逐个插入点，对于都是恰好经过 k 个点 $(1 \leqslant k \leqslant n)$ 的路径，我们选择其末端点的 y 坐标值最小的。插入的每个新点 (x_k, y_k) 都刚好只选出一条路径：要么为通向最长子序列开辟新的匹配点，要么能拉低终点高于 y_k 的那些最短路径的整体 y 坐标。

- 若待校准字符串不止两个时该怎么办？—— 基本的两字符校准动态规划算法可以推广到 l 个字符串，耗时 $O(2^l w^l)$，其中 w 是最长字符串的长度。该算法用时与其涉及的字符串个数 l 呈指数级关系，故在字符串不止几个时将会变得极其费时。该问题是个NP完全问题，所以注定了一时半会不太可能有更好的精确算法出现。

  关于多序列校准问题已有很多启发式方法，它们通常都从每对字符串的两两校准着手计算。有种方法用一个合并序列替换两个最相似序列，以此重复执行，直到所有校准合而为一。问题在于两个字符串的最低费用校准往往有多种，而"正确"校准的选取却有赖于随后要合并的序列，启发式方法显然无法预知此类信息。

实现 对于DNA/蛋白质序列数据的多序列校准，有几个现成的程序可用。适于蛋白质序列多序列校准的ClustalW[THG94]就是一个倍受欢迎且好评如潮的程序，其获取网址见https://www.ebi.ac.uk/Tools/msa/。另一个相当重要的备选程序是适于多序列校准的MSA软件包[GKS95]，其获取网址见https://www.ncbi.nlm.nih.gov/CBBresearch/Schaffer/msa.html。

任何基于动态规划的字符串近似匹配程序(见21.4节)都可用来寻找两个字符串的最长公共子序列。

对置换的最长递增子序列，Combinatorica提供了其构建算法的Mathematica实现[PS03]，该算法与杨氏表(Young tableau)的关系远比与动态规划的关系更密切，参见22.1.8节。

注释 关于LCS问题算法研究的综述见[BHR00, GBY91]。对于各序列中所有字符明显不同或重复率不高的情形，Hunt和Szymanski曾给出一种算法[HS77]，相关论述见[Aho90, Man89]，不过后续有了新的改进[IR09]。针对LCS问题涌现出了大量研究成果，其中就有关于LCS的高效位并行算法[CIPR01]。对于常数规模字母表上的最长公共子序列问题，Masek

和Paterson给出了$O(mn/\log(\min m,n))$时间算法[MP80]，其中所用为"四个俄罗斯人"算法。此外，不否认强指数时间假设[ABW15, BK18]，就不可能有强亚平方算法。

在大小为α的字母表上，构造两个长为n的随机字符串，其LCS长度的期望值会是多少？这个问题得到了广泛研究，Dancik对此做了精彩综述[Dan94]。

在计算生物学中，多序列校准是一个比较大的研究领域，Gusfield的[Gus97]以及Compeau和Pevzner的[CP18]都是这方面的入门级著作，相关综述可参阅[Not02]。至于难解程度，多序列校准问题仅次于大规模字符串集上的最短公共子序列问题[Mai78]。

我们基于最长公共子串问题出发来研究剽窃检测这个应用问题，请参阅[SWA03]以了解用计算机程序实现剽窃检测器的有趣细节。

(相关问题) 字符串近似匹配(21.4节)；最短公共超串(21.9节)。

21.9 最短公共超串

(输入) 字符串集$S = \{s_1, \cdots, s_l\}$。

(问题) 寻找最短字符串s'，使得各个字符串$s_i (1 \leqslant i \leqslant l)$都是其子串。

最短公共超串的输入和输出图例如图21.10所示。

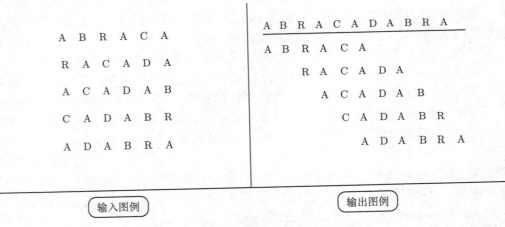

图 21.10 最短公共超串的输入和输出图例

(讨论) 在许多种应用问题中都会遇到最短公共超串(SCS)/最短公共超序列(SCS)问题。有个嗜赌成瘾者曾向我讨教，如何重构老虎机卷轴上的符号图案。每次旋转过后，卷轴都会停在某个随机位置，显示被选符号及其前/后紧邻的符号。如果你对老虎机的结果观察次数足够多，各转轮上的符号顺序便可确定为观察所得符号三元组的最短公共(环形)超串。

最短公共超串的一个更重要应用是数据压缩/矩阵压缩。设想我们有个$n \times m$稀疏矩阵M，即其中大多数元素为零。我们可以将矩阵的每一行划分成各自包含k个元素的m/k段，并构建这些数据段的最短公共超串s'。于是我们就可以用超串s'和一个长为$n \times m/k$的指针

数组来描述该矩阵, 而指针则用于指示各数据段在s'中的起始位置。如此处理之后, 任何特定元素$M_{i,j}$仍可在常数时间内访问, 但是当$|s'| \ll mn$时将会节省大量空间。

最引人入胜的应用也许是DNA序列组装。使用机器来处理像$100 \sim 1000$个碱基对这样的片段(DNA序列)其实很容易, 但人们真正感兴趣的是大分子测序。大规模"霰弹枪测序法"(shotgun sequencing)先克隆出靶分子的多个拷贝, 再将它们随机断成众多片段并对这些片段测序, 最后将这些片段的最短超串作为测定序列。

找到一组给定字符串的超串并不难, 只需将它们简单地连接在一起就行, 真正成问题的是如何找出最短超串。实际上对于常见的各类字符串, 最短公共超串都是NP完全问题。

最短公共超串问题可以归约为旅行商问题(见19.4节)。我们可创建有向重叠图G, 其中顶点v_i代表字符串s_i。随后再指定边(v_i, v_j)的权等于s_i的长度减去s_j与s_i的重叠字符数, 例如$s_i = abc$且$s_j = bcd$时, $w(v_i, v_j) = 1$。这样一来, 能够遍访所有顶点且总权最小的路径对应的便是最短公共超串。此类图中的边权并不对称, 请留意前例, 其中另有$w(v_j, v_i) = 3$。遗憾的是, 非对称TSP问题往往比对称情况更难求解。

近似求解最短公共超串的常规途径是利用贪心启发式方法。先找出重叠最多的一对字符串并加以整合, 再将它们替换成这个整合字符串, 重复此过程直到仅剩一个字符串。执行这种启发式方法其实只需线性时间。粗看起来最耗时的部分是初始构建重叠图: 我们需要处理$O(l^2)$对字符串, 而任意两个长度均不超过k的字符串, 用蛮力法找出其最大重叠需用$O(k^2)$时间。但若改用后缀树(见15.3节)则会有更快的构建方法: 先构造一棵树包含S中所有字符串的全部后缀, 字符串s_i与字符串s_j存在重叠当且仅当s_i的某个后缀与s_j的前缀相匹配(基于后缀树的结点便可确定)。于是, 我们可按距离根结点路径长度的递增顺序遍历这些结点, 由此便能得出最合适的整合次序。

贪心启发式方法的性能究竟如何? 使用不当的话, 由它创建的超串其长度将是最优解的两倍。例如字符串$c(ab)^k$、$(ba)^k$和$(ab)^k c$从左到右处理是其最佳整合顺序, 但贪心算法却会先选择第一个和第三个字符串整合, 徒留中间字符串不再有重叠的任何可能。不过, 由贪心算法所得超串其长度再差也不会超过最优解的3.5倍, 而且实际表现通常还会好一些。

若输入既包含必用字符串(其中每个都必须是超串的子串)又包含禁用字符串(其中每个都禁止出现在最终结果中), 这种超串的构建会变得很困难。判定是否存在满足以上条件的"和谐"字符串则是个NP完全问题, 除非允许你在字母表中添加额外字母作为间隔符。

(实现) 对于DNA序列组装目前已有若干高性能程序, 它们可以校正测序差错, 故其最终结果未必是输入数据的超串。但当你确实只需要一个合适且尽可能短的超串时, 它们至少可以充当优秀模板。

黄晓秋及其合作者开发了一系列组装器, 其最新产品为CAP3(重叠群组装程序)[HM99]和PCAP[HWA+03], 获取网址见http://seq.cs.iastate.edu/。它们已被用于哺乳动物级别的组装项目, 涉及碱基达数以亿计。

曾经用于测序人类基因组的Celera组装器目前已经开源, 详见https://sourceforge.net/projects/wgs-assembler/。

(注释) 对于最短公共超串(SCS)问题及其在DNA霰弹枪测序法中的应用, 相关综述可参见[MKT07, Mye99a, SP15]。Kececioglu和Myers针对更一般的最短公共超串问题给出了一种算法[KM95]，其中假定字符串处理可能存在错误替换，该论文值得对片段组装感兴趣的任何人阅读。

Blum等给出了第一个近似因子为常数的最短公共超串近似算法[BJL⁺94]，其中所用实为贪心启发式方法的一个变种。最新研究[Muc13, Pal14]已将此常数降低到了2.367，朝向预期的近似因子2持续迈进。迄今为止，常规贪心启发式方法能达到的最佳近似比为$3.5^{[\text{KS05a}]}$。这种启发式方法可以快速实现，相关描述见[Gus94]。

关于最短公共超串启发式方法的实证研究见[RBT04]，相关结果显示，对于合理输入，凭贪心启发式方法所得解与最优解的长度差距通常在1.4%以内。关于用遗传算法求解的实证研究见[ZS04]。[YZ99]基于理论分析得出的结论是：随机序列的SCS其压缩程度相当小，而其很大原因在于任何两个随机字符串重叠长度的期望值很小。

(相关问题) 后缀树(15.3节); 文本压缩(21.5节)。

第22章
算法相关资源

本章主要描述算法设计的各种资源，身为一名算法设计师，你应该知道从哪里获取信息。尽管其中一些内容在卷Ⅱ的其他章节中已出现过，但这里将最重要的资源加以汇集，便于读者通览和查阅。

22.1 算法库

好的算法设计师不会再次发明车轮，[1] 好的程序员也不会重写别人写过的代码。毕加索说得最妙："优秀的艺术家借，伟大的艺术家偷"。

不过，你要特别注意：代码和数据可千万不能"偷"！本书中所提及的许多代码仅供科研或教育使用，若是商业性用途则通常可能要与作者达成许可约定(arrangement)，我建议你务必予以重视。一般说来，来自学术机构的许可协议其条款项数非常有限，也没过多的约束。工业界使用特定的编码(code)[2]作为识别许可证的标记，"许可"一词对于软件作者来说非常重要，绝不仅仅是用户是否付费的问题，关键在于"得到许可才能使用"。所以，你一定要合法地取得许可证，而关于条款或联系人的信息通常已被写入软件所附的文档中，或者可访问源代码所在网站来获取。

尽管本章所列举的许多软件系统都可通过访问我们的*石溪算法仓库*(https://www.algorist.com/algorist.html)而得到，但是你最好到原始站点去下载。理由如下：首先，原始站点上的软件极有可能是最新版本；其次，那里通常有一些我们没有收录但你却可能感兴趣的支撑文件和相关文档；最后，许多作者密切关注着软件的下载量，而如果你不去原始站点下载，就相当于剥夺了创作者本该享受的那份成就感。

22.1.1 LEDA

LEDA(Library of Efficient Data types and Algorithms)可能是目前最好的组合算法库，你只需要这一个软件就基本上能顺利开展组合计算工作。LEDA最初由马普研究所(位于德国Saarbrücken)[3]的一个科研团队开发，参与本项目的研究者在算法上造诣极高，并且项目的持续性也非常好，此外还获得了很多资源支持，因此LEDA绝对是独一无二的。

LEDA所提供的是一整套数据结构和数据类型，并以高水准的C++代码写就。LEDA中特别有用的是图类型，它可以非常灵活地支持我们需要的所有基本操作。与此同时，LEDA

---

[1] 译者注：有人译为"重新造轮子"，但在算法设计中可能不太合适，很多算法如果完全靠自己能想出来，已经称得上是"发明"了。

[2] 译者注：指许可证密钥(license key)。

[3] 译者注：马普研究所(Max Planck Institute)分布于德国不同地点，研究领域各异，此处所指的是著名的马普计算科学研究所(http://www.mpi-inf.mpg.de)。

还提供了非常实用的图算法库, 其具体实现本身就向我们阐释了如何简洁而又清晰地用
LEDA中的数据类型去实现图算法。此外, LEDA也较好地实现了最重要的数据结构, 能够
支持例如字典和优先级队列的诸多操作。若想进一步了解LEDA, 可参阅[MN99]。[1]

目前LEDA由Algorithmic Solutions Software GmbH(https://www.algorithmic-
solutions.com/)独家提供,[2] 这样能够保证技术支持的专业性, 而且时常还会有新版本发
布。LEDA的免费版内含所有基本数据结构(包括字典、优先级队列、图和数值类型), 但是
不提供源代码和高级算法。当然, 通常来说完整库需要许可费, LEDA也不例外, 不过你可
以下载其免费试用版, 不妨去看看。

22.1.2 CGAL

计算几何算法库(Computational Geometry Algorithms Library, CGAL)提供了高效可
靠的几何算法实现, 所用程序设计语言为C++。CGAL这个库极其详尽, 它包括各式各样的
三角剖分、Voronoi图、多边形和多面体的操作、直线/曲线的排布(arrangement)、α形、凸
包算法以及用于几何问题的查找结构(geometric search structures)。该库中许多程序都可
处理三维以及更高维的情况。

若是真要去开展计算几何方面的工作, 那么CGAL必然是你首先得去浏览的网站(www.
cgal.org)。请注意, CGAL以双许可证的模式来分发: 在开源软件中使用CGAL无需任何
费用; 但在其他软件代码中想用的话, 那你就需要获得商用许可证了。

22.1.3 Boost图库

Boost提供了一系列评价甚高的可移植C++源代码库(http://www.boost.org), 这些程
序均已通过同行评审, 并可无偿使用。此外, Boost的许可证同时支持商业性和非商业性用途。

从体例上说, 也许*The Boost Graph Library*[SLL02](http://www.boost.org/libs/
graph/doc)会非常适宜本书的读者。[3] 该图库实现了邻接表、邻接矩阵和边表[4], 同时配有图
的基本算法库(写得还行)。[5] Boost的接口和组件都是泛型式的(generic), 设计理念与C++标
准模板库(STL)保持一致。另外还有一些Boost库也比较实用, 例如用于字符串/文本处理和
数学/数值计算的相关组件。

22.1.4 Netlib

Netlib是一个在线数学软件仓库(http://www.netlib.org), 含有大量代码、数据和论
文, 说不定你哪天就能用得上。Netlib含金量非常高, 它汇集了各种不同资源, 索引详细且
搜索便捷, 如果你需要某个特定数学算法的函数实现, 先来这里查阅肯定没错。

---

[1] 译者注: [MN99]这本书出版较早, http://www.algorithmic-solutions.info/leda_manual/MANUAL.html提供了最新的
LEDA用户手册。

[2] 译者注: 德国的GmbH类似于"有限责任公司"。

[3] 译者注: *The Boost Graph Library*同样分为两部分, 其安排与本书非常类似。

[4] 译者注: 用于存储边, Boost中的类名为**edge_list**, 更一般性的概念是**边集**(edge set)。

[5] 译者注: 原文用了"reasonable", 意在强调Boost的图算法虽然不错, 但是比起LEDA来说还是有差距。

GAMS(The Guide to Available Mathematical Software)为Netlib和其他相关软件仓库提供了索引服务, 它也许可以帮你找到想要的东西, 不妨访问https://gams.nist.gov站点去看看, 该项目由美国国家标准与技术研究院(National Institute of Standards and Technology, NIST)支持和维护。

22.1.5 ACM算法集萃

早年间, 要是你完成了一个很不错的算法实现, 可能会将其投稿到"ACM算法集萃"栏目(*Collected Algorithms of the ACM*, CALGO)发布。"ACM算法集萃"于1960年开设于*Communications of the ACM*, 其中包罗了诸如Floyd线性时间建堆算法等一系列著名的算法, 目前该栏目已转归*ACM Transactions on Mathematical Software*。收录于CALGO的每个算法/实现技术都有编号, 它们均以一篇简短的期刊论文形式出现, 并附有业已确证的程序代码(可在http://www.acm.org/calgo/和Netlib下载)。

CALGO目前共刊出了1000多个算法, 尽管也有若干值得关注的组合算法(不知道是怎么溜进去的), 实际上这个专栏里的大多数代码都以Fortan编写且与数值计算有关。由于CALGO中的代码实现都已被审阅过, 想必会比很多类似的软件要可靠一些吧。

22.1.6 GitHub与SourceForge

GitHub是一个拥有2800万多个公开仓库的软件开发平台(https://github.com), 同时也是世界上最大的源代码网站。不过, 如果你要找某个算法实现时, 第二站才应该是GitHub: 你最好先来查阅本书的相关问题目录册, 然后立刻启程去GitHub搜索。几乎所有稍微新一点且说得上名字的代码都能在那里找到, 本书卷Ⅱ中提及的好些系统也都在其中。

SourceForge(http://sourceforge.net/)这个开源软件开发站点更早一些, 拥有超过160 000个注册项目。在SourceForge上还是能找到不少好东西的, 比如图库(graph library)项目(JUNG和JGraphT), 或是优化引擎项目(lp_solve和JGAP), 此类优秀软件还有很多。

22.1.7 *The Stanford GraphBase*

*The Stanford GraphBase*这本书[Knu94]中的程序(合称为GraphBase)非常有趣, 精彩程度已经比得上节目表演了, 其原因有三:

首先, 它以"文学化编程"(literate programming)理念[1]来创作, 这意味着其程序会按照便于他人阅读的形态来编写和组织; 如果说有些程序值得去"阅读", 那肯定是Knuth写的程序。事实上, *The Stanford GraphBase*将GraphBase系统的完整源代码全部收录其中且浑然一体, 而这正是"文学化编程"的绝佳体现。

其次, GraphBase包含了若干重要组合算法的实现, 例如匹配、最小生成树、Voronoi图, 以及一些像构建**膨展图**(expander graph)[2]和生成组合式对象之类的专题。

---

[1] 译者注: 详见https://cs.stanford.edu/~knuth/lp.html, 或者阅读Knuth所著的*Literate Programming*。

[2] 译者注: 可参阅Kowalski的*An Introduction to Expander Graphs*这本书来了解关于此类图的有趣性质, 作者提供此书的免费版本并不断更新: https://people.math.ethz.ch/~kowalski/expander-graphs.pdf。

最后, GraphBase还有一些求解娱乐益智问题的程序, 比如构造**词梯**(word ladder),[1] 又比如测算橄榄球队之间的强弱关系。不妨访问https://cs.stanford.edu/~knuth/sgb.html, 去看一看GraphBase吧。

不过, 虽然GraphBase妙趣横生, 要用它构建更一般的应用程序却不太适合。也许, GraphBase最有用的场景是作为图问题的算例生成器, 它能创建各种各样的图, 显然是极好的测试数据。

22.1.8　Combinatorica

Combinatorica是一个Mathematica库[PS03], 它包含了450多种关于组合数学和图论的算法, 在科研和教学中有着广泛的应用。

身为作者之一的我认为(完全不带个人喜好的成分), 尽管Combinatorica比其他组合算法库更全面, 其集成度也更高, 但是它也同时是最慢的那一个。Combinatorica最适于快速找出小型问题的解答, 若想将其程序转成其他语言实现, Combinatorica本身就是非常简明而精确的算法阐释(如果你能读懂Mathematica代码的话)。

随着图变得越来越重要, Combinatorica的很多功能已经迁移到Mathematica本身之中而成为内置函数, 此外, Mathematica软件的标准版也自带Combinatorica这个库(对应文件为/Packages/DiscreteMath/Combinatorica.m)。若想获取Combinatorica的最新版本和相关资源, 可移步其主页(http://www.combinatorica.com)。

22.1.9　源自书籍的程序

有些算法书均包含以实际程序设计语言所编写的可执行代码, 尽管这些算法实现主要用于阐释书中内容, 其实它们的实用价值也很高。此类程序通常短小精悍, 用于构造较为简单的计算系统还是相当不错的。

此类代码基本都可在石溪算法仓库(https://www.algorist.com/algorist.html)中找到, 本节选出最有用的一些予以简述:

- *Programming Challenges* —— 如果你喜欢本书前半部分所给出的C语言代码, 那么你可以看看我为*Programming Challenges*[SR03]这本书所写的程序。也许其中最有用的是若干动态规划程序(可作为本书第10章的补充)、计算几何代码(例如凸包)以及用于大整数的算术操作实现。该算法库可在https://www.cs.stonybrook.edu/~skiena/392/programs/下载, 亦可访问https://github.com/SkienaBooks/Algorithm-Design-Manual-Programs获取。
- *Combinatorial Algorithms for Computers and Calculators* —— 由Nijenhuis和Wilf所著的这本[NW78][2]专门讨论了如何构建基本组合式对象, 例如置换、子集和划分。虽然此类算法一般不太长, 但是具体实现可能极为精细, 而相关资料也很难找。该书

---

[1] 译者注: 词梯每次改变一个字母, 相当于楼梯每层改变一个高度等级, 例如flour-floor-flood-blood-brood-broad-bread就是一个五字母词梯。

[2] 译者注: 此书可在Wilf的主页免费下载(http://www.math.upenn.edu/~wilf/website/CombAlgDownld.html), 可惜两位作者均已仙逝。

提供了所有算法的Fortran实现(子程序形式), 并对这些代码背后蕴藏的理论支撑进行了深入探讨。另外, 无论是生成全部对象还是随机生成对象, 其方案都可在本书中找到。若干年后, Wilf为本书新增了若干问题的算法而汇集成[Wil89]这本书, 不过却没有再给出代码。

这些程序目前可在石溪算法仓库的网站下载, 它们是我从Neil Sloane那里找到的, 他之前将其存于磁带之中, 而原书的作者居然把代码弄丢了!

- *Computational Geometry in C* —— 我个人认为O'Rourke的[O'R01]是关于计算几何最好的一本实用性导论, 这是因为该书将计算几何中所有主要的算法都用C语言予以实现, 作者精心编写了代码, 基本上挑不出错误。对于重要的几何基元操作(geometric primitives)、凸包、三角剖分、Voronoi图以及运动规划, 这些内容可以说是应有尽有。尽管作者编写这些程序主要是为了服务于内容讲解的需要, 在投入软件产品使用方面可能未必考虑周全, 但是其代码可靠性是非常高的。你可以访问http://www.science.smith.edu/~jorourke/code.html下载书中的代码。

- *Algorithms* —— Sedgewick的这套系列算法教材非常畅销, 并且基于C语言和C++语言以及Java语言推出了很多不同的版本(例如[Sed98]和[SW11])。该系列教材其特色在于算法运行实况的演示图, 而且所覆盖的主题也很广泛(包括数值算法、字符串处理以及几何算法)。目前最新的那本是Java语言版[SW11], 代码可在https://algs4.cs.princeton.edu下载。[1]

- *Discrete Optimization Algorithms in Pascal* —— Syslo和Deo以及Kowalik所著的[SDK83][2]这本书汇集了28个求解离散优化问题的程序, 所涉及的内容包括整数规划、线性规划、背包、集合覆盖、旅行商、顶点着色、调度和常见的网络最优化等问题, 书中代码目前已收录至石溪算法仓库(https://www.algorist.com/algorist.html)。

22.2 数据源

通常而言, 为你的算法找到有意义的数据很重要。好的数据可以测试算法的正确性, 还能直接对比不同算法的实际运行速度。但是这种数据却相当难找, 下面列出一些资源以供参考:

- SNAP(Stanford Network Analysis Project) —— 该资源集成了两部分内容: 通用网络分析库, 它可处理亿级节点的规模; 高质量的图数据集, 均源自真实的社交网络、引文网络或通信网络。相关代码和数据均可从https://snap.stanford.edu/获取。

- TSPLIB —— [Rei91]这个旅行商问题的标准数据集在业界享有较高的声誉, 所提供的算例都很难, 是测试性能的利器。TSPLIB中的图通常比较大, 均取自真实数据, 并与实际应用问题(例如电路板和网络)紧密结合, 可访问http://comopt.ifi.uni-heidelberg.de/software/TSPLIB95/下载。

---

[1] 译者注: 代码由该书的另一位作者Wayne维护(https://github.com/kevin-wayne/algs4)并实时更新, 后续版本将加入的代码详见https://algs4.cs.princeton.edu/code/wishlist.txt。

[2] 译者注: 请注意, 所对应的书名为*Discrete Optimization Algorithms: with Pascal Programs*。

- *The Stanford GraphBase* —— 我们在22.1.7节中已经讨论过此书, Knuth编写的这套程序可以方便地生成各式各样的图: 一些取自实际数据(例如城市距离、艺术作品和文学著作), 另一些则完全基于理论构造。

22.3　在线文献资源

如果你对算法感兴趣的话, 善用互联网这个宝库会让你惊喜不断。下面所精选的是我使用最频繁的若干资源, 也是每个算法工作者的工具箱必备品:

- Google学术 —— 这是一个免费资源(`http://scholar.goolge.com`), 它将网络搜索限定于看起来应该是包含了学术论文的那些网页。与一般的网络搜索不同, 用Google学术去搜索严肃的信息会更可靠。事实上, 你还能够看到究竟哪些论文引用过你正在搜索的这篇论文, 该功能特别有用。由于你能看到某篇稍早的论文发表之后的科研进展, 其实相当于修订了原论文。此外, 引用数还可以帮你判断该论文的重要性。
- ACM数字图书馆 —— 可以这么说, 在计算机科学领域所发表的几乎所有技术文献都可以在ACM数字图书馆中找到其链接。不妨去`http://portal.acm.org/`看看有什么让你感兴趣的内容。
- arXiv —— 该预印本服务器可让研究者正式发表论文之前宣传其成果(常言道"出版即过时"), 目前存储的文档数超过160万。对于本书所讨论的任意主题, 如果你想找关于它的最新研究进展, arXiv一定是最合适的网站(`https://arxiv.org/`)。

22.4　专业咨询服务

Algorist Technologies是一家咨询公司(`https://www.algorist.com`), 深耕算法设计和实现领域多年。我们主要提供短期服务,[1] 通常会派出算法专家用一到三天与贵司的研发人员展开深入的讨论和分析。

Algorist Technologies已与不少企业建立了良好的合作关系, 并刷新了多个实际问题的性能提升记录。读者朋友若感兴趣, 可发送邮件至`info@algorist.com`了解更多服务信息。

Algorist Technologies

西92街215号, 1层套间

纽约, NY 10025

---

[1] 译者注: 此类咨询主要面向特定算法问题, 时间不会特别长。实际上, "短期咨询服务"与"长期咨询服务"并无高下之分。当然, Algorist Technologies同时也提供长期咨询服务。

参 考 文 献

扫描可阅读本书参考文献